结构动力学优化

廖海涛　著

国防工業出版社

·北京·

内 容 简 介

本书全面系统地介绍了作者在最优化理论与方法、结构拓扑优化设计、非线性动力学优化设计以及典型叶盘部件动力学试验等方面的科研成果。从理论分析、数值模拟、试验验证等方面系统研究结构动力学相关理论与方法，内容涉及结构动力学不确定量化与反优化设计，多材料多尺度拓扑优化设计，非线性动力学可靠性、稳定性、灵敏度分析等诸多方面。

本书是结构动力学优化设计方面的学术专著，可作为高等院校力学专业和航空航天、机械工程等专业的高年级本科生及研究生课程的教学参考书，也可供结构优化设计、动力学与控制等领域的研究人员参考。

图书在版编目（CIP）数据

结构动力学优化／廖海涛著．—北京：国防工业出版社，2024.4

ISBN 978-7-118-13238-0

Ⅰ．①结… Ⅱ．①廖… Ⅲ．①结构动力学 Ⅳ．①O342

中国国家版本馆 CIP 数据核字（2024）第 067303 号

※

国防工業出版社出版发行

（北京市海淀区紫竹院南路 23 号　邮政编码 100048）

北京富博印刷有限公司印刷

新华书店经售

*

开本 787×1092　1/16　**印张** 25　**字数** 578 千字

2024 年 4 月第 1 版第 1 次印刷　**印数** 1—2000 册　**定价** 98.00 元

国防书店：（010）88540777　　书店传真：（010）88540776

发行业务：（010）88540717　　发行传真：（010）88540762

前　言

本书主要围绕最优化方法及应用、结构拓扑优化设计、非线性动力学优化设计等科研需求与学科前沿问题，详细总结作者在最优化方法，结构多相多尺度拓扑优化设计，非线性动力学分析与优化设计（稳定性、灵敏度、可靠性等），典型叶盘结构动力学分析与实验方面的研究成果。本书共分12章，第1章介绍一种最优化方法及在不确定量化和反优化设计问题的应用。第2和3章研究结构多相多尺度拓扑优化设计方法，以便为后续动力学分析设计提供最基本的线性系统模型。第4和5章为典型叶盘结构动力学特性分析与实验研究。第6章至第12章研究非线性系统动力学相关分析设计方法。在动力学分析设计方面，本书作者通过多年系统研究，克服了非光滑强非线性、高维、不确定性等方面的难题，建立了周期及拟周期运动时域和频域类非线性动力学简约空间优化设计方法，提出了拟周期运动稳定性分析和含分数阶/时滞非线性系统周期解稳定性分析方法，建立了非线性约束优化连续延拓方法，探索了周期运动失稳边界的分岔追踪方法，发展了混沌系统灵敏度分析方法和含概率与区间混合不确定的非线性系统周期运动可靠性分析方法，丰富和发展了结构动力学优化设计理论方法。本书的每一章内容中均包含作者已发表的2~3篇文章，相应的研究成果发表在 *Computer Methods in Applied Mechanics and Engineering*、*Communication in Nonlinear Science and Numerical Simulation*、*Nonlinear Dynamics*、*Journal of Sound and Vibration* 等专业领域权威期刊上。

在此向多年来一直大力支持作者工作的中国力学学会会长方岱宁院士和秘书长杨亚政研究员等表示最衷心感谢。本书的研究工作得到了国家自然科学基金（11972082，10904178）和航空科学基金等项目的支持。在本书出版过程中，研究生袁文昊、黄泽涵、陈纪元、胡玉文、周梦婧，高中同学欧光芳等参与了整理、校对、排版等工作，在此一并致谢。特别感谢国防工业出版社丁福志等编辑在本书出版过程中辛勤工作。

鉴于作者水平有限，书中难免有不妥之处，敬请读者批评指正。

注：因本书黑白印刷，所以部分彩色图无法显示，作者在需要颜色区分图的旁边放了二维码，读者可扫描查看。

廖海涛

2023年10月

前言

目　　录

第 1 章　非线性约束最优化方法及应用

工程结构的不确定量化与优化设计问题具有大量的非线性约束。目前，常用拉格朗日乘子和罚函数法[1-3]求解带有大量约束的最优化问题。拉格朗日乘子法通过引入新的未知优化变量——拉格朗日乘子——处理约束条件（在常用的约束优化内点法中通常还增加松弛优化变量将不等式约束转换为等式约束），它存在以下不足：①拉格朗日乘子的引入会增加优化问题求解的未知变量数量，最终需要求解的方程组的阶数随约束条件的增加而增加，且修正泛函不再保持与原泛函相同的极值性质；②在力学问题求解时，增加了系统的自由度，并且在刚度矩阵主对角线上存在零元素，失去了正定、带宽的特点，使得求解不便；③在涉及大变形、大滑移的摩擦接触问题中，拉格朗日乘子数量是时变的，导致系统动力学方程数目不固定，增加了方程求解的复杂程度；④在求解动力学问题时，该方法与显式算法不相容，只能用于隐式算法中。上述缺点使得拉格朗日乘子法的应用受到了一定的限制。

与拉格朗日乘子法[4]相比，罚函数法[5-6]形式简单，它的优点是不增加问题的自由度，不需要引入额外的变量，修正泛函的同时还能保持与原泛函相同的极值性质，而且可以和显式数值积分方法求解方程相协调。但是罚函数法存在几个缺点：①罚函数法不能在严格意义上精确满足约束条件，约束条件只能被近似地满足；②罚参数的选取与需要求解的具体优化问题等多种因素相关，在大多数情况下，只能通过反复试验得到合适的罚参数，此外，初始罚参数的选取非常依赖经验，过大的初始罚参数会产生病态矩阵而导致不收敛；③罚函数误差控制主要来源于罚因子的取值，可控性方面不如拉格朗日乘子法。

本章内容为求解具有大量约束的复杂结构不确定量化优化问题。在 1.2 节中提出新的激活和损失罚函数并设计不等式和等式泛函模型，使得在无须引入拉格朗日乘子和松弛变量的情形下将约束优化问题转换成无约束优化问题，最终建立非拉格朗日约束优化方法。基于场景理论和 1.2 节的方法，1.3 节建立场景不确定量化与可靠性设计方法，以求解具有大量约束的复杂结构不确定量化和可靠性优化设计问题。1.4 节及 1.5 节分别给出验证算例和工程应用案例，以验证方法的有效性。

1.1　非拉格朗日优化设计方法

考虑具有 n 个优化变量的非线性约束优化问题：

$$\min \quad f(\boldsymbol{x})$$

$$\text{s.t.} \begin{cases} \boldsymbol{h}_i(\boldsymbol{x})=0, & i=1,2,\cdots,n_h \\ \boldsymbol{g}_j(\boldsymbol{x})\leqslant 0, & j=1,2,\cdots,n_g \end{cases}, \tag{1.1}$$

$$f:\mathbb{R}^n\to\mathbb{R},\quad \boldsymbol{h}:\mathbb{R}^n\to\mathbb{R}^{n_h},\quad \boldsymbol{g}:\mathbb{R}^n\to\mathbb{R}^{n_g}$$

式中：n_h 和 n_g 分别表示等式与不等式约束的维度，经典非线性规划的可行域可表示为

$$\Omega=\{\boldsymbol{x}\in X:\boldsymbol{h}_i(\boldsymbol{x})=0,i\in I,\boldsymbol{g}_j(\boldsymbol{x})\leqslant 0,j\in J\} \tag{1.2}$$

式中：I 和 J 分别表示不等式约束和等式约束的索引集，$X\subset\mathbb{R}^n$ 表示一个非空开集。

令 $\aleph(\boldsymbol{x})=\{j\,|\,\boldsymbol{g}_j(\boldsymbol{x})=0,j\in J\}$ 表示积极不等式约束集，若等式约束和积极不等式约束的梯度 $\{\nabla\boldsymbol{h}_i(\boldsymbol{x}),i\in I,\nabla\boldsymbol{g}_j(\boldsymbol{x}),j\in\aleph(\boldsymbol{x})\}$ 是线性独立的，则解 x 是正则的。

利用拉格朗日乘子法，可将式（1.1）中的约束优化问题转换为无约束优化问题，相应的拉格朗日函数可写为

$$L(\boldsymbol{x})=f(\boldsymbol{x})+\sum_{i=1}^{n_h}\lambda_i\boldsymbol{h}_i(\boldsymbol{x})+\sum_{j=1}^{n_g}\mu_j\boldsymbol{g}_j(\boldsymbol{x}) \tag{1.3}$$

式中：$\boldsymbol{\lambda}_i$ 和 $\boldsymbol{\mu}_j$ 分别为等式约束和不等式约束对应的拉格朗日乘子。

拉格朗日函数可由二阶泰勒展开表示：

$$L(\boldsymbol{x}+\Delta\boldsymbol{x})\approx L(\boldsymbol{x})+\nabla L(\boldsymbol{x})\Delta\boldsymbol{x}+\frac{(\Delta\boldsymbol{x})^{\mathrm{T}}\nabla^2L(\boldsymbol{x})\Delta\boldsymbol{x}}{2} \tag{1.4}$$

式中：$\Delta\boldsymbol{x}$ 表示自变量增量；$(\cdot)^{\mathrm{T}}$ 表示转置。

拉格朗日函数一阶梯度与二阶海森矩阵可分别表述为

$$\nabla L(\boldsymbol{x})=\nabla f(\boldsymbol{x})+\sum_{i=1}^{n_h}\lambda_i\nabla\boldsymbol{h}_i(\boldsymbol{x})+\sum_{j=1}^{n_g}\mu_j\nabla\boldsymbol{g}_j(\boldsymbol{x}) \tag{1.5}$$

$$\nabla^2L(\boldsymbol{x})=\nabla^2f(\boldsymbol{x})+\sum_{i=1}^{n_h}\lambda_i\nabla^2\boldsymbol{h}_i(\boldsymbol{x})+\sum_{j=1}^{n_g}\mu_j\nabla^2\boldsymbol{g}_j(\boldsymbol{x}) \tag{1.6}$$

假设约束函数与目标函数连续可微，则式（1.5）的一阶最优条件为$\nabla L(\boldsymbol{x})=0$。

定理1　Karush-Kuhn-Tucker（KKT）必要条件

设 $\boldsymbol{x}^*\in\mathbb{R}^n$是式（1.1）的一个局部正则解。对偶向量 $\boldsymbol{\lambda}^*\in\mathbb{R}^{n_h}$，$\boldsymbol{\mu}^*\in\mathbb{R}^{n_g}$的分量 λ_i^* 和μ_j^* 在点（$\boldsymbol{x}^*,\boldsymbol{\lambda}^*,\boldsymbol{\mu}^*$）处满足 KKT 条件[6,8-9]：

$$\begin{aligned}
&\nabla f(\boldsymbol{x}^*)+\sum_{i=1}^{n_h}\lambda_i^*\nabla\boldsymbol{h}_i(\boldsymbol{x}^*)+\sum_{j=1}^{n_g}\mu_j^*\nabla\boldsymbol{g}_j(\boldsymbol{x}^*)=\boldsymbol{0}\\
&\boldsymbol{h}_i(\boldsymbol{x}^*)=\boldsymbol{0},\quad i\in I\\
&\boldsymbol{g}_j(\boldsymbol{x}^*)\leqslant\boldsymbol{0},\quad j\in J\\
&\mu_j^*\geqslant 0,\quad j\in J\\
&\mu_j^*\boldsymbol{g}_j(\boldsymbol{x}^*)=\boldsymbol{0},\quad j\in J
\end{aligned} \tag{1.7}$$

如果目标函数与约束都是二阶可微的，则有

$$\boldsymbol{d}^{\mathrm{T}}\nabla^2L(\boldsymbol{x}^*)\boldsymbol{d}\geqslant\boldsymbol{0} \tag{1.8}$$

对向量 $\boldsymbol{d}\in\mathbb{R}^n$有

$$\begin{aligned}
&[\nabla\boldsymbol{h}_i(\boldsymbol{x}^*)]^{\mathrm{T}}\boldsymbol{d}=\boldsymbol{0},\ \text{for all } j\in I\\
&[\nabla\boldsymbol{g}_j(\boldsymbol{x}^*)]^{\mathrm{T}}\boldsymbol{d}=\boldsymbol{0},\ \text{for all } j\in\aleph(\boldsymbol{x}^*)\ \text{with } \mu_j^*>0\\
&[\nabla\boldsymbol{g}_j(\boldsymbol{x}^*)]^{\mathrm{T}}\boldsymbol{d}\leqslant\boldsymbol{0},\ \text{for all } j\in\aleph(\boldsymbol{x}^*)\ \text{with } \mu_j^*=0
\end{aligned} \tag{1.9}$$

式中：$\aleph(\boldsymbol{x}^*)$表示点 $\boldsymbol{x}^*$ 处的积极约束集。

式（1.7）第一式表明$(\boldsymbol{x}^*,\boldsymbol{\lambda}^*,\boldsymbol{\mu}^*)$是拉格朗日函数的一个驻点，式（1.7）第二式和第三式表明优化解是可行点。利用内点法，KKT 最优性条件可表示为 $n+n_h+2n_g$ 维

非线性方程组，包含 $n+n_h+2n_g$ 个未知分量($\boldsymbol{x}^*,\boldsymbol{\lambda}^*,\boldsymbol{\mu}^*$和松弛变量)。

命题 1（二阶充分性条件）

假设目标函数和约束条件均是二阶连续可微的，$\boldsymbol{x}^*\in\mathbb{R}^n$，$\boldsymbol{\lambda}^*\in\mathbb{R}^{n_h}$，$\boldsymbol{\mu}^*\in\mathbb{R}^{n_g}$，满足式（1.7）的 KKT 条件，且

$$\boldsymbol{d}^{\mathrm{T}}\nabla^2 L(\boldsymbol{x}^*,\boldsymbol{\lambda}^*,\boldsymbol{\mu}^*)\boldsymbol{d}>0 \tag{1.10}$$

对 $\forall\boldsymbol{d}\neq 0$ 且满足式（1.9），那么 $\boldsymbol{x}^*$ 为式（1.1）的一个严格局部极小值。

1.1.1　激活函数与损失函数

在本节中，利用拓扑优化惩罚原理，构造新型激活函数和损失函数处理约束优化问题的约束条件。

利用拓扑优化惩罚原理[10-12]，提出表示任意约束函数存在性的激活函数 $\boldsymbol{\chi}(\boldsymbol{x})$ 如下：

$$\Theta[\boldsymbol{\chi}(\boldsymbol{x})]=\mathrm{H}[\boldsymbol{\chi}(\boldsymbol{x})][\boldsymbol{\chi}(\boldsymbol{x})]^{\kappa},\quad \mathrm{H}[\boldsymbol{\chi}(\boldsymbol{x})]=\left\{\frac{\tanh[\beta(\boldsymbol{\chi}(\boldsymbol{x})-t_\rho)]+1}{2}\right\}^p \tag{1.11}$$

式中：κ 是正整数；β 是投影的陡度；p 是拓扑优化惩罚参数，使得 $\mathrm{H}[\boldsymbol{\chi}(\boldsymbol{x})]$的取值为 0 或 1；$t_\rho$ 表示阈值参数。上面正则化 Heaviside 函数的选择并不唯一。可选用正切函数表达 $\mathrm{H}[\boldsymbol{\chi}(\boldsymbol{x})]$。

利用拓扑优化惩罚效应，使 $\mathrm{H}[\boldsymbol{\chi}(\boldsymbol{x})]$趋近 0 或 1。当 $\boldsymbol{\chi}(\boldsymbol{x})$的值大于阈值参数 t_ρ 时，$\boldsymbol{\chi}(\boldsymbol{x})$函数会被激活。特别是当 $\boldsymbol{\chi}(\boldsymbol{x})=x$，$t_\rho=0$ 时，式（1.11）中的激活函数退化为

$$\Theta[x]=\left\{\frac{\tanh[\beta x]+1}{2}\right\}^p x^{\kappa} \tag{1.12}$$

根据 $\Theta[\boldsymbol{\chi}(\boldsymbol{x})]$的定义，当 β 较大且 p 取合适值时，激活函数具有非负性，即

$$\Theta[\boldsymbol{\chi}(\boldsymbol{x})]\geqslant 0 \tag{1.13}$$

当且仅当 $\boldsymbol{\chi}(\boldsymbol{x})\leqslant 0$ 时，$\Theta[\boldsymbol{\chi}(\boldsymbol{x})]=0$。

为便于理解，图 1.1 给出了式（1.11）中函数图像，如图所示，式（1.11）退化成 $\max([\boldsymbol{\chi}(\boldsymbol{x})]^{\kappa},0)$。当 β 逐渐增大时，$\kappa=1$ 时和 $\kappa=2$ 时的导数就变成了 Heaviside 阶跃函数。提出的激活函数是光滑连续的，而 $\max([\boldsymbol{\chi}(\boldsymbol{x})]^{\kappa},0)$存在梯度不连续。

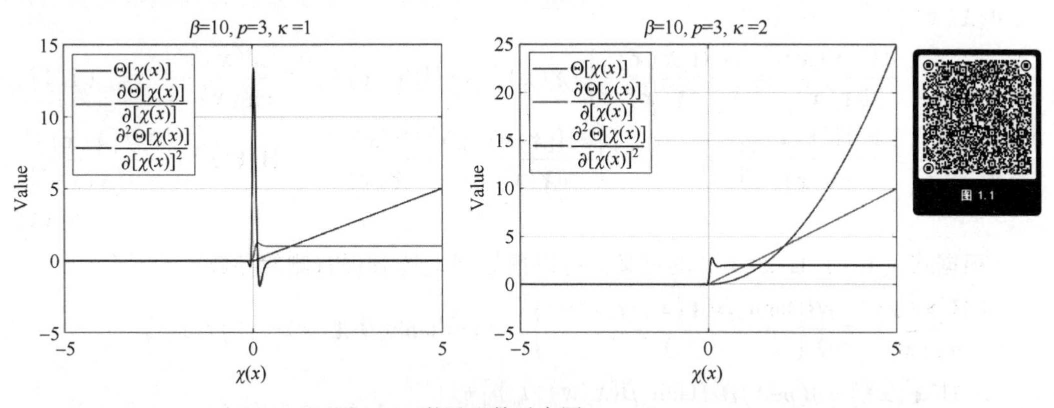

图 1.1　激活函数示意图

在激活函数中考虑$-\boldsymbol{\chi}(\boldsymbol{x})$则可构造判断约束函数可行性的损失函数：

$$\Phi[\boldsymbol{\chi}(\boldsymbol{x})]=\{\mathrm{H}[\boldsymbol{\chi}(\boldsymbol{x})]+(-1)^{\kappa}\mathrm{H}_{\mathrm{neg}}[\boldsymbol{\chi}(\boldsymbol{x})]\}[\boldsymbol{\chi}(\boldsymbol{x})]^{\kappa},$$

$$\mathrm{H}_{\mathrm{neg}}[\boldsymbol{\chi}(\boldsymbol{x})]=\left\{\frac{\tanh[-\beta(\boldsymbol{\chi}(\boldsymbol{x})+t_{\rho})]+1}{2}\right\}^{p} \tag{1.14}$$

上述损失函数是平滑连续函数。$\mathrm{H}_{\mathrm{neg}}[\boldsymbol{h}_i(\boldsymbol{x})]$和$\mathrm{H}[\boldsymbol{\chi}(\boldsymbol{x})]$在0和1之间连续变化，则下式成立：

$$\begin{aligned}&0\leqslant\{\mathrm{H}[\boldsymbol{h}_i(\boldsymbol{x})]+(-1)^{\kappa}\mathrm{H}_{\mathrm{neg}}[\boldsymbol{h}_i(\boldsymbol{x})]\}\leqslant1,\quad \kappa=2,4,\cdots,(\text{偶数})\\&-1\leqslant\{\mathrm{H}[\boldsymbol{h}_i(\boldsymbol{x})]+(-1)^{\kappa}\mathrm{H}_{\mathrm{neg}}[\boldsymbol{h}_i(\boldsymbol{x})]\}\leqslant1,\quad \kappa=1,3,\cdots,(\text{奇数})\end{aligned} \tag{1.15}$$

从上述关系和$\Theta[\boldsymbol{\chi}(\boldsymbol{x})]$定义可知，$\Phi[\boldsymbol{\chi}(\boldsymbol{x})]$是非负复合函数：

$$\Phi[\boldsymbol{\chi}(\boldsymbol{x})]\geqslant0 \tag{1.16}$$

当且仅当$\boldsymbol{\chi}(\boldsymbol{x})=0$时，$\Phi[\boldsymbol{\chi}(\boldsymbol{x})]=0$。

损失函数的图形表示如图1.2所示。当$\boldsymbol{\chi}(\boldsymbol{x})=0$时，损失函数有最小值。当$\kappa=1$时，损失函数退化成绝对值函数。绝对值函数在$\boldsymbol{\chi}(\boldsymbol{x})=0$处是梯度不连续，而提出的损失函数在$\boldsymbol{\chi}(\boldsymbol{x})=0$存在有导数值。当$\kappa=2$时，除原点区域外，二阶导数值等于2。

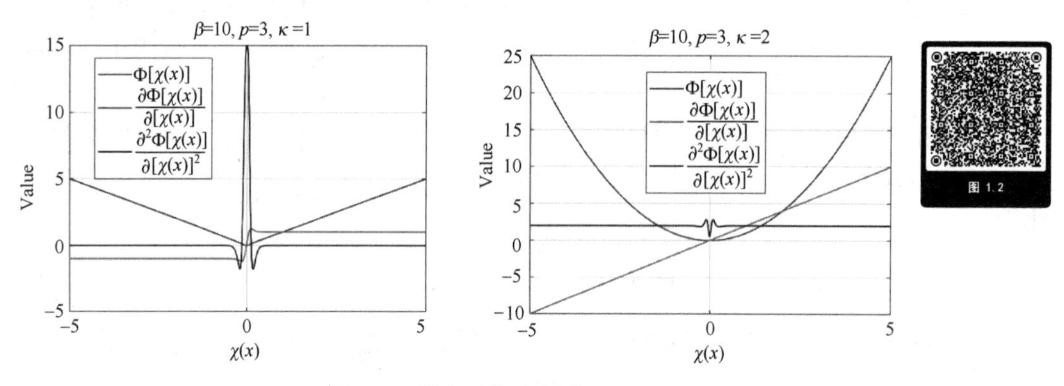

图1.2　损失函数示意图

下面分析提出的激活和损失函数的灵敏度。依据链式法则，可计算$\dfrac{\partial\Theta[\boldsymbol{\chi}(\boldsymbol{x})]}{\partial\boldsymbol{\chi}_l(\boldsymbol{x})}$和$\dfrac{\partial^2\Theta[\boldsymbol{\chi}(\boldsymbol{x})]}{\partial[\boldsymbol{\chi}(\boldsymbol{x})]^2}$：

$$\frac{\partial\Theta[\boldsymbol{\chi}(\boldsymbol{x})]}{\partial\boldsymbol{\chi}(\boldsymbol{x})}=\left\{\frac{\partial\mathrm{H}[\boldsymbol{\chi}(\boldsymbol{x})]}{\partial\boldsymbol{\chi}(\boldsymbol{x})}\right\}[\boldsymbol{\chi}(\boldsymbol{x})]^{\kappa}+\{\mathrm{H}[\boldsymbol{\chi}(\boldsymbol{x})]\}\frac{\partial\{[\boldsymbol{\chi}(\boldsymbol{x})]^{\kappa}\}}{\partial\boldsymbol{\chi}(\boldsymbol{x})} \tag{1.17}$$

$$\frac{\partial^2\Theta[\boldsymbol{\chi}(\boldsymbol{x})]}{\partial[\boldsymbol{\chi}(\boldsymbol{x})]^2}=\left\{\frac{\partial^2\mathrm{H}[\boldsymbol{\chi}(\boldsymbol{x})]}{\partial[\boldsymbol{\chi}(\boldsymbol{x})]^2}\right\}[\boldsymbol{\chi}(\boldsymbol{x})]^{\kappa}+2\left\{\frac{\partial\mathrm{H}[\boldsymbol{\chi}(\boldsymbol{x})]}{\partial\boldsymbol{\chi}(\boldsymbol{x})}\right\}\frac{\partial\{[\boldsymbol{\chi}(\boldsymbol{x})]^{\kappa}\}}{\partial\boldsymbol{\chi}(\boldsymbol{x})}+\{\mathrm{H}[\boldsymbol{\chi}(\boldsymbol{x})]\}\frac{\partial^2\{[\boldsymbol{\chi}(\boldsymbol{x})]^{\kappa}\}}{\partial[\boldsymbol{\chi}(\boldsymbol{x})]^2} \tag{1.18}$$

根据式（1.1）$\mathrm{H}[\boldsymbol{\chi}(\boldsymbol{x})]$的定义，可以推导出上述方程右侧的导数：

$$\frac{\partial\mathrm{H}[\boldsymbol{\chi}(\boldsymbol{x})]}{\partial\boldsymbol{\chi}(\boldsymbol{x})}=\frac{p\beta}{2}\left\{\frac{\tanh[\beta(\boldsymbol{\chi}(\boldsymbol{x})-t_{\rho})]+1}{2}\right\}^{p-1}\{1-[\tanh[\beta(\boldsymbol{\chi}(\boldsymbol{x})-t_{\rho})]]^2\}$$

$$\frac{\partial^2\mathrm{H}[\boldsymbol{\chi}(\boldsymbol{x})]}{\partial[\boldsymbol{\chi}(\boldsymbol{x})]^2}=\frac{p(p-1)\beta^2}{4}\left\{\frac{\tanh[\beta(\boldsymbol{\chi}(\boldsymbol{x})-t_{\rho})]+1}{2}\right\}^{p-2}\{1-[\tanh[\beta(\boldsymbol{\chi}(\boldsymbol{x})-t_{\rho})]]^2\}^2$$

$$-p\beta^2\left\{\frac{\tanh[\beta(\boldsymbol{\chi}(\boldsymbol{x})-t_\rho)]+1}{2}\right\}^{p-1}\tanh[\beta(\boldsymbol{\chi}(\boldsymbol{x})-t_\rho)]\{1-[\tanh[\beta(\boldsymbol{\chi}(\boldsymbol{x})-t_\rho)]]^2\} \quad (1.19)$$

如果β值足够大，则激活函数的梯度值是非负的，即

$$\frac{\partial\Theta[\boldsymbol{\chi}(\boldsymbol{x})]}{\partial\boldsymbol{\chi}(\boldsymbol{x})}=\left\{\frac{\partial \mathrm{H}[\boldsymbol{\chi}(\boldsymbol{x})]}{\partial\boldsymbol{\chi}(\boldsymbol{x})}\right\}[\boldsymbol{\chi}(\boldsymbol{x})]^\kappa+\{\mathrm{H}[\boldsymbol{\chi}(\boldsymbol{x})]\}\frac{\partial\{[\boldsymbol{\chi}(\boldsymbol{x})]^\kappa\}}{\partial\boldsymbol{\chi}(\boldsymbol{x})}\geqslant 0 \quad (1.20)$$

应用链式法则，可以得到$\Phi[\boldsymbol{\chi}(\boldsymbol{x})]$的一阶导数与二阶导数：

$$\begin{aligned}\frac{\partial\Phi[\boldsymbol{\chi}(\boldsymbol{x})]}{\partial\boldsymbol{\chi}(\boldsymbol{x})}=&\left\{\frac{\partial \mathrm{H}[\boldsymbol{\chi}(\boldsymbol{x})]}{\partial\boldsymbol{\chi}(\boldsymbol{x})}+(-1)^\kappa\frac{\partial \mathrm{H}_{\mathrm{neg}}[\boldsymbol{\chi}(\boldsymbol{x})]}{\partial\boldsymbol{\chi}(\boldsymbol{x})}\right\}[\boldsymbol{\chi}(\boldsymbol{x})]^\kappa+\\&\{\mathrm{H}[\boldsymbol{\chi}(\boldsymbol{x})]+(-1)^\kappa\mathrm{H}_{\mathrm{neg}}[\boldsymbol{\chi}(\boldsymbol{x})]\}\frac{\partial\{[\boldsymbol{\chi}(\boldsymbol{x})]^\kappa\}}{\partial\boldsymbol{\chi}(\boldsymbol{x})}\end{aligned} \quad (1.21)$$

$$\begin{aligned}\frac{\partial^2\Phi[\boldsymbol{\chi}(\boldsymbol{x})]}{\partial[\boldsymbol{\chi}(\boldsymbol{x})]^2}=&\left\{\frac{\partial^2 \mathrm{H}[\boldsymbol{\chi}(\boldsymbol{x})]}{\partial[\boldsymbol{\chi}(\boldsymbol{x})]^2}+(-1)^\kappa\frac{\partial^2 \mathrm{H}_{\mathrm{neg}}[\boldsymbol{\chi}(\boldsymbol{x})]}{\partial[\boldsymbol{\chi}(\boldsymbol{x})]^2}\right\}[\boldsymbol{\chi}(\boldsymbol{x})]^\kappa+\\&2\left\{\frac{\partial \mathrm{H}[\boldsymbol{\chi}(\boldsymbol{x})]}{\partial\boldsymbol{\chi}(\boldsymbol{x})}+(-1)^\kappa\frac{\partial \mathrm{H}_{\mathrm{neg}}[\boldsymbol{\chi}(\boldsymbol{x})]}{\partial\boldsymbol{\chi}(\boldsymbol{x})}\right\}\frac{\partial\{[\boldsymbol{\chi}(\boldsymbol{x})]^\kappa\}}{\partial\boldsymbol{\chi}(\boldsymbol{x})}+\\&\{\mathrm{H}[\boldsymbol{\chi}(\boldsymbol{x})]+(-1)^\kappa\mathrm{H}_{\mathrm{neg}}[\boldsymbol{\chi}(\boldsymbol{x})]\}\frac{\partial^2\{[\boldsymbol{\chi}(\boldsymbol{x})]^\kappa\}}{\partial[\boldsymbol{\chi}(\boldsymbol{x})]^2}\end{aligned} \quad (1.22)$$

$\mathrm{H}_{\mathrm{neg}}[\boldsymbol{\chi}(\boldsymbol{x})]$的导数为

$$\frac{\partial \mathrm{H}_{\mathrm{neg}}[\boldsymbol{\chi}(\boldsymbol{x})]}{\partial\boldsymbol{\chi}(\boldsymbol{x})}=-\frac{p\beta}{2}\left\{\frac{\tanh[-\beta(\boldsymbol{\chi}(\boldsymbol{x})+t_\rho)]+1}{2}\right\}^{p-1}\{1-[\tanh[-\beta(\boldsymbol{\chi}(\boldsymbol{x})+t_\rho)]]^2\}$$

$$\begin{aligned}\frac{\partial^2 \mathrm{H}_{\mathrm{neg}}[\boldsymbol{\chi}(\boldsymbol{x})]}{\partial[\boldsymbol{\chi}(\boldsymbol{x})]^2}=&\frac{p(p-1)\beta^2}{4}\left\{\frac{\tanh[-\beta(\boldsymbol{\chi}(\boldsymbol{x})+t_\rho)]+1}{2}\right\}^{p-2}\{1-[\tanh[-\beta(\boldsymbol{\chi}(\boldsymbol{x})+t_\rho)]]^2\}^2\\&-p\beta^2\left\{\frac{\tanh[-\beta(\boldsymbol{\chi}(\boldsymbol{x})+t_\rho)]+1}{2}\right\}^{p-1}\tanh[-\beta(\boldsymbol{\chi}(\boldsymbol{x})+t_\rho)]\{1-[\tanh[-\beta(\boldsymbol{\chi}(\boldsymbol{x})+t_\rho)]]^2\}\end{aligned} \quad (1.23)$$

根据上述方程，当β, p 和 κ 取合适的值时（如$\beta=10$，$p=3$，$\kappa=2$），有

$$\frac{\partial^2\Theta[\boldsymbol{\chi}(\boldsymbol{x})]}{\partial[\boldsymbol{\chi}(\boldsymbol{x})]^2}\geqslant 0,\quad \frac{\partial^2\Phi[\boldsymbol{\chi}(\boldsymbol{x})]}{\partial[\boldsymbol{\chi}(\boldsymbol{x})]^2}\geqslant 0 \quad (1.24)$$

将 Heaviside 函数与拓扑优化惩罚原理相结合，构造复合激活函数，用来表示约束违反程度的损失函数。

1.1.2　光滑精确罚函数法

本节提出的方法是处理约束的基本工具，在式（1.1）中用$\boldsymbol{g}_j(\boldsymbol{x})$替换$\boldsymbol{\chi}(\boldsymbol{x})$，可得到处理不等式约束的损失函数：

$$\Theta[\boldsymbol{g}_j(\boldsymbol{x})]=\mathrm{H}[\boldsymbol{g}_j(\boldsymbol{x})][\boldsymbol{g}_j(\boldsymbol{x})]^\kappa \quad (1.25)$$

将$\boldsymbol{h}_i(\boldsymbol{x})=0$改写成$-\boldsymbol{h}_i(\boldsymbol{x})\leqslant 0$，$\boldsymbol{h}_i(\boldsymbol{x})\leqslant 0$，利用上式便可得到等式约束函数的损失函数：

$$\Phi[\boldsymbol{h}_i(\boldsymbol{x})]=\{\mathrm{H}[\boldsymbol{h}_i(\boldsymbol{x})]+(-1)^\kappa\mathrm{H}_{\mathrm{neg}}[\boldsymbol{h}_i(\boldsymbol{x})]\}[\boldsymbol{h}_i(\boldsymbol{x})]^\kappa \quad (1.26)$$

$\Phi[\boldsymbol{h}_i(\boldsymbol{x})]$用来衡量约束违反的程度。提出的损失函数在可行域$\Omega$内为0，在可行域$\Omega$外大于零。

通过对每个约束违反度求和，利用损失函数可得到罚函数，即

$$P(\boldsymbol{x}) = \sum_{i=1}^{n_h} \Phi[\boldsymbol{h}_i(\boldsymbol{x})] + \sum_{j=1}^{n_g} \Theta[\boldsymbol{g}_j(\boldsymbol{x})] \tag{1.27}$$

通过式（1.27）可分析解向量的总约束违反程度，进而构造微分罚函数如下：

$$\min_{\boldsymbol{x} \in \mathbb{R}^n} F(\boldsymbol{x}) = f(\boldsymbol{x}) + \tau P(\boldsymbol{x}) \tag{1.28}$$

式中：τ 表示惩罚参数。

罚函数 $P(\boldsymbol{x})$ 无须引入对偶变量和松弛变量，具有良好的平滑性。每个损失函数对不同约束都有各自的权重，等式约束 $\boldsymbol{h}_i(\boldsymbol{x})$ 有权重 $\{\mathrm{H}[\boldsymbol{h}_i(\boldsymbol{x})] + (-1)^{\kappa}\mathrm{H}_{\mathrm{neg}}[\boldsymbol{h}_i(\boldsymbol{x})]\}$。激活函数 $\Theta[\boldsymbol{g}_j(\boldsymbol{x})]$ 中的 $\mathrm{H}[\boldsymbol{g}_j(\boldsymbol{x})]$ 对应第 j 个不等式约束 $\boldsymbol{g}_j(\boldsymbol{x})$ 的权重。利用每个约束不同的权重，根据约束违反的程度调整优化方向。需要指出的是，L1 精确惩罚函数只是式（1.28）的特例（$\kappa=1$，p 取适当值，β 充分大）。

命题 2

假设 $\boldsymbol{x}^F$ 是式（1.28）优化问题的最优解，则对 $\forall \boldsymbol{x} \in \Omega$，以下关系成立：

$$f(\boldsymbol{x}^F) \leqslant f(\boldsymbol{x}) \tag{1.29}$$

证明：若 $\boldsymbol{x}^F$ 是式（1.28）的最优解，那么有下式成立：

$$F(\boldsymbol{x}^F) \leqslant F(\boldsymbol{x}) \tag{1.30}$$

利用式（1.27）和式（1.28），可得

$$F(\boldsymbol{x}^F) = f(\boldsymbol{x}^F) + \tau P(\boldsymbol{x}^F) \leqslant F(\boldsymbol{x}) = f(\boldsymbol{x}) + \tau P(\boldsymbol{x}) \tag{1.31}$$

对所有可行点 $\boldsymbol{x} \in \Omega$，满足式（1.13）和式（1.16）中的关系：$P(\boldsymbol{x}) = 0$，因此，下式成立：

$$f(\boldsymbol{x}^F) + \tau P(\boldsymbol{x}^F) \leqslant f(\boldsymbol{x}) \tag{1.32}$$

考虑到 $P(\boldsymbol{x}^F) \geqslant 0$，因此，命题得证。

定理 2

对于任意 $\tau > \tau^F$，假设 $\boldsymbol{x}^F$ 是 $F(\boldsymbol{x})$ 的一个驻点，$\boldsymbol{x}^F$ 也是原非线性规划问题的最优解。

证明：利用反证法，先假设上述命题不成立，$\boldsymbol{x}^F$ 不是可行点。根据 $P(\boldsymbol{x}^F)$ 的定义可知，以下关系成立：

$$P(\boldsymbol{x}^F) = \left\{ \sum_{i=1}^{n_h} \Phi[\boldsymbol{h}_i(\boldsymbol{x}^F)] + \sum_{j=1}^{n_g} \Theta[\boldsymbol{g}_j(\boldsymbol{x}^F)] \right\} > 0 \tag{1.33}$$

所有可行点 $\boldsymbol{x}$ 满足式（1.30）和式（1.31），即

$$F(\boldsymbol{x}^F) = f(\boldsymbol{x}^F) + \tau P(\boldsymbol{x}^F) \leqslant F(\boldsymbol{x}) = f(\boldsymbol{x}) + \tau P(\boldsymbol{x}) \tag{1.34}$$

设 $\tilde{\boldsymbol{x}}$ 为式（1.1）的所有可行解。将 $\boldsymbol{x} = \tilde{\boldsymbol{x}}$ 代入式（1.34）中，得到以下关系：

$$F(\boldsymbol{x}^F) = f(\boldsymbol{x}^F) + \tau P(\boldsymbol{x}^F) \leqslant F(\tilde{\boldsymbol{x}}) = f(\tilde{\boldsymbol{x}}) + \tau P(\tilde{\boldsymbol{x}}) \tag{1.35}$$

根据 $F(\boldsymbol{x})$ 的定义，设 τ 满足

$$\tau > \max\left\{ \frac{f(\tilde{\boldsymbol{x}}) - f(\boldsymbol{x}^F)}{P(\boldsymbol{x}^F)}, \tau^F \right\} \tag{1.36}$$

式中：τ^F 代表足够大的正数。

利用式（1.33）和式（1.36）可得

$$\tau P(\boldsymbol{x}^F) > f(\tilde{\boldsymbol{x}}) - f(\boldsymbol{x}^F) \tag{1.37}$$

注意到 $P(\tilde{\boldsymbol{x}}) = 0$，则下式成立：

$$f(\boldsymbol{x}^F) + \tau P_t(\boldsymbol{x}^F) > f(\tilde{\boldsymbol{x}}) + \tau P_t(\tilde{\boldsymbol{x}}) \tag{1.38}$$

式（1.38）表明

$$F(\boldsymbol{x}^F) > F(\tilde{\boldsymbol{x}}) \tag{1.39}$$

式（1.39）和式（1.34）的结果相矛盾。因此，命题得证。

定理 3

假设 $\boldsymbol{x}^*$ 是原始约束优化问题的局部最小值，τ 大于有限阈值时，$\boldsymbol{x}^*$ 也是式（1.28）的最优解。

证明：$\boldsymbol{x}^*$ 是式（1.1）的最小值，则下式成立：

$$f(\boldsymbol{x}^*) \leqslant f(\boldsymbol{x}) \tag{1.40}$$

如果 β 足够大，那么 $P(\boldsymbol{x}^*)=0$。

在式（1.40）的右侧添加非负项 $P(\boldsymbol{x})$，得

$$f(\boldsymbol{x}^*) + \tau P(\boldsymbol{x}^*) = f(\boldsymbol{x}^*) \leqslant f(\boldsymbol{x}) + \tau P(\boldsymbol{x}) \tag{1.41}$$

考虑到上述关系以及 $F(\boldsymbol{x})$ 的定义，有

$$F(\boldsymbol{x}^*) \leqslant F(\boldsymbol{x}) \tag{1.42}$$

命题得证。

当 τ 大于有限阈值时，式（1.1）中的 KKT 点对应于式（1.28）中的驻点，因此所提出的惩罚函数是精确的。

$F(\boldsymbol{x})$ 的梯度与海森矩阵可通过下式计算：

$$\nabla F(\boldsymbol{x}) = \nabla f(\boldsymbol{x}) + \tau \left\{ \sum_{i=1}^{n_h} \frac{\partial \Phi[\boldsymbol{h}_i(\boldsymbol{x})]}{\partial \boldsymbol{h}_i(\boldsymbol{x})} \nabla \boldsymbol{h}_i(\boldsymbol{x}) + \sum_{j=1}^{n_g} \frac{\partial \Theta[\boldsymbol{g}_j(\boldsymbol{x})]}{\partial \boldsymbol{g}_j(\boldsymbol{x})} \nabla \boldsymbol{g}_j(\boldsymbol{x}) \right\} \tag{1.43}$$

$$\begin{aligned}\nabla^2 F(\boldsymbol{x}) = {} & \nabla^2 f(\boldsymbol{x}) + \tau \left\{ \sum_{i=1}^{n_h} \frac{\partial \Phi[\boldsymbol{h}_i(\boldsymbol{x})]}{\partial \boldsymbol{h}_i(\boldsymbol{x})} \nabla^2 \boldsymbol{h}_i(\boldsymbol{x}) + \sum_{j=1}^{n_g} \frac{\partial \Theta[\boldsymbol{g}_j(\boldsymbol{x})]}{\partial \boldsymbol{g}_j(\boldsymbol{x})} \nabla^2 \boldsymbol{g}_j(\boldsymbol{x}) \right\} \\ & + \tau \left\{ \sum_{i=1}^{n_h} \frac{\partial^2 \Phi[\boldsymbol{h}_i(\boldsymbol{x})]}{\partial [\boldsymbol{h}_i(\boldsymbol{x})]^2} \nabla \boldsymbol{h}_i(\boldsymbol{x}) [\nabla \boldsymbol{h}_i(\boldsymbol{x})]^{\mathrm{T}} + \sum_{j=1}^{n_g} \frac{\partial^2 \Theta[\boldsymbol{g}_j(\boldsymbol{x})]}{\partial [\boldsymbol{g}_j(\boldsymbol{x})]^2} \nabla \boldsymbol{g}_j(\boldsymbol{x}) [\nabla \boldsymbol{g}_j(\boldsymbol{x})]^{\mathrm{T}} \right\}\end{aligned} \tag{1.44}$$

式（1.44）包含三项，第一项是二阶的，第二个求和项是二阶的，但与 $\dfrac{\partial \Phi[\boldsymbol{h}_i(\boldsymbol{x})]}{\partial \boldsymbol{h}_i(\boldsymbol{x})}$ 和 $\dfrac{\partial \Theta[\boldsymbol{g}_j(\boldsymbol{x})]}{\partial \boldsymbol{g}_j(\boldsymbol{x})}$ 有关。第三个求和项与 $\dfrac{\partial^2 \Phi[\boldsymbol{h}_i(\boldsymbol{x})]}{\partial [\boldsymbol{h}_i(\boldsymbol{x})]^2}$ 和 $\dfrac{\partial^2 \Theta[\boldsymbol{g}_j(\boldsymbol{x})]}{\partial [\boldsymbol{g}_j(\boldsymbol{x})]^2}$ 有关，是约束函数的一阶导数项。

从式（1.6）中很容易得出，经典拉格朗日-海森矩阵中只包含二阶偏导数，不存在与等式约束和不等式约束相关的一阶导数项。本节推导出一种海森矩阵表达式，用一阶导数项和部分二阶导数项的和表示。

本节方法的一个优点是只需解 n 维非线性方程（而不是内点法的拉格朗日主对偶系统的 $n+n_h+2n_g$ 维方程）；另一个优点是 $\nabla^2 F(\boldsymbol{x})$ 矩阵在 τ 取适当值时是可逆的，而 $\nabla^2 L(\boldsymbol{x})$ 矩阵是不可逆的。

原约束优化问题被简化为具有平滑性目标函数的无约束优化问题。下面，可以从式（1.44）中推断出一个性质。

推论 1

假设 $f(\boldsymbol{x})$ 和 $\boldsymbol{g}_j(\boldsymbol{x})$ 都是凸函数，所有的等式约束都是线性函数。$f(\boldsymbol{x})$，$\boldsymbol{g}_j(\boldsymbol{x})$ 和

$\boldsymbol{h}_i(\boldsymbol{x})$都至少是两次连续可微的。那么$\nabla^2 F(\boldsymbol{x})$是半正定的，即下式成立：

$$\boldsymbol{d}^{\mathrm{T}} \nabla^2 F(\boldsymbol{x}) \boldsymbol{d} \geqslant 0 \tag{1.45}$$

证明：设$\boldsymbol{d}$为n维非零向量。考虑到式（1.44），$\boldsymbol{d}^{\mathrm{T}} \nabla^2 F(\boldsymbol{x}) \boldsymbol{d}$可表述为

$$\begin{aligned}\boldsymbol{d}^{\mathrm{T}} \nabla^2 F(\boldsymbol{x}) \boldsymbol{d} = {} & \boldsymbol{d}^{\mathrm{T}} \nabla^2 f(\boldsymbol{x}) \boldsymbol{d} + \tau\left\{\sum_{i=1}^{n_h} \frac{\partial \Phi[\boldsymbol{h}_i(\boldsymbol{x})]}{\partial \boldsymbol{h}_i(\boldsymbol{x})} \boldsymbol{d}^{\mathrm{T}} \nabla^2 \boldsymbol{h}_i(\boldsymbol{x}) \boldsymbol{d} + \sum_{j=1}^{n_g} \frac{\partial \Theta[\boldsymbol{g}_j(\boldsymbol{x})]}{\partial \boldsymbol{g}_j(\boldsymbol{x})} \boldsymbol{d}^{\mathrm{T}} \nabla^2 \boldsymbol{g}_j(\boldsymbol{x}) \boldsymbol{d}\right\} \\ & + \tau\left\{\sum_{i=1}^{n_h} \frac{\partial^2 \Phi[\boldsymbol{h}_i(\boldsymbol{x})]}{\partial[\boldsymbol{h}_i(\boldsymbol{x})]^2}[\boldsymbol{d}^{\mathrm{T}} \nabla \boldsymbol{h}_i(\boldsymbol{x})[\nabla \boldsymbol{h}_i(\boldsymbol{x})]^{\mathrm{T}} \boldsymbol{d}] + \sum_{j=1}^{n_g} \frac{\partial^2 \Theta[\boldsymbol{g}_j(\boldsymbol{x})]}{\partial[\boldsymbol{g}_j(\boldsymbol{x})]^2}[\boldsymbol{d}^{\mathrm{T}} \nabla \boldsymbol{g}_j(\boldsymbol{x})[\nabla \boldsymbol{g}_j(\boldsymbol{x})]^{\mathrm{T}} \boldsymbol{d}]\right\}\end{aligned} \tag{1.46}$$

式中一阶导数相关部分有以下关系成立：

$$\boldsymbol{d}^{\mathrm{T}} \nabla \boldsymbol{h}_i(\boldsymbol{x})[\nabla \boldsymbol{h}_i(\boldsymbol{x})]^{\mathrm{T}} \boldsymbol{d} = \|[\nabla \boldsymbol{h}_i(\boldsymbol{x})]^{\mathrm{T}} \boldsymbol{d}\|_2^2 \geqslant 0 \tag{1.47}$$

$$\boldsymbol{d}^{\mathrm{T}} \nabla \boldsymbol{g}_j(\boldsymbol{x})[\nabla \boldsymbol{g}_j(\boldsymbol{x})]^{\mathrm{T}} \boldsymbol{d} = \|[\nabla \boldsymbol{g}_j(\boldsymbol{x})]^{\mathrm{T}} \boldsymbol{d}\|_2^2 \geqslant 0 \tag{1.48}$$

将上述方程代入到式（1.46）中，则式（1.46）中的最后一项为非负数：

$$\begin{aligned}& \left\{\sum_{i=1}^{n_h} \frac{\partial^2 \Phi[\boldsymbol{h}_i(\boldsymbol{x})]}{\partial[\boldsymbol{h}_i(\boldsymbol{x})]^2}[\boldsymbol{d}^{\mathrm{T}} \nabla \boldsymbol{h}_i(\boldsymbol{x})[\nabla \boldsymbol{h}_i(\boldsymbol{x})]^{\mathrm{T}} \boldsymbol{d}] + \sum_{j=1}^{n_g} \frac{\partial^2 \Theta[\boldsymbol{g}_j(\boldsymbol{x})]}{\partial[\boldsymbol{g}_j(\boldsymbol{x})]^2}[\boldsymbol{d}^{\mathrm{T}} \nabla \boldsymbol{g}_j(\boldsymbol{x})[\nabla \boldsymbol{g}_j(\boldsymbol{x})]^{\mathrm{T}} \boldsymbol{d}]\right\} \\ = & \left\{\sum_{i=1}^{n_h} \frac{\partial^2 \Phi[\boldsymbol{h}_i(\boldsymbol{x})]}{\partial[\boldsymbol{h}_i(\boldsymbol{x})]^2}\|[\nabla \boldsymbol{h}_i(\boldsymbol{x})]^{\mathrm{T}} \boldsymbol{d}\|_2^2 + \sum_{j=1}^{n_g} \frac{\partial^2 \Theta[\boldsymbol{g}_j(\boldsymbol{x})]}{\partial[\boldsymbol{g}_j(\boldsymbol{x})]^2}\|[\nabla \boldsymbol{g}_j(\boldsymbol{x})]^{\mathrm{T}} \boldsymbol{d}\|_2^2\right\} \geqslant 0\end{aligned} \tag{1.49}$$

如果$\boldsymbol{h}_i(\boldsymbol{x})$是线性等式约束，则$\nabla^2 \boldsymbol{h}_i(\boldsymbol{x}) = \boldsymbol{0}$。如果$f(\boldsymbol{x})$和$\boldsymbol{g}_j(\boldsymbol{x})$为凸函数，那么下式成立：

$$\boldsymbol{d}^{\mathrm{T}} \nabla^2 f(\boldsymbol{x}) \boldsymbol{d} \geqslant 0, \quad \boldsymbol{d}^{\mathrm{T}} \nabla^2 \boldsymbol{g}_j(\boldsymbol{x}) \boldsymbol{d} \geqslant 0 \tag{1.50}$$

考虑到式（1.20）和式（1.24），那么下式成立：

$$\frac{\partial^2 \Phi[\boldsymbol{h}_i(\boldsymbol{x})]}{\partial[\boldsymbol{h}_i(\boldsymbol{x})]^2}, \frac{\partial^2 \Theta[\boldsymbol{g}_j(\boldsymbol{x})]}{\partial[\boldsymbol{g}_j(\boldsymbol{x})]^2}, \frac{\partial \Theta[\boldsymbol{g}_j(\boldsymbol{x})]}{\partial \boldsymbol{g}_j(\boldsymbol{x})} \geqslant 0 \tag{1.51}$$

综合上述分析结果，可得到不等式

$$\begin{aligned}\boldsymbol{d}^{\mathrm{T}} \nabla^2 F(\boldsymbol{x}) \boldsymbol{d} = {} & \boldsymbol{d}^{\mathrm{T}} \nabla^2 f(\boldsymbol{x}) \boldsymbol{d} + \tau\left\{\sum_{j=1}^{n_g} \frac{\partial \Theta[\boldsymbol{g}_j(\boldsymbol{x})]}{\partial \boldsymbol{g}_j(\boldsymbol{x})} \boldsymbol{d}^{\mathrm{T}} \nabla^2 \boldsymbol{g}_j(\boldsymbol{x}) d\right\} \\ & + \tau\left\{\sum_{i=1}^{n_h} \frac{\partial^2 \Phi[\boldsymbol{h}_i(\boldsymbol{x})]}{\partial[\boldsymbol{h}_i(\boldsymbol{x})]^2}\|[\nabla \boldsymbol{h}_i(\boldsymbol{x})]^{\mathrm{T}} \boldsymbol{d}\|_2^2 + \right. \\ & \left. \sum_{j=1}^{n_g} \frac{\partial^2 \Theta[\boldsymbol{g}_j(\boldsymbol{x})]}{\partial[\boldsymbol{g}_j(\boldsymbol{x})]^2}\|[\nabla \boldsymbol{g}_j(\boldsymbol{x})]^{\mathrm{T}} \boldsymbol{d}\|_2^2\right\} \geqslant 0\end{aligned} \tag{1.52}$$

上述求和中的每个项都是非负数。定理得证。

当等式约束函数$\boldsymbol{h}_i(\boldsymbol{x})$是非线性函数时，$F(\boldsymbol{x})$函数性质很复杂。当$\tau$足够大时，只要$F(\boldsymbol{x})$的二阶导数满足非负性，式（1.28）中定义的罚函数就是凸函数。

利用拓扑优化原理，并结合平滑 Heaviside 函数，设计了可用于判断约束违反程度的损失函数。原来的约束优化问题转换成一个无约束优化问题。根据约束违反程度，自动调整各个惩罚项，可用于研究非平滑和非凸约束优化问题。

利用内点法，式（1.1）的 KKT 最优条件可以表示为$n+n_h+2n_g$个方程，其中有$n+n_h+2n_g$个未知量和$2n_g$个额外约束。未知变量的数量与约束的数量呈线性关系。相反，利用提出的激活函数和损失函数，构造无对偶和松弛变量及额外约束的精确罚函数，未

知变量和非线性方程的数量与约束的数量无关。

1.1.3　最优性条件

下面推导式（1.28）的一阶和二阶最优性条件，并分析罚函数的最优性条件与原始约束优化问题的 KKT 条件之间的关系。利用式（1.43）和式（1.44），可得到一阶和二阶最优性条件。

引理 1

考虑两阶连续可导函数 $F(\boldsymbol{x})$的无约束最小值问题。设 $\boldsymbol{x}^F$ 是 $F(\boldsymbol{x})$的无约束最优化问题的一个局部最优解，则有

$$\nabla F(\boldsymbol{x}^F)=\nabla f(\boldsymbol{x}^F)+\tau\left\{\sum_{i=1}^{n_h}\frac{\partial\Phi[\boldsymbol{h}_i(\boldsymbol{x}^F)]}{\partial\boldsymbol{h}_i(\boldsymbol{x}^F)}\nabla\boldsymbol{h}_i(\boldsymbol{x}^F)+\sum_{j=1}^{n_g}\frac{\partial\Theta[\boldsymbol{g}_j(\boldsymbol{x}^F)]}{\partial\boldsymbol{g}_j(\boldsymbol{x}^F)}\nabla\boldsymbol{g}_j(\boldsymbol{x}^F)\right\}=0 \tag{1.53}$$

且$\nabla^2F(\boldsymbol{x}^F)$是半正定的。

若$\nabla F(\boldsymbol{x}^F)=0$且$\nabla^2F(\boldsymbol{x}^F)$是正定的，那么 $\boldsymbol{x}^F$ 是 $F(\boldsymbol{x})$的局部最优解。

下面，讨论传统 KKT 与引理 1 所述最优性条件之间的关系。从定理 3 可知，如果 $\boldsymbol{x}^*$ 是原始优化问题的局部最优解，则由式（1.53）可得

$$\nabla F(\boldsymbol{x}^*)=\nabla f(\boldsymbol{x}^*)+\tau\left\{\sum_{i=1}^{n_h}\frac{\partial\Phi[\boldsymbol{h}_i(\boldsymbol{x}^*)]}{\partial\boldsymbol{h}_i(\boldsymbol{x}^*)}\nabla\boldsymbol{h}_i(\boldsymbol{x}^*)+\sum_{j=1}^{n_g}\frac{\partial\Theta[\boldsymbol{g}_j(\boldsymbol{x}^*)]}{\partial\boldsymbol{g}_j(\boldsymbol{x}^*)}\nabla\boldsymbol{g}_j(\boldsymbol{x}^*)\right\}=0 \tag{1.54}$$

比较式（1.7）的第一个等式和式（1.54），可得到如下关系：

$$\lambda_i^*=\tau\frac{\partial\Phi[\boldsymbol{h}_i(\boldsymbol{x}^*)]}{\partial\boldsymbol{h}_i(\boldsymbol{x}^*)},\quad \mu_j^*=\tau\frac{\partial\Theta[\boldsymbol{g}_j(\boldsymbol{x}^*)]}{\partial\boldsymbol{g}_j(\boldsymbol{x}^*)} \tag{1.55}$$

在式（1.17）用$\boldsymbol{g}_j(\boldsymbol{x})$替换$\boldsymbol{\chi}(\boldsymbol{x})$，得

$$\frac{\partial\Theta[\boldsymbol{g}_j(\boldsymbol{x})]}{\partial\boldsymbol{g}_j(\boldsymbol{x})}=\left\{\frac{\partial\mathrm{H}[\boldsymbol{g}_j(\boldsymbol{x})]}{\partial\boldsymbol{g}_j(\boldsymbol{x})}\right\}[\boldsymbol{g}_j(\boldsymbol{x})]^{\kappa}+\kappa\{\mathrm{H}[\boldsymbol{g}_j(\boldsymbol{x})]\}[\boldsymbol{g}_j(\boldsymbol{x})]^{\kappa-1} \tag{1.56}$$

式（1.56）的两边同乘以$\boldsymbol{g}_j(\boldsymbol{x})$，得

$$\begin{aligned}\frac{\partial\Theta[\boldsymbol{g}_j(\boldsymbol{x})]}{\partial\boldsymbol{g}_j(\boldsymbol{x})}\boldsymbol{g}_j(\boldsymbol{x})&=\left\{\frac{\partial\mathrm{H}[\boldsymbol{g}_j(\boldsymbol{x})]}{\partial\boldsymbol{g}_j(\boldsymbol{x})}\right\}[\boldsymbol{g}_j(\boldsymbol{x})]^{\kappa+1}+\{\mathrm{H}[\boldsymbol{g}_j(\boldsymbol{x})]\}\frac{\partial\{[\boldsymbol{g}_j(\boldsymbol{x})]^{\kappa}\}}{\partial\boldsymbol{g}_j(\boldsymbol{x})}\boldsymbol{g}_j(\boldsymbol{x})\\&=\left\{\frac{\partial\mathrm{H}[\boldsymbol{g}_j(\boldsymbol{x})]}{\partial\boldsymbol{g}_j(\boldsymbol{x})}\right\}[\boldsymbol{g}_j(\boldsymbol{x})]^{\kappa+1}+\kappa\{\mathrm{H}[\boldsymbol{g}_j(\boldsymbol{x})]\}[\boldsymbol{g}_j(\boldsymbol{x})]^{\kappa}\end{aligned} \tag{1.57}$$

当$\boldsymbol{g}_j(\boldsymbol{x})>0$时，上式右侧大于零。

当且仅当$\boldsymbol{g}_j(\boldsymbol{x})\leqslant 0$时，$\dfrac{\partial\Theta[\boldsymbol{g}_j(\boldsymbol{x})]}{\partial\boldsymbol{g}_j(\boldsymbol{x})}=0$，$\dfrac{\partial\Theta[\boldsymbol{g}_j(\boldsymbol{x})]}{\partial\boldsymbol{g}_j(\boldsymbol{x})}\boldsymbol{g}_j(\boldsymbol{x})=0$。

考虑到下式的非负性：

$$\frac{\partial\mathrm{H}[\boldsymbol{g}_j(\boldsymbol{x})]}{\partial\boldsymbol{g}_j(\boldsymbol{x})}=\frac{p\beta}{2}\left\{\frac{\tanh[\beta(\boldsymbol{g}_j(\boldsymbol{x})-t_\rho)]+1}{2}\right\}^{p-1}\{1-[\tanh[\beta(\boldsymbol{g}_j(\boldsymbol{x})-t_\rho)]]^2\}\geqslant 0 \tag{1.58}$$

当不等式约束变为积极约束时，$\mathrm{H}[\boldsymbol{g}_j(\boldsymbol{x})]$和$\dfrac{\partial \mathrm{H}[\boldsymbol{g}_j(\boldsymbol{x})]}{\partial \boldsymbol{g}_j(\boldsymbol{x})}$为正数，对于$\beta$足够大的非积极约束，$\mathrm{H}[\boldsymbol{g}_j(\boldsymbol{x})]$和$\dfrac{\partial \mathrm{H}[\boldsymbol{g}_j(\boldsymbol{x})]}{\partial \boldsymbol{g}_j(\boldsymbol{x})}$为零，满足互补松弛条件。因此，可以得出

$$\frac{\partial \Theta[\boldsymbol{g}_j(\boldsymbol{x}^*)]}{\partial \boldsymbol{g}_j(\boldsymbol{x}^*)}\boldsymbol{g}_j(\boldsymbol{x}^*)=0 \tag{1.59}$$

拉格朗日乘数$\tau\dfrac{\partial \Theta[\boldsymbol{g}_j(\boldsymbol{x}^*)]}{\partial \boldsymbol{g}_j(\boldsymbol{x}^*)}$的非负性由激活函数$\Theta[\boldsymbol{g}_j(\boldsymbol{x})]$的性质保证。

与式（1.7）中的经典 KKT 条件相比，τ是足够大的正值时，式（1.53）中的拉格朗日乘数的非负性与经典互补松弛条件自动满足，推导的最优性条件与原始约束优化问题的 KKT 最优条件一致。无须引入对偶和松弛变量描述最优化条件。与现有的一些依赖主对偶系统的梯度信息计算对偶变量的方法不同，可以利用损失函数的灵敏度来构造拉格朗日乘数的显式表达式。

利用式（1.44）可得到在$\boldsymbol{x}^*$处的海森矩阵：

$$\begin{aligned}\nabla^2 F(\boldsymbol{x}^*)=&\nabla^2 f(\boldsymbol{x}^*)+\tau\left\{\sum_{i=1}^{n_h}\frac{\partial \Phi[\boldsymbol{h}_i(\boldsymbol{x}^*)]}{\partial \boldsymbol{h}_i(\boldsymbol{x}^*)}\nabla^2\boldsymbol{h}_i(\boldsymbol{x}^*)+\sum_{j=1}^{n_g}\frac{\partial \Theta[\boldsymbol{g}_j(\boldsymbol{x}^*)]}{\partial \boldsymbol{g}_j(\boldsymbol{x}^*)}\nabla^2\boldsymbol{g}_j(\boldsymbol{x}^*)\right\}\\&+\tau\left\{\sum_{i=1}^{n_h}\frac{\partial^2 \Phi[\boldsymbol{h}_i(\boldsymbol{x}^*)]}{\partial[\boldsymbol{h}_i(\boldsymbol{x}^*)]^2}\nabla\boldsymbol{h}_i(\boldsymbol{x}^*)[\nabla\boldsymbol{h}_i(\boldsymbol{x}^*)]^{\mathrm{T}}+\right.\\&\left.\sum_{j=1}^{n_g}\frac{\partial^2 \Theta[\boldsymbol{g}_j(\boldsymbol{x}^*)]}{\partial[\boldsymbol{g}_j(\boldsymbol{x}^*)]^2}\nabla\boldsymbol{g}_j(\boldsymbol{x}^*)[\nabla\boldsymbol{g}_j(\boldsymbol{x}^*)]^{\mathrm{T}}\right\}\end{aligned} \tag{1.60}$$

利用式（1.55）替换$\tau\dfrac{\partial \Phi[\boldsymbol{h}_i(\boldsymbol{x}^*)]}{\partial \boldsymbol{h}_i(\boldsymbol{x}^*)}$和式（1.60）第二项中的$\tau\dfrac{\partial \Theta[\boldsymbol{g}_j(\boldsymbol{x}^*)]}{\partial \boldsymbol{g}_j(\boldsymbol{x}^*)}$，得

$$\begin{aligned}\nabla^2 F(\boldsymbol{x}^*)=&\nabla^2 f(\boldsymbol{x}^*)+\sum_{i=1}^{n_h}\lambda_i^*\nabla^2\boldsymbol{h}_i(\boldsymbol{x}^*)+\sum_{j=1}^{n_g}\mu_j^*\nabla^2\boldsymbol{g}_j(\boldsymbol{x}^*)\\&+\\&\tau\left\{\sum_{i=1}^{n_h}\frac{\partial^2 \Phi[\boldsymbol{h}_i(\boldsymbol{x}^*)]}{\partial[\boldsymbol{h}_i(\boldsymbol{x}^*)]^2}\nabla\boldsymbol{h}_i(\boldsymbol{x}^*)[\nabla\boldsymbol{h}_i(\boldsymbol{x}^*)]^{\mathrm{T}}+\sum_{j=1}^{n_g}\frac{\partial^2 \Theta[\boldsymbol{g}_j(\boldsymbol{x}^*)]}{\partial[\boldsymbol{g}_j(\boldsymbol{x}^*)]^2}\nabla\boldsymbol{g}_j(\boldsymbol{x}^*)[\nabla\boldsymbol{g}_j(\boldsymbol{x}^*)]^{\mathrm{T}}\right\}\\=&\nabla^2 L(\boldsymbol{x}^*)+\\&\tau\left\{\sum_{i=1}^{n_h}\frac{\partial^2 \Phi[\boldsymbol{h}_i(\boldsymbol{x}^*)]}{\partial[\boldsymbol{h}_i(\boldsymbol{x}^*)]^2}\nabla\boldsymbol{h}_i(\boldsymbol{x}^*)[\nabla\boldsymbol{h}_i(\boldsymbol{x}^*)]^{\mathrm{T}}+\sum_{j=1}^{n_g}\frac{\partial^2 \Theta[\boldsymbol{g}_j(\boldsymbol{x}^*)]}{\partial[\boldsymbol{g}_j(\boldsymbol{x}^*)]^2}\nabla\boldsymbol{g}_j(\boldsymbol{x}^*)[\nabla\boldsymbol{g}_j(\boldsymbol{x}^*)]^{\mathrm{T}}\right\}\end{aligned} \tag{1.61}$$

式（1.61）中：第一项对应式（1.60）中的海森矩阵；式（1.61）中第二项$\nabla^2 F(\boldsymbol{x})$是非奇异的。对于足够大的$\tau$，在点$\boldsymbol{x}^*$附近，$\nabla^2 F(\boldsymbol{x}^*)$是正定的。

下面给出$F(\boldsymbol{x})$的泰勒展开：

$$F(\boldsymbol{x}+\Delta\boldsymbol{x})=F(\boldsymbol{x})+[\nabla F(\boldsymbol{x})]^{\mathrm{T}}\Delta\boldsymbol{x}+\frac{(\Delta\boldsymbol{x})^{\mathrm{T}}\nabla^2 F(\boldsymbol{x})(\Delta\boldsymbol{x})}{2} \tag{1.62}$$

式中：$\Delta\boldsymbol{x}$表示无约束优化的搜索方向。

$F(\boldsymbol{x}+\Delta\boldsymbol{x})$对$\Delta\boldsymbol{x}$求导，当导数为零时，通过牛顿-拉夫逊算法得到$\Delta\boldsymbol{x}$：

$$\nabla F(\boldsymbol{x})+\nabla^2 F(\boldsymbol{x})(\Delta\boldsymbol{x})=0 \quad \Rightarrow \Delta\boldsymbol{x}=-[\nabla^2 F(\boldsymbol{x})]^{-1}\nabla F(\boldsymbol{x}) \tag{1.63}$$

当 τ 足够大时，$\nabla^2 F(\boldsymbol{x})$ 是正定的，因此可以得到罚函数的下降方向，利用上式，$F(\boldsymbol{x}+\Delta\boldsymbol{x})$ 可表示为

$$\begin{aligned} F(\boldsymbol{x}+\Delta\boldsymbol{x}) &= F(\boldsymbol{x})-[\nabla F(\boldsymbol{x})]^{\mathrm{T}}[\nabla^2 F(\boldsymbol{x})]^{-1}\nabla F(\boldsymbol{x})+\frac{[\nabla F(\boldsymbol{x})]^{\mathrm{T}}[\nabla^2 F(\boldsymbol{x})]^{-1}\nabla F(\boldsymbol{x})}{2} \\ &= F(\boldsymbol{x})-\frac{[\nabla F(\boldsymbol{x})]^{\mathrm{T}}[\nabla^2 F(\boldsymbol{x})]^{-1}\nabla F(\boldsymbol{x})}{2} \end{aligned} \tag{1.64}$$

为表达清晰，相关导数可用矩阵表示如下：

$$\boldsymbol{U}=[\nabla \boldsymbol{h}_1(\boldsymbol{x}),\cdots,\nabla \boldsymbol{h}_{n_h}(\boldsymbol{x}),\nabla \boldsymbol{g}_1(\boldsymbol{x}),\cdots,\nabla \boldsymbol{g}_{n_g}(\boldsymbol{x})] \tag{1.65}$$

$$\boldsymbol{A} = \nabla^2 f(\boldsymbol{x}) + \tau\left\{\sum_{i=1}^{n_h}\frac{\partial\Phi[\boldsymbol{h}_i(\boldsymbol{x})]}{\partial \boldsymbol{h}_i(\boldsymbol{x})}\nabla^2\boldsymbol{h}_i(\boldsymbol{x}) + \sum_{j=1}^{n_g}\frac{\partial\Theta[\boldsymbol{g}_j(\boldsymbol{x})]}{\partial \boldsymbol{g}_j(\boldsymbol{x})}\nabla^2\boldsymbol{g}_i(\boldsymbol{x})\right\} \tag{1.66}$$

类似地，$\Phi[\boldsymbol{h}_i(\boldsymbol{x})]$ 和 $\Theta[\boldsymbol{g}_j(\boldsymbol{x})]$ 的导数可用矩阵表示为

$$\boldsymbol{\varpi}=\tau\left[\frac{\partial\Phi[\boldsymbol{h}_1(\boldsymbol{x})]}{\partial[\boldsymbol{h}_1(\boldsymbol{x})]},\cdots,\frac{\partial\Phi[\boldsymbol{h}_{n_h}(\boldsymbol{x})]}{\partial[\boldsymbol{h}_{n_h}(\boldsymbol{x})]},\frac{\partial\Theta[\boldsymbol{g}_1(\boldsymbol{x})]}{\partial[\boldsymbol{g}_1(\boldsymbol{x})]},\cdots,\frac{\partial\Theta[\boldsymbol{g}_{n_g}(\boldsymbol{x})]}{\partial[\boldsymbol{g}_{n_g}(\boldsymbol{x})]}\right]^{\mathrm{T}} \tag{1.67}$$

$$\boldsymbol{\Sigma}=\tau\mathrm{diag}\left[\frac{\partial^2\Phi[\boldsymbol{h}_1(\boldsymbol{x})]}{\partial[\boldsymbol{h}_1(\boldsymbol{x})]^2},\cdots,\frac{\partial^2\Phi[\boldsymbol{h}_{n_h}(\boldsymbol{x})]}{\partial[\boldsymbol{h}_{n_h}(\boldsymbol{x})]^2},\frac{\partial^2\Theta[\boldsymbol{g}_1(\boldsymbol{x})]}{\partial[\boldsymbol{g}_1(\boldsymbol{x})]^2},\cdots,\frac{\partial^2\Theta[\boldsymbol{g}_{n_g}(\boldsymbol{x})]}{\partial[\boldsymbol{g}_{n_g}(\boldsymbol{x})]^2}\right] \tag{1.68}$$

式中：diag 表示将向量转换为对角矩阵；$\boldsymbol{\varpi}$ 表示一阶导数组成的矩阵；$\boldsymbol{\Sigma}$ 表示二阶导数组成的矩阵。

综合以上方程，式（1.44）可用矩阵形式表述为

$$\nabla^2 F(\boldsymbol{x})=\boldsymbol{A}+\boldsymbol{U}\boldsymbol{\Sigma}\boldsymbol{U}^{\mathrm{T}} \tag{1.69}$$

假设 $\boldsymbol{A}$ 是可逆的，则可通过下式计算式（1.64）的第二项，即

$$[\nabla F(\boldsymbol{x})]^{\mathrm{T}}[\nabla^2 F(\boldsymbol{x})]^{-1}\nabla F(\boldsymbol{x})=[\nabla F(\boldsymbol{x})]^{\mathrm{T}}[\boldsymbol{A}^{-1}-\boldsymbol{A}^{-1}\boldsymbol{U}(\boldsymbol{\Sigma}^{-1}+\boldsymbol{U}^{\mathrm{T}}\boldsymbol{A}^{-1}\boldsymbol{U})^{-1}\boldsymbol{U}^{\mathrm{T}}\boldsymbol{A}^{-1}]\nabla F(\boldsymbol{x}) \tag{1.70}$$

上式可以进一步分解为三项：

$$\begin{aligned} &[\nabla F(\boldsymbol{x})]^{\mathrm{T}}[\boldsymbol{A}^{-1}-\boldsymbol{A}^{-1}\boldsymbol{U}(\boldsymbol{\Sigma}^{-1}+\boldsymbol{U}^{\mathrm{T}}\boldsymbol{A}^{-1}\boldsymbol{U})^{-1}\boldsymbol{U}^{\mathrm{T}}\boldsymbol{A}^{-1}]\nabla F(\boldsymbol{x}) \\ &= \{[\nabla f(\boldsymbol{x})]^{\mathrm{T}}+\boldsymbol{\varpi}^{\mathrm{T}}\boldsymbol{U}^{\mathrm{T}}\}[\boldsymbol{A}^{-1}-\boldsymbol{A}^{-1}\boldsymbol{U}(\boldsymbol{\Sigma}^{-1}+\boldsymbol{U}^{\mathrm{T}}\boldsymbol{A}^{-1}\boldsymbol{U})^{-1}\boldsymbol{U}^{\mathrm{T}}\boldsymbol{A}^{-1}]\{\nabla f(\boldsymbol{x})+\boldsymbol{U}\boldsymbol{\varpi}\} \\ &= [\nabla f(\boldsymbol{x})]^{\mathrm{T}}[\boldsymbol{A}^{-1}-\boldsymbol{A}^{-1}\boldsymbol{U}(\boldsymbol{\Sigma}^{-1}+\boldsymbol{U}^{\mathrm{T}}\boldsymbol{A}^{-1}\boldsymbol{U})^{-1}\boldsymbol{U}^{\mathrm{T}}\boldsymbol{A}^{-1}]\nabla f(\boldsymbol{x}) \\ &\quad +2[\nabla f(\boldsymbol{x})]^{\mathrm{T}}[\boldsymbol{A}^{-1}-\boldsymbol{A}^{-1}\boldsymbol{U}(\boldsymbol{\Sigma}^{-1}+\boldsymbol{U}^{\mathrm{T}}\boldsymbol{A}^{-1}\boldsymbol{U})^{-1}\boldsymbol{U}^{\mathrm{T}}\boldsymbol{A}^{-1}]\boldsymbol{U}\boldsymbol{\varpi} \\ &\quad +\boldsymbol{\varpi}^{\mathrm{T}}\boldsymbol{U}^{\mathrm{T}}[\boldsymbol{A}^{-1}-\boldsymbol{A}^{-1}\boldsymbol{U}(\boldsymbol{\Sigma}^{-1}+\boldsymbol{U}^{\mathrm{T}}\boldsymbol{A}^{-1}\boldsymbol{U})^{-1}\boldsymbol{U}^{\mathrm{T}}\boldsymbol{A}^{-1}]\boldsymbol{U}\boldsymbol{\varpi} \end{aligned} \tag{1.71}$$

式（1.71）中的最后一项可以简化为

$$\begin{aligned} &\boldsymbol{\varpi}^{\mathrm{T}}\boldsymbol{U}^{\mathrm{T}}[\boldsymbol{A}^{-1}-\boldsymbol{A}^{-1}\boldsymbol{U}(\boldsymbol{\Sigma}^{-1}+\boldsymbol{U}^{\mathrm{T}}\boldsymbol{A}^{-1}\boldsymbol{U})^{-1}\boldsymbol{U}^{\mathrm{T}}\boldsymbol{A}^{-1}]\boldsymbol{U}\boldsymbol{\varpi} \\ &= \boldsymbol{\varpi}^{\mathrm{T}}[\boldsymbol{U}^{\mathrm{T}}\boldsymbol{A}^{-1}\boldsymbol{U}-\boldsymbol{U}^{\mathrm{T}}\boldsymbol{A}^{-1}\boldsymbol{U}(\boldsymbol{\Sigma}^{-1}+\boldsymbol{U}^{\mathrm{T}}\boldsymbol{A}^{-1}\boldsymbol{U})^{-1}\boldsymbol{U}^{\mathrm{T}}\boldsymbol{A}^{-1}\boldsymbol{U}]\boldsymbol{\varpi} \\ &= \boldsymbol{\varpi}^{\mathrm{T}}[\boldsymbol{Q}-\boldsymbol{Q}(\boldsymbol{\Sigma}^{-1}+\boldsymbol{Q})^{-1}\boldsymbol{Q}]\boldsymbol{\varpi} \\ &= \boldsymbol{\varpi}^{\mathrm{T}}[\boldsymbol{Q}-\boldsymbol{Q}[(\boldsymbol{\Sigma}^{-1}\boldsymbol{Q}^{-1}+\boldsymbol{I})\boldsymbol{Q}]^{-1}\boldsymbol{Q}]\boldsymbol{\varpi} \\ &= \boldsymbol{\varpi}^{\mathrm{T}}[\boldsymbol{Q}-\boldsymbol{Q}\boldsymbol{Q}^{-1}(\boldsymbol{\Sigma}^{-1}\boldsymbol{Q}^{-1}+\boldsymbol{I})^{-1}\boldsymbol{Q}]\boldsymbol{\varpi} \\ &= \boldsymbol{\varpi}^{\mathrm{T}}[\boldsymbol{Q}-(\boldsymbol{\Sigma}^{-1}\boldsymbol{Q}^{-1}+\boldsymbol{I})^{-1}\boldsymbol{Q}]\boldsymbol{\varpi} \end{aligned} \tag{1.72}$$

式中：$\boldsymbol{Q}=\boldsymbol{U}^{\mathrm{T}}\boldsymbol{A}^{-1}\boldsymbol{U}$。

若算子具有收缩性，则

$$\rho[(\boldsymbol{Q\Sigma})^{-1}]\leqslant 1 \tag{1.73}$$

式中：ρ 表示条件数。

则式（1.72）可以近似为

$$\begin{aligned}&\varpi^{\mathrm{T}}[\boldsymbol{Q}-[\boldsymbol{I}-\boldsymbol{\Sigma}^{-1}\boldsymbol{Q}^{-1}+o(\boldsymbol{\Sigma}^{-1}\boldsymbol{Q}^{-1})]\boldsymbol{Q}]\varpi\\&=\varpi^{\mathrm{T}}[\boldsymbol{Q}-[\boldsymbol{Q}-\boldsymbol{\Sigma}^{-1}+o(\boldsymbol{\Sigma}^{-1}\boldsymbol{Q}^{-1})]]\varpi\\&=\varpi^{\mathrm{T}}[\boldsymbol{\Sigma}^{-1}+o(\boldsymbol{\Sigma}^{-1}\boldsymbol{Q}^{-1})]\varpi\end{aligned} \tag{1.74}$$

忽略式中的高阶项，利用式（1.24）和式（1.68），可以得到以下性质：

$$\varpi^{\mathrm{T}}\boldsymbol{\Sigma}^{-1}\varpi\geqslant 0 \tag{1.75}$$

考虑式（1.74），式（1.71）在点 $\boldsymbol{x}^*$ 处等于零：

$$\begin{aligned}&[\nabla f(\boldsymbol{x}^*)]^{\mathrm{T}}[\boldsymbol{A}^{-1}-\boldsymbol{A}^{-1}\boldsymbol{U}(\boldsymbol{\Sigma}^{-1}+\boldsymbol{U}^{\mathrm{T}}\boldsymbol{A}^{-1}\boldsymbol{U})^{-1}\boldsymbol{U}^{\mathrm{T}}\boldsymbol{A}^{-1}]\nabla f(\boldsymbol{x}^*)\\&+2[\nabla f(\boldsymbol{x}^*)]^{\mathrm{T}}[\boldsymbol{A}^{-1}-\boldsymbol{A}^{-1}\boldsymbol{U}(\boldsymbol{\Sigma}^{-1}+\boldsymbol{U}^{\mathrm{T}}\boldsymbol{A}^{-1}\boldsymbol{U})^{-1}\boldsymbol{U}^{\mathrm{T}}\boldsymbol{A}^{-1}]\boldsymbol{U}\varpi\\&+\varpi^{\mathrm{T}}\boldsymbol{\Sigma}^{-1}\varpi=0\end{aligned} \tag{1.76}$$

在不使用对偶变量和松弛变量的情况下，构造连续可微惩罚函数处理约束优化问题。提出的最优化条件不依赖于任何形式的额外变量，等价于 KKT 条件。拉格朗日乘子可以解释为损失函数相对于约束函数的梯度。

运用非线性方程组求根方法求解式（1.63）或采用无约束优化方法求解以 $F(\boldsymbol{x},\tau)$ 为目标函数的无约束优化问题式（1.28）。式（1.53）给出了优化问题式（1.28）的最优性必要条件，与传统 KKT 条件式（1.7）相比，本项目方法消除了拉格朗日乘子等优化变量，但计算结果中能得到与传统拉格朗日方法一致的拉格朗日乘子，即式（1.55）中约束方程梯度相关系数 $\tau\dfrac{\partial\Phi[\boldsymbol{h}_i(\boldsymbol{x}^*)]}{\partial\boldsymbol{h}_i(\boldsymbol{x}^*)}$ 和 $\tau\dfrac{\partial\Theta[\boldsymbol{g}_j(\boldsymbol{x}^*)]}{\partial\boldsymbol{g}_j(\boldsymbol{x}^*)}$ 分别为对应式（1.7）等式约束和不等式约束的拉格朗日乘子 λ_i^* 和 μ_j^*。提出的方法在无须引入拉格朗日乘子变量和松弛变量情形下，将含等式约束 $\boldsymbol{h}_i(\boldsymbol{x})$ 和不等式约束 N_g 的优化问题转化成无约束优化问题，使得优化变量数量和最终求解的非线性方程组规模与约束条件数量无关。不管是凸优化问题还是非凸优化问题，均基于拓扑优化罚思想，将约束函数趋近至满足条件。

图 1.3 给出上述方法的流程，其中包含两种算法。算法 1 采用无约束优化方法来优化式（1.28），算法 2 采用牛顿-拉夫逊方法求解式（1.63）。从初始猜测解开始迭代，在迭代过程中，利用式（1.25）和式（1.26）计算损失函数值。然后，通过第 2 节中的方法进行灵敏度分析。

算法 1：

给定 τ 和初始点 $\boldsymbol{x}_0$。

利用无约束优化方法，从点 $\boldsymbol{x}_0$ 开始寻找式（1.28）的最小值。

若满足收敛条件，停止并得到解 $\boldsymbol{x}^F$

算法 2

给定初始猜测解 $\boldsymbol{x}^F$ 和 τ。

重复计算 $\nabla F(\boldsymbol{x})$ 和 $\nabla^2 F(\boldsymbol{x})$，利用牛顿-拉夫逊法求解式（1.63），满足终止条件。

图 1.3　非拉格朗日约束优化方法计算流程

1.1.4 数值算例

本节通过数值算例验证提出方法的有效性。为了与其他方法进行比较，数值算例取自文献［13］，列于表 1.1，表中 $\boldsymbol{x}_0$ 表示初始点，提出的方法将与内点法、SQP 和活动集等方法进行比较，数值模拟均在具有 32GB 内存的英特尔 i7 处理器上进行。

采用无约束优化方法求解式（1.28），仿真参数设置如下：$\kappa=2$，$\beta=10$，$p=3$，$t_\rho=0$，惩罚参数 τ 取为 10^6，最大迭代次数为 300 次，目标和约束函数的误差设置为 10^{-6}。利用式（1.28）的无约束优化问题优化解，作为牛顿-拉夫逊方法的初始猜测解，求解式（1.63）时将惩罚参数更改为 10^7，其他参数值保持不变。

表 1.1　数值算例

	优化问题
1.1	$\min\ (x_1)^2+(x_2)^2+2(x_3)^2+(x_4)^2-5x_1-5x_2-21x_3+7x_4$ $\text{s.t.}\begin{cases}2(x_1)^2+(x_2)^2+(x_3)^2+2x_1+x_2+x_4-5\leqslant 0\\(x_1)^2+(x_2)^2+(x_3)^2+(x_4)^2+x_1-x_2+x_3-x_4-8\leqslant 0\\(x_1)^2+2(x_2)^2+(x_3)^2+2(x_4)^2-x_1-x_4-10\leqslant 0\end{cases}$ $\boldsymbol{x}_0=[0,0,0,0]^{\mathrm{T}}$
1.2	$\min\ (x_1)^2+(x_2)^2-\cos(17x_1)-\cos(17x_2)+3$ $\text{s.t.}\begin{cases}(x_1-2)^2+(x_2)^2-1.6^2\leqslant 0\\(x_1)^2+(x_2-3)^2-2.7^2\leqslant 0\\0\leqslant x_1\leqslant 2,\ 0\leqslant x_2\leqslant 2\end{cases}$ $\boldsymbol{x}_0=[0,0]^{\mathrm{T}}$

优化问题 1.1 含四个变量和三个不等式约束，采用内点法需要 3 个松弛变量和 3 个对偶变量用于处理不等式约束，内点法最终需要求解的非线性方程组总共包含 10 个优化变量。相反，式（1.28）和式（1.63）中非线性方程组求解仅涉及 4 个优化变量。问题 1.1 的数值优化结果如表 1.2 所示，表中 Niter 和 Nfunc 分别表示迭代次数和函数评估次数，$\boldsymbol{x}^*$ 表示优化解，$f(\boldsymbol{x}^*)$，$h(\boldsymbol{x}^*)$ 和 $g(\boldsymbol{x}^*)$ 是相应的函数值。

表 1.2　优化问题 1.1 数值优化结果

P(1.1)	内点法	SQP	活动集	算法 1	算法 2
$f(\boldsymbol{x}^*)$	-44.2338	-44.2338	-44.2338	-44.2352	-44.2338
Niter	8	12	12	22	8
Nfunc	10	32	26	53	10
CPU time	0.3629	0.0785	0.2112	0.3910	0.3629
$\boldsymbol{x}^*$	0.1696	0.1696	0.1696	0.1696	0.1696
	0.8355	0.8355	0.8355	0.8355	0.8355
	2.0086	2.0086	2.0086	2.0087	2.0086
	-0.9649	-0.9649	-0.9649	-0.9650	-0.9649

续表

P(1.1)	内点法	SQP	活动集	算法 1	算法 2
$\nabla L(\boldsymbol{x}^*)$ $\nabla F(\boldsymbol{x}^*)$	1.0714e-09	-7.8575e-07	9.1765e-06	8.1321e-08	1.0714e-09
	-4.0017e-07	2.6372e-07	-4.7543e-06	7.0385e-08	-4.0017e-07
	-2.9219e-08	2.4242e-08	-2.6150e-06	1.6274e-07	-2.9219e-08
	2.8117e-09	3.0731e-06	-1.3728e-06	-1.8471e-08	2.8117e-09
$g_j(\boldsymbol{x}^*)$	-3.4334e-06	1.4449e-10	6.0730e-09	2.3421e-04	-3.4334e-06
	-9.1803e-07	8.6064e-11	8.1436e-09	6.0209e-04	-9.1803e-07
	-1.8831	-1.8831	-1.8831	-1.8825	-1.8831
$\mu_j^*\tau\dfrac{\partial\Theta[g_j(\boldsymbol{x}^*)]}{\partial g_j(\boldsymbol{x}^*)}$	0.7474	0.7474	0.7474	0.7475	0.7474
	1.9857	1.9857	1.9857	1.9856	1.9857
	1.4337e-06	0	0	1.2332e-90	1.4337e-06

由表 1.2 可知，其他三种方法的优化结果与 1.2 节方法的数值优化结果基本一致，传统方法得到的拉格朗日乘子与罚函数对约束函数的灵敏度值相同，与文献［13］的优化结果比较，1.2 节方法的优化解与文献［13］表 1、表 3、表 4 中的参考结果吻合。

问题 1.2 的数值优化结果如表 1.3 所示，由表可知，1.2 节方法与其他方法的目标函数值存在较大差异，内点法、SQP 算法和活动集方法得到错误优化结果。相反，1.2 节提出的方法收敛速度快，迭代 23 次便收敛。利用式（1.63）求解问题 1.2 得到的目标函数值为 1.8376。表 1.3 中的优化结果与文献［13］表 5、表 6、表 7 中的优化结果一致，从而验证了 1.2 节方法的有效性。

表 1.3 优化问题 1.2 在初始点为 $\boldsymbol{x}_0=[0,0]^{\mathrm{T}}$ 时的数值优化结果

P(1.2)	内点法	SQP	活动集	算法 1	算法 2
$f(\boldsymbol{x}^*)$	1.9827	2.0853	3.5754	1.8380	1.8376
Niter	10	10	9	22	3
Nfunc	13	35	23	23	4
CPU time	0.4137	0.0733	0.1946	0.2096	0.0543
$\boldsymbol{x}^*$	0.4396	0.7341	0.7904	0.7253	0.7254
	0.3539	0.7341	1.0473	0.3993	0.3993
$\nabla L(\boldsymbol{x}^*)$ $\nabla F(\boldsymbol{x}^*)$	-2.5501e-06	-3.0502e-07	1.4862e-04	0.0012	5.6418e-10
	-2.7087e-06	-8.8717e-08	1.7166e-04	-0.0044	-2.0230e-09
$g_j(\boldsymbol{x}^*)$	-1.8182e-07	-0.4186	1.2086e-08	-0.7758	-0.7759
	-0.0948	-1.6168	-2.8522	-2.8061e-04	-5.5563e-05
	-0.4396	-0.7341	-0.7904	-0.7253	-0.7254
	-1.5604	-1.2659	-1.2096	-1.2747	-1.2746
	-0.3539	-0.7341	-1.0473	-0.3993	-0.3993
	-1.6461	-1.2659	-0.9527	-1.6007	-1.6007

续表

P(1.2)	内点法	SQP	活动集	算法 1	算法 2
μ_j^* $\tau\dfrac{\partial\Theta[g_j(x^*)]}{\partial g_j(x^*)}$	5.3399	0	6.0236	0	0
	2.6050e-05	0	0	1.7358	1.7329
	2.3181e-06	0	0	0	0
	6.4355e-07	0	0	0	0
	2.9451e-06	0	0	0	0
	6.0752e-07	0	0	0	0

下面研究问题 1.2 不同初始猜测解对数值优化结果的影响，优化结果如表 1.4 所示。从不同的初始点开始，1.2 节方法得到的数值优化结果相似（与文献［13］参考解一致）。

表 1.4　优化问题 1.2 不同初始猜测解的数值优化结果

P(1.2)	算法 1 $x_0=[-1,1]^T$	算法 2	算法 1 $x_0=[5,2]^T$	算法 2
$f(x^*)$	1.8361	1.8376	1.8445	1.8376
Niter	16	3	12	7
Nfunc	17	4	28	17
CPU time	0.2065	0.0569	0.2832	0.1004
x^*	0.7254	0.7254	0.7252	0.7254
	0.3991	0.3993	0.4000	0.3993
$\nabla L(x^*)$ $\nabla F(x^*)$	8.4935e-05	8.0227e-06	7.2124e-08	6.2536e-09
	-2.6845e-04	-2.8767e-05	-2.5864e-07	1.7512e-09
$g_j(x^*)$	-0.7761	-0.7759	-0.7748	-0.7759
	8.3981e-04	-5.5559e-05	-0.0040	-5.5563e-05
	-0.7254	-0.7254	-0.7252	-0.7254
	-1.2746	-1.2746	-1.2748	-1.2746
	-0.3991	-0.3993	-0.4000	-0.3993
	-1.6009	-1.6007	-1.6000	-1.6007
μ_j^* $\tau\dfrac{\partial\Theta[g_j(x^*)]}{\partial g_j(x^*)}$	-3.2977e-37	0	0	0
	1.7250	1.7329	1.7677	1.7329
	-1.3510e-34	0	0	0
	-5.6901e-63	0	0	0
	-7.4213e-18	0	-1.9434e-38	0
	-7.0639e-80	0	0	0

下面使用 1.2 节方法来求解可靠性及不确定量化问题，优化问题的定义如表 1.5 所示，表中 x_0 表示初始点。表 1.5 中可靠性分析问题 2.1 和 2.2 取自文献［14］，不确定量化问题 2.3 和 2.4 取自文献［15］。1.2 节方法仿真参数取为 $\kappa=1$，$\beta=10$，$p=6$，$t_\rho=$

0，惩罚参数 τ 为 10^6，最大迭代次数为 300 次，目标和约束函数的残差设为 10^{-6}。

表 1.5　可靠性分析及不确定量化测试问题

	优化问题描述
2.1	min　$-0.2\ln[\exp[(5(1+u_1+u_2))]]-\exp[(5(5-5u_1-u_2))]$ s.t.　$h=\|\boldsymbol{x}\|_2-3=0$ $u_1=x_1, u_2=x_2$ $\boldsymbol{x}_0=[0,0]^{\mathrm{T}}$
2.2	min　$k_s p[E(\bar{x}_s^2)]^{0.5}-F_s$ s.t.　$h=\|\boldsymbol{x}\|_2-3=0$ $E(\bar{x}_s^2)=\dfrac{\pi S_0}{4\xi_s\omega_s^3}\left[\dfrac{\xi_a\xi_s}{\xi_p\xi_s(4\xi_a^2+\eta^2)+\nu\xi_a^2}\ \dfrac{(\xi_p\omega_p^3+\xi_s\omega_s^3)\omega_p}{4\xi_a\omega_a^4}\right]$ $\omega_p=\left(\dfrac{k_p}{m_p}\right)^{0.5}$, $\omega_s=\left(\dfrac{k_s}{m_s}\right)^{0.5}$, $\omega_a=\dfrac{(\omega_p+\omega_s)}{2}$, $\xi_a=\dfrac{(\xi_p+\xi_s)}{2}$, $\nu=\dfrac{m_s}{m_p}$, $\eta=\dfrac{(\omega_p-\omega_s)}{\omega_a}$ $m_p=1+0.1x_1$, $m_s=0.01+0.001x_2$, $k_p=1+0.2x_3$, $k_s=0.01+0.002x_4$ $\xi_p=0.05+0.02x_5$, $\xi_s=0.02+0.01x_6$, $F_s=15+1.5x_7$, $S_0=100+10x_8$ $\boldsymbol{x}_0=[0,0,0,0,0,0,0,0]^{\mathrm{T}}$
2.3	min　$\pm x_4$ s.t. $\begin{cases}x_4^3+p_2x_4^2+p_1x_4+p_0=0\\ \dfrac{(\bar{p}_0-\bar{p}_0^0)^2}{r_0^2}+\dfrac{(\bar{p}_1-\bar{p}_1^0)^2}{r_1^2}+\dfrac{(\bar{p}_2-\bar{p}_2^0)^2}{r_2^2}\leqslant 1\end{cases}$ $\bar{p}_0^0=-1.8, \bar{p}_1^0=3.2, \bar{p}_2^0=-1.5$ $r_0=0.3, r_1=0.5, r_2=0.3$ $\bar{p}_{i-1}=x_i, i=1,2,3$ $\boldsymbol{x}_0=[\bar{p}_0^0, \bar{p}_1^0, \bar{p}_2^0, 0]^{\mathrm{T}}$
2.4	min　$\pm x_i, i=5,6$ s.t. $\begin{cases}(k_1+k_2)x_5-k_2x_6+k_3x_5^3=0\\ -k_1x_5+k_2x_6+k_4x_6^3=F\\ \dfrac{(k_1-k_1^0)^2}{r_1^2}+\dfrac{(k_2-k_2^0)^2}{r_2^2}+\dfrac{(k_3-k_3^0)^2}{r_3^2}+\dfrac{(k_4-k_4^0)^2}{r_4^2}\leqslant 1\end{cases}$ $k_1^0=300(\mathrm{kN/m})$, $k_2^0=400(\mathrm{kN/m})$, $k_3^0=-3(\mathrm{MN/m^3})$, $k_4^0=-5(\mathrm{MN/m^3})$ $r_1=20(\mathrm{kN/m})$, $r_2=25(\mathrm{kN/m})$, $r_3=0.2(\mathrm{MN/m^3})$, $r_4=0.3(\mathrm{MN/m^3})$, $F=12(\mathrm{kN})$ $k_i=x_i, i=1,2,3,4, \boldsymbol{x}_0=[k_1^0,k_2^0,k_3^0,k_4^0,0,0]^{\mathrm{T}}$

表 1.6 比较了不同方法优化问题 2.1 的数值优化结果，迭代的次数和函数计算的次数分别用 Niter 和 Nfunc 表示，$\boldsymbol{x}^*$ 表示优化解。如表 1.6 所示，1.2 节方法与其他方法得到的目标函数值有较大的差异，内点方法、SQP 算法和活动集方法给出了错误的答案。利用 1.2 节方法求解优化问题 2.1，经过 22 次迭代就收敛，最终的目标函数值为 1.3737，文献［14］可靠性分析方法的目标函数值为 1.156599。

表 1.6　优化问题 2.1 的数值优化结果

P(2.1)	内点法	SQP	活动集算法	1.2 节方法
$f(\boldsymbol{x}^*)$	5.2241	494.2223	3.4043	-1.3737
Niter	7	12	51	22
Nfunc	13	200	201	25
CPU time	0.3477	0.0717	0.1508	0.2473
$\boldsymbol{x}^*$	1.9140	608.9222	2.9982	0.5301
	-2.3101	115.6999	0.5939	2.9528
$\nabla F(\boldsymbol{x}^*)$	0.1468	486.1666	-823.6113	8.3403e-09
	0.0294	91.1854	-164.3315	3.4577e-08
$\boldsymbol{h}_i(\boldsymbol{x}^*)$	0	616.8167	0.0564	2.0233e-05
$\lambda_i^*, \tau\frac{\partial\Phi[\boldsymbol{h}_i(\boldsymbol{x}^*)]}{\partial\boldsymbol{h}_i(\boldsymbol{x}^*)}$	-1.3369	493.8469	-840.6313	1.2646

采用不同仿真参数对优化问题 2.1 数值优化结果的影响如表 1.7 所示，采用不同仿真参数得到近似的优化解，目标函数值和迭代次数存在差异，较高的惩罚参数可得到精确数值优化解。

表 1.7　采用不同参数对数值优化结果的影响

P(2.1)	$\beta=10$，$p=3$，$\tau=1\text{e}3$	$\beta=10$，$p=6$，$\tau=1\text{e}3$	$\beta=20$，$p=6$，$\tau=1\text{e}3$	$\beta=10$，$p=3$，$\tau=1\text{e}6$	$\beta=20$，$p=6$，$\tau=1\text{e}6$
$f(\boldsymbol{x}^*)$	-1.3769	-1.3904	-1.3858	-1.3737	-1.3737
Niter	39	41	42	25	23
Nfunc	42	45	47	30	25
CPU time	0.2434	0.2472	0.2640	0.2555	0.2360
$\boldsymbol{x}^*$	0.5296	0.5274	0.5282	0.5301	0.5301
	2.9554	2.9667	2.9629	2.9528	2.9528
$\nabla F(\boldsymbol{x}^*)$	3.4513e-08	3.3399e-09	5.2604e-08	-2.2186e-11	5.9820e-10
	5.2468e-07	1.9101e-08	2.9789e-07	-1.2354e-10	4.7585e-09
$\boldsymbol{h}_i(\boldsymbol{x}^*)$	0.0025	0.0132	0.0096	2.5292e-06	2.0233e-05
$\lambda_i^*, \tau\frac{\partial\Phi[\boldsymbol{h}_i(\boldsymbol{x}^*)]}{\partial\boldsymbol{h}_i(\boldsymbol{x}^*)}$	1.2644	1.2637	1.2640	1.2646	1.2646

问题 2.2 的数值优化结果如表 1.8 所示，其他三种方法与 1.2 节方法得到的优化结果几乎相同。从表 1.8 中可以看出，传统方法的拉格朗日乘子与 1.2 节方法灵敏度值相同，与文献［14］数值优化结果比较，表 1.8 目标函数值与文献［15］参考优化解一致，从而验证了 1.2 节方法的有效性。

表 1.8　对问题 2.2 的不同方法的优化结果的比较

P（2.2）	内点法	SQP	活动集算法	1.2 节方法
$f(\boldsymbol{x}^*)$	-2.7798	-2.7798	-2.7798	-2.7798
Niter	12	12	15	53
Nfunc	14	27	35	62
CPU time	0.4258	0.0916	0.1446	0.5846
$\boldsymbol{x}^*$	0.4922	0.4922	0.4922	0.4922
	0.5910	0.5910	0.5910	0.5910
	0.3516	0.3516	0.3516	0.3516
	0.3653	0.3653	0.3653	0.3653
	-2.1028	-2.1028	-2.1028	-2.1028
	-1.3352	-1.3352	-1.3352	-1.3352
	-1.1939	-1.1939	-1.1939	-1.1939
	0.7222	0.7222	0.7222	0.7222
$\nabla F(\boldsymbol{x}^*)$	1.8354e-07	1.0940e-06	-1.7343e-05	8.4506e-06
	-2.8098e-07	-1.4548e-06	1.9797e-05	4.0605e-06
	-1.1487e-06	-8.1530e-07	5.1395e-05	5.2600e-06
	1.2134e-06	1.2673e-07	-6.0483e-05	3.0197e-06
	-4.7920e-07	5.1039e-07	7.7749e-06	-7.0300e-06
	2.2711e-08	5.2421e-07	-3.0631e-06	-4.8837e-06
	-3.5500e-08	1.1981e-06	-8.3172e-06	1.8239e-05
	-1.2863e-07	-1.8891e-08	4.4158e-06	8.3407e-06
$\boldsymbol{h}_i(\boldsymbol{x}^*)$	2.5768e-11	4.7601e-11	5.2274e-08	8.0614e-07
$\lambda_i^*, \tau\dfrac{\partial \Phi[\boldsymbol{h}_i(\boldsymbol{x}^*)]}{\partial \boldsymbol{h}_i(\boldsymbol{x}^*)}$	3.3212	3.3212	3.3212	3.3212

采用内点法求解不确定量化问题 2.3，需要增加一个松弛变量处理不等式约束，对偶变量数量为 2，总共需要增加 3 个附加优化变量，最终需要求解的非线性方程组维数为 7。相反，1.2 节方法无须引入对偶变量和松弛变量，式（1.28）求解不确定量化问题 2.3 时只有 4 个优化变量。

表 1.9 给出了优化问题 2.3 的数值优化结果，四种方法优化得到相同的优化解，目标函数值均为-0.8995，这与文献［15］表 2 和表 3 中数值优化结果一致，比较表 1.9 最后两行可知，三种传统方法与 1.2 节方法得到的拉格朗日乘子相同，这表明 1.2 节方法是正确的。

表 1.9　问题 2.3 的计算结果

P(2.3)	内点法	SQP	活动集算法	1.2 节方法
$f(\boldsymbol{x}^*)$	-0.8995	-0.8995	-0.8995	-0.8995
Niter	11	10	11	49

续表

P(2. 3)	内点法	SQP	活动集算法	1. 2 节方法
Nfunc	12	26	25	76
CPU time	0. 3318	0. 0584	0. 1376	0. 4193
$\boldsymbol{x}^*$	-1. 9519	-1. 9519	-1. 9519	-1. 9518
	2. 8205	2. 8205	2. 8205	2. 8206
	-1. 6229	-1. 6229	-1. 6229	-1. 6228
	0. 8995	0. 8995	0. 8995	0. 8995
$\nabla F(\boldsymbol{x}^*)$	1. 1485e-07	-1. 7615e-08	4. 6060e-06	-5. 9558e-11
	-8. 3095e-09	2. 9891e-07	-9. 5443e-07	-5. 3181e-11
	5. 4748e-08	5. 1239e-07	-4. 6312e-06	-4. 9333e-11
	1. 4922e-08	1. 4050e 07	-4. 3574e-11	3. 7463e-12
$\boldsymbol{h}_i(\boldsymbol{x}^*)\boldsymbol{g}_j(\boldsymbol{x}^*)$	-6. 8994e-12	4. 4853e-14	1. 5474e-11	8. 0131e-05
	-1. 5717e-07	1. 5089e-10	2. 3754e-08	-5. 0181e-04
$\lambda_i^*, \tau\dfrac{\partial\Phi[\boldsymbol{h}_i(\boldsymbol{x}^*)]}{\partial\boldsymbol{h}_i(\boldsymbol{x}^*)}, \mu_j^*,$	0. 4295	0. 4295	0. 4295	0. 4295
$\tau\dfrac{\partial\Theta[\boldsymbol{g}_j(\boldsymbol{x}^*)]}{\partial\boldsymbol{g}_j(\boldsymbol{x}^*)}$	0. 1273	0. 1273	0. 1273	0. 1273

不确定量化问题 2. 4 包含 6 个优化变量、2 个等式约束和 1 个不等式约束。内点法需要额外增加 1 个松弛变量和 3 个对偶变量处理约束，最终包含 10 个优化变量。相反，式（1. 28）求解问题 2. 4 仅包含 6 个优化变量，不需要增加额外的未知变量处理约束。表 1. 10 给出了问题 2. 4 的数值优化结果，1. 2 节方法需要较少的迭代就能得到目标函数最小值-0. 0579，而内点法需要的函数评价次数超过算法允许的最大值。

表 1. 10　问题 2. 4 的计算结果

P(2. 4)	内点法	SQP	活动集算法	1. 2 节方法
$f(\boldsymbol{x}^*)$	-0. 0577	-0. 0578	-0. 0525	-0. 0579
Niter	492	19	3	50
Nfunc	3000	52	5	69
Cpu time	1. 8974	0. 0963	0. 1206	0. 3950
$\boldsymbol{x}^*$	306. 9264	308. 9428	300. 0001	305. 8280
	377. 2010	377. 6384	399. 9998	376. 0837
	-2. 9998	-3. 0000	-3. 0000	-3. 0000
	-5. 0000	-5. 0000	-5. 0000	-5. 0000
	0. 0318	0. 0318	0. 0300	0. 0319
	0. 0577	0. 0578	0. 0525	0. 0579

续表

P(2.4)	内点法	SQP	活动集算法	1.2 节方法
$\nabla F(\boldsymbol{x}^*)$	-1.3296e-05	3.9097e-05	-1.8755e-04	4.3701e-08
	7.1941e-05	2.4625e-05	2.7194e-04	-1.1381e-07
	2.1354e-05	-6.1104e-06	-5.0646e-08	-3.4533e-08
	6.6176e-08	1.3655e-06	6.3332e-07	-2.5905e-07
	-1.1240e-05	-2.0728e-09	-2.6255	-1.6419e-07
	-1.0137e-04	-2.1741e-09	1.5003	1.2284e-07
$\boldsymbol{h}_i(\boldsymbol{x}^*)\boldsymbol{g}_j(\boldsymbol{x}^*)$	-1.0728e-09	-2.3909e-12	3.9961e-10	3.5435e-05
	-2.4865e-09	8.6509e-13	-7.8838e-10	7.8999e-05
	-0.0484	3.6146e-10	-1.0000	9.3376e-05
$\lambda_i^*\tau\dfrac{\partial\Phi[\boldsymbol{h}_i(\boldsymbol{x}^*)]}{\partial\boldsymbol{h}_i(\boldsymbol{x}^*)}$ $\mu_j^*\tau\dfrac{\partial\Theta[\boldsymbol{g}_j(\boldsymbol{x}^*)]}{\partial\boldsymbol{g}_j(\boldsymbol{x}^*)}$	0.0022	0.0022	-0.0019	0.0022
	0.0048	0.0048	0.0044	0.0048
	0.0021	0.0028	0	0.0029

1.2 场景不确定性量化与可靠性优化设计方法

在文献［16］的式（3-7）中，由输入-输出函数关系$f(q_i(t))+\text{noise}=r_i(t)$生成的样本$\delta_i=[q_i(t),r_i(t)]$称为场景，文献［16］中的式（3-7）描述的优化问题为

$$\theta^*=\min_{\theta}\quad A(\theta)$$
$$\text{s.t.}\begin{cases}g_u(\theta;\delta_i)=r_i-f_u(\theta;q_i),g_l(\theta;\delta_i)=f_l(\theta;q_i)-r_i, & i=1,2,\cdots,N\\ g_{\sup}(\theta;\delta)=\sup[f_l(\theta;q)-f_u(\theta;q)]\leqslant 0\end{cases}\tag{1.77}$$

式中：N是场景的数量。对于不确定性向量$\boldsymbol{q}$，$f(\theta;\boldsymbol{q})$是变量θ的函数，函数的上边界$f_u(\theta;q)$和下边界$f_l(\theta;q)$可表示为

$$f_u(\theta;q)=\sum_{j=0}^{n_u}u_j\psi_j(q)\quad,\quad f_l(\theta;q)=\sum_{j=0}^{n_l}l_j\psi_j(q)\tag{1.78}$$

式中：$\theta=[u_0,u_1,\cdots,u_{n_u},l_0,l_1,\cdots,l_{n_l}]$；$\psi_j$ 可以是线性核函数、多项式核函数、径向基核函数和傅里叶核函数等，即

$$\begin{cases}\psi_j(q_i)=q_i^j\\ \psi_j(q_i)=\exp(-\nu\|c_j-q_i\|)\\ \psi_j(q_i)=\cos(c_jq_i), & i\text{ 为奇数}\\ \psi_j(q_i)=\sin(c_jq_i), & i\text{ 为偶数}\end{cases}\tag{1.79}$$

式（1.77）中最后一个约束确保上界大于下界，目标函数$A(\theta)$旨在缩小下界和上界之间包围的面积：

$$\begin{aligned}A(\theta)&=\int f_u(\theta;q)-f_l(\theta;q)\,\mathrm{d}q\\&=\Delta_q\sum_{j=1}^{m}\frac{f_u(\theta;q_{j-1})-f_u(\theta;q_j)}{2}-\Delta_q\sum_{j=1}^{m}\frac{f_l(\theta;q_{j-1})-f_l(\theta;q_j)}{2}\end{aligned}\tag{1.80}$$

式中：$\Delta_q = q_{j+1} - q_j$。

式（1.77）优化目标是使所有要拟合的数据点都包含在预测的边界内。然而，在式（1.77）中的这些场景约束限制过于苛刻，甚至导致不可行优化解。使用的场景约束越多，就越难满足式（1.77）的所有约束条件。为了确保几乎所有场景的可行性，文献［16］中的式（34）和文献［17］中的式（19）、式（20）中采用软约束取代硬约束，其核心思想是使用松弛变量作为违反约束的度量。通过引入松弛变量 $\zeta_j^{(i)}$ 和 η_j，文献［16］中的式（34）和文献［17］中的式（19）、式（20）中的软约束场景优化问题为

$$(\boldsymbol{x}^*, \boldsymbol{\zeta}^*) = \min_{\boldsymbol{x},\boldsymbol{\zeta}} J(\boldsymbol{x}) + \sum_{j=1}^{n_g} \rho_j \sum_{i=1}^{N} (\zeta_j^{(i)} - \boldsymbol{\eta}_j)$$
$$\text{s. t.} \begin{cases} \boldsymbol{g}_j(\boldsymbol{x};\delta_i) \leqslant \zeta_j^{(i)} \\ \zeta_j^{(i)} \geqslant \boldsymbol{\eta}_j \\ i = 1,2,\cdots,N,\ j = 1,2,\cdots n_g \end{cases} \tag{1.81}$$

式中：$\boldsymbol{\eta}_j$ 是 $\zeta_j^{(i)}$ 的最小值。

式（1.81）目标函数中有两项，第一项是要最小化的目标函数 $J(\boldsymbol{x})$，第二项表示约束违反项，两者通过权重 ρ_j 平衡。在式（1.81）所示软约束场景方法中，优化变量的数量与支撑约束的数量成正比。随着约束数量的增加，计算成本迅速增加，使得在采样数量大的情况下难以优化。

为了克服上述缺点，在不引入松弛变量的情况下利用式（1.25）中的损失函数松弛场景约束，式（1.81）中的第二项用式（1.25）中的损失函数替换，可得到如下无约束优化问题：

$$\boldsymbol{x}^* = \min_{\boldsymbol{x}} J(\boldsymbol{x}) + \tau \sum_{j=1}^{n_g} \sum_{i=1}^{N} \Theta[g_j(\boldsymbol{x};\delta_i) - \boldsymbol{\eta}_j] \tag{1.82}$$

上式消除了场景优化对松弛变量依赖性。在有限的场景约束下，所有数据点都包含在预测的区间范围内，且区间边界包含面积范围尽可能最小。为找到更窄的区间响应边界，式（1.82）可用于处理区间响应边界预测问题：

$$\theta^* = \min_{\theta} A(\theta) + \tau \sum_{i=1}^{N} \{\Theta[f_l(\theta;\delta_i) - r_i] + \Theta[r_i - f_u(\theta;\delta_i)]\} + \tau\Theta[\sup[f_l(\theta;q) - f_u(\theta;q)]] \tag{1.83}$$

需要注意的是，利用梯度优化算法求解上述优化问题，需要计算目标函数和约束条件的梯度。在软约束场景方法中通过引入松弛变量处理场景约束，需要计算约束函数的梯度，这意味着每次迭代中的计算成本会随着场景约束数量的增加而大大增加。相反，使用式（1.82）和式（1.83）则可以很容易地处理大量的场景约束，每次迭代只涉及目标函数的梯度计算。与式（1.81）中软约束场景方法相比，本章提出的场景优化方法避免了大量的约束梯度灵敏度分析，可有效降低计算成本，提高计算效率。

求解式（1.82）后，通过分析式（1.55）中灵敏度值大于零的约束数量，则可确定支持（积极）约束数量 s_N^*，进而基于 s_N^* 使用场景理论方法计算违反约束的上、下界概率 $\underline{\varepsilon}(s_N^*)$，$\overline{\varepsilon}(s_N^*)$。

针对式（1.77）中的硬约束场景优化问题，给定一个预先定义的置信水平 $\gamma \in (0,$

1)，则满足以下关系：

$$\mathbb{P}^N[P_f(\boldsymbol{x}^*)\leqslant\varepsilon(s_N^*)]\geqslant 1-\gamma \tag{1.84}$$

式中：在置信数 $1-\gamma$ 情况下，式（1.84）优化解约束违反风险不超过 $\varepsilon(s_N^*)$。

在场景优化问题的存在性、唯一性和非退化性的假设下，根据文献［17］中的定理1，优化解场景约束违反的风险满足

$$\mathbb{P}^N[\underline{\varepsilon}(s_N^*)\leqslant P_f(\boldsymbol{x}^*)\leqslant\overline{\varepsilon}(s_N^*)]\geqslant 1-\gamma \tag{1.85}$$

上式表明，给定有限场景约束 N，不确定性优化问题的可靠性不会超过相应的区间 $[\underline{\varepsilon}(s_N^*),\ \overline{\varepsilon}(s_N^*)]$ 的置信度为 $1-\gamma$。

综上所述，利用有限样本场景便可得到约束违反边界。在有限场景约束情况下求解式（1.82）和式（1.83）考虑了未列入场景约束条件，换句话说，满足 N 个确定场景约束条件则能满足其他未观察到场景约束。因此，失效概率和可靠性分别为

$$P_f(\boldsymbol{x}^*)\in[\underline{\varepsilon}(s_N^*),\overline{\varepsilon}(s_N^*)] \tag{1.86}$$

$$R(\boldsymbol{x}^*)\in[1-\overline{\varepsilon}(s_N^*),1-\underline{\varepsilon}(s_N^*)] \tag{1.87}$$

依赖于 N、γ 和 s_N^* 的预测界 $[\underline{\varepsilon}(s_N^*),\ \overline{\varepsilon}(s_N^*)]$ 是支持约束数量的函数。低 s_N^* 值对应于低的约束违反概率，而较少的支持约束表明违反约束的风险可能较低。

1.3 场景不确定量化方法工程应用

下面分析文献［18］中的三个不确定性量化问题。

1.3.1 简单非线性函数

第一个算例考虑如下非线性函数（取自文献［18］）：

$$r(q;\sigma)=q^2\cos(q)-\exp^{-z^2}\sin(3q)-q-\cos(q^2)+q,N(0,\sigma) \tag{1.88}$$

考虑1000个场景样本，根据式（1.77）中的区间预测模型，需要分配1000个松弛变量来处理不等式约束，式（1.77）中需要 $1000+n_u+n_l$ 个优化变量。相反，1.3节提出的区间预测方法式（1.83）只需要 n_u+n_l 优化变量来计算 $q(t)$ 的区间响应边界，优化变量数量大大降低。

利用1.3节区间预测方法，采用不同基函数与 n_u 和 n_l 对响应边界预测的影响如图1.4所示，低 n_l 和 n_u 的响应区间宽度通常大于高 n_l 和 n_u 的响应区间宽度。使用不同基函数得到的响应边界差异很明显，由傅里叶基函数预测的响应边界存在过估计，相反，使用多项式函数和径向基函数（RBF）响应边界估计更合理。

下面利用多项式函数并采用 $n_u=n_l=10$ 进行区间响应预测。图1.5和表1.11比较了不同罚参数值时本章区间预测方法与现有的区间预测模型的响应边界预测结果。在图1.5中，式（1.77）硬约束区间预测模型生成的响应边界用符号“IPM hard”表示。“IPM $\tau=0.5$”和“IPM $\tau=0.05$”表示式（1.81）软约束区间预测模型得到的仿真结果。由图1.5可知，较小的罚系数产生较小的区间响应宽度。对于 $\tau=0.05$，使用提出的区间预测方法式（1.83）计算得到的响应区间较窄，包含了大部分的场景样本数据。两种方法得到了相似的区间边界估计结果。

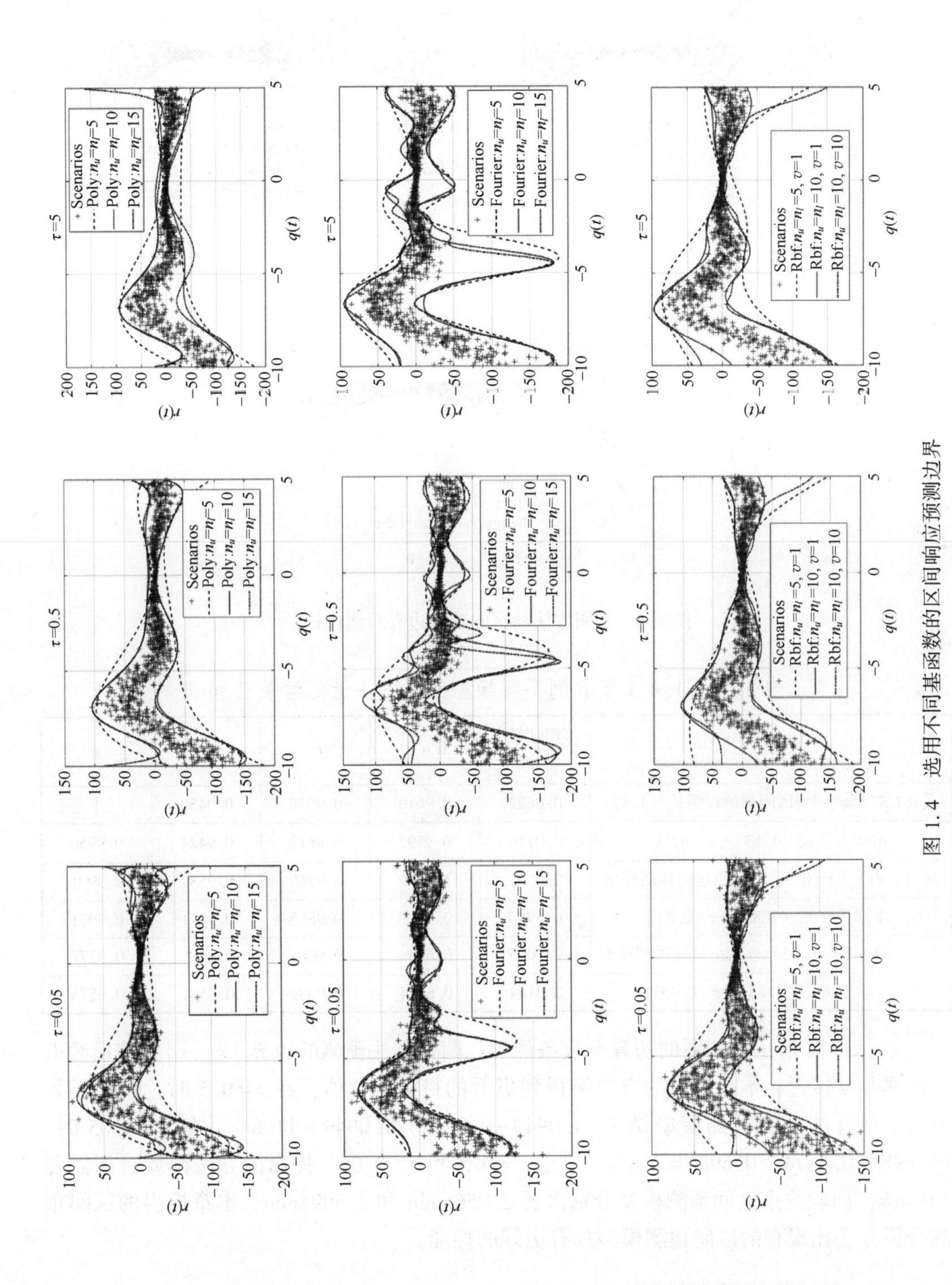

图 1.4　选用不同基函数的区间响应预测边界

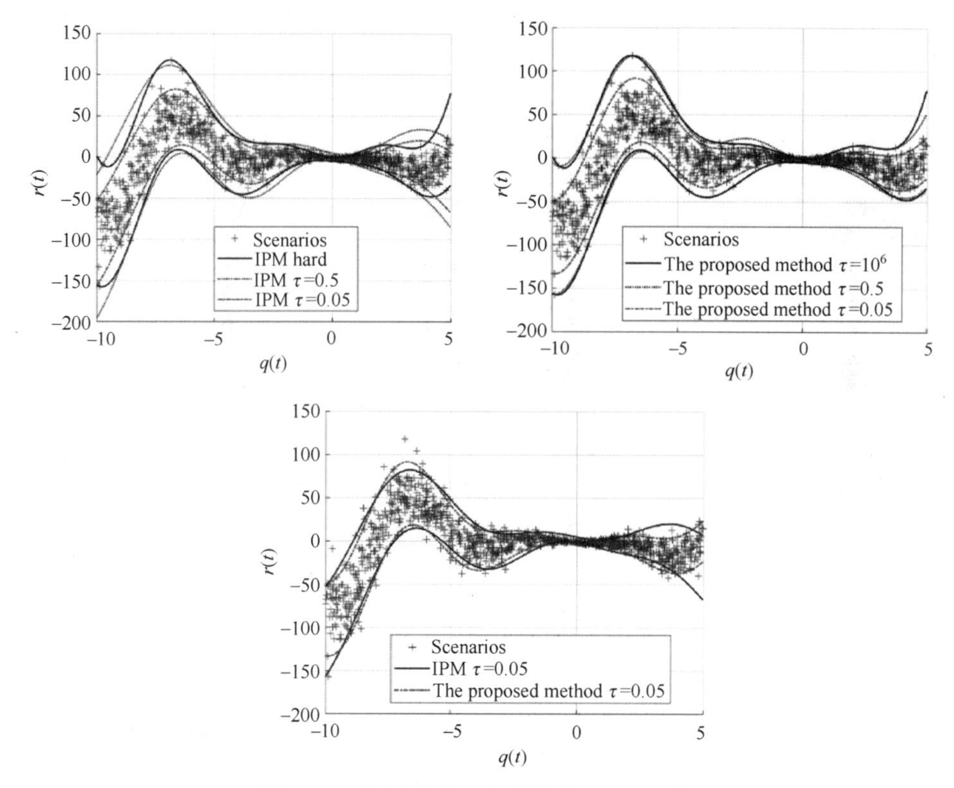

图 1.5　不同方法的区间响应边界预测比较

表 1.11　1.4.1 节算例不同场景约束方法优化结果汇总

	CPU 时间/min	$A(\theta^*)$	P_f	$\underline{\varepsilon}$	$\overline{\varepsilon}$
式（1.77）硬约束区间预测模型式（1.83）	0.0822	0.9610	0.9818	0.9450	1
本章方法式（1.83）（$\tau=10^6$）	0.0126	0.9592	0.9812	0.9424	0.9956
式（1.81）（$\tau=0.5$）软约束区间预测模型	2.0565	1.0949	0.9860	0.9537	0.9991
本章方法式（1.83）（$\tau=0.5$）	0.3985	0.9679	0.9855	0.9471	0.9971
式（1.81）（$\tau=0.05$）软约束区间预测模型	2.5095	0.6984	0.9084	0.8581	0.9578
本章方法式（1.83）（$\tau=0.05$）	0.3154	0.6474	0.9089	0.8581	0.9578

如表 1.11 所示，相同的仿真参数条件下，两种方法预测的边界 $[\underline{\varepsilon}, \overline{\varepsilon}]$ 和违反约束的概率非常接近，本章提出的方法能得到更低的目标函数值，在 $\tau=0.5$ 时，目标函数值低于现有的区间预测模型结果 $(1.0949-0.9679)/1.0949=11.6\%$，在 $\tau=0.05$ 时，$(0.6984-0.6474)/0.6984=7.3\%$。对于 $\tau=0.5$ 和 $\tau=0.05$，提出的方法计算时间需要 30~40s，而软约束区间预测模型分别需要 2.0565min 和 2.5095min，本章提出的区间预测分析方法比现有的区间预测模型具有更好的性能。

1.3.2　控制器的动态性能

第二个算例考虑广泛使用的黑箱系统控制器问题。与控制器的能量消耗相关的不确

定响应 $z_2(t)$ 是需要量化的目标。数据样本集包含具有时间长度 $T=5000\{\{z_2(t, i)\}_{t=1}^{T}\}_{i=1}^{100}$ 的 100 组响应数据，置信水平选为 0.9999，取 $N=10^4$，$n_l=n_u=50$ 和 $\nu=15$，利用径向基函数预测响应区间边界，其余的数据点用于验证，权重罚参数设为 10^5。由于引入了大量的松弛变量来处理 10^4 个软约束，因此软约束区间预测模型不适用于这种工程问题，这个算例如果使用式（1.81）软约束区间预测模型预测响应边界需要几天时间。相反，使用提出的方法式（1.83）不需要额外增加松弛变量，从而节省计算成本。下面，利用式（1.83）分析区间不确定响应边界。

为便于比较，式（1.77）中的硬约束区间预测模型用于生成参考解，两种方法得到的区间响应预测结果如图 1.6 所示，从图中可以看出，两种方法得到的区间响应边界完全一致。硬约束区间预测模型的总计算时间为 17.4145min，本章提出的区间分析方法需要 20.0718min。提出的方法式（1.83）预测的失效概率为 $P_f=0.9901$，包含在 [0.9846,0.9934] 场景预测区间内，且与式（1.77）中硬约束区间预测模型失效概率预测值 0.9910 一致，从而验证了 1.3 节提出的方法式（1.83）的可行性。

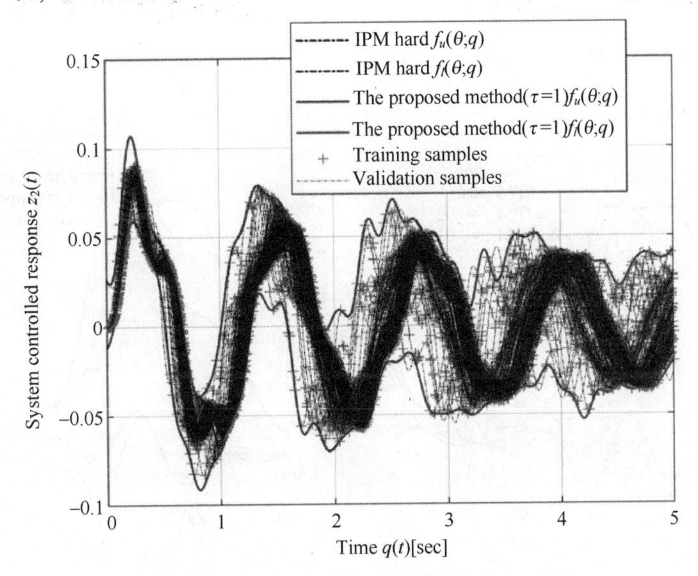

图 1.6　不同方法区间不确定响应预测结果

1.3.3　含损伤的悬挂臂动力学分析

为便于比较，第三个算例取自文献 [16]。取场景 $N=2000$，使用 $n_l=n_u=80$ 和 $\nu=45$ 参数的径向基函数来预测频率响应边界。图 1.7 和表 1.12 中比较了 1.3 节提出的区间分析方法式（1.83）与现有的方法式（1.77）和式（1.81）的区间响应预测结果。由结果可知，不同方法计算得到的不确定响应边界彼此一致。较大的罚系数会导致较宽的响应边界。对于 $\tau=0.01$，预测的响应边界包含了大部分样本点。

如表 1.12 所示，式（1.83）所示方法与现有方法式（1.77）和式（1.81）得到的目标函数值一致，这些方法预测的失效概率非常接近。利用式（1.77）硬约束区间预测模型得到的约束违反概率高于 0.8814。使用式（1.83）提出的方法取 $\tau=1000$ 时计算的约束违反风险在区间 [0.8633,0.9390] 上，失效概率预测为 0.9034。取 $\tau=0.02$ 和

0.01 时，使用式（1.83）提出的方法计算得到的失效概率分别为 0.8563、0.7491。相应的概率边界预测结果包含真实的失效概率（对于 $\tau=0.02$ 预测的边界为[0.8276, 0.9135]，对于$\tau=0.01$ 的预测的边界为[0.7144,0.8243]）。此外，对于$\tau=0.01$，本章方法式（1.83）的运行时间仅为 16.0301min，明显低于现有区间预测模型的计算时间（501.7185min），因此本章方法具有较高的计算效率。

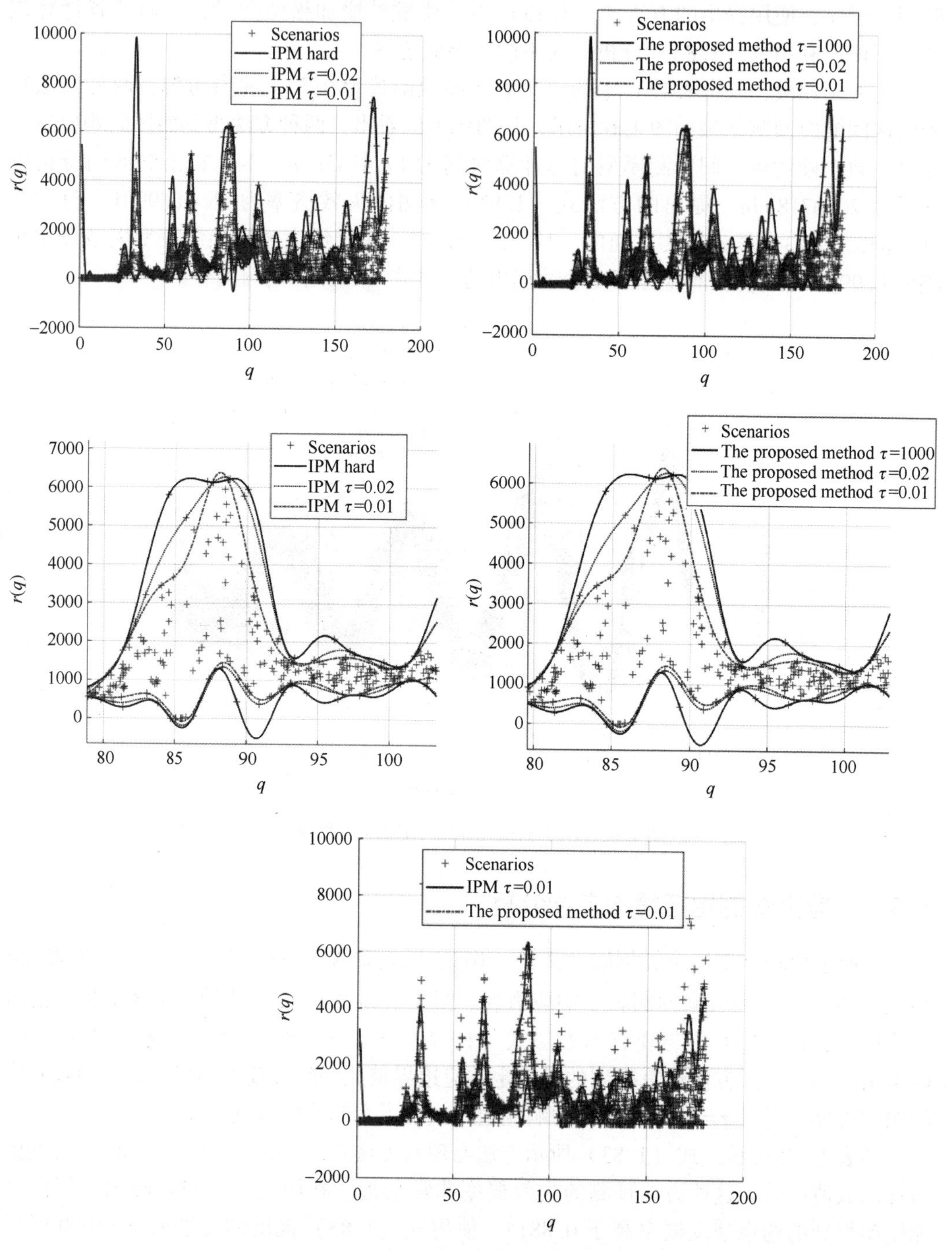

图 1.7　不同方法频响区间预测比较

表 1.12　算例 3 计算结果汇总

	CPU 时间 /min	$A(\theta^*)$	P_f	ε	$\bar{\varepsilon}$
硬约束区间预测模型式（1.77）	4.0310	0.9200	0.9230	0.8814	1
本章方法式（1.83）（τ=1000）	5.2172	0.9199	0.9034	0.8633	0.9390
软约束区间预测模型式（1.81）（τ=0.02）	79.3732	0.7505	0.8648	0.8095	0.9001
本章方法式（1.83）（τ=0.02）	7.1331	0.7450	0.8563	0.8276	0.9135
软约束区间预测模型式（1.81）（τ=0.01）	501.7185	0.5705	0.7543	0.7031	0.8149
本章方法式（1.83）（τ=0.01）	16.0301	0.5742	0.7491	0.7144	0.8243

1.4　场景可靠性优化设计方法工程应用[7]

本节通过三个算例验证式（1.82）中场景可靠性设计方法的有效性和准确性。第一个算例涉及三个简单代数问题，这些问题的定义如表 1.13 所示，表 1.13 中还列举了问题维数和设计边界等信息，其中 $\boldsymbol{x}_{b1}$ 表示初始设计，表中不确定度参数 U_1 和 U_2 服从正态分布。第二个和第三个算例研究两个实际工程系统：飞机横向运动控制器和 72 杆空间桁架结构可靠性设计问题。

1.4.1　场景可靠性优化设计数值算例

表 1.13 中列出的数据取自文献［17］，用于生成采样场景样本，置信水平设为 $\gamma=10^{-8}$，样本场景数取为 1000。根据文献［19］，目标函数定义为 $J=\sum_{i=1}^{n}(x_i+x_i^2)$，应用提出的方法式（1.82）的数值优化结果汇总在表 1.14 中，其中 $v_{10^3,j}^*$ 表示与单个约束相关联的支持（积极）约束数，各约束的违反概率为 $P_{f,j}=\mathbb{P}^{N}[g_j\geqslant 0]$。如表 1.14 所示，案例 1 有 424 个支持约束，案例 2 的 1000 个场景样本中有 106 个场景样本违反约束，案例 3 的可靠性指标为 0.7877，表 1.14 与文献［19］中表 3 的计算结果非常吻合。

表 1.13　数值算例

	案例一	案例二	案例三
数据生成机理	$U_1\in N(0,1)$ $U_2\in N(0,1)$	$U_1,U_2\in N(0,1,2)$， $\Sigma_{1,2}=-0.9$	$U_1\in N(0,1)$ $U_2\in N(0,2)$
$U\in$	$\mathbb{R}^2$	$\mathbb{R}^2$	$\mathbb{R}^2$
g_1	$-x_1+U_1+5x_2U_2-2x_3(U_1-U_2)^2$	$-x_1-x_2^4(U_1-U_2)^4+\frac{(U_1-U_2)}{\sqrt{2}}$	$\frac{U_2}{x_1}+\frac{U_1}{x_2}-x_3$
g_2	$-x_1(1-U_2)+x_2U_2^2-x_3U_1^3$	$-x_1-x_2^4(U_1-U_2)^4-\frac{(U_1-U_2)}{\sqrt{2}}$	$x_1U_1-\frac{U_2}{x_2}-x_3$
g_3		$-x_3(x_4U_1-U_2)^4-\frac{5.682x_2}{\sqrt{2}}-2.2$	

续表

	案例一	案例二	案例三
g_4	$-x_3(U_2-x_4U_1)-\frac{5.682x_2}{\sqrt{2}}-2.2$		
$g\in$	$\mathbb{R}^2$	$\mathbb{R}^4$	$\mathbb{R}^2$
x_{bl}	[2.5,0.2,0.06]	[0.2,0.8801,1,6]	[1,1,1]
L_b	[.5,-2,-0.3]	[-0.5,0.1,1,5]	[0.5,0.5,0.5]
U_b	[4,2,0.3]	[0.5,2,2,7]	[2,2,2]
$x\in$	$\mathbb{R}^3$	$\mathbb{R}^4$	$\mathbb{R}^3$

表 1.14　应用提出场景可靠性设计方法式（1.82）的数值优化结果汇总（$\eta=0$）

$\gamma=10^{-8}$	案例一	案例二	案例三
$s^*_{N=10^3}$	424	106	186
R	0.6005	0.8907	0.7877
$[1-\bar{\varepsilon},1-\underline{\varepsilon}]$	[0.4719,0.6770]	[0.8200,0.9461]	[0.7244,0.8844]
$\gamma=10^{-6}$	案例一	案例二	案例三
$v^*_{10^3,j}$	[128, 296]	[1, 1, 56, 48]	[82, 108]
$P_{f,1}\in[\underline{\varepsilon}_1,\bar{\varepsilon}_1]$	0.1175∈[0.0699,0.2072]	0.0015∈[0,0.0253]	0.0940∈[0.0375,0.1498]
$P_{f,2}\in[\underline{\varepsilon}_2,\bar{\varepsilon}_2]$	0.2820∈[0.2068,0.3955]	0.0016∈[0,0.0253]	0.1222∈[0.0554,0.1825]
$P_{f,3}\in[\underline{\varepsilon}_3,\bar{\varepsilon}_3]$		0.0531∈ [0.0211,0.1156]	
$P_{f,4}\in[\underline{\varepsilon}_4,\bar{\varepsilon}_4]$		0.0531∈ [0.0165,0.1045]	

为了进一步分析 η，惩罚参数 τ 和场景数量 N 对约束违反概率的影响，采用提出的方法式（1.82）分析 $N\in[50、500、1000、1500、2000、5000]$ 6 种情况场景可靠性设计问题。仿真结果如图 1.8 和图 1.9 所示，其中 $\omega=\max\limits_{j\in[1,2,\cdots,n_g]} g_j$，蓝色区域代表边界 $[\underline{\varepsilon}(s_N^*),\bar{\varepsilon}(s_N^*)]$。较浅的颜色对应于低场景样本 N 的仿真分析结果，大场景样本数据集（样本数量为 10^6）近似的真实违反概率用红线表示。从图 1.8 中可以看出，式（1.82）中的 η 对约束违反概率边界估计的准确性有很大的影响。当场景样本数量较小时，区间预测结果很容易受到场景样本数量的影响。随着样本数量 N 的增加，约束违反概率的预测边界变得越来越窄。相反，惩罚参数的变化对约束违反概率的影响相对较小。约束违反概率预测边界的精度随着 τ 增大而提高，当大于某个数值后，预测边界的精度不会发生明显变化。

下面分析不同 τ 取值对场景可靠性设计结果的影响，表 1.15 列出了相应的数值结果。如表 1.15 所示，目标函数随 τ 的增大而增大。当 $\tau=0.5$ 和 1 时，目标函数值没有显著变化。较低 τ 值的数值结果提供了约束违反概率的粗糙预测边界。增大 τ，支持场景的数量减少，并可以得到约束违反概率精确边界。案例一的预测边界从[0.4057, 0.6141]下降到[0.3230, 0.5281]，案例二的预测边界从[0.6168, 0.8064]下降到[0.0539,0.32,0.1800]，案例三的预测边界从[0.7323,0.8946]下降到[0.1156,0.2756]。

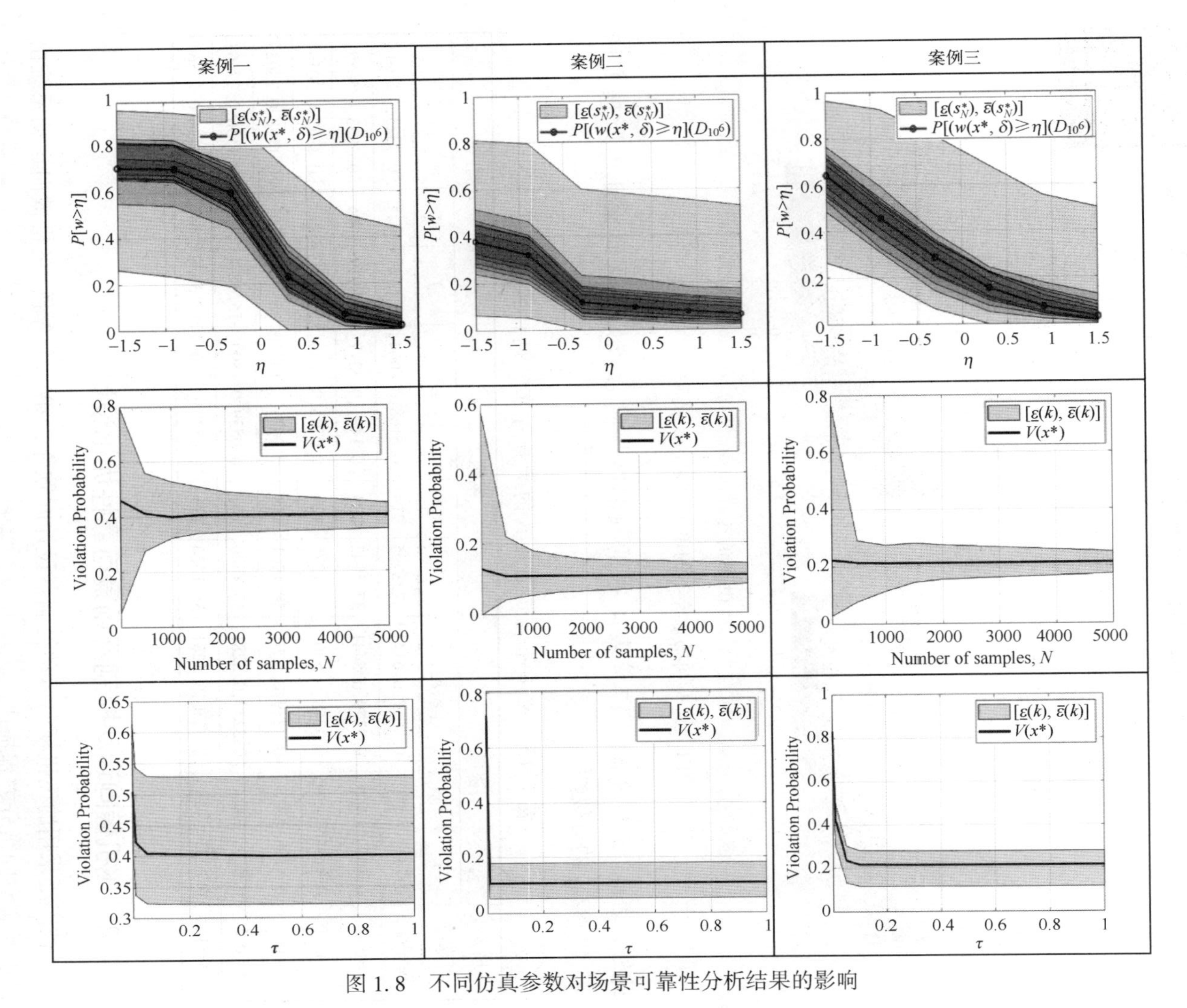

图 1.8　不同仿真参数对场景可靠性分析结果的影响

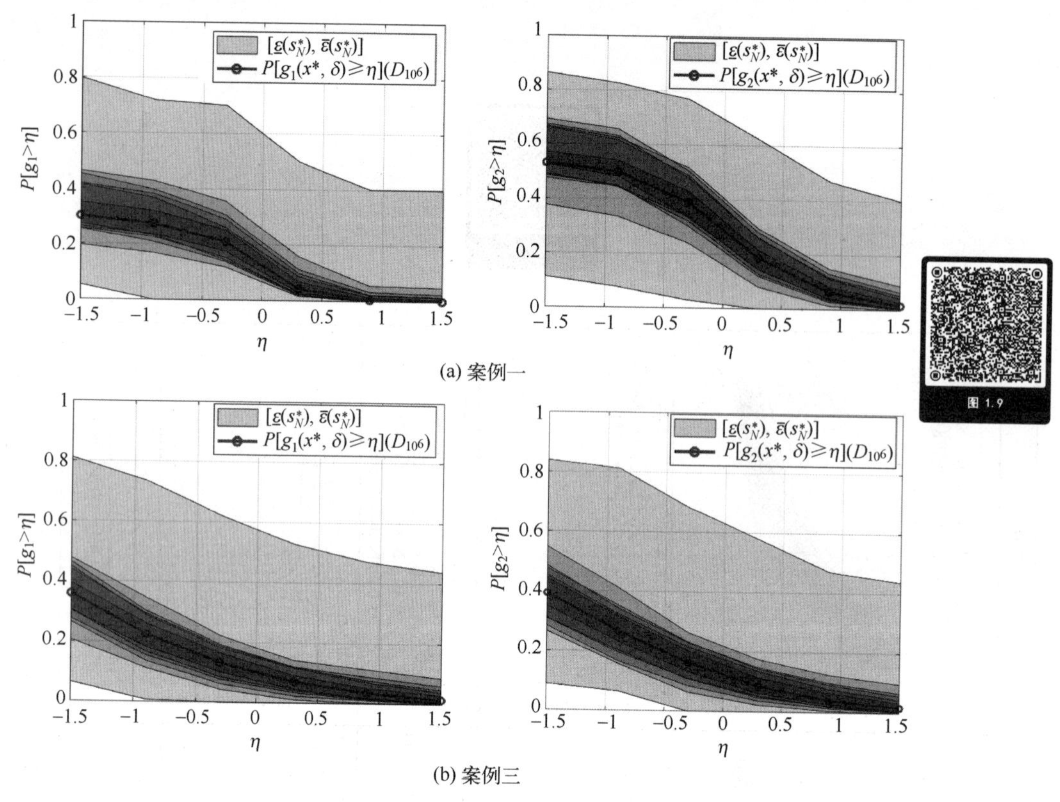

图 1.9　不同场景样本的单个约束违反概率

此外，表 1.15 与文献［17］表 4 中的预测结果吻合较好，从而验证了所提方法式（1.82）的有效性。

表 1.15　使用不同惩罚参数的场景可靠性设计结果汇总

场景可靠性	案例一			案例二			案例三		
	J	$s_{10^3}^*$	$[\underline{\varepsilon},\bar{\varepsilon}]$	J	$s_{10^3}^*$	$[\underline{\varepsilon},\bar{\varepsilon}]$	J	$s_{10^3}^*$	$[\underline{\varepsilon},\bar{\varepsilon}]$
$\tau=0.001$	0.7418	511	[0.4057,0.6141]	32.8795	719	[0.6168,0.8064]	2.6737	824	[0.7323,0.8946]
$\tau=0.01$	0.8009	440	[0.3379,0.5441]	37.5042	228	[0.1491,0.3217]	8.8979	405	[0.3053,0.5089]
$\tau=0.05$	0.8194	426	[0.3248,0.5301]	38.1278	129	[0.0706,0.2080]	13.6993	210	[0.1342,0.3016]
$\tau=0.1$	0.8196	425	[0.3239,0.5291]	38.1301	118	[0.0626,0.1947]	15.1169	191	[0.1188,0.2802]
$\tau=0.5$	0.8233	424	[0.3230,0.5281]	38.1320	106	[0.0539,0.1800]	15.3271	187	[0.1156,0.2756]
$\tau=1$	0.8233	424	[0.3230,0.5281]	38.1320	106	[0.0539,0.1800]	15.3439	187	[0.1156,0.2756]

1.4.2　飞机横向运动控制器场景可靠性优化设计

被广泛采用的飞机横向运动控制器设计问题作为第二个算例，飞机横向运动系统由以下状态空间微分方程描述：

$$\dot{\boldsymbol{s}}(t)=\boldsymbol{A}(\boldsymbol{U})\boldsymbol{s}(t)+\boldsymbol{B}(\boldsymbol{U})u(t) \tag{1.89}$$

式中：系统状态向量 $\boldsymbol{s}(t)$ 包含侧倾角及其导数、侧滑角、偏航率。控制输入向量包括

方向舵和副翼的偏转，式中矩阵为

$$\boldsymbol{A}(\boldsymbol{U})=\begin{bmatrix} 0 & 1 & 0 & 0 \\ 0 & L_p & L_\beta & L_r \\ g/V & 0 & Y_\beta & -1 \\ N_\beta(g/V) & N_p & N_\beta+N_\beta Y_\beta & N_r-N_\beta \end{bmatrix},\quad \boldsymbol{B}(\boldsymbol{U})=\begin{bmatrix} 0 & 0 \\ 0 & L_{\delta_a} \\ Y_{\delta_a} & 0 \\ N_{\delta_r}+N_\beta Y_{\delta_r} & N_{\delta_r} \end{bmatrix} \tag{1.90}$$

式中：$\boldsymbol{A}(\boldsymbol{U})$和$\boldsymbol{B}(\boldsymbol{U})$包含 13 个遵循正态概率分布的不确定参数$\boldsymbol{U}$。$\boldsymbol{U}$的平均值和变异系数见文献［19］的表 6。

考虑如下控制器设计问题凸二次条件：

$$g(\boldsymbol{x},\boldsymbol{U})=\boldsymbol{A}(\boldsymbol{U})\boldsymbol{P}(\boldsymbol{x})+\boldsymbol{P}(\boldsymbol{x})\boldsymbol{A}^{\mathrm{T}}(\boldsymbol{U})+\boldsymbol{B}(\boldsymbol{U})\boldsymbol{W}^{\mathrm{T}}(\boldsymbol{x})+\boldsymbol{W}(\boldsymbol{x})\boldsymbol{B}^{\mathrm{T}}(\boldsymbol{U})+2\hbar\boldsymbol{P}(\boldsymbol{x})\leqslant 0 \tag{1.91}$$

$$\varpi(\boldsymbol{x},\boldsymbol{U})=\Lambda_{\max}[g(\boldsymbol{x},\boldsymbol{U})]\leqslant 0 \tag{1.92}$$

式中：$\boldsymbol{P}(\boldsymbol{x})\in\mathbb{R}^{4\times4}$；$\boldsymbol{W}(\boldsymbol{x})\in\mathbb{R}^{2\times4}$；$\Lambda_{\max}$表示最大特征值；本节采用的衰减率为$\hbar=0.1$。

控制目标是设计状态反馈控制器$\boldsymbol{P}(\boldsymbol{x})$和$\boldsymbol{W}(\boldsymbol{x})$以满足式（1.91）和式（1.92）。$\boldsymbol{P}(\boldsymbol{x})$和$\boldsymbol{W}(\boldsymbol{x})$矩阵中总共有 18 个优化变量，利用式（1.82）可以得到如下优化问题：

$$\min\mathrm{Tr}[\boldsymbol{P}(\boldsymbol{x})]+\tau\left\{\sum_{i=1}^{N}\Theta[g(\boldsymbol{x},\boldsymbol{U}_i)]+\Theta[\boldsymbol{P}(\boldsymbol{x})-\bar{\varepsilon}\boldsymbol{I}]\right\} \tag{1.93}$$

式中：Tr[·]表示矩阵的秩；$\bar{\varepsilon}>0$是一个很小的正数，以确保$\boldsymbol{P}(\boldsymbol{x})$的正定性。

置信水平设置为$\gamma=10^{-6}$，生成$N=300$场景样本求解式（1.93）。表 1.16 比较不同的方法得到的可靠性设计结果，由表可知，两种方法得到的目标函数值几乎相同，两种方法得到的优化解如图 1.10 所示，优化解很相似，无支持约束$s_{300}^{*}=0$。利用式（1.81）中的场景可靠性设计方法，预测的失效概率在置信度为10^{-6}时不超过 0.006618，相应的失效概率区间边界为[0,0.056138]。相反，本章 1.3 节提出方法式（1.82）预测的约束违反概率为 0.005059。另外，在式（1.81）软约束场景方法需要 20097 次函数评价，计算时间为 27.9486s，远远大于本章方法的计算时间。

表 1.16　不同方法场景可靠性设计优化结果比较

	软约束场景方法式（1.81）	本章方法式（1.82）
目标函数 $\mathrm{Tr}[\boldsymbol{P}(\boldsymbol{x})]$	1.2792	1.2792
函数评价次数	20097	1927
CPU 时间	27.9496	2.8532
s_{300}^{*}	0	0
P_f	0.006618	0.005059
$[\varepsilon,\bar{\varepsilon}]$ $\beta=10^{-6}$	[0,0.056138]	[0,0.056138]

1.4.3　72 杆桁架结构场景可靠性优化设计

本章 1.3 节方法的第三个应用对象考虑取自文献［17］的 72 杆空间桁架结构。图 1.11 所示的 72 杆空间桁架结构为四层，划分为 16 组横截面积，相应设计变量表示

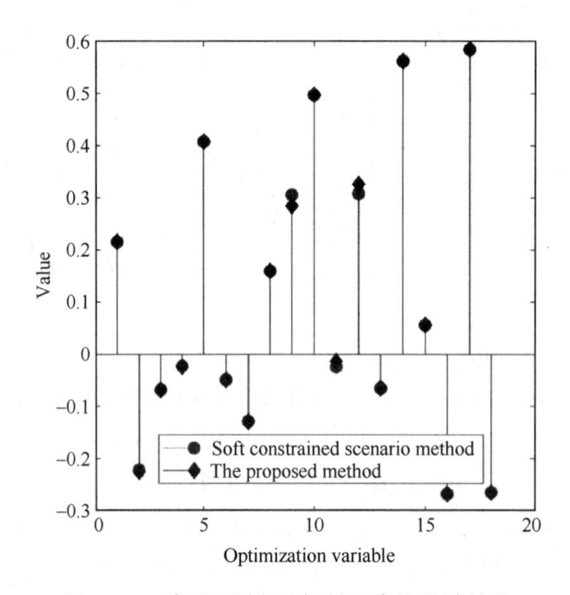

图 1.10　采用不同方法场景可靠性设计结果

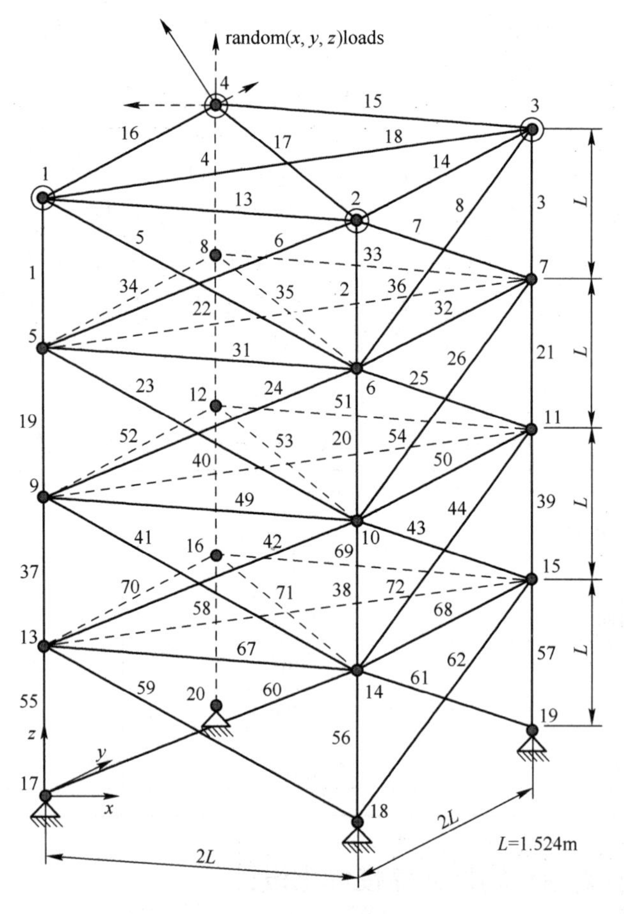

图 1.11　72 杆空间桁架结构

为 A_i，$i=1,2,\cdots,16$，优化边界为 0.1~4。72 个杆件的弹性模量和顶部 4 个节点的 6 个载荷分量是不确定的，弹性模量的不确定假设服从均值为 104[ksi]、标准差为 102[ksi]的正态分布。载荷不确定采用正态概率分布建模，标准偏差为 0.5[kips]，垂直 z 分量上均值为−5[kips]，在 x 和 y 方向上的均值为+5［kips］。优化目标是最小化桁架结构的重量，可靠性设计要求包括 12 个最大位移限制(±0.25[in.])和 72 个最大应力约束(±25[ksi])。

文献［17］的 6.2 节对该 72 杆空间桁架结构进行了场景可靠性优化设计，涉及 78 个不确定性随机变量、84 个可靠性约束。在式（1.81）中，软约束场景方法中的优化变量的数量与场景约束样本数 N 成比例。式（1.81）中的场景约束优化方法涉及 $84N$ 个松弛变量，总共有 $84N+16$ 个设计变量，样本数量的增加需要大量的场景约束和优化松弛变量。相反，无论样本数量多少，本章 1.3 节方法式（1.82）不需要增加松弛变量，总共有 A_i，$i=1,2,\cdots,16$ 个优化变量，优化变量的数量很少。

利用式（1.82）中提出的方法求解 72 杆空间桁架结构的可靠性设计问题，取 $\tau=10^5$。表 1.17 比较了不同 N 值下软约束场景方案与本章 1.3 节方法的可靠性优化设计结果。

如表 1.17 所示，随着场景约束数量的增加，目标函数值存在变化。当 N 增加时，$[\underline{\varepsilon},\overline{\varepsilon}]$宽度减小。由表 1.17 可知，本章方法得到目标函数值明显小于软约束场景方法，而这两种方法所获得的可靠性性能差异不大。

表 1.17　不同方法间的场景可靠性优化设计结果比较

面积	杆件成员	软约束场景方法式（1.81）			本章方法式（1.82）		
		$N=100$	$N=200$	$N=500$	$N=100$	$N=200$	$N=500$
A_1	1~4	3.4000	3.6666	3.6923	3.3449	3.6059	3.4537
A_2	5~12	0.8303	0.8586	0.7987	0.8169	0.8444	0.8298
A_3	13~16	0.1000	0.1000	0.1000	0.1000	0.1000	0.1000
A_4	17~18	0.1000	0.1000	0.1000	0.1000	0.1000	0.1000
A_5	19~22	2.4492	2.6981	2.4887	2.4090	2.6535	2.5075
A_6	23~30	0.8307	0.8587	0.8330	0.8171	0.8445	0.8299
A_7	31~34	0.1000	0.1000	0.1000	0.1000	0.1000	0.1000
A_8	35~36	0.1000	0.1000	0.1000	0.1000	0.1000	0.1000
A_9	37~40	1.4419	1.6752	3.9170	1.4177	1.6475	1.5012
A_{10}	41~48	0.8356	0.8628	0.8007	0.8219	0.8485	0.8344
A_{11}	49~52	0.1000	0.1000	0.1000	0.1000	0.1000	0.1000
A_{12}	53~54	0.1000	0.1000	0.1000	0.1000	0.1000	0.1000
A_{13}	55~58	0.3456	0.5832	0.3490	0.3389	0.5731	0.4312
A_{14}	59~66	0.8578	0.8802	0.8271	0.8441	0.8659	0.8545
A_{15}	67~70	0.6743	0.6967	0.6666	0.6627	0.6845	0.6780
A_{16}	71~72	0.8637	0.9119	0.7416	0.8487	0.8961	0.8722

续表

面积	杆件成员	软约束场景方法式（1.81）			本章方法式（1.82）		
		$N=100$	$N=200$	$N=500$	$N=100$	$N=200$	$N=500$
重量		629.5678	667.3349	682.3285	619.6450	656.6609	635.5927
P_f		0.0118	0.001	0.0049	0.0180	0.0024	0.0079
$\mathrm{CVa}R_{0.95}$（w）		−0.0200	−0.0785	−0.0481	−0.0037	−0.0631	−0.0324
函数评价次数		11130	19314	25333	1052	732	862
CPU 时间/min		121.9085	395.5524	1.3275e+03	28.5347	38.0022	121.5983
$[\varepsilon,\bar{\varepsilon}]$, $\beta=10^{-4}$		[0,0.1425]	[0,0.0740]	[0,0.0303]	[0,0.1425]	[0,0.0740]	[0,0.0395]

软约束场景方法中的场景样本数对计算成本（如函数评价次数）有重要影响。式（1.81）中软约束可靠性设计方法有大量的场景约束，软约束场景方法的计算代价随着 N 的增大而急剧增大，计算成本很高。而本章 1.3 节方法的计算代价则随着样本量的增加而保持相对稳定。对于 $N=500$，软约束场景优化方法需要的函数评价次数为 25333，计算时间为 1327.5s。相反，本章 1.3 节方法需要 862 次函数评价，计算时间为 121.5983s。场景样本越大，计算效率越高，因此，1.3 节提出的方法是解决场景优化问题的一种可行方案。

1.5 本章小结

在不引入对偶和松弛隐式变量的情况下，提出了一种表述约束优化条件的微分精确罚函数方法，建立了场景不确定量化与可靠性设计方法。利用拓扑优化罚原理，设计损失函数衡量每个约束的违反程度，将原始约束优化问题转换为无约束的可微罚函数问题。提出的损失函数相对于约束函数的导数可以理解为传统的拉格朗日乘子。大量数值算例及与其他方法进行比较，验证了本章方法的有效性。

本章的主要创新之处在于利用拓扑优化原理，设计了新的损失函数和惩罚公式，进而建立精确微分罚函数方法以及场景不确定量化与可靠性设计方法。与现有方法相比，本章方法有许多优点。一是将拓扑优化罚函数原理应用到激活函数的设计中，通过定义损失函数得到精确罚函数的平滑表示。首次将拓扑优化原理用于约束优化问题的求解。二是避免了使用对偶和松弛变量来处理约束，不需要额外增加未知优化变量。现有方法的未知变量的数量与约束的数量成正比。当约束条件的数量增加时，需要求解大量的非线性方程组。相反，提出精确罚函数能够施加任意数量的约束，而不必依赖对偶变量和松弛变量来处理约束函数，要求解的非线性方程组数量与约束的数量无关。三是运用提出的精确罚函数建立了约束优化条件的显式表达式，得到不依赖于对偶和松弛变量一阶和二阶最优性条件。与 KKT 条件不同，优化条件中出现的非线性方程并不依赖额外的对偶变量和松弛变量。最优化条件不需要使用拉格朗日乘子，而拉格朗日乘子可以根据损失函数相对于约束函数的灵敏度直接得到，不涉及与目标函数或约束函数相关导数的计算。四是不需要人为识别积极约束，避免了传统活动集检测方法处理不等式约束的缺点。

参考文献

[1] Bertsekas D P. Constrained optimization and Lagrange multiplier methods [M]. New York-London: Academic Press, 2014.

[2] Zălinescu C. On canonical duality theory and constrained optimization problems [J]. Journal of Global Optimization, 2022, 82 (4): 1053-1070.

[3] Xu Y. Iteration complexity of inexact augmented Lagrangian methods for constrained convex programming [J]. Mathematical Programming, 2021, 185: 199-244.

[4] Nie J, Wang L, Ye J J, et al. A Lagrange multiplier expression method for bilevel polynomial optimization [J]. SIAM Journalon Optimization, 2021, 31 (3): 2368-2395.

[5] Dolgopolik M V. Existence of augmented Lagrange multipliers: Reduction to exact penalty functions and localization principle [J]. Mathematical Programming, 2017, 166: 297-326.

[6] Byrd R H, Lopez-Calva G, Nocedal J. A line search exact penalty method using steering rules [J]. Mathematical Programming, 2012, 133 (1-2): 39-73.

[7] Liao H T, Yuan X J, Gao R X. An exact penalty function optimization method and its application in stress constrained topology optimization and scenario based reliability design problems [J]. Applied Mathematical Modelling, 2023, 125: 260-292.

[8] Dahl J, Andersen E D. A primal-dual interior-point algorithm for nonsymmetric exponential-cone optimization [J]. Mathematical Programming, 2022, 194 (1-2): 341-370.

[9] Jian J, Liu P, Yin J, et al. A QCQP-based splitting SQP algorithm for two-block nonconvex constrained optimization problems with application [J]. Journal of Computational and Applied Mathematics, 2021, 390: 113368.

[10] Liao H. A single variable-based method for concurrent multiscale topology optimization with multiple materials [J]. Computer Methodsin Applied Mechanics and Engineering, 2021, 378: 113727.

[11] Liao H. An incremental form interpolation model together with the Smolyak method for multi-material topology optimization [J]. Applied Mathematical Modelling, 2021, 90: 955-976.

[12] Bendsøe M P, Sigmund O. Material interpolation schemes in topology optimization [J]. Archive of Applied Mechanics, 1999, 69: 635-654.

[13] Lian S. Smoothing approximation to l1 exact penalty function for inequality constrained optimization [J]. Applied Mathematics and Computation, 2012, 219 (6): 3113-3121.

[14] Zhao W. A Broyden-Fletcher-Goldfarb-Shanno algorithm for reliability-based design optimization [J]. Applied Mathematical Modelling, 2021, 92: 447-465.

[15] Qiu Z, Jiang N. An ellipsoidal Newton's iteration method of nonlinear structural systems with uncertain-but-bounded parameters [J]. Computer Methods in Applied Mechanics and Engineering, 2021, 373: 113501.

[16] Rocchetta R, Gao Q, Petkovic M. Soft-constrained interval predictor models and epistemic reliability intervals: A new tool for uncertainty quantification with limited experimental data [J]. Mechanical Systems and Signal Processing, 2021, 161: 107973.

[17] Rocchetta R, Crespo L G. A scenario optimization approach to reliability-based and risk-based design: Soft-constrained modulation of failure probability bounds [J]. Reliability Engineering & System Safety, 2021, 216: 107900.

第 2 章　单变量类型多材料拓扑优化设计

结构拓扑优化旨在优化设计区域内材料分布以实现最佳或规定的性能，自 Bendsøe 和 Kikuchi[1]开创性的工作以来，学者们提出了多种拓扑优化方法，如变密度方法[2-4]、水平集方法[5-7]、渐进结构方法[8-9]、相场方法[10-11]、冒泡法[12]、几何投影法[13]等。

水平集方法是常用的拓扑优化设计方法，但它存在如收敛问题、局部极值及初值依赖性等局限性，此外，随着优化问题维数的增加，水平集方法计算量呈指数增长。以固体各向同性材料惩罚（Solid Isotropic Material with Penalization，SIMP）方法为代表，广泛使用的拓扑优化变密度方法的设计变量数与有限元单元数相关，不仅存在棋盘格现象，而且不能给出结构清晰边界，不便于加工制造。为克服上述缺点，有学者利用级数展开法研究拓扑优化问题[14-16]，然而，傅里叶级数展开方法不能充分考虑低阶多项式基函数之间的相互影响，优化变量数量与多项式基函数阶数相关。

多材料拓扑优化问题日益受到研究人员重视，学者们提出多种多材料插值模型[17-21]研究多材料拓扑优化问题。然而，现有的多材料插值方案存在设计变量多、计算效率低等问题。基于变密度法的多材料插值方案需要 m 类设计变量表征 $m+1$ 种材料分布。在水平集方法框架下，$m+1$ 相材料的分布需要 m 个水平集函数表示。现有多材料插值方案利用多个变量来调控材料存在与否，材料的选择问题转化为不同材料类型设计变量或不同水平集函数的组合，现有多材料拓扑优化插值模型的设计变量数量与使用材料数量成正比，大量优化变量使得现有多材料拓扑优化方法计算成本过高。因此，需要研究有效的多材料拓扑优化方法。

为了解决上述问题，本章融合 Smolyak 方法与 Non-Uniform Rational B-Spline（NURBS）方法表示结构拓扑密度场，提出增量形式多材料插值模型。与现有的多材料拓扑优化方法相比，本章方法具有许多优势。一是避免了不必要的多变量插值来表示多材料属性，它不需要增加额外的变量，仅用一种设计变量来插值所有材料的物理量，优化变量的数量与材料类型的数量无关。二是结合 NURBS 方法和 Smolyak 方法，用少量优化变量便可表示拓扑密度场，不存在棋盘格现象。三是可以推导出表示每种材料存在与否的特征函数，借助表征函数可施加任意数量的体积和质量约束。四是可通过特征函数定义水平集函数，从而得到不同材料清晰的边界。

本章的其余部分安排如下：2.1 节介绍结合 Smolyak 方法与 NURBS 方法的拓扑密度场表示方法，2.2 节描述多材料拓扑优化增量形式插值模型，2.3 节给出以柔度最小化为目标函数的多材料拓扑优化问题描述并分析灵敏度，2.4 节通过数值算例验证方法的有效性。

2.1　用 NURBS 方法表示拓扑密度场的各向异性 Smolyak 方法[22-23]

从数学的角度来看，降维的关键问题是找到合适的密度场表示方法。下面使用各向异性 Smolyak 方法和 NURBS 基函数参数化拓扑密度场。

2.1.1　用 NURBS 方法表示拓扑密度场

用 NURBS 方法表示拓扑密度场$\chi(\boldsymbol{x},\boldsymbol{\xi})$如下：

$$\chi(\boldsymbol{x},\boldsymbol{\xi})=\sum_{l=0}^{L}\cdots\sum_{n=0}^{N}R_{l,m,\cdots,n}^{p,q,\cdots,r}(\boldsymbol{\xi})\gamma^{d}(\boldsymbol{x},\boldsymbol{\xi}^{c}) \tag{2.1}$$

式中：多变量基函数 $R_{l,m,\cdots,n}^{p,q,\cdots,r}(\boldsymbol{\xi})$是位置向量$\boldsymbol{\xi}=\{\xi_1,\xi_2,\cdots,\xi_d\}$的函数；$d$ 表示空间维数；下标 $i,\cdots,k$ 用于分辨多变量基函数分量的指数；$L,\cdots,N$ 分别表示 $\xi_1,\xi_2,\cdots,\xi_d$ 方向上的基函数的数量；$\gamma^{d}(\boldsymbol{x},\boldsymbol{\xi}^{c})$表示控制点 $\boldsymbol{\xi}^{c}$ 处的密度，是各向异性 Smolyak 系数 $\boldsymbol{x}$ 的函数。多元基函数以张量积形式表示：

$$R_{l,m,\cdots,n}^{p,q,\cdots,r}(\boldsymbol{\xi})=\frac{N_{l,p}(\xi_1)\cdots N_{n,r}(\xi_d)\omega_{l,\cdots,n}}{\sum_{l=0}^{L}\cdots\sum_{n=0}^{N}N_{l,p}(\xi_1)\cdots N_{n,r}(\xi_d)\omega_{l,\cdots,n}} \tag{2.2}$$

式中：$N_{l,p}(\xi_1),\cdots,N_{n,r}(\xi_d)$分别表示 $p,\cdots,r$ 阶的 B 样条基函数；$\omega_{l,\cdots,n}$表示相应的权重。

通过使用以下 Cox-de Boor 递归公式，给定节点向量 $U=\{\underbrace{0,\cdots,0}_{p+1},u_{p+1},\cdots,u_{L-p-1},\underbrace{1,\cdots,1}_{p+1}\}$，单变量 NURBS 多项式为

$$\begin{aligned}&N_{l,0}(u)=\begin{cases}1, & u_l\leqslant u<u_{l+1}\\0, & \text{其他}\end{cases}\\&N_{l,p}(u)=\begin{cases}\dfrac{u-u_l}{u_{l+p}-u_l}N_{l,p-1}(u)+\dfrac{u_{l+p+1}-u}{u_{l+p+1}-u_{l+1}}N_{l+1,p-1}(u), & u_l\leqslant u<u_{l+1}\\0, & \text{其他}\end{cases}\end{aligned} \tag{2.3}$$

式中：每个节点 u_l 代表参数空间中的一个坐标。基函数 $N_{l,p}(u)$ 仅在节点 u_l 和节点 u_{l+p+1}之间的范围内是非零的。

第 i 维方向的控制点 $\xi_i^{j_i}$ 定义如下：

$$\xi_i^{j_i}=\frac{(2j_i+1)\pi}{2L(\xi_i)},\quad j_i=0,1,\cdots,T(\xi_i)-1 \tag{2.4}$$

式中：上标j_i 表示样本索引号；第 i 个方向的控制点数用 $T(\xi_i)$表示。基于式（2.4）在每个方向上等距采样，得到的控制点如图 2.1 所示。

如果将 NURBS 控制点的密度值作为设计变量，则设计变量的个数等于控制点的总数。随着控制点数量的增加，设计变量的数量会显著增加，这是不可取的。因此，有必要减少设计变量的总数。实际上，离散余弦变换（DCT）或离散小波变换（DWT）等数字图像处理技术是实现降维的有效途径。密度分布 $\gamma^{d}(x,\xi^{c})$可以用有限项级数展开表示（最大截断阶数 N_{ξ_i}）：

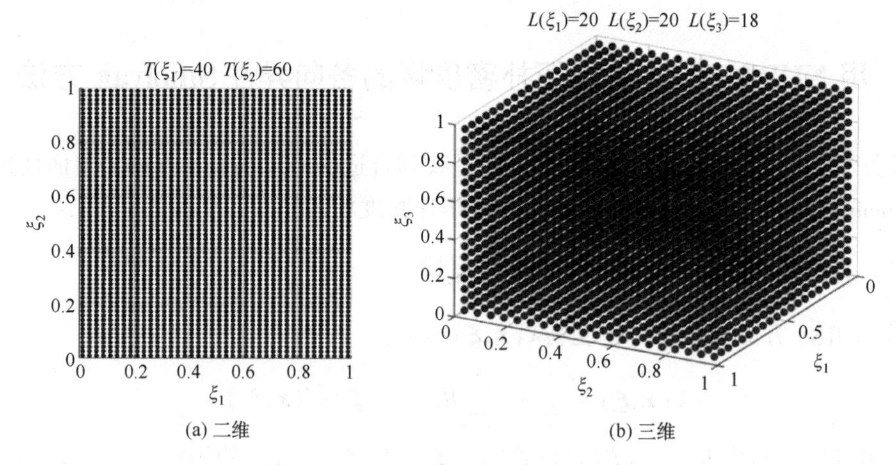

(a) 二维　　(b) 三维

图 2.1　NURBS 方法的控制点示意图

$$\gamma^d(\boldsymbol{x},\boldsymbol{\xi}^c)=\sum_{\ell_1=1}^{N_{\xi_1}+1}\cdots\sum_{\ell_d=1}^{N_{\xi_d}+1}e_{\ell_1,\cdots,\ell_d}\boldsymbol{\Psi}_{\ell_1,\cdots,\ell_d}(\boldsymbol{\xi}^c) \tag{2.5}$$

式中：$\boldsymbol{\Psi}_{\ell_1,\cdots,\ell_d}(\boldsymbol{\xi}^c)$表示独立单变量基函数的张量积，定义为

$$\boldsymbol{\Psi}_{\ell_1,\cdots,\ell_d}(\boldsymbol{\xi}^c)=\prod_{\ell_i=\ell_1}^{\ell_i=\ell_d}\psi_{\ell_i}(\xi_i)=\psi_{\ell_1}(\xi_1^c)\cdots\psi_{\ell_d}(\xi_d^c) \tag{2.6}$$

$\psi_{\ell_i}(\xi_i^c)$表示第 ℓ_i 阶正交多项式在 $\boldsymbol{\xi}^c$ 处取值。基函数 $\psi_{\ell_i}(\xi_i^c)$可以有多种选择，本节采用余弦函数 $\psi_{\ell_i}(\xi_i^c)=\cos(\ell_i-1)\xi_i^{j_i}$。例如，当 $N_{\xi_1}=2$ 和 $N_{\xi_2}=2$ 时，$\gamma^2(\boldsymbol{x},\xi_1^c,\xi_2^c)$表达式为

$$\begin{aligned}\gamma^2(\boldsymbol{x},\xi_1^c,\xi_2^c)=&e_{1,1}+e_{2,1}\cos(\xi_1^c)+e_{3,1}\cos(2\xi_1^c)+e_{1,2}\cos(\xi_2^c)+e_{2,2}\cos(\xi_1^c)\cos(\xi_2^c)\\&+e_{3,2}\cos(2\xi_1^c)\cos(\xi_2^c)+e_{1,3}\cos(2\xi_2^c)+e_{2,3}\cos(\xi_1^c)\cos(2\xi_2^c)+e_{3,3}\cos(2\xi_1^c)\cos(2\xi_2^c)\end{aligned} \tag{2.7}$$

式中：$x=\{e_{1,1},e_{2,1},e_{3,1},e_{1,2},e_{2,2},e_{3,2},e_{1,3},e_{2,3},e_{3,3}\}$。

然而，式（2.7）中的 Smolyak 系数的数量与 N_{ξ_i}成正比。增加多项式基函数的阶数会导致大量优化变量。因此，设计变量数量并没有显著减少。应该注意的是，式（2.7）没有充分考虑低阶多项式基函数的影响。根据离散傅里叶变换方法等数字图像处理技术，低阶多项式基函数在式（2.7）中起主导作用，而诸如 $\cos(2\xi_1^c)\cos(2\xi_2^c)$的高阶项可以忽略不计。因此，$\gamma^2(\boldsymbol{x},\xi_1^c,\xi_2^c)$可以使用少量最重要的低阶项来构造。实际上，Smolyak 方法允许使用少量低阶基函数项来有效地逼近 $\gamma^d(\boldsymbol{x},\boldsymbol{\xi}^c)$。

2.1.2　各向异性 Smolyak 方法

各向异性 Smolyak 多项式展开的主要思想是使用如下的一小组基函数来近似 NURBS 方法中控制点处的拓扑密度：

$$\gamma^{d,\mu^{\max}}(\boldsymbol{x},\boldsymbol{\xi}^c)=\sum_{d\leqslant|i|\leqslant d+\mu^{\max}}q^{|i|}(\boldsymbol{x},\boldsymbol{\xi}^c) \tag{2.8}$$

式中：$q^{|i|}(\boldsymbol{x},\boldsymbol{\xi}^c)$表示张量积算子，索引$|i|$由 $\mu^{\max}=\max\{\mu_1,\mu_2,\cdots,\mu_d\}$控制，$\mu_i$ 是沿维度 i 的相关索引，增加 $\mu^{\max}$会增加逼近精度。

采用文献［22］各向异性 Smolyak 方法的基本框架，式（2.8）中的张量积算子 $q^{|i|}(\boldsymbol{x},\boldsymbol{\xi}^c)$ 可以表述如下：

$$q^{|i|}(\boldsymbol{x},\boldsymbol{\xi}^c)=\sum_{i_1+i_2+\cdots+i_d=|i|} q^{i_1,i_2\cdots,i_d}(\boldsymbol{x},\boldsymbol{\xi}^c) \tag{2.9}$$

式中：满足 $i_1\leqslant\mu_1,i_2\leqslant\mu_2,\cdots,i_d\leqslant\mu_d$ 关系的多指标 $i_1+i_2+\cdots+i_d$ 之和等于 $|i|$。

多元基函数 $q^{i_1,i_2,\cdots,i_d}(\boldsymbol{x},\boldsymbol{\xi}^c)$ 可由基 $\boldsymbol{\Psi}_{\ell_1,\cdots,\ell_d}(\boldsymbol{\xi}^c)$ 展开：

$$q^{i_1,\cdots,i_d}(\boldsymbol{x},\boldsymbol{\xi}^c)=\sum_{\ell_1=m(i_1-1)+1}^{m(i_1)}\cdots\sum_{\ell_d=m(i_d-1)+1}^{m(i_d)} e_{\ell_1,\cdots,\ell_d}\boldsymbol{\Psi}_{\ell_1,\cdots,\ell_d}(\boldsymbol{\xi}^c) \tag{2.10}$$

式中：ℓ_i 是沿第 i 个参数方向的多项式索引；$x=\{e_{\ell_1,\ell_2,\cdots,\ell_d}\}$ 表示需要确定的 Smolyak 展开系数。相应单变量基的阶由 $m(0)=0$，$m(1)=1$，$m(i_j)=2^{i_j-1}+1$（$i_j\geqslant 2$）表示。

式（2.8）中的拓扑密度 $\gamma^{d,\mu^{\max}}(\boldsymbol{x},\boldsymbol{\xi}^c)$ 用 $d=2$、$\mu_1=1$ 和 $\mu_2=1$ 来说明，根据式（2.8）和式（2.9），以下条件成立：

$$d\leqslant i_1+i_2\leqslant d+\mu^{\max},\quad i_1\leqslant\mu_1+1,\quad i_2\leqslant\mu_2+1 \tag{2.11}$$

$$q^{|2|}=q^{1,1},\quad q^{|3|}=q^{2,1}+q^{1,2} \tag{2.12}$$

因此，式（2.10）中的多元基函数可以表示为

$$\begin{cases} q^{1,1}=\sum\limits_{\ell_1=m(0)+1}^{m(1)}\sum\limits_{\ell_2=m(0)+1}^{m(1)} e_{\ell_1,\ell_2}\psi_{\ell_1}(\xi_1^c)\psi_{\ell_2}(\xi_2^c)=e_{1,1}, \\ q^{1,2}=\sum\limits_{\ell_1=m(0)+1}^{m(1)}\sum\limits_{\ell_2=m(1)+1}^{m(2)} e_{\ell_1,\ell_2}\psi_{\ell_1}(\xi_1^c)\psi_{\ell_2}(\xi_2^c)=e_{1,2}\psi_2(\xi_2^c)+e_{1,3}\psi_3(\xi_2^c), \\ q^{2,1}=\sum\limits_{\ell_1=m(1)+1}^{m(2)}\sum\limits_{\ell_2=m(0)+1}^{m(1)} e_{\ell_1,\ell_2}\psi_{\ell_1}(\xi_1^c)\psi_{\ell_2}(\xi_2^c)=e_{2,1}\psi_2(\xi_1^c)+e_{3,1}\psi_3(\xi_1^c), \end{cases} \tag{2.13}$$

将式（2.13）代入式（2.8），并结合式（2.11）和式（2.12），Smolyak 多项式函数 $\gamma^{2,1}(\boldsymbol{x},\xi_1,\xi_2)$ 表示如下：

$$\begin{aligned} \gamma^{2,1}(\boldsymbol{x},\xi_1^c,\xi_2^c) &= \sum_{d\leqslant|i|\leqslant d+\mu} q^{|i|}=q^{1,1}+q^{2,1}+q^{1,2} \\ &= e_{1,1}+e_{2,1}\psi_2(\xi_1^c)+e_{3,1}\psi_3(\xi_1^c)+e_{2,2}\psi_2(\xi_2^c)+e_{3,2}\psi_3(\xi_2^c) \\ &= e_{1,1}+e_{2,1}\cos(\xi_1^c)+e_{3,1}\cos(2\xi_1^c)+e_{2,2}\cos(\xi_2^c)+e_{3,2}\cos(2\xi_2^c) \end{aligned} \tag{2.14}$$

式中：$\boldsymbol{x}=\{e_{1,1},e_{2,1},e_{3,1},e_{2,2},e_{3,2}\}$。

比较式（2.7）和式（2.14）结果，设计变量的数目由 9 个降低至 5 个，表示各向异性 Smolyak 方法多项式项所有可能组合的多指标集如图 2.2 所示，与全张量展开方式相比，作为优化变量的展开系数数量大大降低。应用 Smolyak 算法使得优化变量是一组有限的各向异性多项式系数，各向异性 Smolyak 方法的具体实施细节可参考文献［22］。

图 2.3 给出示例以说明 $\boldsymbol{x}$ 与拓扑密度场之间的关系。

（1）利用各向异性 Smolyak 方法生成图 2.3（a）中的多指标集，相应系数定义为优化变量 $\boldsymbol{x}$。在优化迭代步中，图 2.3（d）中的 $\boldsymbol{x}$ 值由优化求解器提供。

（2）构造式（2.4）中的控制点 $\boldsymbol{\xi}^c$，如图 2.3（b）50×50 均匀网格。基于式（2.4）、式（2.5）利用 $\boldsymbol{x}$ 计算图 2.3（e）中 $\gamma^{d,\mu^{\max}}(\boldsymbol{x},\boldsymbol{\xi}^c)$。设计域离散化为 100×100 单元，单元中心的参数坐标 $\boldsymbol{\xi}^e$ 如图 2.3（c）所示。在所有单元中心计算拓扑密度值。根据式（2.1），在 $\boldsymbol{\xi}^e$ 处的拓扑密度值如图 2.3（f）所示。在变密度拓扑优化方法

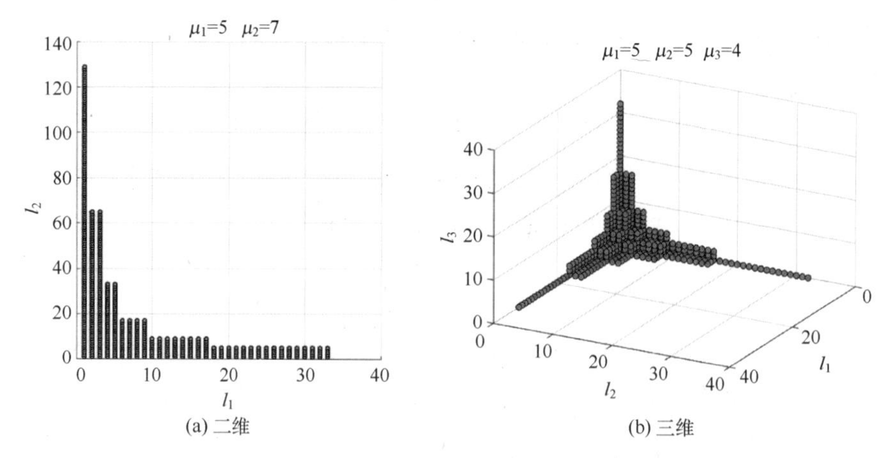

(a) 二维　　(b) 三维

图 2.2　多索引集的图解说明

中需要为每个单元分配一个优化变量，优化变量的总数为 100×100。如果使用 NURBS 方法，设计变量的总数为 50×50。相反，如图 2.3（a）和（d）所示，融合 Smolyak 和 NURBS 的级数展开方法，设计变量的数量等于 321，相比变密度或 NURBS 方法，优化变量数量显著减少。

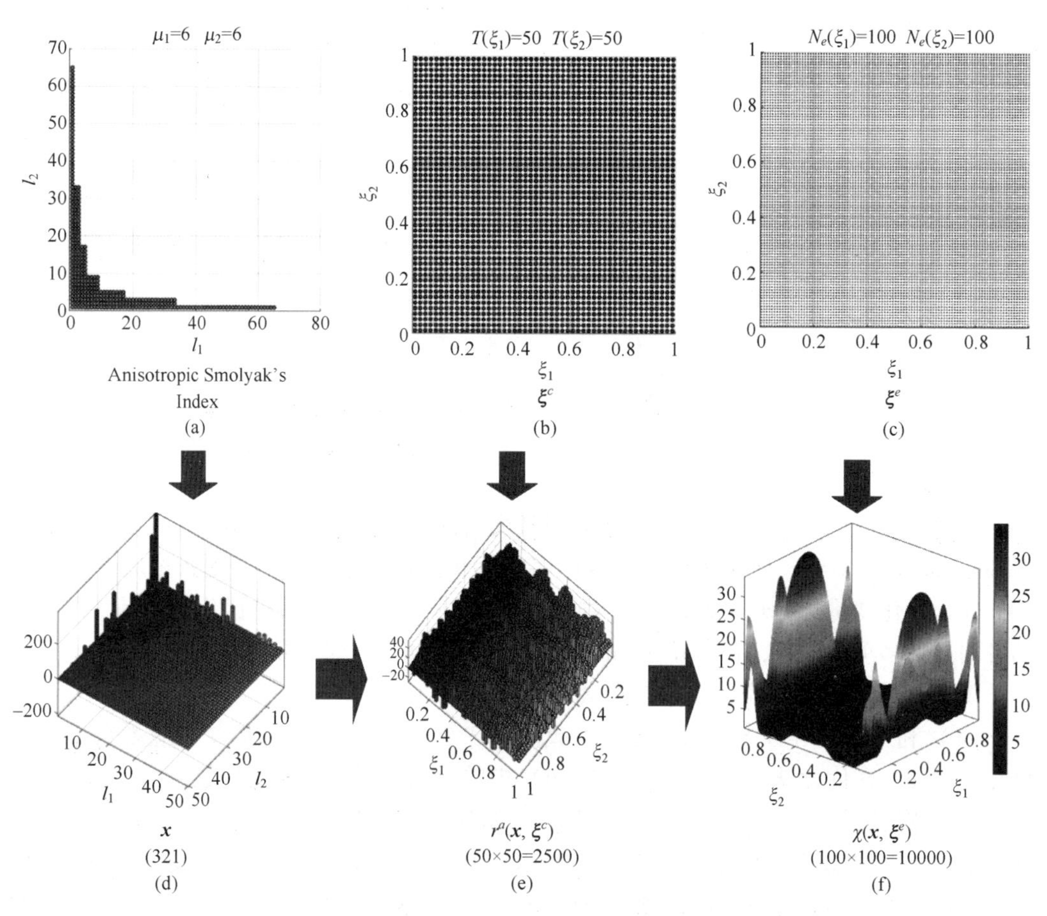

(a)　(b)　(c)　(d)　(e)　(f)

图 2.3　使用 Smolyak 和 NURBS 方法的密度场示意图

2.2　多材料拓扑优化增量形式插值方案[23]

在式（2.1）中，拓扑密度函数$\chi(\boldsymbol{x};\boldsymbol{\xi})$连续变化。相反，材料属性具有离散特性。为确定多材料拓扑优化问题材料分布，应构建拓扑密度函数连续变化量与材料属性离散值的映射关系。为此目的，下面利用不同材料属性之间的差异，建立多材料拓扑优化插值公式以表示拓扑优化问题材料属性值。在空间位置$\boldsymbol{\xi}$处的弹性模量$E(\boldsymbol{x};\boldsymbol{\xi})$、弹性张量$\boldsymbol{D}(\boldsymbol{x};\boldsymbol{\xi})$和质量密度$\Lambda(\boldsymbol{x};\boldsymbol{\xi})$可分别用材料属性的增量形式表示如下：

$$E(\boldsymbol{x};\boldsymbol{\xi}) = E_0^0 + \sum_{\vartheta=1}^{\Theta} \underbrace{\{\varphi^{\vartheta}\}^{\eta}}_{W_{\vartheta}} (E_0^{\vartheta} - E_0^{\vartheta-1}) \tag{2.15}$$

$$\boldsymbol{D}(\boldsymbol{x};\boldsymbol{\xi}) = \boldsymbol{D}_0^0 + \sum_{\vartheta=1}^{\Theta} \underbrace{\{\varphi^{\vartheta}\}^{\eta}}_{W_{\vartheta}} (\boldsymbol{D}_0^{\vartheta} - \boldsymbol{D}_0^{\vartheta-1}) \tag{2.16}$$

$$\Lambda(\boldsymbol{x};\boldsymbol{\xi}) = \Lambda_0^0 + \sum_{\vartheta=1}^{\Theta} \underbrace{\{\varphi^{\vartheta}\}^{\eta}}_{W_{\vartheta}} (\Lambda_0^{\vartheta} - \Lambda_0^{\vartheta-1}) \tag{2.17}$$

$$\varphi^{\vartheta}(\boldsymbol{x};\boldsymbol{\xi}) = \mathrm{H}[\chi(\boldsymbol{x};\boldsymbol{\xi}) - \gamma(\vartheta)] \tag{2.18}$$

式中：E_0^{ϑ}表示材料ϑ的弹性模量；Θ表示材料的数量；$\boldsymbol{D}_0^{\vartheta}$和$\Lambda_0^{\vartheta}$分别表示材料$\vartheta$的弹性张量和质量密度；物理量$E_0^0$，$\boldsymbol{D}_0^0$和$\Lambda_0^0$表示空材料，应取足够小数值以避免奇异性。平滑的 Heaviside 映射函数φ^{ϑ}是$\chi(\boldsymbol{x};\boldsymbol{\xi})$和阈值参数$\gamma(\vartheta)$的函数。罚参数$\eta$（在线弹性情况下，通常取 3）用于将 Heaviside 函数惩罚趋近至 0 或 1。本章采用双曲正切函数表示平滑 Heaviside 函数：

$$H(\cdot) = \frac{\{\tanh(\beta\cdot) + 1\}}{2} \tag{2.19}$$

式中：参数β控制函数陡度。当β趋于无穷时，平滑 Heaviside 函数变成阶跃函数。为了避免数值不稳定，建议β数值取 5~9。

为形象解释多材料增量插值公式，固定位置$\boldsymbol{\xi}$并给定$E_0^{\vartheta} = \{10^{-9}, 3, 5, 10\}$和阈值$\gamma(\vartheta) = \{0.5, 1.5, 2.5\}$，不同$\beta$值三材料弹性模量插值曲线如图 2.4 所示。由图可知，插值杨氏模量是拓扑密度场$\chi(\boldsymbol{x};\boldsymbol{\xi})\chi$的平滑函数。$\beta$取较大值便可得到阶梯形式函数。当函数$\varphi^{\vartheta}$在 0~1 变化时，弹性模量$E$在区间$[E_0^0, E_0^{\Theta}]$上变化。特别地，当$\Theta = 1$时，式（2.15）退化为标准的 SIMP 插值方法。

多材料插值模型是关于拓扑密度函数的光滑连续函数，多材料插值模型中的阈值参数用于在拓扑密度场中选择不同的材料，利用单一优化设计变量映射多种离散材料属性，基于拓扑优化罚原理，使连续变化量惩罚趋近至材料属性离散值，从而使得拓扑优化设计变量的数量与使用的材料数量无关。

从多材料插值模型中可很方便分离出与单个材料相关的信息。如果式（2.15）中只存在一种材料，即$E_0^{\vartheta} \neq 0$，$E_0^0, \cdots, E_0^{\vartheta-1} = E_0^{\vartheta+1}, \cdots, E_0^{\Theta} = 0$，那么表征单个材料$\vartheta$信息的特征函数$\phi^{\vartheta}$可表示为

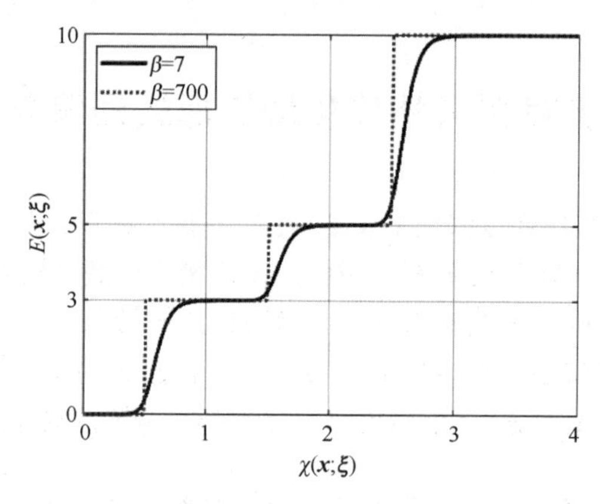

图 2.4　多材料插值方案

$$
\begin{aligned}
\phi^{\vartheta} &= E_0^0+\underbrace{\{\varphi^1\}^{\eta}}_{W_\vartheta}(E_0^1-E_0^0)+\cdots+\underbrace{\{\varphi^{\vartheta}\}^{\eta}}_{W_\vartheta}(E_0^{\vartheta}-E_0^{\vartheta-1})+\underbrace{\{\varphi^{\vartheta+1}\}^{\eta}}_{W_\vartheta}(E_0^{\vartheta+1}-E_0^{\vartheta})\cdots\underbrace{\{\varphi^{\Theta}\}^{\eta}}_{W_\vartheta}(E_0^{\Theta}-E_0^{\Theta-1}) \\
&= \begin{cases} 0\cdots+\underbrace{\{\varphi^{\vartheta}\}^{\eta}}_{W_\vartheta}(E_0^{\vartheta}-0)+\underbrace{\{\varphi^{\vartheta+1}\}^{\eta}}_{W_\vartheta}(0-E_0^{\vartheta})+\cdots 0=E_0^{\vartheta}\{\{\varphi^{\vartheta}\}^{\eta}-\{\varphi^{\vartheta+1}\}^{\eta}\}, & \vartheta=1,2,\cdots,\Theta-1 \\ 0\cdots+\underbrace{\{\varphi^{\Theta}\}^{\eta}}_{W_\vartheta}(E_0^{\Theta}-0)=E_0^{\Theta}\underbrace{\{\varphi^{\Theta}\}^{\eta}}_{W_\vartheta}, & \vartheta=\Theta \end{cases}
\end{aligned}
\tag{2.20}
$$

如果 E_0^{ϑ} 和 η 均为 1，则材料 ϑ 特征函数变为

$$
\phi^{\vartheta}=\begin{cases} \varphi^{\vartheta}-\varphi^{\vartheta+1}, & \vartheta=1,2,\cdots,\Theta-1 \\ \varphi^{\Theta}, & \vartheta=\Theta \end{cases}
\tag{2.21}
$$

不同材料的特征函数 $\phi=\{\phi^{\vartheta}\}(\vartheta=1,2,\cdots,\Theta)$ 如图 2.5 所示。每种材料的特征函数都有各自的阈值参数，因此彼此不同。在空间不同位置，每种材料的特征函数在 0~1 变化，实现材料有和无的选择，这样可用单个设计变量表示多材料选择，可以显著减少优化变量数量。

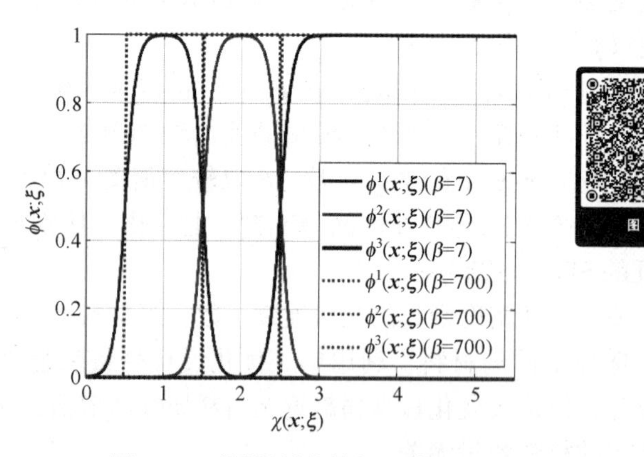

图 2.5

图 2.5　不同材料的特征函数

为便于理解，不同材料特征函数如图 2.6 所示。白色 $D\in R_n$（$n=2$ 或 3）表示背景域。考虑拓扑优化设计域由三种材料 1、2 和 3 组成，分别由蓝色、红色和黑色表示。

由式（2.20）和式（2.21），可得三材料弹性模量 $E(\boldsymbol{x};\boldsymbol{\xi})$ 插值公式：

$$E(\boldsymbol{x};\boldsymbol{\xi})=E_0^0+\underbrace{\{\varphi^1\}^\eta}_{W_\vartheta}(E_0^1-E_0^0)+\underbrace{\{\varphi^2\}^\eta}_{W_\vartheta}(E_0^2-E_0^1)+\underbrace{\{\varphi^3\}^\eta}_{W_\vartheta}(E_0^3-E_0^2) \tag{2.22}$$

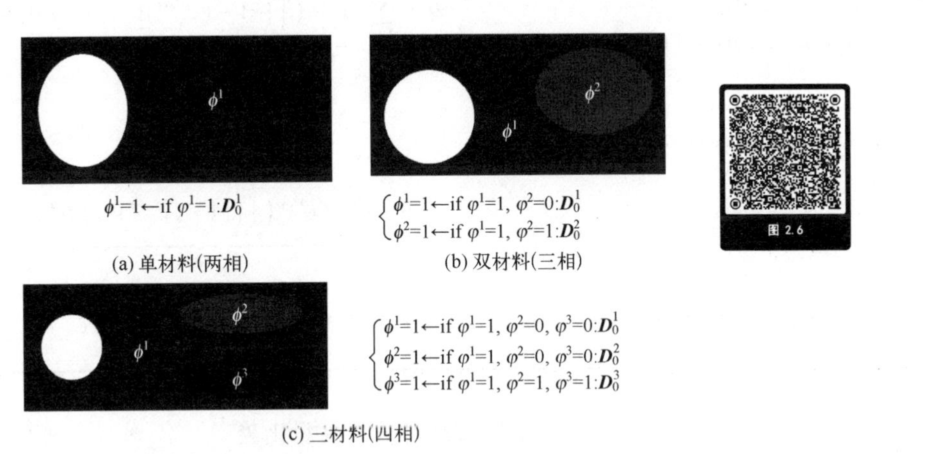

(a) 单材料(两相)　　(b) 双材料(三相)

(c) 三材料(四相)

图 2.6　多材料拓扑优化特征函数

为清晰表达目的，相关函数删除 $\boldsymbol{x}$ 和 $\boldsymbol{\xi}$ 标识。在图 2.6（a）中，白色区域表示空材料，蓝色区域填充材料 1，对应于 $\phi^1=1$。提出的多材料插值模型退化为传统的 SIMP 方法。图 2.6（b）中涉及两种材料，$\phi^1=1$，$\phi^2=0$，材料 1 占据蓝色区域。红色区域由材料 2 覆盖，$\phi^1=0$，$\phi^2=1$。图 2.6（c）中的计算域被划分为三个子域：

（1）$\varphi^1=1$，$\varphi^2=0$，$\varphi^3=0$ 表示 $\phi^1=\varphi^1-\varphi^2=1$，$\phi^2=\varphi^2-\varphi^3=0$，$\phi^3=\varphi^3=0$。只有第一和第二项保留。式（2.22）中与材料 2 和 3 相关的项消失，材料 1 被选择，空间域 $\boldsymbol{\xi}$ 填充材料 1。

（2）$\varphi^1=1$，$\varphi^2=1$，$\varphi^3=0$ 即 $\phi^1=\varphi^1-\varphi^2=0$，$\phi^2=\varphi^2-\varphi^3=1$，式（2.22）中第一、第二和第三项保留，第四项消失。$\boldsymbol{\xi}$ 处的空间区域选择填充材料 2。

（3）$\varphi^1=1$，$\varphi^2=1$，$\varphi^3=1$ 表示 $\phi^1=\varphi^1-\varphi^2=0$，$\phi^2=\varphi^2-\varphi^3=0$，$\phi^3=\varphi^3=1$，式（2.22）中所有项的总和等于 E_0^3。$\boldsymbol{\xi}$ 处的空间域由材料 3 填充。

由提出的插值模型可分离出表示不同材料的特征函数 ϕ^ϑ，进而可以识别不同材料之间的界面。通过设置 $\phi^\vartheta=0.5$，可以识别不同材料之间的界面。$\phi^\vartheta-0.5$ 可被视为识别不同材料界面的水平集函数。

表 2.1 和表 2.2 中比较了增量插值模型（IIM）和现有插值方案之间的差异。本节提出的插值方案与现有其他方案有本质的区别。现有多材料插值方案的本质是为每种材料分配一种类型的设计变量来构造插值方案。每种材料是否存在由 0 和 1 表示的逻辑数确定。在同一位置，不同材料种类设计变量竞争出现的机会。现有多材料插值方案设计变量的数量与使用材料的数量成比例增长。在多材料拓扑优化问题的水平集方法中，不同位置材料的选择由不同材料水平集函数组合决定。相反，提出的增量插值模型设计变量数量与使用材料类型的数量无关，所需的优化变量数量要少得多。

表 2.1　不同多材料插值模型的比较

插值模型	表达式
RMMI (Recursive Multiphase Material Interpolation)	$\boldsymbol{D}=\sum_{\vartheta=1}^{\Theta}\underbrace{(x^{0})^{\mu}\left(\prod_{\lambda=1}^{\vartheta-1}[1-(x^{\vartheta\neq\Theta})^{p}](x^{\lambda})^{p}\right)}_{w_{\vartheta}}\boldsymbol{D}_{0}^{\vartheta}$
UMMI-1 (Uniform Multiphase Material Interpolation)	$\boldsymbol{D}=\sum_{\vartheta=1}^{\Theta}\underbrace{(x^{\vartheta})^{p})}_{w_{\vartheta}}\boldsymbol{D}_{0}^{\vartheta}$
UMMI-2	$\boldsymbol{D}=\sum_{\vartheta=1}^{\Theta}\underbrace{(x^{\vartheta})^{p}\left(\prod_{\lambda=1}^{\vartheta-1}[1-(x^{\lambda\neq\vartheta})^{p}]\right)}_{w_{\vartheta}}\boldsymbol{D}_{0}^{\vartheta}$
本章多材料插值模型（IIM）	$\boldsymbol{D}(\boldsymbol{x};\boldsymbol{\xi})=\boldsymbol{D}_{0}^{0}+\sum_{\vartheta=1}^{\Theta}\underbrace{\{\varphi^{\vartheta}\}^{\eta}}_{W_{\vartheta}}(\boldsymbol{D}_{0}^{\vartheta}-\boldsymbol{D}_{0}^{\vartheta-1})$

表 2.2　不同三材料插值模型比较

模　　型	表达式
RMMI	$\boldsymbol{D}=\underbrace{(x^{0})^{p}[1-(x^{1})^{p}]}_{w_{1}}\boldsymbol{D}_{0}^{1}+\underbrace{(x^{0})^{p}(x^{1})^{p}[1-(x^{2})^{p}]}_{w_{2}}\boldsymbol{D}_{0}^{2}+\underbrace{(x^{0})^{p}(x^{1})^{p}(x^{2})^{p}}_{w_{3}}\boldsymbol{D}_{0}^{3}$
UMMI-1	$\boldsymbol{D}=\underbrace{(x^{1})^{p}}_{w_{1}}\boldsymbol{D}_{0}^{1}+\underbrace{(x^{2})^{p}}_{w_{2}}\boldsymbol{D}_{0}^{2}+\underbrace{(x^{3})^{p}}_{w_{3}}\boldsymbol{D}_{0}^{3}$
UMMI-2	$\boldsymbol{D}=\underbrace{(x^{1})^{p}[1-(x^{2})^{p}][1-(x^{3})^{p}]}_{w_{1}}\boldsymbol{D}_{0}^{1}+\underbrace{(x^{2})^{p}[1-(x^{1})^{p}][1-(x^{3})^{p}]}_{w_{2}}\boldsymbol{D}_{0}^{2}+\underbrace{(x^{3})^{p}[1-(x^{1})^{p}][1-(x^{2})^{p}]}_{w_{3}}\boldsymbol{D}_{0}^{3}$
N-MMI	$\boldsymbol{D}=\underbrace{[\chi^{1}(1-\chi^{2})(1-\chi^{3})]^{p}}_{w_{1}}\boldsymbol{D}_{0}^{1}+\underbrace{[\chi^{1}\chi^{2}(1-\chi^{3})]^{p}}_{w_{2}}\boldsymbol{D}_{0}^{2}+\underbrace{[\chi^{1}\chi^{2}\chi^{3}]^{p}}_{w_{3}}\boldsymbol{D}_{0}^{3}$
本章多材料插值模型 IIM	$\boldsymbol{D}(\boldsymbol{x};\boldsymbol{\xi})=\boldsymbol{D}_{0}^{0}+\{\varphi^{1}\}^{\eta}(\boldsymbol{D}_{0}^{1}-\boldsymbol{D}_{0}^{0})+\{\varphi^{2}\}^{\eta}(\boldsymbol{D}_{0}^{2}-\boldsymbol{D}_{0}^{1})+\{\varphi^{3}\}^{\eta}(\boldsymbol{D}_{0}^{3}-\boldsymbol{D}_{0}^{2})$

将 Smolyak 算法与 NURBS 方法相结合，表达由各向异性 Smolyak 多项式系数控制的拓扑密度函数。拓扑密度函数减去阈值参数嵌套在平滑 Heaviside 函数中以构建插值函数。利用施加在光滑 Heaviside 函数上的罚效应来趋近不同材料属性之间的差异项。平滑 Heaviside 函数中的阈值参数提供了差异项之间的相关性，这些差异项相互协作，利用罚原理确定结构多材料分布。将增量插值公式表示为与罚函数相关的不同材料属性差异的组合，从而建立 Smolyak 系数与材料属性之间的映射关系。

利用空间相关性，结合 NURBS 技术，仅使用少量 Smolyak 系数就可以准确高效地表示拓扑密度场。基于 Smolyak 多项式表示拓扑密度场，可以消除传统变密度方法棋盘格现象，这是首次将各向异性 Smolyak 方法应用于拓扑优化问题。本章方法的关键是以不同材料属性增量形式设计多材料插值模型。通过设计多材料插值方案可使连续拓扑密度趋近一系列离散值。不同空间位置材料类型的选择是通过在平滑 Heaviside 函数中设置阈值参数以及增量项交互作用协同实现的。可以在多材料插值模型中解耦出每种材料的特征函数，进而利用特征函数便可识别出不同材料之间的界面。

2.3　多材料拓扑优化问题描述[23]

2.3.1　最小化结构柔度的优化问题

基于拓扑密度场表征方法和多材料插值方案，则可设计多材料结构的拓扑构型，在规定的体积约束下最小化结构柔度的多材料拓扑优化问题为

$$\begin{cases}\text{Find: } x_i(i=1,2,\cdots,m)\\ \text{Min: } J(\boldsymbol{u},\varphi)=\dfrac{1}{2}\displaystyle\int_\Omega \boldsymbol{D}(\varphi(x_i))\varepsilon(\boldsymbol{u})\varepsilon(\boldsymbol{u})\mathrm{d}\Omega\\ \text{s. t.: }\begin{cases}a(\boldsymbol{u},\delta\boldsymbol{u})=l(\delta\boldsymbol{u}),\boldsymbol{u}|_{\Gamma_D}=\boldsymbol{g},\ \forall\delta\boldsymbol{u}\in H^1(\Omega)\\ G_v^\vartheta=\dfrac{1}{|\Omega|}\displaystyle\int_\Omega \phi^\vartheta(x_i)v_0\mathrm{d}\Omega-V_0^\vartheta\leqslant 0,(\vartheta=1,2,\cdots,\Theta)\\ \phi^\vartheta(x_i)=\varphi^\vartheta(x_i)-\varphi^{\vartheta+1}(x_i),(\vartheta=1,2,\cdots,\Theta-1),\phi^\Theta(x_i)=\varphi^\Theta(x_i)\\ \varphi=\{\varphi^\vartheta\},\phi=\{\phi^\vartheta\}(\vartheta=1,2,\cdots,\Theta)\end{cases}\end{cases}\tag{2.23}$$

式中：m 表示设计变量的数量。目标是最小化应变能 $J(\boldsymbol{u},\varphi)$。状态变量 $\boldsymbol{u}$ 是设计变量 $\boldsymbol{x}$ 的函数。$\boldsymbol{D}(\varphi(x_i))$ 代表弹性张量。$\varepsilon(\boldsymbol{u})$ 表示线性应变张量。边界 Γ_D 的位移载荷为 $\boldsymbol{g}$，其余部分 Γ_N 受到外力 $\boldsymbol{h}$，$\boldsymbol{f}$ 表示体力。利用虚位移 $\delta\boldsymbol{u}$，可得到弱变分形式的弹性平衡方程。$a(\boldsymbol{u},\delta\boldsymbol{u})=\int_\Omega \boldsymbol{D}(\varphi(x_i))\varepsilon(\boldsymbol{u})\varepsilon(\delta\boldsymbol{u})\mathrm{d}\Omega$ 和 $l(\delta\boldsymbol{u})=\int_\Omega \boldsymbol{f}\delta\boldsymbol{u}\mathrm{d}\Omega+\int_{\Gamma_N}\boldsymbol{h}\delta\boldsymbol{u}\mathrm{d}\Gamma_N$ 分别表示内力和外力的虚功。G_v^ϑ 表示对应材料 ϑ 的体积约束，V_0^ϑ 是材料 ϑ 的最大允许体积。符号 $|\Omega|$ 表示相应区域所占的体积。

质量约束下柔度最小化多材料结构拓扑优化问题可以表示为

$$\begin{cases}\text{Find: } x_i(i=1,2,\cdots,m)\\ \text{Min: } J(\boldsymbol{u},\varphi)=\dfrac{1}{2}\displaystyle\int_\Omega \boldsymbol{D}(\varphi(x_i))\varepsilon(\boldsymbol{u})\varepsilon(\boldsymbol{u})\mathrm{d}\Omega\\ \text{s. t.: }\begin{cases}a(\boldsymbol{u},\delta\boldsymbol{u})=l(\delta\boldsymbol{u}),\boldsymbol{u}|_{\Gamma_D}=\boldsymbol{g},\ \forall\delta\boldsymbol{u}\in H^1(\Omega)\\ G_m=\displaystyle\sum_{\vartheta=1}^{\Theta}G_v^\vartheta\Lambda_v^\vartheta-M_0\leqslant 0,(\vartheta=1,2,\cdots,\Theta)\\ \phi^\vartheta(x_i)=\varphi^\vartheta(x_i)-\varphi^{\vartheta+1}(x_i),(\vartheta=1,2,\cdots,\Theta-1),\phi^\Theta(x_i)=\varphi^\Theta(x_i)\\ \varphi=\{\varphi^\vartheta\},\phi=\{\phi^\vartheta\}(\vartheta=1,2,\cdots,\Theta)\end{cases}\end{cases}\tag{2.24}$$

式中：G_m 表示具有上限 M_0 的质量约束。

为了利用梯度优化算法求解式（2.23）和式（2.24）所示拓扑优化问题，需要计算梯度更新设计变量。下面分析目标函数和约束的灵敏度。

2.3.2　目标函数灵敏度分析

目标函数的灵敏度表达式可以通过对 x_i 应用链式法推导。目标函数灵敏度分析的

关键是计算$\frac{\partial J}{\partial \varphi^{\vartheta}}$，其灵敏度表达式为

$$\frac{\partial J}{\partial \varphi^{\vartheta}} = \int_{\Omega} \boldsymbol{D}(\varphi)\varepsilon(\dot{\boldsymbol{u}})\varepsilon(\boldsymbol{u})\mathrm{d}\Omega + \frac{1}{2}\int_{\Omega} \frac{\partial \boldsymbol{D}(\varphi)}{\partial \varphi^{\vartheta}}\varepsilon(\boldsymbol{u})\varepsilon(\boldsymbol{u})\mathrm{d}\Omega, \quad (\vartheta = 1,2,\cdots,\Theta) \tag{2.25}$$

式中：$\dot{\boldsymbol{u}}$ 表示 $\boldsymbol{u}$ 相对于 φ^{ϑ} 的导数。

利用微分规则，上述方程右侧的第一项可写为

$$\int_{\Omega} \boldsymbol{D}(\varphi)\varepsilon(\dot{\boldsymbol{u}})\varepsilon(\boldsymbol{u})\mathrm{d}\Omega = -\int_{\Omega} \frac{\partial \boldsymbol{D}(\varphi)}{\partial \varphi^{\vartheta}}\varepsilon(\boldsymbol{u})\varepsilon(\boldsymbol{u})\mathrm{d}\Omega \tag{2.26}$$

因此，式（2.25）可改为

$$\frac{\partial J}{\partial \varphi^{\vartheta}} = -\frac{1}{2}\int_{\Omega} \frac{\partial \boldsymbol{D}(\varphi)}{\partial \varphi^{\vartheta}}\varepsilon(\boldsymbol{u})\varepsilon(\boldsymbol{u})\mathrm{d}\Omega, \quad (\vartheta = 1,2,\cdots,\Theta) \tag{2.27}$$

将式（2.26）代入式（2.27）得到如下等式：

$$\frac{\partial J}{\partial \varphi^{\vartheta}} = -\frac{1}{2}\int_{\Omega} \eta(\varphi^{\vartheta})^{\eta-1}(\boldsymbol{D}_0^{\vartheta} - \boldsymbol{D}_0^{\vartheta-1})\varepsilon(\boldsymbol{u})\varepsilon(\boldsymbol{u})\mathrm{d}\Omega \tag{2.28}$$

φ^{ϑ} 关于χ 的导数为

$$\frac{\partial \varphi^{\vartheta}}{\partial \chi} = \frac{\partial \varphi^{\vartheta}}{\partial \chi}\frac{\partial \chi}{\partial x_i} \quad (\vartheta = 1,2,\cdots,\Theta) \tag{2.29}$$

式（2.29）中灵敏度$\frac{\partial \varphi^{\vartheta}}{\partial \chi}$可由式（2.19）推导如下：

$$\frac{\partial \varphi^{\vartheta}}{\partial \chi} = \frac{\beta\{1-\tanh^2(\beta(\chi-\gamma(\vartheta)))\}}{2} = \frac{\beta\mathrm{sech}^2(\beta(\chi-\gamma(\vartheta)))}{2} \tag{2.30}$$

为求得式（2.19）中的$\frac{\partial \chi}{\partial x_i}$，对式（2.1）关于 x_i 求导：

$$\frac{\partial \chi}{\partial x_i} = \frac{\partial \chi}{\partial \gamma^{d,\mu}}\frac{\partial \gamma^{d,\mu}}{\partial x_i} = R_{i,\cdots,k}^{p,\cdots,r}(\xi_1,\xi_2,\cdots,\xi_d)\boldsymbol{\Psi}_{\ell_1,\cdots,\ell_d}(\xi_1^{j_1},\xi_2^{j_2},\cdots,\xi_d^{j_d}) \tag{2.31}$$

式中：$\boldsymbol{\Psi}_{\ell_1,\cdots,\ell_d}(\xi_1^{j_1},\xi_2^{j_2},\cdots,\xi_d^{j_d})$为在控制点的函数值。

综合式（2.27）、式（2.30）和式（2.31）可得到目标函数的灵敏度表达式：

$$\begin{aligned}\frac{\partial J}{\partial x_i} &= \frac{\partial J}{\partial \varphi}\frac{\partial \varphi}{\partial \chi}\frac{\partial \chi}{\partial x_i} = \sum_{\vartheta=1}^{\Theta}\frac{\partial J}{\partial \varphi^{\vartheta}}\frac{\partial \varphi^{\vartheta}}{\partial \chi}\frac{\partial \chi}{\partial x_i}\\ &\sum_{\vartheta=1}^{\Theta}\left\{\begin{array}{l}-\frac{1}{4}\int_{\Omega}\eta\,(\varphi^{\vartheta})^{\eta-1}\beta\mathrm{sech}^2(\beta(\chi-\gamma(\vartheta)))(\boldsymbol{D}_0^{\vartheta}-\boldsymbol{D}_0^{\vartheta})\cdots\\ R_{i,\cdots,k}^{p,\cdots,r}(\xi_1,\cdots,\xi_d)\boldsymbol{\Psi}_{\ell_1,\cdots,\ell_d}(\xi_1^{j_1},\cdots,\xi_d^{j_d})\varepsilon(\boldsymbol{u})\varepsilon(\boldsymbol{u})\mathrm{d}\Omega\end{array}\right\}\end{aligned} \tag{2.32}$$

2.3.3 约束函数灵敏度分析

可利用链式法则推导式（2.23）中约束 G_v^{ϑ} 相对于 φ^{ϑ} 的灵敏度。体积约束 G_v^{ϑ} 相对于 φ^{ϑ} 的导数为

$$\frac{\partial G_v^{\vartheta}}{\partial \varphi^{\vartheta}} = \frac{1}{|\Omega|}\int_{\Omega}\phi^{\vartheta}(x_i)v_0\mathrm{d}\Omega \tag{2.33}$$

式（2.21）关于$\mathcal{X}$的导数为

$$
\begin{aligned}
\frac{\partial \phi^{\vartheta}}{\partial \mathcal{X}} &= \frac{\partial\{\varphi^{\vartheta}(x_i)-\varphi^{\vartheta+1}(x_i)\}}{\partial \mathcal{X}} \\
&= \frac{\beta\{\operatorname{sech}^2(\beta(\mathcal{X}-\gamma(\vartheta)))-\operatorname{sech}^2(\beta(\mathcal{X}-\gamma(\vartheta+1)))\}}{2} \quad (\vartheta=1,2,\cdots,\Theta-1) \\
\frac{\partial \phi^{\vartheta}}{\partial \mathcal{X}} &= \frac{\partial \varphi^{\Theta}}{\partial \mathcal{X}} = \frac{\beta \operatorname{sech}^2(\beta(\mathcal{X}-\gamma(\Theta)))}{2}, \quad \vartheta=\Theta
\end{aligned} \tag{2.34}
$$

综合式（2.31）和式（2.34）可得

$$
\begin{aligned}
\frac{\partial G_v^{\vartheta}}{\partial x_i} &= \frac{\partial G_v^{\vartheta}}{\partial \phi^{\vartheta}} \frac{\partial \phi^{\vartheta}}{\partial \mathcal{X}} \frac{\partial \mathcal{X}}{\partial x_i} \\
&= \begin{cases}
\dfrac{1}{2|\Omega|}\displaystyle\int_{\Omega}\begin{pmatrix}\beta(\operatorname{sech}^2(\beta(\mathcal{X}-\gamma(\vartheta)))-\operatorname{sech}^2(\beta(\mathcal{X}-\gamma(\vartheta+1))))\cdots \\ R_{i,\cdots,k}^{p,\cdots,r}(\xi_1,\xi_2,\cdots,\xi_d)\Psi_{\ell_1,\cdots,\ell_d}(\xi_1^{j_1},\xi_2^{j_2},\cdots,\xi_d^{j_d})\end{pmatrix} v_0 \mathrm{d}\Omega \\
\qquad ,1 \leqslant \vartheta < \Theta \\
\dfrac{1}{2|\Omega|}\displaystyle\int_{\Omega}(\beta \operatorname{sech}^2(\beta(\mathcal{X}-\gamma(\Theta))) R_{i,j}^{p,q}(\xi,\eta)\psi(x_i)) v_0 \mathrm{d}\Omega, \quad \vartheta=\Theta
\end{cases}
\end{aligned} \tag{2.35}
$$

利用式（2.24），可以得到质量约束函数 G_m 的灵敏度表达式：

$$
\begin{aligned}
\frac{\partial G_m}{\partial x_i} &= \sum_{\vartheta=1}^{\Theta} \frac{\partial G_v^{\vartheta}}{\partial x_i} \Lambda_0^{\vartheta} \\
&= \sum_{\vartheta=1}^{\Theta-1}\left\{\frac{1}{2|\Omega|}\int_{\Omega}\begin{pmatrix}\beta(\operatorname{sech}^2(\beta(\mathcal{X}-\gamma(\vartheta)))-\operatorname{sech}^2(\beta(\mathcal{X}-\gamma(\vartheta+1))))\cdots \\ R_{i,\cdots,k}^{p,\cdots,r}(\xi_1,\xi_2,\cdots,\xi_d)\Psi_{\ell_1,\cdots,\ell_d}(\xi_1^{j_1},\xi_2^{j_2},\cdots,\xi_d^{j_d})\end{pmatrix} \Lambda_0^{\vartheta} v_0 \mathrm{d}\Omega\right\} \\
&\quad + \frac{1}{2|\Omega|}\int_{\Omega}(\beta \operatorname{sech}^2(\beta(\mathcal{X}-\gamma(\Theta))) R_{i,\cdots,k}^{p,\cdots,r}(\xi_1,\xi_2,\cdots,\xi_d)\Psi_{\ell_1,\cdots,\ell_d}(\xi_1^{j_1},\xi_2^{j_2},\cdots,\xi_d^{j_d})) \Lambda_0^{\Theta} v_0 \mathrm{d}\Omega
\end{aligned} \tag{2.36}
$$

基于上述灵敏度分析，可以使用内点算法来求解式（2.23）和式（2.24）所示多材料拓扑优化问题。多材料拓扑优化方法计算流程如图 2.7 所示。首先对设计域进行离散化，并初始化优化参数。在每次优化迭代中，利用各向异性 Smolyak 与 NURBS 混合方法表征拓扑密度场。运用式（2.15）~式（2.18）所列的非线性投影关系，由拓扑密度插值得到结构材料特性。通过求解有限元平衡方程，计算结构响应，提取包括结构柔度、特征函数和相应的体积或质量约束的各种信息。然后，根据 2.3.1 节和 2.3.2 节的灵敏度信息，计算目标函数和约束函数对设计变量的梯度。最后，采用内点法更新设计变量，循环优化迭代直到满足收敛准则。

提出的插值模型只需要单类设计变量就可以插值多种材料的拓扑密度场。利用拓扑优化罚原理，通过调整各向异性 Smolyak 系数使得拓扑密度场趋近材料属性的离散值。而 Smolyak 方法和 NURBS 混合方法构建了相对较少的设计变量到拓扑密度场的映射。

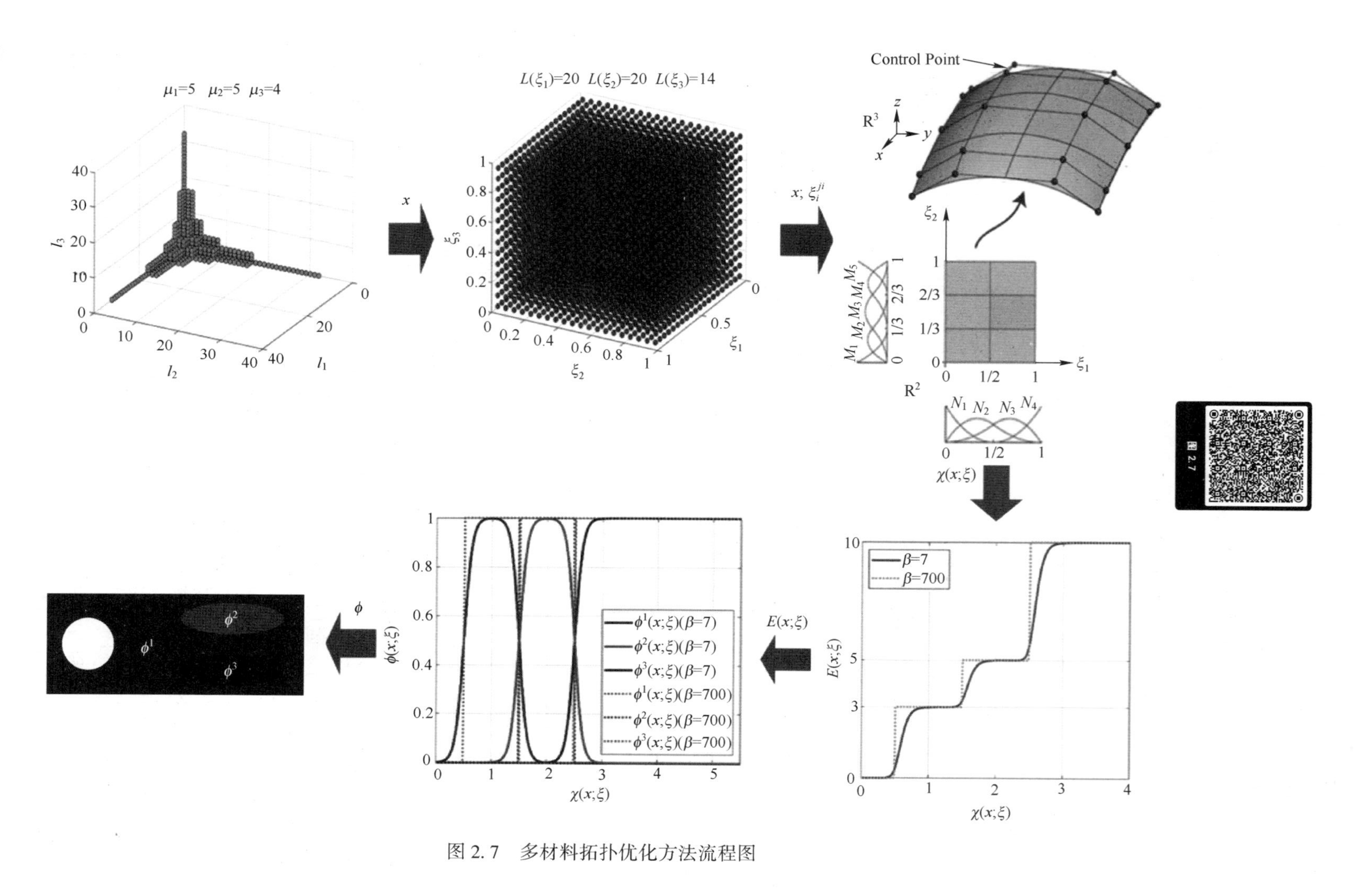

图 2.7　多材料拓扑优化方法流程图

2.4 数值算例[23]

本节通过三个典型算例，包括（Messerschmitt-Bolkow-Blohm）MBB 梁、悬臂梁和 3D Michell 结构，验证提出方法的可行性和有效性。多材料结构所用材料属性取自文献［21］，如表 2.3 所示，材料 M2、M3 和 M4 的杨氏模量分别为 10、5 和 3，密度分别为 5、2 和 2。

表 2.3　材料属性表

序号	材料	杨氏模量 E_0^i	泊松比 v	质量密度 Λ_0^i	刚度/质量比 R_0^i
1	M1	10	0.3	2	5
2	M2	10	0.3	5	2
3	M3	5	0.3	2	2.5
4	M4	3	0.3	2	1.5

仿真参数设置如下：惩罚因子取 3。NURBS 多项式权重等于 1[21]。最大迭代次数设置为 600。常数基函数对应的 Smolyak 系数的初始猜测值设置为 1，其余设计变量初始值为零。使用具有 64GB 运行内存和 Intel i7 处理器进行仿真。在优化过程中，β 值从较小的值逐渐变为较大的值（如 7~500），一旦两个连续迭代之间的目标或约束函数残差小于 10^{-6}或已达到最大迭代次数，优化过程就停止。

2.4.1 Messerschmitt-Bolkow-Blohm（MBB）梁

第一个多材料拓扑优化算例研究尺寸为 3（高度）×18（长度）的 MBB 梁，边界条件和载荷条件如图 2.8 所示，1N 的载荷施加于梁顶部中心，在设计域的左下角和右下角施加支撑。运用四节点双线性有限元离散设计域，生成 30×180 有限元网格。NURBS 参数取为 $l=10$，$m=30$，$p=20$，$q=40$，$L(\xi_1)=30$ 及 $L(\xi_2)=70$。等几何分析的节点向量取为 $U_{\xi_1}=\{\underbrace{0,\cdots,0}_{21},\frac{1}{10},\cdots,\frac{9}{10},\underbrace{1,\cdots,1}_{21}\}$ 和 $U_{\xi_2}=\{\underbrace{0,\cdots,0}_{41},\frac{1}{30},\cdots,\frac{29}{30},\underbrace{1,\cdots,1}_{41}\}$。Smolyak 多项式参数选为 $\mu_1=4$，$\mu_2=6$，总共 241 个设计变量，远远低于文献［21］方法所需设计变量（30×180=）5400×2（或 3）。

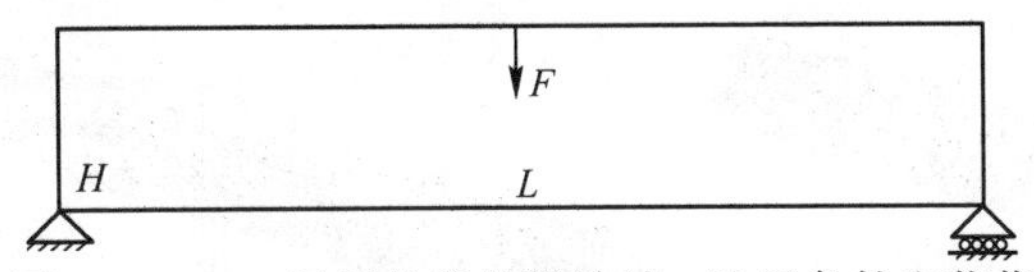

图 2.8　MBB 梁拓扑优化设计域，边界条件和载荷

为验证本章提出的方法，与文献［21］多材料拓扑优化分析情况一致，下面考虑两种情况拓扑优化问题。第一种情况是使用 M2 和 M3 材料，20%的设计域填充材料 M2，8%体积填充材料 M3。对于第二种情况，M4、M3 和 M2 的体积约束分别为 3%、12%和 20%。

1. 双材料拓扑优化设计

MBB 梁结构拓扑优化设计的目标和体积约束函数的收敛曲线如图 2.9 所示。由图可知，本章提出的方法在迭代不到 300 次就能收敛，图中目标函数柔度值为 8.972，远小于文献［21］中图 9 所示的优化结果 31.22。经过 100 次迭代，目标函数值和多材料体积分数逐渐趋于稳定。

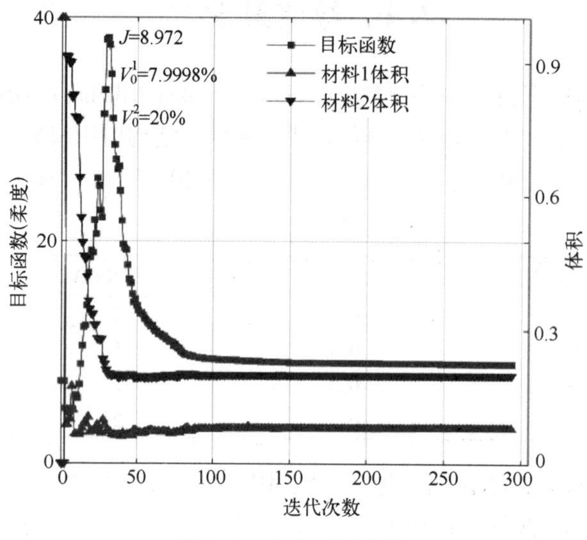

图 2.9　收敛历程曲线

拓扑构型设计结果及其相应的特征函数如图 2.10 所示，特征函数显示单个材料分布情况，其中黑色表示材料 M2，红色表示材料 M3。从图 2.10 可以看出，MBB 梁双材料拓扑优化构型具有类似的 Λ 形状，结构传力路径非常清晰，力载荷通过黑色区域传递到支撑上，中心区域被材料 M3 占据，两种材料之间的边界很清晰，材料属性具有平滑连续过渡的特点。

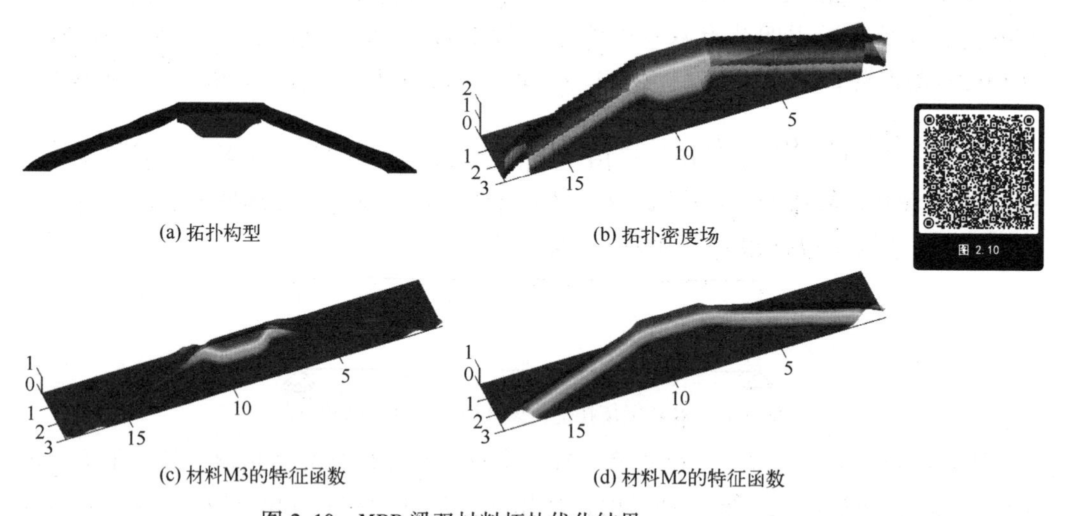

(a) 拓扑构型　(b) 拓扑密度场

(c) 材料M3的特征函数　(d) 材料M2的特征函数

图 2.10　MBB 梁双材料拓扑优化结果

2. 三材料拓扑优化设计

下面利用三种材料进行 MBB 梁的拓扑构型设计，网格划分和边界条件与双材料情况相同。目标函数和约束函数的收敛曲线如图 2.11 所示。在图 2.11 中，目标函数先增大后减小，图中优化设计结果与文献［21］存在很大差异，文献［21］图 13 中柔顺度目标函数值为 24.43，比图 2.11 的柔度值 8.0631 高出约 3 倍。

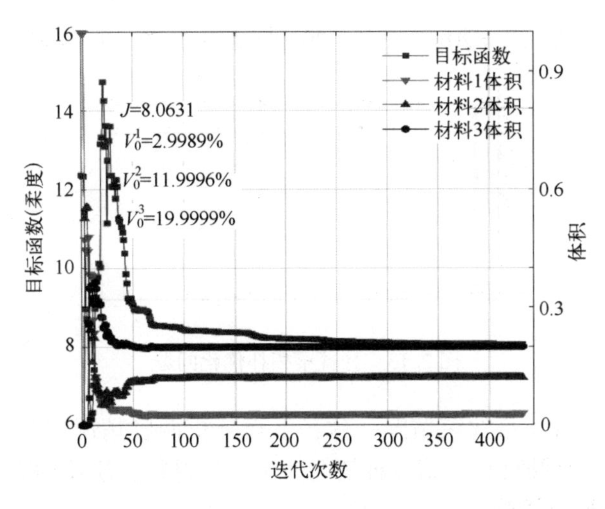

图 2.11　收敛曲线

三材料拓扑构型优化结果如图 2.12 所示，其中材料 M4 用绿色表示。使用更多材料会降低柔度值，与仅使用两种材料拓扑构型类似，结构拓扑布局很简单，体积分数最大的材料 M2 在设计域占据主导地位，由于其较高的模量，材料 M2 分配在支撑和载荷位置。与文献［21］的图 9 和图 13 中优化结果相比，提出方法的两材料和三材料拓扑优化目标函数柔顺度大大降低，这表明了本章方法的优点。

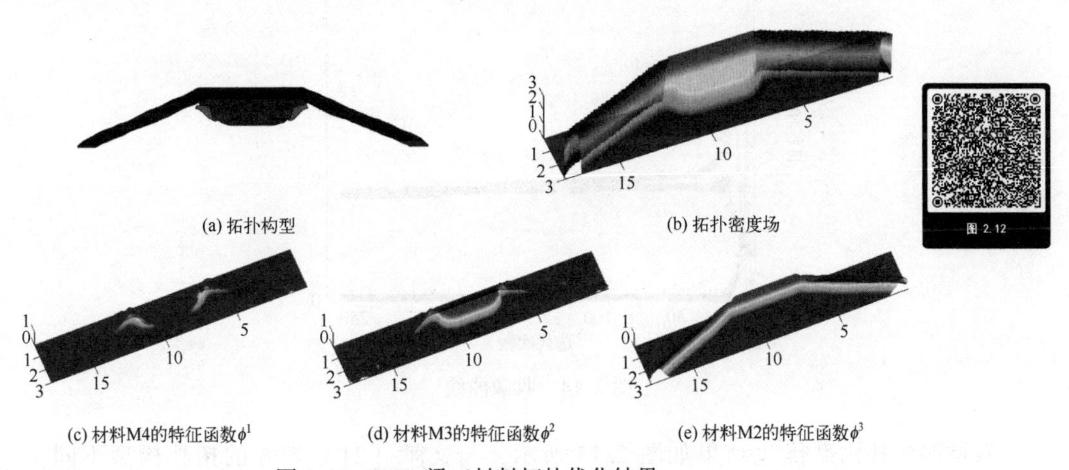

图 2.12　MBB 梁三材料拓扑优化结果

2.4.2　悬臂梁

下面考虑图 2.13 所示的悬臂梁多材料拓扑优化设计问题。与文献［21］一致，设计域尺寸为 50（高度）×100（长度）的矩形，左侧固定，右侧中点处施加向下的力 $F=1(\mathrm{N})$。有限元网格数量为 85×170，等几何分析采用的节点向量选为 $U_{\xi_1}=\{\underbrace{0,\cdots,0}_{21},\frac{1}{10},\cdots,\frac{9}{10},\underbrace{1,\cdots,1}_{21}\}$ 和 $U_{\xi_2}=\{\underbrace{0,\cdots,0}_{21},\frac{1}{20},\cdots,\frac{19}{20},\underbrace{1,\cdots,1}_{21}\}$。其他参数取值为 $\mu_1=4$，$\mu_2=$

6，$l=10$，$m=20$，$p=20$，$q=20$，$L(\xi_1)=30$ 和 $=L(\xi_2)=0$，总共需要 241 个优化变量。

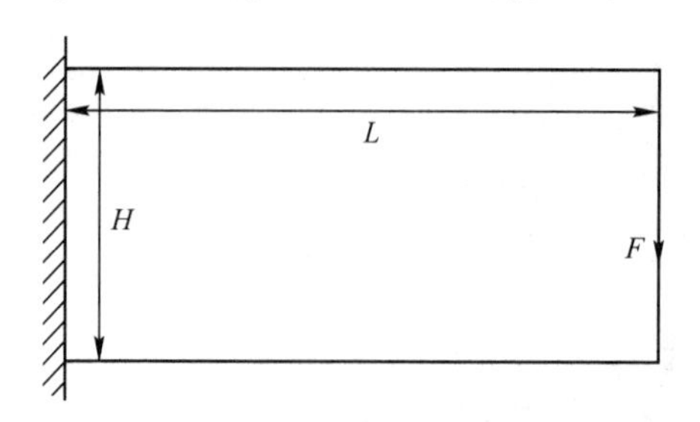

图 2.13　悬臂梁拓扑优化问题

与文献［21］两种质量约束情况一致，下面分析两种情况多材料拓扑优化设计问题。第一种情况涉及两种材料，第二种情况使用三种材料，质量约束为 35%。

1. 双材料拓扑优化设计

在质量约束 $G_m=0.3$ 时，双材料悬臂梁拓扑优化目标和约束函数收敛历史如图 2.14 所示，由图可知，目标函数值先升后降，经过 253 次迭代后，得到的柔度值为 1.5149，远低于文献［21］图 14 中的柔度值 36.36。

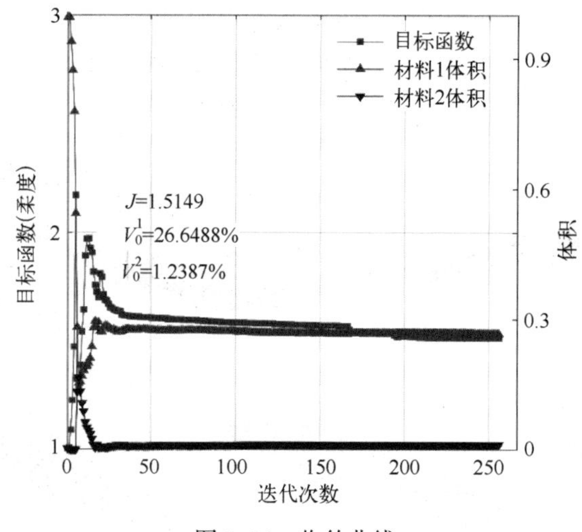

图 2.14　收敛曲线

双材料拓扑构型优化结果如图 2.15 所示，与文献［21］表 6 的拓扑构型不同，图 2.15中材料布局更简单，设计域大部分位置使用材料 M3，载荷位置填充少量材料 M2，以承受外力载荷和抵抗变形，材料 M3 和 M2 体积分数分别为 26.6488 和 1.2387。

2. 三材料拓扑优化设计

在其他参数不变的情况下，三材料拓扑优化设计的质量分数约束设为 35%，其目标和约束函数的迭代历史如图 2.16 所示。由图可知，目标函数（结构柔度）和体积分数值在 50 次迭代后就稳定，使用更多材料可以降低目标函数值，与文献［21］图 16 的优化结果 34.73 比较，本章方法得到的柔度值 1.3796 非常低。

三材料拓扑构型设计结果如图 2.17 所示，其中绿色、红色和黑色分别表示材料 M4、M3 和 M2。由图可知，拓扑构型具有对称性且非常简单，M3 的体积分数较大，几

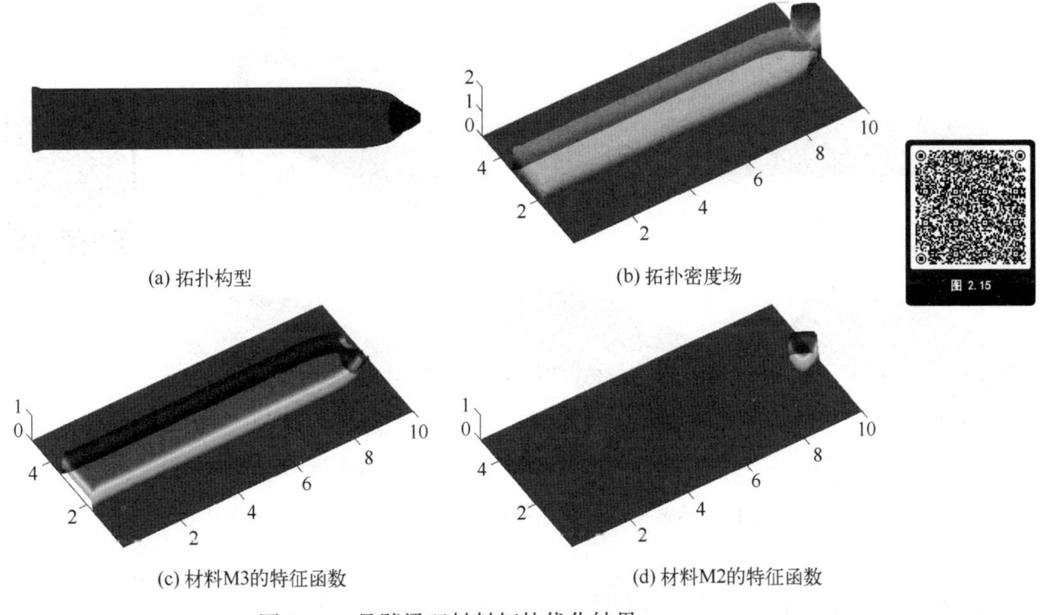

(a) 拓扑构型　(b) 拓扑密度场

(c) 材料M3的特征函数　(d) 材料M2的特征函数

图 2.15　悬臂梁双材料拓扑优化结果

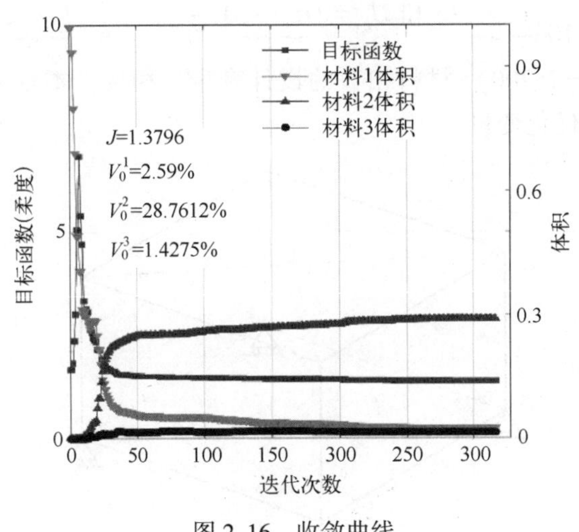

图 2.16　收敛曲线

乎占据整个设计域，而 M2 和 M4 的体积分数较小，材料 M2 被分配在载荷区域，材料 4 分布在结构边缘位置。与文献［21］图 14 和 16 中的优化结果比较可知，使用本章方法可获得更好的结构柔度目标函数值，且拓扑构型更为简单。

2.4.3　三维 Michell 结构

最后采用三维 Michell 结构数值算例并与文献［21］中结果比较以验证本章方法的有效性和可行性。三维 Michell 结构设计域和边界条件如图 2.18 所示，底部四个角完全约束，在顶部中心施加大小为 $F=1\text{N}$ 的向下载荷，采用 40×40×24 有限元网格，仿真参数取值为 $\mu_1=5$，$\mu_2=5$，$\mu_3=4$，$l=10$，$m=10$，$n=6$，$p=10$，$q=10$，和 $r=8$，$L(\xi_1)=20$，

(a) 拓扑构型
(b) 拓扑密度场
(c) 材料M4的特征函数ϕ^1
(d) 材料M3的特征函数ϕ^2
(e) 材料M2的特征函数ϕ^3

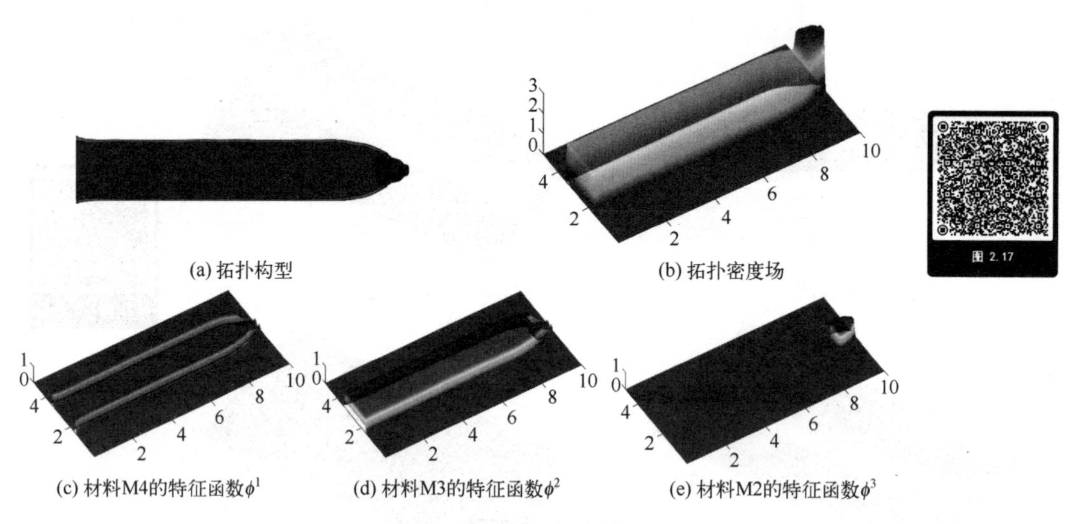

图 2. 17　悬臂梁三材料拓扑优化结果

$L(\xi_2)=20$ 和 $L(\xi_3)=1$。三个方向上的节点向量选为 $U_{\xi_1}=\{\underbrace{0,\cdots,0}_{11},\frac{1}{10},\cdots,\frac{9}{10},\underbrace{1,\cdots,1}_{11}\}$ $U_{\xi_2}=\{\underbrace{0,\cdots,0}_{11},\frac{1}{10},\cdots,\frac{9}{10},\underbrace{1,\cdots,1}_{11}\}$ 和 $U_{\xi_3}=\{\underbrace{0,\cdots,0}_{9},\frac{1}{6},\cdots,\frac{5}{6},\underbrace{1,\cdots,1}_{9}\}$。文献［21］5. 4 节中使用(30×30×18＝16200)×材料相数的设计变量，相反，本章方法需要非常少的优化变量，总共 441 个优化变量。

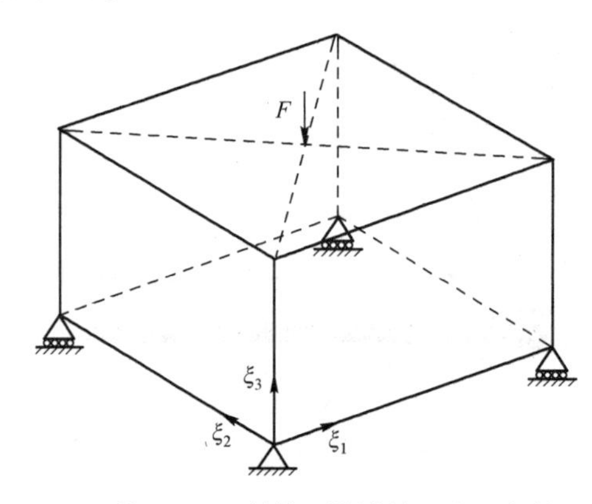

图 2. 18　三维 Michell 结构：设计域，边界条件和载荷

选择 M2、M3 和 M4 三种材料进行结构拓扑优化设计，M2、M3 和 M4 材料的体积约束分别为 10%、20%和 20%。本章方法三材料拓扑优化收敛曲线如图 2. 19 所示，整个优化过程非常稳定，体积约束条件均被满足。

图 2. 20 中给出了拓扑构型优化设计结果。图中黑色、红色和绿色分别表示材料 M2、M3 和 M4。由图可知，三材料拓扑构型具有对称性，载荷和边界条件位置附件空间分配材料 M2，其余空间分布材料 M3 和 M4，材料 M4 嵌入材料 M3 中。

通过二维和三维结构的多材料拓扑优化算例验证本章方法的有效性，与现有基于密度的拓扑优化方法相比，本章多材料拓扑优化方法显著减少了设计变量数量，得到了更

为简单的拓扑构型，可以方便施加多材料质量和体积约束条件，是一种可行多材料拓扑优化方案。

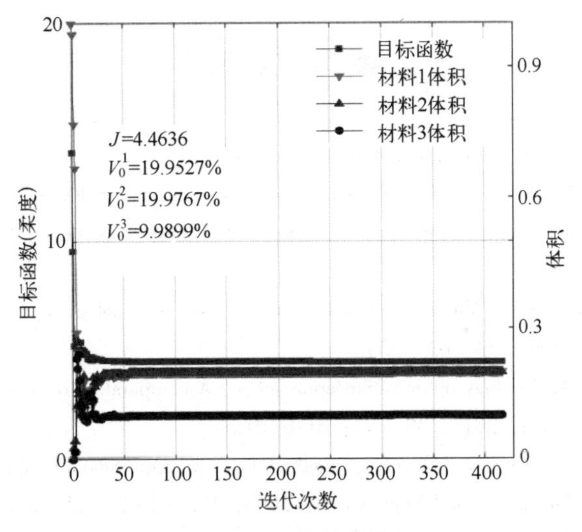

图 2.19　收敛曲线

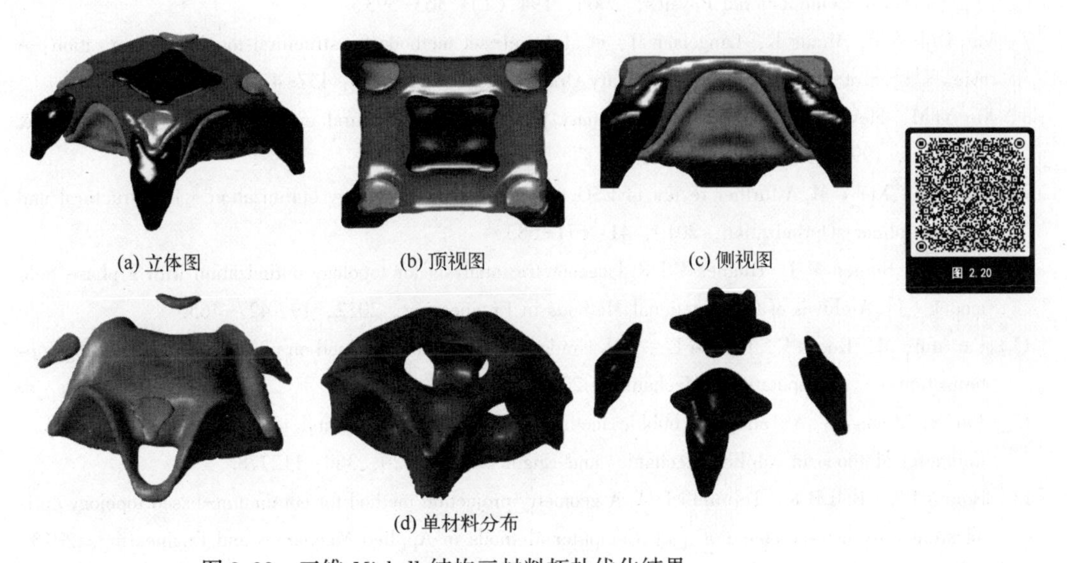

图 2.20　三维 Michell 结构三材料拓扑优化结果

2.5　本章小结

本章将各向异性 Smolyak 方法和 NURBS 方法相结合表示拓扑密度场，提出利用单一设计变量表示多种离散材料属性的增量形式插值模型，将各向异性 Smolyak 展开系数设为优化变量，建立了可施加任意数量体积或质量约束的多材料拓扑优化方法，推导了目标和约束函数的灵敏度。NURBS 方法控制点的拓扑密度用各向异性 Smolyak 多项式展开，大大减少了设计变量的数量。运用增量插值模型推导出的特征函数可表征单种材料的存在性，并可用于识别多材料结构不同材料的边界信息。通过多个数值算例并与现有多材料拓扑优化方法比较，验证了本章提出方法的可行性和有效性。

参考文献

[1] Bendsøe M P, Kikuchi N. Generating optimal topologies in structural design using a homogenization method [J]. Computer Methods in Applied Mechanics and Engineering, 1988, 71 (2): 197-224.

[2] Bendsøe M P. Optimal shape design as a material distribution problem [J]. Structural Optimization, 1989, 1: 193-202.

[3] Bendsøe M P, Sigmund O. Material interpolation schemes in topology optimization [J]. Archive of Applied Mechanics, 1999, 69: 635-654.

[4] Sigmund O, Maute K. Topology optimization approaches: A comparative review [J]. Structural and Multidisciplinary Optimization, 2013, 48 (6): 1031-1055.

[5] Wang M Y, Wang X, Guo D. A level set method for structural topology optimization [J]. Computer Methods in Applied Mechanics and Engineering, 2003, 192 (1-2): 227-246.

[6] Allaire G, Jouve F, Toader A M. Structural optimization using sensitivity analysis and a level-set method [J]. Journal of Computational Physics, 2004, 194 (1): 363-393.

[7] Van Dijk N P, Maute K, Langelaar M, et al. Level-set methods for structural topology optimization: A review [J]. Structural and Multidisciplinary Optimization, 2013, 48: 437-472.

[8] Xie Y M, Steven G P. A simple evolutionary procedure for structural optimization [J]. Computers & Structures, 1993, 49 (5): 885-896.

[9] Huang X, Xie Y M. A further review of ESO type methods for topology optimization [J]. Structural and Multidisciplinary Optimization, 2010, 41: 671-683.

[10] Dedè L, Borden M J, Hughes T J R. Isogeometric analysis for topology optimization with a phase field model [J]. Archives of Computational Methods in Engineering, 2012, 19: 427-465.

[11] Carraturo M, Rocca E, Bonetti E, et al. Graded-material design based on phase-field and topology optimization [J]. Computational Mechanics, 2019, 64: 1589-1600.

[12] Cai S, Zhang W. An adaptive bubble method for structural shape and topology optimization [J]. Computer Methods in Applied Mechanics and Engineering, 2020, 360: 112778.

[13] Norato J A, Bell B K, Tortorelli D A. A geometry projection method for continuum-based topology optimization with discrete elements [J]. Computer Methods in Applied Mechanics and Engineering, 2015, 293: 306-327.

[14] Luo Y, Bao J. A material-field series-expansion method for topology optimization of continuum structures [J]. Computers & Structures, 2019, 225: 106122.

[15] Zhou P, Du J, Lü Z. Highly efficient density-based topology optimization using DCT-based digital image compression [J]. Structural and Multidisciplinary Optimization, 2018, 57: 463-467.

[16] White D A, Stowell M L, Tortorelli D A. Toplogical optimization of structures using Fourier representations [J]. Structural and Multidisciplinary Optimization, 2018, 58: 1205-1220.

[17] Sanders E D, Pereira A, Aguiló M A, et al. PolyMat: An efficient Matlab code for multi-material topology optimization [J]. Structural and Multidisciplinary Optimization, 2018, 58: 2727-2759.

[18] Giraldo-Londoño O, Mirabella L, Dalloro L, et al. Multi-material thermomechanical topology optimization with applications to additive manufacturing: Design of main composite part and its support

structure [J]. Computer Methods in Applied Mechanics and Engineering, 2020, 363: 112812.

[19] Long K, Wang X, Gu X. Local optimum in multi-material topology optimization and solution by reciprocal variables [J]. Structural and Multidisciplinary Optimization, 2018, 57: 1283-1295.

[20] Stegmann J, Lund E. Discrete material optimization of general composite shell structures [J]. International Journal for Numerical Methods in Engineering, 2005, 62 (14): 2009-2027.

[21] Gao J, Luo Z, Xiao M, et al. A NURBS-based Multi-Material Interpolation (N-MMI) for isogeometric topology optimization of structures [J]. Applied Mathematical Modelling, 2020, 81: 818-843.

[22] Judd K L, Maliar L, Maliar S, et al. Smolyak method for solving dynamic economic models: Lagrange interpolation, anisotropic grid and adaptive domain [J]. Journal of Economic Dynamics and Control, 2014, 44: 92-123.

[23] Liao H. An incremental form interpolation model together with the Smolyak method for multi-material topology optimization [J]. Applied Mathematical Modelling, 2021, 90: 955-976.

第3章　单变量类型多尺度拓扑优化设计

近年来，同时优化宏观结构布局和细观结构材料分布的多尺度拓扑优化设计问题成为研究热点[1-4]。例如，Gao 等[5]将宏细观结构密度设为设计变量，应用 SIMP 方法研究双尺度拓扑优化设计问题。文献［6］使用 SIMP 方法并以纤维取向为优化变量同时优化宏观结构和细观胞元。Zhao 等[7-8]基于 SIMP 方法和材料特性有理逼近（Rational Approximation of Material Properties，RAMP）方法研究多尺度结构动力学拓扑优化问题。然而，上述研究仅限于使用单一材料和单一胞元结构设计多尺度结构。

多材料框架下多胞元结构的多尺度并发拓扑优化设计极具挑战性，现有研究通常采用多材料拓扑优化插值方案研究多尺度拓扑优化设计问题。例如，通过对主应力方向施加额外限制，文献［9］中报道了一种多尺度拓扑优化方法，采用离散材料优化（Discrete Material Optimization，DMO）方法对宏观设计域的材料特性进行插值，采用 SIMP 方法优化细观结构拓扑构型。文献［10］基于 SIMP 方案提出了一种同时优化材料分布和宏观尺度上相应微观结构的插值方案。基于 SIMP 方法和 PAMP 方案，Liu 等[11]研究了考虑相邻微结构连通性的多尺度拓扑优化问题。文献[12-13]中提出了两阶段多尺度设计策略，其中第一阶段优化宏观材料分布布局，第二阶段采用水平集方法进行微观结构设计。

利用现有的多材料拓扑优化插值方案研究细观尺度包含多种材料和宏观尺度包含多种胞元的并发多尺度拓扑优化设计问题仍然存在挑战。在变密度法中需要分配 m 种设计变量表示 $m+1$ 种候选材料分布。在水平集方法框架下，需要分配 m 个水平集函数确定 $m+1$ 相材料布局。每种材料分配一类优化变量或水平集函数，不同类型的优化变量或水平集函数的组合确定材料/胞元的状态。多材料拓扑优化的变量数量与材料类型的数量成正比，多尺度优化变量的数量与使用的微结构和材料类型数量相关，需要大量设计变量进行多尺度拓扑优化设计，且无法施加与单个微结构或材料相关约束（例如文献［13］中的自由材料分布优化方法）。

为解决上述问题，本章提出了一种多尺度拓扑优化方法。基于第 2 章各向异性 Smolyak 方法与等几何分析方法的拓扑密度场表示方法，设计仅具有单一类型设计变量的阶梯式多材料插值方案，在宏细观尺度同时应用阶梯式多材料插值方案，构建宏细观嵌套形式多尺度插值方案，可分别在宏观和细观尺度施加与微结构胞元及材料相关的约束。本章结构安排如下：3. 1 节提出阶梯式多材料插值模型，3. 2 节给出多材料并发多尺度拓扑优化问题描述并进行灵敏度分析，3. 3 节通过多个数值算例验证方法的有效性，3. 4 节给出结论。

3.1　单变量类型多尺度拓扑优化插值方案[14]

本节将各向异性 Smolyak 方法生成的拓扑密度函数$\mathcal{X}(\boldsymbol{x},\boldsymbol{\xi})$嵌入 Heaviside 函数，用于构建阶梯形插值模型。基于能量均匀化方法计算均质化材料属性，根据不同单胞的均匀化材料属性构建嵌套形式的多尺度插值模型。

3.1.1　多材料拓扑优化的阶梯形插值模型

在式（2.1）中，拓扑密度函数$\mathcal{X}(\boldsymbol{x},\boldsymbol{\xi})$连续变化。相反，每相材料的材料属性是常数，不同相材料的材料属性存在差异。要设计多材料结构，关键是将表示不同材料属性的离散值松弛为连续变量，因而需要建立连续变量空间与离散特征参数空间的映射关系。本节提出一种多材料插值方法，仅使用单一类型的优化变量就可插值得到任意数量材料的材料属性。弹性模量$E(\boldsymbol{x},\boldsymbol{\xi})$、弹性张量$\boldsymbol{D}(\boldsymbol{x},\boldsymbol{\xi})$和质量密度$\Lambda(\boldsymbol{x},\boldsymbol{\xi})$可表示为

$$E(\boldsymbol{x},\boldsymbol{\xi})=\{1-\{\varphi_1[\mathcal{X}(\boldsymbol{x},\boldsymbol{\xi})]\}^{\eta}\}E_0^0+\sum_{\vartheta=1}^{\Theta-1}\{1-\{\varphi_{\vartheta+1}[\mathcal{X}(\boldsymbol{x},\boldsymbol{\xi})]\}^{\eta}\}\{\varphi_{\vartheta}[\mathcal{X}(\boldsymbol{x},\boldsymbol{\xi})]\}^{\eta}E_{\vartheta}^0+\{\varphi_{\Theta}[\mathcal{X}(\boldsymbol{x},\boldsymbol{\xi})]\}^{\eta}E_{\Theta}^0 \tag{3.1}$$

$$\boldsymbol{D}(\boldsymbol{x},\boldsymbol{\xi})=\{1-\{\varphi_1[\mathcal{X}(\boldsymbol{x},\boldsymbol{\xi})]\}^{\eta}\}\boldsymbol{D}_0^0+\sum_{\vartheta=1}^{\Theta-1}\{1-\{\varphi_{\vartheta+1}[\mathcal{X}(\boldsymbol{x},\boldsymbol{\xi})]\}^{\eta}\}\{\varphi_{\vartheta}[\mathcal{X}(\boldsymbol{x},\boldsymbol{\xi})]\}^{\eta}\boldsymbol{D}_{\vartheta}^0+\{\varphi_{\Theta}[\mathcal{X}(\boldsymbol{x},\boldsymbol{\xi})]\}^{\eta}\boldsymbol{D}_{\Theta}^0 \tag{3.2}$$

$$\Lambda(\boldsymbol{x},\boldsymbol{\xi})=\{1-\{\varphi_1[\mathcal{X}(\boldsymbol{x},\boldsymbol{\xi})]\}^{\eta}\}\Lambda_0^0+\sum_{\vartheta=1}^{\Theta-1}\{1-\{\varphi_{\vartheta+1}[\mathcal{X}(\boldsymbol{x},\boldsymbol{\xi})]\}^{\eta}\}\{\varphi_{\vartheta}[\mathcal{X}(\boldsymbol{x},\boldsymbol{\xi})]\}^{\eta}\Lambda_{\vartheta}^0+\{\varphi_{\Theta}[\mathcal{X}(\boldsymbol{x},\boldsymbol{\xi})]\}^{\eta}\Lambda_{\Theta}^0 \tag{3.3}$$

式中：E_{ϑ}^0、$\boldsymbol{D}_{\vartheta}^0$ 和 Λ_{ϑ}^0 分别表示材料 ϑ 的弹性模量、弹性张量和质量密度；Θ 表示物质相数。物理量 E_{ϑ}^0、$\boldsymbol{D}_{\vartheta}^0$ 和 Λ_{ϑ}^0 用于模拟空隙材料，应取足够小以避免刚度矩阵的奇异性。在线弹性的情况下，惩罚参数 η 通常取3，以便将函数 $\varphi_{\vartheta}[\mathcal{X}(\boldsymbol{x},\boldsymbol{\xi})]$趋近至离散值0或1。$\varphi_{\vartheta}[\mathcal{X}(\boldsymbol{x},\boldsymbol{\xi})]$由下式给出：

$$\varphi_{\vartheta}(\boldsymbol{x},\boldsymbol{\xi})=\mathrm{H}[\mathcal{X}(\boldsymbol{x},\boldsymbol{\xi})-\gamma(\vartheta)] \tag{3.4}$$

式中：H 表示正则化的 Heaviside 函数。阈值参数表示 $\gamma(\vartheta)$，β 控制 Heaviside 函数的平滑程度。

在文献［15-17］中，采用了“双重惩罚”策略以达到更好的收敛性。H(·)的候选函数有很多，如 sigmoid 函数、ReLU 函数等。本章采用以下双曲正切投影函数：

$$H(\cdot)=\frac{\{\tanh(\beta\cdot)+1\}}{2} \tag{3.5}$$

如果β趋于$+\infty$，则式（3.5）的值接近阶跃函数。应该提到的是，参数β会影响优化过程的稳定性和收敛性。根据作者的数值经验，β建议取值在5~10。

为说明在空间位置$\boldsymbol{\xi}^{e,i}$的第 i 单元多材料插值公式，材料弹性模量场 E 与拓扑密度场$\mathcal{X}$ 的映射关系如图3.1所示。图3.1（a）~（c）是三材料插值曲线，其对应的阈值参数为$\gamma(\vartheta)=[0.5,1.5,2.5]$。当考虑四种材料$E^0=[10-9,2,4,8,16]$时取阈值$\gamma(\vartheta)=[0.5,1.5,2.5,3.5]$，插值曲线如图3.1（d）所示。阈值参数用于控制材料的选择，β

调节插值公式逼近 0-1 阶跃函数的程度。当 $\Theta=1$ 时，式（3.1）退化为 SIMP 插值方法。因此，SIMP 方法是本节所提出的方法的特例。

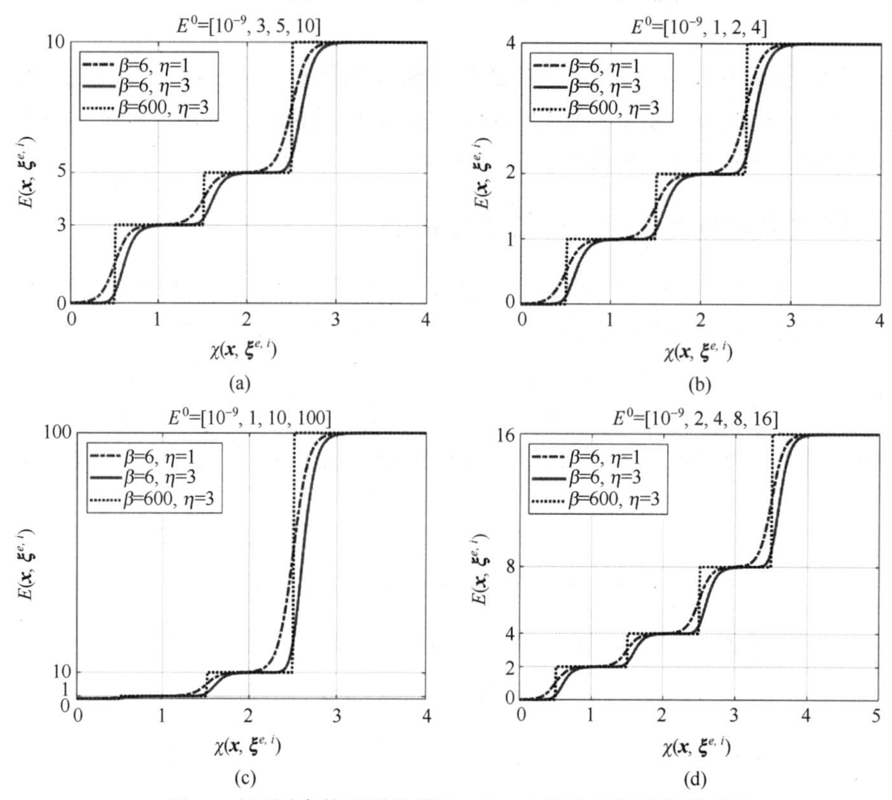

图 3.1　不同参数下弹性模量 $E(x;\xi)$ 的多材料插值模型

根据式（3.1），两种材料的 $E(\boldsymbol{x},\boldsymbol{\xi})$ 插值公式为

$$E(\boldsymbol{x},\boldsymbol{\xi})=\{1-\{\varphi_1\}^{\eta}\}E_0^0+\{1-\{\varphi_2\}^{\eta}\}\{\varphi_1\}^{\eta}E_1^0+\{\varphi_2\}^{\eta}E_2^0 \tag{3.6}$$

同样，四种材料的 $E(\boldsymbol{x},\boldsymbol{\xi})$ 插值公式为

$$\begin{aligned}E(\boldsymbol{x},\boldsymbol{\xi})=&\{1-\{\varphi_1\}^{\eta}\}E_0^0+\{1-\{\varphi_2\}^{\eta}\}\{\varphi_1\}^{\eta}E_1^0+\\&\{1-\{\varphi_3\}^{\eta}\}\{\varphi_2\}^{\eta}E_2^0+\{1-\{\varphi_4\}^{\eta}\}\{\varphi_3\}^{\eta}E_3^0+\{\varphi_4\}^{\eta}E_4^0\end{aligned} \tag{3.7}$$

对于图 2.3（c）中的每个参数坐标点应用式（2.1）构建从 $\chi(x;\xi)$ 到 $E(x;\xi)$ 的映射，对于图 2.3（f）中二维拓扑密度函数，绘制了四种材料 $E^0=[10-9,2,4,8,16]$ 和 $\gamma(\vartheta)=[0.5,1.5,2.5,3.5]$ 的对应弹性模量场 $E(x;\xi)$ 如图 3.2 所示。弹性模量 E 趋近至设定材料的离散值，提出的以拓扑密度函数表示的插值模型是平滑且连续的。对于图 2.3（d）中给定的 Smolyak 系数 $\boldsymbol{x}$，插值杨氏模量可以取介于 $E_0^0=2$ 和 $E_\Theta^0=16$ 的任何值。结构属性从一种材料过渡至另一种材料。由于 Heaviside 函数性质和拓扑优化罚影响，拓扑密度场中材料过渡区很窄，拓扑构型只包含极少界面转移区，可获得结构清晰边界。

通过利用 Heaviside 函数的特性和拓扑优化罚影响，提出的插值模型旨在使映射物理量趋近至给定离散材料属性值，采用单一优化变量就可表示多种材料的材料属性，设计变量的数目不依赖于材料类型的数目。

为了对每种材料施加约束，应确定每种材料的体积。如果式（2.1）中只存在一种材料，即 $E_\vartheta^0\neq0$ 且 $E_0^0,\cdots,E_{\vartheta-1}^0=E_{\vartheta+1}^0,\cdots,E_\Theta^0=0$，则式（3.1）可简化为

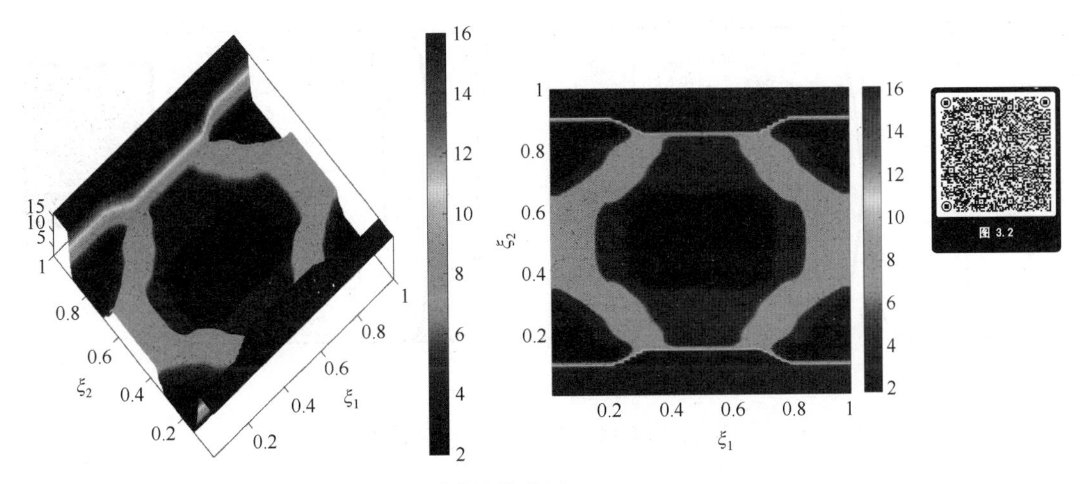

图 3.2　$\beta=6$ 时弹性模量场 $E(x;\xi)$

$$E(\boldsymbol{x},\boldsymbol{\xi})=\begin{cases}\{1-\{\varphi_1[\chi(\boldsymbol{x},\boldsymbol{\xi})]\}^{\eta}\}E_0^0, & \vartheta=0\\ \{1-\{\varphi_{\vartheta+1}[\chi(\boldsymbol{x},\boldsymbol{\xi})]\}^{\eta}\}\{\varphi_{\vartheta}[\chi(\boldsymbol{x},\boldsymbol{\xi})]\}^{\eta}E_{\vartheta}^0, & \vartheta=1,2,\cdots,\Theta-1\\ \{\varphi_{\Theta}[\chi(\boldsymbol{x},\boldsymbol{\xi})]\}^{\eta}E_{\Theta}^0, & \vartheta=\Theta\end{cases} \tag{3.8}$$

作为式（3.8）的一个特例，当 E_{ϑ}^0 和 η 设置为 1 时，表示材料 ϑ 是否存在的特征函数 ϕ_{ϑ} 定义为

$$\phi_{\vartheta}=\begin{cases}1-\varphi_1[\chi(\boldsymbol{x},\boldsymbol{\xi})], & \vartheta=0\\ \{1-\varphi_{\vartheta+1}[\chi(\boldsymbol{x},\boldsymbol{\xi})]\}\varphi_{\vartheta}[\chi(\boldsymbol{x},\boldsymbol{\xi})], & 1\leqslant\vartheta\leqslant\Theta-1\\ \varphi_{\Theta}[\chi(\boldsymbol{x},\boldsymbol{\xi})], & \vartheta=\Theta\end{cases} \tag{3.9}$$

考虑两种或四种候选材料时，由式（3.9）得到的特征函数 ϕ_{ϑ} 如下：

$$\text{两种材料：}\begin{cases}\phi_0=1-\varphi_1=1-\mathrm{H}[\chi(\boldsymbol{x},\boldsymbol{\xi})-0.5]\\ \phi_1=\{1-\varphi_2\}\varphi_1=\{1-\mathrm{H}[\chi(\boldsymbol{x},\boldsymbol{\xi})-1.5]\}\mathrm{H}[\chi(\boldsymbol{x},\boldsymbol{\xi})-0.5]\\ \phi_2=\varphi_2=\mathrm{H}[\chi(\boldsymbol{x},\boldsymbol{\xi})-1.5]\end{cases} \tag{3.10}$$

$$\text{四种材料：}\begin{cases}\phi_0=1-\varphi_1=1-\mathrm{H}[\chi(\boldsymbol{x},\boldsymbol{\xi})-0.5]\\ \phi_1=\{1-\varphi_2\}\varphi_1=\{1-\mathrm{H}[\chi(\boldsymbol{x},\boldsymbol{\xi})-1.5]\}\mathrm{H}[\chi(\boldsymbol{x},\boldsymbol{\xi})-0.5]\\ \phi_2=\{1-\varphi_3\}\varphi_2=\{1-\mathrm{H}[\chi(\boldsymbol{x},\boldsymbol{\xi})-2.5]\}\mathrm{H}[\chi(\boldsymbol{x},\boldsymbol{\xi})-1.5]\\ \phi_3=\{1-\varphi_4\}\varphi_3=\{1-\mathrm{H}[\chi(\boldsymbol{x},\boldsymbol{\xi})-3.5]\}\mathrm{H}[\chi(\boldsymbol{x},\boldsymbol{\xi})-2.5]\\ \phi_4=\varphi_4=\mathrm{H}[\chi(\boldsymbol{x},\boldsymbol{\xi})-3.5]\end{cases} \tag{3.11}$$

为便于理解，特征函数 $\phi=\{\phi_{\vartheta}\}(\vartheta=1,2,\cdots,\Theta)$ 示意如图 3.3、图 3.4 所示。由图 3.3 可知，特征函数表现出非负性。每种材料都有一个特征函数和相应的阈值参数。特征函数有重叠。ϕ_0 连续地从 1 减小 0，ϕ_{Θ} 连续地从 0 变化到 1，$\phi_{\vartheta}(1\leqslant\vartheta\leqslant\Theta-1)$ 在 0~1 变化，特征函数可用于表示每种材料的体积，仅使用单一种优化设计变量便可表征任意数量材料的体积。在图 3.4 中，材料 1 和 2 分别用浅蓝色和粉红色表示，设计域利用有限元离散化，单元中心 $\boldsymbol{\xi}^{e,i}$ 用圆圈标记。

为进行多尺度拓扑优化设计需要计算弹性模量 $E(\boldsymbol{x};\boldsymbol{\xi})$ 和特征函数值 ϕ_{ϑ}。表 3.1（使用 $\beta=6$）和表 3.2（使用 $\beta=10$）列出了根据式（3.6）和式（3.10）计算图 3.4 中

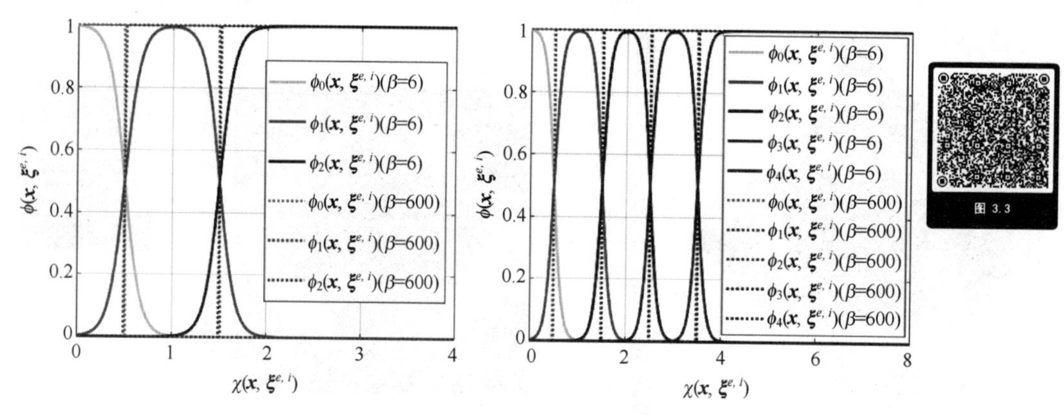

图 3.3　在任意固定位置 $\boldsymbol{\xi}=\boldsymbol{\xi}^{e,i}$ 处不同材料的特征函数

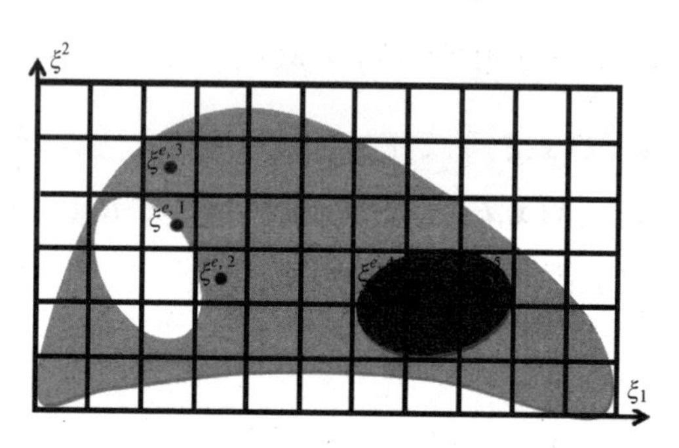

图 3.4　有限元网格和单元中心

单元 $\boldsymbol{\xi}^{e,i}$ 处 φ_1，φ_2，$\{1-\{\varphi_1\}^\eta\}$，$\{1-\{\varphi_2\}^\eta\}\{\varphi_1\}^\eta$，$\{\varphi_2\}^\eta$，$\phi_1$ 和 ϕ_2 的函数值。图 3.4 涉及多种情况，可以解释如下：

（1）若 $\chi(x,\xi^{e,1})=0.5$，则单元一由材料 1 组成，体积为 0.5。

（2）若 $\chi(x,\xi^{e,2})=0.7$，则当 $\beta=6$ 时，材料 1 的体积等于 0.9168；当 $\beta=10$ 时，材料 1 的体积等于 0.9820。

（3）若 $\chi(x,\xi^{e,3})=1$，则单元三由材料 1 组成。

（4）若 $\chi(x,\xi^{e,4})=1.5$，则单元四包含材料 1 和材料 2，体积分别为 0.5。

（5）若 $\chi(x,\xi^{e,5})=1.6$，则单元五包含两种材料，当 $\beta=6$ 时，体积分别为 0.2315、0.7685。

（6）若 $\chi(x,\xi)\geqslant 2$，$E(\boldsymbol{x};\boldsymbol{\xi}^{e,6})$ 等于 E_2^0，则单元六分配材料 2。

表 3.1　$\beta=6$ 时插值模型相关函数值

$\beta=6$, $\eta=3$	$\chi(\boldsymbol{x},\boldsymbol{\xi}^{e,1})=$ 0.5	$\chi(\boldsymbol{x},\boldsymbol{\xi}^{e,2})=$ 0.7	$\chi(\boldsymbol{x},\boldsymbol{\xi}^{e,3})=$ 1	$\chi(\boldsymbol{x},\boldsymbol{\xi}^{e,4})=$ 1.5	$\chi(\boldsymbol{x},\boldsymbol{\xi}^{e,5})=$ 1.6	$\chi(\boldsymbol{x},\boldsymbol{\xi}^{e,6})=$ 2	$\chi(\boldsymbol{x},\boldsymbol{\xi}^{e,6})=$ 3
φ_1	0.5	0.9168	0.9975	1	1	1	1
φ_2	0	0.0001	0.0025	0.5	0.7685	0.9975	1
$\{1-\{\varphi_1\}^\eta\}$	0.8750	0.2293	0.0074	0	0	0	0
$\{1-\{\varphi_2\}^\eta\}\{\varphi_1\}^\eta$	0.1250	0.7707	0.9926	0.8750	0.5461	0.0074	0

续表

$\beta=6$, $\eta=3$	$\chi(\boldsymbol{x},\boldsymbol{\xi}^{e,1})=0.5$	$\chi(\boldsymbol{x},\boldsymbol{\xi}^{e,2})=0.7$	$\chi(\boldsymbol{x},\boldsymbol{\xi}^{e,3})=1$	$\chi(\boldsymbol{x},\boldsymbol{\xi}^{e,4})=1.5$	$\chi(\boldsymbol{x},\boldsymbol{\xi}^{e,5})=1.6$	$\chi(\boldsymbol{x},\boldsymbol{\xi}^{e,6})=2$	$\chi(\boldsymbol{x},\boldsymbol{\xi}^{e,6})=3$
$\{\varphi_2\}^\eta$	0	0	0	0.1250	0.4539	0.9926	1
ϕ_0	0.5	0.0832	0.0025	0	0	0	0
ϕ_1	0.5	0.9168	0.9951	0.5	0.2315	0.0025	0
ϕ_2	0	0.0001	0.0025	0.5	0.7685	0.9975	1

表 3.2　$\beta=10$ 时插值模型相关函数值

$\beta=10$, $\eta=3$	$\chi(\boldsymbol{x},\boldsymbol{\xi}^{e,1})=0.5$	$\chi(\boldsymbol{x},\boldsymbol{\xi}^{e,2})=0.7$	$\chi(\boldsymbol{x},\boldsymbol{\xi}^{e,3})=1$	$\chi(\boldsymbol{x},\boldsymbol{\xi}^{e,4})=1.5$	$\chi(\boldsymbol{x},\boldsymbol{\xi}^{e,5})=1.6$	$\chi(\boldsymbol{x},\boldsymbol{\xi}^{e,6})=2$	$\chi(\boldsymbol{x},\boldsymbol{\xi}^{e,6})=3$
φ_1	0.5	0.9820	1	1	1	1	1
φ_2	0	0	0	0.5	0.8808	1	1
$\{1-\{\varphi_1\}^\eta\}$	0.8750	0.0530	0.0001	0	0	0	0
$\{1-\{\varphi_2\}^\eta\}\{\varphi_1\}^\eta$	0.1250	0.9470	0.9999	0.8750	0.3167	0.0001	0
$\{\varphi_2\}^\eta$	0	0	0	0.1250	0.6833	0.9999	1
ϕ_0	0.5	0.0180	0	0	0	0	0
ϕ_1	0.5	0.9820	0.9999	0.5	0.1192	0	0
ϕ_2	0	0	0	0.5	0.8808	1	1

与图 2.3（f）中的拓扑密度场和图 3.2 中的弹性模量 E 相关的四个特征函数绘制在图 3.5 中可清晰表明单个材料属性的空间变化。如图 3.5 所示，值为 0 表示孔洞（蓝色）和值为 1 表示实体（红色）。大多数区域的拓扑密度取值为 0 和 1。特征函数足够平滑与连续并在 0 到 1 变化，利用拓扑优化罚原理，特征函数惩罚趋近 0 或 1。$\phi_\vartheta>0.5$ 时，特征函数不存在交叉，所有材料相分离。

为了获得不同材料清晰的边界，可以根据特征函数对单元进行切割。设置 $\phi_\vartheta=0.5$ 可以识别不同材质之间的界面。$\Phi_\vartheta=\phi_\vartheta-0.5$ 可以看作识别不同材料之间界面的水平集函数。对应图 3.2 和图 3.5 的不同材料的边界信息如图 3.6 所示，其中四种颜色表示四种不同的材料。使用特征函数定义结构边界简单方便，结构边界出现在 $\phi_\vartheta=0.5$ 的位置，所有材料不相互交叉。

为了更好地说明水平集函数 $\Phi_\vartheta=\phi_\vartheta-0.5$，图 3.7 给出示例。

（1）图 3.7（a）中，当 $\Theta=1$ 时，本章所提多材料插值模型退化为标准 SIMP 方法。空材料对应区域 $\Phi_0=0.5-\varphi_1>0$，绿色区域被材料 1 占据。

（2）图 3.7（b）中由两种材料组成。绿色区域（$\Phi_1>0$）分配材料 1，蓝色区域（$\Phi_2>0$）选择材料 2。

（3）图 3.7（c）中整个设计域分为三子域，即由三种不同的材料组成。每个子域都分配有不同的材料属性。$\Phi_1>0$ 表示绿色区域为材料 1，$\Phi_2>0$ 表示蓝色区域为材料 2，$\Phi_3>0$ 表示红色区域为材料 3。

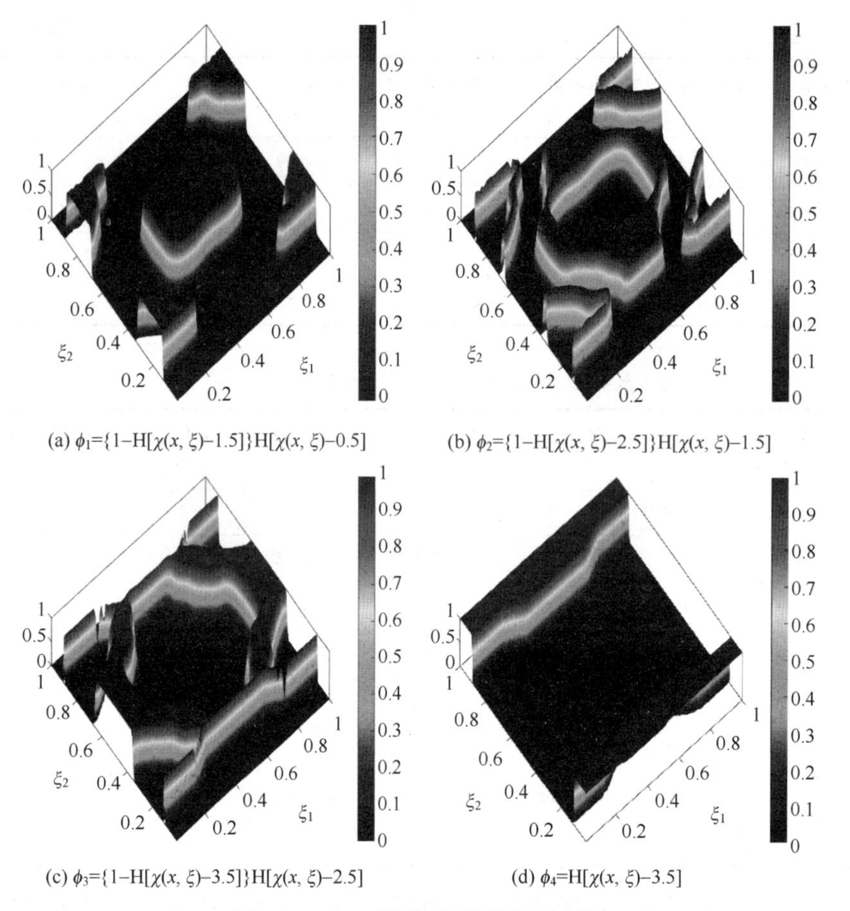

(a) $\phi_1=\{1-H[\chi(x,\xi)-1.5]\}H[\chi(x,\xi)-0.5]$　　(b) $\phi_2=\{1-H[\chi(x,\xi)-2.5]\}H[\chi(x,\xi)-1.5]$

(c) $\phi_3=\{1-H[\chi(x,\xi)-3.5]\}H[\chi(x,\xi)-2.5]$　　(d) $\phi_4=H[\chi(x,\xi)-3.5]$

图 3.5　$\beta=6$ 时不同材料的特征函数

图 3.5

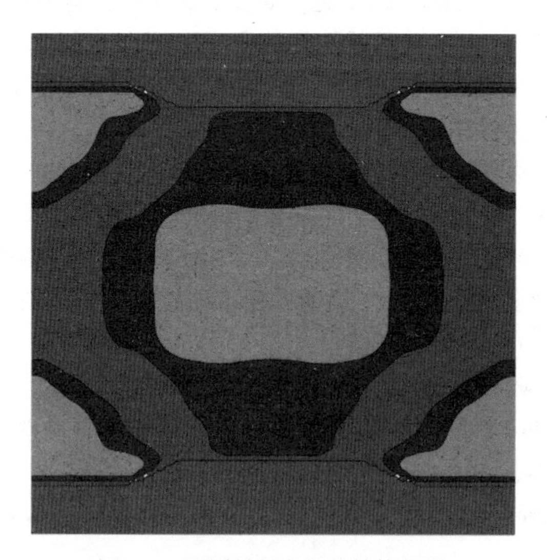

图 3.6　不同材料之间的结构界限

（4）图 3.7（d）中整个设计域包含四种不同的材料。$\Phi_1>0$ 表示绿色区域为材料 1，$\Phi_2>0$ 表示蓝色区域分配材料 2，$\Phi_3>0$ 表示紫色区域分配材料 3，$\Phi_4>0$ 表示红色区域分配材料4。

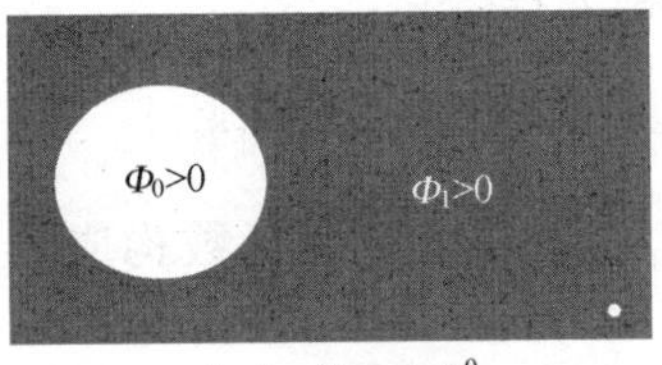

$\phi_1=1\leftarrow \text{if } \varphi_1=1:\boldsymbol{D}_1^0$

(a) 单材料(两相)

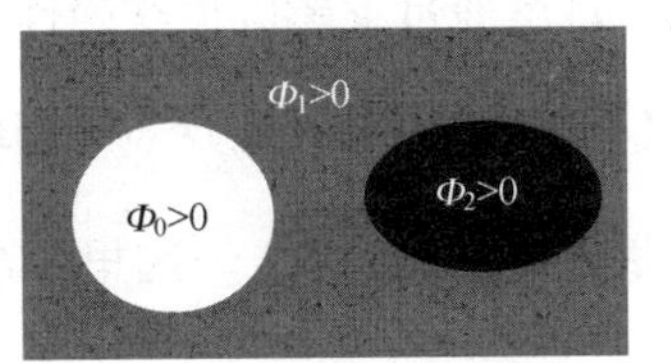

$$\begin{cases}\phi_1=1\leftarrow \text{if } \varphi_1=1,\ \varphi_2=0,\ \boldsymbol{D}_1^0\\ \phi_2=1\leftarrow \text{if } \varphi_1=0,\ \varphi_2=1,\ \boldsymbol{D}_2^0\end{cases}$$

(b) 双材料(三相)

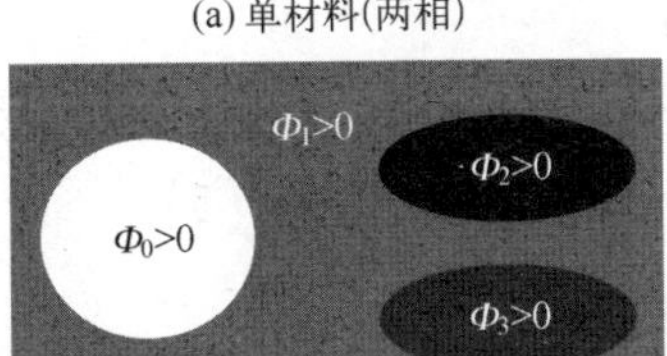

$$\begin{cases}\phi_1=1\leftarrow \text{if } \varphi_1=1,\ \varphi_2=0,\ \varphi_3=0:\boldsymbol{D}_1^0\\ \phi_2=1\leftarrow \text{if } \varphi_1=0,\ \varphi_2=1,\ \varphi_3=0:\boldsymbol{D}_2^0\\ \phi_3=1\leftarrow \text{if } \varphi_1=0,\ \varphi_2=0,\ \varphi_3=1:\boldsymbol{D}_3^0\end{cases}$$

(c) 三材料(四相)

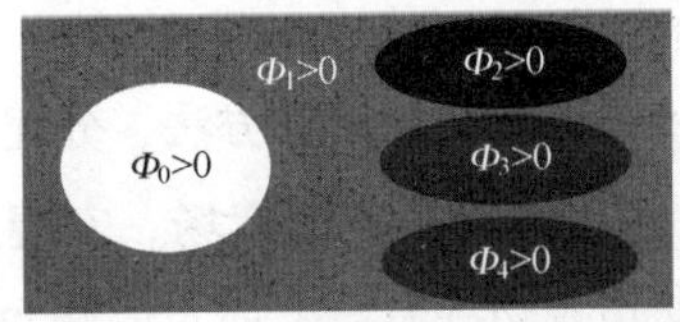

$$\begin{cases}\phi_1=1\leftarrow \text{if } \varphi_1=1,\ \varphi_2=0,\ \varphi_3=0,\ \varphi_4=0:\boldsymbol{D}_1^0\\ \phi_2=1\leftarrow \text{if } \varphi_1=0,\ \varphi_2=1,\ \varphi_3=0,\ \varphi_4=0:\boldsymbol{D}_2^0\\ \phi_3=1\leftarrow \text{if } \varphi_1=0,\ \varphi_2=0,\ \varphi_3=1,\ \varphi_4=0:\boldsymbol{D}_3^0\\ \phi_4=1\leftarrow \text{if } \varphi_1=0,\ \varphi_2=0,\ \varphi_3=0,\ \varphi_4=0:\boldsymbol{D}_4^0\end{cases}$$

(d) 四材料(五相)

图 3.7　不同材料插值模型示意图

结合各向异性 Smolyak 多项式方法与 NURBS 方法提出拓扑密度场的级数表征方法。具有不同偏移阈值的拓扑密度函数嵌入平滑的 Heaviside 函数中以构造插值函数。阶梯形式插值模型表示为不同罚函数与相应材料属性的组合。通过建立 Smolyak 系数与材料属性之间的映射关系，利用拓扑优化罚原理，阶梯式插值模型在不引入额外变量的情况下趋近离散物理量。将 Smolyak 系数作为优化变量，插值材料属性在不同材料之间是连续变化的。利用特征函数可方便施加与单个材料相关体积约束，并可定义水平集函数识别结构不同材料之间的边界。

3.1.2　复合材料均匀化理论

为了进行多尺度拓扑优化，应该计算微结构的等效弹性属性。下面采用能量均匀化方法分析复合材料的等效性能。设 ε 是表示反映宏观坐标 $\bar{\boldsymbol{\xi}}$ 和微观坐标 $\tilde{\boldsymbol{\xi}}$ 关系的小参数。位移表达式 $\boldsymbol{u}^{\epsilon}(\bar{\boldsymbol{\xi}},\tilde{\boldsymbol{\xi}})$ 表示为 ε 的级数以分离宏观和细观尺度：

$$\mu^{\varepsilon}(\bar{\xi},\tilde{\xi})=\mu_0(\bar{\xi},\tilde{\xi})+\varepsilon\mu_1(\bar{\xi},\tilde{\xi})+\varepsilon^2\mu_2(\bar{\xi},\tilde{\xi})+\cdots \tag{3.12}$$

式中：$\mu_0(\bar{\xi},\tilde{\xi})$ 表示宏观尺度平均位移；$\mu_i(\bar{\xi},\tilde{\xi})$ 的周期性 $\tilde{\boldsymbol{\xi}}$ 随指数 i 的增加而增加，表示细观尺度的摄动位移。

在式（3.12）中考虑 $\mu_0(\bar{\xi},\tilde{\xi})$ 和 $\mu_1(\bar{\xi},\tilde{\xi})$，由材料本构张量 $\boldsymbol{D}$ 计算均匀化弹性张量 $\boldsymbol{D}^{\mathrm{H}}$ 如下：

$$\boldsymbol{D}^{\mathrm{H}}=\frac{1}{|\Omega|}\int_{\Omega}\boldsymbol{D}(\varepsilon(\boldsymbol{u}_0)-\varepsilon(\boldsymbol{u}))(\varepsilon(\boldsymbol{u}_0)-\varepsilon(\boldsymbol{u}))\mathrm{d}\Omega \tag{3.13}$$

式中：Ω是单胞所占据的域；$\boldsymbol{u}$表示位移场；$\varepsilon(\boldsymbol{u}_0)$是应变向量，其分量是线性无关单位应变。未知应变场$\varepsilon(\boldsymbol{u})$可通过求解以下线弹性平衡方程得到：

$$\int_{\Omega} D\varepsilon(\boldsymbol{u})\varepsilon(\delta\boldsymbol{u})\mathrm{d}\Omega = \int_{\Omega} D\varepsilon(\boldsymbol{u}_0)\varepsilon(\delta\boldsymbol{u})\mathrm{d}\Omega, \quad \forall\,\delta\boldsymbol{u} \in H_{\mathrm{per}}(\Omega,\mathbb{R}^d) \tag{3.14}$$

式中：虚拟位移场$\delta\boldsymbol{u}$属于$H_{\mathrm{per}}(\Omega,\mathbb{R}^d)$。这里，$H_{\mathrm{per}}$表示平方可积函数构成的Sobolev空间。

给定应变$\varepsilon(\boldsymbol{u}_0)$，细观尺度位移场必须满足周期性边界条件：

$$\boldsymbol{u}_k^+ - \boldsymbol{u}_k^- = \varepsilon(\boldsymbol{u}_0)\Delta\boldsymbol{k} \tag{3.15}$$

式中：$\boldsymbol{u}_k^+$和$\boldsymbol{u}_k^-$分别表示沿法线方向k结构边界上正负点的位移，法线方向的材料细观结构尺度由$\Delta\boldsymbol{k}$确定。均匀化方法的详细描述和实施细节可参考文献［5］。

3.1.3 多尺度拓扑优化的嵌套形式插值模型

通过上述均匀化方法可得到宏观尺度上等效材料属性，下面将依赖于细观尺度材料属性的均匀化弹性张量嵌入阶梯形式插值模型以处理多尺度拓扑优化问题。

本章宏观拓扑优化问题考虑$\overline{\Theta}$细观结构。按照Smolyak级数展开方法，分配两组独立优化变量$\bar{\boldsymbol{x}}$和($\tilde{\boldsymbol{x}}^{\bar{1}}$，…，$\tilde{\boldsymbol{x}}^{\bar{\vartheta}}$，…，$\tilde{\boldsymbol{x}}^{\overline{\Theta}}$)分别描述宏观和细观拓扑密度场。宏观尺度上的所有物理量都用上画线标记，波浪号表示细观尺度相关物理量，上标mac和mic分别代表宏观和细观尺度。

基于式，宏观尺度拓扑密度场表示如下：

$$\bar{\chi}(\bar{\boldsymbol{x}},\bar{\boldsymbol{\xi}}) = \sum_{\bar{l}=0}^{\bar{L}} \cdots \sum_{\bar{n}=0}^{\bar{N}} \bar{R}_{\bar{l},\cdots,\bar{n}}^{\bar{p},\cdots,\bar{r}}(\bar{\boldsymbol{\xi}})\bar{\gamma}^{d,\bar{\mu}^{\max}}(\bar{\boldsymbol{x}},\bar{\boldsymbol{\xi}}^c) \tag{3.16}$$

式中：$\bar{\boldsymbol{\xi}}$表示宏观坐标。

不同胞元结构的细观尺度拓扑密度场具有相同的形式：

$$\tilde{\chi}_{\bar{\vartheta}}(\tilde{\boldsymbol{x}}^{\bar{\vartheta}},\tilde{\boldsymbol{\xi}}) = \sum_{\tilde{l}=0}^{\tilde{L}} \cdots \sum_{\tilde{n}=0}^{\tilde{N}} \tilde{R}_{\tilde{l},\cdots,\tilde{n}}^{\tilde{p},\cdots,\tilde{r}}(\tilde{\boldsymbol{\xi}})\tilde{\gamma}^{d,\tilde{\mu}^{\max}}(\tilde{\boldsymbol{x}}^{\bar{\vartheta}},\tilde{\boldsymbol{\xi}}^c) \tag{3.17}$$

式中：$\tilde{\boldsymbol{\xi}}$表示微观坐标。

在下文中，简洁起见，删除$\varphi_\vartheta[\chi(\boldsymbol{x},\boldsymbol{\xi})]$和$\phi_\vartheta[\chi(\boldsymbol{x},\boldsymbol{\xi})]$中的$\boldsymbol{x}$和$\boldsymbol{\xi}$。可以使用式（3.2）映射每个细观结构的弹性张量：

$$\tilde{\boldsymbol{D}}_{\bar{\vartheta}}(\tilde{\boldsymbol{x}}^{\bar{\vartheta}},\tilde{\xi}) = \{1 - \{\varphi_1^{\bar{\vartheta}}\}^{\tilde{\eta}}\}\tilde{\boldsymbol{D}}_0^b + \sum_{\tilde{\theta}=1}^{\tilde{\Theta}-1}\{1 - \{\varphi_{\tilde{\theta}+1}^{\bar{\vartheta}}\}^{\tilde{\eta}}\}\varphi_{\tilde{\theta}}^{\bar{\vartheta}}\tilde{\boldsymbol{D}}_{\tilde{\theta}}^b + \{\varphi_{\tilde{\Theta}}^{\bar{\vartheta}}\}^{\tilde{\eta}}\tilde{\boldsymbol{D}}_{\tilde{\Theta}}^b \tag{3.18}$$

式中：$\tilde{\boldsymbol{D}}_{\tilde{\theta}}^b$表示材料$\tilde{\theta}$的弹性张量；$\tilde{\boldsymbol{D}}_0^b$表示空材料的弹性张量；$\tilde{\Theta}$表示细观结构使用的材料数量。对应材料$\tilde{\theta}$并与单胞$\bar{\vartheta}$相关的细观尺度Heaviside函数标记为$\tilde{\varphi}_{\tilde{\theta}}^{\bar{\vartheta}}$。

根据式（3.13）和式（3.14），利用能量均匀化方法可以得到单胞$\bar{\vartheta}$的等效弹性张量$\tilde{\boldsymbol{D}}_{\bar{\vartheta}}^H$：

$$\tilde{\boldsymbol{D}}_{\bar{\vartheta}}^H = \frac{1}{|\tilde{\Omega}|}\int_{\tilde{\Omega}} \tilde{\boldsymbol{D}}_{\bar{\vartheta}}(\tilde{\boldsymbol{x}}^{\bar{\vartheta}};\tilde{\xi})(\varepsilon(\tilde{\boldsymbol{u}}_0) - \varepsilon(\tilde{\boldsymbol{u}})\varepsilon(\tilde{\boldsymbol{u}}_0) - \varepsilon(\tilde{\boldsymbol{u}}))\mathrm{d}\tilde{\Omega} \tag{3.19}$$

式中：$\tilde{\boldsymbol{D}}_{\bar{\vartheta}}(\tilde{\boldsymbol{x}}^{\bar{\vartheta}};\tilde{\xi})$是式（3.18）中的插值弹性张量。

运用阶梯多插值模型可得到每个细观结构插值材料属性，结合式（3.18）和式（3.19）可以得到宏观尺度弹性张量。根据式（3.2），考虑多个胞元的宏观尺度弹性张量可以表示为叠加形式：

$$\overline{\boldsymbol{D}}(x,\widetilde{\boldsymbol{x}}^{\bar{\vartheta}},\widetilde{\xi})=\{1-\{\overline{\varphi}_1\}^{\bar{\eta}}\}\widetilde{\boldsymbol{D}}_0^{\mathrm{H}}+\sum_{\bar{\vartheta}=1}^{\widetilde{\Theta}-1}\{1-\{\overline{\varphi}_{\tilde{\theta}+1}\}^{\bar{\eta}}\}\{\overline{\varphi}_{\bar{\vartheta}}\}^{\bar{\eta}}\widetilde{\boldsymbol{D}}_{\tilde{\theta}}^{b}+\{\overline{\varphi}_{\overline{\Theta}}\}^{\tilde{\eta}}\widetilde{D}_{\overline{\Theta}}^{\mathrm{H}} \tag{3.20}$$

式中：$\widetilde{\boldsymbol{D}}_0^{\mathrm{H}}$ 表示空材料的弹性张量；$\overline{\varphi}_{\bar{\vartheta}}$表示宏观尺度平滑 Heaviside 函数。

可将式（3.2）中定义的映射函数同时用于宏观和细观尺度物理量插值。细观尺度插值函数式（3.18）嵌入式（3.20）所示宏观尺度插值模型中，从而得到嵌套形式多尺度拓扑优化插值方案，最终建立各向异性 Smolyak 系数与有限元分析所需物理量的多尺度映射关系。式（3.20）中的最终本构张量 $\overline{\boldsymbol{D}}(x,\widetilde{\boldsymbol{x}}^{\bar{\vartheta}},\widetilde{\xi})$ 取决于宏观设计变量 $\bar{x}$、细观设计变量 $\widetilde{\boldsymbol{x}}_{\tilde{\vartheta}}$ 和 $\widetilde{\boldsymbol{D}}_{\bar{\vartheta}}^{b}$。作为特例，当 $\widetilde{\Theta}=1$ 和 $\overline{\Theta}=1$ 时，映射函数式（3.18）~式（3.20）退化为以下形式：

$$\begin{cases}\widetilde{\boldsymbol{D}}_1(\widetilde{\boldsymbol{x}}^1,\widetilde{\boldsymbol{\xi}})=\{1-\{\widetilde{\varphi}_1^1\}^{\tilde{\eta}}\}\widetilde{\boldsymbol{D}}_0^{b}+\{\widetilde{\varphi}_1^1\}^{\tilde{\eta}}\widetilde{\boldsymbol{D}}_1^{b}\\ \widetilde{\boldsymbol{D}}_1^{\mathrm{H}}=\dfrac{1}{|\widetilde{\Omega}|}\displaystyle\int_{\widetilde{\Omega}}\widetilde{\boldsymbol{D}}_1(\widetilde{\boldsymbol{x}}^1;\widetilde{\boldsymbol{\xi}})(\varepsilon(\widetilde{\boldsymbol{u}}_0)-\varepsilon(\widetilde{\boldsymbol{u}}))(\varepsilon(\widetilde{\boldsymbol{u}}_0)-\varepsilon(\widetilde{\boldsymbol{u}}))\mathrm{d}\widetilde{\Omega}\\ \overline{\boldsymbol{D}}(\bar{\boldsymbol{x}},\widetilde{\boldsymbol{x}}^1,\bar{\boldsymbol{\xi}})=\{1-\{\overline{\varphi}_1\}^{\bar{\eta}}\}\widetilde{\boldsymbol{D}}_0^{\mathrm{H}}+\{\overline{\varphi}_1\}^{\bar{\eta}}\widetilde{\boldsymbol{D}}_1^{\mathrm{H}}\end{cases} \tag{3.21}$$

利用上述插值模型可计算单个材料构成的单个胞元等效材料性能。在细观尺度上，在细观尺度位置 $\widetilde{\boldsymbol{\xi}}$ 是否存在材料由 $\widetilde{\varphi}_1^1$ 值控制。当 $\widetilde{\varphi}_1^1=1$ 时等价于 $\widetilde{\boldsymbol{D}}_1(\widetilde{\boldsymbol{x}}^1,\widetilde{\boldsymbol{\xi}})=\widetilde{\boldsymbol{D}}_1^{b}$，$\widetilde{\varphi}_1^1=0$ 的区域不填充材料。$\overline{\varphi}_1=1$ 表示 $\overline{\boldsymbol{D}}(\bar{\boldsymbol{x}},\widetilde{\boldsymbol{x}}^1,\bar{\boldsymbol{\xi}})=\widetilde{\boldsymbol{D}}_1^{\mathrm{H}}$，在空间区域 $\bar{\boldsymbol{\xi}}$ 处填充胞元。因此，文献［5］中使用的 SIMP 方法是本章方法的一个特例。

假设同时优化两个细观结构（$\overline{\Theta}=2$），并使用四种材料（$\widetilde{\Theta}=4$）优化细观结构。基于式（3.18），计算 $\widetilde{\boldsymbol{D}}_{\bar{\vartheta}}(\widetilde{\boldsymbol{x}}^{\bar{\vartheta}},\widetilde{\xi}^{e,i})$ 的插值公式为

$$\begin{aligned}\widetilde{\boldsymbol{D}}_{\bar{\vartheta}}(\widetilde{\boldsymbol{x}}^{\bar{\vartheta}},\widetilde{\xi}^{e,i})=&\{1-\{\widetilde{\varphi}_1^{\bar{\vartheta}}\}^{\tilde{\eta}}\}\widetilde{\boldsymbol{D}}_0^{b}+\{1-\{\widetilde{\varphi}_2^{\bar{\vartheta}}\}^{\tilde{\eta}}\}\{\widetilde{\varphi}_1^{\bar{\vartheta}}\}^{\tilde{\eta}}\widetilde{\boldsymbol{D}}_1^{b}+\{1-\{\widetilde{\varphi}_3^{\bar{\vartheta}}\}^{\tilde{\eta}}\}\{\widetilde{\varphi}_2^{\bar{\vartheta}}\}^{\tilde{\eta}}\widetilde{\boldsymbol{D}}_2^{b}\\&+\{1-\{\widetilde{\varphi}_4^{\bar{\vartheta}}\}^{\tilde{\eta}}\}\{\widetilde{\varphi}_3^{\bar{\vartheta}}\}^{\tilde{\eta}}\widetilde{\boldsymbol{D}}_3^{b}+\{\widetilde{\varphi}_4^{\bar{\vartheta}}\}^{\tilde{\eta}}\}\widetilde{\boldsymbol{D}}_4^{b}\end{aligned} \tag{3.22}$$

在宏观尺度上的弹性张量 $\widetilde{\boldsymbol{D}}_1^{\mathrm{H}}$ 和 $\widetilde{\boldsymbol{D}}_2^{\mathrm{H}}$ 可利用均匀化方法求解式（3.19）得到，进而可使用式（3.20）插值计算宏观尺度的弹性张量：

$$\overline{\boldsymbol{D}}(x,\widetilde{\boldsymbol{x}}^{\bar{\vartheta}},\widetilde{\xi})=\{1-\{\overline{\varphi}_1\}^{\bar{\eta}}\}\widetilde{\boldsymbol{D}}_0^{\mathrm{H}}+\{1-\{\overline{\varphi}_2\}^{\bar{\eta}}\}\{\overline{\varphi}_1\}^{\bar{\eta}}\widetilde{\boldsymbol{D}}_1^{\mathrm{H}}+\{\overline{\varphi}_2\}^{\bar{\eta}}\widetilde{\boldsymbol{D}}_2^{\mathrm{H}} \tag{3.23}$$

图 3.8 给出式（3.22）和式（3.23）所示阶梯插值模型的分析流程。结合表 3.1 和表 3.2，分析四种情况如下：

（1）当$\bar{\chi}(\bar{x},\bar{\xi}^{e,1})=0.5$ 或$\bar{\chi}(\bar{x},\bar{\xi}^{e,2})=0.7$ 时，仅保留式（3.23）中的前两项。单胞 1 占据空间域 $\bar{\xi}^{e,1}$或 $\bar{\xi}^{e,2}$。

（2）当$\bar{\chi}(\bar{x},\bar{\xi}^{e,3})=1$ 时，单胞 1 占据空间域 $\bar{\xi}^{e,3}$，等效弹性张量为 $\widetilde{\boldsymbol{D}}_1^{\mathrm{H}}$。

（3）当$\bar{\chi}(\bar{x},\bar{\xi}^{e,4})=1.5$ 或$\bar{\chi}(\bar{x},\bar{\xi}^{e,5})=1.6$ 时，式（3.23）第二和三项出现，第一项消失。在空间域 $\bar{\xi}^{e,4}$或 $\bar{\xi}^{e,5}$处的弹性张量为 $\widetilde{\boldsymbol{D}}_1^{\mathrm{H}}$ 和 $\widetilde{\boldsymbol{D}}_2^{\mathrm{H}}$ 的混合。

（4）当$\bar{\chi}(\bar{x},\bar{\xi}^{e,6})\geqslant 2$ 时，空间域 $\bar{\xi}^{e,6}$被单胞 2 填充，等效弹性张量为 $\widetilde{\boldsymbol{D}}_2^{\mathrm{H}}$。

最后，将式（3.23）中所有单元的插值材料属性映射到刚度矩阵中，用于结构有限元分析。

表 3.3 比较了所提出的插值模型与现有插值方案。提出的插值方案与其他现有方案

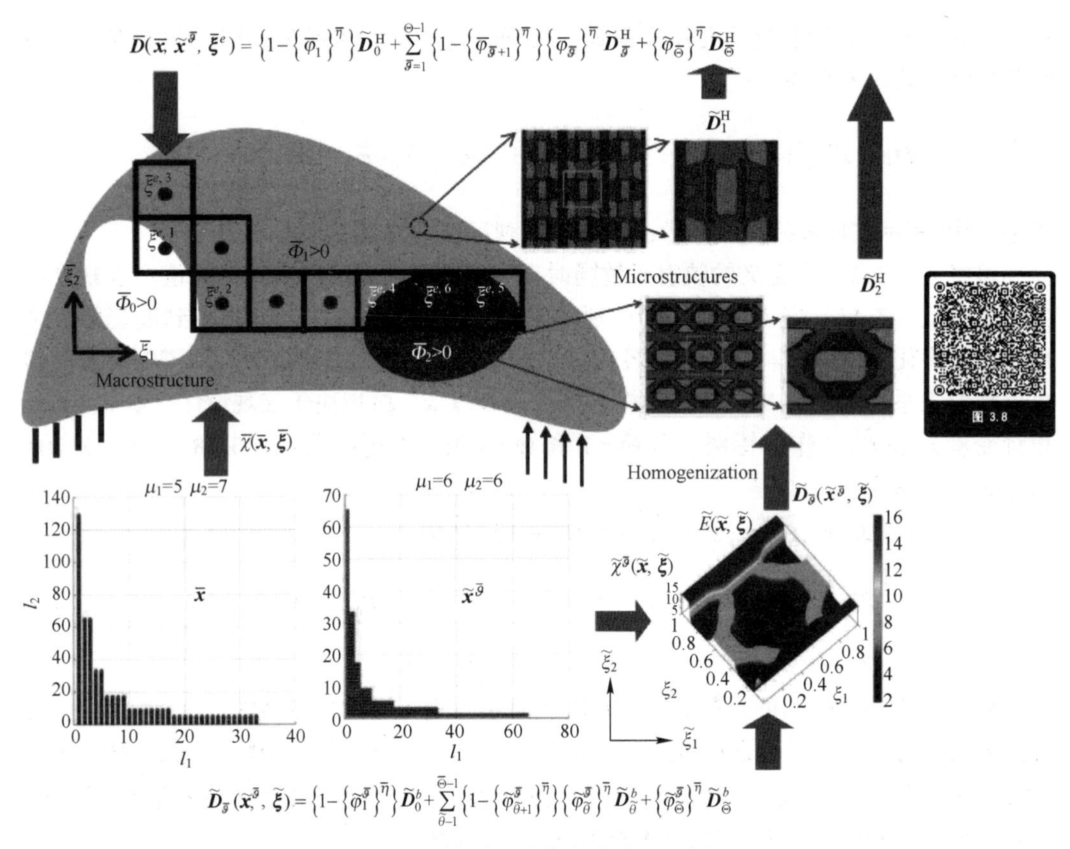

图 3.8　嵌套式结构/材料多尺度拓扑优化原理图

之间存在本质区别。现有多材料插值方案的本质是材料属性被表示为多个拓扑密度场或水平集函数的组合。在水平集方法中，材料是否存在取决于不同水平集函数组合结果。在变密度方法框架中，每种材料分配一种类型的设计变量，由所有类型的设计变量通过竞争实现材料的选择，设计变量数量与使用的材料数量相关。相反，所提出的插值方案设计变量的数量与材料类型的数量无关，可处理任意数量的材料。

表 3.3　不同多材料/多尺度插值模型的比较

模　型	公　式
离散材料优化（DMO）方法[9,11,18]	$\boldsymbol{D}=\sum_{j=1}^{m}(\rho_j^e)^p\prod_{j=1,j\neq k}^{m}(1-(\rho_j^e)^p)\boldsymbol{D}_j$
递归多相材料插值（RMMI）方法[19]	$\boldsymbol{D}=\chi(\rho^{(m)})\boldsymbol{D}_{(1,m)}$, $\begin{cases}\boldsymbol{D}_{(m,m)}=\boldsymbol{D}_{(m)}\\ \boldsymbol{D}_{(m-j,m)}=\chi(\rho^{(j)})\boldsymbol{D}_{(m-j+1,m)}\\ +[1-\chi(\rho^{(j)})]\boldsymbol{D}_{(m-j)}\quad(j=1,2,\cdots,m-1)\end{cases}$ $\boldsymbol{D}=(\rho^{(1)})^3[(\rho^{(2)})^3\boldsymbol{D}_1+(1-(\rho^{(2)})^3)\boldsymbol{D}_2]$ $=\begin{cases}\boldsymbol{D}_1, & \text{if } \rho^{(1)}=1,\rho^{(2)}=1\\ \boldsymbol{D}_2, & \text{if } \rho^{(1)}=1,\rho^{(2)}=0\\ 0, & \text{if } \rho^{(1)}=0\end{cases}$

续表

模　型	公　式
均匀多相材料插值（UMMI）法[20]	$\boldsymbol{D} = \sum_{k=1}^{m} \chi(\rho^{(k)}) \prod_{j=1, j\neq k}^{m} (1 - \chi(\rho^{(j)})) \boldsymbol{D}_k$ $\boldsymbol{D} = (\rho^{(1)})^3 (1-(\rho^{(2)})^3) \boldsymbol{D}_1 + (\rho^{(2)})^3 (1-(\rho^{(1)})^3) \boldsymbol{D}_2$ $= \begin{cases} \boldsymbol{D}_1, & \rho^{(1)}=1, \rho^{(2)}=0 \\ \boldsymbol{D}_2, & \rho^{(1)}=0, \rho^{(2)}=1 \\ 0, & \rho^{(1)}=\rho^{(1)}=0, \rho^{(1)}=\rho^{(2)}=1 \end{cases}$
多材料水平集法[21]	$\chi_1 = [1 - H(\phi_1(\boldsymbol{s}_M, \boldsymbol{x}^e))]$ $\chi_k = [1 - H(\phi_k(\boldsymbol{s}_M, \boldsymbol{x}^e))] \prod_{j=1}^{k-1} H(\phi_j(\boldsymbol{s}_M, \boldsymbol{x}^e)), \quad k = 2,3,\cdots N_m - 1$ $\chi_{N_m} = \prod_{j=1}^{N_m - 1} H(\phi_j(\boldsymbol{s}_M, \boldsymbol{x}^e))$ $\widetilde{\boldsymbol{g}}_M^e(\boldsymbol{s}_m, \boldsymbol{s}_M, \boldsymbol{x}^e) = \sum_{i=k}^{N_m} \chi_k(\boldsymbol{s}_M, \boldsymbol{x}^e) g_k^{\mathrm{H}}(\boldsymbol{s}_{m_k})$ $g_k^e(\boldsymbol{s}_{m_k}, \boldsymbol{y}_k^e) = g_{BM} + (g_{HCM} - \boldsymbol{g}_{BM})(\rho_{m_k}(\boldsymbol{s}_{m_k}, \boldsymbol{y}_k^e))^p$ $\boldsymbol{g}_M^e(\boldsymbol{s}_{M_0}, \boldsymbol{s}_m, \boldsymbol{s}_M, \boldsymbol{x}^e) = g_{BM} + (\widetilde{\boldsymbol{g}}_M^e(\boldsymbol{s}_m, \boldsymbol{s}_M, \boldsymbol{x}^e) - \boldsymbol{g}_{BM})\chi_0(\boldsymbol{s}_{M_0}, \boldsymbol{x}^e)$
有序多材料 SIMP 插值法[22]	$\boldsymbol{D}^{Ma}(\rho_e) = F(\rho_e)\boldsymbol{D}_e^0, F(\rho_e) = A_E \rho_e^p + B_E$ $A_E = \left(\dfrac{E_i - E_{i+1}}{\rho_i^p - \rho_{i+1}^p}\right), B_E = E_i - A_E \rho_i^p, \rho_e \in [\rho_i, \rho_{i+1}]$
彩色水平集法[23]	$\chi_1(\Phi_l) = H(\Phi_1)H(\Phi_2)$ $\chi_2(\Phi_l) = H(\Phi_1)[1-H(\Phi_2)]$ $\chi_3(\Phi_l) = [1-H(\Phi_1)]$ $\chi_1(\Phi_l) = H(\Phi_1)H(\Phi_2)$ $\chi_2(\Phi_l) = H(\Phi_1)[1-H(\Phi_2)]$ $\chi_3(\Phi_l) = [1-H(\Phi_1)]H(\Phi_2)$ $\chi_4(\Phi_l) = [1-H(\Phi_1)][1-H(\Phi_2)]$ $\rho^{\mathrm{H}}(\Phi_l^{MI}) = \dfrac{1}{\lvert \boldsymbol{D}^{MI} \rvert} \sum_{r=1}^{3} \int_{D^{MI}} \rho_r \chi_r(\Phi_l^{MI}) \mathrm{d}V$
自由材料分配法[13]	$\bar{\rho}_\kappa = \dfrac{1}{N_\kappa} \sum_{i=1}^{N_\kappa} \rho_\kappa^i (\rho_\kappa^{\min} \leqslant \rho_\kappa^i \leqslant \rho_\kappa^{\max}; \kappa = 1,2,\cdots,\Theta)$
特征驱动法[24]	$(\boldsymbol{D}^{\mathrm{H}})^{(k)} = (w_1^k)^p \boldsymbol{D}_1^{\mathrm{H}} + (w_2^k)^p \boldsymbol{D}_2^{\mathrm{H}} + \cdots + (w_N^k)^p \boldsymbol{D}_N^{\mathrm{H}}$
本章阶梯形插值模型	$\overline{\boldsymbol{D}}(x, \widetilde{\boldsymbol{x}}^{\bar{\vartheta}}, \widetilde{\xi}^e) = \{1 - \{\overline{\varphi}_1\}^{\bar{\eta}}\} \widetilde{\boldsymbol{D}}_0^{\mathrm{H}} + \sum_{\bar{\vartheta}=1}^{\bar{\Theta}-1} \{1 - \{\overline{\varphi}_{\bar{\vartheta}+1}\}^{\bar{\eta}}\} \{\overline{\varphi}_{\bar{\vartheta}}\}^{\bar{\eta}} \widetilde{\boldsymbol{D}}_{\bar{\vartheta}}^{\mathrm{H}} + \{\overline{\varphi}_{\bar{\Theta}}\}^{\bar{\eta}} \widetilde{\boldsymbol{D}}_{\bar{\Theta}}^{\mathrm{H}}$ $\widetilde{\boldsymbol{D}}_{\bar{\vartheta}}(\widetilde{\boldsymbol{x}}_{\bar{\vartheta}}, \widetilde{\xi}) = \{1 - \{\varphi_1^{\bar{\vartheta}}\}^{\tilde{\eta}}\} \widetilde{\boldsymbol{D}}_0^b + \sum_{\tilde{\theta}=1}^{\tilde{\Theta}-1} \{1 - \{\varphi_{\tilde{\theta}+1}^{\bar{\vartheta}}\}^{\tilde{\eta}}\} \varphi_{\tilde{\theta}}^{\bar{\vartheta}} \widetilde{\boldsymbol{D}}_{\tilde{\theta}}^b + \{\varphi_{\tilde{\Theta}}^{\bar{\vartheta}}\}^{\tilde{\eta}} \widetilde{\boldsymbol{D}}_{\tilde{\Theta}}^b$

在宏观尺度拓扑设计中考虑细观尺度材料属性，采用均匀化方法预测复合材料结构宏观尺度等效力学性能，进一步将均匀化等效材料属性嵌入宏观尺度阶梯形式插值方案可得到嵌套形式多尺度插值模型，从而可通过细观尺度材料属性确定的均匀化弹性张量插值得到宏观尺度的弹性张量。

3.2 多尺度拓扑优化问题描述[14]

基于上述方法，可以同时设计宏观结构和细观结构。本节给出多尺度拓扑优化问题的数学描述，推导目标函数和约束函数的灵敏度。

3.2.1 并发多尺度拓扑优化问题描述

考虑未知优化变量为 $\bar{x}_i,\widetilde{\boldsymbol{x}}_j^{\bar{\vartheta}}$，具有多个体积约束的并发多尺度拓扑优化问题可以表述为

$$
\begin{cases}
\text{find: } \bar{x}_i,\widetilde{x}_j^{\bar{\vartheta}}\ (i=1,2,\cdots,\overline{N}^{\mathrm{mac}},\bar{\vartheta}=1,2,\cdots,\overline{\Theta},j=1,2,\cdots,\widetilde{N}^{\mathrm{mic}}) \\
\text{min: } J(\bar{\boldsymbol{u}},\bar{\boldsymbol{\phi}},\widetilde{\boldsymbol{\phi}}^{\bar{\vartheta}}) = \dfrac{1}{2}\displaystyle\int_{\bar{\Omega}}\overline{\boldsymbol{D}}(\bar{\boldsymbol{\phi}}(\bar{x}_i),\widetilde{\boldsymbol{\phi}}^{\bar{\vartheta}}(\widetilde{x}_j^{\bar{\vartheta}}))\boldsymbol{\varepsilon}(\bar{\boldsymbol{u}})\boldsymbol{\varepsilon}(\bar{\boldsymbol{u}})\mathrm{d}\bar{\Omega} \\
\text{s. t. :}\begin{cases}
a(\bar{\boldsymbol{u}},\delta\bar{\boldsymbol{u}},\overline{\boldsymbol{D}}) = l(\delta\bar{\boldsymbol{u}}), & \bar{\boldsymbol{u}}|_{\bar{\Gamma}_D}=\boldsymbol{g},\ \forall\,\delta\bar{\boldsymbol{u}}\in H_{\mathrm{per}}(\bar{\Omega},\mathbb{R}^d) \\
a(\widetilde{\boldsymbol{u}},\delta\widetilde{\boldsymbol{u}},\widetilde{\boldsymbol{D}}^{\bar{\vartheta}}) = l(\delta\widetilde{\boldsymbol{u}}), & \forall\,\delta\widetilde{\boldsymbol{u}}\in H_{\mathrm{per}}(\widetilde{\Omega},\mathbb{R}^d) \\
\overline{G}_{\bar{\vartheta}} = \dfrac{1}{|\bar{\Omega}|}\displaystyle\int_{\bar{\Omega}}\bar{\Phi}_{\bar{\vartheta}}(\bar{x}_i)\bar{v}_0^{\mathrm{mac}}\mathrm{d}\bar{\Omega} - V_{\bar{\vartheta}}^{\mathrm{mac}} \leqslant 0 & (\bar{\vartheta}=1,2,\cdots,\overline{\Theta}) \\
\bar{\boldsymbol{\varphi}} = \{\bar{\varphi}_{\bar{\vartheta}}\},\ \bar{\boldsymbol{\phi}} = \{\bar{\varphi}_{\bar{\vartheta}}\} & (\bar{\vartheta}=1,2,\cdots,\overline{\Theta}) \\
\widetilde{G}_{\tilde{\theta}}^{\bar{\vartheta}} = \dfrac{1}{|\widetilde{\Omega}|}\displaystyle\int_{\bar{\Omega}}\widetilde{\phi}_{\tilde{\theta}}^{\bar{\vartheta}}(\widetilde{x}_j^{\bar{\vartheta}})\widetilde{v}_0^{\mathrm{mic}}\mathrm{d}\widetilde{\Omega} - V_{\tilde{\theta}}^{\mathrm{mic},\bar{\vartheta}} \leqslant 0 & (\widetilde{\vartheta}=1,2,\cdots,\widetilde{\Theta},\bar{\vartheta}=1,2,\cdots,\overline{\Theta}) \\
\widetilde{\boldsymbol{\varphi}}^{\bar{\vartheta}} = \{\widetilde{\varphi}_{\tilde{\theta}}^{\bar{\vartheta}}\},\ \widetilde{\boldsymbol{\phi}}^{\bar{\vartheta}} = \{\widetilde{\phi}_{\tilde{\theta}}^{\bar{\vartheta}}\} & (\widetilde{\theta}=1,2,\cdots,\widetilde{\Theta},\bar{\vartheta}=1,2,\cdots,\overline{\Theta})
\end{cases}
\end{cases}
\tag{3.24}
$$

式中：$\bar{\vartheta}$表示宏观结构索引号，细观胞元从 1 到 $\overline{\Theta}$ 编号。拓扑优化变量可以分为两类：宏观尺度变量 $\bar{x}_i$ 和细观尺度变量 $\widetilde{\boldsymbol{x}}_j^{\bar{\vartheta}}$。$\overline{N}^{\mathrm{mac}}$和 $\widetilde{N}^{\mathrm{mic}}$分别表示宏观结构和细观结构设计变量的数量。以应变能为目标函数 $J(\bar{\boldsymbol{u}},\bar{\boldsymbol{\phi}},\widetilde{\boldsymbol{\phi}}^{\bar{\vartheta}})$。对于这两种尺度，位移和虚位移分别用 $\boldsymbol{u}$ 和 $\delta\boldsymbol{u}$ 表示。$\boldsymbol{\varepsilon}(\boldsymbol{u})$表示线性应变张量。

在宏观尺度上，边界包括位移约束 g 的 Dirichlet 部分 $\bar{\Gamma}_D$ 和力约束 h 的 Neumann 部分 $\bar{\Gamma}_N$。f 代表体力。能量双线性形式 $a(\bar{\boldsymbol{u}},\delta\bar{\boldsymbol{u}},\overline{\boldsymbol{D}}) = \int_{\Omega}\overline{\boldsymbol{D}}(\bar{\phi}(\bar{x}_i),\bar{\Phi}(\widetilde{\boldsymbol{x}}_j^{\bar{\vartheta}}))\boldsymbol{\varepsilon}(\boldsymbol{u})\boldsymbol{\varepsilon}(\delta\boldsymbol{u})\mathrm{d}\bar{\Omega}$和载荷线性形式 $l(\delta\bar{\boldsymbol{u}}) = \int_{\bar{\Omega}}\boldsymbol{f}\delta\bar{\boldsymbol{u}}\mathrm{d}\bar{\Omega} + \int_{\bar{\Gamma}_N}\boldsymbol{h}\delta\bar{\boldsymbol{u}}\mathrm{d}\bar{\Gamma}_N$ 分别表示内力和外力所作虚功。

在细观尺度上，能量双线性形式和线性载荷项分别为 $a(\widetilde{\boldsymbol{u}},\delta\widetilde{\boldsymbol{u}},\widetilde{\boldsymbol{D}}_{\bar{\vartheta}}) = \int_{\widetilde{\Omega}}\widetilde{\boldsymbol{D}}_{\bar{\vartheta}}\boldsymbol{\varepsilon}(\widetilde{\boldsymbol{u}})\boldsymbol{\varepsilon}(\delta\widetilde{\boldsymbol{u}})\mathrm{d}\widetilde{\Omega}$和 $l(\delta\widetilde{\boldsymbol{u}}) = \int_{\widetilde{\Omega}}\widetilde{\boldsymbol{D}}_{\bar{\vartheta}}\boldsymbol{\varepsilon}(\widetilde{\boldsymbol{u}}_0)\boldsymbol{\varepsilon}(\delta\widetilde{\boldsymbol{u}})\mathrm{d}\widetilde{\Omega}$。$|\widetilde{\Omega}|$和$|\bar{\Omega}|$分别表示每个胞元结构和宏观结构的面积或体积。不等式体积约束 $\overline{G}_{\bar{\vartheta}}$表示宏观尺度上单胞$\bar{\vartheta}$所占体积小于或等于最大允许体积 $V_{\bar{\vartheta}}^{\mathrm{mac}}$。对于第$\bar{\vartheta}$个细观结构，$\widetilde{G}_{\tilde{\theta}}^{\bar{\vartheta}}$是与材料 $\widetilde{\theta}$ 相关的体积约束，$V_{\tilde{\theta}}^{\mathrm{mic},\bar{\vartheta}}$是其体积上限。

并发拓扑优化方法涉及两种不同类型的设计变量，可以同时优化宏观结构和细观结构。体积约束同时施加在所有尺度上，可考虑使用任意数量的胞元结构或材料。

3.2.2　目标函数灵敏度分析

为求解上述优化问题，需要推导灵敏度以便利用梯度优化方法更新设计变量。下面分析式（3.24）多尺度拓扑优化问题的灵敏度。

1. 宏观尺度灵敏度分析

目标函数对设计变量 $\bar{x}_i$ 灵敏度分析的关键是推导$\frac{\partial J}{\partial \bar{\varphi}_{\bar{\vartheta}}}$。目标函数对物理密度场 $\bar{\varphi}_{\bar{\vartheta}}$ 的导数为：

$$\frac{\partial J}{\partial \bar{\varphi}_{\bar{\vartheta}}}=\int_{\bar{\Omega}}\bar{\boldsymbol{D}}\boldsymbol{\varepsilon}(\dot{\bar{\boldsymbol{u}}})\boldsymbol{\varepsilon}(\bar{\boldsymbol{u}})\mathrm{d}\bar{\Omega}+\frac{1}{2}\int_{\bar{\Omega}}\frac{\partial \bar{\boldsymbol{D}}}{\partial \bar{\varphi}_{\bar{\vartheta}}}\boldsymbol{\varepsilon}(\bar{\boldsymbol{u}})\boldsymbol{\varepsilon}(\bar{\boldsymbol{u}})\mathrm{d}\bar{\Omega}\quad(\bar{\vartheta}=1,2,\cdots,\bar{\Theta}) \tag{3.25}$$

式中：$\dot{\bar{\boldsymbol{u}}}$是 $\bar{\boldsymbol{u}}$ 关于 $\bar{\varphi}_{\bar{\vartheta}}$的导数。

式（3.25）右边第一项可重写为

$$\int_{\bar{\Omega}}\bar{\boldsymbol{D}}\boldsymbol{\varepsilon}(\dot{\bar{\boldsymbol{u}}})\boldsymbol{\varepsilon}(\bar{\boldsymbol{u}})\mathrm{d}\bar{\Omega}=-\int_{\bar{\Omega}}\frac{\partial \bar{\boldsymbol{D}}}{\partial \bar{\varphi}_{\bar{\vartheta}}}\boldsymbol{\varepsilon}(\bar{\boldsymbol{u}})\boldsymbol{\varepsilon}(\bar{\boldsymbol{u}})\mathrm{d}\bar{\Omega} \tag{3.26}$$

将式（3.26）代入式（3.25），得

$$\frac{\partial J}{\partial \bar{\varphi}_{\bar{\vartheta}}}=-\frac{1}{2}\int_{\bar{\Omega}}\frac{\partial \bar{\boldsymbol{D}}}{\partial \bar{\varphi}_{\bar{\vartheta}}}\boldsymbol{\varepsilon}(\bar{\boldsymbol{u}})\boldsymbol{\varepsilon}(\bar{\boldsymbol{u}})\mathrm{d}\bar{\Omega}\quad(\bar{\vartheta}=1,2,\cdots,\bar{\Theta}) \tag{3.27}$$

基于式（3.20）可推导均匀化弹性张量相对于 $\bar{\varphi}_{\bar{\vartheta}}$的灵敏度：

$$\frac{\partial \bar{\boldsymbol{D}}}{\partial \bar{\varphi}_{\bar{\vartheta}}}=\begin{cases}\{[1-(\bar{\varphi}_2)^{\bar{\eta}}]\widetilde{\boldsymbol{D}}_1^{\mathrm{H}}-\widetilde{\boldsymbol{D}}_0^{\mathrm{H}}\}\bar{\eta}(\bar{\varphi}_1)^{\bar{\eta}-1} & (\bar{\vartheta}=1)\\ \{[1-(\bar{\varphi}_{\bar{\vartheta}+1})^{\bar{\eta}}]\widetilde{\boldsymbol{D}}_{\bar{\vartheta}}^{\mathrm{H}}-[(\bar{\varphi}_{\bar{\vartheta}-1})^{\bar{\eta}}]\widetilde{\boldsymbol{D}}_{\bar{\vartheta}-1}^{\mathrm{H}}\}\bar{\eta}(\bar{\varphi}_{\bar{\vartheta}})^{\bar{\eta}-1} & (2\leqslant\bar{\vartheta}\leqslant\bar{\Theta}-1)\\ \{\widetilde{\boldsymbol{D}}_{\bar{\Theta}}^{\mathrm{H}}-[(\bar{\varphi}_{\bar{\Theta}-1})^{\bar{\eta}}]\widetilde{\boldsymbol{D}}_{\bar{\Theta}-1}^{\mathrm{H}}\}\bar{\eta}(\bar{\varphi}_{\bar{\Theta}})^{\bar{\eta}-1} & (\bar{\vartheta}=\bar{\Theta})\end{cases} \tag{3.28}$$

利用链式法则可计算 $\bar{\varphi}_{\bar{\vartheta}}$相对 $\bar{\mathcal{X}}$ 的梯度：

$$\frac{\partial \bar{\varphi}_{\bar{\vartheta}}}{\partial \bar{\mathcal{X}}}=\frac{\partial \bar{\varphi}_{\bar{\vartheta}}}{\partial \bar{\mathcal{X}}}\frac{\partial \bar{\mathcal{X}}}{\partial \bar{x}_i}\quad(\bar{\vartheta}=1,2,\cdots,\bar{\Theta}) \tag{3.29}$$

通过对式（3.4）和式（3.5）求导，得

$$\frac{\partial \bar{\varphi}_{\bar{\vartheta}}}{\partial \bar{\mathcal{X}}}=\frac{\bar{\beta}\{1-\tanh^2(\bar{\beta}(\bar{\mathcal{X}}-\bar{\gamma}(\bar{\vartheta})))\}}{2}=\frac{\bar{\beta}\,\mathrm{sech}^2(\bar{\beta}(\bar{\mathcal{X}}-\bar{\gamma}(\bar{\vartheta})))}{2} \tag{3.30}$$

根据式（3.16），$\bar{\mathcal{X}}$ 关于 $\bar{x}_i$ 的导数可写为

$$\begin{aligned}\frac{\partial \bar{\mathcal{X}}}{\partial \bar{x}_i}&=\sum_{\bar{l}=0}^{\bar{L}}\cdots\sum_{\bar{n}=0}^{\bar{N}}R_{\bar{l},\cdots,\bar{n}}^{\bar{p},\cdots,\bar{r}}(\bar{\boldsymbol{\xi}})\bar{\boldsymbol{\Psi}}_{\bar{\ell}_1,\bar{\ell}_2,\cdots,\bar{\ell}_d}(\bar{\xi}^c)\\&=\sum_{\bar{l}=0}^{\bar{L}}\cdots\sum_{\bar{n}=0}^{\bar{N}}\bar{R}_{\bar{l},\cdots,\bar{n}}^{\bar{p},\cdots,\bar{r}}(\bar{\xi})\bar{\boldsymbol{\Psi}}_{\bar{\ell}_1,\bar{\ell}_2,\cdots,\bar{\ell}_d}(\bar{\boldsymbol{\xi}}^c),\quad i\Leftrightarrow(\bar{\ell}_1,\bar{\ell}_2,\cdots,\bar{\ell}_d)\end{aligned} \tag{3.31}$$

式中：$\bar{\boldsymbol{\Psi}}_{\bar{\ell}_1,\bar{\ell}_2,\cdots,\bar{\ell}_d}(\bar{\xi}^c)$是在控制点处的函数值。由 i 表示 $(\bar{\ell}_1,\bar{\ell}_2,\cdots,\bar{\ell}_d)$多索引。

考虑式（3.28）、式（3.30）和式（3.31），目标函数对设计变量的导数为

$$\frac{\partial J}{\partial \bar{x}_i}=\frac{\partial J}{\partial \bar{\boldsymbol{\varphi}}}\frac{\partial \bar{\boldsymbol{\varphi}}}{\partial \bar{\mathcal{X}}}\frac{\partial \bar{\mathcal{X}}}{\partial \bar{x}_i}=\sum_{\bar{\vartheta}=1}^{\bar{\Theta}}\frac{\partial J}{\partial \bar{\varphi}_{\bar{\vartheta}}}\frac{\partial \bar{\varphi}_{\bar{\vartheta}}}{\partial \bar{\mathcal{X}}}\frac{\partial \bar{\mathcal{X}}}{\partial \bar{x}_i}$$

$$
= \sum_{\bar{\vartheta}=1}^{\bar{\Theta}} \begin{cases} -\dfrac{1}{4}\displaystyle\int_{\bar{\Omega}} \left\{ \begin{array}{l} \{[1-(\bar{\varphi}_2)^{\bar{\eta}}]\widetilde{\boldsymbol{D}}_1^{\mathrm{H}} - \widetilde{\boldsymbol{D}}_0^{\mathrm{H}}\}\bar{\eta}(\bar{\varphi}_1)^{\bar{\eta}-1}\bar{\beta}\mathrm{sech}^2(\bar{\beta}(\bar{\chi}-\bar{\gamma}(1)))\cdots \\ \{\sum\limits_{\bar{l}=0}^{\bar{L}}\cdots\sum\limits_{\bar{n}=0}^{\bar{N}} \bar{R}_{\bar{l},\cdots,\bar{n}}^{\bar{p},\cdots,\bar{r}}(\bar{\boldsymbol{\xi}})\bar{\Psi}_{\bar{\ell}_1,\bar{\ell}_2,\cdots,\bar{\ell}_d}(\bar{\boldsymbol{\xi}}^c)\}\,\boldsymbol{\varepsilon}(\bar{\boldsymbol{u}})\boldsymbol{\varepsilon}(\bar{\boldsymbol{u}}) \end{array} \right\} \mathrm{d}\bar{\Omega} \\ \quad (\bar{\vartheta}=1) \\ -\dfrac{1}{4}\displaystyle\int_{\bar{\Omega}} \left\{ \begin{array}{l} \{[1-(\bar{\varphi}_{\bar{\vartheta}+1})^{\bar{\eta}}]\widetilde{\boldsymbol{D}}_{\bar{\vartheta}}^{\mathrm{H}} - [(\bar{\varphi}_{\bar{\vartheta}-1})^{\bar{\eta}}]\widetilde{\boldsymbol{D}}_{\bar{\vartheta}-1}^{\mathrm{H}}\}\bar{\eta}(\bar{\varphi}_{\bar{\vartheta}})^{\bar{\eta}-1} \\ \cdots\bar{\beta}\mathrm{sech}^2(\bar{\beta}(\bar{\chi}-\bar{\gamma}(\bar{\vartheta}))) \\ \cdots\{\sum\limits_{\bar{l}=0}^{\bar{L}}\cdots\sum\limits_{\bar{n}=0}^{\bar{N}} \bar{R}_{\bar{l},\cdots,\bar{n}}^{\bar{p},\cdots,\bar{r}}(\bar{\boldsymbol{\xi}})\bar{\Psi}_{\bar{\ell}_1,\bar{\ell}_2,\cdots,\bar{\ell}_d}(\bar{\boldsymbol{\xi}}^c)\}\,\boldsymbol{\varepsilon}(\bar{\boldsymbol{u}})\boldsymbol{\varepsilon}(\bar{\boldsymbol{u}}) \end{array} \right\} \mathrm{d}\bar{\Omega} \\ \quad (2\leqslant\bar{\vartheta}\leqslant\bar{\Theta}-1) \\ -\dfrac{1}{4}\displaystyle\int_{\bar{\Omega}} \left\{ \begin{array}{l} \{\widetilde{\boldsymbol{D}}_{\bar{\Theta}}^{\mathrm{H}} - [(\bar{\varphi}_{\bar{\Theta}-1})^{\bar{\eta}}]\widetilde{\boldsymbol{D}}_{\bar{\Theta}-1}^{\mathrm{H}}\}\bar{\eta}(\bar{\varphi}_{\bar{\Theta}})^{\bar{\eta}-1}\bar{\beta}\mathrm{sech}^2(\bar{\beta}(\bar{\chi}-\bar{\gamma}(\bar{\vartheta})))\cdots \\ \{\sum\limits_{\bar{l}=0}^{\bar{L}}\cdots\sum\limits_{\bar{n}=0}^{\bar{N}} \bar{R}_{\bar{l},\cdots,\bar{n}}^{\bar{p},\cdots,\bar{r}}(\bar{\boldsymbol{\xi}})\bar{\Psi}_{\bar{\ell}_1,\bar{\ell}_2,\cdots,\bar{\ell}_d}(\bar{\boldsymbol{\xi}}^c)\}\,\boldsymbol{\varepsilon}(\bar{\boldsymbol{u}})\boldsymbol{\varepsilon}(\bar{\boldsymbol{u}}) \end{array} \right\} \mathrm{d}\bar{\Omega} \\ \quad (\bar{\vartheta}=\bar{\Theta}) \end{cases} \tag{3.32}
$$

2. 细观尺度的灵敏度分析

类似地，目标函数对细观尺度设计变量 $\widetilde{\varphi}_{\tilde{\theta}}^{\bar{\vartheta}}$ 的灵敏度计算如下：

$$
\frac{\partial J}{\partial \widetilde{\varphi}_{\tilde{\theta}}^{\bar{\vartheta}}} = -\frac{1}{2}\int_{\bar{\Omega}} \frac{\partial \bar{\boldsymbol{D}}}{\partial \widetilde{\varphi}_{\tilde{\theta}}^{\bar{\vartheta}}}\boldsymbol{\varepsilon}(\bar{\boldsymbol{u}})\boldsymbol{\varepsilon}(\bar{\boldsymbol{u}})\mathrm{d}\bar{\Omega} \quad (\bar{\vartheta}=1,2,\cdots,\bar{\Theta}) \tag{3.33}
$$

由式（3.20）可计算偏导数

$$
\frac{\partial \bar{\boldsymbol{D}}}{\partial \widetilde{\varphi}_{\tilde{\theta}}^{\bar{\vartheta}}} = \begin{cases} \{[1-(\bar{\varphi}_{\bar{\vartheta}+1})^{\bar{\eta}}](\bar{\varphi}_{\bar{\vartheta}})^{\bar{\eta}}\}\dfrac{\partial \widetilde{\boldsymbol{D}}_{\bar{\vartheta}}^{\mathrm{H}}}{\partial \widetilde{\varphi}_{\tilde{\theta}}^{\bar{\vartheta}}} & (\bar{\vartheta}=1,2,\cdots,\bar{\Theta}-1) \\ (\bar{\varphi}_{\bar{\vartheta}})^{\bar{\eta}}\dfrac{\partial \widetilde{\boldsymbol{D}}_{\bar{\vartheta}}^{\mathrm{H}}}{\partial \widetilde{\varphi}_{\tilde{\theta}}^{\bar{\vartheta}}} & (\bar{\vartheta}=\bar{\Theta}) \end{cases} \tag{3.34}
$$

可通过对式（3.19）取微分，计算式（3.34）中的$\dfrac{\partial \widetilde{\boldsymbol{D}}_{\bar{\vartheta}}^{\mathrm{H}}}{\partial \widetilde{\varphi}_{\tilde{\theta}}^{\bar{\vartheta}}}$：

$$
\frac{\partial \widetilde{\boldsymbol{D}}_{\bar{\vartheta}}^{\mathrm{H}}}{\partial \widetilde{\varphi}_{\tilde{\theta}}^{\bar{\vartheta}}} = \frac{1}{|\widetilde{\Omega}|}\int_{\widetilde{\Omega}} \frac{\partial \widetilde{\boldsymbol{D}}_{\bar{\vartheta}}(\widetilde{\boldsymbol{x}}_{\bar{\vartheta}};\widetilde{\boldsymbol{\xi}})}{\partial \widetilde{\varphi}_{\tilde{\theta}}^{\bar{\vartheta}}}(\boldsymbol{\varepsilon}(\widetilde{\boldsymbol{u}}_0)-\boldsymbol{\varepsilon}(\widetilde{\boldsymbol{u}}))(\boldsymbol{\varepsilon}(\widetilde{\boldsymbol{u}}_0)-\boldsymbol{\varepsilon}(\widetilde{\boldsymbol{u}}))\mathrm{d}\widetilde{\Omega} \tag{3.35}
$$

利用式（3.18），可计算$\dfrac{\partial \widetilde{\boldsymbol{D}}_{\bar{\vartheta}}(\widetilde{\boldsymbol{x}}_{\bar{\vartheta}};\widetilde{\xi})}{\partial \widetilde{\varphi}_{\tilde{\theta}}^{\bar{\vartheta}}}$：

$$
\frac{\partial \widetilde{\boldsymbol{D}}_{\bar{\vartheta}}(\widetilde{\boldsymbol{x}}_{\bar{\vartheta}};\widetilde{\xi})}{\partial \widetilde{\varphi}_{\tilde{\theta}}^{\bar{\vartheta}}} = \begin{cases} \{[1-(\widetilde{\varphi}_2^{\bar{\vartheta}})^{\tilde{\eta}}]\widetilde{\boldsymbol{D}}_1^b-\widetilde{\boldsymbol{D}}_0^0\}\widetilde{\eta}(\widetilde{\varphi}_1^{\bar{\vartheta}})^{\tilde{\eta}-1} & (\tilde{\theta}=1) \\ \{[1-(\widetilde{\varphi}_{\tilde{\theta}+1}^{\bar{\vartheta}})^{\tilde{\eta}}]\widetilde{\boldsymbol{D}}_{\tilde{\theta}}^b-[(\widetilde{\varphi}_{\tilde{\theta}-1}^{\bar{\vartheta}})^{\tilde{\eta}}]\widetilde{\boldsymbol{D}}_{\tilde{\theta}-1}^b\}\widetilde{\eta}(\widetilde{\varphi}_{\tilde{\theta}}^{\bar{\vartheta}})^{\tilde{\eta}-1} & (2\leqslant\tilde{\theta}\leqslant\widetilde{\Theta}-1) \\ \{\widetilde{\boldsymbol{D}}_{\widetilde{\Theta}}^b-[(\widetilde{\varphi}_{\widetilde{\Theta}-1}^{\bar{\vartheta}})^{\tilde{\eta}}]\widetilde{\boldsymbol{D}}_{\widetilde{\Theta}-1}^b\}\widetilde{\eta}(\widetilde{\varphi}_{\tilde{\theta}}^{\bar{\vartheta}})^{\tilde{\eta}-1} & (\tilde{\theta}=\widetilde{\Theta}) \end{cases} \tag{3.36}
$$

使用链式法则，可推导出 $\widetilde{\varphi}_{\tilde{\theta}}^{\bar{\vartheta}}$ 关于设计变量 $\widetilde{x}_j^{\bar{\vartheta}}$ 的导数：

$$\frac{\partial \widetilde{\varphi}_{\tilde{\theta}}^{\bar{\vartheta}}}{\partial \widetilde{x}_j^{\bar{\vartheta}}}=\frac{\partial \widetilde{\varphi}_{\tilde{\theta}}^{\bar{\vartheta}}}{\partial \widetilde{\chi}_{\bar{\vartheta}}}\frac{\partial \widetilde{\chi}_{\bar{\vartheta}}}{\partial \widetilde{x}_j^{\bar{\vartheta}}}\quad(\tilde{\theta}=1,2,\cdots,\widetilde{\Theta},\bar{\vartheta}=1,2,\cdots,\overline{\Theta})\tag{3.37}$$

由式（3.4）和式（3.5）导出：

$$\frac{\partial \widetilde{\varphi}_{\tilde{\theta}}^{\bar{\vartheta}}}{\partial \widetilde{\chi}_{\bar{\vartheta}}}=\frac{\widetilde{\beta}\{1-\tanh^2(\widetilde{\beta}(\widetilde{\chi}_{\bar{\vartheta}}-\widetilde{\gamma}(\tilde{\theta})))\}}{2}=\frac{\widetilde{\beta}\operatorname{sech}^2(\widetilde{\beta}(\widetilde{\chi}_{\bar{\vartheta}}-\widetilde{\gamma}(\tilde{\theta})))}{2}\tag{3.38}$$

应用式（3.17），$\widetilde{\chi}_{\bar{\vartheta}}$关于 $\widetilde{x}_j^{\bar{\vartheta}}$ 的导数可以表示为

$$\begin{aligned}\frac{\partial \widetilde{\chi}_{\bar{\vartheta}}}{\partial \widetilde{x}_j^{\bar{\vartheta}}}&=\sum_{\tilde{l}=0}^{\widetilde{L}}\cdots\sum_{\tilde{n}=0}^{\widetilde{N}}\widetilde{R}_{\tilde{l},\cdots,\tilde{n}}^{\tilde{p},\cdots,\tilde{r}}(\widetilde{\boldsymbol{\xi}})\frac{\partial \widetilde{\boldsymbol{\gamma}}^{d,\widetilde{\mu}_{\bar{\vartheta}}^{\max}}(\widetilde{\boldsymbol{x}}_{\bar{\vartheta}},\widetilde{\boldsymbol{\xi}}^c)}{\partial \widetilde{x}_j^{\bar{\vartheta}}}\\&=\sum_{\tilde{l}=0}^{\widetilde{L}}\cdots\sum_{\tilde{n}=0}^{\widetilde{N}}\widetilde{R}_{\tilde{l},\cdots,\tilde{n}}^{\tilde{p},\cdots,\tilde{r}}(\widetilde{\boldsymbol{\xi}})\widetilde{\boldsymbol{\Psi}}_{\tilde{\ell}_1,\tilde{\ell}_2,\cdots,\tilde{\ell}_d}(\widetilde{\xi}^c),\quad j\Leftrightarrow(\widetilde{\ell}_1,\widetilde{\ell}_2,\cdots,\widetilde{\ell}_d)\end{aligned}\tag{3.39}$$

式中：$\widetilde{\boldsymbol{\Psi}}_{\tilde{\ell}_1,\tilde{\ell}_2,\cdots,\tilde{\ell}_d}(\widetilde{\xi}^c)$是在控制点处函数值。多索引$(\widetilde{\ell}_1,\widetilde{\ell}_2,\cdots,\widetilde{\ell}_d)$由$j$表示。

汇总上述关于$\dfrac{\partial J}{\partial \widetilde{x}_j^{\bar{\vartheta}}}$的公式，可以得到下述灵敏度表达式：

$$\frac{\partial J}{\partial \widetilde{x}_j^{\bar{\vartheta}}}=\sum_{\tilde{\theta}=1}^{\widetilde{\Theta}}\frac{\partial J}{\partial \widetilde{\varphi}_{\tilde{\theta}}^{\bar{\vartheta}}}\frac{\partial \widetilde{\varphi}_{\tilde{\theta}}^{\bar{\vartheta}}}{\partial \widetilde{\chi}_{\bar{\vartheta}}}\frac{\partial \widetilde{\chi}_{\bar{\vartheta}}}{\partial \widetilde{x}_j^{\bar{\vartheta}}}$$

$$=\sum_{\tilde{\theta}=1}^{\widetilde{\Theta}}\begin{cases}-\dfrac{1}{4}\dfrac{1}{|\widetilde{\Omega}|}\displaystyle\int_{\bar{\Omega}}\{[1-(\bar{\varphi}_{\bar{\vartheta}+1})^{\bar{\eta}}](\bar{\varphi}_{\bar{\vartheta}})^{\bar{\eta}}\}\int_{\widetilde{\Omega}}\{[1-(\widetilde{\varphi}_2^{\bar{\vartheta}})^{\tilde{\eta}}]\widetilde{\boldsymbol{D}}_1^b-\widetilde{\boldsymbol{D}}_0^0\}\widetilde{\eta}(\widetilde{\varphi}_1^{\bar{\vartheta}})^{\tilde{\eta}-1}\widetilde{\beta}\operatorname{sech}^2(\widetilde{\beta}(\widetilde{\chi}_{\bar{\vartheta}}-\widetilde{\gamma}(1)))\\ \cdots\left\{\displaystyle\sum_{\tilde{l}=0}^{\widetilde{L}}\cdots\sum_{\tilde{n}=0}^{\widetilde{N}}\widetilde{R}_{\tilde{l},\cdots,\tilde{n}}^{\tilde{p},\cdots,\tilde{r}}(\widetilde{\boldsymbol{\xi}})\widetilde{\boldsymbol{\Psi}}_{\tilde{\ell}_1,\tilde{\ell}_2,\cdots,\tilde{\ell}'_d}(\widetilde{\xi}^c)\right\}(\boldsymbol{\varepsilon}(\widetilde{\boldsymbol{u}}_0)-\boldsymbol{\varepsilon}(\widetilde{\boldsymbol{u}}))(\boldsymbol{\varepsilon}(\widetilde{\boldsymbol{u}}_0)-\boldsymbol{\varepsilon}(\widetilde{\boldsymbol{u}}))\mathrm{d}\widetilde{\Omega}\boldsymbol{\varepsilon}(\bar{\boldsymbol{u}})\boldsymbol{\varepsilon}(\bar{\boldsymbol{u}})\mathrm{d}\bar{\Omega}\\ \qquad(\tilde{\theta}=1,\bar{\vartheta}=1,2,\cdots,\overline{\Theta}-1)\\ -\dfrac{1}{4}\dfrac{1}{|\widetilde{\Omega}|}\displaystyle\int_{\bar{\Omega}}\{[1-(\bar{\varphi}_{\bar{\vartheta}+1})^{\bar{\eta}}](\bar{\varphi}_{\bar{\vartheta}})^{\bar{\eta}}\}\int_{\widetilde{\Omega}^{\mathrm{mic}}}\{[1-(\widetilde{\varphi}_{\tilde{\theta}+1}^{\bar{\vartheta}})^{\tilde{\eta}}]\widetilde{\boldsymbol{D}}_{\tilde{\theta}}^b-[(\widetilde{\varphi}_{\tilde{\theta}-1}^{\bar{\vartheta}})^{\tilde{\eta}}]\widetilde{\boldsymbol{D}}_{\tilde{\theta}-1}^b\}\widetilde{\eta}(\widetilde{\varphi}_{\tilde{\theta}}^{\bar{\vartheta}})^{\tilde{\eta}-1}\cdots\\ \qquad\widetilde{\beta}\operatorname{sech}^2(\widetilde{\beta}(\widetilde{\chi}_{\bar{\vartheta}}-\widetilde{\gamma}(\tilde{\theta})))\cdots\\ \left\{\displaystyle\sum_{\tilde{l}=0}^{\widetilde{L}}\cdots\sum_{\tilde{n}=0}^{\widetilde{N}}\widetilde{R}_{\tilde{l},\cdots,\tilde{n}}^{\tilde{p},\cdots,\tilde{r}}(\widetilde{\boldsymbol{\xi}})\widetilde{\boldsymbol{\Psi}}_{\tilde{\ell}_1,\tilde{\ell}_2,\cdots,\tilde{\ell}'_d}(\widetilde{\xi}^c)\right\}(\boldsymbol{\varepsilon}(\widetilde{\boldsymbol{u}}_0)-\boldsymbol{\varepsilon}(\widetilde{\boldsymbol{u}}))(\boldsymbol{\varepsilon}(\widetilde{\boldsymbol{u}}_0)-\boldsymbol{\varepsilon}(\widetilde{\boldsymbol{u}}))\mathrm{d}\widetilde{\Omega}\boldsymbol{\varepsilon}(\bar{\boldsymbol{u}})\boldsymbol{\varepsilon}(\bar{\boldsymbol{u}})\mathrm{d}\bar{\Omega}\\ \qquad(2\leqslant\tilde{\theta}\leqslant\widetilde{\Theta}-1,\bar{\vartheta}=1,2,\cdots,\overline{\Theta}-1)\\ -\dfrac{1}{4}\dfrac{1}{|\widetilde{\Omega}|}\displaystyle\int_{\bar{\Omega}}\{[1-(\bar{\varphi}_{\bar{\vartheta}+1})^{\bar{\eta}}](\bar{\varphi}_{\bar{\vartheta}})^{\bar{\eta}}\}\int_{\widetilde{\Omega}}\{\widetilde{\boldsymbol{D}}_{\widetilde{\Theta}}^b-[(\widetilde{\varphi}_{\widetilde{\Theta}-1}^{\bar{\vartheta}})^{\tilde{\eta}}]\widetilde{\boldsymbol{D}}_{\widetilde{\Theta}-1}^b\}\widetilde{\eta}(\widetilde{\varphi}_{\tilde{\theta}}^{\bar{\vartheta}})^{\tilde{\eta}-1}\widetilde{\beta}\operatorname{sech}^2(\widetilde{\beta}(\widetilde{\chi}_{\bar{\vartheta}}-\widetilde{\gamma}(\tilde{\theta})))\\ \cdots\left\{\displaystyle\sum_{\tilde{l}=0}^{\widetilde{L}}\cdots\sum_{\tilde{n}=0}^{\widetilde{N}}\widetilde{R}_{\tilde{l},\cdots,\tilde{n}}^{\tilde{p},\cdots,\tilde{r}}(\widetilde{\boldsymbol{\xi}})\widetilde{\boldsymbol{\Psi}}_{\tilde{\ell}_1,\tilde{\ell}_2,\cdots,\tilde{\ell}'_d}(\widetilde{\xi}^c)\right\}(\boldsymbol{\varepsilon}(\widetilde{\boldsymbol{u}}_0)-\boldsymbol{\varepsilon}(\widetilde{\boldsymbol{u}}))(\boldsymbol{\varepsilon}(\widetilde{\boldsymbol{u}}_0)-\boldsymbol{\varepsilon}(\widetilde{\boldsymbol{u}}))\mathrm{d}\widetilde{\Omega}\boldsymbol{\varepsilon}(\bar{\boldsymbol{u}})\boldsymbol{\varepsilon}(\bar{\boldsymbol{u}})\mathrm{d}\bar{\Omega}\\ \qquad(\tilde{\theta}=\widetilde{\Theta},\bar{\vartheta}=1,2,\cdots,\overline{\Theta}-1)\end{cases}\tag{3.40}$$

$$\frac{\partial J}{\partial \widetilde{x}_j^{\overline{\Theta}}}=\sum_{\widetilde{\theta}=1}^{\widetilde{\Theta}}\frac{\partial J}{\partial \widetilde{\varphi}_{\widetilde{\theta}}^{\overline{\Theta}}}\frac{\partial \widetilde{\varphi}_{\widetilde{\theta}}^{\overline{\Theta}}}{\partial \chi_{\overline{\vartheta}}}\frac{\partial \chi_{\overline{\vartheta}}}{\partial \widetilde{x}_j^{\overline{\Theta}}}=$$

$$\sum_{\widetilde{\theta}=1}^{\widetilde{\Theta}}\begin{cases}\left\{\begin{array}{l}-\dfrac{1}{4}\dfrac{1}{|\widetilde{\Omega}|}\displaystyle\int_{\overline{\Omega}}\{\overline{\varphi}_{\overline{\Theta}}\}^{\overline{\eta}}\int_{\widetilde{\Omega}}\{[1-(\widetilde{\varphi}_2^{\overline{\vartheta}})^{\widetilde{\eta}}]\widetilde{\boldsymbol{D}}_1^b-\widetilde{\boldsymbol{D}}_0^0\}\ \widetilde{\eta}(\widetilde{\varphi}_1^{\overline{\vartheta}})^{\widetilde{\eta}-1}\widetilde{\beta}\,\mathrm{sech}^2(\widetilde{\beta}(\widetilde{\chi}_{\overline{\vartheta}}-\widetilde{\gamma}(1)))\cdots\\ \left\{\displaystyle\sum_{\widetilde{l}=0}^{\widetilde{L}}\cdots\sum_{\widetilde{n}=0}^{\widetilde{N}}\widetilde{R}_{\widetilde{l},\cdots,\widetilde{n}}^{\widetilde{p},\cdots,\widetilde{r}}(\widetilde{\boldsymbol{\xi}})\widetilde{\boldsymbol{\Psi}}_{\widetilde{\ell}_1,\widetilde{\ell}_2,\cdots,\widetilde{\ell}_d'}(\widetilde{\xi}^{c(\widetilde{l},\cdots,\widetilde{n})})\right\}(\varepsilon(\widetilde{\boldsymbol{u}}_0)-\varepsilon(\widetilde{\boldsymbol{u}}))(\varepsilon(\widetilde{\boldsymbol{u}}_0)-\varepsilon(\widetilde{\boldsymbol{u}}))\mathrm{d}\widetilde{\Omega}\,\varepsilon(\overline{\boldsymbol{u}})\varepsilon(\overline{\boldsymbol{u}})\mathrm{d}\overline{\Omega}\end{array}\right\}\\ (\widetilde{\theta}=1,\widetilde{\vartheta}=\widetilde{\Theta})\\ \left\{\begin{array}{l}-\dfrac{1}{4}\dfrac{1}{|\widetilde{\Omega}|}\displaystyle\int_{\overline{\Omega}}\{\overline{\varphi}_{\overline{\Theta}}\}^{\overline{\eta}}\int_{\widetilde{\Omega}}\{[1-(\widetilde{\varphi}_{\widetilde{\theta}+1}^{\overline{\vartheta}})^{\widetilde{\eta}}]\widetilde{\boldsymbol{D}}_{\widetilde{\theta}}^b-[(\widetilde{\varphi}_{\widetilde{\theta}-1}^{\overline{\vartheta}})^{\widetilde{\eta}}]\widetilde{\boldsymbol{D}}_{\widetilde{\theta}-1}^b\}\ \widetilde{\eta}(\widetilde{\varphi}_{\widetilde{\theta}}^{\overline{\vartheta}})^{\widetilde{\eta}-1}\widetilde{\beta}\,\mathrm{sech}^2(\widetilde{\beta}(\widetilde{\chi}_{\overline{\vartheta}}-\widetilde{\gamma}(\widetilde{\theta})))\cdots\\ \cdots\left\{\displaystyle\sum_{\widetilde{l}=0}^{\widetilde{L}}\cdots\sum_{\widetilde{n}=0}^{\widetilde{N}}\widetilde{R}_{\widetilde{l},\cdots,\widetilde{n}}^{\widetilde{p},\cdots,\widetilde{r}}(\widetilde{\boldsymbol{\xi}})\widetilde{\boldsymbol{\Psi}}_{\widetilde{\ell}_1,\widetilde{\ell}_2,\cdots,\widetilde{\ell}_d'}(\widetilde{\xi}^{c(\widetilde{l},\cdots,\widetilde{n})})\right\}(\varepsilon(\widetilde{\boldsymbol{u}}_0)-\varepsilon(\widetilde{\boldsymbol{u}}))(\varepsilon(\widetilde{\boldsymbol{u}}_0)-\varepsilon(\widetilde{\boldsymbol{u}}))\mathrm{d}\widetilde{\Omega}\,\varepsilon(\overline{\boldsymbol{u}})\varepsilon(\overline{\boldsymbol{u}})\mathrm{d}\overline{\Omega}\end{array}\right\}\\ (\widetilde{\theta}=1,2,\cdots,\widetilde{\Theta}-1,\overline{\vartheta}=\overline{\Theta})\\ \left\{\begin{array}{l}-\dfrac{1}{4}\dfrac{1}{|\widetilde{\Omega}|}\displaystyle\int_{\overline{\Omega}}\{\overline{\varphi}_{\overline{\Theta}}\}^{\overline{\eta}}\int_{\widetilde{\Omega}}\{\widetilde{\boldsymbol{D}}_{\widetilde{\Theta}}^b-[(\widetilde{\varphi}_{\widetilde{\Theta}-1}^{\overline{\vartheta}})^{\widetilde{\eta}}]\widetilde{\boldsymbol{D}}_{\widetilde{\Theta}-1}^b\}\ \widetilde{\eta}(\widetilde{\varphi}_{\widetilde{\theta}}^{\overline{\vartheta}})^{\widetilde{\eta}-1}\widetilde{\beta}\,\mathrm{sech}^2(\widetilde{\beta}(\widetilde{\chi}_{\overline{\vartheta}}-\widetilde{\gamma}(\widetilde{\theta})))\cdots\\ \left\{\displaystyle\sum_{\widetilde{l}=0}^{\widetilde{L}}\cdots\sum_{\widetilde{n}=0}^{\widetilde{N}}\widetilde{R}_{\widetilde{l},\cdots,\widetilde{n}}^{\widetilde{p},\cdots,\widetilde{r}}(\widetilde{\boldsymbol{\xi}})\widetilde{\boldsymbol{\Psi}}_{\widetilde{\ell}_1,\widetilde{\ell}_2,\cdots,\widetilde{\ell}_d'}(\widetilde{\xi}^{c(\widetilde{l},\cdots,\widetilde{n})})\right\}(\varepsilon(\widetilde{\boldsymbol{u}}_0)-\varepsilon(\widetilde{\boldsymbol{u}}))(\varepsilon(\widetilde{\boldsymbol{u}}_0)-\varepsilon(\widetilde{\boldsymbol{u}}))\mathrm{d}\widetilde{\Omega}\,\varepsilon(\overline{\boldsymbol{u}})\varepsilon(\overline{\boldsymbol{u}})\mathrm{d}\overline{\Omega}\end{array}\right\}\\ (\widetilde{\theta}=\widetilde{\Theta},\overline{\vartheta}=\overline{\Theta})\end{cases}\tag{3.41}$$

3.2.3 约束函数灵敏度分析

下面分析约束函数$\overline{G}_{\overline{\vartheta}}$和$\widetilde{G}_{\widetilde{\vartheta}}^{\overline{\vartheta}}$的灵敏度。$\overline{G}_{\overline{\vartheta}}$相对于$\overline{\phi}_{\overline{\vartheta}}$的灵敏度可以表示为

$$\frac{\partial \overline{G}_{\overline{\vartheta}}}{\partial \overline{\phi}_{\overline{\vartheta}}}=\frac{1}{|\overline{\Omega}|}\int_{\overline{\Omega}}\overline{v}_0^{\mathrm{mac}}\mathrm{d}\overline{\Omega}\quad(\overline{\vartheta}=1,2,\cdots,\overline{\Theta})\tag{3.42}$$

对式（3.9）中$\overline{\phi}_{\overline{\vartheta}}$关于$\overline{\chi}$求导：

$$\frac{\partial \overline{\phi}_{\overline{\vartheta}}}{\partial \overline{\chi}}=\frac{\partial\{[1-\overline{\varphi}_{\overline{\vartheta}+1}(\overline{x}_i)]\overline{\varphi}_{\overline{\vartheta}}(\overline{x}_i)\}}{\partial \overline{\chi}}$$

$$=\frac{\overline{\beta}\left\{\begin{array}{l}\{1-\tanh[\overline{\beta}(\overline{\chi}-\overline{\gamma}(\overline{\vartheta}+1))]\}\,\mathrm{sech}^2(\overline{\beta}(\overline{\chi}-\overline{\gamma}(\overline{\vartheta})))\\-\mathrm{sech}^2(\overline{\beta}(\overline{\chi}-\overline{\gamma}(\overline{\vartheta}+1)))[1+\tanh[\overline{\beta}(\overline{\chi}-\overline{\gamma}(\overline{\vartheta}))]]\end{array}\right\}}{4},\quad(\overline{\vartheta}=1,2,\cdots,\overline{\Theta}-1)\tag{3.43}$$

$$\frac{\partial \overline{\phi}_{\overline{\vartheta}}}{\partial \overline{\chi}}=\frac{\partial \overline{\varphi}_{\overline{\vartheta}}}{\partial \overline{\chi}}=\frac{\overline{\beta}\,\mathrm{sech}^2(\overline{\beta}(\overline{\chi}-\overline{\gamma}(\overline{\Theta})))}{2}\quad(\overline{\vartheta}=\overline{\Theta})$$

基于微分链式法则，体积约束$\overline{G}_{\overline{\vartheta}}$相对于$\overline{x}_i$的偏导数可以表示为

$$\frac{\partial \overline{G}_{\overline{\vartheta}}}{\partial \overline{x}_i}=\frac{\partial \overline{G}_{\overline{\vartheta}}}{\partial \overline{\phi}_{\overline{\vartheta}}}\frac{\partial \overline{\phi}_{\overline{\vartheta}}}{\partial \overline{\chi}}\frac{\partial \overline{\chi}}{\partial \overline{x}_i}=$$

$$
\begin{cases}
\dfrac{1}{4|\bar{\Omega}|}\displaystyle\int_{\bar{\Omega}}\left(\begin{array}{l}\bar{\beta}\left\{\begin{array}{l}\{1-\tanh[\bar{\beta}(\bar{\chi}-\bar{\gamma}(\bar{\vartheta}+1))]\}\operatorname{sech}^2(\bar{\beta}(\bar{\chi}-\bar{\gamma}(\bar{\vartheta})))\\ -\operatorname{sech}^2(\bar{\beta}(\bar{\chi}-\bar{\gamma}(\bar{\vartheta}+1)))[1+\tanh[\bar{\beta}(\bar{\chi}-\bar{\gamma}(\bar{\vartheta}))]]\end{array}\right\}\cdots\\ \left\{\displaystyle\sum_{\bar{l}=0}^{\bar{L}}\cdots\sum_{\bar{n}=0}^{\bar{N}}\bar{R}_{\bar{l},\cdots,\bar{n}}^{\bar{p},\cdots,\bar{r}}(\bar{\boldsymbol{\xi}})\,\bar{\Psi}_{\bar{\ell}_1,\bar{\ell}_2,\cdots,\bar{\ell}_d}(\bar{\boldsymbol{\xi}}^c)\right\}\end{array}\right)\bar{v}_0^{\mathrm{mac}}\mathrm{d}\bar{\Omega} \\
\qquad (1\leqslant\bar{\vartheta}<\bar{\Theta}-1)\\
\dfrac{1}{2|\bar{\Omega}|}\displaystyle\int_{\bar{\Omega}}\left(\bar{\beta}\operatorname{sech}^2(\bar{\beta}(\bar{\chi}-\bar{\gamma}(\bar{\vartheta})))\left\{\sum_{\bar{l}=0}^{\bar{L}}\cdots\sum_{\bar{n}=0}^{\bar{N}}\bar{R}_{\bar{l},\cdots,\bar{n}}^{\bar{p},\cdots,\bar{r}}(\bar{\boldsymbol{\xi}})\,\bar{\Psi}_{\bar{\ell}_1,\bar{\ell}_2,\cdots,\bar{\ell}_d}(\bar{\boldsymbol{\xi}}^c)\right\}\right)\bar{v}_0^{\mathrm{mac}}\mathrm{d}\bar{\Omega}\\
\qquad (\bar{\vartheta}=\bar{\Theta})
\end{cases}
\tag{3.44}
$$

类似地，灵敏度$\dfrac{\partial\widetilde{G}_{\tilde{\vartheta}}^{\bar{\vartheta}}}{\partial\widetilde{\phi}_{\tilde{\vartheta}}^{\bar{\vartheta}}}$可写为

$$
\frac{\partial\widetilde{G}_{\tilde{\vartheta}}^{\bar{\vartheta}}}{\partial\widetilde{\phi}_{\tilde{\vartheta}}^{\bar{\vartheta}}}=\frac{1}{|\widetilde{\Omega}|}\int_{\widetilde{\Omega}}\widetilde{v}_0^{\mathrm{mic}}\mathrm{d}\widetilde{\Omega}\quad(\tilde{\vartheta}=1,2,\cdots,\widetilde{\Theta},\bar{\vartheta}=1,\cdots,\bar{\Theta})
\tag{3.45}
$$

可利用式（3.9）计算$\widetilde{\phi}_{\tilde{\vartheta}}^{\bar{\vartheta}}$关于$\widetilde{\chi}_{\bar{\vartheta}}$的灵敏度

$$
\begin{aligned}
\frac{\partial\widetilde{\phi}_{\tilde{\vartheta}}^{\bar{\vartheta}}}{\partial\widetilde{\chi}_{\bar{\vartheta}}}&=\frac{\partial\{[1-\widetilde{\varphi}_{\tilde{\vartheta}+1}^{\bar{\vartheta}}(\widetilde{x}_j^{\bar{\vartheta}})]\widetilde{\phi}_{\tilde{\vartheta}}^{\bar{\vartheta}}(\widetilde{x}_j^{\bar{\vartheta}})\}}{\partial\widetilde{\chi}_{\bar{\vartheta}}}\\
&=\frac{\widetilde{\beta}\left\{\begin{array}{l}[1-\tanh(\widetilde{\beta}(\widetilde{\chi}_{\bar{\vartheta}}-\widetilde{\gamma}(\tilde{\theta}+1)))]\operatorname{sech}^2(\widetilde{\beta}(\widetilde{\chi}_{\bar{\vartheta}}-\widetilde{\gamma}(\tilde{\theta})))\\ -\operatorname{sech}^2(\widetilde{\beta}(\widetilde{\chi}_{\bar{\vartheta}}-\widetilde{\gamma}(\tilde{\theta}+1)))[1+\tanh(\widetilde{\beta}(\widetilde{\chi}_{\bar{\vartheta}}-\widetilde{\gamma}(\tilde{\theta})))]\end{array}\right\}}{4}\\
&\quad(\tilde{\theta}=1,2,\cdots,\widetilde{\Theta}-1)\\
\frac{\partial\widetilde{\phi}_{\tilde{\vartheta}}^{\bar{\vartheta}}}{\partial\widetilde{\chi}_{\bar{\vartheta}}}&=\frac{\partial\widetilde{\varphi}_{\tilde{\vartheta}}^{\bar{\vartheta}}}{\partial\widetilde{\chi}_{\bar{\vartheta}}}=\frac{\widetilde{\beta}\operatorname{sech}^2(\widetilde{\beta}(\widetilde{\chi}_{\bar{\vartheta}}-\widetilde{\gamma}(\widetilde{\Theta})))}{2},\quad\tilde{\theta}=\widetilde{\Theta}
\end{aligned}
\tag{3.46}
$$

综合式（3.45）、式（3.46）和式（3.39），$\widetilde{G}_{\tilde{\vartheta}}^{\bar{\vartheta}}$关于$\widetilde{x}_j^{\bar{\vartheta}}$的偏导数计算如下：

$$
\begin{aligned}
&\frac{\partial\widetilde{G}_{\tilde{\vartheta}}^{\bar{\vartheta}}}{\partial\widetilde{x}_j^{\bar{\vartheta}}}=\frac{\partial\widetilde{G}_{\tilde{\vartheta}}^{\bar{\vartheta}}}{\partial\widetilde{\phi}_{\tilde{\vartheta}}^{\bar{\vartheta}}}\frac{\partial\widetilde{\phi}_{\tilde{\vartheta}}^{\bar{\vartheta}}}{\partial\widetilde{\chi}_{\bar{\vartheta}}}\frac{\partial\widetilde{\chi}_{\bar{\vartheta}}}{\partial\widetilde{x}_j^{\bar{\vartheta}}}\\
&\begin{cases}
\dfrac{1}{4|\widetilde{\Omega}|}\displaystyle\int_{\widetilde{\Omega}}\left(\begin{array}{l}\widetilde{\beta}\left\{\begin{array}{l}[1-\tanh(\widetilde{\beta}(\widetilde{\chi}_{\bar{\vartheta}}-\widetilde{\gamma}(\tilde{\theta}+1)))]\operatorname{sech}^2(\widetilde{\beta}(\widetilde{\chi}_{\bar{\vartheta}}-\widetilde{\gamma}(\tilde{\theta})))\\ -\operatorname{sech}^2(\widetilde{\beta}(\widetilde{\chi}_{\bar{\vartheta}}-\widetilde{\gamma}(\tilde{\theta}+1)))[1+\tanh(\widetilde{\beta}(\widetilde{\chi}_{\bar{\vartheta}}-\widetilde{\gamma}(\tilde{\theta})))]\end{array}\right\}\cdots\\ \left\{\displaystyle\sum_{\tilde{l}=0}^{\widetilde{L}}\cdots\sum_{\tilde{n}=0}^{\widetilde{N}}\widetilde{R}_{\tilde{l},\cdots,\tilde{n}}^{\tilde{p},\cdots,\tilde{r}}(\boldsymbol{\xi})\,\widetilde{\Psi}_{\tilde{\ell}_1,\tilde{\ell}_2,\cdots,\tilde{\ell}'_d}(\widetilde{\xi}^c)\right\}\end{array}\right)\widetilde{v}_0^{\mathrm{mic}}\mathrm{d}\widetilde{\Omega}\\
\qquad(1\leqslant\tilde{\theta}<\widetilde{\Theta}-1)\\
\dfrac{1}{2|\widetilde{\Omega}|}\displaystyle\int_{\widetilde{\Omega}}\left(\widetilde{\beta}\operatorname{sech}^2(\widetilde{\beta}(\widetilde{\chi}_{\bar{\vartheta}}-\widetilde{\gamma}(\tilde{\theta})))\left\{\sum_{\tilde{l}=0}^{\widetilde{L}}\cdots\sum_{\tilde{n}=0}^{\widetilde{N}}\widetilde{R}_{\tilde{l},\cdots,\tilde{n}}^{\tilde{p},\cdots,\tilde{r}}(\boldsymbol{\xi})\,\widetilde{\Psi}_{\tilde{\ell}_1,\tilde{\ell}_2,\cdots,\tilde{\ell}'_d}(\widetilde{\xi}^c)\right\}\right)\widetilde{v}_0^{\mathrm{mic}}\mathrm{d}\widetilde{\Omega}\\
\qquad(\tilde{\theta}=\widetilde{\Theta})
\end{cases}
\end{aligned}
\tag{3.47}
$$

利用上述目标函数和约束函数对设计变量的灵敏度，就可以使用梯度优化方法求解具有多种材料和胞元的多尺度拓扑优化设计问题。本章采用内点法求解式（3.24）所示体积约束柔度最小化问题。提出的多尺度拓扑优化方法分析流程如图3.9所示。

（1）采用有限元方法离散设计域并初始化优化算法参数。在优化迭代中分配两个尺度的各向异性Smolyak系数值。

（2）利用式（3.18）插值细观尺度材料属性，采用均匀化方法计算每个细观胞元结构的等效弹性张量。

（3）利用等效弹性张量插值得到宏观尺度单元的本构张量。

（4）进行宏观有限元分析，以计算结构柔度等理性性能，以及特征函数和相应的体积约束。

（5）利用推导出的灵敏度信息更新细观和宏观尺度优化变量。

（6）检查收敛标准。

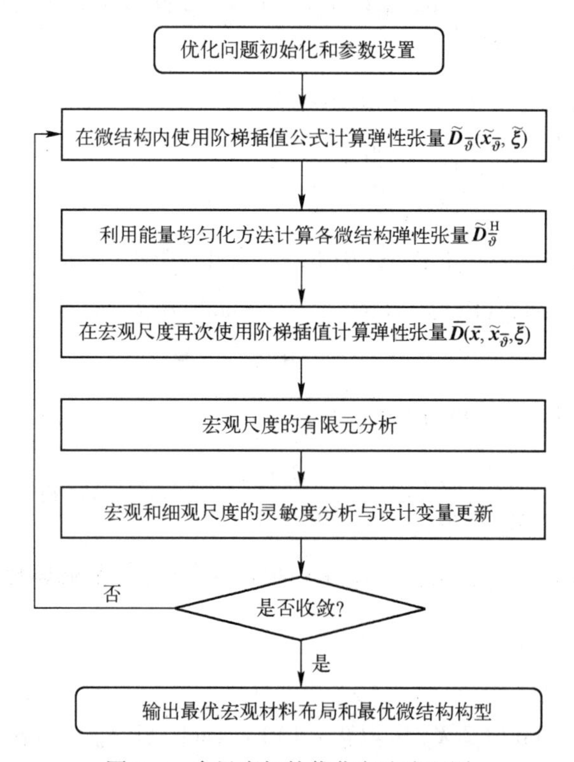

图3.9　多尺度拓扑优化方法流程图

本章提出多尺度拓扑优化方法能够同时设计宏观和细观结构。并发多尺度拓扑优化问题中的优化变量是宏观和细观尺度的Smolyak系数。均匀化方法生成的均匀化弹性张量包含在宏观尺度的阶梯形插值模型中。设计变量的数量与材料类型和胞元数量无关。通过调整Smolyak系数来选择不同的细观胞元结构或材料，并通过特征函数识别不同材料/胞元的边界。

3.3　数值算例[14]

为验证本章方法有效性，下面分析三个数值实例：悬臂梁、Messerschmitt-Bølkow-Blohm（MBB）梁和 3D Michell 结构。空材料的杨氏模量为 $E_0^0=10^{-9}$，其余优化参数设置如下：所有材料的泊松比均为 0.3，两个尺度的惩罚参数取 3，NURBS 方法的权重取 1，平滑 Heaviside 函数的控制参数 $\beta=6$。宏观尺度上每个单元仅填充一个单胞。$\bar{e}_{1,1}$（对应于宏观尺度常数基函数的各向异性 Smolyak 系数）初始值等于使用的细观结构数量 $\overline{\Theta}$，细观尺度 $\tilde{e}_{1,1}$ 初始值为使用材料 $\widetilde{\Theta}$ 的数量，其他优化变量初始值为 0。最大优化迭代次数设置为 600，当目标函数的相对变化小于 10^{-6} 并且满足所有约束时，优化过程终止。现有的拓扑优化方法初始猜测解通常需要设置若干孔洞，本章所提方法的优点是能够在没有孔洞的情况下优化迭代求解。

3.3.1　悬臂梁

悬臂梁设计域和边界条件如图 3.10 所示。为了与文献［5］中的参考结果进行比较，设计域是尺寸为 6×10（高×长）的矩形。左端固定，右侧的中心点施加单位载荷（$F=1$N）。

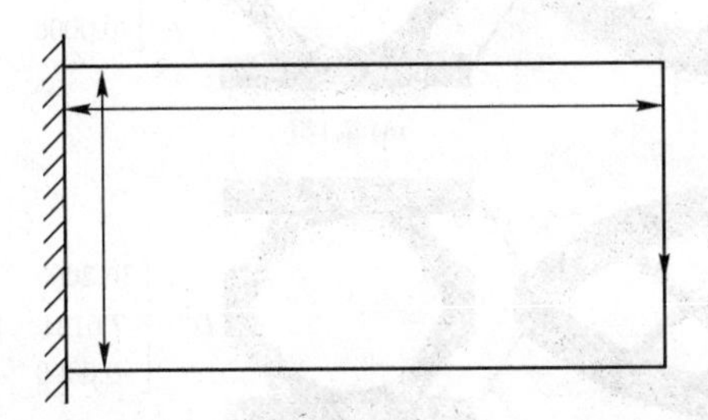

图 3.10　悬臂梁结构的边界和载荷条件

1. 单一材料的并发多尺度拓扑优化设计

下面通过比较本章方法与现有 SIMP 方法[5]的数值结果验证所提方法有效性，宏观拓扑设计只涉及一个细观结构单胞，细观尺度拓扑设计只涉及单一材料。将每个细观结构划分为相同数量的网格单元。使用杨氏模量 $E=100$、泊松比 $\nu=0.3$ 的固体材料。以结构柔顺度最小化为优化目标，宏观拓扑设计的体积约束设为 0.5，细观尺度设计体积约束设为 0.5。

现有 SIMP 方法，细观结构以具有中心孔洞的拓扑构型为猜测解，密度滤波半径设为 2。下面进行两种网格分辨率的多尺度结构拓扑优化设计。在宏观尺度上，第 1 组有限元模型划分为 60×100 网格。第 2 组有限元模型采用大小为 120×200 单元的网格。对于这两种情况，细观结构单胞都采用 100×100 单元的网格。

变密度方法数值优化结果如图 3.11 和图 3.12 所示，细观结构中心区域的大部分材料被移除。使用不同网格获得的拓扑优化构型包含许多细小特征，尽管拓扑构型类似，

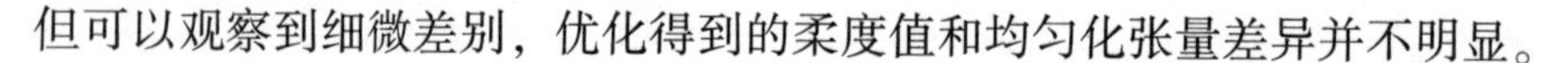

但可以观察到细微差别，优化得到的柔度值和均匀化张量差异并不明显。

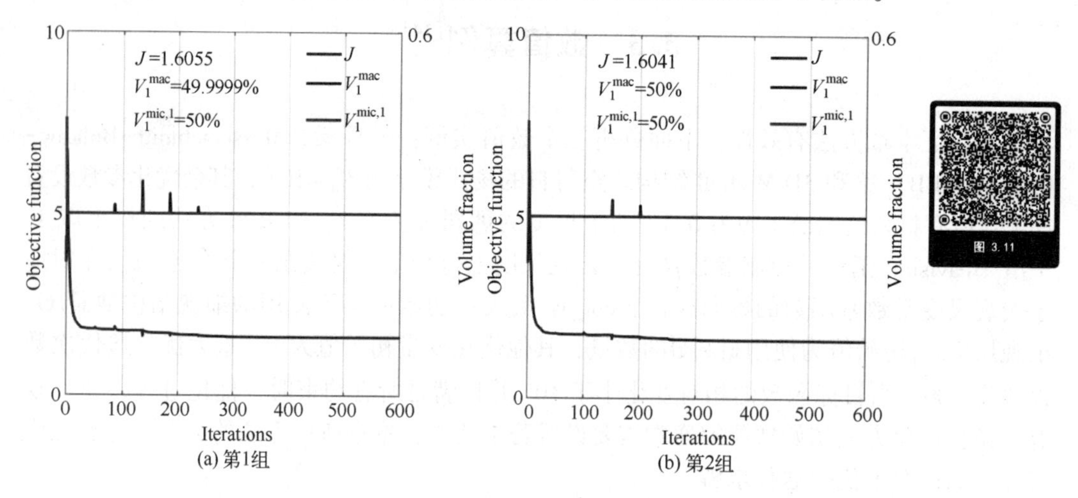

图 3.11　SIMP 法优化过程收敛曲线

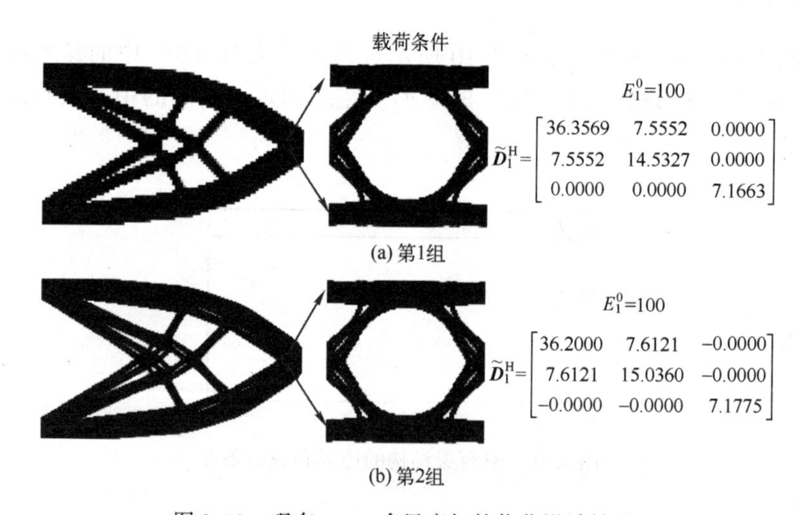

图 3.12　现有 SIMP 多尺度拓扑优化设计结果

下面利用本章方法进行多尺度拓扑优化设计。为了研究不同参数对优化结果的影响，考虑四种情况，仿真参数如表 3.4 所示。对于第 1 组和第 3 组情况，宏观设计域采用 60×100 的有限元网格。网格分辨率参数与文献［10］相同。对于第 2 组和第 4 组，宏观尺度有限元网格划分为 120×200。第 1 组和第 2 组的参数为$\overline{L}=20$，$\overline{M}=30$，$\overline{p}=20$ 和$\overline{q}=30$，而在第 3 组和第 4 组中则变为$\overline{L}=30$，$\overline{M}=40$，$\overline{p}=30$ 和$\overline{q}=40$。对于所有情况，宏观尺度优化变量数量为$\overline{N}^{\mathrm{mac}}=545$，细观尺度优化变量数量为$\overline{N}^{\mathrm{mic}}=321$，总共有$\overline{N}^{\mathrm{mac}}+\overline{N}^{\mathrm{mic}}=866$ 个设计变量，远低于单元的数量（例如第 1 组和第 2 组有单元 60×100+100×100=16000，而第 3 组和第 4 组含 120×200+100×100=34000 个单元）。

表 3.4　不同情况下所提方法的仿真参数

组别	宏观尺度仿真参数	细观尺度仿真参数
1	$\bar{\mu}_1=5$，$\bar{\mu}_2=7$，$\bar{L}=20$，$\bar{M}=30$， $\bar{p}=20$，$\bar{q}=30$，$\bar{T}(\bar{\xi}_1)=40$，$\bar{T}(\bar{\xi}_2)=60$ $\bar{U}_{\bar{\xi}_1}=\{\underbrace{0,\cdots,0}_{21},\frac{1}{20},\cdots,\frac{19}{20},\underbrace{1,\cdots,1}_{21}\}$ $\bar{U}_{\bar{\xi}_2}=\{\underbrace{0,\cdots,0}_{31},\frac{1}{30},\cdots,\frac{29}{30},\underbrace{1,\cdots,1}_{31}\}$ 网格数量（60×100）	$\bar{\mu}_1=6$，$\bar{\mu}_2=6$，$\bar{L}=20$，$\bar{M}=20$， $\bar{p}=30$，$\bar{q}=30$，$\bar{T}(\bar{\xi}_1)=50$，$\bar{T}(\bar{\xi}_2)=50$ $\bar{U}_{\bar{\xi}_1}=\{\underbrace{0,\cdots,0}_{31},\frac{1}{20},\cdots,\frac{19}{20},\underbrace{1,\cdots,1}_{31}\}$ $\bar{U}_{\bar{\xi}_2}=\{\underbrace{0,\cdots,0}_{31},\frac{1}{20},\cdots,\frac{19}{20},\underbrace{1,\cdots,1}_{31}\}$ 网格数量 100×100）
2	$\bar{\mu}_1=5$，$\bar{\mu}_2=7$，$\bar{L}=20$，$\bar{M}=30$， $\bar{p}=20$，$\bar{q}=30$，$\bar{T}(\bar{\xi}_1)=40$，$\bar{T}(\bar{\xi}_2)=60$ $\bar{U}_{\bar{\xi}_1}=\{\underbrace{0,\cdots,0}_{21},\frac{1}{20},\cdots,\frac{19}{20},\underbrace{1,\cdots,1}_{21}\}$ $\bar{U}_{\bar{\xi}_2}=\{\underbrace{0,\cdots,0}_{31},\frac{1}{30},\cdots,\frac{29}{30},\underbrace{1,\cdots,1}_{31}\}$ 网格数量（120×200）	$\bar{\mu}_1=6$，$\bar{\mu}_2=6$，$\bar{L}=20$，$\bar{M}=20$， $\bar{p}=30$，$\bar{q}=30$，$\bar{T}(\bar{\xi}_1)=50$，$\bar{T}(\bar{\xi}_2)=50$ $\bar{U}_{\bar{\xi}_1}=\{\underbrace{0,\cdots,0}_{31},\frac{1}{20},\cdots,\frac{19}{20},\underbrace{1,\cdots,1}_{31}\}$ $\bar{U}_{\bar{\xi}_2}=\{\underbrace{0,\cdots,0}_{31},\frac{1}{20},\cdots,\frac{19}{20},\underbrace{1,\cdots,1}_{31}\}$ 网格数量（100×100）
3	$\bar{\mu}_1=5$，$\bar{\mu}_2=7$，$\bar{L}=30$，$\bar{M}=40$， $\bar{p}=30$，$\bar{q}=40$，$\bar{T}(\bar{\xi}_1)=60$，$\bar{T}(\bar{\xi}_2)=80$ $\bar{U}_{\bar{\xi}_1}=\{\underbrace{0,\cdots,0}_{31},\frac{1}{30},\cdots,\frac{29}{30},\underbrace{1,\cdots,1}_{31}\}$ $\bar{U}_{\bar{\xi}_2}=\{\underbrace{0,\cdots,0}_{41},\frac{1}{40},\cdots,\frac{39}{40},\underbrace{1,\cdots,1}_{41}\}$ 网格数量（60×100）	$\bar{\mu}_1=6$，$\bar{\mu}_2=6$，$\bar{L}=20$，$\bar{M}=20$， $\bar{p}=30$，$\bar{q}=30$，$\bar{T}(\bar{\xi}_1)=50$，$\bar{T}(\bar{\xi}_2)=50$ $\bar{U}_{\bar{\xi}_1}=\{\underbrace{0,\cdots,0}_{31},\frac{1}{20},\cdots,\frac{19}{20},\underbrace{1,\cdots,1}_{31}\}$ $\bar{U}_{\bar{\xi}_2}=\{\underbrace{0,\cdots,0}_{31},\frac{1}{20},\cdots,\frac{19}{20},\underbrace{1,\cdots,1}_{31}\}$ 网格数量（100×100）
4	$\bar{\mu}_1=5$，$\bar{\mu}_2=7$，$\bar{L}=30$，$\bar{M}=40$， $\bar{p}=30$，$\bar{q}=40$，$\bar{T}(\bar{\xi}_1)=60$，$\bar{T}(\bar{\xi}_2)=80$ $\bar{U}_{\bar{\xi}_1}=\{\underbrace{0,\cdots,0}_{31},\frac{1}{30},\cdots,\frac{29}{30},\underbrace{1,\cdots,1}_{31}\}$ $\bar{U}_{\bar{\xi}_2}=\{\underbrace{0,\cdots,0}_{41},\frac{1}{40},\cdots,\frac{39}{40},\underbrace{1,\cdots,1}_{41}\}$ 网格数量（120×200）	$\bar{\mu}_1=6$，$\bar{\mu}_2=6$，$\bar{L}=20$，$\bar{M}=20$， $\bar{p}=30$，$\bar{q}=30$，$\bar{T}(\bar{\xi}_1)=50$，$\bar{T}(\bar{\xi}_2)=50$ $\bar{U}_{\bar{\xi}_1}=\{\underbrace{0,\cdots,0}_{31},\frac{1}{20},\cdots,\frac{19}{20},\underbrace{1,\cdots,1}_{31}\}$ $\bar{U}_{\bar{\xi}_2}=\{\underbrace{0,\cdots,0}_{31},\frac{1}{20},\cdots,\frac{19}{20},\underbrace{1,\cdots,1}_{31}\}$ 网格数量（100×100）

对于这 4 组情况，目标函数和约束的迭代历史如图 3.13 所示，由图可观察到稳定的收敛行为。宏观和细观体积先下降，然后上升，直到满足约束条件。相反，目标函数值在初始迭代过程中迅速上升，然后逐渐降低。第 1 组情况不到 150 次迭代就收敛。对于第 3 组情况，优化算法在迭代 250 次后收敛。第 2 组和第 4 组需要更多的迭代才能收敛。对于所有情况，目标函数和体积约束在迭代 50 次后便逐渐稳定，表明本章提出方法具有收敛速度快等优点。第 1 组的结构柔度值为 1.6116，高网格分辨率的第 2 组结构柔度值为 1.5819，四种不同情况优化目标柔度值差异不大。

四种情况拓扑构型及其等效弹性张量优化结果如图 3.14 所示。二维拓扑构型由 MATLAB 中的“contourf”函数绘制。宏观尺度拓扑构型相同颜色部分包含相同细观胞

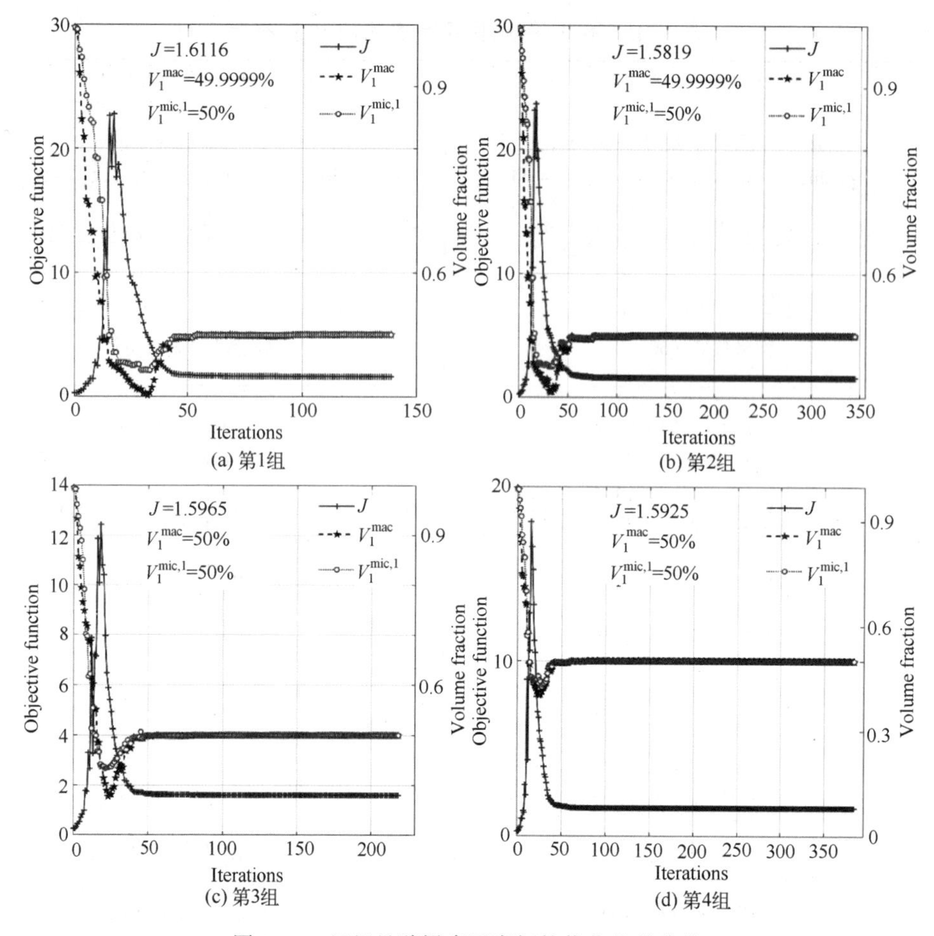

(a) 第1组 (b) 第2组 (c) 第3组 (d) 第4组

图 3.13　四组悬臂梁多尺度拓扑优化收敛曲线

元。如图 3.14 所示，拓扑构型在整个设计域中显示平滑且连续的边界，载荷传递路径非常清晰，四种情况宏观尺度拓扑构型略有差异，具有相同的细观尺度胞元，胞元中心内孔形状类似于菱形，且优化得到的等效弹性张量差异很小。尽管使用不同的仿真参数，但获得了相似的优化结果。

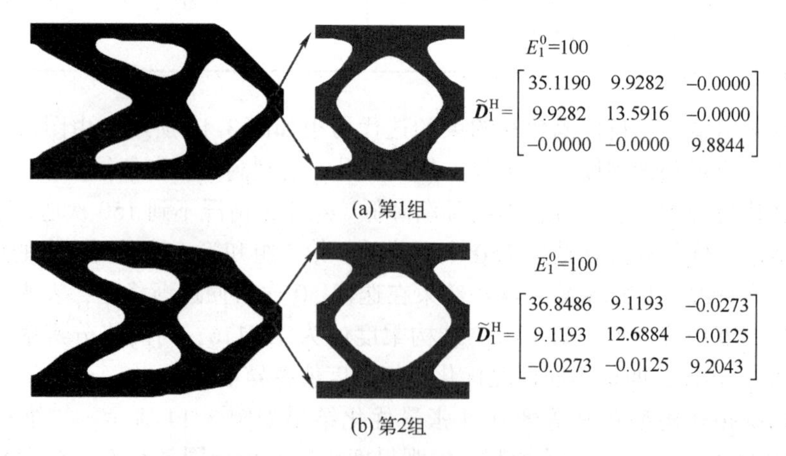

(b) 第2组

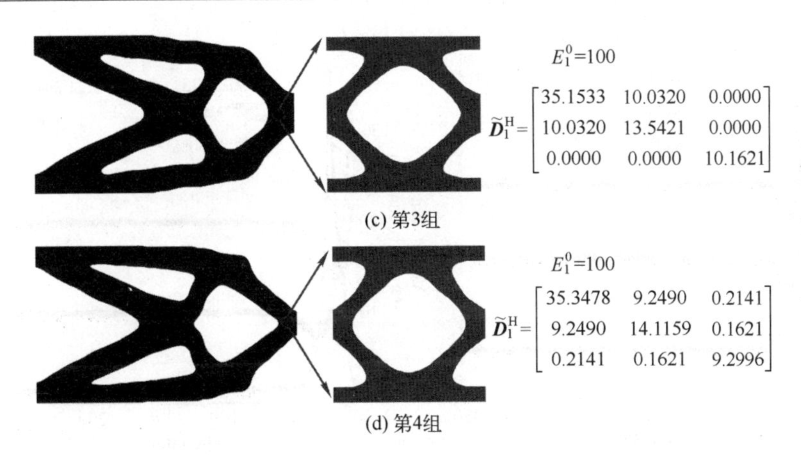

图 3.14　悬臂梁单相材料单类胞元结构多尺度拓扑优化设计结果

下面以表 3.4 的第 3 组为仿真参数，选取表 3.5 中不同的$\bar{e}_{1,1}$和$\tilde{e}_{1,1}$值分析初始猜测解对拓扑优化设计结果的影响。表 3.5 中每种情况，以均匀密度场为初始值，仅改变$\bar{e}_{1,1}$和$\tilde{e}_{1,1}$，其他系数固定为零。

表 3.5　级数系数初始猜测解

第 1 组	第 2 组	第 3 组	第 4 组
$\bar{e}_{1,1}=1$，$\tilde{e}_{1,1}=1$	$\bar{e}_{1,1}=0.8$，$\tilde{e}_{1,1}=1$	$\bar{e}_{1,1}=0.6$，$\tilde{e}_{1,1}=1.2$	$\bar{e}_{1,1}=1.2$，$\tilde{e}_{1,1}=0.6$

不同初始猜测解数值优化结果见图 3.15 和图 3.16。为便于比较，使用 SIMP 方法求解相同的拓扑优化问题，图 3.17 给出了相应的优化结果。如图 3.15 所示，仅需要很少迭代就能收敛，四种情况的结构柔度值分别为 1.4926、1.5869、1.4781 和 1.5125，同初始猜测解收敛到不同局部最优解。对比图 3.17 可知，SIMP 法得到的结构柔度为 1.533，与本章方法得到的目标值几乎相同。

如图 3.16 所示，不同的初始值$\bar{e}_{1,1}$和$\tilde{e}_{1,1}$导致不同的拓扑优化构型。表 3.5 中前 3 组情况，优化的宏观拓扑构型无明显不同，仅存在局部差异，而细观结构优化拓扑构型形状相似。本章方法获得的图 3.16（a）~（c）中的拓扑构型与图 3.17 中的参考解一致。可

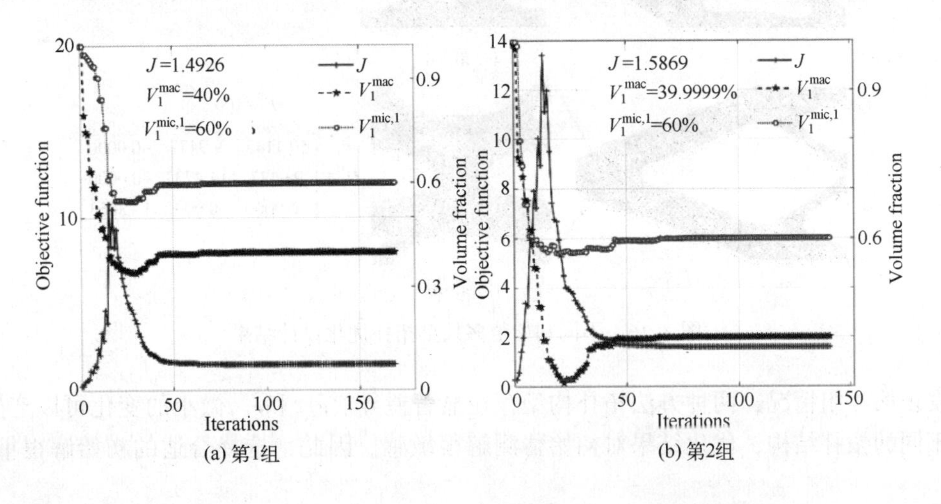

(a) 第1组　(b) 第2组

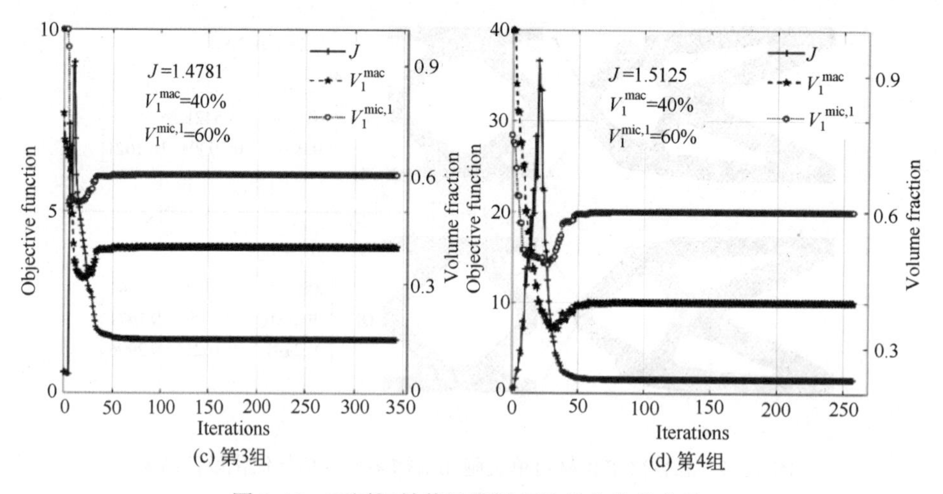

(c) 第3组　　(d) 第4组

图 3.15　不同初始值悬臂梁拓扑优化收敛曲线

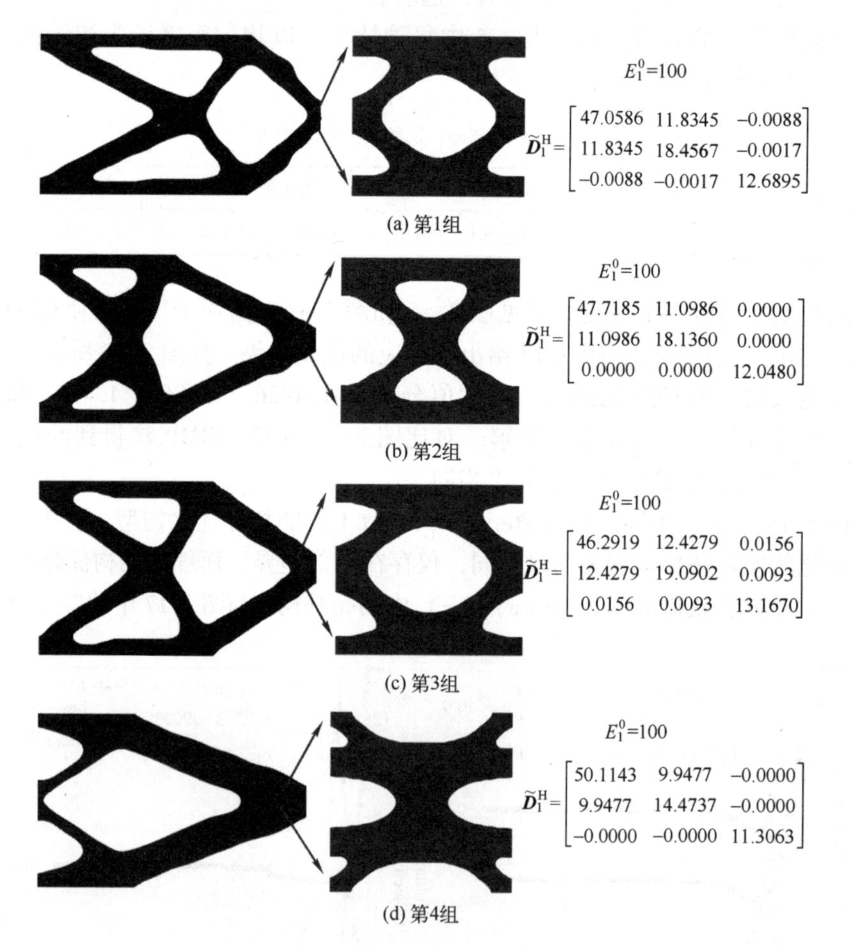

(a) 第1组

(b) 第2组

(c) 第3组

(d) 第4组

图 3.16　不同初始值多尺度拓扑优化设计结果

以发现第 4 组情况，两种方法拓扑构型存在显著差异。$\bar{e}_{1,1}$和$\tilde{e}_{1,1}$微小的变化可以产生明显不同的拓扑结构，优化结果对初始猜测解很敏感。因此，选择合适的初始解很重要。

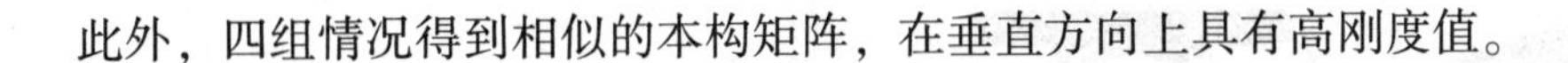

此外，四组情况得到相似的本构矩阵，在垂直方向上具有高刚度值。

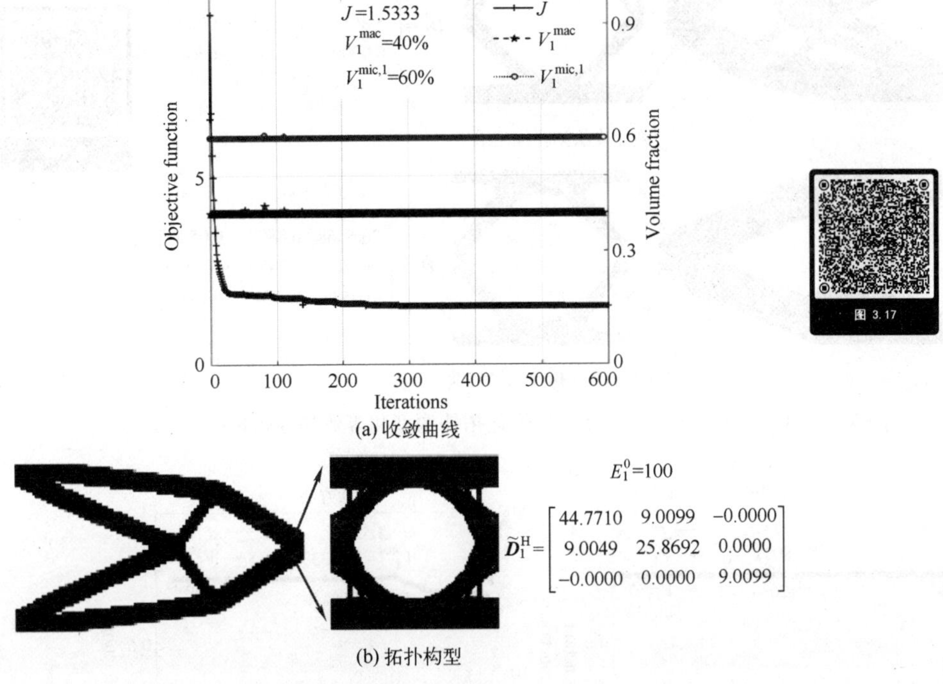

(a) 收敛曲线

(b) 拓扑构型

图 3.17　变密度法优化结果（$V_1^{mac}=0.4$ 和 $V_1^{mic,1}=0.6$）

为了分析体积约束对优化结果的影响，下面研究具有不同体积约束的柔度最小化问题。除体积约束外，所有参数取值与图 3.15（a）第 1 组情况仿真参数一致。分析如下四种不同体积约束的情况。对于第 1 种情况，宏观和细观体积约束分别为 $V_1^{mac}=0.4$ 和 $V_1^{min,1}=0.6$，图 3.18（a）给出对应优化结果。对于第 2 种情况，宏观和细观体积约束分别为 $V_1^{mac}=0.6$ 和 $V_1^{min,1}=0.4$。对于第 3 种情况，宏观和细观体积约束分别为 $V_1^{mac}=0.8$ 和 $V_1^{min,1}=0.2$。对于第 4 种情况，宏观和细观体积约束分别为 $V_1^{mac}=0.2$ 和 $V_1^{min,1}=0.8$。图 3.18、图 3.19 和图 3.20 比较了不同体积约束下不同方法得到的优化结果。

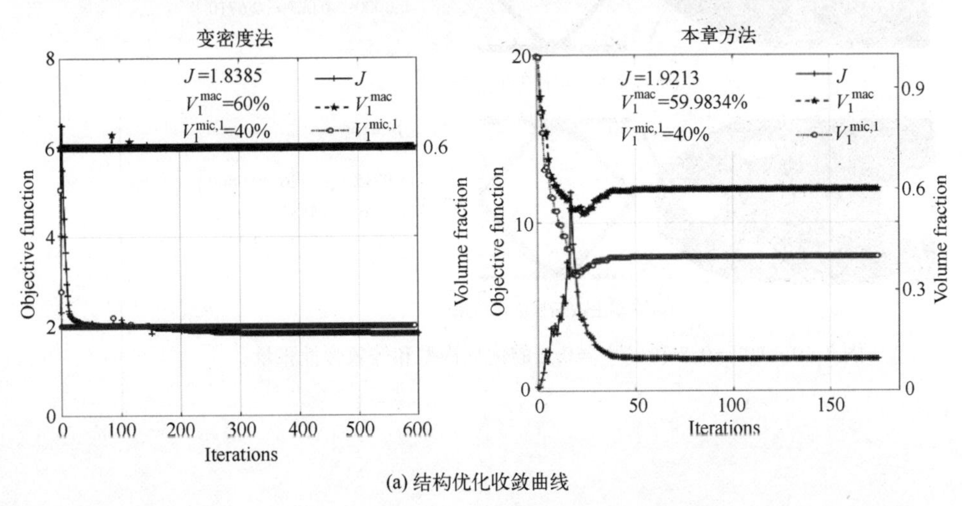

(a) 结构优化收敛曲线

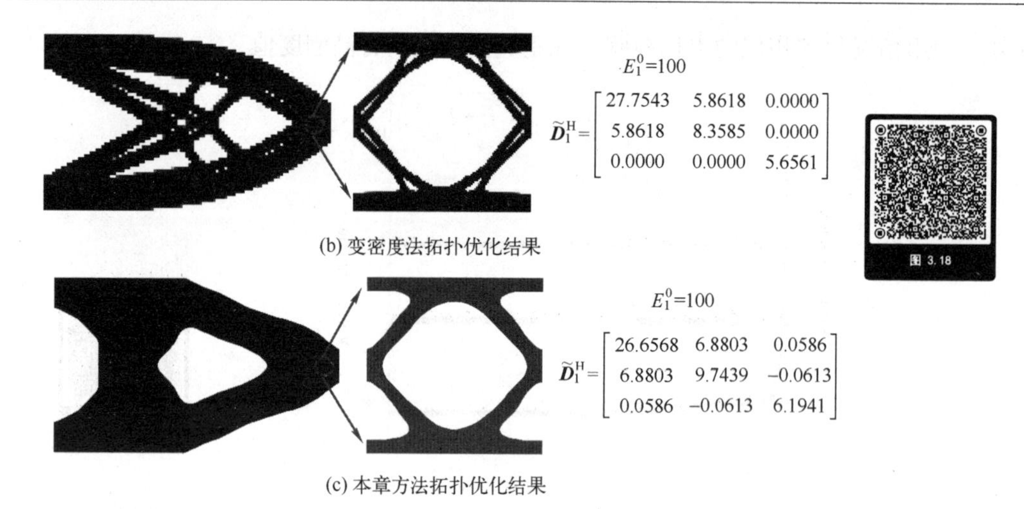

(b) 变密度法拓扑优化结果

(c) 本章方法拓扑优化结果

图 3.18 $V_1^{mac}=0.6$ 和 $V_1^{min,1}=0.4$ 的优化拓扑构型和等效弹性张量

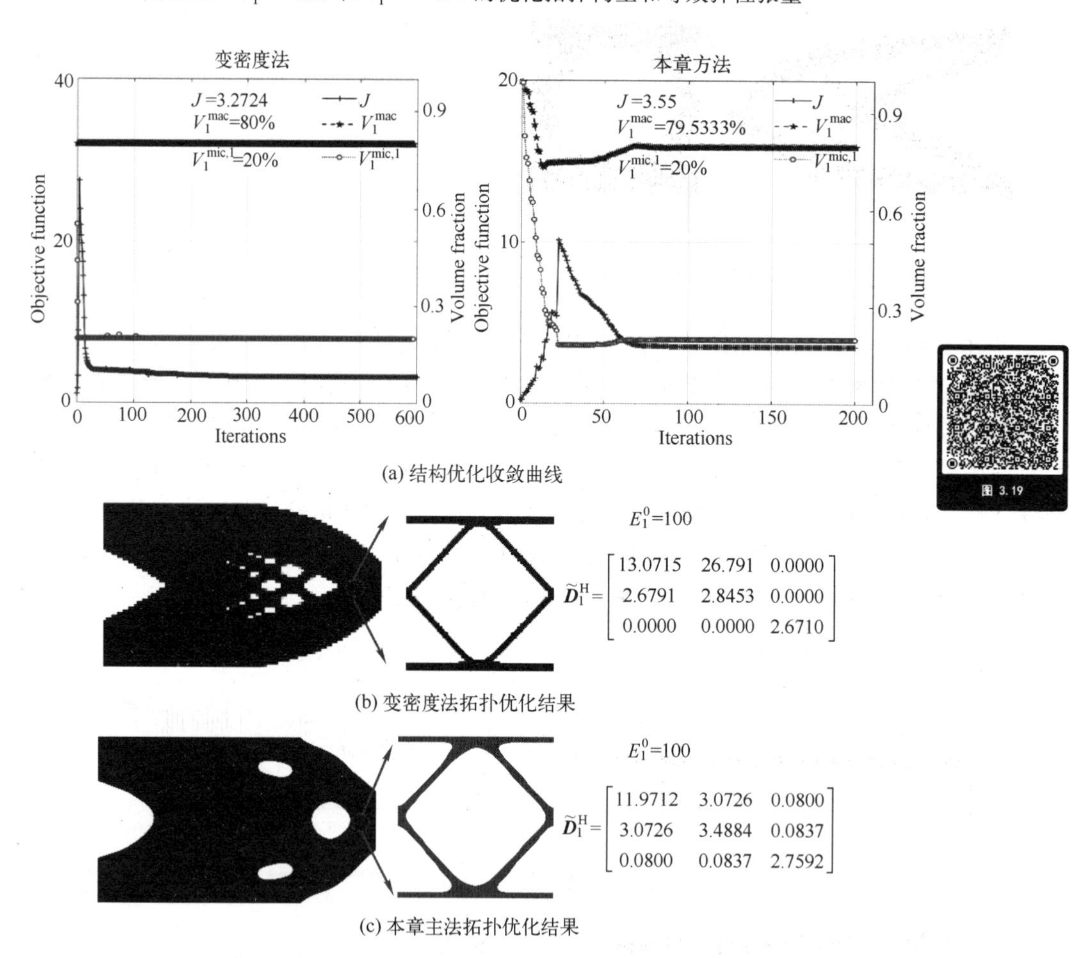

(a) 结构优化收敛曲线

(b) 变密度法拓扑优化结果

(c) 本章主法拓扑优化结果

图 3.19 $V_1^{mac}=0.8$ 和 $V_1^{min,1}=0.2$ 的优化构型和等效弹性张量

比较图 3.18、图 3.19 和图 3.20 可知，不同的体积约束会导致完全不同的优化结果。两种方法得到的拓扑构型基本相似，但是存在一些差异，变密度方法拓扑构型有很多小孔和薄部件，而具有小特征尺寸的拓扑结构不适合制造，相反，本章方法得到了没有小孔、便于制造的拓扑构型。使用变密度方法会导致棋盘格现象，如图 3.20 所示，密度过滤半径取为 1（当密度过滤半径取为 2 时，优化求解器无法收敛，没有可行解），变密度方法得到不合理的拓扑构型。通过与现有变密度方法方法比较验证了本章方法的有效性。

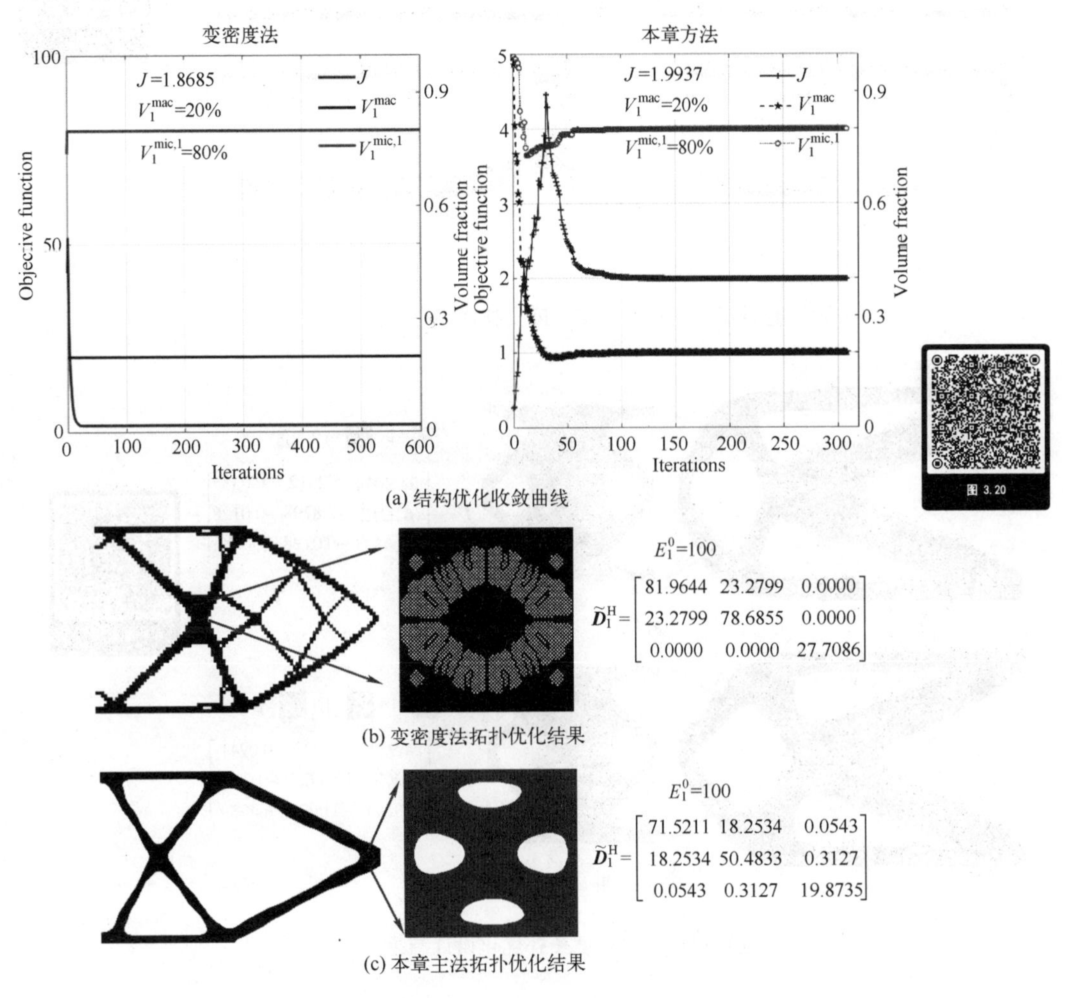

(a) 结构优化收敛曲线

(b) 变密度法拓扑优化结果

(c) 本章主法拓扑优化结果

图 3.20　不同体积约束悬臂梁两种方法拓扑优化结果对比

2. 多材料并发多尺度拓扑优化设计

为进一步验证本章方法的有效性，下面研究多材料并发多尺度拓扑优化设计问题。为与文献［10］比较，宏观尺度采用两个胞元进行拓扑优化，而在细观尺度设计中使用三种材料。胞元 1 的材料参数为 $E^0=\{10^{-9},0.001,0.01,0.1\}$，胞元 2 使用的材料参数 $E^0=\{10^{-9},1,10,100\}$。宏观体积约束设定为 50%，每种材料细观体积约束设为 1/3，其他模拟参数与表 3.4 的第 1、3 组情况相同。优化设计结果如图 3.21 和图 3.22 所示，其中浅蓝色代表单胞 1，黑色代表单胞 2。单胞设计结果中绿色、蓝色和红色的区域分别表示材料 1、2 和 3。

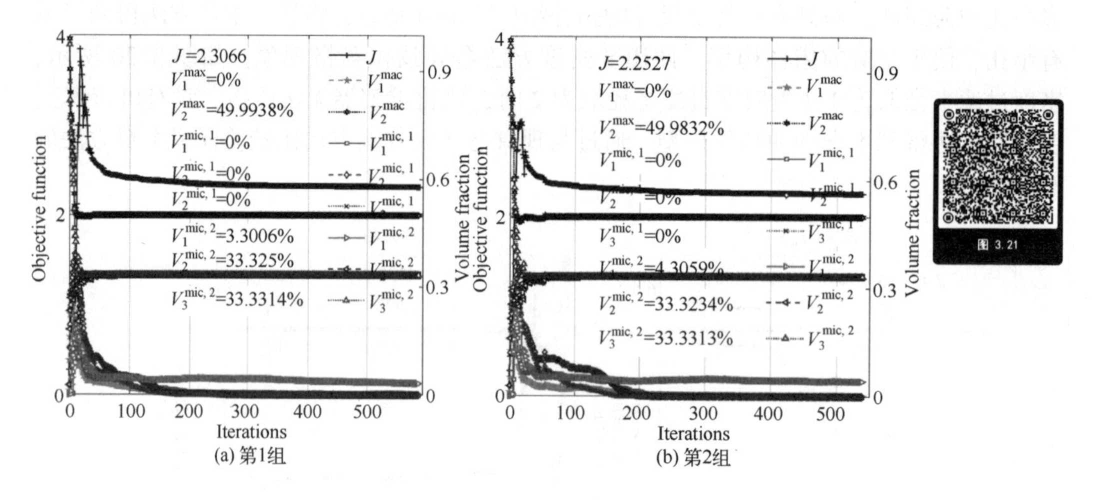

(a) 第1组　　(b) 第2组

图 3.21　悬臂梁多材料并发多尺度拓扑优化收敛曲线

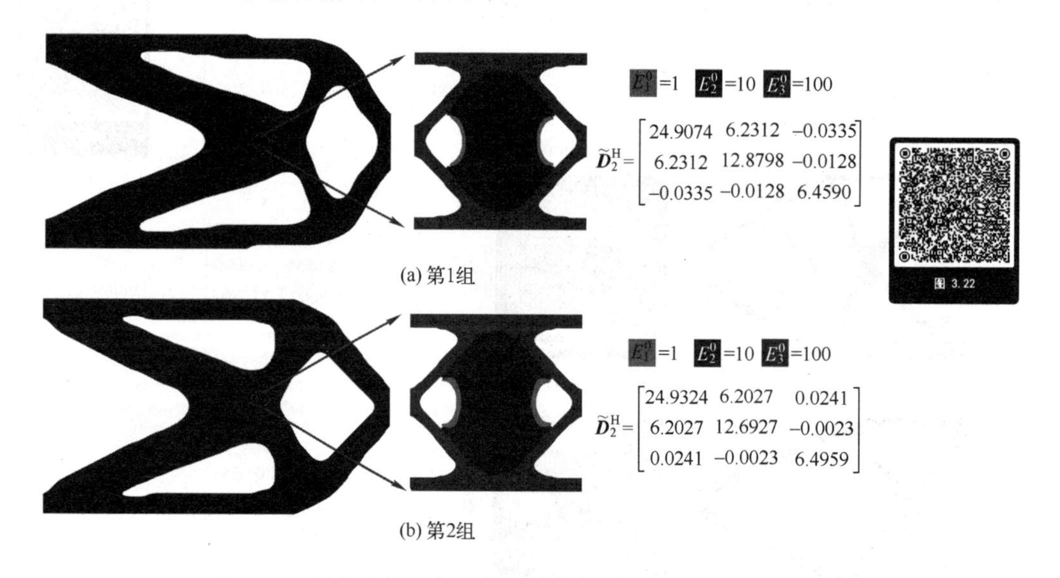

(a) 第1组

(b) 第2组

图 3.22　悬臂梁并发多尺度拓扑优化设计结果

在图 3.22 中可以观察到，获得的两种拓扑构型非常相似。图 3.22 中拓扑构型与图 3.15、图 3.17 和图 3.19 中获得的拓扑构型类似。在细观胞元尺度上，材料 1 和 2 分配在中心区域。在宏观结构尺度上，黑色区域填充胞元 2，分布在载荷和支撑区域，以承受载荷和抵抗变形。胞元 1 的材料属性很弱，在多体积约束设置下，最终宏观尺度拓扑构型优化设计结果不包含单胞 1。只有当目标函数与重量或成本相关时，与较弱材料相关的胞元才有可能被选择以设计宏观拓扑。

比较本章方法得到的拓扑优化结果与文献［10］的数值结果可知，本章结果与文献［10］结果的柔度值存在很大差异。文献［10］图 4（a）中的优化结果柔度值分别为 3.216 和 3.299，高于图 3.21 中给出的柔度值 2.3066 和 2.2557，这显示了本章方法的优点。

3.3.2　MBB 梁

第二个算例考虑经典 MBB 梁多尺度拓扑优化问题。MBB 梁的几何形状和载荷条件如图 3.23 所示。设计域尺寸为 5×20（高×长），左右底角固定，中间施加垂直向下的单位载荷。仿真参数与文献［58］5.2 节中的参数相同，宏观尺度设计采用 50×200 有限元网格，细观尺度设计采用 100×100 单元。

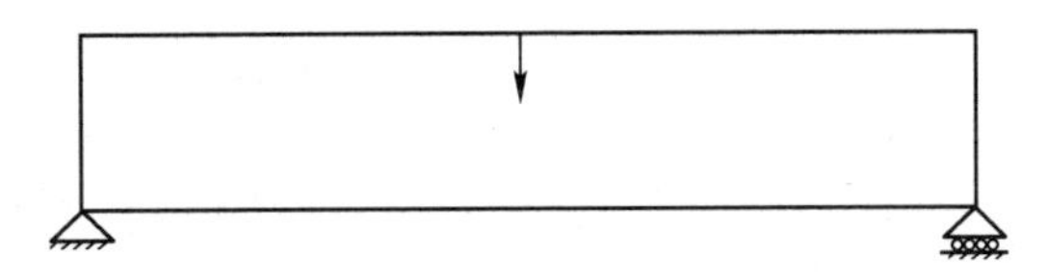

图 3.23　MMB 梁结构的边界和载荷条件

1. 单一材料并发多尺度拓扑优化设计

本节使用单个材料和单个胞元进行多尺度拓扑优化设计，以验证算法的有效性。细观结构基体材料的杨氏模量和泊松比分别为 100 和 0.3，宏观尺度设计施加 $V_1^{\mathrm{mac}} \leqslant 0.5$ 的体积约束，细观尺度使用材料体积上限为 0.5。

由各向异性 Smolyak 多项式展开方法表达宏观尺度拓扑密度场，相应参数设为$\bar{\mu}_1=5$，$\bar{\mu}_2=7$，$\bar{L}=20$，$\bar{M}=60$，$\bar{p}=20$，$\bar{q}=20$，$\bar{T}(\bar{\xi}_1)=40$，$\bar{T}(\bar{\xi}_2)=80$。等几何分析方法节点向量为$\bar{\boldsymbol{U}}_{\bar{\xi}_1}=\{\underbrace{0,0,\cdots,0}_{21},\frac{1}{20},\cdots,\frac{19}{20},\underbrace{1,1,\cdots,1}_{21}\}$和$\bar{\boldsymbol{U}}_{\bar{\xi}_2}=\{\underbrace{0,0,\cdots,0}_{21},\frac{1}{60},\cdots,\frac{59}{60},\underbrace{1,1,\cdots,1}_{21}\}$。细观尺度拓扑密度场相关参数为$\bar{\mu}_1=6$，$\bar{\mu}_2=6$，$\bar{L}=20$，$\bar{M}=20$，$\bar{p}=30$，$\bar{q}=30$，$\bar{T}(\bar{\xi}_1)=50$，$\bar{T}(\bar{\xi}_2)=50$。细观尺度等几何分析节点向量为$\bar{\boldsymbol{U}}_{\bar{\xi}_1}=\{\underbrace{0,0,\cdots,0}_{31},\frac{1}{20},\cdots,\frac{19}{20},\underbrace{1,1,\cdots,1}_{31}\}$和$\bar{\boldsymbol{U}}_{\bar{\xi}_2}=\{\underbrace{0,0,\cdots,0}_{31},\frac{1}{20},\cdots,\frac{19}{20},\underbrace{1,1,\cdots,1}_{31}\}$。宏观和细观尺度设计变量数目分别为$\bar{N}^{\mathrm{mac}}=545$和$\bar{N}^{\mathrm{mic}}=321$，总计$\bar{N}^{\mathrm{mac}}+\bar{N}^{\mathrm{mic}}=866$个优化变量，远小于文献［52］中经典变密度方法的优化变量数 50×200+100×100=20000。

图 3.24 比较了变密度方法与本章方法的数值优化结果。如图 3.24 所示，本章方法经过 352 次迭代，目标函数值收敛于 0.93084，变密度方法目标函数值为 0.93517，两种方法获得的目标函数值差异很小，从而验证了本章方法的有效性。

两种方法得到了相似的细观结构材料分布和宏观尺度拓扑构型。在图 3.24（c）中，顶部中间区域（施加载荷位置）和支撑位置分配细观胞元，最终形成倒 V 形拓扑构型。与变密度方法相比，本章方法得到的拓扑结构极其简单，便于加工制造。此外，在图 3.24 中可观察到，均匀化弹性张量具有对称性，垂直方向刚度远大于水平方向。

2. 多材料并发多尺度拓扑优化设计

为便于比较，参考文献［69］MMB 梁算例，分析二种情况的 MMB 梁多尺度拓扑优化设计问题，第 1、2 种情况宏观尺度拓扑构型设计涉及两个胞元，每个细观结构可使用三种材料。第 1 种情况，单胞 1 和单胞 2 选用的材料弹性模量分别为 $E^0=\{10^{-9},0.001,0.01,0.1\}$ 和 $E^0=\{10^{-9},1,10,100\}$。第 2 种情况，单胞 1 和单胞 2 选用的材料弹性模量分别为 $E^0=\{10^{-9},0.125,0.25,0.5\}$ 和 $E^0=\{10^{-9},1,2,4\}$。对于这两种情况，每个单胞的宏观体积占比小于 50%，细观结构每种材料的最大允许使用体积设为 1/3。对于第 3 组，宏观结构由两个单胞组成，每个细观胞元结构由四种材料组成，单胞 1 和单胞 2 选用的材料弹性模量分别为 $E^0=\{10^{-9},0.125,0.25,0.5\}$ 和 $E^0=\{10^{-9},2,4,8,16\}$。每个单胞的宏观体积约束为 50%，细观结构每种材料的最大允许使用体积为 25%。

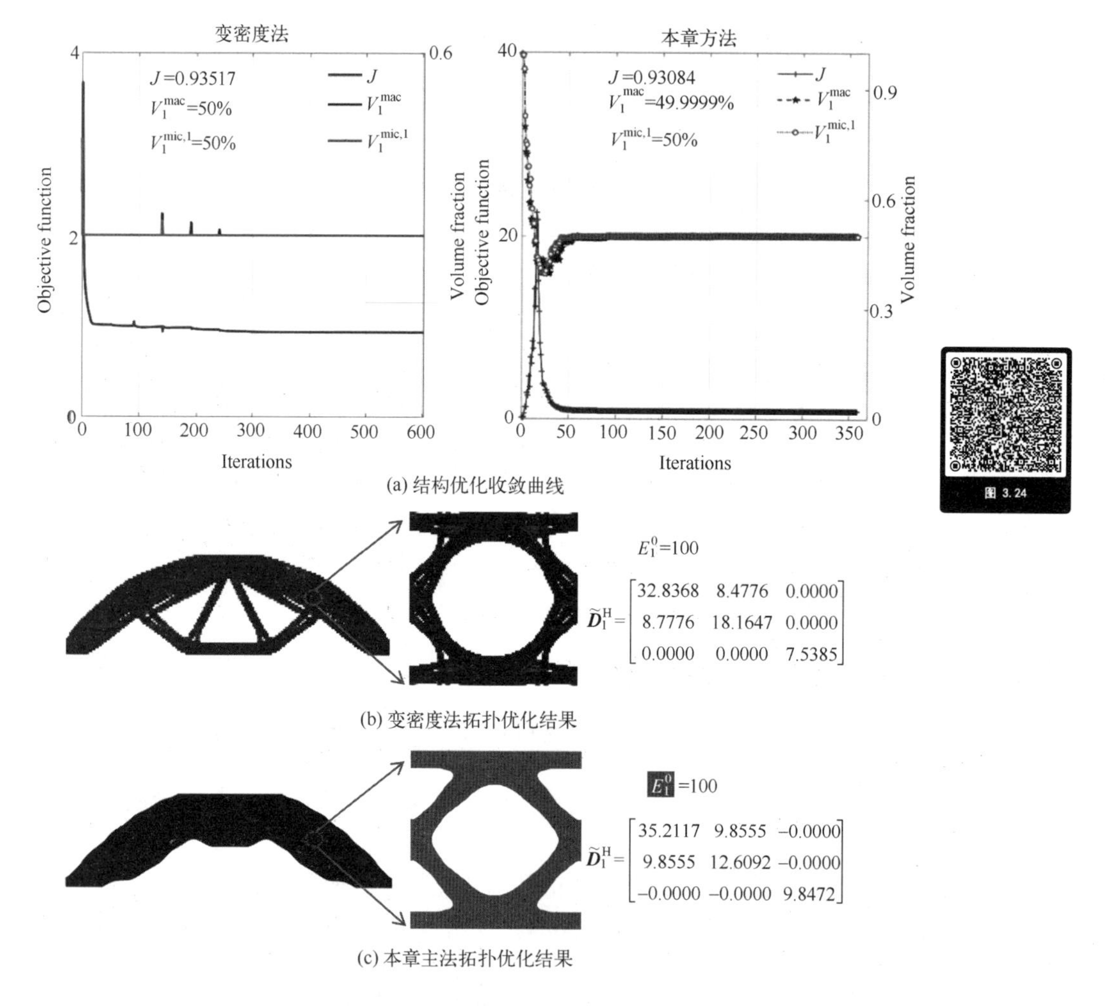

图 3.24　MMB 梁单材料多尺度拓扑优化结果

三种情况最终优化结果如图 3.25、图 3.26 和图 3.27 所示。图中的宏观拓扑构型，浅蓝色、黑色设计域分别被单胞 1、单胞 2 填充。如图所示，在初始优化迭代需要移除材料以满足体积约束，目标函数在 100 次迭代后便稳步降低，随着优化进行，宏观和细观尺度的体积约束得到满足。

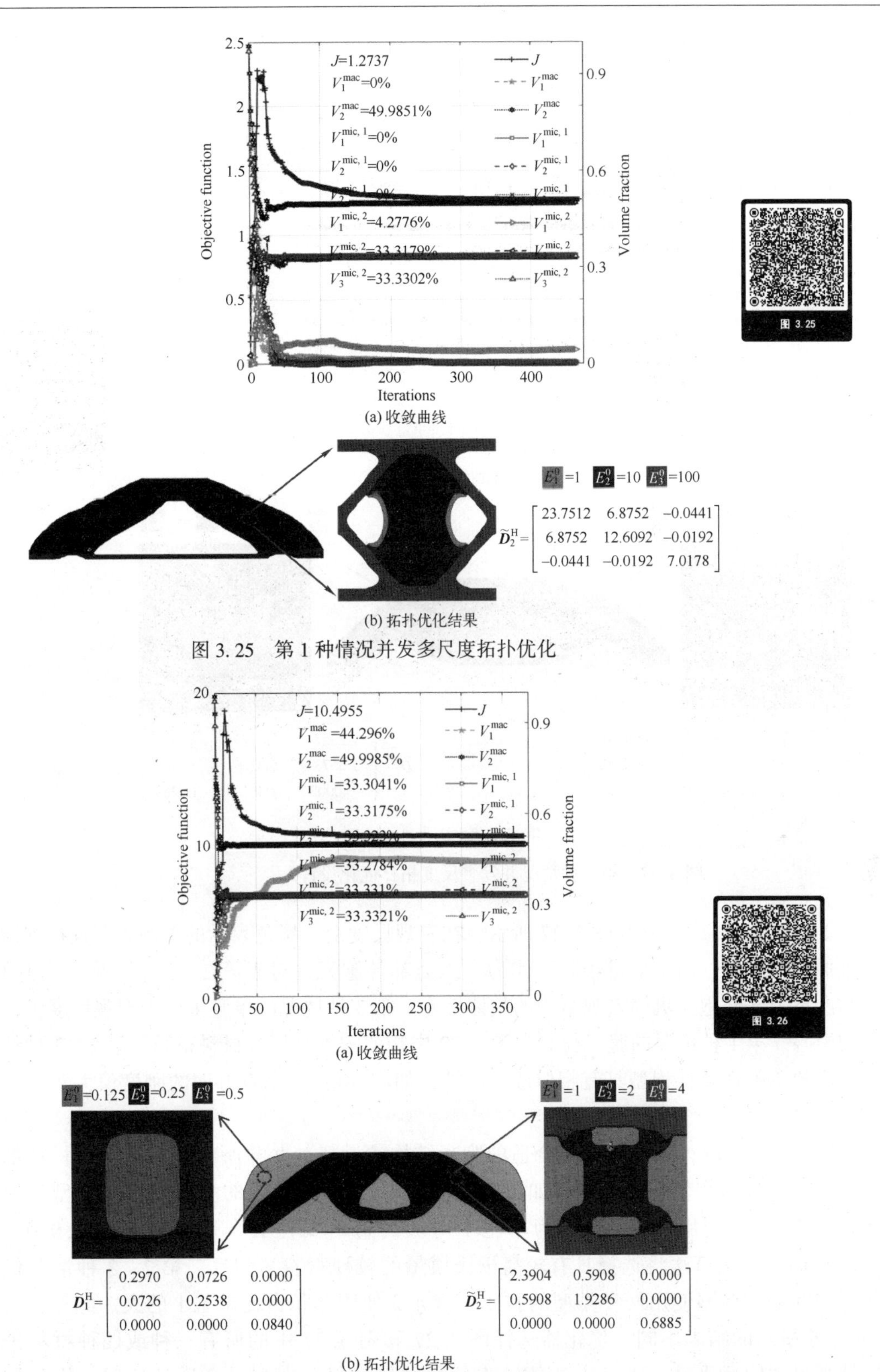

图 3.26　第 2 种情况并发多尺度拓扑优化

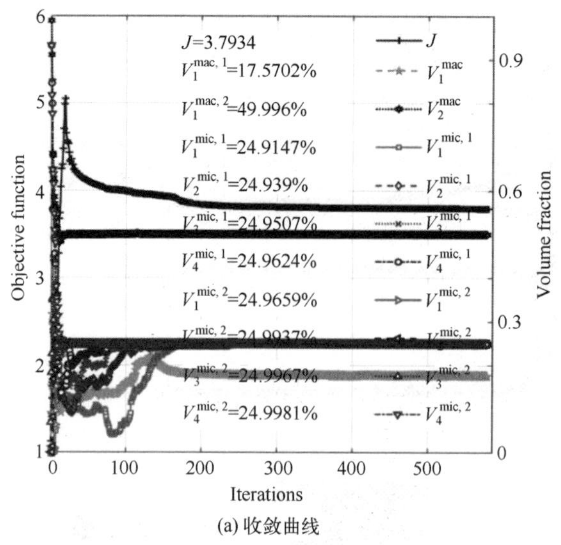

(a) 收敛曲线

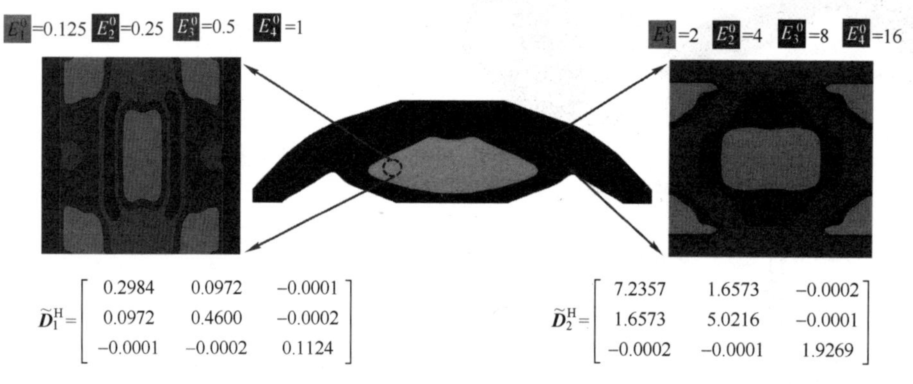

$$\widetilde{\boldsymbol{D}}_1^{\mathrm{H}}=\begin{bmatrix} 0.2984 & 0.0972 & -0.0001 \\ 0.0972 & 0.4600 & -0.0002 \\ -0.0001 & -0.0002 & 0.1124 \end{bmatrix} \qquad \widetilde{\boldsymbol{D}}_2^{\mathrm{H}}=\begin{bmatrix} 7.2357 & 1.6573 & -0.0002 \\ 1.6573 & 5.0216 & -0.0001 \\ -0.0002 & -0.0001 & 1.9269 \end{bmatrix}$$

(b) 拓扑优化结果

图 3.27　第 3 种情况并发多尺度拓扑优化设计

如图 3.25、图 3.26 和图 3.27 所示，在宏观尺度上，黑色表示的单胞 2 布置在支撑和施加载荷区域，由于模量较高而作为主承力部件胞元。对于第 2、3 种情况，单胞 1 作为次承力部件胞元巩固宏观结构的整体性能。第 3 种情况的单胞 1 位于宏观尺度设计域的中心。第 1 种情况的胞元得到与图 3.22 中相似的细观尺度材料布局。第 2、3 种情况获得的单胞 2 拓扑构型具有相似性。此外，如$\widetilde{\boldsymbol{D}}_2^{\mathrm{H}}$ 所示，垂直方向的刚度值大于水平方向。

依据具体情况，优化器选择合适的胞元结构或材料，并非所有胞元结构或材料都会出现在拓扑构型优化结果中。如图 3.25 所示，第 1 种情况的多尺度拓扑构型仅使用单胞 2，并未使用单胞 1，因为单胞 1 对应的材料属性 $E^0=[10-9,0.001,0.01,0.1]$很弱。优化算法将选择具有较高杨氏模量的较硬材料。相反，第 2、3 种情况优化得到的拓扑构型使用两种类型的胞元。胞元 2 使用体积占比单胞 1 的大。此外，与图 3.26 所示的结果不同，优化器选择图 3.27 和图 3.27 中的所有三种或四种材料进行细观尺度胞元设计，本章方法能够将每种候选材料分布在最合适的位置，优化的拓扑构型更简单。

通过比较本章方法与文献［58］的优化结果可知，文献［58］中第1、2、3种情况的目标函数柔度值分别为4.287、32.895和12.201，远高于图3.25、图3.26和图3.27中的目标函数值1.2737、10.4955和3.7934。因此，本章方法能够获得更好的目标函数柔度值。

3.3.3　三维Michell结构

第三个数值算例考虑经典的三维Michell结构，设计域的尺寸、边界条件和施加载荷如图3.28所示，四个底部完全夹紧，垂直向下的单位载荷F作用在顶面的中心，设计域尺寸为20×20×16（长×宽×高），宏观尺度和细观尺度的有限元网格分别为20×20×16和30×30×30。

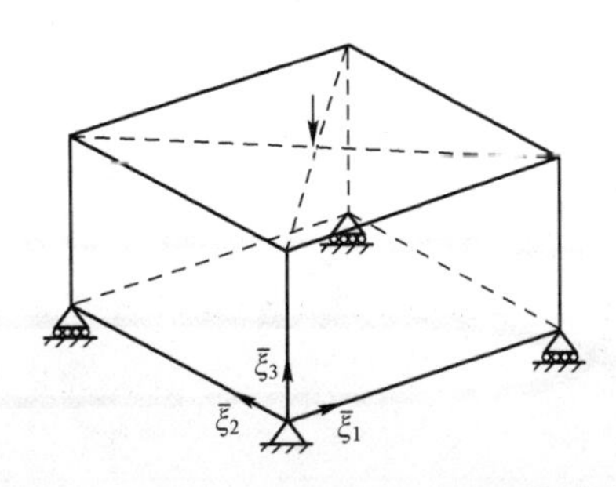

图3.28　三维Michell结构的边界和载荷条件

1. 单一材料并行多尺度拓扑优化设计

首先采用SIMP法验证本章方法在三维结构多尺度拓扑优化设计问题的的可行性。仿真参数与文献［5］5.4节的研究一致，每个宏观有限单元仅填充一个细观结构胞元，在细观尺度胞元中采用$E_1^0=1$、$v=0.3$的基材，宏观和细观胞元体积相关约束分别为20%和30%。细观尺度设计域有限元离散为20×20×20个单元。

在宏观尺度上，采用的仿真参数为$\bar{\mu}_1=5$，$\bar{\mu}_2=5$，$\bar{\mu}_3=4$，$\bar{L}=10$，$\bar{M}=10$，$\bar{N}=8$，$\bar{p}=10$，$\bar{q}=10$，$\bar{r}=10$，$\bar{T}(\bar{\xi}_1)=20$，$\bar{T}(\bar{\xi}_2)=20$，$\bar{T}(\bar{\xi}_3)=18$。等几何分析节点向量为$\bar{\boldsymbol{U}}_{\bar{\xi}_1}=\{\underbrace{0,0,\cdots,0}_{11},\frac{1}{10},\cdots,\frac{9}{10},\underbrace{1,1,\cdots,1}_{11}\}$，$\bar{\boldsymbol{U}}_{\bar{\xi}_2}=\{\underbrace{0,0,\cdots,0}_{11},\frac{1}{10},\cdots,\frac{9}{10},\underbrace{1,1,\cdots,1}_{11}\}$和$\bar{\boldsymbol{U}}_{\bar{\xi}_3}=\{\underbrace{0,0,\cdots,0}_{11},\frac{1}{8},\cdots,\frac{7}{8},\underbrace{1,1,\cdots,1}_{11}\}$。

在细观尺度上，仿真参数设为$\bar{\mu}_1=5$，$\bar{\mu}_2=5$，$\bar{\mu}_3=5$，$\bar{L}=10$，$\bar{M}=10$，$\bar{N}=10$，$\bar{p}=8$，$\bar{q}=8$，$\bar{r}=8$，$\bar{T}(\bar{\xi}_1)=18$，$\bar{T}(\bar{\xi}_2)=18$，$\bar{T}(\bar{\xi}_3)=18$。等几何分析节点向量为$\bar{\boldsymbol{U}}_{\bar{\xi}_1}=\{\underbrace{0,0,\cdots,0}_{9},\frac{1}{10},\cdots,\frac{9}{10},\underbrace{1,1,\cdots,1}_{9}\}$，$\bar{\boldsymbol{U}}_{\bar{\xi}_2}=\{\underbrace{0,0,\cdots,0}_{9},\frac{1}{10},\cdots,\frac{9}{10},\underbrace{1,1,\cdots,1}_{9}\}$和$\bar{\boldsymbol{U}}_{\bar{\xi}_3}=\{\underbrace{0,0,\cdots,0}_{9},\frac{1}{10},\cdots,\frac{9}{10},\underbrace{1,1,\cdots,1}_{9}\}$。

本章宏观和细观设计变量数日为$\bar{N}^{\mathrm{mac}}=\bar{N}^{\mathrm{mic}}=441$，总共需要$\bar{N}^{\mathrm{mac}}+\bar{N}^{\mathrm{mic}}=882$个优化变量。与变密度方法（20×20×16+30×30×30=33400）相比，优化变量的数量大大减少。

应用本章方法得到的数值优化结果如图 3.29 所示，表 3.6 给出了相应的均匀化弹性张量。使用商用软件函数“isocaps”“patch”和“isonormals”绘制拓扑密度场三维视图。为与文献［5］的变密度方法比较，图 3.30 给出了变密度方法的拓扑优化结果，表 3.7 为相应的均匀化弹性张量。

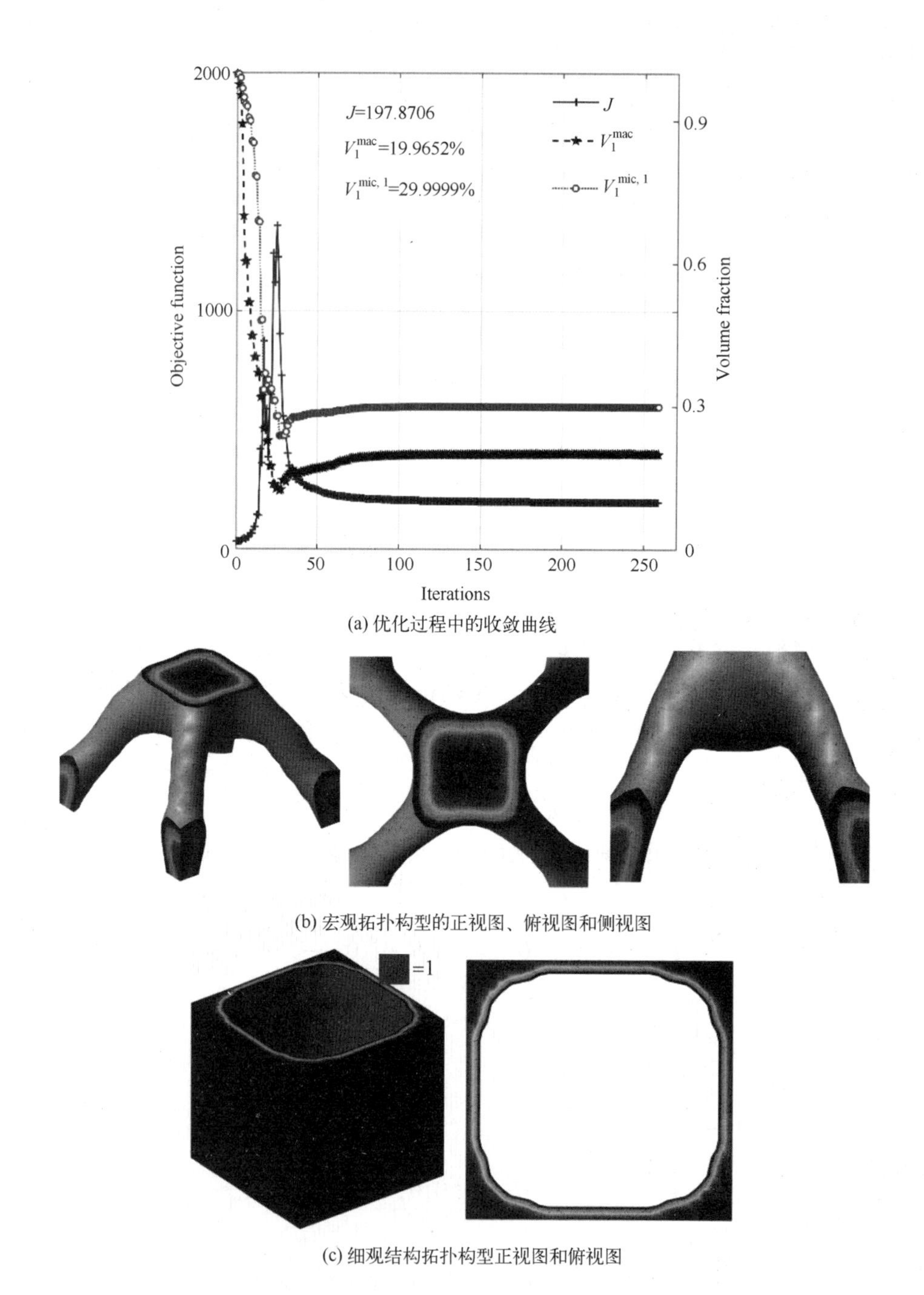

(a) 优化过程中的收敛曲线

(b) 宏观拓扑构型的正视图、俯视图和侧视图

(c) 细观结构拓扑构型正视图和俯视图

图 3.29　本章方法的多尺度优化设计结果

表 3.6　本章方法优化结果对应的均匀化弹性张量

$\widetilde{\boldsymbol{D}}_1^{\mathrm{H}}$					
0.2047	0.0276	0.0585	−0.0003	0.0005	0.0004
0.0276	0.1979	0.0578	−0.0008	0.0011	0.0000
0.0585	0.0578	0.3061	−0.0005	0.0001	0.0002
−0.0003	−0.0008	−0.0005	0.0198	0.0001	0.0002
0.0005	0.0011	0.0001	0.0001	0.0607	−0.0005
0.0004	0.0000	0.0002	0.0002	−0.0005	0.0609

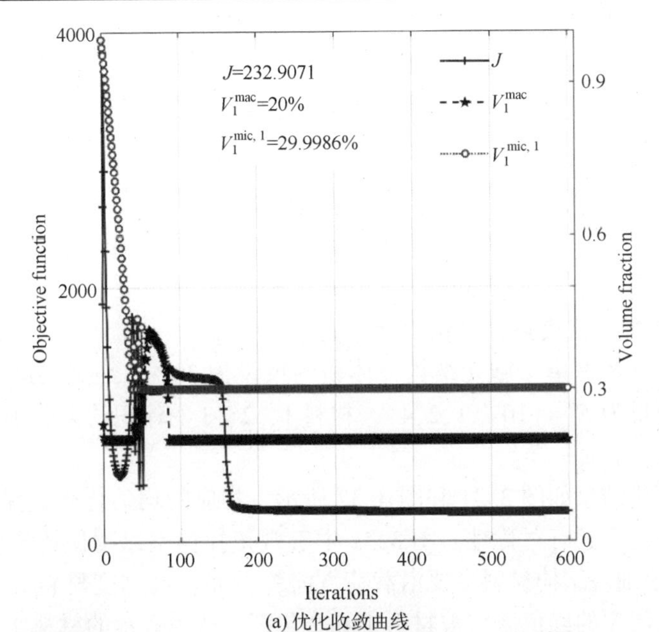

(a) 优化收敛曲线

(b) 宏观拓扑构型的正视图、俯视图和侧视图

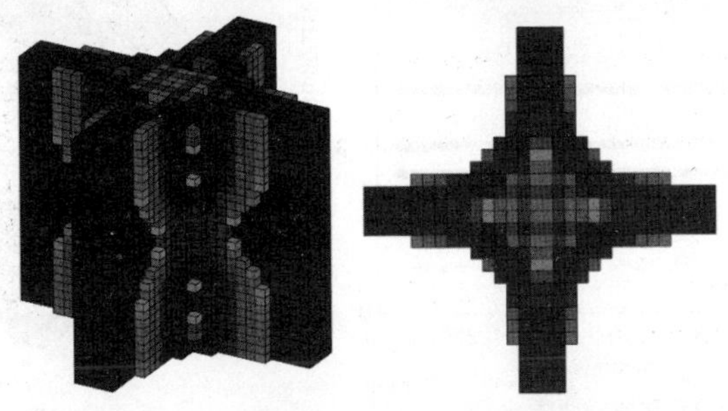

(c) 优化的细观单胞及其俯视图

图 3.30　变密度方法多尺度拓扑优化结果

表 3.7 变密度法优化结果对应的均匀化弹性张量

$\widetilde{\boldsymbol{D}}_1^{\mathrm{H}}$					
0.1466	0.0410	0.0553	0.0000	−0.0000	−0.0000
0.0410	0.1466	0.0553	0.0000	−0.0000	−0.0000
0.0553	0.0553	0.3020	−0.0000	−0.0000	−0.0000
0.0000	0.0000	−0.0000	0.0053	−0.0000	0.0000
0.0000	−0.0000	−0.0000	−0.0000	0.0606	−0.0000
−0.0000	−0.0000	−0.0000	0.0000	−0.0000	0.0606

图 3.29（a）中的结构柔度为 197.8706，远低于变密度法的目标函数值，即图 3.30（a）中的结构柔度值 232.9071，本章方法提供了目标函数性能更好的多尺度设计构型。两种方法获得的宏观尺度拓扑构型非常相似。图 3.30（c）中的固体材料位于细观尺度设计域的中心，而本章方法获得了中心有孔的细观胞元结构，然而，图 3.29（c）中的胞元结构等效于图 3.30（c）。本章方法得到的优化结果与变密度方法优化结果吻合较好，从而验证了本章提出方法的有效性。

2. 多材料并发多尺度拓扑优化设计

此处宏观尺度考虑单个胞元结构，体积约束设为 30%，细观尺度拓扑设计使用三种材料，弹性模量为 $E^0=\{10^{-9},1,2,4\}$，材料 1、2、3 的体积约束分别为 30%、40%和 30%。其他参数与上面一样。

本章方法优化结果如图 3.31 和图 3.32 所示，相应的均匀化张量见表 3.8。由图可知，优化的拓扑构型具有对称性。图 3.31 中宏观拓扑构型以类似椅子的方式支撑整个结构。图 3.32 中细观结构材料主要沿载荷方向$\bar{\xi}_3$ 分布，高刚度材料分配在胞元的中心位置，用材料 3 填充的红色区域被材料 1 和 2 包围，蓝色表示的材料 2 位于四个角，绿色表示的材料 1 嵌入材料 2 中，两种材料交错分布。此外，如表 3.8 所示，均匀化弹性张量$\bar{\boldsymbol{\xi}}_3$ 的方向刚度值大于其他方向，泊松比均为正值。

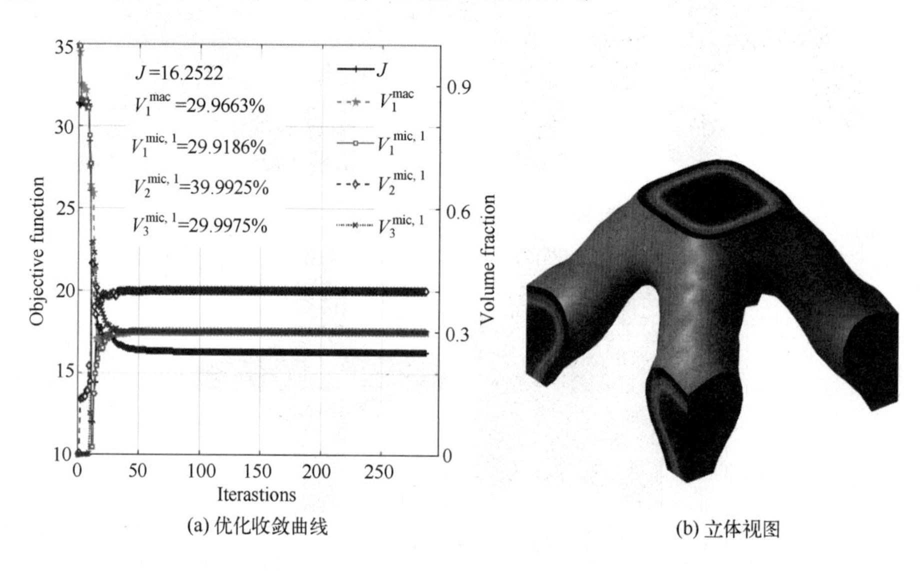

(a) 优化收敛曲线　　(b) 立体视图

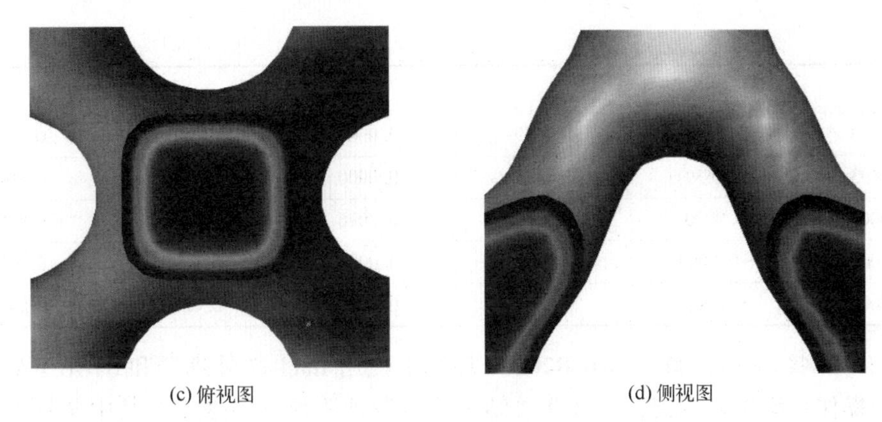

(c) 俯视图　　(d) 侧视图

图 3.31　三维 Michell 结构宏观尺度拓扑优化构型

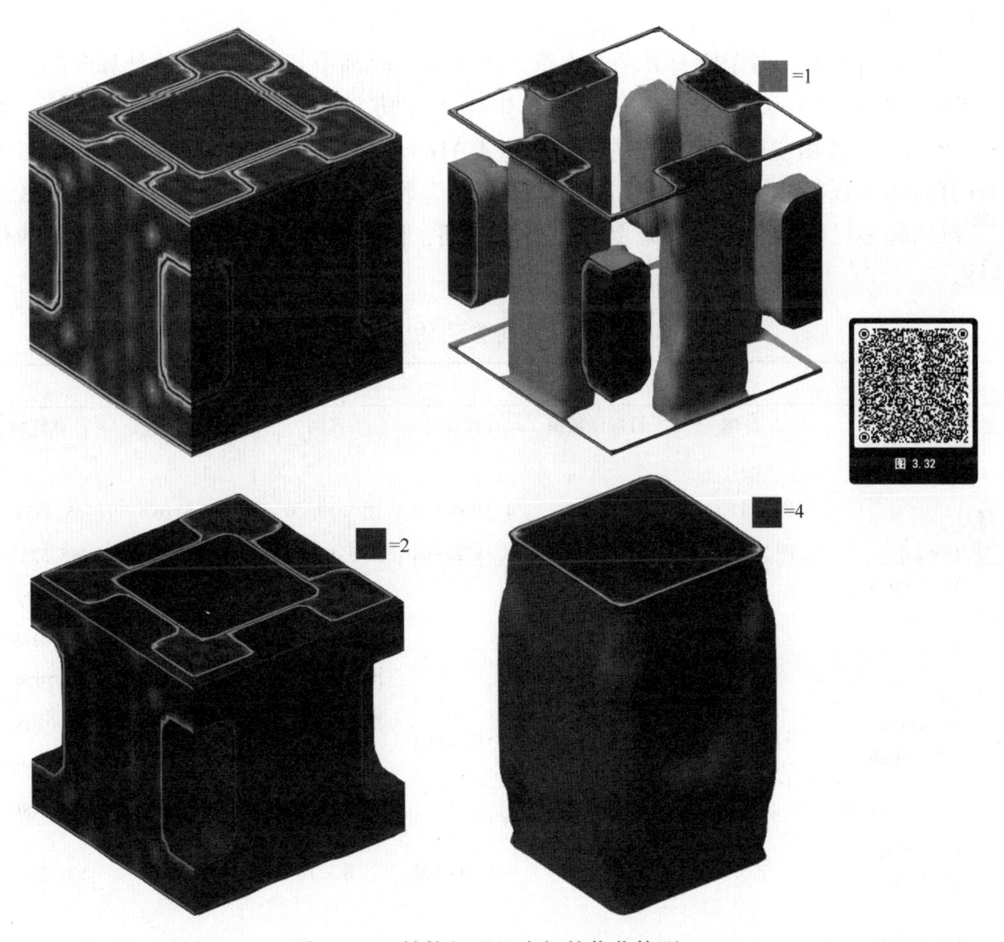

图 3.32　三维 Michell 结构细观尺度拓扑优化构型

表 3.8　本章方法优化结果对应的均匀化弹性张量

$\widetilde{\boldsymbol{D}}_1^{\mathrm{H}}$					
2.5154	1.0266	1.0593	0.0000	0.0000	0.0000

续表

$\widetilde{\boldsymbol{D}}_1^{\mathrm{H}}$					
1.0266	2.5312	1.0639	0.0000	-0.0000	0.0000
1.0593	1.0639	2.8664	0.0000	-0.0000	0.0000
0.0000	0.0000	0.0000	0.7016	0.0000	0.0000
0.0000	-0.0000	-0.0000	0.0000	0.7490	0.0000
0.0000	0.0000	0.0000	0.0000	0.0000	0.7441

所有算例结果均在 MATLAB R2020b 环境下使用 Intel i7 处理器和 64GB RAM 内存的 64 位操作系统仿真得到，表 3.9 总结了所有数值算例计算成本，其中文献［5］中变密度方法的代码从 https://github.com/GabrielJie/Concurrent-topology-optimization-in-Matlab. 下载。

如表 3.9 所示，对于所有算例，本章方法计算时间都小于变密度方法计算时间。当 $V_1^{\mathrm{mac}}=0.5$ 和 $V_1^{\mathrm{mic},1}=0.5$ 时，图 3.5（a）中用本章方法计算的时间为 65.4451s，而图 3.3（a）中使用变密度法计算的时间高达 4.3168×10^3s。本章方法优化二维问题算例的计算时间为数百秒，而变密度方法的运行时间为数千秒。与本章方法相比，变密度法在三维问题多尺度拓扑优化问题上需要更多时间，因此本章提出的方法具有显著的优越性。

表 3.9　使用不同方法的计算成本

	变密度法			本章方法		
悬臂梁	算例	目标函数值	计算耗时	算例	目标函数值	计算耗时
$V^{\mathrm{mac}}=0.5$ $V_1^{\mathrm{mic},1}=0.5$	图 3.11（a）	1.6055	4.3168e+03	图 3.13（a）	1.6116	65.4451
	图 3.15（b）	1.6041	3.3872e+04	图 3.13（b）	1.5819	285.5337
				图 3.13（c）	1.5965	87.7334
				图 3.13（d）	1.5925	288.4169
$V^{\mathrm{mac}}=0.4$ $V_1^{\mathrm{mic},1}=0.6$	图 3.17（a）	1.5333	4.2576e+03	图 3.15（a）	1.4926	76.7929
				图 3.15（b）	1.5869	72.0308
				图 3.15（c）	1.4781	133.5186
				图 3.15（d）	1.5125	103.2486
$V^{\mathrm{mac}}=0.6$ $V_1^{\mathrm{mic},1}=0.4$	图 3.18	1.8385	4.1231e+03	图 3.18	1.9213	83.3259
$V^{\mathrm{mac}}=0.8$ $V_1^{\mathrm{mic},1}=0.2$	图 3.19	3.2724	3.9505e+03	图 3.19	3.55	105.5015
$V^{\mathrm{mac}}=0.2$ $V_1^{\mathrm{mic},1}=0.8$	图 3.20	1.8685	3.3483e+03	图 3.20	1.9937	136.6768
	图 4（a）[10]	3.216		图 3.21（a）	2.3066	412.6843
	图 4（a）[10]	3.299		图 3.21（b）	2.2527	364.3594

续表

	变密度法			本章方法		
	算例	目标函数值	计算耗时	算例	目标函数值	计算耗时
MBB 梁						
	图 3.24	0.93517	5.8292e+03	图 3.24	0.93084	235.3696
	图 8[10]	4.287		图 3.25	1.2737	358.7646
	图 9[10]	32.895		图 3.26	10.4955	297.0844
	图 10[10]	12.201		图 3.26	3.7934	522.71
三维 Michell 结构						
	图 3.30	232.9071	9.0666e+04	图 3.29	197.8706	1.8736e+04
				图 3.31	16.2522	1.3075e+04

二维和三维结构的多尺度拓扑优化算例表明，边界条件、载荷和初始值等对最终优化结果有显著影响，与现有变密度方法相比，本章提出的多材料并发多尺度方法需要的优化变量非常少，能够选择最合适的材料布局以达到最佳目标函数性能。

3.4　本章小结

本章提出一种单一连续变量映射多个离散材料属性的多材料并发多尺度优化方法。利用 Smolyak 方法参数化拓扑密度场，阶梯形式插值模型表示为连续罚 Heaviside 函数与相应的材料属性组合形式，从而建立了拓扑密度场与物理参数场函数映射关系。进一步将均匀化的弹性属性嵌入宏观尺度阶梯形插值模型，形成嵌套形式多尺度拓扑优化插值模型，最终实现在宏观尺度上利用单个连续优化变量优化选择多个细观胞元。将宏细观尺度 Smolyak 系数作为优化变量以驱动结构边界演化，利用宏细观特征函数可方便施加与单个胞元或材料相关的体积约束。最后，通过三个数值算例验证本章方法的有效性。

与现有的多尺度拓扑优化方法相比，本章方法具有以下优点：

（1）只需要少量的 Smolyak 系数便可表征多材料多尺度结构拓扑密度场。

（2）利用单个连续优化变量表征多种材料离散属性，本章方法设计变量数量与使用材料/胞元的数量无关。提出的阶梯形多材料插值模型避免使用复杂的多变量插值方案来表达拓扑密度场，它不需要增加优化变量的数量。相反，现有方法的优化变量的数量与使用的材料和胞元的数量相关，增加细观胞元或材料的数量会导致大量优化变量。

（3）可以利用特征函数施加宏细观尺度上任意数量的体积约束，类似水平集方法一样可通过特征函数直接获得清晰的结构边界信息。

本章方法为求解大规模多材料多尺度结构拓扑优化设计问题提供了新的途径。

参考文献

[1] Jia J, Da D, Loh C L, et al. Multiscale topology optimization for non-uniform microstructures with hybrid

cellular automata [J]. Structural and Multidisciplinary Optimization, 2020, 62: 757-770.

[2] Xia L, Breitkopf P. Recent advances on topology optimization of multiscale nonlinearstructures [J]. Archives of Computational Methods in Engineering, 2017, 24: 227-249.

[3] Cai J, Wang C, Fu Z. Robust concurrent topology optimization of multiscale structure under single or multiple uncertain loadcases [J]. International Journal for Numerical Methods in Engineering, 2020, 121 (7): 1456-1483.

[4] Luo Y, Chen W, Liu S, et al. A discrete-continuous parameterization (DCP) for concurrent optimization of structural topologies and continuous materialorientations [J]. Composite Structures, 2020, 236: 111900.

[5] Gao J, Luo Z, Xia L, et al. Concurrent topology optimization of multiscale composite structures in Matlab [J]. Structural and Multidisciplinary Optimization, 2019, 60: 2621-2651.

[6] Yan X, Xu Q, Hua H, et al. Concurrent optimization of macrostructures and material microstructures and orientations for maximizing naturalfrequency [J]. Engineering Structures, 2020, 209: 109997.

[7] Zhao J, Yoon H, Youn B D. An efficient concurrent topology optimization approach for frequency responseproblems [J]. Computer Methods in Applied Mechanics and Engineering, 2019, 347: 700-734.

[8] Zhao J, Yoon H, Youn B D. Concurrent topology optimization with uniform microstructure for minimizing dynamic response in the time domain [J]. Computers & Structures, 2019, 222: 98-117.

[9] Xu L, Cheng G. Two-scale concurrent topology optimization with multiple micro materials based on principal stressorientation [J]. Structural and Multidisciplinary Optimization, 2018, 57: 2093-2107.

[10] Da D C, Cui X Y, Long K, et al. Concurrent topological design of composite structures and the underlying multi-phase materials [J]. Computers & Structures, 2017, 179: 1-14.

[11] Liu P, Kang Z, Luo Y. Two-scale concurrent topology optimization of lattice structures with connectablemicrostructures [J]. Additive Manufacturing, 2020, 36: 101427.

[12] Li H, Luo Z, Gao L, et al. Topology optimization for concurrent design of structures with multi-patch microstructures by levelsets [J]. Computer Methods in Applied Mechanics and Engineering, 2018, 331: 536-561.

[13] Gao J, Luo Z, Li H, et al. Topology optimization for multiscale design of porous composites with multidomain microstructures [J]. Computer Methods in Applied Mechanics and Engineering, 2019, 344: 451-476.

[14] Liao H. A single variable-based method for concurrent multiscale topology optimization with multiplematerials [J]. Computer Methods in Applied Mechanics and Engineering, 2021, 378: 113727.

[15] Keshavarzzadeh V, Fernandez F, Tortorelli D A. Topology optimization under uncertainty via non-intrusive polynomial chaosexpansion [J]. Computer Methods in Applied Mechanics and Engineering, 2017, 318: 120-147.

[16] Ortigosa R, Ruiz D, Gil A J, et al. A stabilisation approach for topology optimisation of hyperelastic structures with the SIMPmethod [J]. Computer Methods in Applied Mechanics and Engineering, 2020, 364: 112924.

[17] Russ J B, Waisman H. A novel elastoplastic topology optimization formulation for enhanced failure resistance via local ductile failure constraints and linear bucklinganalysis [J]. Computer Methods in Applied Mechanics and Engineering, 2021, 373: 113478.

[18] Stegmann J, Lund E. Discrete material optimization of general composite shellstructures [J]. International Journal for Numerical Methods in Engineering, 2005, 62 (14): 2009-2027.

[19] Gao T, Zhang W. A mass constraint formulation for structural topology optimization with multiphase ma-

terials [J]. International Journal for Numerical Methods in Engineering, 2011, 88 (8): 774-796.

[20] Gao T, Xu P, Zhang W. Topology optimization of thermo-elastic structures with multiple materials under massconstraint [J]. Computers & Structures, 2016, 173: 150-160.

[21] Pizzolato A, Sharma A, Maute K, et al. Multi-scale topology optimization of multi-material structures with controllable geometric complexity: Applications to heat transfer problems [J]. Computer Methods in Applied Mechanics and Engineering, 2019, 357: 112552.

[22] Zhang Y, Xiao M, Li H, et al. Multiscale concurrent topology optimization for cellular structures with multiple microstructures based on ordered SIMPinterpolation [J]. Computational Materials Science, 2018, 155: 74-91.

[23] Li H, Luo Z, Xiao M, et al. A new multiscale topology optimization method for multiphase composite structures of frequency response with levelsets [J]. Computer Methods in Applied Mechanics and Engineering, 2019, 356: 116-144.

[24] Zhao X U, Zhang W, Ying Z, et al. Multiscale topology optimization using feature-drivenmethod [J]. Chinese Journal of Aeronautics, 2020, 33 (2): 621-633.

第 4 章　失谐叶盘结构动力学优化设计

在航空航天领域广泛存在着周期对称结构，例如航空发动机叶盘结构以及大型发电机组中旋转结构等。理论上，这种周期对称结构各子结构的物理性质是协调一致的，这类谐调周期对称结构的振型表现为节径振动，会产生频率转向现象，即系统固有频率轨迹随着系统节径数变化先集聚但不交叉，然后分离。但在实际叶盘结构中，加工误差、使用磨损、外物损伤等因素导致各子结构之间的物理属性存在微小差异，这种微量差异称为失谐[1]。失谐破坏了结构的周期对称性，使得振动能量集中在若干少数叶片上，导致模态振型或叶片振动响应产生局部化，而振动局部化是叶片产生高周疲劳破坏的主要原因，所以研究失谐振幅放大的基本机制，预测并控制失谐叶盘结构最大振动响应幅值，对于抑制叶盘结构失谐的消极影响及设计具有失谐鲁棒性的叶盘结构具有重要意义，本章研究失谐不确定对叶盘结构振动响应的影响，以及控制失谐影响的方法。

4.1　失谐叶盘结构模态局部化[2]

失谐周期结构中存在的振动局部化现象通常包含两个方面：一是由失谐周期结构固有特性反映出的模态局部化，二是由结构的响应特性反映出的振动传递局部化。由于振动模态与振动响应关系密切，因此研究失谐叶盘振动模态对于研究叶盘结构的振动响应和高周疲劳失效是很重要的。失谐后，叶盘结构的模态振型往往会有很大的改变，某些叶片的振动幅值会大大高于其他叶片，导致振动局部化，叶片上过早地出现高周疲劳破坏，因此，必须建立一套完整的研究方法，有效地对失谐引发的局部化程度进行计算、分析和评价，并最终通过输入指标（如失谐量和失谐形式等）快速、准确地预估失谐结构的振动局部化水平。目前，对于失谐周期结构模态局部化的定量描述，学者们提出了多种思路和方法。例如，王建军课题组[3-5]基于实际叶盘结构失谐振动模态局部化的基本特性和物理含义，提出了描述模态局部化程度的多种评价指标，即叶片模态位移、模态应力、模态应变能局部化因子等；Klauke 等[6]基于失谐模态的节径成分定义了评价模态局部化程度的局部化因子；杨智春等[7-8]给出了 T 尾结构模态峰值振幅比等 4 种模态局部化判据。

本节基于遗传算法和序列二次规划混合算法，提出确定失谐叶盘结构最坏状态模态局部化的方法，通过数值算例揭示失谐叶盘结构模态局部化的内在规律。

4.1.1　结构模态局部化优化问题描述

叶盘系统无阻尼自由振动方程为

$$M\ddot{q}+Kq=0 \tag{4.1}$$

式中：$\boldsymbol{M}$、$\boldsymbol{K}$、$\boldsymbol{q}$ 分别为叶盘系统的质量矩阵、刚度矩阵和位移向量，假设叶盘系统以频率 ω 振动，则式（4.1）可转化为

$$(\boldsymbol{K}-\omega^2\boldsymbol{M})\boldsymbol{q}=0 \tag{4.2}$$

上述方程可化为典型的特征值问题：

$$(\boldsymbol{A}-\lambda\boldsymbol{I})\boldsymbol{q}=0 \tag{4.3}$$

式中：$\boldsymbol{I}$ 为单位矩阵，$\boldsymbol{A}=\boldsymbol{M}^{-1}\boldsymbol{K}$，$\lambda=\omega^2$。

引入失谐变量来模拟叶盘结构的失谐现象：

$$\begin{gathered} v^{(k)}(i)=(1-\xi_v(k)+2\cdot\xi_v(k)\cdot v_{\text{ran}}^{(k)}(i))v_{\text{int}}^{(k)}(i) \\ (i=1,2,\cdots,N,k=1,2,\cdots,M) \end{gathered} \tag{4.4}$$

式中：$v^{(k)}(i)$表示第 k 类结构参数第 i 个元素；$v_{\text{ran}}^{(k)}(i)$表示第 k 类失谐第 i 个失谐变量，取值区间为$(0,1)$；$\xi_v(k)$表示第 k 类失谐所有失谐变量的失谐强度；$v_{\text{int}}^{(k)}(i)$表示第 k 类谐调结构参数第 i 个元素；M 表示失谐参数类型的数目。

根据式（4.1）~式（4.4），寻求失谐叶盘最大模态幅值（模态局部化最坏程度）可转化为下述非线性优化问题：

$$\begin{gathered} \max_{1\leqslant j\leqslant Nm}\|\boldsymbol{q}^j\|_\infty=\max f(v_{\text{ran}}) \\ \text{s.t}\quad \begin{array}{c} v_{\text{ran}}^{(k)}(i)\in[0,1] \\ (i=1,2,\cdots,N,k=1,2,\cdots,M) \end{array} \end{gathered} \tag{4.5}$$

式中：$\|\cdot\|_\infty$表示向量的无穷泛数；Nm 表示考虑的模态数目；$\boldsymbol{v}_{\text{ran}}$表示所有失谐变量构成的向量。即失谐叶盘最大的模态幅值可表示为仅与 $\boldsymbol{v}_{\text{ran}}$ 相关的函数。

遗传算法的收敛速度较慢，而 SQP 方法易陷入局部极值且对初始点敏感，因此本节采取遗传算法全局搜索和序列二次规划方法局部寻优的混合优化方法[9-10]求解式（4.5）。首先运用遗传算法优化求解产生一个全局近似解，以此为初值。SQP 算法进行局部精细搜索。如果 SQP 算法优化解没有达到给定精度，则采用遗传算法和 SQP 算法交替进行寻优，这样互以对方优化结果作为自己初始值或初始群体反复交替寻优，直至达到所给定的精度为止。在整个搜索进程中，一方面由遗传算法保证学习的全局收敛性，避免陷入局部最优，克服 SQP 算法对初始值的依赖性；另一方面与 SQP 算法的融合也克服了单纯使用遗传算法所产生的随机性和概率性问题，有助于降低寻优时间，提高搜索效率和解的质量。具体算法原理流程可参考文献［9-10］。

4.1.2　失谐叶盘结构模态局部化及其影响因素

为说明本节方法的可行性，采用文献［11-12］中的典型叶盘结构，图 4.1 为典型叶盘结构两自由度集中参数模型，扇区的两个自由度 x_b 和 x_d 分别表示叶片和轮盘振动，m_b 和 m_d，k_b 和 k_d 分别表示等效质量和等效刚度，下标 b 和 d 分别代表叶片和轮盘，而 k_c 表示各扇区间的耦合刚度。考虑的模型仿真参数如表 4.1 和表 4.2 所示，与这两个表对应谐调系统固有频率特性的详细讨论可参考文献［2］。

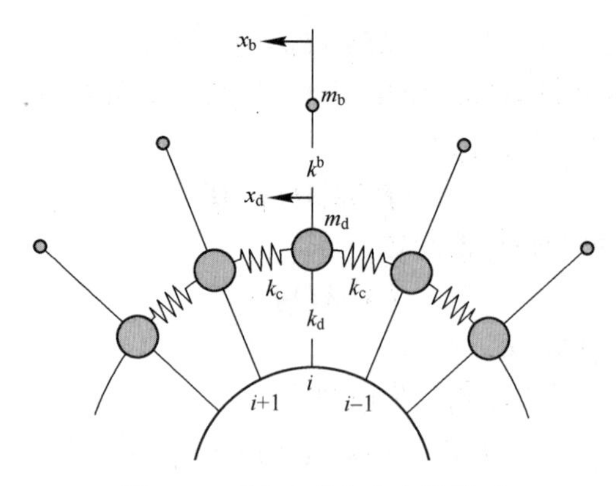

图 4.1　两自由度集中参数模型

表 4.1　模型仿真参数

模型	N	$k_c/(\mathrm{N}\cdot\mathrm{m}^{-1})$	m_d/kg	$k_d(\mathrm{N}\cdot\mathrm{m}^{-1})$	$k_b/(\mathrm{N}\cdot\mathrm{m}^{-1})$	m_b/kg
64A	64	1673834.7	0.10125	36.779	36778.6	0.028125
64B	64	8369638	0.50625			
64C	64	16739500	1.0125			
64D	64	16738347	0.10125			

表 4.2　模型仿真参数

参数	m_b	m_d	c_t	k_b	k_d	k_c	F_o	E	N
值	1	426	0.005	1	1.1	493	1	9	56

由叶盘结构振动理论可知，谐调系统的模态振型是谐和变化的，即叶片的振幅呈现正弦或余弦波的变化形式，这种模态振型是循环周期结构性质所决定的，系统模态的振动能量在叶盘上的分布呈现规律性的均匀分布形式，没有模态局部化现象发生，这种谐和的模态振型不会随耦合条件的变化而发生改变。图 4.2 为表 4.1 所示谐调系统的固有特性及频率响应曲线。由图可知，在较低阶频率范围内存在着密集的模态，在此频率区间很容易导致失谐周期结构的模态局部化。基于 4.1.1 节的方法，考虑 k_b 参数不确定，图 4.3 给出了表 4.1 五种不同参数模型的最坏情形失谐模式和相应的局部化模态，由图可知，系统的各阶模态表现出了很强的模态局部化，只有一个叶片的振动位移很大，而其他叶片的振动位移均相对较小，系统模态振型中的振动能量大部分集中在一个叶片上。

以往的研究表明，弱耦合是造成失谐叶盘系统模态局部化的必要条件，但是从图 4.3 可知，事实并非如此。五种叶盘系统均表现出很强的模态局部化，叶盘系统的局部化模态对失谐高度敏感，最坏失谐模式中以某个叶片为中心类似对称分布，而在相应的最坏失谐局部化振型中这个叶片的振动幅值则远远大于其他叶片，在与最大振动幅值的叶片距离较远的叶片振动幅值则以指数形式衰减，其振动幅值很小。如果叶盘系统的激振频率接近这种局部化模态所对应的频率，那么在叶盘系统的振动响应中将会激起这种局部化的主导模态，从而极有可能导致叶盘结构的高周疲劳破坏，严重影响发动机的安全可靠运转。

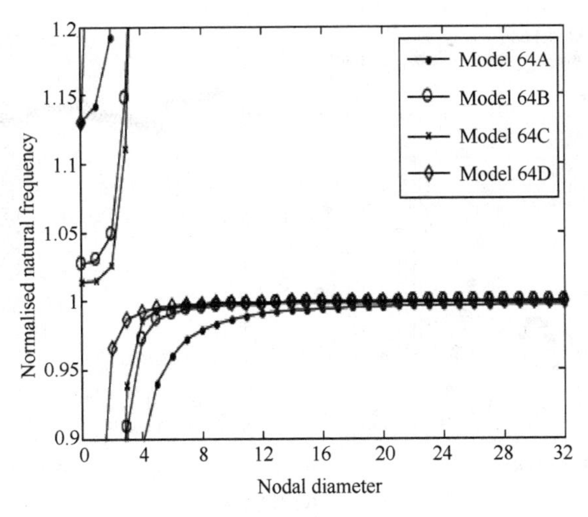
Model 64A
Model 64B
Model 64C
Model 64D
Normalised natural frequency
Nodal diameter

图 4.2　频率节径图

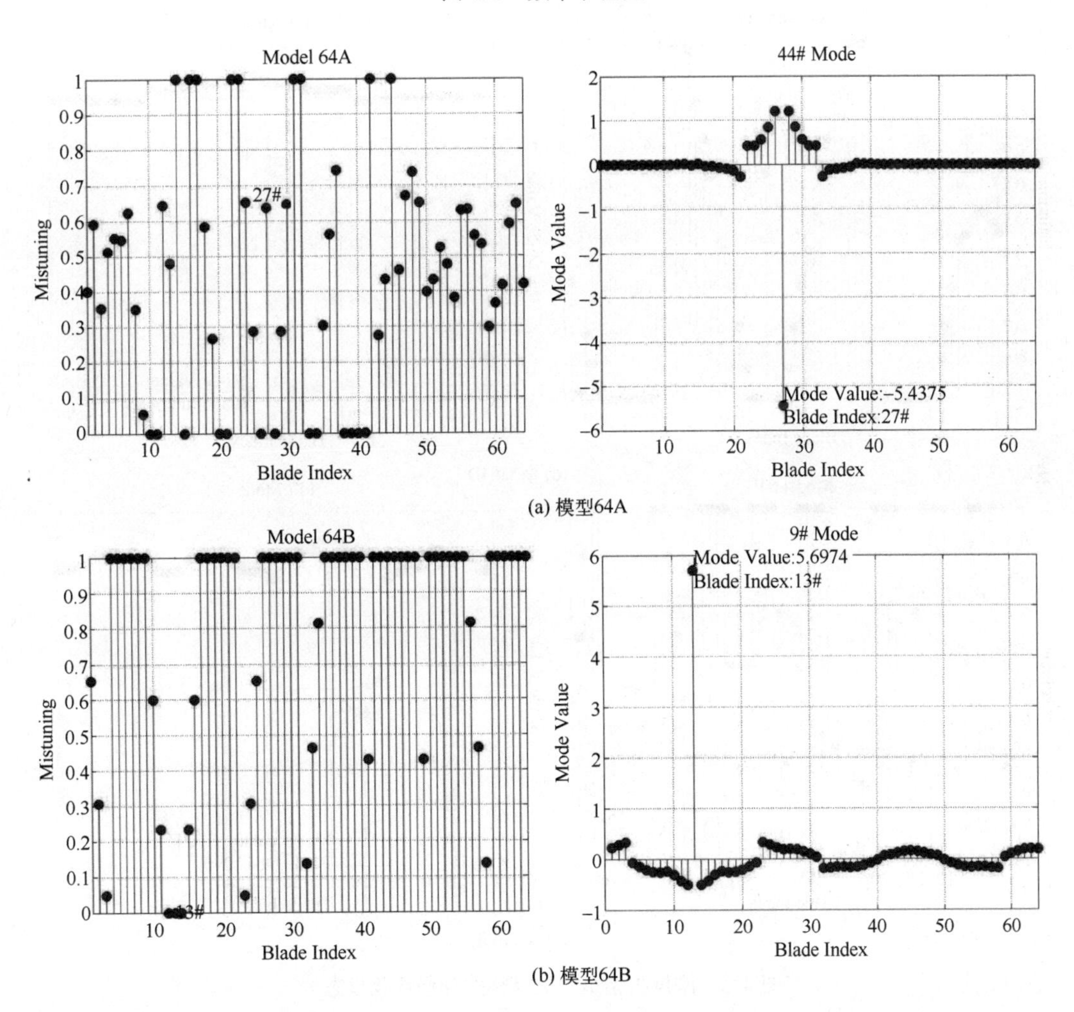
Model 64A
Mistuning
Blade Index
27#
44# Mode
Mode Value
Mode Value:−5.4375
Blade Index:27#
(a) 模型64A
Model 64B
9# Mode
Mode Value:5.6974
Blade Index:13#
(b) 模型64B

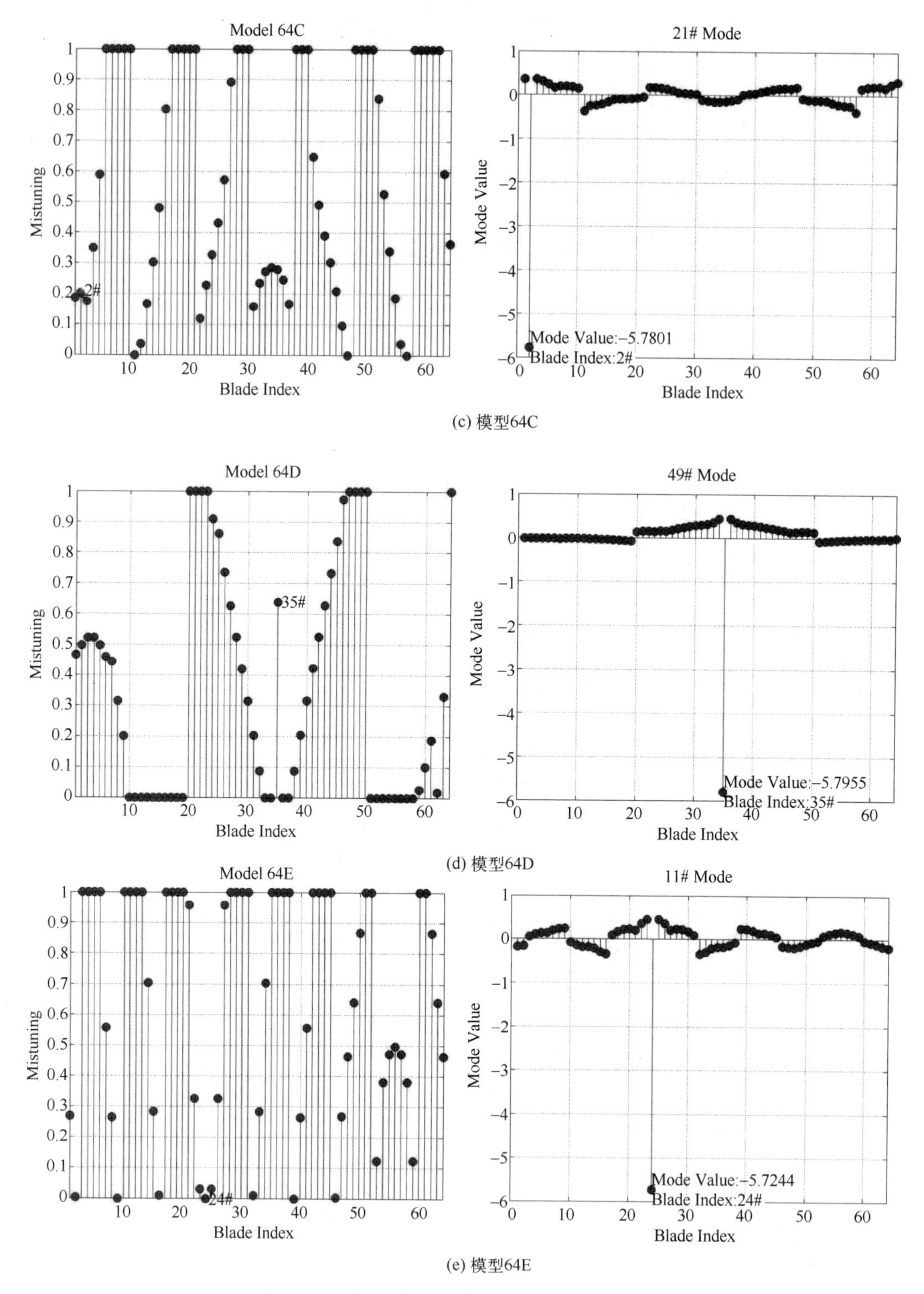

(c) 模型64C

(d) 模型64D

(e) 模型64E

图 4.3　刚度失谐最坏失谐模式和局部化模态

图 4.4 给出了表 4.2 所示谐调系统频率节径图，可在图中明显看出在 9 阶激励阶次出现频率转向现象，图中水平曲线上的模态为叶片主导的模态，表示结构应变能主要在叶片上，因此节径数的增加对叶盘模型的固有频率影响较小，而图中的斜线上的模态为轮盘模态主导的模态，表示系统应变能主要在轮盘上，节径数的增加会改变轮盘的刚度，因此对整个叶盘的固有频率影响较大。

考虑 k_b 参数不确定，运用 4.1.1 节的方法优化得到模态局部化最坏失谐模式如图 4.5 所示，从失谐变量分布可知，29#叶片的叶片刚度失谐变量值为 0，其余失谐变量值以 29#叶片为中心类似对称分布，除标注序号外的叶片失谐变量值都为 1。由图 4.6 给出的局部化模态（依模态幅值大小降序排列）可以看出，在 18 阶模态 29#叶片处出现了非常强烈的振动模态局部化，其幅值为 1，其余叶片模态幅值为 0。通过观察可发现：①失谐变量值对称出现，以 29#叶片为对称中心，每间隔两个叶片出现一对类似对称的失谐变量值，例如失谐变量值介于 0.1 和 0.2 之间的 19#和 39#叶片；②在模态局部化程度严重的模态中，出现叶片振动局部化的叶片正是失谐变量值对称出现的叶片。

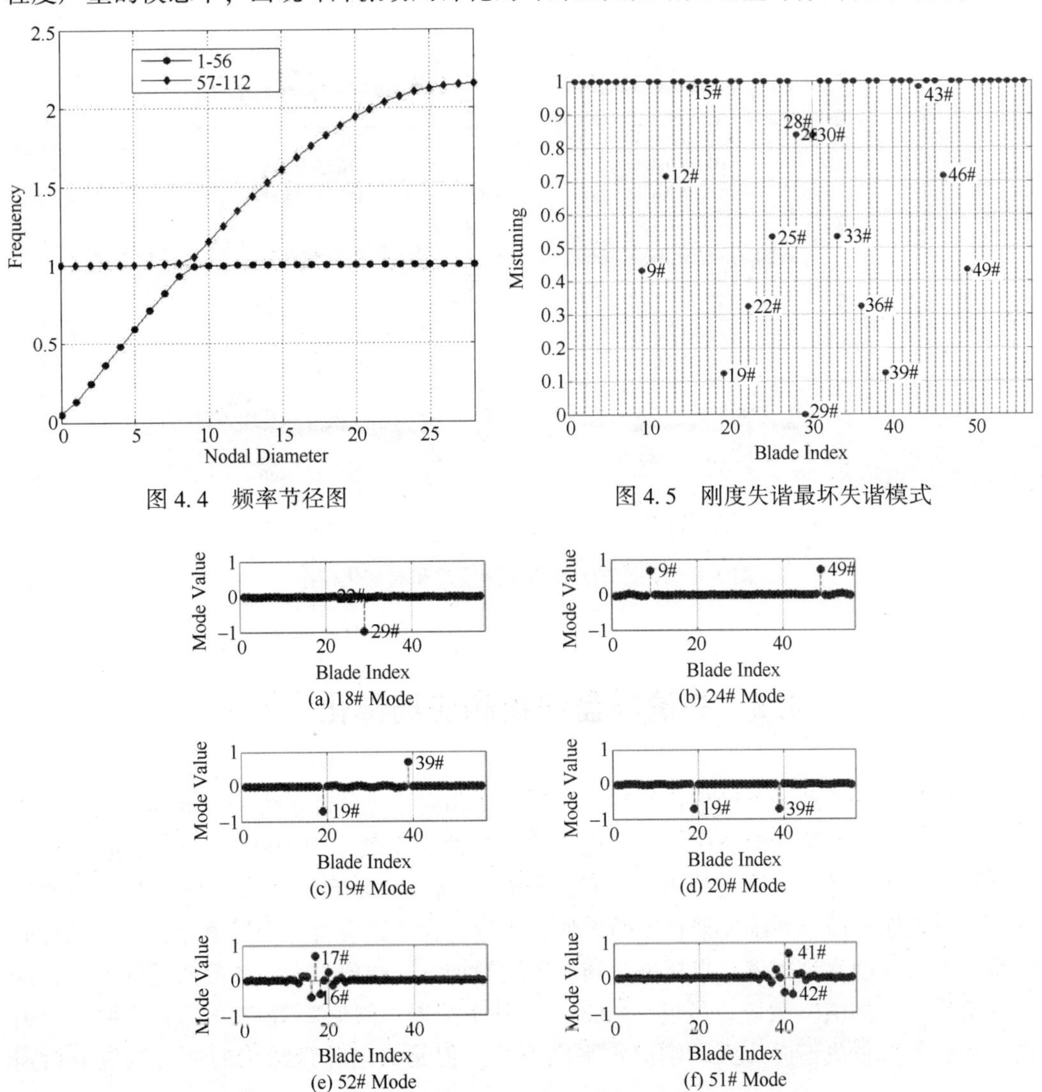

图 4.4　频率节径图

图 4.5　刚度失谐最坏失谐模式

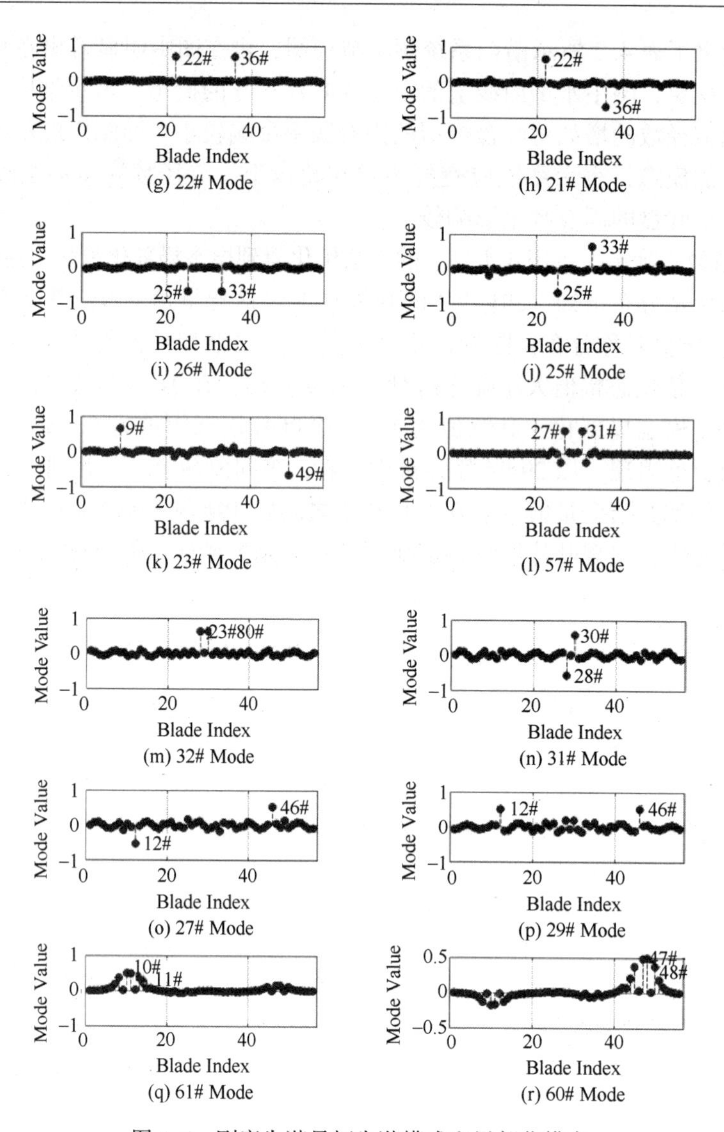

图 4.6 刚度失谐最坏失谐模式和局部化模态

4.2 失谐叶盘结构响应局部化[9-10]

为定量描述振动响应局部化的程度，通常将相同工况条件下失谐叶盘结构与相应谐调系统最大叶片共振峰值的比值定义为失谐幅值放大系数。因为叶片失谐的随机特征，所以通常采用统计方法研究失谐对叶盘结构振动响应的影响。文献［13］等应用统计方法研究表明，随着系统失谐程度的增加，幅值放大系数会有一个峰值存在，与此对应的系统失谐程度称为阈值，当超过此阈值继续增加时，幅值放大，系数却逐渐下降，这种现象称为“阈值”效应。最近，Nikolic[14]基于失谐“阈值”效应研究了运用“大失谐”的思想降低失谐叶片振动响应水平的方法。但是失谐叶盘结构的动力响应分析需消耗昂贵的计算资源，特别是在叶盘结构设计阶段，蒙特卡罗方法并非是失谐振动响应分析的有效方法。

由于失谐的敏感性，寻找最坏的失谐模式是非常有用的，因为它涉及在失谐叶盘结构参数不确定空间中搜寻最大的叶片响应，它提供了在叶盘设计阶段对失谐敏感度和可靠性评价的手段，然而需深入研究导致较高叶片振动响应的失谐模式对系统振动特性（如振型等）的影响，从而为叶盘设计提供有益的参考价值。

国外学者在确定失谐叶片最大的幅值放大系数方面做了很多研究，得到与考虑模型相关的不一致结论。例如，Whitehead[15-17]指出具有 N 个叶片的叶盘结构的最大失谐幅值放大系数小于$(1+\sqrt{N})/2$，而 Han 和 Xiao 等[18-19]给出了与 Whitehead 上界估计公式不一样的结果。Keynon 等[20-22]分析了频率转向对失谐强迫响应幅值的影响，指出当谐调系统模态阻尼变化时最大失谐幅值放大系数大于 Whitehead 系数并以实验证实。

大量研究致力于运用数值方法有效精确预测叶片最大的失谐幅值放大系数。例如 Petrov 和 Ewins[23]利用基于敏感度系数的优化方法寻求与最坏失谐模式对应的失谐叶片最大的振动响应幅值。因为周期结构的对称性，叶片最大的幅值响应应为所有叶片振幅的无穷范数；Sinha[24]运用幅值向量的无穷范数和优化方法计算了叶片的最大失谐幅值放大系数；Rotea 和 D'Amato[9]则使用线性矩阵不等式分析了最大幅值放大系数的上下界。上述这些研究有各自的假定和局限，都没有从根本上解决叶盘结构的最大失谐幅值放大系数及相应最坏失谐模式的确定问题。

综上所述，为研究叶盘结构的最大失谐强迫响应幅值及最坏失谐模式，本节提出设置失谐变量为优化变量，叶片的最大失谐振动响应幅值为目标函数，运用遗传算法和序列二次规划混合算法确定叶片的最大失谐强迫响应幅值及相应最坏失谐模式的通用方法。研究典型叶盘结构集中参数模型谐调系统不同参数失谐时的最大失谐幅值放大系数及最坏失谐模式，分析叶片质量、刚度和阻尼单独失谐的失谐敏感度曲线，通过数值算例验证本节方法的有效性并揭示失谐对叶盘结构振动的影响规律。

4.2.1　优化问题描述

失谐叶盘结构的运动方程可表述为

$$\boldsymbol{M}\ddot{\boldsymbol{q}}(t)+\boldsymbol{D}\dot{\boldsymbol{q}}(t)+\boldsymbol{K}\boldsymbol{q}(t)=f(t) \tag{4.6}$$

式中：$\boldsymbol{M}$、$\boldsymbol{C}$、$\boldsymbol{K}$ 分别表示质量、阻尼、刚度矩阵；$f(t)$ 为激励力。激励力分量具有如下形式：

$$f_i=f_o\mathrm{e}^{\mathrm{j}(\phi_i+\omega t)},\quad i=1,2,\cdots,N \tag{4.7}$$

式中：第 i 个叶片的相位 ϕ_i 表示为

$$\phi_i=2\pi E(i-1)/N,\quad i=1,2,\cdots,N \tag{4.8}$$

式中：E 为激励阶次。

设 $\boldsymbol{q}(t)=\boldsymbol{A}\mathrm{e}^{\mathrm{j}\omega t}$，代入得位移响应幅值向量

$$\boldsymbol{A}=(-\omega^2M+\mathrm{j}\omega C+K)^{-1}f_A$$

$$
= \begin{bmatrix} \boldsymbol{Z}_1 & \boldsymbol{Y} & \boldsymbol{0} & \cdots & \boldsymbol{0} & \boldsymbol{Y}^{\mathrm{T}} \\ \boldsymbol{Y}^{\mathrm{T}} & \boldsymbol{Z}_2 & \boldsymbol{Y} & \boldsymbol{0} & \cdots & \boldsymbol{0} \\ & \ddots & \ddots & \ddots & & \\ & & \ddots & \ddots & \ddots & \\ \boldsymbol{0} & \cdots & \boldsymbol{0} & \boldsymbol{Y}^{\mathrm{T}} & \boldsymbol{Z}_{N-1} & \boldsymbol{Y} \\ \boldsymbol{Y} & \boldsymbol{0} & \cdots & \boldsymbol{0} & \boldsymbol{Y}^{\mathrm{T}} & \boldsymbol{Z}_N \end{bmatrix}^{-1} \cdot f_A = \boldsymbol{T}^{-1} f_A \tag{4.9}
$$

式中：$f_A = f_0[\exp(\mathrm{j}\phi_1), \exp(\mathrm{j}\phi_2), \cdots, \exp(\mathrm{j}\phi_N)]^{\mathrm{T}}$；$\boldsymbol{Z}_i$为描述叶盘结构单个扇区的动力特性矩阵；$\boldsymbol{Y}$为扇区间耦合矩阵。不同模型的$\boldsymbol{Z}_i$和$\boldsymbol{Y}$具有特定的形式。

引入失谐变量来模拟叶盘结构的失谐现象，表示为

$$
v_i = (1 - \xi_v + 2 \cdot \xi_v \cdot v_{\mathrm{ran},i}) v_{\mathrm{tune},i}, \quad i = 1, 2, \cdots, N \tag{4.10}
$$

式中：$v_{\mathrm{ran},i}$表示模拟失谐的变量，取值区间为$(0,1)$；$v_{\mathrm{tune},i}$表示确定性结构参数；ξ_v为失谐强度上界。当$v_{\mathrm{ran},i}=0.5$时，$v_i = v_{\mathrm{tune},i}$，表示谐调结构。

综合式（4.6）~式（4.10），寻求叶片最大位移幅值响应可转化为下述非线性优化问题：

$$
\max_{v_{\mathrm{ran}}, \omega} \| \boldsymbol{A} \|_{\infty} = \| \boldsymbol{T}^{-1} f_A \|_{\infty} \tag{4.11}
$$

式中：$\boldsymbol{v}_{\mathrm{ran}}$表示不确定向量，激励频率上下界分别为$\omega^-$，$\omega^+$。

优化问题式（4.11）。可表述为给定优化变量的上下界优化求解叶片最大的失谐幅值响应，而最大位移幅值响应可表示为与失谐变量向量，失谐强度上界向量，频率相关的函数。为分析最大的失谐振动幅值响应对失谐程度的灵敏程度。考虑叶片刚度失谐，定义边界集合Γ：

$$
\Gamma = [0,1]^N \times [\omega_{\min}, \omega_{\max}] \subseteq \mathbb{R}^{N+1} \tag{4.12}
$$

则优化问题式（4.11）的优化空间可表示为：

$$
\Omega(\bar{\boldsymbol{\xi}}_u) = \Gamma \times [\boldsymbol{0}, \bar{\boldsymbol{\xi}}_u] \subseteq \mathbb{R}^{N+2} \tag{4.13}
$$

给定失谐强度$\bar{\boldsymbol{\xi}}_u^1$，$\bar{\boldsymbol{\xi}}_u^2$并满足

$$
\bar{\boldsymbol{\xi}}_u^1 < \bar{\boldsymbol{\xi}}_u^2 \tag{4.14}
$$

式（4.11）描述的优化问题为在给定的优化空间内寻找优化变量的最优值。假定$\boldsymbol{x}_1$和$\boldsymbol{x}_2$分别为优化空间$\Omega(\bar{\boldsymbol{\xi}}_u^1)$与$\Omega(\bar{\boldsymbol{\xi}}_u^2)$的优化解。注意到式（4.14），从数学优化角度上讲，优化空间$\Omega(\bar{\boldsymbol{\xi}}_u^2)$应包含优化解$\boldsymbol{x}_1$，即

$$
\boldsymbol{x}_1 \in \Omega(\bar{\boldsymbol{\xi}}_u^1) \subseteq \Omega(\bar{\boldsymbol{\xi}}_u^2) \subseteq \mathbb{R}^{N+2} \tag{4.15}
$$

式（4.15）是失谐灵敏度分析的关键表达式。优化解$\boldsymbol{x}_2$的优化空间包含$\boldsymbol{x}_1$，因而优化方法能在优化空间$\Omega(\bar{\boldsymbol{\xi}}_u^2)$得到优化解$\boldsymbol{x}_1$，从而得到

$$
f(\boldsymbol{x}_1) \leqslant f(\boldsymbol{x}_2) \tag{4.16}
$$

给定失谐程度集合点，利用优化方法求解得到失谐叶片的最大幅值响应，从而得到失谐叶片最大幅值与失谐强度关系曲线，即失谐灵敏度曲线。式（4.16）表明叶片最大的失谐幅值响应随着失谐程度增大而增大。

为解释以上分析，考虑单自由度振动系统的频率响应函数：

$$\frac{1}{-\omega^2 m_{\text{tun}}+\mathrm{i}\omega c_{\text{tun}}+k} \tag{4.17}$$

式中：m_{tun}，c_{tun}分别为单自由度系统谐调质量与阻尼；k 表示具有谐调刚度值为 k_{tun}的不确定刚度。根据式（4.10），k 可表示为

$$k=(1-\xi_u+2\cdot\xi_u\cdot v_{mt})k_{\text{tun}} \tag{4.18}$$

显然式（4.17）所表示的单自由度系统最大振动幅值响应取决于变量 ξ_u、v_{mt}和 ω，这些变量所构成的优化空间可由图 4.7 表示，由图可知优化空间 $\Omega(\bar{\xi}_u^2)$包含$\Omega(\bar{\xi}_u^1)$，即式（4.15）成立，运用优化方法便可得到式（4.16）。

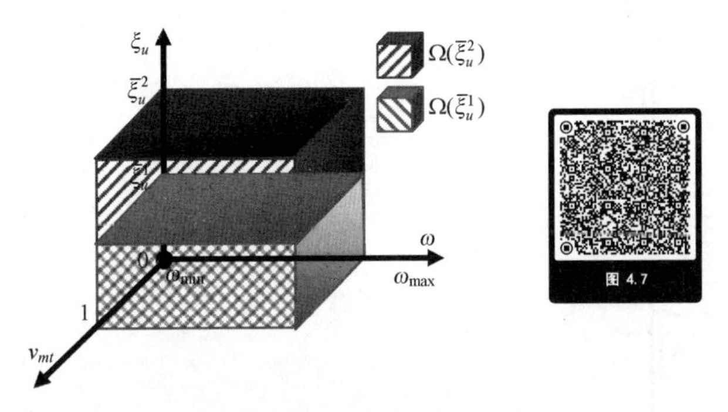

图 4.7　失谐优化空间几何解释

4.2.2　单级失谐叶盘结构响应局部化

下面利用式（4.11）研究两自由度、多级叶盘集中参数模型在不同参数失谐下的失谐最大幅值响应及影响因素。图 4.8 和表 4.2 所示叶盘谐调系统的频响曲线如图 4.8 所示，由图可知，系统具有两个明显的共振峰值。

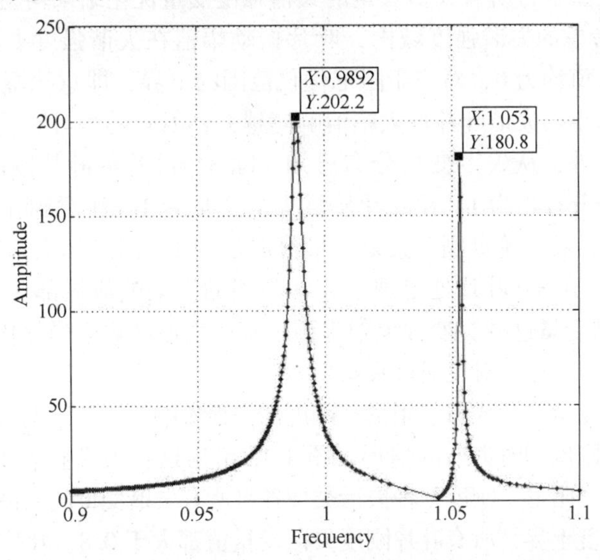

图 4.8　两自由度模型谐调系统特性频率响应曲线

为研究失谐的各种影响因素，考虑如下三种情况：

1）叶片质量、阻尼、刚度和轮盘质量、刚度及耦合刚度同时失谐

运用的 GA-SQP 混合算法中遗传算法相关参数设置如下：选用无回放余数随机选择，非均匀算术交叉和高斯变异算子，精英保留策略，群体规模设为 30，最大进化代数为 200，交叉概率与变异概率分别为 0.8 和 0.05。考虑的频率介于 $0.85\omega_r$ 和 $1.15\omega_r$，ω_r 为谐调系统最大的共振峰值频率，并在失谐分析中以 ω_r 为基准频率定义无量纲频率，失谐强度上界均取为 5%。图 4.9 给出了最大失谐幅值放大系数收敛曲线。

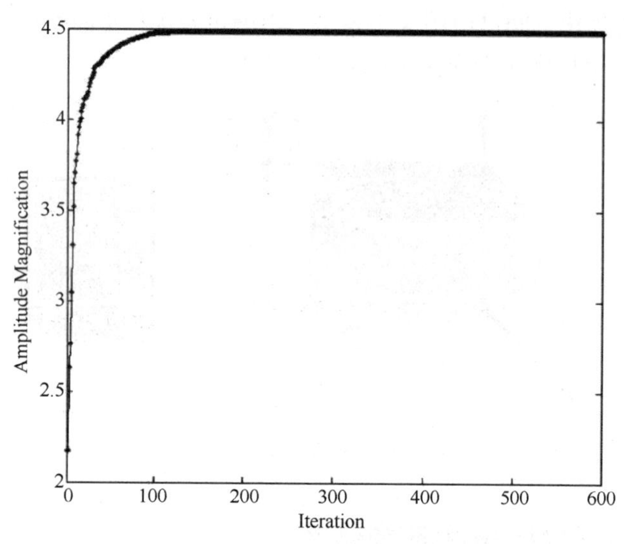

图 4.9　最大幅值系数收敛曲线

图 4.10 显示了叶片质量、阻尼、刚度和轮盘质量、刚度及耦合刚度同时失谐确定最大幅值系数的优化结果，由图可知，叶片质量、叶片阻尼、叶片刚度、轮盘质量、轮盘刚度五种失谐类型各自所有失谐变量的失谐强度变量优化结果均为给定的失谐强度上界 0.05，说明在考虑的失谐强度域内，叶片振动幅值在失谐强度上界处取得极值。而叶片阻尼失谐变量值均为 0，对应于阻尼优化范围的下界，即意味着在失谐叶盘幅值放大效应中，阻尼越小，失谐叶片最大幅值响应越大，因而增大阻尼能有效降低失谐叶片强迫响应幅值。此外，从失谐变量分布可知，除 34#叶片的叶片刚度失谐变量值介于 0.6~0.7 外，其余分量均为 1，而叶片质量失谐变量为 1，注意到在 34#叶片处轮盘质量失谐变量为 0，相反，轮盘刚度失谐变量值取值为 1，由最坏失谐模式频率响应三维特性图 4.11 可知，在 34#叶片处出现了非常强烈的振动响应局部化，其幅值放大系数高达 4.4814，失谐变量这种突变现象似乎预示着产生振动响应局部化的内在相关性。

2）叶片质量、阻尼、刚度同时失谐

为了从细观上研究叶片质量、阻尼、刚度的失谐影响，研究了两自由度集中参数模型叶片质量、阻尼、刚度同时失谐的情形，图 4.12 给出这种失谐状态下的最坏失谐模式，由图可知叶片质量、阻尼、刚度三种失谐类型各自所有失谐变量的失谐强度变量优化结果均为给定的失谐强度上界，所有叶片刚度失谐变量值都大于 0.8，叶片阻尼失谐变量值均为 0，并且从图中可清晰发现叶片质量失谐变量值在 56#位置发生突变，由图 4.13 所示最坏失谐模式三维频率响应特性可知，在 56#叶片出现了很明显的振动响应局部化现象。这种失谐变量值突变与振动响应局部化直接关联现象，本书称之为“失谐跳变-局部化”。

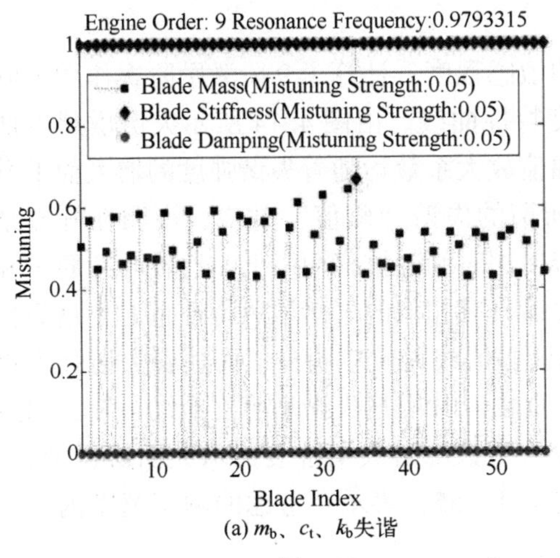

(a) m_b、c_t、k_b失谐

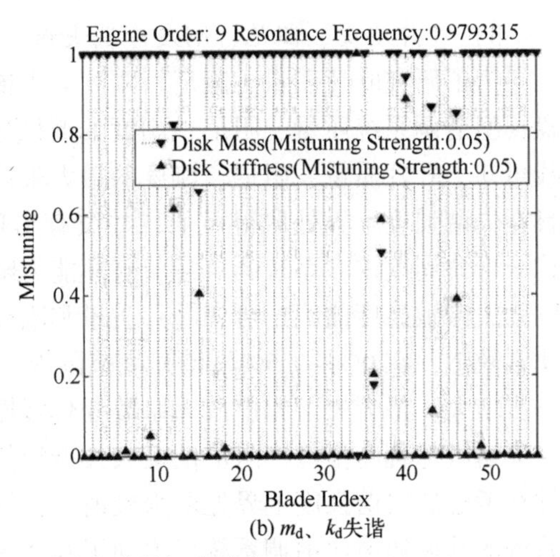

(b) m_d、k_d失谐

图 4.10　m_b、c_t、k_b、m_d、k_d 同时失谐最坏失谐模式

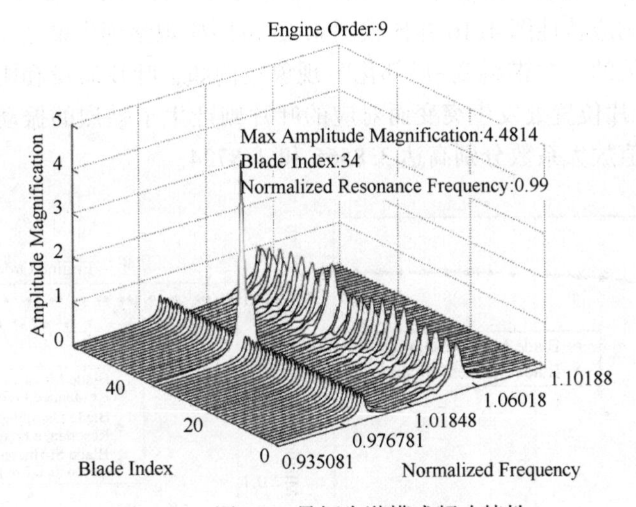

图 4.11　图 4.10 最坏失谐模式频响特性

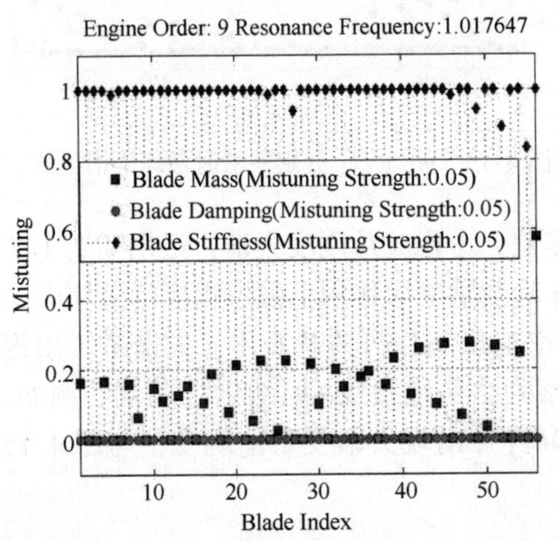

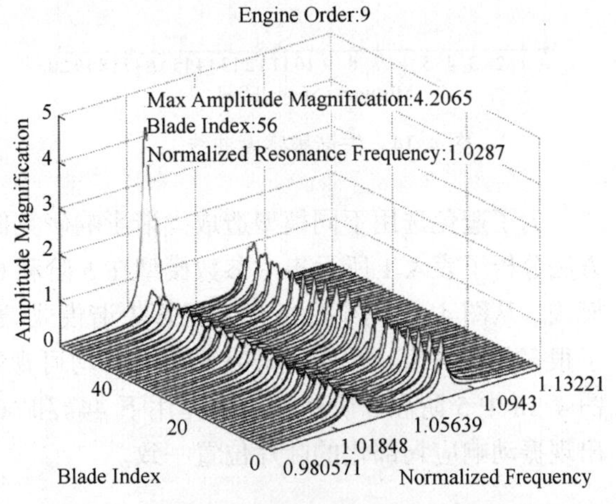

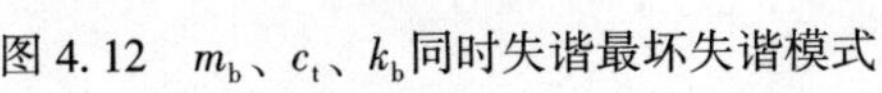
图 4.12　m_b、c_t、k_b同时失谐最坏失谐模式

图 4.13　图 4.12 最坏失谐模式对应的频响特性

3）叶片质量、阻尼、刚度分别失谐

为了研究叶片质量、阻尼、刚度对失谐的敏感程度，计算了 9 阶激励阶次作用下叶盘模型谐调系统质量、阻尼、刚度失谐敏感度特性曲线。由图 4.14 所示失谐敏感度曲线可知，叶片质量、阻尼、刚度的最大失谐幅值放大系数均随着失谐强度的增大而上升且在失谐强度上界处取得极值，并没有出现所谓的失谐“阈值”效应，说明在叶盘结构全寿命周期内，系统的抗疲劳破坏能力随着使用时间的推移而降低。比较叶片质量和刚度失谐敏感度曲线，可知叶片质量和刚度失谐具有相似的失谐敏感特性且对小量失谐非常敏感，在 0%~1.5%失谐强度范围内，失谐幅值放大效应明显，而随着失谐强度进一步增大，最大失谐幅值放大系数变化缓慢。而由叶片阻尼失谐敏感度曲线可知，阻尼对失谐敏感程度很低，阻尼的最大失谐幅值放大系数随着失谐强度的增大而缓慢增长，并在考虑的失谐强度上界处取得极值，其值仅为 1.055，表示在考虑的频率范围内失谐系统的共振幅值比谐调系统仅增加了 0.055 倍。

考虑叶片质量、阻尼、刚度分别失谐时系统的最坏失谐模式如图 4.15 所示，由最坏失谐模式频率响应特性图 4.16 并比较图 4.15 可同样观察到失谐变量值突变与振动响应局部化直接相关的“失谐跳变-局部化”现象。例如，叶片质量和刚度失谐变量值分别在 28#和 13#叶片位置处发生突变而对应的叶片则产生了强烈的振动响应局部化，相应的最大失谐幅值放大系数分别高达 3.8565 和 3.8724。

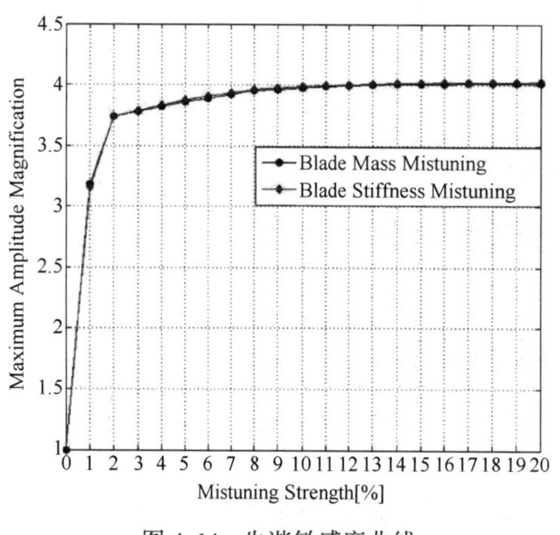

图 4.14　失谐敏感度曲线

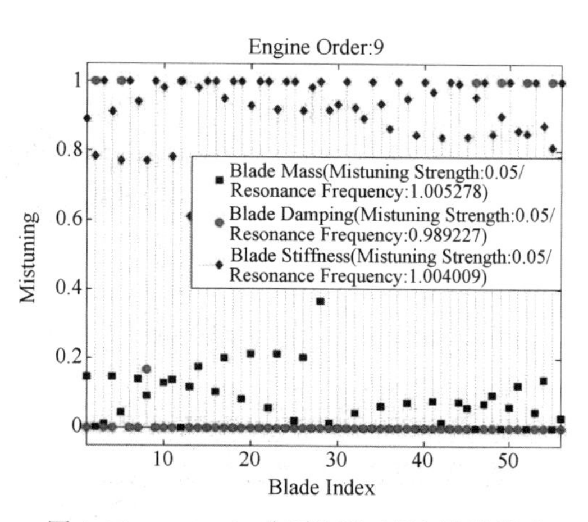

图 4.15　$m_b/c_t/k_b$ 分别失谐时最坏失谐模式

为了避免选用不同模型造成失谐影响研究偏差，考虑叶片刚度失谐，运用 4.2.1 节方法分析了表 4.1 所示集中参数模型在 5 阶和 6 阶激励阶次作用下强迫响应的最坏失谐模式。从图 4.17~图 4.26 所示最坏失谐模式频率响应特性可清楚看出，失谐系统出现了很多共振峰值，在所有研究对象中，均可观察到“失谐跳变-局部化”现象。例如，图 4.18 中 5 阶和 6 阶激励阶次作用下 44#和 60#叶片出现失谐变量值跳变，与图 4.19 出现振动响应局部化的叶片位置一致。

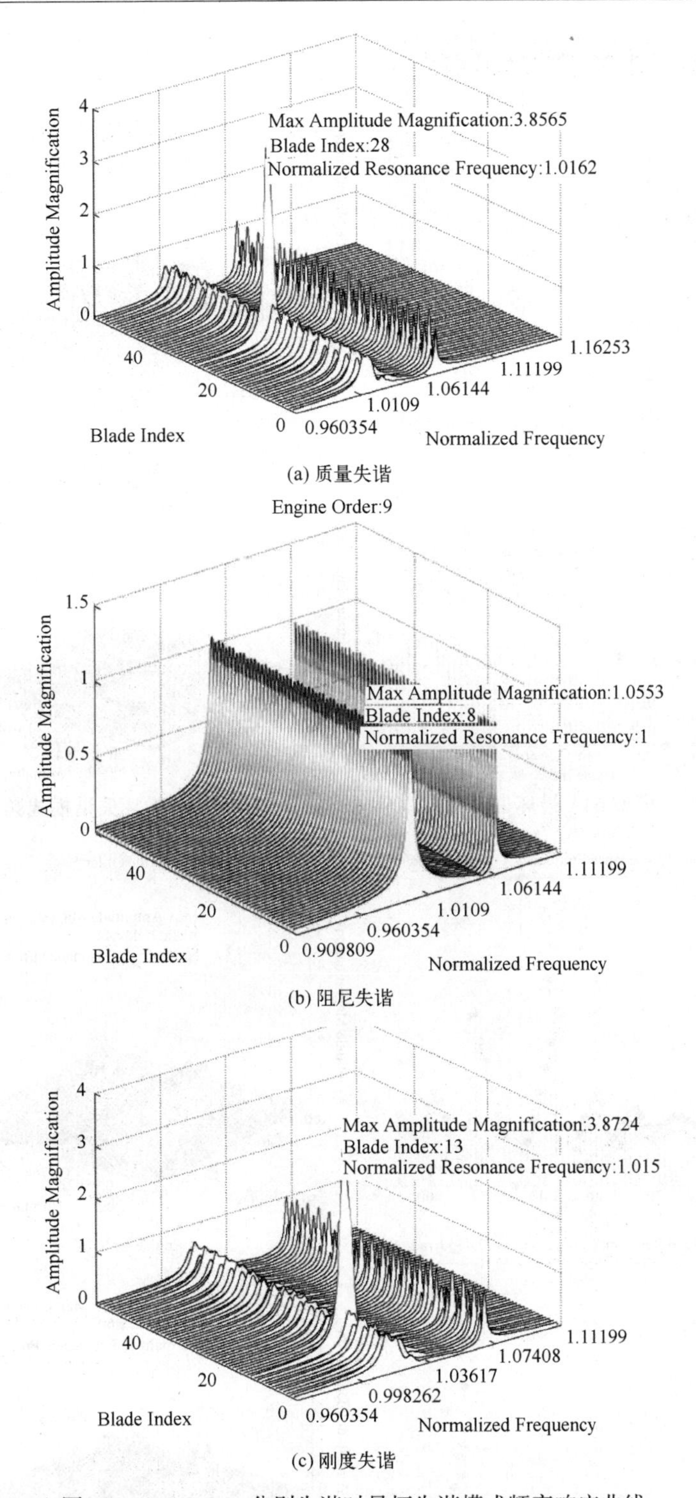

(a) 质量失谐

(b) 阻尼失谐

(c) 刚度失谐

图4.16　$m_b/c_t/k_b$ 分别失谐时最坏失谐模式频率响应曲线

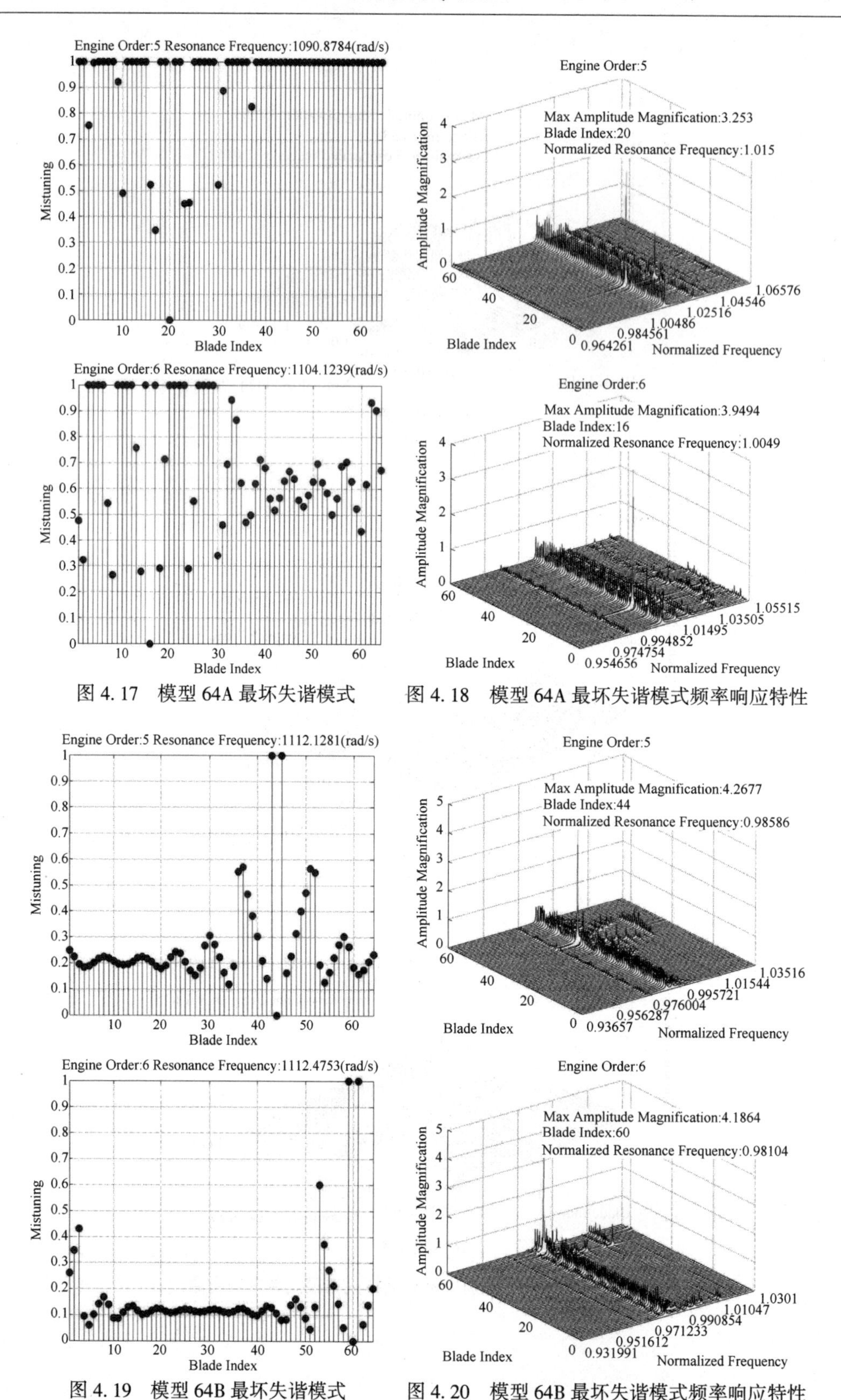

图 4.17　模型 64A 最坏失谐模式

图 4.18　模型 64A 最坏失谐模式频率响应特性

图 4.19　模型 64B 最坏失谐模式

图 4.20　模型 64B 最坏失谐模式频率响应特性

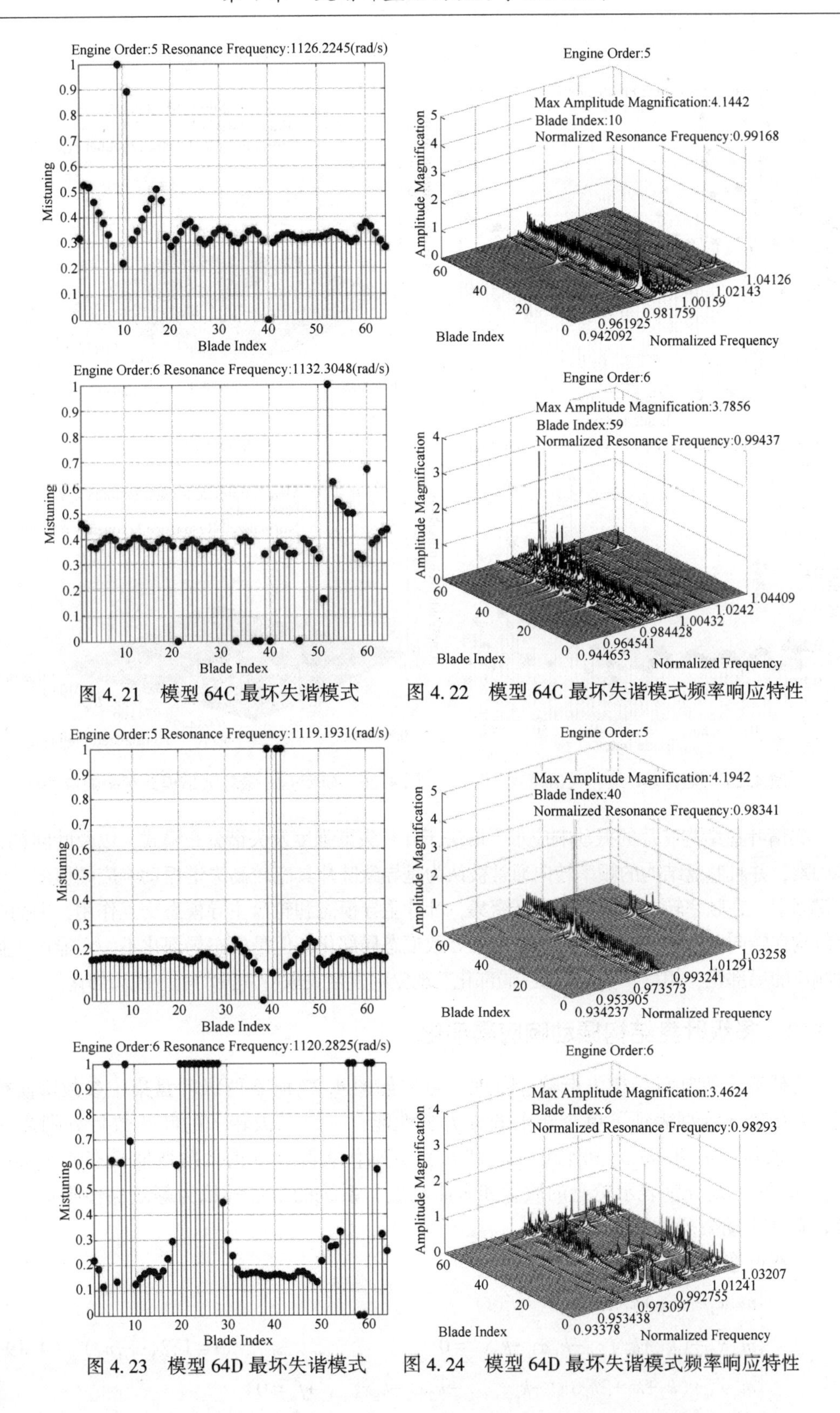

图 4.21　模型 64C 最坏失谐模式　　图 4.22　模型 64C 最坏失谐模式频率响应特性

图 4.23　模型 64D 最坏失谐模式　　图 4.24　模型 64D 最坏失谐模式频率响应特性

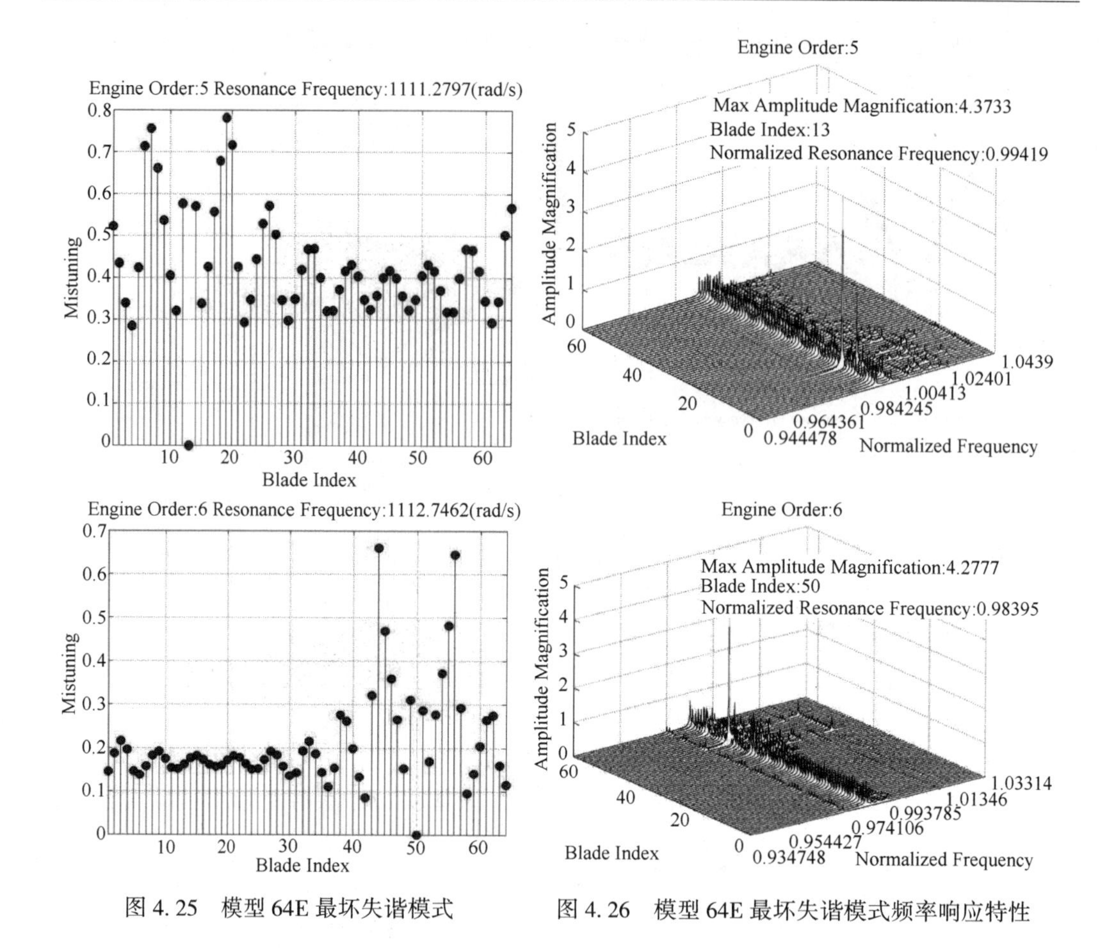

图 4.25　模型 64E 最坏失谐模式　　　　图 4.26　模型 64E 最坏失谐模式频率响应特性

失谐叶盘结构叶片的振动响应水平取决于叶片失谐强度及失谐分布模式，以及叶间耦合等因素，并且叶盘结构的频率转向通常被认为是导致叶片具有较高失谐振动响应幅值的一个关键因素，在频率转向区域模态高度密集，叶片主导模态和轮盘主导模态交互作用，因而叶盘结构在转向区域对失谐更为敏感，易于导致模态局部化，但是模态局部化不一定能产生振动响应的局部化，相反“失谐跳变-局部化”现象则直接关联叶片振动响应的局部化。

4.2.3　多级叶盘结构振动响应局部化

为研究多级叶盘结构失谐响应特性，考虑如图 4.27 所示两级叶盘集中参数降阶模型，每级转子模型表征了单个转子的动力学性能，一、二级转子的叶片数目分别为 n_1 和 n_2，质量（m_1 和 m_2）和刚度（k_{1i} 和 k_2）分别代表叶片的前两阶弯曲模态质量和刚度，m_3 和 k_c 则分别表示轮盘的质量和弯曲刚度，系统的阻尼模拟为等效黏性阻尼，单阶转子的运动微分方程为

一级叶盘：

$$\begin{cases} m_1\ddot{x}_{1i}+c\dot{x}_{1i}+k_{1i}x_{1i}-k_{1i}x_{2i}=f_i(t) \\ m_2\ddot{x}_{2i}+(k_{1i}+k_2)x_{2i}-k_{1i}x_{1i}-k_2x_{3i}=0 \\ m_3\ddot{x}_{3i}+(k_2+k_3+2k_c)x_{3i}-k_cx_{3(i-1)}-k_2x_{2i}-k_cx_{3(i+1)}+f_{si}=0 \end{cases} \quad (i=1,2,\cdots,n_1) \tag{4.19}$$

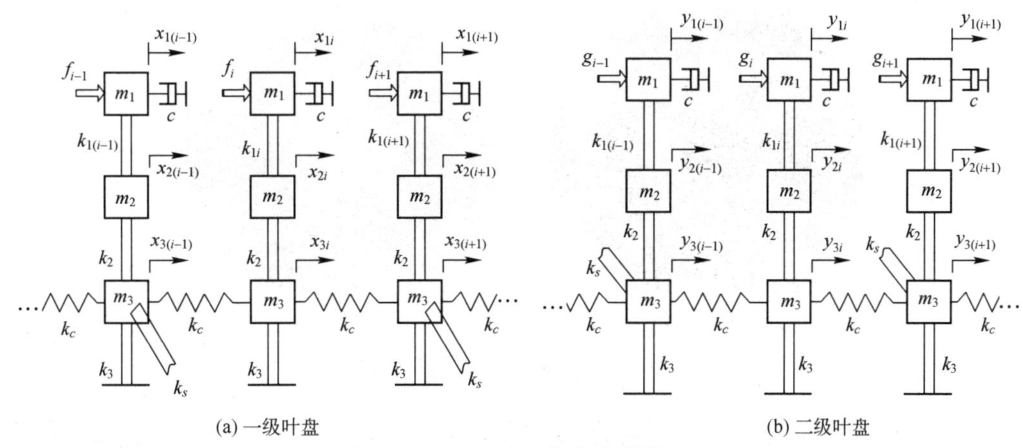

图 4. 27　两级叶盘集中参数模型

二级叶盘：

$$\begin{cases} m_1\ddot{y}_{1i}+c\dot{y}_{1i}+k_{1i}y_{1i}-k_{1i}y_{2i}=f_i(t) \\ m_2\ddot{y}_{2i}+(k_{1i}+k_2)y_{2i}-k_{1i}y_{1i}-k_2y_{3i}=0 \\ m_3\ddot{y}_{3i}+(k_2+k_3+2k_c)y_{3i}-k_cy_{3(i-1)}-k_2y_{2i}-k_cy_{3(i+1)}+g_{si}=0 \end{cases} \quad (i=1,2,\cdots,n_2) \tag{4.20}$$

式中：f_{si} 和 g_{si} 为转子级间耦合力，假定 $n_1>n_2$，在两级转子轮盘质量间用耦合刚度 k_s 连接便构建出考虑级间耦和影响的减缩多级叶盘模型。一级转子其余 n_2-n_1 个级间耦合力为零。数学描述为

$$\begin{cases} f_{si}=-g_{si}=k_s(x_{3i}-x_{yi}) \quad (i=1,2,\cdots,n_2) \\ f_{si}=0 \quad (i=n_2+1,n_2+2,\cdots,n_2+n) \end{cases} \tag{4.21}$$

假定一级、二级转子的外部激励力为谐波激振，则

$$\begin{cases} f_i(t)=f_0\mathrm{e}^{\mathrm{i}\psi_i}\mathrm{e}^{\mathrm{i}\omega t} \\ g_i(t)=g_0\mathrm{e}^{\mathrm{i}\varphi_i}\mathrm{e}^{\mathrm{i}\omega t} \end{cases} \tag{4.22}$$

式中：$\psi_i=\dfrac{2\pi r(i-1)}{n_1},r=0,1,\cdots,n_1$；$\varphi_i=\dfrac{2\pi s(i-1)}{n_2},s=0,1,\cdots,n_2$。

虽然图 4. 27 所示的单级集中参数模型是根据工业叶盘模型模态分析（图 4. 27）减缩得到，但是可通过适当选择级间耦合刚度以反映多级叶盘的动力学性质。下面研究多级转子失谐振动局部化的影响因素。

1）谐调系统固有特性

为研究失谐对多级叶盘集中参数模型动力学性能的影响。采用文献［25］中给出的典型两级叶盘集中参数模型谐调结构参数（表 4. 3），级间耦合刚度设为 $k_s=0.1k_c$，一、二级单级转子及耦合两级转子激励阶次均取为 2。

表 4. 3　两级转子模型仿真参数（国际单位制）

$m_1m_2m_3n_1n_2$				
0. 0114	0. 0427	0. 0299	15	11
$E(k_1)k_2k_3k_c$				
430300	17350000	7521000	30840000	

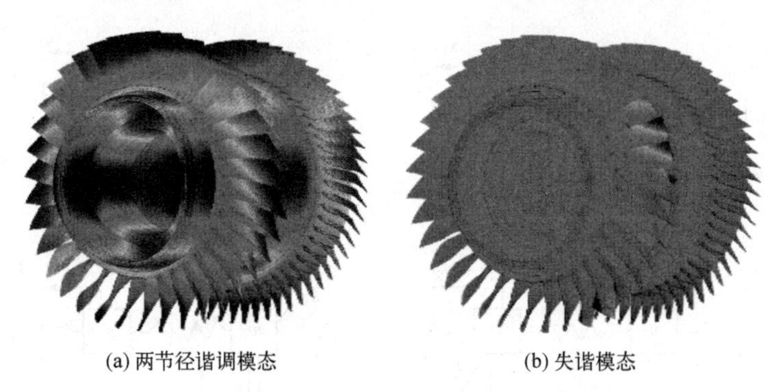

(a) 两节径谐调模态　　(b) 失谐模态

图 4.28　两级叶盘有限元模型典型模态

图 4.29 为该谐调系统计算得到的 78 阶固有频率，图中还绘出了一、二级单级转子各自的固有频率特性，由图可知，单级转子和耦合两级转子均存在三个分离的清晰模态集群，具有三个典型频段，耦合两级转子在较低阶（第 1~26 阶）的第 1 频段具有较高的模态密度，固有频率聚集在 5779.9~6050.1rad/s，在中间（第 27~52 阶）第 2 频段和较高阶（第 53~78 阶）第 3 频段的频率较为稀疏，而单级转子具有类似于耦合两级转子的频率分布特性。此外，由于单级转子结构对称性，一、二级单级转子分别出现了 21 对和 15 对重频。图中水平曲线上的振型为叶片主导的振型，表示结构应变能主要在叶片上，由图可知第 1 频段的模态振型均是由叶片主导的振型，而图中的斜线上的振型为轮盘主导的振型，系统应变能集中在轮盘上，因而对整个叶盘的固有频率影响较大。

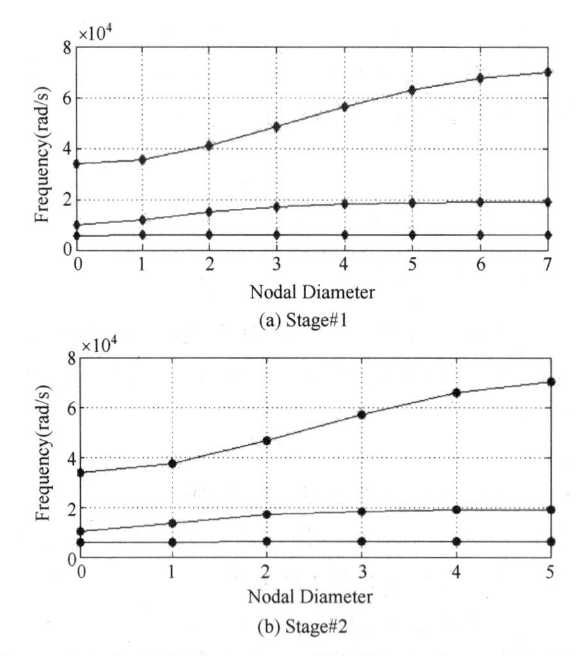

(a) Stage#1

(b) Stage#2

图 4.29　耦合两级转子及一、二级单级转子的固有频率特性

为比较单级和耦合两级转子最大的失谐振动幅值响应，分析了耦合两级转子 k_{1i}刚度同时失谐和单级转子 k_{1i}刚度失谐两种情况。

2）单级转子的 k_{1i} 刚度失谐特性

图 4.30 为分别具有 11 个叶片和 15 个叶片一、二级单级转子谐调系统频率响应峰值曲线，由图可知，系统模态密集的第一频段为谐调系统共振频率所在区间，单级转子所有叶片具有相似的频率响应特性，且一级转子的最大的共振峰值比二级转子略高，而其共振频率相对较低。

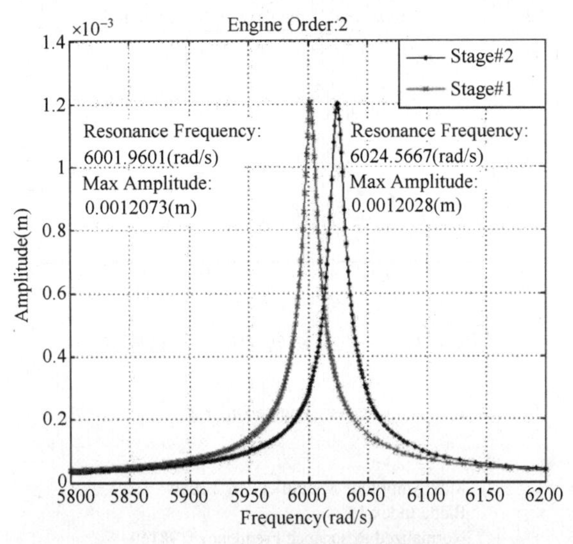

图 4.30　一、二级单级转子频率响应曲线

运用的遗传-序列二次规划混合算法中遗传算法相关参数设置如下：选用无回放余数随机选择，非均匀算术交叉和高斯变异算子，精英保留策略，群体规模设为 30，最大进化代数为 600，交叉概率与变异概率分别为 0.8 和 0.05。考虑的频率介于 $0.85\omega_r$ 和 $1.15\omega_r$，ω_r 为谐调系统最大的共振峰值频率，并在失谐分析中以 ω_r 为基准频率定义无量纲频率，失谐强度变量的上界均取为 5%。图 4.31 列出了遗传算法-序列二次规划方法优化结果，即一、二级单级转子谐调系统叶片刚度失谐的最坏失谐模式，由图可知，一、二级单级转子各自所有叶片刚度失谐变量的失谐强度变量优化结果均为 0.05，说明在考虑的失谐强度域内，叶片振动幅值在给定的失谐强度上界处取得极值。由失谐变量值分布可知，一级转子 14#和 1#叶片刚度失谐变量值为 1，介于两者之间的 15#叶片失谐变量值发生突变，其值小于 0.2，而二级转子在 10#和 1#叶片之间的 11#叶片失谐变量值也发生突变，观察图 4.32 给出的一级转子最坏失谐模式频率响应三维特性曲线发现在 15#叶片处出现了非常强烈的振动响应局部化，其失谐幅值放大系数高达 2.2063，同理，由图 4.32 给出的二级转子最坏失谐模式频率响应特性可知，在 11#叶片产生了明显的振动响应局部化，出现“失谐跳变-局部化”现象。

为了研究单级转子谐调系统对失谐的敏感程度，图 4.33 给出了在 2 阶激励阶次作用下一、二级转子谐调系统叶片刚度失谐敏感度特性曲线，由图可知，一、二级转子叶片刚度的最大失谐幅值放大系数均随着失谐强度的增大而上升且在失谐强度上界处取得极值，并没有所谓的失谐“阈值”效应。比较一、二级转子刚度失谐敏感度曲线可知在考虑的失谐强度范围内，一级转子最大失谐幅值放大系数明显高于二级转子，说明一级转子对失谐更为敏感。

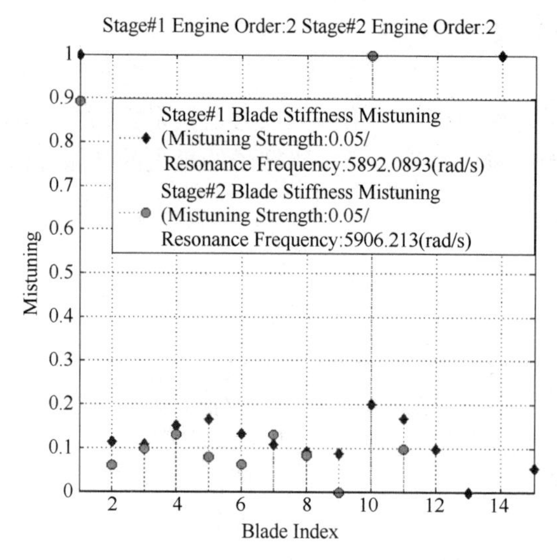

图 4.31　一、二级转子最坏失谐模式

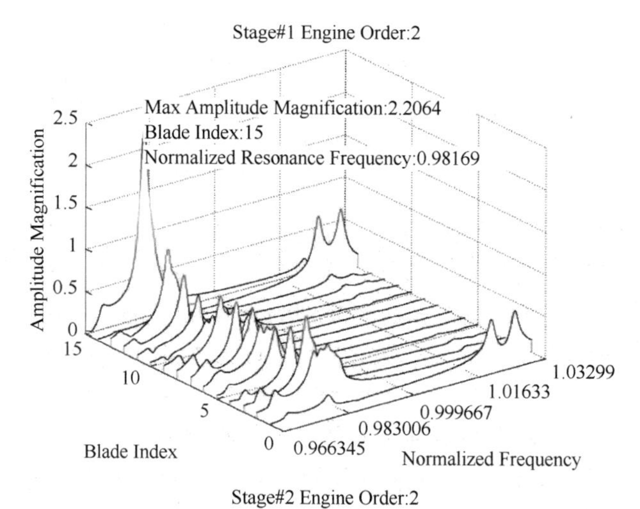

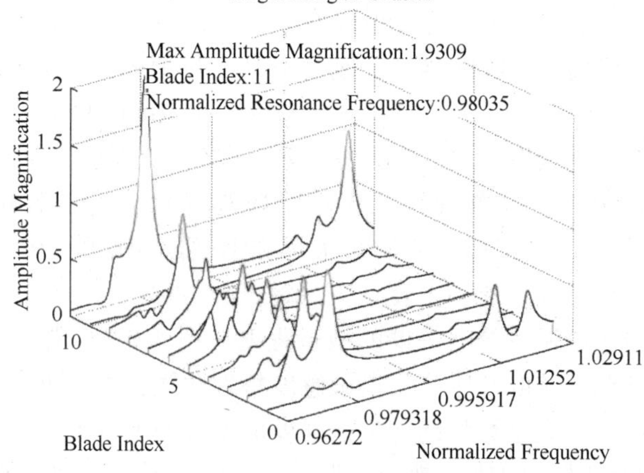

图 4.32　一、二级转子最坏失谐模式频率响应曲线

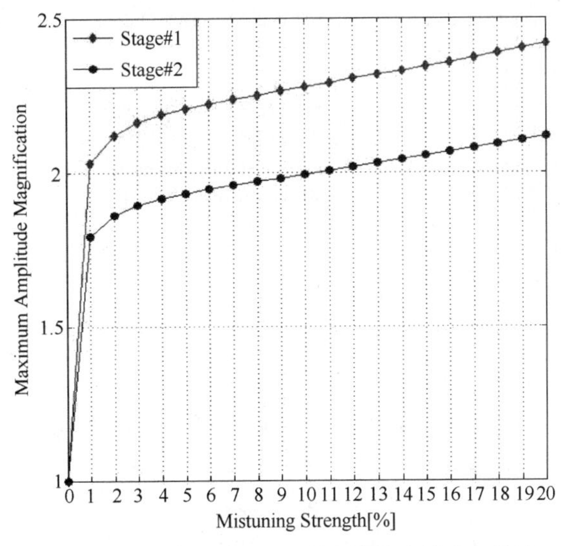

图 4.33　一、二级转子刚度失谐模式敏感度曲线

3）耦合两级转子的 k_{1i} 刚度同时失谐特性

为了研究耦合两级转子的失谐特性，图 4.34 给出了级间耦合刚度 k_s 为 $0.1k_c$ 时耦合两级转子谐调系统频率响应曲线，由图可知，一、二级转子的频率响应曲线出现了多个共振峰值。而图 4.35 则描述了考虑一、二级转子 k_{1i} 刚度失谐时耦合两级转子谐调系统最坏失谐模式，由图可知，一、二级转子 k_{1i} 叶片刚度失谐各自所有失谐变量的失谐强度变量优化结果均为给定的失谐强度上界 0.05，而最坏失谐模式对应的共振频率低于耦合两级转子谐调时峰值共振频率，从图中同样可清晰发现一级转子的 4#叶片刚度失谐变量值突变，而对应的图 4.36 所示耦合两级转子最坏失谐模式频率响应特性曲线则在一级转子 4#叶片处出现很强的振动响应局部化。注意到二级转子在 3#叶片也出现了失谐变量值突变，而由图 4.36（b）给出的二级转子最坏失谐模式频率响应特性可知二级转子叶片最大失谐幅值系数所在的叶片序号即为发生失谐突变的叶片位置，即一、二级转子均出现“失谐跳变-局部化”现象。此外，由频率响应特性图 4.36 可发现除 4#叶片外，一、二级转子其他所有叶片的振动幅值放大系数在考虑的激励频率范围内均低于 1。

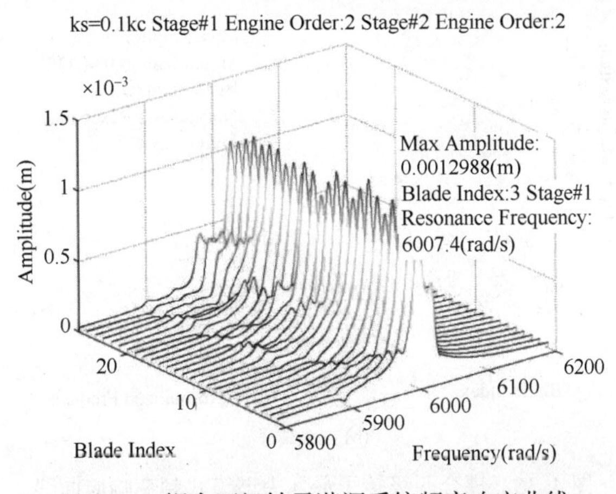

图 4.34　耦合两级转子谐调系统频率响应曲线

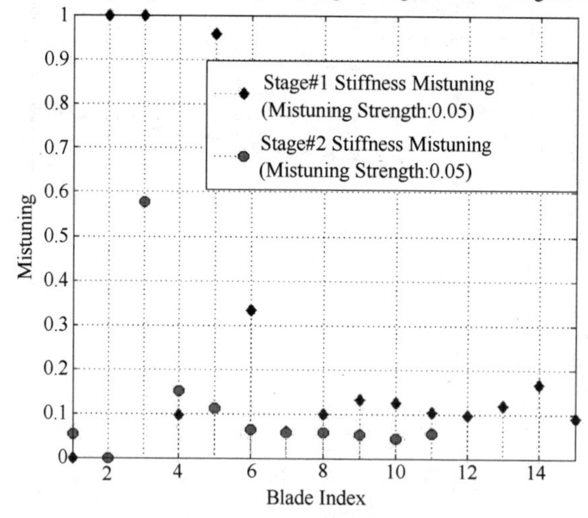

图 4.35　耦合两级转子最坏失谐模式

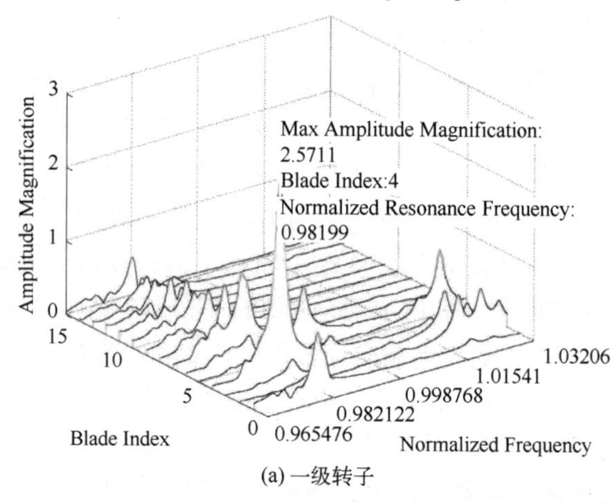

(a) 一级转子

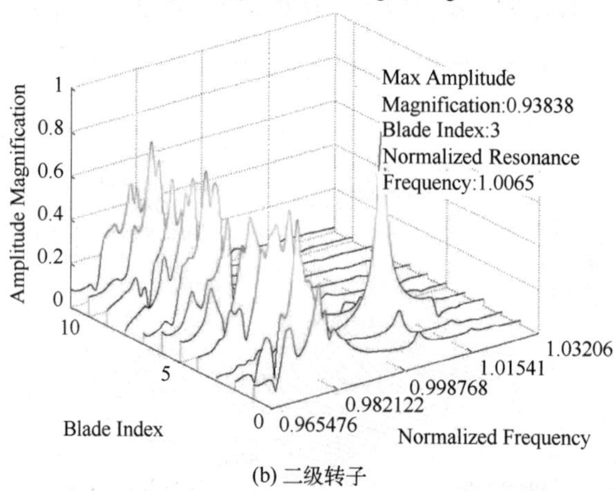

(b) 二级转子

图 4.36　耦合两级转子最坏失谐模式频率响应曲线

为研究耦合两级转子谐调系统的失谐幅值放大系数的极值分布，利用蒙特卡罗方法分析了级间耦合刚度 k_s 设为 $0.1k_c$ 时耦合两级转子 k_{1i} 刚度失谐的概率统计特性。蒙特卡罗仿真抽样样本设置为 10000 次，抽样数据服从均值为 0、标准偏差 5%的均匀概率分布，考虑的频率范围为 $[\omega_l = 0.85\omega_r,\ \omega_u = 1.15\omega_r]$，注意到工程结构中阻尼通常很小，因而共振峰值很尖，为了精确获得每个随机失谐样本失谐最大幅值响应，在考虑的频率范围内等间隔采样 2000 个点，在抽样所得最大失谐幅值响应对应频率点所在频率区间运用黄金分割法精确计算每个随机失谐样本的最大失谐幅值响应，图 4.37 给出了蒙特卡罗仿真结果，由图可知，蒙特卡罗方法随机抽样 10000 次得到的最大失谐幅值系数仅为 1.8301，而由图 4.36 可知 GA-SQP 方法最大失谐幅值系数优化结果为 2.5711，说明提出的优化方案能更精确的获得最大失谐幅值放大系数。

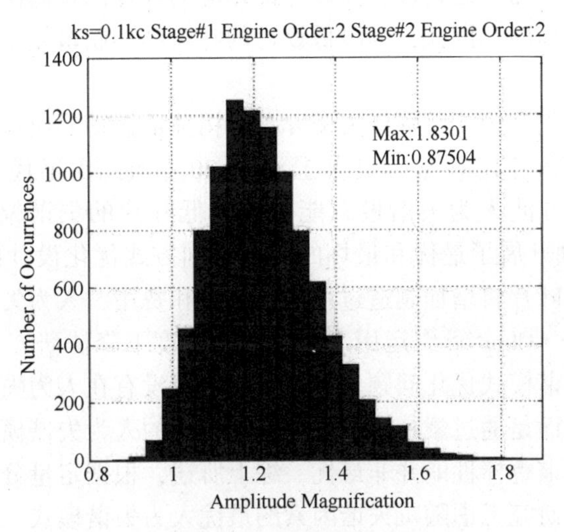

图 4.37　失谐幅值放大系数 Monte Carlo 统计分布

由单级和耦合两级转子的失谐优化结果可清楚知道级间耦合的影响。例如，一、二级单级转子的最大失谐幅值放大系数分别为 2.2063 和 1.9309，而耦合的两级转子的最大失谐幅值放大系数为 2.5711。即耦合的两级转子相对单级转子对失谐更为敏感，表明二级转子通过轮盘改变了一级转子的叶间耦合强度，而叶片间的耦合强度是影响叶片失谐敏感度的关键因素。

综上所述，控制/抑制失谐的措施为：

（1）增大阻尼。研究表明阻尼对失谐敏感程度很低且能明显控制叶盘结构的失谐振动响应水平，所以增大阻尼（包括叶片阻尼、叶间阻尼等）能有效消除失谐的不利影响。

（2）在叶盘的初始设计阶段综合考虑叶片数目、激励阶次等失谐影响因素从本质上控制/抑制失谐消极影响，运用优化方法预测失谐最大幅值响应相应的共振频率，并使叶盘的工作频率远离此共振区间，并在运行维护阶段通过识别方法加以监测报警。

（3）从理论分析和数值算例均说明失谐叶盘结构的最大幅值放大系数与失谐强度的关系并没有所谓的失谐“阈值”现象，为控制叶盘结构全寿命周期的振动不利影响，提高叶盘结构的可靠性和完整性，应当严格控制叶盘结构的制造加工误差。

（4）研究人为失谐机制，从本质上消除失谐的不利影响。开展人为失谐的定量设计，以降低结构对失谐的敏感程度。

4.3 失谐叶盘结构的人为失谐优化设计[2]

考虑失谐的叶盘结构优化设计的关键是在叶盘结构的初始设计中确定何种类型失谐模式能降低系统对随机失谐的敏感程度，使失谐叶片最大幅值响应最小。这种设计的失谐模式称为人为失谐。人为失谐在叶盘转子结构的安全性设计中具有多方面有益影响。例如，人为失谐能提高转子颤振的稳定性。但是，在叶盘结构中使用不同类型叶片增加了制造的复杂性，同时需制定合理程序以保证相应的叶片以正确次序安装在轮盘上，此外还涉及复杂的校核程序。因此，为降低设计的叶盘结构制造复杂性，在初始设计中应选用较少的叶片类型。

采用不同的人为失谐模式可降低失谐叶盘结构强迫振动响应水平，人为失谐作为一种直接或间接设计策略其研究历史可上溯至 20 世纪 70 年代。例如，Castanier 和 Pierre[26] 指出谐波和方波人为失谐模式能显著降低叶片的失谐幅值放大系数。Petrov 等[27] 通过构建响应面开展了最优和最坏的叶片排列方式优化设计研究。考虑到在叶盘结构中使用不同类型叶片将增加制造过程的复杂性和费用，人为失谐模式优化研究中仅涉及较少的叶片类型，Choi 等[28] 运用遗传算法和梯度下降法研究了仅考虑两种不同叶片类型的最优人为失谐模式优化问题。上述研究中并没有在人为失谐模式优化设计中考虑随机失谐的影响，而是通过蒙特卡罗仿真验证设计的人为失谐模式对随机失谐的敏感程度，所以其随机失谐鲁棒性能并非最优。综上所述，根据定量分析得出的降低叶盘失谐影响的结论，本节研究考虑随机失谐因素的最优人为失谐模式。

4.3.1 优化问题描述

失谐现象可用系统相关参数模拟，利用式（4.4），质量、阻尼、刚度参数可表示为

$$\begin{cases} k_i=(1-\xi_k+2\cdot\xi_k\cdot k_{\mathrm{ran},i})k_{\mathrm{int},i} \\ c_i=(1-\xi_c+2\cdot\xi_c\cdot c_{\mathrm{ran},i})c_{\mathrm{int},i} \\ m_i=(1-\xi_m+2\cdot\xi_m\cdot m_{\mathrm{ran},i})m_{\mathrm{int},i} \end{cases},\quad i=1,2,\cdots,N \tag{4.23}$$

式中：k_i、c_i、m_i 为各参数向量分量；下标 ran 和 int 分别表示随机失谐和人为失谐；ξ_k、ξ_c、ξ_m 分别表示刚度、阻尼、质量失谐强度上界。

人为失谐模式必须能在考虑的失谐强度范围内使结构在全寿命周期内降低随机失谐的消极影响，即防止振动响应局部化造成的破坏性影响，在设计阶段提高叶盘结构的抗随机失谐能力。优化问题可表述为设计人为失谐模式使系统对失谐的敏感程度最低或使叶片随机失谐最大幅值响应最小化：

$$\min_{\boldsymbol{v}_{\mathrm{int}}}\max_{\boldsymbol{v}_{\mathrm{ran}},\omega}\|A\|_\infty=\|T^{-1}f_A\|_\infty \tag{4.24}$$

式中：外层优化确定每一种人为失谐模式 $\boldsymbol{v}_{\mathrm{int}}$ 的随机失谐 $\boldsymbol{v}_{\mathrm{ran}}$ 最大强迫响应幅值 $\|A\|_\infty$；内层优化则使最大失谐幅值响应最小化。

考虑到在叶盘结构中使用不同类型的叶片将增加制造的复杂性，所以人为失谐模式优化设计涉及的叶片类型数目越少越好。因此，人为失谐模式的优化问题便表述为不同种类叶片的排列组合使叶盘结构对随机失谐的敏感程度最低或使结构失谐最大幅值响应最小，因此是离散组合优化问题，本节采用离散编码遗传算法求解离散组合优化问题。在人为失谐模式优化迭代过程中，利用遗传算法/序列二次规划混合方法确定叶盘结构的随机失谐最大强迫响应幅值系数。

4.3.2 数值算例

为验证本节方法的可行性，以图 4.38 所示质量-阻尼-弹簧单自由度模型为仿真实例，图中下标 t 表示谐调系统参数，F_o 表示激励力幅值，E 表示阶次激励，N 表示叶片数目，系统模型仿真参数如表 4.4 所示。考虑耦合刚度 45430(N/m)和 8606(N/m)两种情况（强耦合和弱耦合系统），研究不同耦合程度叶盘结构各自的最优人为失谐模式。

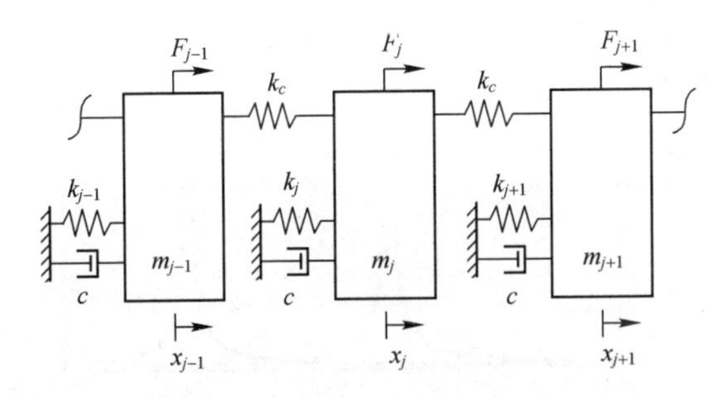

图 4.38　单自由度集中参数模型

表 4.4　模型仿真参数

参　数	m	c_t	k_t	k_c	F_o	E	N
值	0.0114	0.143	430300	45430/8606	1	4	12

谐调系统的每个叶片具有相同的物理参数，因而单自由度集中参数模型谐调系统在 r 阶次激励作用下相应的固有频率可表示为 $\omega_r=\sqrt{\dfrac{k_t+4k_c\sin^2(\pi r/N)}{m_t}}$，由表达式可知，$r$ 阶次激励作用下单自由度模型的固有频率与耦合刚度、叶片谐调刚度和质量及叶片数目有关。在此激励频率下所有叶片的共振幅值均为 $F_o/ic\omega_r$，图 4.39 给出了表 4.4 所示仿真参数叶盘结构的频响曲线。

叶盘系统考虑刚度随机失谐模拟方式。为研究不同激励阶次作用下谐调系统的幅值放大效应，以叶片最大失谐幅值系数为优化目标，运用遗传算法/序列二次规划混合方法分析了表 4.6 所示仿真参数叶盘结构在不同激励阶次作用下失谐强迫响应特性。遗传算法优化相关参数设置如下：群体规模为 30，最大进化代数设为 500，交叉概率与变异概率分别为 0.8，0.05。考虑的频率为 0.85~1.15ω_r，失谐强度上界取为 5%。图 4.40 给出了在不同激励阶次作用下不同叶间耦合刚度谐调系统的失谐敏感度曲线，由图可知，强弱耦合谐调系统的失谐幅值放大系数均随失谐强度的增大而上升，并没有出现

“阈值”效应，说明在叶盘结构全寿命周期内，系统的抗疲劳破坏能力随着使用时间的推移而降低。由图 4.40（a）可知，叶间刚度弱耦合系统微量失谐时强迫响应幅值放大效应明显，随着失谐强度的增大，最大失谐幅值放大系数变化缓慢，而图 4.40（b）中强耦合系统的幅值放大系数随着失谐强度的增大而逐渐增大，比较强弱耦合系统的失谐敏感性可知，弱耦合系统比强耦合系统对失谐更为敏感。值得注意的是强弱耦合系统所有激励阶次的失谐敏感度曲线具有相似的特性，在 3 阶激励阶次作用下的失谐敏感程度最低，如果在叶盘结构的初始设计阶段考虑到激励阶次的影响，那么将从本质上提高结构的抗振能力。

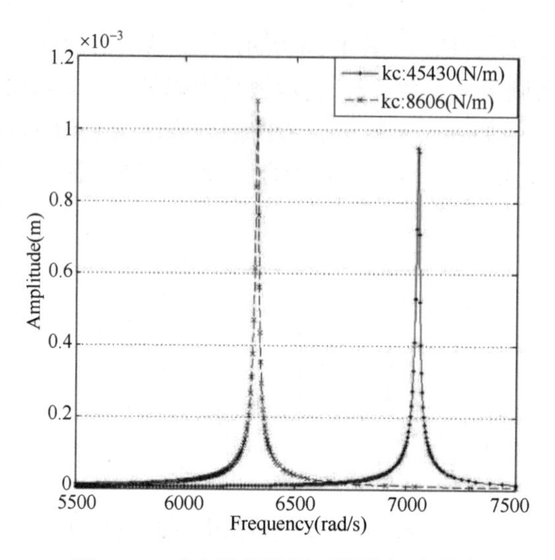

图 4.39　叶盘结构谐调系统的频响曲线

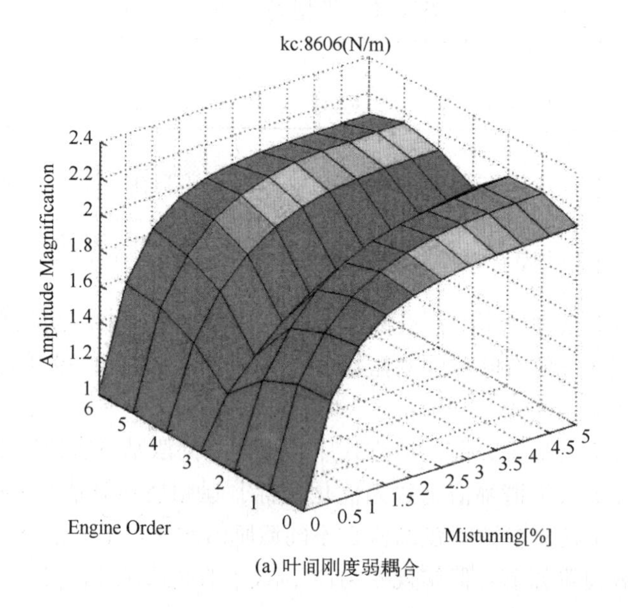

(a) 叶间刚度弱耦合

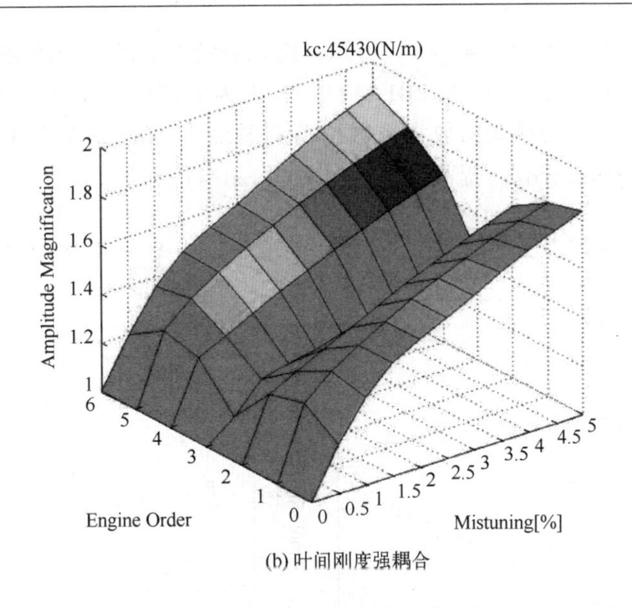

(b) 叶间刚度强耦合

图 4.40　谐调系统的失谐敏感度特性

从叶盘结构谐调系统的失谐敏感度特性可知，叶盘结构对少量失谐非常敏感，失谐系统的强迫振动响应水平显著高于谐调系统。为降低叶盘结构的失谐幅值放大效应，下面开展最优人为失谐模式优化设计研究，考虑比谐调系统叶片固有频率分别高和低 5%两种类型的叶片。采用离散编码遗传算法求解离散组合优化问题，具体优化过程及优化算法参数设置参考文献［2］，最终得到叶间刚度强耦合叶盘结构的最优排列组合是 5A5B2A 人为失谐模式。

为评价得到的最优人为失谐模式的优化效果，运用遗传算法/序列二次规划混合方法分析了 5A5B2A 人为失谐模式的失谐敏感度特性，图 4.41 给出了 5A5B2A 人为失谐模式的失谐敏感度曲线，由图可知，优化的人为失谐模式的失谐敏感程度在考虑的失谐强度范围内明显低于谐调系统，在 0~2.5%失谐强度范围内最优的人为失谐模式幅值放大系数均低于 1，在失谐强度为 2.5%时失谐幅值放大系数值约为 1，对应的谐调系统失谐幅值放大系数值为 1.48。同理，优化得到的弱耦合系统的最优人为失谐模式是 1B3A2B1A2B1A1A1B，比较图 4.42 给出的弱耦合叶间刚度谐调系统及相应的最优人为失谐模式失谐敏感度曲线可知，1B3A2B1A2B1A1A1B 人为失谐模式具有优良的失谐鲁棒性能。

由不同叶间耦合刚度谐调系统在不同激励阶次的失谐敏感度特性分析及相应的最优人为失谐比较可知，叶间耦合刚度明显影响叶盘转子的动力学性能，因为其控制着叶片之间振动能量的传递，而振动能量的传递与聚集主导着失谐叶盘结构的强迫振动响应水平，当能量聚集在少数几个叶片上便激发出振动响应的局部化。

图 4.43 给出了不同叶间耦合刚度叶盘结构谐调系统失谐最大幅值响应典型收敛曲线。由图可知，叶间耦合刚度为 8606N/m 的谐调系统失谐幅值放大系数为 2.0986，与 Whitehead 给出的失谐幅值放大系数上界 2.2320 比较接近，图 4.44 给出了谐调系统与 1B3A(2B1A)21A1B 人为失谐模式的最坏情形强迫响应的随机失谐模式，对应的最坏情

形强迫响应见图 4.45，由图 4.45（a）可知，谐调系统在 2#叶片出现明显的振动响应局部化，与图 4.45（b）所示 1B3A(2B1A)21A1B 人为失谐模式强迫响应比较可知，优化的人为失谐模式的最大失谐幅值放大系数由谐调系统 2.0986 降为 1.3114，对应的发生共振频率由 6365.2532(rad/s)提高到 6609.7703(rad/s)。

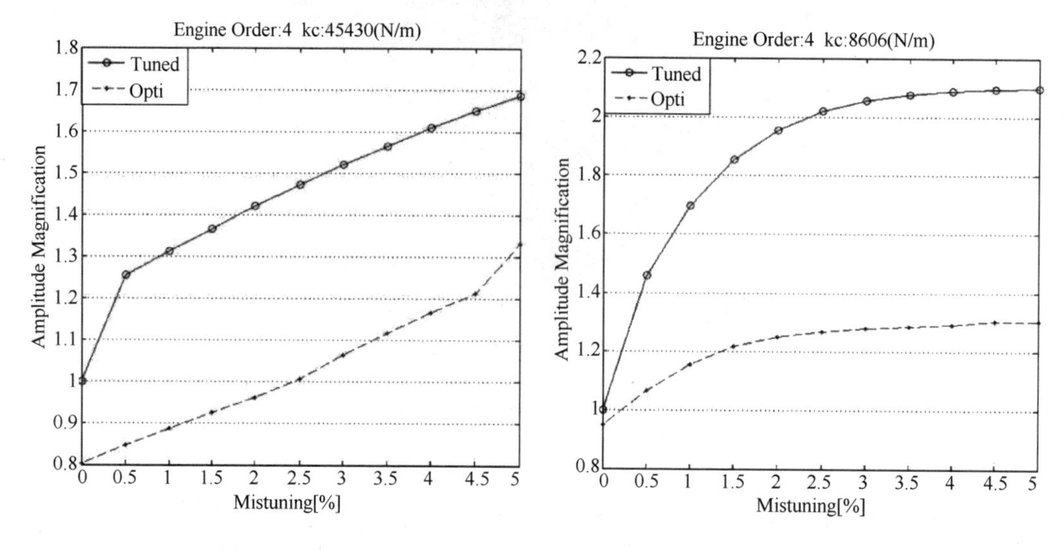

图 4.41 强耦合系统的失谐敏感度特性　　图 4.42 弱耦合系统的失谐敏感度特性

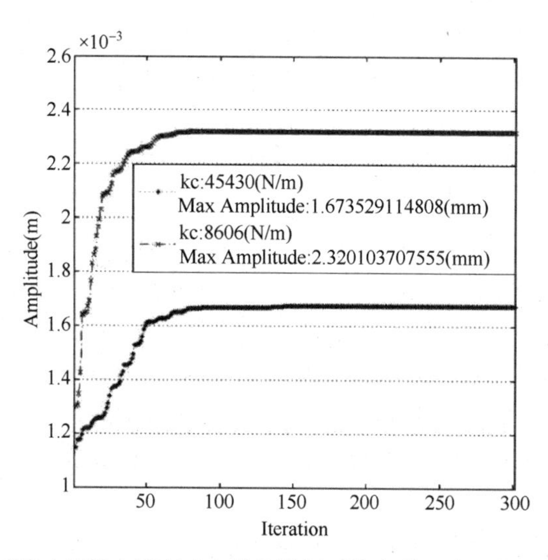

图 4.43 不同叶间耦合刚度叶盘结构谐调系统失谐最大幅值系数收敛曲线

图 4.46 给出了叶间刚度强耦合叶盘结构谐调系统与优化的人为失谐模式的最坏情形强迫响应随机失谐模式，对应的强迫响应曲线如图 4.47 所示，由图可知，5A5B2A 人为失谐模式除少数叶片的共振峰值相对较高外，大部分叶片的失谐幅值放大系数低于 0.6。

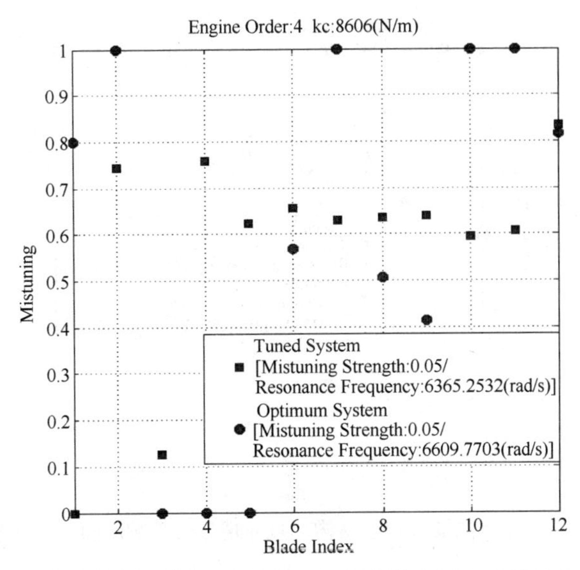

图 4.44　叶间刚度弱耦合叶盘结构的最坏情形强迫响应随机失谐模式

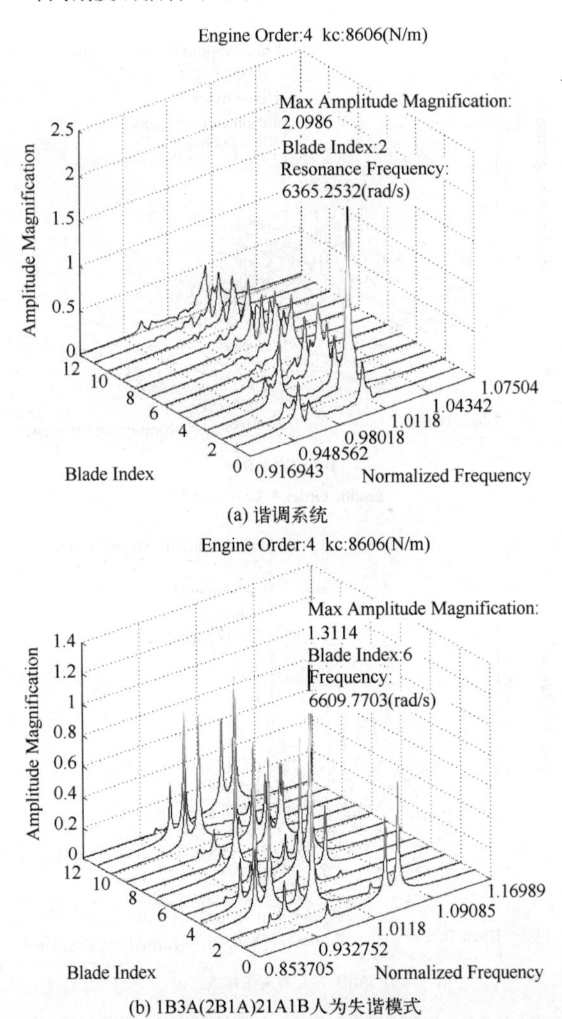

图 4.45　叶间刚度弱耦合叶盘结构的最坏情形强迫响应

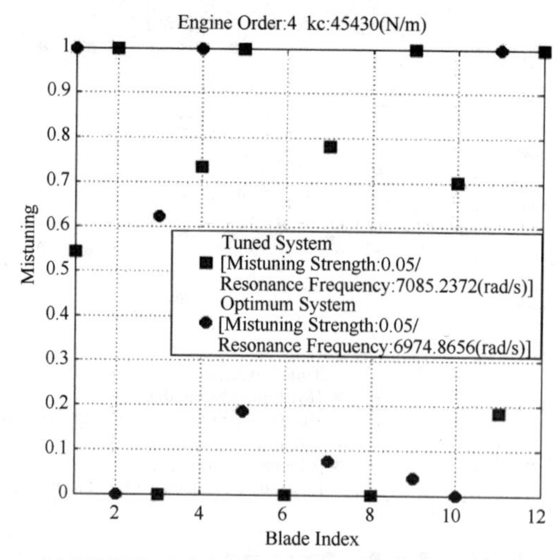

图 4.46 叶间强耦合叶盘结构的最坏情形强迫响应随机失谐模式

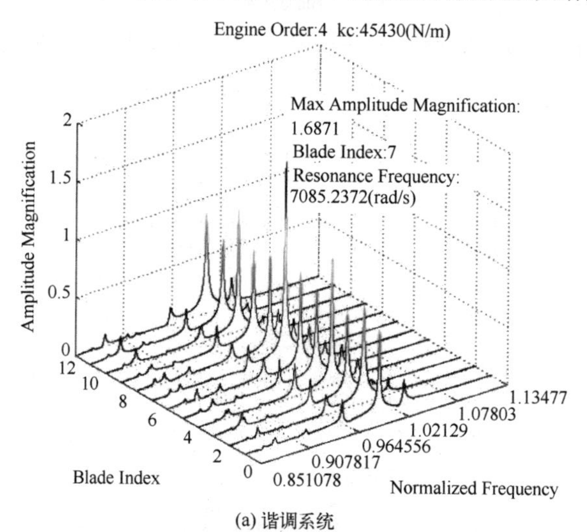

(a) 谐调系统

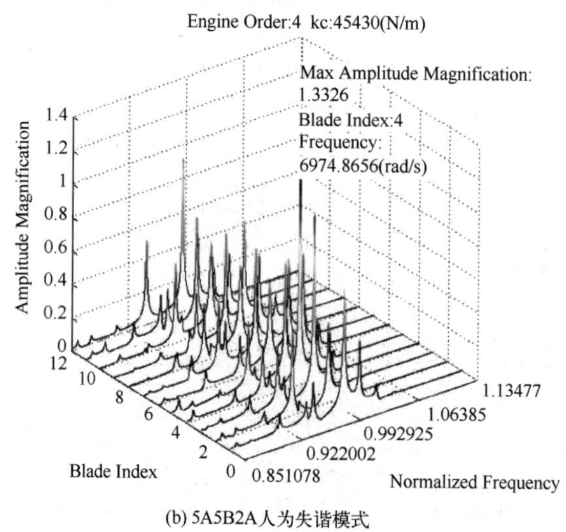

(b) 5A5B2A人为失谐模式

图 4.47 叶间强耦合叶盘结构的最坏情形强迫响应

为了评价优化的人为失谐模式的可靠性，利用蒙特卡罗方法分析了强弱叶间耦合刚度叶盘结构最优人为失谐模式在 4 阶激励阶次作用下的强迫响应统计特性，并分别与对应的谐调系统强迫响应统计特性作了比较。蒙特卡罗仿真随机抽样 10000 次，抽样数据服从均值 0、标准偏差 5% 的均匀概率分布，考虑的频率范围为 [$\omega_l = 0.85\omega_r$，$\omega_u = 1.15\omega_r$]，注意到工程结构中阻尼通常很小，因而共振峰值很尖，为了精确获得每个随机失谐样本的失谐最大幅值响应，在考虑的频率范围内等间隔采样 2000 个点，在最大失谐幅值响应采样频率点所在共振峰值区间运用模拟退火算法精确计算每个随机失谐样本的最大失谐幅值响应，图 4.48 给出了叶间刚度强耦合叶盘结构谐调系统和 5A5B2A 最优人为失谐模式的强迫响应蒙特卡罗仿真结果，由图可知，蒙特卡罗方法随机抽样 10000 次得到的最大失谐幅值系数为 1.5449，而图 4.43 中最大失谐幅值系数为 1.6871，优化的人为失谐模式的失谐最大幅值响应仅比谐调系统无随机失谐的共振峰值高 14.07%，且最大失谐幅值系数最高频率发生次数所在区间由谐调系统 1.1 降为 0.8。弱耦合叶盘结构的强迫响应统计特性示于图 4.49，由图可知，1B3A(2B1A)21A1B 人为失

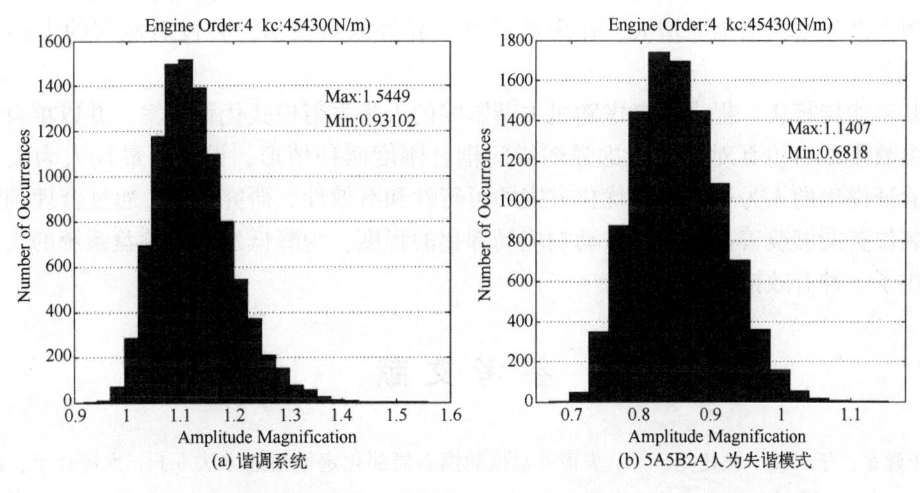

(a) 谐调系统　(b) 5A5B2A人为失谐模式

图 4.48　叶间刚度强耦合叶盘结构的强迫响应蒙特卡罗仿真统计特性

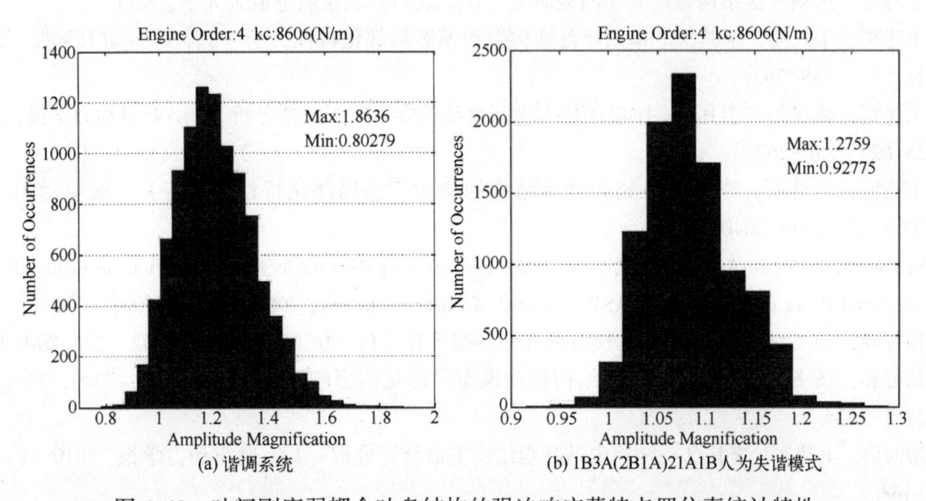

(a) 谐调系统　(b) 1B3A(2B1A)21A1B人为失谐模式

图 4.49　叶间刚度弱耦合叶盘结构的强迫响应蒙特卡罗仿真统计特性

谱模式蒙特卡罗仿真得到的失谐最大幅值放大系数仅为1.2759，与图4.49（a）谐调系统最大值1.8636，优化效果非常明显。

4.4 本章小结

为研究失谐叶盘结构模态和响应局部化，提出了将失谐变量设置为优化变量，运用遗传算法和序列二次规划混合方法求解失谐叶片最大振幅为目标函数的通用方法，分析了哥氏力和失谐的综合影响。并以两自由度集中参数模型为例计算了谐调系统不同参数失谐的最大失谐幅值放大系数，分析了相应的最坏失谐模式，揭示了不同参数失谐的共同规律：失谐跳变局部化现象，即在失谐跳变的叶片位置，叶片出现了强烈的振动响应局部化，构建了与振动响应局部化直接关联的表达因素。运用提出的确定最大失谐幅值放大系数方法分析了失谐敏感度曲线，研究结果表明叶片质量和刚度对失谐特别敏感，叶片阻尼的失谐敏感程度很低，且叶片质量、阻尼、刚度分别失谐时最大的幅值放大系数均随失谐强度的增加而增大，在失谐强度上界处取得极值，并没有所谓的失谐“阈值”现象。

基于遗传算法，提出了考虑随机失谐影响的人为失谐模式优化方案，并以单自由度集中参数模型为仿真对象，考虑强弱级间耦合刚度两种情形，设计了最优人为失谐模式，验证提出的人为失谐模式优化方案的可行性和有效性。研究表明：通过合理调整叶片安装位置能够改善失谐叶盘振动响应局部化的程度，为降低发动机轮盘系统的失谐振动提供了一种有效措施。

参考文献

[1] 王建军，于长波，姚建尧，等．失谐叶盘振动模态局部化定量描述方法［J］．推进技术，2009，30（4）：457-461.

[2] 廖海涛．失谐叶盘结构振动若干问题研究［D］．北京：北京航空航天大学，2011.

[3] 王建军，于长波，李其汉．错频叶盘结构振动模态局部化特性分析［J］．航空动力学报，2009，24（4）：788-792.

[4] 王建军，姚建尧，李其汉．刚度随机失谐叶盘结构概率模态特性分析［J］．航空动力学报，2008，23（2）：256-262.

[5] 于长波，王建军，李其汉．错频叶盘结构的概率模态局部化特性分析［J］．航空动力学报，2009，24（9）：2040-2045.

[6] Klauke T, Kühhorn A, Beirow B, et al. Numerical investigations of localized vibrations of mistuned blade integrated disks (blisks) [J]. ASME Journal of Turbomachinery, 2009, 131: 031002 - 01/11.

[7] 杨智春，杨飞．T尾结构振动的模态局部化判据研究［J］．力学学报，2010，42（2）：290-299.

[8] 杨智春，杨飞．失调参数对T尾结构振动模态局部化的影响［J］．航空学报，2009，30（12）：2328-2334.

[9] 廖海涛，王建军，李其汉．随机失谐叶盘结构失谐特性分析［J］．航空动力学报，2010（1）：160-168.

[10] 廖海涛，王建军，李其汉．多级叶盘结构随机失谐响应特性分析［J］．振动与冲击，2011，30

(3): 22-29.

[11] Rotea M, D'Amato F. New tools for analysis and optimization of mistuned bladed disks [C]//38th AIAA/ASME/SAE/ASEE Joint Propulsion Conference & Exhibit. 2002: 4081.

[12] Chan Y J. Variability of blade vibration in mistuned bladed disCs [D]. Imperial College London (University of London), 2009.

[13] Wei S T, Pierre C. Statistical analysis of the forced response of mistuned cyclic assemblies [J]. AIAA Journal, 1990, 28 (5): 861-868.

[14] Nikolic M, Petrov E P, Ewins D J. Robust strategies for forced response reduction of bladed disks based on large mistuning concept [J]. Journal of Engineering for Gas Turbines and Power, 2009, 130: 022501-1 - 11.

[15] Whitehead D S. Effect of mistuning on the vibration of turbomachine blades induced bywakes [J]. Journal of Mechanical Engineering Science, 1966, 8 (1): 15-21.

[16] Whitehead D S. Research note: effect of mistuning on forced vibration of blades with mechanical coupling [J]. Journal of Mechanical Engineering Science, 1976, 18 (6): 306-307.

[17] Whitehead D S. The maximum factor by which forced vibration of blades can increase due tomistuning [J]. Journal of Engineering for Gas Turbines and Power, 1998, 120 (1): 115 - 119.

[18] Han Y. Amplification of blade response due to mistuning: prediction and alleviation [D]. Tempe: Arizona State University, 2007.

[19] Xiao B. Blade model identification and maximum amplification of forced response due to mistuning [D]. Tempe: Arizona State University, 2005.

[20] Kenyon J A, Griffin J H, Feiner, D M. Maximum bladed disk forced response from distortion of a structural mode [J]. ASME Journal of Turbomachinery, 2003, 125: 352 - 363.

[21] Kenyon J A, Griffin J H. Experimental demonstration of maximum mistuned bladed disk forced response [J]. ASME Journal of Turbomachinery, 2003, 125: 673 - 681.

[22] Kenyon J A. Robust maximum forced response in mistuned turbine engine bladed disks [D]. Pittsburgh: Carnegie Mellon University, 2002.

[23] PetrovE P, Ewins D J. Analysis of the worst mistuning patterns in bladed disk assemblies [J]. ASME Journal of Turbomachinery, 2003, 125 (4): 623 - 631.

[24] Sinha A. Computation of the maximum amplitude of a mistuned bladed disk assembly via infinity Norm [C]//ASME International Mechanical Engineering Congress and Exposition. American Society of Mechanical Engineers, 1997, 18350: 427-432.

[25] Sinha A. Reduced-order model of a mistuned multi-stage bladed rotor [J]. International Journal of Turbo and Jet Engines, 2008, 25 (3): 145-154.

[26] Castanier M P, Pierre C. Using intentional mistuning in the design of turbomachinery rotors [J]. AIAA Journal, 2002, 40 (10): 2077-2086.

[27] Petrov E P, Iglin S P. Search of the worst and best mistuning patterns for vibration amplitudes of bladed disks by the optimization methods using sensitivity coefficients [C]//Proceedings of the 1st ASSMO UK Conference. Engineering Design Optimization (Ilkley, UK, 1999) . 1999: 303-310.

[28] Choi B K, Lentz J, Rivas-Guerra A J, et al. Optimization of intentional mistuning patterns for the reduction of the forced response effects of unintentional mistuning: Formulation and assessment [J]. Journal of Engineering for Gas Turbines and Power, 2003, 125 (1): 131-140.

第 5 章　失谐叶盘结构动力学实验

本章开展失谐叶盘动力学实验以验证第 4 章失谐叶盘结构动力学模拟方法及相关现象。失谐叶盘结构振动模态局部化实验不仅是研究模态局部化现象自身的要求，也是深刻理解其响应局部化特性的基础，所以进行失谐叶盘结构模态局部化实验非常必要。相对于失谐叶盘结构模态局部化大量的理论研究，失谐叶盘结构模态局部化实验研究很少。例如，Kruse 等[1]采用非接触式激振和测量技术，对具有 12 个叶片的平板叶盘结构开展模态实验，证实了叶盘结构模态局部化现象。Gordon 等[2-3]研究了阻尼、叶间耦合因素以及实验模态分析方法对叶盘结构实验模态特性的影响。涂杰[4]以平板叶盘结构模型为对象，采用单点力锤激振和非接触式位移传感器多点轮流拾振的方式，进行了失谐叶盘结构模态局部化的实验研究。由于实验试件构型的复杂性，以及测量方法和实验系统设计缺陷等因素的影响，上述一些实验研究结果有些不能与仿真计算结果不一致，而有些实验也只是在定性的层面上具备可比性。

在失谐叶盘结构响应局部化实验研究方面，国外学者做了开创性的工作，例如，Judge[6-7]在各叶片尖部粘贴不同的质量块，开展了频率转向区域外失谐叶盘振动模态局部化和强迫响应振幅放大实验研究。Duffield[8]采用飞轮激振形式进行了阶次激励下风扇叶盘简化模型的稳态强迫响应实验研究。Jones 和 Cross[9]使用激光振动测量仪研究了叶尖位置的叶盘结构强迫响应局部化。基于 Jones 设计的行波激振装置和平板叶盘结构模型，Kenyon 和 Griffin[10-11]以实验演示了失谐幅值放大系数达到最大值的叶盘结构响应局部化现象并研究了局部化响应的鲁棒性能。Ibrahim[12]研究了叶片失谐和叶片凸肩阻尼对叶盘结构稳态响应的影响，并提出了一种测量旋转状态下叶片振动响应的方法。国内关于失谐叶盘结构强迫响应实验甚少，由于试件结构的复杂性、实验系统环境和仿真功能的局限性等因素的限制，失谐叶盘结构的响应局部化实验有待深入开展。

本章介绍失谐整体叶盘结构振动特性实验系统的基本原理和信号采集处理方法。5.1 节开展失谐叶盘模态局部化实验研究，采用单输入单输出（SISO）的测量方式研究失谐对叶盘结构模态特性的影响并分析有限元模态与试验模态相关性。5.2 节为叶盘结构谐调和失谐行波激励稳态响应实验研究。首先运用有限元方法分析阶次激励对最大失谐幅值放大系数的影响并确定两组实验所需最坏失谐模式，然后实验测量 5 和 6 阶次激励最坏失谐模式的模态和稳态响应特性，最后比较有限元仿真分析和实验结果，通过实验来验证失谐跳变-模态（响应）局部化现象。

5.1　失谐叶盘结构模态局部化实验[13]

整体叶盘结构试件具有循环对称性的特点，其固有特性通常表现为高度密集的模态分布特征，这给模态参数提取带来了巨大的挑战。因此，采取何种数据采集、后处理方法是进行整体叶盘结构模态特性实验研究的关键。本节简要介绍整体叶盘结构的失谐振动测量系统及其实验测量方法，详细的论述可参考文献［13］。

5.1.1 实验系统与测量方法

整体叶盘结构模态实验系统的测量原理如图 5.1 和图 5.2 所示，主要包含四个部分：激振系统，实验对象，激光振动测量系统，数据处理系统。简要的工作流程为：由激光振动测量系统数控计算机（PSV-W-400-B）和连接箱（PSV-E-400）来产生和控制快速扫频正弦激振所需的交变电压信号，并联产生两路完全相同的模拟电压信号，一路作为压电陶瓷动态驱动电源的控制信号，另一路提供给拾振系统作为参考信号（测量输入信号）。控制信号接入动态驱动电源后，可通过调节旋钮来调节和控制电源输出满足要求的交变电压（本实验中设定为 40V），最后将保真放大后的交变电压接入

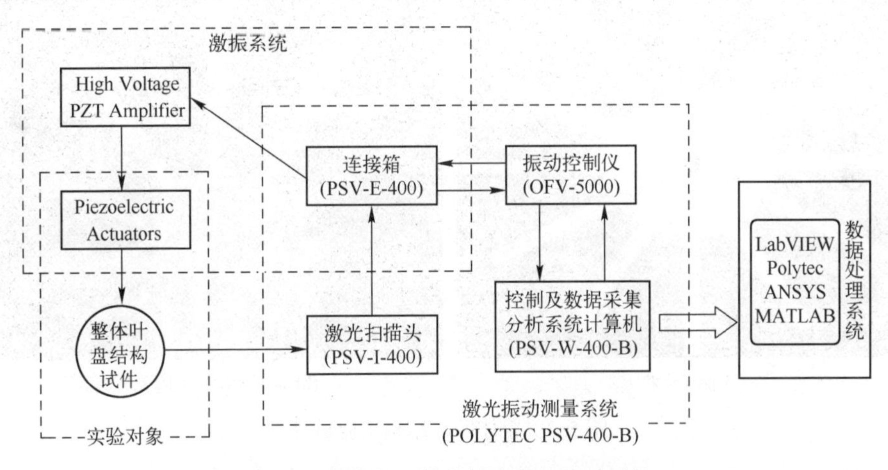

图 5.1　整体叶盘结构模态特性实验系统

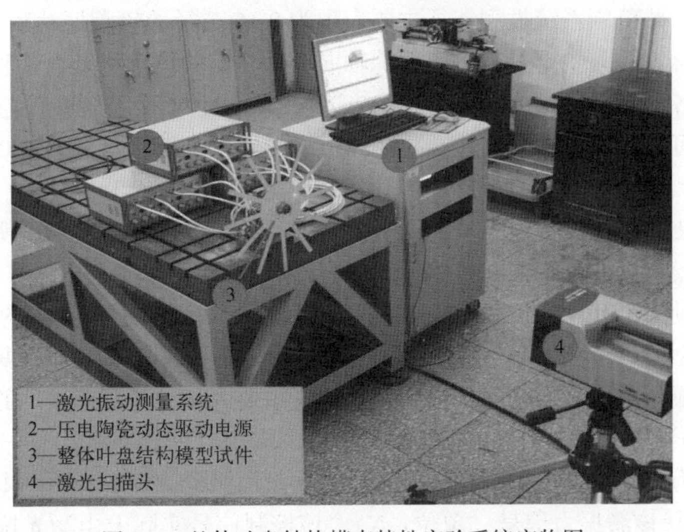

图 5.2　整体叶盘结构模态特性实验系统实物图

压电陶瓷激振器来激励实验件，由激光测振仪系统测量整体叶盘结构试件模型的振动信号（测量输出信号），再综合必要的采集数据（测量输入、输出信号）完成后处理。鉴于采用多输入多输出的测量方式应用于叶盘结构振动模态测量的局限性，本节采用了轮换激振点重复进行单输入单输出 SISO 模态实验的测量方法，具体就是在叶盘每个扇区内选择一单点固定激振进行一次 SISO 测试过程。此外，在整体叶盘结构的模态局部化实验中使用压电陶瓷片来激振，并选择常用的快速扫频正弦激励“chirp”形式。

5.1.2 测量模型与信号采集

整体叶盘结构试件如图 5.3 所示，在试件表面粘贴反光膜是为了提高激光拾振的信号质量，而为保持一次完整模态实验中 12 次 SISO 测试结果的一致性，实验前在试件背面每个叶片根部均粘结了压电陶瓷激振器。

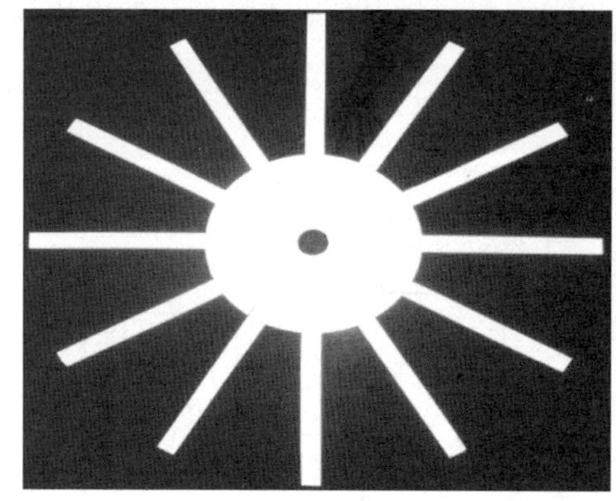

(a) 正面反光膜

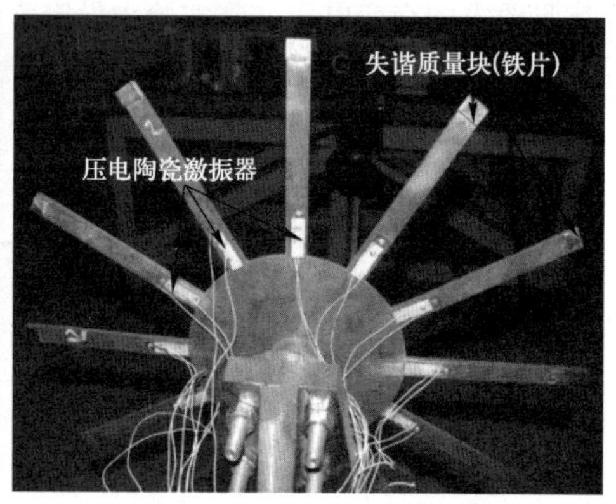

(b) 背面粘结压电陶瓷激振器

图 5.3 整体叶盘结构实验试件

实验主要以该整体叶盘结构试件的前两族系统模态为测量和研究范围，即 1 阶和 2 阶弯曲模态族，此范围系统振型特征主要表现为 0~6 节径的轮盘振动和 1 阶、2 阶弯曲叶片振动的组合，并且主要是产生离面的轴向振动。实验模型测点数量和位置的选定如图 5.4 所示，各测点的测量方向均为轴向（Z 向）。每个叶片（含叶片与轮盘交界）包含 9 个测点，可充分满足测量叶片 2 阶弯曲振动的要求，而轮盘上共 120 个测点，相邻测点周向分布弧度角为 $\pi/30$，可以清晰的观测并区分出 0~6 节径振动，所以该实验模型保证了所关心的结构点都在所选的测量点之中，并足以胜任在变形后明确显示在实验频段内的所有模态的变形特征及各模态间的变形区别。

对应于激励每个叶片的 12 次 SISO 测试过程中，扫频激励在相同的条件下重复进行，对试件模型的每个测点（共 216 个，见图 5.4）进行了 3 次信号数据采集。各测点包含激励、响应两路信号的采集记录：振动响应主要采集的是叶盘试件的速度信号；对于激励（参考）信号来说，由于难以采集到压电陶瓷片所产生的力信号，那么依据压电陶瓷片激振力与施加电压的线性关系原理，这里用压电陶瓷动态驱动电源的控制信号（单位：V）替代该激振力信号（单位：N）。该控制信号实际上由激光振动测量系统内置的任意波形信号发生器产生，为线性扫频正弦交变电压信号。

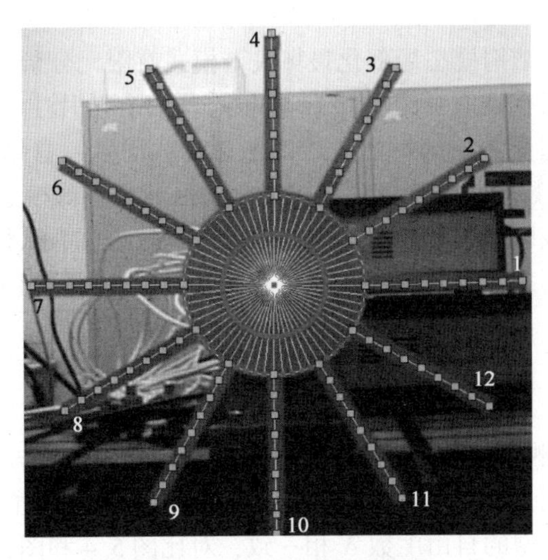

图 5.4　实验试件模型测量点

5.1.3　失谐叶盘结构模态实验结果及分析

基于有限元方法，首先利用 4.1 节描述的方法计算叶盘结构理论模态局部化最坏失谐模式。失谐整体叶盘结构有限元模型如图 5.5 所示，共 15888 个单元，26088 个节点，叶片根部为粘结的压电陶瓷激振器，失谐是通过改变各个叶片的密度来模拟的，失谐强度取为 0.05。图 5.6 给出了模态局部化有限元仿真最坏失谐模式，由图可知失谐值发生剧烈变化的分别是 6，10 和 1 号叶片。而根据该理论最坏失谐模式实际添加于实验试件各叶尖上的失谐质量块质量可参见表 5.1。

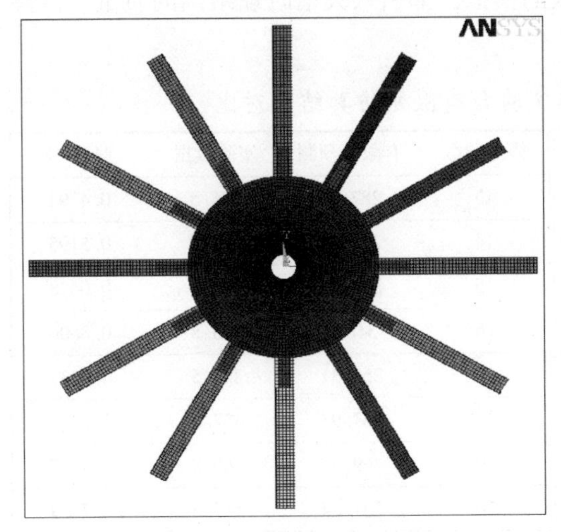

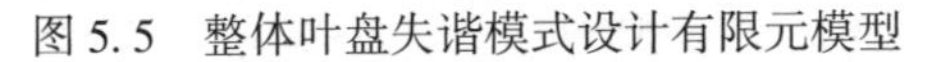
图 5.5　整体叶盘失谐模式设计有限元模型

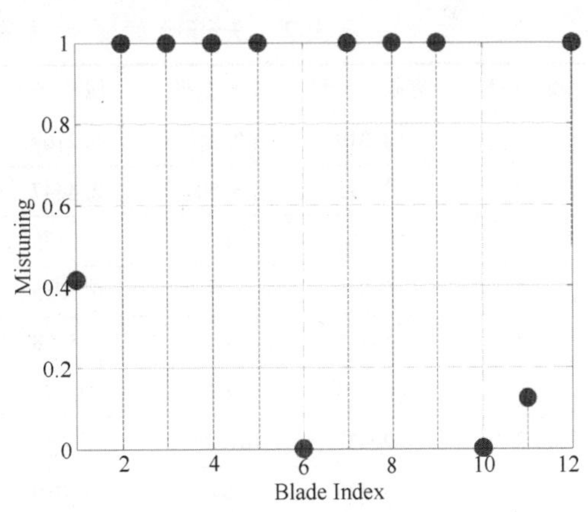

图 5.6　模态局部化最坏失谐模式

表 5.1　添加质量块的失谐质量（单位：g）

叶片序号	1	2	3	4	5	6	7	8	9	10	11	12
失谐质量	2.135	5.121	5.124	5.126	5.125	0	5.124	5.124	5.124	0	0.630	5.124

表 5.2 列出了叶盘结构模态局部化最坏失谐模式有限元分析的固有频率与相应叶盘试件实验测量得到的固有频率对比，1～12 阶模态代表着叶片主导 1 弯模态族，该区域的固有频率和模态振型受失谐的影响是较为敏感的，而该叶盘结构的 2 弯模态族振型（13～24 阶模态）大多数均属于轮盘主导模态，该区域属于低模态密度区域，因此对失谐不敏感，失谐对于该区域固有频率和模态振型影响较小。为从整体上比较实验测量模态与有限元模型仿真模态之间的差别，定量衡量各阶模态间的相关性，这里引入了模态置信因子：

$$\mathrm{MAC}(\boldsymbol{u},\boldsymbol{v})=\left(\frac{\boldsymbol{u}^{\mathrm{T}}\cdot\boldsymbol{v}}{\|\boldsymbol{u}\|\ \|\boldsymbol{v}\|}\right)^{2} \tag{5.1}$$

式中：$\boldsymbol{u}$、$\boldsymbol{v}$ 分别表示测量模态振型和计算模态振型向量，当 $\boldsymbol{u}=\alpha\boldsymbol{v}$（$\alpha$ 是一常数）时，MAC = 1，而当振型向量 $\boldsymbol{u}$、$\boldsymbol{v}$ 相互正交时，MAC = 0。MAC 值的计算要求测量振型的自由度数 n 与有限元模型的自由度数 N 相一致，对比图 5.4 和图 5.5 可以看出实际情况是 n 小于 N，要实现 n 与 N 一致，一是扩充测量振型的自由度，二是减缩有限元模型的自由度数，为尽量减少引入误差，这里采取第 2 种途径，即提取出有限元模型中与实验模型测点对应位置的自由度作为理论计算的模态振型向量。该最坏失谐模式叶盘结构各阶模态振型的 MAC 值如图 5.7 所示，从图中可以看出，不同阶模态 MAC 值接近 0，同阶模态除了第 5、8、9、13、14 阶模态的 MAC 值介于 0.4～0.7 之外，其他模态的 MAC 值都大于 0.9，有较好的相关性。相关性较差的几阶模态可能是由如下原因引起的：对于名义谐调的和失谐的叶盘结构试件，在整个实验过程中都存在着同样的未知失谐，并且在理论仿真计算中无法考虑，那么由于响应振幅对失谐的高度敏感性，该部分未知失谐将带来的理论计算与实验测量之间的差异并非是意料之外的。此外，实验中的各种实际因素在理论计算中也不可能完全得以有效的模拟，如引入失谐时黏结剂的质量、试件的阻尼等。

表 5.2　失谐叶盘固有频率实验与有限元仿真结果对比

模态阶数	有限元预测	实验数据	偏差/%	模态阶数	有限元预测	实验数据	偏差/%
1	64.319	62.250	3.2168	13	287.88	286.5	0.4794
2	65.118	63.500	2.4847	14	294.53	293	0.5195
3	69.584	67	3.7135	15	303.93	303.8	0.0428
4	75.028	70	6.7015	16	348.8	345.8	0.8600
5	75.434	70.50	6.5408	17	350.31	349.5	0.0231
6	88.913	80	10.024	18	467.93	457.3	2.2717
7	89.427	81.25	9.1438	19	469.91	460.8	1.9387
8	94.476	84	11.089	20	531.84	517.3	2.7339
9	94.658	84.75	10.467	21	535.18	519.8	2.8738
10	96.843	87.75	9.3894	22	557.55	542	2.7890
11	97.918	91	7.0651	23	563.89	552	2.1086
12	99.220	92.50	6.7728	24	572.39	556.8	2.7237

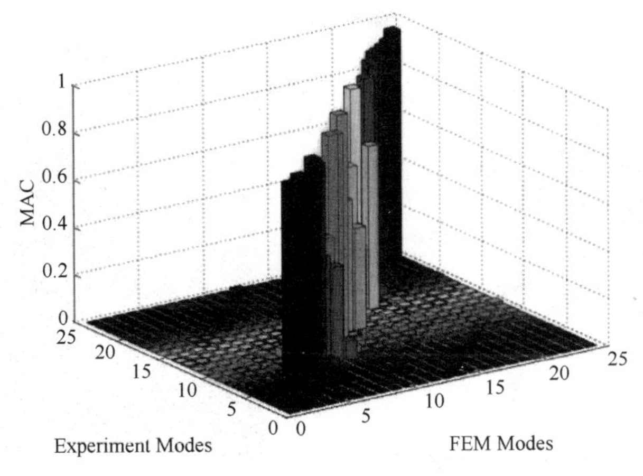

图 5.7　失谐叶盘实验测量与有限元模态振型相关性

图 5.8 给出了模态局部化程度很严重的第 10、11 和 12 阶模态有限元仿真和实验测量结果，而叶尖位置这三阶归一化模态的实验与有限元仿真结果比较如图 5.9 所示，从图中可以看出，这些模态振型已不在表现出单个节径的波形特征，最坏失谐模式的叶盘结构振动模态出现了非常明显的模态能量集中现象，而其他叶片的模态能量则非常小，第 10、11 和 12 阶模态出现的模态局部化位置分别为 1 号、6 号和 10 号叶片。通过比较最坏失谐模式图 5.6 发现，与这些模态对应的失谐变量值发生了急剧变化，与附近失谐参数值反差很大，对失谐值表现出很强的敏感性，出现模态局部化的叶片位置正是失谐变量值跳变的位置，且模态局部化程度跟失谐变量值跳变程度相关，失谐变量值 6 、10 跳变程度很大，而失谐变量值 1 的跳变程度相对较小，随着失谐变量值跳变程度不同，模态局部化严重程度依次为 11、12 和 10 阶模态，特别是在 11 阶模态，振动能量集中在 6 号叶片，其模态幅值在所观测到的有限元仿真与实验测量结果中分别达到其最大值 5.567 和 3.312(mm/s)。

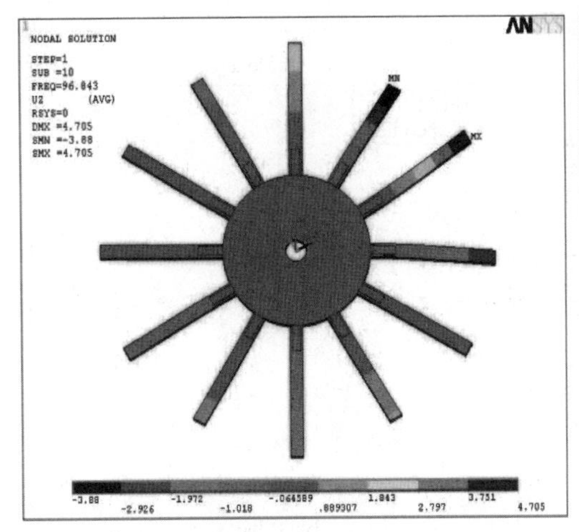

(a) 有限元仿真10阶模态振型

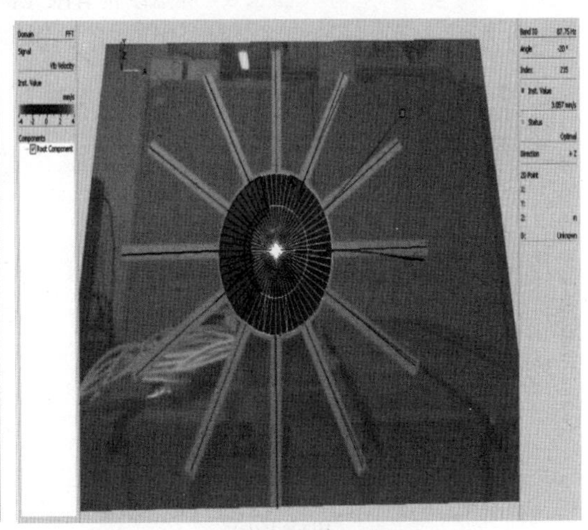

(b) 实验测量10阶模态振型

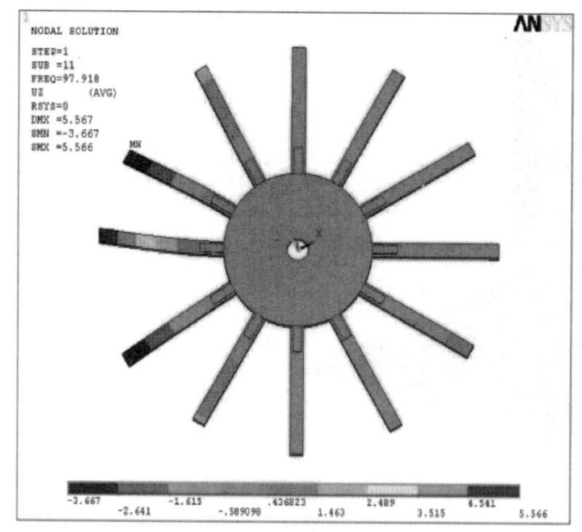

(c) 有限元仿真11阶模态振型

(d) 实验测量11阶模态振型

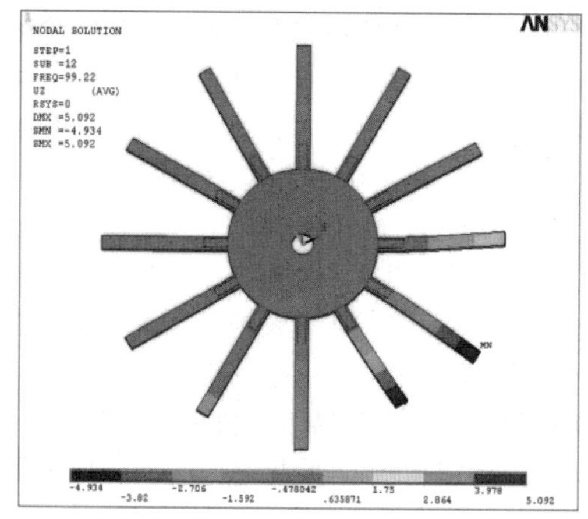

(e) 有限元仿真12阶模态振型

(f) 实验测量12阶模态振型

图 5.8　叶盘结构有限元仿真与实验模态振型比较

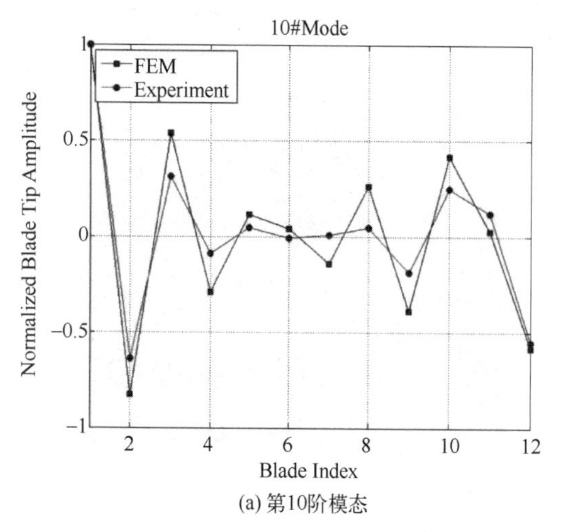

(a) 第10阶模态

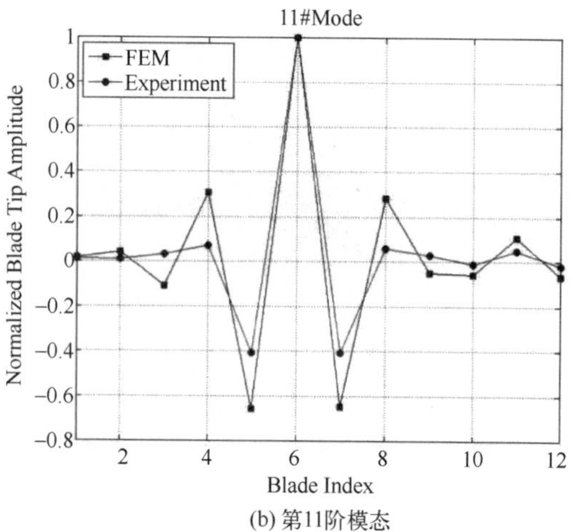

(b) 第11阶模态

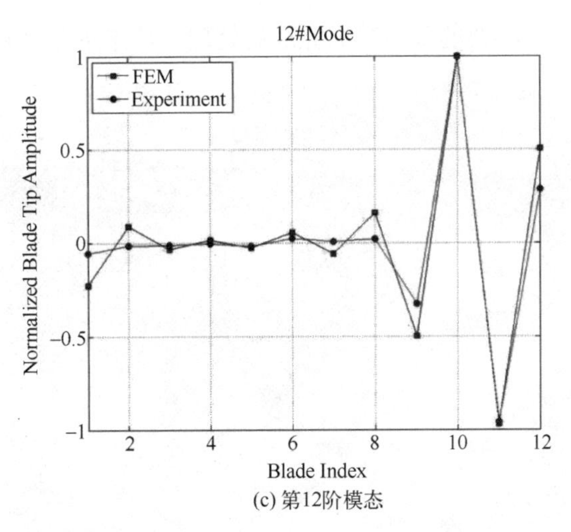

(c) 第12阶模态

图 5.9　有限元仿真与实验叶尖模态振型比较

这些模态局部化振型对应于谐调系统中 1 阶弯曲模态族的 5（第 10、11 阶）和 6（第 12 阶）节径表现出来的振型，属于叶片主导模态振型并均为离面振动，这是和频率转向区内叶片发生面内振动而轮盘的离面振动的弱耦合特点存在区别的，表明叶片和轮盘之间存在着强耦合的特征（即均为离面振动，能量可以进行部分传递）。由此可知，在高频率密度模态区域，随着轮盘振型节径数的增加，轮盘迅速的变刚和变硬同样可以降低叶片之间的耦合强度。

5.2　失谐叶盘结构响应局部化实验[14]

为达到实验与理论仿真结果具有定量可比性的目的，本节应用第 4 章提出的方法，首先对具有 12 个叶片的平板叶盘结构进行有限元仿真以确定失谐叶盘响应局部化失谐方案，然后基于行波激励叶盘结构实验系统测量失谐叶盘结构的强迫响应，经过数据采集与后处理程序得到响应数据，最后通过比较失谐叶盘有限元数据与实验结果分析叶盘结构强迫响应局部化及其特性。

5.2.1　实验系统及测量方法

本节整体叶盘结构行波激励响应实验测量系统实物如图 5.10 所示，主要包含 4 个部分：行波激振系统，实验对象，激光振动测量系统，数据处理系统。其简要的工作流程为：由装有 PCI 模拟输出卡和利用 LabVIEW 软件开发的“行波激振信号发生系统 VI”的数控计算机来产生和控制行波激振所需的交变电压信号，对于本叶盘模型共需 13 路交变电压信号，经由 PCI-6723 模拟输出卡和 SCB-68 端子板输出满足要求的电压模拟信号后，分别接入压电陶瓷驱动电源和拾振系统，其中 12 路作为压电陶瓷动态驱动电源（需 3 台）的输入控制信号，另一路则提供给拾振系统作为参考信号。将 12 路控制信号接入动态驱动电源后，可通过调节旋钮来调节和控制各个输出通道输出相同幅值的交变电压，最后将保真放大后的交变电压接入压电陶瓷激振器来激励实验件。由激光振动测量系统拾振，然后综合必要的采集数据完成后处理。具体原理可见文献［14］。

图 5.10　整体叶盘结构响应特性实验系统实物图

实验主要研究整体叶盘结构试件的稳态响应特性，因此采用步进式的行波激励方式。即每次用一个频率给出行波激励信号，测出该激励的稳态响应，再步进到下一个频率，直到所有预先设定的频率离散点全都步进完毕。实验研究目的在于定量研究失谐对叶盘结构试件振动响应幅值的影响，这里选择 1 阶弯曲模态族作为响应特性实验研究频率范围，在叶盘试件每个叶片的尖部布置一个测点（共 12 个）作为实验模型，各测点的测量方向均为轴向（Z 向）。该实验测量模型保证了所关心的结构点都在所选的测量点之中，而通过各个测量点的振幅及相位关系，也足以胜任在变形后明确显示在实验频段内的所有稳态响应的变形特征及各响应间的变形区别。

5.2.2　信号采集和数据处理

对于每个频率点的测量，实验模型各测点包含激励信号（参考信号）和响应信号两路信号的采集与记录。对于参考信号来说，由于难以采集到压电陶瓷片所产生的力信号，这里是用压电陶瓷动态驱动电源第 1 个通道（共 12 个通道）的输入控制信号来替代激励信号，直接由行波激振系统中的 SCB-68 端子板输出提供，为指定频率下的正弦交变电压信号（单位：V）；振动响应主要采集的是速度信号（单位：m/s），两路信号均由激光振动测量系统采集记录，采样信号的处理过程分为四步：①剔除速度响应信号中存在的明显奇异项；②消除大于数据采样周期的趋势项；③采用五点三次平滑法平滑速度信号并用梯形求积积分方法转换为速度信号；④求解互功率密度函数。测量信号采集记录中的关键参数及信号处理具体过程可参考文献［14］。

5.2.3　数值仿真与实验验证

为了对实验试件模型特征及其激振实施手段同时进行有效的模拟，理论计算采用了 ANSYS 软件的直接耦合场压电分析功能。失谐叶盘结构试件的有限元模型如图 5.11 所示，叶盘模型各叶尖处为失谐质量块，各质量块结构几何尺寸相同，而通过改变密度来控制其质量，用改变质量块的密度来模拟失谐，叶片根部为压电陶瓷激振片，采用的是耦合场 SOLID5 六面体单元划分，对其上下表面节点分别进行了电压（VOLT）自由度耦合，并施加行波谐激励电压，采用了单组分有机绝缘硅胶（回天 HT903）提高绝缘性以降低各激振器间的干扰。计算中电压幅值取为 40V，阻尼系数取为 0.001，失谐强度均取为 0.05。该模型共 15888 个单元，26088 个节点，模型几何尺寸、材料属性可参考文献［14］。

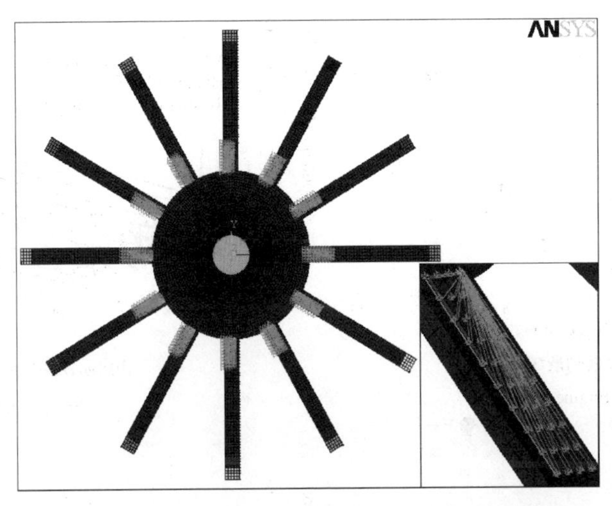

图 5.11　失谐叶盘结构试件理论计算有限元模型

图 5.12 给出了对应 1~6 激励阶次作用下有限元仿真计算得到的最坏失谐模式及相应的频率响应曲线。由图可知，对应不同的激励阶次，与最大共振峰值对应的共振频率逐渐升高，而且随着激励阶次的增大，幅值放大系数逐渐增大，但是在 5、6 激励阶次，其有限元仿真共振频率均在 94Hz 附近，它们的幅值放大系数相对于其他激励阶次是最大的，而这两者近乎相等，说明叶盘结构对激励敏感程度降低了。此外，在最坏失谐模式中失谐值之间的变化差异程度随着激励阶次的增大而变得更为剧烈，特别是在 5、6 阶次激励最坏失谐模式中 3、6 号叶片的失谐变量值为 0，与两侧的失谐变量值（为 1）形成了极大的反差，由相应的频响特性可知，这两个叶片位置共振峰值是最高的。说明最坏失谐模式中失谐跳变与频率响应曲线的幅值放大作用是正相关的，即最坏失谐模式失谐跳变越明显，则相应频率响应模式中叶片强迫响应局部化越强烈。

有限元理论仿真表明在各个阶次的行波激励下，失谐叶盘试件最坏失谐模式在激励频率范围均出现了不同程度的共振峰，特别是对于 5、6 阶次激励最坏失谐模式，理论仿真的频响曲线显示其幅值放大系数高达 2.1，振动能量分别集中在 3、6 号叶片，发生了强烈的响应局部化现象，因此本节实验也主要以相应 5、6 阶次行波激励最坏失谐模式来研究失谐叶盘试件的稳态响应振幅放大。表 5.3 列出了实验 5、6 激励阶次最坏失谐模式所添加失谐质量块质量。实验测量得到的固有频率如表 5.4 所示，由表可知这两种失谐模式除了中间第 6、7、8 阶模态的固有频率不同，其他阶模态的固有频率均很接近，特别是第 10、11、12 阶模态几乎一致，从图 5.13 给出的 5、6 阶次激励最坏失谐模式第12阶局部化模态振型可以看出，分别对应着3、6号叶片位置出现了模态局部化，模态能量高度集中，这两种失谐模式实验测量得到的固有频率非常接近，但相应的模态振型却显著不同，说明叶盘的一弯模态族对失谐非常敏感，此外，与图5.12比较可知，最坏失谐模式的失谐值在相同的叶片位置发生了跳变并在有限元仿真频响曲线中伴随着强烈的响应局部化现象。

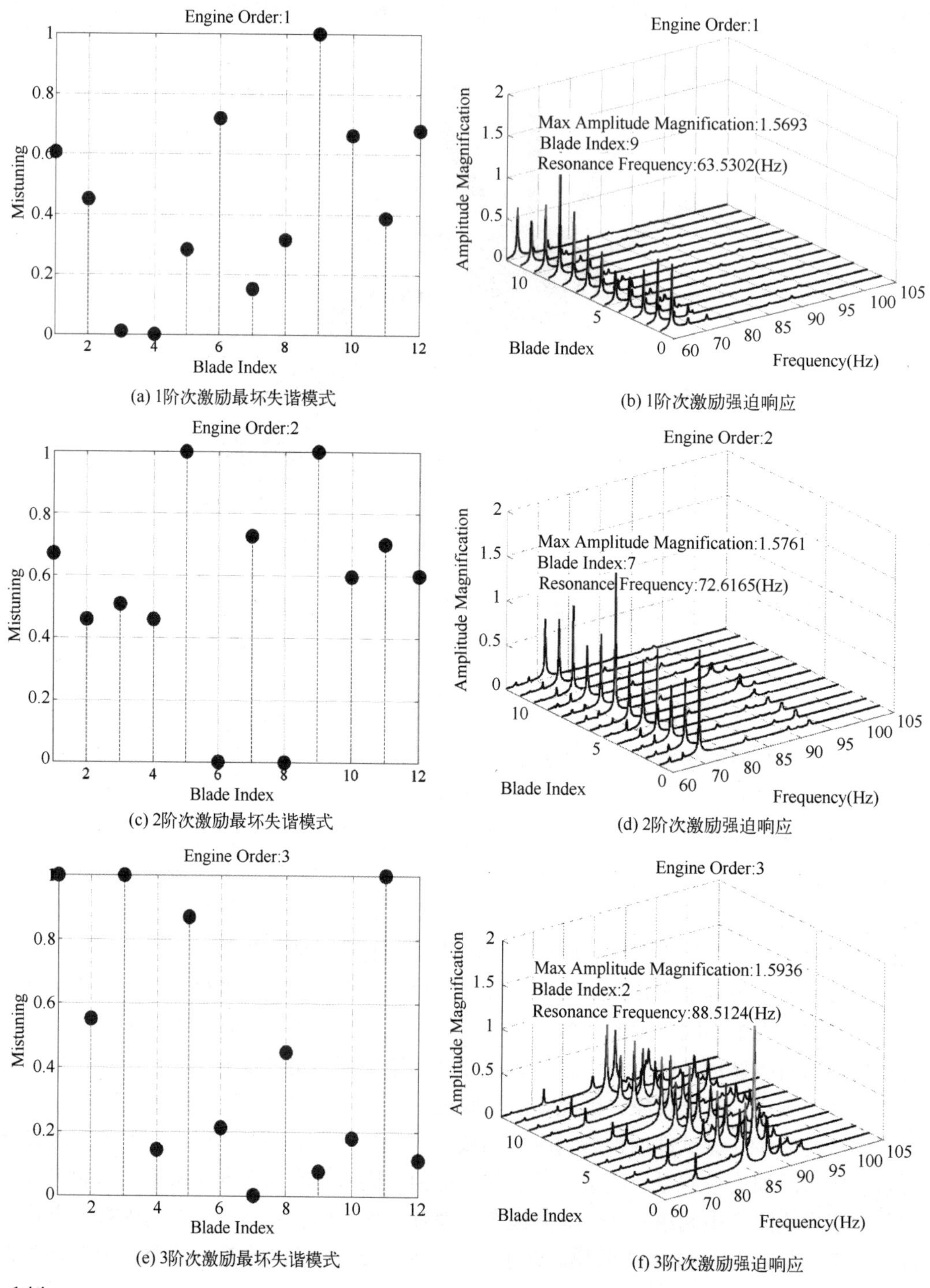

(a) 1阶次激励最坏失谐模式　(b) 1阶次激励强迫响应

(c) 2阶次激励最坏失谐模式　(d) 2阶次激励强迫响应

(e) 3阶次激励最坏失谐模式　(f) 3阶次激励强迫响应

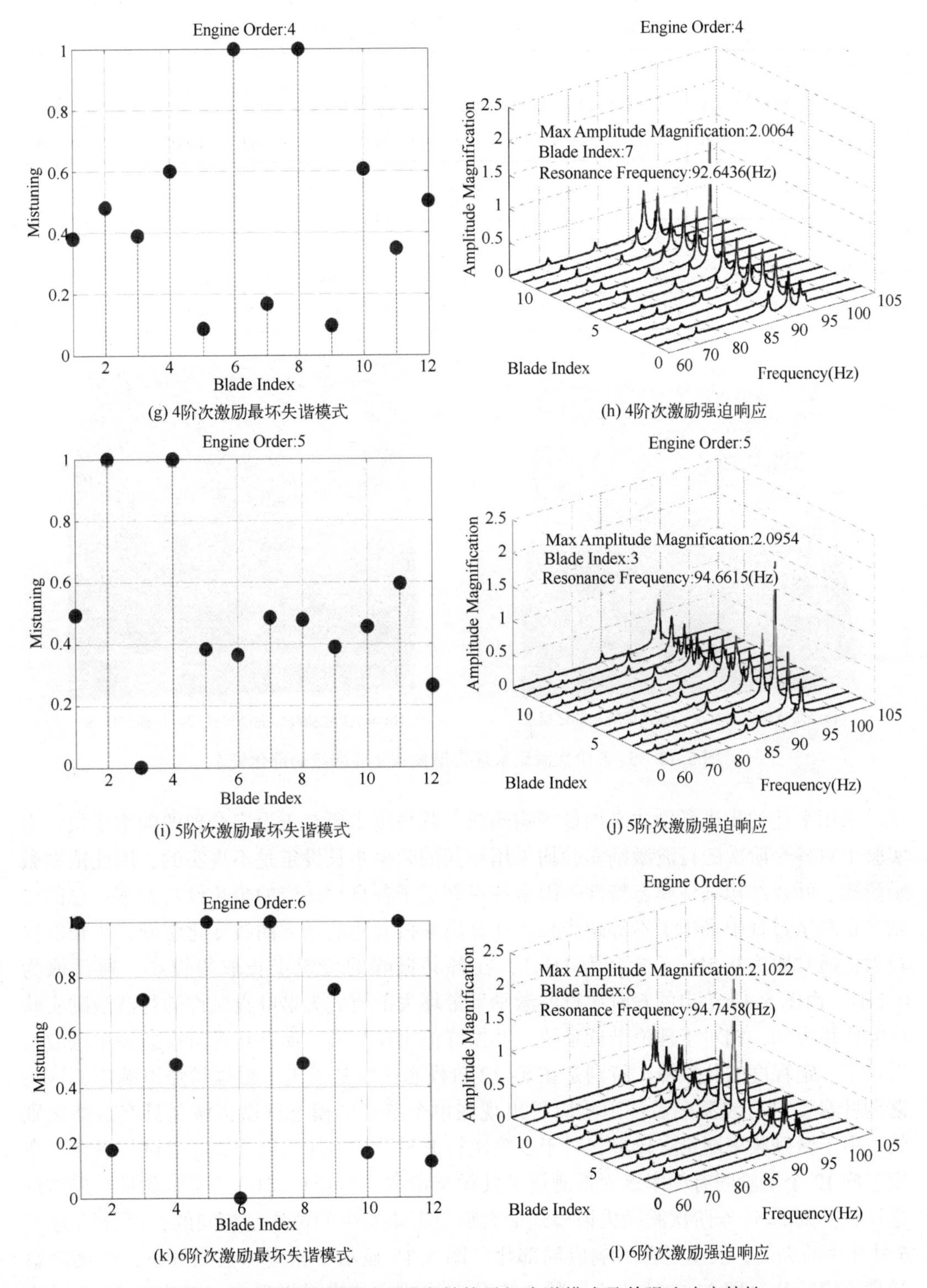

(g) 4阶次激励最坏失谐模式　(h) 4阶次激励强迫响应

(i) 5阶次激励最坏失谐模式　(j) 5阶次激励强迫响应

(k) 6阶次激励最坏失谐模式　(l) 6阶次激励强迫响应

图 5.12　不同阶次激励下叶盘结构最坏失谐模式及其强迫响应特性

表 5.3　5、6 阶次激励添加质量块的失谐质量（单位：g）

叶片序号	1	2	3	4	5	6	7	8	9	10	11	12
5 阶次	2.530	5.124	0	5.124	1.963	1.867	2.486	2.454	1.995	2.336	3.048	1.347
6 阶次	5.124	0.896	3.691	2.483	5.121	0	5.124	2.494	3.862	0.828	5.122	0.663

表 5.4　5、6 阶次激励最坏失谐模式固有频率实验测量结果

叶片序号	1	2	3	4	5	6	7	8	9	10	11	12
5 阶次	64.5	64.75	69	70.5	70.75	73	82	84	87	89.5	90.5	91
6 阶次	63.5	64.5	68.25	70	71.75	79.25	85.25	86.5	88.5	89.5	90.75	91.25

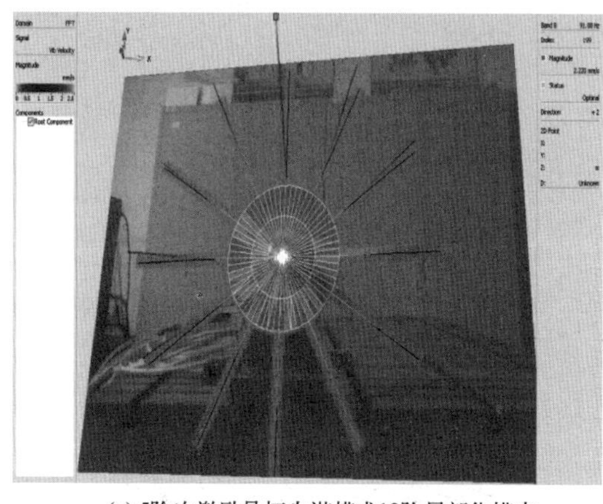

(a) 5阶次激励最坏失谐模式12阶局部化模态　　(b) 6阶次激励最坏失谐模式12阶局部化模态

图 5.13　5、6 阶次激励最坏失谐模式实验测量局部化模态

采用上述的步进激励法来测量频响函数，其精度主要在于设定合理的频率步长。本实验中对各个阶次的行波激励实验均采用相同的频率步长设定是不现实的，因此依据激励阶次、叶盘结构试件模态特性等因素特点制定了各自相适应的步长设定方案，总的原则是在测试过程中采用了不等距步长，在远离共振频率的地方曲线变化缓慢，步长取得较大，通常取为 0.5Hz（最高为 1Hz），在各共振峰的位置步长取得较小，通常取为 0.1Hz。由图 5.14 给出的 6 阶次行波激励下最坏失谐模式失谐叶盘试件的行波激励实验频响曲线可知，相对于理论谐调系统，共振峰值出现分离，而且在各阶模态频率区域均出现了一定程度的共振峰，特别是在 8~12 阶模态区域激发出了很强的强迫响应，这与谐调叶盘受到行波激励后强迫响应仅出现在单个节径的模态振型区域是具有显著区别的。由于激励频率测量点较多，对于 5 阶次行波激励下最坏失谐模式叶盘试件只在一弯模态族 12 个实验固有频率点附近测量了其频响特性（步长 0.1Hz）。实验测量结果与理论计算得到的 5、6 阶次激励失谐模式最大响应振幅发生的位置是相同的，即分别为 3、6 号叶片的尖部，发生了强烈响应局部化。图 5.15 显示了相应峰值频率下，失谐叶盘最高幅值叶片（即 3、6 号叶片）的响应分布模式，从中可以看出，对应于 5、6 阶次激励下最坏失谐模式的响应，3、6 号叶片的振幅分别为其最大值，其分布规律在理论仿真与实验结果对比关系中体现出一致性，实验测量与理论计算得到了较好相互印证。

比较图 5.13 与图 5.15 中出现的强烈模态和响应局部化的叶片位置，发现在 5、6

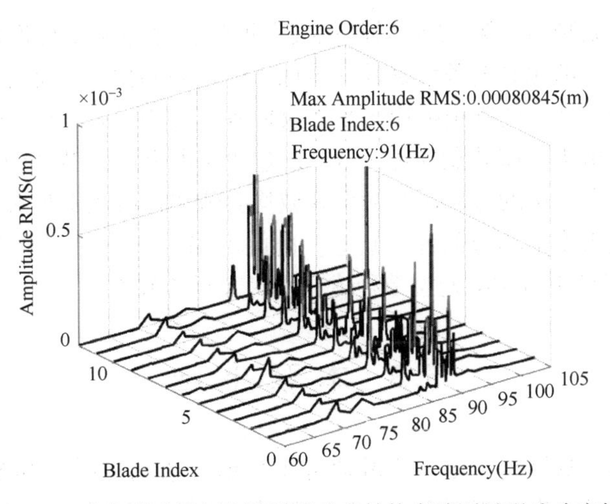

图 5.14　6阶次激励最坏失谐模式叶盘结构实验测量强迫响应特性

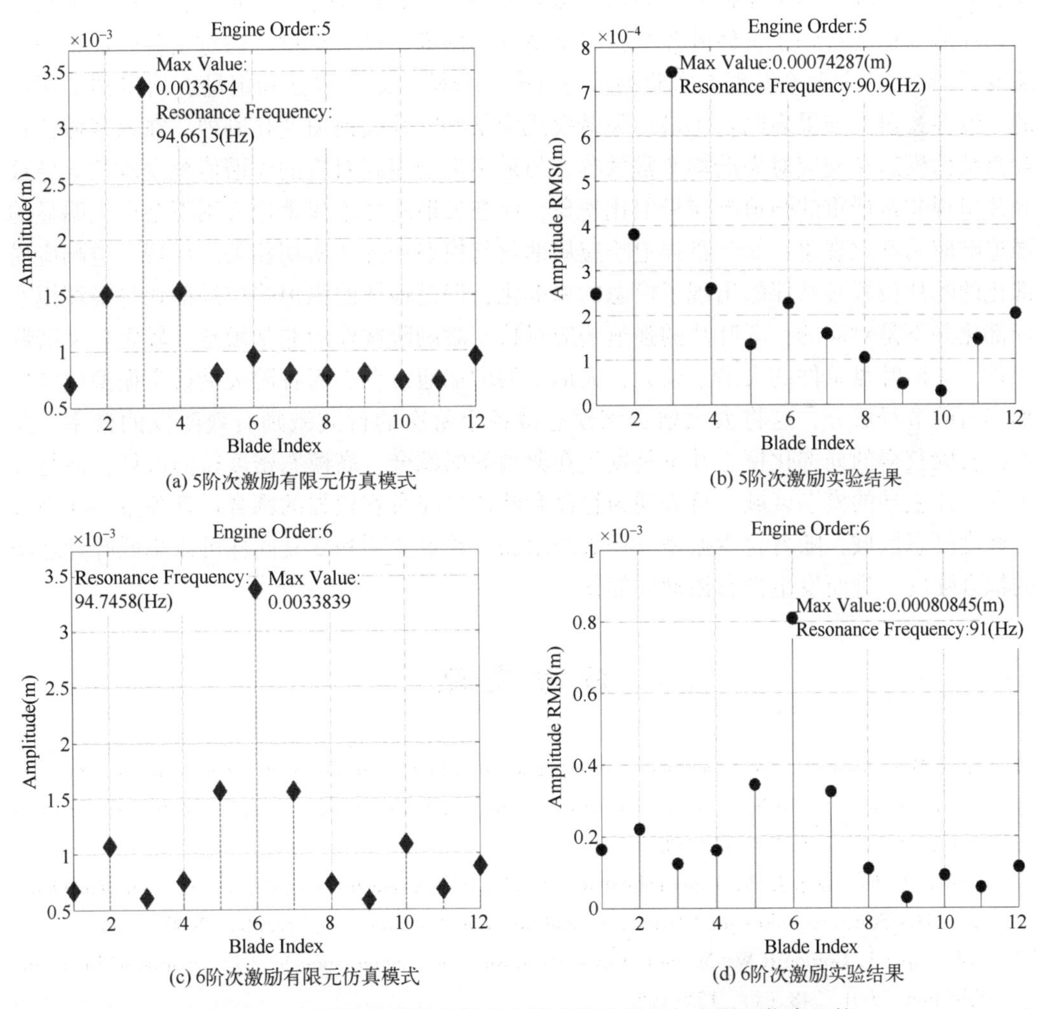

图 5.15　不同阶次激励最坏响应模式实验结果与有限元仿真比较

激励阶次作用下均激励出了第12阶局部化模态振型，这与振动理论是吻合的，说明叶片强烈的振动响应局部化必要条件是叶片出现了模态局部化，但是与最坏的模态局部化没有对应关系，因为叶片的强迫响应水平不仅取决于失谐模式，而且与激励模式和阻尼水平等因素有关。由于失谐叶盘的每一阶模态包含了所有阶次节径的成分，在每一阶次的行波激振下，叶盘结构的各阶固有频率区域均会依照该阶失谐模态振型所包含的相应阶次的简谐成分量级作出相应的稳态响应。由此可知，5、6激励阶次最坏失谐模式的12阶局部化模态振型中占主导地位节径成分别为节径5和6。

5.3 本章小结

针对典型整体叶盘结构，本章实验研究了失谐叶盘结构模态和振动响应局部化现象，仿真了不同激励阶次作用下实验平板叶盘结构有限元模型的最坏失谐模式并确定了实验方案，实验采用了轮换循环扇区激振重复进行SISO的模态测量方法，较为精确地识别并清晰地观察到了整体叶盘结构失谐系统的局部化模态振型，通过实验验证了失谐跳变-局部化这个理论发现，实验测量与有限元分析结果在定性和定量上均得到了很好的一致性。研究结果表明：①最坏失谐模式中某些叶片失谐值变化剧烈，在该区域位置叶盘结构模态和响应对失谐均非常敏感，与最坏失谐模式对应的失谐值跳变现象会导致叶片出现非常严重的强迫响应局部化现象，而在失谐跳变不显著地方则不会产生明显的强迫响应局部化现象；②叶盘强迫响应局部化与模态局部化密切相关，出现强迫响应局部化的叶片位置必然伴随出现了模态的局部化，但是最坏的强迫响应局部化与最坏模态局部化并不是对应的；③叶片的强迫响应对特定激励阶次作用非常敏感，较之名义谐调叶盘，失谐叶盘试件的失谐量较大，失谐量的增加通常会引起各阶失谐模态振型包含更加丰富的节径成分，这将大大增加该模态被各个阶次的行波激励有效激发的概率。此外，实验获得的局部化模态并不是发生在典型的弱耦合、高模态密度转向区域，而是发生在叶片主导的模态区域，且表现为轮盘和叶片之间有着较强的耦合运动关系。在高频率密度模态区域，随着轮盘振型节径数的增加，轮盘变刚和变硬同样可以降低叶片之间的耦合强度，进而发生模态振动局部化。

参考文献

[1] Kruse M J, Pierre C. An experimental investigation of vibration localization in bladed disks, Part Ⅰ: Free response [C]. Turbo Expo: Power for Land, Sea, and Air. American Society of Mechanical Engineers, 1997, 78712: V004T14A068.

[2] Gordon R, Hollkamp J. An experimental investigation of piezoelectric coupling in jet engine fan blades [C]. 41st Structures, Structural Dynamics, and Materials Conference and Exhibit. 2000: 1700.

[3] Hollkamp J J, Gordon R W. Modal test experience with a jet engine fanmodel [J]. Journal of Sound and Vibration, 2001, 248 (1): 151-165.

[4] 涂杰. 谐调和失谐叶盘结构试验件振动模态特性实验与分析 [D]. 北京: 北京航空航天大学, 2007.

[5] Kruse M J, Pierre C. An experimental investigation of vibration localization in bladed disks, part Ⅱ: Forced response [C]. Turbo Expo: Power for Land, Sea, and Air. American Society of Mechanical Engineers, 1997, 78712: V004T14A068.

[6] Judge J, Pierre C, Mehmed O. Experimental investigation of mode localization and forced response amplitude magnification for a mistuned bladeddisk [J]. Journal of Engineering for Gas Turbines Power, 2001, 123 (4): 940-950.

[7] Pierre C, Judge J, Ceccio S L, et al. Experimental investigation of the effects of random and intentional mistuning on the vibration of bladed disks [C]//Proceedings of the Seventh National Turbine Engine High Cycle Fatigue Conference. 2002: 1-12.

[8] Duffield C, Agnes G. An experimental investigation on periodic forced vibrations of a bladed disk [C]// 19th AIAA Applied Aerodynamics Conference. 2001: 1668.

[9] Jones K W, Cross C J. Traveling wave excitation system for bladeddisks [J]. Journal of Propulsion and Power, 2003, 19 (1): 135-141.

[10] Kenyon J A, Griffin J H. Experimental demonstration of maximum mistuned bladed disk forced re-sponse [J]. ASME Journal of Turbomachinery, 2003, 125: 673 - 681.

[11] Kenyon J A. Robust maximum forced response in mis-tuned turbine engine bladeddisks [D]. Pitts-burgh: Carnegie Mellon University, 2002.

[12] Ibrahim A. Experimental validation of turboma-chinery blades vibration predictions [D]. London: Imperial College London, 2004.

[13] 廖海涛, 王建军, 王帅, 等. 失谐叶盘结构振动模态局部化实验 [J]. 航空动力学报, 2011, 26 (8): 1847-1854.

[14] 廖海涛, 王帅, 王建军, 等. 失谐叶盘结构振动响应局部化实验研究 [J]. 振动与冲击, 2012, 31 (1): 29-34.

第 6 章　非线性系统稳态响应动力学优化方法

非线性系统周期解的计算方法有两类：时域法（如打靶法）和频域法。在频域类方法中，谐波平衡法（Harmonic Balance Method）已成为解决各种非线性振动问题的常用方法[1]。在此基础上，出现了许多变种，如高维谐波平衡方法等[2-4]。文献［5］提出了一种自适应谐波平衡方法，其利用谐波平衡法或打靶法构造一组非线性方程组，然后用非线性求根方法求解非线性方程组的根。然而，为了研究参数影响规律，必须重复地使用非线性方程组求根方法。

非线性结构某个参数连续变化时，可以利用连续延拓方法跟踪周期解，运用 Floquet 理论分析周期解的稳定性[6]。例如，Groll 和 Ewins[7] 结合谐波平衡法和 Hill 方法确定转子系统周期运动稳定性。文献［8］采用打靶法和伪弧长连续延拓方法研究非线性模态性质。在渐近方法（Asymptotic Numerical Method）框架内，文献［9］提出了一种结合谐波平衡法和 Hill 法的连续延拓方法。在文献［10］中，谐波平衡法和伪弧长方法被用于分析几何非线性叶盘结构的自由和强迫振动响应特性。但是，连续延拓方法不能直接量化参数不确定非线性系统的振动响应。

工程系统不可避免存在各种不确定性，如何量化不确定性的影响并分析系统可靠性具有重要研究意义[11-13]。已经发展了多种结构可靠性分析方法，如蒙特卡罗方法，一阶可靠性方法[14-15]，以及二阶可靠性方法[16-17]等。基于谐波平衡法，Gong 等[18]提出了一种求解随机不确定性非线性系统可靠性问题的方法，该方法涉及多层嵌套优化，内层优化以傅里叶系数为变量寻找系统最大振动响应，外层优化则以随机不确定参数为优化变量进行可靠性分析，采用有限差分法分析外层优化问题灵敏度，然而，多层嵌套循环优化问题计算成本很高，可靠性分析效率低。

为避免重复求解非线性方程组和量化参数不确定影响，本章提出计算非线性系统稳态响应极值的一般约束优化问题框架。首先提出频域约束优化谐波平衡法，利用谐波平衡法和 Hill 法构建非线性等式和不等式约束，使用梯度方法求解周期解最大振动响应优化问题，通过两个数值算例验证方法的有效性。其次研究约束优化打靶法，基于打靶函数和状态转移矩阵方法研究非线性系统共振峰值求解方法，通过典型 Duffing 振子算例验证方法有效性并通过几何非线性叶盘结构数值算例演示方法的优点。最后，提出计算非线性系统稳态响应可靠性的频域方法，通过与蒙特卡罗模拟结果进行比较，验证所提出方法的有效性。

6.1　非线性动力学稳态响应约束优化问题一般框架

本章主要目的是建立计算非线性系统稳态响应相关优化问题一般框架，主要思想是采用非线性动力学的方法和概念，包括：

（1）利用时域和频域方法推导出非线性代数方程组。

（2）非线性系统周期解稳定性概念。

（3）稳态响应参数不确定量化问题：参数不确定情况下确定系统最坏稳态响应，避免穷举搜索所产生的计算量过大问题。

在结构动力学中，系统稳态响应取决于所分析结构的一组设计参数值。为选择一组设计参数，需要量化设计参数和不确定参数对非线性系统稳态响应的影响，同时，系统的稳态响应需要满足运动微分方程和稳定性条件。因此，以确定非线性系统稳态响应最大振幅为例，相关优化问题可以表示为

$$\max \quad f(\boldsymbol{x})$$
$$\text{s.t.} \begin{cases} f_{\text{NAE}}(\boldsymbol{x}) = \mathbf{NonAlgEqu}_i(\boldsymbol{x}) = 0, i=1,2,\cdots,m_e \\ f_{\text{PSS}}(\boldsymbol{x}) = \text{PerSolStability}(\boldsymbol{x}) \leqslant 0 \\ \boldsymbol{x}_1 \leqslant \boldsymbol{x} \leqslant \boldsymbol{x}_{\text{u}} \end{cases} \tag{6.1}$$

式中：$\boldsymbol{x}$ 为优化变量向量，其下界为 $\boldsymbol{x}_1$，上界为 $\boldsymbol{x}_{\text{u}}$；$f:\mathbb{R}^n \to \mathbb{R}$ 为目标函数，其返回一个标量值，从而使非线性系统稳态响应振幅最大化；向量函数 $f_{\text{NAE}}(\boldsymbol{x}) = \mathbf{NonAlgEqu}(\boldsymbol{x})$ 返回一个长度为 m_e 的向量，为 $\boldsymbol{x}$ 处计算的等式约束函数值，m_e 是等式约束的数目。可以通过使用时域法或频域法（如打靶法和谐波平衡法）来获得表示非线性系统运动方程的非线性代数方程 $\mathbf{NonAlgEqu}_i:\mathbb{R}^n \to \mathbb{R}$,$i=1,2,\cdots,m_e$。函数 $f_{\text{PSS}}(\boldsymbol{x}) = \text{PerSolStability}(\boldsymbol{x})$ 表示周期解的稳定性分析判据。将非线性代数方程组作为非线性等式约束，将周期解的稳定性分析判据作为非线性不等式约束 $f_{\text{PSS}}(\boldsymbol{x}) = \text{PerSolStability}(\boldsymbol{x}) \leqslant 0$。

基于式（6.1）一般框架描述的非线性约束优化问题分为三个步骤：

（1）利用时域或频域方法将非线性动力学运动方程转化为非线性代数方程，并设为非线性等式约束。

（2）基于周期解的稳定性分析判据，建立式（6.1）中优化问题的非线性不等式约束。

（3）利用梯度方法等优化算法求解约束优化问题。

6.2　约束优化谐波平衡法[19]

在式（6.1）基础上，本节提出了一种结合谐波平衡法、Hill 的方法和 GlobalSearch 算法的方法（GlobalSearch-HBM-HILL 法）确定稳态周期响应的最大振幅。由谐波平衡法导出的非线性代数方程组构成式（6.1）中优化问题的非线性等式约束，利用 Hill 的方法得到周期解稳定性相关的非线性不等式约束，利用多重启算法求解非线性系统最大共振峰值。6.2.1 节利用谐波平衡法导出非线性代数方程组，6.2.2 节讨论稳定性分析相关的非线性不等式约束，最后在 6.2.3 节中给出优化问题的完整描述。

6.2.1　谐波平衡非线性方程

考虑具有 n 个自由度机械系统的运动方程：

$$M\ddot{u}+D\dot{u}+Ku+f_{nl}(u,\dot{u},t)=p(t) \tag{6.2}$$

式中：M、C 和 K 分别表示质量、阻尼和刚度矩阵，u、$\dot{u}$、$\ddot{u}$ 和 $f_{nl}(u,\dot{u},t)$ 表示运动位移、速度、加速度和非线性力向量；$p(t)$ 为与激励频率 ω 相关的外力向量。

谐波平衡法主要原理是将未知周期响应展开为傅里叶级数并使之满足运动微分方程，$u(t)$ 可以展开为包含 N_H 谐波项的傅里叶级数形式：

$$u(t)=U_0+\sum_{k=1}^{N_H}[U_{c,k}\cos(k\omega t)+U_{s,k}\sin(k\omega t)] \tag{6.3}$$

将式（6.3）代入式（6.2）并应用 Galerkin 法得到以下非线性函数：

$$f_{NAE}(U,\omega)=A(\omega)U-b(U,\omega)=0 \tag{6.4}$$

式中：$b=[C_0^T \quad C_1^T \quad S_1^T \quad \cdots \quad C_k^T \quad S_k^T \quad \cdots \quad C_{N_H}^T \quad S_{N_H}^T]^T$ 对应非线性强迫项的傅里叶系数，$A(\omega)$ 和 U 分别定义为

$$A=\mathrm{diag}\left(\begin{array}{l} K,\begin{bmatrix} K-\omega^2M & \omega D \\ -\omega D & K-\omega^2M \end{bmatrix},\cdots,\begin{bmatrix} K-(k\omega)^2M & k\omega D \\ -k\omega D & K-(k\omega)^2M \end{bmatrix},\cdots, \\ \begin{bmatrix} K-(N_H\omega)^2M & N_H\omega D \\ -N_H\omega D & K-(N_H\omega)^2M \end{bmatrix} \end{array}\right) \tag{6.5}$$

$$U=[U_0^T \quad U_{c,1}^T \quad U_{s,1}^T \quad \cdots \quad U_{c,k}^T \quad U_{s,k}^T \quad \cdots \quad U_{c,N_H}^T \quad U_{s,N_H}^T]^T$$

求解式（6.4）的关键在于计算 $b(U,\omega)$，因为非线性强迫项的傅里叶系数是位移傅里叶系数的隐式函数，通常采用式（6.6）中所示的交替时频域方法［1］计算 $b(U,\omega)$。

$$U\overset{\mathrm{IFFT}}{\Rightarrow}u(t)\Rightarrow f_{nl}(u,\dot{u},\omega,t)\overset{\mathrm{FFT}}{\Rightarrow}b_{nl}(U,\omega) \tag{6.6}$$

当使用传统的谐波平衡法时，通常采用 Newton－Raphson 求根方法直接求解式（6.4）所示非线性方程组。与传统的谐波平衡方法不同，在式（6.1）中，式（6.4）被用来构造优化问题的非线性等式约束。

6.2.2 Hill 稳定性分析方法

在得到周期解后，需要对周期解进行稳定性分析。下面利用 Hill 方法分析周期解的稳定性，以构建式（6.1）稳定性相关不等式约束条件。

为了分析周期解稳定性，将式（6.2）改写为如下所示状态空间形式：

$$\dot{z}(t)=\bar{f}(z(t),t) \tag{6.7}$$

式中：$z=[u,\dot{u}]^T$ 是一个 $N=2n$ 维状态向量；$\bar{f}$ 是一个非线性的 $2n$ 维向量场。

假设 $z_0(t)$ 是由谐波平衡法得到的周期解，通常通过在 $z_0(t)$ 上叠加一个小扰动 $y(t)$ 来研究其稳定性。将 $z(t)=z_0(t)+y(t)$ 代入式（6.7）中，并将结果展开为关于 $z_0(t)$ 的泰勒级数，得到式（6.7）的近似表达式：

$$\dot{y}(t)=\frac{\partial\bar{f}}{\partial z}(z_0(t),t)y(t) \tag{6.8}$$

式中：$\frac{\partial\bar{f}}{\partial z}(z_0(t),t)$ 是在 $z_0(t)$ 处计算的 $2n\times2n$ 雅可比矩阵，从而将非线性系统周期解的稳定性研究转化为式（6.8）零解的稳定性分析。

由于式（6.8）所示系统是一个具有周期系数的线性系统，因此可以用 Floquet 的理论确定式（6.8）零解的稳定性，将谐波平衡法应用到式（6.8）得到如下无穷维特征值问题：

$$(\boldsymbol{H}-s\boldsymbol{I})\boldsymbol{q}=\boldsymbol{0} \tag{6.9}$$

式中：$\boldsymbol{H}$ 为无限维 Hill 矩阵；s 为复数特征值；$\boldsymbol{q}$ 为无限维向量；$\boldsymbol{I}$ 为无穷维单位矩阵。

按照文献［10］中的方法，将矩阵 $\boldsymbol{H}$ 截断为 $N(2N_{\boldsymbol{H}}+1)\times N(2N_{\boldsymbol{H}}+1)$ 维，然后计算其 $N(2N_{\boldsymbol{H}}+1)$ 特征解，得到 N 个 Floquet 指数：$\alpha_n, n=1,2,\cdots,N$。Floquet 乘数 ρ_n 和 Floquet 指数 α_n 都可以用来确定周期解的稳定性。根据 Floquet 理论，解稳定的充要条件是对所有 n 均有 $\Re(\alpha_n)<0$（or $|\rho_n|<1$）。因此，可以推导出以下稳定性判据：

$$f_{\mathrm{PSS}}(\boldsymbol{U},\omega)=\max(\Re(\boldsymbol{\alpha}))<0 \quad 或 \quad f_{\mathrm{PSS}}(\boldsymbol{U},\omega)=\max(|\boldsymbol{\rho}|)-1<0 \tag{6.10}$$

式中：$\boldsymbol{U}$ 是对应 $\boldsymbol{z}_0(t)$ 的谐波系数；向量 $\boldsymbol{\alpha}$ 和 $\boldsymbol{\rho}$ 分别定义为 $\boldsymbol{\alpha}=[\alpha_1,\alpha_2,\cdots,\alpha_N]$，$\boldsymbol{\rho}=[\rho_1,\rho_2,\cdots,\rho_N]$。

通过研究扰动分析周期解的稳定性。利用 Hill 方法，基于特征值问题（6.9）得到的特征值，分析周期解的稳定性。最后，运用稳定性研究得到式（6.1）中的非线性不等式约束，其形式如式（6.10）所示。

6.2.3　非线性系统周期解优化问题的描述及求解方法

由于式（6.1）优化目标是找到使式（6.2）非线性系统的振动幅值最大的稳定周期解，同时，必须满足式（6.4）和式（6.10）。所以根据式（6.1），式（6.4）中的非线性代数方程构成式（6.1）中非线性等式约束。式（6.10）中的稳定性条件构成式（6.1）中的非线性不等式约束。因而，为了计算非线性系统的最大共振峰值，非线性约束优化问题可以表述如下：

$$\max\|\boldsymbol{x}\|_\infty=\max f(\omega,\boldsymbol{U},\boldsymbol{v}_m)$$
$$\text{s.t.}\quad\begin{cases}\boldsymbol{f}_{\mathrm{NAE}}(\boldsymbol{U},\omega,\boldsymbol{v}_m)=\boldsymbol{A}(\omega,\boldsymbol{v}_m)\boldsymbol{U}-\boldsymbol{b}(\boldsymbol{U},\omega,\boldsymbol{v}_m)=\boldsymbol{0}\\ \boldsymbol{f}_{\mathrm{PSS}}(\boldsymbol{U},\omega,\boldsymbol{v}_m)=\max|\boldsymbol{\rho}|-1<0\end{cases} \tag{6.11}$$

式中：$\boldsymbol{v}_m$ 为一组设计参数或不确定性参数；ω 为待确定的未知频率。

这个关于未知向量 $\boldsymbol{x}=\{\boldsymbol{U},\omega,\boldsymbol{v}_m\}^{\mathrm{T}}$ 的非线性优化问题优化解给出了在一组参数值 $\boldsymbol{v}_m^{\mathrm{opt}}$ 下的共振频率 ω^{opt} 和谐波系数 $\boldsymbol{U}^{\mathrm{opt}}$。准确有效求解式（6.11）是一个非常重要的问题，由于最终的优化解往往取决于具体优化求解算法的精度等因素，因此优化算法的选择是非常重要的。启发式进化算法的计算成本高，优化非常耗时，并且必须将约束作为惩罚项包含到目标函数中。对于有大量约束的问题，基于梯度的算法寻优能力更强。本节采用文献［20］中的非线性规划多重启 MultiStart 梯度算法求解式（6.11），下面简要介绍本节使用的优化算法。

1. 非线性约束优化多重启 MultiStart 算法[20]

文献［20］描述了全局优化的多重启 MultiStart 算法，该算法能够更有效地找到非线性约束优化问题的可行解。

采用非线性约束优化 MultiStart 算法来求解非线性约束系统的可行解，式（6.11）的优化问题可以改写为如下所示标准的非线性约束优化问题：

$$\min \quad f(\boldsymbol{x})$$
$$\text{s.t.} \quad \begin{cases} g_i(\boldsymbol{x})=0, i=1,2,\cdots,m_e \\ g_i(\boldsymbol{x}) \leqslant 0, i=m_e+1,\cdots,m \\ \boldsymbol{x}_1 \leqslant \boldsymbol{x} \leqslant \boldsymbol{x}_u \end{cases} \tag{6.12}$$

式中：$\boldsymbol{x}$ 是长度为 n 的优化变量的向量；$f(\boldsymbol{x})$ 是返回标量值的目标函数；向量函数 $g(\boldsymbol{x})$ 返回长度为 m 的向量，其中包含在 $\boldsymbol{x}$ 处计算的等式和不等式约束函数值。

对于约束优化问题，大多数优化求解方法采用罚函数形式将 $f(\boldsymbol{x})$ 和约束函数 $g(\boldsymbol{x})$ 转化为无约束函数 $F(x)$。利用罚函数方法，优化求解算法引导搜索方向可行解方向发展。$\boldsymbol{L}_1$ 精确罚函数[35-37]可用作评估候选解的价值函数。对于式（6.12），$\boldsymbol{L}_1$ 精确罚函数为

$$P(\boldsymbol{x},w)=f(\boldsymbol{x}) + \sum_{i=1}^{m} w_i \cdot \text{viol}(g_i(\boldsymbol{x})) \tag{6.13}$$

式中：w_i 是正惩罚权重；函数 $\text{viol}(g_i(\boldsymbol{x}))$ 表示在 $\boldsymbol{x}$ 点处式第 i 个约束的违反程度。

OQNLP 多起点算法原理如图 6.1 所示。OQNLPMultiStart 算法使用分散搜索算法[38]生成一组潜在的起点。有关分散搜索算法的描述，请参见参考文献［20］。多起点算法分为两个阶段。从初始点 $\boldsymbol{x}_0$ 开始，多起点算法使用分散搜索算法生成包括第一阶段的 n_1 个点的一组试验点。在第一阶段，多起点算法从 n_1 个试验点中，选取具有最佳惩罚函数值的最佳点运行局部求解器。利用 $\boldsymbol{L}_1$ 精确罚函数对候选起点进行计算。在第二阶段，多启动算法反复检查剩余的试验点，并在通过距离和价值滤波器的任意点调用局部求解器。距离滤波器有助于确保起点的多样性，而价值滤波器有助于确保起点的高质量。这两种滤波器的作用是在候选起点的一小部分启动局部求解器，同时仍能找到大多数问题的全局解。

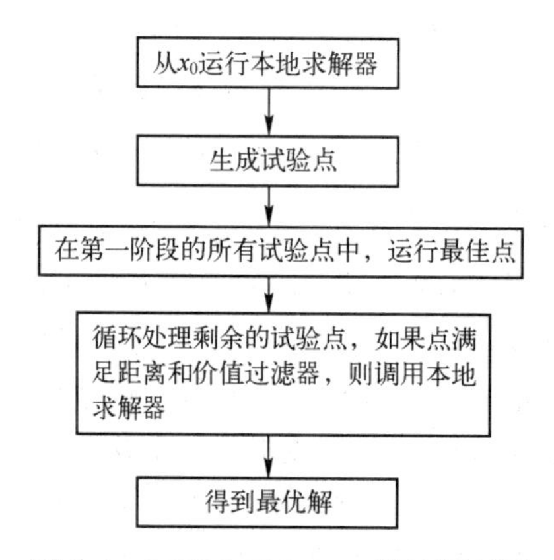

图 6.1　OQNLP MultiStart 算法原理图

图 6.2 给出了多重启算法的计算流程图，算法分为两个阶段，分别在阶段 1 和阶段 2 执行 n_1 和 n_2 次迭代。在每次迭代中，起始点生成器 SP(xt)生成候选起始点 xt，该点还用于计算 L_1 精确惩罚值 $P(xt,w)$。在完成阶段 1 的 n_1 次迭代后，在阶段 1 中 P 值最小的最佳点调用局部求解器 L。在阶段 2 中，MultiStart 算法从通过距离和价值过滤器的点开始运行局部求解器 L。对于距离过滤器，距离因子 distfactor 用于确定点是否位于现有

吸引盆中。对于价值过滤器，使用阈值因子 threshfactor 和 waitcycle 更新阈值。在优化过程中，更新距离过滤器的盆半径和价值过滤器的阈值。当连续的起点位于盆内时，盆半径减小。这两个过滤器有助于减少 MultiStart 算法的运行点，提高成功率。如果局部求解器 L 从通过距离和价值过滤器的点开始运行，它可以产生一个正的退出标志，这表示收敛。该算法的详细分析见参考文献［20］。

```
阶段 1
调用L(x0, xf) (x0 = user initial point)
调用并更新LOCALS(x0,xf,w)
For i = 1: n1 Do
        调用SP(xt(i))
        计算P(xt(i),w)
EndDo
在所有阶段1中选择P(xt(i),w)值最佳的点xt*
调用L(xt*,xf)
调用并更新LOCALS(xt*,xf,w)
threshold – P(xt*,w)
阶段 2
For i = 1: n2 Do
        调用 SP(xt(i))
        计算P(xt(i) ,w)
        执行价值和距离滤波测试
        调用距离过滤器(xt(i),dstatus)
        调用价值过滤器(xt(i),threshold,mstatus)
        如果(dstatus and mstatus = "accept") 则
                调用L(xt(i),xf)
                调用并更新 LOCALS(xt(i),xf,w)
        EndIf
EndDo
```

图 6.2　OQNLP MultiStart 算法流程图

2. 序列二次规划方法[21-23]

序列二次规划（Sequential Quadratic Programming，SQP）方法是求解非线性约束优化问题最常用的梯度迭代方法之一，SQP 方法在求解强非线性优化问题时具有很强的优势，因此在 MultiStart 算法中使用 SQP 方法作为局部求解器 $\boldsymbol{L}$，下面简要介绍 SQP 方法的原理。

SQP 方法的基本原理是用目标函数的二次泰勒展开代替原始目标函数和用线性近似代替约束，最终求解以下二次规划（QP）子问题：

$$\begin{aligned}&\min \quad \frac{1}{2}\boldsymbol{d}_k^{\mathrm{T}}\boldsymbol{H}_k\boldsymbol{d}_k+\nabla f(\boldsymbol{x}_k)^{\mathrm{T}}\boldsymbol{d}_k\\&\text{s.t.}\quad \begin{cases} g_i(\boldsymbol{x}_k)+\nabla g_i(\boldsymbol{x}_k)^{\mathrm{T}}\boldsymbol{d}_k=0, i=1,2,\cdots,m_e\\ g_i(\boldsymbol{x}_k)+\nabla g_i(\boldsymbol{x}_k)^{\mathrm{T}}\boldsymbol{d}_k\leqslant 0, i=m_e+1,2,\cdots,m\end{cases}\end{aligned}\tag{6.14}$$

式中：$\boldsymbol{d}_k$定义为搜索方向；$\boldsymbol{H}_k$表示拉格朗日函数的二阶导数函数，使用 Broyden-Fletcher-Goldfarb-Shanno（BFGS）方法更新。

求解 QP 子问题的方法是活动集策略。式（6.14）的解用于形成线搜索程序的搜索方向 $\boldsymbol{d}_k$，即用于形成下一个迭代：

$$\boldsymbol{x}_{k+1}=\boldsymbol{x}_k+\alpha_k\boldsymbol{d}_k \tag{6.15}$$

步长参数 α_k 由适当的线搜索程序确定，以使价值函数充分降低。SQP 程序的具体原理可以参考文献［24］。

本节提出一种确定非线性系统周期解最大振幅的方法。它由三种方法融合而成：采用谐波平衡方法将时域运动方程转化为非线性代数方程，采用 Hill 方法分析解的稳定性（并只保持稳定解），最后采用 MultiStart 算法搜寻满足谐波平衡等式约束和解稳定性不等式约束且振幅最大的周期解。

图 6.3 给出了 GlobalSearch-HBM-HILL 方法的分析流程。值得说明的是，使用多重启优化算法尤为重要。根据作者的优化实验，其他的优化方法如遗传算法很难找到式（6.11）的优化解。此外，用于形成非线性约束的非线性项系数可以用交替时频域方法计算。

下面给出两个算例以验证提出方法的有效性和计算效率。

6.2.4 Duffing 振子数值算例

第一个算例采用文献中广泛使用的经典 Duffing 振子模型。通过与文献［9，25］中 HBM-ANM-HILL 方法的预测结果进行比较，验证提出方法在预测非线性系统最大振幅周期解的准确性。

Duffing 振子的运动方程为

$$\ddot{u}+\mu\dot{u}+u+\beta u^3=f\cos(\lambda t) \tag{6.16}$$

式中：β 是非线性刚度系数；μ、λ 分别为阻尼系数和激励频率；f 是外激励幅值。

采用文献［9，25］中的 HBM-ANM-HILL 连续延拓方法，以激励频率为延拓参数，当 $\mu=0.1$、$\beta=1$ 时，图 6.4 给出了外激励幅值分别为 $f=0.025$、0.25、1.25 时的系统频响曲线。图 6.4 中的符号 B 表示结构动力学中的简单分岔。由于偶数谐波系数数值等于零，因此图 6.4 中只绘制了奇数谐波系数。

从图 6.4 中可以看出，最大共振响应振幅和共振频率随 f 的增大而增大，在共振频率 $\omega=0.99577$、1.2962、2.4402 时取得极值。Duffing 方程的频响曲线向右弯曲，当非线性力较强（$f=1.25$）时，可以观察到经典的硬特性曲线。图 6.4 所示结果与文献［3］中的结果一致。

下面运用 MultiStart 算法求解式以寻找强迫 Duffing 振子具有最大振幅的周期解，优化算法参数设置如下：试验点数选择为 1000，在阶段 1 试验点个数为 200，SQP 算法允许的最大迭代次数为 600，目标函数和非线性约束残差均设置为 10^{-12}。未知优化变量是傅里叶系数和稳定周期解的振动频率，考虑的频率优化边界范围为 0～3Hz，保留的最高谐波数 N_{H} 值为 10。

本节方法得到的数值优化结果如图 6.5 所示，蓝色表示从 HBM-ANM-HILL 方法获得的解，而红色表示本节提出的方法得到的解。数值结果表明，本节方法与 HBM-ANM-HILL 方法的计算结果吻合很好。与图 6.4 中绘制的传统强迫响应频响曲线相比，所提出的方法找到了共振峰。此外，通过比较图 6.5 右侧两种方法的数值积分结果可以看出，数值积分结果与本节方法计算得到的解是一致的。

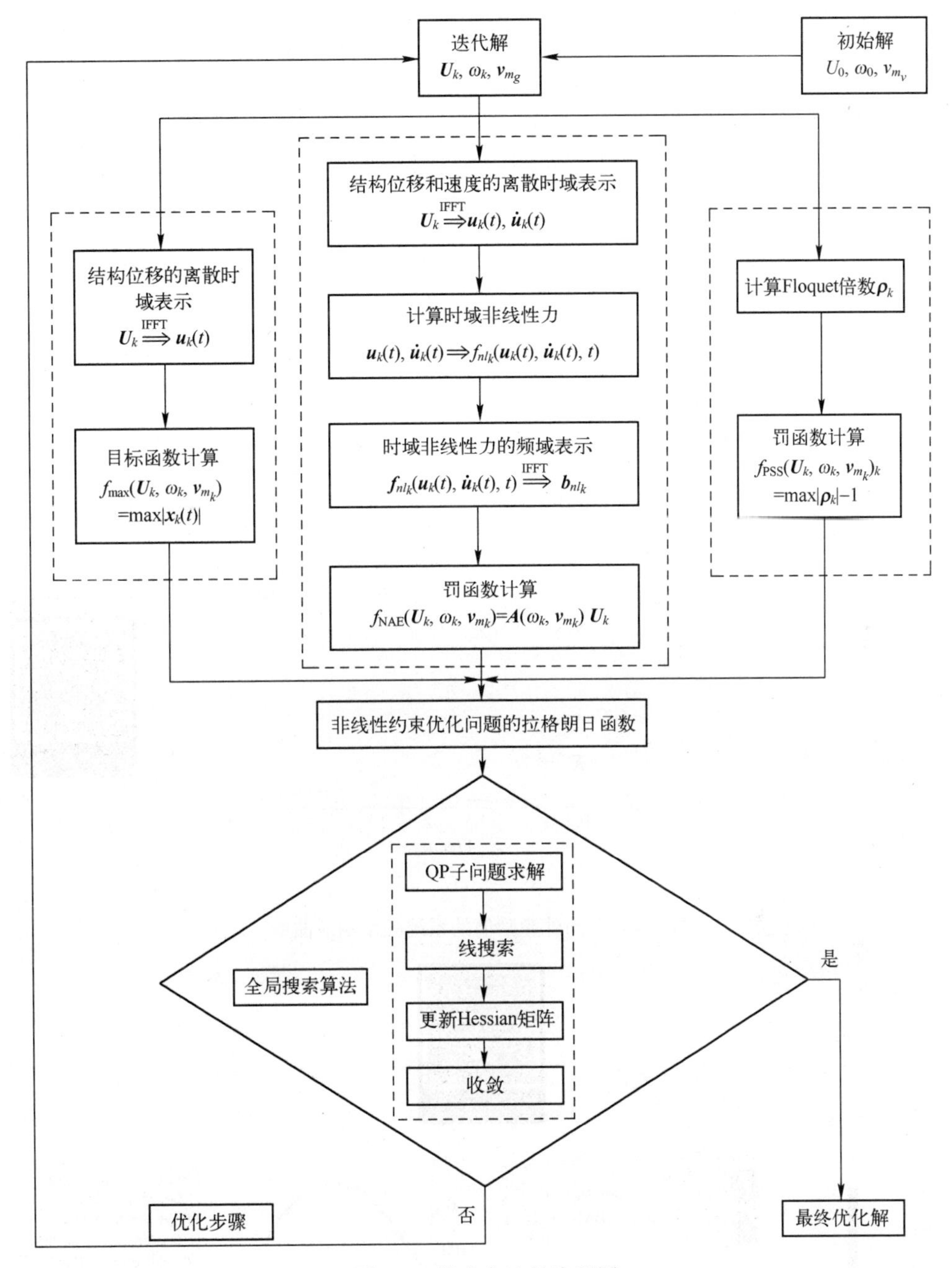

图 6.3　提出方法的流程图

利用 6.2.2 节 Hill 方法可以得到 Floquet 乘子，表 6.1 给出了与图 6.5 优化解相关的非线性约束函数值。在表 6.1 中，第二列表示式（6.4）中非线性代数方程的最大绝对残差，第三列表示求解式特征值问题得到的 Floquet 乘子，其绝对值小于 1 表示 Duffing 系统的周期解是稳定的。为便于比较，表 6.1 还列出了 HBM-ANM-HILL 方法获得的共振峰值周期解稳定性分析结果。

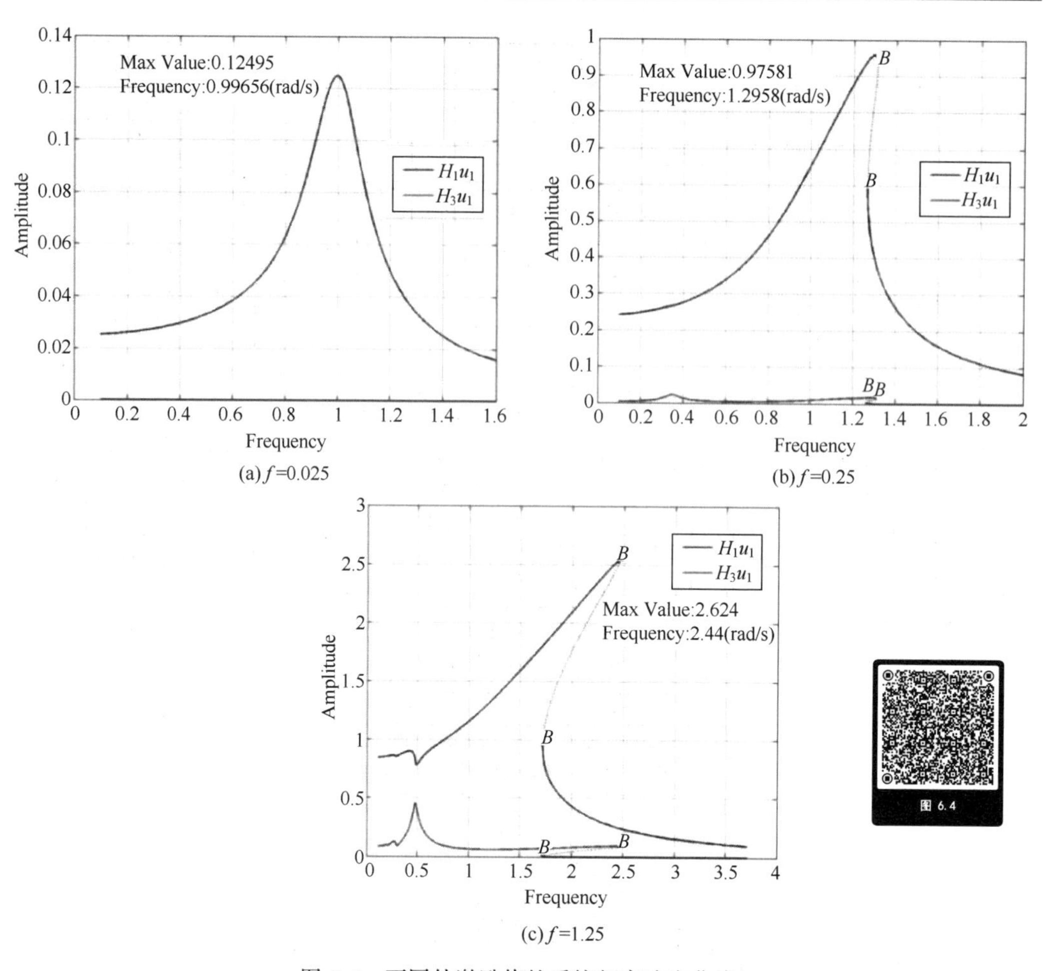

(a) f=0.025 (b) f=0.25

(c) f=1.25

图 6.4 不同外激励值的系统频率响应曲线

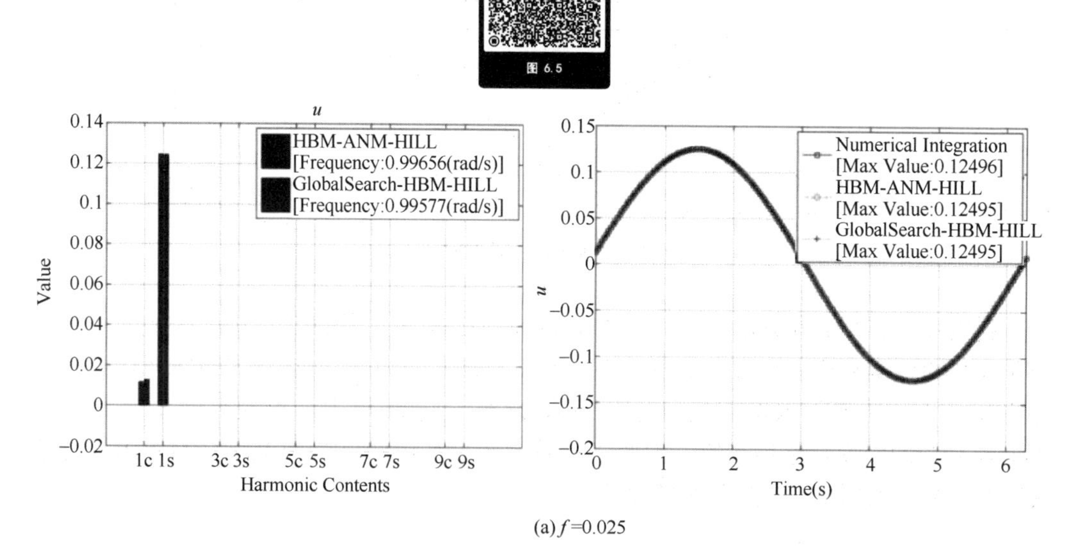

(a) f=0.025

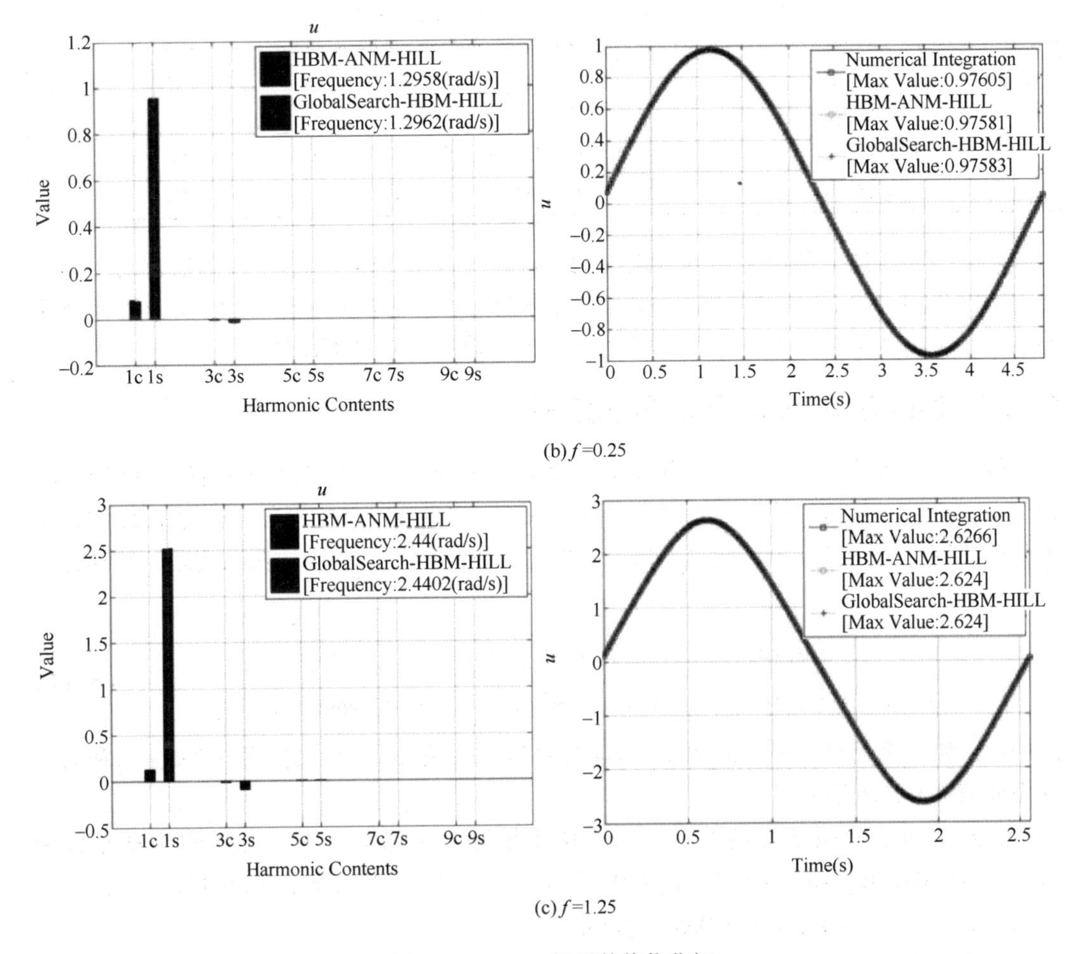

(b) f=0.25

(c) f=1.25

图 6.5 Duffing 振子数值优化解

表 6.1 优化解的非线性等式和不等式约束条件

f	非线性等式约束的最大绝对残差	GlobalSearch-HBM-HILL		HBM-ANM-HILL	
		ρ_1,ρ_2	$\lvert\rho_1\rvert=\lvert\rho_2\rvert$	ρ_1,ρ_2	$\lvert\rho_1\rvert=\lvert\rho_2\rvert$
0.025	9.3892×10^{-017}	0.5316±0.0277i	0.5323	0.5312±0.0309i	0.5321
0.25	5.5511×10^{-016}	0.6001±0.1381i	0.6158	0.6015±0.1323i	0.6159
1.25	3.5527×10^{-015}	0.7612±0.1346i	0.7730	0.7618±0.1309i	0.7730

由表 6.1 可知，非线性等式和不等式约束均得到满足，Floquet 乘子的模小于 1，因此使用这两种方法得到的三个最大振幅周期解是稳定的，GlobalSearch-HBM-HILL 方法和 HBM-ANM-HILL 方法的结果差异很小。

表 6.2 给出了三种情况下两种方法的计算时间。由表 6.2 可以看出，HBM-ANM-HILL 方法在三种不同力幅值情况下的计算时间分别为 64.432813、117.875934、202.850552 秒。很明显，本节方法获得具有最大振幅的周期解所需的计算时间比 HBM-ANM-HILL 方法要少得多。

表 6.2 三种情况下两种方法 CPU 时间的比较

	HBM-ANM-HILL 方法	提出的方法
$f=0.025$	64.432813	4.4123
$f=0.25$	117.875934	5.2527
$f=1.25$	202.850552	5.4224

此外，对于这三种情况，本节提出的方法需要 458、583、1664 次函数评价。由于在 HBM-ANM-HILL 算法中，上一步的解是作为下一步的初始解提供的，并且在本例中不需要（或极少需要）校正迭代，所以无相关函数评价信息可比较。

6.2.5 横向激励的轴向移动梁数值算例

轴向运动系统可作为许多工程设备的动力学分析模型，如动力传输链、纤维纺织、带锯条、磁轴和传送带等，在很多文献（如文献［26-28］）中对轴向运动系统进行了大量的研究，所以第二个数值算例研究轴向运动黏弹性梁的非线性振动问题，其动力学方程可表示为[29]

$$\begin{cases}\ddot{u}_1+\mu_{11}\dot{u}_1-\mu_{12}\ddot{u}_2+k_{11}u_1+k_{12}u_1u_2^2+k_{13}u_1^3=f_1\cos(\lambda t)\\ \ddot{u}_2+\mu_{21}\dot{u}_1+\mu_{22}\ddot{u}_2+k_{21}u_2+k_{22}u_2u_1^2+k_{23}u_2^3=f_2\cos(\lambda t)\end{cases} \tag{6.17}$$

式中：u_1和u_2为运动坐标；μ_{12}和μ_{21}是陀螺系数；μ_{11}和μ_{22}表示黏性阻尼系数；f_1和f_2是外力幅值；λ 是激励频率。

文献［29］使用增量谐波平衡法对该系统进行了研究，本节考虑的仿真参数为 $\mu_{11}=\mu_{22}=0.04$，$\mu_{12}=\mu_{21}=3.2$，$k_{11}=9.23882$，$k_{12}=k_{22}=3372\pi^4$，$k_{13}=421.5\pi^4$，$k_{21}=72.0226$，$k_{23}=6744\pi^4$，$f_1=0.0055$，$f_2=0$。

为进行比较，下面使用 HBM-ANM-HILL 方法计算轴向移动梁的强迫响应。图 6.6 给出了系统频响曲线，其中 H_1u_1和 H_1u_2，H_3u_1和 H_3u_2分别表示 u_1和 u_2一次和三次谐波项的振幅。NS 表示 Neimark-Sacker 分岔。如图 6.6 所示，当力频率接近共振频率 5.2521（rad/s）时，系统振动响应取得极值，最大位移响应幅值为 0.023996。

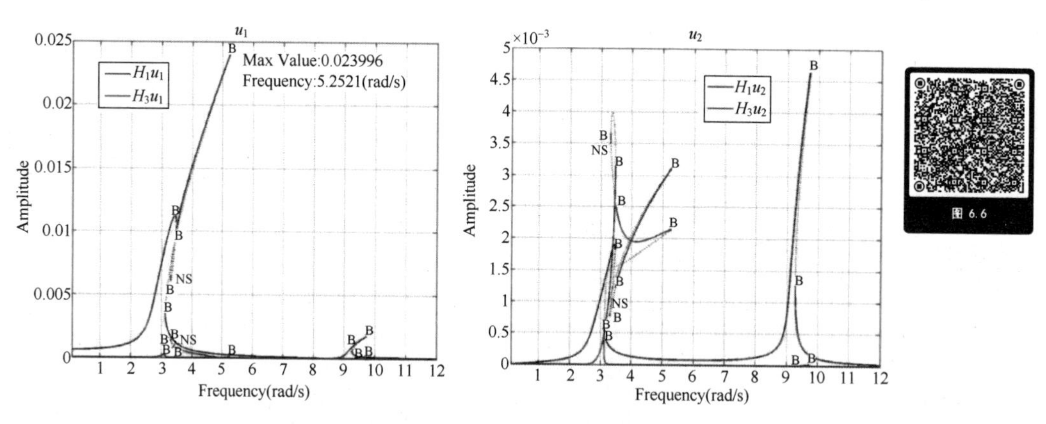

图 6.6 非线性系统的非线性频响曲线

图 6.7 比较了本节方法与 HBM-ANM-HILL 方法的数值结果。从图 6.7 中可以看出，两种方法之间有很好的一致性，GlobalSearch-HBM-HILL 方法非常准确地找到了共振峰。

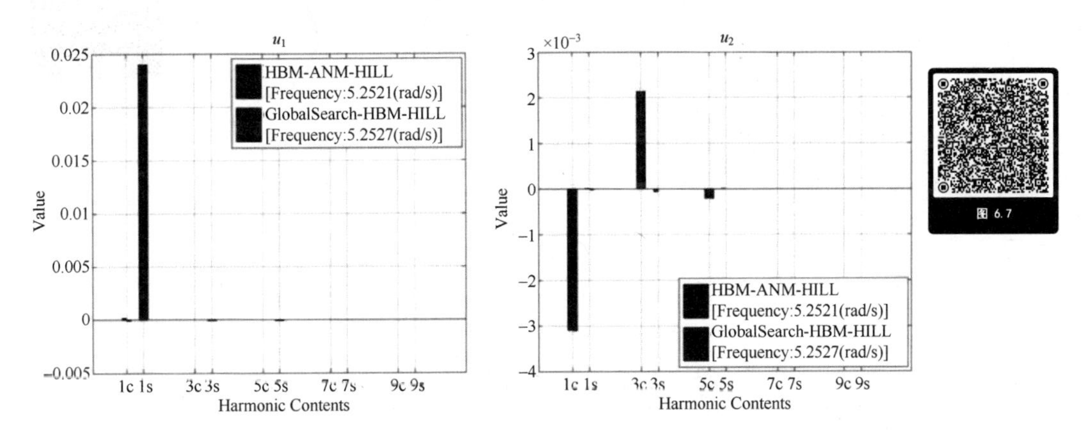

图 6.7　提出方法的优化结果及其与传统连续延拓方法数值结果比较

采用 GlobalSearch-HBM-HILL 方法和 HBM-ANM-HILL 方法得到的在 5.2527（rad/s）激励频率下共振峰值解时间历程和相图如图 6.8 所示。为便于比较，图中还给出了运用时域积分方法计算得到时域数值积分解。在时域内不同方法数值结果比较表明，本节方法准确获得最大振幅周期解，与其他方法数值解一致。

表 6.3 给出了 GlobalSearch-HBM-HILL 方法在数值优化解处的 Floquet 乘子及其与 HBM-ANM-HILL 方法对应数值结果的比较。由表 6.3 可知，Floquet 乘子的模均小于 1，因此共振峰值解是稳定的。通过比较 Floquet 乘子可知 HBM-ANM-HILL 方法与 GlobalSearch-HBM-HILL 方法的稳定性分析结果一致，这表明本节方法能正确判断非线性系统周期解的稳定性。

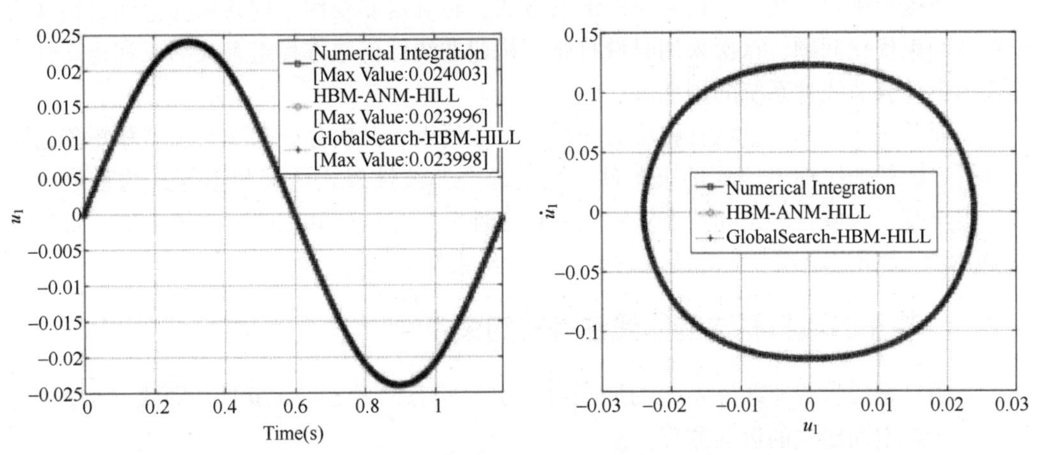

(a) u_1位移时间历程和相图

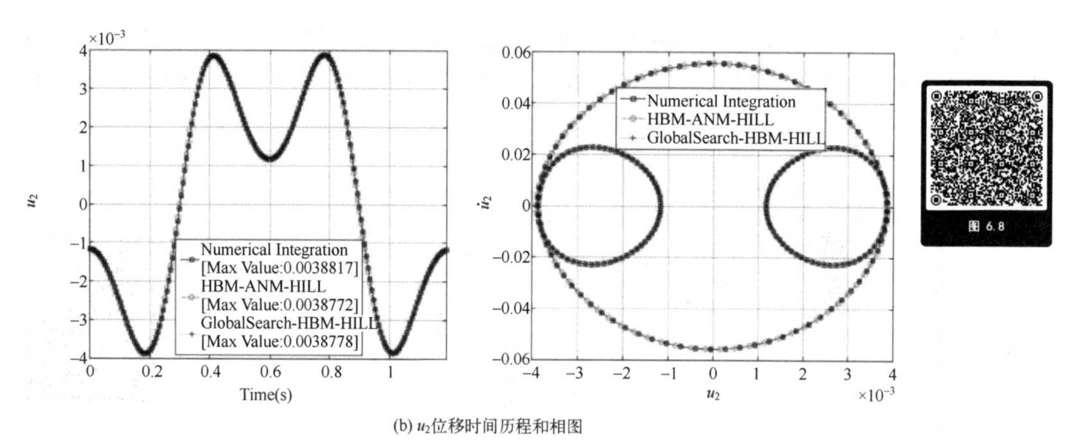

(b) u_2位移时间历程和相图

图 6.8　不同方法的位移和速度比较

表 6.3　两种方法得到的 Floquet 乘子

	ρ_1,ρ_2	$\lvert\rho_1\rvert=\lvert\rho_2\rvert$	ρ_3,ρ_4	$\lvert\rho_3\rvert=\lvert\rho_4\rvert$
HBM-ANM-HILL	0. 9773±0. 0231i	0. 9775	−0. 9696±0. 1043i	0. 9752
GlobalSearch-HBM-HILL	0. 9770±0. 0333i	0. 9775	−0. 9697±0. 1034i	0. 9752

就本例的计算成本而言，HBM-ANM-HILL 方法需要的计算时间为 2797. 056463s，所提出的方法只需要 16. 6670s 就能收敛，与 HBM-ANM-HILL 方法相比，本节方法所需计算时间很少，这表明，所提出的方法可以以非常低的计算成本准确计算非线性系统具有最大振幅的周期解。

6.3　约束优化打靶法[30]

本节提出确定非线性结构共振极值的方法，将确定非线性结构共振峰值问题转换为非线性约束优化问题，首次采用时域打靶法构建非线性代数方程组等式约束和稳定性不等式约束计算非线性系统的周期解。

下面首先研究基于时域打靶法的非线性等式约束，其次分析基于状态转移矩阵稳定性分析方法的非线性不等式约束条件，然后综合非线性等式约束和不等式约束限制条件，给出基于时域打靶法和状态转移矩阵稳定性分析方法的共振峰值求解方法，最后采用 OQNLP 多重启全局优化算法求解该非线性约束优化问题。

6.3.1　基于时域打靶法的非线性等式约束条件

采用打靶法求解非线性系统的周期解，引入状态向量 $\boldsymbol{z}=[\boldsymbol{u},\dot{\boldsymbol{u}}]^{\mathrm{T}}$，则式（6.2）可重写为状态空间形式的运动方程：

$$\dot{\boldsymbol{z}}(t)=\begin{pmatrix}\dot{\boldsymbol{u}}\\-\boldsymbol{M}^{-1}(\boldsymbol{D}\dot{\boldsymbol{u}}+\boldsymbol{K}\boldsymbol{u}+\boldsymbol{f}_{nl}(\boldsymbol{u},\dot{\boldsymbol{u}},t))\end{pmatrix}\tag{6.18}$$

打靶法的实质是求解边界值问题，该边界值问题通过如下打靶函数定义：

$$\boldsymbol{g}(\boldsymbol{z}_0, T) = \boldsymbol{z}(T) - \boldsymbol{z}_0 = \boldsymbol{0} \tag{6.19}$$

式中：$\boldsymbol{z}_0 = [\boldsymbol{u}_0, \dot{\boldsymbol{u}}_0]^{\mathrm{T}}$表示初始条件；$\boldsymbol{u}_0$和$\dot{\boldsymbol{u}}_0$分别表示周期解 u 的初始位移和初始速度向量，设振动频率为 ω，而 $T = 2\pi/\omega$ 表示实现周期运动的最小周期；$\boldsymbol{z}(T)$表示在 T 时刻的状态向量。

打靶法的关键是寻找满足式（6.19）所示打靶函数的初始条件 z_0和周期 T。显然 $g(\boldsymbol{z}_0, T)$和 $\boldsymbol{z}(T)$是 z_0和 T 的隐函数，在本节中该非线性代数方程组用于构建非线性约束优化问题的非线性等式约束条件。

6.3.2　基于状态转移矩阵稳定性分析方法的非线性不等式约束条件

采用状态转移矩阵法来判定周期解的稳定性。定义 D 为导算子，则状态转移矩阵 $\boldsymbol{D}_{z_0}z(t) = \partial z(t)/\partial z_0$可由式（6.18）对 $\boldsymbol{z}_0$求导得到：

$$\frac{\mathrm{d}[\boldsymbol{D}_{z_0}\boldsymbol{z}(t)]}{\mathrm{d}t} = \boldsymbol{D}_z\boldsymbol{g}(t, \boldsymbol{z}(t))\boldsymbol{D}_{z_0}\boldsymbol{z}(t) \tag{6.20}$$

式中：$\boldsymbol{D}_z\boldsymbol{g}(t, \boldsymbol{z}(t)) = \partial\boldsymbol{g}(t, \boldsymbol{z}(t))/\partial z$，显然式（6.20）初始条件 $\boldsymbol{D}_{z_0}\boldsymbol{z}(0) = \boldsymbol{I}$，$\boldsymbol{I}$ 表示单位矩阵。

通过对式（6.20）在一个周期内数值积分便得到状态转移矩阵。最终，便可计算得到状态转移矩阵在周期 T 处的 $N = 2n$ 个 Floquet 特征乘子 ρ_n, $\mathrm{n} = 1, 2, \cdots, N$。根据 Floquet 理论，周期解稳定的条件是对所有的 n 有 $|\rho_n| < 1$。因此，可推导得到下面的稳定性条件：

$$g_{\mathrm{S}}(\boldsymbol{z}_0, T) = \max(|\boldsymbol{\rho}|) - 1 < 0 \tag{6.21}$$

式中：$\boldsymbol{\rho} = [\rho_1, \rho_2, \cdots, \rho_N]$。

采用 Floquet 理论，通过解式（6.20）所示的初始值问题，得到状态转移矩阵的特征乘子。最终，式（6.21）表示的周期解稳定性条件便构成了非线性约束优化问题的非线性不等式约束条件。

6.3.3　非线性系统周期运动的优化问题描述及求解

本节的目标是求解非线性结构的共振峰值，所以必须联立式（6.19）表示的非线性代数方程组和式（6.21）表示的周期解稳定性条件。因而，寻求非线性结构中具有最大振动幅值的周期解可转化为下述非线性约束优化问题：

$$\begin{gathered}
\max\|\boldsymbol{u}\|_\infty = \max f(\boldsymbol{z}_0, \omega, \boldsymbol{v}_m) \\
\text{s. t.} \quad \begin{cases} \boldsymbol{g}(\boldsymbol{z}_0, \omega, \boldsymbol{v}_m) = \boldsymbol{z}(T) - \boldsymbol{z}_0 = \boldsymbol{0} \\ g_{\mathrm{S}}(\boldsymbol{z}_0, \omega, \boldsymbol{v}_m) = \max|\boldsymbol{\rho}| - 1 < 0 \end{cases}
\end{gathered} \tag{6.22}$$

式中：$\|\boldsymbol{u}\|_\infty$表示向量 $\boldsymbol{u}$ 的范数；$\boldsymbol{v}_m$表示设计参数或不确定参数。

非线性约束优化问题式的求解和有效计算是很重要的问题。在本节的研究中，采用 OQNLP 多重启算法求解式。

本节给出两个数值算例以验证方法有效性。

6.3.4 Duffing 振子数值算例

本节方法结果将与文献［25］中 HBM-ANM-HILL 方法得到的结果进行比较，Duffing 振子的运动方程为

$$\ddot{u}+\mu\dot{u}+u+\beta u^3=f\cos(\omega t) \tag{6.23}$$

式中：μ、β 表示阻尼系数和非线性刚度系数；f 表示力幅值。

给定 $f=1.25$，$\mu=0.1$ 和 $\beta=1$，使用 HBM-ANM-HILL 方法[9,25]得到的 Duffing 振子频响曲线如图 6.9 所示，其中 H_1u_1 和 H_3u_1 表示 u 的第一和三阶谐波分量值，符号 B 表示分岔。

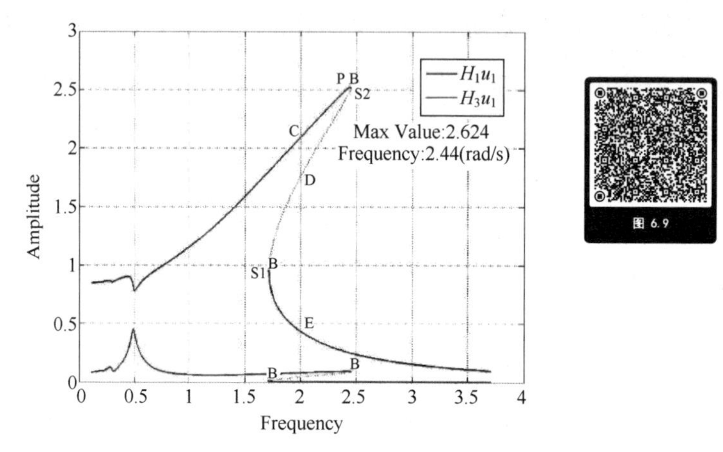

图 6.9　Duffing 振子频响曲线

从图 6.9 中可观察到典型的骨架曲线。由图 6.9 可知，在激励频率 $\omega=2.44$ 时，系统达到共振峰值 2.624，并存在两个分岔点 S1 和 S2。在激励频率 $\omega=2$ 处存在多解 C、D 和 E，其中 D 是不稳定的周期解。下面研究三种情形以验证本节方法：

1. 寻找共振峰值 P

为搜寻共振峰值 P，式（6.22）中优化目标设置为具有稳定周期解的 Duffing 振子振动幅值最大化。需要确定的未知优化变量为初始条件 z_0 和振动频率 ω。

2. 求解分岔点 S1 和 S2

为求解分岔点 S1 和 S2，根据 Floquet 理论，分岔点所有 Floquet 乘子的模的最大值等于 1，考虑到数值精度，将式（6.22）稳定性不等式约束条件改为 $|\max(|\boldsymbol{\rho}|)-1|<10^{-4}$。

3. 计算多解 C、D 和 E

在计算多解集合 C、D 和 E 时，优化变量不包括振动频率，因而在非线性优化问题式（6.22）中只有两个优化变量，即初始位移和初始速度。在求解周期解 D 时，式（6.22）中周期解稳定性条件要改变符号以寻求不稳定的周期解。

应用 OQNLP 多重启算法和 SQP 优化算法优化求解以上三种情形周期解。将优化算法参数的序列二次规划方法最大迭代次数设置为 600，非线性等式约束和非线性不等式约束残差设为 10^{-10}。

在 OQNLP 多重启算法优化成功后，数值优化结果列于表 6.4，为与 HBM-ANM-

HILL 方法比较，表6.4列出了HBM-ANM-HILL对应的参考解。通过比较表6.4和表6.5可知，本节方法与HBM-ANM-HILL方法得到的结果是一致的。

表6.4　本节方法数值优化结果

变量＼解	P	S1	S2	C	D	E
u	0.1218	-0.9193	-0.1170	1.4865	-1.4412	-0.4293
$\dot{u}$	5.5159	0.4573	5.5195	3.2312	2.2878	0.1215
ω	2.4396	1.7185	2.4457	2	2	2

表6.5　HBM-ANM-HILL 方法参考结果

变量＼解	P	S1	S2	C	D	E
u	0.1127	-0.9232	-0.1162	1.4850	-1.4410	-0.4321
$\dot{u}$	5.5173	0.4617	5.5196	3.2413	2.2809	0.1226
ω	2.4400	1.7185	2.4457	2.0020	1.9989	1.9957

表6.6列出了本节方法在这些周期解处的非线性等式约束和稳定性不等式约束条件。由表6.6可知，所有打靶函数值的最大绝对误差为8.3933e^{-12}，满足非线性等式约束条件。

表6.6　本节方法得到的周期解非线性约束条件

约束＼解	P	S1	S2	C	D	E
$g(z_0,T)$	1.5730e-13 -2.0410e-12	6.6613e-16 7.2164e-16	-5.5511e-15 -4.4409e-15	3.4617e-13 -8.3933e-12	1.5543e-15 7.9936e-15	1.1102e-16 -1.6653e-16
$\boldsymbol{\rho}$	0.7597± 0.1427i	1.0000\0.4813	1.0000\0.5982	0.3080± 0.6623i	0.2388\2.2343	-0.6712± 0.2882i
max($\lvert\boldsymbol{\rho}\rvert$)	0.7729	1.0000	1.0000	0.7304	2.2343	0.7304

为与HBM-ANM-HILL方法对比，表6.7列出了这些周期解对应的Floquet乘子。比较表6.6和表6.7的Floquet乘子表明本节方法和HBM-ANM-HILL方法的结果是一致的，差异很小。

表6.7　HBM-ANM-HILL 法的 Floquet 乘子

乘子＼解	P	S1	S2	C	D	E
$\boldsymbol{\rho}$	0.7612±0.1346i	1.0381\0.4636	0.9994\0.5986	0.3099±0.6617i	0.2385\2.2360	-0.6669±0.2966i
max($\lvert\boldsymbol{\rho}\rvert$)	0.7730	1.0381	0.9994	0.7306	2.2360	0.7299

由表6.6和6.7可知，解P、C、E是稳定的，因为Floquet乘子的模均小于1。对于周期解D，Floquet乘子模的最大值为2.2343。而分岔点S1和S2的Floquet乘子的模的最大值为1.0000。通过改变稳定性不等式约束条件和优化目标，本节方法能准确寻

找共振峰值解、分岔点和多解集合，包括不稳定周期解。

图6.10给出了本节方法得到的周期解的时域响应及其与时域积分解的位移绝对误差。由图6.10（b）可知，两种方法具有较好的一致性。本节方法在振动频率2.4396(rad/s)处达到共振峰值2.6239，通过与图6.9所示HBM-ANM-HILL方法相应结果比较可知本节方法准确得到了共振峰值点P。

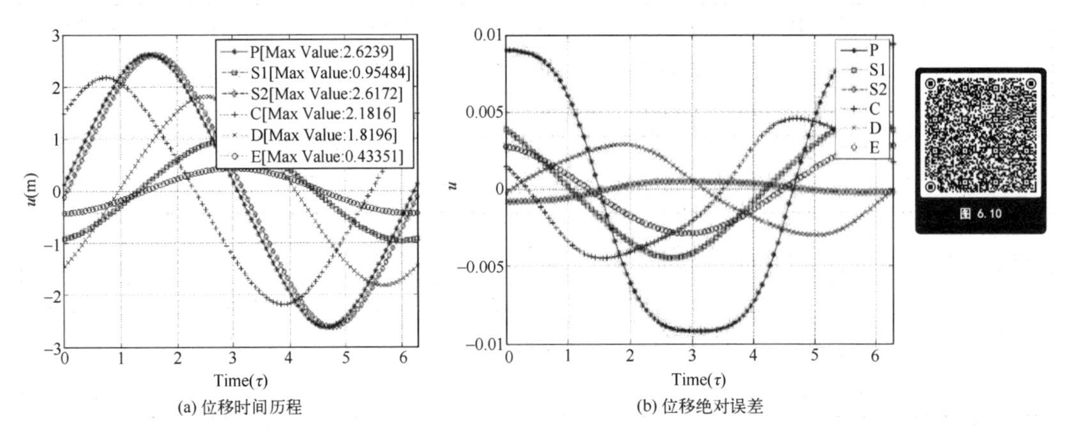

(a) 位移时间历程　　(b) 位移绝对误差

图6.10　Duffing系统的位移时间历程及误差

6.3.5　几何非线性叶盘结构数值算例

第二个数值算例研究具有几何非线性和不确定参数的叶盘结构振动问题。采用文献［10］中的典型叶盘结构，图6.11给出了几何模型。

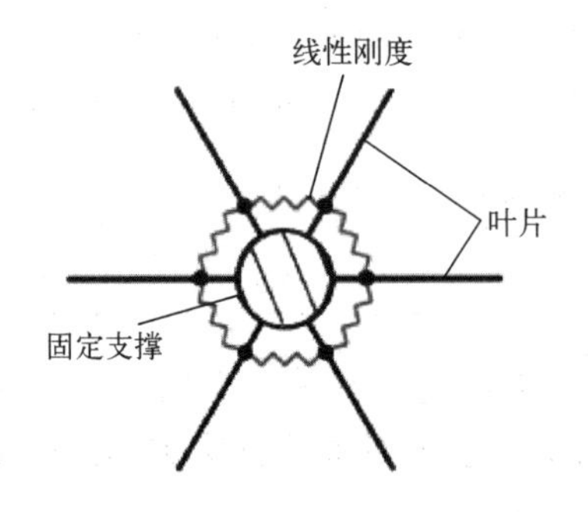

图6.11　几何非线性叶盘结构模型

图6.11所示模型包含6个扇区，每个扇区叶片根部采用固定支撑边界条件，该模型运动微分方程为

$$\ddot{\boldsymbol{u}}+\delta\dot{\boldsymbol{u}}+\boldsymbol{K}\boldsymbol{u}+\beta\boldsymbol{F}_{nl}(\boldsymbol{u})=\boldsymbol{F}(t) \tag{6.24}$$

式中：$\boldsymbol{u}=[u_1,u_2,u_3,u_4,u_5,u_6]^{\mathrm{T}}$；$\boldsymbol{F}_{nl}(u)=[(u_1),(u_2),(u_3),(u_4),(u_5),(u_6)]^{\mathrm{T}}$；$\delta$、$\beta$表示阻尼系数和非线性刚度系数；刚度矩阵为$\boldsymbol{K}=\mathbf{circ}(a+2c,-c,0,0,0,-c)$，**circ**表示周期循环矩阵，$a$、$c$分别表示线性叶片刚度和耦合刚度；外力向量$\boldsymbol{F}(t)$采用阶次激励力。

采用文献［10］系统仿真参数 $a=8.7662\times10^{3}\,s^{-2}$，$c=148.36s^{-2}$，$\beta=4.6752\times 107m^{-2}s^{-2}$，$\delta=93.63/200$。

考虑叶片刚度参数不确定，模拟形式为

$$a(i)=(1-s_{u}+2s_{u}*\boldsymbol{v}_{m}(i))a \tag{6.25}$$

式中：$a(i)$表示第 i 个叶片的刚度；$\boldsymbol{v}_{m}(i)$表征叶片刚度的差异，其取值区间为$[0,1]$；s_{u}表示不确定程度，本节取为 0.05。

为考虑参数不确定对共振峰值的影响，不确定向量 $\boldsymbol{v}_{m}$ 被设为式（6.22）中的优化变量。不同阶次激励作用下本节方法数值优化结果列于表 6.8。观察表 6.8 可知，$\boldsymbol{v}_{m}$ 值出现突变。

表 6.8　不同阶次激励作用下本节方法数值优化结果

变量 \ 阶次	0	1	2	3
$\boldsymbol{v}_{m}$	1.0000	0.8155	1.0000	0.0000
	1.0000	0.8971	1.0000	1.0000
	1.0000	1.0000	1.0000	1.0000
	1.0000	1.0000	1.0000	1.0000
	1.0000	0.0000	0.1135	1.0000
	0.0000	1.0000	0.0000	1.0000
ω	100.1769	100.4357	101.9947	102.0439
$\boldsymbol{u}_{0}$	-0.0001	-0.0003	0.0001	0.0003
	0.0001	0.0042	0.0043	0.0002
	0.0002	0.0031	-0.0007	-0.0004
	0.0001	-0.0015	0.0004	0.0004
	-0.0001	-0.0055	0.0006	-0.0004
	-0.0004	-0.0046	-0.0060	0.0002
$\dot{\boldsymbol{u}}_{0}$	0.4951	0.4825	0.1106	0.7001
	0.4830	0.2107	-0.2710	-0.1300
	0.4821	-0.3322	-0.0632	0.0250
	0.4830	-0.4607	0.5051	-0.0103
	0.4951	-0.4094	-0.0002	0.0250
	0.6650	0.0833	-0.3936	-0.1300

不同阶次激励作用下表 6.8 所示优化解的非线性等式约束和稳定性不等式约束条件示于表 6.9。由表 6.9 可知，非线性代数方程组等式约束和稳定性不等式约束条件均得到满足，优化解对应的 Floquet 乘子的模最大值都小于 1，因而这些解是稳定的。

表 6.9　本节方法数值优化解的非线性约束条件

约束＼阶次	0	1	2	3
$\max(\lvert \boldsymbol{g}(z_0,T)\rvert)$	1.1676×10^{-11}	4.3327×10^{-12}	1.2811×10^{-11}	6.2450×10^{-12}
$\max(\lvert \boldsymbol{\rho}\rvert)$	0.9929	0.9961	0.9857	0.9857

不同阶次激励作用下的叶盘结构时间历程响应示于图 6.12。在 2 阶次激励作用下，2、4 和 6 号叶片相对于其余三个叶片振动强烈。在 3 阶次激励作用下出现了强烈的振动响应局部化现象，振动能量局部化于 1 号叶片。表 6.8 中 3 阶次激励作用下 $\boldsymbol{v}_m$ 中 1 号叶片出现跳变，与图 6.12（d）中产生振动局部化的 1 号叶片对应，可观察到与第 4 章类似的跳跃-振动局部化现象。

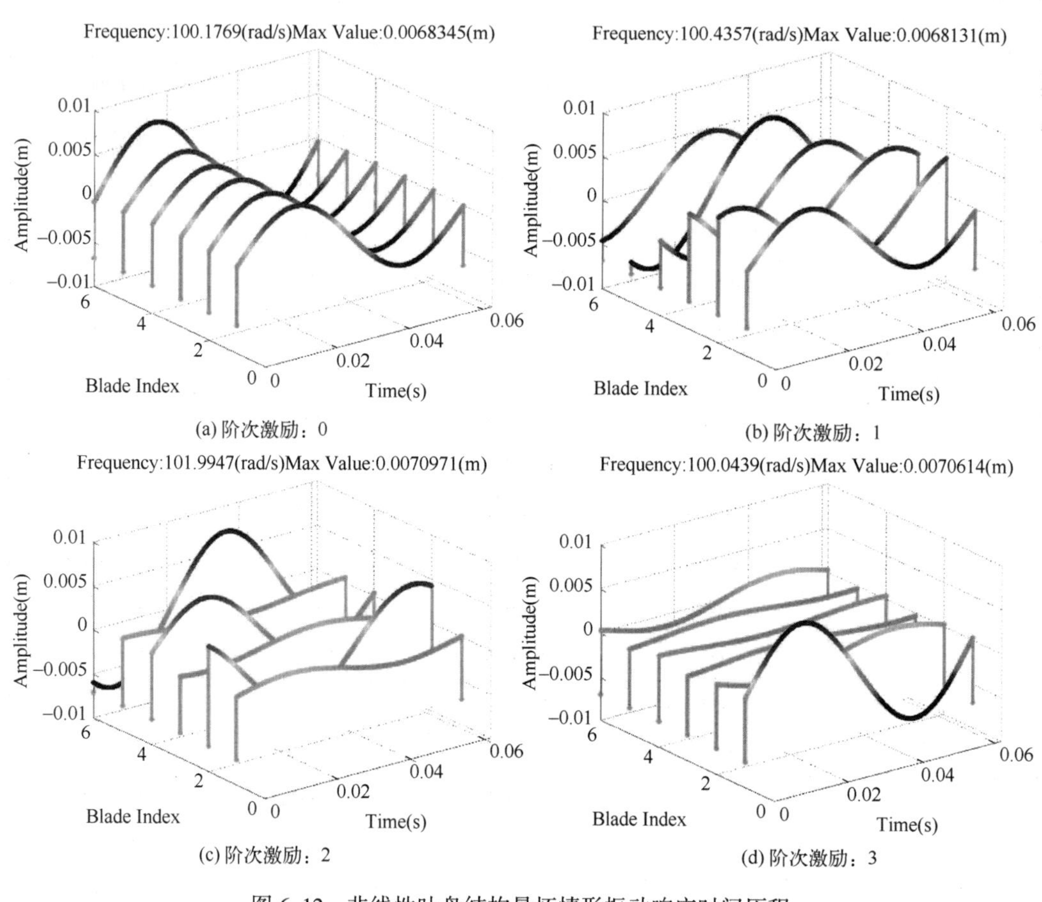

(a) 阶次激励：0　(b) 阶次激励：1　(c) 阶次激励：2　(d) 阶次激励：3

图 6.12　非线性叶盘结构最坏情形振动响应时间历程

6.4　计算随机参数不确定非线性系统失效概率的频域方法[31]

为分析外周期激励作用下参数不确定非线性系统稳态响应的失效概率，本节基于频域谐波平衡原理，提出非线性系统周期运动可靠性的计算方法，采用伴随方法分析灵敏度，最后以 Duffing 振子数值算例验证方法有效性。

6.4.1　随机参数不确定非线性系统的极限状态函数

通常用极限状态函数描述结构可靠性问题，该函数可表示结构的力学性能与给定阈值之间的关系，本节定义如下极限状态函数：

$$G(\bar{\boldsymbol{x}})=u_{1\text{im}}-u_{\max}(\bar{\boldsymbol{x}})=0 \tag{6.26}$$

式中：$u_{1\text{im}}$为最大允许位移；$u_{\max}(\bar{\boldsymbol{x}})$是最大振动响应位移，是一组不确定变量$\bar{\boldsymbol{x}}$相关的函数；$\bar{\boldsymbol{x}}$是均值为$\boldsymbol{\mu}_{\bar{x}}$、标准差为$\boldsymbol{\sigma}_{\bar{x}}$的随机不确定参数向量。

失效概率定义为最大位移超过给定响应阈值的概率。如果 $G(\bar{\boldsymbol{x}})>0$，则系统是安全的（期望的性能），反之 $G(\bar{\boldsymbol{x}})<0$ 系统不安全（不期望的性能）。式（6.27）所示 $G(\bar{\boldsymbol{x}})=0$ 表示期望和不期望性能边界。系统的可靠性等于不期望性能不会发生的概率。

由于 $u_{\max}(\bar{\boldsymbol{x}})$ 是最大振动响应，它是相对于$\bar{\boldsymbol{x}}$的隐函数，采用时域积分法分析式（6.27）所示可靠性问题，计算成本较高，因此有必要研究高效的频域可靠性计算方法。

6.4.2　基于谐波平衡法的可靠性优化问题描述

下面采用谐波平衡法表征系统状态响应，利用一阶可靠性分析方法计算式（6.26）所示系统可靠性。根据谐波平衡原理，将未知响应 $\boldsymbol{u}(t)$ 展开为带 N_{H}谐波项的截断傅里叶级数，运用 Galerkin 方法得到如下频域谐波平衡方程组：

$$\bar{\boldsymbol{g}}(\boldsymbol{U},\omega,\bar{\boldsymbol{x}})=\boldsymbol{A}(\omega,\bar{\boldsymbol{x}})\boldsymbol{U}-\boldsymbol{b}(\boldsymbol{U},\omega,\bar{\boldsymbol{x}})=\boldsymbol{0} \tag{6.27}$$

式中：$\boldsymbol{b}(\boldsymbol{U},\omega,\bar{\boldsymbol{x}})=[\boldsymbol{C}_0^{\text{T}}\quad \boldsymbol{C}_1^{\text{T}}\quad \boldsymbol{S}_1^{\text{T}}\quad\cdots\quad \boldsymbol{C}_k^{\text{T}}\quad \boldsymbol{S}_k^{\text{T}}\quad\cdots\quad \boldsymbol{C}_{N_{\text{H}}}^{\text{T}}\quad \boldsymbol{S}_{N_{\text{H}}}^{\text{T}}]^{\text{T}}$对应非线性强迫项和外力的傅里叶系数；$\boldsymbol{A}(\omega,\bar{\boldsymbol{x}})$和 $\boldsymbol{U}$ 的表达式分别为

$$\boldsymbol{A}(\omega,\bar{\boldsymbol{x}})=\mathbf{diag}\left(\begin{matrix}\boldsymbol{K},\begin{bmatrix}\boldsymbol{K}-\omega^2\boldsymbol{M} & \omega\boldsymbol{D}\\ -\omega\boldsymbol{D} & \boldsymbol{K}-\omega^2\boldsymbol{M}\end{bmatrix},\cdots,\begin{bmatrix}\boldsymbol{K}-(k\omega)^2\boldsymbol{M} & (k\omega)\boldsymbol{D}\\ -(k\omega)\boldsymbol{D} & \boldsymbol{K}-(k\omega)^2\boldsymbol{M}\end{bmatrix},\cdots,\\ \begin{bmatrix}\boldsymbol{K}-(N_{\text{H}}\omega)^2\boldsymbol{M} & (N_{\text{H}}\omega)\boldsymbol{D}\\ -(N_{\text{H}}\omega)\boldsymbol{D} & \boldsymbol{K}-(N_{\text{H}}\omega)^2\boldsymbol{M}\end{bmatrix}\end{matrix}\right)$$

$$\boldsymbol{U}=[(\boldsymbol{U}_0)^{\text{T}}\quad(\boldsymbol{U}_1^c)^{\text{T}}\quad(\boldsymbol{U}_1^s)^{\text{T}}\quad\cdots\quad(\boldsymbol{U}_k^c)^{\text{T}}\quad(\boldsymbol{U}_k^s)^{\text{T}}\quad\cdots\quad(\boldsymbol{U}_{N_{\text{H}}}^c)^{\text{T}}\quad(\boldsymbol{U}_{N_{\text{H}}}^s)^{\text{T}}]^{\text{T}} \tag{6.28}$$

在优化求解器的每个迭代步骤中，采用交替频域-时域方法可以得到与 $\boldsymbol{b}(\boldsymbol{U},\omega,\bar{\boldsymbol{x}})$ 相关的傅里叶系数。

在一阶可靠性分析方法中，首先将随机向量$\bar{\boldsymbol{x}}$转换为标准正态空间随机向量$\dfrac{\bar{x}_i-\mu_{\bar{x}_i}}{\sigma_{\bar{x}_i}}$。如图 6.13 所示，可靠性指标 β 定义为标准正态随机变量空间中从原点到极限状态函数的最短距离，对应解称为最可能点 z^*。

可靠性分析的目标是在满足谐波平衡方程和极限状态函数的前提下寻找最可能点 $\boldsymbol{z}^*$。此外，某个函数的一阶偏导数为零的点对应该函数的极值点或拐点。因此，最大振动响应周期解应满足最优性条件$\left(\dfrac{\partial u_{\max}(\bar{\boldsymbol{x}})}{\partial\omega}\right)=0$。综合以上分析，周期运动可靠性分

析优化问题可表示为

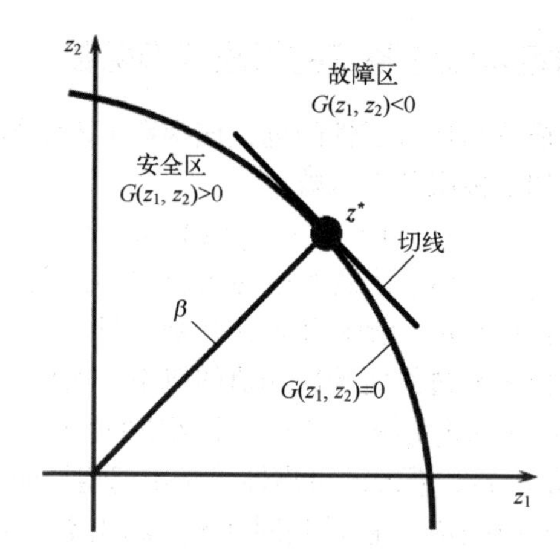

图 6.13　二维极限状态函数示意图

$$\min \quad f(\boldsymbol{x}) = \left(\sum_{i=1}^{n} \left(\frac{\bar{x}_i - \mu_{\bar{x}_i}}{\sigma_{\bar{x}_i}} \right)^2 \right)^{\frac{1}{2}}$$

$$\text{s.t.} \quad \begin{cases} \bar{\boldsymbol{g}}(\boldsymbol{x}) = \boldsymbol{A}(\omega, \bar{\boldsymbol{x}})\boldsymbol{U} - \boldsymbol{b}(\boldsymbol{U}, \omega, \bar{\boldsymbol{x}}) = \boldsymbol{0} \\ G(\boldsymbol{x}) = u_{1\text{im}} - u_{\max}(\boldsymbol{x}) = \boldsymbol{0} \\ \left(\dfrac{\partial u_{\max}(\boldsymbol{x})}{\partial \omega} \right) = 0 \\ \boldsymbol{x}_1 \leqslant \boldsymbol{x} \leqslant \boldsymbol{x}_{\text{u}} \end{cases} \tag{6.29}$$

式中：$\boldsymbol{x} = \{\boldsymbol{U}^{\text{T}}, \omega, \bar{\boldsymbol{x}}^{\text{T}}\}^{\text{T}}$和$\bar{\boldsymbol{g}}(\boldsymbol{x})^{\text{T}}, G(\boldsymbol{x})^{\text{T}}, \dfrac{\partial u_{\max}(\boldsymbol{x})}{\partial \omega}$表示非线性等式约束；$\boldsymbol{x}_1$和$\boldsymbol{x}_{\text{u}}$分别是不等式约束的下界和上界。

通过求解式（6.29）得到最可能点$\boldsymbol{z}^{\cdot}(\bar{\boldsymbol{x}}^*)$，从而得到系统可靠性指标：

$$\beta = \left(\sum_{i=1}^{n} \left(\frac{\bar{x}_i^* - \mu_{\bar{x}_i}}{\sigma_{\bar{x}_i}} \right)^2 \right)^{\frac{1}{2}} \tag{6.30}$$

根据结构可靠性理论，失效概率P_f可根据下式计算：

$$P_f = \Phi(-\beta) = 1 - \Phi(\beta) \tag{6.31}$$

式中：$\Phi(\beta) = \dfrac{1}{\sqrt{2\pi}} \int_{-\infty}^{\beta} \mathrm{e}^{-\frac{\theta^2}{2}} \mathrm{d}\theta$ 为标准正态累积分布函数。

将傅里叶系数、振动频率和不确定变量都设置为优化变量，以使不确定变量的 2 范数最小化，将非线性系统周期运动响应求解嵌入到可靠性分析过程中，可以避免多层嵌套循环优化效率低下的问题。

6.4.3　约束优化问题灵敏度分析

在式（6.29）中，使用梯度优化方法在不确定变量空间中搜索最可能点需要关于优化变量的灵敏度信息。因此，需要推导目标函数和约束函数的灵敏度，目标函数的梯度可以直接计算出来。相反，非线性约束函数是关于优化变量的复杂函数。下面分析非线性等式约束的梯度。

在式（6.29）中$\bar{\boldsymbol{g}}(\boldsymbol{x})$对$\boldsymbol{U}$求导可得到雅可比矩阵

$$\frac{\partial \bar{\boldsymbol{g}}(\boldsymbol{x})}{\partial \boldsymbol{U}}=\boldsymbol{A}(\omega,\bar{\boldsymbol{x}})-\frac{\partial \boldsymbol{b}(\boldsymbol{x})}{\partial \boldsymbol{U}} \tag{6.32}$$

式中：$\frac{\partial \boldsymbol{b}(\boldsymbol{x})}{\partial \boldsymbol{U}}$可利用交替时频域法导出，即

$$\begin{aligned}\frac{\partial \boldsymbol{b}(\boldsymbol{x})}{\partial \boldsymbol{U}}&=\frac{\partial \boldsymbol{b}(\boldsymbol{x})}{\partial \boldsymbol{f}_{nl}(\boldsymbol{u},\dot{\boldsymbol{u}},\tau)}\frac{\partial \boldsymbol{f}_{nl}(\boldsymbol{u},\dot{\boldsymbol{u}},\tau)}{\partial \boldsymbol{u}(\tau)}\frac{\partial \boldsymbol{u}(\tau)}{\partial \boldsymbol{U}}+\frac{\partial \boldsymbol{b}(x)}{\partial \boldsymbol{f}_{nl}(\boldsymbol{u},\dot{\boldsymbol{u}},\tau)}\frac{\partial \boldsymbol{f}_{nl}(\boldsymbol{u},\dot{\boldsymbol{u}},\tau)}{\partial \dot{\boldsymbol{u}}(\tau)}\frac{\partial \dot{\boldsymbol{u}}(\tau)}{\partial \boldsymbol{U}}\\&=(\boldsymbol{E}^{-1}\otimes\boldsymbol{I})\left(\frac{\partial \boldsymbol{f}_{nl}(\boldsymbol{u},\dot{\boldsymbol{u}},\tau)}{\partial \boldsymbol{u}(\tau)}\right)(\boldsymbol{E}\otimes\boldsymbol{I})+(\boldsymbol{E}^{-1}\otimes\boldsymbol{I})\left(\frac{\partial \boldsymbol{f}_{nl}(\boldsymbol{u},\dot{\boldsymbol{u}},\tau)}{\partial \dot{\boldsymbol{u}}(\tau)}\right)((\boldsymbol{E}\,\nabla)\otimes\boldsymbol{I})\end{aligned} \tag{6.33}$$

式中：单位矩阵$\boldsymbol{I}$的维数等于自由度的数量，其他矩阵由下式给出，即

$$\boldsymbol{E}^{-1}=\frac{2}{2N_{\mathrm{H}}+1}\begin{bmatrix}1/2 & 1/2 & \cdots & 1/2\\ \cos\tau_0 & \cos\tau_1 & \cdots & \cos\tau_{2N_{\mathrm{H}}}\\ \sin\tau_0 & \sin\tau_1 & \cdots & \sin\tau_{2N_{\mathrm{H}}}\\ \cos2\tau_0 & \cos2\tau_1 & \cdots & \cos2\tau_{2N_{\mathrm{H}}}\\ \sin2\tau_0 & \sin2\tau_1 & \cdots & \sin2\tau_{2N_{\mathrm{H}}}\\ \vdots & \vdots & \ddots & \vdots\\ \cos N_{\mathrm{H}}\tau_0 & \cos N_{\mathrm{H}}\tau_1 & \cdots & \cos N_{\mathrm{H}}\tau_{2N_{\mathrm{H}}}\\ \sin N_{\mathrm{H}}\tau_0 & \sin N_{\mathrm{H}}\tau_1 & \cdots & \sin N_{\mathrm{H}}\tau_{2N_{\mathrm{H}}}\end{bmatrix} \tag{6.34}$$

$$\boldsymbol{E}=\begin{bmatrix}1 & \cos\tau_0 & \sin\tau_0 & \cdots & \cos N_{\mathrm{H}}\tau_0 & \sin N_{\mathrm{H}}\tau_0\\ 1 & \cos\tau_1 & \sin\tau_1 & \cdots & \cos N_{\mathrm{H}}\tau_1 & \sin N_{\mathrm{H}}\tau_1\\ \vdots & \vdots & \vdots & \ddots & \vdots & \vdots\\ 1 & \cos\tau_{2N_{\mathrm{H}}} & \sin\tau_{2N_{\mathrm{H}}} & \cdots & \cos N_{\mathrm{H}}\tau_{2N_{\mathrm{H}}} & \sin N_{\mathrm{H}}\tau_{2N_{\mathrm{H}}}\end{bmatrix} \tag{6.35}$$

$$\frac{\partial \boldsymbol{f}_{nl}(\boldsymbol{u},\dot{\boldsymbol{u}},\tau)}{\partial \boldsymbol{u}(\tau)}=\mathrm{diagblk}\left(\left.\frac{\partial \boldsymbol{f}_{nl}(\boldsymbol{u},\dot{\boldsymbol{u}},\tau)}{\partial \boldsymbol{u}(\tau)}\right|_{\tau_0},\left.\frac{\partial \boldsymbol{f}_{nl}(\boldsymbol{u},\dot{\boldsymbol{u}},\tau)}{\partial \boldsymbol{u}(\tau)}\right|_{\tau_1},\cdots,\left.\frac{\partial \boldsymbol{f}_{nl}(\boldsymbol{u},\dot{\boldsymbol{u}},\tau)}{\partial \boldsymbol{u}(\tau)}\right|_{\tau_{2N_{\mathrm{H}}}}\right) \tag{6.36}$$

$$\frac{\partial \boldsymbol{f}_{nl}(\boldsymbol{u},\dot{\boldsymbol{u}},t)}{\partial \dot{\boldsymbol{u}}(\tau)}=\mathrm{diagblk}\left(\left.\frac{\partial \boldsymbol{f}_{nl}(\boldsymbol{u},\dot{\boldsymbol{u}},\tau)}{\partial \dot{\boldsymbol{u}}(\tau)}\right|_{\tau_0},\left.\frac{\partial \boldsymbol{f}_{nl}(\boldsymbol{u},\dot{\boldsymbol{u}},\tau)}{\partial \dot{\boldsymbol{u}}(\tau)}\right|_{\tau_1},\cdots,\left.\frac{\partial \boldsymbol{f}_{nl}(\boldsymbol{u},\dot{\boldsymbol{u}},\tau)}{\partial \dot{\boldsymbol{u}}(\tau)}\right|_{\tau_{2N_{\mathrm{H}}}}\right) \tag{6.37}$$

$$\nabla=\mathrm{diag}(\boldsymbol{0},\nabla_1,\nabla_2,\cdots,\nabla_{N_{\mathrm{H}}}),\nabla_k=k\omega\begin{bmatrix}0 & 1\\ -1 & 0\end{bmatrix} \tag{6.38}$$

式中：$\tau_i=\frac{i2\pi}{2N_{\mathrm{H}}+1}(n=0,1,2,\cdots,2N_{\mathrm{H}})$。

因为$\frac{\partial \bar{\boldsymbol{g}}(\boldsymbol{x})}{\partial \omega}$和$\frac{\partial \bar{\boldsymbol{g}}(\boldsymbol{x})}{\partial \bar{\boldsymbol{x}}_i}$的灵敏度梯度以及与极限状态函数相关的导数比较简单直观，所以这里不再给出明确的表达式。

在式（6.29）中，需要计算$\frac{\partial u_{\max}(\boldsymbol{x})}{\partial \omega}$对优化变量的导数。理论上，可以用直接灵敏度法推导出$\frac{\partial}{\partial \boldsymbol{x}}\left(\frac{\partial u_{\max}(\boldsymbol{x})}{\partial \omega}\right)$。但是，直接计算$\frac{\partial u_{\max}(\boldsymbol{x})}{\partial \omega}$比较复杂。此外，当优化变量的维数较大时，直接灵敏度法的效率不高。因此，需要一个有效的计算$\frac{\partial}{\partial \boldsymbol{x}}\left(\frac{\partial u_{\max}(\boldsymbol{x})}{\partial \omega}\right)$的方法。

由于分析灵敏度导数的成本与优化变量的维数无关，因此伴随方法[30-32]可以有效地处理具有大量优化变量的灵敏度分析问题，此外，因为伴随方程是线性的，伴随方程的求解成本很低。

下面应用伴随法计算$\frac{\partial}{\partial \boldsymbol{x}}\left(\frac{\partial u_{\max}(\boldsymbol{x})}{\partial \omega}\right)$。为了用伴随法推导与$\frac{\partial u_{\max}(\boldsymbol{x})}{\partial \omega}$相关的梯度，伴随方法中原始优化问题的优化目标可设置为最大化系统振动位移，同时需要满足谐波平衡方程非线性等式约束。因此，伴随方法对应原始优化问题为

$$
\begin{aligned}
\min \quad & \bar{f}(\boldsymbol{x}) = u_{\max}(\boldsymbol{x}) \\
\text{s.t.} \quad & \begin{cases} \bar{\boldsymbol{g}}(\boldsymbol{x}) = \boldsymbol{A}(\omega, \bar{\boldsymbol{x}})\boldsymbol{U} - \boldsymbol{b}(\boldsymbol{U}, \omega, \bar{\boldsymbol{x}}) = \boldsymbol{0} \\ \boldsymbol{x}_{\mathrm{l}} \leqslant \boldsymbol{x} \leqslant \boldsymbol{x}_{\mathrm{u}} \end{cases}
\end{aligned}
\tag{6.39}
$$

基于拉格朗日乘子方法，引入伴随向量λ形成式（6.39）的拉格朗日函数$\boldsymbol{L}(\boldsymbol{x},\boldsymbol{\lambda}) = \bar{f}(\boldsymbol{x}) + \boldsymbol{\lambda}^{\mathrm{T}}\bar{\boldsymbol{g}}(\boldsymbol{x})$，$\boldsymbol{L}(\boldsymbol{x},\boldsymbol{\lambda})$对$\omega$求导有

$$
\begin{aligned}
\frac{\partial \boldsymbol{L}(\boldsymbol{x},\boldsymbol{\lambda})}{\partial \omega} &= \left(\frac{\partial \bar{f}(\boldsymbol{x})}{\partial \omega} + \frac{\partial \bar{f}(\boldsymbol{x})}{\partial \boldsymbol{U}}\frac{\partial \boldsymbol{U}}{\partial \omega}\right) + \boldsymbol{\lambda}^{\mathrm{T}}\left(\frac{\partial \bar{\boldsymbol{g}}(\boldsymbol{x})}{\partial \omega} + \frac{\partial \bar{\boldsymbol{g}}(\boldsymbol{x})}{\partial \boldsymbol{U}}\frac{\partial \boldsymbol{U}}{\partial \omega}\right) \\
&= \left(\frac{\partial \bar{f}(\boldsymbol{x})}{\partial \omega} + \boldsymbol{\lambda}^{\mathrm{T}}\frac{\partial \bar{\boldsymbol{g}}(\boldsymbol{x})}{\partial \omega}\right) + \left(\frac{\partial \bar{f}(\boldsymbol{x})}{\partial \boldsymbol{U}} + \boldsymbol{\lambda}^{\mathrm{T}}\frac{\partial \bar{\boldsymbol{g}}(\boldsymbol{x})}{\partial \boldsymbol{U}}\right)\frac{\partial \boldsymbol{U}}{\partial \omega}
\end{aligned}
\tag{6.40}
$$

为了避免计算$\frac{\partial \boldsymbol{U}}{\partial \omega}$，伴随变量$\boldsymbol{\lambda}$应满足下列伴随方程：

$$
\frac{\partial \bar{f}(\boldsymbol{x})}{\partial \boldsymbol{U}} + \boldsymbol{\lambda}^{\mathrm{T}}\frac{\partial \bar{\boldsymbol{g}}(\boldsymbol{x})}{\partial \boldsymbol{U}} = 0 \tag{6.41}
$$

假设最大振动响应$u_{\max}(\boldsymbol{x})$在$\tau_{\max}$取得极值（对应第k个时域点），则可计算$\bar{f}(\boldsymbol{x}) = u_{\max}(\boldsymbol{x})$对$\boldsymbol{U}$和$\omega$的导数：

$$
\frac{\partial \bar{f}(\boldsymbol{x})}{\partial \boldsymbol{U}} = (\boldsymbol{T}(\tau_{\max}) \otimes \boldsymbol{I}_n)_{[k,:]}, \quad \frac{\partial \bar{f}(\boldsymbol{x})}{\partial \omega} = 0 \tag{6.42}
$$

式中：下标$[k,:]$表示矩阵$(\boldsymbol{T}(\tau) \otimes \boldsymbol{I}_n)$的$k$行。

求解伴随方程式（6.41）可得伴随向量，从而得到最大振动响应$u_{\max}(\boldsymbol{x})$对ω的导数为

$$
\frac{\partial u_{\max}(\boldsymbol{x})}{\partial \omega} = \frac{\partial \boldsymbol{L}(\boldsymbol{x},\boldsymbol{\lambda})}{\partial \omega} = \left(\frac{\partial \bar{f}(\boldsymbol{x})}{\partial \omega} + \boldsymbol{\lambda}^{\mathrm{T}}\frac{\partial \bar{\boldsymbol{g}}(\boldsymbol{x})}{\partial \omega}\right) \tag{6.43}
$$

由于避免了计算$\frac{\partial \boldsymbol{U}}{\partial \omega}$，因此式（6.43）的表达式对于计算$\frac{\partial u_{\max}(\boldsymbol{x})}{\partial \omega}$非常有用。

下面推导$\dfrac{\partial u_{\max}(\boldsymbol{x})}{\partial \omega}$相对于优化变量的梯度，为了计算$\dfrac{\partial}{\partial \boldsymbol{x}_i}\left(\dfrac{\partial u_{\max}(\boldsymbol{x})}{\partial \omega}\right)$，式（6.43）可以直接对$\boldsymbol{x}_i$求微分：

$$\frac{\partial}{\partial \boldsymbol{x}_i}\left(\frac{\partial u_{\max}(\boldsymbol{x})}{\partial \boldsymbol{\omega}}\right)=\left(\frac{\partial}{\partial \boldsymbol{x}_i}\left(\frac{\partial \bar{\boldsymbol{f}}(\boldsymbol{x})}{\partial \boldsymbol{\omega}}\right)+\left(\frac{\partial \boldsymbol{\lambda}}{\partial \boldsymbol{x}_i}\right)^{\mathrm{T}}\frac{\partial \bar{\boldsymbol{g}}(\boldsymbol{x})}{\partial \boldsymbol{\omega}}+\boldsymbol{\lambda}^{\mathrm{T}}\frac{\partial}{\partial \boldsymbol{x}_i}\left(\frac{\partial \bar{\boldsymbol{g}}(\boldsymbol{x})}{\partial \boldsymbol{\omega}}\right)\right) \tag{6.44}$$

式中：导数项$\dfrac{\partial}{\partial \boldsymbol{x}_i}\left(\dfrac{\partial \bar{\boldsymbol{f}}(\boldsymbol{x})}{\partial \omega}\right)$可以显式计算。为了计算$\dfrac{\partial \boldsymbol{\lambda}}{\partial \boldsymbol{x}_i}$，将式（6.42）对$\boldsymbol{x}_i$求导：

$$\frac{\partial}{\partial \boldsymbol{x}_i}\left(\frac{\partial \bar{\boldsymbol{f}}(\boldsymbol{x})}{\partial \boldsymbol{U}}\right)+\left(\frac{\partial \boldsymbol{\lambda}}{\partial \boldsymbol{x}_i}\right)^{\mathrm{T}}\frac{\partial \bar{\boldsymbol{g}}(\boldsymbol{x})}{\partial \boldsymbol{U}}+\boldsymbol{\lambda}^{\mathrm{T}}\frac{\partial}{\partial \boldsymbol{x}_i}\left(\frac{\partial \bar{\boldsymbol{g}}(\boldsymbol{x})}{\partial \boldsymbol{U}}\right)=0 \tag{6.45}$$

式中的线性方程很容易求解，式（6.46）左边第三项的导数为

$$\frac{\partial}{\partial \boldsymbol{x}_i}\left(\frac{\partial \boldsymbol{g}(\boldsymbol{x})}{\partial \boldsymbol{U}}\right)=\frac{\partial \boldsymbol{A}(\omega,\bar{\boldsymbol{x}})}{\partial \boldsymbol{x}_i}-\frac{\partial}{\partial \boldsymbol{x}_i}\left(\frac{\partial \boldsymbol{b}(\boldsymbol{x})}{\partial \boldsymbol{U}}\right) \tag{6.46}$$

式中：

$$\begin{aligned}
\frac{\partial}{\partial \boldsymbol{x}_i}\left(\frac{\partial \boldsymbol{b}(\boldsymbol{x})}{\partial \boldsymbol{U}}\right)&=\left(\boldsymbol{E}^{-1}\otimes \boldsymbol{I}\right)\left\{\frac{\partial}{\partial \boldsymbol{x}_i}\frac{\partial \boldsymbol{f}_{nl}(\boldsymbol{u},\dot{\boldsymbol{u}},\tau)}{\partial \boldsymbol{u}(\tau)}\right\}(\boldsymbol{E}\otimes \boldsymbol{I})+(\boldsymbol{E}^{-1}\otimes \boldsymbol{I})\left\{\frac{\partial}{\partial \boldsymbol{x}_i}\left(\frac{\partial \boldsymbol{f}_{nl}(\boldsymbol{u},\dot{\boldsymbol{u}},\tau)}{\partial \dot{\boldsymbol{u}}(\tau)}\right)\right\}((\boldsymbol{E}\nabla)\otimes \boldsymbol{I})\\
&=(\boldsymbol{E}^{-1}\otimes \boldsymbol{I})\left\{\frac{\partial}{\partial \boldsymbol{u}(\tau)}\left(\frac{\partial \boldsymbol{f}_{nl}(\boldsymbol{u},\dot{\boldsymbol{u}},\tau)}{\partial \boldsymbol{u}(\tau)}\right)\frac{\partial \boldsymbol{u}(\tau)}{\partial \boldsymbol{x}_i}+\frac{\partial}{\partial \dot{\boldsymbol{u}}(\tau)}\left(\frac{\partial \boldsymbol{f}_{nl}(\boldsymbol{u},\dot{\boldsymbol{u}},\tau)}{\partial \boldsymbol{u}(\tau)}\right)\frac{\partial \dot{\boldsymbol{u}}(\tau)}{\partial \boldsymbol{x}_i}\right\}(\boldsymbol{E}\otimes \boldsymbol{I})\\
&\quad+(\boldsymbol{E}^{-1}\otimes \boldsymbol{I})\left\{\frac{\partial}{\partial \boldsymbol{u}}\left(\frac{\partial \boldsymbol{f}_{nl}(\boldsymbol{u},\dot{\boldsymbol{u}},\tau)}{\partial \dot{\boldsymbol{u}}(\tau)}\right)\frac{\partial \boldsymbol{u}(\tau)}{\partial \boldsymbol{x}_i}+\frac{\partial}{\partial \dot{\boldsymbol{u}}}\left(\frac{\partial \boldsymbol{f}_{nl}(\boldsymbol{u},\dot{\boldsymbol{u}},\tau)}{\partial \dot{\boldsymbol{u}}(\tau)}\right)\frac{\partial \dot{\boldsymbol{u}}(\tau)}{\partial \boldsymbol{x}_i}\right\}((\boldsymbol{E}\nabla)\otimes \boldsymbol{I})
\end{aligned} \tag{6.47}$$

根据傅里叶表达式$\boldsymbol{u}(\tau)=(\boldsymbol{T}(\tau)\otimes \boldsymbol{I}_n)\boldsymbol{U}$和$\dot{\boldsymbol{u}}(\tau)=\omega[(\boldsymbol{T}(\tau)\nabla)\otimes \boldsymbol{I}_n]\boldsymbol{U}$，导数项$\dfrac{\partial \boldsymbol{u}(\tau)}{\partial \boldsymbol{x}_i}$和$\dfrac{\partial \dot{\boldsymbol{u}}(\tau)}{\partial \boldsymbol{x}_i}$可计算如下：

$$\begin{cases}
\dfrac{\partial \boldsymbol{u}(\tau)}{\partial \boldsymbol{U}}=(\boldsymbol{T}(\tau)\otimes \boldsymbol{I}_n),\ \dfrac{\partial \boldsymbol{u}(\tau)}{\partial \omega}=0,\quad \dfrac{\partial \boldsymbol{u}(\tau)}{\partial \boldsymbol{x}_i}(\boldsymbol{x}_i\notin\{\boldsymbol{U},\omega\})=0\\[2ex]
\dfrac{\partial \dot{\boldsymbol{u}}(\tau)}{\partial \boldsymbol{U}}=\omega[(\boldsymbol{T}(\tau)\nabla)\otimes \boldsymbol{I}_n],\ \dfrac{\partial \dot{\boldsymbol{u}}(\tau)}{\partial \omega}=[(\boldsymbol{T}(\tau)\nabla)\otimes \boldsymbol{I}_n]\boldsymbol{U},\quad \dfrac{\partial \dot{\boldsymbol{u}}(\tau)}{\partial \boldsymbol{x}_i}(\boldsymbol{x}_i\notin\{\boldsymbol{U},\omega\})=0
\end{cases} \tag{6.48}$$

基于上述梯度公式，可采用 SQP 算法求解式（6.29）所述的可靠性优化问题。本节方法旨在同时求解状态控制方程和可靠性问题，消除振动响应求解的内层优化问题，得到单层循环优化问题，从而避免多层嵌套循环优化低效的问题。利用伴随法分析可靠性优化问题的灵敏度，与文献［18］中利用有限差分法计算最可能点的方法相比，可以更加有效地计算失效概率。

6.4.4　数值算例

采用文献［18］数值算例，并与蒙特卡罗数值结果比较以验证本节方法的有效性。

1. Duffing 振子

本节使用的 Duffing 振子运动方程为

$$m\ddot{u}+2\xi\omega_n\dot{u}+\omega_n^2u+\gamma u^3=F\cos(\omega t) \tag{6.49}$$

式中：字母上的点表示对时间的微分；m、ξ、ω_n分别为质量、阻尼、刚度系数；γ 为非线性刚度系数；F 是激励力幅值。

为与文献［18］研究比较，仿真参数取为 $m=1$，$F=1$，其他参数 ξ、ω_n、γ 为随机不确定变量，假设服从正态分布，随机变量的概率特征（均值和标准差）分别为 $\omega_n\in N(1,0.1)$，$\xi\in N(0.05,0.005)$ 以及 $\gamma\in N(0.75,0.1)$。利用所提出的方法研究三种情形参数不确定的失效概率计算问题。

2. 单一随机参数不确定的失效概率预测

应用所提出的方法分析不同响应阈值 u_{lim}（响应阈值为 3.6~4.3，步长为 0.1）在单一随机参数下 Duffing 振子周期响应失效概率，并与采样规模为 1000 的标准蒙特卡罗模拟结果进行比较。

本节方法分析单一随机参数 γ、ω_n 和 ξ 不确定的失效概率计算结果分别见表 6.10、表 6.11 和表 6.12。由表可知，非线性因素明显改变非线性系统共振频率。从表 6.10 可以看出，共振频率 ω 随着响应阈值的增大而减小。在表 6.11 和表 6.12 中，随着响应阈值的增大，共振频率 ω 和可靠性指数 β 不断增大。相反，这三个表中的优化变量 γ、ω_n、ξ 和失效概率 P_f 都随响应阈值的增大而减小。

表 6.10　γ 不确定失效概率分析结果

u_{lim}	3.6	3.7	3.8	3.9	4.0	4.1	4.2	4.3
ω	2.8507	2.7733	2.7000	2.6305	2.5643	2.5015	2.4414	2.3844
γ	0.7623	0.6774	0.6036	0.5391	0.4826	0.4330	0.3892	0.3506
β	0.1231	0.7258	1.4645	2.1093	2.6742	3.1704	3.6077	3.9941
P_f	0.5490	0.2340	0.0715	0.0175	0.0037	0.0008	0.0002	0.0000
MCS P_f	0.5630	0.2470	0.0720	0.0210	0.0040	0.0010	0	0

表 6.11　ω_n 不确定失效概率分析结果

u_{lim}	3.6	3.7	3.8	3.9	4.0	4.1	4.2	4.3
ω	2.8318	2.8920	2.9532	3.0155	3.0788	3.1429	3.2076	3.2730
ω_n	1.0067	0.9592	0.9148	0.8730	0.8338	0.7970	0.7624	0.7298
β	0.0666	0.4077	0.8525	1.2699	1.6618	2.0300	2.3761	2.7017
P_f	0.5265	0.3418	0.1970	0.1021	0.0483	0.0212	0.0087	0.0034
MCS P_f	0.5340	0.3510	0.2120	0.1030	0.0480	0.0220	0.0060	0.0040

表 6.12　ξ 不确定失效概率分析结果

u_{lim}	3.6	3.7	3.8	3.9	4.0	4.1	4.2	4.3
ω	2.8306	2.8993	2.9682	3.0373	3.1067	3.1762	3.2458	3.3156
ξ	0.0504	0.0478	0.0455	0.0433	0.0413	0.0394	0.0377	0.0360
β	0.0710	0.4324	0.8996	1.3340	1.7385	2.1157	2.4681	2.7977

续表

$u_{\lim}$	3.6	3.7	3.8	3.9	4.0	4.1	4.2	4.3
P_f	0.5283	0.3327	0.1842	0.0911	0.0411	0.0172	0.0068	0.0026
MCS P_f	0.5360	0.3370	0.1980	0.0920	0.0420	0.0210	0.0060	0.0040

表 6.10 中，在响应阈值为 3.6、3.7、3.8 时，本节方法计算得到的失效概率分别为 54.9%、23.4%和 7.15%，蒙特卡罗方法计算得到的失效概率分别为 56.3%、24.7%和 7.2%，本节方法计算得到的失效概率与蒙特卡罗方法参考结果较为一致，这表明了本节方法的有效性。对于表 6.10 中，当响应阈值超过 4.1 时，两种方法预测的失效概率趋于零，这说明周期运动响应最大振幅几乎不可能高于 4.2。

3. 两个随机参数不确定的失效概率预测

所提出的方法可预测具有两个随机不确定性参数的非线性系统周期运动失效概率。利用本节方法分析三种不同组合情况下 Duffing 振子的失效概率。第一种情况将阻尼 ξ 和刚度 ω_n 视为不确定参数。第二种情况将 γ 和阻尼 ξ 视为不确定参数。第三种情况将 γ 和刚度 ω_n 视为不确定参数。为进行比较，蒙特卡罗模拟方法采样规模为 100×100（单个不确定随机变量采样样本规模为 100）。

表 6.13、表 6.14 和表 6.15 中给出了不同响应阈值时系统周期运动可靠性分析结果。如表 6.13、表 6.14 和表 6.15 所示，优化变量 γ、ω_n、ξ 和失效概率 P_f 随着响应阈值的增大而减小，而共振频率 ω 和可靠性指标 β 随着响应阈值的增大而增大。

表 6.13　ω_n 和 ξ 参数不确定的失效概率预测结果

$u_{\lim}$	3.6	3.7	3.8	3.9	4.0	4.1	4.2	4.3
ω	2.8312	2.8954	2.9601	3.0255	3.0913	3.1577	3.2245	3.2917
ω_n	1.0035	0.9782	0.9540	0.9309	0.9088	0.8877	0.8675	0.8482
ξ	0.0502	0.0490	0.0478	0.0467	0.0457	0.0447	0.0437	0.0428
β	0.0485	0.2997	0.6326	0.9510	1.2559	1.5479	1.8278	2.0963
P_f	0.5193	0.3822	0.2635	0.1708	0.1046	0.0608	0.0338	0.0180
MCS P_f	0.5259	0.3967	0.2852	0.1917	0.1198	0.0728	0.0416	0.0233

表 6.14　γ 和 ξ 参数不确定的失效概率预测结果

$u_{\lim}$	3.6	3.7	3.8	3.9	4.0	4.1	4.2	4.3
ω	2.8356	2.8672	2.8988	2.9310	2.9633	2.9960	3.0598	3.0631
γ	0.7531	0.7312	0.7109	0.6919	0.6743	0.6579	0.6574	0.6287
ξ	0.0503	0.0484	0.0466	0.0449	0.0433	0.0418	0.0399	0.0390
β	0.0614	0.3762	0.7874	1.1744	1.5393	1.8837	2.2144	2.5172
P_f	0.5245	0.3534	0.2155	0.1201	0.0619	0.0298	0.0134	0.0059
MCS P_f	0.5442	0.3740	0.2398	0.1374	0.0744	0.0359	0.0161	0.0059

表 6.15 γ 和 ω_n 参数不确定的失效概率预测结果

$u_{\lim}$	3.6	3.7	3.8	3.9	4.0	4.1	4.2	4.3
ω	2.8361	2.8642	2.8926	2.9212	2.9502	2.9794	3.0056	3.0392
γ	0.7528	0.7328	0.7140	0.6961	0.6793	0.6635	0.6468	0.6345
ω_n	1.0051	0.9685	0.9338	0.9010	0.8700	0.8405	0.8134	0.7858
β	0.0585	0.3592	0.7537	1.1267	1.4799	1.8146	2.1323	2.4338
P_f	0.5233	0.3597	0.2255	0.1299	0.0695	0.0348	0.0165	0.0075
MCS P_f	0.5426	0.3804	0.2486	0.1475	0.0837	0.0422	0.0197	0.0075

从表 6.13、表 6.14 和表 6.15 可以看出，蒙特卡罗方法与提出的方法预测失效概率结果存在差异。与蒙特卡罗方法相比，本节提出方法预测的失效概率较小，两种方法的微小差异可能是因为极限状态函数的非线性影响。一阶可靠性方法的精度取决于极限状态函数在最可能点的曲率，因而本节方法得到的数值结果与蒙特卡罗方法得到的 P_f 值略有不同。

4. 三个随机参数不确定的失效概率预测

下面运用本节方法计算系统同时存在三个不确定性参数时的失效概率，并与蒙特卡罗方法的计算结果进行比较。在蒙特卡罗模拟中，单个随机变量的采样规模为 50，因此蒙特卡罗样本总规模为 50×50×50。三个参数 γ、ω_n、ξ 同时不确定时系统失效概率预测结果如表 6.16 所示。与表 6.13、表 6.14 和表 6.15 类似，采用本节方法得到的失效概率小于蒙特卡罗模拟预测结果。共振频率 ω 和可靠性指标 β 相对于响应阈值的总体变化趋势与表 6.13、表 6.14 和表 6.15 类似，优化变量 γ、ω_n、ξ 及失效概率也随响应阈值的增大而单调减小。

表 6.16 同时存在三个不确定参数的失效概率预测结果

$u_{\lim}$	3.6	3.7	3.8	3.9	4.0	4.1	4.2	4.3
ω	2.8339	2.8783	2.9227	2.9670	3.0113	3.0555	3.0997	3.1437
γ	0.7517	0.7397	0.7282	0.7171	0.7064	0.6961	0.6862	0.6767
ω_n	1.0031	0.9811	0.9602	0.9402	0.9210	0.9027	0.8850	0.8681
ξ	0.0501	0.0491	0.0481	0.0472	0.0463	0.0454	0.0446	0.0438
β	0.0451	0.2788	0.5887	0.8858	1.1706	1.4440	1.7066	1.9591
P_f	0.5180	0.3902	0.2780	0.1879	0.1209	0.0744	0.0439	0.0251
MCS P_f	0.5159	0.3965	0.2870	0.2000	0.1312	0.0813	0.0495	0.0271

从表 6.16 中可以看出，两种方法计算得到的 P_f 值虽有细微差异，但基本一致，因此，本节方法能有效预测具有随机不确定参数的非线性系统周期运动失效概率。

6.5 本章小结

（1）提出计算非线性系统稳态响应极值的约束优化问题框架，基于谐波平衡原理和 Floquet 稳定性理论，建立以最大振幅为目标函数的周期运动频域求解方法。应用谐波平衡法导出的非线性代数方程组，构建非线性等式约束，用 Hill 法建立稳定性不等式约束，利用多重启算法求解以周期解振幅最大化为目标函数非线性振动问题，给出了两个验证算例：标准 Duffing 振子和具有横向激励的轴向运动梁。不同方法的比较研究表明，提出的方法具有计算效率、精度等方面的优点。

（2）提出确定非线性结构周期解共振峰值的约束优化打靶法。由打靶函数和 Floquet 稳定性条件构造非线性约束条件，采用多重启优化算法求解非线性约束优化问题。数值算例表明约束优化打靶法可以用于寻求共振峰，分岔点以及多解集合并可处理参数不确定问题。

（3）提出一种融合约束优化谐波平衡法和一阶可靠性原理的参数不确定非线性系统可靠性分析方法。提出的可靠性分析方法的核心是在优化过程中将物理问题求解与可靠性分析相结合，在可靠性分析过程中同时求解系统非线性振动响应，将傅里叶系数、激励频率和不确定性参数设为优化变量，将谐波平衡非线性方程、最大振动响应的最优性条件和极限状态失效函数设为非线性等式约束，采用伴随法分析约束优化问题相关灵敏度，数值算例验证了失效概率分析方法的有效性。

参考文献

[1] Cameron T M, Griffin J H. An alternating frequency/time domain method for calculating the steady-state response of nonlinear dynamic systems [J]. Journal of Applied Mechanics. 1989, 56 (1): 149-154.

[2] Hall K C, Thomas J P, Clark W S. Computation of unsteady nonlinear flows in cascades using a harmonic balance technique [J]. AIAA Journal, 2002, 40 (5): 879-886.

[3] Liu L, Thomas J P, Dowell E H, et al. A comparison of classical and high dimensional harmonic balance approaches for a Duffing oscillator [J]. Journal of Computational Physics, 2006, 215 (1): 298-320.

[4] Coudeyras N, Sinou J J, Nacivet S. A new treatment for predicting the self-excited vibrations of nonlinear systems with frictional interfaces: The constrained harmonic balance method, with application to disc brake squeal [J]. Journal of Sound and Vibration, 2009, 319 (3-5): 1175-1199.

[5] Jaumouillé V, Sinou J J, Petitjean B. An adaptive harmonic balance method for predicting the nonlinear dynamic responses of mechanical systems: Application to bolted structures [J]. Journal of Sound and Vibration, 2010, 329 (19): 4048-4067.

[6] Thomsen J J. Vibrations and stability: advanced theory, analysis, and tools [M]. Berlin: Springer, 2003.

[7] Groll G, Ewins D J. The harmonic balance method with arc-length continuation in rotor/stator contact problems [J]. Journal of Sound and Vibration, 2001, 241 (2): 223-233.

[8] Peeters M, Viguié R, Sérandour G, et al. Nonlinear normal modes, part II: Toward a practical computation using numerical continuation techniques [J]. Mechanical Systems and Signal Processing, 2009, 23 (1): 195-216.

[9] Lazarus A, Thomas O. A harmonic-based method for computing the stability of periodic solutions of dynamical systems [J]. Comptes Rendus Mécanique, 2010, 338 (9): 510-517.

[10] Grolet A., Thouverez F. Vibration analysis of a nonlinear system with cyclic symmetry [J]. Journal of Engineering for Gas Turbines and Power, 2011, 133 (2): 022502-01/9.

[11] Petrov E P. Analysis of sensitivity and robustness of forced response for nonlinear dynamic structures [J]. Mechanical Systems and Signal Processing, 2009, 23 (1): 68-86.

[12] Haldar A, Mahadevan S. Probability, reliability, and statistical methods in engineering design [M]. New York: John Wiley, 2000.

[13] Rackwitz R. Reliability analysis: A review and some perspectives [J]. Structural safety, 2001, 23 (4): 365-395.

[14] Hohenbichler M, Rackwitz R. First-order concepts in system reliability [J]. Structural Safety, 1982, 1 (3): 177-188.

[15] Hohenbichler M, Gollwitzer S, Kruse W, et al. New light on first-and second-order reliability methods [J]. Structural Safety, 1987, 4 (4): 267-284.

[16] Der Kiureghian A, Lin H Z, Hwang S J. Second-order reliability approximations [J]. Journal of Engineering Mechanics, 1987, 113 (8): 1208-1225.

[17] Kiureghian A D, Stefano M D. Efficient algorithm for second-order reliability analysis [J]. Journal of Engineering Mechanics, 1991, 117 (12): 2904-2923.

[18] Gong G, Dunne J F. Efficient exceedance probability computation for randomly uncertain nonlinear structures with periodic loading [J]. Journal of Sound and Vibration, 2011, 330 (10): 2354-2368.

[19] Liao Haitao, et al. A new method for predicting the maximum vibration amplitude of periodic solution of non-linear system [J]. Nonlinear Dynamics, 2013, 71 (3): 569-582.

[20] Ugray Z, Lasdon L, Plummer J, et al. Scatter search and local NLP solvers: A multistart framework for global optimization [J]. INFORMS Journal on Computing, 2007, 19 (3): 328-340.

[21] Nocedal J, Wright S J. Numerical optimization [M]. New York: Springer, 1999.

[22] Fletche R. Practical methods of optimization [M]. New York: John Wiley and Sons, 1987.

[23] Wright S, Nocedal J. Numerical optimization [M]. New York: 2nd ed. Springer, 2006.

[24] Wright S, Nocedal J. Sequential quadratic programming [M]. New York: Springer, 2006.

[25] Cochelin B, Vergez C. A high order purely frequency-based harmonic balance formulation for continuation of periodic solutions [J]. Journal of Sound and Vibration, 2009, 324 (1-2): 243-262.

[26] Ghayesh M H, Amabili M, Païdoussis M P. Nonlinear vibrations and stability of an axially moving beam with an intermediate spring support: two-dimensional analysis [J]. Nonlinear Dynamics, 2012, 70: 335-354.

[27] Tang Y Q, Chen L Q, Yang X D. Parametric resonance of axially moving Timoshenko beams with time-dependent speed [J]. Nonlinear Dynamics, 2009, 58: 715-724.

[28] Fey R H B, Mallon N J, Kraaij C S, et al. Nonlinear resonances in an axially excited beam carrying a top mass: simulations and experiments [J]. Nonlinear Dynamics, 2011, 66 (3): 285-302.

[29] Huang J L, Su R K L, Li W H, et al. Stability and bifurcation of an axially moving beam tuned to three-to-one internal resonances [J]. Journal of Sound and Vibration, 2011, 330 (3): 471-485.

[30] Liao Haitao, Wang Jianjun. Maximization of the vibration amplitude and bifurcation analysis of nonlinear systems using the constrained optimization shooting method [J]. Journal of Sound and Vibration, 2013, 332 (16): 3781-3793.

[31] Liao Haitao, et al. Afrequency domain method for calculating the failure probability of nonlinear systems with random uncertainty [J]. Journal of Vibration and Acoustics, 2018, 140 (4), 041019.

第7章　约束优化谐波平衡法及应用

目前，谐波平衡法及其应用研究很多。例如，Dai 等[1]借助 Mathematica 软件推导了几何非线性力相关的傅里叶系数，发展了基于最优迭代算法和显式雅可比矩阵的立方非线性机翼周期解计算方法。文献［2-3］介绍了处理结构非光滑非线性力（如自由间隙和滞后）的摄动增量法。Liu 等[4]使用增量谐波平衡法分析具有俯仰滞后非线性的机翼结构动力学特性。文献［5-6］分析了具有自由间隙非线性的气动弹性系统的极限环振动（Limit Cycle Oscillations，LCO）和分岔行为，提出了基于精细积分法的预测-修正算法。Li 等[7]引入有理多项式逼近自由间隙和滞后非线性力，预测了亚声速气流中非线性机翼结构的混沌响应。

非线性气动弹性系统的极限环振动及分岔特性研究较多，目前已有多种数值方法来预测 LCO 的振幅和频率[8]。例如，Lee 等[9]运用增量谐波平衡法研究了具有多重强非线性的机翼颤振问题。文献［10］采用中心流形理论等研究了超声速流场中具有结构和气动非线性的机翼结构分岔特性。应用谐波平衡类方法计算系统 LCO，需要利用非线性求根算法（如牛顿-拉夫森算法）求解非线性代数方程组。为了分析参数影响规律，必须重复地求解非线性方程组。例如，文献［5］应用谐波平衡方法以固定步长扫描不确定参数空间，然而，随着考虑的不确定性参数数量增加，这种方式存在计算成本高、分析效率低等缺点。特别是当关心的影响参数同时变化时，无法运用传统连续延拓方法研究多个参数变化对结构非线性动力学特性的组合影响。

干摩擦阻尼[11-12]是叶轮机械叶盘振动和颤振抑制的常用手段，许多研究者采用谐波平衡法研究干摩擦阻尼结构的非线性振动问题。例如，Pierre 等[13]应用增量谐波平衡法分析干摩擦系统的稳态响应。Petrov 等[14]基于谐波平衡法研究了具有干摩擦阻尼的叶盘结构非线性振动问题。由于结构共振对高周疲劳失效的决定性影响，研究结构最大强迫响应水平具有重要意义，结构的设计参数和激励水平是决定共振响应水平和共振频率关键因素，通常需要了解设计参数如何影响结构最大强迫响应水平，这需要利用非线性求根方法重复计算结构强迫响应水平，这种参数影响研究方式计算成本高，不利于结构的反优化设计研究。

为避免重复采用非线性求根算法求解非线性方程组，本章将在第6章分析框架的基础上开展约束优化谐波平衡法应用研究，主要涉及二元机翼结构极限环运动、不确定性量化和分岔动力学，以及干摩擦阻尼结构最大强迫响应分析等内容。

7.1 机翼结构极限环振动预测[15]

7.1.1 机翼模型

考虑如图 7.1 所示的俯仰和沉浮二自由度运动的机翼模型，沉浮自由度用 h 表示，以向下方向为正，α 为弹性轴与机头方向之间的俯仰角。弹性轴与中弦的距离为 $a_h b$，以朝向翼型的后缘为正。

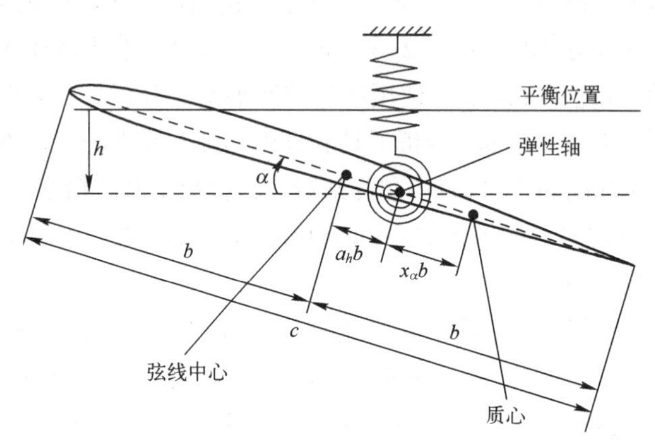

图 7.1 翼型系统示意图

二自由度机翼运动的非线性气动弹性方程为

$$\begin{cases}\ddot{\xi}+x_\alpha\ddot{\alpha}+2\zeta_\xi\dot{\xi}+\left(\dfrac{\bar{\omega}}{U^*}\right)G(\xi)=-\dfrac{1}{\pi\mu}C_L(t)\\ \dfrac{x_\alpha}{r_\alpha^2}\ddot{\xi}+\ddot{\alpha}+\dfrac{2\zeta_\alpha}{U^*}\dot{\alpha}+\left(\dfrac{1}{U^*}\right)^2M(\alpha)=\dfrac{2}{\pi\mu r_\alpha^2}C_M(t)\end{cases}\tag{7.1}$$

式中：$t=U\bar{t}/b$（$\bar{t}$为真实时间，U 为流速）；$\xi=h/b$ 以及 $U^*=U/(b\omega_\alpha)$分别表示无量纲形式的时间、沉浮位移和速度；上标点表示关于 t 的导数；ω_ξ和 ω_α分别代表未耦合的沉浮和俯仰振荡的固有频率，并且$\bar{\omega}=\omega_\xi/\omega_\alpha$；$r_\alpha$表示绕弹性轴的回转半径；$\zeta_\xi$和 ζ_α均为阻尼比。

在式（7.1）中，空气动力 $C_L(t)$为升力（正向上），而 $C_M(t)$是围绕弹性轴的空气动力矩（正机头向上）。根据实验测试结果，升力 $C_L(t)$和俯仰力矩 $C_M(t)$分别为

$$\begin{cases}C_L(t)=\pi(\ddot{\xi}-a_h\ddot{\alpha}+\dot{\alpha})+2\pi\{\alpha(0)+\dot{\xi}(0)+(1/2-a_h)\dot{\alpha}(0)\}\boldsymbol{\phi}(t)+\\ 2\pi\displaystyle\int_0^\pi\boldsymbol{\phi}(t-\sigma)[\dot{\alpha}(\sigma)+\ddot{\xi}(\sigma)+(1/2-a_h)\ddot{\alpha}(\sigma)]\mathrm{d}\sigma\\ C_M(t)=\pi(1/2+a_h)\{\alpha(0)+\dot{\xi}(0)+(1/2-a_h)\dot{\alpha}(0)\}\boldsymbol{\phi}(t)+\\ \qquad\dfrac{\pi}{2}\{\ddot{\xi}-a_h\ddot{\alpha}\}-\dfrac{\pi}{16}\ddot{\alpha}-(1/2-a_h)\dfrac{\pi}{2}\dot{\alpha}\\ \pi(1/2+a_h)\displaystyle\int_0^\pi\phi(t-\sigma)[\dot{\alpha}(\sigma)+\ddot{\xi}(\sigma)+(1/2-a_h)\ddot{\alpha}(\sigma)]\mathrm{d}\sigma\end{cases}\tag{7.2}$$

式中：μ 是机翼空气质量比，Wagner 函数 $\boldsymbol{\phi}(t)$ 由 Jone 的近似值 $\boldsymbol{\phi}(t)=1-\psi_1 \mathrm{e}^{-\varepsilon_1 t}-\psi_2 \mathrm{e}^{-\varepsilon_2 t}$ 给出，其中常数分别为 $\psi_1=0.165, \psi_2=0.335, \varepsilon_1=0.0455$ 和 $\varepsilon_2=0.3$。

为了消除积分微分式（7.2）中的积分项，引入了以下四个新变量：

$$\begin{cases} w_1=\int_0^t \mathrm{e}^{-\varepsilon_1(t-\sigma)} \alpha(\sigma) \mathrm{d}\sigma \\ w_2=\int_0^t \mathrm{e}^{-\varepsilon_2(t-\sigma)} \alpha(\sigma) \mathrm{d}\sigma \\ w_3=\int_0^t \mathrm{e}^{-\varepsilon_1(t-\sigma)} \xi(\sigma) \mathrm{d}\sigma \\ w_4=\int_0^t \mathrm{e}^{-\varepsilon_2(t-\sigma)} \xi(\sigma) \mathrm{d}\sigma \end{cases} \tag{7.3}$$

则式（7.2）中机翼沉浮运动可以表示为

$$\begin{cases} c_0\ddot{\xi}+c_1\ddot{\alpha}+c_2\dot{\xi}+c_3\dot{\alpha}+c_4\xi+c_5\alpha+c_6w_1+c_7w_2+c_8w_3+c_9w_4+c_{10}G(\xi)=f(t) \\ d_0\ddot{\xi}+d_1\ddot{\alpha}+d_2\dot{\xi}+d_3\dot{\alpha}+d_4\xi+d_5\alpha+d_6w_1+d_7w_2+d_8w_3+d_9w_4+d_{10}M(\alpha)=g(t) \\ \dot{w}_1=\alpha-\varepsilon_1 w_1 \\ \dot{w}_2=\alpha-\varepsilon_2 w_2 \\ \dot{w}_3=\xi-\varepsilon_1 w_3 \\ \dot{w}_4=\xi-\varepsilon_2 w_4 \end{cases} \tag{7.4}$$

式中：系数 c_i 和 d_i 为系统参数的函数，具体表达式见文献［15］；函数 $f(t)$ 和 $g(t)$ 取决于初始条件、Wagner 函数以及强迫项。当瞬态运动消失时，便得到稳态响应解 $f(t)=g(t)=0$。

本章的结构非线性只考虑俯仰自由度相关的非线性和 $G(\xi)=\xi$。此外，使用三种结构非线性模型描述恢复力 $M(\alpha)$：自由间隙、滞后以及混合模型。对于这些模型，力矩 $M(\alpha)$ 与俯仰自由度的函数曲线如图 7.2 所示。

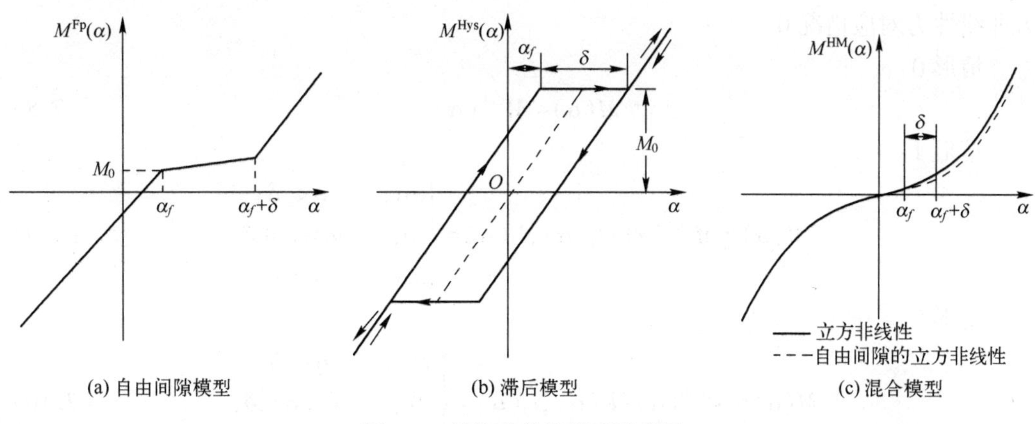

图 7.2　结构非线性模型示意图

1. 自由间隙模型

如图 7.2（a）所示，自由间隙非线性由下式确定：

$$M(\alpha)=M^{\text{Fp}}(\alpha)=\begin{cases}M_0+\alpha-\alpha_f, & \alpha<\alpha_f\\ M_0+M_f(\alpha-\alpha_f), & \alpha_f\leqslant\alpha\leqslant\alpha_f+\delta\\ M_0+\alpha-\alpha_f+\delta(M_f-1), & \alpha>\alpha_f+\delta\end{cases} \tag{7.5}$$

式中：M_0为预紧力；α_f为初始自由间隙，自由间隙δ和斜率M_f均为常数。

2. 滞后模型

图7.2（b）中的滞后函数可以表示为如下形式：

$$M(\alpha)=M^{\text{Hys}}(\alpha)=\begin{cases}M_0+\alpha-\alpha_f, & \alpha<\alpha_f,\dot{\alpha}>0\\ M_0, & \alpha_f\leqslant\alpha\leqslant\alpha_f+\delta,\dot{\alpha}>0\\ M_0+\alpha-\alpha_f-\delta, & \alpha>\alpha_f+\delta,\dot{\alpha}>0\\ \alpha+\alpha_f+\delta-M_0, & \alpha<\alpha_f+\delta,\dot{\alpha}<0\\ -M_0, & -\alpha_f-\delta\leqslant\alpha\leqslant-\alpha_f,\dot{\alpha}<0\\ \alpha+\alpha_f-M_0, & \alpha>-\alpha_f,\dot{\alpha}<0\end{cases} \tag{7.6}$$

式中：预加载荷M_0、初始自由间隙α_f以及自由间隙值δ均为常数。

3. 混合模型

图7.2（c）中引入的气动弹性系统的混合模型是三次项和自由间隙非线性的混合表达式[5]：

$$\begin{aligned}&M^{\text{Cub}}(\alpha)=(\alpha+\gamma\alpha^3)\\ &M(\alpha)=M^{\text{HM}}(\alpha)=M^{\text{Cub}}(\alpha)+M^{\text{Fp}}(\alpha)\\ &=\begin{cases}(\alpha+\gamma\alpha^3)+[M_0+\alpha-\alpha_f], & \alpha<\alpha_f\\ (\alpha+\gamma\alpha^3)+[M_0+M_f(\alpha-\alpha_f)], & \alpha_f\leqslant\alpha\leqslant\alpha_f+\delta\\ (\alpha+\gamma\alpha^3)+[M_0+\alpha-\alpha_f+\delta(M_f-1)], & \alpha>\alpha_f+\delta\end{cases}\end{aligned} \tag{7.7}$$

式中：γ为三次项的非线性系数。

下面在式（7.7）中考虑三种情形的自由间隙非线性力$M^{\text{Fp}}(\alpha)$，为便于比较，立方非线性力对应情况0。

情形0：

$$M(\alpha)=M^{\text{Cub}}(\alpha) \tag{7.8}$$

情形1：

$$M(\alpha)=M^{\text{Cub}}(\alpha)+l_1(\alpha),l_1(\alpha)=\begin{cases}\sigma\alpha, & \alpha<-\delta\\ 0, & -\delta\leqslant\alpha\leqslant\delta\\ \sigma\alpha, & \alpha>\delta\end{cases} \tag{7.9}$$

情形2：

$$M(\alpha)=M^{\text{Cub}}(\alpha)+l_2(\alpha),l_2(\alpha)=\begin{cases}\alpha+\delta, & \alpha<-\delta\\ 0, & -\delta\leqslant\alpha\leqslant\delta,\\ \alpha-\delta, & \alpha>\delta\end{cases} \tag{7.10}$$

情形3：

$$M(\alpha)=M^{\mathrm{Cub}}(\alpha)+l_3(\alpha),l_3(\alpha)=\begin{cases}\alpha+\delta, & \alpha<-\delta\\ M_f(\alpha+\delta), & -\delta\leqslant\alpha\leqslant\delta\\ \alpha+\delta M_f, & \alpha>\delta\end{cases}\tag{7.11}$$

自由间隙非线性 $l_1(\alpha)$ 取自文献［5］，系数 σ 表示系统的非线性程度。$l_2(\alpha)$ 取自文献［7］，$l_3(\alpha)$ 由式（7.5）简化得到。

通常，分段非线性力的时间历程由几部分组成，每个部分都对应一个明确定义的状态。因此，可以将极限循环振动周期分成几个时间间隔。

为求解上述分段非线性力机翼结构非线性振动问题，下面介绍具有解析梯度的分段约束优化谐波平衡方法，基于 6.1.1 节的框架，给出优化问题描述，推导非光滑非线性力的谐波平衡方程组，利用隐函数理论，推导傅里叶系数对包括振动频率在内的影响参数的灵敏度。

7.1.2　非光滑非线性系统谐波平衡非线性方程推导及灵敏度分析

1. 非线性等式约束推导

应用谐波平衡原理研究式的极限环振动，$\alpha(t)$ 由截断傅里叶级数表示为

$$\alpha(t)=\boldsymbol{T}(t)\boldsymbol{U}\tag{7.12}$$

式中：$\boldsymbol{T}(t)=[1\quad \cos(\omega t)\quad \sin(\omega t)\quad \cdots\quad \cos(k\omega t)\quad \sin(k\omega t)\quad \cdots\quad \cos(N_{\mathrm{H}}\omega t)\quad \sin(N_{\mathrm{H}}\omega t)]_{1\times(1+2\cdot N_{\mathrm{H}})}$ 是维数为 $(1+2N_{\mathrm{H}})$ 的向量，其中 N_{H} 为保留的最高次谐波，k 表示谐波指数；$\boldsymbol{U}=[U_0\quad U_1^{\mathrm{c}}\quad U_1^{\mathrm{s}}\quad \cdots\quad U_k^{\mathrm{c}}\quad U_k^{\mathrm{s}}\quad \cdots\quad U_{N_{\mathrm{H}}}^{\mathrm{c}}\quad U_{N_{\mathrm{H}}}^{\mathrm{s}}]^{\mathrm{T}}$ 表示大小为 $(1+2N_{\mathrm{H}})$ 的傅里叶系数。

引入变量 $\tau=\omega t$，在 $\boldsymbol{T}(t)$ 中用 τ 替换 ωt，从而将 $\alpha(t)$ 表示为 $\alpha(\tau)=\boldsymbol{T}(\tau)\boldsymbol{U}$。

1）$\dot{\alpha}$ 和 $\ddot{\alpha}$ 的表达式

将式（7.12）对 t 进行两次微分运算得：

$$\dot{\alpha}(t)=\boldsymbol{T}(t)\nabla\boldsymbol{U},\ddot{\alpha}(t)=\boldsymbol{T}(t)\nabla^2\boldsymbol{U}\tag{7.13}$$

式中

$$\nabla=\mathrm{diag}(0,\nabla_1,\cdots,\nabla_k,\cdots,\nabla_{N_{\mathrm{H}}}),\quad \nabla_k=\omega k\begin{bmatrix}0 & 1\\ -1 & 0\end{bmatrix}\tag{7.14}$$

$$\nabla^2=\nabla*\nabla=\mathrm{diag}(0,\Xi_1,\cdots,\Xi_k,\cdots,\Xi_{N_{\mathrm{H}}}),\Xi_k=\nabla_k*\nabla_k=(\omega k)^2\begin{bmatrix}-1 & 0\\ 0 & -1\end{bmatrix}\tag{7.15}$$

2）α^k 频域表达式

下面针对式（7.7）中的立方非线性项推导 α^k 表达式。

设 $\beta(t)=\boldsymbol{T}(t)\boldsymbol{V}$ 和 $\boldsymbol{V}=[V_0\quad V_1^{\mathrm{c}}\quad V_1^{\mathrm{s}}\quad \cdots\quad V_k^{\mathrm{c}}\quad V_k^{\mathrm{s}}\quad \cdots\quad V_{N_{\mathrm{H}}}^{\mathrm{c}}\quad V_{N_{\mathrm{H}}}^{\mathrm{s}}]^{\mathrm{T}}$，使用三角函数性质

$$\begin{cases}\cos(i\tau)\cos(j\tau)=\dfrac{1}{2}[\cos(i-j)\tau+\cos(i+j)\tau],\cos(i\tau)\sin(j\tau)=\dfrac{1}{2}[\sin(i+j)\tau-\sin(i-j)\tau]\\ \sin(i\tau)\cos(j\tau)=\dfrac{1}{2}[\sin(i+j)\tau+\sin(i-j)\tau],\sin(i\tau)\sin(j\tau)=\dfrac{1}{2}[\cos(i-j)\tau-\cos(i+j)\tau]\end{cases}\tag{7.16}$$

可将$[U_k^c\cos(i\tau)+U_k^s\sin(i\tau)][V_k^c\cos(j\tau)+V_k^s\sin(j\tau)]$表示如下：

$$
\begin{aligned}
&[U_k^c\cos(i\tau)+U_k^s\sin(i\tau)][V_k^c\cos(j\tau)+V_k^s\sin(j\tau)]\\
&=\cos(i-j)\tau\frac{(U_k^cV_k^c+U_k^sV_k^s)}{2}+\cos(i+j)\tau\frac{(U_k^cV_k^c-U_k^sV_k^s)}{2}\\
&+\sin(i-j)\tau\frac{(U_k^sV_k^c-U_k^cV_k^s)}{2}+\sin(i+j)\tau\frac{(U_k^cV_k^s+U_k^sV_k^c)}{2}
\end{aligned}\tag{7.17}
$$

借助式（7.17），忽略高次谐波，将具有相同谐波指数项合并：

$$
\alpha(t)\beta(t)=[\boldsymbol{T}(t)\boldsymbol{U}]^{\mathrm{T}}[\boldsymbol{T}(t)\boldsymbol{V}]=\{\boldsymbol{U}^{\mathrm{T}}[\boldsymbol{T}(t)]^{\mathrm{T}}[\boldsymbol{T}(t)]\}\boldsymbol{V}=\{\boldsymbol{T}(t)\boldsymbol{E}(\boldsymbol{U})\}\boldsymbol{V}\tag{7.18}
$$

式中：运算矩阵$\boldsymbol{E}(\boldsymbol{U})$定义为

$$
\boldsymbol{E}(\boldsymbol{U})=\begin{bmatrix}
U_0 & \boldsymbol{Y}_1 & \boldsymbol{Y}_2 & \cdots & \boldsymbol{Y}_k & \cdots & \boldsymbol{Y}_{N_H-2} & \boldsymbol{Y}_{N_H-1} & \boldsymbol{Y}_{N_H}\\
\boldsymbol{H}_1 & U_0\boldsymbol{I}+\boldsymbol{Q}_2 & \boldsymbol{N}_1+\boldsymbol{Q}_3 & \boldsymbol{N}_2+\boldsymbol{Q}_4 & \ddots & \ddots & \vdots & \boldsymbol{N}_{N_H-2}+\boldsymbol{Q}_{N_H} & \boldsymbol{N}_{N_H-1}\\
\boldsymbol{H}_2 & \boldsymbol{L}_1+\boldsymbol{Q}_3 & U_0\boldsymbol{I}+\boldsymbol{Q}_4 & \boldsymbol{N}_1+\boldsymbol{Q}_5 & \ddots & \ddots & \boldsymbol{N}_k+\boldsymbol{Q}_{N_H} & \vdots & \boldsymbol{N}_{N_H-2}\\
\vdots & \boldsymbol{L}_2+\boldsymbol{Q}_4 & \boldsymbol{L}_1+\boldsymbol{Q}_5 & \ddots & \ddots & \ddots & \vdots & \boldsymbol{N}_k & \vdots\\
\boldsymbol{H}_k & \ddots & \vdots & \ddots & U_0\boldsymbol{I}+\boldsymbol{Q}_{N_H} & \boldsymbol{N}_1 & \boldsymbol{N}_2 & \vdots & \boldsymbol{N}_k\\
\vdots & \ddots & \ddots & \boldsymbol{L}_2+\boldsymbol{Q}_{N_H} & \boldsymbol{L}_1 & U_0\boldsymbol{I} & \boldsymbol{N}_1 & \boldsymbol{N}_2 & \vdots\\
\boldsymbol{H}_{N_H-2} & \ddots & \boldsymbol{L}_k+\boldsymbol{Q}_{N_H} & \ddots & \boldsymbol{L}_2 & \boldsymbol{L}_1 & U_0\boldsymbol{I} & \boldsymbol{N}_1 & \boldsymbol{N}_2\\
\boldsymbol{H}_{N_H-1} & \boldsymbol{L}_{N_H-2}+\boldsymbol{Q}_{N_H} & \ddots & \boldsymbol{L}_k & \ddots & \boldsymbol{L}_2 & \boldsymbol{L}_1 & U_0\boldsymbol{I} & \boldsymbol{N}_1\\
\boldsymbol{H}_{N_H} & \boldsymbol{L}_{N_H-1} & \boldsymbol{L}_{N_H-2} & \cdots & \boldsymbol{L}_k & \cdots & \boldsymbol{L}_2 & \boldsymbol{L}_1 & U_0\boldsymbol{I}
\end{bmatrix}\tag{7.19}
$$

式中：

$$
\boldsymbol{H}_k=\begin{bmatrix}U_k^c\\U_k^s\end{bmatrix},\quad \boldsymbol{Y}_k=\frac{1}{2}[U_k^c\quad U_k^s],\quad \boldsymbol{L}_k=\frac{1}{2}\begin{bmatrix}U_k^c & -U_k^s\\U_k^s & U_k^c\end{bmatrix},\quad \boldsymbol{N}_k=\frac{1}{2}\begin{bmatrix}U_k^c & U_k^s\\-U_k^s & U_k^c\end{bmatrix},\quad \boldsymbol{Q}_k=\frac{1}{2}\begin{bmatrix}U_k^c & U_k^s\\U_k^s & -U_k^c\end{bmatrix}
$$

例如，如果$N_H=8$，则式（7.19）变为

$$
\boldsymbol{E}(\boldsymbol{U})=\begin{bmatrix}
U_0 & \boldsymbol{Y}_1 & \boldsymbol{Y}_2 & \boldsymbol{Y}_3 & \boldsymbol{Y}_4 & \boldsymbol{Y}_5 & \boldsymbol{Y}_6 & \boldsymbol{Y}_7 & \boldsymbol{Y}_8\\
\boldsymbol{H}_1 & U_0\boldsymbol{I}+\boldsymbol{Q}_2 & \boldsymbol{N}_1+\boldsymbol{Q}_3 & \boldsymbol{N}_2+\boldsymbol{Q}_4 & \boldsymbol{N}_3+\boldsymbol{Q}_5 & \boldsymbol{N}_4+\boldsymbol{Q}_6 & \boldsymbol{N}_5+\boldsymbol{Q}_7 & \boldsymbol{N}_6+\boldsymbol{Q}_8 & \boldsymbol{N}_7\\
\boldsymbol{H}_2 & \boldsymbol{L}_1+\boldsymbol{Q}_3 & U_0\boldsymbol{I}+\boldsymbol{Q}_4 & \boldsymbol{N}_1+\boldsymbol{Q}_5 & \boldsymbol{N}_2+\boldsymbol{Q}_6 & \boldsymbol{N}_3+\boldsymbol{Q}_7 & \boldsymbol{N}_4+\boldsymbol{Q}_8 & \boldsymbol{N}_5 & \boldsymbol{N}_6\\
\boldsymbol{H}_3 & \boldsymbol{L}_2+\boldsymbol{Q}_4 & \boldsymbol{L}_1+\boldsymbol{Q}_5 & U_0\boldsymbol{I}+\boldsymbol{Q}_6 & \boldsymbol{N}_1+\boldsymbol{Q}_7 & \boldsymbol{N}_2+\boldsymbol{Q}_8 & \boldsymbol{N}_3 & \boldsymbol{N}_4 & \boldsymbol{N}_5\\
\boldsymbol{H}_4 & \boldsymbol{L}_3+\boldsymbol{Q}_5 & \boldsymbol{L}_2+\boldsymbol{Q}_6 & \boldsymbol{L}_1+\boldsymbol{Q}_7 & U_0\boldsymbol{I}+\boldsymbol{Q}_8 & \boldsymbol{N}_1 & \boldsymbol{N}_2 & \boldsymbol{N}_3 & \boldsymbol{N}_4\\
\boldsymbol{H}_5 & \boldsymbol{L}_4+\boldsymbol{Q}_6 & \boldsymbol{L}_3+\boldsymbol{Q}_7 & \boldsymbol{L}_2+\boldsymbol{Q}_8 & \boldsymbol{L}_1 & U_0\boldsymbol{I} & \boldsymbol{N}_1 & \boldsymbol{N}_2 & \boldsymbol{N}_3\\
\boldsymbol{H}_6 & \boldsymbol{L}_5+\boldsymbol{Q}_7 & \boldsymbol{L}_4+\boldsymbol{Q}_8 & \boldsymbol{L}_3 & \boldsymbol{L}_2 & \boldsymbol{L}_1 & U_0\boldsymbol{I} & \boldsymbol{N}_1 & \boldsymbol{N}_2\\
\boldsymbol{H}_7 & \boldsymbol{L}_6+\boldsymbol{Q}_8 & \boldsymbol{L}_5 & \boldsymbol{L}_4 & \boldsymbol{L}_3 & \boldsymbol{L}_2 & \boldsymbol{L}_1 & U_0\boldsymbol{I} & \boldsymbol{N}_1\\
\boldsymbol{H}_8 & \boldsymbol{L}_7 & \boldsymbol{L}_6 & \boldsymbol{L}_5 & \boldsymbol{L}_4 & \boldsymbol{L}_3 & \boldsymbol{L}_2 & \boldsymbol{L}_1 & U_0\boldsymbol{I}
\end{bmatrix}\tag{7.20}
$$

因此，α^2的解析展开为

$$
\alpha^2=\alpha\alpha=[\boldsymbol{T}(t)\boldsymbol{U}]^{\mathrm{T}}[\boldsymbol{T}(t)\boldsymbol{U}]=\{\boldsymbol{U}^{\mathrm{T}}[\boldsymbol{T}(t)]^{\mathrm{T}}\boldsymbol{T}(t)\}\boldsymbol{U}=\boldsymbol{T}(t)\boldsymbol{E}(\boldsymbol{U})\boldsymbol{U}\tag{7.21}
$$

重复应用 $\boldsymbol{E}(\boldsymbol{U})$，可以获得三次项 α^3 表达式：

$$\begin{aligned}\alpha^3=\alpha\alpha^2&=[\boldsymbol{T}(t)\boldsymbol{U}]^{\mathrm{T}}\{\boldsymbol{T}(t)\boldsymbol{E}(\boldsymbol{U})\boldsymbol{U}\}=\{\boldsymbol{U}^{\mathrm{T}}[\boldsymbol{T}(t)]^{\mathrm{T}}\boldsymbol{T}(t)\}[\boldsymbol{E}(\boldsymbol{U})\boldsymbol{U}]\\&=\{\boldsymbol{T}(t)\boldsymbol{E}(\boldsymbol{U})\}[\boldsymbol{E}(\boldsymbol{U})\boldsymbol{U}]=\boldsymbol{T}(t)[\boldsymbol{E}(\boldsymbol{U})]^2\boldsymbol{U}\end{aligned}\tag{7.22}$$

因此，多项式非线性项满足递归关系

$$\alpha^k=[\boldsymbol{T}(t)\boldsymbol{U}]^{\mathrm{T}}\alpha^{k-1}=\boldsymbol{T}(t)\{[\boldsymbol{E}(\boldsymbol{U})]^{k-1}\boldsymbol{U}\}\tag{7.23}$$

3）各种分段非线性的表达式

滞后模型 $M^{\mathrm{Hys}}(\alpha)$ 的傅里叶表达式为

$$M^{\mathrm{Hys}}(\alpha)=\begin{cases}\boldsymbol{T}(t)\boldsymbol{S}_1^{\mathrm{Hys}}(\boldsymbol{U}),\boldsymbol{S}_1^{\mathrm{Hys}}(\boldsymbol{U})=[\boldsymbol{U}+\boldsymbol{S}_1^{\mathrm{Hys\_0}}], & \alpha<\alpha_f,\dot{\alpha}>0\\ \boldsymbol{T}(t)\boldsymbol{S}_2^{\mathrm{Hys}}(\boldsymbol{U}),\boldsymbol{S}_2^{\mathrm{Hys}}(\boldsymbol{U})=\boldsymbol{S}_2^{\mathrm{Hys\_0}}, & \alpha_f\leqslant\alpha\leqslant\alpha_f+\delta,\dot{\alpha}>0\\ \boldsymbol{T}(t)\boldsymbol{S}_3^{\mathrm{Hys}}(\boldsymbol{U}),\boldsymbol{S}_3^{\mathrm{Hys}}(\boldsymbol{U})=[\boldsymbol{U}+\boldsymbol{S}_3^{\mathrm{Hys\_0}}], & \alpha>\alpha_f+\delta,\dot{\alpha}>0\\ \boldsymbol{T}(t)\boldsymbol{S}_4^{\mathrm{Hys}}(\boldsymbol{U}),\boldsymbol{S}_4^{\mathrm{Hys}}(\boldsymbol{U})=[\boldsymbol{U}+\boldsymbol{S}_4^{\mathrm{Hys\_0}}], & \alpha<\alpha_f+\delta,\dot{\alpha}<0\\ \boldsymbol{T}(t)\boldsymbol{S}_5^{\mathrm{Hys}}(\boldsymbol{U}),\boldsymbol{S}_5^{\mathrm{Hys}}(\boldsymbol{U})=\boldsymbol{S}_5^{\mathrm{Hys\_0}}, & -\alpha_f-\delta\leqslant\alpha\leqslant-\alpha_f,\dot{\alpha}<0\\ \boldsymbol{T}(t)\boldsymbol{S}_6^{\mathrm{Hys}}(\boldsymbol{U}),\boldsymbol{S}_6^{\mathrm{Hys}}(\boldsymbol{U})=[\boldsymbol{U}+\boldsymbol{S}_6^{\mathrm{Hys\_0}}], & \alpha>-\alpha_f,\dot{\alpha}<0\end{cases}\tag{7.24}$$

式中：除第一个元素外，向量 $\boldsymbol{S}_j^{\mathrm{Hys\_0}},j=1,2,\cdots,6$ 的其余元素均为零。

$$\begin{cases}\boldsymbol{S}_1^{\mathrm{Hys\_0}}=[M_0-\alpha_f\quad 0\quad 0\quad\cdots\quad 0\quad 0\quad\cdots\quad 0\quad 0]^{\mathrm{T}}\\ \boldsymbol{S}_2^{\mathrm{Hys\_0}}=[M_0\quad 0\quad 0\quad\cdots\quad 0\quad 0\quad\cdots\quad 0\quad 0]^{\mathrm{T}}\\ \boldsymbol{S}_3^{\mathrm{Hys\_0}}=[M_0-\alpha_f-\delta\quad 0\quad 0\quad\cdots\quad 0\quad 0\quad\cdots\quad 0\quad 0]^{\mathrm{T}}\\ \boldsymbol{S}_4^{\mathrm{Hys\_0}}=[\alpha_f+\delta-M_0\quad 0\quad 0\quad\cdots\quad 0\quad 0\quad\cdots\quad 0\quad 0]^{\mathrm{T}}\\ \boldsymbol{S}_5^{\mathrm{Hys\_0}}=[-M_0\quad 0\quad 0\quad\cdots\quad 0\quad 0\quad\cdots\quad 0\quad 0]^{\mathrm{T}}\\ \boldsymbol{S}_6^{\mathrm{Hys\_0}}=[\alpha_f-M_0\quad 0\quad 0\quad\cdots\quad 0\quad 0\quad\cdots\quad 0\quad 0]^{\mathrm{T}}\end{cases}\tag{7.25}$$

根据式（7.22），$M^{\mathrm{Cub}}(\alpha)$ 的傅里叶表达式为

$$M^{\mathrm{Cub}}(\alpha)=(\alpha+\gamma\alpha^3)=\boldsymbol{T}(t)\boldsymbol{S}^{\mathrm{Cub}}(\boldsymbol{U}),\quad \boldsymbol{S}^{\mathrm{Cub}}(\boldsymbol{U})=\{\boldsymbol{U}+\gamma[\boldsymbol{E}(\boldsymbol{U})]^2\boldsymbol{U}\}\tag{7.26}$$

下面可以使用 $\boldsymbol{S}^{\mathrm{Cub}}(\boldsymbol{U})$ 推导式（7.7）中混合模型的傅里叶表达式：

$$M^{\mathrm{HM}}(\alpha)=\begin{cases}\boldsymbol{T}(t)\boldsymbol{S}_1^{\mathrm{HM}}(\boldsymbol{U}),\boldsymbol{S}_1^{\mathrm{HM}}(\boldsymbol{U})=\{\boldsymbol{S}^{\mathrm{Cub}}(\boldsymbol{U})+\boldsymbol{S}_1^{\mathrm{Fp}}(\boldsymbol{U})\}, & \alpha<\alpha_f\\ \boldsymbol{T}(t)\boldsymbol{S}_2^{\mathrm{HM}}(\boldsymbol{U}),\boldsymbol{S}_2^{\mathrm{HM}}(\boldsymbol{U})=\{\boldsymbol{S}^{\mathrm{Cub}}(\boldsymbol{U})+\boldsymbol{S}_2^{\mathrm{Fp}}(\boldsymbol{U})\}, & \alpha_f\leqslant\alpha\leqslant\alpha_f+\delta\\ \boldsymbol{T}(t)\boldsymbol{S}_3^{\mathrm{HM}}(\boldsymbol{U}),\boldsymbol{S}_3^{\mathrm{HM}}(\boldsymbol{U})=\{\boldsymbol{S}^{\mathrm{Cub}}(\boldsymbol{U})+\boldsymbol{S}_3^{\mathrm{Fp}}(\boldsymbol{U})\}, & \alpha>\alpha_f+\delta\end{cases}\tag{7.27}$$

式中：$\boldsymbol{S}_j^{\mathrm{Fp}}(\boldsymbol{U}),j=1,2,3$ 是与式（7.5）中三个状态相关的傅里叶系数：

$$\begin{cases}\boldsymbol{S}_1^{\mathrm{Fp}}(\boldsymbol{U})=[\boldsymbol{U}+\boldsymbol{S}_1^{\mathrm{Fp\_0}}],\boldsymbol{S}_1^{\mathrm{Fp\_0}}=[M_0-\alpha_f\quad 0\quad 0\quad\cdots\quad 0\quad 0\quad\cdots\quad 0\quad 0]^{\mathrm{T}}\\ \boldsymbol{S}_2^{\mathrm{Fp}}(\boldsymbol{U})=[M_f\boldsymbol{U}+\boldsymbol{S}_2^{\mathrm{Fp\_0}}],\boldsymbol{S}_2^{\mathrm{Fp\_0}}=[M_0-M_f\alpha_f\quad 0\quad 0\quad\cdots\quad 0\quad 0\quad\cdots\quad 0\quad 0]^{\mathrm{T}}\\ \boldsymbol{S}_3^{\mathrm{Fp}}(\boldsymbol{U})=[\boldsymbol{U}+\boldsymbol{S}_3^{\mathrm{Fp\_0}}],\boldsymbol{S}_3^{\mathrm{Fp\_0}}=[M_0-\alpha_f+\delta(M_f-1)\quad 0\quad 0\quad\cdots\quad 0\quad 0\quad\cdots\quad 0\quad 0]^{\mathrm{T}}\end{cases}\tag{7.28}$$

除第一个元素外，$\boldsymbol{S}_j^{\mathrm{Fp\_0}},j=1,2,3$ 的其他元素均为 0。

4）非线性等式约束解析表达式

将式（7.24）、式（7.27）和式（7.28）代入式（7.4），应用 Galerkin 法得

$$\begin{cases}\int_0^{2\pi}\boldsymbol{T}^{\mathrm{T}}(\tau)\boldsymbol{T}(\tau)\mathrm{d}\tau\{\boldsymbol{A}_1\boldsymbol{U}+\boldsymbol{B}_1\boldsymbol{U}_\xi\}=\mathbf{0}\\ \int_0^{2\pi}\boldsymbol{T}^{\mathrm{T}}(\tau)\boldsymbol{T}(\tau)\mathrm{d}\tau\{\boldsymbol{A}_2\boldsymbol{U}+\boldsymbol{B}_2\boldsymbol{U}_\xi\}+d_{10}\int_0^{2\pi}\boldsymbol{T}^{\mathrm{T}}(\tau)M(\alpha)\mathrm{d}\tau=\mathbf{0}\end{cases}\tag{7.29}$$

式中：$\boldsymbol{U}_\xi=-\boldsymbol{B}_1^{-1}\boldsymbol{A}_1\boldsymbol{U}$ 表示与沉浮自由度 ξ 相关的傅里叶系数，此外

$$\begin{cases}\boldsymbol{A}_1=c_1\nabla^2+c_3\nabla+c_5\boldsymbol{I}+c_6(\nabla+\varepsilon_1\boldsymbol{I})^{-1}+c_7(\nabla+\varepsilon_2\boldsymbol{I})^{-1}\\ \boldsymbol{B}_1=c_0\nabla^2+c_2\nabla+(c_4+c_{10})\boldsymbol{I}+c_8(\nabla+\varepsilon_1\boldsymbol{I})^{-1}+c_9(\nabla+\varepsilon_2\boldsymbol{I})^{-1}\\ \boldsymbol{A}_2=d_1\nabla^2+d_3\nabla+d_5\boldsymbol{I}+d_6(\nabla+\varepsilon_1\boldsymbol{I})^{-1}+d_7(\nabla+\varepsilon_2\boldsymbol{I})^{-1}\\ \boldsymbol{B}_2=d_0\nabla^2+d_2\nabla+d_4\boldsymbol{I}+d_8(\nabla+\varepsilon_1\boldsymbol{I})^{-1}+d_9(\nabla+\varepsilon_2\boldsymbol{I})^{-1}\end{cases}\tag{7.30}$$

上述矩阵 $\boldsymbol{A}_1$、$\boldsymbol{B}_1$、$\boldsymbol{A}_2$ 和 $\boldsymbol{B}_2$ 中线性元素的显式表达式与文献［25］相同。下面将对非线性项 $\int_0^{2\pi}\boldsymbol{T}^{\mathrm{T}}(\tau)M(\alpha)\mathrm{d}\tau$ 进行处理。

在一个振动周期内，分段非线性函数具有多个状态。根据每个状态的条件，周期 $[0,2\pi]$ 被划分为 N 个子区间 $[\tau_i,\tau_{i+1}]$，其中 τ_i 和 τ_{i+1} 表示发生非光滑非线性时间点。然后，根据每个状态的定义获得 $\boldsymbol{F}_i(\boldsymbol{U})$ 的傅里叶表示式。最后，分段非线性力各部分叠加和可导出分段非线性力的傅里叶展开式：

$$M(\alpha)=\sum_{i=0}^{N-1}\boldsymbol{T}[\tau_i,\tau_{i+1}]\boldsymbol{F}_i(\boldsymbol{U})$$

$$\boldsymbol{F}_i(\boldsymbol{U})\in\begin{cases}\boldsymbol{S}_j^{\mathrm{Fp}}(\boldsymbol{U}),j=1,2,3 & \text{对应式(7.5)}\\ \boldsymbol{S}_j^{\mathrm{Hys}}(\boldsymbol{U}),j=1,2,\cdots,6 & \text{对应式(7.6)}\\ \boldsymbol{S}_j^{\mathrm{HM}}(\boldsymbol{U}),j=1,2,3 & \text{对应式(7.7)}\end{cases}\tag{7.31}$$

式中：τ_i 和 τ_{i+1} 之间的谐波函数用 $\boldsymbol{T}[\tau_i,\tau_{i+1}]$ 表示。

需要注意的是，非线性力转移条件对未知量 $\boldsymbol{U}$ 具有非线性依赖性。当系统在不同状态之间转换时，应施加与物理位移和力的连续性有关的转移条件。利用式（7.31）中的表达式，可以将非线性项转换为以下状态空间矩阵形式：

$$\begin{aligned}\int_0^{2\pi}\boldsymbol{T}^{\mathrm{T}}(\tau)M(\alpha)\mathrm{d}\tau&=\int_0^{2\pi}\boldsymbol{T}^{\mathrm{T}}(\tau)\left\{\sum_{i=0}^{N-1}\boldsymbol{T}[\tau_i,\tau_{i+1}]\boldsymbol{F}_i(\boldsymbol{U})\right\}\mathrm{d}\tau\\&=\sum_{i=0}^{N-1}\left\{\left[\int_{\tau_i}^{\tau_{i+1}}\boldsymbol{T}^{\mathrm{T}}[\tau_i,\tau_{i+1}]\boldsymbol{T}[\tau_i,\tau_{i+1}]\mathrm{d}\tau\right]\boldsymbol{F}_i(\boldsymbol{U})\right\}=\sum_{i=0}^{N-1}\{\boldsymbol{W}_{\boldsymbol{M}}^{[\tau_i,\tau_{i+1}]}\boldsymbol{F}_i(\boldsymbol{U})\}\end{aligned}\tag{7.32}$$

式中：矩阵 $\boldsymbol{W}_{\boldsymbol{M}}^{[\tau_i,\tau_{i+1}]}$ 中的元素如下所示，即

$$\begin{cases}\boldsymbol{W}_{\boldsymbol{M}}^{[\tau_i,\tau_{i+1}]}=\int_{\tau_i}^{\tau_{i+1}}\boldsymbol{T}^{\mathrm{T}}(\tau)\boldsymbol{T}(\tau)\mathrm{d}\tau\\ \boldsymbol{W}_{\boldsymbol{M}}^{[\tau_i,\tau_{i+1}]}(1,1)=\dfrac{\tau}{2};\boldsymbol{W}_{\boldsymbol{M}}^{[\tau_i,\tau_{i+1}]}(1,2i)=\dfrac{\sin(i\tau)}{2i};\boldsymbol{W}_{\boldsymbol{M}}^{[\tau_i,\tau_{i+1}]}(1,2i+1)=-\dfrac{\cos(i\tau)}{2i};\\ \boldsymbol{W}_{\boldsymbol{M}}^{[\tau_i,\tau_{i+1}]}(2i,1)=\dfrac{\sin(i\tau)}{i};\boldsymbol{W}_{\boldsymbol{M}}^{[\tau_i,\tau_{i+1}]}(2i+1,1)=-\dfrac{\cos(i\tau)}{i};\end{cases}$$

$$\begin{cases} \boldsymbol{W}_{\boldsymbol{M}}^{[\tau_i,\tau_{i+1}]}(2i,2i)=\dfrac{\tau}{2}+\dfrac{\sin(2i\tau)}{4i};\boldsymbol{W}_{\boldsymbol{M}}^{[\tau_i,\tau_{i+1}]}(2i,2i+1)=-\dfrac{1+\cos(2i\tau)}{4i}; \\ \boldsymbol{W}_{\boldsymbol{M}}^{[\tau_i,\tau_{i+1}]}(2i+1,2i)=-\dfrac{1+\cos(2i\tau)}{4i};\boldsymbol{W}_{\boldsymbol{M}}^{[\tau_i,\tau_{i+1}]}(2i+1,2i+1)=\dfrac{\tau}{2}-\dfrac{\sin(2i\tau)}{4i}; \\ \boldsymbol{W}_{\boldsymbol{M}}^{[\tau_i,\tau_{i+1}]}(2i,2j)=\dfrac{\sin((i-j)\tau)}{2(i-j)}+\dfrac{\sin((i+j)\tau)}{2(i+j)};\boldsymbol{W}_{\boldsymbol{M}}^{[\tau_i,\tau_{i+1}]}(2i,2j+1) \\ \qquad =\dfrac{\cos((i-j)\tau)}{2(i-j)}-\dfrac{\cos((i+j)\tau)}{2(i+j)}; \\ \boldsymbol{W}_{\boldsymbol{M}}^{[\tau_i,\tau_{i+1}]}(2i+1,2j)=-\dfrac{\cos((i-j)\tau)}{2(i-j)}+\dfrac{\cos((i+j)\tau)}{2(i+j)};\boldsymbol{W}_{\boldsymbol{M}}^{[\tau_i,\tau_{i+1}]}(2i+1,2j+1) \\ \qquad =\dfrac{\sin((i-j)\tau)}{2(i-j)}-\dfrac{\sin((i+j)\tau)}{2(i+j)}; \end{cases} \tag{7.33}$$

将式（7.32）代入式（7.29）中得

$$\boldsymbol{C}_E(\boldsymbol{U})=\mathrm{diag}(2\pi,\pi,\cdots,\pi)\{(\boldsymbol{A}_2-\boldsymbol{B}_2\boldsymbol{B}_1^{-1}\boldsymbol{A}_1)\boldsymbol{U}\}+d_{10}\sum_{i=0}^{N-1}\{\boldsymbol{W}_{\boldsymbol{M}}^{[\tau_i,\tau_{i+1}]}\boldsymbol{F}_i(\boldsymbol{U})\}=\boldsymbol{0} \tag{7.34}$$

基于6.1节一般框架，可利用式（7.34）中的非线性代数方程构造优化问题的非线性等式约束。

2. 非线性等式约束的梯度

下面利用式（7.34）分析梯度优化方法所需要的梯度。根据式（7.19）和式（7.34），可以导出非线性力傅里叶展开系数的导数，因此可以得到雅克比矩阵的解析公式。

根据式（7.34），$\boldsymbol{C}_E(\boldsymbol{U})$相对于$\boldsymbol{U}$的雅克比矩阵计算如下：

$$\boldsymbol{J}=\frac{\partial \boldsymbol{C}_E(\boldsymbol{U})}{\partial \boldsymbol{U}}=\mathrm{diag}(2\pi,\pi,\cdots,\pi)\{(\boldsymbol{A}_2-\boldsymbol{B}_2\boldsymbol{B}_1^{-1}\boldsymbol{A}_1)\boldsymbol{U}\}+d_{10}\sum_{i=0}^{N-1}\left\{\boldsymbol{W}_{\boldsymbol{M}}^{[\tau_i,\tau_{i+1}]}\frac{\partial \boldsymbol{F}_i(\boldsymbol{U})}{\partial \boldsymbol{U}}\right\} \tag{7.35}$$

根据式（7.31），式（7.35）中的$\dfrac{\partial \boldsymbol{F}_i(\boldsymbol{U})}{\partial \boldsymbol{U}}$表达式如下：

$$\frac{\partial \boldsymbol{F}_i(\boldsymbol{U})}{\partial \boldsymbol{U}}\in\begin{cases}\dfrac{\partial \boldsymbol{S}_j^{\mathrm{Fp}}(\boldsymbol{U})}{\partial \boldsymbol{U}},j=1,2,3 & \text{对应式(7.5)中的自由间隙模型} \\ \dfrac{\partial \boldsymbol{S}_j^{\mathrm{Hys}}(\boldsymbol{U})}{\partial \boldsymbol{U}},j=1,2,\cdots,6 & \text{对应式(7.6)中的迟滞模型} \\ \dfrac{\partial \boldsymbol{S}_j^{\mathrm{HM}}(\boldsymbol{U})}{\partial \boldsymbol{U}},j=1,2,3 & \text{对应式(7.7)中的混合模型}\end{cases} \tag{7.36}$$

根据式（7.24）和式（7.28），$\dfrac{\partial \boldsymbol{S}_j^{\mathrm{Hys}}(\boldsymbol{U})}{\partial \boldsymbol{U}}$和$\dfrac{\partial \boldsymbol{S}_j^{\mathrm{Fp}}(\boldsymbol{U})}{\partial \boldsymbol{U}}$可以直接计算得到。可由式（7.27）$\dfrac{\partial \boldsymbol{S}^{\mathrm{Cub}}(\boldsymbol{U})}{\partial \boldsymbol{U}}$计算$\dfrac{\partial \boldsymbol{S}_j^{\mathrm{HM}}(\boldsymbol{U})}{\partial \boldsymbol{U}}$。

为了计算 $\dfrac{\partial \boldsymbol{S}^{\mathrm{Cub}}(\boldsymbol{U})}{\partial \boldsymbol{U}}=\dfrac{\partial\{\boldsymbol{U}+\gamma[\boldsymbol{E}(\boldsymbol{U})]^2\boldsymbol{U}\}}{\partial \boldsymbol{U}}$ 中的 $\dfrac{\partial\{[\boldsymbol{E}(\boldsymbol{U})]^2\boldsymbol{U}\}}{\partial \boldsymbol{U}}$，推导偏导数 $\dfrac{\partial\{\boldsymbol{E}(\boldsymbol{U})\boldsymbol{U}\}}{\partial \boldsymbol{U}}$的解析表达式：

$$\frac{\partial\{\boldsymbol{E}(\boldsymbol{U})\boldsymbol{U}\}}{\partial \boldsymbol{U}}=\frac{\partial \boldsymbol{E}(\boldsymbol{U})}{\partial \boldsymbol{U}}\boldsymbol{U}+\boldsymbol{E}(\boldsymbol{U}) \tag{7.37}$$

利用式（7.19），可以得到矩阵$\dfrac{\partial \boldsymbol{E}(\boldsymbol{U})}{\partial \boldsymbol{U}}\boldsymbol{U}$ 的每一列，而不是计算单个元素：

$$\frac{\partial \boldsymbol{E}(\boldsymbol{U})}{\partial \boldsymbol{U}}\boldsymbol{U}=\left[\frac{\partial \boldsymbol{E}(\boldsymbol{U})}{\partial U_0}\boldsymbol{U},\frac{\partial \boldsymbol{E}(\boldsymbol{U})}{\partial U_k^{\mathrm{c}}}\boldsymbol{U},\frac{\partial \boldsymbol{E}(\boldsymbol{U})}{\partial U_k^{\mathrm{s}}}\boldsymbol{U},\cdots,\frac{\partial \boldsymbol{E}(\boldsymbol{U})}{\partial U_k^{\mathrm{c}}}\boldsymbol{U},\frac{\partial \boldsymbol{E}(\boldsymbol{U})}{\partial U_k^{\mathrm{s}}}\boldsymbol{U},\cdots\frac{\partial \boldsymbol{E}(\boldsymbol{U})}{\partial U_{N_{\mathrm{H}}}^{\mathrm{c}}}\boldsymbol{U},\frac{\partial \boldsymbol{E}(\boldsymbol{U})}{\partial U_{N_{\mathrm{H}}}^{\mathrm{s}}}\boldsymbol{U}\right] \tag{7.38}$$

式中：

$$\frac{\partial \boldsymbol{E}(\boldsymbol{U})}{\partial U_k^{\boldsymbol{X}}}=\begin{bmatrix}
0 & & & & \frac{\partial \boldsymbol{Y}_k}{\partial U_k^{\boldsymbol{X}}} & & & & \boldsymbol{0}\\
 & & & \frac{\partial \boldsymbol{Q}_k}{\partial U_k^{\boldsymbol{X}}} & & \frac{\partial \boldsymbol{N}_k}{\partial U_k^{\boldsymbol{X}}} & & & \\
 & & \iddots & & & & \frac{\partial \boldsymbol{N}_k}{\partial U_k^{\boldsymbol{X}}} & & \\
 & \frac{\partial \boldsymbol{Q}_k}{\partial U_k^{\boldsymbol{X}}} & & & & & & \ddots & \\
\frac{\partial \boldsymbol{H}_k}{\partial U_k^{\boldsymbol{X}}} & & & & & & & & \frac{\partial \boldsymbol{N}_k}{\partial U_k^{\boldsymbol{X}}}\\
 & \frac{\partial \boldsymbol{L}_k}{\partial U_k^{\boldsymbol{X}}} & & & & & & & \\
 & & \frac{\partial \boldsymbol{L}_k}{\partial U_k^{\boldsymbol{X}}} & & & & & & \\
 & & & \ddots & & & & & \\
\boldsymbol{0} & & & & \frac{\partial \boldsymbol{L}_k}{\partial U_k^{\boldsymbol{X}}} & & & & \boldsymbol{0}
\end{bmatrix} \tag{7.39}$$

其中矩阵元素为

$$\frac{\partial \boldsymbol{H}_k}{\partial U_k^{\mathrm{c}}}=\begin{bmatrix}1\\0\end{bmatrix}_{2\times1},\frac{\partial \boldsymbol{Y}_k}{\partial U_k^{\mathrm{c}}}=\frac{1}{2}[1\quad 0]_{1\times2},\frac{\partial \boldsymbol{L}_k}{\partial U_k^{\mathrm{c}}}=\frac{1}{2}\begin{bmatrix}1&0\\0&1\end{bmatrix},\frac{\partial \boldsymbol{N}_k}{\partial U_k^{\mathrm{c}}}=\frac{1}{2}\begin{bmatrix}1&0\\0&1\end{bmatrix},\frac{\partial \boldsymbol{Q}_k}{\partial U_k^{\mathrm{c}}}=\frac{1}{2}\begin{bmatrix}1&0\\0&-1\end{bmatrix}$$

$$\frac{\partial \boldsymbol{H}_k}{\partial U_k^{\mathrm{s}}}=\begin{bmatrix}0\\1\end{bmatrix}_{2\times1},\frac{\partial \boldsymbol{Y}_k}{\partial U_k^{\mathrm{s}}}=\frac{1}{2}[0\quad 1]_{1\times2},\frac{\partial \boldsymbol{L}_k}{\partial U_k^{\mathrm{s}}}=\frac{1}{2}\begin{bmatrix}0&-1\\1&0\end{bmatrix},\frac{\partial \boldsymbol{N}_k}{\partial U_k^{\mathrm{s}}}=\frac{1}{2}\begin{bmatrix}0&1\\-1&0\end{bmatrix},\frac{\partial \boldsymbol{Q}_k}{\partial U_k^{\mathrm{s}}}=\frac{1}{2}\begin{bmatrix}0&1\\1&0\end{bmatrix}$$

因此，可利用以下递归关系计算 $k>2$ 的$\dfrac{\partial\{[\boldsymbol{E}(\boldsymbol{U})]^k\boldsymbol{U}\}}{\partial \boldsymbol{U}}$：

$$\frac{\partial\{[\boldsymbol{E}(\boldsymbol{U})]^k\boldsymbol{U}\}}{\partial\boldsymbol{U}}=\frac{\partial\{\boldsymbol{E}(\boldsymbol{U})[(\boldsymbol{E}(\boldsymbol{U}))^{k-1}\boldsymbol{U}]\}}{\partial\boldsymbol{U}}=\frac{\partial\boldsymbol{E}(\boldsymbol{U})}{\partial\boldsymbol{U}}[(\boldsymbol{E}(\boldsymbol{U}))^{k-1}U]+\boldsymbol{E}(\boldsymbol{U})\frac{\partial[(\boldsymbol{E}(\boldsymbol{U}))^{k-1}\boldsymbol{U}]}{\partial(\boldsymbol{U})} \tag{7.40}$$

采用类似的方法，可以获得 $\boldsymbol{C}_E(\boldsymbol{U})$ 相对于其他影响参数的梯度。

3. 振动响应灵敏度计算方法

利用解析梯度可以得到傅里叶系数相对于影响参数的灵敏度。利用隐函数理论（或微分链式法则），$\boldsymbol{C}_E(\boldsymbol{U})$ 相对第 k 个结构参数 b_k 的总导数为

$$\frac{\mathrm{d}\boldsymbol{C}_E(\boldsymbol{U})}{\mathrm{d}b_k}=\frac{\partial\boldsymbol{C}_E(\boldsymbol{U})}{\partial b_k}+\frac{\partial\boldsymbol{C}_E(\boldsymbol{U})}{\partial\boldsymbol{U}}\frac{\partial\boldsymbol{U}}{\partial b_k}=\frac{\partial\boldsymbol{C}_E(\boldsymbol{U})}{\partial b_k}+\boldsymbol{J}\frac{\partial\boldsymbol{U}}{\partial b_k}=0 \tag{7.41}$$

对式（7.41）中的矩阵 $\boldsymbol{J}$ 求逆，则可以得到一阶显示灵敏度表达式：

$$\frac{\partial\boldsymbol{U}}{\partial b_k}=-\boldsymbol{J}^{-1}\frac{\partial\boldsymbol{C}_E(\boldsymbol{U})}{\partial b_k} \tag{7.42}$$

总之，利用建立的解析灵敏度表达式，可以计算非线性等式约束的梯度。

7.1.3　分段非线性系统的稳定性分析

稳定性是动力学系统中的核心问题。在得到极限环解后，应分析极限环解的稳定性。根据 Floquet 理论，可以分析与式（7.4）极限环振动相关的转移矩阵的复特征值（Floquet 乘数）来判定解的稳定性。为了计算转移矩阵，可以将式（7.4）重写为状态方程形式：

$$\dot{\boldsymbol{z}}(t)=\boldsymbol{h}(t,\boldsymbol{z}(t)) \tag{7.43}$$

式中：$\boldsymbol{z}=[\alpha,\dot{\alpha},\xi,\dot{\xi},w_1,w_2,w_3,w_4]^{\mathrm{T}}$ 表示状态空间向量。

式（7.43）对 $\boldsymbol{z}(t)$ 的初始条件 $\boldsymbol{z}_0$ 求导得

$$\frac{\mathrm{d}}{\mathrm{d}t}\left[\frac{\partial\boldsymbol{z}(t)}{\partial\boldsymbol{z}_0}\right]=\frac{\partial\boldsymbol{h}(t,\boldsymbol{z}(t))}{\partial\boldsymbol{z}}\bigg|_{\boldsymbol{z}(t)}\frac{\partial\boldsymbol{z}(t)}{\partial\boldsymbol{z}_0} \tag{7.44}$$

式中：$\dfrac{\partial\boldsymbol{z}(0)}{\partial\boldsymbol{z}_0}=\boldsymbol{I}$，$\boldsymbol{I}$ 表示单位矩阵。

应用 Floquet 理论，将式（7.44）在一个周期上进行积分，并利用在 $t=2\pi/\omega$ 处矩阵 $\dfrac{\partial\boldsymbol{z}(t)}{\partial\boldsymbol{z}_0}$ 的特征值（与 $\boldsymbol{\rho}=[\rho_1,\rho_2,\cdots,\rho_8]$ 相关）来确定极限环解的稳定性。当所有特征值的绝对值均小于 1 时，系统将保持稳定。相反，如果 $\boldsymbol{\rho}$ 中至少有一个特征值绝对值中大于 1，则系统不稳定。因此，极限环稳定的必要充分条件是对于所有 n 均有 $|\rho_n|<1$，从而可以推断出以下稳定性条件：

$$g_S(\boldsymbol{U},\omega)=\max(|\boldsymbol{\rho}|)-1<0 \tag{7.45}$$

7.1.4　优化问题描述

基于式（6.1），将式（7.34）中的非线性代数方程和式（7.45）中的稳定性条件设为非线性约束。因此，可以得到如下非线性优化问题：

$$f(\boldsymbol{x})=f(\boldsymbol{U},\omega)=\max\alpha(\tau)$$
$$\text{s.t.}\quad\begin{cases}\boldsymbol{g}(\boldsymbol{x})=\boldsymbol{C}_E(\boldsymbol{U})=\boldsymbol{0}\\ \boldsymbol{g}_S(\boldsymbol{x})=\max(|\boldsymbol{\rho}|)-1\leqslant 0\end{cases}\tag{7.46}$$

式中：$\boldsymbol{x}=\{\boldsymbol{U},\boldsymbol{\omega}\}^{\mathrm{T}}$;$\boldsymbol{g}(\boldsymbol{x})$和$\boldsymbol{g}_S(\boldsymbol{x})$分别表示非线性等式和不等式约束。

假定$\alpha(\tau)$在区间$[0,2\pi]$内=0 的点$\tau_{\max}$处取得最大值$\dot{\alpha}(\tau_{\max})$。由于目标函数具有已知的表达式，因此可以得到目标函数相对于$\boldsymbol{U}$的梯度为$\dfrac{\partial\alpha(\tau_{\max})}{\partial\boldsymbol{U}}=\dfrac{\partial[\boldsymbol{T}(\tau)\boldsymbol{U}]_{\tau=\tau_{\max}}}{\partial\boldsymbol{U}}=\boldsymbol{T}(\tau)|_{\tau=\tau_{\max}}$，显然，$\alpha(\tau_{\max})$相对于其他影响参数的梯度为零。

在每个优化迭代步中利用傅里叶系数和振动频率更新值，就可以使用式（7.12）和式（7.13）计算位移和速度。根据式（7.5）~式（7.10）和式（7.11）中的状态转移条件，可以得到τ_i和τ_{i+1}，并可根据式（7.5）~式（7.10）和式（7.11）中定义的状态将周期$[0,2\pi]$划分为N个子区间，最终可以得到谐波平衡方程并求解。与文献［4，7］方法相比，可以准确地计算非线性函数。

7.2 机翼结构极限环振动分析数值算例

下面研究自由间隙、滞后和混合分段非线性的机翼系统极限环振动，并与时域积分方法结果进行比较，以验证提出方法的有效性。为与文献［2，4-5］的研究一致，选择以下结构参数：$\mu=100$，$r_\alpha=0.5$，$a_h=-0.5$，$\varpi=0.2$，$x_\alpha=0.25$，$\zeta_\alpha=\zeta_\xi=0$。

7.2.1 自由间隙非线性模型的数值结果

自由间隙模型式（7.5）中四个参数的值分别为$M_0=0$，$M_f=0$，$\delta=0.5$及$a_f=0.25$。系统参数选自文献［2］，线性系统颤振分析表明颤振临界点为$U_{\mathrm{L}}^*=6.2851$。与文献［4］一致，保留的最高次谐波N_{H}取为 10。下面使用 7.1 节方法计算给定流速$U^*/U_{\mathrm{L}}^*=0.7$时极限环振动响应的上下界。

在给定流速下寻找多个解时，优化变量是周期解的未知傅里叶系数U和振动频率ω，计算响应下界时式（7.46）中的目标函数变为振幅最小化。7.1 节方法数值优化结果如图 7.3 所示。由图可知，在频谱中出现多个谐波分量，系统响应一阶谐波分量占据主导地位，常数谐波项幅值次之。此外，与P_{low}解相比，解P_{upp}包含偶次谐波分量。应该注意的是，对于计算解P_{upp}和P_{low}，7.1 节方法可以视作一种求根算法。

下面采用时域数值积分结果验证所提出方法的有效性，时域数值积分仿真采用固定步长为 0.001 的四阶 Runge-Kutta 法，时域积分初始条件由 7.1 节频域方法数值结果提供。图 7.4 给出了时域数值积分方法计算得到的机翼时间历程，图 7.5 则比较了两种方法的数值结果，其中符号 RK 和 PCOHBM 分别表示时域积分法和 7.1 节方法数值解。如图 7.5 所示，两种方法得到的极限环解一致。对于解P_{upp}，俯仰自由度在频率为 0.076632 时振幅最大值为 1.5183，而解P_{low}在频率为 0.087209 时的振幅最大值为 1.2949，解P_{upp}对应的振动频率比P_{low}对应的频率低。

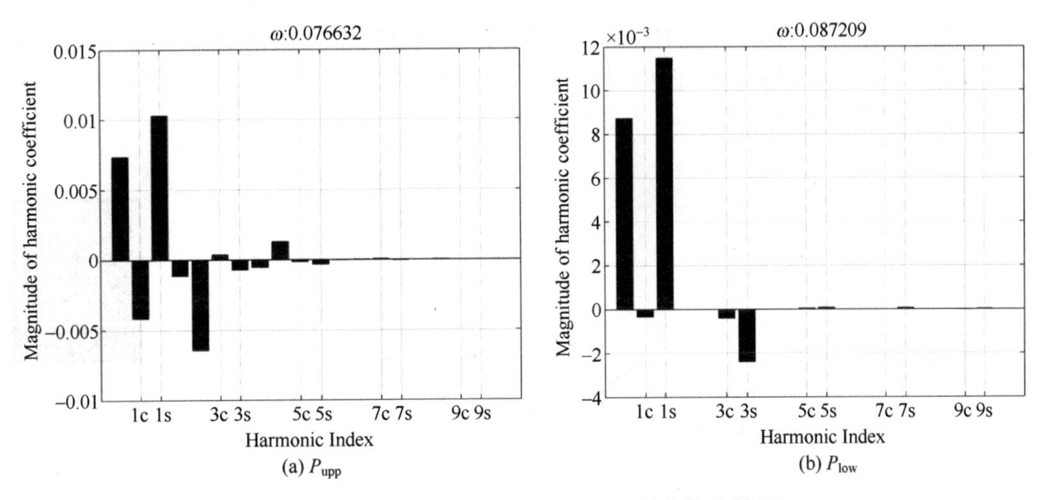

图 7.3　$U^*/U_L^*=0.7$ 时 7.1 节方法数值优化结果

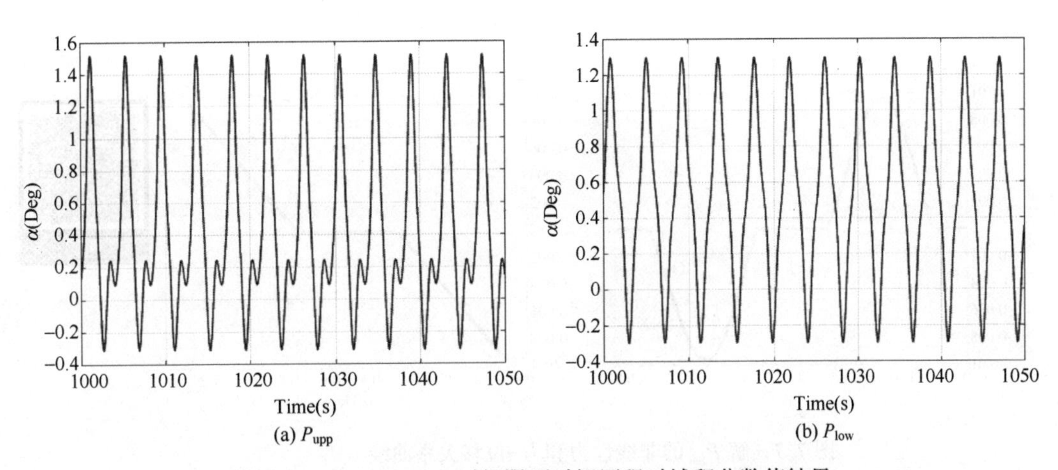

图 7.4　$U^*/U_L^*=0.7$ 时极限环时间历程时域积分数值结果

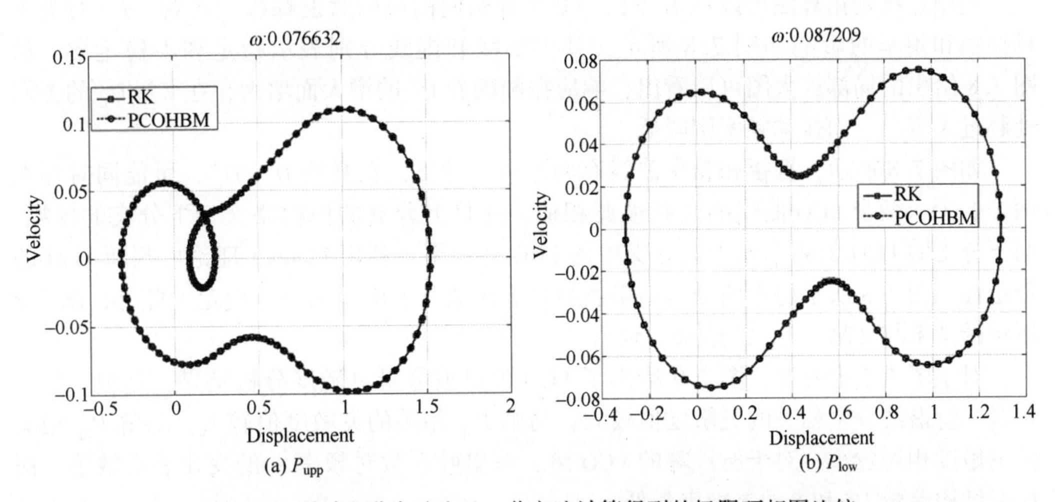

图 7.5　时域积分方法和 7.1 节方法计算得到的极限环相图比较

图 7.6 和图 7.7 给出了与 P_{upp} 及 P_{low} 对应的非线性力时间历程及非线性力-位移关系。如图 7.6 和图 7.7 所示，俯仰自由度振动响应遵循图 7.2（a）中的自由间隙模型，可观察到三种的分段非光滑运动（二维码彩图）。

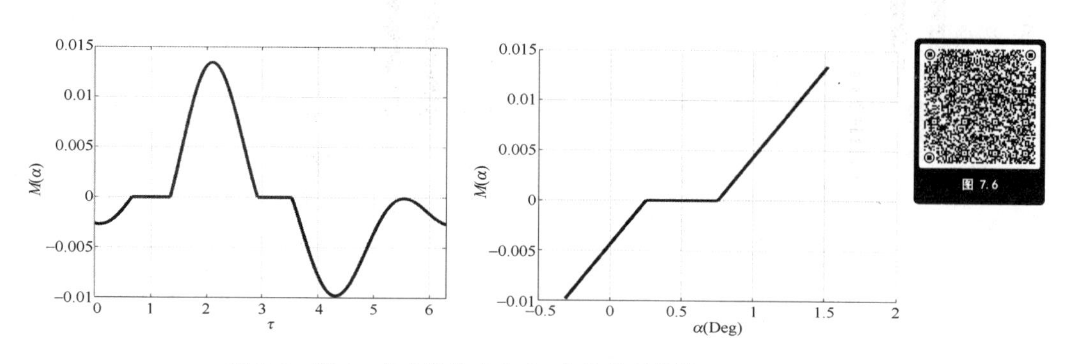

图 7.6　解 P_{upp} 的非线性力和力-位移关系曲线

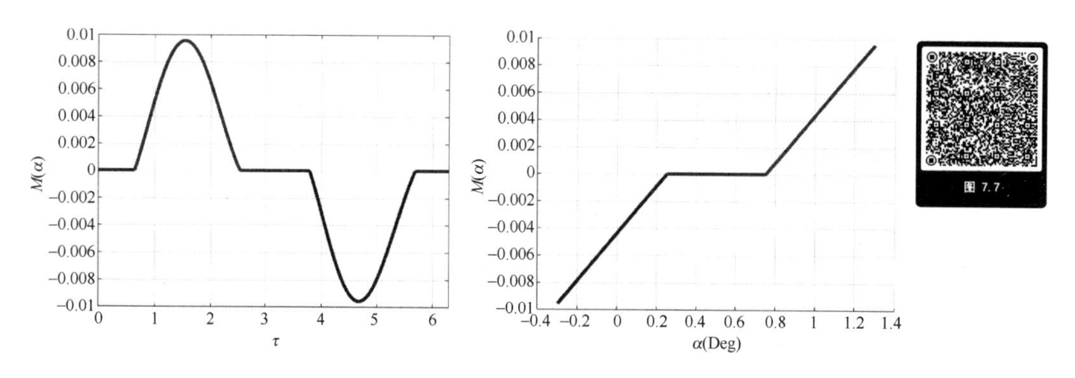

图 7.7　解 P_{low} 的非线性力和力-位移关系曲线

使用连续延拓算法可以从 $U^*/U_L^*=0.7$ 开始向前或向后追踪极限环解。U^* 对极限环振幅和频率的影响如图 7.8 所示，其中实线和虚线分别表示稳定和不稳定解。从图 7.8 给出的局部放大图可以看出，响应振幅随着 U^* 的增大而增大，在 U^*/U_L^* 的上限处趋近无穷大，而振动频率则降低。

如图 7.8 所示，振幅和频率曲线有两个独立分支，在某些 U^*/U_L^*，可能同时存在两个 LCO，两个 LCO 曲线的形状彼此相似，并且上分支的振幅略大于下分支的振幅，而下分支的 LCO 的频率大于上分支中的 LCO 的频率。利用 Floquet 理论可判断 LCO 的稳定性，图 7.8 所示稳定性分析结果表明位于两条分支中段的解不稳定，此外，图 7.8 所示的结果与文献［2］的结果一致。

对于图 7.3 中的解，图 7.9 给出了 LCO 的谐波分量灵敏度分析结果，其中，与一阶和二阶谐波分量相关的灵敏度值较大，与解 P_{upp} 相关的灵敏度值较大，与解 P_{low} 相关的灵敏度相对较小。对于所计算的 LCO 解，傅里叶系数对频率 ω 的变化非常敏感，而 $\boldsymbol{U}$ 对结构参数 U^* 和 δ 的灵敏度最低。

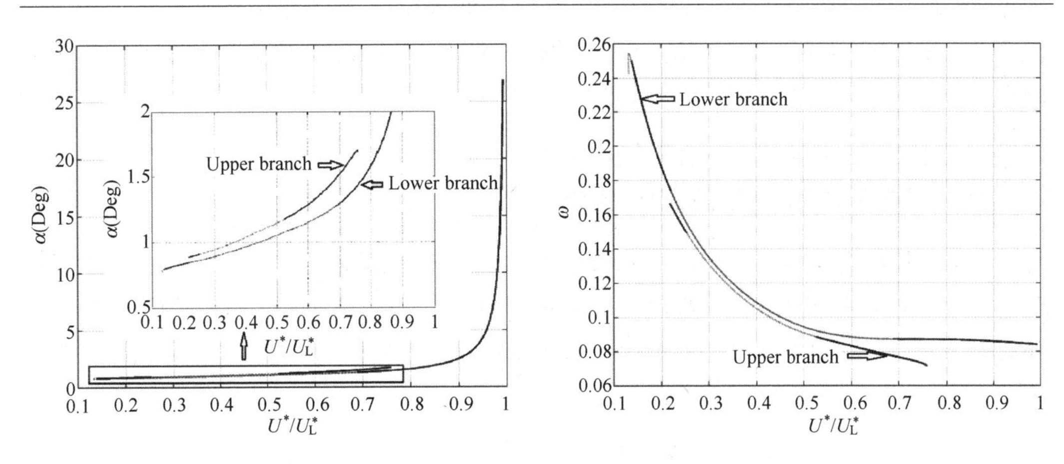

图 7.8　自由间隙模型的极限环振幅和频率与 U^*/U_L^* 关系曲线

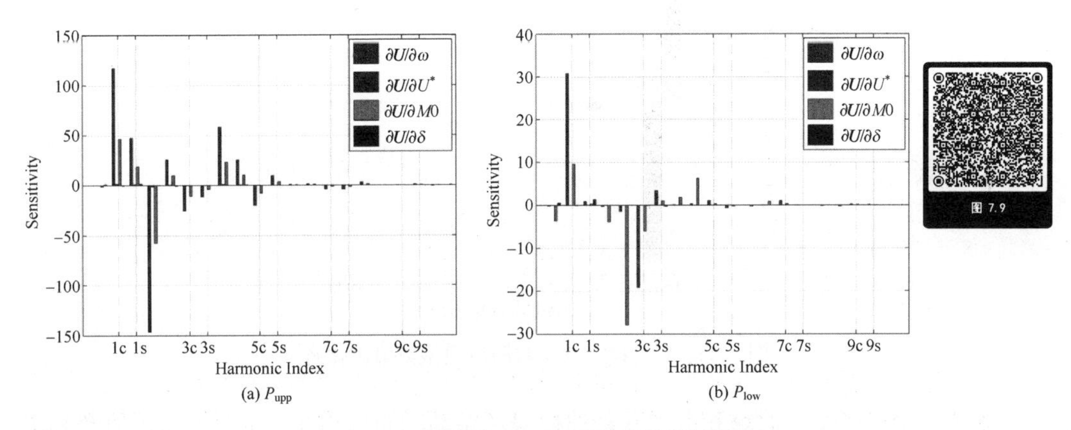

图 7.9　$U^*/U_L^*=0.7$ 时两个 LCO 解灵敏度分析结果

对应图 7.8，傅里叶系数对影响参数的灵敏度分析结果如图 7.10 所示。观察图 7.10 (a) 中对应于图 7.8 中较低分支曲线的灵敏度分析结果可以发现，U 相对于 U^* 和 δ 的灵敏度值随 U^* 的增大而单调增大。相反，$\partial \boldsymbol{U}/\partial U^*$ 的灵敏度值在分岔点处急

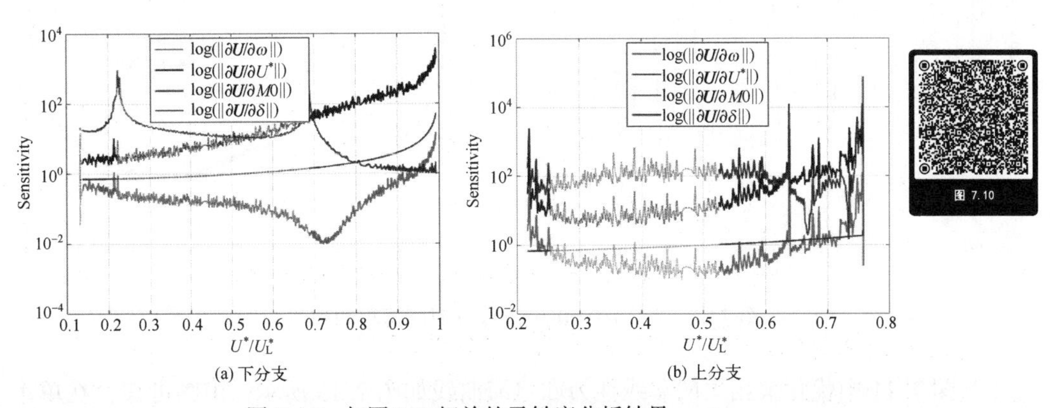

图 7.10　与图 7.8 相关的灵敏度分析结果

剧增大。对于$\partial \boldsymbol{U}/\partial \boldsymbol{\omega}$，在$U^*/U_L^*=0.72$时，$\partial \boldsymbol{U}/\partial \boldsymbol{\omega}$的灵敏度幅值达到最小，随后开始增大。在图7.10（b）中，与U^*和M_0相关的灵敏度系数高于与ω和δ相关的灵敏度系数。

7.2.2 滞后非线性模型的数值结果

在式（7.6）的控制方程中考虑如式（7.4）所示的滞后非线性力，与文献［4］一致，结构参数取为$M_0=0.5\pi/180$，$\delta=\pi/180$和$a_f=0$。首先计算$U^*/U_L^*=0.9$时的极限环响应。在$U^*/U_L^*=0.9$时的数值优化结果如图7.11所示。由图可知，频谱主要由一次谐波项组成，其他谐波分量的影响不大。

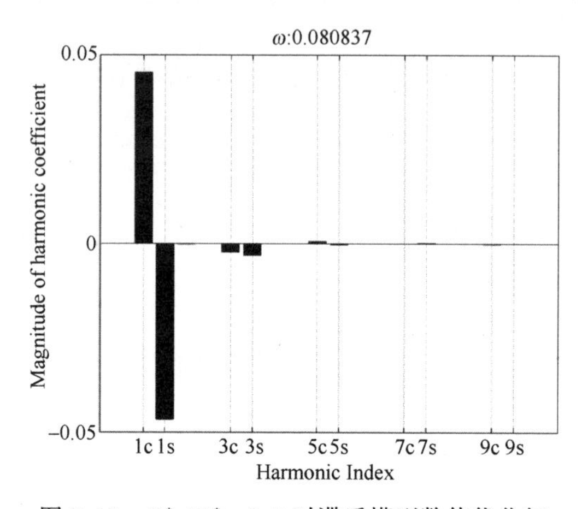

图7.11 $U^*/U_L^*=0.9$时滞后模型数值优化解

与前节分析类似，时域积分法获得的极限环振动时间历程及7.1节方法数值解相图比较如图7.12所示。由图可知，两种方法在相平面上的轨迹重合。此外，图7.11中的结果与文献［4］的图6中数值结果一致，从而验证7.1节方法是准确有效的。

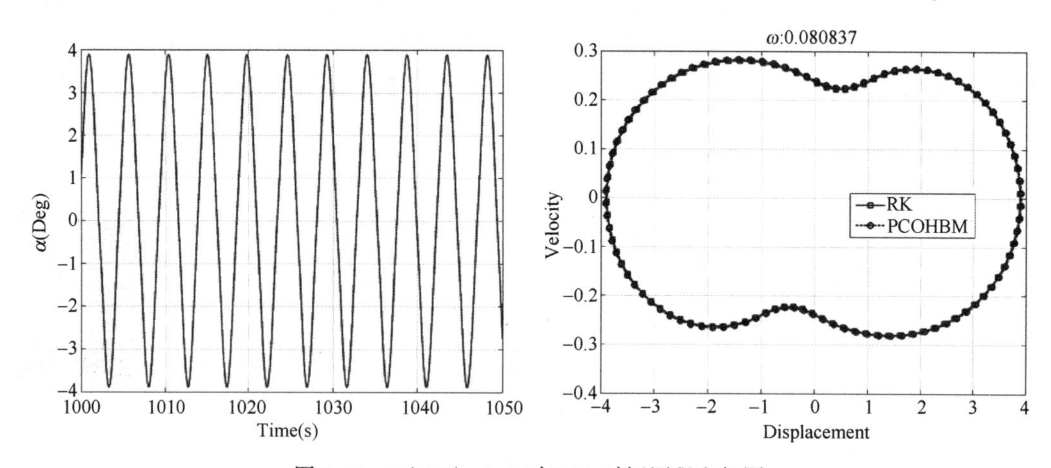

图7.12 $U^*/U_L^*=0.9$时LCO时间历程和相图

与图7.11中优化解相关的非线性力和迟滞曲线如图7.13所示，由图可知，在单个振动周期内，周期解由5个不同的部分组成，在非线性力-位移关系中可观察到经典迟滞曲线，非线性力与振动位移之间形成一个非线性迟滞环。

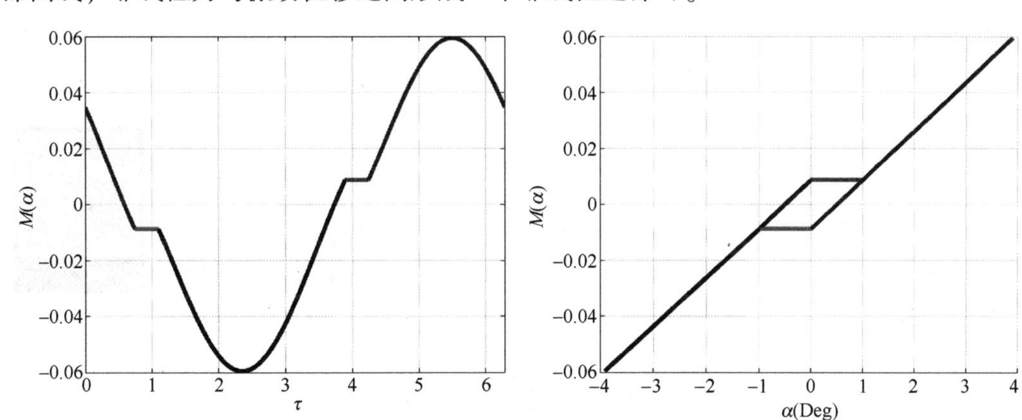

图 7.13　$U^*/U_L^*=0.9$ 时非线性力和迟滞曲线

以 U^* 为连续延拓参数，U^* 对 LCO 振幅和频率的影响如图 7.14 所示。从图 7.14 可发现振幅和振动频率随流速的增大而增大，在 U^*/U_L^* 的上限处达到最大值。此外，当流速小于 0.8174 时，俯仰自由度表现出不稳定的周期运动（虚线表示）。

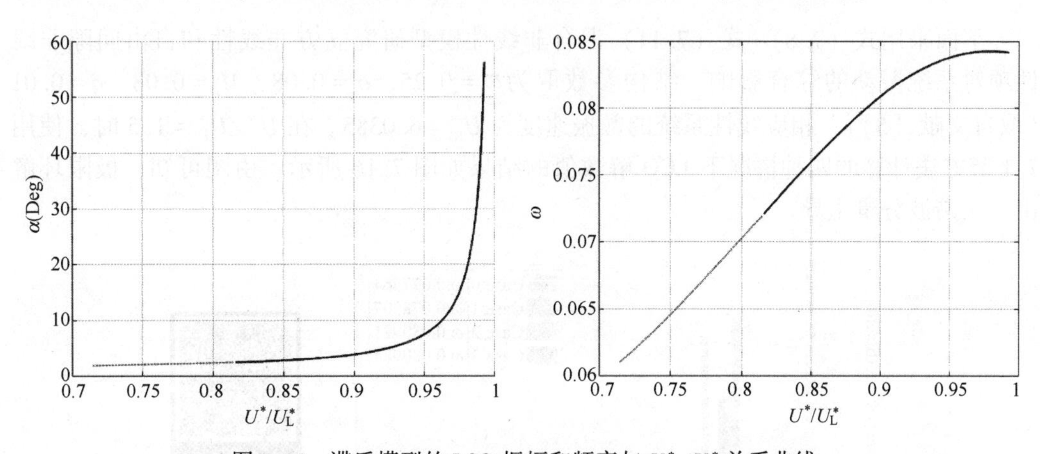

图 7.14　滞后模型的 LCO 振幅和频率与 U^*/U_L^* 关系曲线

图 7.15 给出了傅里叶系数相对于结构参数的灵敏度分析结果。从图 7.15（a）可以看出与参数 M_0 和 δ 相关灵敏度值较大。图 7.14 中曲线的一阶灵敏度分析结果如图 7.15（b）所示，在 $U^*/U_L^*=0.8491$ 时谐波系数对所有参数的变化最为敏感，而 $\boldsymbol{U}$ 对 ω 的灵敏度值最低，对 M_0 的灵敏度系数大于 δ 和 U^*。

文献［4］采用滞后模型并以 M_0 或 δ 为连续延拓参数追踪 LCO 解。文献［4］中图 13 和图 14 数值结果表明，预加载 M_0 增大到某个临界值时，LCO 的振幅和频率均下降。文献［4］图 16 和图 17 中 LCO 的振幅和频率随自由间隙 δ 的增大而增大。然而，由于违背了连续性条件，因此无法利用连续延拓方法预测文献［4］中图 13、图 14、图 16 和图 17 所示的动力学特性。在振动过程中，系统会在不同状态之间转移，在转移过渡阶段，应满足位移和非线性恢复力的协调条件。当系统参数 M_0 或 δ 发生变化，而其他参数保持不变时，文献［4］无法满足式（7.6）所示转移过渡边界处分段非线性力的连续性。

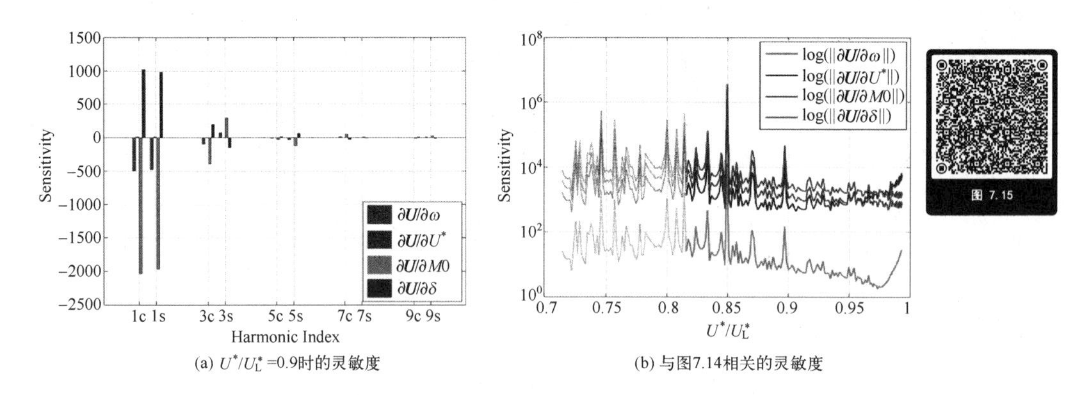

图 7.15　滞后模型的灵敏度分析结果

7.2.3　混合非线性模型的数值结果

下面采用式（7.8）~式（7.11）混合非线性模型研究立方非线性和自由间隙非线性项对系统振动的综合影响。结构参数取为$\varpi = 0.25$，$\sigma = 0.08$，$M_f = 0.08$，$\delta = 0.01$（取自文献［5］），相应线性系统的颤振速度为$U_L^* = 6.0385$。在$U^*/U_L^* = 1.5$时，使用7.1节方法计算的四种情况下LCO解数值的结果如图7.16所示，由图可知，极限环解由一次谐波分量主导。

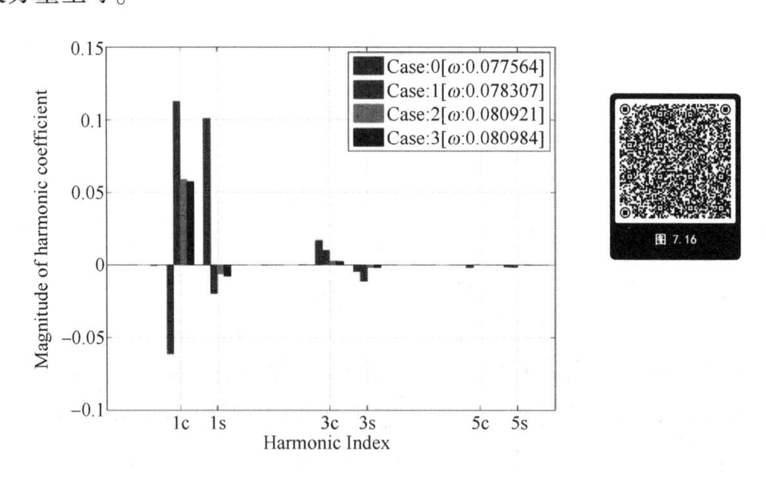

图 7.16　提出的方法获得的优化结果

表7.1给出了7.1节提出方法的数值结果，表中还列出了稳定性分析Floquet乘子ρ_j。对于表中所有LCO解，总存在一个Floquet乘子为1，其余5个Floquet乘子是纯实数，一对复共轭Floquet乘子，这符合Floquet理论。除情形1对应的LCO解外，所有Floquet乘子的模都在单位圆内，因此相应的LCO解是稳定的。

表 7.1　数值分析结果汇总

	情形 0	情形 1	情形 2	情形 3
$\alpha(\tau_{max})$	0.077564	0.078307	0.080921	0.080984
ω	0.1374	0.1311	0.0620	0.0608
ρ_j	1.0000	1.0508	0.9997	0.9996
	0.1044+0.3167i	0.0690+0.3316i	−0.2287+0.0311i	−0.2269+0.0088i
	0.1044−0.3167i	0.0690−0.3316i	−0.2287−0.0311i	−0.2269−0.0088i
	0.0372	0.0392	0.0873	0.0892
	0.0251	0.0260	0.0220	0.0223
	0.0179	0.0172	0.0292	0.0293
	0.0000	0.0000	0.0000	0.0000
	0.0000	0.0000	0.0000	0.0000

基于四阶 Runge-Kutta 方法，四种情况 LCO 解的时间历程响应如图 7.17 所示。与情形 0 和情形 1 相比，情形 2 和情形 3 的 LCO 解振幅较小。情形 0 和情形 1 的 LCO 解振幅大约是情形 2 和情形 3 LCO 解振幅的 2 倍。图 7.18 则比较了 7.1 节方法和时域积分方法的数值结果，两种方法数值结果一致，从而再次验证了 7.1 节方法的有效性。

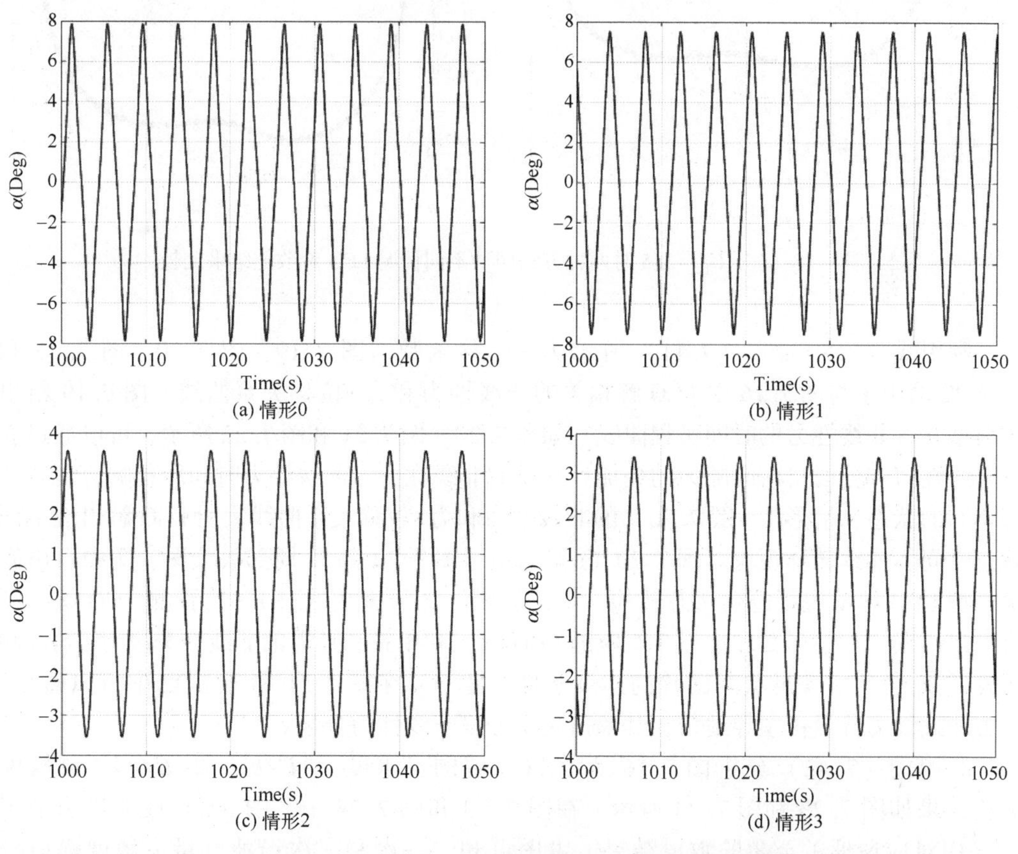

图 7.17　$U^*/U_L^*=1.5$ 时四种情况 LCO 解的时间历程

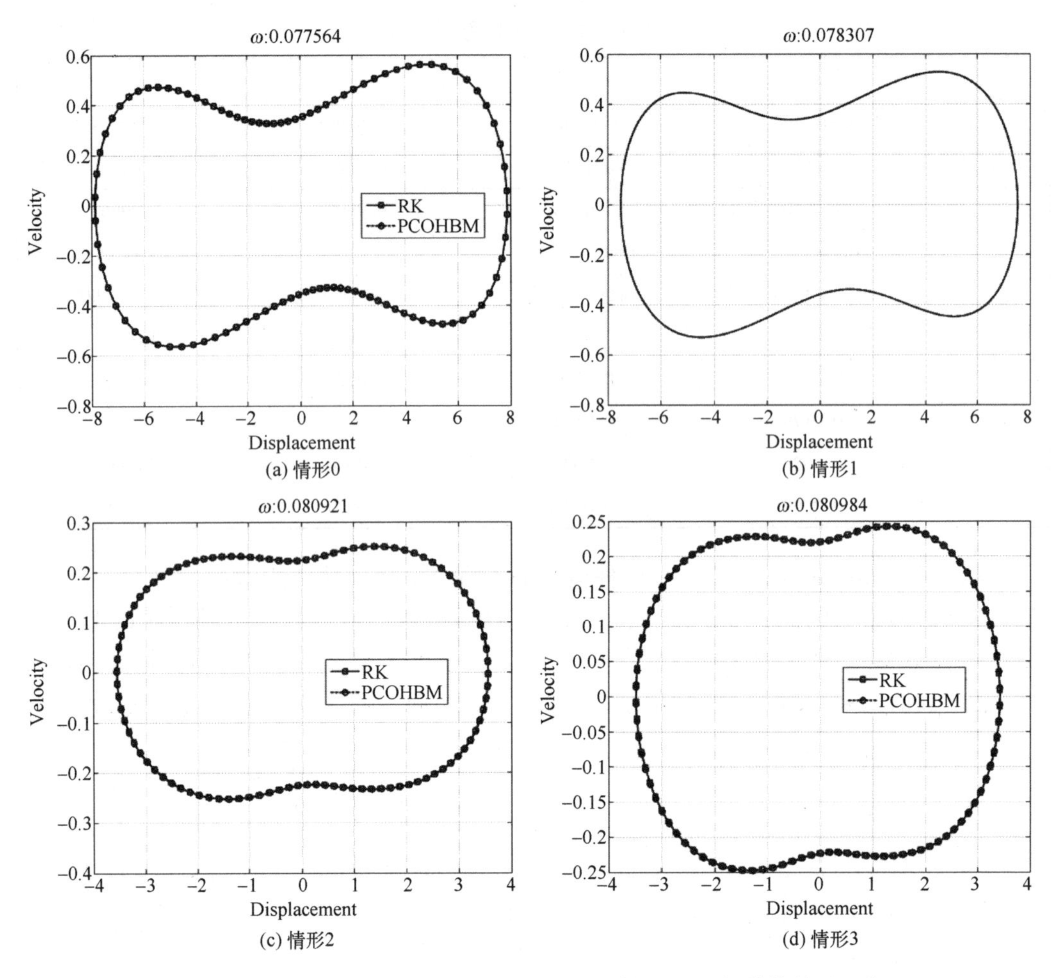

(a) 情形0
(b) 情形1
(c) 情形2
(d) 情形3

图 7.18 $U^*/U_L^* = 1.5$ 时两种方法四种不同情况 LCO 解数值结果比较

利用式（7.8）~式（7.11）所示力-位移函数，图 7.19、图 7.20、图 7.21 和图 7.22 给出了与图 7.16 中 LCO 解相关的非线性力和力-位移关系曲线。图 7.19 给出了典型立方非线性力的时间历程曲线。如图 7.20、图 7.21 和图 7.22 所示，可以通过立方非线性力和分段自由间隙力的叠加计算总的非线性力。非线性力时间历程响应包含三种不同的状态，情形 1（图 7.20）的非线性力和力-位移关系曲线表明 LCO 解出现不同状态之间不连续转移现象。图 7.20（b）给出了图 7.20（a）局部放大图，图中自由间隙模型 LCO 解出现不连续状态转移，由此表明，如果采用式（7.9）预测 LCO 解，则会发生错误。与情形 2 和情形 3 对应的 LCO 解，利用式和计算的非线性分段力 $l_2(\alpha)$ 和 $l_3(\alpha)$ 是连续的，满足状态转移的连续条件。此外，在图 7.21 和图 7.22 中可以看出，立方非线性力分量占主导地位，其幅值高于分段非线性力分量。

利用式（7.42）分析图 7.16 所示 LCO 解的灵敏度，$\partial \boldsymbol{U}/\partial \omega$ 和 $\partial \boldsymbol{U}/\partial U^*$ 灵敏度分析结果如图 7.23 和图 7.24 所示。在图 7.23 和图 7.24 中，图（b）放大显示了图（a）中对应情形 1 至 3 的数值结果，由图可知，一次和三次谐波分量灵敏度幅值较大，高次谐波分量相关的灵敏度数值较小。由图 7.23、图 7.24 和表 7.1 可知，与纯立方非线性系统（情形 0）相比，立方和自由间隙非线性混合系统（情形 1 至 3）的灵敏度相对较低。

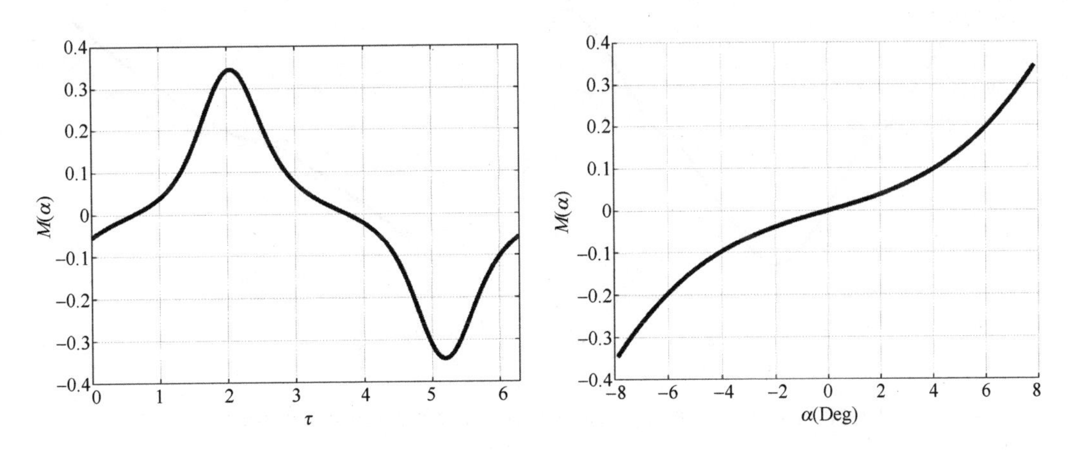

图 7.19　$U^*/U_L^* = 1.5$ 时，情况 0 对应的非线性力和力-位移关系曲线

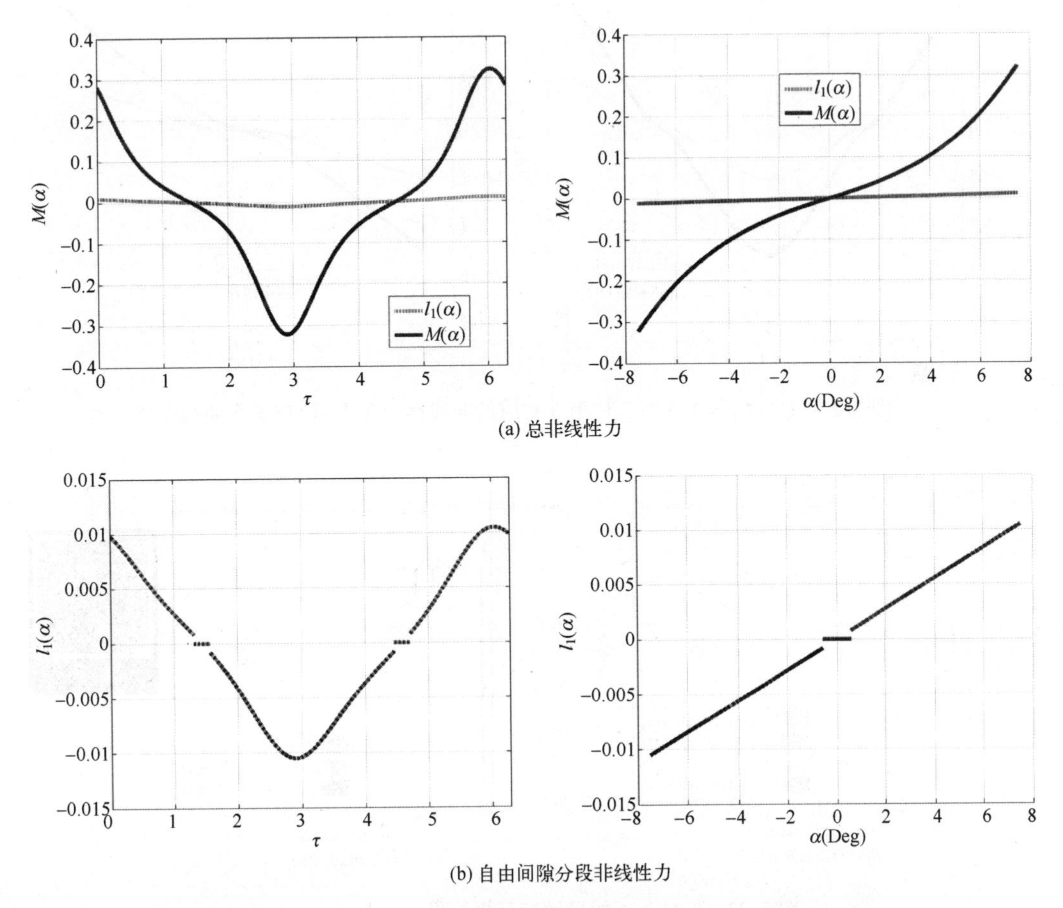

(a) 总非线性力

(b) 自由间隙分段非线性力

图 7.20　$U^*/U_L^* = 1.5$ 时，情形 1 对应的非线性力和力-位移关系曲线

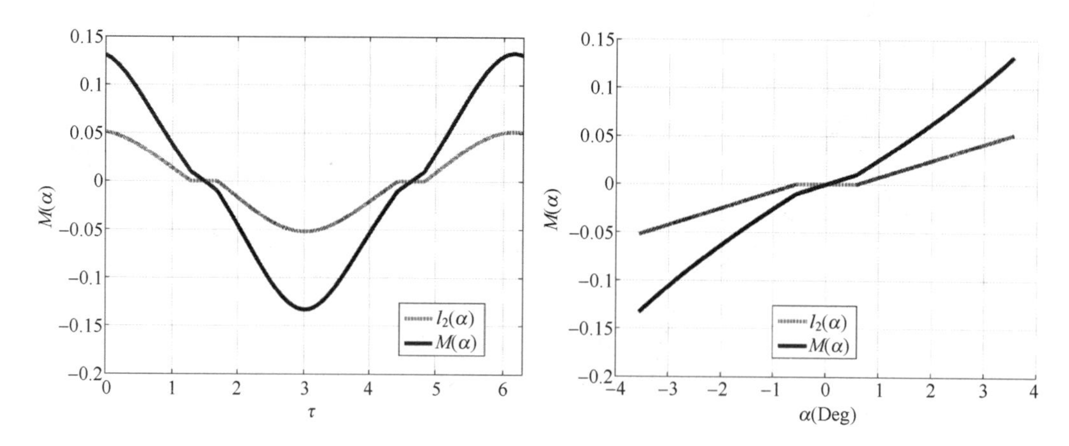

图 7.21　$U^*/U_L^*=1.5$ 时，情形 2 对应的非线性力和力-位移关系曲线

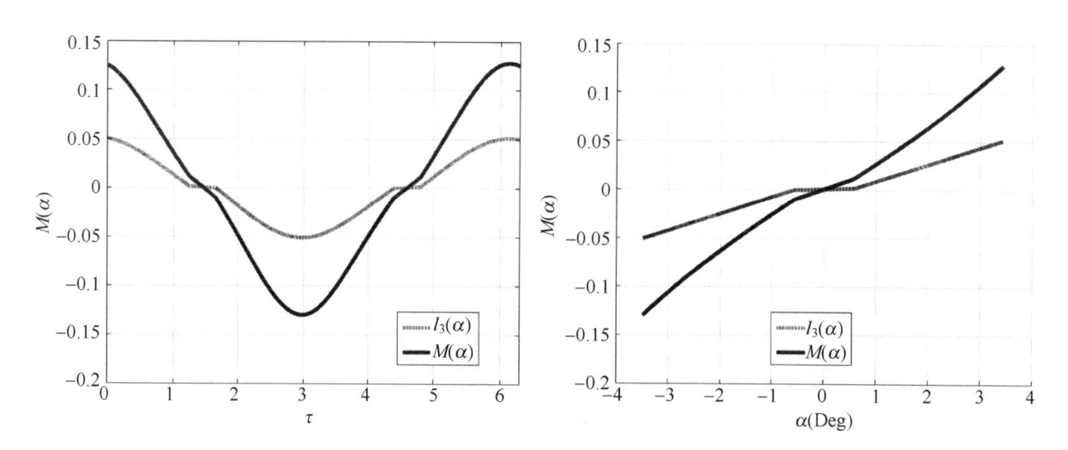

图 7.22　$U^*/U_L^*=1.5$ 时，情形 3 对应的非线性力和力-位移关系曲线

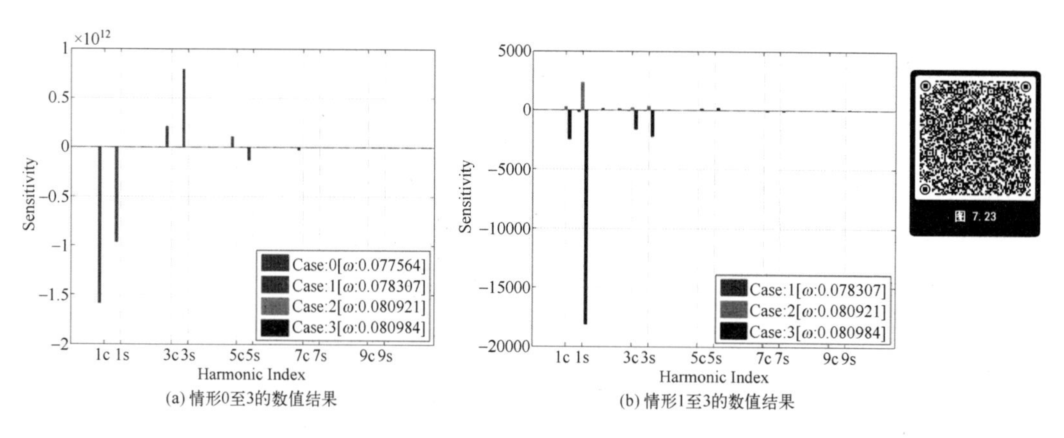

图 7.23　$\partial \boldsymbol{U}/\partial \omega$ 的灵敏度分析结果

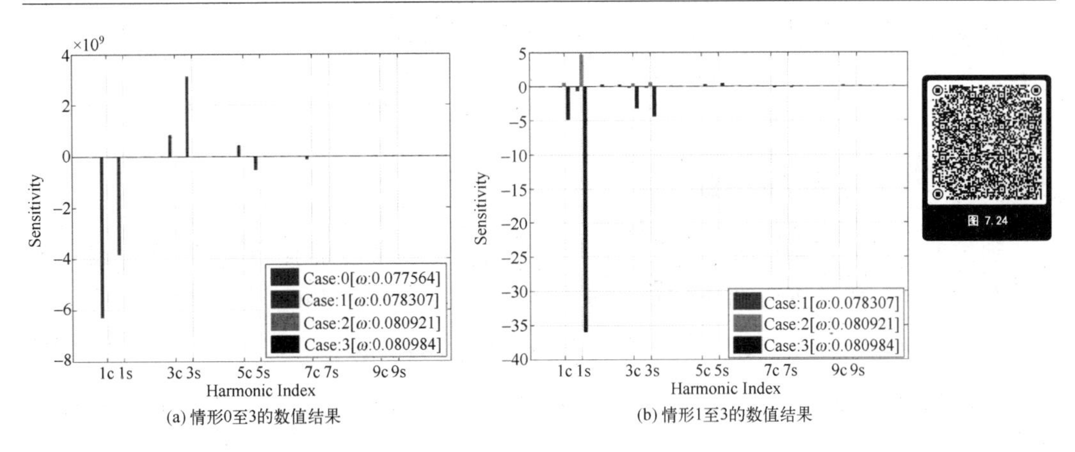

(a) 情形0至3的数值结果　　(b) 情形1至3的数值结果

图 7.24　$\partial \boldsymbol{U}/\partial U^*$ 的灵敏度分析结果

7.3　机翼结构动力学响应不确定量化和分岔分析[16]

本节提出一种结合谐波平衡法、Floquet 理论以及全局搜索算法（OQNLP MultiStart 算法）的频域共振峰值方法。该方法是一个包含约束的非线性优化问题。基于非线性约束优化理论，将由谐波平衡法导出的非线性代数方程组设为非线性等式约束，利用 Floquet 理论获得极限环稳定条件设为非线性不等式约束，将非线性结构的最大振幅作为非线性优化问题的优化目标，选择 MultiStart 算法求解非线性系统的最大振幅。

谐波平衡法的核心思想是求得未知谐波系数 $\boldsymbol{U}$。当采用传统的 HBM 法时，一般运用 Newton-Raphson 法直接求解一组非线性方程组。然而，当需要在一定的频率范围内分析非线性结构的频响特性时，必须在每个激励频率重复求解非线性方程组。此外，使用 Newton-Raphson 法求解要求未知变量的个数等于非线性方程组的个数。如果未知变量的个数大于非线性谐波平衡方程组的个数，则寻根算法不能用于确定未知的谐波系数。但是，只要满足谐波平衡非线性函数，就可以运用优化方法计算周期解。因此，与传统的谐波平衡法不同，谐波平衡非线性函数可被用来构造优化问题的非线性等式约束。

7.3.1　基于时域积分法的周期解稳定性分析

在计算极限环之后，应分析极限环的稳定性，通过研究与式（6.2）有关的转移矩阵[31]的复特征值（Floquet 乘子）来判别极限环的稳定性。为了计算转移矩阵，可以将式（6.2）重写为如下状态空间形式：

$$\dot{\boldsymbol{z}}(t)=\boldsymbol{h}(t,\boldsymbol{z}(t))=\begin{pmatrix}\dot{\boldsymbol{u}}\\-\boldsymbol{M}^{-1}(\boldsymbol{D}\dot{\boldsymbol{u}}+\boldsymbol{K}\boldsymbol{u}+\boldsymbol{f}_{nl}(\boldsymbol{u},\dot{\boldsymbol{u}},\omega,t))\end{pmatrix}\tag{7.47}$$

式中：$\boldsymbol{z}=\begin{pmatrix}\boldsymbol{u}\\\dot{\boldsymbol{u}}\end{pmatrix}$ 表示状态空间向量。

将式（7.47）的两边对 z 的初始条件 z_0 求导，可以得到

$$\frac{\mathrm{d}}{\mathrm{d}t}\left[\frac{\partial z(t)}{\partial z_0}\right]=\frac{\partial \boldsymbol{h}(t,z(t))}{\partial z}\bigg|_{z(t)}\frac{\partial z(t)}{\partial z_0} \tag{7.48}$$

式中：$\frac{\partial z(t)}{\partial z_0}=\boldsymbol{I}$，$\boldsymbol{I}$ 表示单位矩阵。

通过求解式（7.48）所示的微分方程，得到在周期 T 处的转移矩阵。下面使用 z_0 作为初始条件，在时间 t_{i+1} 处的状态空间向量根据四阶 Runge-Kutta 方法计算如下：

$$z(t_{i+1})=z(t_i)+\frac{h}{6}(\boldsymbol{K}_1+2\boldsymbol{K}_2+2\boldsymbol{K}_3+\boldsymbol{K}_4) \tag{7.49}$$

式中：h 是积分步长；$z(t_i)$ 表示在时间 t_i 处的状态空间向量；$\boldsymbol{K}_1$、$\boldsymbol{K}_2$、$\boldsymbol{K}_3$、$\boldsymbol{K}_4$ 的计算公式为

$$\begin{cases}\boldsymbol{K}_1=\boldsymbol{h}(t_i,z(t_i))\\ \boldsymbol{K}_2=\boldsymbol{h}\left(t_i+\dfrac{h}{2},z(t_i)+\dfrac{h}{2}\boldsymbol{K}_1\right)\\ \boldsymbol{K}_3=\boldsymbol{h}\left(t_i+\dfrac{h}{2},z(t_i)+\dfrac{h}{2}\boldsymbol{K}_2\right)\\ \boldsymbol{K}_4=\boldsymbol{h}(t_i+h,z(t_i)+h\boldsymbol{K}_3)\end{cases} \tag{7.50}$$

将式（7.49）对 z_0 求导得

$$\frac{\partial z(t_{i+1})}{\partial z_0}=\frac{\partial z(t_i)}{\partial z_0}+\frac{h}{6}(\boldsymbol{DK}_1+2\boldsymbol{DK}_2+2\boldsymbol{DK}_3+\boldsymbol{DK}_4) \tag{7.51}$$

式中：

$$\begin{cases}\boldsymbol{DK}_1=\dfrac{\partial \boldsymbol{h}(t,z(t))}{\partial z}\bigg|_{z(t)=z(t_i)}\dfrac{\partial z(t)}{\partial z_0}\\ \boldsymbol{DK}_2=\dfrac{\partial \boldsymbol{h}\left(t_i+\dfrac{h}{2},z(t)\right)}{\partial z}\Bigg|_{z(t)=z(t_i)+\frac{h}{2}\boldsymbol{K}_1}\left(\dfrac{\partial z(t)}{\partial z_0}+\dfrac{h}{2}\boldsymbol{DK}_1\right)\\ \boldsymbol{DK}_3=\dfrac{\partial \boldsymbol{h}\left(t_i+\dfrac{h}{2},z(t)\right)}{\partial z}\Bigg|_{z(t)=z(t_i)+\frac{h}{2}\boldsymbol{K}_2}\left(\dfrac{\partial z(t)}{\partial z_0}+\dfrac{h}{2}\boldsymbol{DK}_2\right)\\ \boldsymbol{DK}_4=\dfrac{\partial \boldsymbol{h}(t_i+h,z(t))}{\partial z}\bigg|_{z(t)=z(t_i)+h\boldsymbol{K}_3}\left(\dfrac{\partial z(t)}{\partial z_0}+h\boldsymbol{DK}_3\right)\end{cases} \tag{7.52}$$

最终得到在 $T=\frac{2\pi}{\omega}$ 处的状态转移矩阵 $\frac{\partial z(t)}{\partial z_0}$，其 N 个特征值（Floquet 指数）为 α_n，$n=1,2,\cdots,N$。与 Floquet 指数 α_n 相对应的 Floquet 乘子 $\rho_n=\mathrm{e}^{\alpha_n T}$ 可用于判定 LCO 解的稳定性。根据 Floquet 理论，周期解稳定的充分必要条件是对所有 n 均有 $\Re(\alpha_n)<0$（或 $|\rho_n|<1$）。因此，得到如下稳定性条件：

$$g_S(\boldsymbol{U},\boldsymbol{\omega})=\max(\Re(\boldsymbol{\alpha}))<0 \quad 或 \quad g_S(\boldsymbol{U},\boldsymbol{\omega})=\max(|\boldsymbol{\rho}|)-1<0 \tag{7.53}$$

式中：$\boldsymbol{\alpha}$ 和 $\boldsymbol{\rho}$ 分别定义为 $\boldsymbol{\alpha}=[\alpha_1,\alpha_2,\cdots,\alpha_N]$，$\boldsymbol{\rho}=[\rho_1,\rho_2,\cdots,\rho_N]$。

利用 Floquet 理论，以单位矩阵为初始条件，通过求解状态转移矩阵的特征值分析极限环的稳定性。

7.3.2　基于打靶函数的优化问题描述

本节优化目标是使式（6.2）所示非线性系统振幅最大化，所以需要满足谐波平衡非线性方程组和式（7.53）的稳定性条件。因而，得到非线性约束优化问题：

$$\max\|\boldsymbol{u}\|_\infty = \max f(\boldsymbol{U},\omega,\boldsymbol{v}_m)$$
$$\text{s. t.}\quad \begin{cases} g(\boldsymbol{U},\omega,\boldsymbol{v}_m)=\boldsymbol{A}(\omega,\boldsymbol{v}_m)\boldsymbol{U}-\boldsymbol{b}(\boldsymbol{U},\omega,\boldsymbol{v}_m)=\boldsymbol{0} \\ g_S(\boldsymbol{U},\omega,\boldsymbol{v}_m)=\max|\boldsymbol{\rho}|-1<0 \end{cases} \tag{7.54}$$

式中：$\boldsymbol{v}_m$是一组设计参数或不确定性参数；ω 是待确定的未知振动频率。

非线性优化问题式（7.54）的解，给出了在一组参数值 $\boldsymbol{v}_m^{\text{opt}}$下的共振频率 ω^{opt}和谐波系数 $\boldsymbol{U}^{\text{opt}}$的向量，求解式（7.54）是一个非常重要的问题，本节采用多重启全局搜索方法及局部搜索序列二次规划方法联立求解上述优化问题。根据优化实验，遗传算法等其他优化方法，很难找到比多重启算法更好的优化解。

本节提出了一种求解非线性系统最大振幅的方法。利用谐波平衡法将时域动力学方程转换为代数问题，应用 Floquet 理论来确定解的稳定性，最后用 MultiStart 算法寻找满足谐波平衡非线性等式加稳定性不等式约束且振幅最大的周期解。

7.3.3　数值算例

本节首先计算固定流速气动弹性系统的 LCO 解，以验证基于谐波平衡法和 Floquet 理论相结合的方法有效性。在此基础上，分析参数不确定气动弹性系统的极限环振动和分岔行为。

1. 颤振模型

典型立方非线性机翼模型的运动方程为

$$\boldsymbol{M}\ddot{\boldsymbol{u}}+\boldsymbol{D}\dot{\boldsymbol{u}}+(\boldsymbol{K}_1+\boldsymbol{K}_2Q)\boldsymbol{u}+\boldsymbol{K}_3\boldsymbol{u}^3=0 \tag{7.55}$$

式中：$\boldsymbol{u}=\begin{Bmatrix}\xi\\ \alpha\end{Bmatrix}$；$\boldsymbol{K}_3=\begin{bmatrix}k_\xi & 0\\ 0 & k_\alpha\end{bmatrix}$；$\xi$、$\alpha$ 分别表示沉浮和俯仰自由度；k_ξ、k_α分别为沉浮和俯仰立方非线性刚度系数；Q 为流速。

为与文献［5］数值结果比较，选取如下系统参数：

$$\boldsymbol{M}=\begin{bmatrix}1 & 0.25\\ 0.25 & 1\end{bmatrix},\quad \boldsymbol{D}=\begin{bmatrix}0.1 & 0\\ 0 & 0.1\end{bmatrix},\quad \boldsymbol{K}_1=\begin{bmatrix}0.2 & 0\\ 0 & 0.5\end{bmatrix},\quad \boldsymbol{K}_2=\begin{bmatrix}0 & 0.1\\ 0 & -0.04\end{bmatrix}$$

2. 计算给定流速下的 LCO 解

为验证本节方法有效性，仅考虑沉浮非线性，数值仿真中使用的参数值为 $Q=3$，$k_\xi=20$，$k_\alpha=0$，选用这些值可产生亚临界不稳定 LCO 解（在给定的流速下可同时存在两个 LCO 解，且其中一个解不稳定，称为亚临界不稳定）。

下面在给定流速下求解多个 LCO 解。当固定流速寻找多个 LCO 解时，优化变量包括谐波系数和振动频率。为搜索多个 LCO 解，式（7.54）中的目标函数设为 LCO 解振幅最大化，通过改变式（7.54）中不等式约束符号以计算不稳定的 LCO 解。

求解式（7.54）的多重启梯度优化算法参数设置如下：试验点数为1000，阶段1试验点的数量取为200。SQP算法允许的最大代数为600，目标函数和非线性约束误差均设置为10^{-6}。采用四阶Runge-Kutta方法，选取600个数值积分点进行时域积分。考虑0.2~5Hz频率范围内使系统振动位移最大化。

在主频为2.13GHz的英特尔i3-330M处理器和2GB DDR3内存的联想笔记本计算机上开展数值仿真。本节方法数值优化结果如图7.25所示，由于偶数谐波分量为零，因此仅绘制了奇数谐波分量。由图可知，一次谐波和三次谐波分量占主导地位，而其他分量数值很小。本节方法计算稳定LCO解需要112s，而计算不稳定LCO解则需要132s。

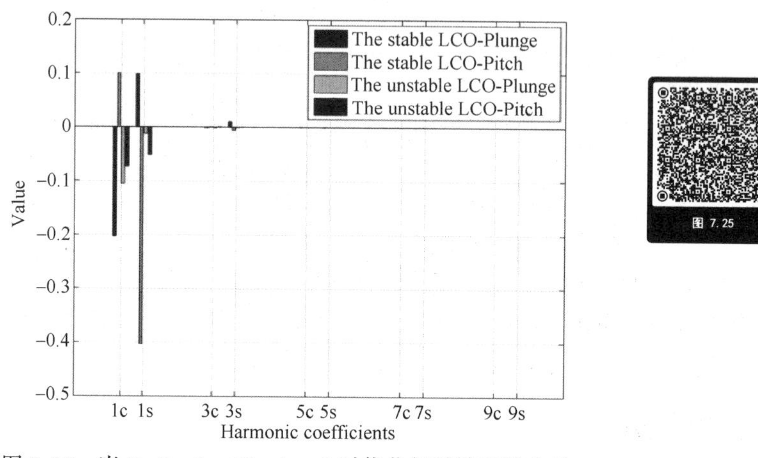

图7.25　当$Q=3$，$k_{\xi}=20$，$k_{\alpha}=0$时优化解谐波系数分量

为验证不稳定LCO解的存在，利用时域数值积分方法计算$Q=3$时的不稳定LCO解时域历程响应，时域积分时间考虑1000个振动周期。考虑两种初始条件，第一种情况的初始条件由本节提出方法计算得到的LCO解提供，图7.26（a）给出了时域数值积分解的时域历程响应和相图。如图7.26（a）所示，经过有限时间，不稳定LCO解会跳跃到高振幅稳定LCO解。对于第二种情形，由不稳定LCO解提供初始条件仿真得到时域积分解，解演化过程如图7.26（b）所示，不稳定的LCO解演化为稳定的LCO解，从而证实不稳定LCO解存在。

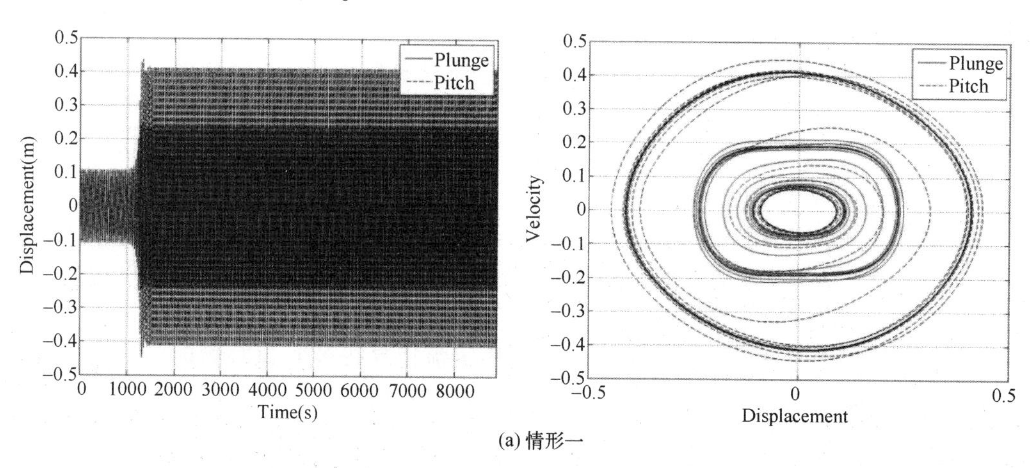

(a) 情形一

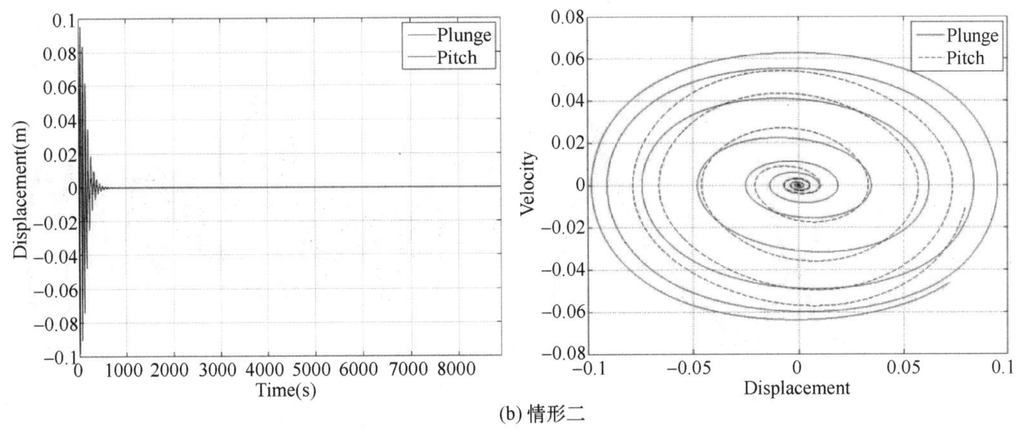

(b) 情形二

图 7.26　不稳定 LCO 时域响应演化过程

表 7.2 总结了在这些最优解处的非线性等式和不等式约束函数值。在表 7.2 中，$\max(|\boldsymbol{f}_{\mathrm{NAE}}(\boldsymbol{U},\omega,\boldsymbol{v}_m)|)$ 表示谐波平衡方程的最大绝对残差，$\boldsymbol{\rho}=[\rho_1,\rho_2,\rho_3,\rho_4]$ 表示利用状态转移矩阵计算得到的 Floquet 乘子。由表 7.2 可知总有一个 Floquet 乘子等于 1，这符合 Floquet 稳定性理论，稳定的 LCO 解满足谐波平衡非线性代数方程和式（7.53）中周期解稳定性条件，而不稳定 LCO 解的 Floquet 乘子实部的最大值大于 1。

表 7.2　数值优化解非线性等式和不等式约束条件

约束条件	稳定 LCO 解	不稳定 LCO 解
$\max(\lvert\boldsymbol{f}_{\mathrm{NAE}}(\boldsymbol{U},\omega,\boldsymbol{v}_m)\rvert)$	2.4410×10^{-9}	1.4914×10^{-11}
ρ_1	1.0000+0.0000i	2.0655+0.0000i
ρ_2	0.3193+0.0000i	1.0000+0.0000i
ρ_3,ρ_4	0.0421±0.5745i	0.1094±0.1053i
$\max(\lvert\boldsymbol{\rho}\rvert)$	1.0000	2.0655

图 7.27 给出了 $Q=3$ 时同时存在的两个 LCO 解，由图可知，稳定 LCO 解的振幅约是不稳定 LCO 解振幅的 4 倍。在给定流速时计算多个 LCO 解，本节方法可以视为求根算法。本节提出方法与时域积分法在一个振动周期内的绝对误差如图 7.28 所示，由图可知，两种方法数值结果的差异很小。

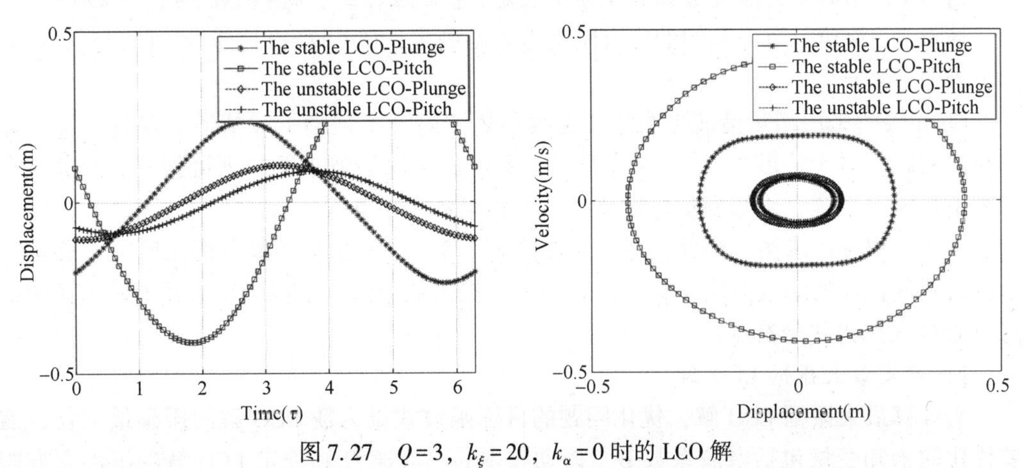

图 7.27　$Q=3$，$k_\xi=20$，$k_\alpha=0$ 时的 LCO 解

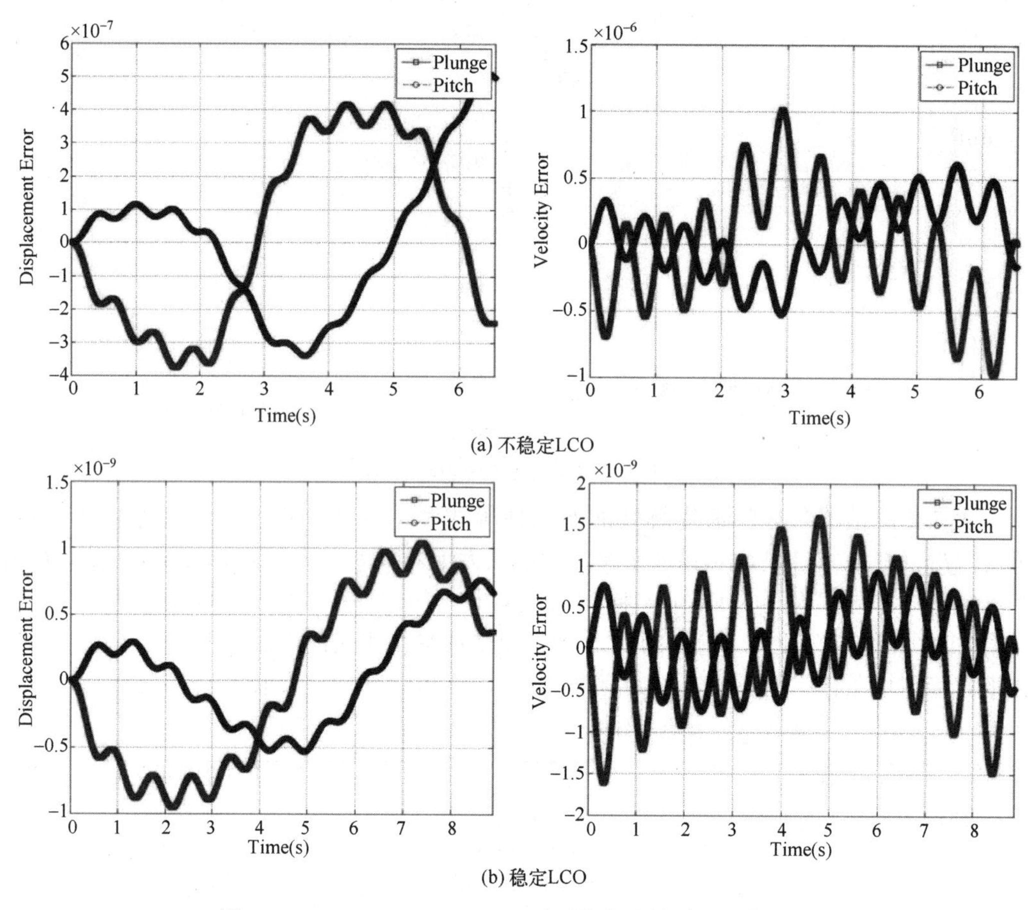

(a) 不稳定LCO

(b) 稳定LCO

图 7.28 $Q=3$，$k_\xi=20$，$k_\alpha=0$ 时两种方法得到 LCO 解误差

3. 具有参数不确定的气动弹性系统非线性动力响应

利用提出的方法研究三种参数不确定情形。在每种情形中，流速在 2~12 变化，k_ξ 和 k_α的值在 $15\leqslant k_\xi$，$k_\alpha\leqslant 25$ 范围内变化。考虑的三种情形如下：

情形 1：沉浮立方刚度系数和流速参数不确定，$Q\in[2,12]$，$k_\xi\in[15,25]$，$k_\alpha=0$。

情形 2：俯仰立方刚度系数和流速不确定，$Q\in[2,12]$，$k_\xi=0$，$k_\alpha\in[15,25]$。

情形 3：流速及沉浮和俯仰立方刚度系数不确定，$Q\in[2,12]$，$k_\xi\in[15,25]$，$k_\alpha\in[15,25]$。

Chen 等[5]采用增量谐波平衡法和连续延拓法研究了情形 1 和情形 2 参数不确定振动响应问题。对于情形 3，含三个不确定参数时，运用谐波平衡原理得到的非线性代数方程组是欠定系统，未知变量数比非线性方程组数多出 4 个（ω，Q，k_ξ，k_α），不能采用非线性寻根算法求解。因此，无法运用文献［5］中的增量谐波平衡法研究不确定参数对极限环振动的综合影响。相反，利用本节提出的方法，则可确定参数不确定系统的 LCO 解最大振幅和分岔点。

1）确定最大振幅 LCO 解

为计算最大振幅 LCO 解，优化问题的目标函数式设为使 LCO 解的振幅最大化，需要优化的未知变量包括谐波系数 $\boldsymbol{U}$、振动频率 ω、流速 Q 和稳定 LCO 解的沉浮立方刚

度系数 k_{ξ} 和俯仰立方刚度系数 k_{α}。

利用 MultiStart 算法求解式，数值优化结果如表 7.3 和图 7.29 所示。在表 7.3 可观察到，对于情形 1 和情形 2，系统振幅在沉浮（俯仰）立方刚度系数取值下界处达到最大值。然而，当 k_{ξ} 和 k_{α} 同时变化时，情形 3 的 LCO 解最大振幅出现在 k_{ξ} 的上界和 k_{α} 的下界处。情形 2 和情形 3 的 LCO 解最大振幅出现在最高流速处，而情形 1 的 LCO 解振动峰值出现在 $Q=2.5409$ 的流速处。此外，在图 7.29 中情形 2 的 LCO 解可观察到三次和五次谐波分量。

表 7.3　本节方法数值优化结果

变　量	情形 1	情形 2	情形 3
k_{ξ}	15	—	25
k_{α}	—	15	15
Q	2.5409	12	12
ω	0.9181	0.7316	1.6194

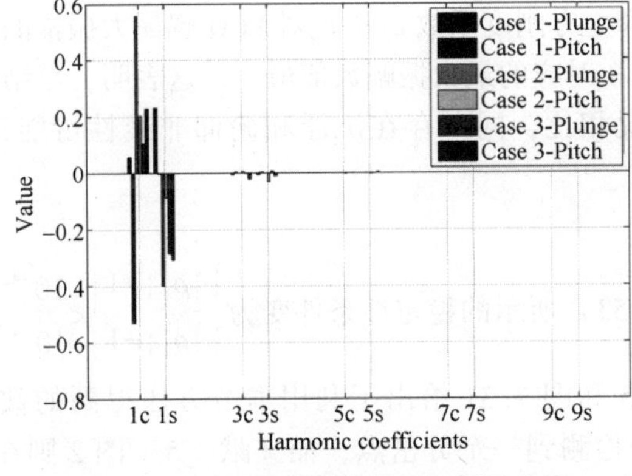

图 7.29　三种情形数值优化解谐波分量

表 7.4 列出了这些数值优化解的非线性等式和不等式约束函数值。由表 7.4 可知，非线性等式约束的最大绝对残差为 1.5940e−13，所有 Floquet 乘子的模均小于 1，考虑的三种参数不确定情形得到的 LCO 解是稳定的。

表 7.4　三种参数不确定情形数值优化解非线性等式和不等式约束条件

约束条件	情形 1	情形 2	情形 3
$\max(\lvert \boldsymbol{f}_{\mathrm{NAE}}(\boldsymbol{U},\omega,\boldsymbol{v}_m)\rvert)$	1.5940e−13	2.2204e−16	3.5083e−14
ρ_1	1.0000+0.0000i	1.0000+0.0000i	1.0000+0.0000i
ρ_2	0.4136+0.0000i	0.2248+0.0000i	0.4067+0.0000i
ρ_3,ρ_4	0.1858±0.4437i	−0.2379±0.4214i	−0.6942±0.4101i
$\max(\lvert \boldsymbol{\rho}\rvert)$	1.0000	1.0000	1.0000

图 7.30 给出了这些优化解相关的时间历程和相图。对于情形 1，如文献［5］中的图 4 所示，当 $k_{\xi}=15$ 时 LCO 解振幅位于 0.5~0.55，这与图 7.30（a）中所示最大振幅

0.52619 相同。然而，对于情形 2，文献［5］中的图 7 和图 10 给出的 $Q=12$ 时 LCO 振幅的平均值和标准偏差分别为 0.6 和 0.04。平均值与标准差之和为 0.64，小于本节提出方法所得最大振幅 0.68357，由此表明了本节方法的优越性。

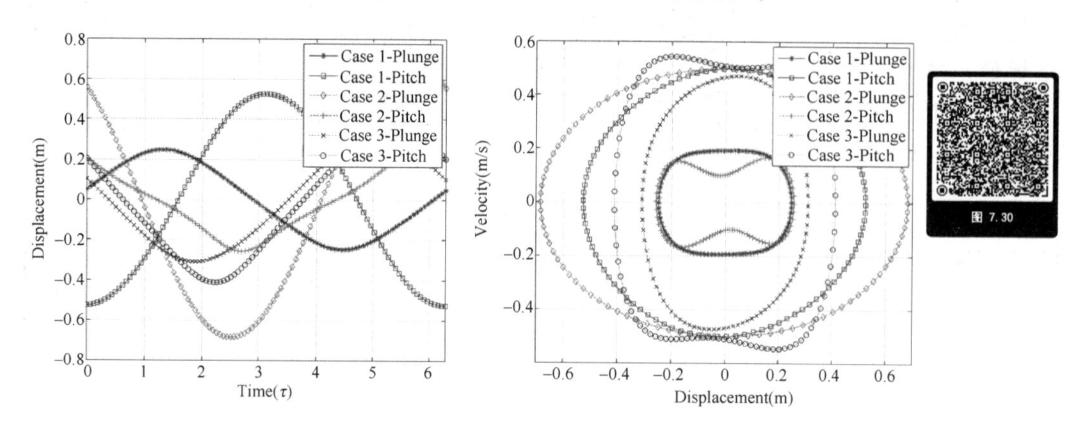

图 7.30　三种情形优化解对应的 LCO 时间历程和相图

从图 7.30 可知沉浮和俯仰立方刚度系数 k_ξ 和 k_α 对 LCO 解最大振幅的综合影响。考虑三种参数不确定情况，情形 3 对应的最大振幅数值最小，这表明，与结构非线性仅存在于沉浮或俯仰自由度的情况相比，同时存在沉浮和俯仰非线性可能产生低振幅的 LCO 解。

2）寻找分岔点

为计算分岔点，将式（7.53）所示的稳定性条件变为 $\begin{vmatrix} |\rho_1|-1 \\ |\rho_2|-1 \end{vmatrix} < \begin{matrix} 10^{-4} \\ 10^{-4} \end{matrix}$，目标函数则使 LCO 解振幅最大化。表 7.5 和图 7.31 给出了利用本节方法得到的数值优化结果。对于情形 1，在 $Q=2.3277$ 处检测到一个分岔点，而文献［5］图 2 则在 $2<Q<3$ 出现转折点。因此，情形 1 的 LCO 优化解不仅是分岔点，也是转折点。如文献［5］图 3 和图 8 所示，对于情形 2 在 $Q=4.08$ 处存在超临界分岔点。表 7.5 中数值优化结果与文献［5］数值结果一致。此外，对于情形 3，数值优化结果表明在流速 $Q=3.6036$ 处为分岔点。

表 7.5　本节方法数值优化结果

变　量	情形 1	情形 2	情形 3
k_ξ	15	—	22.9059
k_α	—	15	15
Q	2.3277	4.0802	3.6036
ω	0.8533	0.5982	0.7193

与这些优化解相关的非线性等式和不等式约束如表 7.6 所示，非线性等式和不等式约束均得到满足，三种情形 LCO 解稳定性分析表明，总有两个乘子等于 1，这符合 Floquet 理论，表 7.6 结果表明本节方法是一种探测分岔解的可行方案。

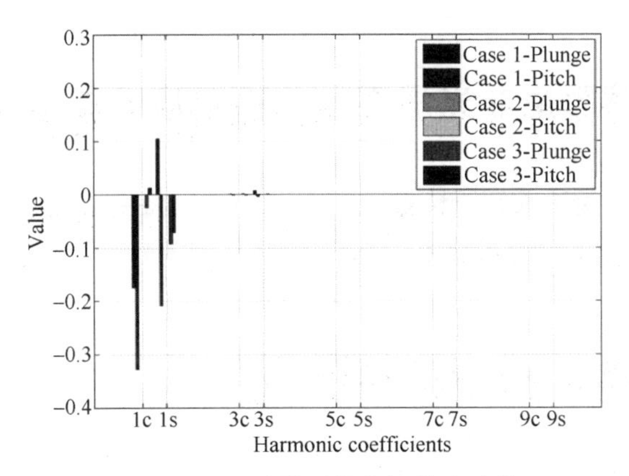

图 7.31　三种情形分岔解谐波系数

表 7.6　三种情形数值优化解非线性等式和不等式约束条件

约束条件	情形 1	情形 2	情形 3
$\mathbf{max}(\lvert \boldsymbol{f}_{\mathrm{NAE}}(\boldsymbol{U},\omega,\boldsymbol{v}_m)\rvert)$	3.7954e-13	2.2204e-16	2.2438e-12
ρ_1	1.0000	1.0000	1.0000
ρ_2	1.0000	1.0000	1.0000
ρ_3,ρ_4	0.1660±0.2292i	0.1542±0.0592i	0.1359±0.1777i
$\max(\lvert \boldsymbol{\rho} \rvert)$	1.0000	1.0000	1.0000

与这些优化解相关的时间历程响应和相图如图 7.32 所示。从图 7.32 可观察到，当流速接近 2.3277 时，情形 1 的沉浮自由度振动响应较为明显。对于情形 2，当流速为 $Q=4.0802$ 时，LCO 解最大振幅为 0.00010081m，振动响应可忽略不计。

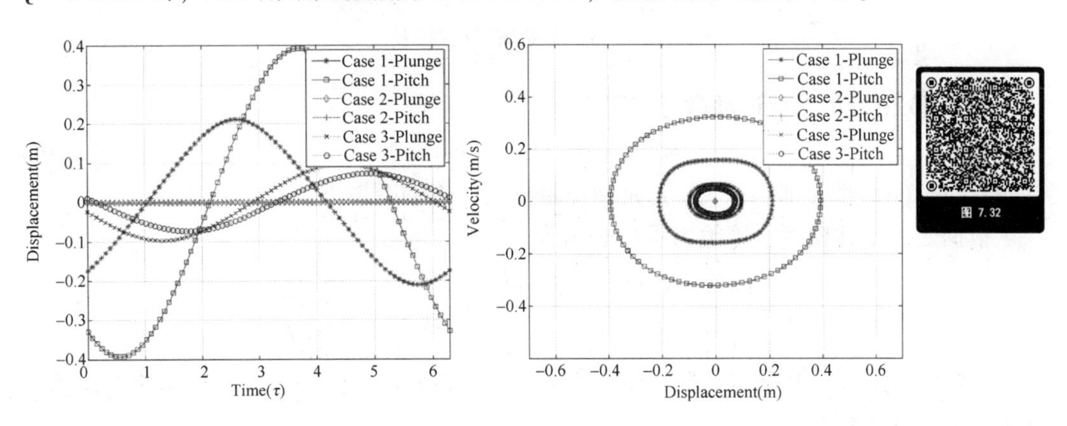

图 7.32　三种情况下分岔解时间历程响应和相图

对于本节研究的三种参数不确定情形，本节提出方法花费的 CPU 时间分别为 208.4375s、195.6094s 和 221.6094s。传统连续延拓法不能同时处理多个参数不确定振动响应量化问题，相反，本节方法将不确定参数视为优化变量，可以量化参数不确定对振动响应的影响。

7.4 具有干摩擦阻尼非光滑系统共振响应分析方法[17]

本节利用约束优化谐波平衡法求解干摩擦阻尼振动问题，将由谐波平衡法导出的非线性代数方程组设为一般的非线性等式约束，利用 MultiStart 算法[20]求解干摩擦阻尼系统最大振幅。

7.4.1 干摩擦阻尼模型和干摩擦力时域跟踪方法

下面介绍本节采用干摩擦阻尼模型和干摩擦力计算方法。

1. 干摩擦阻尼模型

本节采用宏观滑移模型模拟非线性摩擦力。图 7.33（a）给出干摩擦阻尼模型，图中 m、k 和 c 分别表示质量、刚度和阻尼系数。位移响应和摩擦力之间的典型关系如图 7.33（b）所示。图 7.33（b）中的 F_n、μ、k_d 分别表示法向预载、摩擦阻尼器的摩擦系数和阻尼器在相对运动方向上的刚度。

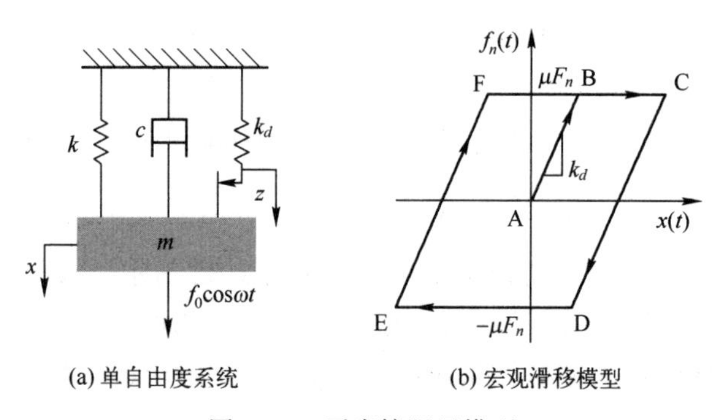

(a) 单自由度系统　　(b) 宏观滑移模型

图 7.33　干摩擦阻尼模型

图 7.33 中所示系统运动微分方程为

$$m\ddot{x}+c\dot{x}+kx+f_{nl}=f_0\cos(\omega t) \tag{7.56}$$

式中：$f_0\cos(\omega t)$是外部激振力；f_{nl}是摩擦阻尼器产生的摩擦力。

根据宏观滑移模型，摩擦力可以表示为

$$f_{nl}=\begin{cases}+k_d(x(t)-z(t)), & k_d|x(t)-z(t)|\leqslant\mu F_N\\ +\mu F_N\text{sign}(\dot{z}(t)), & k_d|x(t)-z(t)|\geqslant\mu F_N\end{cases} \tag{7.57}$$

式中：$z(t)$是摩擦阻尼器的位移，如图 7.33（b）所示；$y(t)=x(t)-z(t)$是质量块和摩擦阻尼器之间的相对位移。

2. 干摩擦力计算方法

采用时间推进法计算干摩擦力。当优化迭代中计算得到位移 $x(t_i)$后，可采用如下迭代格式计算干摩擦力：

（1）当 $t=0$ 时，假设阻尼器处于黏滞状态，且初始切向作用力为零，确保满足摩擦定律。

（2）当 $i>1$ 时，在时间步 t_{i-1}和 t_i之间，假设阻尼器处于黏滞状态（与其在 t_{i-1}的实

际状态无关)，如果假设成立，则阻尼器在 t_i 处的位置为

$$y(t_i)=y(t_{i-1})+(x(t_i)-x(t_{i-1})) \tag{7.58}$$

如果 $|k_d y(t_i)|>\mu F_n$，则假设不成立，阻尼器在时刻 t_i 处于滑动状态，位移和干摩擦力分别为

$$y(t_i)=\text{sign}(x(t_i)-x(t_{i-1}))\mu F_n/k_d,f_{\text{nl}}(t_i)=\text{sign}(x(t_i)-x(t_{i-1}))\mu F_N \tag{7.59}$$

如果 $|k_d y(t_i)|\leqslant uF_n$，则假设成立，接触力为 $f_{\text{nl}}(t_i)=k_d y(t_i)$。

(3) 在两个运动周期内执行步骤 (2) 中干摩擦力计算方案以避免瞬态行为的产生。

7.4.2　具有干摩擦阻尼的非光滑非线性系统周期运动优化问题描述

本节优化目标是使式 (7.56) 中非光滑干摩擦系统振幅最大化，需要满足谐波平衡方程式 (6.4)。因此，可以表述为如下非线性约束优化问题：

$$\begin{aligned} &\max\|\boldsymbol{x}\|_{\infty}=\max f(\boldsymbol{x}) \\ \text{s.t.}\quad &\boldsymbol{g}(\boldsymbol{x})=\boldsymbol{A}(\omega,\boldsymbol{v}_m)\boldsymbol{U}-\boldsymbol{b}(\boldsymbol{U},\omega,\boldsymbol{v}_m)=\boldsymbol{0} \end{aligned} \tag{7.60}$$

式中：$\boldsymbol{x}=\{\boldsymbol{U},\omega,\boldsymbol{v}_m\}$ 和 $\boldsymbol{v}_m$ 是一组不确定性参数。

优化算法的选择非常重要，本节采用基于梯度的多重启算法[20]求解。下面给出两个算例来验证本节方法的有效性。

7.4.3　库仑摩擦阻尼系统数值算例

库仑摩擦阻尼系统数值算例取自文献 [18]，其动力学控制方程为

$$\omega^2\ddot{x}+2\zeta\omega\dot{x}+\varepsilon\text{sign}(\dot{x})=f^{\text{c}}\cos(\tau)+f^{\text{s}}\sin(\tau) \tag{7.61}$$

式中：x 表示位移；$\tau=\omega t$ 是无量纲化的时间；f^{c} 和 f^{s} 是强迫系数。

采用与文献 [18] 相同的仿真参数：$\zeta=0.05$，$\varepsilon=1.0$，$f^{\text{c}}=5$，$f^{\text{s}}=0$。文献 [18] 使用谐波平衡法研究式 (7.61)，图 7.34 给出了文献 [32] 计算的频响曲线，如图所示，当激励频率趋近共振频率 1rad/s 时，系统振动响应达到最大值。

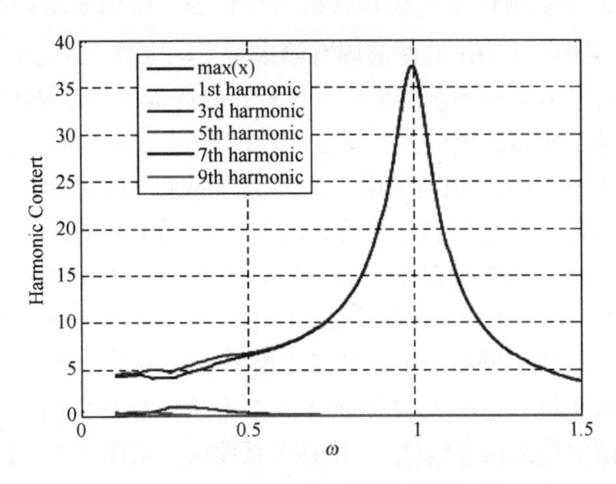

图 7.34　库仑摩擦阻尼系统频响曲线

基于多重启算法，通过优化寻找式振动响应最大振幅。优化算法参数设置如下：选择试验点数为600，阶段1试验点数取200。SQP算法允许的最大迭代次数为600，目标函数和非线性约束函数残差均设置为1×10^{-10}。如前所述，需要确定的未知优化变量是傅里叶系数$\boldsymbol{U}$和周期解的频率ω，频率优化变量边界为0~1.5，保留的最高谐波次数为10。

本节方法数值优化结果如图7.35所示，图中还给出了在$\omega=0.998$rad/s时系统运动相图。由于偶数阶谐波系数等于零，因此仅绘制了奇数阶谐波分量数值。通过与图7.34频响曲线比较可知，两种方法均在固有频率为1rad/s附近取得极值，本节方法能够准确找到系统共振峰值。

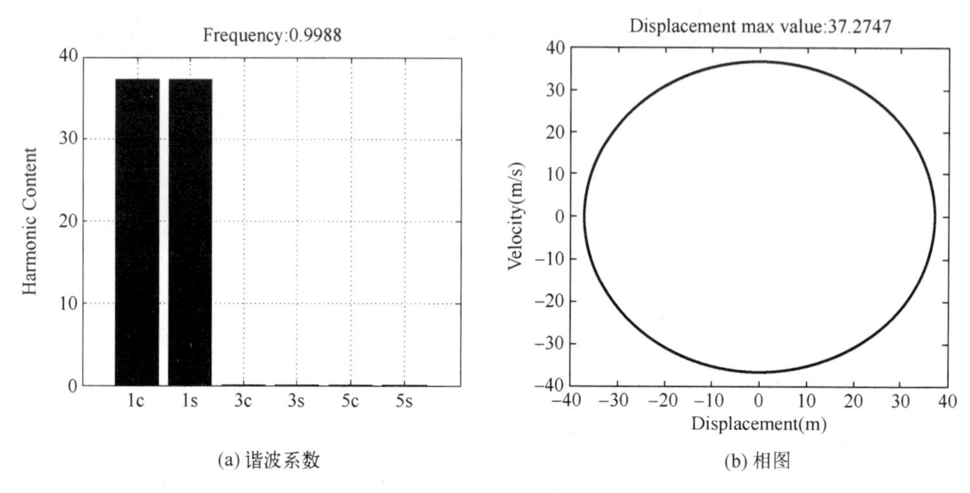

(a) 谐波系数　　(b) 相图

图7.35　本节方法数值优化解

7.4.4　干摩擦阻尼系统数值算例

选择图7.33所示模型研究经典干摩擦阻尼系统振动响应，仿真参数为$m=1.24$kg、$k=17890$N/m、$c=0.134$N·s/m、$k_d=3500$N/m、$f_o=1$和$\mu=0.5$，这些参数取自文献[19]。由于干摩擦阻尼系统存在滑移和黏滞两种状态，所以系统固有频率介于滑动固有频率$\omega_{\min}=\sqrt{k/m}/2\pi=19.1$Hz和黏滞固有频率$\omega_{\max}=\sqrt{k+k_d/m}/2\pi=20.9$Hz之间。

通过与传统谐波平衡法的预测结果进行比较，验证本节方法预测干摩擦阻尼系统最大振动响应的有效性。使用传统谐波平衡法计算得到的三种法向载荷作用下干摩擦阻尼系统频响曲线如图7.36所示（取自文献[19]），由图7.36可知，共振频率随F_n的增大而增大。三种法向载荷F_n会导致三种接触状态：$F_n=1$N时的滑移状态，$F_n=3$N时的黏滞/滑移交替状态；$F_n=10$N时黏滞状态。$F_n=3$N和10N时的共振峰值响应低于$F_n=1$N时振动峰值响应，这表明干摩擦阻尼器的作用是通过滑动运动耗散能量。

采用式（7.60）计算干摩擦阻尼系统最大振幅，运用7.4.1节方法计算干摩擦力，优化变量是谐波系数和频率。图7.37给出了本节方法计算得到的三种不同法向载荷作用下数值优化解，图中还给出非线性力-位移关系曲线。由图7.37可知，干摩擦阻尼系统的稳态响应由一次谐波主导，其他高阶谐波系数数值很小。当$F_n=1$N时，在频率为19.1183Hz优化得到的最大振幅为22.822mm，当$F_n=10$N时，数值优化解频率优化变量值为20.7363Hz，最大振幅为1.6895mm，图7.37所示结果与文献［19］的结果相同。与图7.36中传统频响曲线比较表明，本节方法准确找到了共振峰。通过比较不同计算方法在几种不同法向载荷下的强迫响应结果，验证了本节方法的有效性。

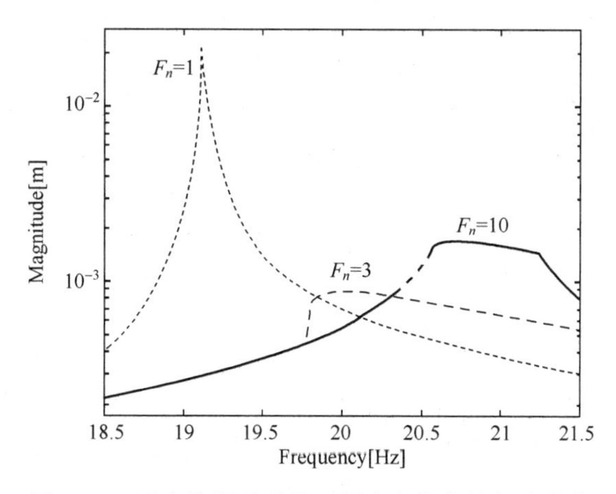

图7.36　干摩擦阻尼系统不同法向载荷的频响曲线

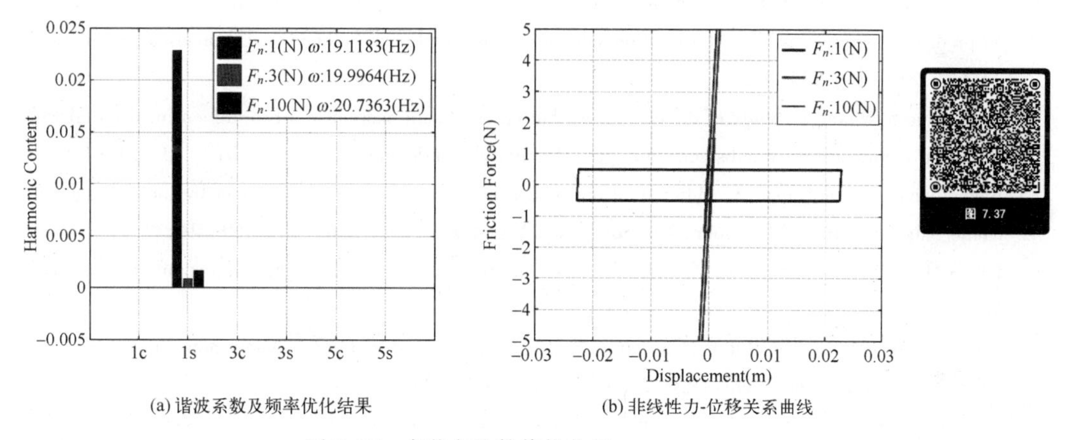

(a) 谐波系数及频率优化结果　　(b) 非线性力-位移关系曲线

图7.37　本节方法数值优化解

7.5　本章小结

为计算非光滑非线性系统的共振周期解，提出了分段约束优化谐波平衡法，给出了非线性力在频域的分段表达式，推导了非线性力相对于结构位移的傅里叶系数的灵敏度。以具有不同分段非线性力的二元翼型为例，分析了二元机翼结构对结构参数变化的灵敏度，分段约束谐波平衡法得到的解与数值积分解吻合良好。

以谐波平衡法导出的非线性代数方程为非线性等式约束，应用Floquet理论构造稳定性不等式约束，提出了气动弹性系统极限环运动参数不确定量化和分岔解分析方法，研究了干摩擦阻尼结构共振响应的计算方法。数值算例表明，本章方法具有计算效率高、鲁棒性好等优点。

参考文献

[1] Dai H, Yue X, Yuan J, et al. A fast harmonic balance technique for periodic oscillations of an aeroelastic airfoil [J]. Journal of Fluids and Structures, 2014, 50: 231-252.

[2] Chung K W, Chan C L, Lee B H K. Bifurcation analysis of a two-degree-of-freedom aeroelastic system with freeplay structural nonlinearity by a perturbation-incremental method [J]. Journal of Sound and Vibration, 2007, 299 (3): 520-539.

[3] Chung K W, He Y B, Lee B H K. Bifurcation analysis of a two-degree-of-freedom aeroelastic system with hysteresis structural nonlinearity by a perturbation-incremental method [J]. Journal of Sound and Vibration, 2009, 320 (1-2): 163-183.

[4] Liu J K, Chen F X, Chen Y M. Bifurcation analysis of aeroelastic systems with hysteresis by incremental harmonic balance method [J]. Applied Mathematics and Computation, 2012, 219 (5): 2398-2411.

[5] Chen Y M, Liu J K, Meng G. Incremental harmonic balance method for nonlinear flutter of an airfoil with uncertain-but-bounded parameters [J]. Applied Mathematical Modelling, 2012, 36 (2): 657-667.

[6] Cui C C, Liu J K, Chen Y M. Simulating nonlinear aeroelastic responses of an airfoil with freeplay based on precise integration method [J]. Communications in Nonlinear Science and Numerical Simulation, 2015, 22 (1-3): 933-942.

[7] Li D, Guo S, Xiang J. Study of the conditions that cause chaotic motion in a two-dimensional airfoil with structural nonlinearities in subsonic flow [J]. Journal of Fluids and Structures, 2012, 33: 109-126.

[8] Raghothama A, Narayanan S. Bifurcation and chaos in geared rotor bearing system by incremental harmonic balance method [J]. Journal of Sound and Vibration, 1999, 226 (3): 469-492.

[9] Lee B H K, Liu L, Chung K W. Airfoil motion in subsonic flow with strong cubic nonlinear restoring forces [J]. Journal of Sound and Vibration, 2005, 281 (3-5): 699-717.

[10] Ding Q, WangD L. The flutter of an airfoil with cubic structural and aerodynamic non-linearities [J]. Aerospace Science and Technology, 2006, 10 (5): 427-434.

[11] Cameron T M, Griffin J H. An alternating frequency time domain method forcalculating the steady state response of nonlinear dynamic systems [J]. ASME Journal of Applied Mechanics, 1989, 56: 149-154.

[12] Nacivet S, Pierre C, Thouverez F, et al. A dynamic Lagrangian frequency-time method for the vibration of dry-friction-damped systems [J]. Journal of Sound and Vibration, 2003, 265 (1): 201-219.

[13] Pierre C, Ferri A A, Dowell E H. Multi-harmonic analysis of dry friction damped systems using an incremental harmonic balance method [J]. ASME Journal of Applied Mechanics, 1985, 52: 958-964.

[14] Petrov E P. Analysis of sensitivity and robustness of forced response for nonlinear dynamic structures [J]. Mechanical Systems and Signal Processing, 2009, 23 (1): 68-86.

[15] Liao Haitao. Piecewise constrained optimization harmonic balance method for predicting the limit cycle oscillations of an airfoil with various nonlinear structures [J]. Journal of Fluids and Structures, 2015, 55: 324-346.

[16] Liao H. Uncertainty quantification and bifurcation analysis of an airfoil with multiple nonlinearities [J]. Mathematical Problems in Engineering, 2013, 1 (13): 248-252.

[17] Liao H, Gao G. A new method for blade forced response analysis with dry friction dampers [J]. Journal of Mechanical Science and Technology, 2014, 28 (4): 1171.

[18] Ferri A, Leamy M. Error estimates for harmonic-balance solutions of nonlinear dynamical systems

[C] //50th AIAA/ASME/ASCE/AHS/ASC Structures, Structural Dynamics, and Materials Conference 17th AIAA/ASME/AHS Adaptive Structures Conference 11th AIAA No. 2009: 2667.

[19] Al Sayed B, Chatelet E, Baguet S, et al. Dissipated energy and boundary condition effects associated to dry friction on the dynamics of vibrating structures [J]. Mechanism and Machine Theory, 2011, 46 (4): 479-491.

[20] Ugray Z, Lasdon L, Plummer J, et al. Scatter search and local NLP solvers: A multistart framework for global optimization [J]. INFORMS Journal on Computing, 2007, 19 (3): 328-340.

第8章　分数阶导数和时滞非线性系统动力学优化

分数阶导数和时滞微分方程相关动力学研究吸引国内外学者的极大兴趣[1-2]。例如，He 和 Luo[3]基于线性分数阶系统的稳定性判据研究了分数阶 Duffing 振子的动力学特性。文献［4-5］利用残差谐波平衡法研究了分数阶非线性系统的周期运动，揭示了分数阶导数等参数对系统振动频率和振幅的影响。文献［6-7］运用平均方法研究了具有分数阶导数的 Duffing 振子动力学特性，采用等效阻尼系数和刚度系数表征了分数阶导数对幅频响应的影响。然而，利用时域方法求解非线性分数阶微分方程的数值解/周期解计算成本高，需要发展高效求解分数阶系统的计算方法。

时滞反馈控制方法在振动控制工程中得到了广泛的应用，时滞微分方程相关动力学研究是热点研究方向[8-10]。非线性时滞系统动力学取决于运动状态的当前和先前值，只有考虑时滞的存在，才能合理解释某些动力学现象。因为时滞微分系统本质上是无限维的，所以其周期解研究是相当困难的。虽然多尺度方法[11-12]是一种有效的半解析摄动方法（它利用一个小的物理参数将一个复杂非线性问题转化为多个简单子问题），可以分析非线性时滞系统的复杂动力学行为，但多尺度方法有其内在的局限性，即近似解精度依赖于小摄动参数假设，渐近展开不成立时往往会失效。

非线性动力系统周期解的稳定性分析主要有时域和频域两类方法[13]。例如，Wang 等[14]深入分析和比较了多种稳定性方法。文献［15-16］提出了一种计算给定半平面中的所有特征根的线性多步时间积分稳定性分析方法。Wu 和 Michiels 等[17]提出了一种改进的谱离散化方法，该方法能够基于指数函数的有理逼近自动选择离散点的数量，以计算线性时滞微分方程的所有特征根。与时滞系统稳定性分析研究相比，分数阶非线性系统周期运动稳定性分析目前未见报道。

本章应用约束优化谐波方法[18]研究分数阶和时滞非线性系统动力学问题，推导非线性系统周期解相关优化问题的灵敏度，分析分数阶/迟滞非线性系统周期解的稳定性。

8.1　含分数阶导数 Duffing 振子动力学优化[19]

本节将约束优化谐波平衡方法[18]应用到带有分数阶导数的 Duffing 振子系统，推导非线性等式约束的灵敏度分析解析公式，建立分析分数阶非线性系统周期解稳定性的广义特征值问题和区间特征值问题，研究分数阶非线性系统周期运动稳定性分析方法。基于灵敏度信息，利用区间分析方法计算系统振动峰值响应的边界。

8.1.1　系统运动方程

具有 Caputo 分数阶导数的 Duffing 系统运动方程可以表示为[6]

$$m\ddot{u}+c\dot{u}+ku+\alpha u^3+K_1D^{p_1}u+K_2D^{p_2}u=F\cos(\omega t) \tag{8.1}$$

式中：m、c、k、α、F 和 ω 分别表示质量、阻尼、线性刚度、非线性刚度、外激励幅值和激励频率；K_1、K_2分别是阶数为 p_1 和 p_2 的分数阶导数项的系数；u、$\dot{u}$ 和 $\ddot{u}$ 分别表示位移、速度和加速度；上标点表示对时间 t 的导数。

8.1.2　非线性等式约束推导

1. 非线性等式约束非线性方程组

利用谐波平衡法，$u(t)$表示为截断的傅里叶级数形式：

$$u(t)=\boldsymbol{T}(t)\boldsymbol{U} \tag{8.2}$$

式中：$\boldsymbol{T}(t)=[1\quad\cos(\omega t)\quad\sin(\omega t)\quad\cdots\quad\cos(k\omega t)\quad\sin(k\omega t)\quad\cdots\quad\cos(N_{\mathrm{H}}\omega t)\quad\sin(N_{\mathrm{H}}\omega t)]_{1\times(1+2N_{\mathrm{H}})}$ 和 $\boldsymbol{U}=[U_0\quad U_1^c\quad U_1^s\quad\cdots\quad U_k^c\quad U_k^s\quad\cdots\quad U_{N_{\mathrm{H}}}^c\quad U_{N_{\mathrm{H}}}^s]^{\mathrm{T}}$ 表示傅里叶系数。引入新的自变量 $\tau=\omega t$，将 $\boldsymbol{T}(t)$ 中的 ωt 替换为 τ，则 $u(t)$ 可表示为无量纲形式 $u(\tau)=\boldsymbol{T}(\tau)\boldsymbol{U}$。

2. $D_t^{\ell}u(t)$ 的表达式

本节将推导任意阶次 $\ell>0 D_t^{\ell}u(t)$ 的表达式。

引理：对所有 $\ell>0$，存在

$$D_t^{\ell}u(t)=\boldsymbol{T}(t)\nabla^{\ell}\boldsymbol{U} \tag{8.3}$$

式中：

$$\nabla^{\ell}=\mathrm{diag}(0,\nabla_1^{\ell},\cdots,\nabla_k^{\ell},\cdots,\nabla_{N_{\mathrm{H}}}^{\ell}),\nabla_k^{\ell}=(k\omega)^{\ell}\boldsymbol{R}(\vartheta),\vartheta=\frac{\ell\pi}{2},\boldsymbol{R}(\theta)=\begin{bmatrix}\cos\theta & \sin\theta\\ -\sin\theta & \cos\theta\end{bmatrix} \tag{8.4}$$

如果 $\ell>0$，且为整数，则式变为整数阶微分 $\dot{u}$ 和 $\ddot{u}$。

证明：

$\cos(k\omega t)$ 和 $\sin(k\omega t)$ 的分数阶导数由文献［19］给出：

$$D_t^{\ell}[\cos(k\omega t)]=(k\omega)^{\ell}\cos\left(k\omega t+\frac{\ell\pi}{2}\right),D_t^{\ell}[\sin(k\omega t)]=(k\omega)^{\ell}\sin\left(k\omega t+\frac{\ell\pi}{2}\right) \tag{8.5}$$

利用上式，可将 $D_t^{\ell}u(t)$ 表示为如下矩阵形式：

$$\begin{aligned}D_t^{\ell}u(t)&=\sum_{k=1}^{N_H}\{U_k^cD_t^{\ell}[\cos(k\omega t)]+U_k^sD_t^{\ell}[\sin(k\omega t)]\}\\&=\sum_{k=1}^{N_H}\left\{[\cos(k\omega t)\quad\sin(k\omega t)][(k\omega)^{\ell}\boldsymbol{R}(\vartheta)]\begin{bmatrix}U_k^c\\U_k^s\end{bmatrix}\right\}=\boldsymbol{T}(t)\ \nabla^{\ell}\boldsymbol{U}\end{aligned} \tag{8.6}$$

将式（8.3）和式（7.22）代入式（8.1）得

$$\boldsymbol{C}_E(\boldsymbol{U})=\{[m\nabla^2\boldsymbol{U}]+[c\nabla\boldsymbol{U}]+k\boldsymbol{U}+\alpha[\boldsymbol{E}(\boldsymbol{U})]^2\boldsymbol{U}+[K_1\nabla^{p_1}\boldsymbol{U}]+[K_2\nabla^{p_2}\boldsymbol{U}]\}-\boldsymbol{F}=0 \tag{8.7}$$

式中：

$$\boldsymbol{F}=[0\quad1\quad0\quad\cdots\quad0\quad0\quad\cdots\quad0\quad0]^{\mathrm{T}} \tag{8.8}$$

式（8.7）所示非线性代数方程可用于构造优化问题的非线性等式约束。

3. 非线性等式约束的梯度

下面分析式（8.7）相对于每个影响参数的灵敏度梯度。

根据式（8.7），$\boldsymbol{C}_E(\boldsymbol{U})$相对于$\boldsymbol{U}$的雅可比矩阵计算如下：

$$\boldsymbol{J}=\frac{\partial \boldsymbol{C}_E(\boldsymbol{U})}{\partial \boldsymbol{U}}=(k\boldsymbol{I}+c\,\nabla+m\,\nabla^2)+(K_1\nabla^{p_1}+K_2\nabla^{p_2})+\alpha\frac{\partial\{[\boldsymbol{E}(\boldsymbol{U})]^2\boldsymbol{U}\}}{\partial \boldsymbol{U}} \tag{8.9}$$

复合函数$\frac{\partial\{\boldsymbol{E}(\boldsymbol{U})\boldsymbol{U}\}}{\partial \boldsymbol{U}}$的偏导数可以用下式表示：

$$\frac{\partial\{\boldsymbol{E}(\boldsymbol{U})\boldsymbol{U}\}}{\partial \boldsymbol{U}}=\frac{\partial \boldsymbol{E}(\boldsymbol{U})}{\partial \boldsymbol{U}}\boldsymbol{U}+\boldsymbol{E}(\boldsymbol{U}) \tag{8.10}$$

使用式（7.40）中递推关系的表达式，可以导出矩阵$\frac{\partial \boldsymbol{E}(\boldsymbol{U})}{\partial \boldsymbol{U}}\boldsymbol{U}$的每一列，而不是计算单个元素。按照类似的方法，可以得到$\boldsymbol{C}_E(\boldsymbol{U})$相对于$\omega$、$\ell$、$m$、$c$、$k$、$\alpha$的梯度。

4. 振动响应灵敏度计算方法

可以利用式（8.7）和式（8.9）可计算傅里叶系数相对于影响参数的灵敏度：

$$\frac{\partial \boldsymbol{U}}{\partial b_k}=-\boldsymbol{J}^{-1}\frac{\partial \boldsymbol{C}_E(\boldsymbol{U})}{\partial b_k} \tag{8.11}$$

8.1.3 分数阶导数非线性系统周期解的稳定性分析

本节提出分数阶导数非线性系统周期解的稳定性分析方法，建立区间特征值问题以分析含参数不确定的分数阶非线性系统周期解的鲁棒稳定性。

1. 分数阶非线性系统周期解的稳定性分析方法

在这一部分，利用在周期解周围叠加一个小干扰的概念，进行了稳定性分析。借助于泰勒展开法，形成了广义特征值问题，以确定周期解的稳定性。

设$\boldsymbol{T}(t)\mathrm{e}^{\lambda t}\boldsymbol{Z}$为式（8.1）的一个小扰动，其中$\boldsymbol{Z}=[Z_0\quad Z_1^c\quad Z_1^s\quad\cdots\quad Z_k^c\quad Z_k^s\quad\cdots\quad Z_{N_H}^c\quad Z_{N_H}^s]^{\mathrm{T}}$，将扰动$\boldsymbol{T}(t)\mathrm{e}^{\lambda t}\boldsymbol{Z}$代入方程（8.1）可得出稳定性判据。下面利用$\boldsymbol{U}=\boldsymbol{T}(t)[\boldsymbol{Y}+\mathrm{e}^{\lambda t}\boldsymbol{Z}]$推导式（8.1）中的分数阶导数$D_t^{\ell}u(t)$的表达式。

利用$D_x^{\ell}[\mathrm{e}^{ax}]=a^{\ell}\mathrm{e}^{ax}$的性质和欧拉变换，可以将$Z_k^cD_t^{\ell}[\mathrm{e}^{\lambda t}\cos(k\omega t)]+Z_k^sD_t^{\ell}[\mathrm{e}^{\lambda t}\sin(k\omega t)]$表示为

$$Z_k^cD_t^{\ell}[\mathrm{e}^{\lambda t}\cos(k\omega t)]+Z_k^sD_t^{\ell}[\mathrm{e}^{\lambda t}\sin(k\omega t)]=\mathrm{e}^{\lambda t}[\cos(k\omega t)\quad\sin(k\omega t)]\boldsymbol{S}^{\ell}(\lambda,k\omega)\begin{bmatrix}Z_k^c\\Z_k^s\end{bmatrix} \tag{8.12}$$

式中

$$\boldsymbol{S}^{\ell}(\lambda,k\omega)=\frac{1}{2}\begin{bmatrix}(\lambda+\sqrt{-1}k\omega)^{\ell}+(\lambda-\sqrt{-1}k\omega)^{\ell} & \sqrt{-1}[(\lambda-\sqrt{-1}k\omega)^{\ell}-(\lambda+\sqrt{-1}k\omega)^{\ell}]\\ \sqrt{-1}[(\lambda+\sqrt{-1}k\omega)^{\ell}-(\lambda-\sqrt{-1}k\omega)^{\ell}] & (\lambda+\sqrt{-1}k\omega)^{\ell}+(\lambda-\sqrt{-1}k\omega)^{\ell}\end{bmatrix} \tag{8.13}$$

式中：$\sqrt{-1}$是一个虚数单位。

为了计算$(\lambda\pm\sqrt{-1}k\omega)^{\ell}$，令$h_c(x)=(x+c)^{\ell}$，$c=\pm\sqrt{-1}k\omega$，将$h_c(x)$展开为二阶泰勒级数，从而计算出$h_{\pm\sqrt{-1}k\omega}(\lambda)$。式（8.12）可以表示为矩阵形式：

$$D^{\ell}[\mathrm{e}^{\lambda t}\boldsymbol{T}(t)\boldsymbol{Z}]=\mathrm{e}^{\lambda t}\boldsymbol{T}(t)\tilde{\nabla}_{\mathrm{S}}^{\ell}\boldsymbol{Z}=\mathrm{e}^{\lambda t}\boldsymbol{T}(t)\{\tilde{\nabla}_0^{\ell}+\tilde{\nabla}_1^{\ell}\lambda+\tilde{\nabla}_2^{\ell}\lambda^2\}\boldsymbol{Z} \tag{8.14}$$

式中：

$$\tilde{\nabla}_j^{\ell}=\text{diag}(h_j^{\ell}(x_0,0),\boldsymbol{S}_j^{\ell}(x_0,\omega),\cdots,\boldsymbol{S}_j^{\ell}(x_0,k\omega),\cdots,\boldsymbol{S}_j^{\ell}(x_0,N_H\omega)),\quad j=0,1,2 \tag{8.15}$$

且

$$\boldsymbol{S}_j^{\ell}(x_0,k\omega)=\begin{bmatrix} h_j^{\ell}(x_0,\sqrt{-1}k\omega)+h_j^{\ell}(x_0,-\sqrt{-1}k\omega) & -\sqrt{-1}[h_j^{\ell}(x_0,\sqrt{-1}k\omega)-h_j^{\ell}(x_0,-\sqrt{-1}k\omega)] \\ \sqrt{-1}[h_j^{\ell}(x_0,\sqrt{-1}k\omega)-h_j^{\ell}(x_0,-\sqrt{-1}k\omega)] & h_j^{\ell}(x_0,\sqrt{-1}k\omega)+h_j^{\ell}(x_0,-\sqrt{-1}k\omega) \end{bmatrix}$$

$$h_0^{\ell}(x_0,c)=h_c(x_0)-h_c'(x_0)x_0+\frac{h_c''(x_0)}{2}x_0^2,h_1^{\ell}(x_0,c)=h_c'(x_0)-h_c''(x_0)x_0,h_2^{\ell}(x_0,c)=\frac{h_c''(x_0)}{2} \tag{8.16}$$

将式（8.14）和 $\boldsymbol{U}=\boldsymbol{T}(t)\lceil \boldsymbol{Y}+\text{e}^{\lambda t}\boldsymbol{Z}\rceil$ 代入式（8.1），可将周期解稳定性分析问题转换为以下广义特征值问题：

$$\begin{gathered}\boldsymbol{A}\boldsymbol{\psi}_j=\lambda_j\boldsymbol{B}\boldsymbol{\psi}_j\\ (\boldsymbol{\phi}_j)^{\text{T}}\boldsymbol{A}=\lambda_j(\boldsymbol{\phi}_j)^{\text{T}}\boldsymbol{B}\end{gathered} \tag{8.17}$$

式中：$\boldsymbol{\phi}_j$ 和 $\boldsymbol{\psi}_j$ 是与第 j 个特征值 λ_j 相关的左右特征向量，矩阵 $\boldsymbol{A}$ 和 $\boldsymbol{B}$ 为

$$\boldsymbol{A}=\begin{bmatrix} \boldsymbol{0} & (m\boldsymbol{I}+\tilde{\nabla}_2) \\ -(m\,\nabla^2+c\,\nabla+k\boldsymbol{I}+3\alpha\boldsymbol{E}(\boldsymbol{V})+\tilde{\nabla}_0) & \boldsymbol{0} \end{bmatrix},\quad \boldsymbol{B}=\begin{bmatrix} (m\boldsymbol{I}+\tilde{\nabla}_2) & \boldsymbol{0} \\ (c\boldsymbol{I}+2m\,\nabla+\tilde{\nabla}_1) & (m\boldsymbol{I}+\tilde{\nabla}_2) \end{bmatrix} \tag{8.18}$$

参照文献［20］的方法，选取具有最对称形状的特征向量对应的特征值 $\bar{\lambda}_j$ 作为分析周期解稳定性的参数。根据 Floquet 理论，周期解稳定的充要条件是

$$\Re(\bar{\lambda}_j)\leqslant 0 \tag{8.19}$$

利用式（8.19）所示稳定性条件则可构造优化问题的非线性不等式约束。

2. 参数不确定分数阶非线性系统周期解的鲁棒稳定性分析方法

当动力系统包含不确定参数时，应分析周期解的鲁棒稳定性。本小节借助摄动理论和区间分析方法构建区间特征值问题以确定周期解的鲁棒稳定性。

将具有区间矩阵 $\boldsymbol{A}^I=\boldsymbol{A}^C+\Delta\boldsymbol{A}^I$，$B^I=B^C+\Delta B^I$ 的区间分析方法应用于式的特征值问题，从而将式所示周期解鲁棒稳定性问题转换为以下区间特征值问题：

$$\begin{cases}(\boldsymbol{A}^C+\Delta\boldsymbol{A}^I)\boldsymbol{\psi}_j^I=\lambda_j^I(\boldsymbol{B}^C+\Delta\boldsymbol{B}^I)\boldsymbol{\psi}_j^I\\ (\boldsymbol{\phi}_j^I)^{\text{T}}(\boldsymbol{A}^C+\Delta\boldsymbol{A}^I)=\lambda_j^I(\boldsymbol{\phi}_j^I)^{\text{T}}(\boldsymbol{B}^C+\Delta\boldsymbol{B}^I)\end{cases} \tag{8.20}$$

式中：

$$\lambda_j^I=\Re(\lambda_j^I)+\Im(\lambda_j^I)\sqrt{-1} \tag{8.21}$$

根据摄动理论和区间展开，可利用（与 $\boldsymbol{A}^C$ 和 $\boldsymbol{B}^C$ 有关的）标称特征向量 $\boldsymbol{\phi}_j^C$、$\boldsymbol{\psi}_j^C$ 和特征值 λ_j^C，计算区间特征值 λ_j^I 如下[23]：

$$\begin{Bmatrix}\Re(\lambda_j^I)\\ \Im(\lambda_j^I)\end{Bmatrix}=\begin{Bmatrix}\Re(\lambda_j^C)\\ \Im(\lambda_j^C)\end{Bmatrix}+\begin{Bmatrix}\Re[\Delta\lambda_j^C(\Delta\boldsymbol{A}^I)]\\ \Im[\Delta\lambda_j^C(\Delta\boldsymbol{A}^I)]\end{Bmatrix}+\begin{bmatrix}\Re(\lambda_j^C) & -\Im(\lambda_j^C)\\ \Im(\lambda_j^C) & \Re(\lambda_j^C)\end{bmatrix}\begin{Bmatrix}\Re[\Delta\lambda_j^C(-\Delta\boldsymbol{B}^I)]\\ \Im[\Delta\lambda_j^C(-\Delta\boldsymbol{B}^I)]\end{Bmatrix} \tag{8.22}$$

式中：

$$\Delta\lambda_j^C(\boldsymbol{X})=\{[\Re(\boldsymbol{\phi}_j^C)]^{\mathrm{T}}\quad[\Im(\boldsymbol{\phi}_j^C)]^{\mathrm{T}}\}\left\{\begin{bmatrix}1 & \sqrt{-1}\\ \sqrt{-1} & -1\end{bmatrix}\otimes(\boldsymbol{X})\right\}\begin{Bmatrix}\Re(\boldsymbol{\psi}_j^C)\\ \Im(\boldsymbol{\psi}_j^C)\end{Bmatrix} \tag{8.23}$$

本节推导了分数阶非线性系统周期解的稳定性分析方法。采用谐波平衡原理和泰勒展开方法，建立广义特征值问题分析分数阶非线性系统周期解的稳定性。利用区间分析方法估算特征值边界，从而得到分数阶非线性系统周期解的鲁棒稳定性分析方法。

假设 $u(\tau)$ 在振动周期 $[0,2\pi]$ 上点 $\tau_{\max}$ 处达到最大值。利用区间扩展，可以得到最大振动位移 $u(\boldsymbol{a}^I,\tau_{\max})$（$\boldsymbol{a}^I$ 表示区间参数）的区间响应[22]：

$$u(\boldsymbol{a}^I,\tau_{\max})=u(\boldsymbol{a}^C,\tau_{\max})+\sum_j\left.\frac{\partial u(\boldsymbol{a},\tau_{\max})}{\partial a_j}\right|_{a_j=a_j^C}(a_j^I-a_j^C)=u(\boldsymbol{a}^C,\tau_{\max})+\sum_j\boldsymbol{T}(\tau_{\max})\left.\frac{\partial\boldsymbol{U}}{\partial a_j}\right|_{a_j=a_j^C}\Delta a_j^I \tag{8.24}$$

显然，区间响应取决于灵敏度 $\partial\boldsymbol{U}/\partial a_j$ 和区间宽度 Δa_j^I。上述区间响应显式表达式（8.24）给出了不确定参数对响应区间的影响。

8.1.4 优化问题描述

基于框架式（6.1），将式（8.7）中的非线性代数方程和式（8.19）中的稳定性判据设为非线性约束，从而得到以下非线性约束优化问题：

$$f(\boldsymbol{x})=f(\boldsymbol{U},\omega,\boldsymbol{v}_u)=\max u(\tau)$$
$$\text{s.t.}\quad\begin{cases}\boldsymbol{g}(\boldsymbol{x})=\boldsymbol{C}_E(\boldsymbol{U})=\boldsymbol{0}\\ \boldsymbol{g}_s(\boldsymbol{x})=\Re(\overline{\lambda}_j)\leqslant 0\end{cases} \tag{8.25}$$

式中：$\boldsymbol{x}=\{\boldsymbol{U},\omega,\boldsymbol{v}_u\}^{\mathrm{T}}$ 和 $\boldsymbol{v}_u$ 是一组设计参数或不确定参数；$\boldsymbol{g}(\boldsymbol{x})$ 和 $\boldsymbol{g}_s(\boldsymbol{x})$ 分别表示非线性等式和不等式约束。

推导非线性约束优化问题的灵敏度具有如下优点：首先，解析梯度可用于加快优化算法的收敛速度，从而降低计算成本。其次，利用非线性等式约束的灵敏度信息，可以分析周期解的稳定性。再次，利用灵敏度信息求解区间特征值问题以识别周期解鲁棒稳定性区域。最后，基于非线性等式约束的解析梯度，可得到傅里叶系数对影响参数的灵敏度，从而利用区间分析法计算周期解的振动响应边界。

8.1.5 数值算例

本节考虑与文献［6］相同的数值算例以验证提出方法的有效性。研究分数阶导数 Duffing 系统的动力学特性，分析不含分数阶导数项和含分数阶导数项的影响，计算 Duffing 振子稳态响应灵敏度，给出具有参数不确定性的 Duffing 系统的稳定性和振动响应边界。

1. 不含分数阶导数项的 Duffing 系统非线性动力学特性

1）系统的频响曲线

为与参考文献［6］研究保持一致，选取以下结构参数：$m=5$，$c=0.1$，$k=10$，$\alpha=15$，$K_1=0.8$，$K_2=1$，$p_1=0.6$，$p_2=1.4$，$F=5$。图 8.1 中绘制了不含分数阶导数项的标准 Duffing 系统频响函数曲线，其中实线和虚线分别表示稳定解和不稳定解。

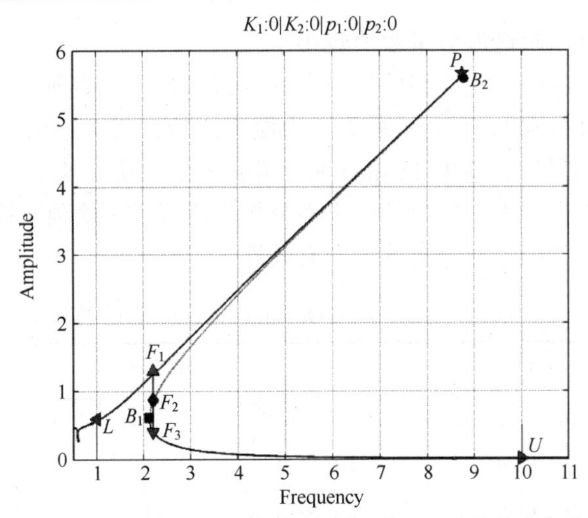

图 8.1 不含分数阶导数项的标准 Duffing 系统频响曲线

从图 8.1 中可以看出，系统在共振峰 P 处具有最大振幅。不稳定解位于两个分岔点 B_1 和 B_2 之间。在激励频率 $\omega=2.2$ 处同时存在三个周期解，其响应上界和下界分别对应解 F_1 和 F_3。解 F_2 是不稳定的。下面利用本节提出的方法研究三种情形：

(1) 情形 1：寻找共振峰 P。

优化变量是未知傅里叶系数 U 和周期解 P 的共振频率。

(2) 情形 2：寻找分岔点。

为寻找分岔点 B_1 和 B_2，将式 (8.29) 中目标函数设置为 $\min|\Re(\overline{\lambda}_j)|$，且仅考虑非线性等式约束。

(3) 情形 3：在给定频率下寻找多解。

寻找给定频率下的多个周期解时，傅里叶系数 $\boldsymbol{U}$ 是唯一的未知变量，激励频率不作为优化变量。需要注意的是，式 (8.25) 中的目标函数变为振动位移最小化以寻找周期解 F_3，改变不等式稳定性约束符号以定位解 F_2。

2) 本节提出方法的数值结果

Duffing 振子没有分数阶导数项时，数值优化结果如图 8.2 所示，系统响应中一阶

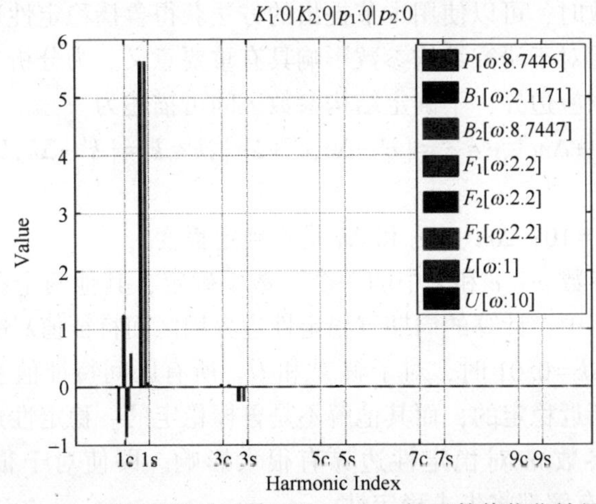

图 8.2 不含分数阶导数项的 Duffing 振子数值优化结果

谐波项数值很大，高次阶谐波分量数值较小。

表 8.1 总结了与这些优化解相应的稳定性分析结果。如表所示，$\bar{\rho}_j$表示本节提出的稳定性分析方法计算得到的 Floquet 乘子。为便于比较，表中还列出了时域状态转移矩阵法的稳定性分析结果，相应的 Floquet 乘子用$\hat{\rho}_j$表示。从表 8.1 可以看出，两种方法的稳定性分析结果一致，本节提出的稳定性分析方法可以正确预测稳定和不稳定的周期解，从而验证了提出的稳定性分析方法的有效性。

表 8.1 不含分数阶导数项的 Duffing 振子周期解稳定性分析结果

	ω	$\bar{\lambda}_j$	$\bar{\rho}_j$	$\max(\|\bar{\rho}_j\|)$	$\hat{\rho}_j$	$u(\tau_{\max})$
P	8.7446	-0.0100± 0.0100i	0.9928± 0.0071i	0.9928	0.9928± 0.0072i	5.8773
B_1	2.1171	0\-0.0200	1\0.9424	1	1\0.9424	0.6072
B_2	8.7447	0\-0.0200	1\0.9858	1	1\0.9858	5.8772
F_1		-0.0100± 0.4781i	0.1980± 0.9515i	0.9718	0.1980± 0.9515i	1.2932
F_2	2.2	0.3442\-0.3642	2.6727\0.3534	2.6727	2.6727\0.3534	0.8683
F_3		-0.0100± 0.5356i	0.0399± 0.9710i	0.9718	0.0399± 0.9710i	0.406
L	1	-0.01± 0.1735i	0.4343± 0.8326i	0.9391	0.4343± 0.8326i	0.5938
U	10	-0.01± 1.4143i	0.6265± 0.7714i	0.9937	0.6265± 0.7714i	0.0102

3）灵敏度信息

图 8.3 给出了傅里叶系数相对于影响参数的灵敏度。如图所示，一次谐波分量相关灵敏度数值很大，而其他高阶谐波项灵敏度值很小。傅里叶系数对频率的变化非常敏感。值得注意的是，对于振幅较大的周期解，例如 P、B_2和 F_1，傅里叶系数对阻尼参数的变化更敏感，而对于解 B_1、F_2、F_3和 U，$\partial \boldsymbol{U}/\partial m$ 的灵敏度值大于$\partial \boldsymbol{U}/\partial c$。灵敏度结果表明，$\boldsymbol{U}$ 对于刚度参数 k 和 α 的灵敏度最低。对于高振幅解 P、B_2和 F_1，非线性刚度 α 影响较大。另外，分岔点处灵敏度值最高，这表明相应雅可比矩阵接近奇异。

4）参数不确定系统的响应区间边界

当系统包含不确定参数时，可以使用本节提出的方法获得鲁棒稳定性边界和振动响应区间，而获得稳定性边界对于研究结构参数影响具有重要意义。为分析参数不确定非线性系统的稳定性和区间响应边界，不确定结构参数区间可描述为

$$m \in m^I = [m^C - \Delta m, m^C + \Delta m], c \in c^I = [c^C - \Delta c, c^C + \Delta c], k \in k^I = [k^C - \Delta k, k^C + \Delta k] \tag{8.26}$$

式中：$m^C = 5$；$c^C = 0.1$；$k^C = 10$；Δm、Δc 和 Δk 是不确定程度。

表 8.2 给出了当结构参数 m、c 和 k 中的一个参数不确定，其他两个参数保持固定时的稳定性边界。在表 8.2 中，计算的周期解稳定性边界用区间特征值$\bar{\lambda}_j^I$的实部和虚部表示。如表 8.2 所示，当 $\Delta k = 0.01$ 时，对于解 P 和 U，所有区间特征值实部的上界都是负的，因而它们是鲁棒渐近稳定的，而其他解不是鲁棒稳定的。稳定性边界对 c 的变化不敏感。相反，不确定参数 m 对稳定性边界有很大影响。即使对于很小的不确定 $\Delta m = 0.01$，除 $\boldsymbol{U}$ 之外的所有解都将失去稳定性。

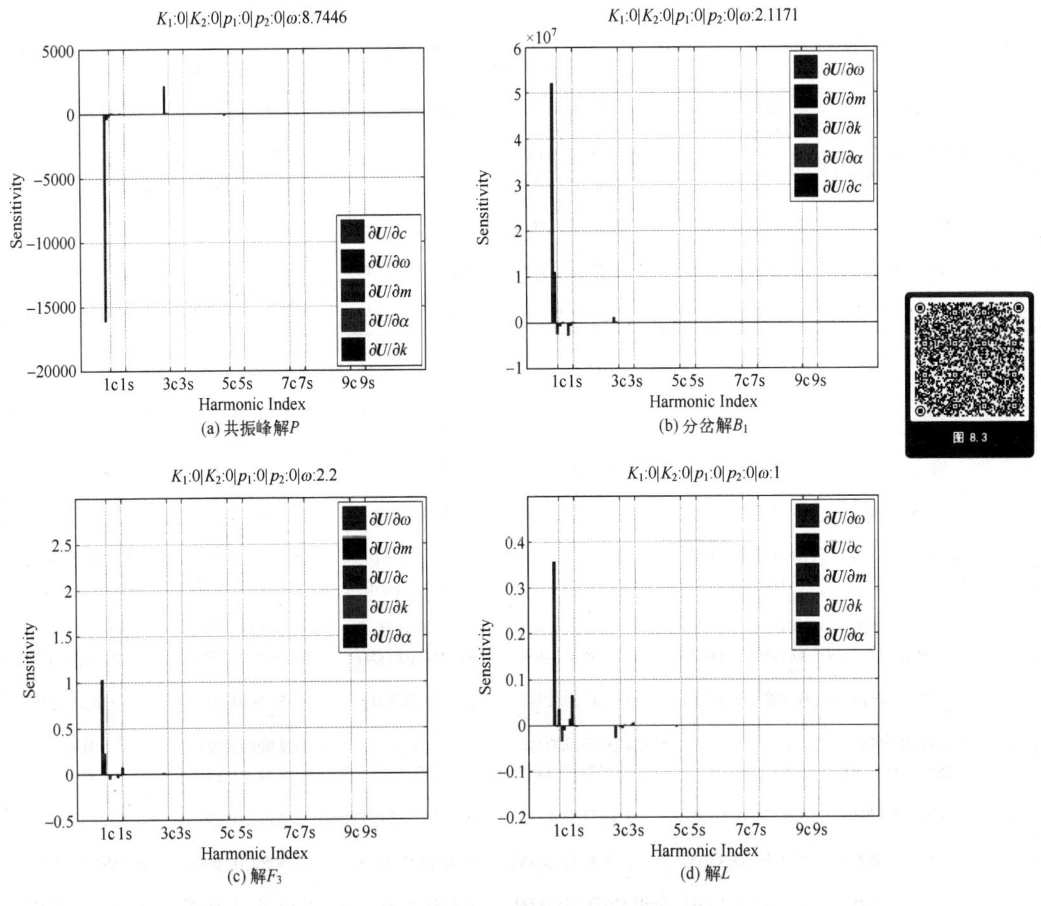

图 8.3　不含分数阶导数项的 Duffing 振子灵敏度分析结果

当系数 m、c 和 k 都发生变化时，m、c、k 中的不确定的综合效应见表 8.3 和表 8.4，其中 m、c 和 k 在标称值的 1%、3%、5%之间变化，与表 8.2 和表 8.3 的结果相比，可以清楚地看出系统稳定边界中的主导项是质量 m，而 k 和 c 的影响很小。在表 8.4 中$\Re(\overline{\lambda}_j^I)$的正上界的响应界不可靠，应作为式（8.24）中该方法的唯一验证。

表 8.2　具有不确定性参数的结构稳定性边界

	$\Delta k=0.01$		$\Delta c=0.01$		$\Delta m=0.01$	
	$\Re(\overline{\lambda}_j^I)$	$\Re(\overline{\lambda}_j^I)$	$\Re(\overline{\lambda}_j^I)$	$\Re(\overline{\lambda}_j^I)$	$\Re(\overline{\lambda}_j^I)$	$\Re(\overline{\lambda}_j^I)$
P	[−0.0104,−0.0096]	[0.0100,0.0101]	[−0.0101,−0.0099]	[0.0097,0.0103]	[−0.0831,0.0631]	[0.0091,0.0109]
B_1	[−0.0086,0.0086] [−0.0286,−0.0114]	[−0.0013,0.0013] [−8.8,8.8]×10^{-4}	[−2.8,2.7]×10^{-5} [−0.0201,−0.0199]	[−1.8,1.8]×10^{-4} [−1.8,1.8]×10^{-4}	[−0.0227,0.0227] [−0.0426,0.0026]	[−0.0033,0.0033] [−0.0026,0.0026]
B_2	[−0.0020,0.0019] [−0.0219,−0.0180]	[−8.2,8.2]×10^{-6} [−2.9,2.9]×10^{-6}	[−3.6,−3.4]×10^{-5} [−0.0200,−0.0199]	[−2.6,2.6]×10^{-4} [−2.6,2.6]×10^{-4}	[−0.1538,0.1537] [−0.1737,0.1337]	[−0.0007,0.0007] [−0.0013,0.0013]
F_1	[0.0250,0.0050]	[0.4759,0.4804]	[−0.0101,−0.0099]	[0.4776,0.4787]	[−0.0889,0.0689]	[0.4649,0.4914]

续表

	$\Delta k=0.01$		$\Delta c=0.01$		$\Delta m=0.01$	
	$\Re(\bar{\lambda}_j^I)$	$\Re(\bar{\lambda}_j^I)$	$\Re(\bar{\lambda}_j^I)$	$\Re(\bar{\lambda}_j^I)$	$\Re(\bar{\lambda}_j^I)$	$\Re(\bar{\lambda}_j^I)$
F_2	[0.3234, 0.3650] [−0.3849, −0.3436]	0 0	[0.3437, 0.3447] [−0.3648, −0.3637]	0 0	[0.2488, 0.4397] [−0.4643, −0.2641]	0 0
F_3	[−0.0321, 0.0121]	[0.5355, 0.5358]	[−0.0101, −0.0099]	[0.5350, 0.5363]	[−0.1372, 0.1172]	[0.5335, 0.5377]
L	[−0.0355, 0.0155]	[0.1732, 0.1738]	[−0.0101, −0.0099]	[0.1729, 0.1741]	[−0.0843, 0.0643]	[0.1712, 0.1757]
U	[−0.0100, −0.0099]	[1.4143, 1.4144]	[−0.0100, −0.0099]	[1.4143, 1.4144]	[−0.0100, −0.0099]	[1.4143, 1.4144]

表 8.3 具有不同 $\Delta m,\Delta c,\Delta k$ 的结构稳定性边界

	$\Delta m,\Delta c,\Delta k=0.01$		$\Delta m,\Delta c,\Delta k=0.03$		$\Delta m,\Delta c,\Delta k=0.05$	
	$\Re(\bar{\lambda}_j^I)$	$\Re(\bar{\lambda}_j^I)$	$\Re(\bar{\lambda}_j^I)$	$\Re(\bar{\lambda}_j^I)$	$\Re(\bar{\lambda}_j^I)$	$\Re(\bar{\lambda}_j^I)$
P	[−0.1664,0.1464]	[0.0082,0.0119]	[−0.4792,0.4592]	[0.0046,0.0155]	[−0.7919,0.7719]	[0.0010,0.0191]
B_1	[−0.0313,0.0313] [−0.0512,0.0112]	[−0.0048,0.0048] [−0.0037,0.0037]	[−0.0937,0.0937] [−0.1135,0.0735]	[−0.0142,0.0142] [−0.0109,0.0109]	[−0.1561,0.1561] [−0.1759,0.1359]	[−0.0237,0.0237] [−0.0181,0.0181
B_2	[−0.1557,0.1556] [−0.1756,0.1357]	[−0.0010,0.0010] [−0.0016,0.0016]	[−0.4669,0.4669] [−0.4868,0.4468]	[−0.0029,0.0029] [−0.0047,0.0047]	[−0.7782,0.7781] [−0.7979,0.7580]	[−0.0048,0.0048] [−0.0078,0.0078]
F_1	[−0.1116,0.0916]	[0.4692,0.4871]	[−0.3147,0.2947]	[0.4514,0.5049]	[−0.5178,0.4978]	[0.4336,0.5227]
F_2	[0.2275,0.4609] [−0.4854,−0.2430]	0 0	[−0.0057,0.6941] [−0.7278,−0.0007]	0 0	[−0.2389,0.9274] [−0.9701,0.2416]	0 0
F_3	[−0.1593,0.1393]	[0.5328,0.5384]	[−0.4577,0.4377]	[0.5274,0.5439]	[−0.7561,0.7361]	[0.5219,0.5494]
L	[−0.1098,0.0898]	[0.1704,0.1765]	[−0.3094,0.2894]	[0.1644,0.1825]	[−0.5089,0.4889]	[0.1584,0.1885]
U	[−0.0100,−0.0099]	[1.4143,1.4144]	[−0.0100,−0.0099]	[1.4143,1.4144]	[−0.0100,−0.0099]	[1.4143,1.4144]

表 8.4 具有不同 $\Delta m,\Delta c,\Delta k$ 的结构响应区间

	$\Delta m,\Delta c,\Delta k=0.01$	$\Delta m,\Delta c,\Delta k=0.03$	$\Delta m,\Delta c,\Delta k=0.05$
P	[5.7247,6.0298]	[5.4196,6.3349]	[5.1146,6.6399]
B_1	$[-8.1667,8.1667]\times10^5$	$[-2.4500,2.4501]\times10^6$	$[-4.0834,4.0834]\times10^6$
B_2	[−26.5106,38.2651]	[−91.2862,103.0407]	[−156.0617,167.8162]
F_1	[1.2819,1.3044]	[1.2595,1.3269]	[1.2370,1.3493]
F_2	[0.8408,0.8958]	[0.7859,0.9508]	[0.7309,1.0057]
F_3	[0.3897,0.4222]	[0.3574,0.4545]	[0.3250,0.4869]
L	[0.5879,0.5996]	[0.5764,0.6112]	[0.5648,0.6228]
U	[0.0098,0.0101]	[0.0096,0.0103]	[0.0094,0.0105]

2. 具有两个分数阶导数项的 Duffing 振子动力学特性

参考文献［18］中的方法不能处理分数阶非线性系统，传统 Hill 方法不能分析分数阶非线性系统周期解的稳定性。上述整数阶 Duffing 系统验证算例表明，8.1.3 节提出的方法是正确的。本节研究含分数阶导数项的 Duffing 振子振动特性。

1）本节提出方法的数值结果

利用提出的方法分析分数阶导数 Duffing 振子的数值优化结果如表 8.5 所示，除周期解 F_2 和分岔解 B_1、B_2 外，Floquet 乘子的所有模均小于 1，因而这些解是稳定的。对于分岔解 B_1，一对复共轭 Floquet 乘子 0.6988± 0.7153i 的模等于 1，这表明解 B_1 为 Hopf 分岔点。

表 8.5　具有分数阶导数项的 Duffing 振子数值结果

	ω	$\bar{\lambda}_j$	$\bar{\rho}_j$	$\max(\lvert\bar{\rho}_j\rvert)$	$u(\tau_{max})$
P	2.3172	−0.1704± 0.0858i	0.6129± 0.1453i	0.6299	1.2941
B_1	2.0651	0± 1.8031i	0.6988± 0.7153i	1	0.5024
B_2	2.3335	0\−0.3404	1\0.3999	1	1.2794
F_1		−0.1694± 0.2808i	0.4287± 0.4430i	0.6165	1.2471
F_2	2.2	−0.5010\0.1701	0.2391\1.6257	1.6257	1.0456
F_3		−0.1530± 0.6391i	−0.1626+0.6253i	0.9736	0.3496
L	1	−0.1570± 0.2194i	0.0714± 0.3661i	0.3730	0.5911
U	10	−0.01± 1.4143i	0.6265± 0.7714i	0.9937	0.0099

如图 8.2 和表 8.1 所示，当不存在分数阶导数时，系统在频率 8.7446 处具有最大振幅 5.8773。当考虑分数阶导数时，共振峰值为 1.2941，相应共振频率为 2.3172。不含分数阶导数的 Duffing 振子最大振幅是含分数阶导数系统最大振幅的 4.5416 倍。由此可知，分数阶导数的存在对非线性系统振动响应有显著影响。值得注意的是，表 8.5 中所有解的振幅和振动频率都与文献［6］图 1 中给出的数值结果相同，这表明所提出的方法是有效的。

下面利用时域数值积分结果验证 8.1.3 节提出的稳定性分析方法的有效性。采用 Grunwald-Letnikov 方法求解分数阶导数微分方程（参考文献［6］的式（38））。时域积分方法的初始条件由本节方法得到数值结果提供。图 8.4 比较了时域积分法（TIM）和本节提出的方法（COHBM）数值结果，对于不稳定解 F_2，数值积分解的时间历程曲线如图 8.5 所示，不稳定解 F_2 在有限时间后跳跃到稳定解 F_1，这表明解 F_2 不稳定。从图 8.4 和图 8.5 可以明显看出，本节方法数值结果与数值积分解一致，从而验证所提出的稳定性分析方法的有效性。

2）灵敏度信息

图 8.6 给出了傅里叶系数相对于结构参数的灵敏度分析结果。对于具有分数阶导数的 Duffing 振子，与结构参数 ω、c、m、k 和 α 相关的灵敏度值与没有分数阶导数的 Duffing 振子相似。对于高振幅解 P、B_2、F_1、F_2 和 L、K_2 和 p_1 这两个参数对灵敏度结果有重要影响。相反，对于低振幅解 B_1、F_3 和 $\boldsymbol{U}$，傅里叶系数对 p_2 更为敏感。此外，分岔点 B_1 和 B_2 的灵敏度值有很大差异，分岔点 B_2 具有非常大的灵敏度值，趋近无穷，而分岔点 B_1 的灵敏度值相对很小，这表明在分数阶非线性系统中，分岔周期解可能对结构参数的变化不敏感。

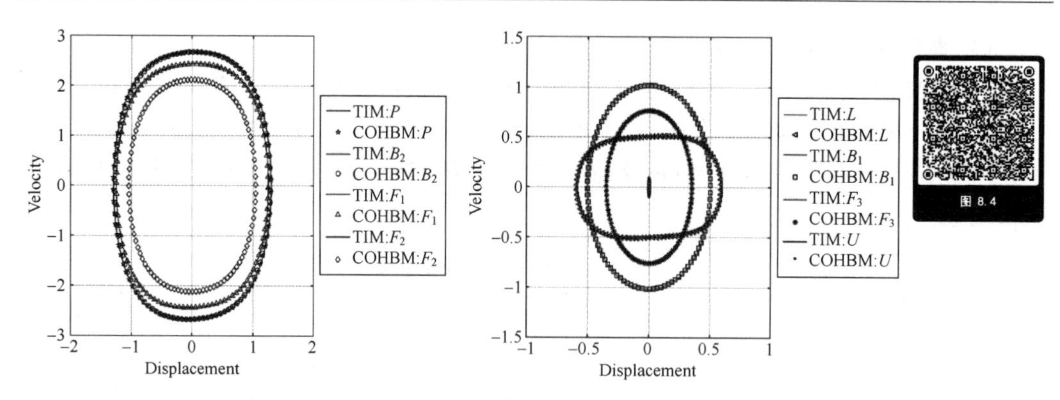

图 8.4 时域积分法（TIM）与本节提出的方法（COHBM）数值结果比较

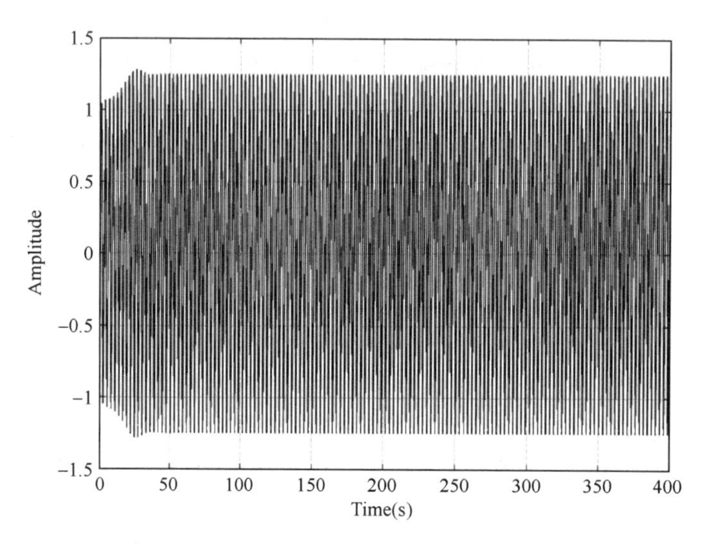

图 8.5 不稳定解 F_2的时间历程

3）参数不确定系统响应区间边界

表 8.6 和表 8.7 列出了不同 Δm、Δc、Δk 时的系统稳定性和响应边界。通常不确定程度越小，响应区间宽度越窄。随着 Δm、Δc、Δk 增加，宽度$\mathfrak{R}(\overline{\lambda}_j^I)$逐渐增加。当 Δm、Δc、Δk=0.01、0.03、0.05 时，解 P 的$\mathfrak{R}(\overline{\lambda}_j^I)$上界分别为 0.0070 和 0.1253，均大于 0。根据 Floquet 定理，周期解 P 不是鲁棒渐近稳定的。类似地，对于 3%和 5%等相对较高参数不确定程度，解 F_1非鲁棒渐近稳定。相反，解 F_3、L 和 U 的稳定性分析结果表明，这些低振幅解对未知参数不确定不敏感。对于所考虑的三种不确定情形，解 U 的稳定性区间上下界是相同的。

表 8.6 不同 $\Delta m,\Delta c,\Delta k$ 的系统稳定性边界

	$\Delta m,\Delta c,\Delta k$=0.01		$\Delta m,\Delta c,\Delta k$=0.03		$\Delta m,\Delta c,\Delta k$=0.05	
	$\mathfrak{R}(\overline{\lambda}_j^I)$	$\mathfrak{R}(\overline{\lambda}_j^I)$	$\mathfrak{R}(\overline{\lambda}_j^I)$	$\mathfrak{R}(\overline{\lambda}_j^I)$	$\mathfrak{R}(\overline{\lambda}_j^I)$	$\mathfrak{R}(\overline{\lambda}_j^I)$
P	[−0.2296,−0.1113]	[0.0605,0.1112]	[−0.3479,0.0070]	[0.0100,0.1617]	[−0.4662,0.1253]	[−0.0406,0.2123]
B_1	[−0.0792,0.0792]	[1.7185,1.8877]	[−0.2376,0.2376]	[1.5495,2.0567]	[−0.3960,0.3960]	[1.3804,2.2257]

续表

	$\Delta m,\Delta c,\Delta k=0.01$		$\Delta m,\Delta c,\Delta k=0.03$		$\Delta m,\Delta c,\Delta k=0.05$	
	$\Re(\overline{\lambda}_j^I)$	$\Re(\overline{\lambda}_j^I)$	$\Re(\overline{\lambda}_j^I)$	$\Re(\overline{\lambda}_j^I)$	$\Re(\overline{\lambda}_j^I)$	$\Re(\overline{\lambda}_j^I)$
B_2	[−0.0780, 0.0780] [−0.4187, −0.2620]	[0.0000, 0.0000] [0.0000, 0.0000]	[−0.2339, 0.2339] [−0.5754, −0.1054]	[0.0000, 0.0000] [0.0000, 0.0000]	[−0.3898, 0.3898] [−0.7320, 0.0513]	[0.0000, 0.0000] [0.0000, 0.0000]
F_1	[−0.2496, −0.0892]	[0.2134, 0.3481]	[−0.4099, 0.0712]	[0.0788, 0.4828]	[−0.5703, 0.2315]	[−0.0559, 0.6174]
F_2	[−0.5432, −0.4588] [0.1359, 0.2044]	[−0.0293, 0.0293] [−0.0357, 0.0357]	[−0.6274, −0.3746] [0.0675, 0.2728]	[−0.0877, 0.0877] [−0.1070, 0.1070]	[−0.7117, −0.2903] [−0.0009, 0.3412]	[−0.1461, 0.1461] [−0.1782, 0.1782]
F_3	[−0.1563, −0.1496]	[0.6341, 0.6440]	[−0.1630, −0.1429]	[0.6244, 0.6538]	[−0.1697, −0.1362]	[0.6146, 0.6635]
L	[−0.1822, −0.1318]	[0.2056, 0.2331]	[−0.2324, −0.0815]	[0.1783, 0.2605]	[−0.2827, −0.0312]	[0.1509, 0.2878]
U	[−0.0100, −0.0099]	[1.4143, 1.4144]	[−0.010, −0.0099]	[1.4143, 1.4144]	[−0.010, −0.0099]	[1.4143, 1.4144]

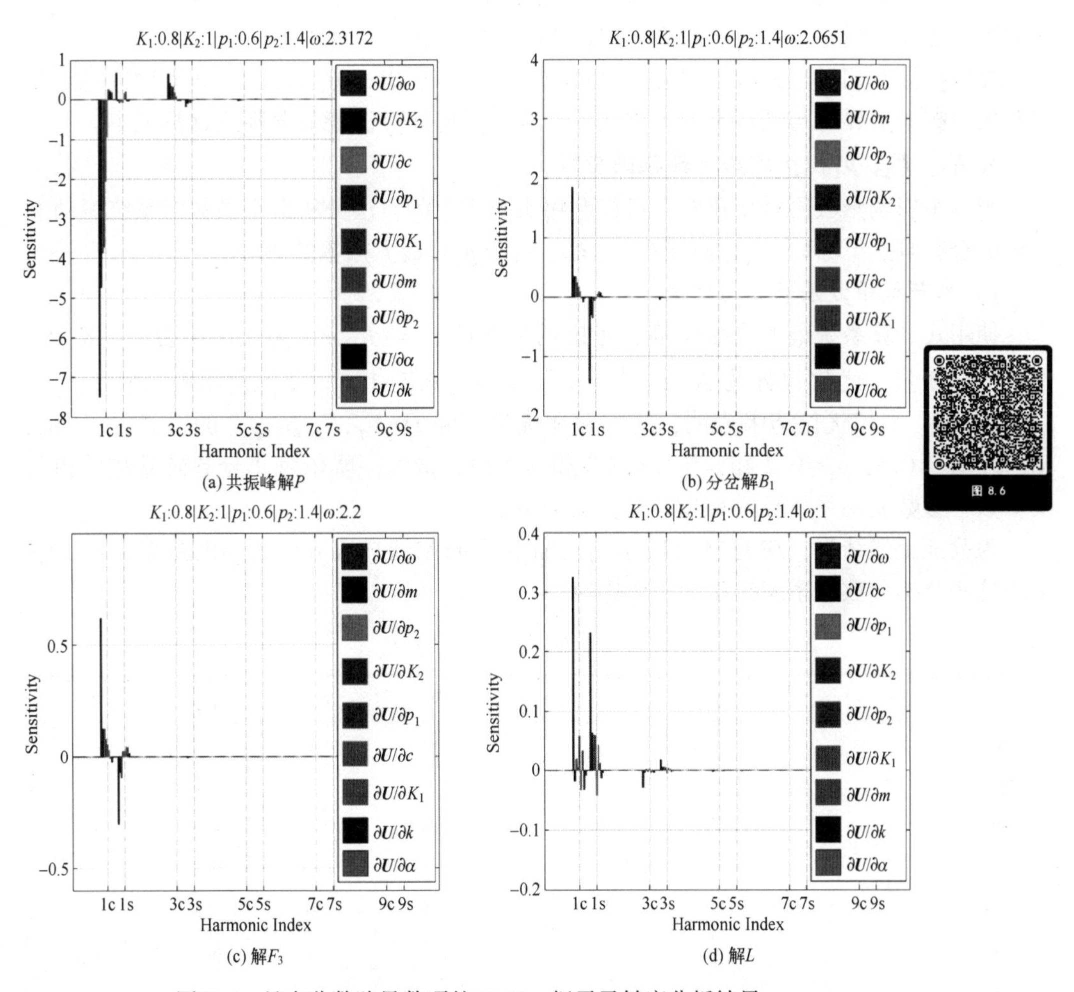

(a) 共振峰解P　(b) 分岔解B_1　(c) 解F_3　(d) 解L

图 8.6　具有分数阶导数项的 Duffing 振子灵敏度分析结果

表 8.7 不同 Δm、Δc、Δk 的结构响应区间

	$\Delta m,\Delta c,\Delta k=0.01$	$\Delta m,\Delta c,\Delta k=0.03$	$\Delta m,\Delta c,\Delta k=0.05$
P	[1.2685,1.3197]	[1.2313,1.3569]	[1.1895,1.3987]
B_1	[0.4702,0.5346]	[0.4060,0.5988]	[0.3417,0.6631]
B_2	$[-4.8207,4.8209]\times10^4$	$[-1.4463,1.4463]\times10^5$	$[-2.4104,2.4104]\times10^5$
F_1	[1.2239,1.2703]	[1.1776,1.3166]	[1.1313,1.3629]
F_2	[1.0149,1.0762]	[0.9537,1.1374]	[0.8925,1.1986]
F_3	[0.3396,0.3597]	[0.3196,0.3797]	[0.2996,0.3996]
L	[0.5854,0.5969]	[0.5740,0.6083]	[0.5625,0.6197]
U	[0.0098,0.0101]	[0.0096,0.0103]	[0.0094,0.0105]

当存在不确定性时，分岔解 B_1 和 B_2 变得不稳定，解 B_2 的 $\Re(\overline{\lambda_j^I})$ 为零。显然表 8.7 中解 B_2 的区间响应边界没有意义，基于一阶泰勒展开的区间分析法对分岔点存在过估计问题，尤其是当参数不确定程度相对较大时，需要进一步研究。

即使在涉及相对较大参数不确定性情况下，本节提出的方法也能计算周期解稳定区间和振动响应边界。与蒙特卡罗方法相比，本节提出的方法能显著降低计算成本。

3. K_1、K_2、p_1 和 p_2 对最大振幅的影响

当多个影响参数同时变化时，可以利用本节提出的方法分析多个参数对系统振动响应的综合影响。下面研究结构参数 K_1、K_2、p_1 和 p_2 对最大振幅的影响。

1）本节提出方法的数值结果

使用式计算系统最大共振峰值，考虑的参数即 $v_u=\{K_1,K_2,p_1,p_2\}$ 作为式（8.25）中的优化变量，优化边界为 $K_1\in[0,1.6]$，$K_2\in[0.5,1.5]$，$p_1\in[0.2,0.8]$，$p_2\in[1.2,1.8]$。数值优化结果表明，优化解在优化空间 $\Omega(K_1,K_2,p_1,p_2)$ 的边界处，即在 $K_1=0$，$K_2=0.5$，$p_1=0.2$ 和 $p_2=1.8$ 时取得最大值，最大振幅依赖于分数阶导数项相关的参数，参数 p_2 对系统振动响应具有显著影响。

为验证上述结果，在 $\Omega(K_1,K_2,p_1,p_2)$ 优化空间中选择表 8.8 所示的数据样本，以分析这些结构参数对系统振动响应的影响。

表 8.8 参数影响研究样本

	m	c	k	α	K_1	K_2	p_1	p_2
DP1	5	0.1	10	15	0	0.5	0.2	1.8
DP2					0.2	0.6	0.3	1.7
DP3					0.5	0.8	0.4	1.6
DP4					0.8	1.0	0.5	1.5
DP5					0.8	1.0	0.6	1.4
DP6					1.1	1.2	0.6	1.4
DP7					1.4	1.4	0.7	1.3
DP8					1.6	1.5	0.8	1.2

表 8.9 列出了本节方法优化结果，由表可知，表中所有 Floquet 乘子的模均小于 1，因而这些周期解是稳定的。显然，最大振幅及相应的共振频率是关于 K_1、K_2和 p_1的单调递减函数，也就是说，减小 K_1、K_2和 p_1可能增大 $u(\tau_{\max})$及其共振频率。相反，增大 p_2导致 $u(\tau_{\max})$减小，共振频率降低，这表明参数 p_2对系统振动影响较大，增大 p_2可以抑制共振。

表 8.9　8 种情况数值优化结果

	ω	$\bar{\lambda}_j$	$\bar{\rho}_j$	$\max(\lvert\bar{\rho}_j\rvert)$	$u(\tau_{\max})$
DP1	3.7566	−0.0628± 0.0337i	0.8989± 0.0507i	0.9003	2.4648
DP2	3.2357	−0.0843± 0.0405i	0.8464± 0.0668i	0.8490	2.0620
DP3	2.7298	−0.1177± 0.0593i	0.7557± 0.1038i	0.7627	1.6619
DP4	2.3836	−0.1572± 0.0791i	0.6464± 0.1368i	0.6607	1.3679
DP5	2.3172	−0.1704± 0.0858i	0.6129± 0.1453i	0.6299	1.2941
DP6	2.1368	−0.2046± 0.1017i	0.5235± 0.1614i	0.5479	1.1439
DP7	1.9572	−0.2600± 0.1240i	0.4001± 0.1682i	0.4340	0.9729
DP8	1.8635	−0.3027± 0.1420i	0.3198± 0.1660i	0.3603	0.8790

2) 灵敏度信息

图 8.7 给出了 8 种情况的灵敏度分析结果，由图可知，在 9 个影响参数中，$\boldsymbol{U}$ 对 p_2、c、K_2和 ω 的灵敏度值明显高于其他 5 个。随着 K_1、K_2和 p_1增大以及 p_2减小，灵敏度值急剧下降。$\partial \boldsymbol{U}/\partial p_1$的灵敏度值在 DP2 时达到最大值，然后开始下降。对应 DP1 的解具有最高的灵敏度，DP1 情况下具有最低的灵敏度。

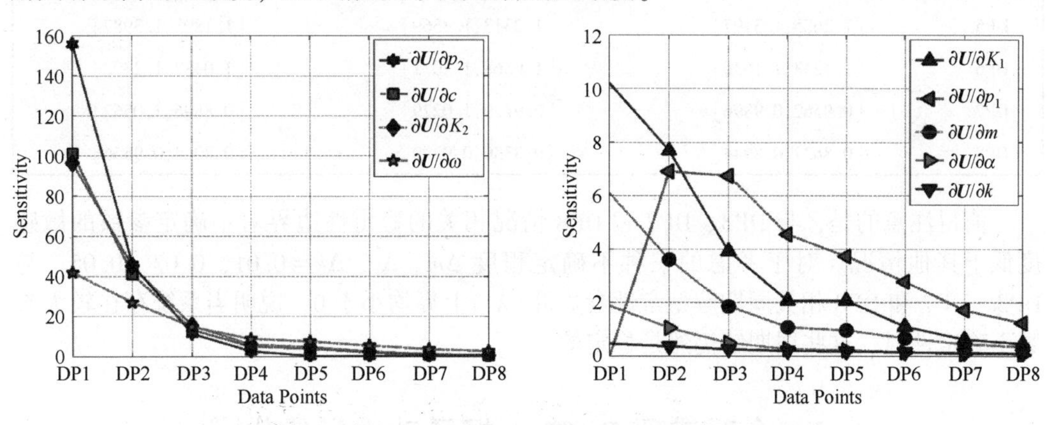

图 8.7　不同影响参数的分数阶导数项灵敏度分析结果

由图 8.7 可知这些结构参数对最大振幅的影响，系统最大振动位移及其灵敏度主要受结构参数 p_2、c 和 K_2的影响。相对而言，ω 的影响相对较小，而结构参数 K_1、p_1、m、α 和 k 对灵敏度的影响几乎可忽略不计。

3) 参数不确定系统振动响应区间边界

基于本节提出的方法，考虑三种不确定程度，即 Δm、Δc、$\Delta k = 0.01$、0.03 和 0.05，表 8.10 给出了 8 种数据样本相应周期解的$\bar{\lambda}_j^I$上下界，计算得到的振动响应区间边界见表 8.11。由表 8.10 和表 8.11 可知，当不确定程度较小时（$\Delta m,\Delta c,\Delta k=0.01$），所有周期解$\mathfrak{R}(\bar{\lambda}_j^I)$的上界均为负值，因此，表 8.11 第二列（相应周期解是稳定的）振动响应区间边界预测是可信的。

表 8.10　具有不同 Δm、Δc、Δk 的系统稳定性边界

	$\Delta m,\Delta c,\Delta k=0.01$		$\Delta m,\Delta c,\Delta k=0.03$		$\Delta m,\Delta c,\Delta k=0.05$	
	$\mathfrak{R}(\bar{\lambda}_j^I)$	$\mathfrak{R}(\bar{\lambda}_j^I)$	$\mathfrak{R}(\bar{\lambda}_j^I)$	$\mathfrak{R}(\bar{\lambda}_j^I)$	$\mathfrak{R}(\bar{\lambda}_j^I)$	$\mathfrak{R}(\bar{\lambda}_j^I)$
DP1	[−0.1018,−0.0237]	[0.0274,0.0400]	[−0.1798,0.0542]	[0.0149,0.0525]	[−0.2578,0.1322]	[0.0024,0.0650]
DP2	[−0.1552,−0.0134]	[0.0257,0.0553]	[−0.2969,0.1283]	[−0.0037,0.0848]	[−0.4386,0.2700]	[−0.0332,0.1143]
DP3	[−0.1218,−0.1135]	[0.0576,0.0609]	[−0.1300,−0.1053]	[0.0545,0.0641]	[−0.1382,−0.0971]	[0.0513,0.0673]
DP4	[−0.2185,−0.0960]	[0.0537,0.1045]	[−0.3409,0.0265]	[0.0031,0.1552]	[−0.4633,0.1489]	[−0.0476,0.2059]
DP5	[−0.2296,−0.1113]	[0.0605,0.1112]	[−0.3479,0.0070]	[0.0100,0.1617]	[−0.4662,0.1253]	[−0.0406,0.2123]
DP6	[−0.2645,−0.1448]	[0.0702,0.1333]	[−0.3841,−0.0252]	[0.0071,0.1964]	[−0.5037,0.0944]	[−0.0560,0.2594]
DP7	[−0.2722,−0.2478]	[0.1074,0.1406]	[−0.2966,−0.2234]	[0.0742,0.1738]	[−0.3209,−0.1991]	[0.0410,0.2070]
DP8	[−0.3150,−0.2905]	[0.1274,0.1565]	[−0.3393,−0.2662]	[0.0985,0.1855]	[−0.3637,−0.2418]	[0.0695,0.2145]

表 8.11　具有不同 Δm、Δc、Δk 的结构响应区间

	$\Delta m,\Delta c,\Delta k=0.01$	$\Delta m,\Delta c,\Delta k=0.03$	$\Delta m,\Delta c,\Delta k=0.05$
DP1	[2.4234,2.5063]	[2.3406,2.5890]	[2.2579,2.6718]
DP2	[2.0290,2.0951]	[1.9630,2.1610]	[1.8970,2.2270]
DP3	[1.6353,1.6885]	[1.5821,1.7417]	[1.5289,1.7949]
DP4	[1.3457,1.3901]	[1.3013,1.4345]	[1.2570,1.4788]
DP5	[1.2685,1.3197]	[1.2313,1.3569]	[1.1895,1.3987]
DP6	[1.1248,1.1630]	[1.0868,1.2011]	[1.0487,1.2392]
DP7	[0.9562,0.9896]	[0.9229,1.0229]	[0.8896,1.0562]
DP8	[0.8637,0.8944]	[0.8330,0.9250]	[0.8024,0.9556]

值得注意的是，与 DP3、DP7 和 DP8 情况相关的稳定性边界对不确定参数的敏感度低于其他情况。对于考虑的三种不确定程度 Δm，Δc，$\Delta k=0.01$，0.03，0.05，与 DP3、DP7 和 DP8 相关周期解稳定性参数$\mathfrak{R}(\bar{\lambda}_j^I)$上界均小于 0，说明当系统存在较大参数不确定性时，这些周期解仍然是稳定的。

8.2　含时滞项 Duffing 振子动力学优化[20]

本节应用约束优化谐波平衡方法求解含时滞项的 Duffing 振子非线性振动问题，推导非线性等式约束解析表达式，分析目标和约束函数的灵敏度，研究时滞非线性系统周期解稳定性分析方法。

8.2.1　时滞非线性系统运动方程

考虑如下含时滞项的 Duffing 振子运动方程：

$$m\ddot{u}(t)+c\dot{u}(t)+ku(t)+\gamma[u(t)]^3-\alpha u(t-\sigma)=f\cos(\omega t) \tag{8.27}$$

式中：m、c、k、γ、f 和 ω 分别表示质量、阻尼、线性刚度、非线性刚度、外激励幅值和激励频率；α、σ 分别表示时间延迟幅值和时间延迟$\left(\text{角速度 } \Omega=\dfrac{2\pi}{\sigma}\right)$；$u$、$\dot{u}$ 和 $\ddot{u}$ 分别表示位移、速度和加速度；点表示相对于 t 的微分。

8.2.2　非线性等式约束及灵敏度

1. 非线性等式约束

1）$\dot{u}$ 和 $\ddot{u}$ 的表达式

利用式（8.2）$u(\tau)=\boldsymbol{T}(\tau)\boldsymbol{U}$，可得

$$\dot{u}(t)=\boldsymbol{T}(t)\nabla\boldsymbol{U},\quad \ddot{u}(t)=\boldsymbol{T}(t)\nabla^2\boldsymbol{U} \tag{8.28}$$

2）时滞项 $u(t-\sigma)$ 表达式

利用式和三角函数性质，可得到：

$$U_k^c\cos(k\tau-k\omega\sigma)+U_k^s\sin(k\tau-k\omega\sigma)$$
$$=[U_k^c\cos(k\omega\sigma)-U_k^s\sin(k\omega\sigma)]\cos(k\tau)+[U_k^c\sin(k\omega\sigma)+U_k^s\cos(k\omega\sigma)]\sin(k\tau) \tag{8.29}$$

定义旋转矩阵 $\boldsymbol{R}(\theta)$：

$$\boldsymbol{R}(\theta)=\begin{bmatrix}\cos\theta & \sin\theta\\ -\sin\theta & \cos\theta\end{bmatrix} \tag{8.30}$$

利用式（8.29）和性质（8.30），可以推导出以下表达式：

$$u(t-\sigma)=\boldsymbol{T}(t)\nabla^\sigma\boldsymbol{U} \tag{8.31}$$

式中

$$\nabla^\sigma=\mathrm{diag}(1,\nabla_1^\sigma,\cdots,\nabla_k^\sigma,\cdots,\nabla_{N_H}^\sigma),\nabla_k^\sigma=\begin{bmatrix}\cos\varphi_k & -\sin\varphi_k\\ \sin\varphi_k & \cos\varphi_k\end{bmatrix}=\boldsymbol{R}(-\varphi_k),\varphi_k=k\omega\sigma \tag{8.32}$$

将式（8.28）和式（8.31）等代入式（8.27），经过一些简单的数学运算，可以得到

$$\boldsymbol{C}_E(\boldsymbol{U})=\{[m\nabla^2\boldsymbol{U}]+[c\nabla\boldsymbol{U}]+k\boldsymbol{U}+\gamma[\boldsymbol{E}(\boldsymbol{U})]^2\boldsymbol{U}-\alpha[\nabla^\sigma\boldsymbol{U}]\}-\boldsymbol{F}=0 \tag{8.33}$$

式中

$$\boldsymbol{F}=[0\quad 1\quad 0\quad \cdots\quad 0\quad 0\quad \cdots\quad 0\quad 0]^{\mathrm{T}} \tag{8.34}$$

式（8.33）中的非线性代数方程用于构造优化问题的非线性等式约束。

2. 非线性等式约束的梯度

利用式（8.33）对影响参数直接微分以计算非线性等式约束相关的梯度。

$\boldsymbol{C}_E(\boldsymbol{U})$ 关于 $\boldsymbol{U}$ 的雅可比矩阵为

$$\boldsymbol{J}=\frac{\partial\boldsymbol{C}_E(\boldsymbol{U})}{\partial\boldsymbol{U}}=(k\boldsymbol{I}+c\nabla+m\nabla^2)+\gamma\frac{\partial\{[\boldsymbol{E}(\boldsymbol{U})]^2\boldsymbol{U}\}}{\partial\boldsymbol{U}}-\alpha\nabla^\sigma \tag{8.35}$$

利用式（7.40）可计算式（8.35）中的$\dfrac{\partial\{\boldsymbol{E}(\boldsymbol{U})\boldsymbol{U}\}}{\partial\boldsymbol{U}}$。

式（8.33）对激励频率求导，可得

$$\frac{\partial\boldsymbol{C}_E(\boldsymbol{U})}{\partial\omega}=\left(c\frac{\partial\nabla}{\partial\omega}+m\frac{\partial\nabla^2}{\partial\omega}\right)\boldsymbol{U}-\alpha\frac{\partial\nabla^\eta}{\partial\omega}\boldsymbol{U} \tag{8.36}$$

式中

$$\begin{cases}\dfrac{\partial \nabla^{\sigma}}{\partial \omega}=\mathbf{diag}\left(0,\dfrac{\partial \nabla_1^{\sigma}}{\partial \omega},\cdots,\dfrac{\partial \nabla_k^{\sigma}}{\partial \omega},\cdots,\dfrac{\partial \nabla_{N_{\mathrm{H}}}^{\sigma}}{\partial \omega}\right)\\ \dfrac{\partial \nabla_k^{\sigma}}{\partial \omega}=\dfrac{\partial \boldsymbol{R}(-\varphi_k)}{\partial \omega}=\dfrac{\partial \boldsymbol{R}(-\varphi_k)}{\partial \varphi_k}\dfrac{\partial \varphi_k}{\partial \omega}=\begin{bmatrix}-\sin\varphi_k & -\cos\varphi_k\\ \cos\varphi_k & -\sin\varphi_k\end{bmatrix}k\sigma\end{cases} \tag{8.37}$$

$\boldsymbol{C}_E(\boldsymbol{U})$关于$\sigma$的偏导数计算如下：

$$\begin{cases}\dfrac{\partial \boldsymbol{C}_E(\boldsymbol{U})}{\partial \sigma}=-\alpha\dfrac{\partial(\nabla^{\sigma})}{\partial \sigma}\boldsymbol{U}\\ \dfrac{\partial(\nabla^{\sigma})}{\partial \sigma}=\mathbf{diag}\left(0,\dfrac{\partial(\nabla_1^{\sigma})}{\partial \sigma},\cdots,\dfrac{\partial(\nabla_k^{\sigma})}{\partial \sigma},\cdots,\dfrac{\partial(\nabla_{N_{\mathrm{H}}}^{\sigma})}{\partial \sigma}\right)\end{cases} \tag{8.38}$$

式中

$$\begin{cases}\dfrac{\partial(\nabla_k^{\sigma})}{\partial \sigma}=\dfrac{\partial[\boldsymbol{R}(-\varphi_k)]}{\partial \sigma}=\dfrac{\partial[\boldsymbol{R}(-\varphi_k)]}{\partial \varphi_k}\dfrac{\partial \varphi_k}{\partial \sigma}\\ \dfrac{\partial[\boldsymbol{R}(-\varphi_k)]}{\partial \varphi_k}=\begin{bmatrix}-\sin\varphi_k & -\cos\varphi_k\\ \cos\varphi_k & -\sin\varphi_k\end{bmatrix},\quad \dfrac{\partial \varphi_k}{\partial \sigma}=k\omega\end{cases} \tag{8.39}$$

类似地，$\boldsymbol{C}_E(\boldsymbol{U})$ 关于m、c、k、α的梯度可直接计算得到：

$$\begin{cases}\dfrac{\partial \boldsymbol{C}_E(\boldsymbol{U})}{\partial m}=\nabla^2\boldsymbol{U},\quad \dfrac{\partial \boldsymbol{C}_E(\boldsymbol{U})}{\partial c}=\nabla\boldsymbol{U},\quad \dfrac{\partial \boldsymbol{C}_E(\boldsymbol{U})}{\partial k}=\boldsymbol{U}\\ \dfrac{\partial \boldsymbol{C}_E(\boldsymbol{U})}{\partial \gamma}=[\boldsymbol{E}(\boldsymbol{U})]^2\boldsymbol{U},\quad \dfrac{\partial \boldsymbol{C}_E(\boldsymbol{U})}{\partial \alpha}=-\nabla^{\sigma}\boldsymbol{U}\end{cases} \tag{8.40}$$

基于式（8.33），可以得到傅里叶系数相对于影响参数的灵敏度，即

$$\frac{\mathrm{d}\boldsymbol{C}_E(\boldsymbol{U})}{\mathrm{d}b_k}=\frac{\partial \boldsymbol{C}_E(\boldsymbol{U})}{\partial b_k}+\frac{\partial \boldsymbol{C}_E(\boldsymbol{U})}{\partial \boldsymbol{U}}\frac{\partial \boldsymbol{U}}{\partial b_k}=\frac{\partial \boldsymbol{C}_E(\boldsymbol{U})}{\partial b_k}+\boldsymbol{J}\frac{\partial \boldsymbol{U}}{\partial b_k}=0 \tag{8.41}$$

$$\frac{\partial \boldsymbol{U}}{\partial b_k}=-\boldsymbol{J}^{-1}\frac{\partial \boldsymbol{C}_E(\boldsymbol{U})}{\partial b_k} \tag{8.42}$$

利用以上灵敏度信息，可以采用梯度方法分析相关优化问题。

8.2.3 时滞非线性系统周期解的稳定性分析方法

下面利用 Floquet 理论和摄动方法分析时滞非线性系统周期解的稳定性。设$\boldsymbol{T}(t)\mathrm{e}^{\lambda t}\boldsymbol{Z}$为式（8.27）的一个小扰动，其中$\boldsymbol{Z}=[Z_0\quad Z_1^c\quad Z_1^s\quad \cdots\quad Z_k^c\quad Z_k^s\quad \cdots\quad Z_{N_{\mathrm{H}}}^c\quad Z_{N_{\mathrm{H}}}^s]^{\mathrm{T}}$，将扰动$\boldsymbol{T}(t)\mathrm{e}^{\lambda t}\boldsymbol{Z}$代入式（8.27）可得出周期解稳定性判据，下面使用$u(t)=\boldsymbol{T}(t)[\boldsymbol{Y}+\mathrm{e}^{\lambda t}\boldsymbol{Z}]$计算式（8.27）中的每一项。

1. $\dot{u}$和$\ddot{u}$的表达式

直接微分$\dot{u}$和$\ddot{u}$可以得到

$$\dot{u}(t)=\dot{\boldsymbol{T}}(t)[\boldsymbol{Y}+\mathrm{e}^{\lambda t}\boldsymbol{Z}]+\lambda\mathrm{e}^{\lambda t}\boldsymbol{T}(t)\boldsymbol{Z}=\boldsymbol{T}(t)\nabla\boldsymbol{Y}+\mathrm{e}^{\lambda t}\boldsymbol{T}(t)\nabla\boldsymbol{Z}+\lambda\mathrm{e}^{\lambda t}\boldsymbol{T}(t)\boldsymbol{Z} \tag{8.43}$$

$$\ddot{u}(t)=\boldsymbol{T}(t)\nabla^2\boldsymbol{Y}+\mathrm{e}^{\lambda t}\boldsymbol{T}(t)\nabla^2\boldsymbol{Z}+2\lambda\mathrm{e}^{\lambda t}\boldsymbol{T}(t)\nabla\boldsymbol{Z}+\lambda^2\mathrm{e}^{\lambda t}\boldsymbol{T}(t)\boldsymbol{Z} \tag{8.44}$$

2. $u^3(t)$ 的表达式

根据式（7.22）中定义的运算矩阵，多项式非线性项计算如下：

$$
\begin{aligned}
&[\boldsymbol{T}(t)\boldsymbol{Y}+e^{\lambda t}\boldsymbol{T}(t)\boldsymbol{Z}]^3=\\
&[\boldsymbol{T}(t)\boldsymbol{Y}]^3+3[\boldsymbol{T}(t)\boldsymbol{Y}]^2e^{\lambda t}[\boldsymbol{T}(t)\boldsymbol{Z}]+3[\boldsymbol{T}(t)\boldsymbol{Y}]e^{2\lambda t}[\boldsymbol{T}(t)\boldsymbol{Z}]^2+e^{3\lambda t}[\boldsymbol{T}(t)\boldsymbol{Z}]^3\\
&\{\boldsymbol{T}(t)[\boldsymbol{E}(\boldsymbol{Y})]^2\boldsymbol{Y}\}+3e^{\lambda t}\{\boldsymbol{T}(t)[\boldsymbol{E}(\boldsymbol{Y})\boldsymbol{Y}]\}[\boldsymbol{T}(t)\boldsymbol{Z}]+3e^{2\lambda t}[\boldsymbol{T}(t)\boldsymbol{Z}]^2[\boldsymbol{T}(t)\boldsymbol{Y}]+e^{3\lambda t}[\boldsymbol{T}(t)\boldsymbol{Z}]^3\\
&\{\boldsymbol{T}(t)[\boldsymbol{E}(\boldsymbol{Y})]^2\boldsymbol{Y}\}+3e^{\lambda t}\{\boldsymbol{T}(t)[\boldsymbol{E}(\boldsymbol{V})\boldsymbol{Z}]\}+3e^{2\lambda t}\{\boldsymbol{T}(t)[\boldsymbol{E}(\boldsymbol{W})\boldsymbol{Y}]\}+e^{3\lambda t}\{\boldsymbol{T}(t)[\boldsymbol{E}(\boldsymbol{Z})]^2\boldsymbol{Z}\}
\end{aligned}
\tag{8.45}
$$

式中：$\boldsymbol{V}=\boldsymbol{E}(\boldsymbol{Y})\boldsymbol{Y}$；$\boldsymbol{W}=\boldsymbol{E}(\boldsymbol{Z})\boldsymbol{Z}$。

3. $u(t-\sigma)$ 的表达式

由三角函数的性质可得到如下表达式：

$$u(t-\sigma)=\{\boldsymbol{T}(t-\sigma)[\boldsymbol{Y}+e^{\lambda(t-\sigma)}\boldsymbol{Z}]\}=\boldsymbol{T}(t)\nabla^{\sigma}\boldsymbol{Y}+e^{\lambda t}\{e^{-\lambda\sigma}\boldsymbol{T}(t)\nabla^{\sigma}\boldsymbol{Z}\} \tag{8.46}$$

4. 准特征值问题的构建

将式（8.43）~式（8.46）代入式（8.47），并搜集相同项，得

$$
\begin{aligned}
&\boldsymbol{C}_S(\lambda)=m[\boldsymbol{T}(t)\nabla^2\boldsymbol{Y}+e^{\lambda t}\boldsymbol{T}(t)\nabla^2\boldsymbol{Z}+2\lambda e^{\lambda t}\boldsymbol{T}(t)\nabla\boldsymbol{Z}+\lambda^2e^{\lambda t}\boldsymbol{T}(t)\boldsymbol{Z}]+\\
&c[\boldsymbol{T}(t)\nabla\boldsymbol{Y}+e^{\lambda t}\boldsymbol{T}(t)\nabla\boldsymbol{Z}+\lambda e^{\lambda t}\boldsymbol{T}(t)\boldsymbol{Z}]+k[\boldsymbol{T}(t)\boldsymbol{Y}+e^{\lambda t}\boldsymbol{T}(t)\boldsymbol{Z}]+\\
&\gamma[\{\boldsymbol{T}(t)[\boldsymbol{E}(\boldsymbol{Y})]^2Y\}+3e^{\lambda t}\{\boldsymbol{T}(t)[E(\boldsymbol{V})\boldsymbol{Z}]\}+3e^{2\lambda t}\{\boldsymbol{T}(t)[\boldsymbol{E}(\boldsymbol{W})\boldsymbol{Y}]\}+e^{3\lambda t}\{\boldsymbol{T}(t)[\boldsymbol{E}(\boldsymbol{Z})]^2\boldsymbol{Z}\}]\\
&-\alpha\{\boldsymbol{T}(t)\nabla^{\sigma}\boldsymbol{Y}+e^{\lambda t}[e^{-\lambda\sigma}\boldsymbol{T}(t)\nabla^{\sigma}\boldsymbol{Z}]\}\\
&=\boldsymbol{T}(t)[m\nabla^2+c\nabla+k\boldsymbol{I}+\gamma[\boldsymbol{E}(\boldsymbol{Y})]^2-\alpha\nabla^{\sigma}]\boldsymbol{Y}+\\
&\boldsymbol{T}(t)\{[m\boldsymbol{I}]\lambda^2+[c\boldsymbol{I}+2m\nabla]\lambda+[m\nabla^2+c\nabla+k\boldsymbol{I}+3\gamma\boldsymbol{E}(\boldsymbol{V})]-\alpha e^{-\lambda\sigma}\nabla^{\sigma}\}\boldsymbol{Z}e^{\lambda t}\\
&+\text{高阶项}
\end{aligned}
\tag{8.47}
$$

式（8.47）与 $\boldsymbol{Y}$ 相关的第一项为零。忽略高阶项后，式（8.47）变为

$$\boldsymbol{C}_S(\lambda)\approx\{[m\boldsymbol{I}]\lambda^2+[c\boldsymbol{I}+2m\nabla]\lambda+[m\nabla^2+c\nabla+k\boldsymbol{I}+3\gamma\boldsymbol{E}(\boldsymbol{V})]-\alpha e^{-\lambda\sigma}\nabla^{\sigma}\}\boldsymbol{Z}=0 \tag{8.48}$$

使用标准状态向量 $\boldsymbol{X}_S(t)=\begin{bmatrix}\boldsymbol{X}(t)\\ \dot{\boldsymbol{X}}(t)\end{bmatrix}$ 和 $\boldsymbol{X}_S^{\sigma}(t)=\begin{bmatrix}\boldsymbol{X}(t-\sigma)\\ \dot{\boldsymbol{X}}(t-\sigma)\end{bmatrix}$，将稳定性分析问题转化为以下等效特征值问题：

$$\boldsymbol{A}\dot{\boldsymbol{X}}_S(t)=\boldsymbol{B}\boldsymbol{X}_S(t)+\boldsymbol{C}\boldsymbol{X}_S^{\sigma}(t) \tag{8.49}$$

式中：矩阵 $\boldsymbol{A}$、$\boldsymbol{B}$ 和 $\boldsymbol{C}$ 分别为

$$
\begin{cases}
\boldsymbol{A}=\begin{bmatrix}(m\boldsymbol{I}) & \boldsymbol{0}\\ (c\boldsymbol{I}+2m\nabla) & (m\boldsymbol{I})\end{bmatrix}\\
\boldsymbol{B}=\begin{bmatrix}\boldsymbol{0} & (m\boldsymbol{I})\\ -(m\nabla^2+c\nabla+k\boldsymbol{I}+3\alpha\boldsymbol{E}(\boldsymbol{V})) & \boldsymbol{0}\end{bmatrix}\\
\boldsymbol{C}=\begin{bmatrix}\boldsymbol{0} & \boldsymbol{0}\\ \alpha e^{-\lambda\sigma}\nabla^{\sigma} & \boldsymbol{0}\end{bmatrix}
\end{cases}
\tag{8.50}
$$

式（8.49）中的特征值问题可以使用文献［15］或［17］中的方法求解，可以通过分析式（8.49）的特征值 λ_j 确定周期解的稳定性，如果所有特征值都具有负实部，则相应的周期解是稳定的，否则解是不稳定的。因此，稳定的周期解需要满足条件

$$\Re(\lambda_j)\leqslant 0 \tag{8.51}$$

式（8.51）中的稳定性条件可用于构造优化问题的非线性不等式约束。

本节利用 Floquet 理论，使用频域方法，推导了时滞非线性系统的周期解稳定性分析方法。

8.2.4 优化问题描述

根据式（6.1）的一般框架，式（8.33）中的非线性代数方程和式（8.51）中的稳定性准则设为非线性约束，可得到如下非线性约束优化问题：

$$f(\boldsymbol{x})=f(\boldsymbol{U},\omega,\boldsymbol{v}_u)=\max u(\tau)$$
$$\text{s. t.}\begin{cases}\boldsymbol{g}(\boldsymbol{x})=\boldsymbol{C}_{\mathrm{E}}(\boldsymbol{U})=\boldsymbol{0}\\ \boldsymbol{g}_s(\boldsymbol{x})=\Re(\lambda_j)\leqslant 0\end{cases}\tag{8.52}$$

式中：$\boldsymbol{x}=\{\boldsymbol{U},\boldsymbol{\omega},\boldsymbol{v}_u\}^{\mathrm{T}}$ 和 $\boldsymbol{v}_u$ 是一组设计参数和不确定性参数；$\boldsymbol{g}(\boldsymbol{x})$ 和 $\boldsymbol{g}_s(\boldsymbol{x})$ 分别表示非线性等式和不等式约束。

假设 $u(\tau)$ 在区间 $[0,2\pi]$ 上 $\tau_{\max}$ 时间点处达到最大值，则有 $\dot{u}(\tau_{\max})=0$。由于目标函数具有已知的表达式，因此可以得出目标函数关于 $\boldsymbol{U}$ 的梯度：

$$\frac{\partial u(\tau_{\max})}{\partial \boldsymbol{U}}=\frac{\partial[\boldsymbol{T}(t)\boldsymbol{U}]_{t=\tau_{\max}}}{\partial \boldsymbol{U}}=\boldsymbol{T}(t)\big|_{t=\tau_{\max}}\tag{8.53}$$

显然，$u(\tau_{\max})$ 相对于其他影响参数的梯度为零。

本节将约束优化谐波平衡方法分析时滞非线性系统非线性振动问题，推导了目标和约束函数的解析梯度，给出了时滞非线性系统周期解稳定性分析方法。

8.2.5 时滞非线性系统周期解的连续延拓方法[23]

在机械系统中，当系统某一参数发生变化而其他参数保持不变时，通常采用连续延拓方法来跟踪系统动力学行为的演化。本节研究基于切线预测和 Moore-Penrose 修正的连续延拓方法追踪迟滞非线性系统周期解，连续延拓过程分预测步和修正步两步进行。根据曲线坐标的近似，定义以 μ 为连续延拓参数的预测步（用以度量两个解 $(\boldsymbol{U}^{(i+1)},\mu^{(i+1)})$，$(\boldsymbol{U}^{(i)},\mu^{(i)})$ 之间距离）：

$$\Delta s^{(i+1)}=\sqrt{(\boldsymbol{U}^{(i+1)}-\boldsymbol{U}^{(i)})^{\mathrm{T}}(\boldsymbol{U}^{(i+1)}-\boldsymbol{U}^{(i)})+(\mu^{(i+1)}-\mu^{(i)})^2}\tag{8.54}$$

步长 $\Delta s^{(i+1)}$ 必须根据非线性响应曲线的变化自动调整和优化。

1. 预测步：切线法

预测步旨在通过计算粗略近似值以寻找下一个解的预测点，预测步利用解分支上的切线向量计算预测向量，而切线向量则是通过求解式（8.55）所示线性方程组得到。

$$\begin{cases}\dfrac{\partial \boldsymbol{C}_E(\boldsymbol{U},\mu)}{\partial \boldsymbol{U}}\boldsymbol{t}_U+\dfrac{\partial \boldsymbol{C}_E(\boldsymbol{U},\mu)}{\partial \mu}t_\mu=\boldsymbol{0}\\ \boldsymbol{t}_U^{\mathrm{T}}\boldsymbol{t}_U+t_\mu^2=1\end{cases}\tag{8.55}$$

$$\begin{cases}\boldsymbol{t}_U=-\left[\dfrac{\partial \boldsymbol{C}_E(\boldsymbol{U},\mu)}{\partial \boldsymbol{U}}\right]^{-1}\dfrac{\partial \boldsymbol{C}_E(\boldsymbol{U},\mu)}{\partial \mu}t_\mu\\ t_\mu=\pm 1\Big/\sqrt{1+\left(\dfrac{\partial \boldsymbol{U}}{\partial \mu}\right)^{\mathrm{T}}\dfrac{\partial \boldsymbol{U}}{\partial \mu}}\end{cases}\tag{8.56}$$

式中：雅可比矩阵$\frac{\partial \boldsymbol{C}_E(\boldsymbol{U},\mu)}{\partial \boldsymbol{U}}$和$\frac{\partial \boldsymbol{U}}{\partial \mu}$根据式（8.35）和式（8.42）计算，式（8.55）中的第二个方程是对切向量施加的约束，使得切向量具有单位长度。

最后切线法给出如下预测向量：

$$\begin{pmatrix} \boldsymbol{U}^{(i+1,0)} \\ \mu^{(i+1,0)} \end{pmatrix} = \begin{pmatrix} \boldsymbol{U}^{(i)} \\ \mu^{(i)} \end{pmatrix} + \Delta s^{(i+1)} \begin{pmatrix} \boldsymbol{t}_U \\ t_\mu \end{pmatrix} \tag{8.57}$$

需要说明的是，切线法需要在每一步计算非线性函数及其导数。

2. 修正步：Moore-Penrose 伪逆法

预测点可能不在解分支中，因此，需要使用修正步（本节使用 Moore-Penrose 伪逆方法）精确计算解。

$$\begin{pmatrix} \boldsymbol{U}^{(i+1,j+1)} \\ \mu^{(i+1,j+1)} \end{pmatrix} = \begin{pmatrix} \boldsymbol{U}^{(i+1,j)} \\ \mu^{(i+1,j)} \end{pmatrix} + \begin{pmatrix} \Delta \boldsymbol{U} \\ \Delta \mu \end{pmatrix} \tag{8.58}$$

式中：j 表示第 j 次修正迭代。

利用 Moore-Penrose 矩阵求逆方法求解超定线性方程得到修正步。

$$\begin{pmatrix} \Delta \boldsymbol{U} \\ \Delta \mu \end{pmatrix} = -\boldsymbol{A}^+ \boldsymbol{C}_E(\boldsymbol{U}^{(i+1,j)}, \mu^{(i+1,j)}) \tag{8.59}$$

式中

$$\boldsymbol{A}^+ = \boldsymbol{A}^{\mathrm{T}} (\boldsymbol{A}\boldsymbol{A}^{\mathrm{T}})^{-1} \tag{8.60}$$

$$\boldsymbol{A} = \left[\frac{\partial \boldsymbol{C}_E(\boldsymbol{U}^{(i+1,j)}, \mu^{(i+1,j)})}{\partial \boldsymbol{U}}, \frac{\partial \boldsymbol{C}_E(\boldsymbol{U}^{(i+1,j)}, \mu^{(i+1,j)})}{\partial \mu} \right] \tag{8.61}$$

使用 Moore-Penrose 修正方法，增加附加正交条件。在每个修正步中，计算如式（8.62）所示的非线性代数方程（展开为泰勒级数形式），此时解被存储并用于预测下一个解，直到满足收敛。

$$\boldsymbol{C}_E(\boldsymbol{U}^{(i+1,j+1)}, \mu^{(i+1,j+1)}) \approx \boldsymbol{C}_E(\boldsymbol{U}^{(i+1,j)}, \mu^{(i+1,j)}) + \frac{\partial \boldsymbol{C}_E(\boldsymbol{U}^{(i+1,j)}, \mu^{(i+1,j)})}{\partial \boldsymbol{U}} \Delta \boldsymbol{U} + \frac{\partial \boldsymbol{C}_E(\boldsymbol{U}^{(i+1,j)}, \mu^{(i+1,j)})}{\partial \mu} \Delta \mu \tag{8.62}$$

8.2.6 数值算例

为验证本节方法的有效性，采用文献［27］数值算例，研究时滞 Duffing 振子的动力学特性，分析时间延迟等参数对系统振动的影响。

1. 不同 α 和 Ω 的系统频响曲线

采用文献［27］中的结构仿真参数：$m=1$，$c=0.1$，$k=1$，$\sigma=0.25$，$f=0.2$，利用本节方法计算不同 Ω 值时系统的频响曲线，数值结果如图 8.8、图 8.9 和图 8.10 所示，其中实线和虚线分别代表稳定和不稳定的周期解。为便于比较，图中还给出了无时滞项的 Duffing 振子频响曲线。由图可知，非线性影响使频响曲线向右弯曲，系统表现出明显的硬特性。此外，图 8.8、图 8.9 和图 8.10 存在许多孤立周期解，这些孤立解频响曲线闭合，其振幅相对很大。稳定性分析表明，闭合曲线中位于上支的解是稳定的。

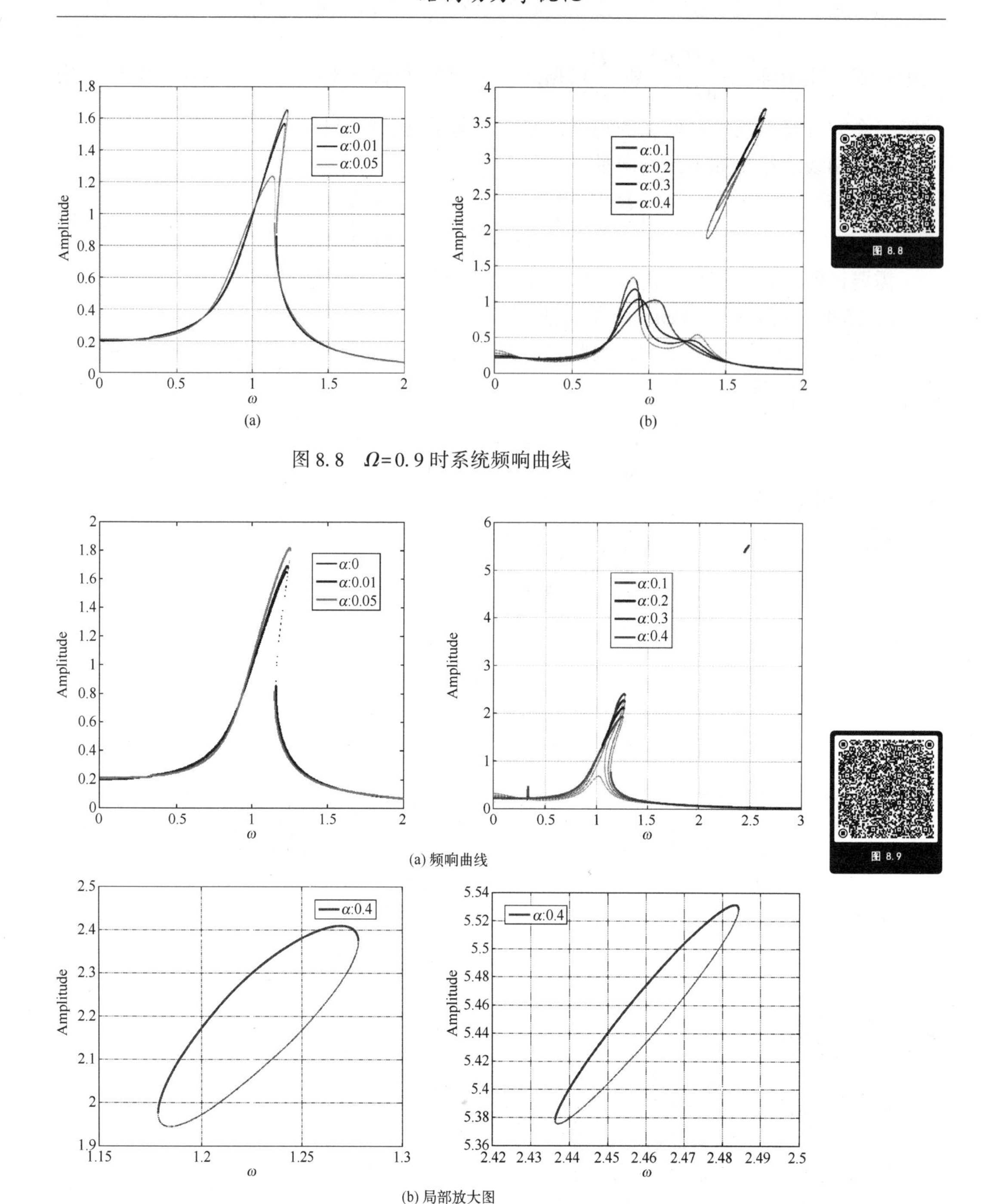

图 8.8　Ω=0.9 时系统频响曲线

图 8.9　Ω=1.3 时系统频响曲线

由于闭合曲线是孤立的，因此很难运用传统连续延拓方法追踪此类周期解。为了追踪孤立解，可应用本节提出的方法定位孤立解所在的区域，采用式（8.52）所示数值结果作为，利用连续延拓法追踪孤立周期解。值得说明的是，为了尽可能探测多个解分支，式（8.52）优化问题中不包括稳定性约束。

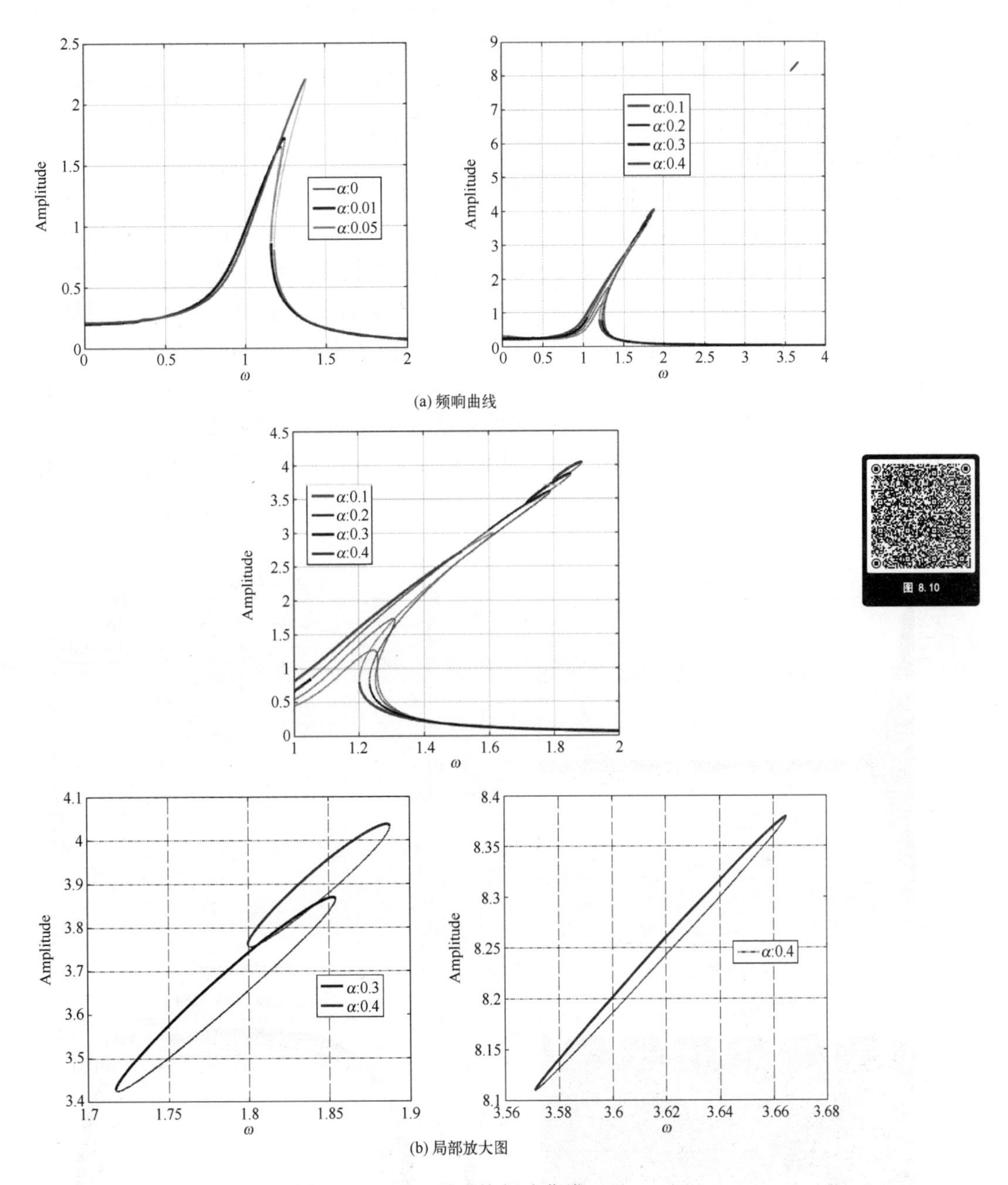

(a) 频响曲线

(b) 局部放大图

图 8.10　$\Omega=2$ 时系统频响曲线

观察图 8.8~图 8.10 可知，除了图 8.8（a）外，系统最大振幅随延迟幅值增大而增大，并在 α 取值范围上界处达到最大值。在图 8.8 中，系统最大振幅先下降，在 $\alpha=0.005$ 处取得最小值，之后再次增大。虽然不同 α 的频响曲线形状相似，但转折点是不同的。此外，系统最大振幅随 Ω 的增大而增大，同时共振频率也增大。

然而，这些动力学行为与文献［27］的结果不同。由文献［27］的图 4 可以看出，对于 $\Omega=0.9$，频响曲线的最大共振峰值随延迟幅值 α 的增大而下降。此外，文献［27］

中图 5 的数值结果表明，振动峰值随着延迟振幅 α 的增大而增大，在 $\alpha=0.2$ 处取得极值，进一步增大 α 导致振动峰值急剧下降。延迟振幅 α 大于 0.2 时，即在 $\alpha=0.3$ 和 $\alpha=0.4$ 处，周期解失去稳定性。多个解分支的存在使得出现图 8.8～图 8.10 所示孤立闭环解，因此，寻找孤立解是很重要的，然而应用多尺度方法很难得到孤立的周期解，从而有可能导致错误的结论。

由图 8.10 可知，对应 $\alpha=0.1$ 和 $\alpha=0.2$ 的共振峰值解是不稳定的，而与 $\alpha=0.3$ 和 $\alpha=0.4$ 相关的共振峰值解是稳定的。下面采用四阶 Runge-Kutta 时域数值积分方法验证图 8.10 中与 $\alpha=0.1$、0.2、0.3、0.4 对应的最大共振峰值解稳定性。利用本节所提方法数值积分结果提供时域积分方法所需的初始条件，图 8.11 比较了时域积分方法（用 TIM 表示）和本节提出的方法（用 COHBM 表示）的数值结果，$\alpha=0.1$ 的峰值解在有限时间后演化跳跃到稳定解，从而说明该共振峰值解是不稳定的。对于 $\alpha=0.2$ 的共振峰值解，时间历程曲线表明系统处于拟周期运动状态。当 $\alpha=0.3$ 和 $\alpha=0.4$ 时，两种方法的数值结果一致，从而验证了 8.2.3 节稳定性分析方法的有效性。

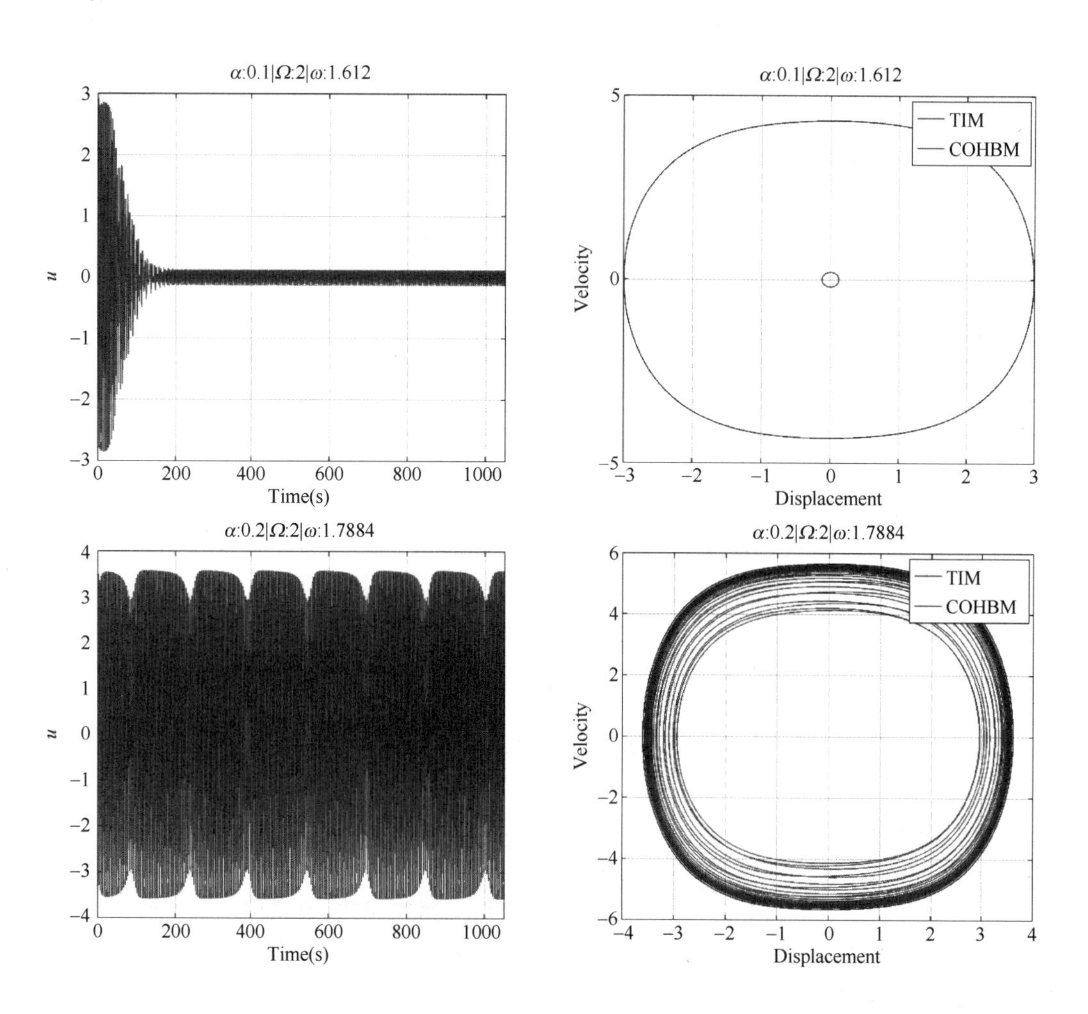

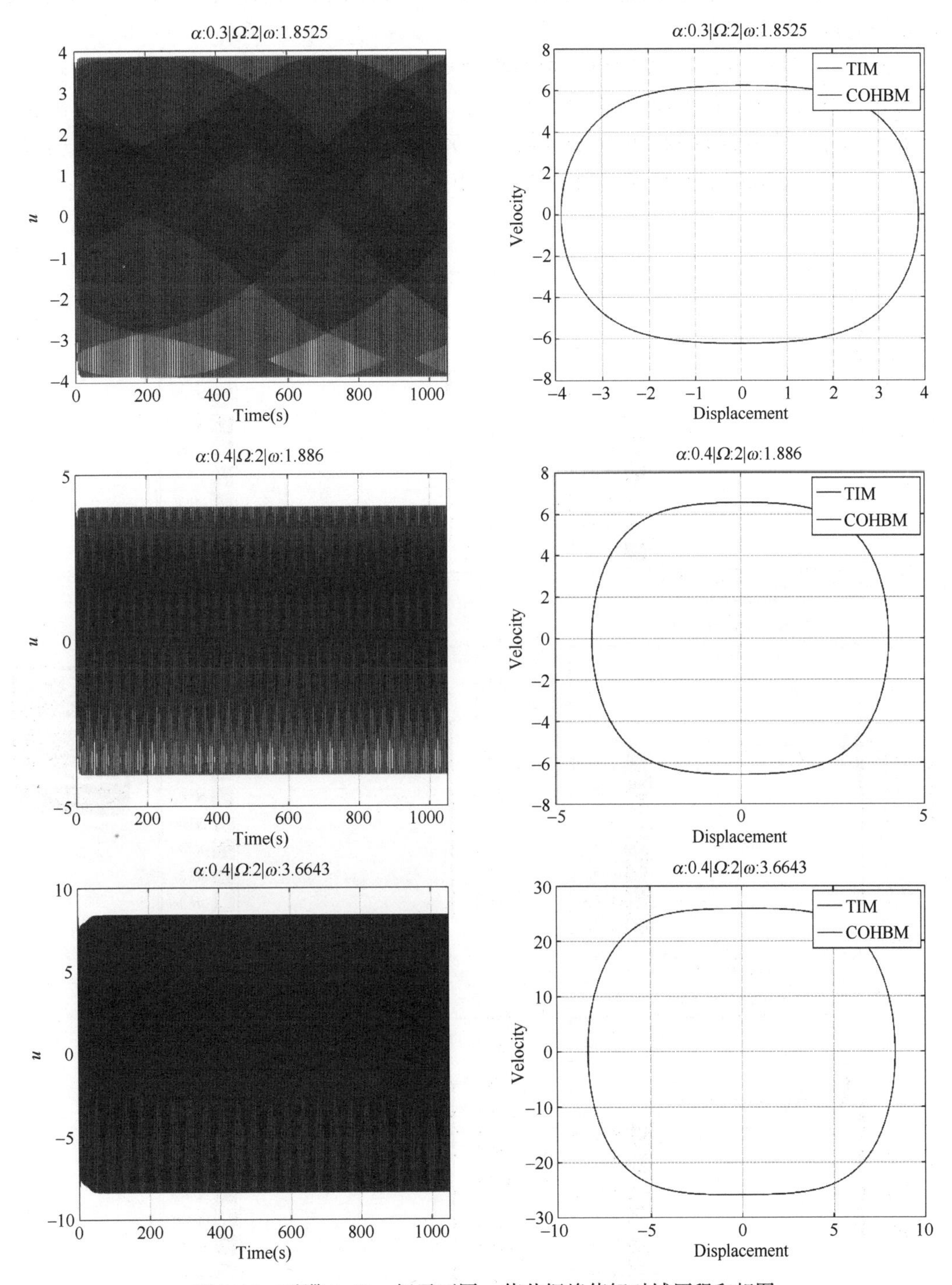

图8.11　时滞 Duffing 振子不同 α 值共振峰值解时域历程和相图

在图8.10和图8.11中可观察到共振幅值的显著变化，没有时滞项的 Duffing 系统在频率1.2246处振幅为1.6525。时滞 Duffing 系统在激励频率为3.6643处振幅为

8. 3789，是无时滞项系统振幅的 8. 3789/1. 6525 = 5. 0704 倍，由此可见时滞因素对非线性系统的振动影响显著。

图 8. 12 给出了傅里叶系数对影响参数的灵敏度，图中一次谐波分量灵敏度值较大，其他高阶谐波分量灵敏度值很小。由图可知，傅里叶系数 $\boldsymbol{U}$ 对阻尼 c 的变化非常敏感，而 $\boldsymbol{U}$ 相对于刚度参数 m 和 k 的灵敏度最低。另外，与 $\alpha = 0.4$ 对应的共振峰值解具有最高的灵敏度，这表明谐波平衡方程组雅可比矩阵接近奇异。

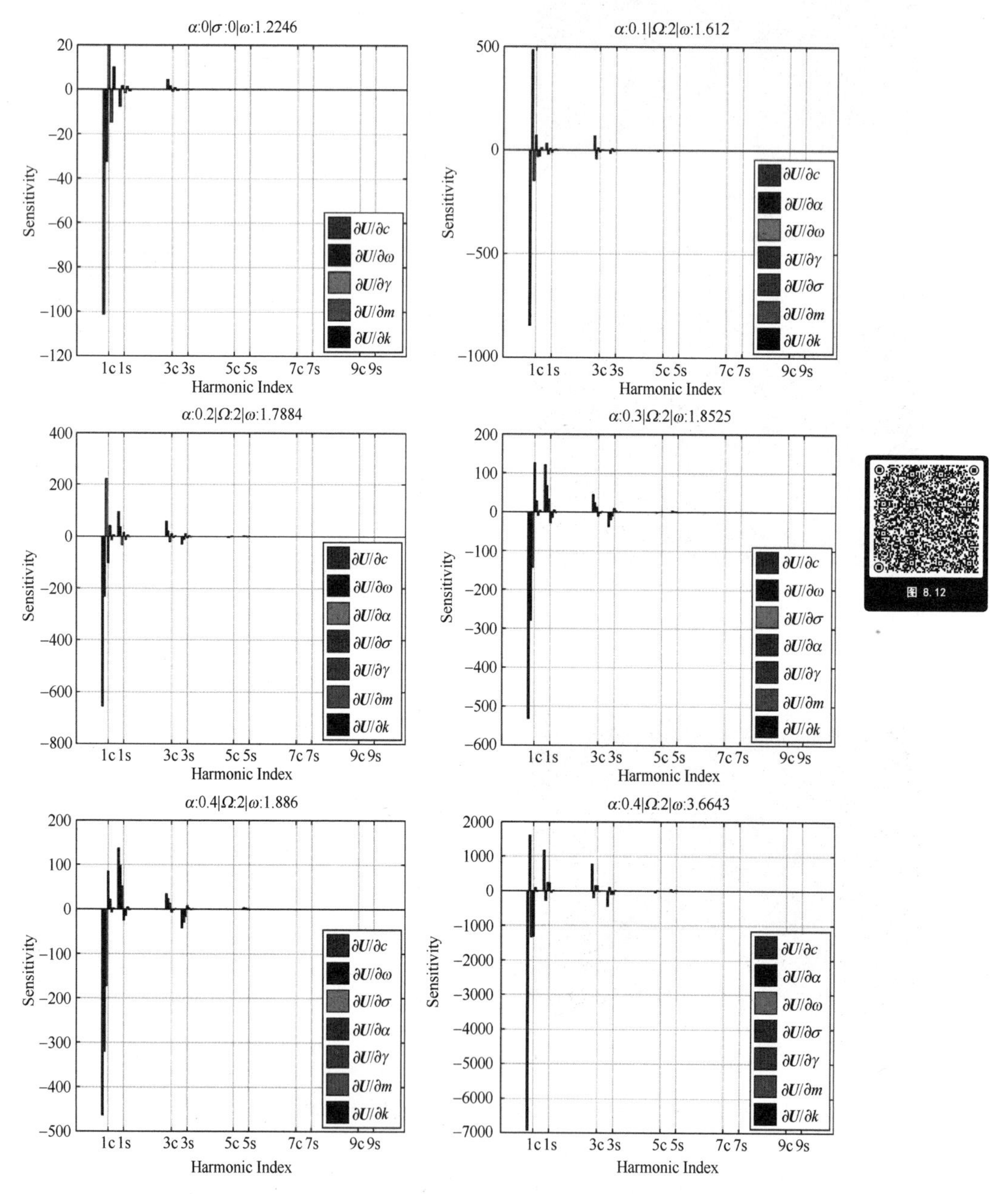

图 8. 12　不同解的灵敏度分析结果

2. α 对振幅的影响

当 ω 取不同值时，系统振幅与 α 关系曲线如图 8.13 所示，图 8.13（a）曲线形状与多尺度方法数值结果相同（参考文献［27］的图 6），从而验证本节方法的正确性。尽管不同 ω 值的响应曲线形状相似，但是当 $\Omega=0.9$ 时，系统表现出软特性，而传统多尺度方法没有得到类似的曲线。

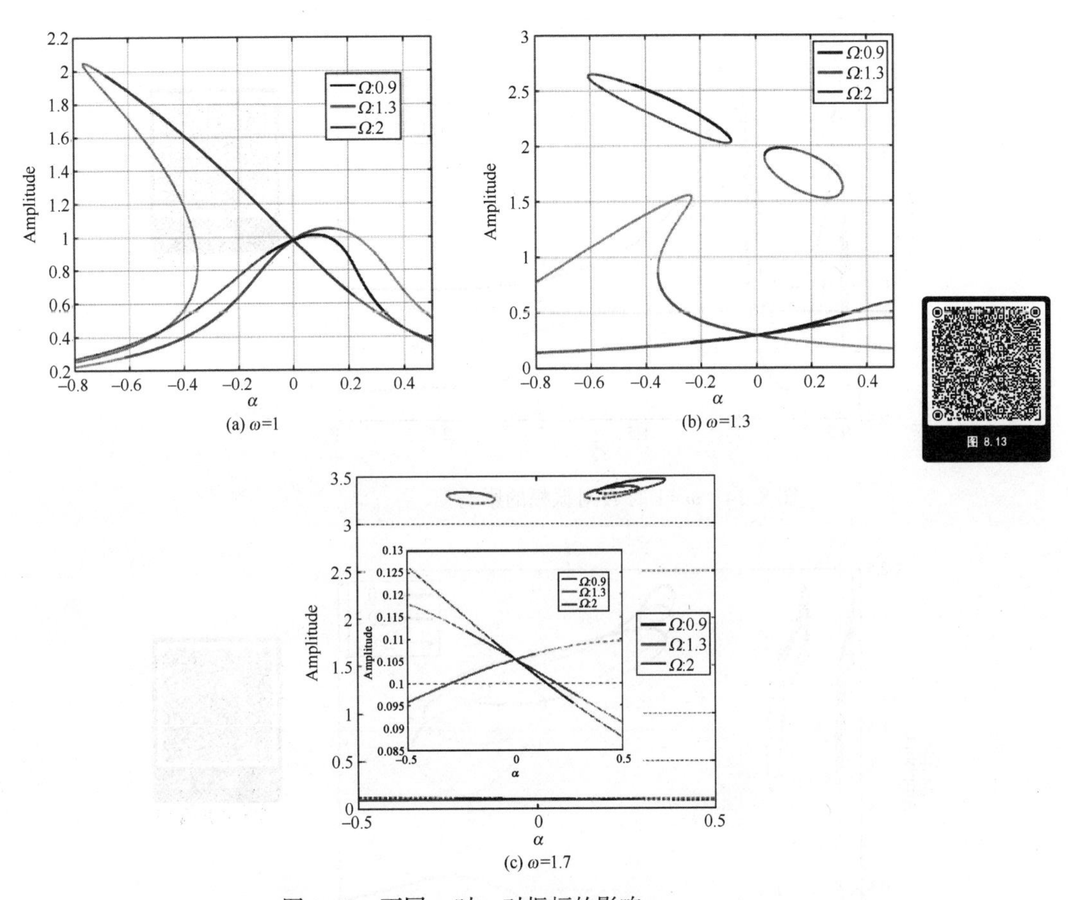

图 8.13　不同 ω 时 α 对振幅的影响

由图 8.13（b）可知，当 $\Omega=1.3$ 时，系统振幅与 α 关系曲线向右弯曲，表现出硬特性现象，且只有低振幅部分解是稳定的。本节方法得到的孤立解曲线与文献［27］的结果不一致。当 $\Omega=0.9$ 和 $\Omega=2$ 时，图 8.13（b）低振幅响应曲线上方出现了两个孤立闭环解分支，而在文献［25］的图 6 中，只有 $\Omega=0.3$ 时才出现孤立解闭环分支。

图 8.13（c）中局部放大图给出该区域中复杂响应曲线，如图 8.13（c）所示，存在三个振幅较大的孤立闭环解分支，这些闭合曲线呈椭圆形，对应 $\Omega=0.9$ 和 $\Omega=2$ 时响应曲线彼此接近。孤立曲线分支上半部分解是稳定的，而位于下半部分的解是不稳定的。对于所考虑的三种情况，当 $\Omega=0.9$ 时，系统具有最大振幅。

3. Ω 对振幅的影响

以 Ω 为连续延拓参数，不同激励频率下，Ω 对振幅的影响如图 8.14、图 8.15 和图 8.16 所示。由图 8.14 可知，本节方法结果与参考文献［27］的结果一致，系统有两个共振峰，当 $\alpha=0.1$ 时，所有周期解都是稳定的，较高的 α 导致系统振幅较大，系统稳定性降低。

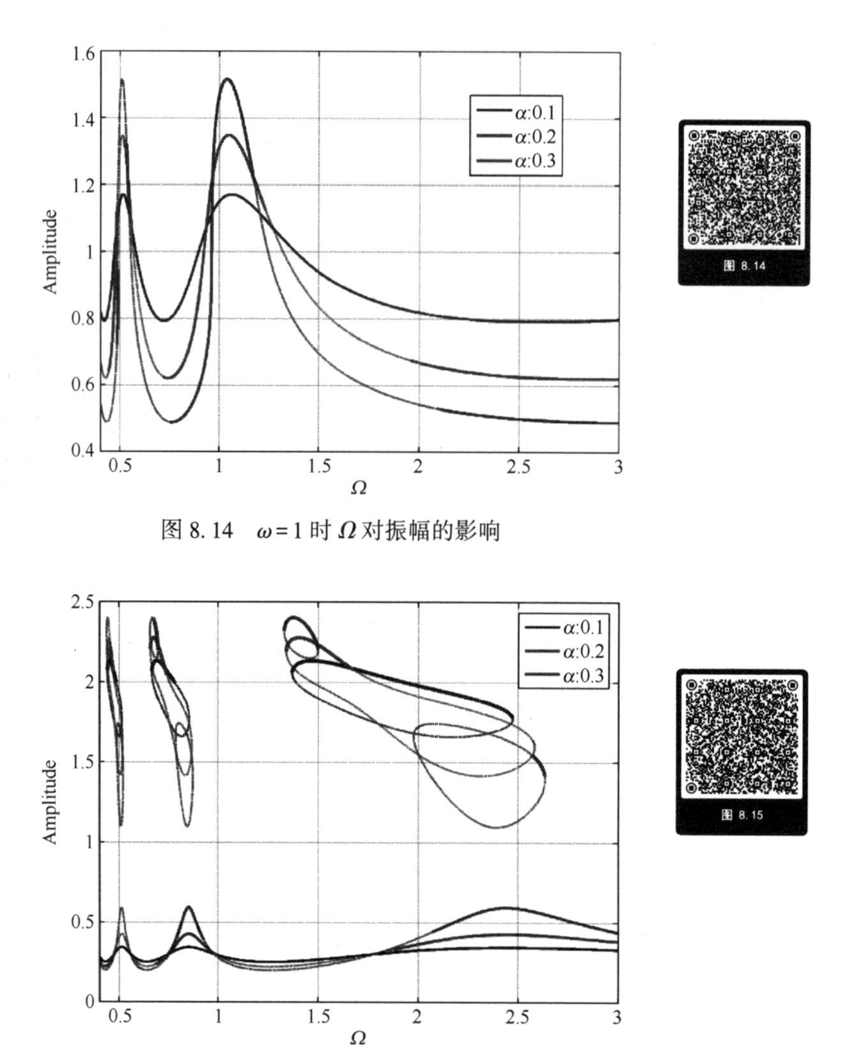

图 8.14　$\omega=1$ 时 Ω 对振幅的影响

图 8.15　$\omega=1.3$ 时 Ω 对振幅的影响

如图 8.15 所示，系统有三个共振峰，这些共振峰的振幅相等。类似地，图 8.16 中出现了 4 个共振峰。当 $\omega=1.3$ 或 $\omega=1.7$ 时，出现了孤立的闭环解分支，这些孤立解分支位于低振幅响应曲线的上方，其振幅远高于低振幅响应曲线，随着 Ω 增大，孤立闭环曲线宽度变大。由图 8.15 和图 8.16 可知，不同 α 值的孤立解闭合曲线相互重叠，当 $\alpha=0.3$ 时，两个孤立解分支共存。与图 8.15 相比，文献［27］中图 8 使用多尺度方法计算得到的数值解随 ω 的增大而逐渐不准确，多尺度方法在某些情况下不能准确预测时滞 Duffing 振子动力学特性。

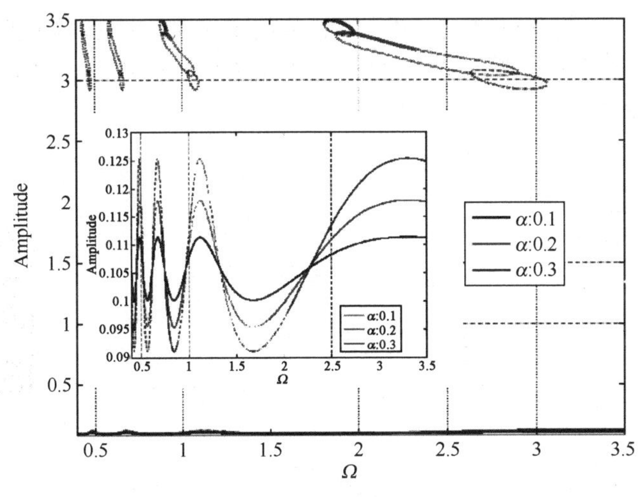

图 8.16　$\omega=1.7$ 时 Ω 对振幅的影响

当 Ω 取值较大时，闭合曲线形式孤立解可能是稳定的，不稳定区域随着 Ω 的增大而减小。随着时滞参数 Ω 的增大，闭合曲线在水平方向上被拉伸，可能导致稳定区域的增大。在 $\Omega\in[0.4,3]$ 上，图 8.15 和图 8.16 分别存在 3 个和 4 个闭环孤立解曲线，当 Ω 取较小值时，这些闭环曲线会更密集地重叠在一起，但是相应的解并不稳定。

4. f 对振幅的影响

图 8.17、图 8.18 和图 8.19 分别给出了 $\omega=1$、$\omega=1.3$ 和 $\omega=1.7$ 时系统振幅与不同激励幅值 α 的关系曲线，系统振幅随 f 的增大而增大。与文献［27］中图 11 的数值结果相比，图 8.17 的结果与多尺度方法计算结果一致。

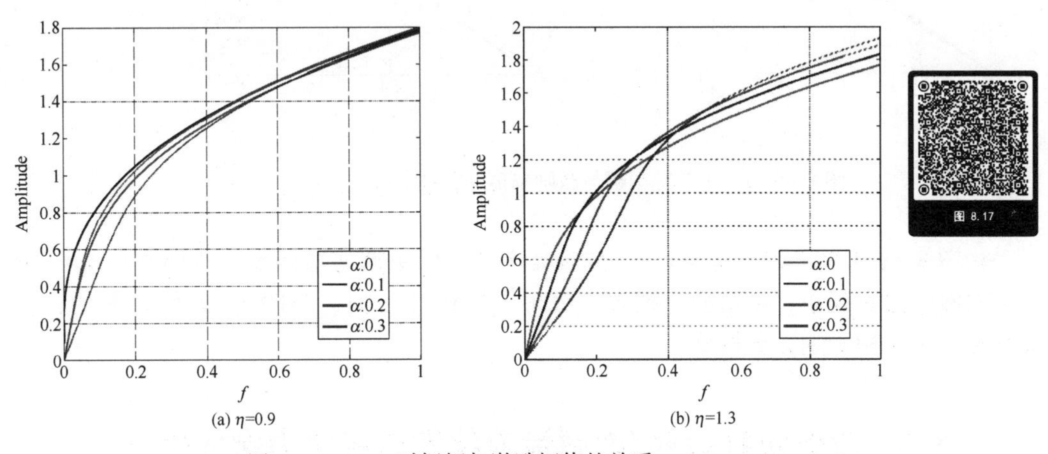

图 8.17　$\omega=1$ 时振幅与激励幅值的关系

将图 8.18 与文献［27］中的图 12 相比，可观察到明显的差异。在图 8.18（a）中，力幅值较低时，系统振幅随 α 减小而减小，而在中、高力幅值情况下系统振幅随 α 增大而减小。相反，图 8.18（b）中当 $\alpha=0.3$ 时，f 值较高时，系统振幅较大，f 值较低时，系统振幅随 α 增大而减小。当 $\eta=0.9$ 时，图 8.18 低幅值解是稳定的，较高振幅

解的稳定性受 α 的影响较大。当 $\alpha=0$ 和 $\alpha=0.1$ 时，曲线上半部分解是稳定的。相反，当 $\eta=1.3$ 时，四种不同参数取值的响应曲线的上半部分解总是稳定的，当 $\alpha=0.2$ 和 $\alpha=0.3$时，下半部分解失去稳定性。

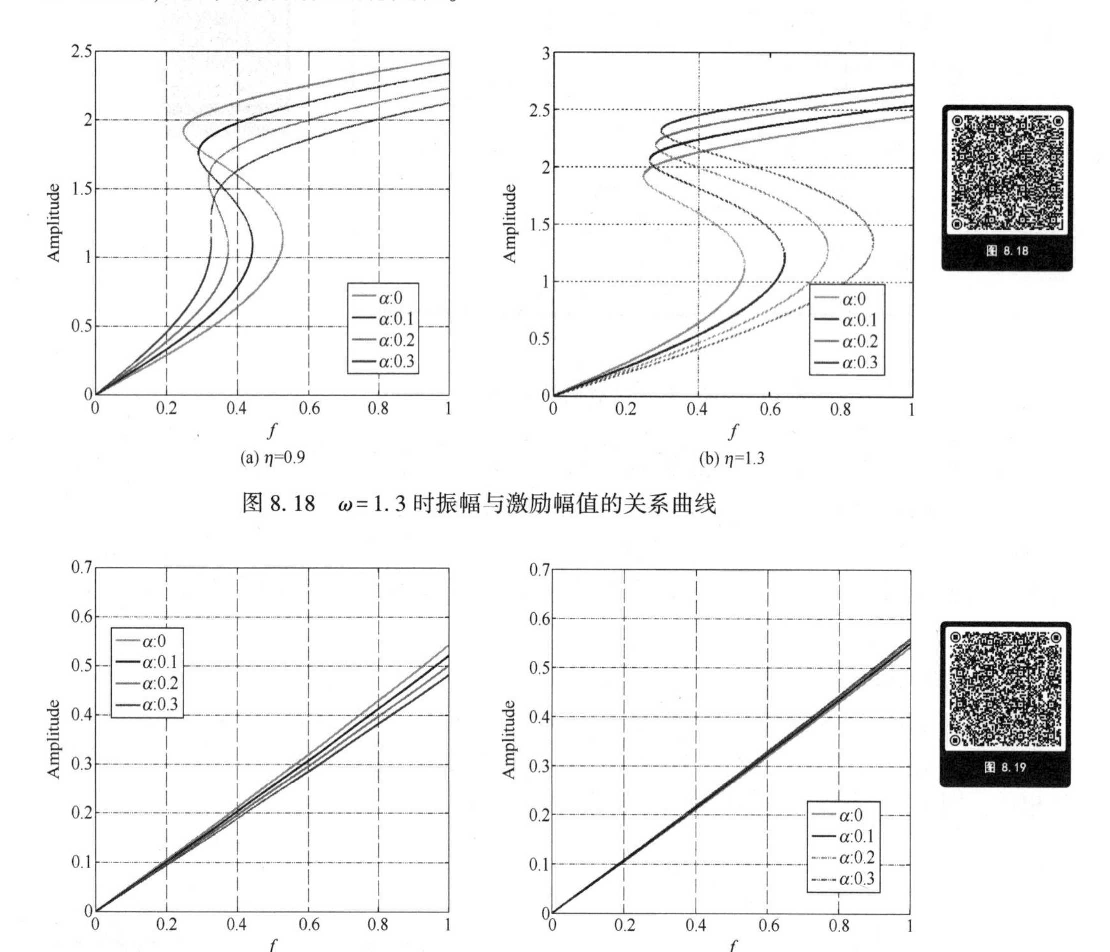

图 8.18　$\omega=1.3$ 时振幅与激励幅值的关系曲线

图 8.19　$\omega=1.7$ 时振幅与激励幅值的关系曲线

由图 8.19 可知，对于 $\omega=1.7$，振幅是关于 f 的单调递增函数。特别是当 $\eta=0.9$ 时，时滞幅值 α 越小，振动响应越大。然而，当 $\eta=1.3$ 时，与图 8.19（a）相比，时滞参数 α 对振幅影响完全相反。

8.3　分数阶导数和/或时滞非线性系统动力学优化[21]

本节应用约束优化谐波平衡方法分析分数阶导数和（/或）时滞系统动力学特性，推导非线性等式约束的梯度，分析傅里叶系数对影响参数的灵敏度，研究非线性时滞系统周期解稳定性。

8.3.1　分数阶导数或时滞系统运动方程

考虑文献［28-30］中的三个数值算例，其运动控制方程为

$$\ddot{u}(t)+\delta\dot{u}(t)+ku(t)+\gamma[u(t)]^3=\alpha u(t-\sigma)+f\cos(\omega t) \tag{8.63}$$

$$\ddot{u}(t)+\delta\dot{u}(t)+\omega_0^2u(t)+\gamma[u(t)]^3+g_1u(t-\sigma)+g_2\dot{u}(t-\sigma)+p\sin(\omega t)=0 \tag{8.64}$$

$$\ddot{u}(t)-\varepsilon[1-u(t)^2]D_t^lu(t)+\beta u(t)+\gamma[u(t)]^3=g_pu(t-\sigma)+g_vD_t^lu(t-\sigma) \tag{8.65}$$

式中：点上标表示相对于时间的微分；p 和 f 是外激励幅值；ω 是激励的频率；ω_0、$k=\omega_0^2+\alpha$ 和 β 分别表示固有频率和刚度系数；σ、α 分别表示延迟（角速度 $\Omega=\dfrac{2\pi}{\sigma}$）和时间延迟幅值；$\gamma$ 是非线性力系数；g_p、g_v 和 g_1、g_2 是反馈控制器系数。

分数阶导数主要有两种定义：Riemann-Liouville(RL)和 Caputo(C)分数阶导数。在工程问题中，通常采用 Caputo 定义：

$$D_t^{\ell}f(t)=\frac{1}{\Gamma(m-\ell)}\int_0^t\frac{f^{(m)}(s)\,\mathrm{d}s}{(t-s)^{\ell-m+1}}\quad(m-1<\ell\leqslant m,m\in\mathbb{N}) \tag{8.66}$$

式中：$\Gamma(s)=\int_0^{+\infty}\mathrm{e}^{-t}t^{s-1}dt$ 是伽马函数。

可用式（8.63）模拟铣削过程相关问题[31]。式（8.64）表示移动荷载下动态梁运动模型，该模型包含延迟位置-速度耦合反馈单元。文献［30］分析了式（8.65）所示分数阶导数和延迟混合系统动力学。

8.3.2　时滞非线性系统动力学优化问题描述

根据式（8.31），可得 $D_t^lu(t-\eta)$ 频域展开表达式：

$$D_t^lu(t-\eta)=D_t^l(\boldsymbol{T}(t)\nabla^{\sigma}\boldsymbol{U})=\boldsymbol{T}(t)\nabla^l\nabla^{\sigma}\boldsymbol{U}=\boldsymbol{T}(t)\nabla^h\boldsymbol{U} \tag{8.67}$$

式中

$$\nabla^h=\mathrm{diag}(0,\nabla_1^h,\cdots,\nabla_k^h,\cdots,\nabla_{N_{\mathrm{H}}}^h),\nabla_k^h=(k\omega)^{\ell}\begin{bmatrix}\cos\psi_k & \sin\psi_k\\ -\sin\psi_k & \cos\psi_k\end{bmatrix}=(k\omega)^{\ell}\boldsymbol{R}(\psi_k),\psi_k=\vartheta-\varphi_k \tag{8.68}$$

根据式（8.31），可以推导出 $u^2D_t^{\alpha}u$ 的频域展开表达式：

$$D_t^lu(t)u^2=[\boldsymbol{T}(t)\nabla^{\ell}\boldsymbol{U}]^{\mathrm{T}}[\boldsymbol{T}(t)\boldsymbol{E}(\boldsymbol{U})\boldsymbol{U}]=\boldsymbol{T}(t)\boldsymbol{E}(\nabla^{\ell}\boldsymbol{U})\boldsymbol{E}(\boldsymbol{U})\boldsymbol{U} \tag{8.69}$$

将式（8.67）和式（8.69）代入式（8.63）~式（8.65）得到频域表达式：

$$\boldsymbol{C}_E(\boldsymbol{U})=[\nabla^2\boldsymbol{U}]+[\delta\nabla\boldsymbol{U}]+k\boldsymbol{U}+\gamma[\boldsymbol{E}(\boldsymbol{U})]^2\boldsymbol{U}-\alpha[\nabla^{\sigma}\boldsymbol{U}]-\boldsymbol{F}=\boldsymbol{0} \tag{8.70}$$

$$\boldsymbol{C}_E(\boldsymbol{U})=[\nabla^2\boldsymbol{U}]+[\delta\nabla\boldsymbol{U}]+\omega_0^2\boldsymbol{U}+\gamma[\boldsymbol{E}(\boldsymbol{U})]^2\boldsymbol{U}+g_1[\nabla^{\sigma}\boldsymbol{U}]+g_2[\nabla^h|_{l=1}\boldsymbol{U}]+\boldsymbol{P}=\boldsymbol{0} \tag{8.71}$$

$$\boldsymbol{C}_E(\boldsymbol{U})=\nabla^2\boldsymbol{U}-\varepsilon[\nabla^l\boldsymbol{U}]+\varepsilon[\boldsymbol{E}(\nabla^l\boldsymbol{U})\boldsymbol{E}(\boldsymbol{U})\boldsymbol{U}]+\beta\boldsymbol{U}+\gamma\{[\boldsymbol{E}(\boldsymbol{U})]^2U\}-g_p[\nabla^{\sigma}\boldsymbol{U}]-g_v[\nabla^h\boldsymbol{U}]=\boldsymbol{0} \tag{8.72}$$

$$\boldsymbol{F}=[0\ \ f\ \ 0\ \ \cdots\ \ 0\ \ 0\ \ \cdots\ \ 0\ \ 0]^{\mathrm{T}},\quad\boldsymbol{P}=[0\ \ 0\ \ p\ \ \cdots\ \ 0\ \ 0\ \cdots\ \ 0\ \ 0]^{\mathrm{T}} \tag{8.73}$$

下面分析与式（8.70）~式（8.72）相关的非线性等式约束灵敏度。

式（8.70）~式（8.72）中相关灵敏度导数如下。

（1）$\dfrac{\partial[\boldsymbol{E}(\nabla^l\boldsymbol{U})\boldsymbol{E}(U)\boldsymbol{U}]}{\partial\boldsymbol{U}}$和$\dfrac{\partial\{[\boldsymbol{E}(\boldsymbol{U})]^2\boldsymbol{U}\}}{\partial\boldsymbol{U}}$的梯度。

非线性函数$\dfrac{\partial\{u(t)^2D_t^lu(t)\}}{\partial U_k^{\mathrm{X}}}$和$\dfrac{\partial[u(t)]^3}{\partial U_k^{\mathrm{X}}}$（$X=\mathrm{c,s}$）的偏导数分别为

$$
\begin{aligned}
\frac{\partial\{[u(t)]^2D_t^lu(t)\}}{\partial U_k^{\mathrm{X}}}&=\frac{\partial\{[u(t)]^2D_t^lu(t)\}}{\partial u(t)}\frac{\partial u(t)}{\partial U_k^{\mathrm{X}}}+\frac{\partial\{[u(t)]^2D_t^lu(t)\}}{\partial D_t^lu(t)}\frac{\partial D_t^lu(t)}{\partial U_k^{\mathrm{X}}}\\
&=2u(t)D_t^lu(t)\frac{\partial u(t)}{\partial U_k^{\mathrm{X}}}+[u(t)]^2\frac{\partial D_t^lu(t)}{\partial U_k^{\mathrm{X}}}\\
&=[2\boldsymbol{T}(t)\boldsymbol{E}(\nabla^l\boldsymbol{U})\boldsymbol{U}]\left[\boldsymbol{T}(t)\frac{\partial\boldsymbol{U}}{\partial U_k^{\mathrm{X}}}\right]+[\boldsymbol{T}(t)\boldsymbol{E}(\boldsymbol{U})\boldsymbol{U}]\left[\boldsymbol{T}(t)\frac{\partial\nabla^l\boldsymbol{U}}{\partial U_k^{\mathrm{X}}}\right]\\
&=[2\boldsymbol{T}(t)\boldsymbol{E}(\nabla^l\boldsymbol{U})\boldsymbol{U}]\left[\boldsymbol{T}(t)\frac{\partial U}{\partial U_k^{\mathrm{X}}}\right]+\left[\boldsymbol{T}(t)\boldsymbol{E}(\boldsymbol{U})\boldsymbol{U}\right][\boldsymbol{T}(t)\frac{\partial\nabla^l\boldsymbol{U}}{\partial U_k^{\mathrm{X}}}\right]\\
&=\boldsymbol{T}(t)\left\{2\boldsymbol{E}\left(\frac{\partial\boldsymbol{U}}{\partial U_k^{\mathrm{X}}}\right)\boldsymbol{E}(\nabla^l\boldsymbol{U})U+\boldsymbol{E}\left(\nabla^l\frac{\partial\boldsymbol{U}}{\partial U_k^{\mathrm{X}}}\right)\boldsymbol{E}(\boldsymbol{U})\boldsymbol{U}\right\}
\end{aligned}
\tag{8.74}
$$

$$
\frac{\partial[u(t)]^3}{\partial U_k^{\mathrm{X}}}=\frac{\partial[u(t)]^3}{\partial u(t)}\frac{\partial u(t)}{\partial U_k^{\mathrm{X}}}=3[u(t)]^2\frac{\partial u(t)}{\partial U_k^{\mathrm{X}}}=[3\boldsymbol{T}(t)\boldsymbol{E}(\boldsymbol{U})\boldsymbol{U}]\left[\boldsymbol{T}(t)\frac{\partial\boldsymbol{U}}{\partial U_k^{\mathrm{X}}}\right]=\boldsymbol{T}(t)\left\{3\boldsymbol{E}\left(\frac{\partial\boldsymbol{U}}{\partial U_k^{\mathrm{X}}}\right)\boldsymbol{E}(\boldsymbol{U})\boldsymbol{U}\right\}
\tag{8.75}
$$

式中：矩阵$\boldsymbol{E}\left(\dfrac{\partial\boldsymbol{U}}{\partial U_k^{\mathrm{X}}}\right)$中的各元素见式（7.39）。

（2）$\dfrac{\partial\nabla^\ell}{\partial\omega}$、$\dfrac{\partial\nabla^\sigma}{\partial\omega}$和$\dfrac{\partial\nabla^h}{\partial\omega}$的梯度计算表达式分别为

$$
\frac{\partial\nabla^\ell}{\partial\omega}=\mathbf{diag}\left(0,\frac{\partial\nabla_1^\ell}{\partial\omega},\cdots,\frac{\partial\nabla_k^\ell}{\partial\omega},\cdots,\frac{\partial\nabla_{N_{\mathrm{H}}}^\ell}{\partial\omega}\right),\quad\frac{\partial\nabla_k^\ell}{\partial\omega}=\frac{\partial(k\omega)^\ell}{\partial\omega}\boldsymbol{R}(\theta),\quad\frac{\partial(k\omega)^\ell}{\partial\omega}=k^\ell\ell\omega^{\ell-1}
\tag{8.76}
$$

$$
\frac{\partial\nabla^\sigma}{\partial\omega}=\mathbf{diag}\left(0,\frac{\partial\nabla_1^\sigma}{\partial\omega},\cdots,\frac{\partial\nabla_k^\sigma}{\partial\omega},\cdots,\frac{\partial\nabla_{N_{\mathrm{H}}}^\sigma}{\partial\omega}\right),\quad\frac{\partial\nabla_k^\sigma}{\partial\omega}=k\sigma\begin{bmatrix}-\sin\varphi_k&-\cos\varphi_k\\\cos\varphi_k&-\sin\varphi_k\end{bmatrix}
\tag{8.77}
$$

$$
\frac{\partial\nabla^h}{\partial\omega}=\mathbf{diag}\left(0,\frac{\partial\nabla_1^h}{\partial\omega},\cdots,\frac{\partial\nabla_k^h}{\partial\omega},\cdots,\frac{\partial\nabla_{N_{\mathrm{H}}}^h}{\partial\omega}\right),\quad\frac{\partial\nabla_k^h}{\partial\omega}=\frac{\partial(k\omega)^\ell}{\partial\omega}\boldsymbol{R}(\psi_k)+(k\omega)^\ell\frac{\partial\boldsymbol{R}(\psi_k)}{\partial\psi_k}\frac{\partial\psi_k}{\partial\omega}
\tag{8.78}
$$

式中

$$
\frac{\partial\boldsymbol{R}(\psi_k)}{\partial\psi_k}=\begin{bmatrix}-\sin\psi_k&\cos\psi_k\\-\cos\psi_k&-\sin\psi_k\end{bmatrix},\quad\frac{\partial\psi_k}{\partial\omega}=-k\sigma
\tag{8.79}
$$

类似地，可以得到$\dfrac{\partial\nabla^\ell}{\partial l}$和$\dfrac{\partial\nabla^h}{\partial l}$。基于上述公式，可以推导得到$\boldsymbol{C}_E(\boldsymbol{U})$关于影响参数（如$\boldsymbol{U}$、$\boldsymbol{\delta}$、$\boldsymbol{\omega}$, ℓ）的梯度。

利用式（7.41）和式（7.42）可以计算傅里叶系数相对于影响参数的灵敏度。

利用摄动法分析时滞非线性系统周期解的稳定性，得到稳定性分析特征值问题：

$$\dot{\boldsymbol{X}}_S(t)=\boldsymbol{A}\boldsymbol{X}_S(t)+\boldsymbol{B}\boldsymbol{X}_S^{\sigma}(t) \tag{8.80}$$

式中：标准状态向量 $\boldsymbol{X}_S(t)=\begin{bmatrix}\boldsymbol{X}(t)\\ \dot{\boldsymbol{X}}(t)\end{bmatrix}$，$\boldsymbol{X}_S^{\sigma}(t)=\begin{bmatrix}\boldsymbol{X}(t-\sigma)\\ \dot{\boldsymbol{X}}(t-\sigma)\end{bmatrix}$；矩阵 $\boldsymbol{A}$ 和 $\boldsymbol{B}$ 由式（8.81）给出。

$$\begin{cases}\boldsymbol{A}=\begin{bmatrix}\boldsymbol{0} & \boldsymbol{I}\\ -(\nabla^2+\delta\nabla+k\boldsymbol{I}+3\gamma\boldsymbol{E}(\boldsymbol{V})) & -(\delta\boldsymbol{I}+2\nabla)\end{bmatrix}\\ \boldsymbol{B}=\begin{bmatrix}\boldsymbol{0} & \boldsymbol{0}\\ \alpha e^{-\lambda\sigma}\nabla^{\sigma} & \boldsymbol{0}\end{bmatrix}\end{cases} \tag{8.81}$$

使用文献［32-33］中的方法求解式（8.80）中的特征值 λ_j，周期解的稳定性由式（8.80）的特征值决定。$\mathrm{Re}(\lambda_j)>0$ 表示周期解 $\boldsymbol{T}(t)\boldsymbol{Y}$ 不稳定，而负实部 $\mathrm{Re}(\lambda_j)<0$ 表示周期解稳定。式（8.65）中分数阶和时滞混合非线性系统的稳定性分析方法需要进一步研究。

以式（8.70）~式（8.72）为等式约束，式（8.63）~式（8.65）的优化目标是振动响应最大化，因而得到如下非线性约束优化问题：

$$\begin{gathered}f(\boldsymbol{x})=f(\boldsymbol{U},\omega,\boldsymbol{v}_u)=u(\tau_{\max})\\ \text{s. t. } \boldsymbol{g}(\boldsymbol{x})=\boldsymbol{C}_E(\boldsymbol{U})=\boldsymbol{0}\end{gathered} \tag{8.82}$$

式中：$\boldsymbol{x}=\{\boldsymbol{U},\boldsymbol{\omega},\boldsymbol{v}_u\}^{\mathrm{T}}$；符号$\|\cdot\|$表示向量范数；$\boldsymbol{v}_u$ 是一组设计参数或不确定性参数。

8.3.3 数值算例

下面分别以式（8.63）~式（8.65）所示三个算例验证方法有效性。

1. 式（8.63）算例数值结果

本节考虑的式（8.63）时滞 Duffing 振子仿真参数值为 $\delta=0.1$，$\omega_0^2=2$，$\gamma=0.25$，$\Omega=2.5$，$\alpha=0.25$，$f=0.35$（取自文献［28］式（7）），谐波展开考虑前 10 阶谐波项。利用 8.2.5 节连续延拓方法得到的频响曲线如图 8.20 所示，其中实线和虚线分别代表稳定和不稳定的周期解，由图可知，系统共振峰值解为 $P_{\max}$，在频率 $\omega=2$ 时，存在三个周期解，其中解 L_2 和 M_2 不稳定，解 P_2 稳定。P_2 和 P_7 分别为 $\omega=1$ 和 $\omega=7$ 处的解。下面利用本节方法研究以下两种情况：

（1）情况 1：搜索共振峰值解 $P_{\max}$。

为计算 $P_{\max}$，未知优化变量是傅里叶系数 $\boldsymbol{U}$ 和振动频率 ω。

（2）情况 2：计算给定激励频率的结构响应边界。

为计算给定激励频率的响应边界，未知优化变量是傅里叶系数 $\boldsymbol{U}$。为计算解 P_2、P_1 和 P_7，目标函数设为振动位移最大化。为计算解 L_2，式（8.82）中目标函数为振动位移最小化。

本节方法数值优化结果如图 8.21 所示，系统响应中一次谐波项占主导，高阶谐波分量值很小。对于图 8.21、图 8.22 中的解 P_2 和 L_2，求解式（8.80）得到的稳定性特征值的结果如图 8.22 所示，其中 $\mathrm{Re}(\lambda_j)$ 和 $\mathrm{Im}(\lambda_j)$ 代表 λ_j 的实部和虚部，解 P_2 的所有特征值实部均小于 0，因而解 P_2 是稳定的。相反，解 L_2 稳定性分析特征值具有正实部，因此 L_2 是不稳定周期解。

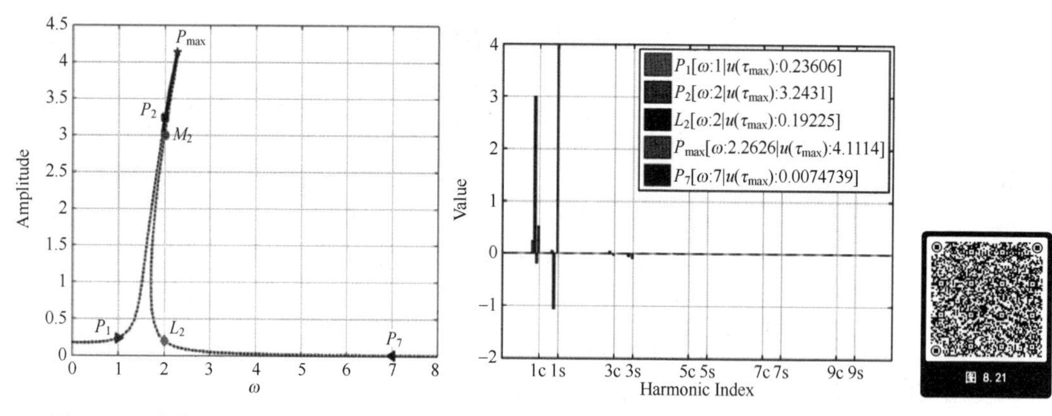

图 8.20　时滞 Duffing 振子频响曲线　　图 8.21　时滞 Duffing 振子数值优化结果

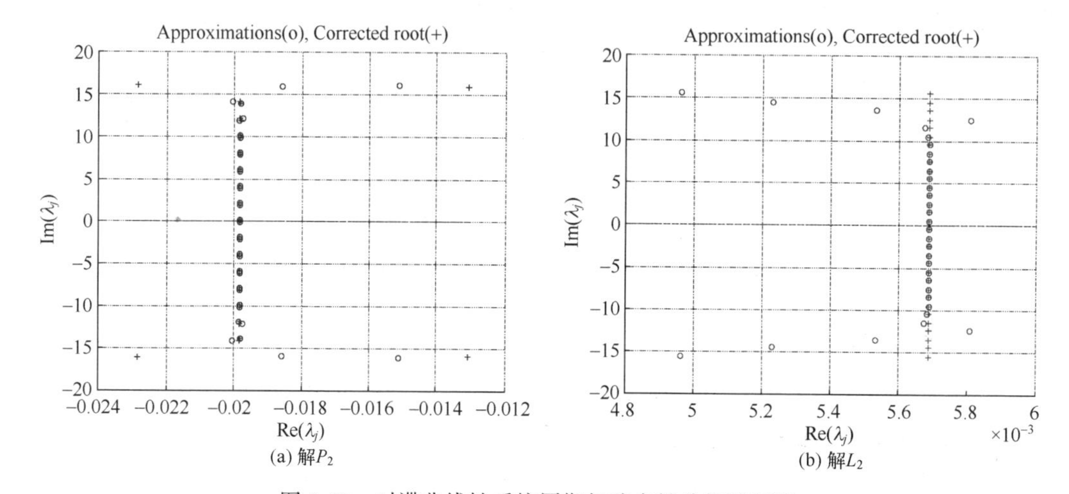

图 8.22　时滞非线性系统周期解稳定性分析特征值

下面利用时域积分数值解验证图 8.21 中相关周期解稳定性分析结果。利用本节提出的频域方法提供初始条件，图 8.23 给出了四阶 Runge-Kutta 时域积分方法（TIM）和本节提出的方法（COHBM）计算得到的解 P_2和 L_2时间历程和相位图。由图可知，对于解 P_2，两种方法数值结果吻合良好。而解 L_2是不稳定的，在有限时间后跳跃到稳定周期解，因而，利用式（8.80）分析迟滞非线性系统周期解稳定性是有效的。

以 Ω 为连续延拓参数，振幅与 Ω 的关系曲线如图 8.24 所示，低振幅频响曲线有 5 个共振峰，前 3 个共振峰比较尖窄，在 5 个共振峰上方出现 5 个孤立解闭环分支，所有孤立解分支曲线形状类似，最大振幅相等，随着 Ω 增大，孤立解闭环曲线在水平方向被拉伸，稳定性分析结果表明位于孤立解分支上半部分的解是稳定的。图 8.25 给出了不同 α 时振幅随 Ω 的变化曲线，低振幅曲线位于中间部分的解是稳定的，孤立闭环解分支呈椭圆形，上半部分的解是稳定的。值得说明的是传统连续延拓方法很难追踪孤立解分支，可利用本章方法探索参数空间内的孤立解。

图 8.26 给出了与解 P_2和 L_2相关的灵敏度分析结果，一次谐波分量相关灵敏度值很大。对于振幅较高的解 P_2，傅里叶系数对 δ 的变化非常敏感。解 L_2中与激励力幅值 f 相关的灵敏度值较大。图 8.27、图 8.28 和图 8.29 分别给出了与图 8.20、图 8.24 和

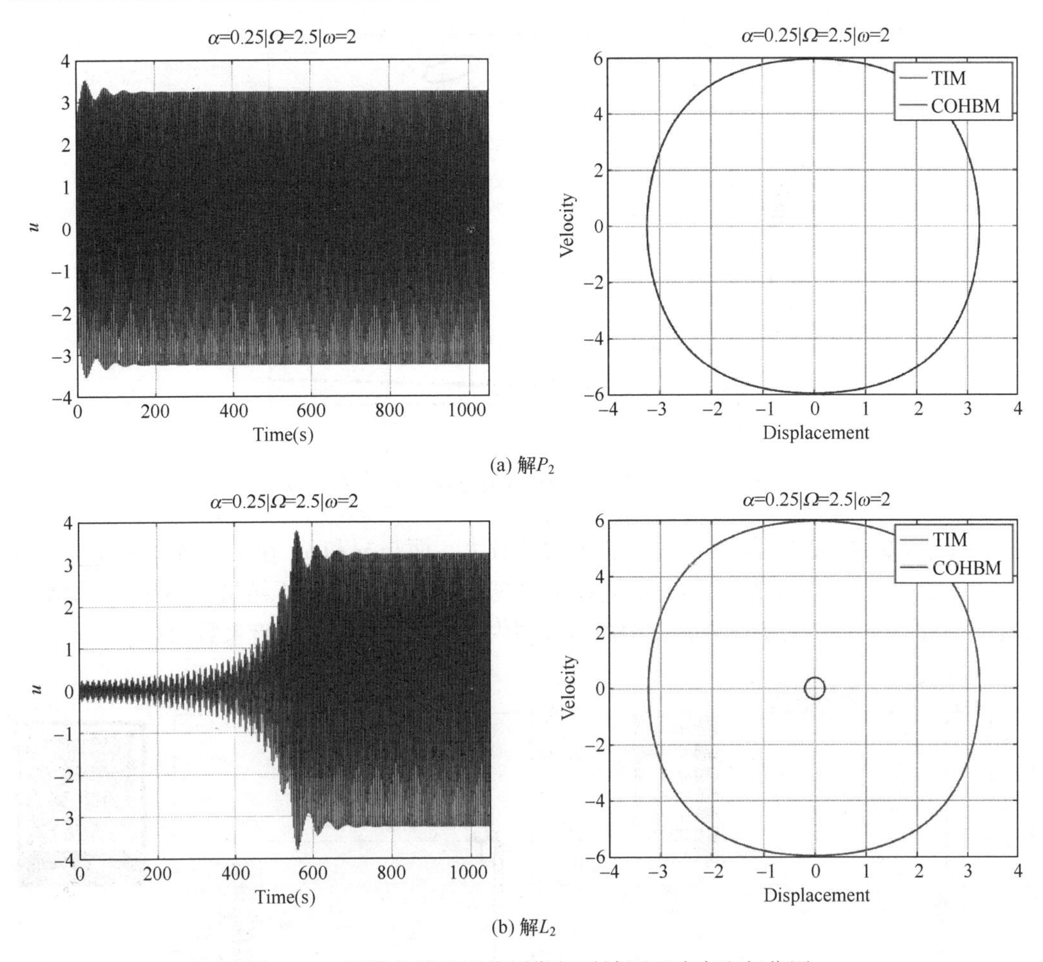

图 8.23　迟滞非线性系统周期解时域历程响应和相位图

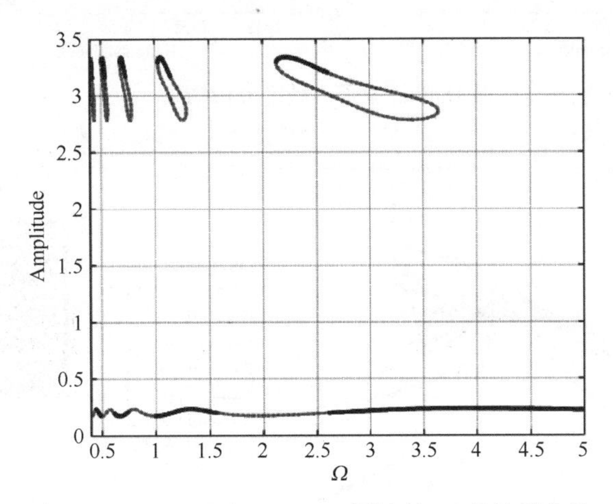

图 8.24　$\alpha=0.25$ 和 $f=0.35$ 时振幅与 Ω 的关系曲线

图 8.25 相关的灵敏度分析结果。图 8.27 中灵敏度值在频率 1.6~2.4 内变化很大，在某些频率处，灵敏度系数急剧增大。而图 8.28 和图 8.29 中孤立解分支灵敏度分析结果远高于低振幅频响曲线灵敏度分析结果。观察图 8.27 及图 8.28 和 8.29 中孤立闭环解分支相

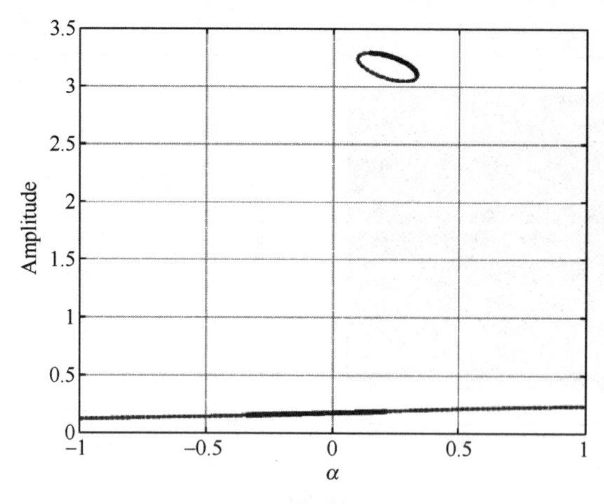

图 8.25　$\Omega=0.25$ 和 $f=0.35$ 时振幅与 α 的关系曲线

关的灵敏度曲线可知，与 δ 和 α 相关灵敏度值较大，而与 γ 和 ω_0 相关灵敏度值较小。相反，对于图 8.28 和图 8.29 中与低振幅频响曲线相关的灵敏度分析结果，与激励力幅值 f 和 ω 相关的灵敏度值较大，在大部分参数范围内，所有参数的灵敏度系数均小于 1。

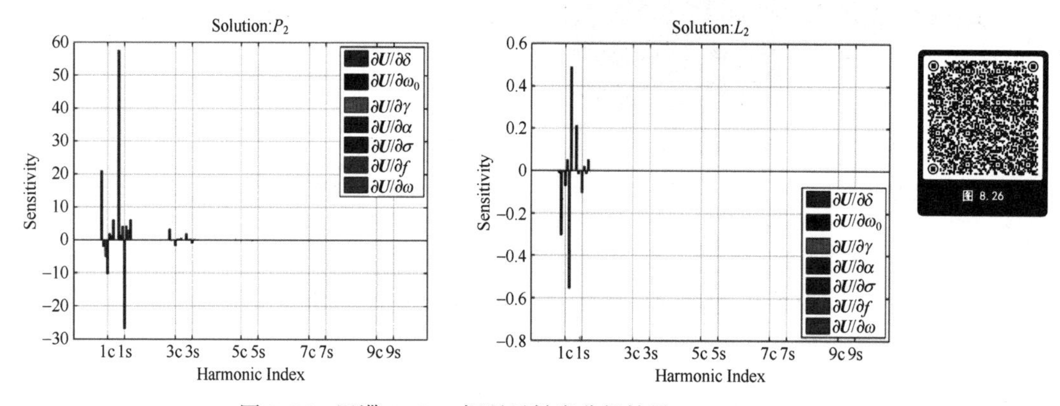

图 8.26　迟滞 Duffing 振子灵敏度分析结果

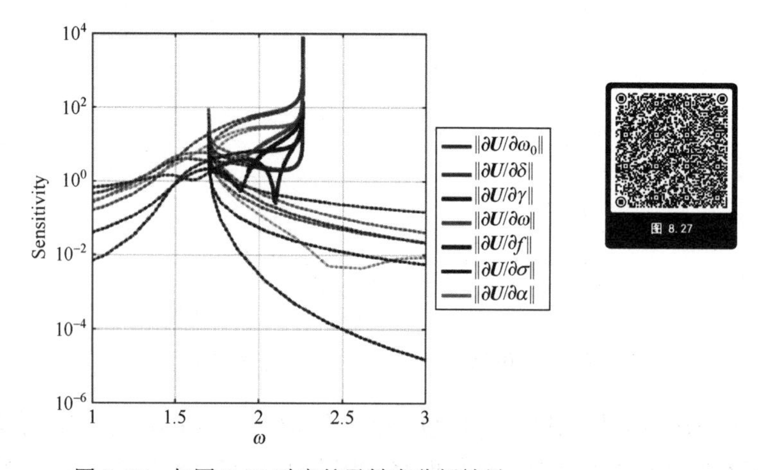

图 8.27　与图 8.20 对应的灵敏度分析结果

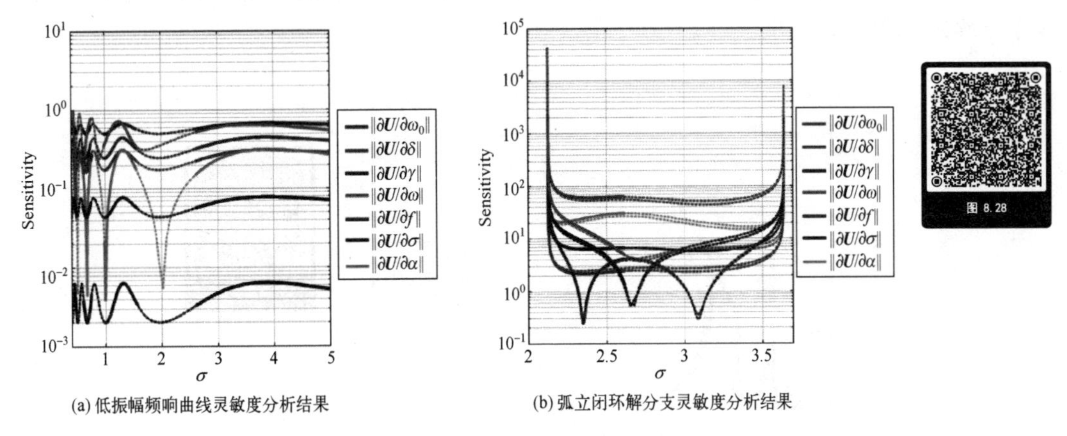

(a) 低振幅频响曲线灵敏度分析结果　(b) 弧立闭环解分支灵敏度分析结果

图 8.28　与图 8.24 对应的灵敏度分析结果

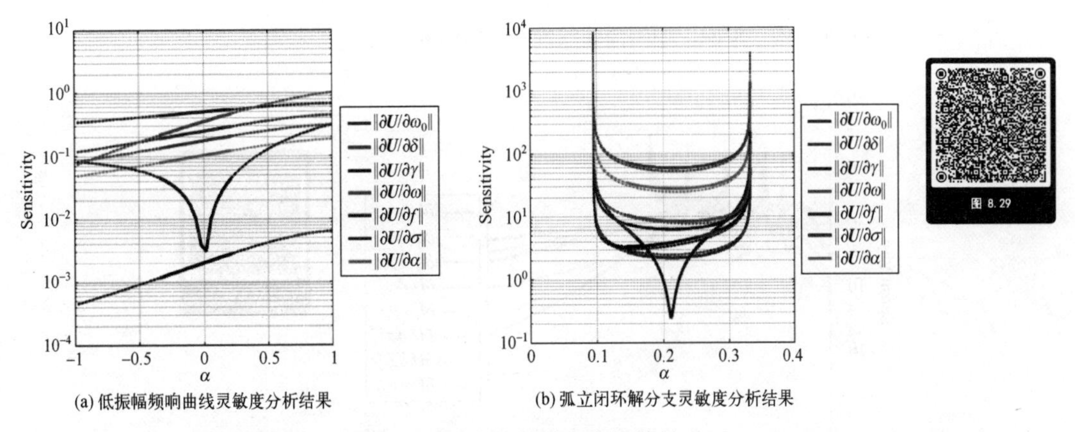

(a) 低振幅频响曲线灵敏度分析结果　(b) 弧立闭环解分支灵敏度分析结果

图 8.29　与图 8.25 对应的灵敏度分析结果

2. 式（8.64）中算例数值结果

第二个算例选取参数为 $\delta=0.2$，$\omega_0^2=1$，$\gamma=0.4$，$p=0.3$，$g_1=g_2=1$（取自文献[29]）。图 8.30 给出了不同 σ 值时系统频响曲线，由图可观察到典型的硬特性和超谐波共振现象。不同 σ 时频响曲线形状类似，增大 σ 导致系统最大共振峰值降低。此外，存在多个不稳定的孤立闭环解分支。与图 8.30 中 $\sigma=\pi/4$ 频响曲线相关的一阶灵敏度分析结果如图 8.31 所示，由图可知，傅里叶系数对 p、ω 、δ 和 ω_0 具有很高的灵敏度，对 g_1、g_2和 γ 的变化相对不敏感。图 8.32 给出了图 8.30 中不稳定孤立闭环解分支的灵敏度分析结果，傅里叶系数对频率 ω 和阻尼 δ 的变化非常敏感，$\partial \boldsymbol{U}/\partial\gamma$ 的灵敏度大于 $\partial \boldsymbol{U}/\partial\omega_0$，$\boldsymbol{U}$ 对激励参数 p 的灵敏度最低。

3. 式（8.65）中 Vander Pol-Duffing 振子数值结果

第三个算例考虑式（8.65）所示分数阶和时滞混合系统。为与文献［30］研究结果比较，选择以下仿真参数：$\varepsilon=0.2$，$\beta=0.3$，$\gamma=0.1$。下面研究表 8.12 所示 6 种参数不确定情形对系统振幅影响。对于情况 1，只有一个不确定参数，延迟参数 σ 在 2~6.5 变化。情况 2~5 考虑两个不确定参数，情况 2 的 g_p 值和情况 3 的 g_v 值分别在［0.1,

0.2］和［0,0.1］上变化。l 和 σ 是情况 4 和情况 5 中的不确定参数。对于情形 6，有 4 个不确定参数同时变化。

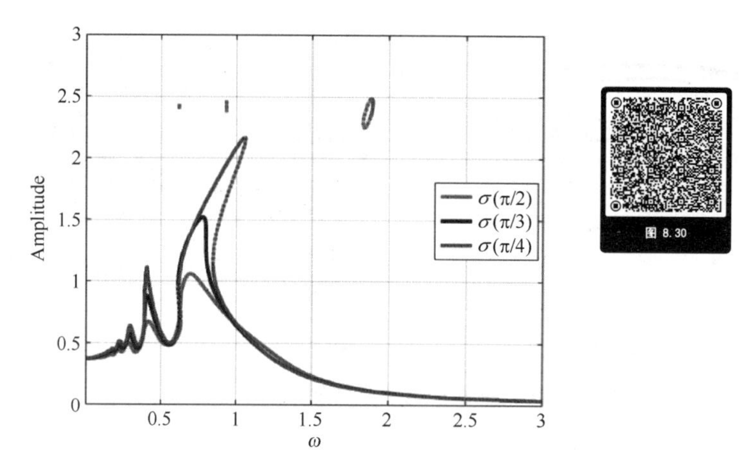

图 8.30　式（8.64）中迟滞非线性系统的频响曲线

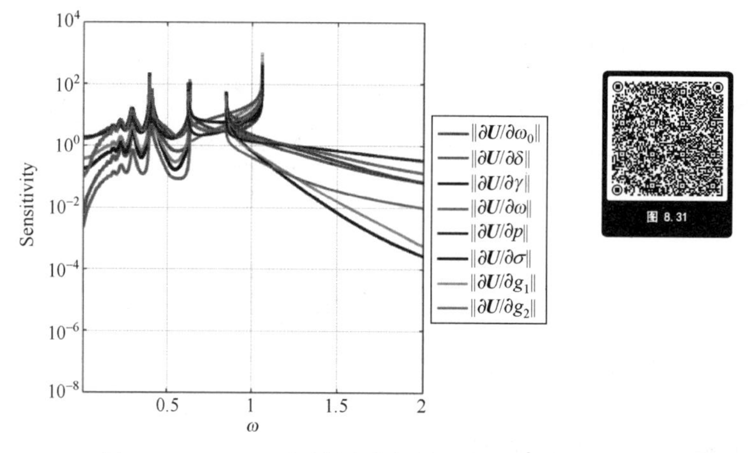

图 8.31　$\sigma=\pi/4$ 时灵敏度分析结果

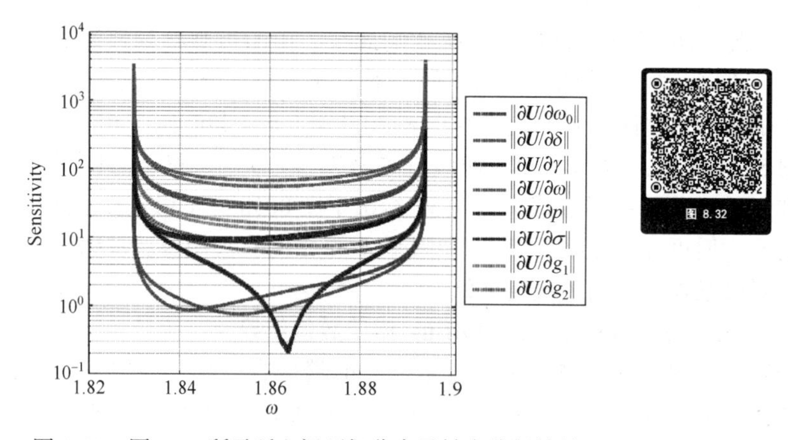

图 8.32　图 8.30 所示孤立闭环解分支灵敏度分析结果

表 8.12　考虑的 6 种参数不确定情况

	l	σ	g_p	g_v
情况 1	0.5	[2,6.5]	0.1	0.1
情况 2	0.8	[2,6.5]	[0.1,0.2]	0
情况 3	0.8	[2,6.5]	0.1	[0,0.1]
情况 4	[0.6,1]	[2,6.5]	0.1	0.1
情况 5	[0,1]	[3,4]	0.1	0.1
情况 6	[0.5,1]	[2,6.5]	[0,0.2]	[0,0.2]

表 8.13 给出了本节方法数值结果，由表可知参数不确定对系统最大振幅的综合影响，6 种情况中系统最大振幅的最小值对应情况 3。对于情况 1，预测的最大振幅为 2.8890，延迟 σ 为 3.9225；对于情况 2 和 3，共振幅值在所考虑的反馈系数上界处取得最大值；对于情况 4，系统幅值在分数阶数 l 的下界处取得最大值；情况 5 中变量 l 和 σ 在各自的下界处取得极值，分数阶导数项的存在能降低系统最大振动幅值。当 l、σ、g_p和 g_v 同时变化时，在 l 的下界，g_p 和 g_v 的上界处，情况 6 中系统的最大振幅为 3.5231。综上所述，当 l 取所考虑的参数范围下界时，系统振幅最大。

表 8.13　本节方法数值优化结果

	ω	l	σ	g_p	g_v	$u(\tau_{\max})$
情况 1	1.3117	—	3.9225	—	—	2.8890
情况 2	1.0522	—	4.5157	0.2	—	2.7204
情况 3	1.0171	—	5.2747	—	0.1	2.6090
情况 4	1.2007	0.6	4.3518	—	—	2.7574
情况 5	2.0944	0	3	—	—	4.5670
情况 6	1.6221	0.5	3.1865	0.2	0.2	3.5231

为更好地研究分数阶参数对系统振幅的影响，以情况 6 为例，利用 8.2.5 节连续延拓方法计算得到的系统振幅和频率随 l 的变化曲线如图 8.33 所示，而图 8.34 则给出了振幅和频率与 σ 关系曲线。图 8.33 中振幅和频率随分数阶参数 l 的增大单调降低，而图 8.34 中振幅和频率随 σ 增大而增大，达到峰值后，系统振幅随 σ 增大单调降低。

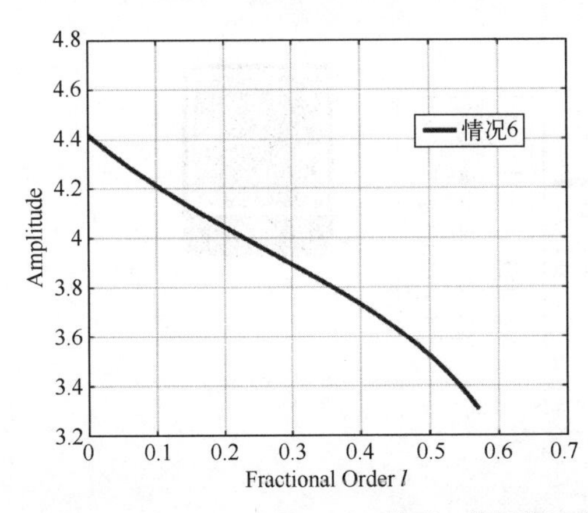

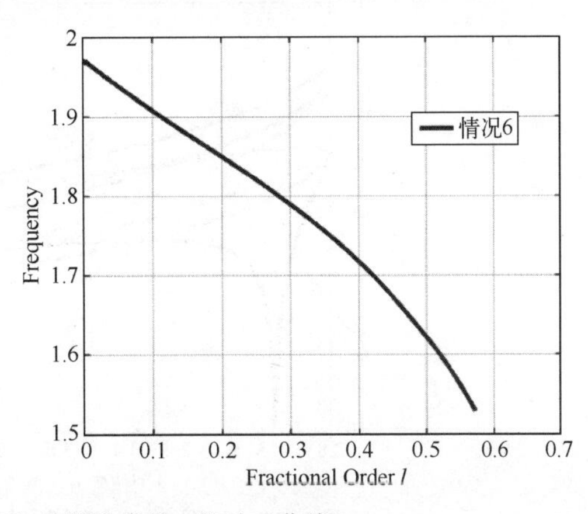

图 8.33　情况 6 的振幅和频率与分数阶参数 l 的关系曲线

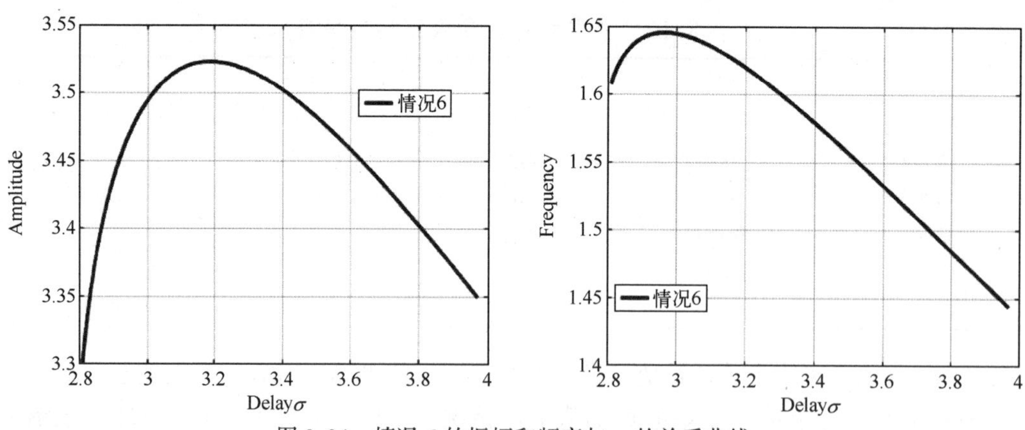

图 8.34　情况 6 的振幅和频率与 σ 的关系曲线

图 8.35 给出了与图 8.33 相关的灵敏度分析结果，灵敏度$\partial \boldsymbol{U}/\partial\sigma$ 随参数 l 的增大而单调降低，而$\partial \boldsymbol{U}/\partial\omega$ 和$\partial \boldsymbol{U}/\partial l$ 的灵敏度值随分数阶参数 l 的增大先下降后上升。相反，其他灵敏度值曲线随 l 增大而增大。与图 8.34 中频响曲线对应的一阶灵敏度分析结果如图 8.36 所示，除了$\partial \boldsymbol{U}/\partial\sigma$ 外，灵敏度值随延迟参数 σ 的增大而降低。比较图 8.35 和 8.36 中的灵敏度分析曲线可知，$\partial \boldsymbol{U}/\partial\sigma$ 和$\partial \boldsymbol{U}/\partial\beta$ 的灵敏度值较低，与 γ 和 ω 相关的灵敏度值较大。

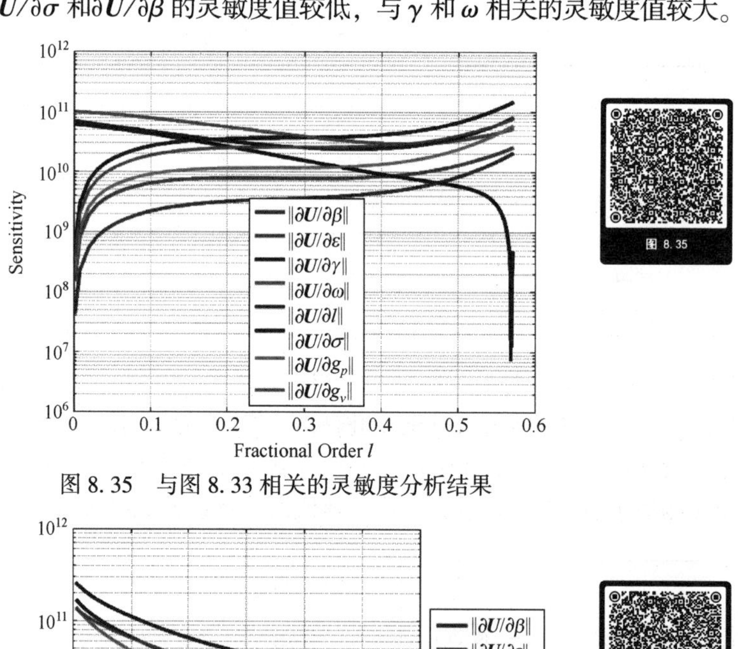

图 8.35　与图 8.33 相关的灵敏度分析结果

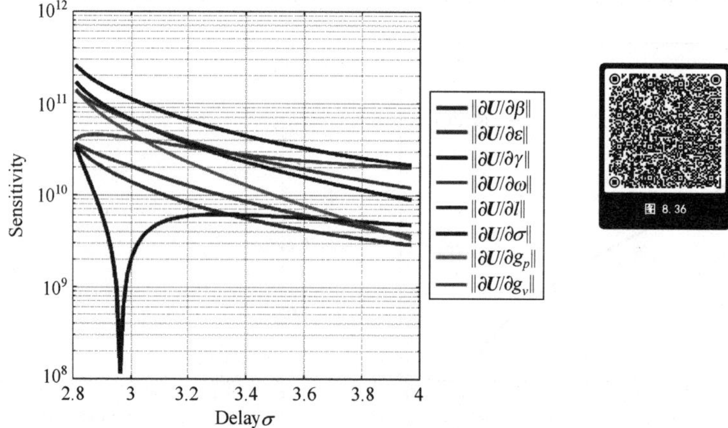

图 8.36　与图 8.34 相关的灵敏度分析结果

8.4 本章小结

本章应用约束优化谐波平衡法分析分数阶和时滞非线性系统动力学特性，研究了分数阶/时滞非线性系统周期运动的稳定性分析方法，推导了分数阶导数项、时滞项以及多项式非线性力频域运算矩阵，分析了非线性等式约束和目标函数相对于优化变量的梯度，通过构造并求解广义特征值问题分析周期解的稳定性，结合灵敏度信息，利用区间分析方法计算周期运动响应边界。以分数阶导数项或时滞项的 Duffing 振子为例，验证了方法的有效性，从数值算例中可以得出以下结论：

（1）本章方法可用于确定分数阶非线性系统最坏情形共振响应，并能分析分数阶导数、时滞、结构非线性和不确定性对非线性系统振动响应的影响。

（2）分数阶导数项参数影响研究表明，分数阶导数项对 Duffing 振子的动力学行为有显著影响，具有分数阶导数项的非线性系统分岔解对影响参数的变化不敏感。

（3）本章方法发现了迟滞非线性系统许多闭合曲线形式的孤立解，这些孤立解是多尺度法忽略的。

（4）最大共振幅值随时滞参数的增大而增大，并在所考虑的时滞参数的上界处取得极值。

参考文献

[1] Podlubny, I., Fractional differential equations: An introduction to fractional derivatives, fractional differential equations, to methods of their solution and some of their applications [M]. London: Academic Press 1998.

[2] Petráš I. Fractional-order nonlinear systems: modeling, analysis and simulation [M]. Springer Science & Business Media, 2011.

[3] He G, Luo M. Dynamic behavior of fractional order Duffing chaotic system and its synchronization via singly active control [J]. Applied Mathematics and Mechanics, 2012, 33 (5): 567-582.

[4] Leung A Y T, Guo Z, Yang H X. Fractional derivative and time delay damper characteristics in Duffing-van der Pol oscillators [J]. Communications in Nonlinear Science and Numerical Simulation, 2013, 18 (10): 2900-2915.

[5] Xiao M, Zheng W X, Cao J. Approximate expressions of a fractional order Van der Pol oscillator by the residue harmonic balance method [J]. Mathematics and Computers in Simulation, 2013, 89: 1-12.

[6] Shen Y, Yang S, Xing H, et al. Primary resonance of Duffing oscillator with two kinds of fractional-order derivatives [J]. International Journal of Non-Linear Mechanics, 2012, 47 (9): 975-983.

[7] Shen Y, Yang S, Xing H, et al. Primary resonance of Duffing oscillator with fractional-order derivative [J]. Communications in Nonlinear Science and Numerical Simulation, 2012, 17 (7): 3092-3100.

[8] Ma S, Lu Q, Feng Z. Double Hopf bifurcation for van der Pol-Duffing oscillator with parametric delay feedback control [J]. Journal of Mathematical Analysis and Applications, 2008, 338 (2): 993-1007.

[9] Ji J C, Zhang N, Gao W. Difference resonances in a controlled van der Pol-Duffing oscillator involving time delay [J]. Chaos, Solitons & Fractals, 2009, 42 (2): 975-980.

[10] Lu W, Liu Y. Vibration control for the primary resonance of the Duffing oscillator by a time delay state feedback [J]. International Joural of Nonlinear Sciences, 2009, 8 (3): 324-328.

[11] Hu H Y, Dowell E H, Virgin L N. Resonances of a harmonically forced Duffing oscillator with time delay state feedback [J]. Nonlinear Dynamics, 1998, 15: 311-327.

[12] Hu H Y, Wang Z H. Singular perturbation methods for nonlinear dynamic systems with time delays [J]. Chaos, Solitons & Fractals, 2009, 40 (1): 13-27.

[13] Peletan L, Baguet S, Torkhani M, et al. A comparison of stability computational methods for periodic solution of nonlinear problems with application to rotordynamics [J]. Nonlinear Dynamics, 2013, 72: 671-682.

[14] Wang Z H, Hu H Y. Stability of a linear oscillator with damping force of the fractional-order derivative [J]. Science China Physics, Mechanics and Astronomy, 2010, 53: 345-352.

[15] Verheyden K, Luzyanina T, Roose D. Efficient computation of characteristic roots of delay differential equations using LMS methods [J]. Journal of Computational and Applied Mathematics, 2008, 214 (1): 209-226.

[16] Engelborghs K, Roose D. On stability of LMS methods and characteristic roots of delay differential equations [J]. SIAM Journal on Numerical Analysis, 2002, 40 (2): 629-650.

[17] Wu Z, Michiels W. Reliably computing all characteristic roots of delay differential equations in a given right half plane using a spectral method [J]. Journal of Computational and Applied Mathematics, 2012, 236 (9): 2499-2514.

[18] Liao H, Sun W. A new method for predicting the maximum vibration amplitude of periodic solution of non-linear system [J]. Nonlinear Dynamics, 2013, 71: 569-582.

[19] Liao H. Optimization analysis of Duffing oscillator with fractional derivatives [J]. Nonlinear Dynamics, 2015, 79 (2): 1311-1328.

[20] Liao H. Nonlinear dynamics of duffing oscillator with time delayed term [J]. Computer Modeling in Engineering and Sciences, 2014, 103 (3): 155-187.

[21] Liao H. Stability analysis of duffing oscillator with time delayed and/or fractional derivatives [J]. Mechanics Based Design of Structures and Machines, 2016, 44 (4): 283-305.

[22] Lazarus A, Thomas O. A harmonic-based method for computing the stability of periodic solutions of dynamical systems [J]. Comptes Rendus Mécanique, 2010, 338 (9): 510-517.

[23] Ma Y, Cao P, Wang J, et al. Interval analysis method for rotordynamic with uncertain parameters [C] //Turbo Expo: Power for Land, Sea, and Air. 2011, 54662: 307-314.

[24] Qiu Z, Wang X. Parameter perturbation method for dynamic responses of structures with uncertain-but-bounded parameters based on interval analysis [J]. International Journal of Solids and Structures, 2005, 42 (18-19): 4958-4970.

[25] Sarrouy E, Sinou J J. Non-linear periodic and quasi-periodic vibrations in mechanical systems-on the use of the harmonic balance methods [J]. Advances in Vibration Analysis Research, 2011, 21: 419-34.

[26] Narimani A, Golnaraghi M F, Jazar G N. Sensitivity analysis of the frequency response of a piecewise linear system in a frequency island [J]. Journal of Vibration and Control, 2004, 10 (2): 175-198.

[27] Rusinek R, Weremczuk A, Kecik K, et al. Dynamics of a time delayed Duffing oscillator [J]. International Journal of Non-Linear Mechanics, 2014, 65: 98-106.

[28] Rusinek R, Mitura A, Warminski J. Time delay Duffing's systems: Chaos and chatter control [J]. Meccanica, 2014, 49: 1869-1877.

[29] Leung A Y T, Guo Z, Myers A. Steady state bifurcation of a periodically excited system under delayed feedback controls [J]. Communications in Nonlinear Science and Numerical Simulation, 2012, 17 (12): 5256-5272.

[30] Leung A Y T, Yang H X, Zhu P. Periodic bifurcation of Duffing-van der Pol oscillators having fractional derivatives and time delay [J]. Communications in Nonlinear Science and Numerical Simulation, 2014, 19 (4): 1142-1155.

[31] Hong D, Kim S, Choi W C, et al. Analysis of machining stability for a parallel machine tool [J]. Mechanics Based Design of Structures and Machines, 2003, 31 (4): 509-528..

[32] Wu Z, Michiels W. Reliably computing all characteristic roots of delay differential equations in a given right half plane using a spectral method [J]. Journal of Computational and Applied Mathematics, 2012, 236 (9): 2499-2514.

第9章　非线性系统稳态响应简约空间优化设计方法及应用

约束优化谐波平衡方法的主要缺点是，当约束条件包括谐波平衡非线性方程组时，由于优化变量和约束的数量很大，计算复杂性显著增加，计算成本也随之增加。被广泛用于解决大规模约束优化问题简约序列二次规划方法[1-4,6-7]，具有内存需求少等优点，对于低自由度的大规模非线性问题非常有效，可以有效求解具有超过300万个变量和约束的超大规模优化问题。例如，Leineweber等[8]基于简约空间SQP算法，使用多重打靶原理求解大规模化学过程的多阶段优化问题。

为降低存储需求和计算复杂度，本章采用简约SQP技术求解以谐波平衡方程组或打靶函数为约束的非线性系统周期运动共振响应问题。本章章节组织如下：9.1节和9.2节简述简约空间打靶法和谐波平衡法，分析目标函数和约束函数的灵敏度，给出数值算例验证方法的有效性；在9.3节和9.4节中，应用简约空间谐波平衡法分析干摩擦阻尼叶盘结构和参数不确定转子动力学问题。

9.1　计算非线性系统稳态共振响应的简约空间打靶法[9]

9.1.1　简约空间打靶法

寻找非线性结构的最大振动幅度对于设计评估和不确定性量化以及相关的稳健优化以减少最坏情况共振响应水平的影响非常重要。为了进行参数影响研究和量化参数不确定影响，必须重复使用求根非线性求解器，但计算成本高昂。因此，需要发展有效的方法来寻找非线性动力系统中的最高振动峰值。

针对非线性系统周期运动问题，本节提出简约空间优化求解方案。打靶函数构成约束优化问题的非线性等式约束，推导目标和约束函数的灵敏度，然后采用简约SQP优化算法求解，最后给出验证算例。

1. 基于打靶函数的非线性等式约束

假设$\boldsymbol{M}$是可逆的，运动方程可以改写为增广状态空间形式如下：

$$\dot{\boldsymbol{q}}(t)=\boldsymbol{l}(t,\boldsymbol{q}(t))=\begin{pmatrix}\dot{\boldsymbol{u}}\\ \boldsymbol{M}^{-1}(\boldsymbol{f}_{\text{ext}}(t)-\boldsymbol{C}\dot{\boldsymbol{u}}-\boldsymbol{K}\boldsymbol{u}-\boldsymbol{f}_{nl}(\boldsymbol{u},\dot{\boldsymbol{u}},t))\\ \boldsymbol{0}\end{pmatrix}\tag{9.1}$$

式中：增广状态向量由$\boldsymbol{q}(t)=\begin{bmatrix}\boldsymbol{z}(t)\\ \boldsymbol{p}\end{bmatrix}$和$\boldsymbol{z}=\begin{pmatrix}\boldsymbol{u}\\ \dot{\boldsymbol{u}}\end{pmatrix}$定义；$p$是系统相关参数的向量。

为应用打靶法，打靶函数定义如下：

$$\boldsymbol{g}(\boldsymbol{z}_0,\omega)=\boldsymbol{z}(T_m)-\boldsymbol{z}_0=\mathbf{0} \tag{9.2}$$

式中：$\boldsymbol{z}_0=\boldsymbol{z}(0)=\begin{pmatrix}\boldsymbol{u}_0\\ \dot{\boldsymbol{u}}_0\end{pmatrix}$表示状态向量 $\boldsymbol{z}(t)$ 的初始条件，其中 $\boldsymbol{u}_0$ 和$\dot{\boldsymbol{u}}_0$ 分别是初始位移和速度；$T_m=2\pi/\omega$ 为以 ω 为振动频率的最小振动周期。

打靶法将周期解求解问题转换为非线性边值问题，时间积分方法可用于求解式（9.2）定义的两点边值问题，未知数 $\boldsymbol{z}_0$ 和 $\boldsymbol{\omega}(T_m)$ 应满足打靶函数。采用四阶 Runge-Kutta 方法求解式（9.1），$\boldsymbol{q}(t_0)=\begin{bmatrix}\boldsymbol{z}_0\\ \boldsymbol{p}\end{bmatrix}$作为初始积分点，$t_{i+1}$时刻的增广状态空间向量计算如下：

$$\boldsymbol{q}(t_{i+1})=\boldsymbol{q}(t_i)+\frac{h}{6}(\boldsymbol{r}_1+2\boldsymbol{r}_2+2\boldsymbol{r}_3+\boldsymbol{r}_4) \tag{9.3}$$

式中：h 是积分步长；$\boldsymbol{q}(t_i)$表示在时间 t_i 评估的增广状态空间向量；$\boldsymbol{r}_1$、$\boldsymbol{r}_2$、$\boldsymbol{r}_3$、$\boldsymbol{r}_4$分别定义为

$$\boldsymbol{r}_1=\boldsymbol{l}(t_i,\boldsymbol{q}(t_i))\,,\ \boldsymbol{r}_j=\boldsymbol{l}\left(t_i+\frac{h}{2},\boldsymbol{q}(t_i)+\frac{h}{2}\boldsymbol{r}_{j-1}\right)(j=2,3)\,,\ \boldsymbol{r}_4=\boldsymbol{l}(t_i+h,\boldsymbol{q}(t_i)+h\boldsymbol{r}_3) \tag{9.4}$$

一旦获得 $\boldsymbol{z}(T_m)$，就可以计算打靶函数非线性等式约束残差。

2. 优化问题描述

非线性动态系统的动态特性不仅依赖于系统参数，还依赖于初始条件。为优化得到最坏情况响应，选择 $\boldsymbol{u}$ 的最大振幅 $u_{\max}$ 作为目标函数，将初始条件和影响参数作为优化变量，同时满足打靶函数非线性等式约束。因此，数学优化问题可写为

$$\begin{aligned}&\min\quad f(\boldsymbol{v})=-u_{\max}\\&\text{s. t.}\begin{cases}\boldsymbol{g}(\boldsymbol{v})=\boldsymbol{z}(T_m,\xi)-\boldsymbol{z}_0=\mathbf{0}\\ \boldsymbol{v}_L\leqslant\boldsymbol{v}\leqslant\boldsymbol{v}_U\end{cases}\end{aligned} \tag{9.5}$$

式中：$\boldsymbol{v}=\{\boldsymbol{z}_0^{\mathrm{T}},\boldsymbol{p}^{\mathrm{T}}\}^{\mathrm{T}}$；$\boldsymbol{p}=\{\omega,\xi\}^{\mathrm{T}}$，$\xi$ 是设计参数或不确定性参数；$\boldsymbol{g}(\boldsymbol{v})$表示非线性等式约束。不等式约束分别是指下限和上限 $\boldsymbol{v}_L$ 和 $\boldsymbol{v}_U$。

式（9.5）是一个涉及初始条件和独立参数同时优化的问题，为了运用梯度优化算法求解式（9.5），需要分析目标函数和约束函数的灵敏度信息，下面分析非线性等式约束的梯度。

通过求解以下微分方程计算状态转移矩阵 $\boldsymbol{\Phi}(t)=\dfrac{\partial\boldsymbol{q}(t)}{\partial\boldsymbol{q}(t_0)}=\begin{bmatrix}\dfrac{\partial\boldsymbol{z}(t)}{\partial\boldsymbol{z}(t_0)} & \dfrac{\partial\boldsymbol{z}(t)}{\partial\boldsymbol{p}(t_0)}\\ \dfrac{\partial\boldsymbol{p}(t)}{\partial\boldsymbol{z}(t_0)} & \dfrac{\partial\boldsymbol{p}(t)}{\partial\boldsymbol{p}(t_0)}\end{bmatrix}$：

$$\dot{\boldsymbol{\Phi}}(t)=\frac{\partial\boldsymbol{l}(t,\boldsymbol{q}(t),p)}{\partial\boldsymbol{q}(t)}\boldsymbol{\Phi}(t) \tag{9.6}$$

初始条件为 $\boldsymbol{\Phi}(0)=\boldsymbol{I}$。

$\dfrac{\partial\boldsymbol{q}(t)}{\partial\boldsymbol{q}(t_0)}$的计算可以由式（9.3）推导出来，式（9.3）对 $\boldsymbol{q}_0$ 微分：

$$\frac{\partial\boldsymbol{q}(t_{i+1})}{\partial\boldsymbol{q}_0}=\frac{\partial\boldsymbol{q}(t_i)}{\partial\boldsymbol{q}_0}+\frac{h}{6}(\boldsymbol{Q}_1+2\boldsymbol{Q}_2+2\boldsymbol{Q}_3+\boldsymbol{Q}_4) \tag{9.7}$$

式中

$$\boldsymbol{Q}_1=\frac{\partial \boldsymbol{l}(t,\boldsymbol{q}(t))}{\partial \boldsymbol{q}(t)}\bigg|_{\boldsymbol{q}(t)=\boldsymbol{q}(t_i)}\frac{\partial \boldsymbol{q}(t)}{\partial \boldsymbol{q}_0},\quad \boldsymbol{Q}_j=\frac{\partial \boldsymbol{l}\left(t_i+\frac{h}{2},\boldsymbol{q}(t)\right)}{\partial \boldsymbol{q}(t)}\Bigg|_{\boldsymbol{q}(t)=\boldsymbol{q}(t_i)+\frac{h}{2}\boldsymbol{K}_{j-1}}\left(\frac{\partial \boldsymbol{q}(t)}{\partial \boldsymbol{q}_0}+\frac{h}{2}\boldsymbol{Q}_{j-1}\right)(j=2,3),$$

$$\boldsymbol{Q}_4=\frac{\partial \boldsymbol{l}(t_i+h,\boldsymbol{q}(t))}{\partial \boldsymbol{q}(t)}\bigg|_{\boldsymbol{q}(t)=\boldsymbol{q}(t_i)+h\boldsymbol{K}_3}\left(\frac{\partial \boldsymbol{q}(t)}{\partial \boldsymbol{q}_0}+h\boldsymbol{Q}_3\right)$$

利用式（9.7）则无须为计算灵敏度梯度而对数据点进行插值。此外，非线性等式约束对振动频率的灵敏度计算如下：

$$\frac{\mathrm{d}\boldsymbol{g}(\boldsymbol{v})}{\mathrm{d}\omega}=\frac{\partial z(T_m,\xi)}{\partial \omega}+\frac{\partial z(T_m,\xi)}{\partial T_m}\frac{\partial T_m}{\partial \omega} \tag{9.8}$$

式中：$\frac{\partial z(T_m,\xi)}{\partial \omega}$可以从 $\boldsymbol{\Phi}(T_m)$ 中提取；$\frac{\partial z(T_m)}{\partial T_m}=\begin{pmatrix}\dot{\boldsymbol{u}}\\ \boldsymbol{M}^{-1}(\boldsymbol{f}_{ext}(t)-\boldsymbol{C}\dot{\boldsymbol{u}}-\boldsymbol{K}\boldsymbol{u}-\boldsymbol{f}_{nl}(\boldsymbol{u},\dot{\boldsymbol{u}},t))\end{pmatrix}\bigg|_{t=T_m}$；$\frac{\partial T_m}{\partial \omega}=-\frac{2\pi}{\omega^2}$。

基于以上灵敏度分析，可以使用梯度的优化算法来求解式（9.5）。

9.1.2 求解大规模约束优化问题的简约空间序列二次规划法

SQP 方法可以被认为是考虑约束的拟牛顿方法的扩展，非常适合解决式中的约束优化问题。本节介绍简约空间 SQP 算法，它通过解决一系列二次规划（QP）子问题更新搜索方向，在迭代过程第 k 步解为 $\boldsymbol{x}_k$，QP 子问题将原始优化问题近似目标函数二阶泰勒近似和线性化约束条件：

$$\begin{gathered}[\nabla f(\boldsymbol{x}_k)]^{\mathrm{T}}\boldsymbol{d}_k+\frac{1}{2}\boldsymbol{d}_k^{\mathrm{T}}\boldsymbol{H}_k\boldsymbol{d}_k\\ \text{s. t.}\begin{cases}\boldsymbol{g}(\boldsymbol{x}_k)+[\nabla \boldsymbol{g}(\boldsymbol{x}_k)]^{\mathrm{T}}\boldsymbol{d}_k=\boldsymbol{0}\\ \boldsymbol{x}_L\leqslant \boldsymbol{x}_k+\boldsymbol{d}_k\leqslant \boldsymbol{x}_U\end{cases}\end{gathered} \tag{9.9}$$

式中：$\boldsymbol{d}_k$ 是搜索方向，$\boldsymbol{H}_k$ 是拉格朗日函数 $L(\boldsymbol{x})=f(\boldsymbol{x})+\boldsymbol{\lambda}\boldsymbol{g}(\boldsymbol{x})$的 Hessian 阵，其中 $\boldsymbol{\lambda}$ 是拉格朗日乘数，优化变量的边界可作为一般约束包括在 $\boldsymbol{g}(\boldsymbol{x})$内；$\nabla$表示梯度符号。

1. 空间分解策略

为了有效解决大规模问题，需要对式（9.9）中的二次规划子问题进行空间分解。在零空间技术的基础上，优化变量可以划分为独立变量和依赖变量，式（9.9）中的解可以表示为

$$\boldsymbol{d}_k=\boldsymbol{Y}_k\boldsymbol{d}_k^{Y}+\boldsymbol{Z}_k\boldsymbol{d}_k^{Z} \tag{9.10}$$

式中：$\boldsymbol{d}_k^{Z}$ 称为零空间搜索方向；分量 $\boldsymbol{d}_k^{Y}$ 是值空间中的相关项；$\boldsymbol{Y}_k$ 和 $\boldsymbol{Z}_k$ 的列分别对应非线性等式约束的值空间和零空间。

目前有三种技术来构建分解基矩阵。正交基空间分解方案涉及 QR 分解，其计算成本很高。为避免 QR 分解，可以采用坐标基分解方法。

对于正交基分解方法，非线性等式约束的导数构成了零空间和值空间。分解基矩阵为

$$\boldsymbol{Y}_k=\begin{bmatrix}\nabla \boldsymbol{g}_{\bar{x}}(\boldsymbol{x}_k)[\nabla \boldsymbol{g}_{\mathrm{U}_{nl}}(\boldsymbol{x}_k)]^{-1}\\ \boldsymbol{I}_M\end{bmatrix},\quad \boldsymbol{Z}_k=\begin{bmatrix}\boldsymbol{I}_{N-M}\\ -\{[\nabla \boldsymbol{g}_{\mathrm{U}_{nl}}(\boldsymbol{x}_k)]^{\mathrm{T}}\}^{-1}\nabla \boldsymbol{g}_{\bar{x}}^{T}(\boldsymbol{x}_k)\end{bmatrix} \tag{9.11}$$

式中：下标 N 和 M 分别代表 $\boldsymbol{x}$ 和 $\boldsymbol{g}(\boldsymbol{x})$ 的大小；$\boldsymbol{Z}_k$ 是矩阵，使得 $[\nabla \boldsymbol{g}(\boldsymbol{x}_k)]^{\mathrm{T}}\boldsymbol{Z}_k=0$ 和 $\boldsymbol{Z}_k^{\mathrm{T}}\boldsymbol{Z}_k=1$，$\boldsymbol{Z}_k$ 的列构成 $[\nabla \boldsymbol{g}(\boldsymbol{x}_k)]^{\mathrm{T}}$ 零空间的正交基。

本节采用的坐标基分解方法，其分解基矩阵为

$$\boldsymbol{Y}_k=\begin{bmatrix}\boldsymbol{0}\\ \boldsymbol{I}_M\end{bmatrix},\quad \boldsymbol{Z}_k=\begin{bmatrix}\boldsymbol{I}_{N-M}\\ -\{[\nabla \boldsymbol{g}_{\mathrm{U}_{nl}}(\boldsymbol{x}_k)]^{\mathrm{T}}\}^{-1}\nabla \boldsymbol{g}_{\bar{x}}^{\mathrm{T}}(\boldsymbol{x}_k)\end{bmatrix} \tag{9.12}$$

然而，当降阶谐波平衡方程的雅可比行列式奇异时，坐标基分解技术失效。基于文献［6-7］中提出的方法，本节采用基矩阵变换策略来克服上述缺点。

2. 零空间搜索方向的求解

通过将式（9.10）和式（9.12）插入式（9.9）并利用性质 $[\nabla \boldsymbol{g}(\boldsymbol{x}_k)]^{\mathrm{T}}\boldsymbol{Z}_k=\boldsymbol{0}$，式（9.9）中的约束优化问题被转换为以下简化形式：

$$\begin{aligned}&\min\quad \left(\boldsymbol{Z}_k^{\mathrm{T}}\nabla f(\boldsymbol{x}_k)+\frac{1}{2}\boldsymbol{Z}_k^{\mathrm{T}}\boldsymbol{H}_k\boldsymbol{Y}_k\boldsymbol{d}_k^{Y}\right)\boldsymbol{d}_k^{Z}+\frac{1}{2}(\boldsymbol{d}_k^{Z})^{\mathrm{T}}(\boldsymbol{Z}_k^{\mathrm{T}}\boldsymbol{H}_k\boldsymbol{Z}_k)\boldsymbol{d}_k^{Z}\\ &\text{s. t.}\quad \boldsymbol{x}_L\leqslant \boldsymbol{x}_k+\boldsymbol{Y}_k\boldsymbol{d}_k^{Y}+\boldsymbol{Z}_k\boldsymbol{d}_k^{Z}\leqslant \boldsymbol{x}_U\end{aligned} \tag{9.13}$$

零空间技术用于将式（9.9）中的大的 N 维二次子问题转换为式（9.13）中表示的数量相对较少的 $N-M$ 维二次子问题，从而降低了计算规模。因此，简约空间二次规划子问题可以在低维空间中求解，这使得简约空间 SQP 方法成为解决具有大量优化变量优化问题的有效算法。

为了求解式（9.13），应计算交岔项 $\boldsymbol{Z}_k^{\mathrm{T}}\boldsymbol{H}_k\boldsymbol{Y}_k\boldsymbol{d}_k^{Y}$，然而，不需要直接计算交岔项 $\boldsymbol{Z}_k^{\mathrm{T}}\boldsymbol{H}_k\boldsymbol{Y}_k\boldsymbol{d}_k^{Y}$，而是计算矩阵 $\boldsymbol{Z}_k^{\mathrm{T}}\boldsymbol{H}_k$，$\boldsymbol{Z}_k^{\mathrm{T}}\boldsymbol{H}_k$ 被一个近似矩阵 $\boldsymbol{B}_k$ 替换，按照 Broyden 方法进行迭代更新：

$$\boldsymbol{B}_{k+1}=\boldsymbol{B}_k+\frac{(\bar{\boldsymbol{y}}_k-\boldsymbol{B}_k\bar{\boldsymbol{s}}_k)\bar{\boldsymbol{s}}_k^{\mathrm{T}}}{\bar{\boldsymbol{s}}_k^{\mathrm{T}}\bar{\boldsymbol{s}}_k} \tag{9.14}$$

式中：向量$\bar{\boldsymbol{y}}_k$ 和$\bar{\boldsymbol{s}}_k$ 由$\bar{\boldsymbol{y}}_k=\boldsymbol{Z}_k^{\mathrm{T}}[\nabla L(\boldsymbol{x}_{k+1},\boldsymbol{\lambda}_{k+1})-\nabla L(\boldsymbol{x}_k,\boldsymbol{\lambda}_{k+1})]$给出。

基于近似矩阵 $\boldsymbol{B}_k$，通过使用 $\boldsymbol{w}_k=\boldsymbol{B}_k\boldsymbol{Y}_k\boldsymbol{d}_k^{Y}$ 计算交叉项，从而避免 $\boldsymbol{Z}_k^{\mathrm{T}}\boldsymbol{H}_k\boldsymbol{Y}_k\boldsymbol{d}_k^{Y}$ 的计算。

求解式（9.13）需要 Hessian 矩阵，这通常是未知的，因而本节基于 Broyden-Fletcher-Goldfarb-Shanno（BFGS）方法更新 Hessian 矩阵：

$$\boldsymbol{y}_k=\boldsymbol{H}_{k+1}\boldsymbol{s}_k \tag{9.15}$$

式中：$\boldsymbol{y}_k=\boldsymbol{Z}_k^{\mathrm{T}}[\nabla L(\boldsymbol{x}_{k+1},\boldsymbol{\lambda}_{k+1})-\nabla L(\boldsymbol{x}_k,\boldsymbol{\lambda}_{k+1})]-\overline{\boldsymbol{w}}_k$，其中$\overline{\boldsymbol{w}}_k=\alpha_k\boldsymbol{B}_{k+1}\boldsymbol{Y}_k\boldsymbol{d}_k^{Y}$；$\boldsymbol{s}_k=\alpha_k\boldsymbol{d}_k^{Z}$。

3. 线搜索程序

由 $\boldsymbol{d}_k^{Y}=-\{[\nabla \boldsymbol{g}(\boldsymbol{x}_k)]^{\mathrm{T}}\boldsymbol{Y}_k\}^{-1}\boldsymbol{g}(\boldsymbol{x}_k)$与式（9.13）的解 $\boldsymbol{d}_k^{Z}$ 确定搜索方向 $\boldsymbol{d}_k$，它用于形成新的迭代 $\boldsymbol{x}_{k+1}=\boldsymbol{x}_k+\alpha_k\boldsymbol{d}_k$，式中 α_k 是步长。

为了保证优化算法的全局收敛性，建立评价函数来衡量算法收敛性。遵循文献［7］中的方法，线性搜索程序中采用如下含惩罚参数 μ 的评价函数：

$$\phi_\mu(\boldsymbol{x})=f(\boldsymbol{x})+\mu\|\boldsymbol{g}(\boldsymbol{x})\|_1 \tag{9.16}$$

基于一维优化技术，利用以下条件确定步长 α_k：

$$\phi_{\mu_k}(\boldsymbol{x}_k+\alpha_k\boldsymbol{d}_k)\leqslant\phi_{\mu_k}(\boldsymbol{x}_k)+0.1\alpha_k D\phi_{\mu_k}(\boldsymbol{x}_k;\boldsymbol{d}_k) \tag{9.17}$$

式中：$D\phi_{\mu_k}(\boldsymbol{x}_k;\boldsymbol{d}_k)$表示方向导数。对于方向$\boldsymbol{d}_k$，方向导数由下式给出：

$$D\phi_{\mu_k}(\boldsymbol{x}_k;\boldsymbol{d}_k)=\nabla f(\boldsymbol{x}_k)(\boldsymbol{Y}_k\boldsymbol{d}_k^Y+\boldsymbol{Z}_k\boldsymbol{d}_k^Z)-\mu_k\|\boldsymbol{g}(\boldsymbol{x}_k)\|_1 \tag{9.18}$$

上述算法的详细描述和实现可参考文献［4-7］。

4. 克服 Maratos 效应

众所周知，经典的 SQP 方法可能会遇到 Maratos 效应的问题，这种现象出现在许多非线性约束优化算法中，即在最优解附近拒绝超线性步，学术界已提出了很多方案来克服该缺点。本节采用二阶校正（SOC）技术修改简化 SQP 算法。二阶校正步分解为零空间步和值空间步的组合，即

$$\hat{\boldsymbol{d}}_k=\boldsymbol{Y}_k\hat{\boldsymbol{d}}_k^Y+\boldsymbol{Z}_k\hat{\boldsymbol{d}}_k^Z \tag{9.19}$$

在点$\boldsymbol{x}_k+\boldsymbol{d}_k$处的等式约束计算得到值空间搜索方向$\hat{\boldsymbol{d}}_k^Y=-\{[\nabla\boldsymbol{g}(\boldsymbol{x}_k)]^{\mathrm{T}}\boldsymbol{Y}_k\}^{-1}\boldsymbol{g}(\boldsymbol{x}_k+\boldsymbol{d}_k)$，而通过求解以下二次规划子问题生成二阶纠正搜索方向$\hat{\boldsymbol{d}}_k^Z$：

$$\begin{aligned}\min\quad&(\boldsymbol{Z}_k^{\mathrm{T}}\nabla f(\boldsymbol{x}_k)+\boldsymbol{Z}_k^{\mathrm{T}}\boldsymbol{H}_k\boldsymbol{Y}_k\hat{\boldsymbol{d}}_k^Y+\boldsymbol{Z}_k^{\mathrm{T}}\boldsymbol{H}_k\boldsymbol{d}_k)\hat{\boldsymbol{d}}_k^Z+\frac{1}{2}(\hat{\boldsymbol{d}}_k^Z)^{\mathrm{T}}(\boldsymbol{Z}_k^{\mathrm{T}}\boldsymbol{H}_k\boldsymbol{Z}_k)\hat{\boldsymbol{d}}_k^Z\\ \text{s.t.}\quad&\boldsymbol{x}_L\leqslant\boldsymbol{x}_k+\boldsymbol{d}_k+\boldsymbol{Y}_k\hat{\boldsymbol{d}}_k^Y+\boldsymbol{Z}_k\hat{\boldsymbol{d}}_k^Z\leqslant\boldsymbol{x}_{\mathrm{U}}\end{aligned} \tag{9.20}$$

假设$\boldsymbol{d}_k^Y$是可行且$\boldsymbol{d}_k^Z$被改变以减少目标函数值，实现二阶校正步的另一种策略是定义如下$\hat{\boldsymbol{d}}_k$：

$$\hat{\boldsymbol{d}}_k=\boldsymbol{Y}_k\boldsymbol{d}_k^Y+\boldsymbol{Z}_k\hat{\boldsymbol{d}}_k^Z \tag{9.21}$$

式中：$\hat{\boldsymbol{d}}_k^Z$是通过求解以下二次规划子问题获得的，即

$$\begin{aligned}\min\quad&(\boldsymbol{Z}_k^{\mathrm{T}}\nabla f(\boldsymbol{x}_k)+\boldsymbol{Z}_k^{\mathrm{T}}\boldsymbol{H}_k\boldsymbol{Y}_k\boldsymbol{d}_k^Y+\boldsymbol{Z}_k^{\mathrm{T}}\boldsymbol{H}_k\boldsymbol{d}_k)\hat{\boldsymbol{d}}_k^Z+\frac{1}{2}(\hat{\boldsymbol{d}}_k^Z)^{\mathrm{T}}(\boldsymbol{Z}_k^{\mathrm{T}}\boldsymbol{H}_k\boldsymbol{Z}_k)\hat{\boldsymbol{d}}_k^Z\\ \text{s.t.}\quad&\boldsymbol{x}_L\leqslant\boldsymbol{x}_k+\boldsymbol{d}_k+\boldsymbol{Y}_k\boldsymbol{d}_k^Y+\boldsymbol{Z}_k\hat{\boldsymbol{d}}_k^Z\leqslant\boldsymbol{x}_U\end{aligned} \tag{9.22}$$

最终二阶校正步计算如下：

$$\boldsymbol{d}_k^{\mathrm{c}}=\boldsymbol{d}_k+\hat{\boldsymbol{d}}_k \tag{9.23}$$

采用式（9.23）中的二阶纠正步避免了 Maratos 效应。

所提出的算法结合了简约 SQP 方法和打靶原理的优点，方法创新性在于利用简约空间 SQP 方法处理非线性等式约束。借助零空间分解技术消除非线性等式约束，从而得到简化的优化问题。

下面使用两个数值算例验证提出算法有效性。

5. Duffing 振子算例

使用 Duffing 振子模型作为第一个数值算例，其运动方程为

$$m\ddot{u}+c\dot{u}+ku+\gamma u^3=F\cos(\omega t) \tag{9.24}$$

式中：上标点表示对时间的导数；m、c和k分别是质量、阻尼和刚度系数；γ表示非线性刚度系数；F是强迫振幅；ω是外部激励的频率。

结构参数取值如下：$m=1$，$c=0.1$，$k=1$，$\gamma=1$，$F=1.25$。

为验证所提出算法的可行性，采用传统连续延拓伪弧长技术计算得到稳态响应频响

曲线，以便与本节方法进行比较。采用 Hill 方法分析周期解稳定性，保留傅里叶展开中前五个谐波项目，计算得到的频率响应曲线如图 9.1 所示，其中实线和虚线分别代表稳定和不稳定的周期解，H_i表示第 i 次谐波，符号 B 表示结构动力学中的分岔，从图中可知，系统在共振频率 $\omega=2.44$ 时达到最高振幅。

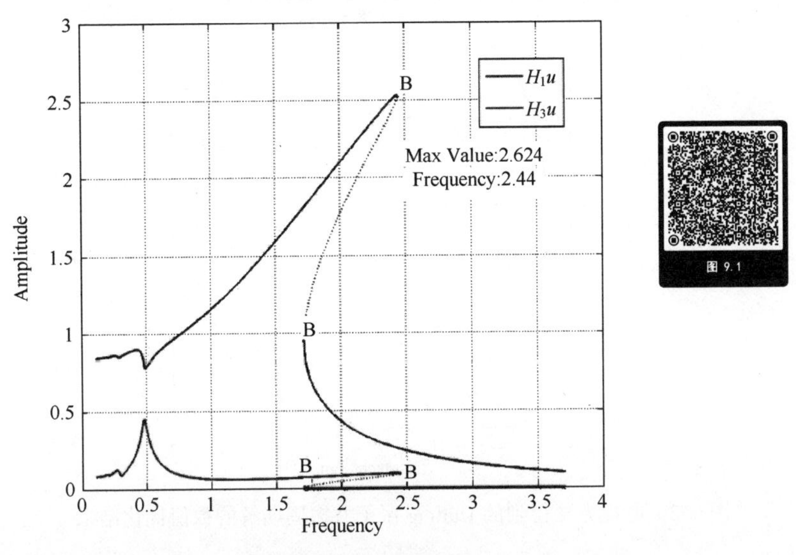

图 9.1　Duffing 方程的幅频响应曲线

利用所提出的方法搜索图 9.1 中的共振峰，u 的最大振动幅值被选为式（9.5）中的目标函数，优化变量是打靶函数中未知的初始条件和激振频率，激振频率的初始猜测解为 $\sqrt{\dfrac{k}{m}}=1$，在收敛容差为 10^{-6}的情况下，最大迭代次数设置为 500。更小的容差会导致更高的精度，但同时需要更多的迭代。

图 9.2 给出了所提出算法的收敛曲线，非线性等式和不等式约束的 L1 范数用于判断是否满足终止条件，由图可知，经过 25 步迭代后，优化算法得到最优解。图 9.3 给

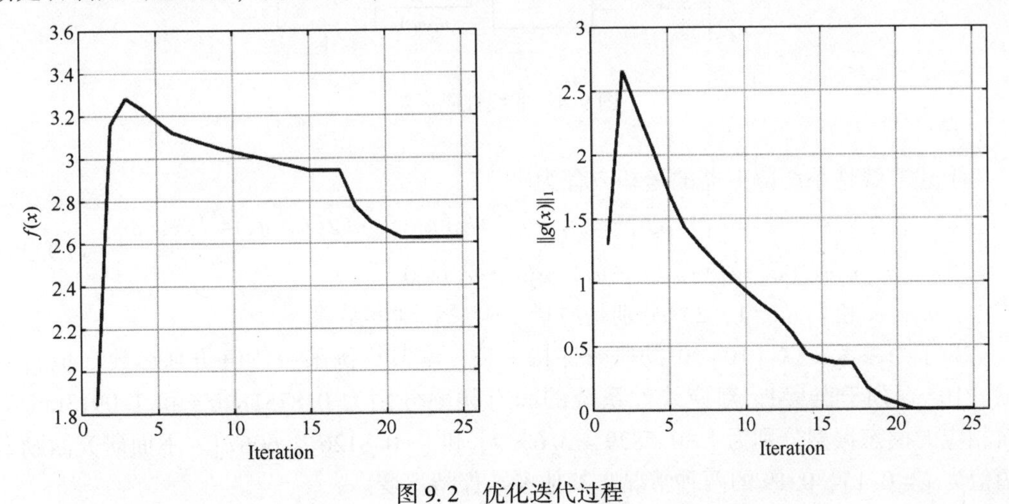

图 9.2　优化迭代过程

出了数值优化结果，预测的最大幅值共振响应发生在 $\omega=2.4408$ 处，最大振动幅度高达 2.624。与图 9.1 的结果相比，共振振动频率略有差异，本节方法得到的结果与由延续方法获得的结果一致，从而验证了所提出方法的有效性。

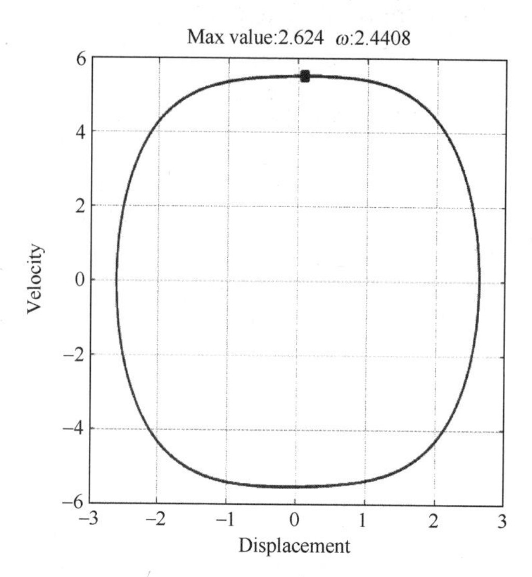

图 9.3 所提方法得到的 Duffing 振子共振周期解的数值优化结果

9.1.3 非线性隔振器数值算例

本节第二个数值算例如图 9.4 所示，该结构模型取自文献 [10]，系统自由度 u_1 受到 $F\cos(\omega t)$ 的谐波激励力，k_{nl1} 表示非线性刚度系数，$g(u_1-u_2)=k_{nl}(u_1-u_2)^3$ 是 u_1 和 u_2 相对位移的非线性函数。

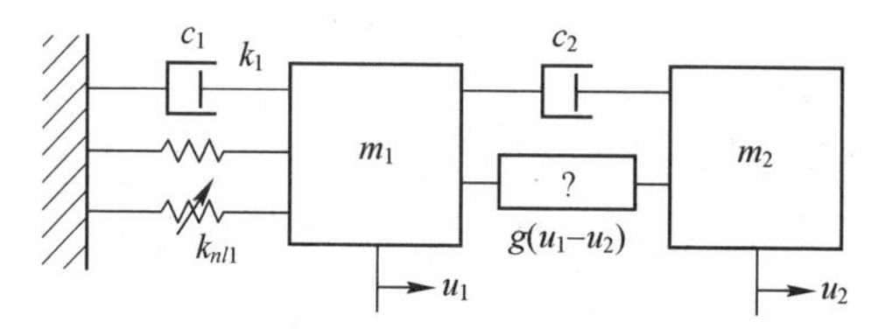

图 9.4 非线性隔振器

上述非线性系统隔振器的运动方程为

$$\begin{cases} m_1\ddot{u}_1+c_1\dot{u}_1+k_1u_1+k_{nl1}u_1^3+c_2(\dot{u}_1-\dot{u}_2)+k_2(u_1-u_2)+g(u_1-u_2)=F\cos(\omega t) \\ m_2\ddot{u}_2+c_2(\dot{u}_2-\dot{u}_1)+k_2(u_2-u_1)-g(u_1-u_2)=0 \end{cases} \tag{9.25}$$

式中：m_i，c_i 和 k_i（$i=1, 2$）分别是质量、阻尼和刚度系数。

为了与参考文献 [10] 中的研究保持一致，本节算例采用数值仿真参数（取自文献 [10]）列于表 9.1。对应线性系统的固有频率分别为 0.8731rad/s 和 1.0913rad/s，而相应的模态振型分别为 [−0.5829,−3.6339] 和 [−0.8126,2.6067]。下面研究激励力幅值为 $F=0.15$、0.19 的两种情况，其他参数保持不变。

表 9.1　系统仿真参数值

参　　数	主系统 u_1	u_2
质量/kg	$m_1=1$	$m_2=0.05$
线性刚度/(N/m)	$k_1=1$	$k_2=0.0454$
线性阻尼/(N·s/m)	$c_1=0.002$	$c_2=0.0128$
非线性刚度/(N/m^3)	$k_{nl1}=1$	$k_{nl2}=0.0042$

1. 连续延拓法数值结果

为了验证所提出的方法，将本节方法的结果与延续方法获得的结果进行比较。在连续延拓频率响应计算中，傅里叶展开中仅保留前 10 个谐波项。$F=0.15$ 时的频率响应曲线如图 9.5 所示，$F=0.19$ 时如图 9.6 所示，其中 $H_1u_i(i=1,2)$ 表示对应 u_i 一次谐波项的谐波系数，符号 NS 代表 Neimark-Sacker 分岔，分岔类型根据 Hill 方法判定。图 9.5（b）中给出了孤立解曲线。

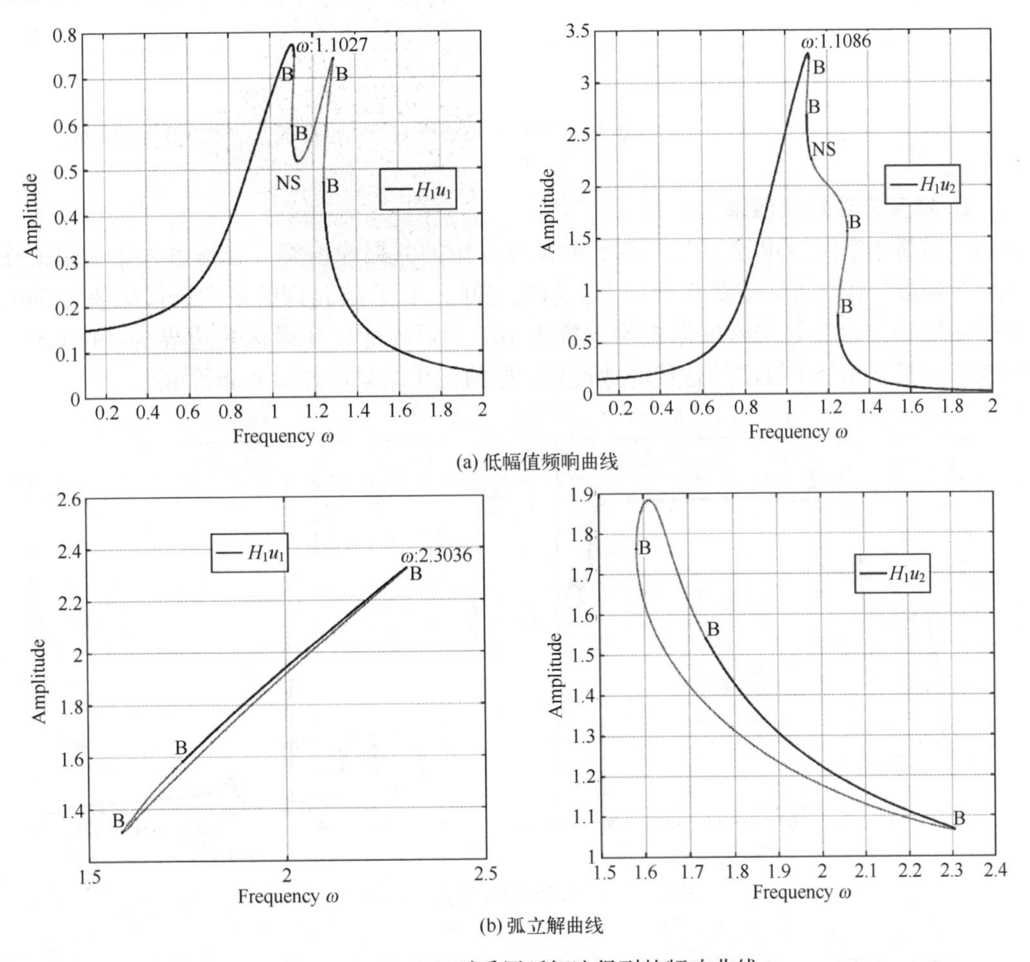

(a) 低幅值频响曲线

(b) 弧立解曲线

图 9.5　$F=0.15$ 时采用延拓法得到的频响曲线

从图 9.5（a）中可以看出，自由度 u_1 具有两个共振峰，低振幅频响曲线接近线性系统频响曲线，在低幅值频响曲线上方出现了孤立的闭环解分支。稳定性分析表明，孤立解上半部分曲线的解是稳定的。当 $F=0.15$ 时，图 9.5（b）在 $\omega=2.3036\mathrm{rad/s}$ 处具有峰值 2.4079。如图 9.6 所示，力幅值的增加导致孤立解分支和低幅值强迫响应解的合并，系统的频率响应在两个峰值之间的解不稳定，共振频率为 $\omega=2.7351\mathrm{rad/s}$ 时系统振幅达到最大值 2.9687。

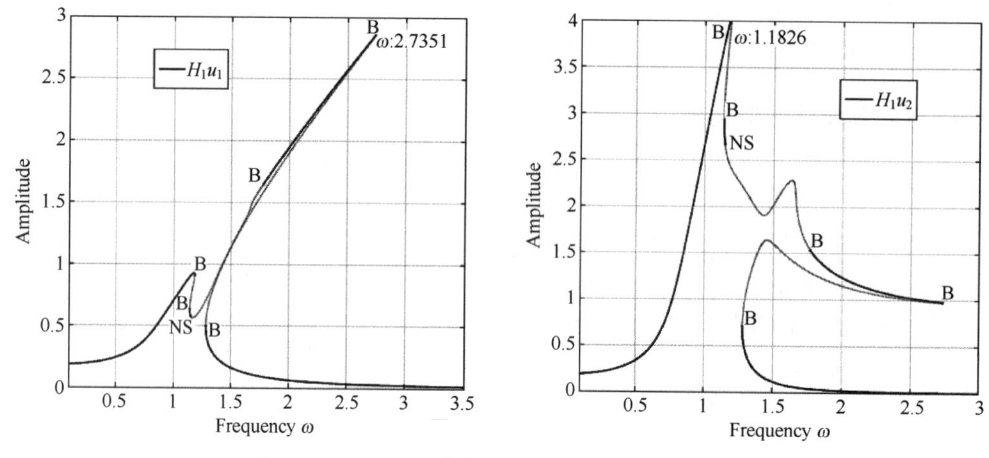

图 9.6　$F=0.19$ 时采用延拓法得到的频响曲线

2. 本节方法数值结果

应用简约空间 SQP 法寻找图 9.5 和图 9.6 中的共振峰值解，选择最大振动幅值作为目标函数。优化算法参数设置如下：简约空间 SQP 算法允许的最大迭代次数为 500，而非线性等式和不等式约束误差均设置为 10^{-6}。频率优化变量优化边界为 $[0.1,5]$。图 9.7 和图 9.8 给出算法的迭代收敛过程，数值优化结果示如图 9.9 所示。

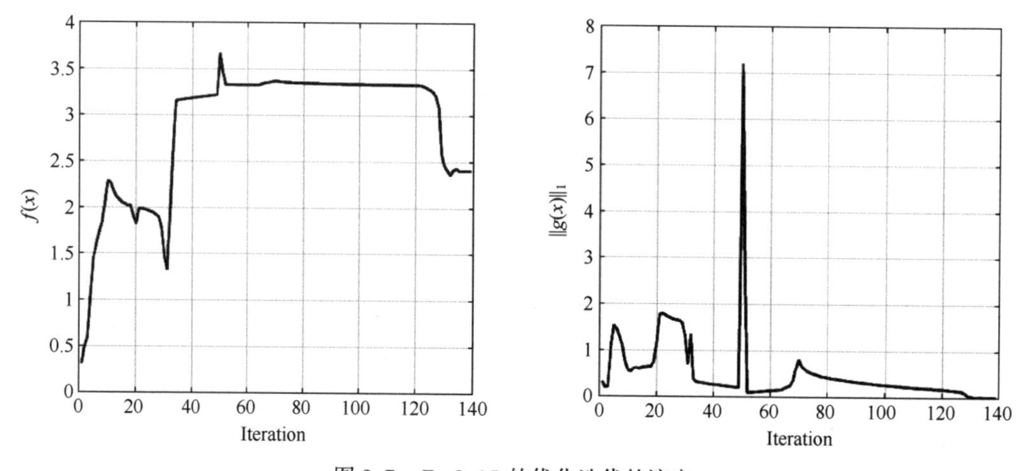

图 9.7　$F=0.15$ 的优化迭代的演变

如图 9.9 所示，非线性等式约束的残差收敛很快。当 $F=0.15$ 时，本节方法调用 139 次目标和约束函数后，得到目标函数值为 2.4079，对应的共振频率为 $\omega=2.3037$。当 $F=0.19$ 时，优化算法在 49 次迭代后就达到了收敛，在 $\omega=2.735$ 激励频率处，本节方法预测的最大共振峰值为 2.9687。与图 9.1 连续延拓法共振峰解相比，本方法计算的共振频率和最大振幅与传统连续延拓法一致。

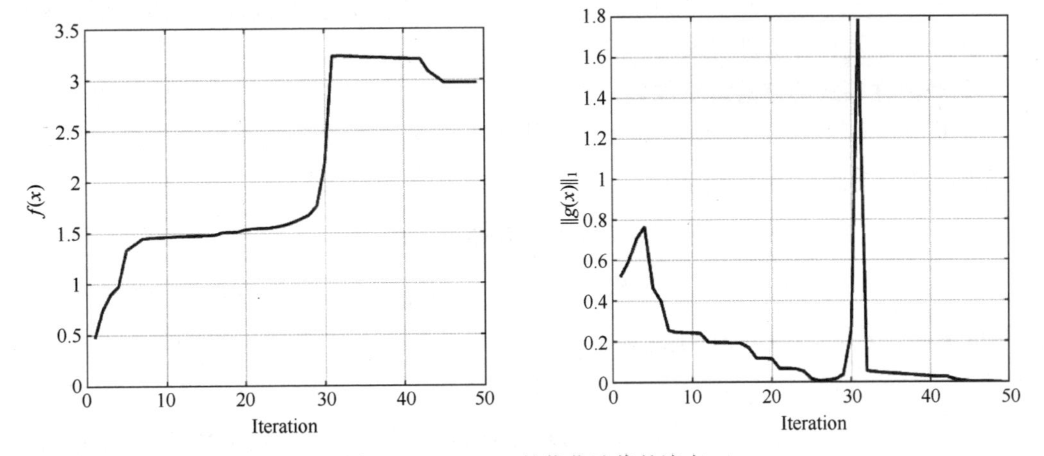

图 9.8　$F=0.19$ 的优化迭代的演变

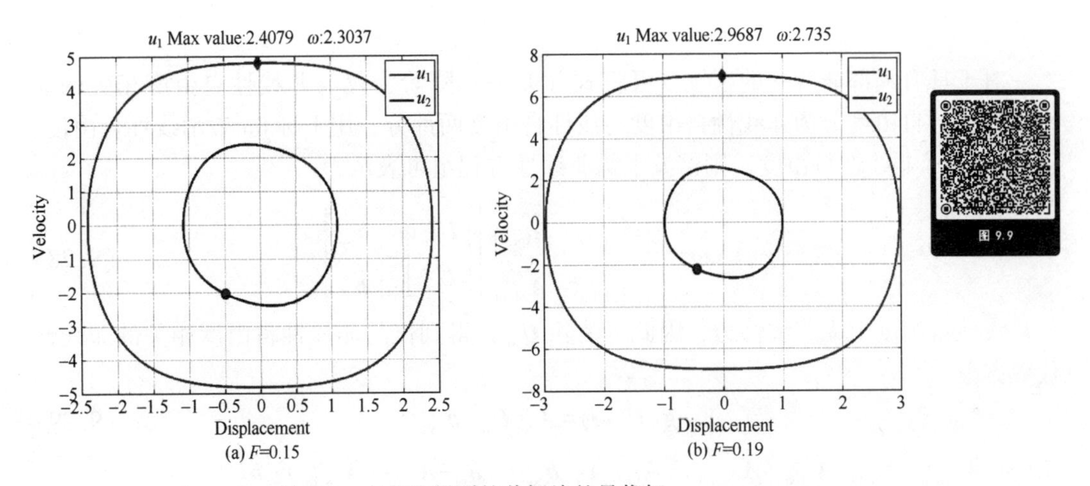

图 9.9　本方法得到的共振峰的最优解

本节提出了利用二阶校正技术克服 Maratos 效应的简约空间打靶方法以寻找非线性系统周期运动共振响应。将初始条件和激励频率等作为优化变量，打靶函数构成了约束优化问题的非线性等式约束。利用零空间分解技术将原始约束优化问题转换为无约束优化问题，运用坐标基分解方案消除非线性等式约束，通过使用二阶校正技术避免 Maratos 效应，数值算例验证了方法的有效性。

9.2　计算非线性系统稳态共振响应的简约空间谐波平衡法[11-12]

本节构建仅与非线性自由度相关的谐波平衡方程等式约束优化问题，分析目标和约束函数灵敏度，采用简约 SQP 方法求解谐波平衡方程等式约束优化问题，建立简约空间谐波平衡方法，通过多个数值算例验证方法有效性和优点。

9.2.1 简约空间谐波平衡法

本节构造仅含非线性自由度的非线性等式约束优化问题，并进行灵敏度分析，然后采用简约空间 SQP 方法进行求解。

1. 非线性等式约束的解析推导

应用谐波平衡方法，将周期解表示为具有 N_H谐波项的截断傅里叶级数展开，最终得到频域谐波平衡非线性方程组

$$\hat{\boldsymbol{g}}(\boldsymbol{U},\omega)=\hat{\boldsymbol{A}}(\omega)\boldsymbol{U}-\hat{\boldsymbol{b}}(\boldsymbol{U},\omega)=\boldsymbol{0} \tag{9.26}$$

式中：$\hat{\boldsymbol{b}}=[\boldsymbol{C}_0^{\mathrm{T}}\quad \boldsymbol{C}_1^{\mathrm{T}}\quad \boldsymbol{S}_1^{\mathrm{T}}\quad \cdots\quad \boldsymbol{C}_k^{\mathrm{T}}\quad \boldsymbol{S}_k^{\mathrm{T}}\quad \cdots\quad \boldsymbol{C}_{N_{\mathrm{H}}}^{\mathrm{T}}\quad \boldsymbol{S}_{N_{\mathrm{H}}}^{\mathrm{T}}]^{\mathrm{T}}$ 表示与非线性力和外力相关的傅里叶系数；$\hat{\boldsymbol{A}}(\omega)$ 和 $\boldsymbol{U}$ 分别定义为

$$\begin{gathered}\hat{\boldsymbol{A}}=\mathbf{diag}\left(\boldsymbol{K},\begin{bmatrix}\boldsymbol{K}-\omega^2\boldsymbol{M} & \omega\boldsymbol{D}\\ -\omega\boldsymbol{D} & \boldsymbol{K}-\omega^2\boldsymbol{M}\end{bmatrix},\cdots,\begin{bmatrix}\boldsymbol{K}-(k\omega)^2\boldsymbol{M} & (k\omega)\boldsymbol{D}\\ -(k\omega)\boldsymbol{D} & \boldsymbol{K}-(k\omega)^2\boldsymbol{M}\end{bmatrix},\cdots,\begin{bmatrix}\boldsymbol{K}-(N_{\mathrm{H}}\omega)^2\boldsymbol{M} & (N_{\mathrm{H}}\omega)\boldsymbol{D}\\ -(N_{\mathrm{H}}\omega)\boldsymbol{D} & \boldsymbol{K}-(N_{\mathrm{H}}\omega)^2\boldsymbol{M}\end{bmatrix}\right)\\ \boldsymbol{U}=[(\boldsymbol{U}_0)^{\mathrm{T}}\quad (\boldsymbol{U}_1^{\mathrm{c}})^{\mathrm{T}}\quad (\boldsymbol{U}_1^{\mathrm{s}})^{\mathrm{T}}\quad \cdots\quad (\boldsymbol{U}_k^{\mathrm{c}})^{\mathrm{T}}\quad (\boldsymbol{U}_k^{\mathrm{s}})^{\mathrm{T}}\quad \cdots\quad (\boldsymbol{U}_{N_{\mathrm{H}}}^{\mathrm{c}})^{\mathrm{T}}\quad (\boldsymbol{U}_{N_{\mathrm{H}}}^{\mathrm{s}})^{\mathrm{T}}]^{\mathrm{T}}\end{gathered} \tag{9.27}$$

对于具有局部非线性的系统，可将式（9.26）降阶为仅与非线性自由度相关的非线性方程，自由度分为非线性自由度与线性自由度两部分，用下标 lin 表示线性自由度，下标 nl 表示非线性自由度，则谐波平衡非线性方程组可表示为

$$\hat{\boldsymbol{g}}(\boldsymbol{U},\boldsymbol{\omega})=\begin{bmatrix}\hat{\boldsymbol{A}}_{\mathrm{lin,lin}} & \hat{\boldsymbol{A}}_{\mathrm{lin,nl}}\\ \hat{\boldsymbol{A}}_{\mathrm{nl,lin}} & \hat{\boldsymbol{A}}_{\mathrm{nl,nl}}\end{bmatrix}\begin{bmatrix}\boldsymbol{U}_{\mathrm{lin}}\\ \boldsymbol{U}_{\mathrm{nl}}\end{bmatrix}-\begin{bmatrix}\hat{\boldsymbol{b}}_{\mathrm{lin}}\\ \hat{\boldsymbol{b}}_{\mathrm{nl}}\end{bmatrix} \tag{9.28}$$

线性自由度上无非线性力，因此可消除 $\boldsymbol{U}_{\mathrm{lin}}$，得到仅与非线性自由度相关的非线性代数方程：

$$\boldsymbol{g}(\boldsymbol{U},\boldsymbol{\omega})=\boldsymbol{A}_{\mathrm{con}}\boldsymbol{U}_{\mathrm{nl}}-\boldsymbol{b}_{\mathrm{con}} \tag{9.29}$$

式中：$\boldsymbol{A}_{\mathrm{con}}=(\hat{\boldsymbol{A}}_{\mathrm{nl,nl}}-\hat{\boldsymbol{A}}_{\mathrm{nl,lin}}(\hat{\boldsymbol{A}}_{\mathrm{lin,lin}})^{-1}\hat{\boldsymbol{A}}_{\mathrm{lin,nl}})$；$\boldsymbol{b}_{\mathrm{con}}=(\hat{\boldsymbol{b}}_{\mathrm{nl}}-\hat{\boldsymbol{A}}_{\mathrm{nl,lin}}(\hat{\boldsymbol{A}}_{\mathrm{lin,lin}})^{-1}\hat{\boldsymbol{b}}_{\mathrm{lin}})$。

将 $\boldsymbol{U}_{\mathrm{nl}}$代入式的第一行，可计算线性自由度傅里叶系数：

$$\boldsymbol{U}_{\mathrm{lin}}=(\hat{\boldsymbol{A}}_{\mathrm{lin,lin}})^{-1}(\hat{\boldsymbol{b}}_{\mathrm{lin}}-\hat{\boldsymbol{A}}_{\mathrm{lin,nl}}\boldsymbol{U}_{\mathrm{nl}}) \tag{9.30}$$

设 n 为系统自由度数，则原始谐波平衡方程组规模为 $n(2N_{\mathrm{H}}+1)$，相反，式（9.29）非线性方程组规模仅与保留谐波项数量和非线性自由度数量相关。如果非线性自由度很少，则可以大大降低非线性代数方程组规模和优化变量的数量。

2. 优化问题描述

根据式（6.1），以傅里叶系数和振动频率等为优化变量，与非线性自由度相关的谐波平衡方程为约束条件，则非线性振动相关优化问题可表述为

$$\begin{aligned}&\min\quad f(\boldsymbol{x})=f(\boldsymbol{U},\omega,\boldsymbol{v}_u)\\ &\text{s. t.}\quad \begin{cases}\boldsymbol{g}(\boldsymbol{x})=\boldsymbol{A}_{\mathrm{con}}\boldsymbol{U}_{\mathrm{nl}}-\boldsymbol{b}_{\mathrm{con}}=\boldsymbol{0}\\ \boldsymbol{x}_{\mathrm{L}}\leqslant\boldsymbol{x}\leqslant\boldsymbol{x}_{\mathrm{U}}\end{cases}\end{aligned} \tag{9.31}$$

式中：$\boldsymbol{x}=\{\boldsymbol{U}_{\mathrm{nl}}^{\mathrm{T}},\bar{\boldsymbol{x}}^{\mathrm{T}}\}^{\mathrm{T}}$；$\bar{\boldsymbol{x}}=\{\omega,\boldsymbol{v}_u^{\mathrm{T}}\}^{\mathrm{T}}$；$\boldsymbol{v}_u$是一组设计参数或不确定性参数；$\boldsymbol{x}_{\mathrm{L}}$ 和 $\boldsymbol{x}_{\mathrm{U}}$ 表示

优化边界。

虽然式（9.29）降阶谐波平衡方程规模比原始非线性方程规模小，但式（9.31）中的非线性等式约束数量仍然较大，可采用简约空间 SQP 方法将式（9.31）转换为无约束优化问题求解。采用梯度优化算法求解上述优化问题需要分析灵敏度以便更新优化搜索方向。下面推导目标函数和约束函数的灵敏度。

3. 非线性等式约束的灵敏度

利用式（9.29），可得到非线性等式约束的雅可比矩阵为

$$\frac{\partial \boldsymbol{g}(\boldsymbol{x})}{\partial \boldsymbol{U}_{\mathrm{nl}}}=\boldsymbol{A}_{\mathrm{con}}-\frac{\partial \boldsymbol{b}_{\mathrm{con}}}{\partial \boldsymbol{U}_{\mathrm{nl}}} \tag{9.32}$$

可利用微分链式法则计算 $\boldsymbol{b}_{\mathrm{con}}$ 相对于 $\boldsymbol{U}_{\mathrm{nl}}$ 的梯度：

$$\begin{aligned}\frac{\partial \boldsymbol{b}_{\mathrm{con}}}{\partial \boldsymbol{U}_{\mathrm{nl}}}&=\frac{\partial \boldsymbol{b}_{\mathrm{con}}}{\partial \boldsymbol{f}_{\mathrm{nl}}(\boldsymbol{u},\dot{\boldsymbol{u}},\tau)}\frac{\partial \boldsymbol{f}_{\mathrm{nl}}(\boldsymbol{u},\dot{\boldsymbol{u}},\tau)}{\partial \boldsymbol{u}_{\mathrm{nl}}(\tau)}\frac{\partial \boldsymbol{u}_{\mathrm{nl}}(\tau)}{\partial \boldsymbol{U}_{\mathrm{nl}}}+\frac{\partial \boldsymbol{b}_{\mathrm{con}}}{\partial \boldsymbol{f}_{\mathrm{nl}}(\boldsymbol{u},\dot{\boldsymbol{u}},\tau)}\frac{\partial \boldsymbol{f}_{\mathrm{nl}}(\boldsymbol{u},\dot{\boldsymbol{u}},\tau)}{\partial \dot{\boldsymbol{u}}_{\mathrm{nl}}(\tau)}\frac{\partial \dot{\boldsymbol{u}}_{\mathrm{nl}}(\tau)}{\partial \boldsymbol{U}_{\mathrm{nl}}}\\&=(\boldsymbol{E}^{-1}\otimes\boldsymbol{I})\left(\frac{\partial \boldsymbol{f}_{\mathrm{nl}}(\boldsymbol{u},\dot{\boldsymbol{u}},\tau)}{\partial \boldsymbol{u}_{\mathrm{nl}}(\tau)}\right)(\boldsymbol{E}\otimes\boldsymbol{I})+(\boldsymbol{E}^{-1}\otimes\boldsymbol{I})\left(\frac{\partial \boldsymbol{f}_{\mathrm{nl}}(\boldsymbol{u},\dot{\boldsymbol{u}},\tau)}{\partial \dot{\boldsymbol{u}}_{\mathrm{nl}}(\tau)}\right)((\boldsymbol{E}\,\nabla)\otimes\boldsymbol{I})\end{aligned} \tag{9.33}$$

式中：$\boldsymbol{f}_{\mathrm{nl}}(\boldsymbol{u},\dot{\boldsymbol{u}},\tau)$ 表示与非线性自由度相关的非线性力；单位矩阵 $\boldsymbol{I}$ 的维数等于非线性自由度的数量。使用第 7 章多项式非线性力解析公式，可以使灵敏度计算更高效。

基于式（9.29），可计算$\dfrac{\partial \boldsymbol{g}(\boldsymbol{x})}{\partial \omega}$：

$$\frac{\partial \boldsymbol{g}(\boldsymbol{x})}{\partial \omega}=\frac{\partial \boldsymbol{A}_{\mathrm{con}}}{\partial \omega}\boldsymbol{U}_{\mathrm{nl}}-\frac{\partial \boldsymbol{b}_{\mathrm{con}}}{\partial \omega} \tag{9.34}$$

式中$\dfrac{\partial \boldsymbol{A}_{\mathrm{con}}}{\partial \omega}$和$\dfrac{\partial \boldsymbol{b}_{\mathrm{con}}}{\partial \omega}$推导如下：

$$\frac{\partial \boldsymbol{A}_{\mathrm{con}}}{\partial \omega}=\left(\frac{\partial \overline{\boldsymbol{A}}_{\mathrm{nl,nl}}}{\partial \omega}-\frac{\partial \overline{\boldsymbol{A}}_{\mathrm{nl,lin}}}{\partial \omega}(\overline{\boldsymbol{A}}_{\mathrm{lin,lin}})^{-1}\overline{\boldsymbol{A}}_{\mathrm{lin,nl}}-\overline{\boldsymbol{A}}_{\mathrm{nl,lin}}\frac{\partial(\overline{\boldsymbol{A}}_{\mathrm{lin,lin}})^{-1}}{\partial \omega}\overline{\boldsymbol{A}}_{\mathrm{lin,nl}}-\overline{\boldsymbol{A}}_{\mathrm{nl,lin}}(\overline{\boldsymbol{A}}_{\mathrm{lin,lin}})^{-1}\frac{\partial \overline{\boldsymbol{A}}_{\mathrm{lin,nl}}}{\partial \omega}\right)$$

$$\frac{\partial \boldsymbol{b}_{\mathrm{con}}}{\partial \omega}=\frac{\partial \overline{\boldsymbol{b}}_{\mathrm{nl}}}{\partial \omega}-\frac{\partial \overline{\boldsymbol{A}}_{\mathrm{nl,lin}}}{\partial \omega}(\overline{\boldsymbol{A}}_{\mathrm{lin,lin}})^{-1}\overline{\boldsymbol{b}}_{\mathrm{lin}}-\overline{\boldsymbol{A}}_{\mathrm{nl,lin}}\frac{\partial(\overline{\boldsymbol{A}}_{\mathrm{lin,lin}})^{-1}}{\partial \omega}\overline{\boldsymbol{b}}_{\mathrm{lin}}-\overline{\boldsymbol{A}}_{\mathrm{nl,lin}}(\overline{\boldsymbol{A}}_{\mathrm{lin,lin}})^{-1}\frac{\partial \overline{\boldsymbol{b}}_{\mathrm{lin}}}{\partial \omega}$$

式中

$$\frac{\partial(\overline{\boldsymbol{A}}_{\mathrm{lin,lin}})}{\partial \omega}=\boldsymbol{\Theta}_{\mathrm{lin}}^{\mathrm{T}}\frac{\partial \overline{\boldsymbol{A}}}{\partial \omega}\boldsymbol{\Theta}_{\mathrm{lin}},\ \frac{\partial(\overline{\boldsymbol{A}}_{\mathrm{lin,nl}})}{\partial \omega}=\boldsymbol{\Theta}_{\mathrm{lin}}^{\mathrm{T}}\frac{\partial \overline{\boldsymbol{A}}}{\partial \omega}\boldsymbol{\Theta}_{\mathrm{nl}},\ \frac{\partial(\overline{\boldsymbol{A}}_{\mathrm{nl,lin}})}{\partial \omega}=\boldsymbol{\Theta}_{\mathrm{nl}}^{\mathrm{T}}\frac{\partial \overline{\boldsymbol{A}}}{\partial \omega}\Theta_{\mathrm{lin}},\ \frac{\partial(\overline{\boldsymbol{A}}_{\mathrm{nl,nl}})}{\partial \omega}=\boldsymbol{\Theta}_{\mathrm{nl}}^{\mathrm{T}}\frac{\partial \overline{\boldsymbol{A}}}{\partial \omega}\boldsymbol{\Theta}_{\mathrm{nl}}$$

式（9.34）中$\dfrac{\partial(\overline{\boldsymbol{A}}_{\mathrm{lin,lin}})^{-1}}{\partial \omega}=-(\overline{\boldsymbol{A}}_{\mathrm{lin,lin}})^{-1}\dfrac{\partial(\overline{\boldsymbol{A}}_{\mathrm{lin,lin}})}{\partial \omega}(\overline{\boldsymbol{A}}_{\mathrm{lin,lin}})^{-1}$，非线性等式约束相对于$\overline{\boldsymbol{x}}$中其他优化变量的梯度可以通过类似于$\dfrac{\partial \boldsymbol{g}(\boldsymbol{x})}{\partial \omega}$的方式计算。

4. 目标函数的偏导数

如果选择的目标函数依赖于 $\boldsymbol{U}_{\mathrm{nl}}$，则可利用直接微分法计算目标函数的梯度。相

反，如果目标函数与 $\boldsymbol{U}_{\text{lin}}$ 相关，则利用式（9.30）计算 $\boldsymbol{U}_{\text{lin}}$ 相对 $\boldsymbol{U}_{\text{nl}}$ 的导数：

$$\frac{\partial \boldsymbol{U}_{\text{lin}}}{\partial \boldsymbol{U}_{\text{nl}}}=-(\overline{\boldsymbol{A}}_{\text{lin,lin}})^{-1}\overline{\boldsymbol{A}}_{\text{lin,nl}} \tag{9.35}$$

$\boldsymbol{U}_{\text{lin}}$ 相对于优化变量 ω 的导数通过式（9.30）直接微分计算：

$$\frac{\partial \boldsymbol{U}_{\text{lin}}}{\partial \omega}=\frac{\partial(\overline{\boldsymbol{A}}_{\text{lin,lin}})^{-1}}{\partial \omega}(\overline{\boldsymbol{b}}_{\text{lin}}-\overline{\boldsymbol{A}}_{\text{lin,nl}}\boldsymbol{U}_{\text{nl}})+(\overline{\boldsymbol{A}}_{\text{lin,lin}})^{-1}\left(\frac{\partial \overline{\boldsymbol{b}}_{\text{lin}}}{\partial \omega}-\frac{\partial \overline{\boldsymbol{A}}_{\text{lin,nl}}}{\partial \omega}\boldsymbol{U}_{\text{nl}}\right) \tag{9.36}$$

基于上述灵敏度表达式，则可利用 9.1.2 节中的简约空间优化方法求解式（9.31）。下面采用文献［6，12］中的相同数值算例验证方法有效性。

9.2.2 非线性隔振器数值算例

采用图 9.4 和表 9.1 相同的算例模型和参数，下面分析不同强迫幅值 F 时系统的频响特性。

1. 传统连续延拓法数值结果

运用伪弧长延续法实现周期运动的延拓，保留 10 个谐波，采用 Hill 法计算分岔点。系统频响曲线如图 9.10 所示，图中实线和虚线分别代表稳定和不稳定解，符号 B 和 NS 分别表示简单分岔和 Neimark-Sacker 分岔。

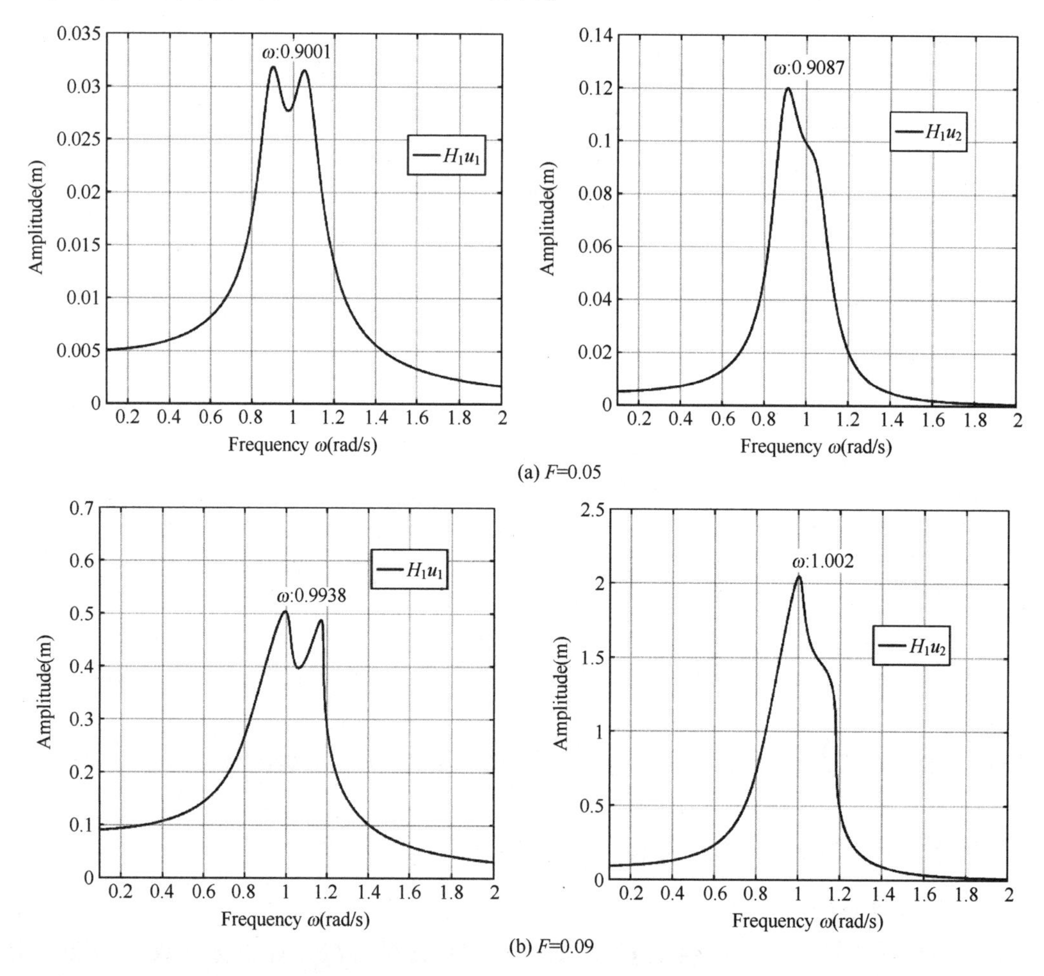

(a) F=0.05

(b) F=0.09

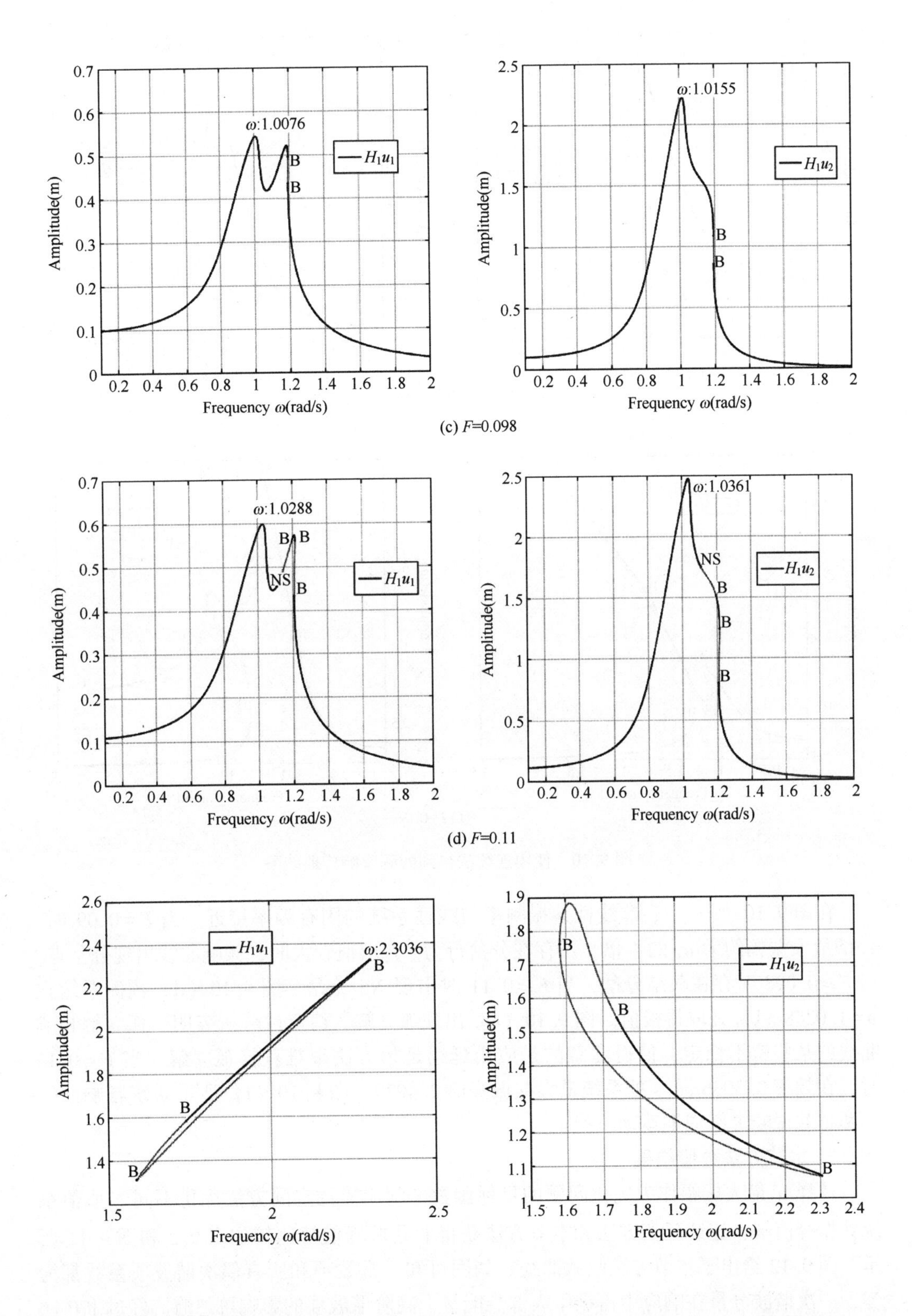
ω:1.0076
B
B
H_1u_1
Amplitude(m)
Frequency ω(rad/s)
ω:1.0155
H_1u_2
B
B
Amplitude(m)
Frequency ω(rad/s)
(c) F=0.098
ω:1.0288
B B
NS
B
H_1u_1
Amplitude(m)
Frequency ω(rad/s)
ω:1.0361
NS
B
B
B
H_1u_2
Amplitude(m)
Frequency ω(rad/s)
(d) F=0.11
H_1u_1
ω:2.3036
B
B
B
Amplitude(m)
Frequency ω(rad/s)
B
B
B
H_1u_2
Amplitude(m)
Frequency ω(rad/s)

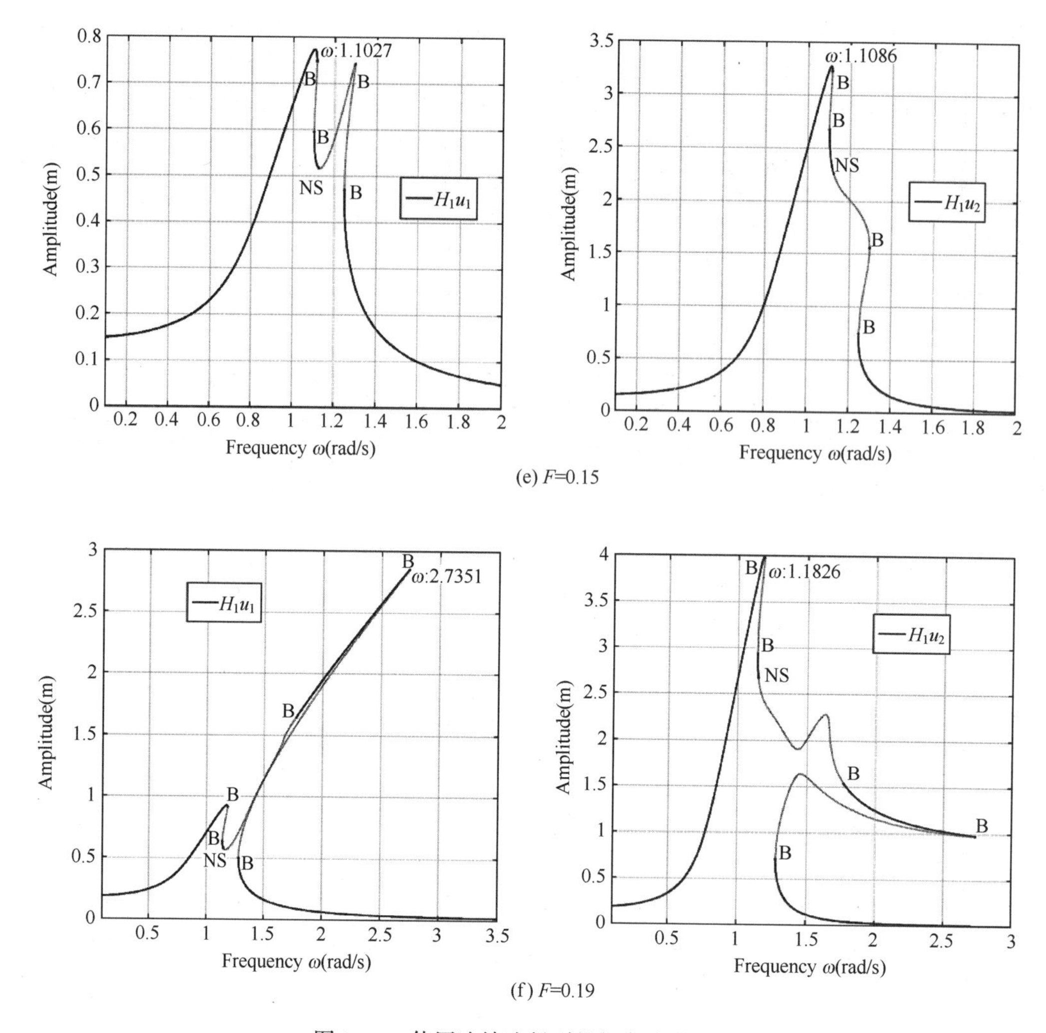

(e) F=0.15

(f) F=0.19

图 9.10 使用连续法得到的频率响应曲线

在图 9.10（a）中，非线性共振频率与线性系统的固有频率接近。当 $F=0.09$ 时，u_2 的最大振幅约为 u_1 的 4 倍，不存在分岔行为。F 取值较大时，频响曲线出现分岔点。当 $F\geqslant 0.098$ 时存在鞍结分岔，当 $F\geqslant 0.11$ 时出现 NS 分岔。图 9.10（d）预测系统在 $\omega=1.0288$rad/s 处取得极值。图 9.10（e）出现孤立解，稳定性分析表明，孤立解频响曲线的某些解不稳定。值得注意的是应用延续延拓方法很难获得孤立解。当 $F=0.15$ 时，在频率 2.3036rad/s 处系统最大共振峰值 2.4079。图 9.10（f）所示系统频响曲线在两个共振峰之间周期运动不稳定。

2. 本节方法数值结果

选择 u_1 最大振幅作为优化问题的目标函数，利用简约空间方法优化不同 F 取值系统共振峰值解，连续延拓方法和本节方法获得的共振峰值解比较如表 9.2 和图 9.11 所示。图 9.12 给出了本节方法收敛曲线。如图可知，常数项和所有偶次谐波项系数都为零，一次谐波分量在响应中占据了大部分能量，高阶谐波项的影响可忽略。经过 170 次函数迭代，当 $F=0.15$ 时本节方法获得目标函数值为 2.4080，共振频率值为 2.3037，接近图 9.10（e）中的共振频率 2.3036。当 $F=0.19$ 时，本节方法在 135 次迭代后收敛，在频率 $\omega=2.7351$ 处取得最小值 2.9687。而图 9.10（f）u_1 在 $\omega=2.7351$ 处取得极值 2.9687，通过比较表明本节方法优化得到的优化解与传统连续延拓法得到的结果非常吻合。

表 9.2　数值分析结果

F	连续延拓方法		本节方法		
	ω	$u(\tau_{max})$	迭代数	ω	$u(\tau_{max})$
0.005	0.9001	0.0317	9	0.8998	0.0318
0.09	0.9938	0.5091	23	0.9936	0.5092
0.098	1.0076	0.5486	28	1.0073	0.5487
0.11	1.0288	0.6067	59	1.0286	0.6068
0.15	2.3036	2.4079	170	2.3037	2.4080
0.19	2.7351	2.9687	135	2.7351	2.9687

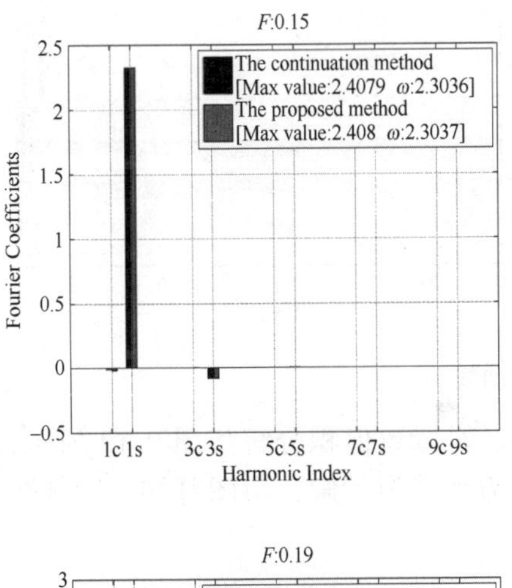

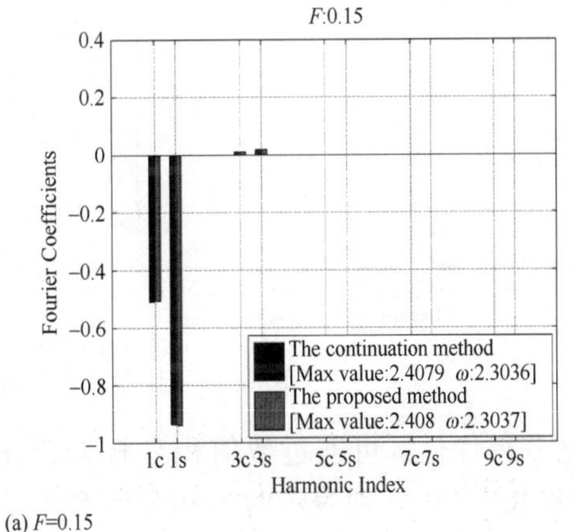

(a) F=0.15

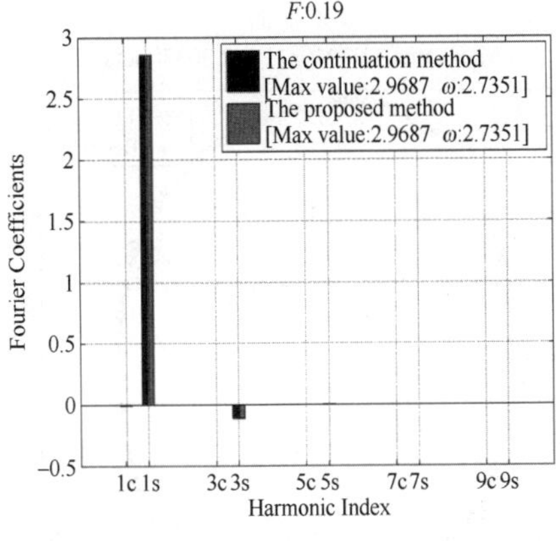

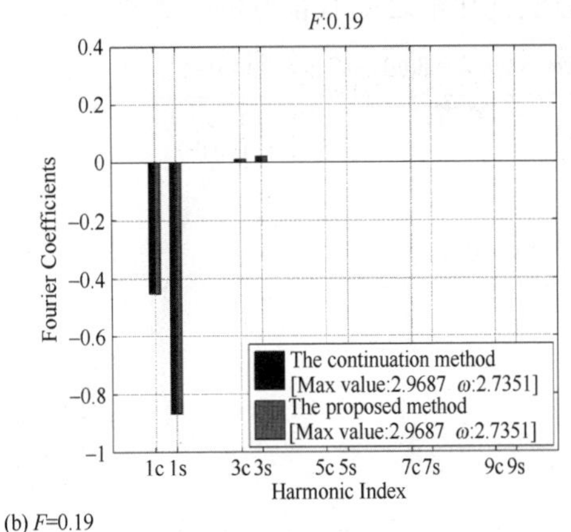

(b) F=0.19

图 9.11　两种方法共振峰值解比较

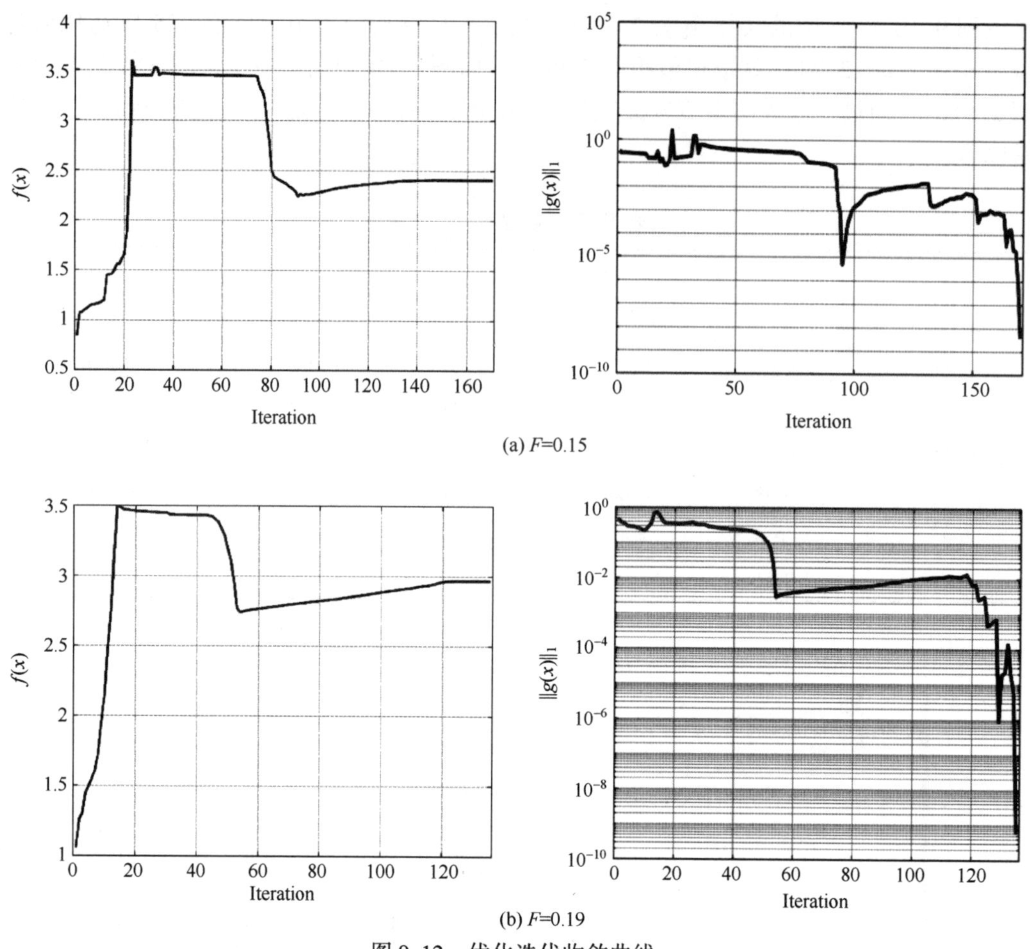

(a) F=0.15

(b) F=0.19

图 9.12　优化迭代收敛曲线

本节方法获得优化解可通过数值积分解来验证。时域数值积分解如图 9.13 所示，其中符号 TI 和 RSHBM 分别表示时域积分解和本节方法获得的解，由图可知，时域数值解与本节方法优化解之间有很好的一致性。

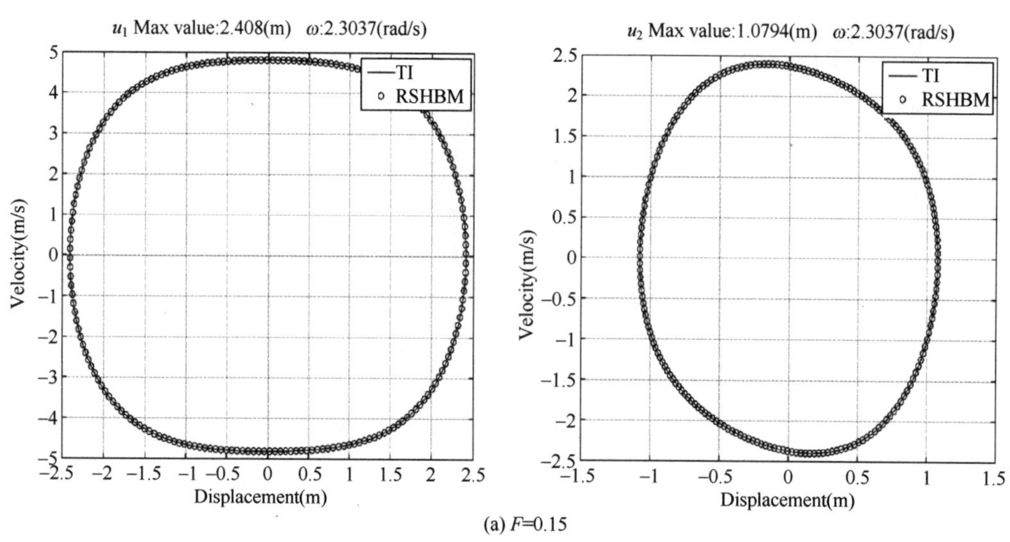

(a) F=0.15

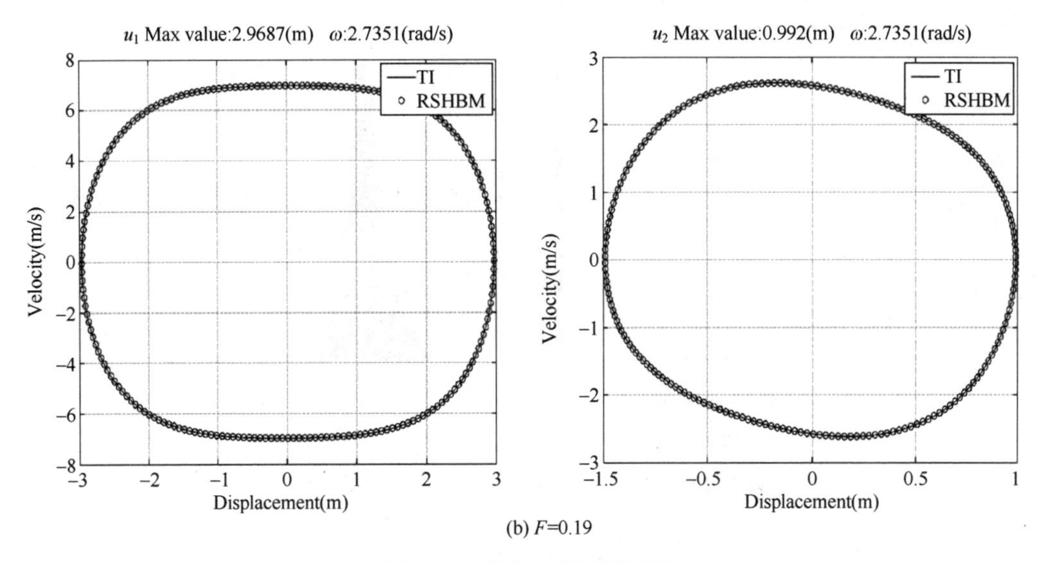

(b) F=0.19

图 9.13　峰值解的相平面图

下面选择 u_2 的最大振动幅度作为目标函数，采用本节方法得到的优化结果如表 9.4 所示。由表可知，当 $F=0.19$ 时，本节方法预测 u_2 在 $\omega=1.1826$ 处取得最大值 4.0688。对于 $F=0.11$，预测的最坏共振响应出现在 $\omega=1.0361$ 处，最大振幅可达 2.4992。从图 9.10（e）可以看出，第二个自由度的极值出现在 $\omega=1.0361$ 处，本节方法优化结果与连续延拓法的计算结果几乎相同，从而验证了方法的有效性。

表 9.3　数值分析结果

F	连续延拓方法		本节方法		
	ω	$u(\tau_{max})$	迭代数	ω	$u(\tau_{max})$
0.005	0.9087	0.12	12	0.9090	0.1201
0.09	1.002	2.0627	24	1.0022	2.0628
0.098	1.0155	2.2387	20	1.0156	2.2387
0.11	1.0361	2.4992	29	1.0363	2.4993
0.15	1.1086	3.3242	45	1.1086	3.3242
0.19	1.1826	4.0688	28	1.1825	4.0688

为了研究初始优化猜测解对收敛性的影响，频率初始值在频率区间［0.6,1.6］上生成 1000 个随机初始猜测解，并与文献［13］的标准 SQP 方法（无稳定性不等式约束）进行比较，本节方法数值结果如图 9.14 所示，而标准 SQP 方法的收敛特性如图 9.15 所示。如图 9.14 和图 9.15 所示，本节方法以 86.9%的比例收敛到最大的共振响应 2.9687，而标准 SQP 方法的收敛百分比小于 80%。需要注意的是，可用文献［13］中的 Multistart 算法避免上述缺点。对于大多数初始猜测解，本节方法可以在 200 次迭代次数内实现收敛，只有少数初始猜测解导致算法不收敛。相反，标准 SQP 方法的迭代次数介于 50~500，在给定的最大允许迭代次数内未能收敛的比例高于 15%。此外，本节方法测试 1000 次用时 1073.603s，而标准 SQP 方法需要 4264.659s。与标准 SQP 方法相比，本节方法的计算时间优势明显。

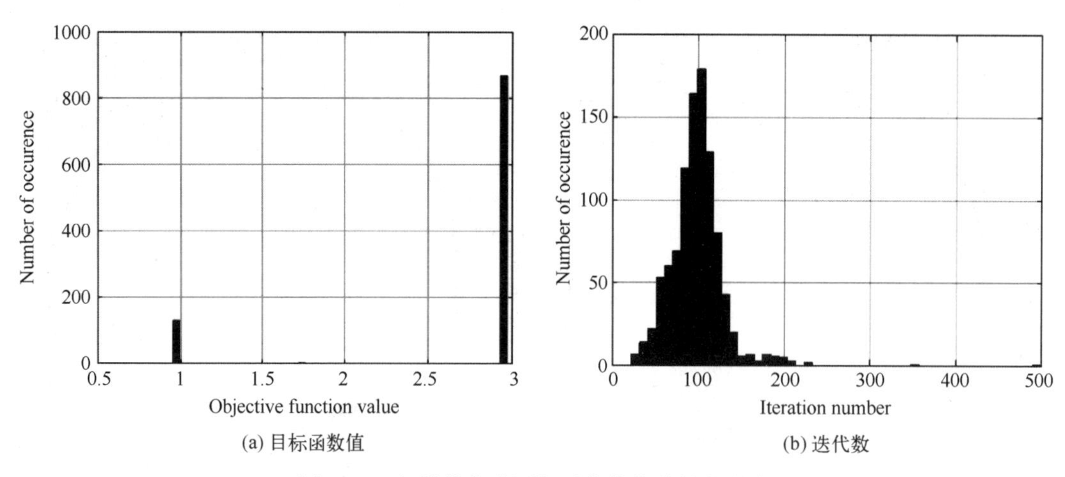

(a) 目标函数值　(b) 迭代数

图 9.14　初始优化猜测解对优化收敛性的影响

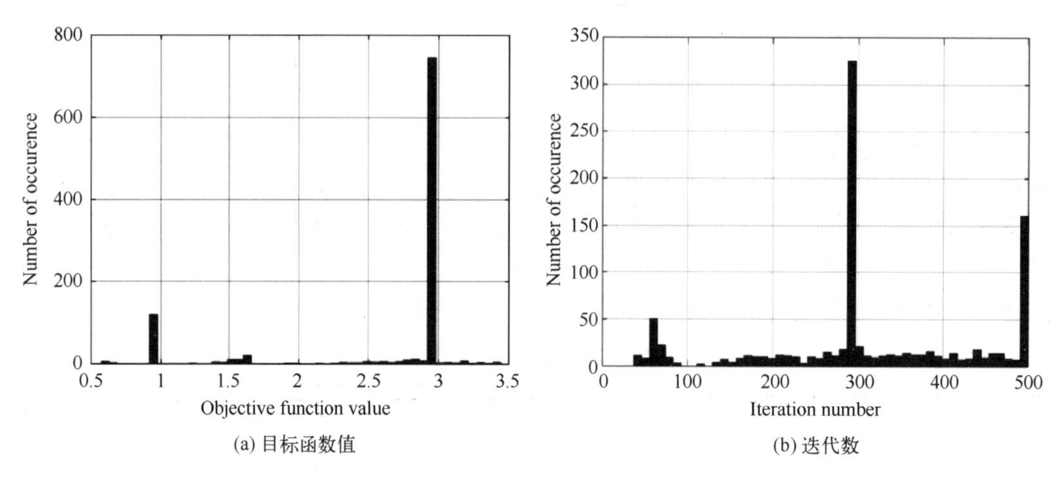

(a) 目标函数值　(b) 迭代数

图 9.15　初始优化猜测解对收敛性的影响

9.2.3　立方非线性系统数值算例

本节方法通过如图 9.16 所示的非线性系统数值算例验证，图中 k_{nl}是非线性刚度系数，f_{ex}表示外激励强迫幅值。

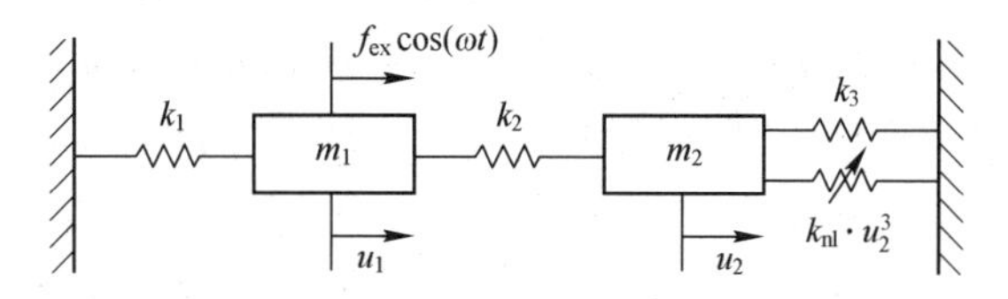

图 9.16　立方非线性振动系统

非线性系统相关质量、阻尼、刚度等矩阵和非线性力取自文献［14］分别为：

$$\boldsymbol{M}=\begin{pmatrix} m_1 & 0 \\ 0 & m_2 \end{pmatrix},\ \boldsymbol{K}=\begin{pmatrix} k_1+k_2 & -k_2 \\ -k_2 & k_2+k_3 \end{pmatrix},\ \boldsymbol{D}=\frac{2D_1}{\omega_1}\boldsymbol{K},\ \boldsymbol{F}_{nl}(\boldsymbol{u},\dot{\boldsymbol{u}},t)=\begin{pmatrix} 0 \\ k_{nl}\cdot u_2^3 \end{pmatrix},\ \boldsymbol{p}(t)=\begin{pmatrix} f_{ex}\cos(\omega t) \\ 0 \end{pmatrix} \tag{9.37}$$

式中：D_1 表示阻尼比；ω_1 表示第一阶固有频率。

为了与文献［14］的研究一致，选取如下结构参数：$m_1=m_2=1$，$k_1=k_2=k_3=1$，$f_{ex}=2$，$D_1=1\%$，$k_{nl}=2$ 分析系统两种情形下强迫响应，对于情况 1 在第一个自由度施加外激励，情况 2 施加的外力位置为 u_2，且 $k_{nl}=5$。相应线性系统的固有频率分别为 1 和 1.7321。

1. 传统连续延拓法数值结果

在周期解计算中保留 10 阶谐波，利用伪弧长延续技术获得的频响应曲线如图 9.17 和图 9.18 所示，图中 $H_1u_i(i=1,2)$ 表示自由度 u_i 一次谐波项幅值，稳定和不稳定解为分别用实线和虚线表示。由图可知，自由度 1 的一次谐波分量在 $\omega=1.3867$ 处取得峰值。对于情况 2，第一个自由度的频响曲线在 $\omega=1.3601$ 处达到最大值。对于这两种情况，自由度 1 的最大振幅度比自由度 2 的大很多。

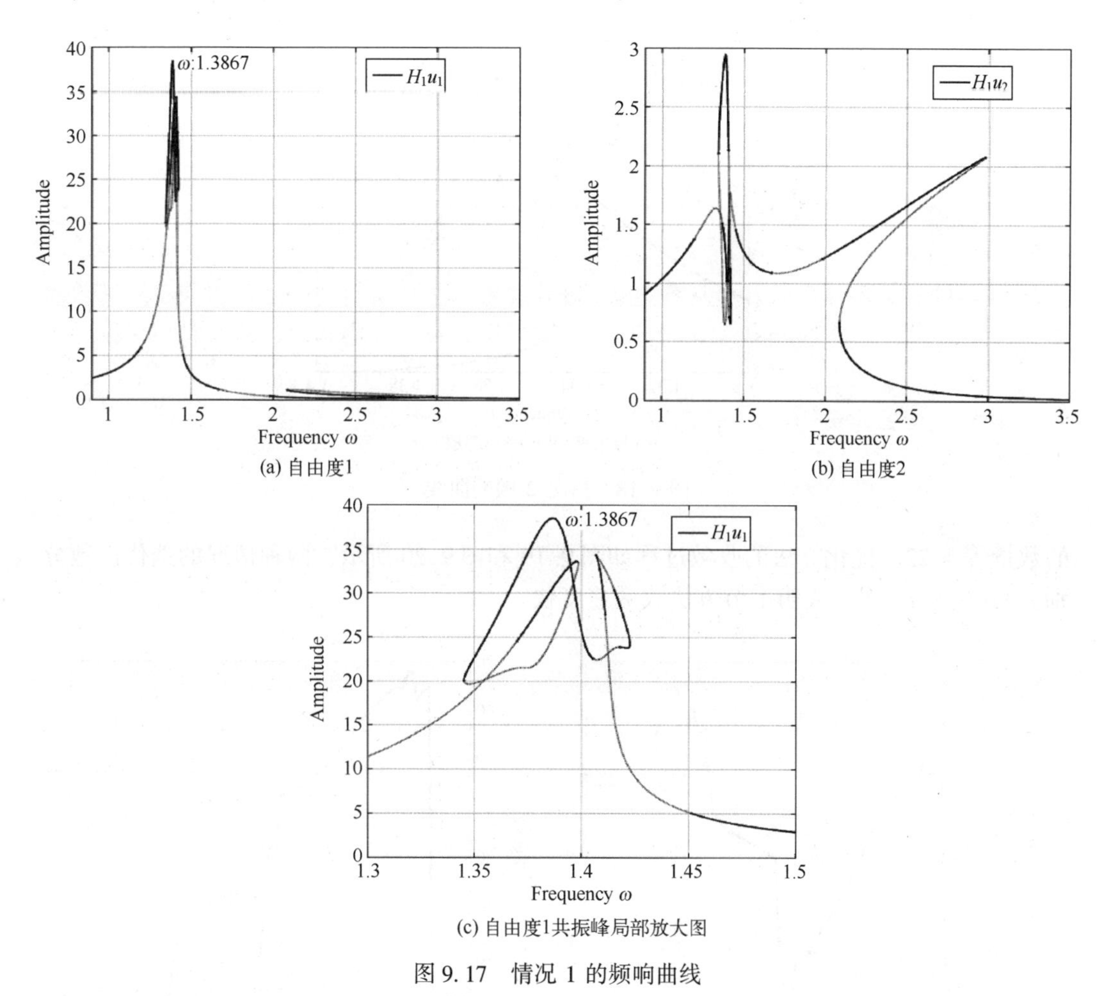

(a) 自由度1　(b) 自由度2

(c) 自由度1共振峰局部放大图

图 9.17　情况 1 的频响曲线

2. 本节方法的数值结果

下面运用简约空间谐波平衡方法搜索图 9.17 和图 9.18 中的共振峰。优化算法参数设置如下：最大迭代次数设置为 600，目标和约束函数容差均设置为 10^{-8}，激励频率优化边界为 0.1~8，谐波平衡方程组设置 10 个谐波，利用凝聚降阶技术，未知优化变量

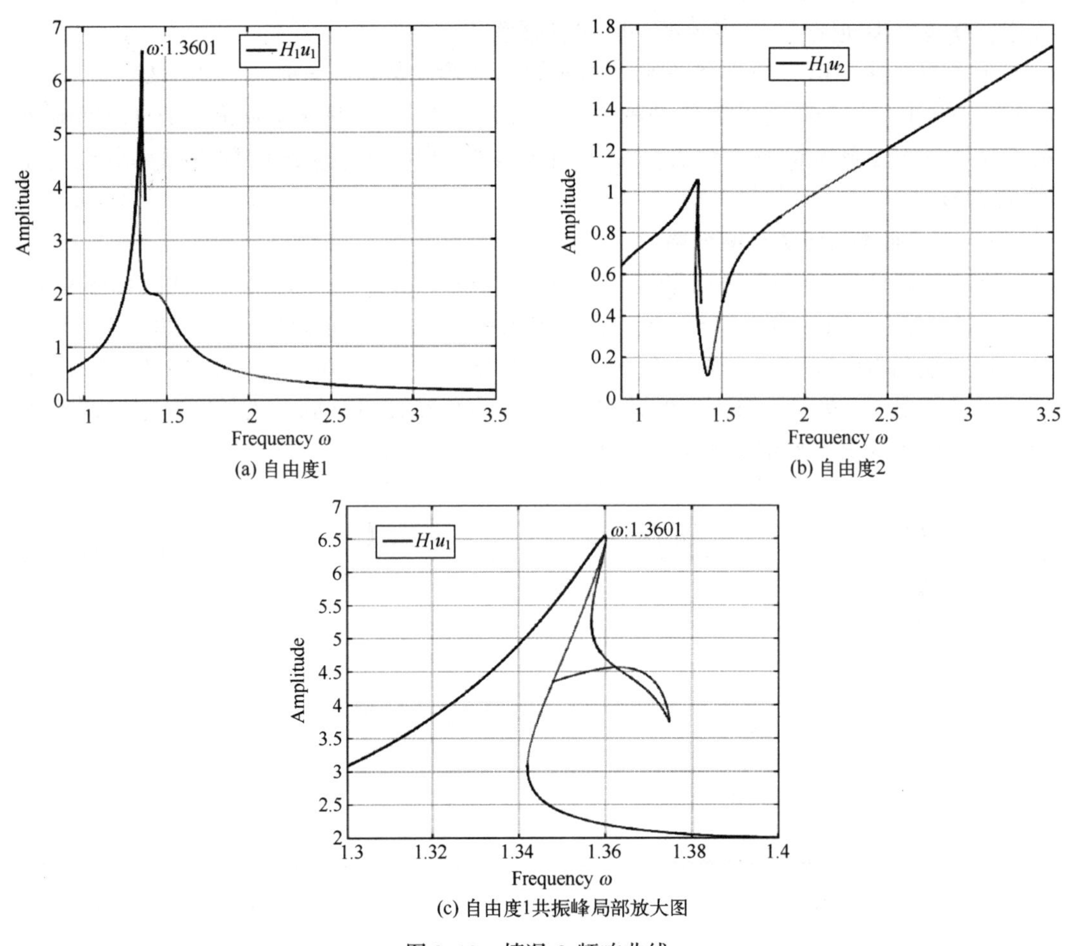

(a) 自由度1

(b) 自由度2

(c) 自由度1共振峰局部放大图

图 9.18　情况 2 频响曲线

的数量等于22。优化算法的收敛过程如图9.19和图9.20所示，两种情况的迭代次数分别为96次和86次，表明本节方法收敛速度快。

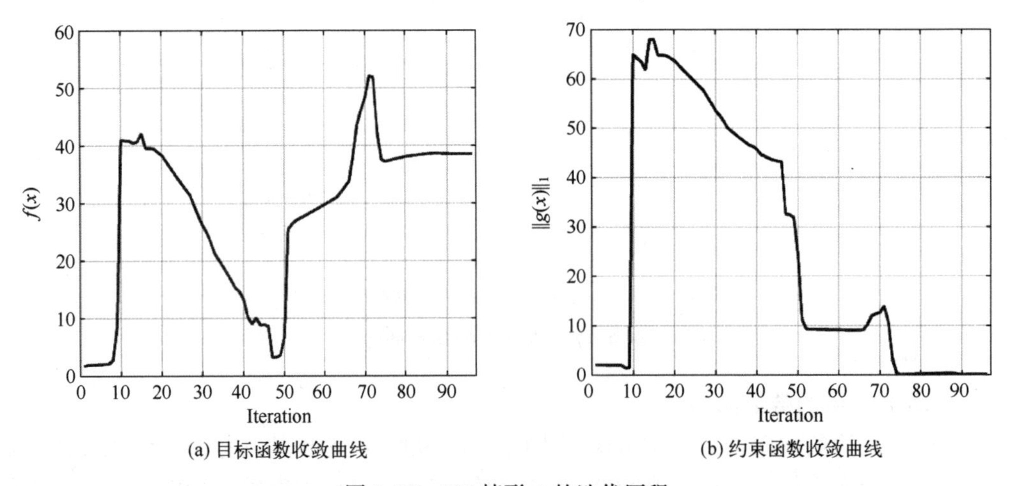

(a) 目标函数收敛曲线

(b) 约束函数收敛曲线

图 9.19　194 情形 1 的迭代历程

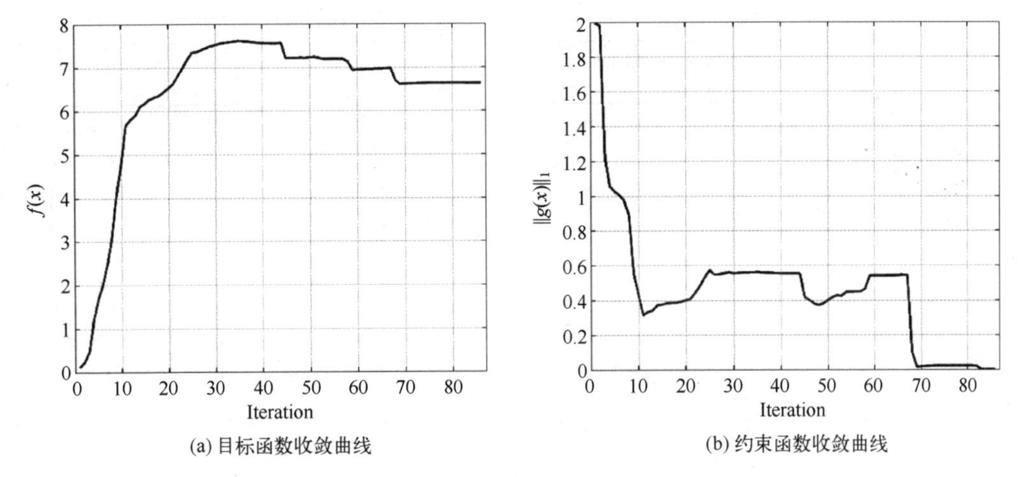

(a) 目标函数收敛曲线　(b) 约束函数收敛曲线

图 9.20　195 情形 2 优化过程

本节方法与连续延拓方法得到的共振峰解对比如图 9.21 所示，两种方法得到共振峰解一致，周期响应均由一次谐波分量占主导，其他谐波项的值远小于一次谐波项的值。对于情况 1，偶次谐波系数为零，而情况 2 的共振峰解包含偶次和奇次谐波分量。

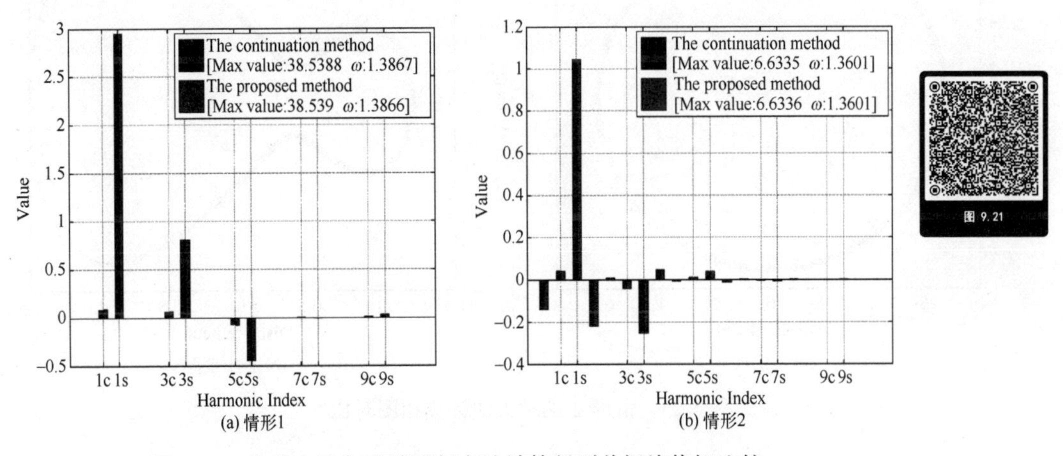

(a) 情形1　(b) 情形2

图 9.21　本节方法与连续延拓方法计算得到共振峰值解比较

对于情况 1，在激励频率 $\omega=1.3866$ 时，本节方法预测的最大共振位移可达 38.539。情况 2 的极值位于 $\omega=1.3601$。图 9.22 和图 9.23 比较了本节方法优化得到的共振峰解和时域积分解（初始值由简约空间谐波平衡法提供）。与连续延拓方法计算得到共振峰解相比，本节方法计算得到的共振频率和最大振幅与连续延拓法结果一致，从而验证了本节方法的有效性。

本节提出一种将谐波平衡法和凝聚技术与简约空间 SQP 方法相结合的共振峰值预测方法，以确定非线性系统周期运动最大振动响应。在约束优化框架内使用谐波平衡原理，构造与非线性自由度相关的非线性等式约束，从而降低非线性谐波方程组规模，然后采用简约 SQP 方法将非线性等式约束优化问题转化为简单的边界约束优化问题求解，本节方法结合了简约 SQP 方法和谐波平衡方法的优点以及凝聚技术。

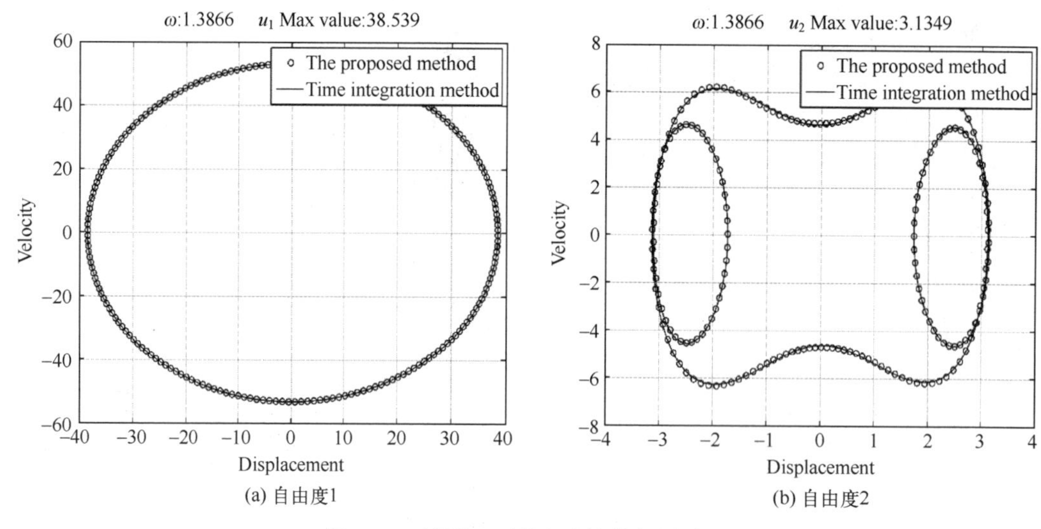

图 9.22 情形 1 两种方法计算相图对比

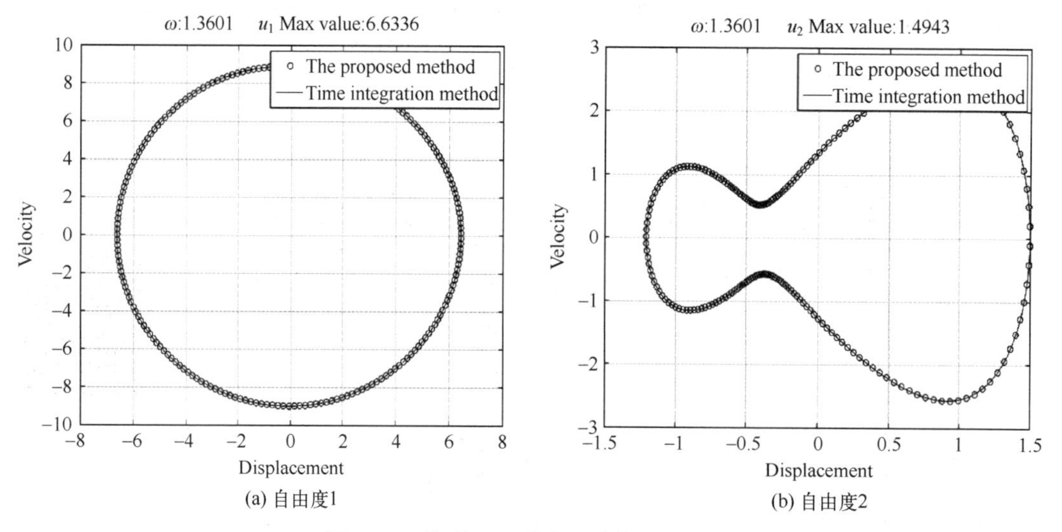

图 9.23 情形 2 两种方法计算相图对比

9.3 具有干摩擦阻尼的失谐叶盘结构数值算例

下面应用 9.2.1 节的方法研究干摩擦阻尼非线性叶盘结构参数不确定量化问题。

9.3.1 干摩擦阻尼非线性叶盘结构模型

考虑具有 24 个扇区的叶盘结构，其扇区模型如图 9.24 所示，每个扇区包含叶尖、中部、根部三个位置叶片自由度和一个轮盘自由度，模型总自由度数为 96 ，叶根和盘之间相互摩擦产生非线性力。

表 9.4 列出了叶盘模型数值仿真参数（取自文献［15］）。表 9.4 所对应的线性谐调叶盘系统的频率-节径图见参考文献［15］的图 6。频率-节径图给出了固有频率与

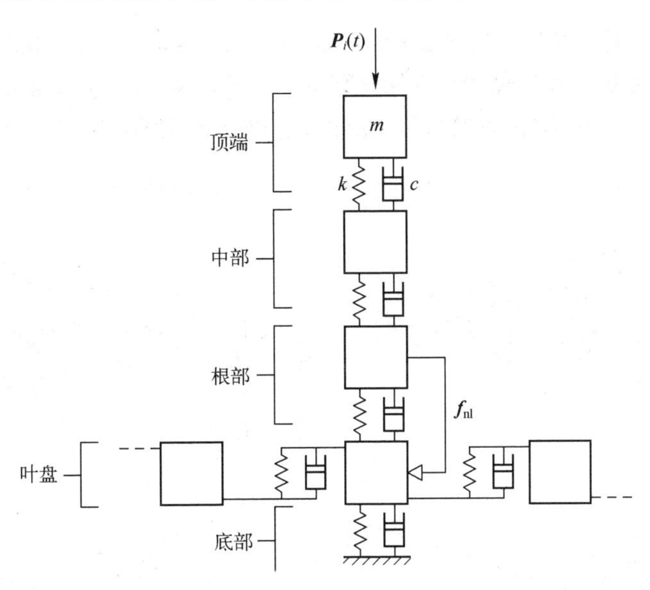

图 9.24　叶盘结构扇区模型（取自文献［15］）

节径的关系，叶盘结构包含 24 个扇区，最大节径数等于 12。文献［15］图 6 的数值结果表明，第一个模态族包含在 200~400Hz 内，所以本节考虑的激励频率范围选择第一模态族所在的频率区间。

表 9.4　扇区模型结构仿真参数

自由度	1（叶尖）	2（中部）	3（根部）	4（轮盘）	0（地面）
m/kg	0.2	0.3	0.4	1.2	—
c/(N·s/m)	1.3	0.7	26.7	33.3	0.4
k/(10^6 N/m^3)	2	1	40	50	0.6

较低发动机阶次（Eingine Order）激励下的结构响应会表现出轮盘主导的运动，而较高发动机阶次激励通常会导致叶片主导的结构响应。发动机阶次激励 E 与节径 N_D 满足关系 $E=N_D+aN$，式中 N 是叶片的数量。本节考虑 $a=0$，在每个叶片叶尖位置施加行波激励，行波激励可以表示为发动机阶次 E 的函数：

$$\boldsymbol{P}_i(t)=a_f f_s\cos(\omega t+2\pi E(i-1)/N) \tag{9.38}$$

式中：f_s=［1，0，0，0］是单个扇区上的力分布；a_f 代表外力的幅值大小。

本节接触非线性函数 $\boldsymbol{f}_{nl}$ 采用库仑摩擦模型：

$$\boldsymbol{f}_{nl}=\mu N\tanh\left(\frac{\boldsymbol{P}\dot{\boldsymbol{x}}_n}{\varepsilon}\right) \tag{9.39}$$

式中：μ、N 分别为摩擦系数和摩擦界面的法向载荷；ε 表示正则化参数；$\boldsymbol{P}$ 表示非线性自由度从绝对坐标到相对坐标的变换矩阵。

9.3.2　谐调叶盘结构模型数值优化结果

使用 9.2.1 节方法优化谐调叶盘结构最大峰值共振响应，优化目标为最大化叶尖自由度振幅。参考文献［15］，选择 $a_f=1\text{N}$ 和 $a_f=5\text{N}$ 的 10 阶次行波激励，谐波平衡展开中保留前 5 个谐波项，未知傅里叶系数的数量等于非线性自由度的数量乘以（$2N_{\text{H}}+1$）。基于 9.2.1 节方法，不同外力幅值的叶尖自由度数值优化结果如图 9.25 所示。

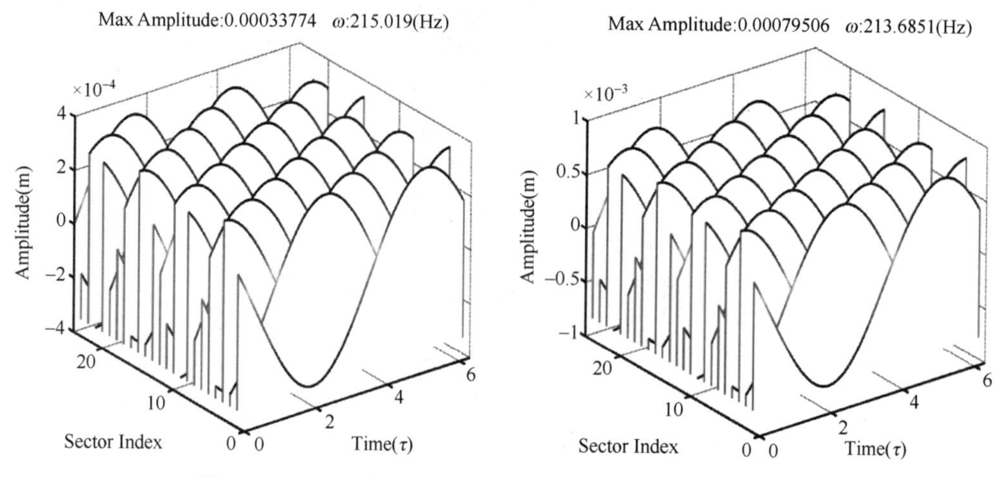

图 9.25 9.2.1 节方法数值优化解对应的结构运动时间历程

由图 9.25 可知，所有叶片具有相同的振幅，当 $a_f=1\text{N}$ 时，9.2.1 节方法预测的最大共振峰值为 0.33774mm，共振频率为 215.019Hz，而文献［15］图 9 中共振峰值在 215Hz 附近。当 $a_f=5\text{N}$ 时，9.2.1 节方法预测的极值出现在 213.6851Hz，而文献［15］图 9 中频响曲线在 213.5Hz 附近有一个峰值。与文献［15］图 9 中的共振峰值解相比，9.2.1 节方法计算得到的共振频率与参考文献结果一致。

9.3.3 失谐叶盘结构模型数值优化结果

下面使用 9.2.1 节的方法研究非线性和失谐对叶盘结构振动响应的综合影响。考虑刚度失谐，第 i 个叶片的刚度为 $k(i)=(1-\xi+2\xi\boldsymbol{v}_m(i))k_0$，式中 ξ 表示不确定程度，相对于 k_0 标称值有 5% 的变化，表征结构材料属性差异的变量 $\boldsymbol{v}_m(i)$ 在 0~1 变化。与文献［15］类似，应用 9.2.1 节方法研究 6 阶次激励作用下三种不同外力幅值时失谐对结构振动的影响，式（9.31）优化的目标为叶尖振幅最大化，$\boldsymbol{v}_m(i)$ 设为优化变量。

式（9.31）优化的最坏情形共振响应流程如下：在每个优化迭代步中分配傅里叶系数 $\boldsymbol{U}_{\text{nl}}$ 和优化变量 $\bar{\boldsymbol{x}}$（包括激励频率 ω 和不确定性参数 $\boldsymbol{v}_m(i)$，使用灵敏度分析方法计算梯度 $\nabla \boldsymbol{g}_{\boldsymbol{U}_{\text{nl}}}(\boldsymbol{x}_k)$ 和 $\nabla \boldsymbol{g}_{\bar{\boldsymbol{x}}}(\boldsymbol{x}_k)$。基于坐标基分解方案，可以构造 $\boldsymbol{Y}_k$ 和 $\boldsymbol{Z}_k$ 值空间并确定搜索方向 $\boldsymbol{d}_k^Y$，然后计算交叉项 $\boldsymbol{Z}_k^{\text{T}}\boldsymbol{H}_k\boldsymbol{Y}_k\boldsymbol{d}_k^Y$ 和 Hessian 矩阵 $\boldsymbol{H}_k$，求解简约空间二次规划子问题获得零空间分量 $\boldsymbol{d}_k^Z$，最后利用 $\boldsymbol{d}_k^Z$ 和 $\boldsymbol{d}_k^Y$ 形成新的迭代 $\boldsymbol{x}_{k+1}=\boldsymbol{x}_k+\alpha_k\boldsymbol{d}_k$，步长 α_k 由一维搜索程序确定，借助 9.1.1 节描述的二阶校正（SOC）技术，可以避免 Maratos 效应。应用 9.2.1 节方法，三种力幅值 $a_f=1\text{N}$、$a_f=5\text{N}$ 和 $a_f=10\text{N}$ 的数值优化结果如图 9.26 所示，对应的结构自由度时间历程绘于图 9.27、图 9.28 和图 9.29 中，图中还给出谐调叶盘最大幅值数值优化解以供比较。

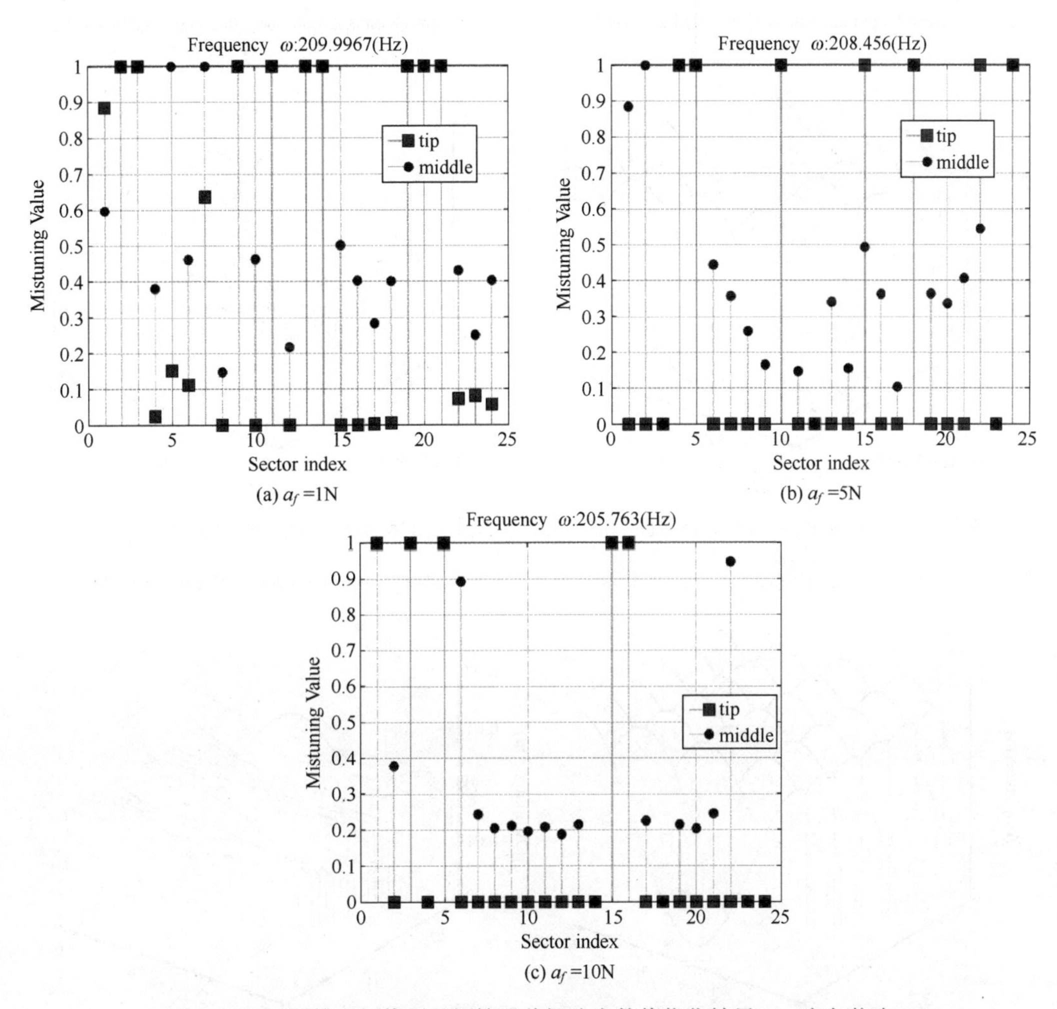

(a) a_f =1N　(b) a_f =5N　(c) a_f =10N

图 9.26　不同外力幅值下最坏情况共振响应数值优化结果（6 阶次激励）

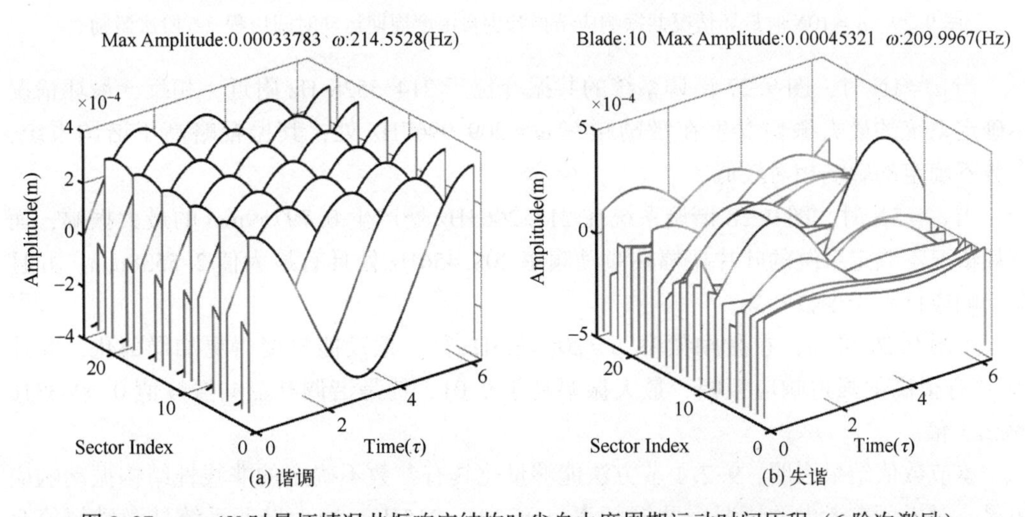

(a) 谐调　(b) 失谐

图 9.27　a_f = 1N 时最坏情况共振响应结构叶尖自由度周期运动时间历程（6 阶次激励）

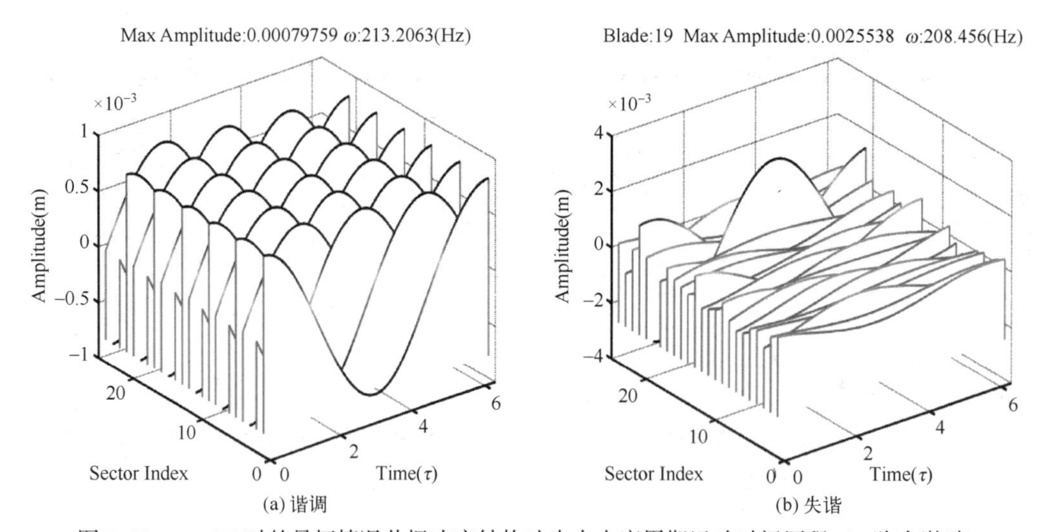

图 9.28　$a_f=5\mathrm{N}$ 时的最坏情况共振响应结构叶尖自由度周期运动时间历程（6 阶次激励）

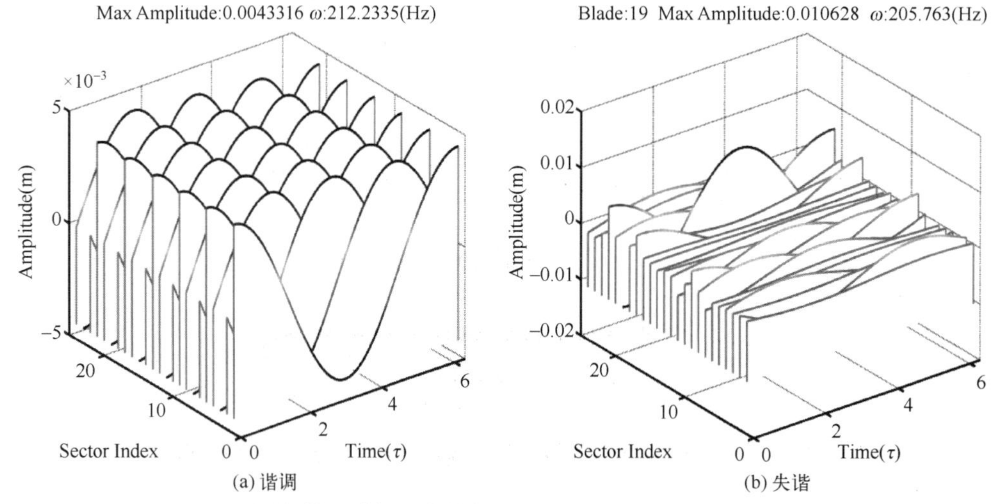

图 9.29　$a_f=10\mathrm{N}$ 时最坏情况共振响应结构叶尖自由度周期运动时间历程（6 阶次激励）

当 $a_f=1\mathrm{N}$ 时，图 9.27 谐调系统的共振峰位于 214.5528 Hz 附近，相反，最坏情况不确定系统的最大振幅发生在激励频率 $\omega=209.9967\mathrm{Hz}$ 处，其振幅略高于谐调系统，参数不确定的影响相对较低。

当 $a_f=5\mathrm{N}$ 时，图 9.28 谐调系统在 213.2063Hz 处产生 0.79759mm 的最大振幅，而最坏情况不确定系统的叶片振幅在激励频率 208.456Hz 处具有最大值 2.5538mm，并且振动响应仅限于少数叶片。

由图 9.29 可知，在激励频率 $\omega=205.763\mathrm{Hz}$ 处，振动能量变得更加局部化，叶片 19 具有很高的强迫响应振幅，最大振幅高于 0.01，约是谐调叶盘共振峰值 0.0043316 的 2.5 倍。

本节数值结果表明，9.2.1 节方法能够量化具有参数不确定的非线性结构振动响应边界。对于所有考虑的情况，共振频率位于 205~215Hz，增大谐调系统外激励幅值会导致共振频率大幅降低，最坏情况不确定系统外激励幅值对共振频率的影响与谐调系统类似。扇区失谐会导致周期结构非常强的振动局部化，并且响应局部化程度随着叶片失谐程度的增大而增大。

9.4　考虑参数不确定的转子动力学数值算例

前述数值算例表明，简约空间 SQP 算法具有良好的全局收敛能力，能够以较小迭代次数快速收敛到数值优化解。本节研究转子系统多种类型非线性力与参数不确定性的振动综合影响，分析参数不确定结构非线性稳态响应边界。

9.4.1　转子模型

考虑如图 9.30 所示具有 2 个轮盘的有限元转子模型，轴离散为 10 个欧拉梁单元，单元每个节点包含 4 个自由度：平动位移 v、w；旋转角 θ、ψ。转子两端由两个轴承支撑，轴承在 x 和 y 方向上的弹簧刚度为 kx 和 ky。

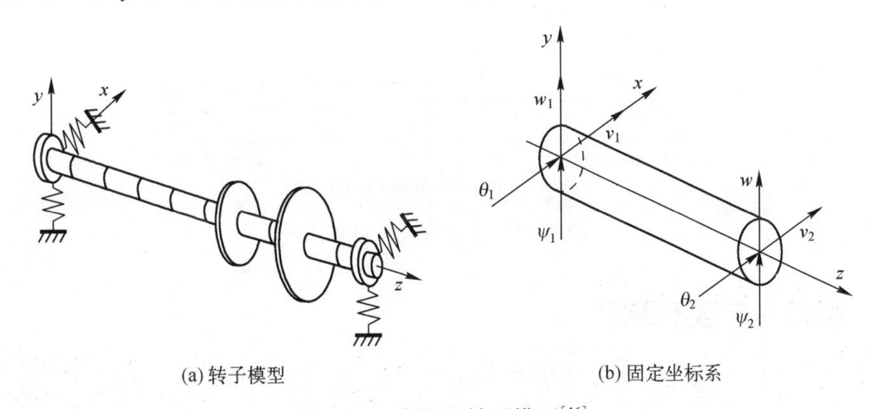

(a) 转子模型　　(b) 固定坐标系

图 9.30　有限元转子模型[16]

经过轴、盘和轴承单元矩阵的总刚集成，得到质量矩阵 $\boldsymbol{M}$、刚度矩阵 $\boldsymbol{K}$、阻尼矩阵 $\boldsymbol{D}$ 和陀螺矩阵 $\boldsymbol{G}$，最终的转子运动控制方程为

$$\boldsymbol{M}\ddot{\boldsymbol{u}}+(\boldsymbol{D}+\omega_r\boldsymbol{G})\dot{\boldsymbol{u}}+\boldsymbol{K}\boldsymbol{u}+\boldsymbol{F}_{\mathrm{nl}}(\boldsymbol{u},\dot{\boldsymbol{u}},t)=\boldsymbol{p}(t) \tag{9.40}$$

式中：ω_r 代表转子转速。

支撑位置考虑两种非线性力：

（1）多项式非线性力。x 和 y 方向的多项式非线性力由下式给出：

$$\begin{cases} f_{\mathrm{nl}_x}=k_{\mathrm{nl}}v^3(t) \\ f_{\mathrm{nl}_y}=k_{\mathrm{nl}}w^3(t) \end{cases} \tag{9.41}$$

式中：k_{nl}是非线性刚度系数。多项式非线性力施加在第一个轴承位置处。

（2）接触非线性。沿 x 和 y 方向的接触力定义为

$$\begin{cases} f_{\mathrm{nl}_x}(t)=k_1v(t) & ,r(t)\leqslant r_{\lim} \\ f_{\mathrm{nl}_y}(t)=k_1w(t) & ,r(t)\leqslant r_{\lim} \\ f_{\mathrm{nl}_x}(t)=(k_2(r-r_{\lim})+k_1r_{\lim})\cos\alpha & ,r(t)>r_{\lim} \\ f_{\mathrm{nl}_y}(t)=(k_2(r-r_{\lim})+k_1r_{\lim})\sin\alpha & ,r(t)>r_{\lim} \end{cases} \tag{9.42}$$

式中：$r=\sqrt{v^2+w^2}$，$\cos\alpha=\dfrac{v}{r}$，$\sin\alpha=\dfrac{w}{r}$和 r_{lim}表示间隙值参数。

对于图 9.30 所示的转子系统，仿真参数与文献［16］相同。图 9.31 给出转子系统坎贝尔图，前三阶临界速度分别等于 28.2668Hz、97.3583Hz 和 241.2812Hz。当转子旋转时，由于陀螺效应，相同固有频率开始分裂为两个值，即正向和反向固有频率。随着转速的增加，正向固有频率上升，反向固有频率下降。

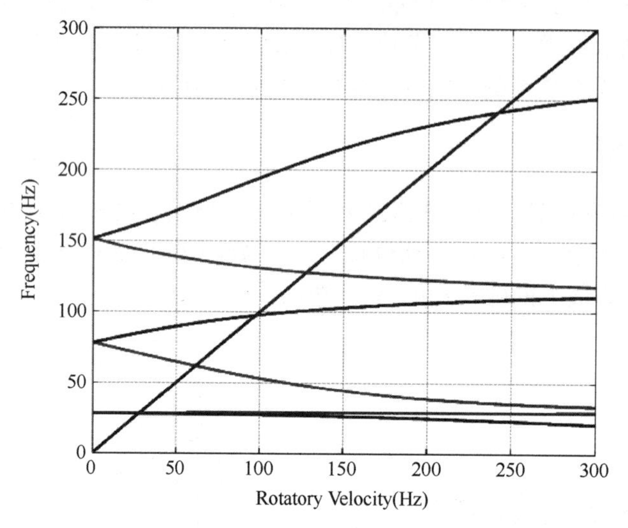

图 9.31　转子系统坎贝尔图

9.4.2　考虑的参数不确定

参考文献［16］表 2，本节研究 7 种不确定情况，以揭示参数不确定性对转子系统振动特性的影响。不确定模拟方式为 $\boldsymbol{p}(i)=(1-\xi+2\xi\boldsymbol{v}_m(i))\alpha$，式中 ξ 表示不确定性程度，将不确定性参数 $\boldsymbol{v}_m(i)$设置为优化变量以寻求转子最大振幅，优化边界为［0，1］，$\boldsymbol{v}_m(i)=0$ 时对应于不确定性参数 $\boldsymbol{p}(i)$下界，$\boldsymbol{v}_m(i)=1$ 时表示 $\boldsymbol{p}(i)$的上界，参数不确定性的类型和程度列于表 9.5。

表 9.5　考虑的 7 种参数不确定情况

情　况	非线性类型	ξ_E	$\xi_{k_{\text{nl}}}$	ξ_{k_2}	ξ_m
1	多项式	2.5%			
2	多项式	5%			
3	多项式				5%
4	多项式		10%		
5	多项式	2.5%	10%		
6	接触	5%			
7	接触			10%	

对于情况 1，杨氏模量 E 具有不确定性，而情况 2 考虑的不确定性与情况 1 相同，情况 2 的不确定程度是情况 1 的 2 倍。情况 3 考虑质量不平衡的不确定。对于情况 4，

非线性刚度系数是不确定的。情况 5 分析杨氏模量和非线性刚度系数两个参数不确定性的影响。对于接触非线性，情况 6 的杨氏模量不确定程度变为 5%。情况 7 将 k_2视为不确定性参数。

9.4.3　数值优化结果

下面使用所提出的方法研究参数不确定和非线性对振动响应峰值的综合影响。约束优化问题的优化目标为最大化所有节点的$\sqrt{v^2+w^2}$最大振幅，以式（9.29）谐波平衡方程为约束条件，表 9.6 和表 9.7 及表 9.8 列出了考虑的 7 种不确定情况与前三个共振峰相关的数值优化结果，表中还列出了确定性系统的峰值响应作为参考解以便比较。

表 9.6　与第一共振峰相关的优化结果

优化变量 （优化边界）	ω/Hz [5,50]	v_E [0,1]	$v_{k_{nl}}$ [0,1]	v_{k_2} [0,1]	v_m [0,1]	$u(\tau_{max})$ /mm
参考解（多项式）	28.2803					1.1688
1	28.1434	0				1.1894
2	28.0015	0				1.2112
3	28.2808				1	1.2101
4	28.2808		1			1.1691
5	28.1416	0	0.8375			1.1896
参考解（接触）	28.6472					1.1806
6	28.3606	0				1.2246
7	28.6479			0.5169		1.1806

表 9.7　与第二共振峰相关的优化结果

优化变量 （优化边界）	ω/Hz [50,150]	v_E [0,1]	$v_{k_{nl}}$ [0,1]	v_{k_2} [0,1]	v_m [0,1]	$u(\tau_{max})$ /mm
参考解（多项式）	98.2042					0.5270
1	97.9299	0				0.53409
2	97.6507	0				0.5416
3	98.2265				1	0.5401
4	98.2308		1			0.52716
5	97.9474	0	0.8301			0.53421
参考解（接触）	115.3072					0.79625
6	114.2181	0				0.82336
7	116.6110			1		0.82928

表 9.8　第三共振峰对应的优化结果

优化变量 (优化边界)	ω/Hz [150,300]	v_E [0,1]	$v_{k_{nl}}$ [0,1]	v_{k_2} [0,1]	v_m [0,1]	$u(\tau_{max})$ /mm
参考解（多项式）	244.5474					1.3082
1	246.778	1				1.32
2	248.9729	1				1.3317
3	244.8622				1	1.3691
4	244.2229		0			1.3086
5	246.462	1	0			1.3204
参考解（接触）	266.1421					1.3429
6	270.1188	1				1.362
7	268.5136			1		1.3509

由表 9.6 可知，数值优化解一阶共振峰频率几乎保持不变，非常接近确定性系统的第一阶临界速度。对于第二个共振峰，在表 9.7 中可观察到共振峰频率的轻微变化。由表 9.8 可知，非线性因素能明显改变结构共振频率，接触非线性力导致共振频率的变化更为明显，然而，不确定性因素显著增大最大共振峰振幅。

数值优化解 v_E 值对于不同的共振峰表现出完全不同的变化特征。所有情况下转子最大振幅都高于参考解。表 9.6 和表 9.7 中的所有情况最大共振峰出现在 $v_E=0$ 处，而在表 9.8 中 v_E 等于 1。最大振动响应对 v_E 的变化相对敏感。表 9.8 中的情况 3 给出了最高的响应振幅。对于所有情况，不平衡质量不确定性对应最大共振峰值出现在 $v_m=1$ 处。

在 $v_{k_{nl}}=1$ 时，目标函数取得第一和第二个共振峰的最大值，而第三个峰值的最坏情况共振响应对应 $v_{k_{nl}}=0$。值得注意的是，$v_{k_{nl}}$的影响很小。情况 7 的第二个和第三个共振峰最大振幅对应 $v_{k_2}=1$，而第一个共振峰的振幅最大时，v_{k_2}等于 0.5169。当 v_{k_2}变化时，表 9.6 中第一个共振峰的最大振幅几乎保持不变，而表 9.7 和表 9.8 显示 v_{k_2}对最坏情况共振峰振幅略有影响。对于情况 5，最大振幅响应对应的优化解为 $v_E=1$ 和 $v_{k_{nl}}=0$，而表 9.7 和表 9.8 中的 $v_{k_{nl}}$不确定性变量优化值为 0.83。v_E 和 $v_{k_{nl}}$综合参数不确定影响不会导致不平衡峰值响应的明显变化。

与表 9.6～表 9.8 对应，在共振峰值处的转子轴心运动轨迹如图 9.32 和图 9.33 所示。图 9.32 和图 9.33 表明转子运动相对规律。第一和第二个共振峰对应轨道的最大振幅位于轴的中间位置，而第三个共振峰转子最大变形靠近左轴承位置，这意味着非线性在第三阶共振响应中占主导地位，非线性力的影响在与高阶共振频率相关的转子运动中起重要作用。图 9.32（c）中的转子振幅在 $\omega=246.462$ 时取得最大值 1.3204mm，而图 9.33（c）中的最大振幅约为 1.362mm，共振峰频率为 270.1188Hz，接触非线性系统的最大振幅大于多项式力非线性系统。

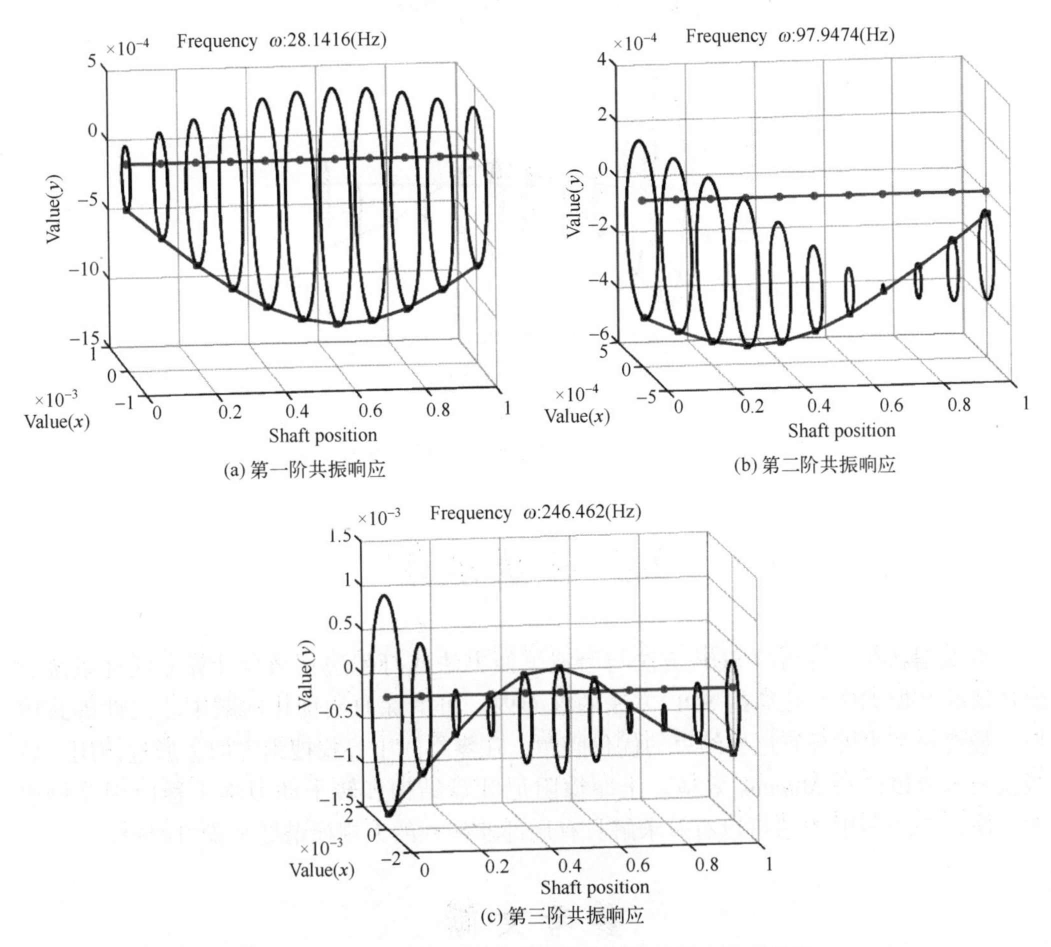

(a) 第一阶共振响应

(b) 第二阶共振响应

(c) 第三阶共振响应

图 9.32　情况 5 最坏情形共振响应的转子轴心运动轨道

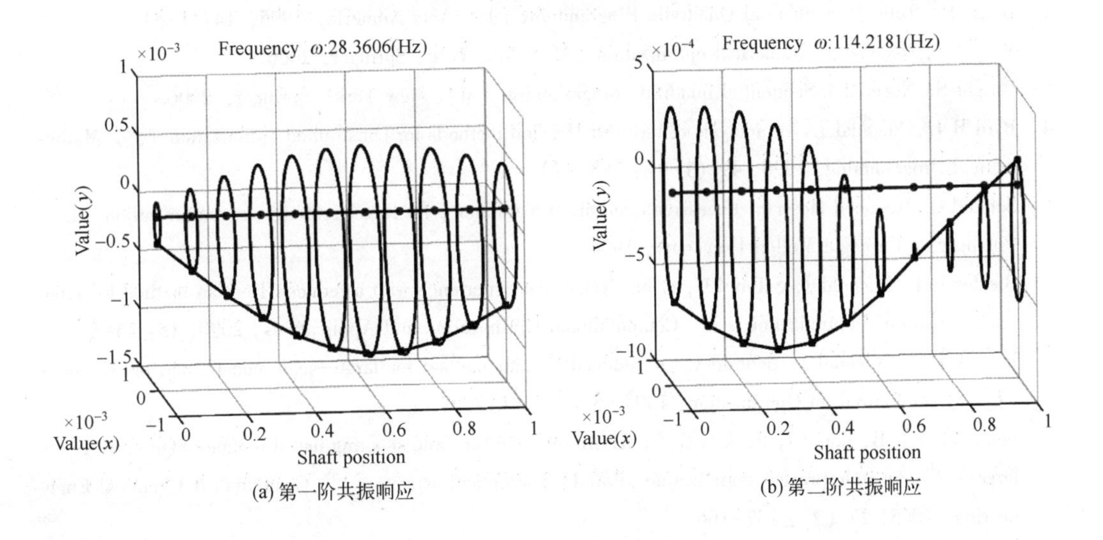

(a) 第一阶共振响应

(b) 第二阶共振响应

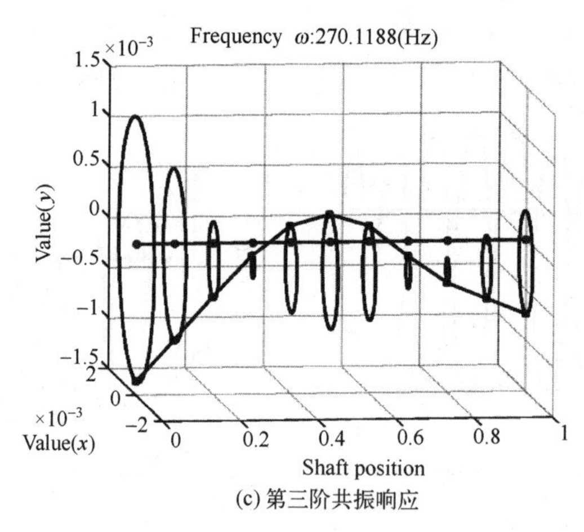

(c) 第三阶共振响应

图 9.33 情况 6 最坏情形共振响应的转子轴心运动轨道

9.5 本章小结

本章创新在于将简约 SQP 方法与谐波平衡方法或打靶法相结合计算非线性系统的最坏情况共振响应。在简约 SQP 方法的框架内，可消除原始优化问题中非线性等式约束，最终只需求解具有边界约束的优化问题，在零空间中寻找搜索方向，通过使用二阶校正技术可以避免 Maratos 效应。干摩擦阻尼叶盘结构和转子动力学工程应用算例表明，简约空间 SQP 方法可以有效求解具有局部非线性的大规模谐波平衡方程组。

参考文献

[1] Boggs P, Tolle J. Sequential Quadratic Programming [J]. Acta Numeria, 1995, 14: 1-51.

[2] Wright S, Nocedal J. Numerical optimization [M]. New York: Springer, 2006.

[3] Wright S, Nocedal J. Sequential quadratic programming [M]. New York: Springer, 2006.

[4] Byrd R H, Nocedal J. An analysis of reduced Hessian methods for constrained optimization [J]. Mathematical Programming, 1990, 49 (1-3): 285-323.

[5] Schmid C. Reduced Hessian successive quadratic programming for large-scale process optimization [D]. Pittsburgh: Carnegie Mellon University, 1994.

[6] Biegler L T, Nocedal J, Schmid C, et al. Numerical experience with a reduced Hessian method for large scale constrained optimization [J]. Computational Optimization and Applications, 2000, 15: 45-67.

[7] Biegler L T, Nocedal J, Schmid C. A reducedHessian method for large-scale constrained optimization [J]. SIAM Journal on Optimization, 1995, 5 (2): 314-347.

[8] Leineweber D B, Bauer I, Bock H G, et al. An efficient multiple shooting based reduced SQP strategy for large-scale dynamic process optimization. Part 1: Theoretical aspects [J]. Computers & Chemical Engineering, 2003, 27 (2): 157-166.

[9] Liao H, Wu W. The reduced space shooting method for calculating the peak periodic solutions of nonlinear systems [J]. Journal of Computational and Nonlinear Dynamics, 2018, 13 (6): 061001.

[10] Detroux T, Habib G, Masset L, et al. Performance, robustness and sensitivity analysis of the nonlinear tuned vibration absorber [J]. Mechanical Systems and Signal Processing, 2015, 60: 799-809.

[11] Liao H, Wu W, Fang D. The reduced space SequentialQuadratic Programming (SQP) method for calculating the worst resonance response of nonlinear systems [J]. Journal of Sound and Vibration, 2018, 425: 301-323.

[12] Liao H. The application of reduced space harmonic balance method for the nonlinear vibration problem in rotor dynamics [J]. Mechanics Based Design of Structures and Machines, 2019, 47 (2): 154-174.

[13] Liao H, Sun W. A new method for predicting the maximum vibration amplitude of periodic solution of non-linear system [J]. Nonlinear Dynamics, 2013, 71: 569-582.

[14] Förster A, Krack M. An efficient method for approximating resonance curves of weakly-damped nonlinear mechanical systems [J]. Computers & Structures, 2016, 169: 81-90.

[15] Joannin C, Chouvion B, Thouverez F, et al. A nonlinear component mode synthesis method for the computation of steady-state vibrations in non-conservative systems [J]. Mechanical Systems and Signal Processing, 2017, 83: 75-92.

[16] Sinou J J, Didier J, Faverjon B. Stochastic non-linear response of a flexible rotor with local non-linearities [J]. International Journal of Non-Linear Mechanics, 2015, 74: 92-99.

第 10 章　非线性系统周期解分岔追踪方法

目前，周期解的连续延拓方法主要分为两类：预测修正法和渐近数值方法。这两类分析方法有其局限性：第一，这些方法都是利用非线性方程组求根法寻找周期解，这就要求非线性方程组的数量与未知变量的数量相同，然而连续延拓问题的未知变量数量大于需要求解原始非线性方程组的数量，因此需要附加额外的方程；第二，无法追踪具有多个连续延拓参数的非线性系统周期解；第三，连续追踪孤立解分支困难，此外，其分岔解的雅可比矩阵奇异。

非线性系统周期解分岔追踪问题受到学者的广泛关注[1-3]，周期解分岔追踪更具挑战性。分岔追踪方法包括间接法和直接法[4-5]，间接法存在计算量大等缺点，因此通常采用直接法追踪分岔周期解。在直接法基础上，有学者研究利用谐波平衡法追踪分岔周期解。例如，Xie 等[6-7]提出了一种追踪非线性系统分岔周期解的谐波平衡法，在谐波平衡方程基础上增广分岔方程以追踪不同类型的分岔解，其缺点是需要利用有限差分法构建增广非线性方程组，计算成本很高。Alcorta 等[8]利用增广方法追踪倍周期分岔解，得到与原始谐波平衡方程梯度相关的增广非线性方程组，尽管增广系统技术可以追踪分岔解，但求解的非线性代数方程组规模依赖于分岔类型，并且随考虑的分岔参数的增加而增大。为降低非线性方程组求解规模，文献［9-10］使用最小扩展系统方案追踪分岔周期解。文献［11］运用递归连续延拓方法追踪多个分岔参数的周期解，在连续延拓的每个阶段只利用单个分岔参数追踪周期解，直至分析完所有的分岔参数。然而，随着考虑的分岔参数数量的增加，计算成本会显著增加，这给高维非线性动力系统分岔解追踪问题带来很大挑战。

上述连续延拓方法均采用 Newton-Raphson 等寻根方法求解非线性代数方程组。在谐波平衡方程基础上附加额外方程，随着连续延拓参数的增加，导致需要求解的非线性方程组和未知变量的数量急剧增大，需要求解的非线性方程组规模很大。此外，利用有限差分方法分析非线性方程组的灵敏度，计算效率低，当考虑的分岔参数数量增加时，Newton-Raphson 方法的计算成本很高，因而，需要发展高效的分岔周期解追踪方法，而非线性约束优化方法为解决非线性动力学问题提供新的途径。例如，文献［12］以最小化打靶函数的残差为目标函数，采用最小二乘方法求解非线性动力学稳态响应问题。

本章提出周期解分岔追踪的时域和频域连续延拓方法，首次利用非线性约束优化方法结合谐波平衡原理或打靶函数追踪分岔周期解。在预测校正方案基础上，频域类方法将谐波平衡方程和分岔条件设为非线性约束优化条件，时域类方法中的约束条件则是打靶函数和分岔条件，构造非线性约束优化问题纠正预测解，最终利用非线性约束优化方法追踪分岔周期解。

10.1　周期解分岔追踪频域连续延拓方法[23]

本节提出一种追踪分岔周期解的连续延拓法，在频域内采用 Floquet 理论推导周期解稳定性和分岔条件，然后将谐波平衡方程和分岔条件设为约束条件，利用约束优化方法追踪周期解，最后，通过 Duffing 振子、非线性能量阱和 Jeffcott 转子的三个数值算例验证方法的有效性。

10.1.1　谐波平衡非线性方程灵敏度分析

利用谐波平衡原理得到如式（6.4）所示谐波平衡方程，从而可构建如式（6.2）所示的非线性等式约束条件，最终需要利用梯度算法求解相关约束优化问题，下面推导梯度算法所需的谐波平衡方程灵敏度信息，由式（6.4）可得雅可比矩阵的表达式如下：

$$\frac{\partial \boldsymbol{g}(\boldsymbol{x})}{\partial \boldsymbol{U}}=\boldsymbol{A}-\frac{\partial \boldsymbol{b}}{\partial \boldsymbol{U}} \tag{10.1}$$

式（10.1）中，求雅可比矩阵的关键是计算$\frac{\partial \boldsymbol{b}}{\partial \boldsymbol{U}}$，利用链式微分法则可得

$$\begin{aligned}
\frac{\partial \boldsymbol{b}}{\partial \boldsymbol{U}}&=\frac{\partial \boldsymbol{b}}{\partial \boldsymbol{f}_{\mathrm{nl}}(\boldsymbol{u},\dot{\boldsymbol{u}},\ddot{\boldsymbol{u}},\tau)}\left[\frac{\partial \boldsymbol{f}_{\mathrm{nl}}(\boldsymbol{u},\dot{\boldsymbol{u}},\ddot{\boldsymbol{u}},\tau)}{\partial \boldsymbol{u}(\tau)}\frac{\partial \boldsymbol{u}(\tau)}{\partial \boldsymbol{U}}+\frac{\partial \boldsymbol{f}_{\mathrm{nl}}(\boldsymbol{u},\dot{\boldsymbol{u}},\ddot{\boldsymbol{u}},\tau)}{\partial \dot{\boldsymbol{u}}(\tau)}\frac{\partial \dot{\boldsymbol{u}}(\tau)}{\partial \boldsymbol{U}}+\frac{\partial \boldsymbol{f}_{\mathrm{nl}}(\boldsymbol{u},\dot{\boldsymbol{u}},\ddot{\boldsymbol{u}},\tau)}{\partial \ddot{\boldsymbol{u}}(\tau)}\frac{\partial \ddot{\boldsymbol{u}}(\tau)}{\partial \boldsymbol{U}}\right]\\
&=(\boldsymbol{E}^{-1}\otimes\boldsymbol{I})\left(\frac{\partial \boldsymbol{f}_{\mathrm{nl}}(\boldsymbol{u},\dot{\boldsymbol{u}},\ddot{\boldsymbol{u}},\tau)}{\partial \boldsymbol{u}(\tau)}\right)(\boldsymbol{E}\otimes\boldsymbol{I})+\omega(\boldsymbol{E}^{-1}\otimes\boldsymbol{I})\left(\frac{\partial \boldsymbol{f}_{\mathrm{nl}}(\boldsymbol{u},\dot{\boldsymbol{u}},\ddot{\boldsymbol{u}},\tau)}{\partial \dot{\boldsymbol{u}}(\tau)}\right)[(\boldsymbol{E}\boldsymbol{\Lambda})\otimes\boldsymbol{I}]\\
&\quad+\omega^2(\boldsymbol{E}^{-1}\otimes\boldsymbol{I})\left(\frac{\partial \boldsymbol{f}_{\mathrm{nl}}(\boldsymbol{u},\dot{\boldsymbol{u}},\ddot{\boldsymbol{u}},\tau)}{\partial \ddot{\boldsymbol{u}}(\tau)}\right)[(\boldsymbol{E}\boldsymbol{\Lambda}^2)\otimes\boldsymbol{I}]
\end{aligned} \tag{10.2}$$

式中的实傅里叶矩阵 $\boldsymbol{E}$ 以及相应的逆傅里叶变换矩阵 $\boldsymbol{E}^{-1}$ 可以表示为

$$\boldsymbol{E}=\begin{bmatrix}1 & \cos(\tau_1) & \sin(\tau_1) & \cdots & \cos(N_{\mathrm{H}}\tau_1) & \sin(N_{\mathrm{H}}\tau_1)\\ 1 & \cos(\tau_2) & \sin(\tau_2) & \cdots & \cos(N_{\mathrm{H}}\tau_2) & \sin(N_{\mathrm{H}}\tau_2)\\ \vdots & \vdots & \vdots & \ddots & \vdots & \vdots\\ 1 & \cos(\tau_{N_\tau}) & \sin(\tau_{N_\tau}) & \cdots & \cos(N_{\mathrm{H}}\tau_{N_\tau}) & \sin(N_{\mathrm{H}}\tau_{N_\tau})\end{bmatrix} \tag{10.3}$$

$$\boldsymbol{E}^{-1}=\frac{2}{N_\tau}\begin{bmatrix}1/2 & 1/2 & \cdots & 1/2\\ \cos(\tau_1) & \cos(\tau_2) & \cdots & \cos(\tau_{N_\tau})\\ \sin(\tau_1) & \sin(\tau_2) & \cdots & \sin(\tau_{N_\tau})\\ \cos(2\tau_1) & \cos(2\tau_2) & \cdots & \cos(2\tau_{N_\tau})\\ \sin(2\tau_1) & \sin(2\tau_2) & \cdots & \sin(2\tau_{N_\tau})\\ \vdots & \vdots & \ddots & \vdots\\ \cos(N_{\mathrm{H}}\tau_1) & \cos(N_{\mathrm{H}}\tau_2) & \cdots & \cos(N_{\mathrm{H}}\tau_{N_\tau})\\ \sin(N_{\mathrm{H}}\tau_1) & \sin(N_{\mathrm{H}}\tau_2) & \cdots & \sin(N_{\mathrm{H}}\tau_{N_\tau})\end{bmatrix} \tag{10.4}$$

式中：$N_\tau(\geqslant 2N_{\mathrm{H}}+1)$是离散时间点的数量，且$\tau_j=\dfrac{2\pi j}{N_\tau}$，$j=0,1,\cdots,N_\tau-1$。

式（10.2）中，$\boldsymbol{I}$表示单位矩阵，其他矩阵如下所示：

$$\frac{\partial \boldsymbol{f}_{\mathrm{nl}}(\boldsymbol{u},\dot{\boldsymbol{u}},\ddot{\boldsymbol{u}},\tau)}{\partial \boldsymbol{u}(\tau)}=\operatorname{diagblk}\left(\left.\frac{\partial \boldsymbol{f}_{\mathrm{nl}}(\boldsymbol{u},\dot{\boldsymbol{u}},\ddot{\boldsymbol{u}},\tau)}{\partial \boldsymbol{u}(\tau)}\right|_{\tau=\tau_1},\left.\frac{\partial \boldsymbol{f}_{\mathrm{nl}}(\boldsymbol{u},\dot{\boldsymbol{u}},\ddot{\boldsymbol{u}},\tau)}{\partial \boldsymbol{u}(\tau)}\right|_{\tau=\tau_2},\cdots,\left.\frac{\partial \boldsymbol{f}_{\mathrm{nl}}(\boldsymbol{u},\dot{\boldsymbol{u}},\ddot{\boldsymbol{u}},\tau)}{\partial \boldsymbol{u}(\tau)}\right|_{\tau=\tau_{N_\tau}}\right) \tag{10.5}$$

$$\frac{\partial \boldsymbol{f}_{\mathrm{nl}}(\boldsymbol{u},\dot{\boldsymbol{u}},\ddot{\boldsymbol{u}},\tau)}{\partial \dot{\boldsymbol{u}}(\tau)}=\operatorname{diagblk}\left(\left.\frac{\partial \boldsymbol{f}_{\mathrm{nl}}(\boldsymbol{u},\dot{\boldsymbol{u}},\ddot{\boldsymbol{u}},\tau)}{\partial \dot{\boldsymbol{u}}(\tau)}\right|_{\tau=\tau_1},\left.\frac{\partial \boldsymbol{f}_{\mathrm{nl}}(\boldsymbol{u},\dot{\boldsymbol{u}},\ddot{\boldsymbol{u}},\tau)}{\partial \dot{\boldsymbol{u}}(\tau)}\right|_{\tau=\tau_2},\cdots,\left.\frac{\partial \boldsymbol{f}_{\mathrm{nl}}(\boldsymbol{u},\dot{\boldsymbol{u}},\ddot{\boldsymbol{u}},\tau)}{\partial \dot{\boldsymbol{u}}(\tau)}\right|_{\tau=\tau_{N_\tau}}\right) \tag{10.6}$$

$$\frac{\partial \boldsymbol{f}_{\mathrm{nl}}(\boldsymbol{u},\dot{\boldsymbol{u}},\ddot{\boldsymbol{u}},\tau)}{\partial \ddot{\boldsymbol{u}}(\tau)}=\operatorname{diagblk}\left(\left.\frac{\partial \boldsymbol{f}_{\mathrm{nl}}(\boldsymbol{u},\dot{\boldsymbol{u}},\ddot{\boldsymbol{u}},\tau)}{\partial \ddot{\boldsymbol{u}}(\tau)}\right|_{\tau=\tau_1},\left.\frac{\partial \boldsymbol{f}_{\mathrm{nl}}(\boldsymbol{u},\dot{\boldsymbol{u}},\ddot{\boldsymbol{u}},\tau)}{\partial \ddot{\boldsymbol{u}}(\tau)}\right|_{\tau=\tau_2},\cdots,\left.\frac{\partial \boldsymbol{f}_{\mathrm{nl}}(\boldsymbol{u},\dot{\boldsymbol{u}},\ddot{\boldsymbol{u}},\tau)}{\partial \ddot{\boldsymbol{u}}(\tau)}\right|_{\tau=\tau_{N_\tau}}\right) \tag{10.7}$$

式（10.2）相对于其他参数的梯度可以很容易地计算出来，例如$\dfrac{\partial \boldsymbol{g}(\boldsymbol{x})}{\partial \omega}$的推导如下：

$$\begin{aligned}\frac{\partial \boldsymbol{g}(\boldsymbol{x})}{\partial \omega}=&\operatorname{diag}\left(0,\cdots,\begin{bmatrix}-2\omega k^2\boldsymbol{M} & k\boldsymbol{C}\\ -k\boldsymbol{C} & -2\omega k^2\boldsymbol{M}\end{bmatrix},\cdots,\begin{bmatrix}-2\omega\,(N_{\mathrm{H}})^2\boldsymbol{M} & N_{\mathrm{H}}\boldsymbol{C}\\ -N_{\mathrm{H}}\boldsymbol{C} & -2\omega\,(N_{\mathrm{H}})^2\boldsymbol{M}\end{bmatrix}\right)\\&+(\boldsymbol{E}^{-1}\otimes\boldsymbol{I})\left(\frac{\partial \boldsymbol{f}_{\mathrm{nl}}(\boldsymbol{u},\dot{\boldsymbol{u}},\ddot{\boldsymbol{u}},\tau)}{\partial \dot{\boldsymbol{u}}(\tau)}\right)[(\boldsymbol{E\Lambda})\otimes\boldsymbol{I}]+2\omega(\boldsymbol{E}^{-1}\otimes\boldsymbol{I})\left(\frac{\partial \boldsymbol{f}_{\mathrm{nl}}(\boldsymbol{u},\dot{\boldsymbol{u}},\ddot{\boldsymbol{u}},\tau)}{\partial \ddot{\boldsymbol{u}}(\tau)}\right)[(\boldsymbol{E\Lambda}^2)\otimes\boldsymbol{I}]\end{aligned} \tag{10.8}$$

基于以上梯度公式，可以利用梯度方法计算相关优化问题。

10.1.2 基于非线性约束优化方法的连续延拓方法

本节提出基于约束优化谐波平衡法的连续延拓方法。式非线性方程（10.5），包括频率和傅里叶系数在内的未知变量的数量高于非线性方程的数量，因此是欠定方程组。然而，使用Newton-Raphson求解非线性方程组，求解的非线性方程需要满足正定的特点。在连续延拓法中，通过施加额外的方程来满足正定性要求，从而可以运用Newton-Raphson算法连续追踪周期解。传统连续延拓方法包含预测和修正两个步骤，从解分支的$\boldsymbol{x}_{i-1}$和$\boldsymbol{x}_i$开始，预测步是通过使用如式（10.9）所示的预测算法产生预测值$\boldsymbol{x}_{i+1}^{\mathrm{pred}}$：

$$\boldsymbol{x}_{i+1}^{\mathrm{pred}}=\boldsymbol{x}_i+\Delta s_i\,\frac{\boldsymbol{x}_i-\boldsymbol{x}_{i-1}}{\|(\boldsymbol{x}_i-\boldsymbol{x}_{i-1})\|} \tag{10.9}$$

式中：$\boldsymbol{x}_i=\{(\boldsymbol{U}_i)^{\mathrm{T}},\omega_i\}^{\mathrm{T}}$和$\Delta s_i$是在第$i$次迭代时的弧长增量；$\|\cdot\|$表示向量的2范数。

在纠正步阶段，利用寻根算法来修正预测解$\boldsymbol{x}_{i+1}^{\mathrm{pred}}=\{\boldsymbol{U}_{i+1}^{\mathrm{pred}},\omega_{i+1}^{\mathrm{pred}}\}$。为追踪欠定谐波平衡方程的周期解，在传统连续延拓法中通过加入额外的约束方程，从而得到正定的非线性方程组。对于弧长连续延拓方案，可补充如下弧长方程，该方程衡量两点$\boldsymbol{x}$和$\boldsymbol{x}_i$之间的距离。

$$\Delta s_i-\sqrt{(\boldsymbol{U}-\boldsymbol{U}^i)^{\mathrm{T}}(\boldsymbol{U}-\boldsymbol{U}^i)+(\omega-\omega^i)^2}=0 \tag{10.10}$$

此外，可以在谐波平衡方程组附加伪弧长条件以满足正定要求：

$$(\boldsymbol{U}_{i+1}^{\text{pred}}-\boldsymbol{U})^{\mathrm{T}}(\boldsymbol{U}_{i+1}^{\text{pred}}-\boldsymbol{U}_i)+(\omega_{i+1}^{\text{pred}}-\omega)^{\mathrm{T}}(\omega_{i+1}^{\text{pred}}-\omega_i)=0 \tag{10.11}$$

现有连续延拓方法都依赖 Newton-Raphson 法求解非线性代数方程，需要施加额外的约束方程，以满足方程和未知变量的数量相等的方程组正定性要求。在纠正步，本节利用约束优化方法追踪周期解，将谐波平衡方程设为约束条件，连续延拓相关方程设为目标函数以追踪周期解，从而得到如下非线性约束优化问题：

$$\begin{aligned}\min\quad & f(\boldsymbol{x})=f(\boldsymbol{U},\omega)=(\boldsymbol{U}_{i+1}^{\text{pred}}-\boldsymbol{U})^{\mathrm{T}}(\boldsymbol{U}_{i+1}^{\text{pred}}-\boldsymbol{U}_i)+(\omega_{i+1}^{\text{pred}}-\omega)^{\mathrm{T}}(\omega_{i+1}^{\text{pred}}-\omega_i)\\ \text{s. t.}\quad & \boldsymbol{g}(\boldsymbol{x})=\boldsymbol{A}(\omega)\boldsymbol{U}+\boldsymbol{b}(\boldsymbol{U},\omega)=\boldsymbol{0}\end{aligned} \tag{10.12}$$

式中：非线性等式约束 $\boldsymbol{g}(\boldsymbol{x})$ 的大小为 M。

采用序列二次规划（SQP）方法，求解式（10.12）中的非线性相等约束优化问题，提出的优化方法流程如图 10.1 所示，追踪过程与文献［13］等传统延拓方法相似，但不同之处在于在每一修正步中都采用式对预测解进行修正，通过反复应用预测和修正步，直到满足停止条件。

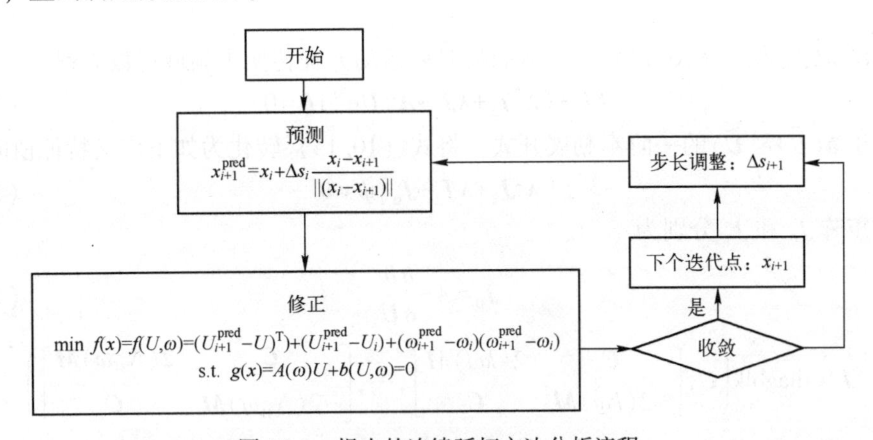

图 10.1　提出的连续延拓方法分析流程

为了追踪周期解，本节结合约束优化方法与连续延拓预测方案，将非线性梯度约束算法嵌入到预测修正算法的框架中，在解连续延拓过程中，将欠定谐波平衡方程非线性方程视为优化约束，而目标函数是解的延拓方程，利用非线性约束梯度法对预测点进行修正。

本节将 Floquet 理论与谐波平衡原理相结合，在频域中分析周期解的稳定性，推导周期解分岔条件，分析周期解稳定性问题的灵敏度，最终建立周期解的分岔追踪方法。

10.1.3　非线性系统周期解的分岔追踪方法

根据 Floquet 理论和摄动方法分析周期解稳定性。通过分析摄动解的稳定性来判断周期解的稳定性，得到稳定性分析广义特征值问题和分岔条件，从而建立周期解分岔追踪方法。

为了得到分岔条件，可以通过在给定周期解 $\boldsymbol{u}_0$ 上加一个小扰动 $\boldsymbol{L}\mathrm{e}^{\lambda t}$ 来研究周期解的稳定性。$\boldsymbol{L}\mathrm{e}^{\lambda t}$ 可以表示为具有傅里叶系数 $\widetilde{\boldsymbol{U}}=[(\widetilde{\boldsymbol{U}}_0)^{\mathrm{T}}\quad(\widetilde{\boldsymbol{U}}_1^c)^{\mathrm{T}}\quad(\widetilde{\boldsymbol{U}}_1^s)^{\mathrm{T}}\quad\cdots\quad(\widetilde{\boldsymbol{U}}_{N_{\mathrm{H}}}^c)^{\mathrm{T}}\quad(\widetilde{\boldsymbol{U}}_{N_{\mathrm{H}}}^s)^{\mathrm{T}}]^{\mathrm{T}}$ 的周期解分量与指数分量的乘积。$\boldsymbol{u}_0$ 的傅里叶系数向量用 $\overline{\boldsymbol{U}}$ 表示，满足关系 $\boldsymbol{A}\overline{\boldsymbol{U}}+\boldsymbol{b}(\overline{\boldsymbol{U}})=0$。

将 $\boldsymbol{u}=\boldsymbol{u}_0+\boldsymbol{L}\mathrm{e}^{\lambda t}$ 以及表达式 $\dot{\boldsymbol{u}}=\dot{\boldsymbol{u}}_0+\dot{\boldsymbol{L}}\mathrm{e}^{\lambda t}+\lambda\boldsymbol{L}\mathrm{e}^{\lambda t}$ 和 $\ddot{\boldsymbol{u}}=\ddot{\boldsymbol{u}}_0+\ddot{\boldsymbol{L}}\mathrm{e}^{\lambda t}+2\lambda\dot{\boldsymbol{L}}\mathrm{e}^{\lambda t}+\lambda^2\boldsymbol{L}\mathrm{e}^{\lambda t}$ 代入式（6.2），并忽略高阶项，得

$$\begin{aligned}&\boldsymbol{M}\ddot{\boldsymbol{u}}_0+\boldsymbol{C}\dot{\boldsymbol{u}}_0+\boldsymbol{K}\boldsymbol{u}_0+\boldsymbol{f}_{\mathrm{nl}}(\boldsymbol{u}_0+\boldsymbol{L}\mathrm{e}^{\lambda t},\dot{\boldsymbol{u}}_0+\dot{\boldsymbol{L}}\mathrm{e}^{\lambda t}+\lambda\boldsymbol{L}\mathrm{e}^{\lambda t},\ddot{\boldsymbol{u}}_0+\ddot{\boldsymbol{L}}\mathrm{e}^{\lambda t}+2\lambda\dot{\boldsymbol{L}}\mathrm{e}^{\lambda t}+\lambda^2\boldsymbol{L}\mathrm{e}^{\lambda t})-\boldsymbol{p}(t)+\\&\mathrm{e}^{\lambda t}\{\lambda^2\boldsymbol{M}\boldsymbol{L}+\lambda(2\boldsymbol{M}\dot{\boldsymbol{L}}+\boldsymbol{C}\boldsymbol{L})+(\boldsymbol{M}\ddot{\boldsymbol{L}}+\boldsymbol{C}\dot{\boldsymbol{L}}+\boldsymbol{K})\}\approx 0\end{aligned}\tag{10.13}$$

考虑非线性函数 $\boldsymbol{f}_{\mathrm{nl}}$ 在 $\boldsymbol{u}_0$ 附近的一阶泰勒级数展开：

$$\begin{aligned}&\boldsymbol{M}\ddot{\boldsymbol{u}}_0+\boldsymbol{C}\dot{\boldsymbol{u}}_0+\boldsymbol{K}\boldsymbol{u}_0+\boldsymbol{f}_{\mathrm{nl}}(\boldsymbol{u}_0,\dot{\boldsymbol{u}}_0,\ddot{\boldsymbol{u}}_0)-\boldsymbol{p}(t)+\\&\mathrm{e}^{\lambda t}\left\{\begin{aligned}&\lambda^2\left(\boldsymbol{M}+\frac{\partial \boldsymbol{f}_{\mathrm{nl}}(\boldsymbol{u},\dot{\boldsymbol{u}},\ddot{\boldsymbol{u}},t)}{\partial\ddot{\boldsymbol{u}}(t)}\right)\boldsymbol{L}+\lambda\left[2\left(\boldsymbol{M}+\frac{\partial \boldsymbol{f}_{\mathrm{nl}}(\boldsymbol{u},\dot{\boldsymbol{u}},\ddot{\boldsymbol{u}},t)}{\partial\ddot{\boldsymbol{u}}(t)}\right)\dot{\boldsymbol{L}}+\left(\boldsymbol{C}+\frac{\partial \boldsymbol{f}_{\mathrm{nl}}(\boldsymbol{u},\dot{\boldsymbol{u}},\ddot{\boldsymbol{u}},t)}{\partial\dot{\boldsymbol{u}}(t)}\right)\boldsymbol{L}\right]\\&+\left[\left(\boldsymbol{M}+\frac{\partial \boldsymbol{f}_{\mathrm{nl}}(\boldsymbol{u},\dot{\boldsymbol{u}},\ddot{\boldsymbol{u}},t)}{\partial\ddot{\boldsymbol{u}}(t)}\right)\ddot{\boldsymbol{L}}+\left(\boldsymbol{C}+\frac{\partial \boldsymbol{f}_{\mathrm{nl}}(\boldsymbol{u},\dot{\boldsymbol{u}},\ddot{\boldsymbol{u}},t)}{\partial\dot{\boldsymbol{u}}(t)}\right)\dot{\boldsymbol{L}}+\left(\boldsymbol{K}+\frac{\partial \boldsymbol{f}_{\mathrm{nl}}(\boldsymbol{u},\dot{\boldsymbol{u}},\ddot{\boldsymbol{u}},t)}{\partial\boldsymbol{u}(t)}\right)\right]\end{aligned}\right\}\approx 0\end{aligned}\tag{10.14}$$

将 $\overline{\boldsymbol{U}}$ 和 $\widetilde{\boldsymbol{U}}$ 代入式（10.14）中，从而将时域运动方程转换为频域代数方程：

$$\boldsymbol{A}\overline{\boldsymbol{U}}+(\lambda^2\boldsymbol{J}_2+\lambda\boldsymbol{J}_1+\boldsymbol{A})\widetilde{\boldsymbol{U}}\mathrm{e}^{\lambda t}+\boldsymbol{b}=0\tag{10.15}$$

基于 $\boldsymbol{b}(\overline{\boldsymbol{U}}+\mathrm{e}^{\lambda t}\widetilde{\boldsymbol{U}})$ 的一阶泰勒展开式，将式（10.15）转化为如下广义特征值问题：

$$[\lambda^2\boldsymbol{J}_2+\lambda\boldsymbol{J}_1+\boldsymbol{J}_0]\boldsymbol{\psi}=\boldsymbol{0}\tag{10.16}$$

式中：矩阵 $\boldsymbol{J}_0$ 和 $\boldsymbol{J}_1$ 分别为

$$\boldsymbol{J}_0=\boldsymbol{A}+\frac{\partial\boldsymbol{b}}{\partial\boldsymbol{U}}\tag{10.17}$$

$$\begin{aligned}\boldsymbol{J}_1=&\operatorname{diagblk}\left(\boldsymbol{C},\begin{bmatrix}\boldsymbol{C}&2(k\omega)\boldsymbol{M}\\-2(k\omega)\boldsymbol{M}&\boldsymbol{C}\end{bmatrix},\cdots,\begin{bmatrix}\boldsymbol{C}&2(N_{\mathrm{H}}\omega)\boldsymbol{M}\\-2(N_{\mathrm{H}}\omega)\boldsymbol{M}&\boldsymbol{C}\end{bmatrix}\right)\\&+(\boldsymbol{E}^{-1}\otimes\boldsymbol{I})\left(\frac{\partial\boldsymbol{f}_{\mathrm{nl}}(\boldsymbol{u},\dot{\boldsymbol{u}},\ddot{\boldsymbol{u}},\tau)}{\partial\dot{\boldsymbol{u}}(\tau)}\right)(\boldsymbol{E}\otimes\boldsymbol{I})+2\omega(\boldsymbol{E}^{-1}\otimes\boldsymbol{I})\left(\frac{\partial\boldsymbol{f}_{\mathrm{nl}}(\boldsymbol{u},\dot{\boldsymbol{u}},\ddot{\boldsymbol{u}},\tau)}{\partial\ddot{\boldsymbol{u}}(\tau)}\right)[(\boldsymbol{E}\boldsymbol{\varLambda})\otimes\boldsymbol{I}]\end{aligned}\tag{10.18}$$

$$\boldsymbol{J}_2=\operatorname{diagblk}(\boldsymbol{M},\boldsymbol{M},\cdots,\boldsymbol{M})+(\boldsymbol{E}^{-1}\otimes\boldsymbol{I})\left(\frac{\partial\boldsymbol{f}_{\mathrm{nl}}(\boldsymbol{u},\dot{\boldsymbol{u}},\ddot{\boldsymbol{u}},\tau)}{\partial\ddot{\boldsymbol{u}}(\tau)}\right)[\boldsymbol{E}\otimes\boldsymbol{I}]\tag{10.19}$$

为求解式（10.16），将式（10.16）中的二次特征值问题转换为状态空间形式的标准特征值问题：

$$\begin{cases}\overline{\boldsymbol{A}}\,\overline{\boldsymbol{\psi}}_j=\lambda_j\overline{\boldsymbol{B}}\,\overline{\boldsymbol{\psi}}_j\\\overline{\boldsymbol{\phi}}_j^{\mathrm{T}}\overline{\boldsymbol{A}}=\lambda_j\overline{\boldsymbol{\phi}}_j^{\mathrm{T}}\overline{\boldsymbol{B}}\end{cases}\tag{10.20}$$

式中：$\overline{\boldsymbol{\phi}}_j$ 和 $\overline{\boldsymbol{\psi}}_j$ 分别是与第 j 个特征值 λ_j 相关的左、右特征向量。矩阵 $\boldsymbol{A}$ 和 $\boldsymbol{B}$ 由下式给出：

$$\overline{\boldsymbol{A}}=\begin{bmatrix}\boldsymbol{I}&\boldsymbol{0}\\\boldsymbol{0}&-\boldsymbol{J}_2^{\mathrm{T}}\end{bmatrix},\quad\overline{\boldsymbol{B}}=\begin{bmatrix}\boldsymbol{0}&\boldsymbol{I}\\\boldsymbol{J}_0^{\mathrm{T}}&\boldsymbol{J}_1^{\mathrm{T}}\end{bmatrix}\tag{10.21}$$

根据 Floquet 理论，利用式中的特征值可以分析周期解的稳定性。按照文献［25］中的方法，选取虚部模量最小的特征值 λ_s 作为稳定性分析因子。根据 Floquet 理论，若 $\mathrm{Real}(\lambda_s)=0$ 和 $\mathrm{Imag}(\lambda_s)=0$，其中 $\mathrm{Real}(\cdot)$ 和 $\mathrm{Imag}(\cdot)$ 分别表示复数的实部和虚部，则存在

极限点（LP）周期解。当 λ_s 的实部为 0 且 $\mathrm{Imag}(\lambda_s)\neq 0$ 时，存在 Neimark-Sacker 分岔解。

10.1.4　分岔追踪优化问题描述

找到 LP 分岔解的充要条件是稳定系数等于零，将稳定因子的实部和虚部设为零则得到分岔条件，进而可以利用分岔条件和谐波平衡方程来建立非线性约束条件，并以连续延拓弧长方程为目标函数追踪 LP 分岔解，最终得到如下约束优化问题：

$$
\begin{aligned}
&\min \quad f(\boldsymbol{x})=f(\boldsymbol{U},\omega)=(\boldsymbol{U}_{i+1}^{\mathrm{pred}}-\boldsymbol{U})^{\mathrm{T}}(\boldsymbol{U}_{i+1}^{\mathrm{pred}}-\boldsymbol{U}_i)+(\omega_{i+1}^{\mathrm{pred}}-\omega)^{\mathrm{T}}(\omega_{i+1}^{\mathrm{pred}}-\omega_i)\\
&\mathrm{s.t.}\quad \begin{cases}\boldsymbol{g}(\boldsymbol{x})=\boldsymbol{A}(\omega)\boldsymbol{U}+\boldsymbol{b}(\boldsymbol{U},\omega)=\boldsymbol{0}\\ \mathrm{Real}(\lambda_s)=0\\ \mathrm{Imag}(\lambda_s)=0\end{cases}
\end{aligned}
\tag{10.22}
$$

如果稳定因子有一对纯虚特征值，则存在 Neimark-Sacker(NS)解，即 NS 解的稳定系数必须具有零实部，而虚部不等于零。因此，追踪 NS 解优化问题的目标函数是最小化连续延拓弧长方程，非线性约束条件包括谐波平衡方程和分岔条件，因而 NS 分岔追踪的优化问题表达如下：

$$
\begin{aligned}
&\min \quad f(\boldsymbol{x})=f(\boldsymbol{U},\omega)=(\boldsymbol{U}_{i+1}^{\mathrm{pred}}-\boldsymbol{U})^{\mathrm{T}}(\boldsymbol{U}_{i+1}^{\mathrm{pred}}-\boldsymbol{U}_i)+(\omega_{i+1}^{\mathrm{pred}}-\omega)^{\mathrm{T}}(\omega_{i+1}^{\mathrm{pred}}-\omega_i)\\
&\mathrm{s.t.}\quad \begin{cases}\boldsymbol{g}(\boldsymbol{x})=\boldsymbol{A}(\omega)\boldsymbol{U}+\boldsymbol{b}(\boldsymbol{U},\omega)=\boldsymbol{0}\\ \mathrm{Real}(\lambda_s)=0\\ (\mathrm{Imag}(\lambda_s))^2>\varepsilon\end{cases}
\end{aligned}
\tag{10.23}
$$

式中：非线性约束$(\mathrm{Imag}(\lambda_s))^2>\varepsilon$ 使用一个小常数 ε 使得虚部大于 0。

将图 10.1 所示连续延拓方法追踪分岔周期解，采用非线性约束优化方法求解式（10.22）和式（10.23），使得谐波平衡方程的维数与分岔类型和连续延拓参数的数量无关，提高了分岔周期解追踪问题的计算效率。

10.1.5　周期解稳定系数的灵敏度分析

利用梯度算法求解式（10.22）和式（10.23）所示优化问题，需要目标和约束函数的灵敏度。由于式（10.22）和式（10.23）中目标函数的灵敏度分析很简单，因此这里不给出其显性表达式，下面分析约束条件的灵敏度。

利用式（10.16）中的广义特征值问题，可以得到特征值 λ_j（和稳定因子 λ_s）对影响参数 p 的灵敏度。将式（10.16）对参数 p 进行求导得

$$
\left[\lambda_j^2\frac{\partial \boldsymbol{J}_2}{\partial p}+\lambda_j\frac{\partial \boldsymbol{J}_1}{\partial p}+\frac{\partial \boldsymbol{J}_0}{\partial p}\right]\boldsymbol{\psi}_j+[2\lambda_j\boldsymbol{J}_2+\boldsymbol{J}_1]\boldsymbol{\psi}_j\frac{\partial \lambda_j}{\partial p}=\boldsymbol{0}
\tag{10.24}
$$

式（10.24）两边乘以 $\boldsymbol{\phi}_j^{\mathrm{T}}$，得到$\dfrac{\partial \lambda_j}{\partial p}$的灵敏度表达式：

$$
\frac{\partial \lambda_j}{\partial p}=-\frac{\boldsymbol{\phi}_j^{\mathrm{T}}\left(\lambda_j^2\dfrac{\partial \boldsymbol{J}_2}{\partial p}+\lambda_j\dfrac{\partial \boldsymbol{J}_1}{\partial p}+\dfrac{\partial \boldsymbol{J}_0}{\partial p}\right)\boldsymbol{\psi}_j}{\boldsymbol{\phi}_j^{\mathrm{T}}(2\lambda_j\boldsymbol{J}_2+\boldsymbol{J}_1)\boldsymbol{\psi}_j}
\tag{10.25}
$$

基于式（10.25），可计算$\dfrac{\partial \lambda_j}{\partial \boldsymbol{U}_k^{\mathrm{c(s)}}}$：

$$\frac{\partial\lambda_j}{\partial\boldsymbol{U}_k^{c(s)}}=-\frac{\boldsymbol{\phi}_j^{\mathrm{T}}\left(\lambda_j^2\dfrac{\partial\boldsymbol{J}_2}{\partial\boldsymbol{U}_k^{c(s)}}+\lambda_j\dfrac{\partial\boldsymbol{J}_1}{\partial\boldsymbol{U}_k^{c(s)}}+\dfrac{\partial\boldsymbol{J}_0}{\partial\boldsymbol{U}_k^{c(s)}}\right)\boldsymbol{\psi}_j}{\boldsymbol{\phi}_j^{\mathrm{T}}(2\lambda_j\boldsymbol{J}_2+\boldsymbol{J}_1)\boldsymbol{\psi}_j}\tag{10.26}$$

为计算$\dfrac{\partial\boldsymbol{J}_0}{\partial\boldsymbol{U}_k^{c(s)}}$，将式（10.26）对 $\boldsymbol{U}_k^{c(s)}$ 求导，得

$$\begin{aligned}\frac{\partial\boldsymbol{J}_0}{\partial\boldsymbol{U}_k^{c(s)}}&=\frac{\partial\left(\dfrac{\partial\boldsymbol{b}}{\partial\boldsymbol{U}}\right)}{\partial\boldsymbol{U}_k^{c(s)}}=(\boldsymbol{E}^{-1}\otimes\boldsymbol{I})\left(\frac{\partial\left(\dfrac{\partial\boldsymbol{f}_{\mathrm{nl}}(\boldsymbol{u},\dot{\boldsymbol{u}},\ddot{\boldsymbol{u}},\tau)}{\partial\boldsymbol{u}(\tau)}\right)}{\partial\boldsymbol{U}_k^{c(s)}}\right)(\boldsymbol{E}\otimes\boldsymbol{I})+\\&\omega(\boldsymbol{E}^{-1}\otimes\boldsymbol{I})\left(\frac{\partial\left(\dfrac{\partial\boldsymbol{f}_{\mathrm{nl}}(\boldsymbol{u},\dot{\boldsymbol{u}},\ddot{\boldsymbol{u}},\tau)}{\partial\dot{\boldsymbol{u}}(\tau)}\right)}{\partial\boldsymbol{U}_k^{c(s)}}\right)[(\boldsymbol{E}\boldsymbol{\Lambda})\otimes\boldsymbol{I}]+\omega^2(\boldsymbol{E}^{-1}\otimes\boldsymbol{I})\left(\frac{\partial\left(\dfrac{\partial\boldsymbol{f}_{\mathrm{nl}}(\boldsymbol{u},\dot{\boldsymbol{u}},\ddot{\boldsymbol{u}},\tau)}{\partial\ddot{\boldsymbol{u}}(\tau)}\right)}{\partial\boldsymbol{U}_k^{c(s)}}\right)[(\boldsymbol{E}\boldsymbol{\Lambda}^2)\otimes\boldsymbol{I}]\end{aligned}\tag{10.27}$$

$\dfrac{\partial\left(\dfrac{\partial\boldsymbol{f}_{\mathrm{nl}}(\boldsymbol{u},\dot{\boldsymbol{u}},\ddot{\boldsymbol{u}},\tau)}{\partial\boldsymbol{u}(\tau)}\right)}{\partial\boldsymbol{U}_k^{c(s)}}$的表达式可以使用莱布尼茨法则，通过$\dfrac{\partial\boldsymbol{f}_{\mathrm{nl}}(\boldsymbol{u},\dot{\boldsymbol{u}},\ddot{\boldsymbol{u}},\tau)}{\partial\boldsymbol{u}(\tau)}$对 $\boldsymbol{U}_k^{c(s)}$ 求导得到：

$$\frac{\partial\left(\dfrac{\partial\boldsymbol{f}_{\mathrm{nl}}(\boldsymbol{u},\dot{\boldsymbol{u}},\ddot{\boldsymbol{u}},\tau)}{\partial\boldsymbol{u}(\tau)}\right)}{\partial\boldsymbol{U}_k^{c(s)}}=\frac{\partial\left(\dfrac{\partial\boldsymbol{f}_{\mathrm{nl}}(\boldsymbol{u},\dot{\boldsymbol{u}},\ddot{\boldsymbol{u}},\tau)}{\partial\boldsymbol{u}(\tau)}\right)}{\partial\boldsymbol{u}(\tau)}\frac{\partial\boldsymbol{u}(\tau)}{\partial\boldsymbol{U}_k^{c(s)}}\tag{10.28}$$

在式（10.28）中，可利用式（10.2），导出 $\boldsymbol{u}(\tau)$ 关于 $\boldsymbol{U}_k^{c(s)}$ 的微分。因此，$\dfrac{\partial\left(\dfrac{\partial\boldsymbol{f}_{\mathrm{nl}}(\boldsymbol{u},\dot{\boldsymbol{u}},\ddot{\boldsymbol{u}},\tau)}{\partial\boldsymbol{u}(\tau)}\right)}{\partial\boldsymbol{U}_k^{c(s)}}$的最终表达式为

$$\begin{cases}\dfrac{\partial\left(\dfrac{\partial\boldsymbol{f}_{\mathrm{nl}}(\boldsymbol{u},\dot{\boldsymbol{u}},\ddot{\boldsymbol{u}},\tau)}{\partial\boldsymbol{u}(\tau)}\right)}{\partial\boldsymbol{U}_k^{c}}=\mathrm{diagblk}\left(\dfrac{\partial\left(\dfrac{\partial\boldsymbol{f}_{\mathrm{nl}}(\boldsymbol{u},\dot{\boldsymbol{u}},\ddot{\boldsymbol{u}},\tau)}{\partial\boldsymbol{u}(\tau)}\right)}{\partial\boldsymbol{u}(\tau)}\Bigg|_{\tau=\tau_1}\cos(k\tau_1),\right.\\\left.\dfrac{\partial\left(\dfrac{\partial\boldsymbol{f}_{\mathrm{nl}}(\boldsymbol{u},\dot{\boldsymbol{u}},\ddot{\boldsymbol{u}},\tau)}{\partial\boldsymbol{u}(\tau)}\right)}{\partial\boldsymbol{u}(\tau)}\Bigg|_{\tau=\tau_2}\cos(k\tau_2),\cdots,\dfrac{\partial\left(\dfrac{\partial\boldsymbol{f}_{\mathrm{nl}}(\boldsymbol{u},\dot{\boldsymbol{u}},\ddot{\boldsymbol{u}},\tau)}{\partial\boldsymbol{u}(\tau)}\right)}{\partial\boldsymbol{u}(\tau)}\Bigg|_{\tau=\tau_{N_\tau}}\cos(k\tau_{N_\tau})\right)\\\dfrac{\partial\left(\dfrac{\partial\boldsymbol{f}_{\mathrm{nl}}(\boldsymbol{u},\dot{\boldsymbol{u}},\ddot{\boldsymbol{u}},\tau)}{\partial\boldsymbol{u}(\tau)}\right)}{\partial\boldsymbol{U}_k^{s}}=\mathrm{diagblk}\left(\dfrac{\partial\left(\dfrac{\partial\boldsymbol{f}_{\mathrm{nl}}(\boldsymbol{u},\dot{\boldsymbol{u}},\ddot{\boldsymbol{u}},\tau)}{\partial\boldsymbol{u}(\tau)}\right)}{\partial\boldsymbol{u}(\tau)}\Bigg|_{\tau=\tau_1}\sin(k\tau_1),\right.\\\left.\dfrac{\partial\left(\dfrac{\partial\boldsymbol{f}_{\mathrm{nl}}(\boldsymbol{u},\dot{\boldsymbol{u}},\ddot{\boldsymbol{u}},\tau)}{\partial\boldsymbol{u}(\tau)}\right)}{\partial\boldsymbol{u}(\tau)}\Bigg|_{\tau=\tau_2}\sin(k\tau_2),\cdots,\dfrac{\partial\left(\dfrac{\partial\boldsymbol{f}_{\mathrm{nl}}(\boldsymbol{u},\dot{\boldsymbol{u}},\ddot{\boldsymbol{u}},\tau)}{\partial\boldsymbol{u}(\tau)}\right)}{\partial\boldsymbol{u}(\tau)}\Bigg|_{\tau=\tau_{N_\tau}}\sin(k\tau_{N_\tau})\right)\end{cases}\tag{10.29}$$

类似地，可得到$\dfrac{\partial\left(\dfrac{\partial \boldsymbol{f}_{\mathrm{nl}}(\boldsymbol{u},\dot{\boldsymbol{u}},\ddot{\boldsymbol{u}},\tau)}{\partial \dot{\boldsymbol{u}}(\tau)}\right)}{\partial \boldsymbol{U}_k^{\mathrm{c(s)}}}$，$\dfrac{\partial\left(\dfrac{\partial \boldsymbol{f}_{\mathrm{nl}}(\boldsymbol{u},\dot{\boldsymbol{u}},\ddot{\boldsymbol{u}},\tau)}{\partial \ddot{\boldsymbol{u}}(\tau)}\right)}{\partial \boldsymbol{U}_k^{\mathrm{c(s)}}}$，$\dfrac{\partial \boldsymbol{J}_1}{\partial \boldsymbol{U}_k^{\mathrm{c(s)}}}$和$\dfrac{\partial \boldsymbol{J}_2}{\partial \boldsymbol{U}_k^{\mathrm{c(s)}}}$，而特征值 λ_j（和稳定因子 λ_s）对 ω 的灵敏度可根据式（10.25）推导得到：

$$\frac{\partial \lambda_j}{\partial \omega}=-\frac{\boldsymbol{\phi}_j^{\mathrm{T}}\left(\lambda_j^2\dfrac{\partial \boldsymbol{J}_2}{\partial \omega}+\lambda_j\dfrac{\partial \boldsymbol{J}_1}{\partial \omega}+\dfrac{\partial \boldsymbol{J}_0}{\partial \omega}\right)\psi_j}{\boldsymbol{\phi}_j^{\mathrm{T}}[2\lambda_j\boldsymbol{J}_2+\boldsymbol{J}_1]\psi_j} \tag{10.30}$$

式中相关矩阵：

$$\frac{\partial \boldsymbol{J}_1}{\partial \omega}=\mathrm{diag}\left(0,\cdots,2k\begin{bmatrix}\boldsymbol{0} & \boldsymbol{M}\\ -\boldsymbol{M} & \boldsymbol{0}\end{bmatrix},\cdots,2k_{N_{\mathrm{H}}}\begin{bmatrix}\boldsymbol{0} & \boldsymbol{M}\\ -\boldsymbol{M} & \boldsymbol{0}\end{bmatrix}\right)+2(\boldsymbol{E}^{-1}\otimes\boldsymbol{I})\left(\frac{\partial \boldsymbol{f}_{\mathrm{nl}}(\boldsymbol{u},\dot{\boldsymbol{u}},\ddot{\boldsymbol{u}},\tau)}{\partial \ddot{\boldsymbol{u}}(\tau)}\right)[(\boldsymbol{E\Lambda})\otimes\boldsymbol{I}]$$

$$\begin{aligned}\frac{\partial \boldsymbol{J}_0}{\partial \omega}=&\mathrm{diag}\left((0,\cdots,\begin{bmatrix}-2\omega k^2\boldsymbol{M} & k\boldsymbol{C}\\ -k\boldsymbol{C} & -2\omega k^2\boldsymbol{M}\end{bmatrix},\cdots,\begin{bmatrix}-2\omega\,(N_{\mathrm{H}})^2\boldsymbol{M} & N_{\mathrm{H}}\boldsymbol{C}\\ -N_{\mathrm{H}}\boldsymbol{C} & -2\omega\,(N_{\mathrm{H}})^2\boldsymbol{M}\end{bmatrix}\right)+\\ &(\boldsymbol{E}^{-1}\otimes\boldsymbol{I})\left(\frac{\partial \boldsymbol{f}_{\mathrm{nl}}(\boldsymbol{u},\dot{\boldsymbol{u}},\ddot{\boldsymbol{u}},\tau)}{\partial \dot{\boldsymbol{u}}(\tau)}\right)[(\boldsymbol{E\Lambda})\otimes\boldsymbol{I}]+2\omega(\boldsymbol{E}^{-1}\otimes\boldsymbol{I})\left(\frac{\partial \boldsymbol{f}_{\mathrm{nl}}(\boldsymbol{u},\dot{\boldsymbol{u}},\ddot{\boldsymbol{u}},\tau)}{\partial \ddot{\boldsymbol{u}}(\tau)}\right)[(\boldsymbol{E\Lambda}^2)\otimes\boldsymbol{I}]\end{aligned} \tag{10.31}$$

本节综合运用非线性约束优化方法、预测校正法和谐波平衡方法以及 Floquet 分岔分析理论提出分岔周期解连续延拓方案。首先基于 Floquet 理论，结合谐波平衡原理，通过研究已知周期解的摄动影响，在频域内推导出了分岔条件。然后将谐波平衡方程与分岔条件相结合构造非线性约束，目标函数设为连续延拓相关方程，将分岔追踪问题转化为约束优化问题，作为修正步并嵌入到预测修正延拓框架中，从而能够追踪分岔解分支。

10.2　数值算例

下面研究 Duffing 振子、非线性能量阱和 Jeffcott 转子三个算例，以验证 10.1 节连续延拓方法追踪分岔周期解的有效性。

10.2.1　Duffing 振子数值算例

考虑经典 Duffing 振子运动方程为

$$\ddot{u}+\mu\,\dot{u}+\omega_0^2u+\alpha u^3=A\cos(\omega t) \tag{10.32}$$

式中：μ、ω_0、α 和 A 分别为阻尼系数、线性系统固有频率、非线性刚度系数和激励力幅值。

为便于与文献［6］的数值结果比较，仿真参数取为 $\mu=0.1$，$\omega_0=1$，和 $A=0.5$，下面以非线性刚度系数 α 和频率 ω 为连续延拓参数追踪分岔解。应用 10.1 节连续延拓算法得到的分岔曲线如图 10.2 所示，黄色圆圈标记的点为 LP 周期解，紫色线表示 LP 解连续延拓分岔追踪曲线。图中还给出不同 α 取值时的频响曲线（固定非线性刚度系数 α，以 ω 为延拓参数），深蓝色线代表稳定周期解，浅蓝色线代表不稳定周期解。图 10.2（a）中局部放大如图 10.2（b）所示。

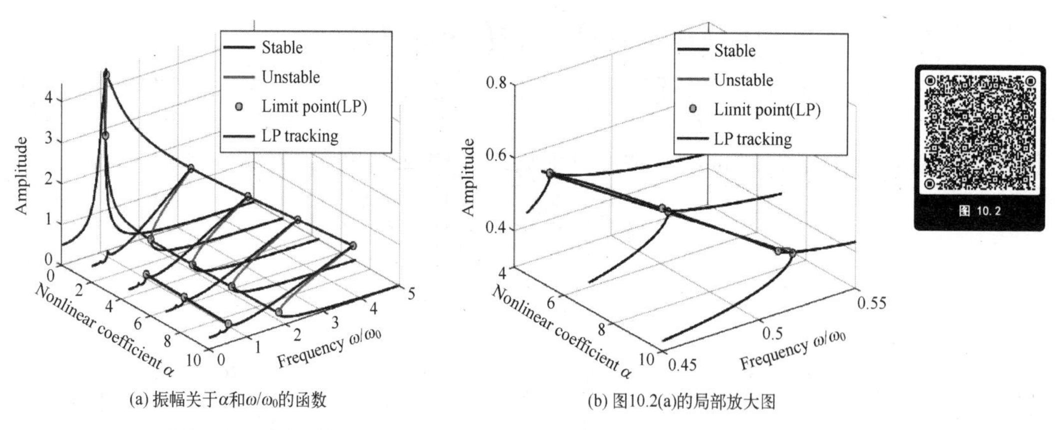

图 10.2　振幅关于 α 和 ω/ω_0 的函数及其局部放大视图

如图 10.2 所示，随着非线性系数 α 增大，最大共振幅值降低，幅频响应曲线向右弯曲，并且弯曲程度随 α 的增大而增大。存在两个互不相连的分岔周期解延拓曲线，在无量纲激励频率为 0.5 左右出现超谐波共振现象。

将图 10.2 中的分岔追踪曲线投影到不同的参数平面上便可得到失稳区域。LP 分岔追踪曲线在 α—ω/ω_0 平面的投影如图 10.3 所示，图 10.3 中的失稳区域包含两个部分，较窄失稳区域的局部放大如图 10.3（b）所示，较窄失稳区域失稳参数 α 最小值为 4.3456，对应的无量纲频率约为 0.46。较宽失稳区域出现 LP 分岔解的最小值为 $\alpha=0.0105$，此时对应的无量纲频率大于 1。比较图 10.2 和图 10.3 与文献［6］图 3~图 5 的分岔追踪结果可知，两种方法分析结果一致，从而验证了 10.1 节方法的有效性。

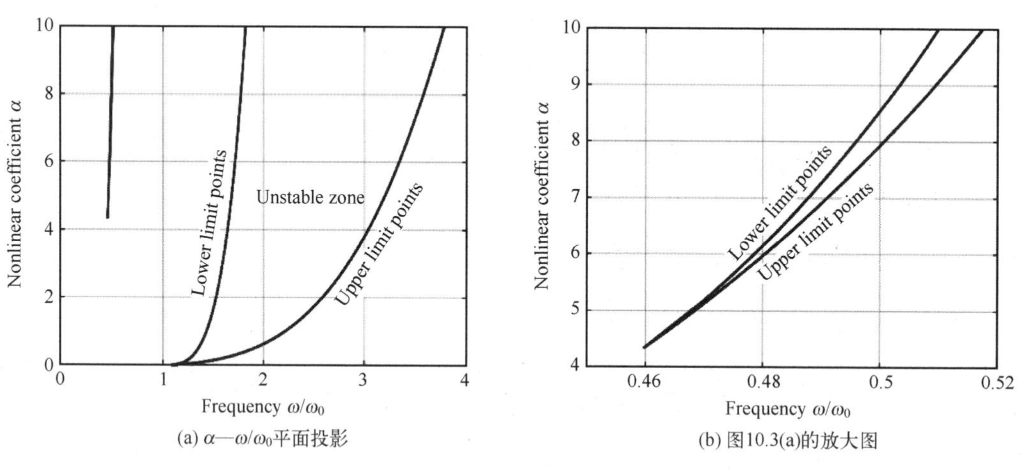

图 10.3　图 10.2 中分岔曲线投影

运用 10.1 节灵敏度分析方法，分析结构参数对稳定性的影响。图 10.4 和图 10.5 给出了$\frac{\partial\lambda_s}{\partial\alpha}$和$\frac{\partial\lambda_s}{\partial\omega}$与 α 及无量纲频率的函数关系。由图可知，灵敏度实部的灵敏度值较

大，虚部的灵敏度值很小，非线性系数 α 和 ω 对解稳定性有较大影响，因而选择合适的非线性系数 α 可有效避免失稳。

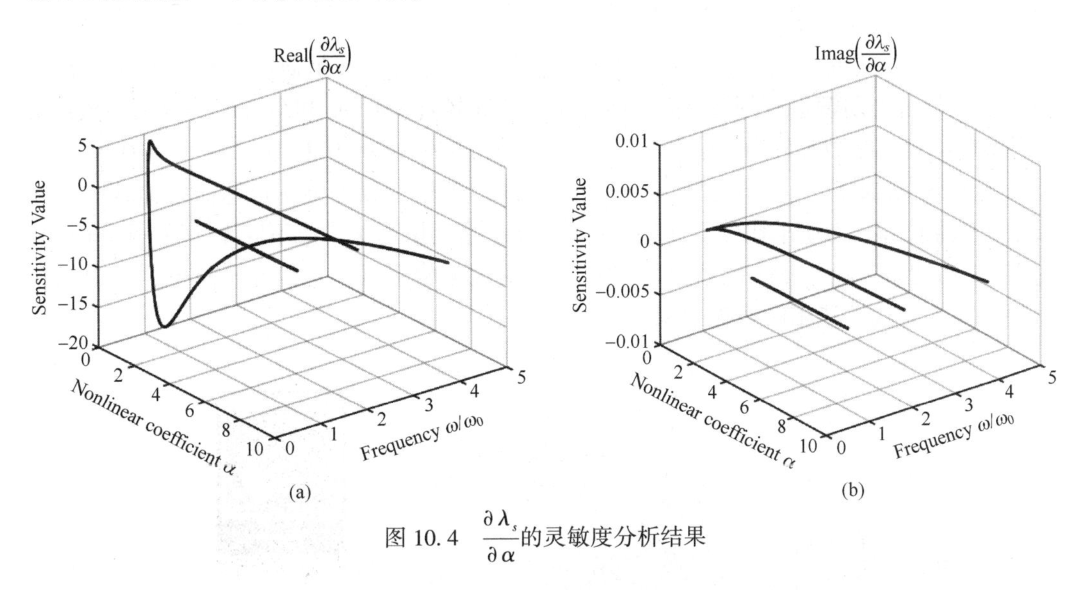

图 10.4　$\dfrac{\partial\lambda_s}{\partial\alpha}$的灵敏度分析结果

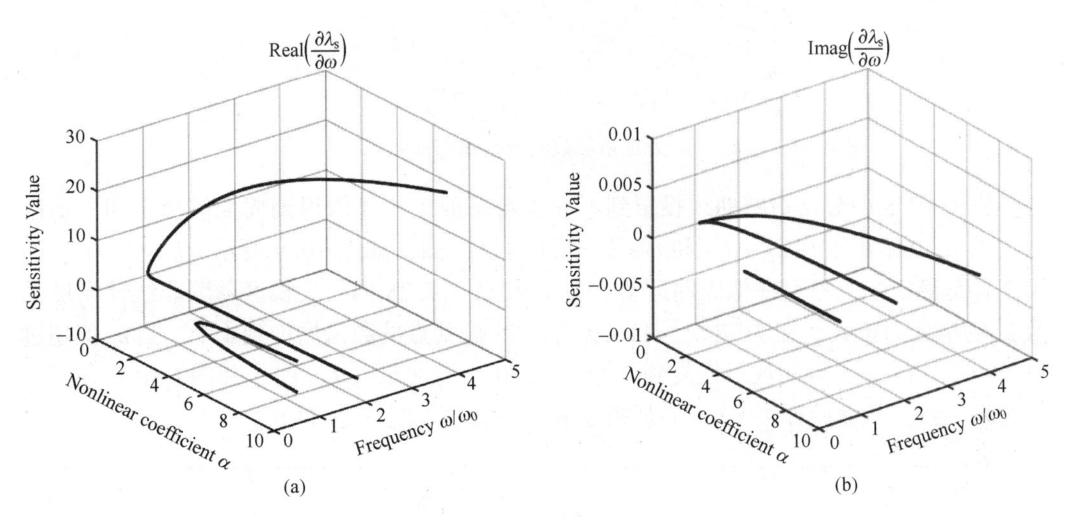

图 10.5　稳定系数关于频率的灵敏度分析结果

10.2.2　非线性能量阱数值算例

考虑的第二个数值算例非线性能量阱运动方程为

$$\begin{cases}\ddot{u}_1+\varepsilon\psi(\dot{u}_1-\dot{u}_2)+x_1+\varepsilon k_{\text{nl}}(u_1-u_2)^3=\varepsilon A\cos(\omega t)\\ \varepsilon\ddot{u}_2+\varepsilon\psi(\dot{u}_2-\dot{u}_1)+\varepsilon k_{\text{nl}}(u_2-u_1)^3=0\end{cases}\tag{10.33}$$

式中：m_1 和 m_2 分别代表振子线性项和非线性项的质量；$\varepsilon=m_2/m_1$ 为质量比；u_1 和 u_2 分别表示 m_1 和 m_2 的位移；ψ 为阻尼系数；k_{nl}为非线性刚度系数，A 为外力幅值。采用式（10.34）所示系统能量量化非线性能量阱减隔振性能：

$$E_{\text{tot}} = \frac{\omega \int_0^{\frac{2\pi}{\omega}} \frac{\dot{u}_1^2}{2} + \varepsilon \frac{\dot{u}_2^2}{2} + \frac{u_1^2}{2} + \varepsilon k_{\text{nl}} \left(u_1 - u_2\right)^4}{2\pi} \tag{10.34}$$

文献［7］研究了式（10.33）的动力学特性。为与该文献研究一致，下面分析两种情况的分岔周期解追踪问题：第一种情况以无量纲频率 ω/ω_0 和系数 k_{nl} 为延拓参数；第二种情况的延拓参数是外力幅值和 ω/ω_0，其他参数取值为 $\varepsilon=0.1$，$\psi=0.4$ 和 $A=0.3$。

图 10.6 给出了 10.1 节方法以 k_{nl} 和 ω 为连续延拓参数的分岔追踪曲线，其中方块表示 NS 周期解。为便于比较，使用 10.1.2 节连续延拓算法生成不同 k_{nl} 值的频响曲线。由图 10.6 可知，随着非线性系数 k_{nl} 的增大，最大振幅降低，系统能量降低，反应了在宽频范围内非线性能量阱减振效果。

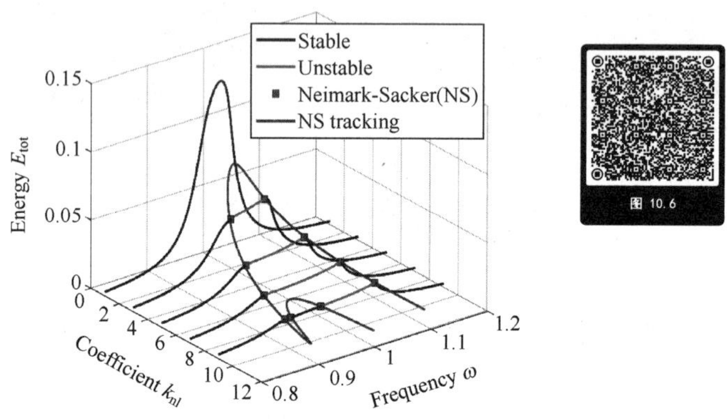

图 10.6　以 k_{nl} 和 ω 为延拓参数的分岔追踪曲线

将图 10.8 中分岔追踪曲线投影到不同参数平面上，可以得到周期解稳定和失稳区域。图 10.9 给出了在 k_{nl}—E_{tot} 和 ω—k_{nl} 平面的投影图，如图 10.9 所示，$k_{\text{nl}}<1.92$ 时的周期解是稳定的，不存在拟周期运动。在 $1.92<k_{\text{nl}}<7.78$ 内，失稳区随着非线性刚度系数 k_{nl} 的增大而扩大。在 $7.78<k_{\text{nl}}<11.29$ 内，NS 分岔点的数量增加到 4 个。当 k_{nl} 值超过 11.29 时，NS 分岔点的数量恢复到 2 个。图 10.7 与文献［7］图 5 和图 6 中的分岔追踪结果一致，从而验证了 10.1 节延拓方法追踪分岔周期解是有效的。

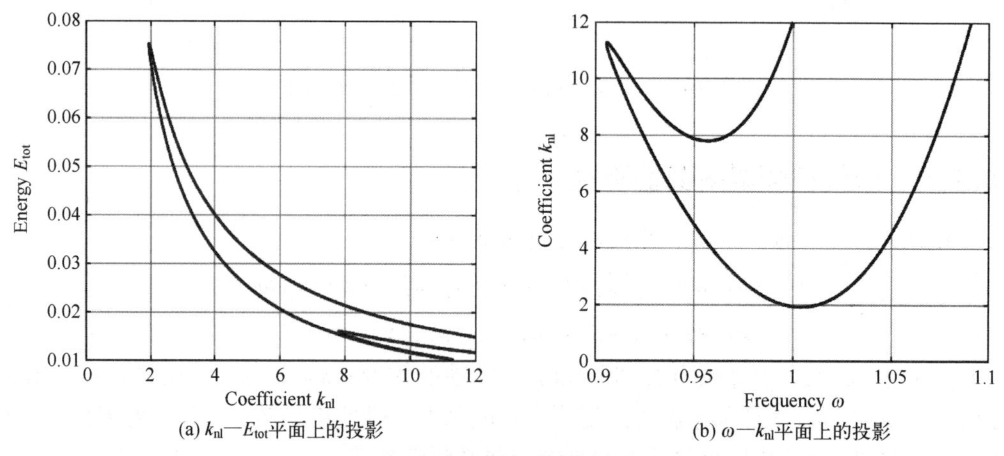

(a) k_{nl}—E_{tot} 平面上的投影　　(b) ω—k_{nl} 平面上的投影

图 10.7　非线性能量阱参数失稳区域

图 10.8 和图 10.9 分别给出了稳定系数相对于 k_{nl}、ω 的灵敏度分析结果。由图 10.8可知，随着非线性系数 k_{nl}增大，灵敏度值逐渐变小。图 10.8（a）中灵敏度曲线与图 10.8（b）曲线相似。从图 10.9 可以看出，与 k_{nl}相比，稳定系数对 ω 更敏感。

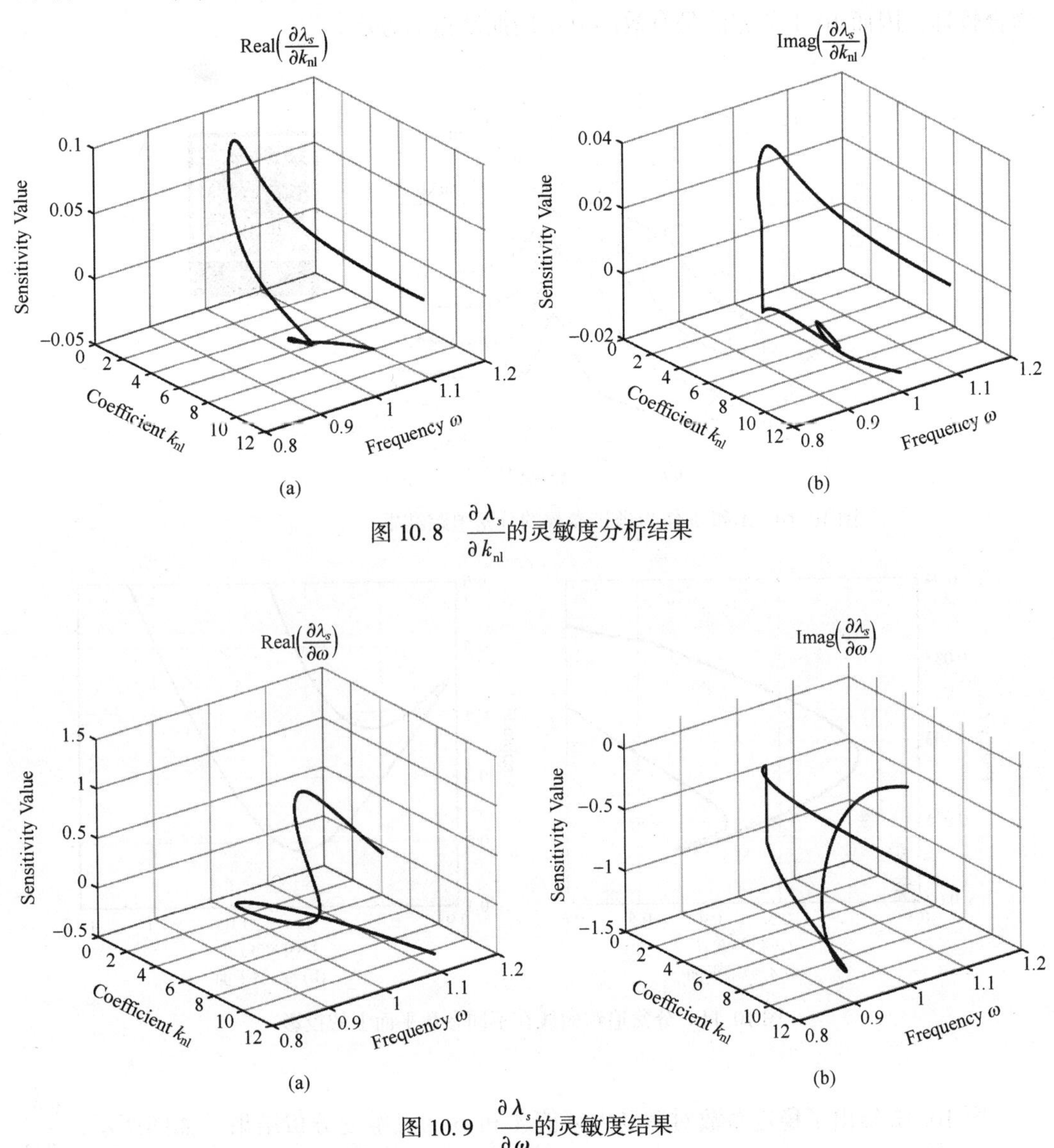

图 10.8　$\frac{\partial \lambda_s}{\partial k_{nl}}$的灵敏度分析结果

图 10.9　$\frac{\partial \lambda_s}{\partial \omega}$的灵敏度结果

下面分析第二种情况，以 A 和 ω 为连续延拓参数，图 10.10 给出利用 10.1 节方法得到的分岔追踪曲线，图中还给出了利用 10.1.2 节延拓方法得到的不同 A 值的系统频响曲线。如图 10.10 所示，A 值较小的区域系统处于周期运动状态，而 A 值较大的区域同时存在拟周期运动与周期运动，在一定范围内高激励幅值导致不稳定区域变宽，不稳定区域受外力幅值的影响较大。

图 10.16 给出了 A—E_{tot} 和 ω—A 平面的失稳边界。如图 10.11 所示，当 A 值小于 0.186 时，不存在 NS 分岔点，周期解是稳定的。在 $0.186<A<0.374$ 内，失稳区变大。

在 $0.374<A<0.45$ 内，存在 4 个 NS 分岔点。随着激励幅值 A 的进一步增大，不稳定区域包围面积降低。当 $A>0.45$ 时，NS 分岔点数量缩减到 2 个。将图 10.10 和图 10.11 与文献［7］中图 8 和图 9 的数值结果进行比较可知，10.1 节方法与其他方法的计算结果吻合较好，因而 10.1 节方法是有效的分岔周期解追踪方法。

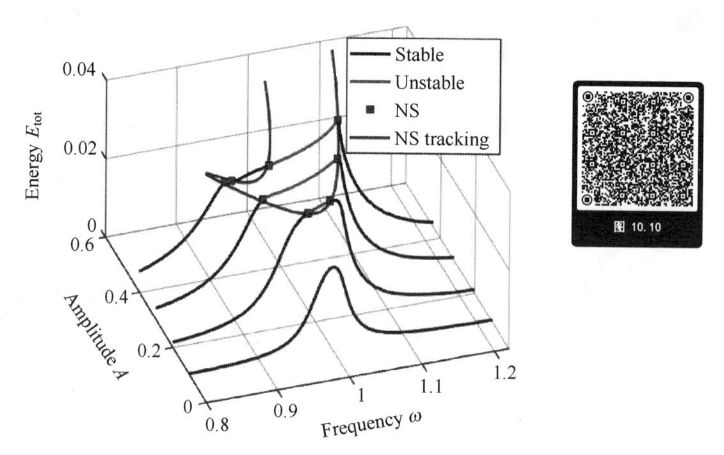

图 10.10 A 和 ω 作为延拓参数的分岔追踪结果

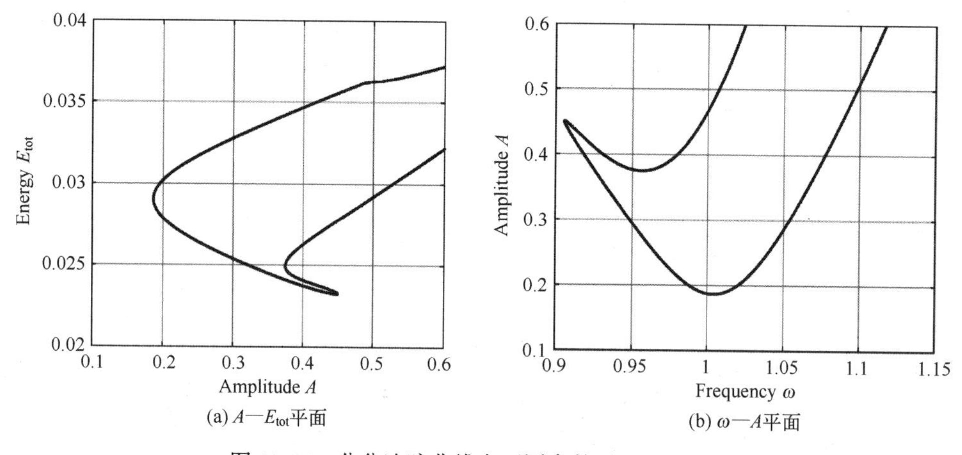

(a) A—E_{tot}平面　　(b) ω—A平面

图 10.11 分岔追踪曲线在不同参数平面上的投影

图 10.12 给出了稳定系数对激励力幅值 A 和 ω 的灵敏度分析结果，如图所示，$\frac{\partial \lambda_s}{\partial \omega}$灵敏度曲线很不规则，其灵敏度值变化很大。图 10.13 给出了$\frac{\partial \lambda_s}{\partial A}$灵敏度分析结果，$\frac{\partial \lambda_s}{\partial A}$的灵敏度值等于 0。

10.2.3 Jeffcott 转子数值算例

第三个数值算例考虑图 10.14 所示的 Jeffcott 转子（由刚性固定的静子和转子组成）。静子由一组对称的径向弹簧（具有各向同性刚度 k_c）模拟，两端固定的转子由一个无重量的轴（其刚度和固有频率分别为 k 和 ω）和一个圆盘组成。圆盘位于转子的中部，其质量为 m，半径为 R_{disc}，转子质量中心与几何中心的距离定义为 e。

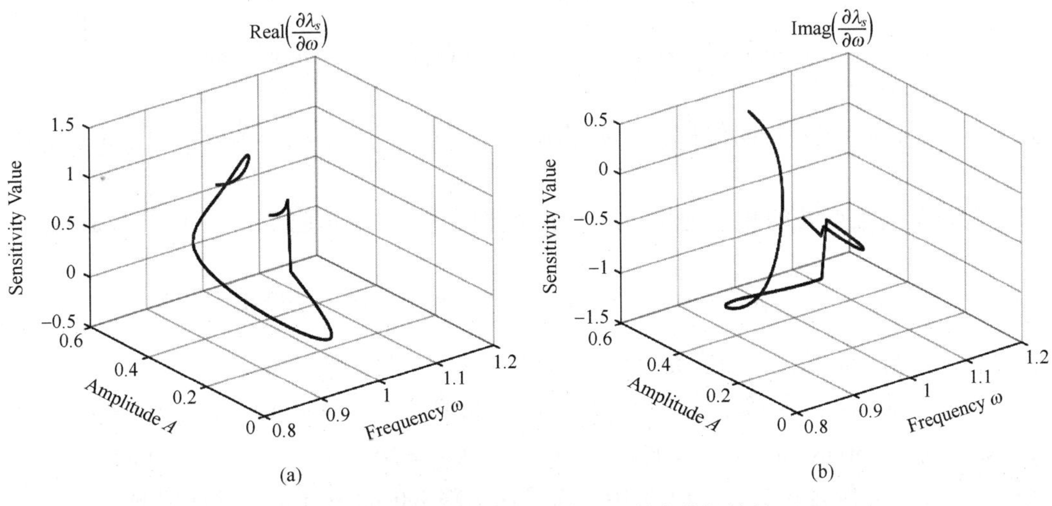

图 10.12　稳定系数相对频率的灵敏度分析结果

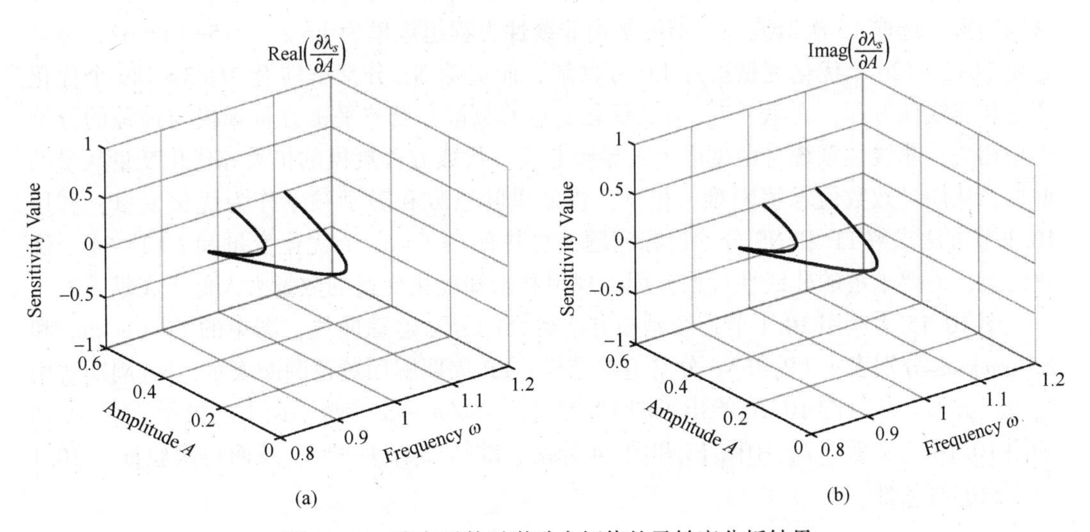

图 10.13　稳定系数对激励力幅值的灵敏度分析结果

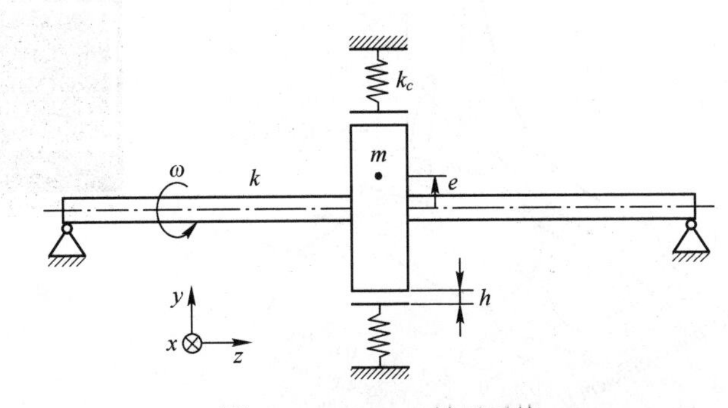

图 10.14　Jeffcott 转子系统

图 10.14 所示 Jeffcott 转子的运动方程为

$$\begin{cases} m\ddot{u}_x+c\dot{u}_x+ku_x+k_c\left(1-\dfrac{h}{r}\right)(u_x-\mu u_y\mathrm{sign}(v_{\mathrm{rel}}))=me\omega^2\cos\omega t \\ m\ddot{u}_y+c\dot{u}_y+ku_y+k_c\left(1-\dfrac{h}{r}\right)(\mu u_x\mathrm{sign}(v_{\mathrm{rel}})+u_y)=me\omega^2\sin\omega t \end{cases} \tag{10.35}$$

式中：$r=\sqrt{u_x^2+u_y^2}$表示径向位移；$me\omega^2$ 为质量不平衡；$v_{\mathrm{rel}}=\left(\dfrac{u_x}{r}\dot{u}_y-\dfrac{u_y}{r}\dot{u}_x\right)+R_{\mathrm{disc}}\omega$ 表示转子与定子在接触点处的相对速度；μ 表示摩擦因子；c 表示阻尼；$k_c\left(1-\dfrac{h}{r}\right)(u_x-\mu u_y\mathrm{sign}(v_{\mathrm{rel}}))$和 $k_c\left(1-\dfrac{h}{r}\right)(\mu u_x\mathrm{sign}(v_{\mathrm{rel}})+u_y)$分别是 x 和 y 方向上的摩擦力。若定子和转子无接触，则当 $r<h$ 时，k_c 的值等于 0，当 $r>h$ 时，产生迟滞恢复力。

为与文献［7］研究结果比较，选取如下仿真参数：$m=1\mathrm{kg}$、$c=5\mathrm{N}\cdot\mathrm{s/m}$、$k=100\mathrm{N/m}$、$k_c=2500\mathrm{N/m}$、$h=0.105\mathrm{m}$、$e=0.1\mathrm{m}$、$R_{\mathrm{disc}}=20h$、$\omega_0=\sqrt{k_c/m}=50\mathrm{rad/s}$。以 μ 和$\bar{\omega}=\omega/\omega_0$ 为连续延拓参数，应用 10.1 节方法追踪 Jeffcott 转子的分岔周期解。

文献［7］6.2 节基于谐波平衡法和 Newton-Raphson 求根方法追踪 Jeffcott 转子的分岔周期解，选取 15 次谐波项，谐波平衡非线性方程组规模为 $L=2(2\times15+1)=62$，总共需要 $2L+2=126$ 个优化变量追踪 LP 分岔解，而追踪 NS 分岔解涉及 $3L+3=189$ 个优化变量和非线性方程，文献［7］方法优化变量的数量和谐波平衡方程规模与追踪的分岔类型相关，非线性系统自由度增大会导致非线性代数方程规模的扩大和优化变量数量的增加，从而导致数值求解困难。相反，将傅里叶系数和激励频率作为优化变量，利用 10.1 节方法求解 LP 和 NS 分岔追踪问题，总共有 $L+1=63$ 个优化变量和 $L+2=64$ 个优化约束，需要求解的非线性代数方程组规模和未知优化变量的数量大大低于文献［7］。

图 10.15 为应用 10.1 节连续延拓方法得到的分岔追踪曲线，图中的 LP tracking 和 NS tracking 分别表示 LP 和 NS 分岔追踪结果。LP 周期解用黄色圆圈表示，NS 周期解用绿色正方形表示。图 10.16 给出了图 10.25 在$\bar{\omega}=\omega/\omega_0$—$\mu$ 参数平面上的投影，图 10.15 和图 10.16 与文献［7］中图 13 和图 14 分岔追踪结果高度一致，从而再次验证了 10.1 节方法的有效性。

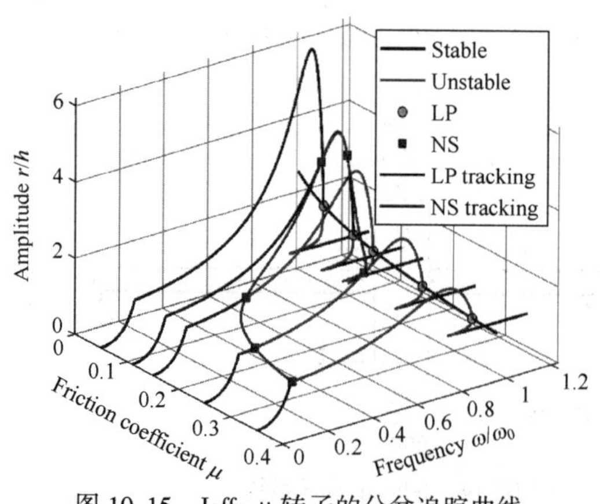

图 10.15　Jeffcott 转子的分岔追踪曲线

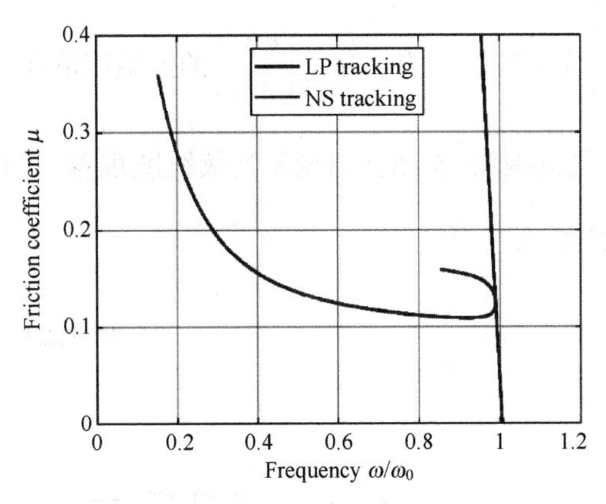

图 10.16　分岔追踪曲线二维参数平面投影

如图 10.15 和图 10.16 所示，Jeffcott 转子的摩擦接触动力学行为很复杂。当 μ 增大时，共振峰值振幅降低，不稳定区域越来越宽。对于较小的 μ 值，只存在 LP 分岔解，没有 NS 分岔解，转子做周期运动。在 $\mu=0.108$ 处出现 NS 分岔解。在 $0.108<\mu<0.36$ 内，同时存在周期运动和拟周期运动。当 $\mu>0.36$ 时，转子拟周期运动。如图 10.22 所示，NS 分岔曲线随 μ 增大先下降后上升。此外，可观察到 NS 分岔曲线与 LP 分岔曲线相交。摩擦系数 μ 和无量纲频率 ω/ω_0 影响周期解分岔的类型，这两个参数对 Jeffcott 转子系统的动力学特性有重要影响。

图 10.17 和图 10.18 中给出了 $\frac{\partial \lambda_s}{\partial \mu}$ 和 $\frac{\partial \lambda_s}{\partial \omega}$ 的灵敏度分析结果。通过比较图 10.17 中 $\mathrm{Real}\left(\frac{\partial \lambda_s}{\partial \mu}\right)$ 和图 10.18 中 $\mathrm{Real}\left(\frac{\partial \lambda_s}{\partial \omega}\right)$ 的灵敏度值，可以发现 $\mathrm{Real}\left(\frac{\partial \lambda_s}{\partial \mu}\right)$ 的灵敏度值大于 $\mathrm{Real}\left(\frac{\partial \lambda_s}{\partial \omega}\right)$。如图 10.17（a）所示，随着摩擦系数 μ 的增大，灵敏度值先上升后迅速下

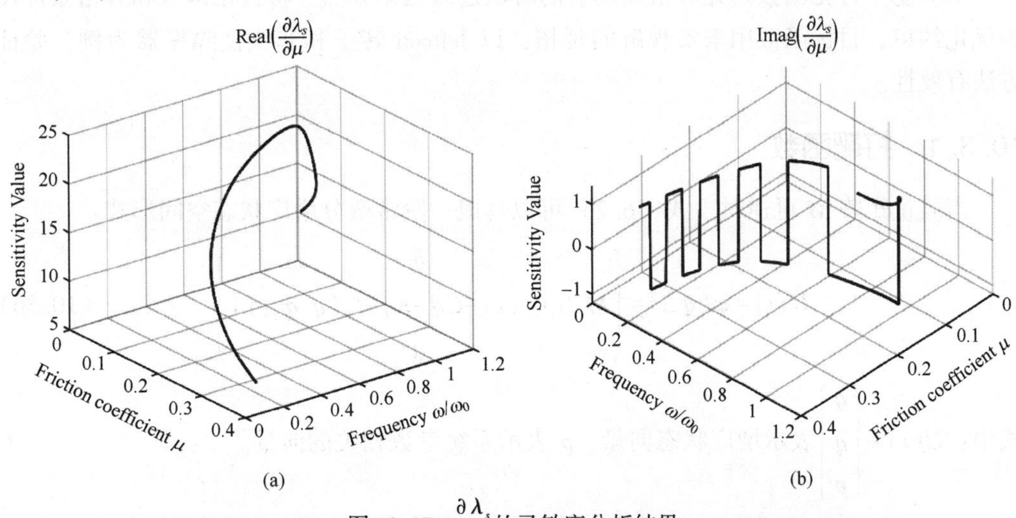

图 10.17　$\frac{\partial \lambda_s}{\partial \mu}$ 的灵敏度分析结果

降。相反，灵敏度值 Real$\left(\frac{\partial \lambda_s}{\partial \omega}\right)$先下降后上升。Imag$\left(\frac{\partial \lambda_s}{\partial \omega}\right)$的灵敏度值在-1~1变化。从图28可观察到 Imag$\left(\frac{\partial \lambda_s}{\partial \omega}\right)$的变化范围为-5~5，出现不连续跳跃现象。当摩擦系数μ逐渐增大时，虚部的灵敏度值随之增大。

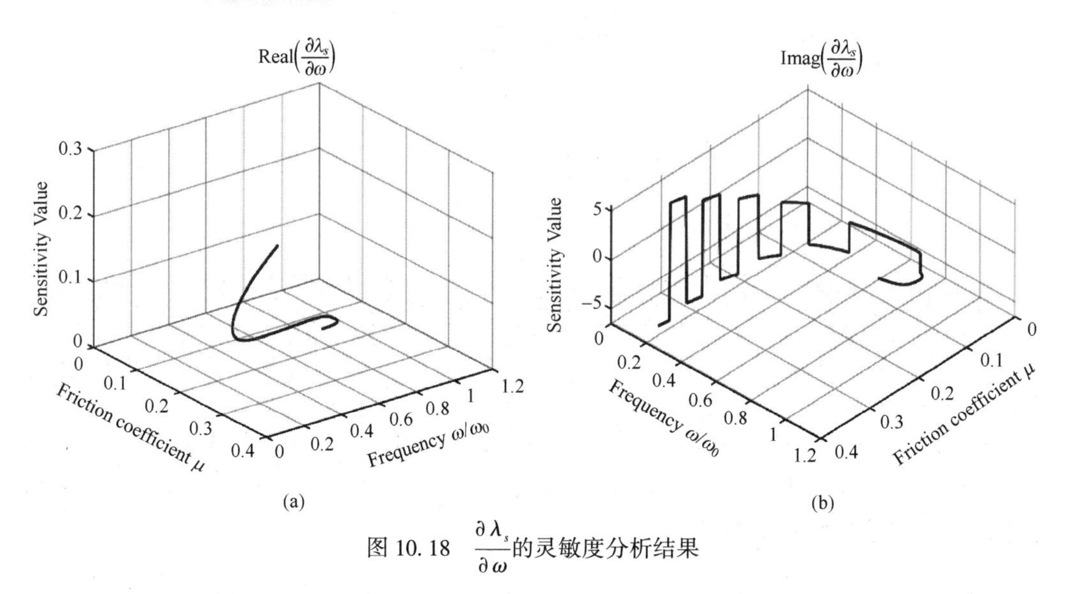

图 10.18 $\frac{\partial \lambda_s}{\partial \omega}$的灵敏度分析结果

10.3 周期解分岔追踪时域连续延拓方法[24]

本节基于打靶函数研究分岔周期解的时域连续延拓方法。将打靶函数和分岔条件设为优化约束，目标函数用来实现解的延拓，以 Jeffcott 转子和非线性隔振器为例，验证方法有效性。

10.3.1 打靶函数

当质量矩阵 $\boldsymbol{M}$ 可逆时，式（6.2）可以写成一阶常微分增广状态空间形式：

$$\dot{\boldsymbol{U}}(t)=\boldsymbol{\varphi}(\boldsymbol{q},t)=\begin{pmatrix}\dot{\boldsymbol{q}}\\ \boldsymbol{M}^{-1}(\boldsymbol{f}_{\text{ext}}(t)-\boldsymbol{C}\dot{\boldsymbol{q}}-\boldsymbol{K}\boldsymbol{q}-\boldsymbol{f}_{\text{nl}}(\boldsymbol{q},\dot{\boldsymbol{q}},t))\\ \boldsymbol{0}\end{pmatrix} \tag{10.36}$$

式中：$\boldsymbol{U}(t)=\begin{bmatrix}\boldsymbol{q}\\ \dot{\boldsymbol{q}}\\ \boldsymbol{p}\end{bmatrix}$表示增广状态向量；$\boldsymbol{p}$ 表示系统参数相关的向量。

设状态向量 $\boldsymbol{v}(t)=\begin{pmatrix}\boldsymbol{q}\\ \dot{\boldsymbol{q}}\end{pmatrix}$的初始位移和速度分别为 $\boldsymbol{q}_0$ 和$\dot{\boldsymbol{q}}_0$，根据打靶法，为搜索

式（10.36）的周期解，需要求解如下打靶函数相关的非线性边值问题：

$$\boldsymbol{Q}(\boldsymbol{v}_0,\omega)=\boldsymbol{v}(T_m)-\boldsymbol{v}_0=\boldsymbol{0} \tag{10.37}$$

式中：$\boldsymbol{v}_0=\begin{pmatrix}\boldsymbol{q}_0\\ \dot{\boldsymbol{q}}_0\end{pmatrix}$表示初始条件；$T_m=2\pi/\omega$（$\omega$ 表示振动频率）对应最小未知时间周期。

为计算式（10.37）中的打靶函数，需要利用四阶 Runge-Kutta 法求解式（10.37）中的 $\boldsymbol{v}(T_m)$。从初始迭代点 $\boldsymbol{U}(t_0)=\begin{bmatrix}\boldsymbol{v}_0\\ \boldsymbol{p}\end{bmatrix}$开始，时间 t_{i+1}处的增广状态空间向量由以下公式计算：

$$\boldsymbol{U}(t_{i+1})=\boldsymbol{U}(t_i)+\frac{h}{6}(\boldsymbol{s}_1+2\boldsymbol{s}_2+2\boldsymbol{s}_3+\boldsymbol{s}_4) \tag{10.38}$$

式中：h 为积分步长；$\boldsymbol{s}_1$、$\boldsymbol{s}_2$、$\boldsymbol{s}_3$ 和 $\boldsymbol{s}_4$ 分别为

$$\begin{cases}\boldsymbol{s}_1=\boldsymbol{\varphi}(\boldsymbol{u},t_i)\\ \boldsymbol{s}_2=\boldsymbol{\varphi}\left(t_i+\dfrac{h}{2},\boldsymbol{U}(t_i)+\dfrac{h}{2}\boldsymbol{s}_1\right)\\ \boldsymbol{s}_3=\boldsymbol{\varphi}\left(t_i+\dfrac{h}{2},\boldsymbol{U}(t_i)+\dfrac{h}{2}\boldsymbol{s}_2\right)\\ \boldsymbol{s}_4=\boldsymbol{\varphi}(t_i+h,\boldsymbol{U}(t_i)+h\boldsymbol{s}_3)\end{cases} \tag{10.39}$$

式中：$\boldsymbol{\varphi}(t_i)$表示 t_i 处的增广状态空间向量。

10.3.2　基于打靶函数的连续延拓算法

本节提出的连续延拓算法包括预测和修正两步。在纠正步中，利用非线性约束优化方法纠正预测解，在预测步中，利用割线法生成预测解。

$$\boldsymbol{x}_{j+1}^{\text{pred}}=\boldsymbol{x}_j+\Delta l^j\,\frac{\boldsymbol{x}_j-\boldsymbol{x}_{j-1}}{\|(\boldsymbol{x}_j-\boldsymbol{x}_{j-1})\|} \tag{10.40}$$

式中：$\boldsymbol{x}_j=\{(\boldsymbol{v}^j)^{\mathrm{T}},(\boldsymbol{p}^j)^{\mathrm{T}}\}^{\mathrm{T}}$；$\Delta l^j$ 代表步长；$\|\cdot\|$代表·的范数。

在纠正步，可以利用如下步长计算方案构造优化问题修正预测解 $\boldsymbol{x}_{j+1}^{\text{pred}}$：

$$\Delta l^{j+1}=\sqrt{(\boldsymbol{v}-\boldsymbol{v}^j)^{\mathrm{T}}(\boldsymbol{v}-\boldsymbol{v}^j)+(\boldsymbol{p}-\boldsymbol{p}^j)^{\mathrm{T}}(\boldsymbol{p}-\boldsymbol{p}^j)} \tag{10.41}$$

此外，在纠正步中，还可以利用拟弧长方程等正交条件构造优化问题：

$$(\boldsymbol{v}-\boldsymbol{v}^j)^{\mathrm{T}}(\boldsymbol{v}-\boldsymbol{v}^j)+(\boldsymbol{p}-\boldsymbol{p}^j)^{\mathrm{T}}(\boldsymbol{p}-\boldsymbol{p}^j)=0 \tag{10.42}$$

为了追踪周期解，以式（10.42）连续延拓相关方程为目标函数，将式（10.37）打靶函数设为非线性约束，从而得到修正步中的优化问题如下：

$$\begin{aligned}&\min\quad f(\boldsymbol{x})=[(\boldsymbol{v}-\boldsymbol{v}^j)^{\mathrm{T}}(\boldsymbol{v}-\boldsymbol{v}^j)+(\boldsymbol{p}-\boldsymbol{p}^j)(\boldsymbol{p}-\boldsymbol{p}^j)]^2\\ &\text{s.t.}\quad\begin{cases}\boldsymbol{g}(\boldsymbol{x})=\boldsymbol{v}(T_m)-\boldsymbol{v}_0=\boldsymbol{0}\\ \boldsymbol{x}_{\mathrm{L}}\leqslant\boldsymbol{x}\leqslant\boldsymbol{x}_{\mathrm{U}}\end{cases}\end{aligned} \tag{10.43}$$

式中：$\boldsymbol{x}=\{\boldsymbol{v}_0^{\mathrm{T}},\boldsymbol{p}^{\mathrm{T}}\}^{\mathrm{T}}$；$\boldsymbol{p}$ 是连续延拓参数向量；$f(\boldsymbol{x})$为目标函数；$\boldsymbol{g}(\boldsymbol{x})$代表非线性等式约束；$x_{\mathrm{L}}$ 和 x_{U} 分别为优化变量的上、下界。

本节提出的连续延拓方法计算流程如图 10.19 所示。为了追踪周期解，重复使用式（10.40）及式（10.43）中的预测和修正步，追踪过程与传统连续延拓方法相似，

不同之处是利用式（10.43）纠正预测步。

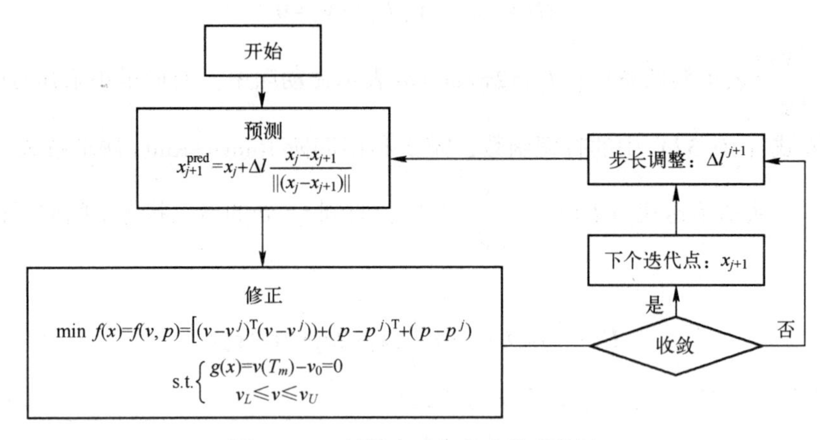

图 10.19　所提出延拓方法的流程图

本章将采用 SQP 方法求解式（10.43），利用微分方程$\dot{\boldsymbol{\Phi}}(t)=\dfrac{\partial\boldsymbol{\varphi}(t,\boldsymbol{U}(t),p)}{\partial\boldsymbol{U}(t)}\boldsymbol{\Phi}(t)$（初始条件为 $\boldsymbol{\Phi}(0)=\boldsymbol{I}$）计算与状态转移矩阵 $\boldsymbol{\Phi}(t)=\dfrac{\partial\boldsymbol{U}(t)}{\partial\boldsymbol{U}(t_0)}=\begin{bmatrix}\dfrac{\partial\boldsymbol{v}(t)}{\partial\boldsymbol{v}(t_0)} & \dfrac{\partial\boldsymbol{v}(t)}{\partial\boldsymbol{p}(t_0)}\\ \dfrac{\partial\boldsymbol{p}(t)}{\partial\boldsymbol{v}(t_0)} & \dfrac{\partial\boldsymbol{p}(t)}{\partial\boldsymbol{p}(t_0)}\end{bmatrix}$及相关灵敏度。

10.3.3　分岔追踪优化问题描述

为追踪分岔周期解，需要推导周期解分岔条件，根据 Floquet 理论，可根据状态转移矩阵$\boldsymbol{\Phi}(t)$在 T_m 处的特征值 α_i 来确定周期解的稳定性，当 $\alpha_i^s=0$ 时，出现极限点（LP）分岔；如果 α_i 有一对纯虚特征值，则存在 Neimark-Sacker（NS）分岔周期解。因此，可得到 NS 分岔周期解的必要条件：α_i^s 满足 $\mathrm{Real}(\alpha_i^s)=0$ 和 $|\mathrm{Imag}(\alpha_i^s)|>0$。确定 LP 分岔解的充要条件为 $\mathrm{Real}(\alpha_i^s)=0$ 和 $\mathrm{Imag}(\alpha_i^s)=0$。因此，分岔解追踪相关优化问题可表示为

$$\text{LP:}\quad \begin{aligned}&\min\quad f(\boldsymbol{x})=[(\boldsymbol{v}-\boldsymbol{v}^j)^{\mathrm{T}}(\boldsymbol{v}-\boldsymbol{v}^j)+(\boldsymbol{p}-\boldsymbol{p}^j)^{\mathrm{T}}(\boldsymbol{p}-\boldsymbol{p}^j)]^2\\&\text{s. t.}\quad\begin{cases}\boldsymbol{g}(\boldsymbol{v})=\boldsymbol{v}(T_m)-\boldsymbol{v}_0=\boldsymbol{0}\\ \mathrm{Real}(\alpha_i^s)=0,\mathrm{Imag}(\alpha_i^s)=0\\ \boldsymbol{x}_{\mathrm{L}}\leqslant\boldsymbol{x}\leqslant\boldsymbol{x}_{\mathrm{U}}\end{cases}\end{aligned}\tag{10.44}$$

$$\text{NS:}\quad \begin{aligned}&\min\quad f(\boldsymbol{x})=[(\boldsymbol{v}-\boldsymbol{v}^j)^{\mathrm{T}}(\boldsymbol{v}-\boldsymbol{v}^j)+(\boldsymbol{p}-\boldsymbol{p}^j)^{\mathrm{T}}(\boldsymbol{p}-\boldsymbol{p}^j)]^2\\&\text{s. t.}\quad\begin{cases}\boldsymbol{g}(\boldsymbol{x})=\boldsymbol{v}(T_m)-\boldsymbol{v}_0=\boldsymbol{0}\\ \mathrm{Real}(\alpha_i^s)=0,\ |\mathrm{Imag}(\alpha_i^s)|>0\\ \boldsymbol{x}_{\mathrm{L}}\leqslant\boldsymbol{x}\leqslant\boldsymbol{x}_{\mathrm{U}}\end{cases}\end{aligned}\tag{10.45}$$

为追踪分岔周期解，将打靶函数和分岔条件作为优化问题的非线性约束，目标函数

为解的连续延拓相关方程。通过求解非线性约束优化问题纠正预测解，与传统的连续延拓算法相比，具有非线性约束方程和未知变量的数与分岔类型和连续延拓参数无关的优点，避免了 Newton-Raphson 连续延拓算法需要增广非线性方程组等弊端。

10.4　数值算例

下面利用两个数值算例验证本节提出的分岔追踪方法。

10.4.1　Jeffcott 转子数值算例

考虑如图 10.20 所示由静子和转子组成的非线性 Jeffcott 转子模型，选取文献［7］中的仿真参数：$c=5\text{N}\cdot\text{s/m}$，$k=100\text{N/m}$，$k_c=2500\text{N/m}$，$h=0.105\text{m}$，$e=0.1\text{m}$，$R=20h$，$\omega_0=\sqrt{k_c/m}=50\text{rad/s}$ 进行数值模拟。文献［7］利用谐波平衡法研究分岔追踪问题，选择 15 阶谐波计算分岔周期解，非线性谐波平衡方程规模为 $L=2(2\times15+1)=62$，追踪 LP 分岔解需要的优化变量总数为 $2L+2=126$，追踪 NS 分岔周期解涉及 $3L+3=189$ 个优化变量，优化变量的数量随着谐波平衡方程的大小和分岔类型的不同而变化。文献［7］考虑的非线性系统（自由度）维数增大导致非线性代数方程求解规模和优化变量数量急剧扩大，很可能出现数值求解困难等问题。相反，将初始条件（q_1，q_2，$\dot{q}_1$，$\dot{q}_1$）和激励频率 ω 设为优化变量，利用 10.3 节提出的分岔追踪方法，只需要 5 个优化变量追踪 LP 和 NS 分岔周期解，与文献［7］方法相比，所需要的优化变量数量非常少。

不考虑式（10.44）的分岔条件，以 ω 为连续延拓参数，利用 10.3 节方法便可得到系统频响曲线。当摩擦系数 $\mu=0.11$ 时，系统频响曲线连续延拓结果如图 10.20 所示，其中深蓝色代表稳定的周期解，浅蓝色代表不稳定的周期解，黄色圆圈标记的点为 LP 分岔，NS 分岔由绿色正方形表示。初始条件连续延拓结果如图 10.20（c）所示。由图 10.20 可知；在 LP 和 NS 分岔点之间，周期解失稳；在其他区域，转子周期解稳定。

通过比较将图 10.20 与文献［7］图 12（b）的连续延拓追踪结果可知，两者一致，从而验证了 10.3 节方法和编制的程序正确性。

利用式（10.44）和式（10.45）分析 Jeffcott 转子的分岔追踪曲线如图 10.21 所示，紫色和红色分别表示 LP 分岔和 NS 分岔追踪结果，图 10.21（a）给出了一系列不同 μ 值的频响曲线，图 10.28（b）则给出了分岔追踪初始条件连续延拓曲线。由图可知，随着 μ 增大，最大共振峰振幅下降，周期解不稳定区间扩大。

通过将图 10.21 中的分岔追踪曲线投影到不同的参数平面上，可以得到失稳边界。图 10.22（a）给出了分岔追踪曲线在平面 μ—ω/ω_0 上的投影，其局部放大如图 10.22（b）所示，由图可知，在 $0.108<\mu<0.36$ 内，NS 和 LP 分岔解同时存在，图 10.21（a）和图 10.22 与文献［7］图 13、图 14 和图 15 完全一致，从而验证了 10.3 节延拓方法追踪分岔周期解的有效性。

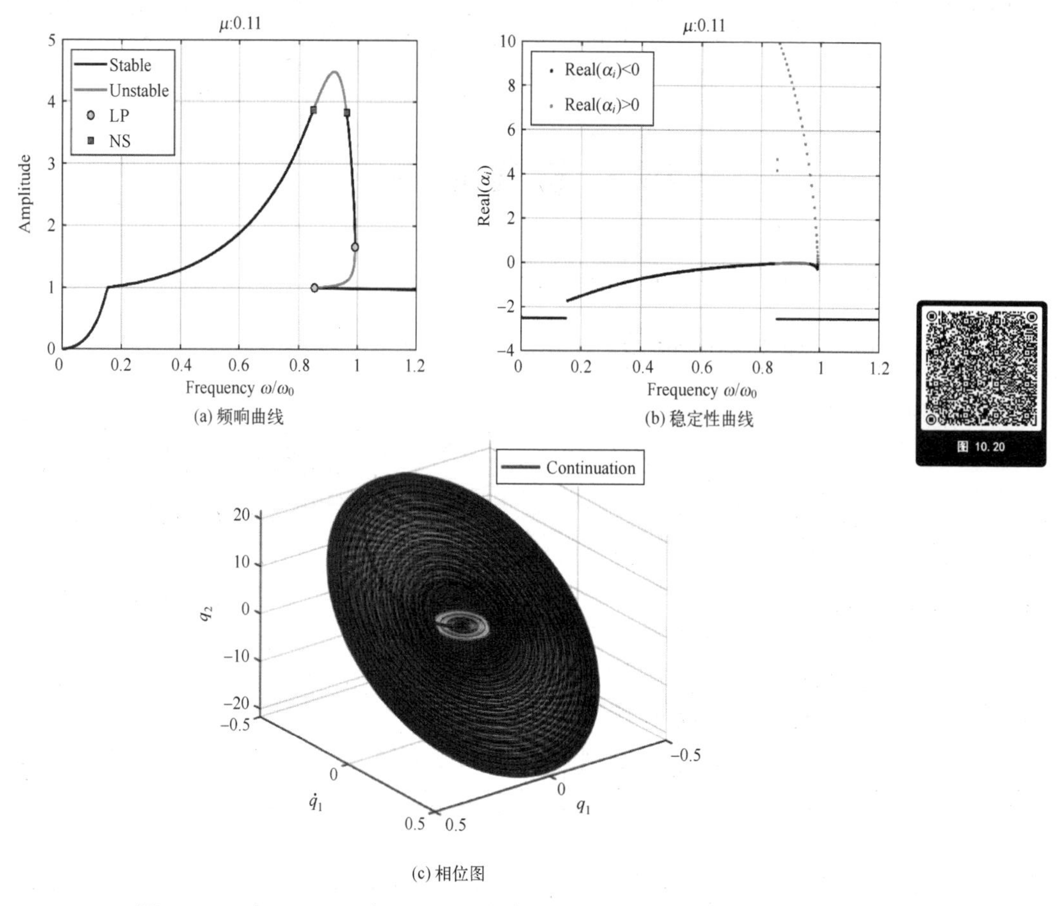

(a) 频响曲线

(b) 稳定性曲线

(c) 相位图

图 10.20　当 $\mu=0.11$ 时运用 10.3 节方法得到的连续延拓结果

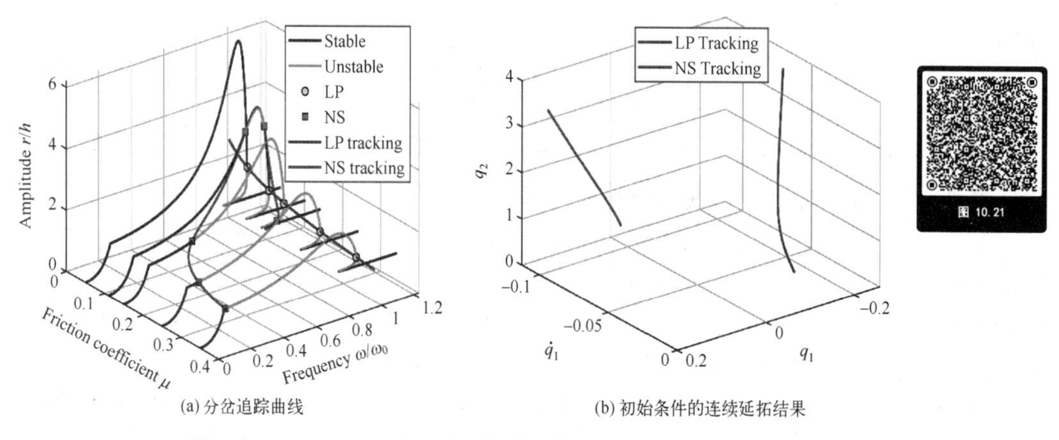

(a) 分岔追踪曲线

(b) 初始条件的连续延拓结果

图 10.21　以 μ 和 ω 为连续延拓参数的分岔追踪曲线

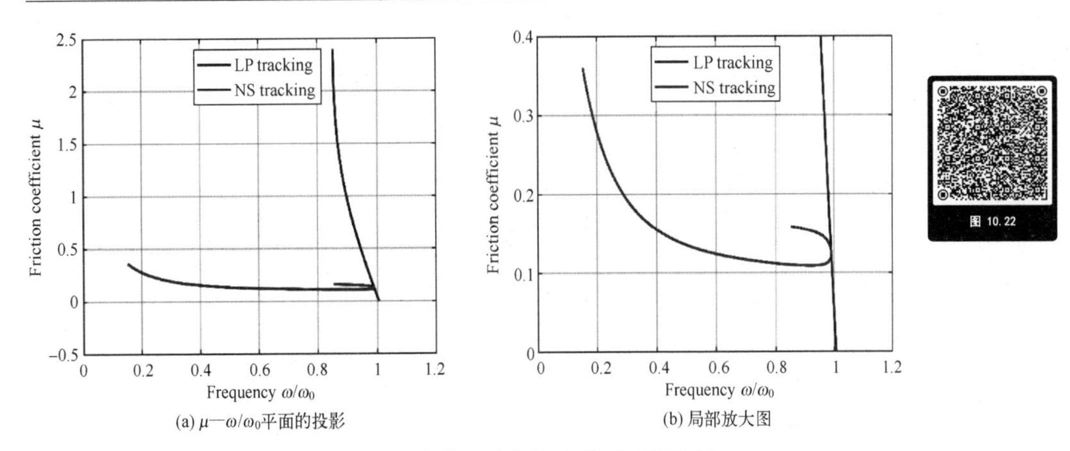

(a) $\mu-\omega/\omega_0$平面的投影　　(b) 局部放大图

图 10.22　图 10.21 分岔追踪曲线参数平面投影图

10.4.2　非线性隔振器数值算例

第二个算例采用图 10.23 所示模型，Duffing 振子作为主系统，质量为 m_1，激励外力幅值为 F。q_1 表示 m_1 的位移，q_2 表示 m_2 的位移。k_i 和 c_i（$i=1$，2）分别表示线性弹簧的刚度系数和阻尼系数，k_{nl1}和 k_{nl2}分别表示非线性力系数，系统的运动微分方程为

$$\begin{cases} m_1\ddot{q}_1+c_1\dot{q}_1+k_1q_1+k_{\mathrm{nl1}}q_1^3+c_2(\dot{q}_1-\dot{q}_2)+k_2(q_1-q_2)+k_{\mathrm{nl2}}(q_1-q_2)^3=F\cos(\omega t) \\ m_2\ddot{q}_2+c_2(\dot{q}_2-\dot{q}_1)+k_2(q_2-q_1)+k_{\mathrm{nl2}}(q_2-q_1)^3=0 \end{cases} \tag{10.46}$$

式中：上标点表示对时间 t 的微分。

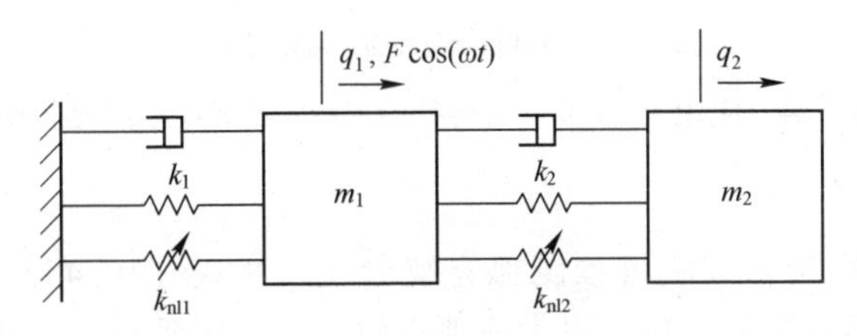

图 10.23　非线性隔振器结构示意图

采用如表 10.1 所示仿真参数（取自文献［11］），在其他参数保持不变的情况下，分别分析 $F=0.15$ 和 $F=0.75$ 时系统的非线性动力学行为。

表 10.1　系统参数

参　数	主 系 统	NLTVA
质量/kg	$m_1=1$	$m_2=0.05$
线性刚度/(N/m)	$k_1=1$	$k_2=0.0454$
线性阻尼/(N · s/m)	$c_1=0.002$	$c_2=0.0128$
非线性刚度/(N/m^3)	$k_{\mathrm{nl1}}=1$	$k_{\mathrm{nl2}}=0.0042$

以 ω 作为延拓参数，图 10.24 给出了 10.3 节连续延拓方法计算得到的 $F=0.15$ 时系统频响曲线。如图所示，频响曲线出现 3 个 LP 解和 1 个 NS 解，稳定和不稳定周期解交替出现。

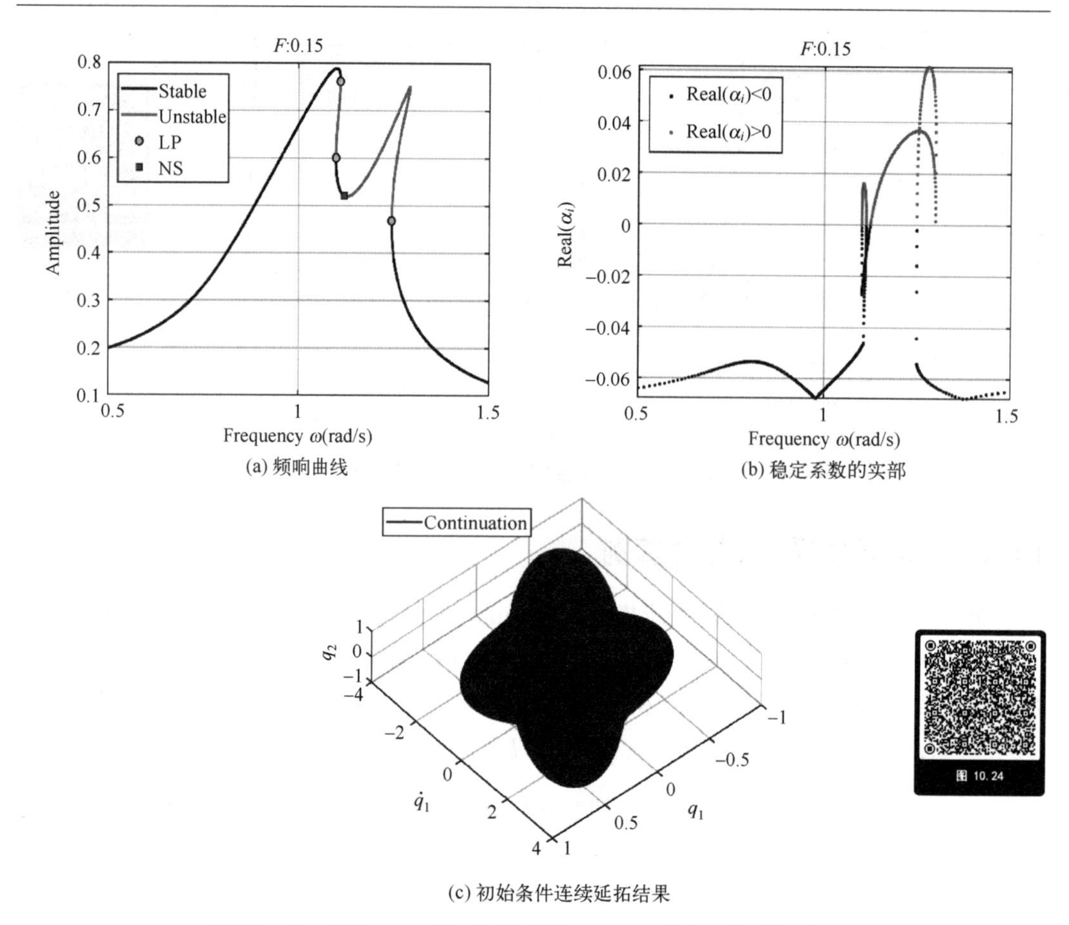

(a) 频响曲线

(b) 稳定系数的实部

(c) 初始条件连续延拓结果

图 10.24　应用 10.3 节方法得到的 $F=0.15$ 时的连续延拓结果

利用 10.3 节连续延拓方法可预测孤立解分支。在式（10.44）和式（10.45）中，将目标函数变为振幅响应最大化，可生成孤立解分支连续延拓的初始点。孤立解分支连续延拓结果如图 10.2 所示，由图可知，图 10.24 与图 10.25 中频响曲线两部分互不相连，图 10.25 与文献［11］图 2（b）的数值结果一致。

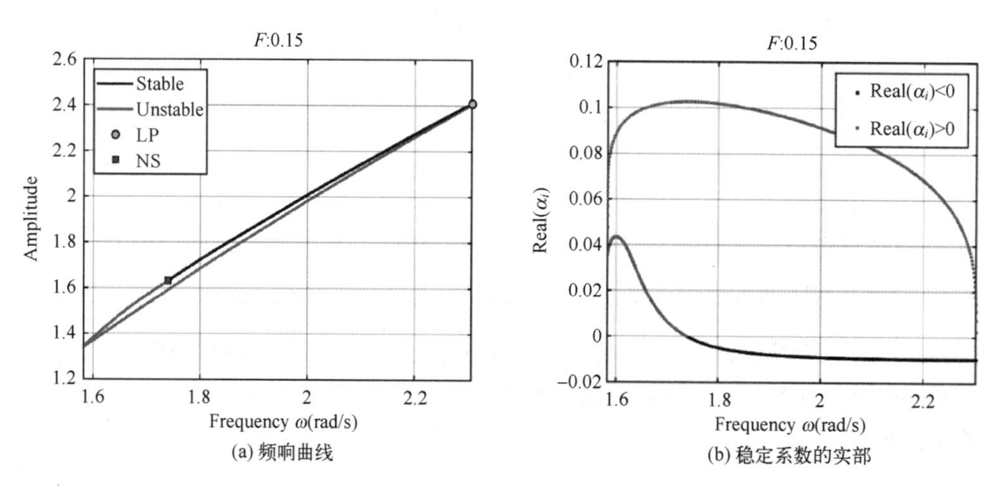

(a) 频响曲线

(b) 稳定系数的实部

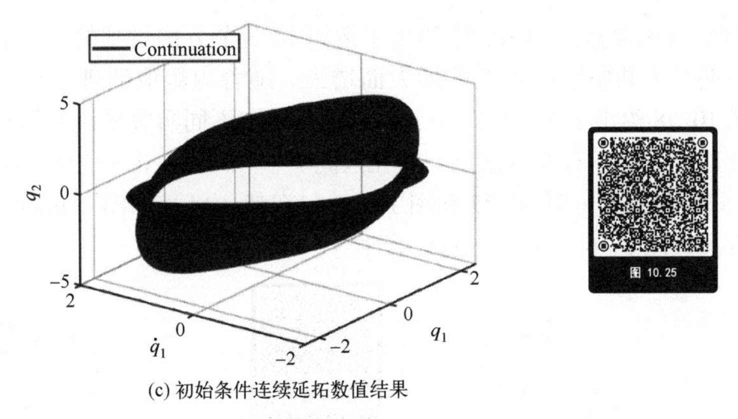

(c) 初始条件连续延拓数值结果

图 10.25　运用 10.3 节延拓方法得到的 $F=0.15$ 时的孤立解分支

图 10.26 给出了力幅值为 $F=0.75$ 时的连续延拓曲线。如图所示，力幅值 F 对系统非线性动力学特性有很大的影响，在 $\omega=6$ 附近出现共振极值点，增大 F 会导致孤立解消失。

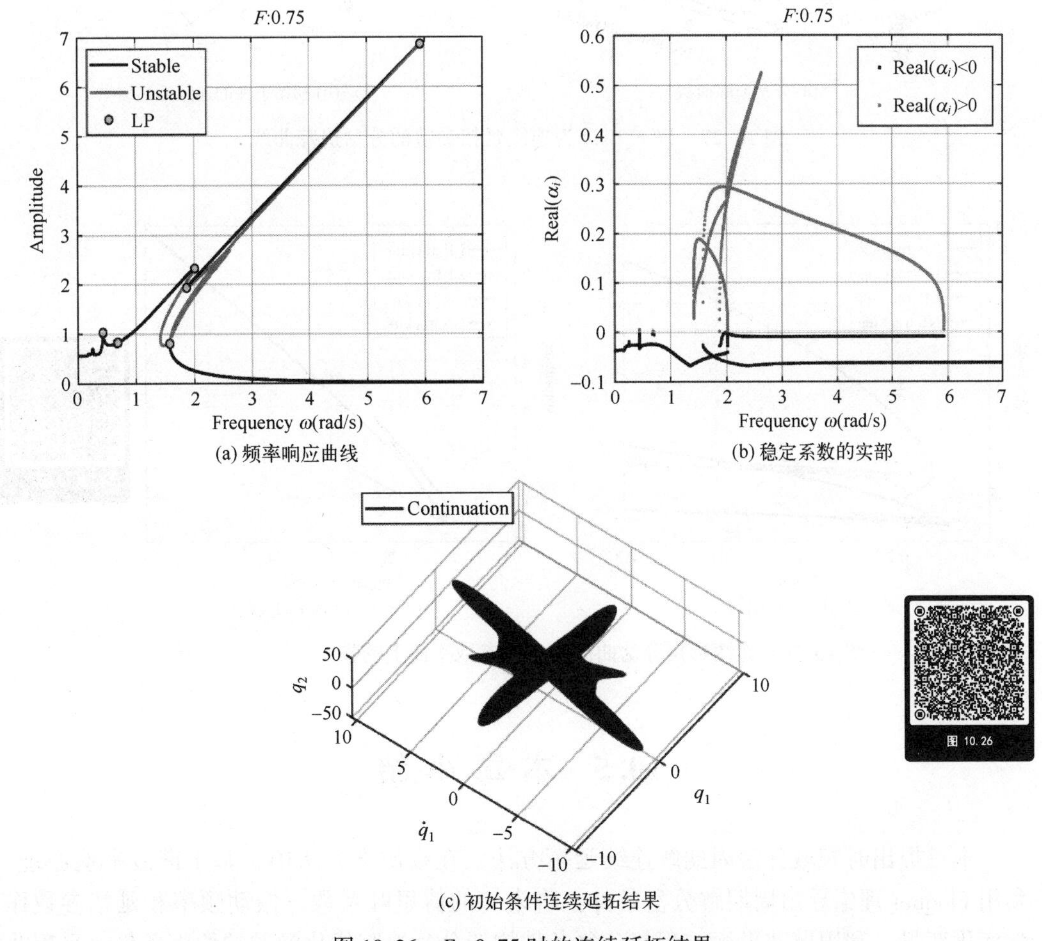

(a) 频率响应曲线

(b) 稳定系数的实部

(c) 初始条件连续延拓结果

图 10.26　$F=0.75$ 时的连续延拓结果

以 F 和 ω 为连续延拓参数，图 10.27 给出了运用 10.3 节方法得到的分岔追踪结果。图 10.27（a）表明最大共振幅值随 F 的增大而增大。随着力幅值的进一步增大，孤立解曲线消失。图 10.28 给出了图 10.27 中分岔追踪曲线在不同参数平面上的投影。如图所示，当 F 较小时，系统不存在分岔点，而在区间 $F \in [0.0988, 0.5358]$ 上存在 NS 分岔，存在多个 LP 分岔解分支。图 10.27 和图 10.28 与文献［11］中图 3 和图 4 的连续延拓曲线一致，再次验证了 10.3 节方法的有效性。

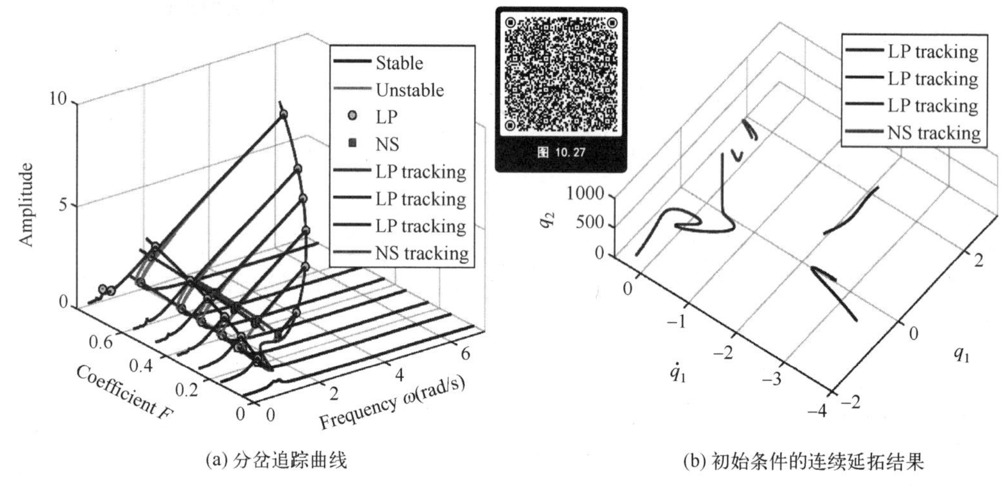

(a) 分岔追踪曲线　　(b) 初始条件的连续延拓结果

图 10.27　以 F 和 ω 为连续延拓参数的分岔追踪曲线

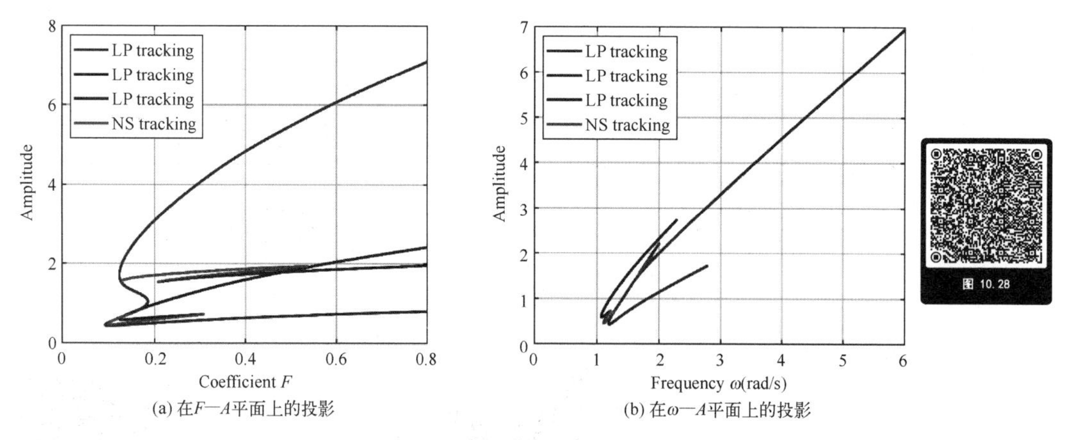

(a) 在F—A平面上的投影　　(b) 在ω—A平面上的投影

图 10.28　连续延拓分岔曲线在不同参数平面上的投影

10.5 本章小结

本章提出时频域分岔周期解连续延拓方法。在频域类方法中，基于谐波平衡原理，利用 Floquet 理论导出周期解分岔条件，将未知的傅里叶系数、振动频率和延拓参数作为优化变量，利用谐波平衡方程与分岔条件构造分岔追踪优化问题的约束条件，采用非线性约束优化方法求解约束优化问题以纠正预测解，与预测步相结合，建立分岔解频域连续追踪延拓方法。在时域类方法中，利用打靶函数和分岔条件构造非线性等式约束，以延拓相关方程为目标函数，形成非线性约束优化方法、预测修正方案和打靶原理相结合的时域连续延拓方法。Duffing 振子系统、非线性能量阱（NES）、非线性 Jeffcott 转子等多个数值算例研究表明本章提出的延拓方法有效性。

提出的方法可以直接精确计算分岔周期解，不需要增加谐波平衡方程和未知优化变量数。要求解的非线性方程和未知变量的数量与分岔类型和所考虑的延拓参数的数量无关，避免了 Newton-Raphson 方法的缺点，本章方法比现有的求根延拓法更适合处理多参数分岔追踪问题。

参 考 文 献

[1] Nayfeh A H, Balachandran B. Applied nonlinear dynamics: Analytical, computational, and experimental methods [M]. New York: John Wiley & Sons, 2008.

[2] Seydel R. Numerical computation of branch points in nonlinear equations [J]. Numerische Mathematik, 1979, 33: 339-352.

[3] Rezaiee-Pajand M, Moghaddasie B. Stability boundaries of two-parameter non-linear elastic structures [J]. International Journal of Solids and Structures, 2014, 51 (5): 1089-1102.

[4] Seydel R. Practical bifurcation and stability analysis [M]. New York: Springer Science & Business Media, 2009.

[5] Engelborghs K, Luzyanina T, Roose D. Numerical bifurcation analysis of delay differential equations using DDE-BIFTOOL [J]. ACM Transactions on Mathematical Software (TOMS), 2002, 28 (1): 1-21.

[6] Xie L, Baguet S, PrabelB, et al. Numerical tracking of limit points for direct parametric analysis in nonlinear rotordynamics [J]. Journal of Vibration and Acoustics, 2016, 138 (2): 021007.

[7] Xie L, Baguet S, Prabel B, et al. Bifurcation tracking by Harmonic Balance Method for performance tuning of nonlinear dynamical systems [J]. Mechanical Systems and Signal Processing, 2017, 88: 445-461.

[8] Alcorta R, Baguet S, Prabel B, et al. Period doubling bifurcation analysis and isolated sub-harmonic resonances in an oscillator with asymmetric clearances [J]. Nonlinear Dynamics, 2019, 98 (4): 2939-2960.

[9] Detroux T, Renson L, Masset L, et al. The harmonic balance method for bifurcation analysis of large-scale nonlinear mechanical systems [J]. Computer Methods in Applied Mechanics and Engineering, 2015, 296: 18-38.

[10] Detroux T, Renson L, Kerschen G. The harmonic balance method for advanced analysis and design of nonlinear mechanical systems [C] //Nonlinear Dynamics, Volume 2: Proceedings of the 32nd IMAC, A Conference and Exposition on Structural Dynamics, 2014. Springer International Publishing, 2014: 19-34.

[11] Grenat C, Baguet S, Lamarque C H, et al. A multi-parametric recursive continuation method for nonlinear dynamical systems [J]. Mechanical Systems and Signal Processing, 2019, 127: 276-289.

[12] Dedham W, Botha A E. Optimized shooting method for finding periodic orbits of nonlinear dynamical systems [J]. Engineering with Computers, 2015, 31: 749-762.

[13] Sarrouy E, Sinou J J. Non-linear periodic and quasi-periodic vibrations in mechanical systems-on the use of the harmonicbalance methods [J]. Advances in Vibration Analysis Research, 2011, 21: 419-34.

[14] Nocedal J, Wright S, Numerical optimization 2nd [M]. New York: Springer New York, 2006.

[15] Byrd R H, Nocedal J. An analysis of reduced Hessian methods for constrained optimization [J]. Mathematical Programming, 1990, 49 (1-3): 285-323.

[16] Bekdaş G, Nigdeli S M. Estimating optimum parameters of tuned mass dampers using harmony search [J]. Engineering Structures, 2011, 33 (9): 2716-2723.

[17] Bekdaş G, Nigdeli S M, Yang X S. A novel bat algorithm based optimum tuning of mass dampers for improving the seismic safety of structures [J]. Engineering Structures, 2018, 159: 89-98.

[18] Bekdaş G, Kayabekir A E, Nigdeli S M, et al. Tranfer function amplitude minimization for structures with tuned mass dampers considering soil-structure interaction [J]. Soil Dynamics and Earthquake Engineering, 2019, 116: 552-562.

[19] Kayabekir A E, Bekdaş G, Nigdeli S M, et al. Optimum design of PID controlled active tuned mass damper via modified harmony search [J]. Applied Sciences, 2020, 10 (8): 2976.

[20] Nigdeli S M, Bekdas G. Optimum tuned mass damper approaches for adjacent structures [J]. Earthquakes and Structures, 2014, 7 (6): 1071-1091.

[21] Nigdeli S M, Bekdaş G. Optimum tuned mass damper design in frequency domain for structures [J]. KSCE Journal of Civil Engineering, 2017, 21: 912-922.

[22] Yucel M, Bekdaş G, Nigdeli S M, et al. Estimation of optimum tuned mass damper parameters via machine learning [J]. Journal of Building Engineering, 2019, 26: 100847.

[23] Liao H. A nonlinear optimization bifurcation tracking method for periodic solution of nonlinear systems [J]. Mechanics Based Design of Structures and Machines, 2020: 1-25.

[24] Liao H, Li M, Gao R. A nonlinear optimization shooting method for bifurcation tracking of nonlinear systems [J]. Journal of Vibration and Control, 2021, 27 (19-20): 2219-2230.

第 11 章　拟周期运动连续延拓、稳定性分析与不确定量化方法

非线性系统拟周期解的相关研究越来越受到非线性动力学界的关注[2]。例如，Huang[3]运用增量谐波平衡方法研究梁拟周期运动响应，采用 Floquet 理论及 Hsu 方法分析周期解稳定性。Zhou 等[4]发展了一种非线性系统拟周期解的谐波平衡法。Kim[5]研究了具有轴承间隙的非光滑 Jeffcott 转子系统的拟周期响应。文献［6］应用谐波平衡方法研究了循环周期结构的局部化拟周期运动响应。文献［7］应用谐波平衡技术研究了分段光滑转/定子碰摩系统的拟周期运动响应特性。

为进行参数影响研究，必须重复地应用非线性方程组求根算法，传统连续延拓方法中追踪周期解存在诸多问题。采用 Newton-Raphson 求根方法求解非线性方程组，在预测-校正方案框架下的解延拓过程中，将延拓参数设置为优化变量，为了应用求根算法纠正预测解，要求非线性方程组与未知优化变量的数量相同，然而，未知变量的数量大于原始非线性方程的数量，需要求解的方程组是欠定的，因此，需要补充额外的方程使需要求解的非线性方程组正定，这是传统连续延拓方法的局限。另外，传统延续延拓方法很难追踪孤立解[8-10]，且无法有效跟踪多个参数同时变化时的系统周期解。

目前，有时域类方法和频域类方法两类方法来分析周期解的稳定性[11]。时域稳定性分析方法的主要缺点是计算成本高，不能用于分析高维非线性系统的稳定性。相对时域类方法，频域稳定性分析方法更受欢迎。例如，Villa 等[12]利用频域稳定性分析方法分析了转子轴承系统的稳定性，文献［13］详细比较了多种稳定性分析方法。目前周期解的稳定性分析研究很多，拟周期解的稳定性分析研究甚少。例如，文献［14］利用时域状态矩阵方法分析了拟周期运动的渐近稳定性，通过插值摄动系统的状态转移矩阵计算了稳定性 Floquet 乘子，然而，为确保收敛性，时间步长需取足够小，这导致稳定性分析非常耗时，拟周期解稳定性分析研究是需要深入研究的问题。

在结构动力学中，考虑参数不确定影响是很重要的，例如可以提高设计的稳健性、确保振动水平符合标准等。当不确定参数被描述为具有已知概率分布的随机变量时，可以使用概率方法处理参数不确定问题。近年来，多项式混沌法得到了广泛的应用。例如，文献［15-16］提出了谐波平衡多项式混沌展开法，预测含故障参数不确定转子系统的动力学响应。结合多项式混沌展开与多维谐波平衡原理，Didier[17]发展了随机多维谐波平衡方法。但是，工程实际中很难得到不确定参数的概率密度函数，此外，Millman 等[18]发现多项式混沌方法不能预测极限环动力学特性。区间分析法[19]更适合处理参数边界已知的不确定问题，然而，区间分析存在预测响应边界过大等缺点[20]。

本章利用非线性约束优化方法结合多维谐波平衡原理连续跟踪非线性系统拟周期解，研究拟周期解的稳定性分析和不确定量化方法。本章章节安排如下：11.1 节介绍拟周期解的连续延拓算法，11.2 节提出拟周期运动稳定性分析方法，在 11.3 节给出两

个数值算例验证方法有效性，11.4 节研究拟周期运动不确定量化方法并将其应用于转子动力学的不确定响应量化问题。

11.1 非线性系统拟周期解连续延拓方法[1]

本节提出拟周期解连续延拓法，分析推导优化问题所需的灵敏度。

11.1.1 多维谐波平衡非线性等式约束

多维谐波平衡法通过具有有限项的多维傅里叶级数逼近未知时间函数 $\boldsymbol{u}(t)$：

$$\boldsymbol{u}(t)=\sum_{\boldsymbol{k}}\left[\boldsymbol{U}_{\boldsymbol{k}}^{\mathrm{c}}\cos(\boldsymbol{k},\boldsymbol{\omega})t+\boldsymbol{U}_{\boldsymbol{k}}^{\mathrm{s}}\sin(\boldsymbol{k},\boldsymbol{\omega})t\right]=\mathrm{Real}((\boldsymbol{\Theta}\otimes\boldsymbol{I})\hat{\boldsymbol{U}})=(\boldsymbol{E}\otimes\boldsymbol{I})\boldsymbol{U}\tag{11.1}$$

式中：上标 c 和 s 分别表示余弦项和正弦项；$\boldsymbol{U}_{\boldsymbol{k}}^{\mathrm{c}}$和 $\boldsymbol{U}_{\boldsymbol{k}}^{\mathrm{s}}$ 是傅里叶系数向量；$\boldsymbol{k}=[k_1,\cdots,k_i,\cdots,k_M]$，$(k_i=-N_{\mathrm{H}},-N_{\mathrm{H}}+1,\cdots,-1,0,1,\cdots,N_{\mathrm{H}})$ 表示谐波指数相关的组合向量，N_{H}是使用的谐波截断项；向量 $\boldsymbol{\omega}=[\omega_1,\omega_2,\cdots,\omega_M]$ 表示频率基，无量纲时间基向量由 $\boldsymbol{\tau}=[\tau_1,\tau_2,\cdots,\tau_M]$ 表示，$\tau_i=\omega_i t$，$(\,,)$表示点积。

$$(\boldsymbol{k},\boldsymbol{\omega})=\sum_{i=1}^{M}k_i\omega_i\tag{11.2}$$

在式（11.1）中，多维傅里叶矩阵 $\boldsymbol{\Theta}$ 及其逆矩阵 $\boldsymbol{\Theta}^{-1}$具体如下：

$$\boldsymbol{\Theta}=\begin{pmatrix}
\mathrm{e}^{2\pi\sqrt{-1}(\boldsymbol{k}^{-N_K},\boldsymbol{\tau}^1)} & \cdots & \mathrm{e}^{2\pi\sqrt{-1}(\boldsymbol{k}^{-1},\boldsymbol{\tau}^1)} & 1 & \mathrm{e}^{2\pi\sqrt{-1}(\boldsymbol{k}^{1},\boldsymbol{\tau}^1)} & \cdots & \mathrm{e}^{2\pi\sqrt{-1}(\boldsymbol{k}^{N_K},\boldsymbol{\tau}^1)}\\
\mathrm{e}^{2\pi\sqrt{-1}(\boldsymbol{k}^{-N_K},\boldsymbol{\tau}^2)} & \cdots & \mathrm{e}^{2\pi\sqrt{-1}(\boldsymbol{k}^{-1},\boldsymbol{\tau}^2)} & 1 & \mathrm{e}^{2\pi\sqrt{-1}(\boldsymbol{k}^{1},\boldsymbol{\tau}^2)} & \cdots & \mathrm{e}^{2\pi\sqrt{-1}(\boldsymbol{k}^{N_K},\boldsymbol{\tau}^2)}\\
\vdots & \ddots & \vdots & \vdots & \vdots & \ddots & \vdots\\
\mathrm{e}^{2\pi\sqrt{-1}(\boldsymbol{k}^{-N_K},\boldsymbol{\tau}^{N_\tau})} & \cdots & \mathrm{e}^{2\pi\sqrt{-1}(\boldsymbol{k}^{-1},\boldsymbol{\tau}^{N_\tau})} & 1 & \mathrm{e}^{2\pi\sqrt{-1}(\boldsymbol{k}^{1},\boldsymbol{\tau}^{N_\tau})} & \cdots & \mathrm{e}^{2\pi\sqrt{-1}(\boldsymbol{k}^{N_K},\boldsymbol{\tau}^{N_\tau})}
\end{pmatrix}\tag{11.3}$$

$$\boldsymbol{\Theta}^{-1}=\frac{1}{N_\tau}\begin{pmatrix}
\mathrm{e}^{2\pi\sqrt{-1}(\boldsymbol{k}^{-N_K},\boldsymbol{\tau}^1)} & \mathrm{e}^{2\pi\sqrt{-1}(\boldsymbol{k}^{-N_K},\boldsymbol{\tau}^2)} & \cdots & \mathrm{e}^{2\pi\sqrt{-1}(\boldsymbol{k}^{-N_K},\boldsymbol{\tau}^{N_\tau})}\\
\vdots & \vdots & \ddots & \vdots\\
\mathrm{e}^{2\pi\sqrt{-1}(\boldsymbol{k}^{-1},\boldsymbol{\tau}^1)} & \mathrm{e}^{2\pi\sqrt{-1}(\boldsymbol{k}^{-1},\boldsymbol{\tau}^2)} & \cdots & \mathrm{e}^{2\pi\sqrt{-1}(\boldsymbol{k}^{-1},\boldsymbol{\tau}^{N_\tau})}\\
1 & 1 & \cdots & 1\\
\mathrm{e}^{2\pi\sqrt{-1}(\boldsymbol{k}^{1},\boldsymbol{\tau}^1)} & \mathrm{e}^{2\pi\sqrt{-1}(\boldsymbol{k}^{1},\boldsymbol{\tau}^2)} & & \mathrm{e}^{2\pi\sqrt{-1}(\boldsymbol{k}^{1},\boldsymbol{\tau}^{N_\tau})}\\
\vdots & \vdots & \ddots & \vdots\\
\mathrm{e}^{2\pi\sqrt{-1}(\boldsymbol{k}^{N_K},\boldsymbol{\tau}^1)} & \mathrm{e}^{2\pi\sqrt{-1}(\boldsymbol{k}^{N_K},\boldsymbol{\tau}^2)} & \cdots & \mathrm{e}^{2\pi\sqrt{-1}(\boldsymbol{k}^{N_K},\boldsymbol{\tau}^{N_\tau})}
\end{pmatrix}\tag{11.4}$$

式中：N_τ 为组合离散时间点的数量，$\sqrt{-1}$为虚数单位；N_K 为谐波索引指标集。

类似地，式（11.1）中的多维实傅里叶矩阵 $\boldsymbol{E}$ 和相应的傅里叶变换矩阵 $\boldsymbol{E}^{-1}$表示为

$$\boldsymbol{E}=\begin{bmatrix}
1 & \cos(2\pi(\boldsymbol{k}^1,\boldsymbol{\tau}^1)) & \sin(2\pi(\boldsymbol{k}^1,\boldsymbol{\tau}^1)) & \cdots & \cos(2\pi(\boldsymbol{k}^{N_K},\boldsymbol{\tau}^1)) & \sin(2\pi(\boldsymbol{k}^{N_K},\boldsymbol{\tau}^1))\\
1 & \cos(2\pi(\boldsymbol{k}^1,\boldsymbol{\tau}^2)) & \sin(2\pi(\boldsymbol{k}^1,\boldsymbol{\tau}^2)) & \cdots & \cos(2\pi(\boldsymbol{k}^{N_K},\boldsymbol{\tau}^2)) & \sin(2\pi(\boldsymbol{k}^{N_K},\boldsymbol{\tau}^2))\\
\vdots & \vdots & \vdots & \ddots & \vdots & \vdots\\
1 & \cos(2\pi(\boldsymbol{k}^1,\boldsymbol{\tau}^{N_\tau})) & \sin(2\pi(\boldsymbol{k}^1,\boldsymbol{\tau}^{N_\tau})) & \cdots & \cos(2\pi(\boldsymbol{k}^{N_K},\boldsymbol{\tau}^{N_\tau})) & \sin(2\pi(\boldsymbol{k}^{N_K},\boldsymbol{\tau}^{N_\tau}))
\end{bmatrix}\tag{11.5}$$

$$E^{-1}=\frac{2}{N_\tau}\begin{bmatrix}1/2 & 1/2 & \cdots & 1/2\\ \cos(2\pi(\boldsymbol{k}^1,\boldsymbol{\tau}^1)) & \cos(2\pi(\boldsymbol{k}^1,\boldsymbol{\tau}^2)) & \cdots & \cos(2\pi(\boldsymbol{k}^1,\boldsymbol{\tau}^{N_\tau}))\\ \sin(2\pi(\boldsymbol{k}^1,\boldsymbol{\tau}^1)) & \sin(2\pi(\boldsymbol{k}^1,\boldsymbol{\tau}^2)) & \cdots & \sin(2\pi(\boldsymbol{k}^1,\boldsymbol{\tau}^{N_\tau}))\\ \cos(2\pi(\boldsymbol{k}^2,\boldsymbol{\tau}^1)) & \cos(2\pi(\boldsymbol{k}^2,\boldsymbol{\tau}^2)) & \cdots & \cos(2\pi(\boldsymbol{k}^2,\boldsymbol{\tau}^{N_\tau}))\\ \sin(2\pi(\boldsymbol{k}^2,\boldsymbol{\tau}^1)) & \sin(2\pi(\boldsymbol{k}^2,\boldsymbol{\tau}^2)) & \cdots & \sin(2\pi(\boldsymbol{k}^2,\boldsymbol{\tau}^{N_\tau}))\\ \vdots & \vdots & \ddots & \vdots\\ \cos(2\pi(\boldsymbol{k}^{N_K},\boldsymbol{\tau}^1)) & \cos(2\pi(\boldsymbol{k}^{N_K},\boldsymbol{\tau}^2)) & \cdots & \cos(2\pi(\boldsymbol{k}^{N_K},\boldsymbol{\tau}^{N_\tau}))\\ \sin(2\pi(\boldsymbol{k}^{N_K},\boldsymbol{\tau}^1)) & \sin(2\pi(\boldsymbol{k}^{N_K},\boldsymbol{\tau}^2)) & \cdots & \sin(2\pi(\boldsymbol{k}^{N_K},\boldsymbol{\tau}^{N_\tau}))\end{bmatrix} \tag{11.6}$$

多维傅里叶级数向量定义为

$$\begin{aligned}\hat{\boldsymbol{U}}&=[(\boldsymbol{U}^{c}_{\boldsymbol{k}^{-N_K}}-\sqrt{-1}\boldsymbol{U}^{s}_{\boldsymbol{k}^{-N_K}})^{\mathrm{T}}\quad\cdots\quad(\boldsymbol{U}_0)^{\mathrm{T}}\quad(\boldsymbol{U}^{c}_{\boldsymbol{k}^1}-\sqrt{-1}\boldsymbol{U}^{s}_{\boldsymbol{k}^1})^{\mathrm{T}}\quad\cdots\quad(\boldsymbol{U}^{c}_{\boldsymbol{k}^{N_K}}-\sqrt{-1}\ \boldsymbol{U}^{s}_{\boldsymbol{k}^{N_K}})^{\mathrm{T}}]^{\mathrm{T}}\\ \boldsymbol{U}&=[(\boldsymbol{U}_0)^{\mathrm{T}}\quad(\boldsymbol{U}^{c}_{\boldsymbol{k}^1})^{\mathrm{T}}\quad(\boldsymbol{U}^{s}_{\boldsymbol{k}^1})^{\mathrm{T}}\quad\cdots\quad(\boldsymbol{U}^{c}_{\boldsymbol{k}^l})^{\mathrm{T}}\quad(\boldsymbol{U}^{s}_{\boldsymbol{k}^l})^{\mathrm{T}}\quad\cdots\quad(\boldsymbol{U}^{c}_{\boldsymbol{k}^{N_K}})^{\mathrm{T}}\quad(\boldsymbol{U}^{s}_{\boldsymbol{k}^{N_K}})^{\mathrm{T}}]^{\mathrm{T}}\end{aligned} \tag{11.7}$$

采用与文献［14］相似的方法选取傅里叶基谐波项。考虑 $\boldsymbol{k}=[k_1,k_2]N_{\mathrm{H}}=5$，选择的谐波项如图 11.1 所示。在图 11.1 中，k_i 的绝对值小于或等于 N_{H}，导致存在 $2N_K+1$ 个谐波项。N_{H} 的选择取决于具体应用情况，较大的 N_{H} 值会提高近似拟周期解的精度，但会使优化问题更加复杂并降低鲁棒性。式（11.5）和式（11.6）中与图 11.1 中所选谐波相关的 $\boldsymbol{E}$ 和 $\boldsymbol{E}^{-1}$ 的图像如图 11.2 所示。利用谐波函数的正交性，$\boldsymbol{\Theta}^{-1}\boldsymbol{\Theta}$ 和 $\boldsymbol{E}^{-1}\boldsymbol{E}$ 均是对角矩阵，如图 11.3 所示。

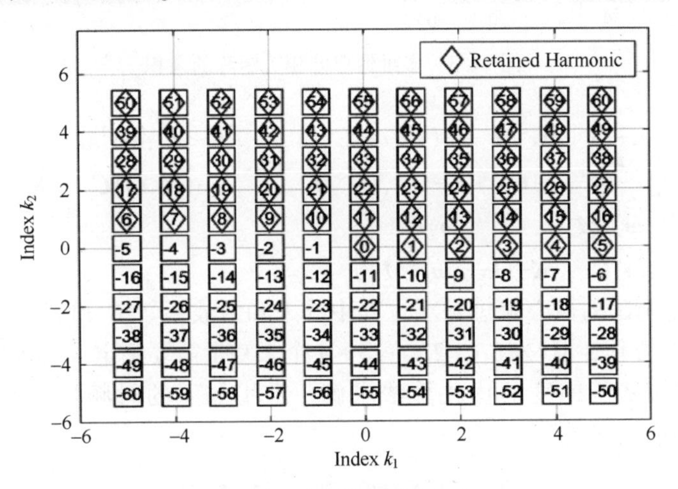

图 11.1　使用的谐波项子集

将式（11.1）代入式（6.2）并应用伽辽金方法得到非线性函数

$$\boldsymbol{g}(\boldsymbol{U},\boldsymbol{\omega})=\boldsymbol{A}(\boldsymbol{\omega})\boldsymbol{U}+\boldsymbol{b}(\boldsymbol{U},\boldsymbol{\omega})=\boldsymbol{0} \tag{11.8}$$

式中：$\boldsymbol{b}=[(\boldsymbol{C}_0)^{\mathrm{T}}\quad(\boldsymbol{C}^{c}_{\boldsymbol{k}^1})^{\mathrm{T}}\quad(\boldsymbol{S}^{s}_{\boldsymbol{k}^1})^{\mathrm{T}}\quad\cdots\quad(\boldsymbol{C}^{c}_{\boldsymbol{k}^l})^{\mathrm{T}}\quad(\boldsymbol{S}^{s}_{\boldsymbol{k}^l})^{\mathrm{T}}\quad\cdots\quad(\boldsymbol{C}^{c}_{\boldsymbol{k}^{N_K}})^{\mathrm{T}}\quad(\boldsymbol{S}^{s}_{\boldsymbol{k}^{N_K}})^{\mathrm{T}}]^{\mathrm{T}}$ 对应非线性强迫项和外力的傅里叶系数，上标 T 表示矩阵转置；$\boldsymbol{A}(\omega)$ 为

$$\boldsymbol{A}=\nabla^2\boldsymbol{M}+\nabla\boldsymbol{C}+\mathrm{diag}(\boldsymbol{K},\boldsymbol{K},\cdots,\boldsymbol{K}),\nabla=\mathrm{diag}(\boldsymbol{0},\nabla_1,\nabla_2,\cdots,\nabla_{N_K}),\nabla_l=(\boldsymbol{k}^l,\boldsymbol{\omega})\begin{bmatrix}0&1\\-1&0\end{bmatrix}$$

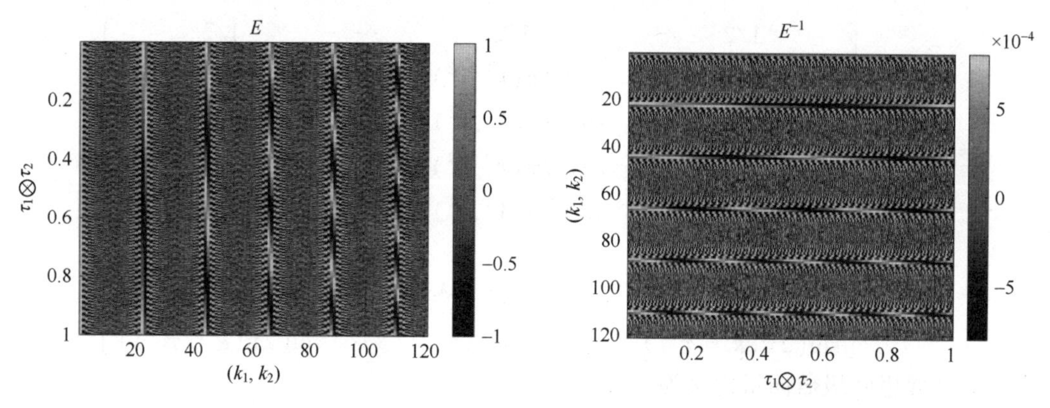

图 11.2 多维傅里叶矩阵及其逆矩阵

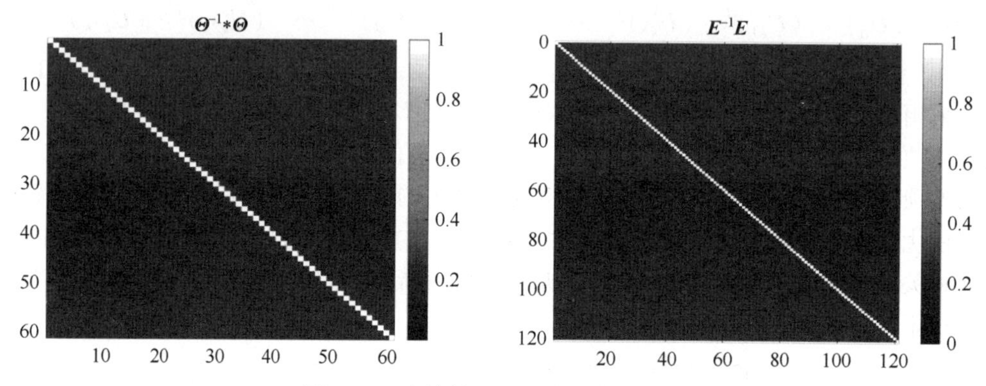

图 11.3 多维傅里叶相关矩阵的乘积

$$A=\mathbf{diag}\left(K,\begin{bmatrix}K-(k^1,\omega)^2M & (k^1,\omega)C\\ -(k^1,\omega)C & K-(k^1,\omega)^2M\end{bmatrix},\cdots,\begin{bmatrix}K-(k^l,\omega)^2M & (k^l,\omega)C\\ -(k^l,\omega)C & K-(k^l,\omega)^2M\end{bmatrix},\cdots,\begin{bmatrix}K-(k^{N_K},\omega)^2M & (k^{N_K},\omega)C\\ -(k^{N_K},\omega)C & K-(k^{N_K},\omega)^2M\end{bmatrix}\right) \tag{11.9}$$

多维谐波平衡法的核心思想是求方程中的未知谐波系数 $\boldsymbol{U}$ 和 $\boldsymbol{\omega}$，式（11.8）总共有 $N_d(2N_K+1)$ 个方程，但是有 $N_d(2N_K+1)+M$ 个未知量需要确定（额外的未知量是频率向量 $\boldsymbol{\omega}$），可使用基于梯度的优化算法求解。采用如下的时频域交替方法计算方程（11.8）中未知系数 $\boldsymbol{b}$：

$$U\overset{E}{\Rightarrow}u(t)\Rightarrow f_{\mathrm{nl}}(u,t)\overset{E^{-1}}{\Rightarrow}b(U,\omega) \tag{11.10}$$

11.1.2 连续延拓优化问题描述

将频率 $\boldsymbol{\omega}$ 和傅里叶系数被视为优化变量，使用多维谐波平衡方法求解式（11.8）所示的非线性方程组，可以通过求根方法或延拓方法直接求解。而应用求根方法要求未知变量的个数等于非线性方程个数，即 式（11.8）是一个正定非线性系统。然而，式（11.8）中非线性代数方程是欠定的，不能直接使用求根算法确定未知的傅里叶系数和 $\boldsymbol{\omega}$，必须添加约束方程。

预测-校正法求解和跟踪方程式（11.8），包括预测步和校正步。在预测步骤根据

已知的解如 $\boldsymbol{x}_{i-1}$ 和 $\boldsymbol{x}_i$，基于割线法等预测方法，产生预测 $\boldsymbol{x}_{i+1}^{\text{pred}}$：

$$\boldsymbol{x}_{i+1}^{\text{pred}}=\boldsymbol{x}_i+\Delta h^i\ \frac{\boldsymbol{x}_i-\boldsymbol{x}_{i-1}}{\|(\boldsymbol{x}_i-\boldsymbol{x}_{i-1})\|} \tag{11.11}$$

式中：$\boldsymbol{x}_i=\{(\boldsymbol{U}^i)^{\mathrm{T}},(\boldsymbol{\omega}^i)^{\mathrm{T}}\}^{\mathrm{T}}$ 和 Δh^i 是连续步长；$\|\cdot\|$表示 · 的范数。

在校正步骤，必须使用求根算法进行校正，因为预测通常不满足谐波平衡方程。为了应用求根方法，需将额外的方程附加到式（11.8），附加约束形式为

$$\Delta s^i-\sqrt{(\boldsymbol{U}-\boldsymbol{U}^i)^{\mathrm{T}}(\boldsymbol{U}-\boldsymbol{U}^i)+(\boldsymbol{\omega}-\boldsymbol{\omega}^i)^2}=0 \tag{11.12}$$

式中：Δs^i 表示步长，该增量测量两点 $\boldsymbol{x}$ 和 $\boldsymbol{x}_i$ 之间的距离。

此外，附加约束方程也可以采用伪弧长条件

$$(\boldsymbol{U}-\boldsymbol{U}^i)^{\mathrm{T}}(\boldsymbol{U}-\boldsymbol{U}^i)+(\boldsymbol{\omega}-\boldsymbol{\omega}^i)^{\mathrm{T}}(\boldsymbol{\omega}-\boldsymbol{\omega}^i)=0 \tag{11.13}$$

与传统的连续法校正法不同，本节采用非线性约束优化方法对预测解进行校正。优化问题的目标函数以最小化式（11.13），同时应满足式（11.8）中的谐波平衡方程。因此，为了求解非线性系统的拟周期解，式（11.8）和式（11.13）必须联立求解。因此，本节提出的拟周期解连续延拓的修正方案可表示如下最小化问题：

$$\begin{aligned}&\min\quad f(\boldsymbol{x})=f(\boldsymbol{U},\boldsymbol{\omega})=(\boldsymbol{U}-\boldsymbol{U}^i)^{\mathrm{T}}(\boldsymbol{U}-\boldsymbol{U}^i)+(\boldsymbol{\omega}-\boldsymbol{\omega}^i)(\boldsymbol{\omega}-\boldsymbol{\omega}^i)\\&\text{s. t.}\begin{cases}\boldsymbol{g}(\boldsymbol{x})=\boldsymbol{A}(\boldsymbol{\omega})\boldsymbol{U}+\boldsymbol{b}(\boldsymbol{U},\boldsymbol{\omega})=\boldsymbol{0}\\ \boldsymbol{x}_{\mathrm{L}}\leqslant\boldsymbol{x}\leqslant\boldsymbol{x}_{\mathrm{U}}\end{cases}\end{aligned} \tag{11.14}$$

式中：$\boldsymbol{g}(\boldsymbol{x})$表示非线性等式约束；不等式约束 $\boldsymbol{x}_{\mathrm{L}}$ 和 $\boldsymbol{x}_{\mathrm{U}}$ 分别指下限和上限。

式（11.13）中的预测步和式（11.14）中的校正步被重复应用于追踪连续参数空间上的拟周期解。本节提出的连续延拓算法综合了多维谐波平衡法、简约空间 SQP 法以及连续延拓原理。采用梯度优化算法求解式（11.14），需要计算梯度信息来寻找优化更新的搜索方向，下面分析式（11.14）的灵敏度。

11.1.3　非线性等式约束灵敏度分析

下面推导目标函数和约束函数的灵敏度，以便应用梯度优化方法求解式（11.14）。此外，为进行拟周期解的稳定性分析，需要计算式（11.8）中谐波平衡方程的雅可比矩阵。由于式（11.14）中目标函数的灵敏度很简单，因此这里不做分析。下面详细推导式（11.14）非线性等式约束的梯度。

由式（11.14）可得雅可比矩阵：

$$\frac{\partial\boldsymbol{g}(\boldsymbol{x})}{\partial\boldsymbol{U}}=\boldsymbol{A}+\frac{\partial\boldsymbol{b}}{\partial\boldsymbol{U}} \tag{11.15}$$

基于式（11.10），可以使用微分链式法则推导出梯度 $\dfrac{\partial\boldsymbol{b}}{\partial\boldsymbol{U}}$：

$$\frac{\partial\boldsymbol{b}}{\partial\boldsymbol{U}}=\frac{\partial\boldsymbol{b}}{\partial\boldsymbol{f}_{\mathrm{nl}}(\boldsymbol{u},\tau)}\ \frac{\partial\boldsymbol{f}_{\mathrm{nl}}(\boldsymbol{u},\tau)}{\partial\boldsymbol{u}(\tau)}\ \frac{\partial\boldsymbol{u}(\tau)}{\partial\boldsymbol{U}}=(\boldsymbol{E}^{-1}\otimes\boldsymbol{I})\left(\frac{\partial\boldsymbol{f}_{\mathrm{nl}}(\boldsymbol{u},\tau)}{\partial\boldsymbol{u}(\tau)}\right)(\boldsymbol{E}\otimes\boldsymbol{I}) \tag{11.16}$$

式中：单位矩阵 $\boldsymbol{I}$ 的维数等于自由度 N_d 的个数，其他矩阵由式（11.17）给出。

$$\frac{\partial\boldsymbol{f}_{\mathrm{nl}}(\boldsymbol{u},\tau)}{\partial\boldsymbol{u}(\tau)}=\operatorname{diagblk}\left(\left.\frac{\partial\boldsymbol{f}_{\mathrm{nl}}(\boldsymbol{u},\tau)}{\partial\boldsymbol{u}(\tau)}\right|_{\tau_1},\left.\frac{\partial\boldsymbol{f}_{\mathrm{nl}}(\boldsymbol{u},\tau)}{\partial\boldsymbol{u}(\tau)}\right|_{\tau_2},\cdots,\left.\frac{\partial\boldsymbol{f}_{\mathrm{nl}}(\boldsymbol{u},\tau)}{\partial\boldsymbol{u}(\tau)}\right|_{\tau_{N_\tau}}\right) \tag{11.17}$$

与$\frac{\partial g(x)}{\partial \bar{x}_i}$相关的敏感性分析可以很容易地计算得到。例如，$\frac{\partial g(x)}{\partial \omega_i}$计算式如下：

$$\frac{\partial (x)}{\partial \omega_i}=\mathrm{diag}\left(0,\begin{bmatrix}-2(\boldsymbol{k}^1,\omega)k_i^1\boldsymbol{M} & k_i^1\boldsymbol{C}\\ -k_i^1\boldsymbol{C} & -2(\boldsymbol{k}^1,\boldsymbol{\omega})k_i^1\boldsymbol{M}\end{bmatrix},\cdots,\begin{bmatrix}-2(\boldsymbol{k}^{N_K},\boldsymbol{\omega})k_i^{N_K}\boldsymbol{M} & k_1^{N_K}\boldsymbol{C}\\ -k_i^{N_K}\boldsymbol{C} & -2(\boldsymbol{k}^{N_K},\boldsymbol{\omega})k_i^{N_K}\boldsymbol{M}\end{bmatrix}\right) \tag{11.18}$$

通过采用序列二次规划（SQP）方和这些梯度可求解式（11.14）非线性规划问题。将非线性约束优化方法、多维谐波平衡方法与连续延拓方法相结合，提出了一种跟踪拟周期解的延拓方法。拟周期解的延拓是通过非线性约束优化方法而不是寻根方法实现的。

11.2 非线性系统拟周期解的稳定性分析

获得稳定性边界对于研究结构参数对非线性系统动态特性的影响至关重要。本节基于 Floquet 理论，利用已知拟周期解附近叠加小扰动的概念，构造并求解广义特征值问题以分析拟周期解的稳定性。

11.2.1 非线性系统拟周期解的稳定性分析

摄动方法的核心思想是通过分析式（6.2）扰动稳定性来确定稳态解稳定性。设 $\boldsymbol{L}\mathrm{e}^{\lambda t}$（对应的系数为$\widetilde{\boldsymbol{U}}=[(\widetilde{\boldsymbol{U}}_0)^{\mathrm{T}}\quad(\widetilde{\boldsymbol{U}}_{\boldsymbol{k}^1}^{\mathrm{c}})^{\mathrm{T}}\quad(\widetilde{\boldsymbol{U}}_{\boldsymbol{k}^1}^{\mathrm{s}})^{\mathrm{T}}\quad\cdots\quad(\widetilde{\boldsymbol{U}}_{\boldsymbol{k}^{N_K}}^{\mathrm{c}})^{\mathrm{T}}\quad(\widetilde{\boldsymbol{U}}_{\boldsymbol{k}^{N_K}}^{\mathrm{s}})^{\mathrm{T}}]^{\mathrm{T}}$）是式（6.2）已知拟周期解 $\boldsymbol{u}_0$ 的一个小扰动。将 $\boldsymbol{u}=\boldsymbol{u}_0+\boldsymbol{L}\mathrm{e}^{\lambda t}$代入式（6.2）并替换$\dot{\boldsymbol{u}}$和$\ddot{\boldsymbol{u}}$的表达式，稳定性分析问题表述如下：

$$\boldsymbol{M}\ddot{\boldsymbol{u}}_0+\boldsymbol{C}\dot{\boldsymbol{u}}_0+\boldsymbol{K}\boldsymbol{u}_0+\boldsymbol{f}_{\mathrm{nl}}(\boldsymbol{u}_0+\boldsymbol{L}\mathrm{e}^{\lambda t})-\boldsymbol{p}(t)+\mathrm{e}^{\lambda t}\{\lambda^2\boldsymbol{ML}+\lambda(2\boldsymbol{M}\dot{\boldsymbol{L}}+\boldsymbol{CL})+(\boldsymbol{M}\ddot{\boldsymbol{L}}+\boldsymbol{C}\dot{\boldsymbol{L}}+\boldsymbol{K})\}\approx 0 \tag{11.19}$$

将式（11.1）代入式（6.2）得到

$$\boldsymbol{A}\,\overline{\boldsymbol{U}}+(\lambda^2\boldsymbol{J}_2+\lambda\boldsymbol{J}_1+\boldsymbol{A})\widetilde{\boldsymbol{U}}\mathrm{e}^{\lambda t}+\boldsymbol{b}(\overline{\boldsymbol{U}}+\mathrm{e}^{\lambda t}\widetilde{\boldsymbol{U}})=0 \tag{11.20}$$

式中：满足关系 $\boldsymbol{A}\,\overline{\boldsymbol{U}}+\boldsymbol{b}(\overline{\boldsymbol{U}})=0$ 的$\overline{\boldsymbol{U}}$表示与 $\boldsymbol{u}_0$ 关联的傅里叶系数。

根据 Floquet 理论，解的稳定性由式（11.19）决定。这样，对拟周期解稳定性的研究就转化为式（11.20）零解的稳定性分析。基于$\boldsymbol{b}(\overline{\boldsymbol{U}}+\mathrm{e}^{\lambda t}\widetilde{\boldsymbol{U}})$的泰勒展开，可以得到如下稳定性分析特征值问题：

$$[\lambda^2\boldsymbol{J}_2+\lambda\boldsymbol{J}_1+\boldsymbol{J}_0]\psi=\boldsymbol{0} \tag{11.21}$$

式中：矩阵 $\boldsymbol{J}_0$ 和 $\boldsymbol{J}_1$ 由下式给出，即

$$\boldsymbol{J}_0=\boldsymbol{A}+\frac{\partial \boldsymbol{b}}{\partial \boldsymbol{U}} \tag{11.22}$$

$$\boldsymbol{J}_1=\mathrm{diagblk}\left(\boldsymbol{C},\begin{bmatrix}\boldsymbol{C} & 2(\boldsymbol{k}^1,\omega)\boldsymbol{M}\\ -2(\boldsymbol{k}^1,\boldsymbol{\omega})\boldsymbol{M} & \boldsymbol{C}\end{bmatrix},\cdots,\begin{bmatrix}\boldsymbol{C} & 2(\boldsymbol{k}^{N_K},\boldsymbol{\omega})\boldsymbol{M}\\ -2(\boldsymbol{k}^{N_K},\boldsymbol{\omega})\boldsymbol{M} & \boldsymbol{C}\end{bmatrix}\right) \tag{11.23}$$

$$\boldsymbol{J}_2=\mathrm{diagblk}(\boldsymbol{M},\boldsymbol{M},\cdots,\boldsymbol{M}) \tag{11.24}$$

二次特征值问题式（11.21）提供了关于拟周期解稳定性的信息。下面使用标准的特征值求解方法来计算特征值和特征向量，因为它具有更高的精度和计算性能。为了构建标准特征值问题的状态空间表示，式（11.21）的特征值方程被重新表述为

$$\begin{cases}\overline{\boldsymbol{A}}\,\overline{\psi}_j=\lambda_j\,\overline{\boldsymbol{B}}\,\overline{\psi}_j\\ \overline{\boldsymbol{\phi}}_j^{\mathrm{T}}\,\overline{\boldsymbol{A}}=\lambda_j\,\overline{\boldsymbol{\phi}}_j^{\mathrm{T}}\,\overline{\boldsymbol{B}}\end{cases}\tag{11.25}$$

式中：$\overline{\boldsymbol{\phi}}_j$ 和 $\overline{\psi}_j$ 分别是与特征值 λ_j 相关的第 j 个左、右特征向量。矩阵 $\overline{\boldsymbol{A}}$ 和 $\overline{\boldsymbol{B}}$ 由下式给出：

$$\overline{\boldsymbol{A}}=\begin{bmatrix}\boldsymbol{I} & 0\\ 0 & -\boldsymbol{J}_2^{\mathrm{T}}\end{bmatrix},\overline{\boldsymbol{B}}=\begin{bmatrix}0 & \boldsymbol{I}\\ \boldsymbol{J}_0^{\mathrm{T}} & \boldsymbol{J}_1^{\mathrm{T}}\end{bmatrix}\tag{11.26}$$

根据 Floquet 理论，利用式（11.25）的特征值来分析拟周期解的稳定性。不稳定的拟周期解具有实部为正的特征值，而稳定的拟周期解将具有实部为负的特征值。借鉴参考文献［9］中的方法，选择具有最小虚部的特征值 λ_j^s（也称为 Floquet 乘子）来识别拟周期解的稳定性。

11.2.2　拟周期解稳定性因子的灵敏度分析

利用式（11.21）中的广义特征值问题，可以推导出稳定因子 λ_j^s 对影响参数 p 的灵敏度。

为计算 $\dfrac{\partial \lambda_j}{\partial p}$，式（11.21）对 p 取微分，得

$$\left[\lambda_j^2\frac{\partial \boldsymbol{J}_2}{\partial p}+\lambda_j\frac{\partial \boldsymbol{J}_1}{\partial p}+\frac{\partial \boldsymbol{J}_0}{\partial p}\right]\boldsymbol{\psi}_j+[2\lambda_j\boldsymbol{J}_2+\boldsymbol{J}_1]\boldsymbol{\psi}_j\frac{\partial \lambda_j}{\partial p}=\boldsymbol{0}\tag{11.27}$$

利用式（11.27），可得到 $\dfrac{\partial \lambda_j}{\partial p}$：

$$\frac{\partial \lambda_j}{\partial p}=-\frac{\boldsymbol{\phi}_j^{\mathrm{T}}\left(\lambda_j^2\dfrac{\partial \boldsymbol{J}_2}{\partial p}+\lambda_j\dfrac{\partial \boldsymbol{J}_1}{\partial p}+\dfrac{\partial \boldsymbol{J}_0}{\partial p}\right)\psi_j}{\boldsymbol{\phi}_j^{\mathrm{T}}(2\lambda_j\boldsymbol{J}_2+\boldsymbol{J}_1)\boldsymbol{\psi}_j}\tag{11.28}$$

根据式（11.28），$\dfrac{\partial \lambda_j}{\partial \boldsymbol{U}_{\boldsymbol{k}l}^{\mathrm{c(s)}}}$ 中的元素为

$$\frac{\partial \lambda_j}{\partial \boldsymbol{U}_{\boldsymbol{k}l}^{\mathrm{c(s)}}}=-\frac{\left(\boldsymbol{\phi}_j^{\mathrm{T}}\dfrac{\partial \boldsymbol{J}_0}{\partial \boldsymbol{U}_{\boldsymbol{k}l}^{\mathrm{c(s)}}}\boldsymbol{\psi}_j\right)}{\boldsymbol{\phi}_j^{\mathrm{T}}(2\lambda_j\boldsymbol{J}_2+\boldsymbol{J}_1)\boldsymbol{\psi}_j}\tag{11.29}$$

可利用式（11.16）计算式（11.30）中的 $\dfrac{\partial \boldsymbol{J}_0}{\partial \boldsymbol{U}_{\boldsymbol{k}l}^{\mathrm{c(s)}}}$ 如下：

$$\frac{\partial \boldsymbol{J}_0}{\partial \boldsymbol{U}_{\boldsymbol{k}l}^{\mathrm{c(s)}}}=\left(\frac{\partial\left(\dfrac{\partial \boldsymbol{b}}{\partial \boldsymbol{U}}\right)}{\partial \boldsymbol{U}_{\boldsymbol{k}l}^{\mathrm{c(s)}}}\right)\tag{11.30}$$

将式（11.16）代入式（11.30），得灵敏度为

$$\frac{\partial\left(\dfrac{\partial \boldsymbol{b}}{\partial \boldsymbol{U}}\right)}{\partial \boldsymbol{U}_{\boldsymbol{k}^l}^{\mathrm{c(s)}}}=(\boldsymbol{E}^{-1}\otimes\boldsymbol{I})\left(\frac{\partial\left(\dfrac{\partial \boldsymbol{f}_{\mathrm{nl}}(\boldsymbol{u},\tau)}{\partial \boldsymbol{u}(\tau)}\right)}{\partial \boldsymbol{U}_{\boldsymbol{k}^l}^{\mathrm{c(s)}}}\right)(\boldsymbol{E}\otimes\boldsymbol{I}) \tag{11.31}$$

为计算式（11.31）中的$\dfrac{\partial\left(\dfrac{\partial \boldsymbol{b}}{\partial \boldsymbol{U}}\right)}{\partial \boldsymbol{U}_{\boldsymbol{k}^l}^{\mathrm{c(s)}}}$，需要计算$\dfrac{\partial\left(\dfrac{\partial \boldsymbol{f}_{\mathrm{nl}}(\boldsymbol{u},\tau)}{\partial \boldsymbol{u}(\tau)}\right)}{\partial \boldsymbol{U}_{\boldsymbol{k}^l}^{\mathrm{c(s)}}}$。使用莱布尼茨法则可得

$$\frac{\partial\left(\dfrac{\partial \boldsymbol{f}_{\mathrm{nl}}(\boldsymbol{u},\tau)}{\partial \boldsymbol{u}(\tau)}\right)}{\partial \boldsymbol{U}_{\boldsymbol{k}^l}^{\mathrm{c(s)}}}=\frac{\partial\left(\dfrac{\partial \boldsymbol{f}_{\mathrm{nl}}(\boldsymbol{u},\tau)}{\partial \boldsymbol{u}(\tau)}\right)}{\partial \boldsymbol{u}(\tau)}\frac{\partial \boldsymbol{u}(\tau)}{\partial \boldsymbol{U}_{\boldsymbol{k}^l}^{\mathrm{c(s)}}} \tag{11.32}$$

根据式（11.1）推导出 $\boldsymbol{u}(\tau)$ 相对于 $\boldsymbol{U}_{\boldsymbol{k}^l}^{\mathrm{c(s)}}$ 的微分，可得到$\dfrac{\partial\left(\dfrac{\partial \boldsymbol{f}_{\mathrm{nl}}(\boldsymbol{u},\tau)}{\partial \boldsymbol{u}(\tau)}\right)}{\partial \boldsymbol{U}_{\boldsymbol{k}^l}^{\mathrm{c(s)}}}$ 的表达式为

$$\frac{\partial\left(\dfrac{\partial \boldsymbol{f}_{\mathrm{nl}}(\boldsymbol{u},\tau)}{\partial \boldsymbol{u}(\tau)}\right)}{\partial \boldsymbol{U}_{k^l}^{\mathrm{c}}}=\mathrm{diagblk}\left(\left.\frac{\partial\left(\dfrac{\partial \boldsymbol{f}_{\mathrm{nl}}(\boldsymbol{u},\tau)}{\partial \boldsymbol{u}(\tau)}\right)}{\partial \boldsymbol{u}(\tau)}\right|_{\tau_1}\cos(2\pi\ (\boldsymbol{k}^l,\boldsymbol{\tau}^1)),\left.\frac{\partial\left(\dfrac{\partial \boldsymbol{f}_{\mathrm{nl}}(\boldsymbol{u},\tau)}{\partial \boldsymbol{u}(\tau)}\right)}{\partial \boldsymbol{u}(\tau)}\right|_{\tau_2}\cos(2\pi\ (\boldsymbol{k}^l,\boldsymbol{\tau}^2)),\cdots,\right.$$
$$\left.\left.\frac{\partial\left(\dfrac{\partial \boldsymbol{f}_{\mathrm{nl}}(\boldsymbol{u},\tau)}{\partial \boldsymbol{u}(\tau)}\right)}{\partial \boldsymbol{u}(\tau)}\right|_{\tau^{N_\tau}}\cos(2\pi\ (\boldsymbol{k}^l,\boldsymbol{\tau}^{N_\tau}))\right) \tag{11.33}$$

$$\frac{\partial\left(\dfrac{\partial \boldsymbol{f}_{\mathrm{nl}}(\boldsymbol{u},\tau)}{\partial \boldsymbol{u}(\tau)}\right)}{\partial \boldsymbol{U}_{k^l}^{\mathrm{s}}}=\mathrm{diagblk}\left((\left.\frac{\partial\left(\dfrac{\partial \boldsymbol{f}_{\mathrm{nl}}(\boldsymbol{u},\tau)}{\partial \boldsymbol{u}(\tau)}\right)}{\partial \boldsymbol{u}(\tau)}\right|_{\tau_1}\sin(2\pi\ (\boldsymbol{k}^l,\boldsymbol{\tau}^1)),\left.\frac{\partial\left(\dfrac{\partial \boldsymbol{f}_{\mathrm{nl}}(\boldsymbol{u},\tau)}{\partial \boldsymbol{u}(\tau)}\right)}{\partial \boldsymbol{u}(\tau)}\right|_{\tau_2}\sin\ (2\pi\ (\boldsymbol{k}^l,\boldsymbol{\tau}^2)),\cdots,\right.$$
$$\left.\left.\frac{\partial\left(\dfrac{\partial \boldsymbol{f}_{\mathrm{nl}}(\boldsymbol{u},\tau)}{\partial \boldsymbol{u}(\tau)}\right)}{\partial \boldsymbol{u}(\tau)}\right|_{\tau^{N_\tau}}\sin\ (2\pi\ (\boldsymbol{k}^l,\boldsymbol{\tau}^{N_\tau}))\right) \tag{11.34}$$

稳定系数对 ω_i 的梯度很容易从下式获得：

$$\frac{\partial \lambda_j}{\partial \omega_i}=-\frac{\boldsymbol{\phi}_j^{\mathrm{T}}\left(\lambda_j^2\dfrac{\partial \boldsymbol{J}_2}{\partial \omega_i}+\lambda_j\dfrac{\partial \boldsymbol{J}_1}{\partial \omega_i}+\dfrac{\partial \boldsymbol{J}_0}{\partial \omega_i}\right)\boldsymbol{\psi}_j}{\boldsymbol{\phi}_j^{\mathrm{T}}[2\lambda_j\boldsymbol{J}_2+\boldsymbol{J}_1]\boldsymbol{\psi}_j} \tag{11.35}$$

式中相关矩阵详细如下：

$$\frac{\partial \boldsymbol{J}_1}{\partial \omega_i}=\mathrm{diag}\left(0,2k_i^1\begin{bmatrix}\boldsymbol{0} & \boldsymbol{M}\\ -\boldsymbol{M} & \boldsymbol{0}\end{bmatrix},\cdots,2k_i^{N_K}\begin{bmatrix}\boldsymbol{0} & \boldsymbol{M}\\ -\boldsymbol{M} & \boldsymbol{0}\end{bmatrix}\right)$$

$$\frac{\partial \boldsymbol{J}_0}{\partial \omega_i}=\mathrm{diag}\left(0,\begin{bmatrix}-2(\boldsymbol{k}^1,\boldsymbol{\omega})k_i^1\boldsymbol{M} & k_i^1\boldsymbol{C}\\ -k_i^1\boldsymbol{C} & -2(\boldsymbol{k}^1,\boldsymbol{\omega})k_i^1\boldsymbol{M}\end{bmatrix},\cdots,\begin{bmatrix}-2(\boldsymbol{k}^{N_K},\boldsymbol{\omega})k_i^{N_K}\boldsymbol{M} & k_1^{N_K}\boldsymbol{C}\\ -k_i^{N_K}\boldsymbol{C} & -2(\boldsymbol{k}^{N_K},\boldsymbol{\omega})k_i^{N_K}\boldsymbol{M}\end{bmatrix}\right) \tag{11.36}$$

本节提出了一种非线性系统拟周期解的稳定性分析方法，利用摄动理论得到标准特征值问题，推导了稳定性因子的灵敏度。

11.3　数值算例

下面通过数值算例验证 11.1 节和 11.2 节方法的有效性。

11.3.1　Duffing 振子数值算例

第一个算例采用文献中广泛使用的 Duffing 振子，其运动方程为

$$\ddot{u}+2\zeta\dot{u}+u+\gamma u^3=f_1\sin(\omega_1 t)+f_2\sin(\omega_2 t) \tag{11.37}$$

式中：ζ、γ 分别是阻尼系数和非线性刚度系数；f_1 和 f_2 表示力幅值；ω_1 和 $\omega_2=\dfrac{\omega_1}{\sqrt{2}}$ 是激励频率。在后续数值仿真中，式(11.37)仿真参数与文献[14]结构参数相同：$\zeta=0.1$，$\gamma=0.2$，$f_1=f_2=5$，$\omega_1/\omega_2=\sqrt{2}$。

为验证 11.1 节的和 11.2 节的方法，首先使用简约空间 SQP 算法寻找最坏情形共振响应对应的拟周期解，优化变量是傅里叶系数 $\boldsymbol{U}$ 和共振响应频率 ω_1，目标函数是 $\boldsymbol{U}$ 的 2 范数，优化算法的参数设置如下：简约空间 SQP 算法允许的最大迭代次数为 600，而目标函数和约束函数的误差均设置为 10^{-6}，$N_{\mathrm{H}}=5$，考虑 ω_1 频率范围为 0.1～8rad/s。通过计算 $\|\boldsymbol{g}(\boldsymbol{x})\|_1$ 的残差来分析约束精度，目标函数和约束函数的收敛迭代过程如图 11.4 所示。从图 11.4 可以看出，优化算法仅需 52 次迭代就能收敛。

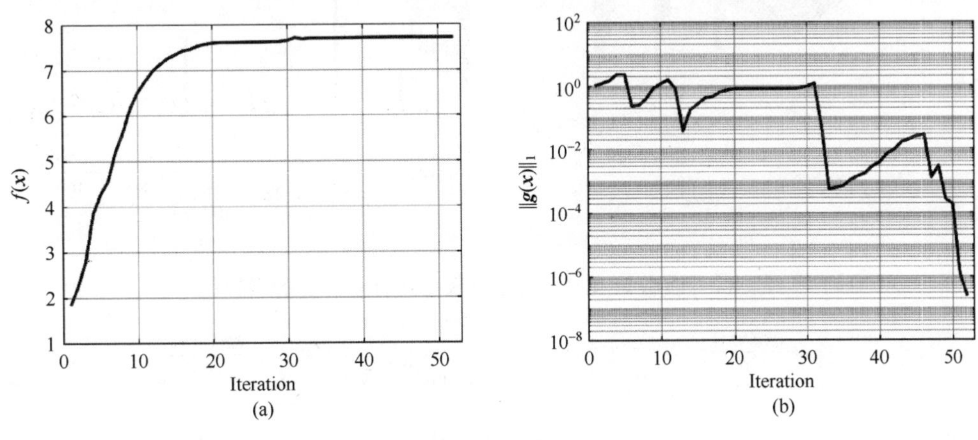

图 11.4　共振峰值拟周期解的优化迭代过程

应用 11.1 节方法数值优化的结果如图 11.5 所示。由图 11.4 和图 11.5 可知，在频率 4.5349rad/s 处，Duffing 振子最大共振峰峰值为 7.7073。图 11.5 中数值结果表明，系统响应中谐波分量(0,1)数值很大，谐波分量(1,0)以及其他高次谐波分量如(−1,2)(0,3)数值相对很小。

最坏共振情况下拟周期解的灵敏度分析结果如图 11.6 所示，由图可知，矩阵 $\dfrac{\partial \boldsymbol{g}(\boldsymbol{x})}{\partial \boldsymbol{U}}$ 对角线元素上灵敏度值很大，数值为−1500～0，最小值在−1500 左右。下面采用有限差分法校核灵敏度分析结果，两种方法的灵敏度结果对比如图 11.7 所示，11.1.3

节方法与有限差分方法得到的$\dfrac{\partial \boldsymbol{g}(\boldsymbol{x})}{\partial \boldsymbol{U}}$和$\dfrac{\partial \boldsymbol{g}(\boldsymbol{x})}{\partial \omega_1}$的灵敏度值几乎完全一致，最大相对差值小于 4×10^{-6}。

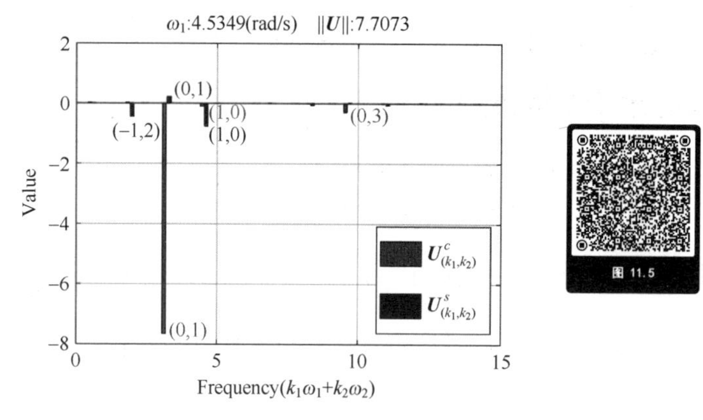

图 11.5　11.1 节方法数值优化结果

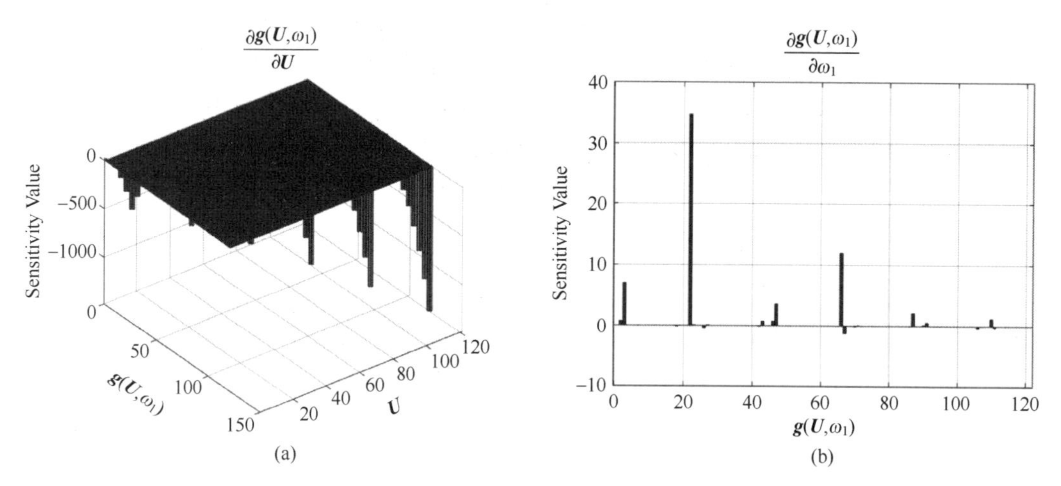

图 11.6　应用 11.1.3 节方法计算得到的灵敏度分析结果

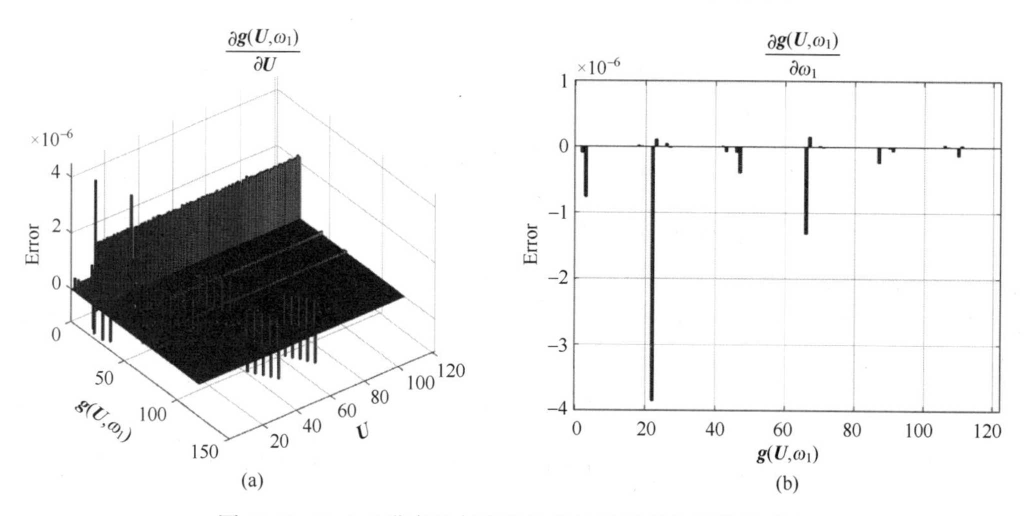

图 11.7　11.1.3 节方法与有限差分法灵敏度分析结果对比

11.1.3 节方法与有限差分方法计算$\frac{\partial \lambda_1^s}{\partial \boldsymbol{U}_{(k_1,k_2)}^c}$和$\frac{\partial \lambda_1^s}{\partial \boldsymbol{U}_{(k_1,k_2)}^s}$灵敏度结果对比如图 11.8 所示，其中符号 RSQPHBM 和“有限差分方法”分别表示 11.1.3 节方法和有限差分方法的结果。由图可知，两种方法灵敏度分析结果差异可以忽略不计。$\frac{\partial \lambda_1^s}{\partial \boldsymbol{U}_{(k_1,k_2)}^c}$和$\frac{\partial \lambda_1^s}{\partial \boldsymbol{U}_{(k_1,k_2)}^s}$的实部为零，$\frac{\partial \lambda_1^s}{\partial \boldsymbol{U}_{(k_1,k_2)}^c}$与谐波分量(0,1)、(0,3) 和(0,5)相关的灵敏度值较大，而$\frac{\partial \lambda_1^s}{\partial \boldsymbol{U}_{(k_1,k_2)}^s}$与谐波分量(-1,2)、(-1,4)、(0,3)、(1,2)和(-1,6)相关的灵敏度值较大。灵敏度的实部和虚部计算结果与有限差分法计算结果吻合很好，说明 11.1.3 节灵敏度分析方法是准确的。

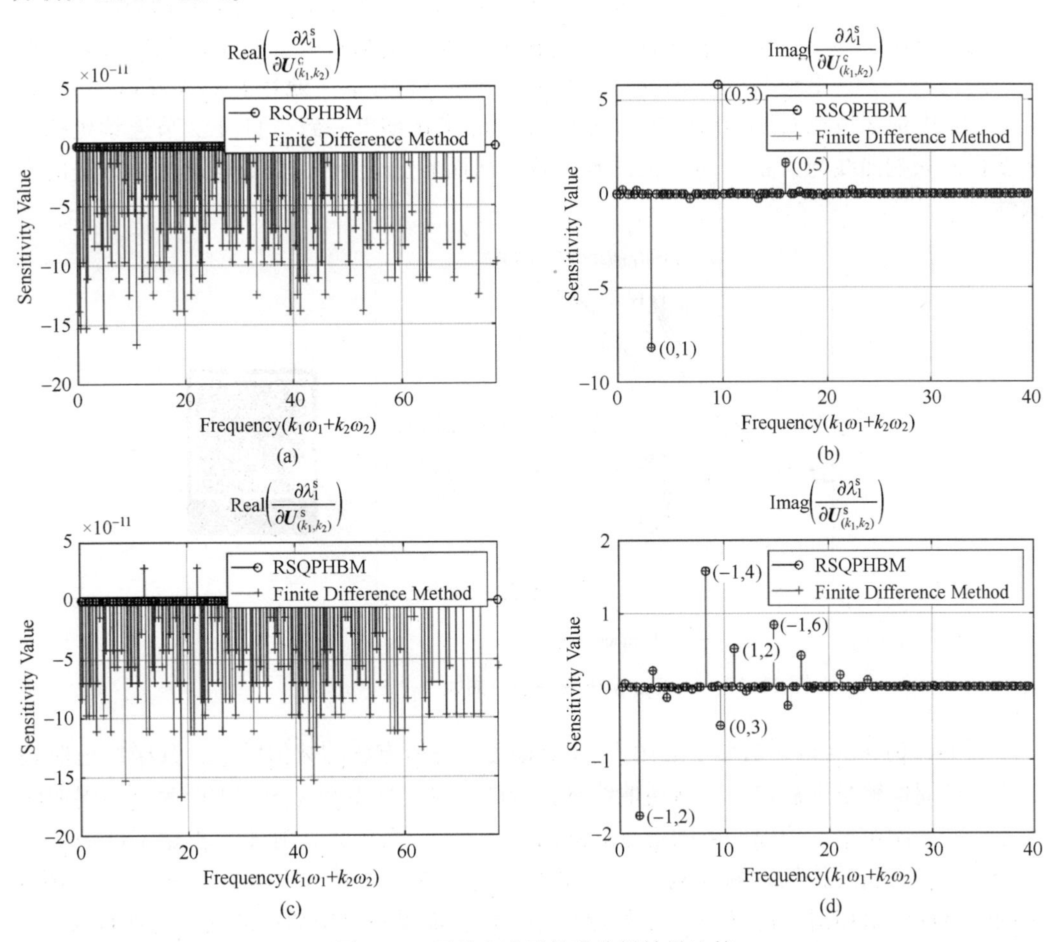

图 11.8　两种方法灵敏度分析结果比较

利用四阶 Runge-Kutta 方法可以计算 Duffing 振子数值积分解，图 11.5 中的拟周期解对应的时间历程和相空间轨迹如图 11.9 所示，由图可知，11.1 节方法的计算结果与时域数值积分解一致，Duffing 振子相位图表现出拟周期运动典型特征。

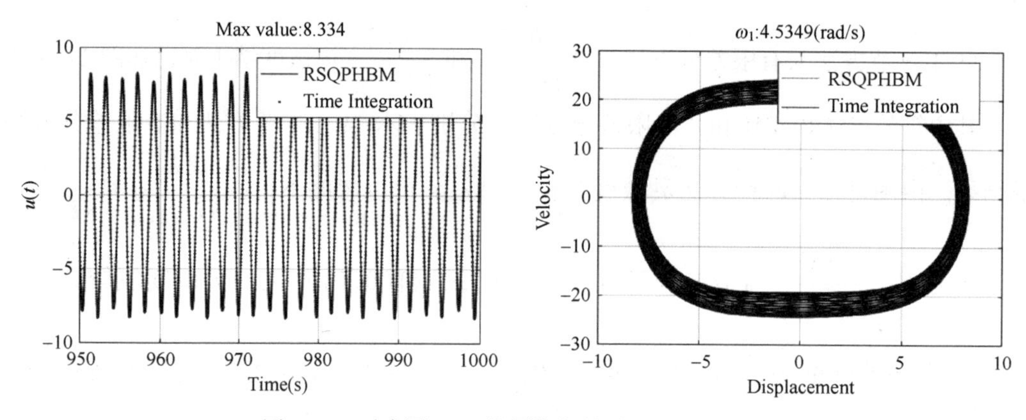

图 11.9　对应图 11.5 拟周期解的时程和相平面图

图 11.10 给出了运用 11.1 节方法计算得到的 Duffing 振子拟周期运动频响曲线，从图中可以看出，当 $\gamma>0$ 时，频响曲线向右弯曲，表现出硬特性。与单频激励的频响曲线不同，图 11.10 出现两个共振峰，在共振频率 4.5354rad/s 处具有最大峰值 7.7073。图 11.10 中最坏情形共振响应结果与图 11.5 中的优化结果一致。11.1.2 节连续延拓方法获得的频响曲线与文献［14］的图 6 一致，从而验证了 11.1.2 节连续延拓方法的有效性。

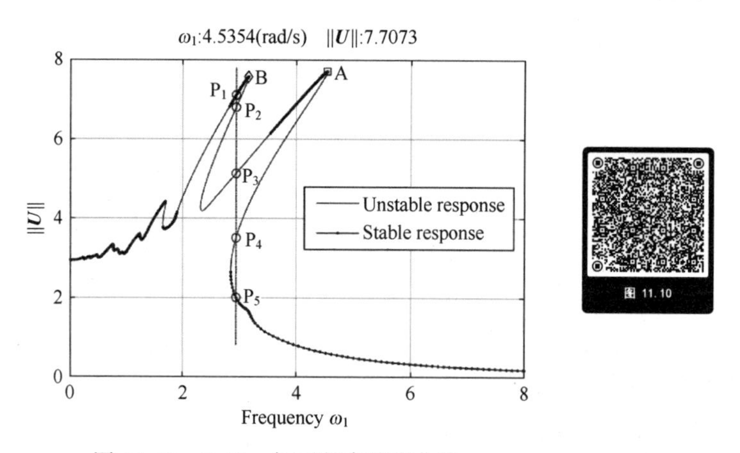

图 11.10　Duffing 振子频率响应曲线

图 11.10($N_H=5$)还给出了运用 11.2 节稳定性分析方法的数值结果，其中红色曲线对应的拟周期解是不稳定的，蓝色曲线是稳定的，稳定性系数 $\lambda_1^s>\varepsilon=10^{-3}$ 表示拟周期解不稳定。如图所示，拟周期解的稳定性随激励频率 ω_1 而变化，有 4 个不稳定区域，在两个共振峰之间的拟周期解不稳定。与文献［14］相比，图 11.10 与文献［14］图 9 中的稳定性结果相似，11.2 节稳定性分析方法定量地反映了拟周期解的稳定性行为。

下面研究谐波数 N_H 对稳定性分析精度的影响。图 11.11 比较了不同 N_H 计算得到的稳定因子，由图可知，尽管存在差异，采用不同谐波数计算的稳定曲线彼此很接近，这表明 $N_H=5$ 时可足够精确地分析拟周期解的稳定性。

当激励频率 $\omega_1=2.95$rad/s 时，图 11.10 中 Duffing 振子同时存在 5 个拟周期解，表 11.1 列出几个典型拟周期解的稳定性分析结果，表中 λ_j^s 代表采用 11.2 节稳定性分

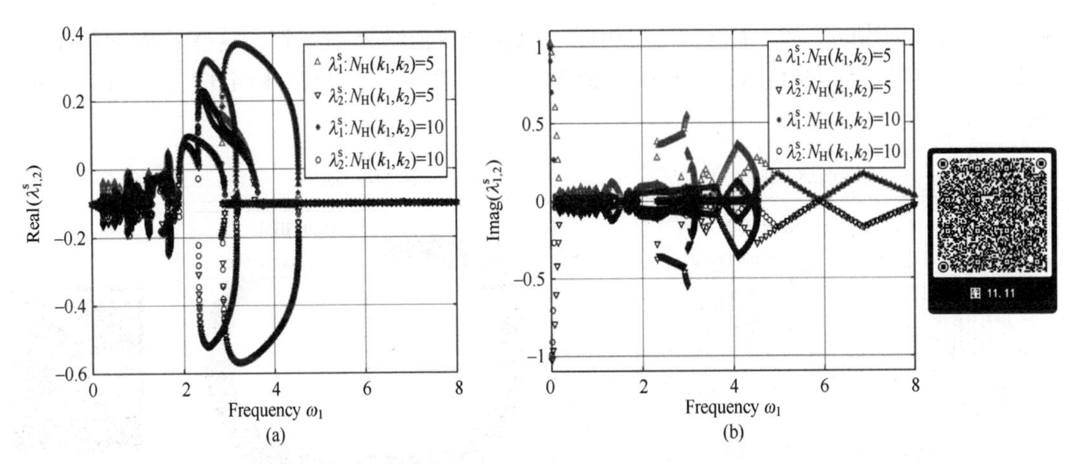

图 11.11　谐波项数对稳定性分析精度的影响

析方法计算得到的 Floquet 乘子，表中还给出了 $N_H=10$ 时计算得到的稳定性因子。通过比较表中 $N_H=5$ 和 $N_H=10$ 两种情形的稳定性因子可知，N_H 取不同值时，解 A、B、P_1、P_2、P_4 和 P_5 具有相似的稳定性分析结果。由于解 A、B、P_1 和 P_5 的稳定因子实部为 -0.01（小于零），因此解 A、B、P_1 和 P_5 是稳定的，而拟周期解 P_2、P_3 和 P_4 的稳定因子实部为正，因而这些解是不稳定的。

表 11.1　拟周期解稳定性分析结果汇总

	$N_H=5$			$N_H=10$		
	λ_j^s	$\Vert\boldsymbol{U}\Vert$	u_{max}	λ_j^s	$\Vert\boldsymbol{U}\Vert$	u_{max}
A	-0.1000 - 0.0541i -0.1000 +0.0541i	7.7073	8.334(ω_1 :4.5354)	-0.1000 - 0.0540i -0.1000 + 0.0540i	7.7072	8.3308（ω_1 :4.5349）
B	-0.1000 - 0.0534i -0.1000 + 0.0534i	7.5756	8.5855（ω_1 :3.167）	-0.1000 - 0.0533i -0.1000 + 0.0533i	7.5747	8.5955（ω_1 :3.1668）
P_1	-0.1000 - 0.1191i -0.1000 + 0.1191i	7.1131	8.2692	-0.1000 - 0.0081i -0.1000 + 0.0081i	7.1124	8.2859
P_2	0.2421 + 0.0000i -0.4421 +0.0000i	6.8045	7.8376	0.2420 + 0.0000i -0.4420 + 0.0000i	6.8043	7.847
P_3	0.0880 - 0.4323i 0.0880 + 0.4323i	5.1361	6.4	0.0730 - 0.2951i 0.0730 + 0.2951i	5.1308	6.3809
P_4	0.3201 + 0.0000i -0.5201 + 0.0000i	3.5080	3.9305	0.3201 + 0.0000i -0.5201 + 0.0000i	3.5077	3.9292
P_5	-0.1000 - 0.0529i -0.1000 + 0.0529i	2.0098	2.3336	-0.1000 - 0.0541i -0.1000 + 0.0541i	2.0096	2.3359

下面运用时域数值积分解验证表 11.1 稳定性分析结果。图 11.12~图 11.15 比较了时域积分法（采用固定步长为 0.01 的四阶 Runge-Kutta 法）和 11.1 节方法计算得到的拟周期解时域响应，其中蓝线和红点分别表示 11.1 节方法解和时域数值积分解。如图 11.12~图 11.17 所示，在相图中可观察到典型拟周期运动特征。对于拟周期解 B、P_1 和 P_5，所提出的方法和时域积分方法的数值结果一致，从而验证了这些拟周期解的

稳定性。而拟周期解 P_2、P_3和 P_4 与相应时域积分数值结果不一致，这些拟周期解是不稳定的。图 11.12~图 11.17 中时域数值积分结果验证了表 11.1 稳定性分析结果的正确性。

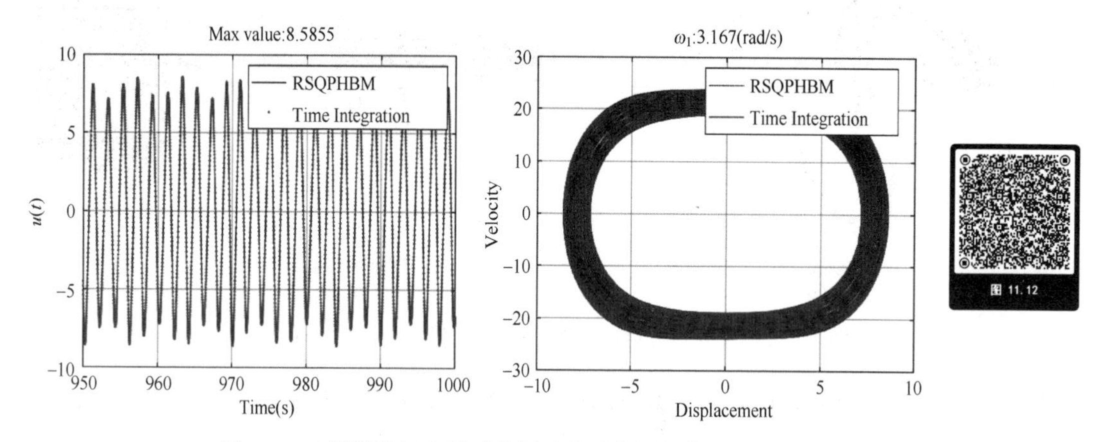

图 11.12　拟周期解 B 的时程图及其对应的相位图

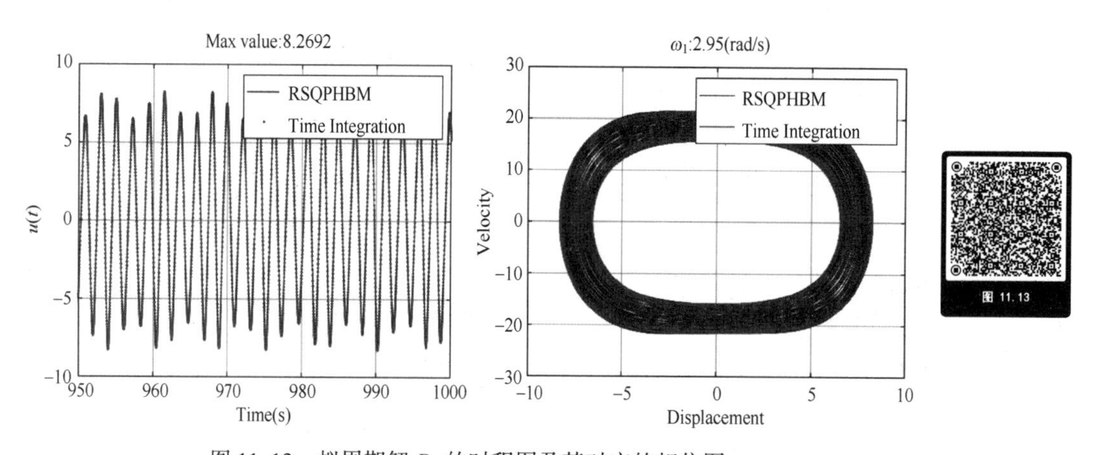

图 11.13　拟周期解 P_1 的时程图及其对应的相位图

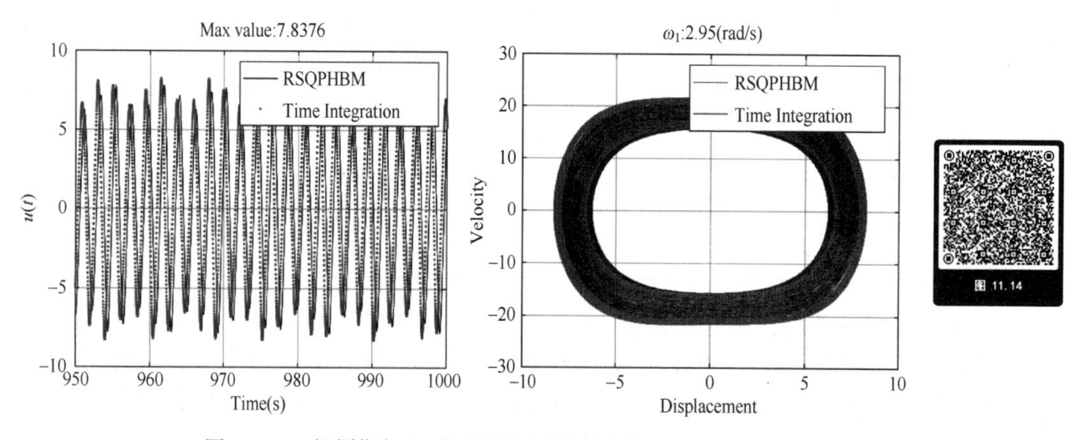

图 11.14　拟周期解 P_2 的时程图及其对应的相位图

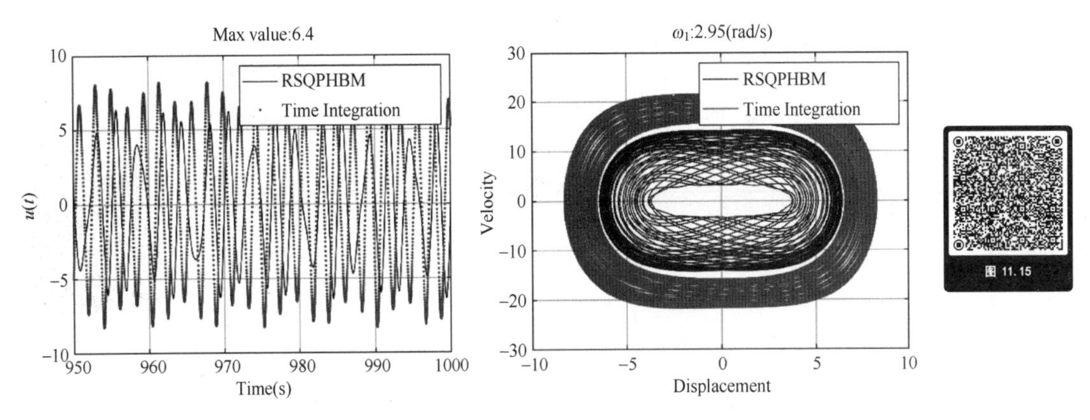

图 11.15　拟周期解 P_3 的时程图及其对应的相位图

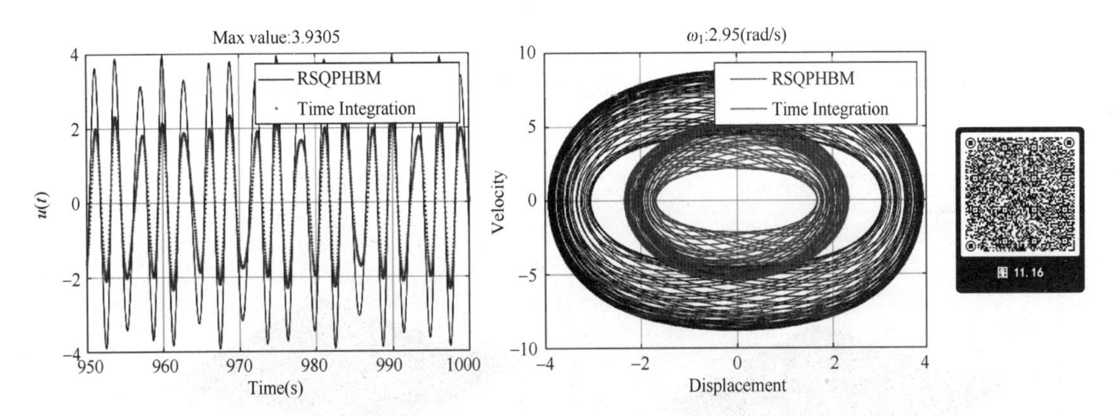

图 11.16　拟周期解 P_4 的时程图及其对应的相位图

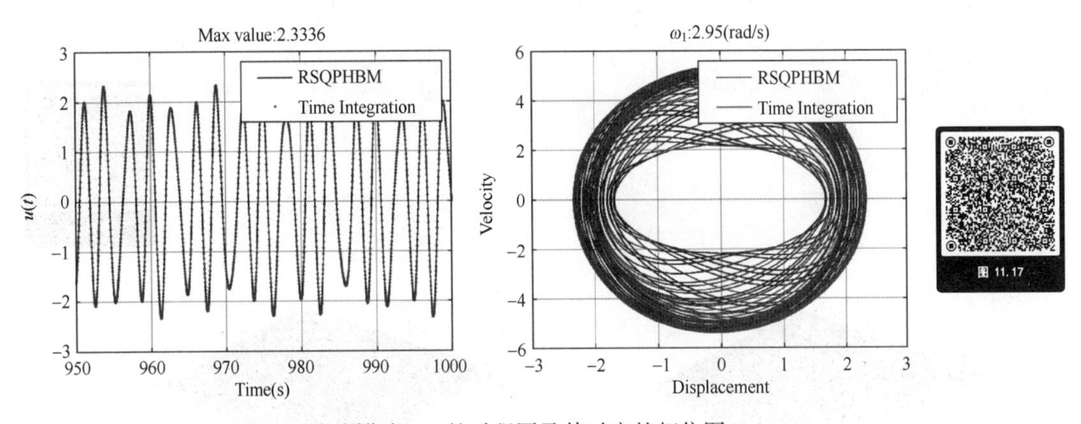

图 11.17　拟周期解 P_5 的时程图及其对应的相位图

下面运用 11.2.2 节的方法分析 Duffing 振子稳定性因子的灵敏度。图 11.18 给出了灵敏度$\frac{\partial \lambda_1^{s}}{\partial \omega_1}$和$\frac{\partial \lambda_2^{s}}{\partial \omega_1}$（其他输入参数保持恒定，改变激励频率影响参数），如图所示，分岔点具有非常大的灵敏度值，分岔点处谐波平衡非线性方程的雅可比矩阵接近奇异，与分岔点相关的拟周期解对结构参数的变化很敏感。

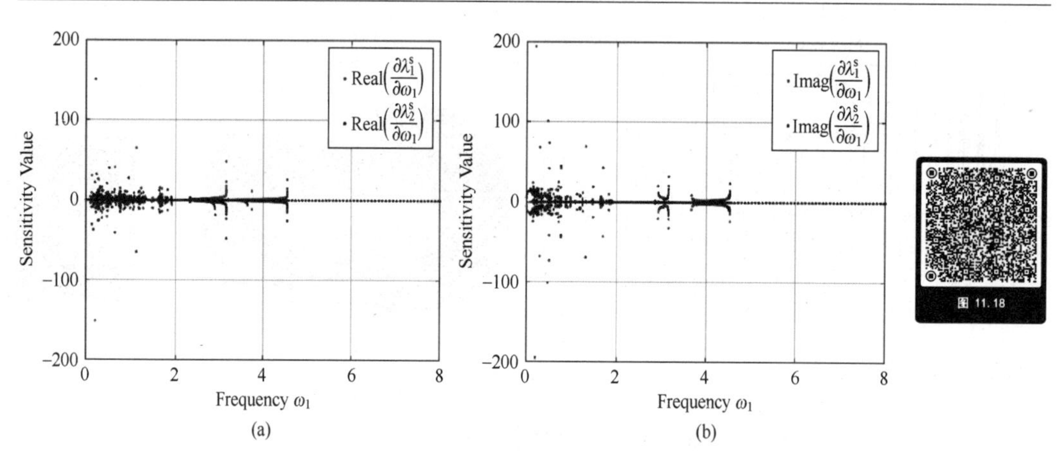

图 11.18 稳定因子相对于激励频率的灵敏度分析结果

图 11.19 给出了$\frac{\partial \boldsymbol{\lambda}_1^{s}}{\partial \boldsymbol{U}_{(k_1,k_2)}^{c(s)}}$实部与虚部随激励频率 ω_1 变化的灵敏度分析曲线，如图所

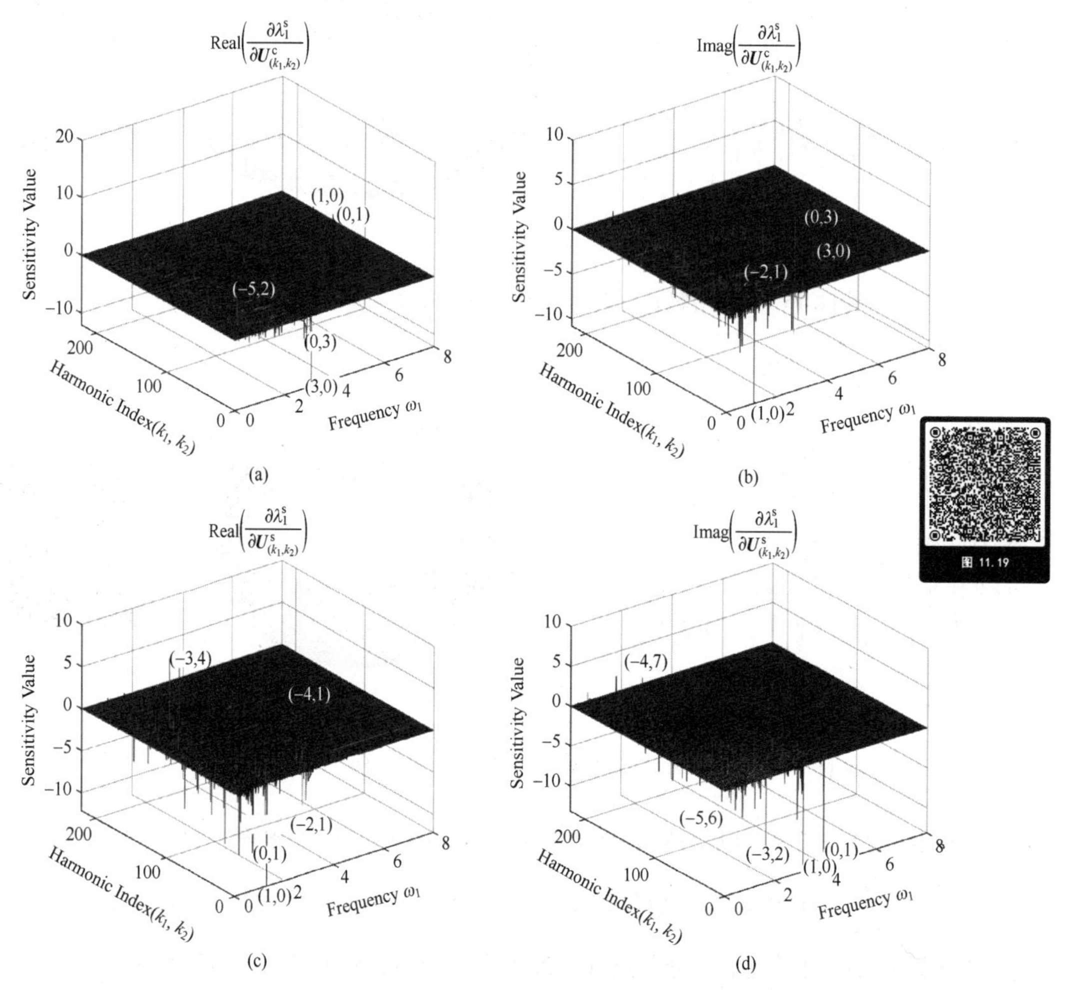

图 11.19 不同谐波指数(k_1,k_2)稳定性因子灵敏度分析结果与 ω_1 的函数关系

示，与(1,0)、(0,1)谐波组合项相关的灵敏度值很大。对于$\dfrac{\partial \boldsymbol{\lambda}_1^{\mathrm{s}}}{\partial \boldsymbol{U}_{(k_1,k_2)}^{\mathrm{c}}}$，可以在图 11.19 (a) 和 (b) 中看到高阶谐波组合(3,0)、(0,3)分量。对于$\dfrac{\partial \boldsymbol{\lambda}_j^{\mathrm{s}}}{\partial \boldsymbol{U}_{(k_1,k_2)}^{\mathrm{s}}}$的实部，与谐波组合项(−3,4)、(−4,1)和(−2,1)相关的灵敏度比其他项大。对于$\dfrac{\partial \boldsymbol{\lambda}_j^{\mathrm{s}}}{\partial \boldsymbol{U}_{(k_1,k_2)}^{\mathrm{s}}}$的虚部，可以在图 11.19 (d) 中观察到与高阶谐波组合(−4,7)、(−5,6)和(−3,2)相关的高灵敏度值。

计算得到的$\dfrac{\partial \boldsymbol{\lambda}_2^{\mathrm{s}}}{\partial \boldsymbol{U}_{(k_1,k_2)}^{\mathrm{c(s)}}}$的实部和虚部如图 11.20 所示，灵敏度曲线包含许多较小的峰值，部分谐波组合分量灵敏度值很大，谐波分量(1,0)(0,1)具有最高的灵敏度值。对于$\dfrac{\partial \boldsymbol{\lambda}_2^{\mathrm{s}}}{\partial \boldsymbol{U}_{(k_1,k_2)}^{\mathrm{c}}}$，谐波分量(3,0)、(0,3)是影响系统稳定性的重要因素。而图 11.20 (c) 稳定性因子 $\boldsymbol{\lambda}_2^{\mathrm{s}}$ 对高阶谐波组合(−4,1)、(−3,4)、(−2,1)项非常敏感，这些谐波项的灵敏度值较高。类似的现象可在图 11.20 (d) 中观察到。

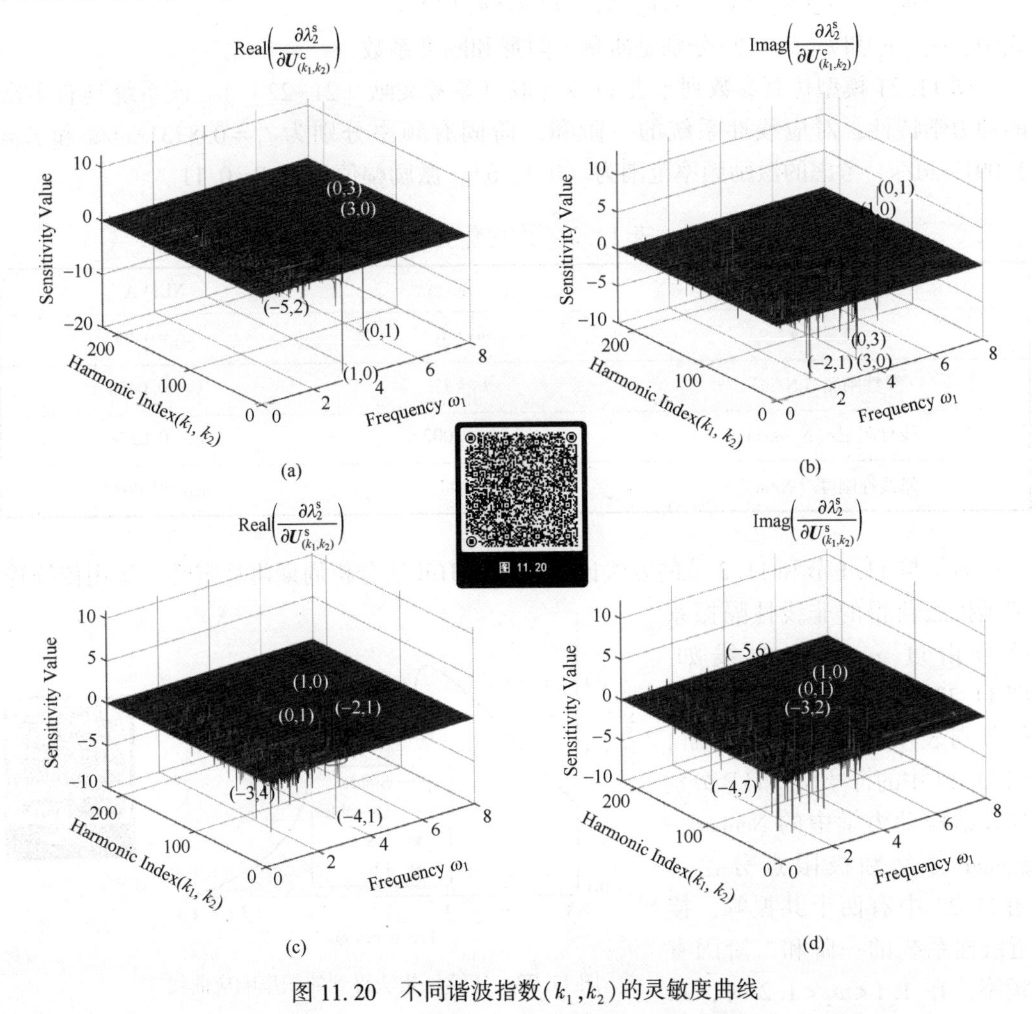

图 11.20　不同谐波指数(k_1,k_2)的灵敏度曲线

11.3.2 非线性隔振器数值算例

为进一步验证 11.1 节和 11.2 节方法的有效性，第二个算例考虑图 11.21 所示非线性隔振器，图 11.21 中的主系统 u_1 受到谐波激励 $F\cos(\omega_1 t)$，$g(u_1-u_2)=k_{nl}(u_1-u_2)^3$ 表示位移 u_1 和 u_2 的非线性函数，k_{nl1} 表示非线性刚度系数。

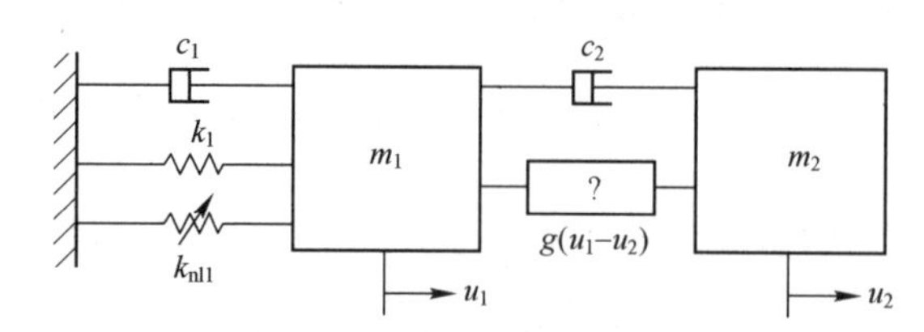

图 11.21 非线性隔振器模型

图 11.21 所示非线性隔振系统的运动方程为

$$\begin{cases} m_1\ddot{u}_1+c_1\dot{u}_1+k_1u_1+k_{nl1}u_1^3+c_2(\dot{u}_1-\dot{u}_2)+k_2(u_1-u_2)+g(u_1-u_2)=F\cos(\omega_1 t) \\ m_2\ddot{u}_2+c_2(\dot{u}_2-\dot{u}_1)+k_2(u_2-u_1)-g(u_1-u_2)=0 \end{cases} \tag{11.38}$$

式中：m_i、c_i 和 $k_i(i=1,2)$ 分别是质量、阻尼和刚度系数。

图 11.21 模型仿真参数列于表 11.2（取自参考文献［21-22］）。该系统具有丰富的动力学特性，对应线性系统的一阶和二阶固有频率分别为 $f_1=0.8731\text{rad/s}$ 和 $f_2=1.0913\text{rad/s}$，考虑的激励频率范围为（0.1，6），激励幅值设为 $F=0.11$。

表 11.2 结构仿真参数

参　数	主　系　统	NLTVA
质量/kg	$m_1=1$	$m_2=0.05$
线性刚度/(N/m)	$k_1=1$	$k_2=0.0454$
线性阻尼/(N·s/m)	$c_1=0.002$	$c_2=0.0128$
非线性刚度/(N/m^3)	$k_{nl1}=1$	$k_{nl2}=0.0042$

为了与 11.1 节和 11.2 节的方法比较，采用 Hill 法分析周期解稳定性，运用传统连续延拓法获得的非线性隔振系统自由度 u_1 频响曲线如图 11.22 所示，图中蓝线和红线分别表示稳定和不稳定解，图 11.22 中的符号 NS 和 LP 分别代表结构动力学中的 Neimark-Sacker 分岔和极限点分岔。图 11.22 中有两个共振峰，接近线性系统的一阶和二阶固有频率，在 $1.1<\omega_1<1.2$ 时，系

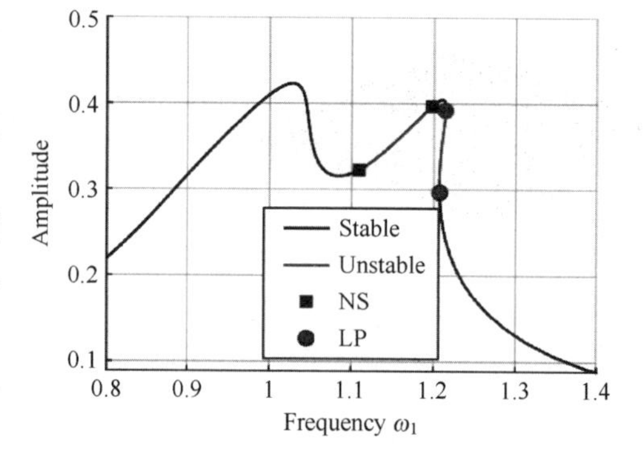

图 11.22 连续延拓法得到的频率响应曲线

统表现出复杂的运动响应，存在 Neimark-Sacker 分岔和极限点分岔，出现 Neimark-Sacker 分岔表明非线性隔振系统从周期运动过渡到拟周期运动，稳定性分析表明，两个 Neimark-Sacker 分岔点之间的周期解不稳定。

为提供 11.1 节连续延拓方法的初始解，式（11.14）中优化目标变为在给定频率 ω_1 下使傅里叶系数 $\boldsymbol{U}$ 的 2 范数最大化。基于获得的初始解，选择 $N_{\mathrm{H}}=10$，利用 11.1.2 节连续延拓方法计算得到的拟周期解频响曲线如图 11.23 所示，在 $\omega_1 \in [1.1, 1.2]$（rad/s）频率范围系统响应为拟周期运动，该频率区间位于图 11.22 中两个 NS 分岔点之间。在图 11.23 中可以观察到，连续延拓曲线随着激励频率变化单调变化，所有的 Floquet 乘子都小于或等于 0，因此拟周期解是稳定的。稳定因子 λ_1^{s} 的值随着 ω_1 和 ω_2 的增加而下降，达到最小值后，随 ω_1 增大，λ_1^{s} 增大。

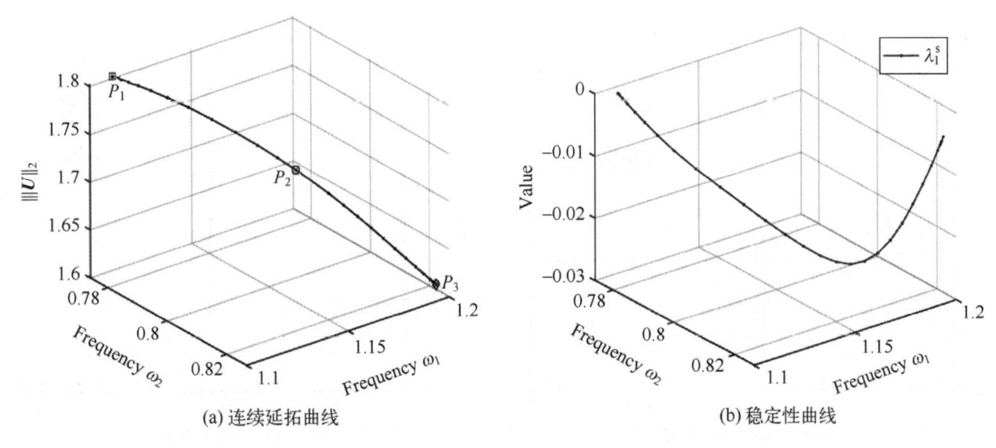

(a) 连续延拓曲线　　(b) 稳定性曲线

图 11.23　拟周期解的频响和稳定性曲线

图 11.24 给出了图 11.23（a）中三个解 P_1、P_2 和 P_3 的频谱，主导拟周期响应的是一次谐波分量（1，0）等低阶谐波组合项，与谐波分量（1，0）相关的值明显大于其他谐波项的值，同时存在高阶次谐波组合(-1,3)和(-3,3)项。

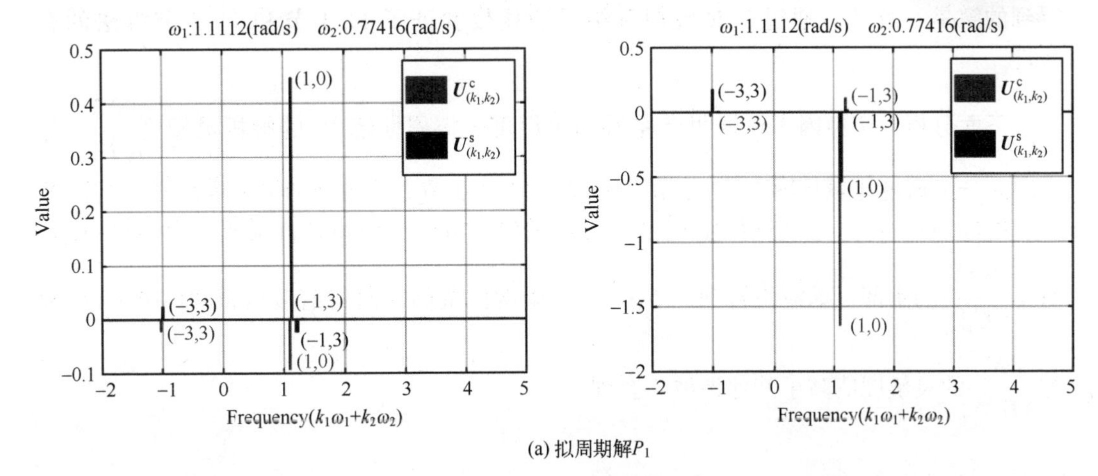

(a) 拟周期解P_1

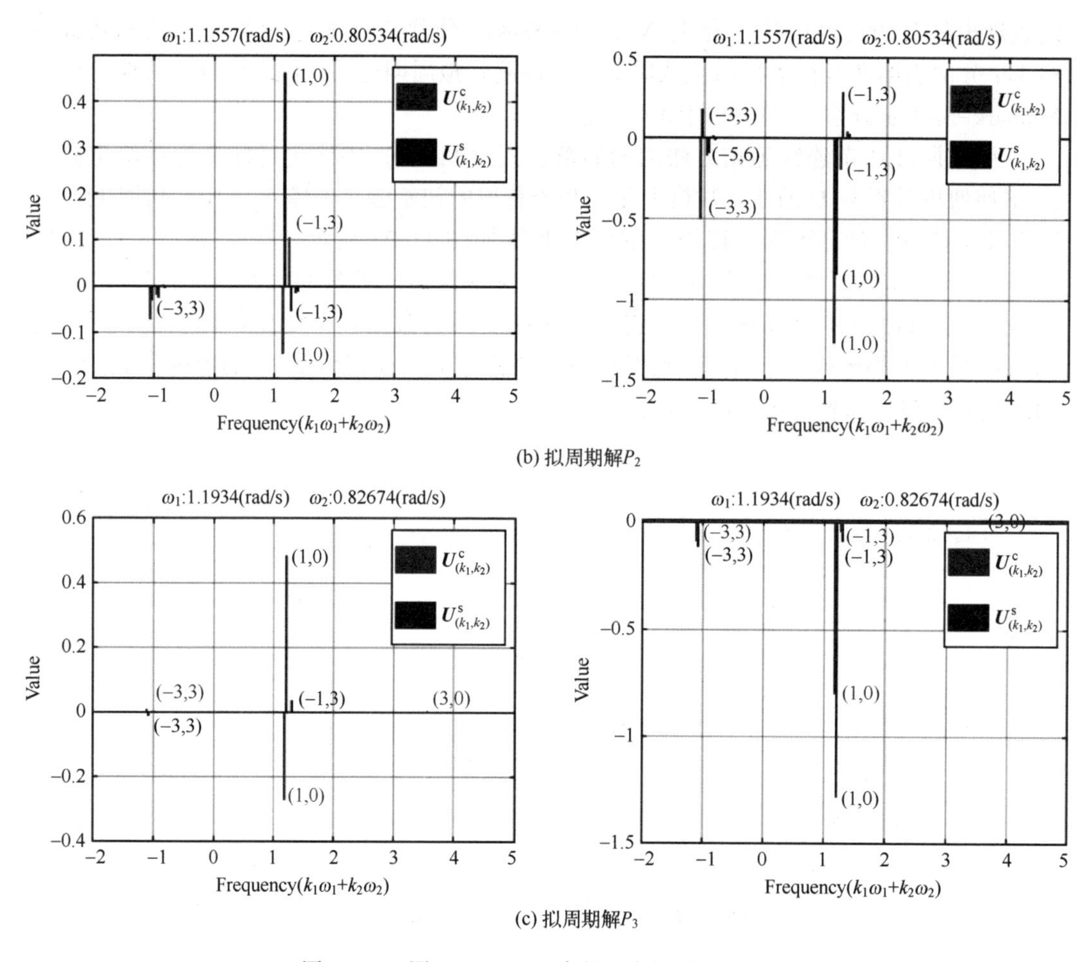

(b) 拟周期解P_2

(c) 拟周期解P_3

图 11.24 图 11.23（a）中的三个拟周期解频谱

图 11.24 中拟周期解的稳定性通过与时域积分解比较来验证。图 11.25 显示了图 11.24 中三个拟周期解的时间历程和相位图，如图 11.25 所示，时域仿真数值结果表明这些解是拟周期运动响应，相位图关于坐标线对称，可以观察到多环轨道。两种方法得到的解是一致的，通过与时域积分结果的比较验证了 11.1 节和 11.2 节方法的有效性。

下面分析稳定性因子对傅里叶系数的灵敏度。拟周期解 P_2 的解析灵敏度$\dfrac{\partial \boldsymbol{\lambda}_1^{s}}{\partial \boldsymbol{U}_{\boldsymbol{k}j}^{c(s)}}$与有限差分灵敏度比较见图 11.26，由图可知，11.2.2 节方法得到的灵敏度结果与有限差分灵敏度非常吻合，在图 11.26 灵敏度分析结果中可以发现包含许多高阶谐波组合项。对于$\dfrac{\partial \boldsymbol{\lambda}_1^{s}}{\partial \boldsymbol{U}_{\boldsymbol{k}j}^{c(s)}}$的实部，谐波组合项(−5,6)的灵敏度值最高，而与谐波组合项(−6,6)相关的$\dfrac{\partial \boldsymbol{\lambda}_1^{s}}{\partial \boldsymbol{U}_{\boldsymbol{k}j}^{c(s)}}$的灵敏度值高于其他谐波组合项。

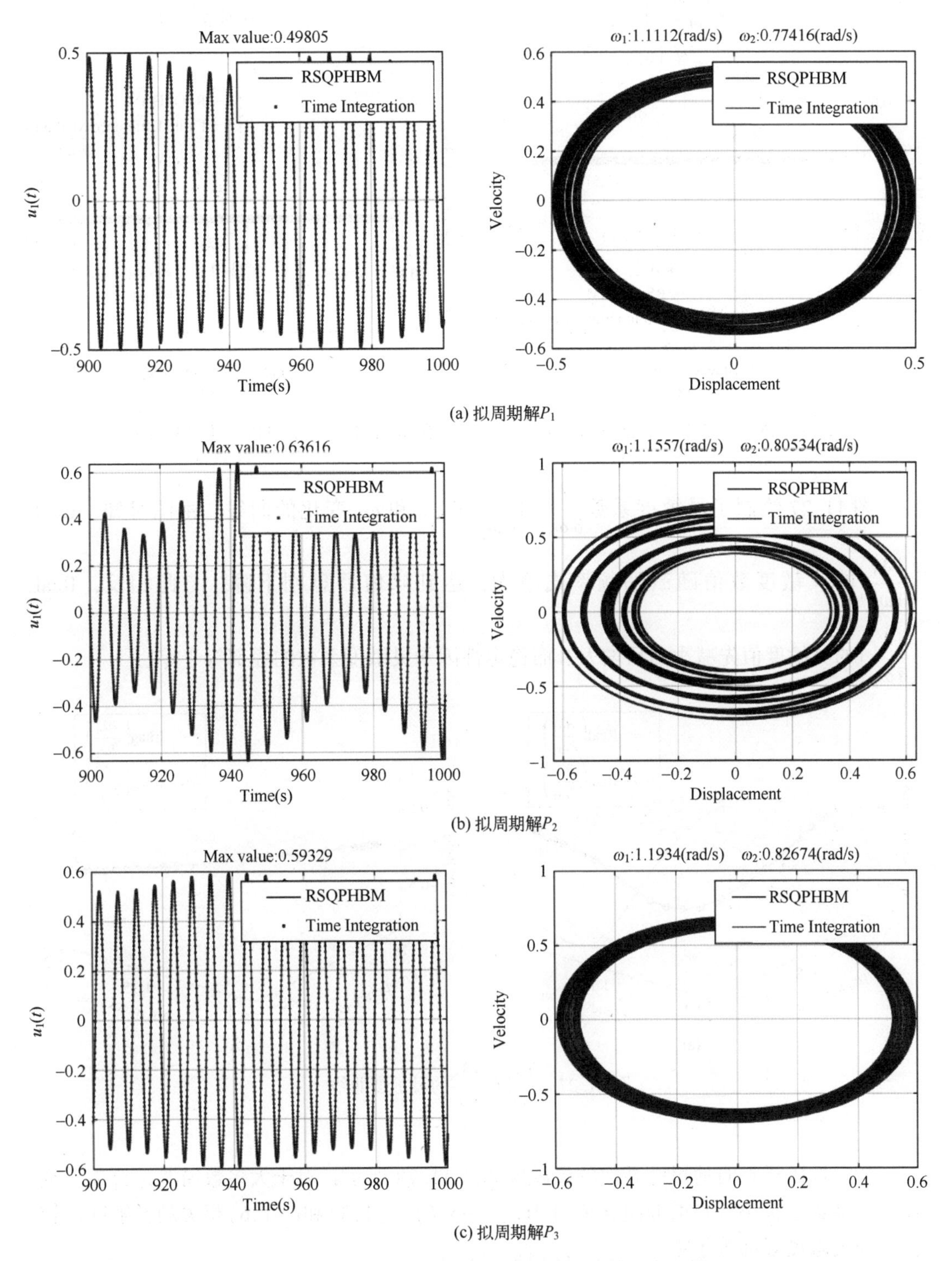

(a) 拟周期解P_1

(b) 拟周期解P_2

(c) 拟周期解P_3

图 11.25　图 11.24 中拟周期解的时程图及其对应的相图

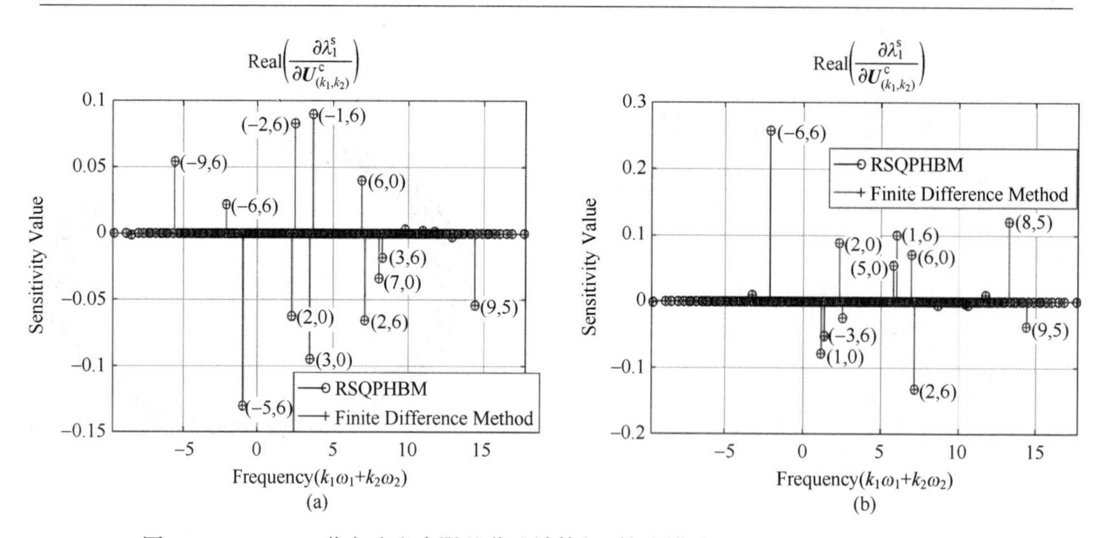

图 11.26　11.2.2 节方法和有限差分法计算得到拟周期解 P_2 灵敏度分析结果比较

图 11.27 绘制了灵敏度系数$\frac{\partial \lambda_1^s}{\partial \omega_1}$和$\frac{\partial \lambda_1^s}{\partial \omega_2}$随 ω_1 和 ω_2 变化的曲线，由图可知，Real$\left(\frac{\partial \lambda_1^s}{\partial \omega_2}\right)$的灵敏度数值随激励频率先增大，达到峰值后急剧下降。与此相反，Real$\left(\frac{\partial \lambda_1^s}{\partial \omega_2}\right)$的灵敏度值先减小然后增大。而稳定性因子灵敏度系数的虚部等于零。

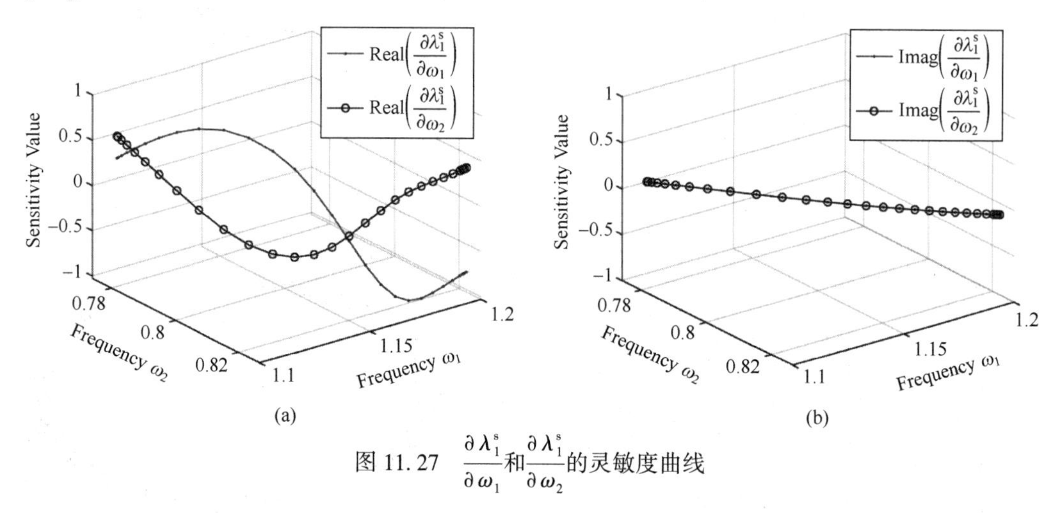

图 11.27　$\frac{\partial \lambda_1^s}{\partial \omega_1}$和$\frac{\partial \lambda_1^s}{\partial \omega_2}$的灵敏度曲线

稳定性因子相对傅里叶系数的灵敏度如图 11.28 所示，对于大多数谐波组合项，灵敏度实部数值很小，与谐波组合项(1,0)、(-5,6)、(1,3)和(-1,6)相关的灵敏度值较高，而灵敏度虚部等于零。

第二个自由度 u_2的灵敏度分析结果如图 11.29 所示，与图 11.28 类似，灵敏度实部具有较大数值，谐波组合项(1,0)、(-5,6)、(1,3)、(-1,6)具有较高的灵敏度系数值，其他谐波组合项值几乎可以忽略不计，而灵敏度系数的虚部对谐波系数的变化不敏感。

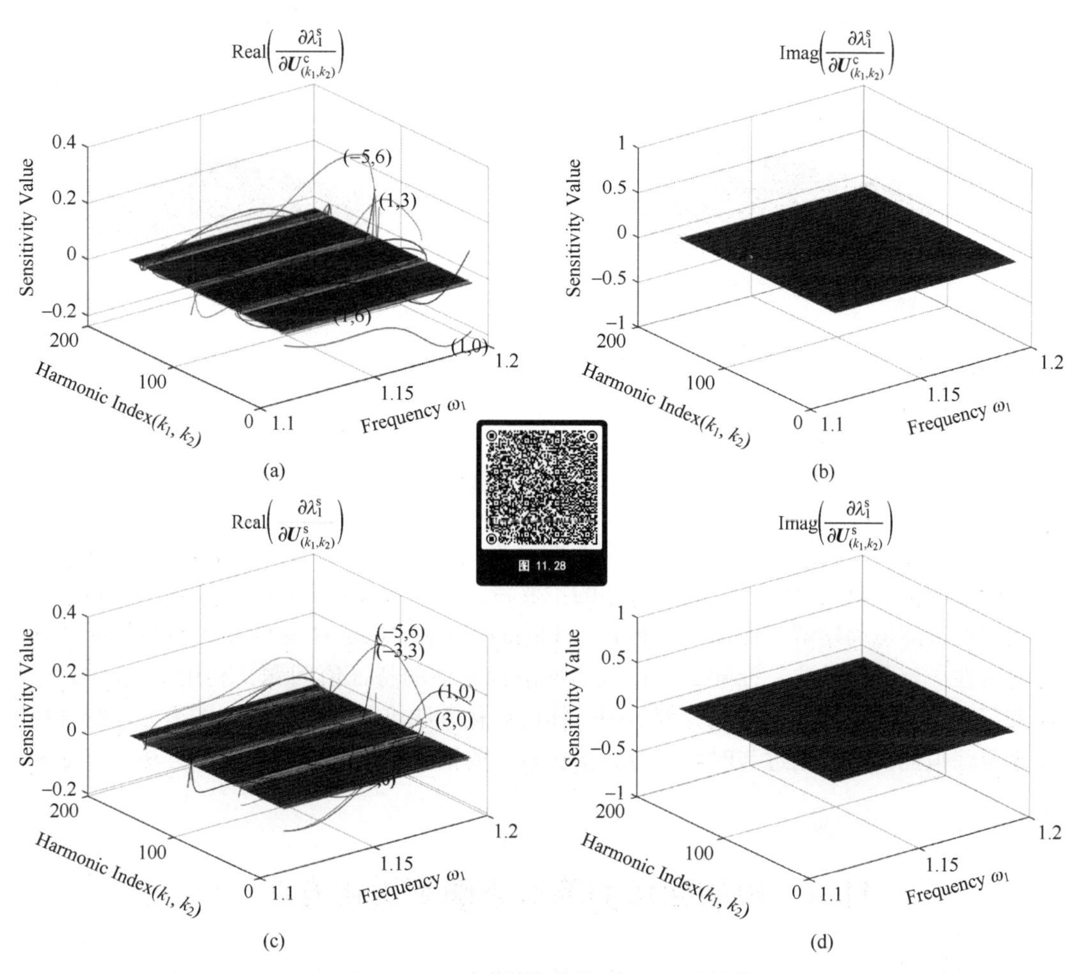

图 11.28　u_1稳定性系数灵敏度分析结果

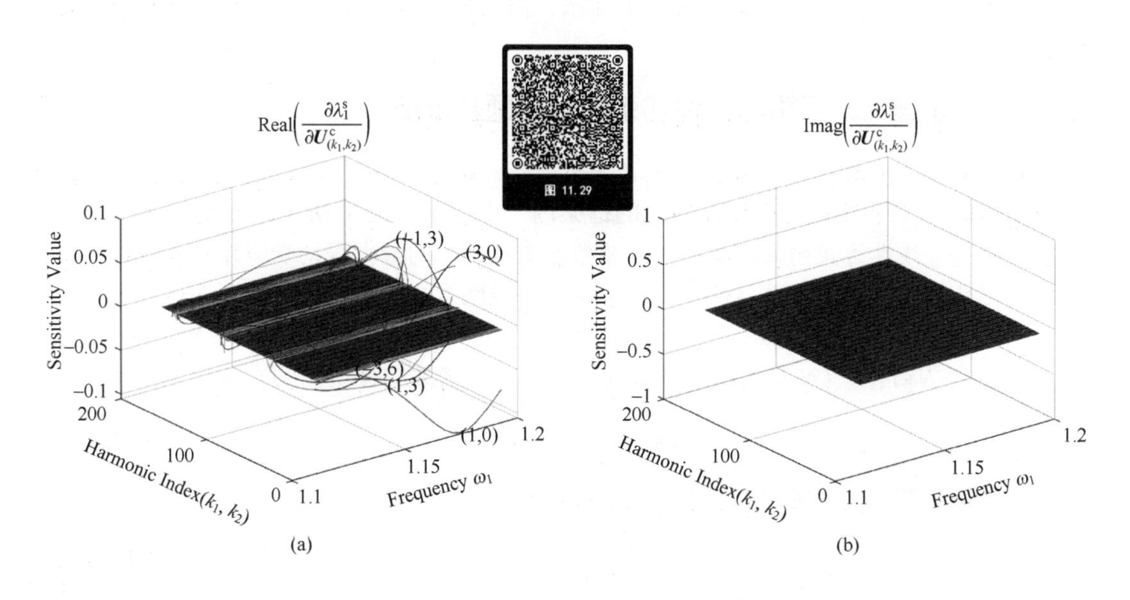

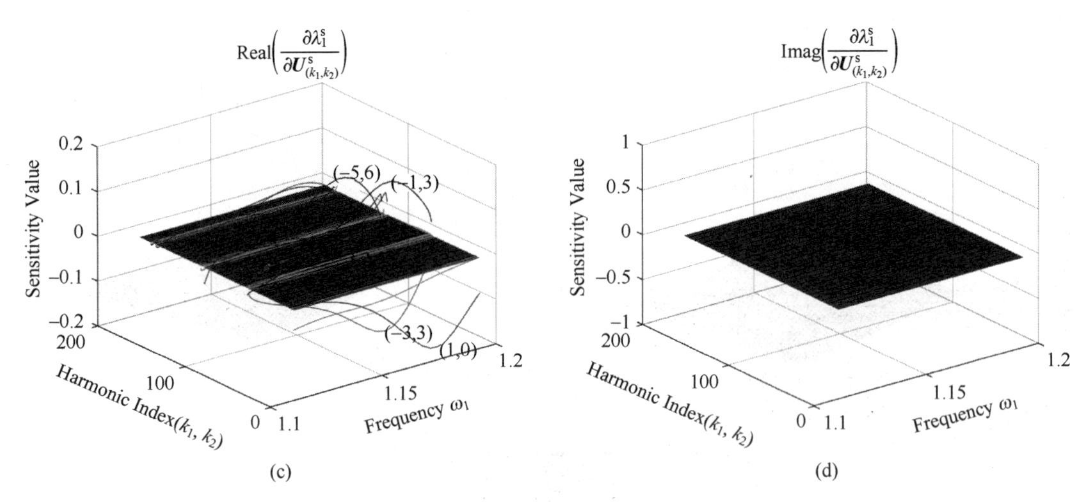

图 11.29 u_2稳定系数灵敏度分析结果

针对非线性系统拟周期解连续追踪问题，提出一种融合简约空间 SQP 法与多维谐波平衡法的连续延拓方法。所提出方法的主要特点是在预测-校正框架内使用简约空间 SQP 方法追踪拟周期解。提出了一种基于 Floquet 理论的稳定性分析方法预测拟周期解的稳定性。基于摄动法，推导了分析拟周期解稳定性的特征值问题，利用 Floquet 乘子的实部判断系统稳定性。数值算例表明，梯度优化方法可以与多维谐波平衡方法结合使用来跟踪拟周期解，通过与时域积分方法比较，验证所提出的稳定性分析方法是有效和准确的。

11.4 拟周期运动响应不确定量化方法[23]

本节研究一种量化结构参数不确定性影响的非线性系统拟周期解分析方法，首先介绍量化不确定响应峰值的拟周期谐波平衡法，然后使用转子系统等三个数值算例进行验证。

11.4.1 多维谐波平衡非线性约束优化问题及求解

将多维谐波平衡法与多重启优化算法相结合，提出一种约束优化多维谐波平衡法(COMHBM)。在非线性约束优化理论的框架内，由多维谐波平衡法推导出的非线性代数方程视为非线性等式约束，将傅里叶系数的范数表示的最大振动响应作为非线性优化问题的优化目标，采用多重启优化算法来求解非线性系统的最坏情形拟周期运动响应。

向量 $\boldsymbol{\omega}=[\omega_1,\omega_2,\cdots,\omega_M]$为不可约频率基。$\boldsymbol{k}=[k_1,k_2,\cdots,k_M]$，$k_j=-N,-N+1,\cdots,-1,0,1,\cdots,N+1,N$（$N$是傅里叶级数的阶数）表示谐波组合项，(,) 表示点积。

$$(\boldsymbol{k},\boldsymbol{\omega})t=\sum_{i=1}^{M}k_i\omega_i t \tag{11.39}$$

本节拟周期运动考虑的谐波组合项条件如下[24]：

$$\sum_{i=1}^{M}|k_i|\leqslant N \tag{11.40}$$

利用上式可得到 N_{H} 谐波项，其中 $N_{\mathrm{H}}=\dfrac{(2N+1)^{M}+1}{2}$。

将式（11.1）代入式（6.2），使各阶谐波项的系数相等，得到以下非线性函数：

$$\boldsymbol{g}(\boldsymbol{U},\boldsymbol{\omega})=\boldsymbol{A}(\boldsymbol{\omega})\boldsymbol{U}-\boldsymbol{b}(\boldsymbol{U},\boldsymbol{\omega})=\boldsymbol{0} \tag{11.41}$$

式中：$\boldsymbol{b}=[(\boldsymbol{C}_0)^{\mathrm{T}}\quad(\boldsymbol{C}_{\boldsymbol{k}_1}^{\mathrm{c}})^{\mathrm{T}}\quad(\boldsymbol{S}_{\boldsymbol{k}_1}^{\mathrm{s}})^{\mathrm{T}}\quad\cdots\quad(\boldsymbol{C}_{\boldsymbol{k}_j}^{\mathrm{c}})^{\mathrm{T}}\quad(\boldsymbol{S}_{\boldsymbol{k}_j}^{\mathrm{s}})^{\mathrm{T}}\quad\cdots\quad(\boldsymbol{C}_{\boldsymbol{k}_{N_{\mathrm{H}}}}^{\mathrm{c}})^{\mathrm{T}}\quad(\boldsymbol{S}_{\boldsymbol{k}_{N_{\mathrm{H}}}}^{\mathrm{s}})^{\mathrm{T}}]^{\mathrm{T}}$ 对应非线性强迫项和外力的傅里叶系数。

方程式（11.41）是一组非线性方程，可以由牛顿-拉夫逊方法直接求解。然而，当需要在一个频率范围内计算非线性结构的响应时，方程（11.41）的求解必须在每个频率上重复进行。此外，应用牛顿-拉夫逊方法要求未知变量的个数等于非线性方程的个数，即方程（11.41）是正定的非线性系统。然而，如果非线性代数方程是欠定的，即未知变量的数量大于非线性方程的数量，则不能使用求根算法来确定未知的谐波系数。与传统的多维谐波平衡方法的实现不同，方程（11.41）的非线性函数用于构造优化问题的非线性等式约束。

为找到使式（6.2）非线性系统振动响应最大为目标的最优解，同时必须满足式（11.41）、式（11.8）的非线性等式约束，非线性的优化问题可以表示为

$$\begin{aligned}&f(\boldsymbol{x})=f(\boldsymbol{U},\boldsymbol{\omega},\boldsymbol{v}_u)=\max\|\boldsymbol{U}\|_2\\ \text{s.t. }&\boldsymbol{g}(\boldsymbol{x})=\boldsymbol{g}(\boldsymbol{U},\boldsymbol{\omega},\boldsymbol{v}_u)=\boldsymbol{A}(\boldsymbol{\omega},\boldsymbol{v}_u)\boldsymbol{U}-\boldsymbol{b}(\boldsymbol{U},\boldsymbol{\omega},\boldsymbol{v}_u)=\boldsymbol{0}\end{aligned} \tag{11.42}$$

式中：$x=\{\boldsymbol{U},\boldsymbol{\omega},\boldsymbol{v}_u\}^{\mathrm{T}}$；符号 $\|\cdot\|$ 表示向量范数；$\boldsymbol{v}_u$ 是一组设计参数或不确定性参数。

选择合适优化算法准确有效求解式（11.42）是一个非常重要的问题，因为动力学优化问题的多局部极值等特性和最终优化解依赖于优化算法寻优能力等。非线性动力学优化实验表明，其他优化方法如遗传算法、微分进化和粒子群优化等都很难找到式（11.42）的全局最优解，而序列二次规划方法似乎是求解式（11.42）的最佳优化方法。在大量的测试问题中，它在效率、精度和成功率等方面优于其他非线性规划方法。对于多重启优化算法，多重启优化算法的效率很大程度上取决于它的位移和绩效滤波运算，这两个运算有助于多重启优化算法以较少的起点和较高的成功率运行 SQP 方法，本节采用基于序列二次规划的多重启优化算法（OQNLP）求解式（11.42）。

下面选用文献中数值算例验证所提出方法的有效性。

11.4.2　Duffing 振子数值算例

第一个算例为文献中广泛使用的经典 Duffing 振子，其运动方程为

$$\ddot{u}+2\zeta\,\dot{u}+u+\gamma u^3=f_1\sin(\omega_1 t)+f_2\sin(\omega_2 t) \tag{11.43}$$

式中：ζ 、γ 分别为阻尼系数和非线性刚度系数；f_1 和 f_2 表示力幅值；ω_1 和 ω_2 是两个不可约的激励频率。

为与文献［14］中的研究保持一致，选用以下仿真参数：$\zeta=0.1$，$\gamma=0.2$，$f_1=f_2=5$，$\omega_1/\omega_2=\sqrt{2}$。在频率区间[0.1,8]（rad/s）上使用延续延拓方法计算得到的频响曲线如图 11.30 所示，由图可知，当 $\gamma>0$ 时，响应曲线向右弯曲，系统在共振峰值 $P_{\max}$ 处达到最高振幅，其对应频率为 $\omega_1=2.44\mathrm{rad/s}$。在激励频率 $\omega_1=2.95\mathrm{rad/s}$ 处存在 5 个拟周期解，响应幅值上界和下界分别对应解 P_{upp} 和 P_{low}。

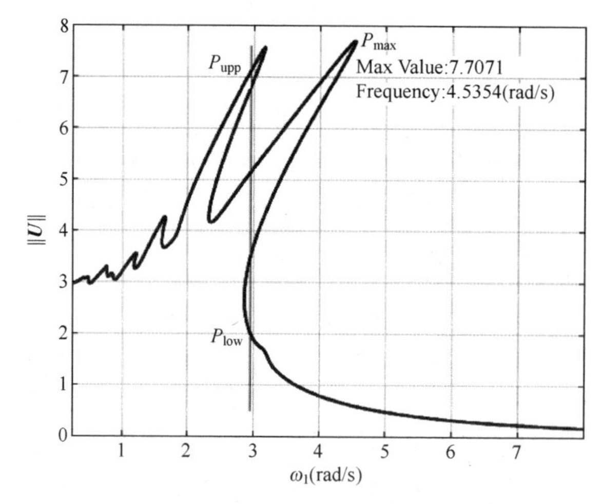

图 11.30　强迫 Duffing 振子多谐波频响曲线

下面利用 11.4.1 节方法研究两种情况：

情形 1：搜索共振峰 P_{max}。为获得共振峰解 P_{max}，优化目标是最大化傅里叶系数 $\boldsymbol{U}$ 的 2 范数，优化变量是未知的傅里叶系数 $\boldsymbol{U}$ 和频率 ω_1。

情形 2：求给定频率的响应上下界。在给定频率寻找多个解时，频率不作为优化变量，傅里叶系数 $\boldsymbol{U}$ 是唯一的未知变量。需要注意的是，式（11.42）中的目标函数应变为范数 $\|\boldsymbol{U}\|$ 最小化以寻找 P_{low}。

1. 11.4.1 节方法的数值优化结果

基于 OQNLP 多重启优化算法和局部非线性梯度优化算法以找到这些拟周期解，优化算法的参数设置如下：试验点数选择为 1000，阶段 1 中 n_1 设为 200。SQP 算法允许的最大代数为 600，而目标函数容差和非线性等式约束容差均设置为 10^{-10}。频率优化变量频率边界范围为 0.1~8（rad/s），保留的谐波项数为 13。

图 11.31 给出了多重启优化算法的数值优化结果，这些优化解的非线性等式约束误差绝对值的最大值分别为 1.3301^{-11}（P_{max}）、4.2633^{-13}（P_{upp}）和 7.2374^{-11}（P_{low}），它们小于非线性等式约束误差 10^{-10}，满足式（11.42）中的非线性代数方程组约束条件。

由图 11.31 可知，在非线性共振频率 4.5349rad/s 处，11.4.1 节方法得到的最大共振峰值为 7.7072。而图 11.30 中在共振频率 4.5354rad/s 处振幅最大值为 7.7071。与图 11.30 的比较表明，11.4.1 节方法精确找到最大共振峰。此外，由图 11.31 可知，在频谱中存在多种谐波组合分量，解 P_{max} 和 P_{low} 由谐波分量[0,1]主导，而解 P_{upp} 中的谐波分量[1,0]傅里叶系数数值很大。对于解 P_{low}，拟周期响应中包含谐波分量[1,0]、[1,2]、[2,3]等，谐波分量［0，1］谐波系数数值较大。值得注意的是，计算拟周期解 P_{upp} 和 P_{low} 时，11.4.1 节方法退化为求根算法。

2. 与时域数值积分结果的比较

为了验证所提出的方法，下面与数值积分结果进行比较。数值仿真采用四阶 Runge-Kutta 方法，固定时间步长为 0.001。使用时域积分方法和 11.4.1 节方法得到的 Duffing 系统时间历程响应如图 11.32 所示，图中还给出了两种方法之间的误差，实线和虚线分别表示 11.4.1 节方法解和数值积分结果。对于图 11.32 中的共振峰峰值 P_{max}，11.4.1 节方法和时域积分方法计算得到的拟周期响应位移最大绝对误差小于 3^{-3}，而解 P_{upp} 和 P_{low} 的位移最大绝对误差分别小于 5^{-5}、8^{-4}，两种方法得到的解吻合较好。

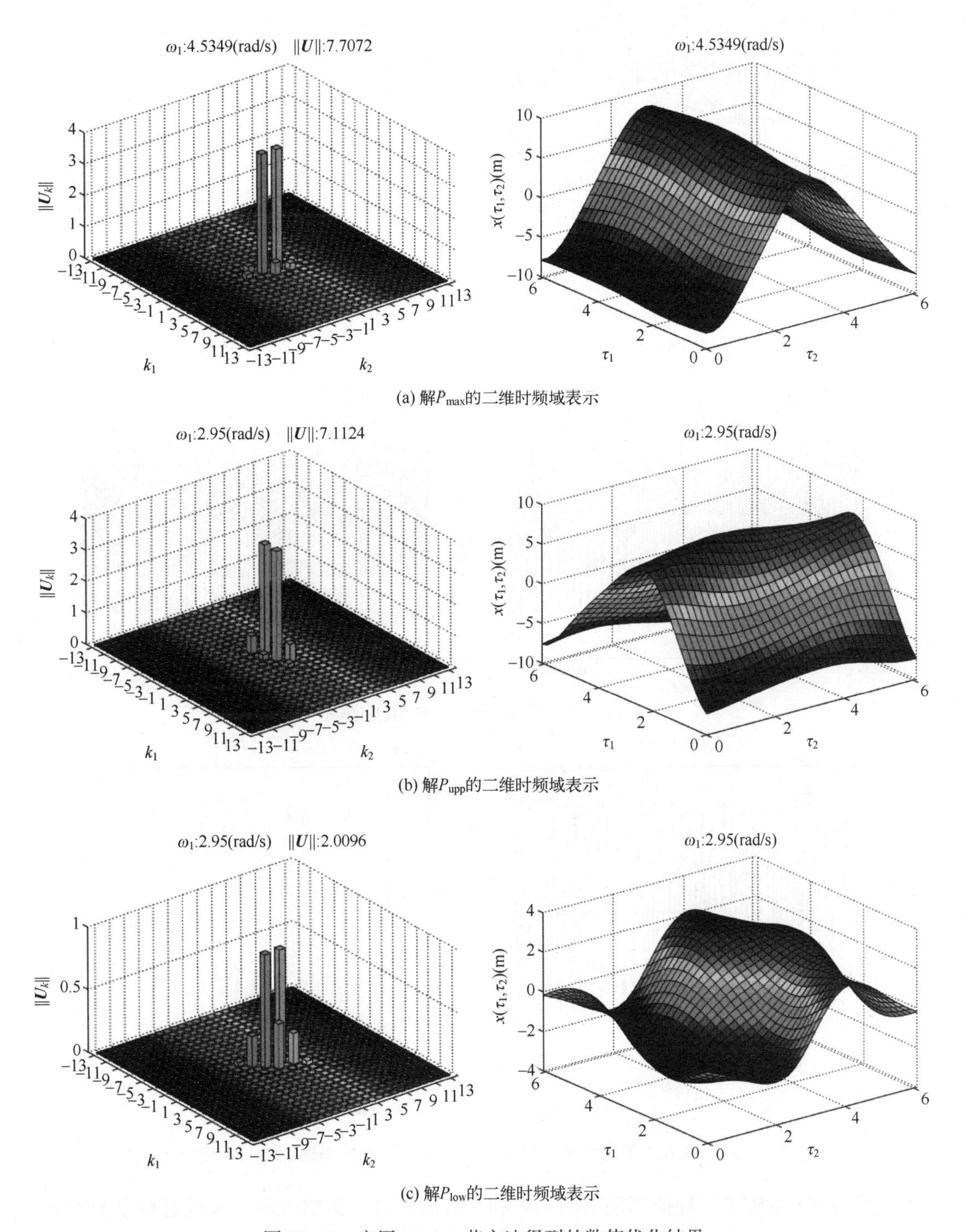

(a) 解 P_{max} 的二维时频域表示

(b) 解 P_{upp} 的二维时频域表示

(c) 解 P_{low} 的二维时频域表示

图 11.31　应用 11.4.1 节方法得到的数值优化结果

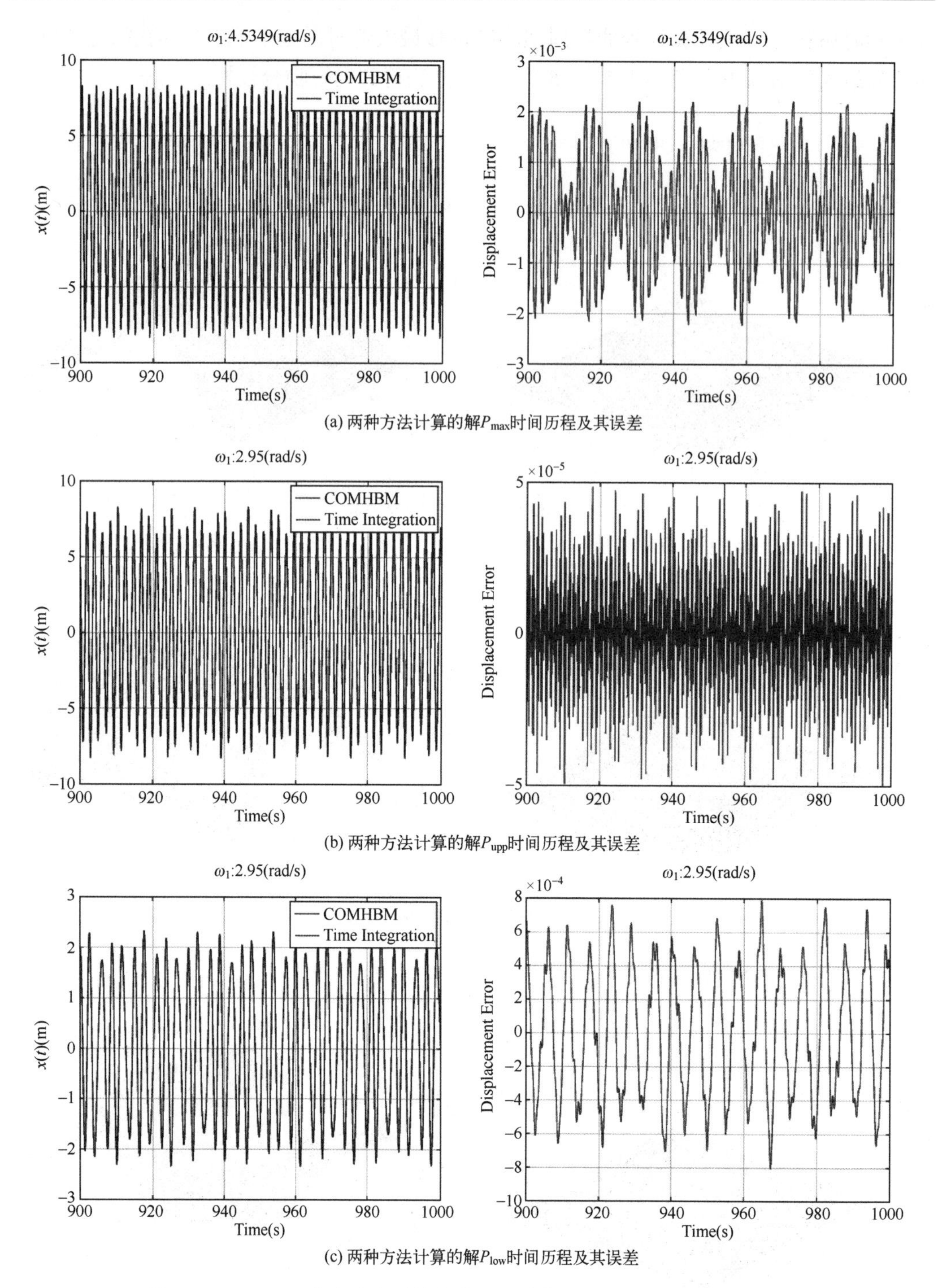

(a) 两种方法计算的解P_{max}时间历程及其误差

(b) 两种方法计算的解P_{upp}时间历程及其误差

(c) 两种方法计算的解P_{low}时间历程及其误差

图 11.32　11.4.1 节方法和时域积分方法计算得到拟周期运动时域响应

图 11.33 给出了三种拟周期解的相图和相应的频谱。如图所示，相轨道和相关的频谱清楚地表明，这些解是拟周期运动，在系统响应中可以观察到多个谐波分量的存在，存在一个主要的谐波组合项。解 P_{max} 主要由谐波分量［0，1］主导，其他谐波分量的影响不大。解 P_{upp} 在无量纲频率 1 处出现共振峰值，而对于解 P_{low} 可观察到许多较小的

峰值。从图 11.32 和图 11.33 可以看出，11.4.1 节方法在时域和频域上都与时间积分方法非常吻合。

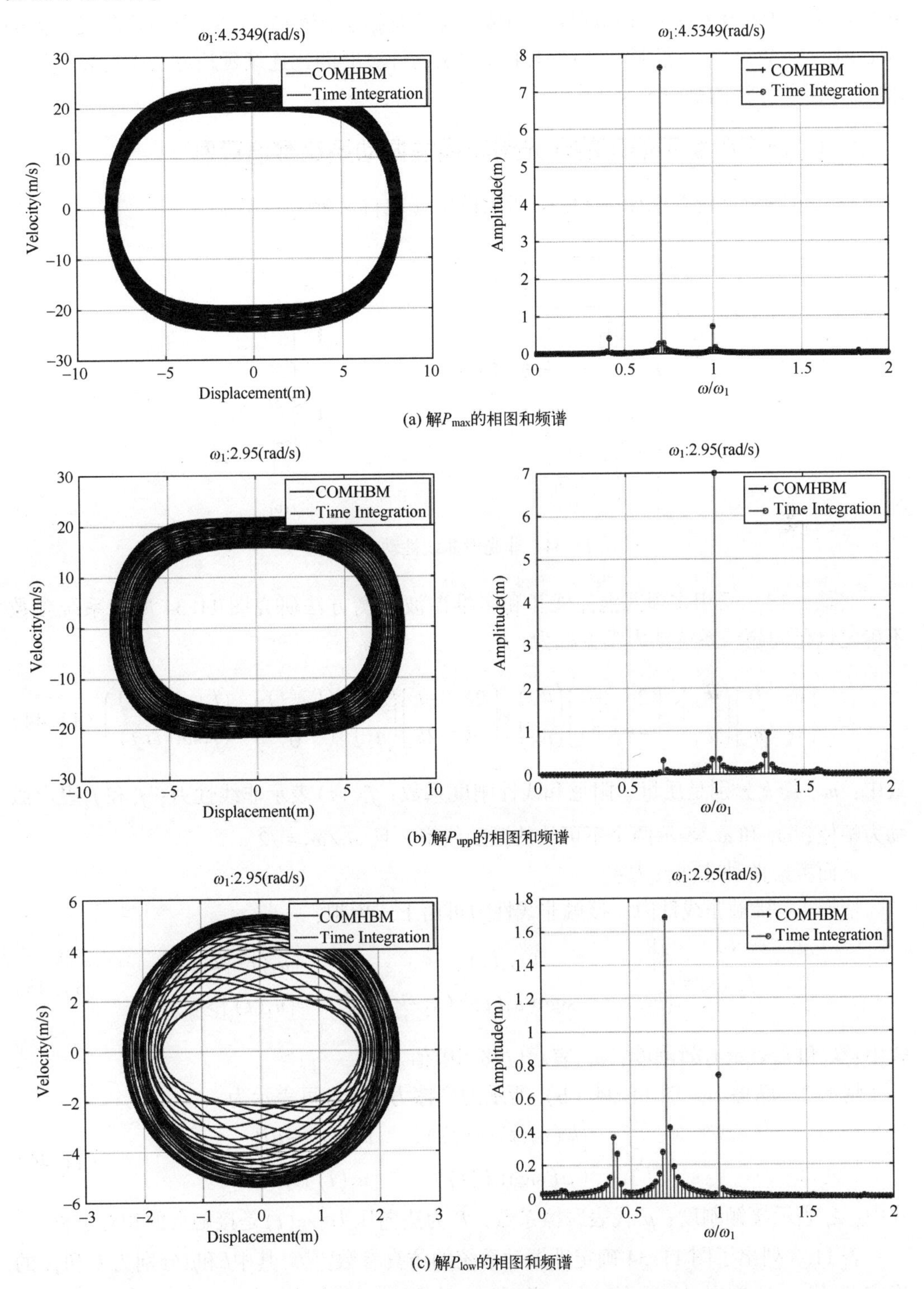

图 11.33　11.4.1 节方法和时域积分方法得到的拟周期解相图和频谱

本节数值模拟是在联想笔记本电脑上进行（英特尔 i3-330M 核心处理器 2.13 GHz 和 2GB DDR3 RAM）。对于求解 $P_{\max}$、P_{upp} 和 P_{low}，11.4.1 节方法分别需要 625.7813s、587.5313s、466.9063s 的计算时间，而传统连续延拓法计算图 11.30 中频响曲线所需的 CPU 时间为 3754.2s。很明显，11.4.1 节方法的计算时间比连续延拓方法少得多，这体现 11.4.1 节方法的优点。

11.4.3 具有参数不确定的非光滑非线性振动系统数值算例

第二个数值算例考虑如图 11.34 所示模型（取自文献［17］）。

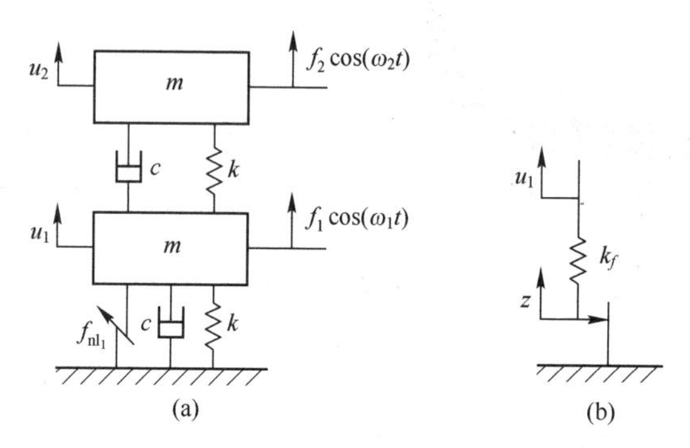

图 11.34 非光滑非线性动力学模型

文献［17］采用多项式混沌展开和多维谐波平衡方法研究图 11.34 所示系统参数不确定量化问题，系统动力学方程为

$$\begin{bmatrix} m & 0 \\ 0 & m \end{bmatrix}\begin{pmatrix} \ddot{u}_1 \\ \ddot{u}_2 \end{pmatrix}+\begin{bmatrix} 2c & -c \\ -c & 2c \end{bmatrix}\begin{pmatrix} \dot{u}_1 \\ \dot{u}_2 \end{pmatrix}+\begin{bmatrix} 2k & -k \\ -k & 2k \end{bmatrix}\begin{pmatrix} u_1 \\ u_2 \end{pmatrix}+\begin{pmatrix} f_{\text{nl}_1}(t) \\ 0 \end{pmatrix}=\begin{pmatrix} f_1\cos(\omega_1 t) \\ f_2\sin(\omega_2 t) \end{pmatrix} \tag{11.44}$$

式中：m、c、k 分别是质量、阻尼和线性刚度系数；$f_{\text{nl}_1}(t)$ 表示非线性力；f_1 和 f_2 表示激励力幅值；ω_1 和 ω_2 表示两个不可约的激励频率，且 $\omega_1/\omega_2=\sqrt{2}$。

下面考虑两种非线性力：

情形 1：接触非线性力。接触非线性力可由下式模拟：

$$f_{\text{nl}_1}(t)=\begin{cases} k_1 u_1(t), & |u_1(t)|\leqslant u_{\lim} \\ k_2 u_1(t)-\text{sign}(u_1(t))(k_2-k_1)u_{\lim}, & |u_1(t)|>u_{\lim} \end{cases} \tag{11.45}$$

式中：k_1 和 k_2 表示有效刚度；$u_{\lim}$ 表示位移间隙值。

情形 2：摩擦力。图 11.34（b）所示的摩擦力 $f_{\text{nl}_1}(t)$ 可表示为

$$f_{\text{nl}_1}(t)=\begin{cases} k_f(u_1(t)-z(t)), & |u_1(t)|\leqslant \mu P \\ \mu P\text{sign}(\dot{z}(t)), & |u_1(t)|>\mu P \end{cases} \tag{11.46}$$

式中：k_f 表示接触刚度；μ 代表摩擦系数；P 为法向压力；$z(t)$ 是接触点的相对位移。

表 11.3 列出了图 11.34 确定性振动系统的仿真参数[17]，其中 $\bar{k}$ 和 $\bar{\mu}$ 分别为 k 和 μ 的确定性值，对应线性系统的一阶和二阶固有频率分别为 f_1 = 19.4924Hz 和 f_2 = 33.7619Hz。

表 11.3　系统仿真参数

参数	$\bar{k}$	m	c	f_1	f_2	k_1	k_2	k_f	$\bar{\mu}$	P
值（单位）	15000 /$(\mathrm{N\cdot m^{-1}})$	1 /kg	1 /$\mathrm{N\cdot m^{-1}\cdot s^{-1}}$	1/N	1/N	5.10^{-4} /$\mathrm{N\cdot m^{-1}}$	5.10^{3} /$\mathrm{N\cdot m^{-1}}$	3000 /$\mathrm{N\cdot m^{-1}}$	0.4	10/N

1. 考虑的参数不确定性

下面利用 11.4.1 节方法研究参数不确定和非线性对共振峰值响应的综合影响。应用于图 11.34 的激励类型与文献［17］情形 6 和 7 相同，考虑两种不确定性情况：

情形 1：刚度不确定性。引入参数 $v_u\in[0,1]$模拟刚度 k 不确定：

$$k=(1-\xi_k+2\xi_k*v_u)\bar{k} \tag{11.47}$$

式中不确定程度为 $\xi_k=0.05$。

情形 2：摩擦系数参数不确定性。考虑的摩擦系数参数不确定为

$$\mu=(1-\xi_\mu+2\xi_\mu*v_u)\bar{\mu} \tag{11.48}$$

式中：$\xi_\mu=0.025$；v_u在 0~1 变化。

2. 数值模拟结果

1）最坏情形共振响应数值优化结果

考虑式（11.42）所示优化问题，以傅里叶系数 $\boldsymbol{U}$ 的范数最大化为优化目标，不确定变量 v_u 设为优化变量。因此，存在三类优化变量，包括参数不确定变量 v_u、未知傅里叶系数 $\boldsymbol{U}$ 和激励频率 ω_1。使用 11.4.2 节相同的优化算法参数，两种参数不确定情况下的数值优化结果如表 11.4 所示，表中还给出了确定性系统的最坏情形共振响应峰值，其中 $\max(|\boldsymbol{g}(\boldsymbol{U},\boldsymbol{\omega},\boldsymbol{v}_u)|)$表示多维谐波平衡方程的最大绝对值误差。

表 11.4　11.4.1 节方法数值优化结果

		情形 1		情形 2	
		确定性系统	最坏情形不确定系统	确定性系统	最坏情形不确定系统
$\boldsymbol{U}$	$\boldsymbol{U}(0,0)$	1.0308e-20 5.1539e-21	-6.7328e-20 -3.3664e-20	-4.3801e-9 -2.1900e-9	-4.3801e-9 -2.1900e-9
	$\boldsymbol{U}^{c}_{(0,1)}$	-3.8405e-3 -4.2953e-3	-3.8679e-3 -4.3404e-3	-4.0823e-3 -4.0827e-3	-4.0823e-3 -4.0827e-3
	$\boldsymbol{U}^{s}_{(0,1)}$	5.8192e-5 9.4007e-5	2.3939e-4 2.9812e-4	1.2017e-8 3.3340e-5	1.2000e-8 3.3340e-5
	$\boldsymbol{U}^{c}_{(1,0)}$	1.3832e-5 -6.5705e-5	1.4519e-5 -6.7337e-5	-3.2851e-8 -6.6632e-5	-3.2851e-8 -6.6632e-5
	$\boldsymbol{U}^{s}_{(1,0)}$	1.9757e-5 -1.0048e-6	2.06343e-6 -1.0478e-6	1.5384e-6 -4.6086e-7	1.5384e-6 -4.6086e-7
ω_1		28.9857	28.6543	27.5660	27.5660
v_u			0		1
$\max(\lvert\boldsymbol{g}(\boldsymbol{U},\boldsymbol{\omega},\boldsymbol{v}_u)\rvert)$		2.8422e-14	1.4864e-11	1.6395e-14	1.3548e-12
目标函数值		$5.7633\mathrm{e}^{-3}$	$5.8266\mathrm{e}^{-3}$	$5.7740\mathrm{e}^{-3}$	$5.7740\mathrm{e}^{-3}$

由表 11.4 可知，两种参数不确定情况的拟周期响应均由谐波分量 $\boldsymbol{U}^{c}_{(0,1)}$ 主导。对于情形 1，最坏情形参数不确定系统共振频率优化结果为 $\omega_1=28.6543\text{Hz}$ 时，目标函数最大值为 5.8266e^{-3}，而确定性系统相应共振频率为 $\omega_1=28.9857\text{Hz}$，最坏情形参数不确定系统对应的共振频率低于确定性系统的共振频率。当 $v_u=0$ 时，情形 1 振动响应达到最大值，较低的线性刚度 k 会产生较大的振动响应。

相反，对于情形 2，最坏情形参数不确定系统数值优化结果与确定性系统优化结果非常相似，共振峰值和共振频率没有变化，这说明摩擦系数参数不确定不影响傅里叶系数 $\boldsymbol{U}$ 的范数，系统共振频率均为 27.5660，等于$\sqrt{2}\omega_1$。

与这些优化解对应的相位图和非线性力如图 11.35 所示，两种参数不确定情况的相位图相对于坐标轴是对称的，相空间曲线是椭圆。对于情形 1，u_1振动响应低于 u_2，而对于情形 2，u_1和 u_2相平面上的轨迹彼此重合。此外，可在图 11.35（c）和（d）非线性力—位移关系中观察到经典迟滞曲线。

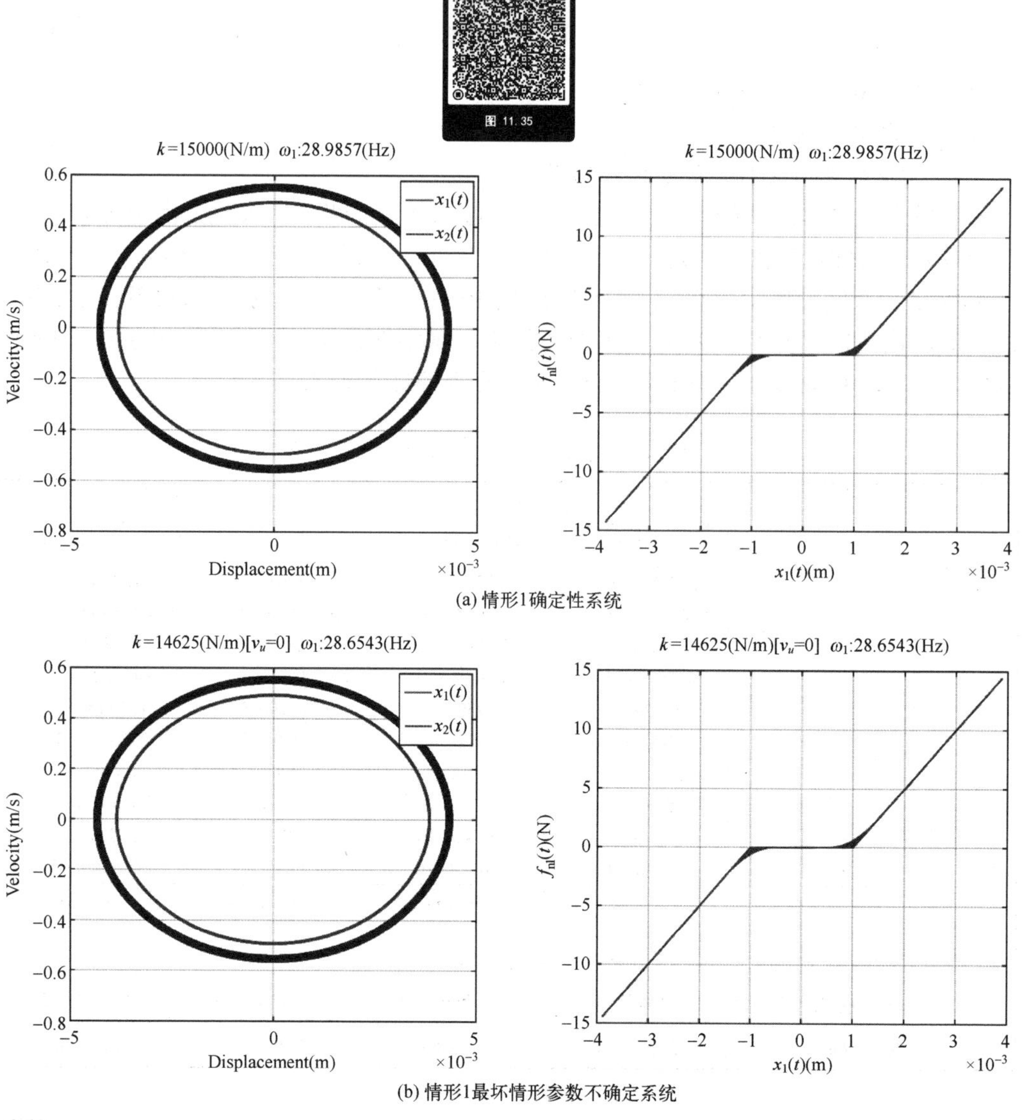

(a) 情形1确定性系统

(b) 情形1最坏情形参数不确定系统

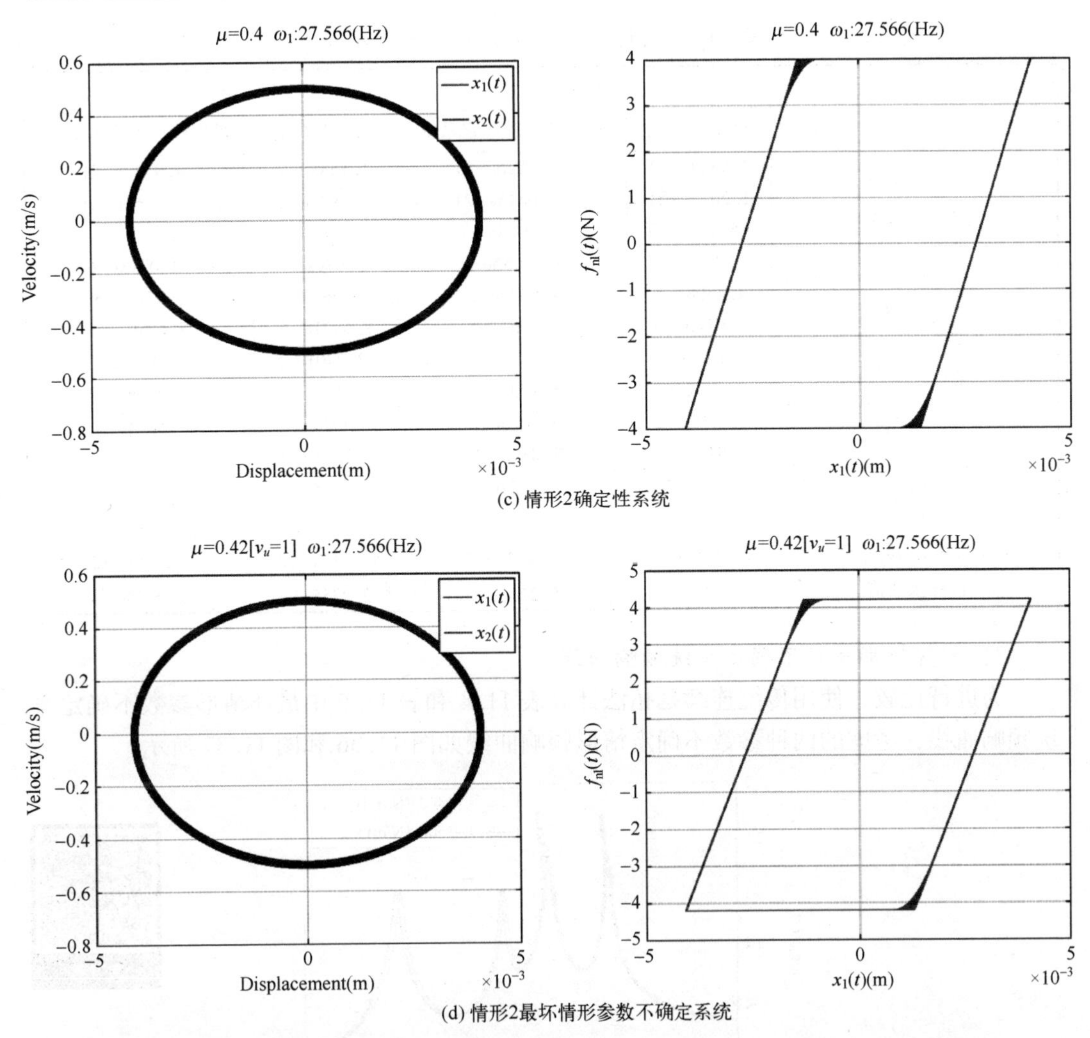

图 11.35　最坏情形共振响应相图和非线性力—位移关系（（a）和（b）分别对应情形 1 确定性系统和最坏情形不确定系统，（c）和（d）分别代表情形 2 确定性系统和最坏情形不确定系统）

2）一阶固有频率附近最坏情形共振响应数值优化结果

为研究一阶固有频率附近系统非线性动力学特性，采用 11.4.1 节方法预测最大峰值共振响应，不确定性的变量参数 v_u 为优化变量。考虑的激励频率范围为 18 ~ 22Hz，所有其他参数与之前的研究相同，使用本节方法数值优化结果如表 11.5 所示。

如表 11.5 所示，谐波分量 $\boldsymbol{U}^{s}_{(1,0)}$ 在拟周期响应中占主导地位，两种参数不确定情况下优化得到的最坏情形共振响应值略大于确定性系统的共振峰值。对于情形 1，数值结果与表 11.4 类似。对于情形 2，在频率 20.3503Hz 处观察到确定性系统峰值响应，而最坏情形参数不确定系统在激励频率 20.3558Hz 处具有最大峰值响应。最坏情形不确定系统的共振频率高于确定性系统的共振频率。比较表 11.4 和表 11.5 可知，对于情形 2，非线性力仅影响一阶固有频率 f_1 附近共振峰值。此外，情形 1 和 2 的不确定参数值 v_u 完全相反。当线性刚度系数等于所考虑范围下界时，情形 1 的振动响应最大，而情形 2 的范数 $\|\boldsymbol{U}\|$ 在 $v_u = 1$ 时最大。

表 11.5　11.4.1 节方法数值优化结果

		情形 1		情形 2	
		确定性系统	最坏情形不确定系统	确定性系统	最坏情形不确定系统
$\boldsymbol{U}$	$\boldsymbol{U}(0,0)$	2.5344e-21 1.2672e-21	-4.1020e-21 -2.0545e-21	-1.1588e-20 -5.7938e-21	-4.9528e-21 -2.4764e-21
	$\boldsymbol{U}^{c}_{(0,1)}$	-5.1437e-7 -8.0961e-7	-5.3150e-7 -8.4086e-7	-8.7024e-7 -1.0702e-6	-8.7173e-7 -1.0718e-6
	$\boldsymbol{U}^{s}_{(0,1)}$	4.4598e-5 7.6740e-5	4.5572e-5 7.8667e-5	5.9667e-5 8.6821e-5	5.9713e-5 8.6870e-5
	$\boldsymbol{U}^{c}_{(1,0)}$	1.1882e-4 9.1777e-5	1.1331e-4 8.4793e-5	-3.7701e-5 -5.8271e-5	-3.8358e-5 -5.9730e-5
	$\boldsymbol{U}^{s}_{(1,0)}$	3.4599e-3 3.8465e-3	3.4873e-3 3.8893e-3	1.5026e-3 1.6504e-3	1.5625e-3 1.7173e-3
ω_1		20.4472	20.2163	20.3503	20.3558
v_u			0		1
$\max(\lvert \boldsymbol{g}(\boldsymbol{U},\boldsymbol{\omega},\boldsymbol{v}_u)\rvert)$		4.1545e-13	9.3234e-11	9.7367e-13	2.2138e-12
目标函数值		$5.1765e^{-3}$	$5.2266e^{-3}$	$2.2355e^{-3}$	$2.3253e^{-3}$

3）最坏情形参数不确定系统频响曲线

为进行比较，使用传统连续延拓法计算表 11.4 和表 11.5 中最坏情形参数不确定系统频响曲线，考虑的两种参数不确定情形频响曲线如图 11.36 和图 11.37 所示。

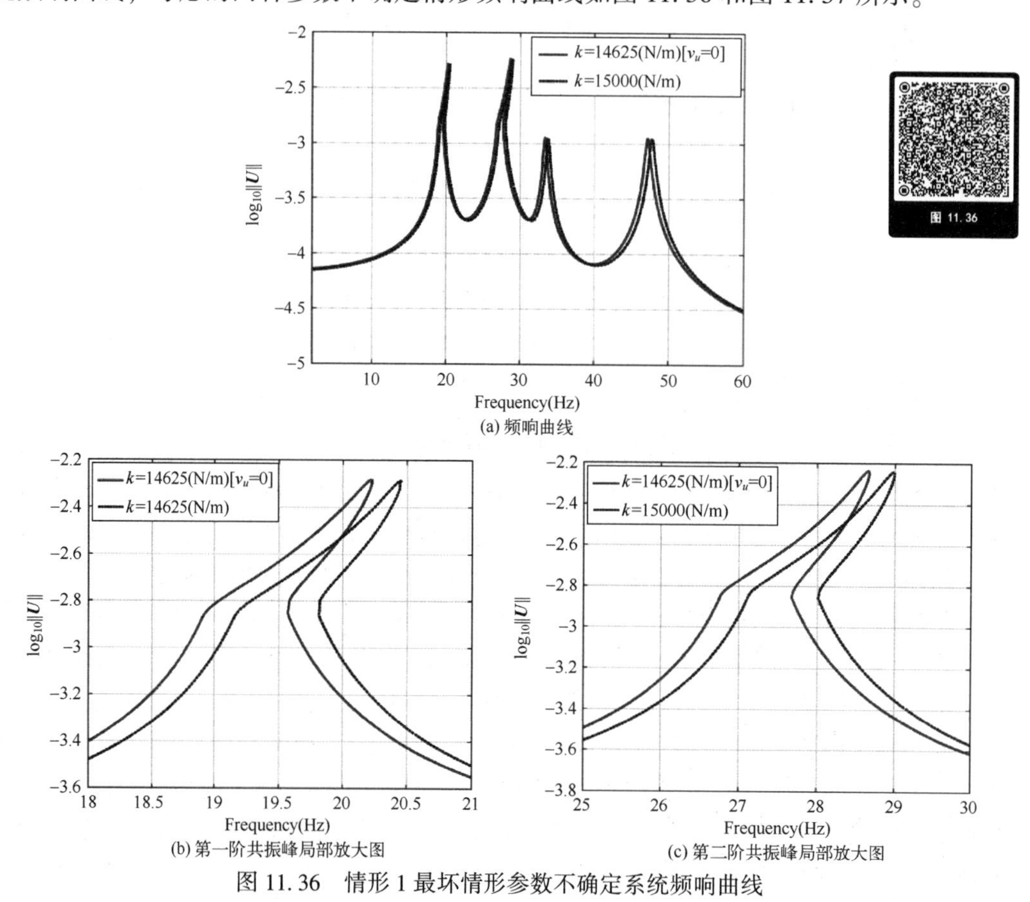

图 11.36　情形 1 最坏情形参数不确定系统频响曲线

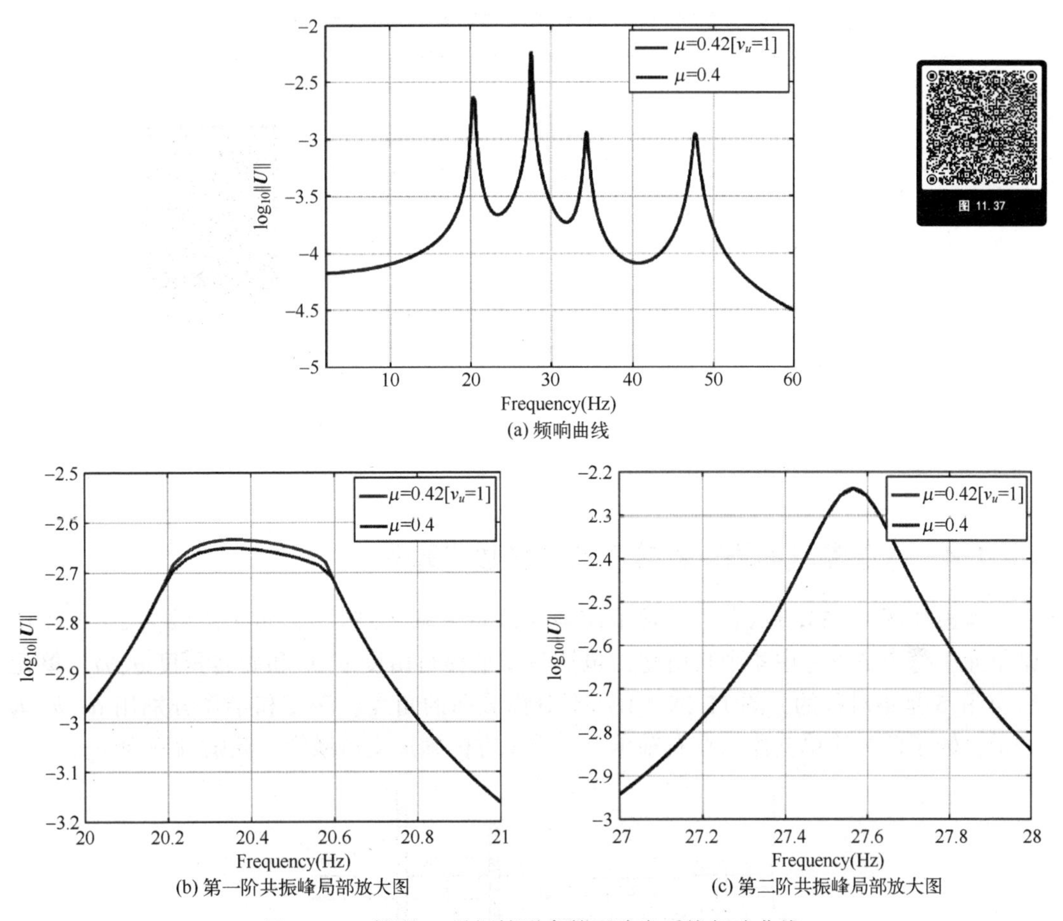

(a) 频响曲线

(b) 第一阶共振峰局部放大图

(c) 第二阶共振峰局部放大图

图 11.37　情形 2-最坏情形参数不确定系统频响曲线

在图 11.36 和图 11.37 中可观察到 4 个共振峰，前两阶共振峰振幅稍大，频响曲线共振峰形状尖锐而狭窄，前两阶共振峰共振频率接近线性系统的一、二阶固有频率。情形 1 频响曲线表现出典型的硬特性现象，最坏情形参数不确定系统共振峰值略高于确定性系统共振峰值。对于情形 2，摩擦系数参数不确定对系统共振峰值影响较小。由图 11.36 和图 11.37 可验证表 11.4 和表 11.5 中数值优化结果。

4）与蒙特卡罗模拟结果的比较

下面进行蒙特卡罗模拟以验证提出的方法。在蒙特卡罗模拟中，取 v_u 有界区域上的有限离散值，可以得到一系列拟周期解。借助所获得的解，可确定拟周期运动的响应边界，以便与表 11.4 和表 11.5 数值结果比较。图 11.38 给出了线性刚度 k 和摩擦系数 μ 对 $\boldsymbol{U}$ 范数的影响。对于情形 1，前两个共振峰的范数 $\|\boldsymbol{U}\|$ 对不确定参数 v_u 变化不敏感，当 v_u 从 0 增加到 1 时，$\|\boldsymbol{U}\|$ 单调下降，它是线性刚度 k 的单调递减函数。对于情形 2，第二个共振峰的范数 $\|\boldsymbol{U}\|$ 保持不变，而第一个共振峰的范数 $\|\boldsymbol{U}\|$ 随 v_u 增大而增大，使用本节方法得到的拟周期运动响应与蒙特卡罗仿真结果非常吻合。

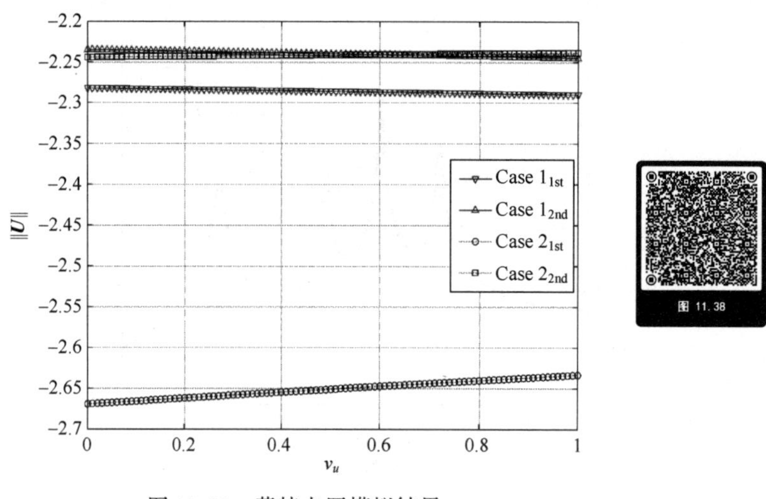

图 11.38 蒙特卡罗模拟结果

11.4.4 考虑参数不确定的转子动力学数值算例

考虑如图 11.39 所示有限元转子模型（取自文献［25］），转子离散为 10 个欧拉梁单元，每个节点考虑 4 个自由度，包括两个平移自由度 v、w 和旋转角度 θ、ψ，单元 3、4 和 5 是不对称的，图 11.39（b）不对称截面的角度、深度和半径分别用 α、h、R 表示，转子两端简单支撑，在右轴承上，沿 y 方向施加支撑激励，激励频率为 ω_b。

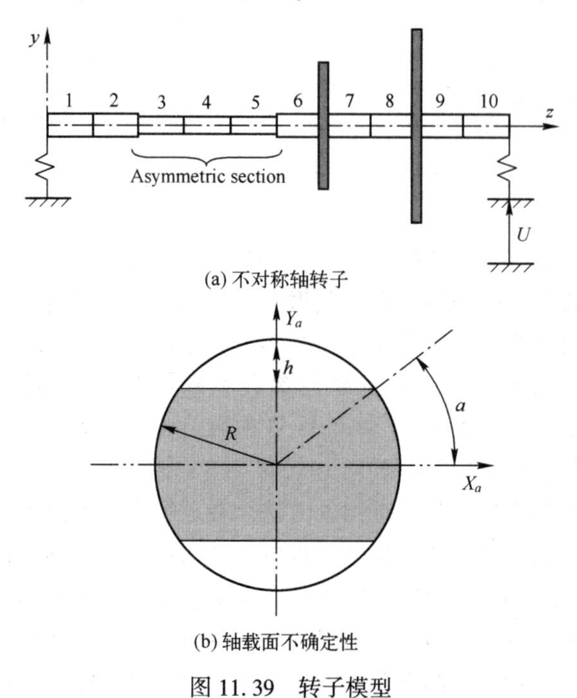

图 11.39 转子模型

1. 转子模型

转子单元刚度矩阵可参考文献［23］附录，单元矩阵 $\boldsymbol{Mt}_0^e$、$\boldsymbol{Mr}_0^e$、$\boldsymbol{K}_c^e$、G^e 与 $\boldsymbol{I}_m=$

$(\boldsymbol{I}_X+\boldsymbol{I}_Y)/2$ 相关，而 $\boldsymbol{M}_c^e$，$\boldsymbol{M}_s^e$，$\boldsymbol{K}_c^e$，$\boldsymbol{K}_s^e$ 是 $\boldsymbol{I}_d=(\boldsymbol{I}_X-\boldsymbol{I}_Y)/2$ 的函数。对于非对称单元，惯性矩 $\boldsymbol{I}_X$ 和 $\boldsymbol{I}_Y$ 由下式给出：

$$\begin{cases} \boldsymbol{I}_X=\dfrac{R^4}{2}\left(\alpha-\dfrac{\sin(2\alpha)}{2}\right)+\sqrt{2hR-\mathrm{h}^2}\,(R-h)^3 \\ \boldsymbol{I}_Y=\dfrac{R^4}{2}\left(\alpha+\dfrac{\sin(2\alpha)}{2}\right)+\dfrac{(2hR-\mathrm{h}^2)^{3/2}(R-h)}{3} \end{cases} \tag{11.49}$$

图 11.39 所示转子动力学方程为

$$\boldsymbol{M}\ddot{\boldsymbol{u}}+(\boldsymbol{C}+\omega_r\boldsymbol{G})\dot{\boldsymbol{u}}+\boldsymbol{K}\boldsymbol{u}=\boldsymbol{p}(t) \tag{11.50}$$

式中 $\boldsymbol{M}=\boldsymbol{M}_0+\boldsymbol{M}_c\cos(2\omega_r t)+\boldsymbol{M}_s\sin(2\omega_r t)$；$\boldsymbol{K}=\boldsymbol{K}_0+\boldsymbol{K}_c\cos(2\omega_r t)+\boldsymbol{K}_s\sin(2\omega_r t)$；$\boldsymbol{C}$，$\boldsymbol{G}$ 分别是总质量矩阵、刚度矩阵、阻尼矩阵和陀螺矩阵；ω_r 代表转子的转速；$\boldsymbol{p}(t)$ 表示外力。

下面考虑两种外力：

1）不平衡激励。距离旋转轴为 d_e 的不平衡质量 m_e 产生的不平衡力为

$$\boldsymbol{p}^d=m_e d_e \omega_r^2[\cos(\omega_r t)\quad \sin(\omega_r t)\quad 0\quad 0]^{\mathrm{T}} \tag{11.51}$$

2）基础激励。转子基座激振力为

$$\boldsymbol{p}^b=[0\quad k_{yy}U_0\cos(\omega_b t)\quad 0\quad 0]^{\mathrm{T}} \tag{11.52}$$

式中：k_{yy} 表示 y 方向上的轴承刚度；U_0 表示激励幅值。

对于图 11.39 所示转子系统，表 11.6 列出系统仿真参数取值（与文献［25］相同），对应线性系统第一、二和三临界速度分别约为 $f_1=28.8\text{Hz}$，$f_2=98.1\text{Hz}$ 和 $f_3=174.5\text{Hz}$。

表 11.6　转子仿真参数

参　数	尺　寸
轴长	1m
轴径	0.04m
圆盘 1 的位置	0.6m
圆盘 2 的位置	0.8m
圆盘 1 的外径	0.2m
圆盘 2 的外径	0.4m
圆盘 1 和 2 的内径	0.04m
圆盘 1 和 2 的厚度	0.02m
杨氏弹性模量 E	$2.1\times10^{11}\,\text{N}\cdot\text{m}^2$
密度	$7800\text{kg}\cdot\text{m}^{-3}$
质量不平衡	0.05
质量不平衡偏心率	0.01
不对称深度	0.002m

2. 考虑的参数不确定性

参考文献［25］表 3 的算例 1 和 2，考虑两种参数不确定情况，利用式（11.47）和式（11.48）模拟参数不确定，参数不确定程度取值如表 11.7 所示。

表 11.7　考虑的两种情形参数不确定性程度取值

参　数	ξ_E	ξ_{U_0}	ξ_m	ξ_h
情形 1	5%	5%	—	—
情形 2	5%	5%	5%	5%

3. 数值结果

下面利用本节方法研究参数不确定对振动峰值响应的影响。以傅里叶系数 $\boldsymbol{U}$ 范数最大化为目标函数，激励频率 ω_r 和 ω_b 设为优化变量，考虑的两种参数不确定情形数值优化结果如表 11.8 所示，其中情形 0 对应于确定性系统的共振峰值响应。

表 11.8　采用 11.4.1 节方法得到的数值优化结果

参　数	ω_r	ω_b	v_E	v_{U_0}	v_m	v_h
情形 0	3. 4842	28. 8661	—	—	—	—
情形 1	3. 1483	28. 5982	0	1	—	—
情形 2	3. 2608	28. 5884	0	1	1	1

从表 11. 8 可以发现，三种情形的共振频率几乎保持不变，非常接近确定性系统的第一阶临界速度。对于情形 1 和 2，共振峰值响应优化解对应的不确定参数为 $v_E=0$ 和 $v_{U_0}=1$，而情形 2 的不确定性变量 v_m 和 v_h 均等于 1。

转子系统在节点 7 轨道如图 11. 40 所示。3 种情形下节点 7 在 x 和 y 方向的相位图如图 11. 41 所示，其中左图代表 x 方向的相位，右图代表 y 方向的相位。由图 11. 40 和图 11. 41 可知，这 3 种情形下的结构振动响应相似，主要区别在于振幅大小。情况 0 的最大共振响应振幅为 0. 0127m，情形 1 的共振响应峰值约为 0. 01376542m。情形 1 的共振响应峰值略高于情形 0，v_E 和 v_{U_0} 参数的不确定影响很小。情形 2 的参数不确定共振响应最大值为 0. 01378769m。与情形 1 相比，情形 2 的最大共振峰响应对 v_m 和 v_h 的变化不敏感。

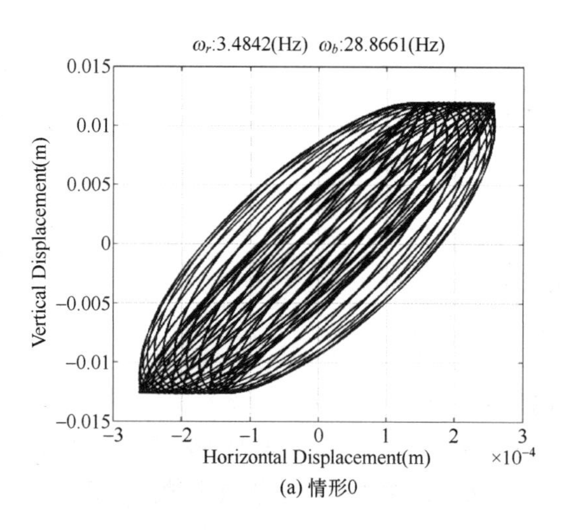

(a) 情形0

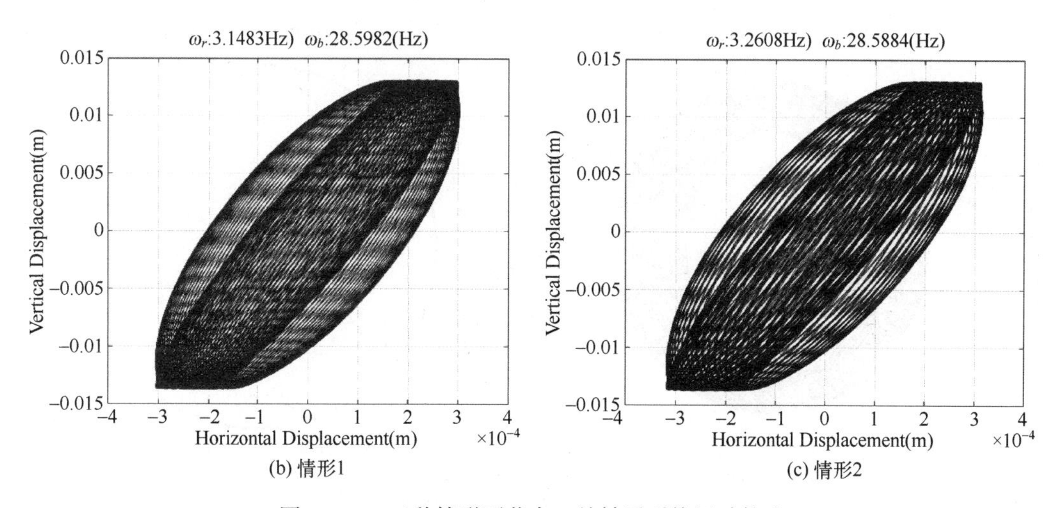

(b) 情形1　(c) 情形2

图 11.40　三种情形下节点 7 处转子系统运动轨迹

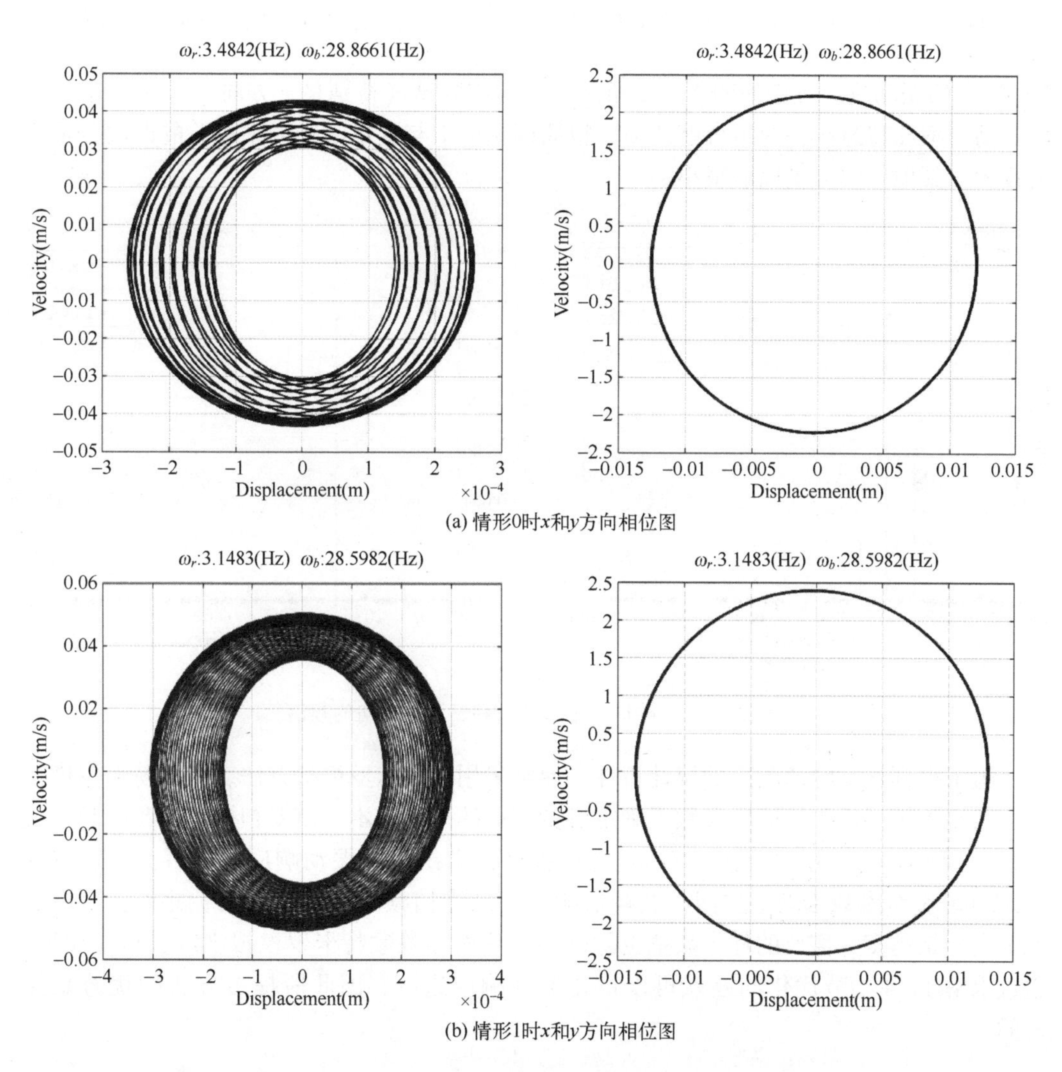

(a) 情形0时x和y方向相位图

(b) 情形1时x和y方向相位图

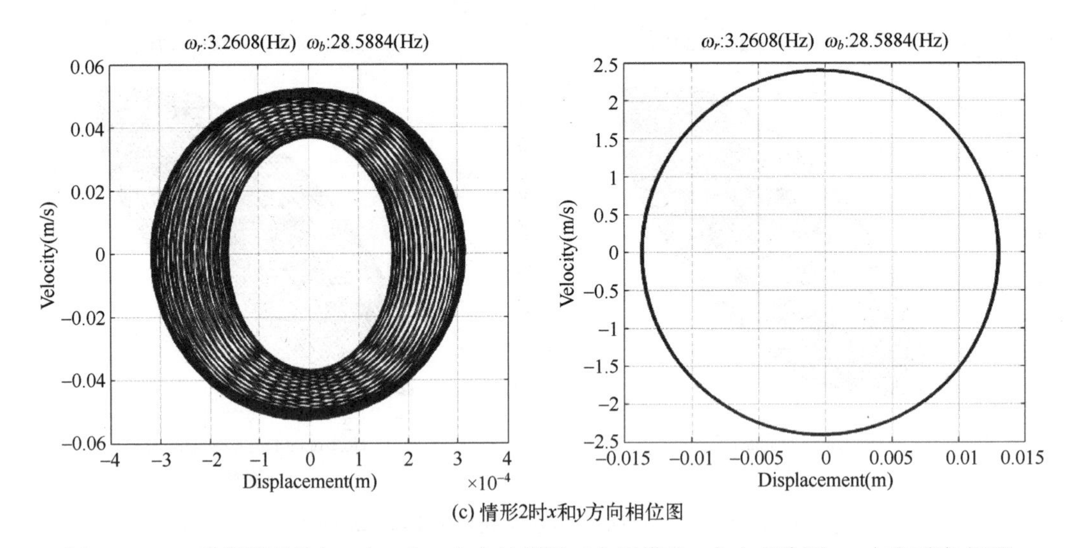

(c) 情形2时x和y方向相位图

图 11.41　三种情形下节点 7 在 x 和 y 方向的相图（左图代表 x 方向相位图，y 方向对应右图）

3 种情形的振动响应频谱如图 11.42 所示，在响应频谱（特别是 x 方向）中可观察到支承激励频率和转速相关的组合谐波项，拟周期响应中与支承激励频率相关的谐波分量幅值较大，其他谐波分量幅值很小。

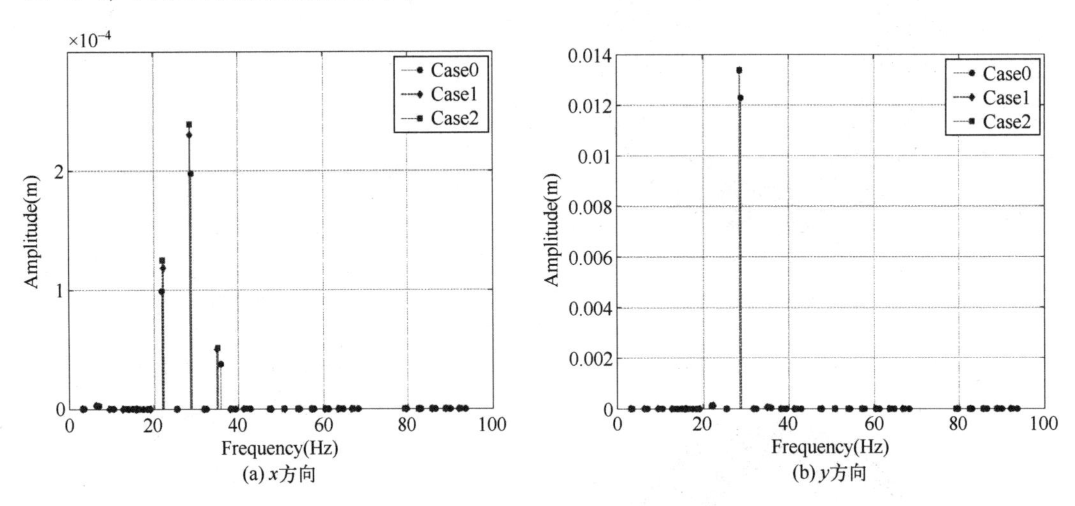

(a) x方向　　(b) y方向

图 11.42　三种情形下节点 7 在 x 和 y 方向的频谱

为了得到振动峰值响应的统计特性，通常采用蒙特卡罗模拟方法。在蒙特卡罗模拟中，需要大量的样本。固定参数不确定变量获得的每个样本，需要扫描二维激励频率获得共振峰响应。首先，固定 ω_r 对 ω_b 进行抽样，求出最大振动响应。然后，通过改变 ω_r 来计算整个参数不确定空间共振峰值响应，二维扫频的计算量很大。此外，考虑的不确定变量越多，需要的样本数量也就越多，从而导致蒙特卡罗模拟难以进行。相反，通过求解 11.4.1 节优化问题就可以量化振动响应边界，因此所提出方法的优势是显著的。

11.5 本章小结

本章提出非线性系统拟周期解的连续延拓法和稳定性分析技术。通过使用简约空间SQP 方法结合多维谐波平衡方法追踪拟周期解，将连续追踪问题拟周期解修正步归结为非线性约束优化问题，以谐波平衡方程为非线性等式约束，采用简约空间 SQP 方法求解非线性系统的拟周期解，推导了谐波平衡方程的梯度。所提出的稳定性分析方法预测的稳定性与数值积分方法的结果一致，验证了提出方法的可行性。

提出一种非线性机械系统拟周期运动响应边界不确定量化方法。该方法本质上是一个非线性约束优化问题，具体分为两步：第一步采用多维谐波平衡法直接构造非线性等式约束，第二步采用多重启优化算法求解不确定量化优化问题。有限元转子数值算例结果表明，该方法不仅可以求出系统的最坏情形共振响应和拟周期解的上下界，而且可以定量分析结构不确定性和非光滑非线性对非线性系统拟周期振动响应的综合影响。

参考文献

[1] Liao H, Zhao Q, Fang D. The continuation and stability analysis methods for quasi-periodic solutions of nonlinear systems [J]. Nonlinear Dynamics, 2020, 100: 1469-1496.

[2] Guskov M, Sinou J J, Thouverez F. Multi-dimensional harmonic balance applied to rotor dynamics [C] //International Design Engineering Technical Conferences and Computers and Information in Engineering Conference. 2007, 48027: 1243-1249.

[3] Huang J L, Zhou W J, Zhu W D. Quasi-periodic motions of high-dimensional nonlinear models of a translating beam with a stationary load subsystem under harmonic boundary excitation [J]. Journal of Sound and Vibration, 2019, 462: 114870.

[4] Zhou B, Thouverez F, Lenoir D. A variable-coefficient harmonic balance method for the prediction of quasi-periodic response in nonlinear systems [J]. Mechanical Systems and Signal Processing, 2015, 64: 233-244.

[5] Kim Y B, Noah S T. Quasi-periodic response and stability analysis for a non-linear Jeffcott rotor [J]. Journal of Sound and Vibration, 1996, 190 (2): 239-253.

[6] Fontanela F, Grolet A, Salles L, et al. Computation of quasi-periodic localised vibrations in nonlinear cyclic and symmetric structures using harmonic balance methods [J]. Journal of Sound and Vibration, 2019, 438: 54-65.

[7] Peletan L, Baguet S, Torkhani M, et al. Quasi-periodic harmonic balance method for rubbing self-induced vibrations in rotor - stator dynamics [J]. Nonlinear Dynamics, 2014, 78: 2501-2515.

[8] Salles L, Staples B, Hoffmann N, et al. Continuation techniques for analysis of whole aeroengine dynamics with imperfect bifurcations and isolated solutions [J]. Nonlinear Dynamics, 2016, 86: 1897-1911.

[9] Alcorta R, Baguet S, Prabel B, et al. Period doubling bifurcation analysis and isolated sub-harmonic resonances in an oscillator with asymmetric clearances [J]. Nonlinear Dynamics, 2019, 98 (4): 2939-2960.

[10] Detroux T, RensonL, Masset L, et al. The harmonic balance method for bifurcation analysis of large-scale nonlinear mechanical systems [J]. Computer Methods in Applied Mechanics and Engineering,

2015, 296: 18-38.

[11] Awrejcewicz J. Numerical investigations of the constant and periodic motions of the human vocal cords including stability and bifurcation phenomena [J]. Dynamics and Stability of Systems, 1990, 5 (1): 11-28.

[12] Villa C, Sinou J J, Thouverez F. Stability and vibration analysis of a complex flexible rotor bearing system [J]. Communications in Nonlinear Science and Numerical Simulation, 2008, 13 (4): 804-821.

[13] Peletan L, Baguet S, Torkhani M, et al. A comparison of stability computational methods for periodic solution of nonlinear problems with application to rotordynamics [J]. Nonlinear Dynamics, 2013, 72: 671-682.

[14] Guskov M, Thouverez F. Harmonic balance-based approach for quasi-periodic motions and stability analysis [J]. Journal of Vibration and Acoustics, 2012, 134 (3) .

[15] Sinou J J, Faverjon B. The vibration signature of chordal cracks in a rotor system including uncertainties [J]. Journal of Sound and Vibration, 2012, 331 (1): 138-154.

[16] Didier J, Sinou J J, Faverjon B. Study of the non-linear dynamic response of a rotor system with faults and uncertainties [J]. Journal of Sound and Vibration, 2012, 331 (3): 671-703.

[17] Didier J, Sinou J J, Faverjon B. Nonlinear vibrations of a mechanical system with non-regular nonlinearities and uncertainties [J]. Communications in Nonlinear Science and Numerical Simulation, 2013, 18 (11): 3250-3270.

[18] Millman D R, King P I, Beran P S. Airfoil pitch-and-plunge bifurcation behavior with Fourier chaos expansions [J]. Journal of Aircraft, 2005, 42 (2): 376-384.

[19] Moens D, Vandepitte D. A survey of non-probabilistic uncertainty treatment in finite element analysis [J]. Computer Methods in Applied Mechanics and Engineering, 2005, 194 (12-16): 1527-1555.

[20] Wu J, Zhang Y, Chen L, et al. A Chebyshev interval method for nonlinear dynamic systems under uncertainty [J]. Applied Mathematical Modelling, 2013, 37 (6): 4578-4591.

[21] Habib G, Detroux T, Viguié R, et al. Nonlinear generalization of Den Hartog's equal-peak method [J]. Mechanical Systems and Signal Processing, 2015, 52: 17-28.

[22] Detroux T, Habib G, Masset L, et al. Performance, robustness and sensitivity analysis of the nonlinear tuned vibration absorber [J]. Mechanical Systems and Signal Processing, 2015, 60: 799-809.

[23] Liao H. Global resonance optimization analysis of nonlinear mechanical systems: application to the uncertainty quantification problems in rotor dynamics [J]. Communications in Nonlinear Science and Numerical Simulation, 2014, 19 (9): 3323-3345.

[24] Kim Y B, Choi S K. A multiple harmonic balance method for the internal resonant vibration of a non-linear Jeffcott rotor [J]. Journal of Sound and Vibration, 1997, 208 (5): 745-761.

[25] Didier J, Sinou J J, Faverjon B. Multi-dimensional harmonic balance with uncertainties applied to rotor dynamics [J]. Journal of Vibration and Acoustics, 2012, 134 (6): 061003.

第12章　混沌系统灵敏度分析与最大李雅普诺夫指数计算方法

非线性动力系统的灵敏度在模型降阶、最优控制、可靠性分析和不确定量化[1-2]中有着广泛的应用。灵敏度分析的方法包括有限差分法、直接微分法、伴随变量法等[3-4]。虽然有限差分法易于实现，但存在计算效率低和可能出现错误的问题。伴随方法是分析灵敏度的常用方法，然而，由于对初始条件高度敏感，传统的灵敏度分析方法不能分析混沌系统的灵敏度[5-7]，所以需要发展混沌系统的灵敏度分析方法。有关灵敏度计算的更多信息请参见文献［8-10］。

本章研究混沌系统灵敏度计算方法。为计算与时间平均量相关的灵敏度系数，将时间平均积分项转换为微分方程，然后构造扩展的微分方程以预测混沌系统灵敏度系数。具体内容安排如下：12.1 节介绍混沌系统灵敏度分析方法，12.2 节给出验证算例，12.3 节提出混沌系统最大李雅普诺夫指数计算方法及分析灵敏度。

12.1　混沌系统灵敏度分析方法[11]

目前，非线性系统稳态响应及灵敏度[12]的相关研究较多。例如，Liao[13]利用约束优化谐波平衡法研究了分数阶非线性动力系统周期运动的灵敏度和鲁棒稳定性问题[14]。由于迟滞因素对动力系统的性能有重要影响，因此文献［15］研究了时滞非线性系统动力学特性，分析了 Duffing 振子时滞影响参数的灵敏度，文献［16］分析了具有延迟的分数阶非线性系统灵敏度。文献［17］研究了具有各种非线性的机翼系统灵敏度。

在科学和工程界，对混沌系统平均统计量的研究已引起相当大的关注。由于相邻轨迹之间的距离随时间呈指数增长，因此混沌系统灵敏度分析方面的工作相对较少。例如，Wang[18]提出了李雅普诺夫特征向量分解方法以计算混沌系统的动态响应灵敏度。尽管李雅普诺夫特征向量分解方法可以预测混沌系统的灵敏度，但其计算成本与李雅普诺夫指数的数量和系统维数的乘积成正比，所以这种方法很难用于实际工程系统。受伪轨道追踪理论的启发，文献［19］将灵敏度分析问题转换为约束优化问题，提出最小二乘 Shadowing（Least Squares Shadowing，LSS）法以预测混沌系统的灵敏度。文献［20］研究了用于混沌系统灵敏度分析的多重网格技术，但多重网格技术仍存在计算成本和存储要求均较高的缺点。因此，还需要发展有效的分析混沌系统灵敏度的算法。

12.1.1　增广控制微分方程

本节定义时间平均物理量形成微分方程增广系统。

为分析混沌系统灵敏度，考虑如下形式微分方程：

$$\frac{\mathrm{d}\boldsymbol{u}(t)}{\mathrm{d}t}=f(\boldsymbol{u}(t),p) \tag{12.1}$$

式中：$\boldsymbol{u}(t)$是具有初始条件$\boldsymbol{u}(t)|_{t=0}=\boldsymbol{u}_0$的$n$维状态向量；$f$是依赖于参数$p$的$n$维非线性函数。

在航空航天等领域的许多应用中，研究者们非常关注长期时间历程统计平均量的计算。为分析与$J(\boldsymbol{u}(t),p)$统计平均量相关的灵敏度，定义在0到t的平均量$e(t)$如下：

$$e(t)=\frac{1}{t}\int_0^t J(\boldsymbol{u}(t'),p)\mathrm{d}t' \tag{12.2}$$

上式对t求导，可得

$$\frac{\mathrm{d}e(t)}{\mathrm{d}t}=g(\boldsymbol{u}(t),e(t),p)=\frac{J(\boldsymbol{u}(t),p)-e(t)}{t} \tag{12.3}$$

为计算与$e(t)$相关的灵敏度，综合式（12.1）和式（12.3）形成如下增广微分方程：

$$\frac{\mathrm{d}\boldsymbol{U}(t)}{\mathrm{d}t}=\boldsymbol{h}(\boldsymbol{U}(t),p)=\begin{bmatrix} f(\boldsymbol{u}(t),p) \\ g(\boldsymbol{u}(t),e(t),p)\end{bmatrix} \tag{12.4}$$

增广状态变量和初始条件为

$$\boldsymbol{U}(t)=\begin{bmatrix}\boldsymbol{u}(t)\\ e(t)\end{bmatrix},\boldsymbol{U}(t_0)=\begin{bmatrix}\boldsymbol{u}(t_0)\\ e(t_0)\end{bmatrix} \tag{12.5}$$

式（12.1）的系统增广为式（12.4）以计算变量$e(t)$，为分析混沌系统灵敏度奠定基础。

12.1.2 直接微分法

混沌系统灵敏度计算的关键是计算状态变量$e(t)$对系统参数的导数。式（12.4）对参数p进行求导得

$$\frac{\mathrm{d}\boldsymbol{V}_d(t)}{\mathrm{d}t}=\frac{\partial \boldsymbol{h}(\boldsymbol{U}(t),p)}{\partial p}+\frac{\partial \boldsymbol{h}(\boldsymbol{U}(t),p)}{\partial \boldsymbol{U}}\boldsymbol{V}_d(t) \tag{12.6}$$

通常可直接计算$\frac{\partial \boldsymbol{h}(\boldsymbol{U}(t),p)}{\partial p}$和$\frac{\partial \boldsymbol{h}(\boldsymbol{U}(t),p)}{\partial \boldsymbol{U}}$，根据式（12.6）可得到灵敏度$\boldsymbol{V}_d(t)=\frac{\partial \boldsymbol{U}(t)}{\partial p}\left(\frac{\partial e(t)}{\partial p}\right)$。

直接微分法属于常规灵敏度分析方法。在文献［19］的第2、3节论述了传统的灵敏度分析方法分析混沌系统灵敏度的局限性。

12.1.3 增广微分方程的最小二乘 Shadowing 灵敏度分析方法

本节推导式（12.4）增广微分系统的最小二乘 Shadowing 灵敏度分析方法。

文献［19］第6节的研究表明，传统的灵敏度分析法可能无法解决混沌系统灵敏度分析问题。因此，用图12.1所示的最小二乘 Shadowing 原理（文献［19］）分析式（12.4）所示增广控制方程的灵敏度。

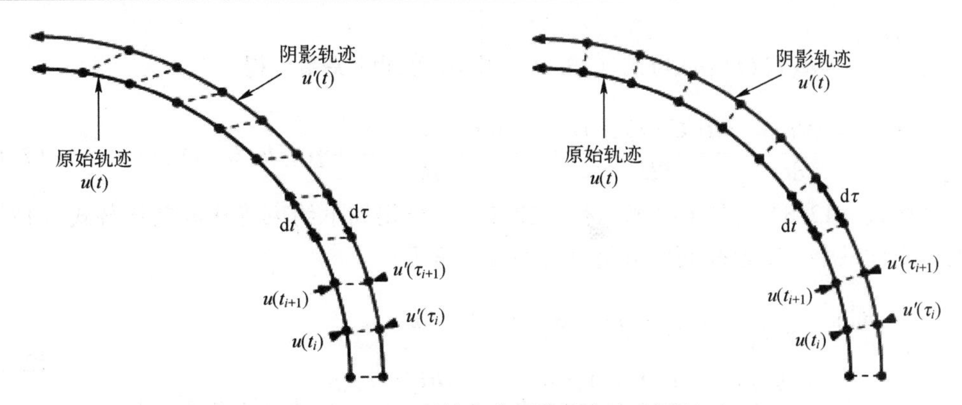

图 12.1　用于灵敏度分析的轨迹追踪原理

利用 Shadowing 理论[23,26]，可将灵敏度问题转化为如下最小二乘优化问题：

$$\begin{aligned}&\min\quad \frac{1}{2}\int_0^T\left(\|\boldsymbol{U}(\tau(t))-\boldsymbol{U}_r(t)\|^2+\alpha^2\left(\frac{\mathrm{d}(\tau(t))}{\mathrm{d}t}-1\right)^2\right)\mathrm{d}t\\&\text{s.t.}\quad \frac{\mathrm{d}\boldsymbol{U}(\tau(t))}{\mathrm{d}t}=\boldsymbol{h}(\boldsymbol{U}(\tau(t)),p)\end{aligned}\tag{12.7}$$

式中：$\boldsymbol{U}_r(t)$表示参考解；$\tau(t)$为求解式（12.7）的时间变换；α表示加权常数。

为分析灵敏度，设$\boldsymbol{U}_{\mathrm{lss}}(t,p)$和$\tau_{\mathrm{lss}}(t,p)$为式（12.7）中最小二乘约束优化问题的解，并引入以下变量：

$$\begin{cases}\boldsymbol{V}(t)=\dfrac{\mathrm{d}(\boldsymbol{U}_{\mathrm{lss}}(\tau_{\mathrm{lss}}(t,p),p)-\boldsymbol{U}_r(t))}{\mathrm{d}p}\\ \boldsymbol{\eta}(t)=\dfrac{\mathrm{d}}{\mathrm{d}p}\left(\dfrac{\mathrm{d}\tau_{\mathrm{lss}}(t,p)}{\mathrm{d}t}-1\right)\end{cases}\tag{12.8}$$

对于无穷小量δp，$\tau_{\mathrm{lss}}(t,p+\delta p)$和$\boldsymbol{U}_{\mathrm{lss}}(\tau_{\mathrm{lss}}(t,p+\delta p),p+\delta p)$可根据式（12.8）推导如下：

$$\begin{cases}\tau_{\mathrm{lss}}(t,p+\delta p)=\displaystyle\int_0^t(1+\boldsymbol{\eta}(t')\delta p)\mathrm{d}t'\\ \boldsymbol{U}_{\mathrm{lss}}(\tau_{\mathrm{lss}}(t,p+\delta p),p+\delta p)=\boldsymbol{U}_r(t)+\boldsymbol{V}(t)\delta p\end{cases}\tag{12.9}$$

将式（12.9）中的$\boldsymbol{U}_{\mathrm{lss}}(\tau_{\mathrm{lss}}(t,p+\delta p),p+\delta p)$对时间求导可得

$$\begin{aligned}&\frac{\mathrm{d}(\boldsymbol{U}_r(t)+\boldsymbol{V}(t)\delta p)}{\mathrm{d}t}=\frac{\mathrm{d}\boldsymbol{U}_r(t)}{\mathrm{d}t}+\frac{\mathrm{d}V(t)}{\mathrm{d}t}\delta p=\frac{\mathrm{d}\boldsymbol{U}_{\mathrm{lss}}(\tau_{\mathrm{lss}}(t,p+\delta p),p+\delta p)}{\mathrm{d}t}\\&=\left.\frac{\mathrm{d}\boldsymbol{U}_{\mathrm{lss}}(\tau,p+\delta p)}{\mathrm{d}\tau}\right|_{\tau=\tau_{\mathrm{lss}}(t,p+\delta p)}\frac{\mathrm{d}\tau_{\mathrm{lss}}(t,p+\delta p)}{\mathrm{d}t}\\&=\boldsymbol{h}(\boldsymbol{U}_{\mathrm{lss}}(\tau_{\mathrm{lss}}(t,p+\delta p),p+\delta p),p+\delta p)(1+\boldsymbol{\eta}(t)\delta p)\\&=\left(\boldsymbol{h}(\boldsymbol{U}_r(t),p)+\frac{\partial\boldsymbol{h}(\boldsymbol{U}_r(t),p)}{\partial\boldsymbol{U}}\boldsymbol{V}(t)\delta p+\frac{\partial\boldsymbol{h}(\boldsymbol{U}_r(t),p)}{\partial p}\delta p\right)(1+\boldsymbol{\eta}(t)\delta p)\\&=\boldsymbol{h}(\boldsymbol{U}_r(t),p)+\left(\frac{\partial\boldsymbol{h}(\boldsymbol{U}_r(t),p)}{\partial\boldsymbol{U}}\boldsymbol{V}(t)+\frac{\partial\boldsymbol{h}(\boldsymbol{U}_r(t),p)}{\partial p}+\boldsymbol{\eta}(t)\boldsymbol{h}(\boldsymbol{U}_r(t),p)\right)\delta p+o((\delta p)^2)\end{aligned}\tag{12.10}$$

由$\dfrac{\mathrm{d}\boldsymbol{U}_r(t)}{\mathrm{d}t}=\boldsymbol{h}(\boldsymbol{U}_r(t),p)$与式（12.10）中$\delta s$等同的关系可得

$$\frac{\mathrm{d}\boldsymbol{V}(t)}{\mathrm{d}t}=\frac{\partial\boldsymbol{h}(\boldsymbol{U}_r(t),p)}{\partial\boldsymbol{U}}\boldsymbol{V}(t)+\frac{\partial\boldsymbol{h}(\boldsymbol{U}_r(t),p)}{\partial p}+\eta(t)\boldsymbol{h}(\boldsymbol{U}_r(t),p) \tag{12.11}$$

利用式（12.8）、式（12.9）和（12.11），可用如下约束优化问题代替式（12.7）中的非线性最小二乘追踪问题分析混沌系统灵敏度：

$$\begin{aligned}&\min\quad \frac{1}{2}\int_0^T(\boldsymbol{V}(t)^{\mathrm{Tr}}\boldsymbol{V}(t)+\alpha^2(\eta(t))^2)\mathrm{d}t\\&\text{s.t.}\quad \frac{\mathrm{d}\boldsymbol{V}(t)}{\mathrm{d}t}=\frac{\partial\boldsymbol{h}(\boldsymbol{U}_r(t),p)}{\partial\boldsymbol{U}}\boldsymbol{V}(t)+\frac{\partial\boldsymbol{h}(\boldsymbol{U}_r(t),p)}{\partial p}+\eta(t)\boldsymbol{h}(\boldsymbol{U}_r(t),p)\end{aligned} \tag{12.12}$$

式中：Tr 表示转置。

利用拉格朗日乘子向量$\boldsymbol{W}$，形成拉格朗日函数L如下：

$$L=\int_0^T\left[\frac{(\boldsymbol{V}(t)^{\mathrm{Tr}}\boldsymbol{V}(t)+\alpha^2(\eta(t))^2)}{2}+\right.$$

$$\left.\boldsymbol{W}^{\mathrm{Tr}}\left(\frac{\partial\boldsymbol{h}(\boldsymbol{U}_r(t),p)}{\partial\boldsymbol{U}}\boldsymbol{V}(t)+\frac{\partial\boldsymbol{h}(\boldsymbol{U}_r(t),p)}{\partial p}+\eta(t)\boldsymbol{h}(\boldsymbol{U}_r(t),p)-\frac{\mathrm{d}\boldsymbol{V}(t)}{\mathrm{d}t}\right)\right]\mathrm{d}t \tag{12.13}$$

从而得到灵敏度分析问题 Karush-Kuhn-Tucker（KKT）条件如下：

$$\begin{cases}\dfrac{\mathrm{d}\boldsymbol{V}(t)}{\mathrm{d}t}=\dfrac{\partial\boldsymbol{h}(\boldsymbol{U}_r(t),p)}{\partial\boldsymbol{U}}\boldsymbol{V}(t)+\dfrac{\partial\boldsymbol{h}(\boldsymbol{U}_r(t),p)}{\partial p}+\eta(t)\boldsymbol{h}(\boldsymbol{U}_r(t),p)\\\alpha^2\eta(t)=-\boldsymbol{W}(t)^{\mathrm{Tr}}\boldsymbol{h}(\boldsymbol{U}_r(t),p)\\\dfrac{\mathrm{d}\boldsymbol{W}(t)}{\mathrm{d}t}=-\left(\dfrac{\partial\boldsymbol{h}(\boldsymbol{U}_r(t),p)}{\partial\boldsymbol{U}}\right)^{\mathrm{Tr}}\boldsymbol{W}(t)-\boldsymbol{V}(t),\boldsymbol{W}(0)=\boldsymbol{W}(T)=0\end{cases} \tag{12.14}$$

若计算出拉格朗日乘子，就可以根据式（12.14）得到灵敏度系数$\boldsymbol{V}(t)|_{t=T}$。

12.1.4 最小二乘 Shadowing 灵敏度分析问题求解算法

本节采用有限差分法求解式（12.14）。

1. KKT 系统离散格式

式（12.14）可以采用直接法和伴随法进行离散求解，两种方法会产生相同的线性方程和边界条件。对式（12.14）使用有限差分法进行离散，将时间间隔$[t_0,T+t_0]$等分为m个子间隔，采样时间点为$t_i=t_0+i\Delta t$，其中$i=1,2,\cdots,m$，$\Delta t=T/m$表示时间步长，m为足够大的正整数。

根据上述离散格式，可构造一组由$\overline{\boldsymbol{V}}=[\boldsymbol{V}_0^{\mathrm{T}},\boldsymbol{V}_1^{\mathrm{T}},\boldsymbol{V}_2^{\mathrm{T}},\cdots,\boldsymbol{V}_m^{\mathrm{T}}]^{\mathrm{Tr}}$，$\overline{\boldsymbol{\eta}}=[\eta_1,\eta_2,\cdots,\eta_m]^{\mathrm{Tr}}$和$\overline{\boldsymbol{W}}=[\boldsymbol{W}_1^{\mathrm{T}},\boldsymbol{W}_2^{\mathrm{T}},\cdots,\boldsymbol{W}_m^{\mathrm{T}}]^{\mathrm{Tr}}$组成的线性方程组（其中$\boldsymbol{V}_i=\boldsymbol{V}(t)|_{t=t_i}$，$\eta_i=\eta(t)|_{t=t_i}$，和$\boldsymbol{W}_i=\boldsymbol{W}(t)|_{t=t_i}$）：

$$\begin{bmatrix}\boldsymbol{I}&0&\boldsymbol{B}^{\mathrm{Tr}}\\0&\alpha^2\boldsymbol{I}&C^{\mathrm{Tr}}\\\boldsymbol{B}&\boldsymbol{C}&\end{bmatrix}\begin{pmatrix}\overline{\boldsymbol{V}}\\\overline{\boldsymbol{\eta}}\\\overline{\boldsymbol{W}}\end{pmatrix}=\begin{pmatrix}0\\0\\-\overline{\boldsymbol{b}}\end{pmatrix} \tag{12.15}$$

式中：$\boldsymbol{I}$表示单位矩阵；矩阵$\boldsymbol{B}$和$\boldsymbol{C}$定义为

$$\boldsymbol{B}=\begin{bmatrix}\boldsymbol{F}_0 & \boldsymbol{G}_1 & & & \\ & \boldsymbol{F}_1 & \boldsymbol{G}_2 & & \\ & & \ddots & \ddots & \\ & & & \boldsymbol{F}_{m-1} & \boldsymbol{G}_m\end{bmatrix},\boldsymbol{B}^{\mathrm{Tr}}=\begin{bmatrix}\boldsymbol{F}_0^{\mathrm{Tr}} & & & \\ \boldsymbol{G}_1^{\mathrm{T}} & \boldsymbol{F}_1^{\mathrm{Tr}} & & \\ & \boldsymbol{G}_2^{\mathrm{T}} & \ddots & \\ & & \ddots & \boldsymbol{F}_{m-1}^{\mathrm{Tr}} \\ & & & \boldsymbol{G}_m^{\mathrm{T}}\end{bmatrix} \tag{12.16}$$

$$\boldsymbol{C}=\mathbf{diag}(\hat{\boldsymbol{h}}_1,\quad \hat{\boldsymbol{h}}_2,\quad \cdots,\quad \hat{\boldsymbol{h}}_m)$$

式中

$$\begin{cases}\boldsymbol{F}_i=\dfrac{\boldsymbol{I}}{\Delta t}+\dfrac{1}{2}\dfrac{\partial \boldsymbol{h}(\boldsymbol{U}_i(t),p)}{\partial \boldsymbol{U}} \\ \boldsymbol{G}_i=-\dfrac{\boldsymbol{I}}{\Delta t}+\dfrac{1}{2}\dfrac{\partial \boldsymbol{h}(\boldsymbol{U}_i(t),p)}{\partial \boldsymbol{U}} \\ \boldsymbol{b}_i=\dfrac{1}{2}\left[\dfrac{\partial \boldsymbol{h}(\boldsymbol{U}_{i-1}(t),p)}{\partial p}+\dfrac{\partial \boldsymbol{h}(\boldsymbol{U}_i(t),p)}{\partial p}\right] \\ \hat{\boldsymbol{h}}_i=\dfrac{1}{2}[\boldsymbol{h}(\boldsymbol{U}_{i-1}(t),p)+\boldsymbol{h}(\boldsymbol{U}_i(t),p)]\end{cases} \tag{12.17}$$

根据式（12.15）第一行，T 时刻的灵敏度系数 $\boldsymbol{V}_m$ 为

$$\boldsymbol{V}_m=-\boldsymbol{G}_m^{\mathrm{Tr}}\cdot\boldsymbol{W}_m \tag{12.18}$$

由式（12.18）可知，只需式（12.15）中拉格朗日乘子的最终状态，所有灵敏度系数都可以直接使用 $\boldsymbol{G}_m$ 和 $\boldsymbol{W}_m$ 计算，无须求解额外的解 $\boldsymbol{V}_i$（$i=0$, 1, ⋯, $m-1$）和$\overline{\boldsymbol{\eta}}$，而原始 LSS 方法需要首先计算$\overline{\boldsymbol{V}}$、$\overline{\boldsymbol{\eta}}$和 $\overline{\boldsymbol{W}}$，从而进一步分析某个给定目标函数的灵敏度系数。

消去 $\overline{\boldsymbol{V}}$、$\overline{\boldsymbol{\eta}}$，可生成以下线性方程组：

$$\left(\boldsymbol{B}\boldsymbol{B}^{\mathrm{Tr}}+\frac{1}{\alpha^2}\boldsymbol{C}\boldsymbol{C}^{\mathrm{Tr}}\right)\overline{\boldsymbol{W}}=\boldsymbol{A}\ \overline{\boldsymbol{W}}=\overline{\boldsymbol{b}} \tag{12.19}$$

式中：三对角矩阵 $\boldsymbol{A}$ 为

$$\boldsymbol{A}=\begin{bmatrix}\boldsymbol{S}_1 & \boldsymbol{R}_1^{\mathrm{Tr}} & & & \\ \boldsymbol{R}_1 & \boldsymbol{S}_2 & \boldsymbol{R}_2^{\mathrm{Tr}} & & \\ & \boldsymbol{R}_2 & \ddots & \ddots & \\ & & \ddots & \boldsymbol{S}_{m-1} & \boldsymbol{R}_{m-1}^{\mathrm{Tr}} \\ & & & \boldsymbol{R}_{m-1} & \boldsymbol{S}_m\end{bmatrix} \tag{12.20}$$

式中：$\boldsymbol{S}_i=\boldsymbol{F}_{i-1}\boldsymbol{F}_{i-1}^{\mathrm{Tr}}+\boldsymbol{G}_i\boldsymbol{G}_i^{\mathrm{Tr}}+\dfrac{1}{\alpha^2}\hat{\boldsymbol{h}}_i\hat{\boldsymbol{h}}_i^{\mathrm{Tr}}$ 和 $\boldsymbol{R}_i=\boldsymbol{F}_i\boldsymbol{G}_i^{\mathrm{Tr}}$。

2. 线性方程组求解

本节使用 LU 分解以简化灵敏度分析计算，无须求解式（12.19）中的所有解。式（12.20）的矩阵可利用 LU 分解为

$$A=L_AU_A,L_A=\begin{bmatrix} T_1 & & & & \\ R_1 & T_2 & & & \\ & R_2 & \ddots & & \\ & & \ddots & T_{m-1} & \\ & & & R_{m-1} & T_m \end{bmatrix},U_A=\begin{bmatrix} I & \Pi_1 & & & \\ & I & \Pi_2 & & \\ & & \ddots & \ddots & \\ & & & I & \Pi_{m-1} \\ & & & & I \end{bmatrix} \tag{12.21}$$

式中：L_A 和 U_A 分别是分块下双对角矩阵和分块上双对角矩阵，且 $T_1=S_1,T_i=S_i-R_{i-1}(T_{i-1})^{-1}R_{i-1}^{\mathrm{Tr}}$，$\Pi_i=(T_i)^{-1}R_i^{\mathrm{Tr}}$。

使用分块 Thomas 法求解方程（12.19）包含两个步骤：首先求解 $L_A\overline{X}=\overline{b}$，其中$\overline{X}=[X_1^{\mathrm{T}},X_2^{\mathrm{T}},\cdots,X_m^{\mathrm{T}}]^{\mathrm{Tr}}$，然后求解 $U_A\overline{W}=\overline{X}$。这两个步骤都不需要迭代，因为左侧矩阵是双对角矩阵。$X_m=W_m$ 的关系可从分块上双对角矩阵 U_A 和 $U_A\overline{W}=\overline{X}$的最后一行推导出来。时间统计平均量的灵敏度系数取决于拉格朗日乘子 W_m 的最终状态，因此，而无须求解 $U_A\overline{W}=\overline{X}$。表 12.1 列出了求解线性方程 $L_A\overline{X}=\overline{b}$的伪代码。

表 12.1　求解 $L_A\overline{X}=\overline{b}$的算法伪代码

```
计算 F_0
for i=1,2,⋯,m do
        计算 F_i,G_i,ĥ_i,b_i 和 S_i
        if i=1
                T_1=S_1并求解 T_1X_1=b_1
                计算 R_1=F_1G_1^Tr
        else
                T_i=S_i-R_{i-1}(T_{i-1})^{-1}R_{i-1}^Tr
                求解 T_iX_i=b_i-R_{i-1}X_{i-1}
                计算 R_i=F_iG_i^Tr
        endif
endfor
```

算法 1 是一个非线性递推公式，可计算得到拉格朗日乘子 W_m 的最终状态。上述过程表明求解双对角离散系统可以在确定的运算步数中进行，即本节所提出的方法不会遇到收敛问题。本节方法求解离散线性系统 $L_A\overline{X}=\overline{b}$涉及子矩阵计算。与 LSS 法求解方程 $A\overline{W}=\overline{b}$相比，本节方法求解的方程组规模要小得多。对分块三对角型稀疏矩阵 A 求逆或分解，其计算复杂度和内存消耗与离散的时间步数和系统维度成正比，因此，本节所提出的方法相对比 LSS 方法在求解大型复杂系统方面更有优势。

本节提出的方法需要存储或重新计算式（12.21）中 T_i 的逆矩阵，这会增加存储成本或计算时间。为降低计算成本，可采用如下迭代方法。

$$\begin{cases} P\Delta x=(b_i-R_{i-1}X_{i-1})-S_ix_k+\alpha \\ x_{k+1}=x_k+\Delta x \end{cases} \tag{12.22}$$

式中：$\alpha=R_{i-1}(T_{i-1})^{-1}R_{i-1}^{\mathrm{Tr}}x_k$；$x_k$ 是经过 k 次迭代后 X_i 的向量值。对于 α 的计算，首先计算 $y_k=R_{i-1}^{\mathrm{Tr}}x_k$，然后从 $T_{i-1}z_k=y_k$ 迭代中求解 z_k，最后得到 $\alpha=R_{i-1}z_k$。

3. 算法总结

基于前面描述的方法，本节所提出的灵敏度分析算法总结如下：

（1）给出初始时间 $t=t_0$ 的初始值 $\boldsymbol{U}_0$ 和时间步长 Δt。在时间 $t\in[t_0,\ t_0+T]$ 内向前求解式（12.4）中的增广方程，得到 $\boldsymbol{U}_i(i=0,1,\cdots,m)$。

（2）使用算法 1 和 $\boldsymbol{U}_i$ 求解式（12.19）中的线性方程。

（3）通过 $\boldsymbol{G}_m$ 和 $\boldsymbol{W}_m$，可根据式（12.18）计算 $\boldsymbol{V}_m$ 的灵敏度。

本节提出式（12.4）中的增广方程及其灵敏度分析方法，主要优点是简洁性和 $\boldsymbol{V}_i$ $(i=0,1,\cdots,m-1)$ 与 $\overline{\boldsymbol{\eta}}$ 的独立性，从而使得本节灵敏度分析方法高效。

LSS 法要求计算并存储每个时间步长 $\boldsymbol{V}_i$、η_i 和 $\boldsymbol{W}_i$ 的解，时间成本和内存占用随着时间步长的增加而迅速增加，由于计算机内存不足，可能无法在足够多的时间步中存储相关向量和矩阵。相比之下，本节所提出的算法可以避免计算 $\boldsymbol{V}(t)$ 和 $\boldsymbol{\eta}(t)$ 在所有离散时间点的解。此外，由于需要最终值 $\boldsymbol{W}_m$ 来计算灵敏度，因此无须存储拉格朗日乘子在所有离散时间点处的解。因此，对于涉及大量时间步长的问题，本节灵敏度分析方法的计算成本和内存要求可以显著降低。

12.2　数值算例

本节通过三个数值算例（即范德波振子，洛伦兹系统和气动弹性极限环振子）验证 12.1 节方法的有效性。

12.2.1　范德波振子

利用直接微分方法分析经典范德波振子的灵敏度，并与 LSS 法进行比较。

范德波振子微分方程可表示为

$$\frac{\mathrm{d}^2y}{\mathrm{d}t^2}=-y+\beta(1-y^2)\frac{\mathrm{d}y}{\mathrm{d}t} \tag{12.23}$$

式中：β 是所要研究的影响参数。

与文献［19］类似，$[e(t)]^{1/8}$ 为需要计算的统计平均相关的函数（其中 $e(t)=\frac{1}{t}\int_0^t J(\boldsymbol{u}(t'),s)\mathrm{d}t'$、$J(\boldsymbol{u}(t),s)=\left(\frac{\mathrm{d}y(t)}{\mathrm{d}t}\right)^2$ 和 $\boldsymbol{u}(t)=\left[y(t),\frac{\mathrm{d}y(t)}{\mathrm{d}t}\right]^{\mathrm{Tr}}$）。$\frac{\mathrm{d}[e(t)]^{1/8}}{\mathrm{d}\beta}=\frac{-[e(t)]^{7/8}}{8}\frac{\mathrm{d}[e(t)]}{\mathrm{d}\beta}$ 为 $[e(t)]^{1/8}$ 对 β 的导数，可通过直接微分法式（12.6）计算 $\frac{\mathrm{d}[e(t)]}{\mathrm{d}\beta}$。

采用四阶 Runge-Kutta 法求解式（12.23），时间步长为 0.02，积分时间从 $t_0=1^{-10}$ 到 $T=5000$。图 12.2 为 $y(t)$ 相图和不同 β 时间平均变量 $e(t)$ 的时间历程数值仿真结果，图 12.3 为局部放大图。

如图 12.2 所示，四种情况下的 $y(t)$ 都是周期性运动，时间平均变量 $e(t)$ 是经历瞬态变化后趋于稳定，但从图 12.3 所示的局部放大图中可知，解 $e(t)$ 在一个很小的区间范围内变化。图 12.4 给出对应于图 12.2 解的灵敏度分析结果，局部放大如图 12.5 所示。

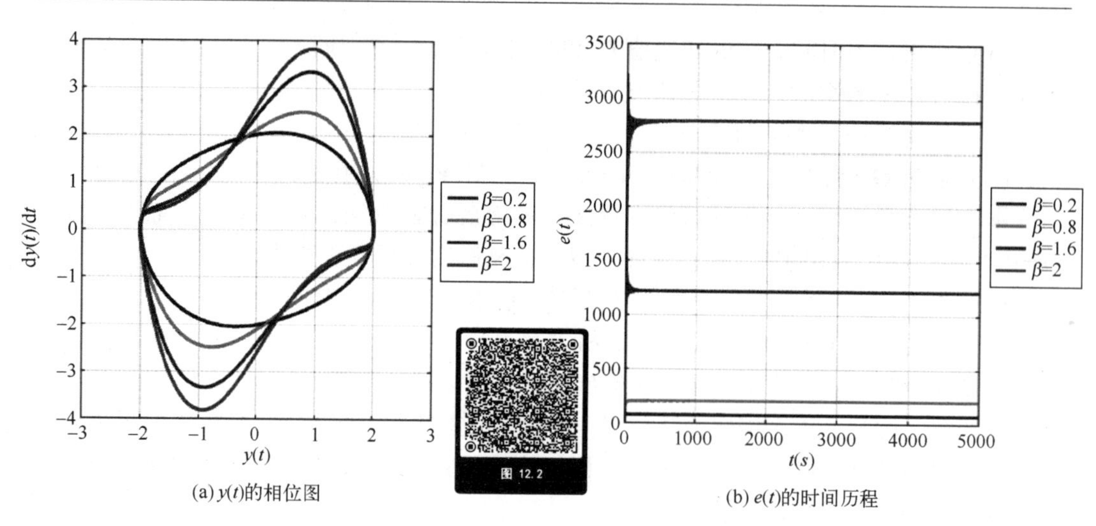

(a) $y(t)$的相位图

(b) $e(t)$的时间历程

图 12.2　不同β值范德波振子的动力学行为

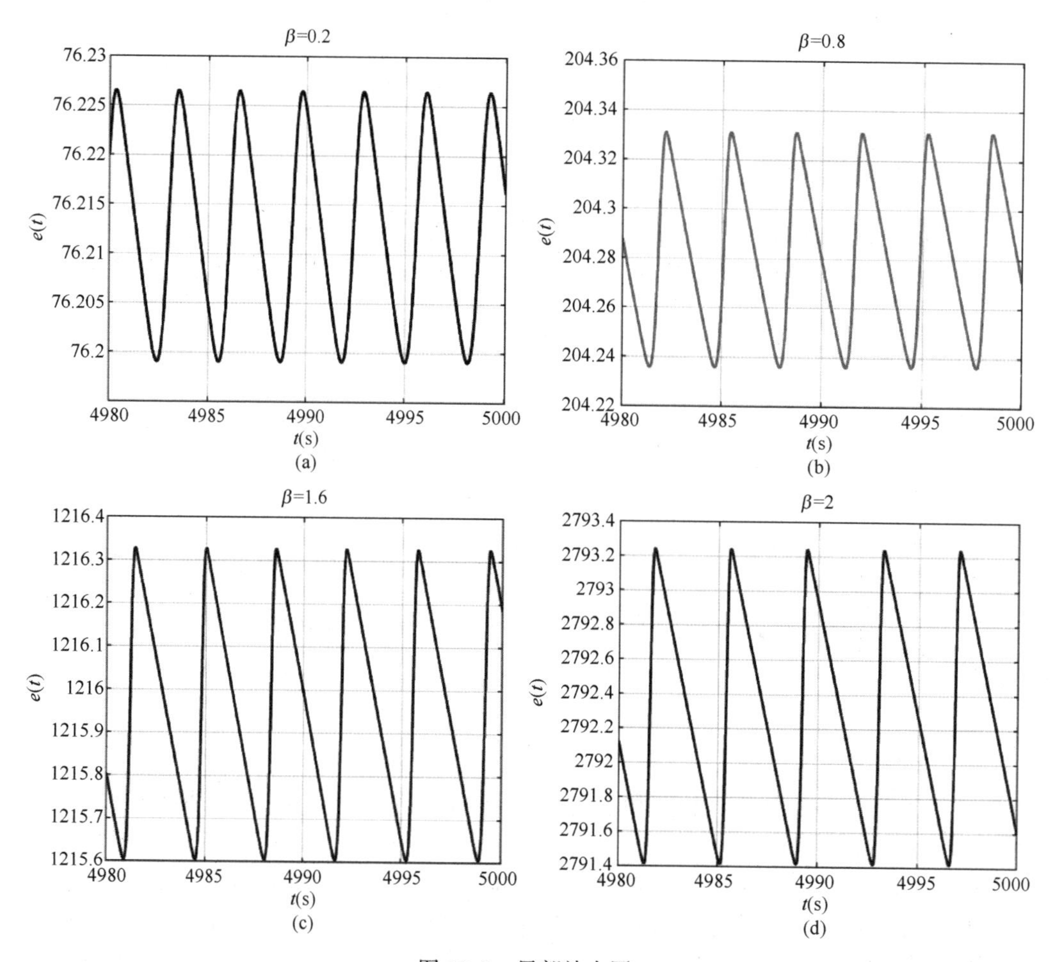

(a)

(b)

(c)

(d)

图 12.3　局部放大图

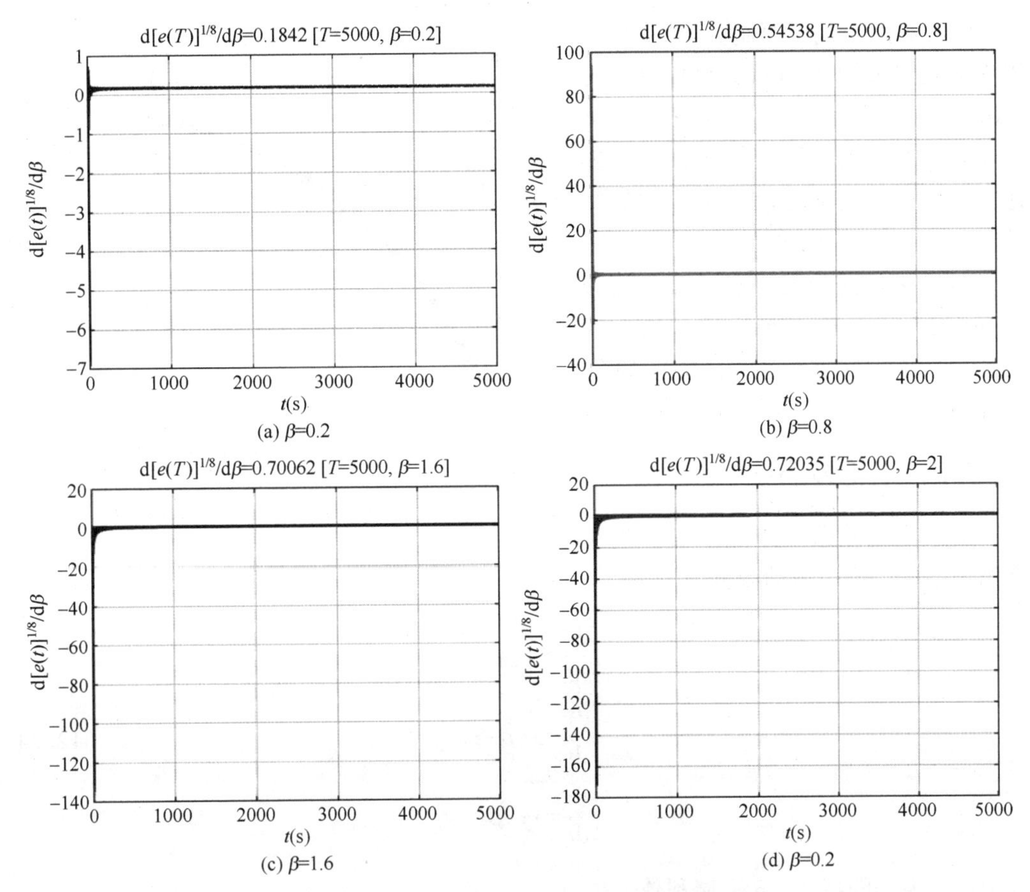

图 12.4　不同 β 直接微分法灵敏度分析结果

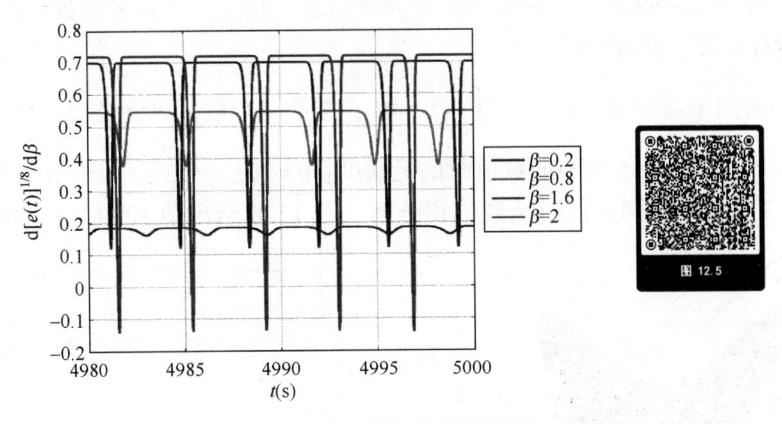

图 12.5　图 12.4 灵敏度分析结果局部放大图

如图 12.4 和图 12.5 所示，可观察到灵敏度时间历程曲线周期波动的现象。当 $\beta=2$ 时，系统灵敏度在[−0.15,0.72035]上变化，最大值为 0.72035，随着 β 值增大，灵敏度最大值增大。

对 β 在[0.2,2]上重复使用直接微分法，每个 β 离散值的灵敏度系数（在 $T=5000$

附近的常数值）用于绘制灵敏度曲线，数值结果如图 12.6 所示。观察图 12.6 灵敏度曲线可知，$e(t)$ 相对于 β 的灵敏度随 β 的增大而增大，在 β 的上界处达到最大值。与文献［19］数值结果比较，图 12.6 与文献［19］中图 4（d）的结果相同，表明直接微分法和 LSS 法灵敏度分析结果一致，从而验证了 12.1.2 节直接微分方法的有效性。

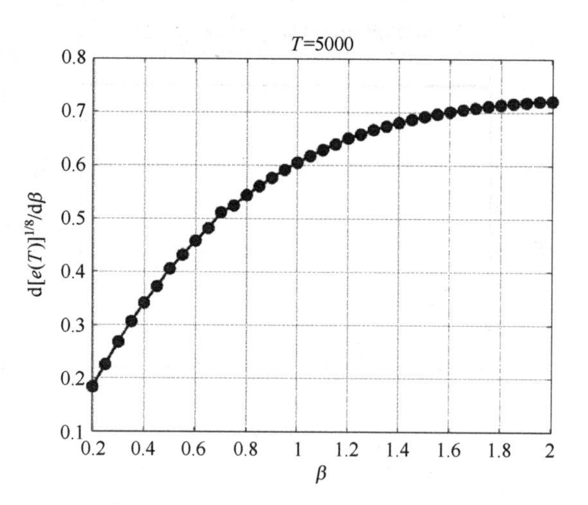

图 12.6　直接微分法灵敏度分析结果

12.2.2　洛伦兹系统

选择洛伦兹振子作为第二个验证算例，洛伦兹振子运动微分方程为

$$\begin{cases}\dfrac{\mathrm{d}x}{\mathrm{d}t}=\sigma(y-x)\\ \dfrac{\mathrm{d}y}{\mathrm{d}t}=x(\rho-z)-y\\ \dfrac{\mathrm{d}z}{\mathrm{d}t}=xy-\beta z\end{cases}\tag{12.24}$$

式中：σ 为普朗特数；ρ 为瑞利数。

采用文献［19］中的仿真参数 $\sigma=10$ 和 $\beta=8/3$。注意到当 $\rho>24.06$ 时，系统处于混沌状态，在 $31<\rho<99.5$ 时存在非双曲奇异吸引子。相反，当 ρ 在参数范围内（$24.06<\rho<31$）时存在准双曲奇异吸引子。

考虑的时间平均量为 $e(t)=\dfrac{1}{t}\int_0^t z(t')\mathrm{d}t'$，与第一个数值算例类似，使用直接微分法计算 $e(t)$ 在 ρ 取以下 5 种不同数值时的灵敏度：$\rho=10$，$\rho=25$，$\rho=50$，$\rho=75$ 和 $\rho=100$。

图 12.7 给出了不同 ρ 值时域数值积分解。图 12.8 给出图 12.7（b）的局部放大

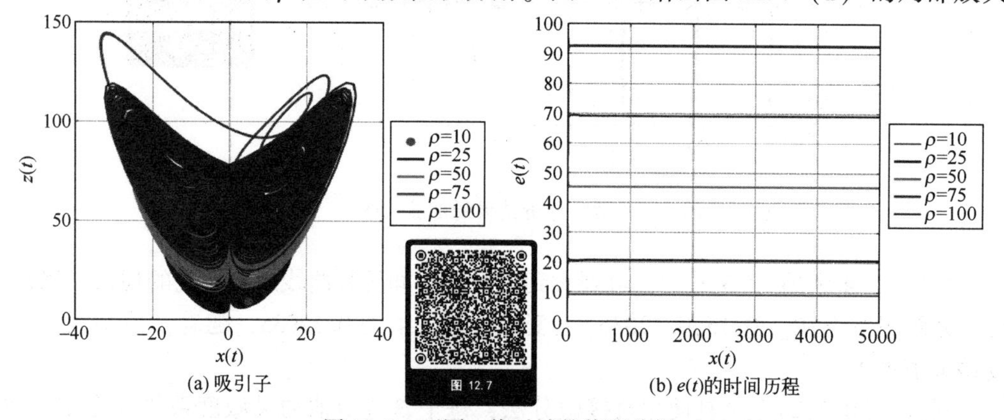

图 12.7　不同 ρ 值时域数值积分解

图。从图 12.7（a）可以看出：当$\rho=25$，$\rho=50$ 和$\rho=75$ 时，系统为混沌运动；当$\rho=10$ 和$\rho=100$ 时，出现不动点吸引子和极限环吸引子。如图 12.8 所示，当$\rho=10$ 时，$e(t)$为常数；当$\rho=25$，$\rho=50$ 和$\rho=75$ 时，$e(t)$表现出随机振动特点；当$\rho=100$ 时，$e(t)$表现出周期性运动行为。

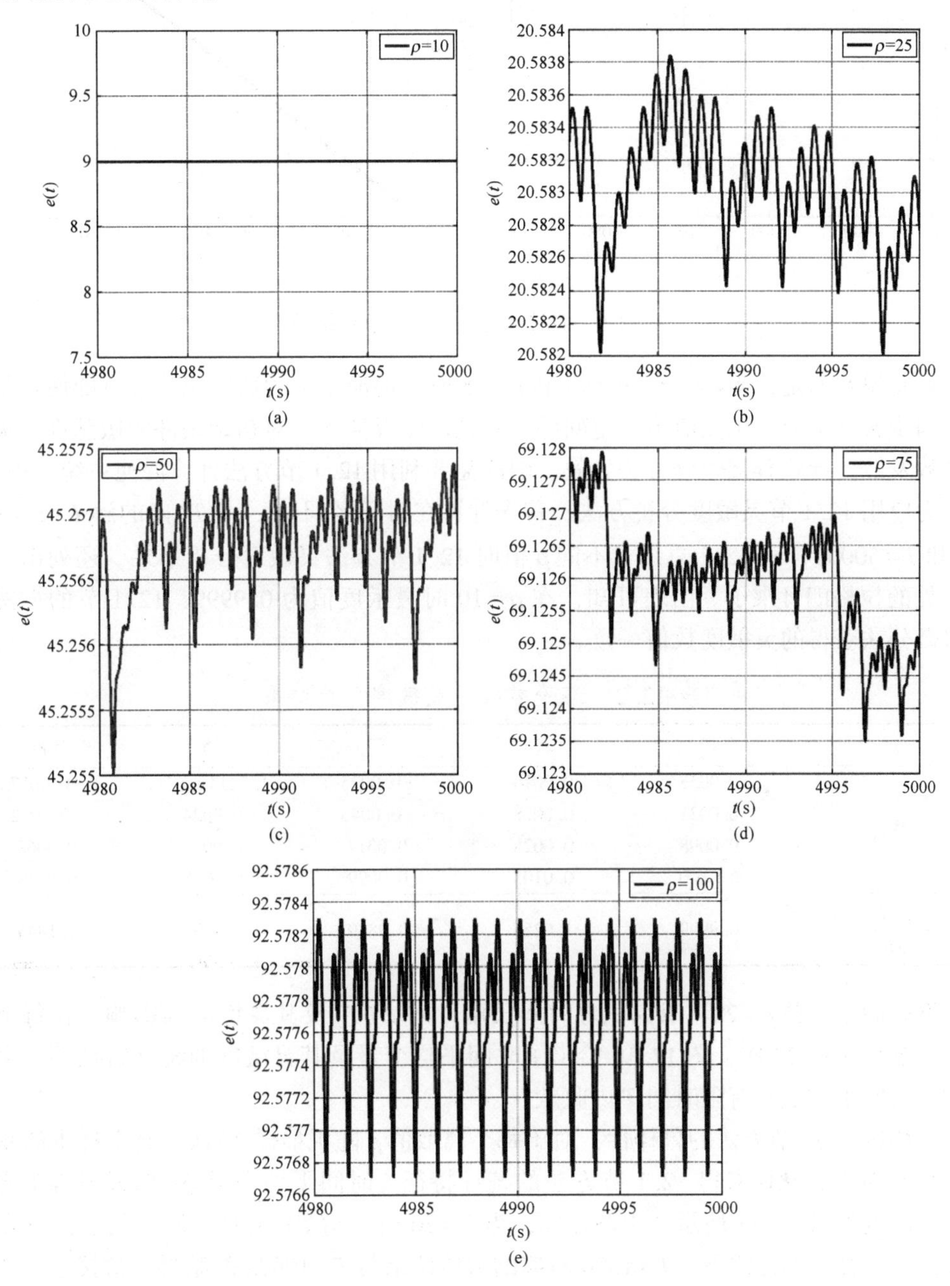

图 12.8　图 12.7（b）的局部放大图

图 12.9 给出了利用直接微分法分析$\rho=10$ 和$\rho=25$ 时的时间平均量的灵敏度，如图 12.9 所示，$\rho=10$ 时的灵敏度系数为常数 1。相反，当$\rho=25$ 时，图 12.9（b）所示灵敏度系数发散。当$\rho=50$ 和$\rho=75$ 时，存在类似的发散灵敏度系数，此处不再赘述。

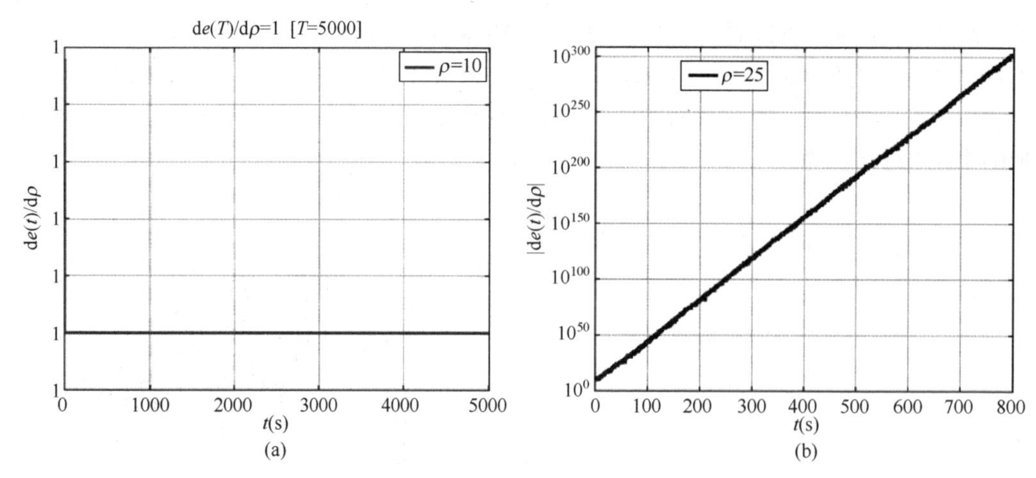

图 12.9 直接微分法灵敏度分析结果

需要说明的是，当 $\rho=25$，$\rho=50$ 和 $\rho=75$ 时，混沌系统的数值积分求解即使在很小的时间步长下也会产生数值不稳定问题，并且由于混沌系统对初始条件的敏感性，灵敏度系数发散，导致直接微分方法失效。因此需要利用 12.1 节方法计算混沌系统灵敏度。

为应用 12.1 节灵敏度分析方法，首先计算在时间区间 $[t_0, t_0+T]$ 内的解 $\boldsymbol{U}(t)$ ($t_0=1^{-10}$ 和 $T=5000$)，表 12.2 总结了不同 ρ 值时 12.1 节方法灵敏度分析结果，还列出了时刻 T 处的拉格朗日乘子。由表可知，在 $\rho=10$ 时灵敏度值为 0.9999，12.1 节的方法和直接微分法获得的灵敏度数值一致。

表 12.2 洛伦兹振子灵敏度分析结果

ρ	10	25	50	75	100
$\boldsymbol{W}_m$	0.0028	0.0014	−0.0025	1.7214×10^{-4}	−0.0017
	0.0031	0.0038	−0.0046	0.0024	−0.0052
	0.0098	0.0028	0.0017	0.0017	0.0068
	0.0100	0.0103	0.0099	0.0098	0.0118
$\dfrac{\mathrm{d}[e(T)]}{\mathrm{d}\rho}$	0.9999	1.0258	0.9880	0.9803	1.1846

下面固定参数 $\rho=28$，研究积分时间长度 T 对 $\phi(T)$ 及其灵敏度的影响。在每个固定值 T 随机采样 20 次，图 12.10 给出了时间平均变量及其灵敏度的统计特征图。由图可知，时间平均量在有限时间 T 内收敛。

为测试 12.1 节方法的鲁棒性，对于每个离散值 ρ 随机抽样 20 次，每个样本的积分时间长度为 T，从而获得 12.1 节方法的统计特征。时间平均变量 $\phi(T)$ 及其在时刻 T 处的灵敏度如图 12.11 所示。由图可知，当 $T=20$ 时，$\phi(T)$ 及其灵敏度的统计分布有较大的分散性。相比之下，$T=1000$ 对应的数值结果与 $T=10000$ 的结果非常接近。

对于每个离散值 ρ，用 $T=50$ 的 20 个样本数据分析灵敏度系数的统计分布特征。图 12.12 给出时间平均变量 $e(t)$ 及其在时刻 T 处的灵敏度，图中符号 $T=50$ 和 $T=5000$ 分别表示由 $T=50$ 和 $T=5000$ 积分解计算得到的灵敏度系数，蓝点表示时间长度为 50 的积分解的数值结果，红线表示时间长度为 5000 积分解的数值结果。

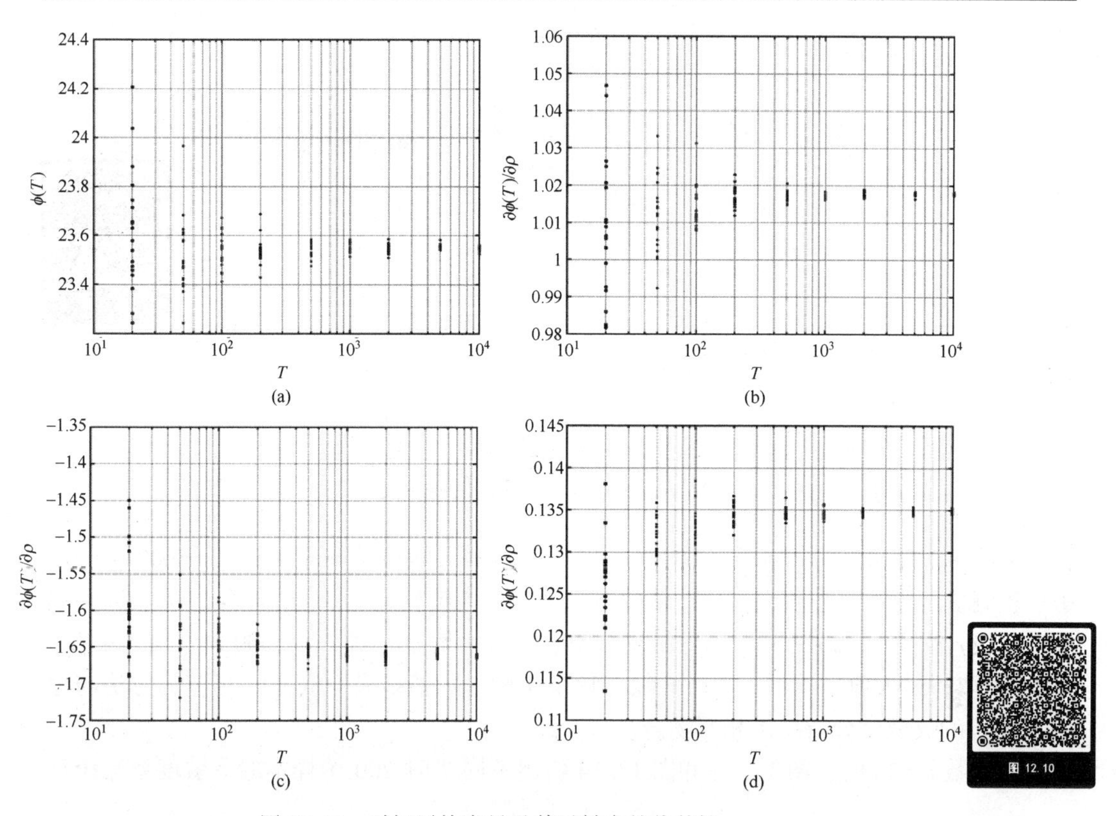

图 12.10　时间平均变量及其灵敏度的收敛性

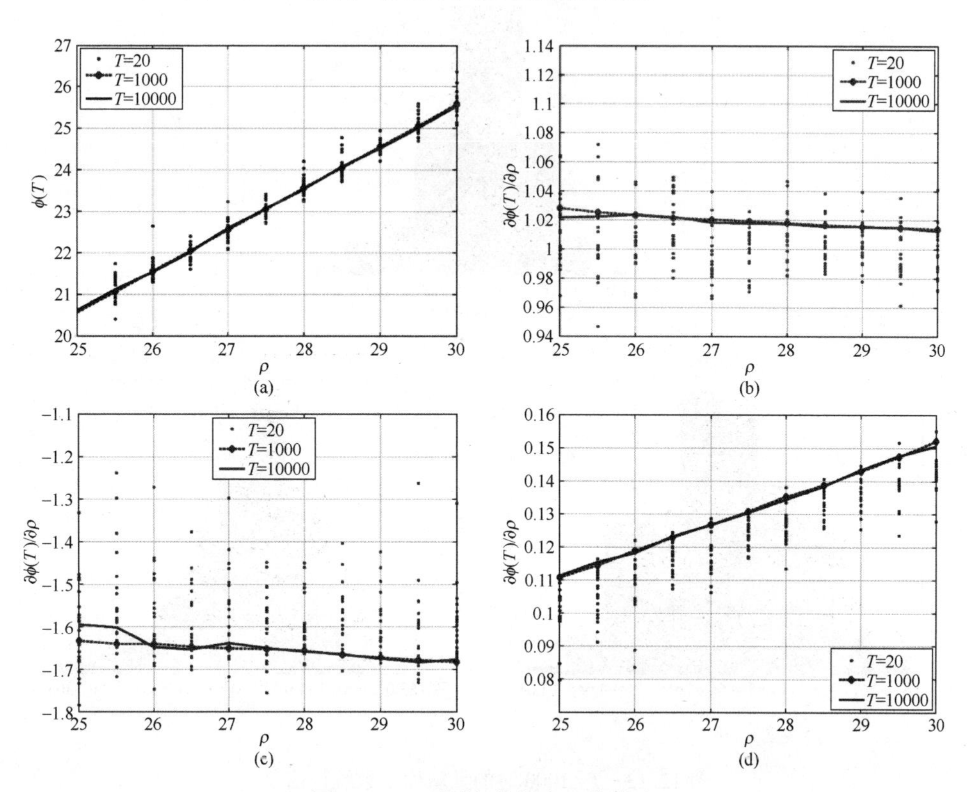

图 12.11　不同积分长度 T 的影响

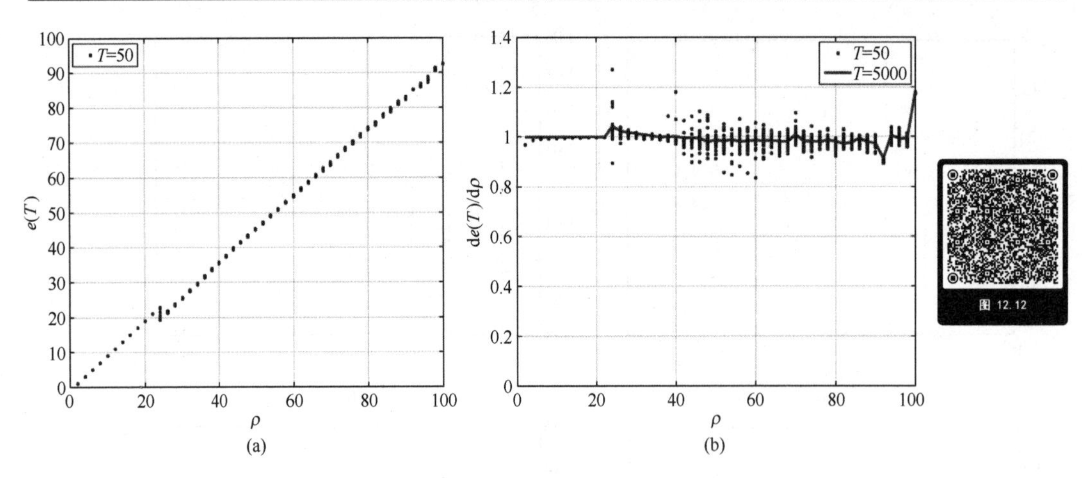

图 12.12　两种情况下统计平均量及其灵敏度系数

由图 12.12 可知，当 ρ 小于 22 时，20 个样本的灵敏度值非常接近 $T=5000$ 时的灵敏度预测值。在这个参数范围内，洛伦兹系统呈现周期性运动。当 $\rho=24$ 时灵敏度突然波动。当 ρ 在 40 和 60 之间时，灵敏度分布有较大的偏差。当 $T = 5000$ 时，灵敏度在 $\rho=100$ 时取得最大值。图 12.12 与文献［19］中图 5 数值结果一致，12.1 节的方法与原始 LSS 法的灵敏度分析结果相互吻合。

当参数 $\rho=28$ 时，图 12.13 和图 12.14 给出不同 T 时 200 个样本的灵敏度系数统计

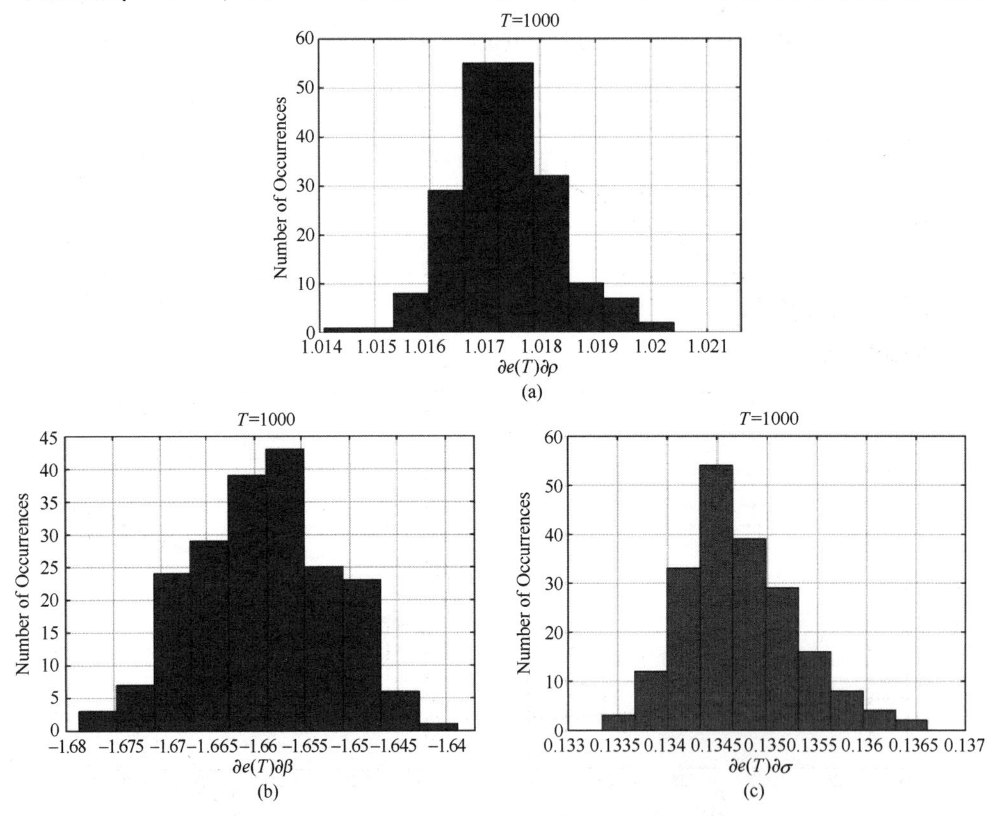

图 12.13　$T=1000$ 时的灵敏度系数统计信息

特征。由图可知，$T=5000$ 时灵敏度系数的波动范围明显小于 $T=1000$，时间长度 T 越长，灵敏度系数越准确，采用相对大的 T 值可提高灵敏度预测精确性。

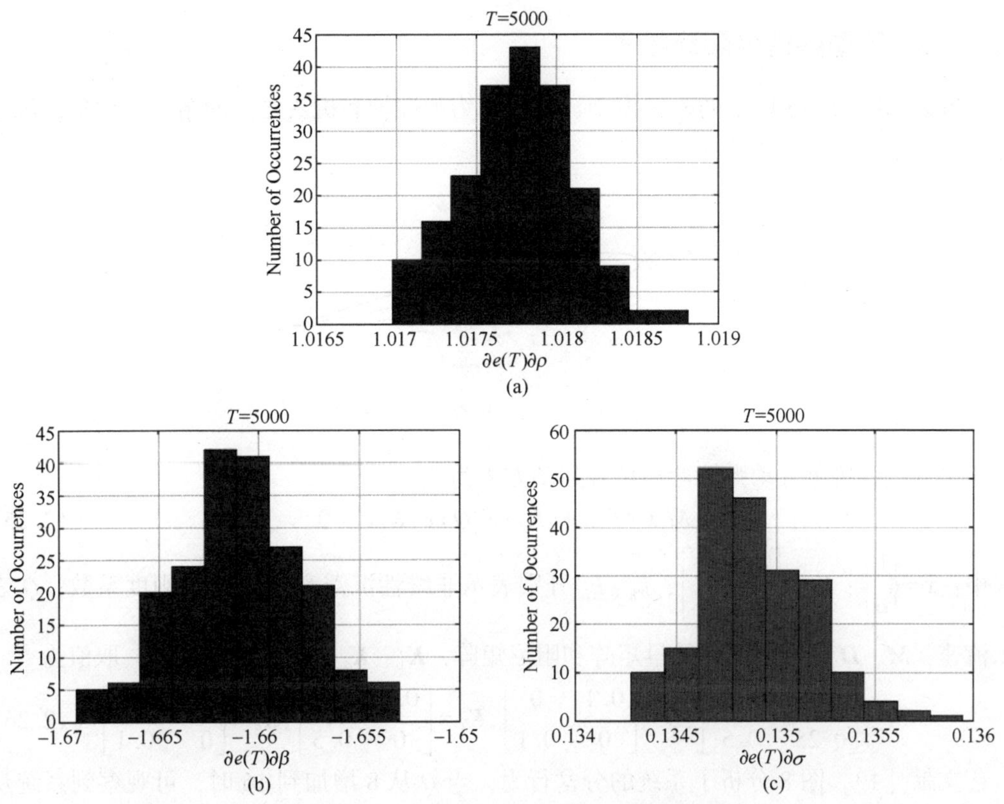

图 12.14　$T=5000$ 时的灵敏度系数统计特征

下面比较图 12.13 和图 12.14 与文献［18，20］的数值结果。图 12.13 中 $T=1000$，200 个样本的灵敏度值分别在 $\frac{\partial[e(T)]}{\partial\rho}\in[1.0141,1.0204]$，$\frac{\partial[e(T)]}{\partial\beta}\in[-1.6786,-1.6388]$ 和 $\frac{\partial[e(T)]}{\partial\sigma}\in[0.1333,0.1366]$ 上变化。图 12.14 中 $T=5000$ 的灵敏度值在区间 $\frac{\partial[e(T)]}{\partial\rho}\in[1.0170,1.0188]$，$\frac{\partial[e(T)]}{\partial\beta}\in[-1.6692,-1.6530]$ 和 $\frac{\partial[e(T)]}{\partial\sigma}\in[0.1343,0.1359]$ 上变化。文献［20］中的线性回归预测结果为 $\frac{\partial[e(T)]}{\partial\rho}=1.01\pm0.04$，$\frac{\partial[e(T)]}{\partial\beta}=-1.68\pm0.15$，$\frac{\partial[e(T)]}{\partial\sigma}=0.16\pm0.02$，两种方法预测的结果几乎相同。此外，李雅普诺夫特征向量分解方法预测的灵敏度数值为 $\frac{\partial[e(T)]}{\partial\rho}=0.97$，$\frac{\partial[e(T)]}{\partial\beta}=-1.74$，$\frac{\partial[e(T)]}{\partial\sigma}=0.21$。类似地，文献［20］使用 LSS 法获得的灵敏度系数为 $\frac{\partial[e(T)]}{\partial\rho}=1.00$，$\frac{\partial[e(T)]}{\partial\beta}=-1.67$，$\frac{\partial[e(T)]}{\partial\sigma}=0.122$。不同方法获得的灵敏度结果比较表明，尽

管存在差异，但这些方法在估计灵敏度系数方面是一致的，说明 12.1 节的灵敏度分析方法是准确有效的。

12.2.3 气动弹性极限环振子

考虑如图 12.15 所示的机翼模型，其中 α 为弹性轴和机头之间的俯仰运动角，沉浮运动用 h 表示，方向向下为正。

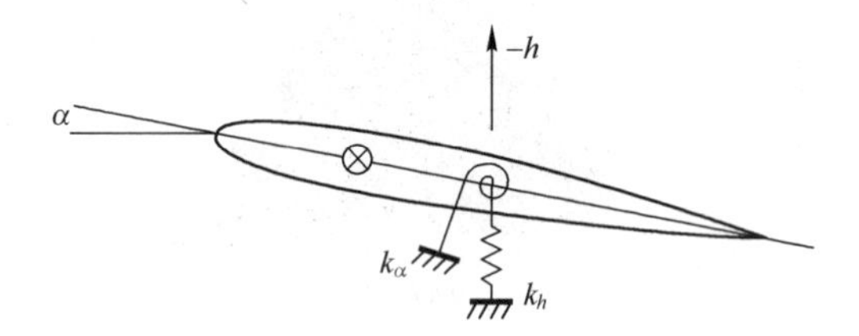

图 12.15 机翼模型

两自由度机翼气动弹性弯扭耦合运动方程为

$$\boldsymbol{M}\ddot{\boldsymbol{x}}+\boldsymbol{D}\dot{\boldsymbol{x}}+(\boldsymbol{K}_1+\boldsymbol{K}_2Q)\boldsymbol{x}+\boldsymbol{K}_3\boldsymbol{x}^3=0 \tag{12.25}$$

式中：$\boldsymbol{x}=\begin{Bmatrix}h\\\alpha\end{Bmatrix}$；$\boldsymbol{K}_3=\begin{bmatrix}k_h&0\\0&k_\alpha\end{bmatrix}$；$k_h$、$k_\alpha$ 分别表示非线性沉浮和俯仰运动刚度系数；Q 表示流速；$\boldsymbol{M}$、$\boldsymbol{D}$ 分别是广义质量矩阵和阻尼矩阵，$\boldsymbol{K}_1$、$\boldsymbol{K}_2$、$\boldsymbol{K}_3$是刚度矩阵，取值为[19]

$$\boldsymbol{M}=\begin{bmatrix}1&0.25\\0.25&0.5\end{bmatrix},\boldsymbol{D}=\begin{bmatrix}0.1&0\\0&0.1\end{bmatrix},\boldsymbol{K}_1=\begin{bmatrix}0.2&0\\0&0.5\end{bmatrix},\boldsymbol{K}_2=\begin{bmatrix}0&0.1\\0&-0.1\end{bmatrix} \tag{12.26}$$

文献［19］图 8 分析了系统的分岔行为，当 Q 从 8 增加到 16 时，可观察到系统从周期运动过渡到混沌混动，最后又演化为周期运动，当 Q 为 11.2~12.4 时，系统为混沌运动。

图 12.16 给出了当 $Q=11$ 时俯仰运动角 α 的时间历程和相位图，时间历程曲线仅绘制了 29900~30000s 的数值结果，由图可观察到周期性运动，相位图中轨道呈闭合曲线形式。

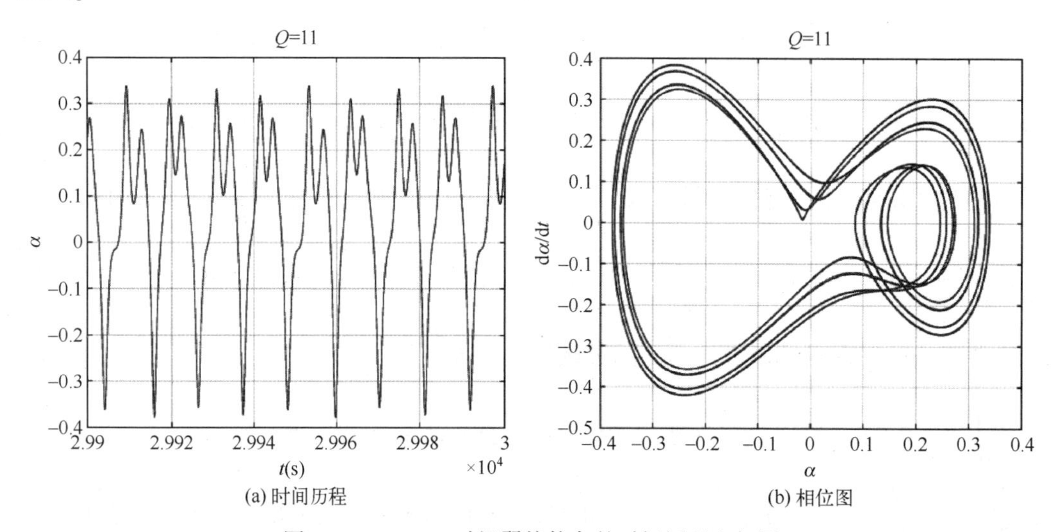

(a) 时间历程　(b) 相位图

图 12.16　$Q=11$ 时机翼俯仰角的时间历程和相图

图 12.17 和图 12.18 给出了 $Q=12$ 时俯仰运动角 α 的时间历程和相位图，如图所示，系统出现了复杂的运动形式，可观察到从混沌运动到周期性运动的转变，当 $t<2900$ 时为混沌运动，当 $t>2900$ 时，系统从混沌运动状态转变为周期运动状态。

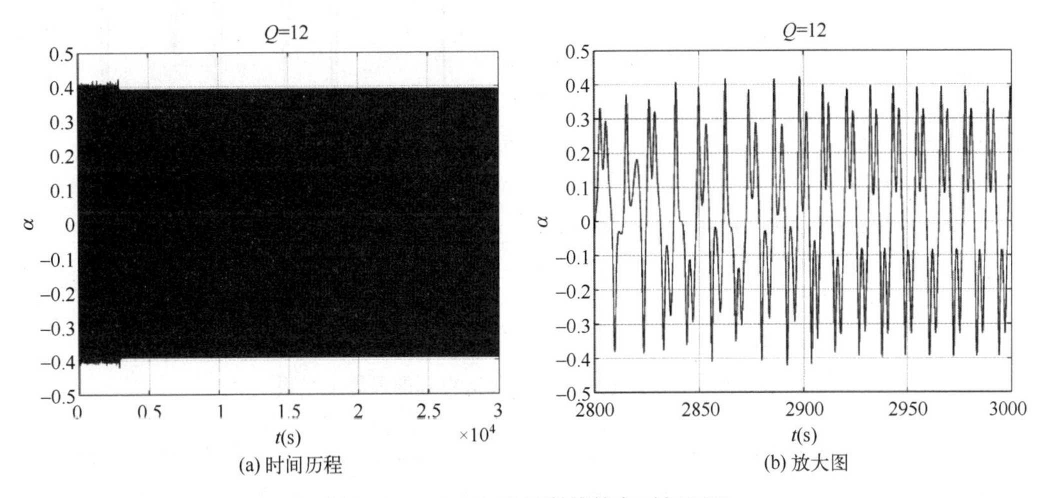

图 12.17　$Q=12$ 时机翼俯仰角时间历程

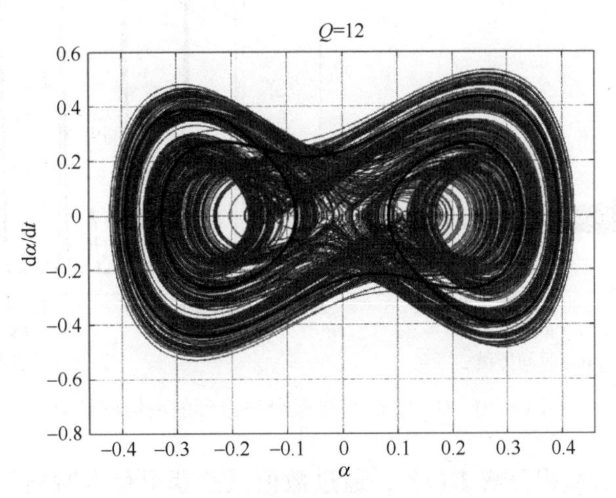

图 12.18　$Q=12$ 时机翼俯仰角相图

下面分析时间平均量 $e(t)=\dfrac{1}{t}\int_0^t[(\alpha(t'))^8]\mathrm{d}t'$ 的灵敏度$\dfrac{\mathrm{d}[e(t)]^{1/8}}{\mathrm{d}Q}$。为计算 $\dfrac{\mathrm{d}[e(t)]^{1/8}}{\mathrm{d}Q}=\dfrac{-[e(t)]^{7/8}}{8}\dfrac{\mathrm{d}[e(t)]}{\mathrm{d}Q}$，可采用直接微分法计算$\dfrac{\mathrm{d}[e(t)]}{\mathrm{d}\beta}$。与图 12.16 和图 12.17 中数值解相关的灵敏度分析结果分别如图 12.19（$Q=11$）和图 12.20（$Q=12$）所示。在图 12.19 和图 12.20 中，图（b）给出了图（a）的放大图，由图可知，在某些区域可观察到系统灵敏度的急剧变化。

$Q=11$ 时运用直接微分法计算得到的灵敏度值为 0.18377。而 $Q=12$ 时的灵敏度值很大，直接微分法预测灵敏度失效。为了在考虑的整个参数范围内进行灵敏度分析，下面使用 12.1 节方法分析参数 $Q\in[8,16]$上的灵敏度系数。对于每个 Q 值，首先在 $t\in$

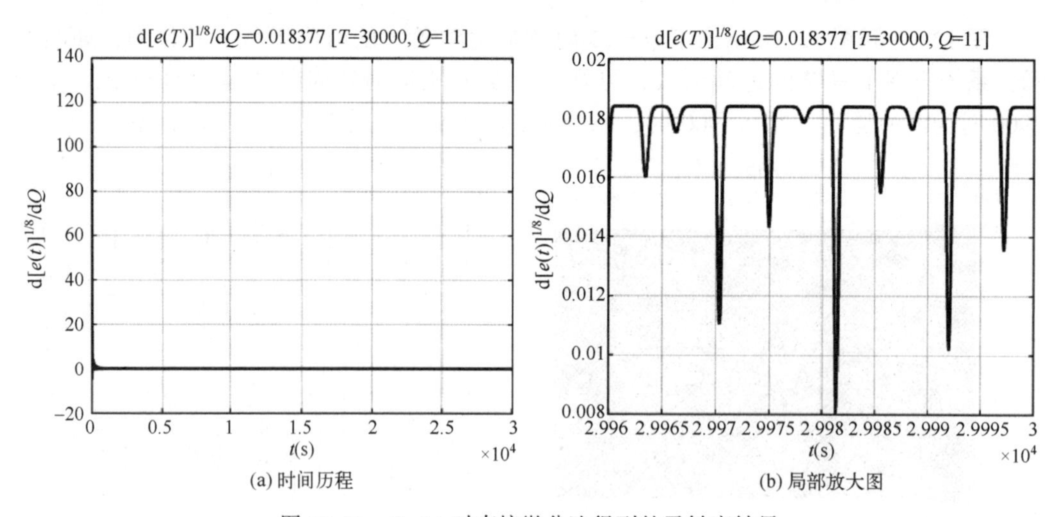

(a) 时间历程　(b) 局部放大图

图 12.19　$Q=11$ 时直接微分法得到的灵敏度结果

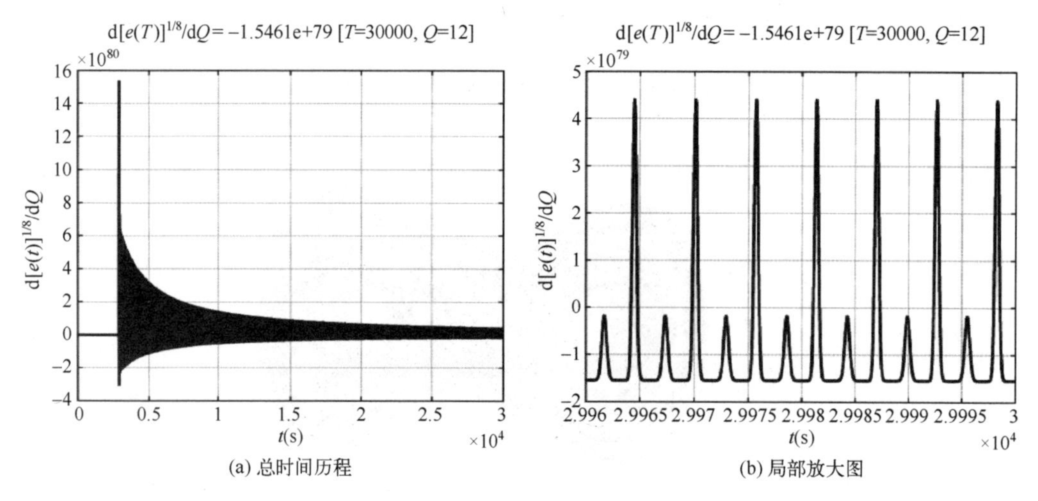

(a) 总时间历程　(b) 局部放大图

图 12.20　$Q=12$ 时直接微分法得到的灵敏度结果

$[t_0,\ t_0+T]$上计算时域积分解 $\boldsymbol{U}(t)$，通过数值试验获得稳态时域积分解的初始条件。对每个 Q 使用 20 个样本来测试 12.1 节方法的稳健性，运用 12.1 节方法计算得到的灵敏度系数如图 12.21 所示，其中蓝点表示对应 $T=300$ 的灵敏度系数，红线表示 $T=30000$ 时的灵敏度系数。在图 12.21 中在参数范围 11~12 可观察到灵敏度数值的显著变化。

图 12.27 中采用 $T=30000$ 计算得到的$\frac{\mathrm{d}\,[e(t)]^{1/8}}{\mathrm{d}Q}$灵敏度值，在流速 Q 为 8~9.6 时，随着流速 Q 增大而降低。灵敏度值在 $Q=9.6$ 处下降到局部最小值，然后开始增大。在 $Q\in[10.4,11.8]$上，随着流速的进一步增大，灵敏度值变化显著，当 $Q=11$ 时灵敏度数值最大。当流速 Q 从 11.8 增大到 16 时，灵敏度值降低。与文献［19］中的结果相比，图 12.27 与文献［19］中图 8（d）的数值结果一致，这说明 12.1 节方法是有效的。

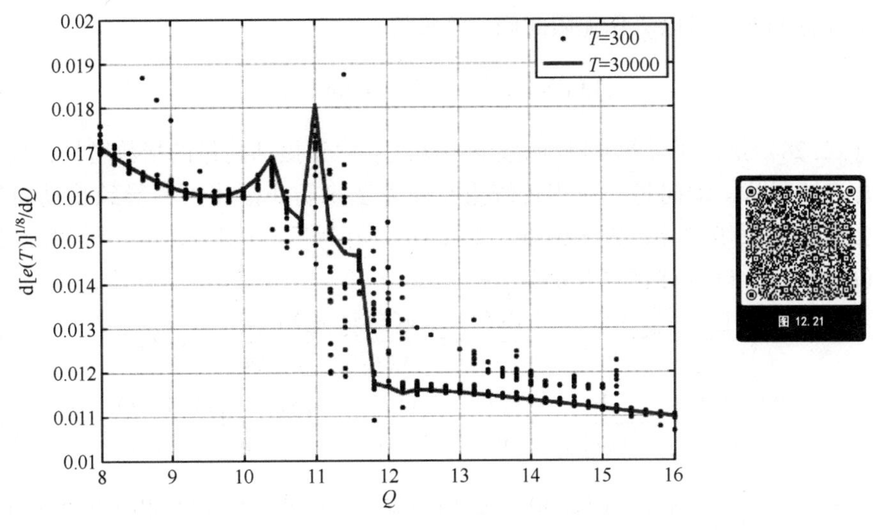

图 12.21　改进的最小二乘追踪法灵敏度分析结果

12.3　最大李雅普诺夫指数计算方法及灵敏度分析[21]

李雅普诺夫指数是判别混沌系统动力学的有效工具，它反映了吸引子中轨道的发散性。关于李雅普诺夫指数的研究有很多[22-24]，例如，Stefanski[25-26]利用同步特性计算振动冲击系统的 LLE。Dai[27]研究了翼型系统的混沌特性，揭示了 LLE 的瞬态波动现象。目前，有多种数值方法计算最大李雅普诺夫指数（LLE），最近，Dabrowsk[28-30]将 LLE 视为扰动向量与其时间导数之间的点积，提出了计算 LLE 的一种简单方法。但现有方法分析所有李雅普诺夫指数的计算成本较高，特别是对于复杂或高维系统。为求解 LLE 相关优化问题[31]，需要知道 LLE 的灵敏度，而混沌动力系统 LLE 灵敏度研究工作匮乏。

虽然一些方法可以预测混沌动力系统的灵敏度梯度，例如，Wang[18,19]提出的最小二乘追踪（LSS）灵敏度分析方法，但它有一些潜在的局限性，与此方法相关的成本与李雅普诺夫指数的数量与系统维数乘积成正比，系统维度的增加会导致计算成本的显著增加。因此，需要发展有效的分析 LLE 灵敏度算法。本节提出非线性动力系统 LLE 的计算方法。首先推导分析 LLE 的增广运动方程，然后采用 12.2 节提出的混沌系统灵敏度分析方法来预测 LLE 的灵敏度梯度，最后给出数值算例验证方法有效性。

12.3.1　最大李雅普诺夫指数预测方法

为分析 LLE 的灵敏度梯度，本节首先提出 LLE 的计算方法。考虑式（12.1）微分运动方程，其一阶摄动方程为

$$\frac{\mathrm{d}\boldsymbol{v}(t)}{\mathrm{d}t}=\frac{\partial \boldsymbol{f}(\boldsymbol{u}(t),p)}{\partial \boldsymbol{u}}\boldsymbol{v}(t) \tag{12.27}$$

在动力系统中，利用$\|\boldsymbol{v}(t)\|=e^{\mathrm{LLE}\cdot t}\|\boldsymbol{v}(t_0)\|$，并采用时间平均变量$\phi(t)=\dfrac{\ln\|\boldsymbol{v}(t)\|}{t}$

的极限来计算 LLE（可以看作无限时间 t 的函数）：

$$\mathrm{LLE}=\lim_{t\to\infty}\frac{\ln\|\boldsymbol{v}(t)\|}{t}=\lim_{t\to\infty}\phi(t) \tag{12.28}$$

式（12.28）给出了计算 LLE 的数学表达式。由于摄动向量的指数增长，现有的方法不适合连续跟踪摄动向量。应用传统重整化算法来防止溢出可能导致扰动向量不连续，这会给 LLE 灵敏度分析带来困难。下面对摄动向量进行归一化以分析 LLE 灵敏度。

$\|\boldsymbol{v}(t)\|$和 $\ln\|\boldsymbol{v}(t)\|$对时间求导得

$$\frac{\mathrm{d}\|\boldsymbol{v}(t)\|}{\mathrm{d}t}=\frac{[\boldsymbol{v}(t)]^{\mathrm{T}}}{\|\boldsymbol{v}(t)\|}\frac{\mathrm{d}\boldsymbol{v}(t)}{\mathrm{d}t}=\frac{[\boldsymbol{v}(t)]^{\mathrm{T}}}{\|\boldsymbol{v}(t)\|}\frac{\partial\boldsymbol{f}(\boldsymbol{u}(t),s)}{\partial\boldsymbol{u}}\boldsymbol{v}(t) \tag{12.29}$$

$$\frac{\mathrm{d}\ln\|\boldsymbol{v}(t)\|}{\mathrm{d}t}=\frac{1}{\|\boldsymbol{v}(t)\|}\frac{\mathrm{d}\|\boldsymbol{v}(t)\|}{\mathrm{d}t}=\frac{[\boldsymbol{v}(t)]^{\mathrm{T}}}{\|\boldsymbol{v}(t)\|}\frac{\partial\boldsymbol{f}(\boldsymbol{u}(t),s)}{\partial\boldsymbol{u}}\frac{\boldsymbol{v}(t)}{\|\boldsymbol{v}(t)\|} \tag{12.30}$$

借助 $\boldsymbol{w}(t)=\dfrac{\boldsymbol{v}(t)}{\|\boldsymbol{v}(t)\|}$和式（12.30）定义的归一化向量，与 LLE 相关的变量 $\phi(t)$可以改写为

$$\phi(t)=\frac{\ln\|\boldsymbol{v}(t)\|}{t}=\frac{1}{t}\int_0^t[\boldsymbol{w}(t')]^{\mathrm{T}}\frac{\partial\boldsymbol{f}(\boldsymbol{u}(t'),p)}{\partial\boldsymbol{u}}\boldsymbol{w}(t')\,\mathrm{d}t' \tag{12.31}$$

将 $\boldsymbol{w}(t)$和式（12.31）对 t 进行微分，可得到如下微分方程：

$$\begin{aligned}\frac{\mathrm{d}\boldsymbol{w}(t)}{\mathrm{d}t}&=\frac{\mathrm{d}}{\mathrm{d}t}\left[\frac{\boldsymbol{v}(t)}{\|\boldsymbol{v}(t)\|}\right]=g(\boldsymbol{u}(t),\boldsymbol{w}(t),p)=\frac{1}{\|\boldsymbol{v}(t)\|}\frac{\mathrm{d}\boldsymbol{v}(t)}{\mathrm{d}t}-\frac{\boldsymbol{v}(t)}{\|\boldsymbol{v}(t)\|^2}\frac{\mathrm{d}\|\boldsymbol{v}(t)\|}{\mathrm{d}t}\\&=\frac{\partial\boldsymbol{f}(\boldsymbol{u}(t),p)}{\partial\boldsymbol{u}}\frac{\boldsymbol{v}(t)}{\|\boldsymbol{v}(t)\|}-\left\{\frac{[\boldsymbol{v}(t)]^{\mathrm{T}}}{\|\boldsymbol{v}(t)\|}\frac{\partial\boldsymbol{f}(\boldsymbol{u}(t),p)}{\partial\boldsymbol{u}}\frac{\boldsymbol{v}(t)}{\|\boldsymbol{v}(t)\|}\right\}\frac{\boldsymbol{v}(t)}{\|\boldsymbol{v}(t)\|}\\&=\frac{\partial\boldsymbol{f}(\boldsymbol{u}(t),p)}{\partial\boldsymbol{u}}\boldsymbol{w}(t)-\left\{[\boldsymbol{w}(t)]^{\mathrm{T}}\frac{\partial\boldsymbol{f}(\boldsymbol{u}(t),p)}{\partial\boldsymbol{u}}\boldsymbol{w}(t)\right\}\boldsymbol{w}(t)\end{aligned} \tag{12.32}$$

$$\frac{\mathrm{d}\phi(t)}{\mathrm{d}t}=h(\boldsymbol{u}(t),\boldsymbol{w}(t),\phi(t),p)=\frac{[\boldsymbol{w}(t)]^{\mathrm{T}}\dfrac{\partial f(\boldsymbol{u}(t),p)}{\partial\boldsymbol{u}}\boldsymbol{w}(t)-\phi(t)}{t} \tag{12.33}$$

将 $\phi(t)$对时间求导可得到控制 LLE 时间演变的微分方程。为分析 $\phi(t)$相关的灵敏度，联立式（12.32）和式（12.33）形成一组增广微分方程：

$$\frac{\mathrm{d}\boldsymbol{U}(t)}{\mathrm{d}t}=\boldsymbol{H}(\boldsymbol{U}(t),p)=\begin{bmatrix}f(\boldsymbol{u}(t),p)\\g(\boldsymbol{u}(t),\boldsymbol{w}(t),p)\\h(\boldsymbol{u}(t),\boldsymbol{w}(t),\phi(t),p)\end{bmatrix} \tag{12.34}$$

式中增广状态向量和初始条件为

$$\boldsymbol{U}(t)=\begin{bmatrix}\boldsymbol{u}(t)\\\boldsymbol{w}(t)\\\phi(t)\end{bmatrix},\boldsymbol{U}(t_0)=\begin{bmatrix}\boldsymbol{u}(t_0)\\\boldsymbol{w}(t_0)\\\phi(t_0)\end{bmatrix} \tag{12.35}$$

式（12.34）扩充了式（12.1）中的系统，增广系统的问题维数是原始系统维数的 2 倍加上控制 LLE 演化微分方程的维数。利用式（12.34）中的增广状态微分方程，可以直接计算 LLE。

12.3.2　LLE 及其灵敏度分析数值算例

本节运用 12.3.1 节和 12.1 节的方法计算混沌系统的 LLE 及其灵敏度。采用 12.2.2 节洛伦兹算例，仿真参数设置与 12.2.2 节相同。为分析 LLE 灵敏度，首先随机给定初始条件使系统演化到附近的吸引盆，然后利用吸引盆附近初始条件计算系统的时间历程等信息，最后利用混沌系统时域数值解分析 LLE 的灵敏度。

图 12.22 给出了洛伦兹系统在 $\rho=28$ 时的时间历程。在图 12.22 中可观察到典型混沌运动。图 12.23 给出了图 12.22 的摄动解，由图可知，摄动解具有随机波动特征，其值在 -1 和 1 之间变化。当 $\rho=28$ 时，y 和 z 方向的摄动解振幅明显大于 x 方向。

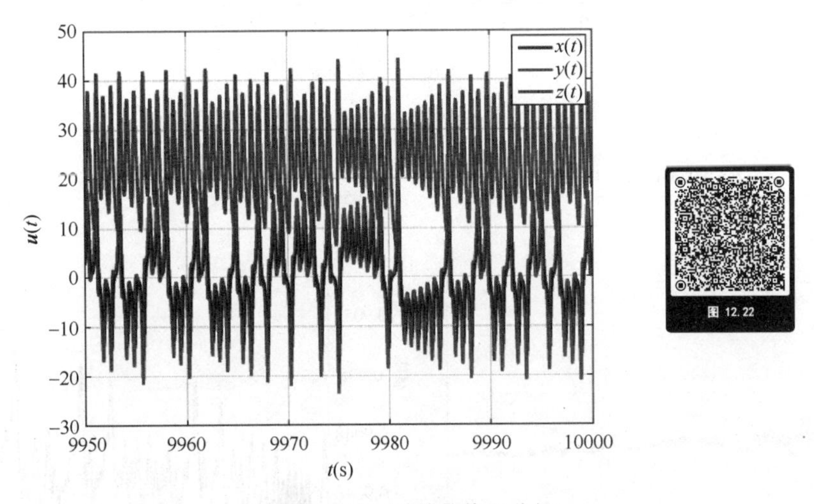

图 12.22　$\rho=28$ 时洛伦兹振子时域数值积分解

当 $\rho=28$ 时，洛伦兹系统的 LLE 时间历程如图 12.24 所示。图 12.24（b）给出了图 12.24（a）的局部放大图，如图 12.24 所示，LLE 表现出随机波动行为，洛伦兹振子 $\rho=28$ 时的 LLE 与 $\phi(T)=0.90458(T=10000)$ 时一致，且与文献［22］中 LLE 的预测值 0.89 相同，12.1 节方法和相关文献得到的 LLE 相互吻合，从而验证了 12.3.1 节 LLE 计算方法的正确性。

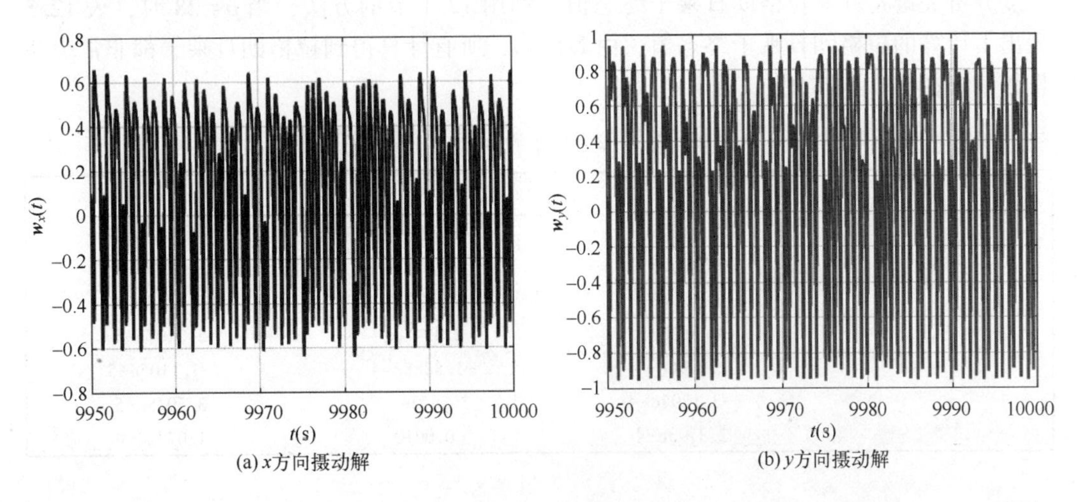

(a) x 方向摄动解　　(b) y 方向摄动解

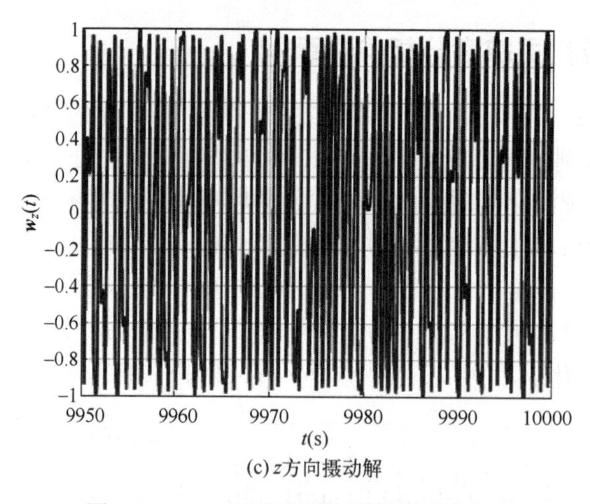

(c) z方向摄动解

图 12.23　$\rho=28$ 时洛伦兹系统摄动解

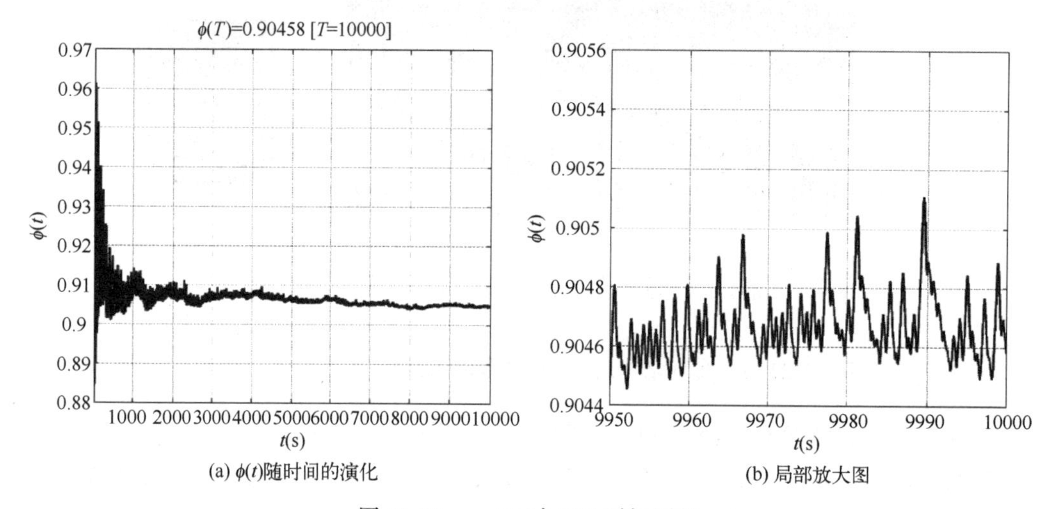

(a) $\phi(t)$随时间的演化　　(b) 局部放大图

图 12.24　$\rho=28$ 时 LLE 时间历程

计算得到式（12.24）的稳态响应，即可分析 LLE 的灵敏度。如 12.1 节所述，灵敏度分析关键是计算拉格朗日乘子终态值。利用 12.1 节的方法，当 $\rho=28$ 时，表 12.3 列出了计算的拉格朗日乘子终态值，由表可知，所有计算得到拉格朗日乘子都非常小并且数量级在 $10^{-5}\sim10^{-2}$内。

表 12.3　$\rho=28$ 时的拉格朗日乘子

p	ρ	β	σ
$\mathbf{W}_m^{(p)}$	7.6893e-4	4.9741e-4	-1.9320e-4
	0.0025	-0.0013	8.6235e-4
	0.0012	-0.0214	6.8243e-4
	-6.7210e-5	-2.4348e-4	5.2197e-5
	2.4796e-4	-1.8288e-4	-1.1105e-5
	-3.1294e-4	3.8673e-4	3.5935e-5
	2.3793e-4	0.0010	1.0752e-4

灵敏度分析结果列于表 12.4，由表可知，LLE 对这些参数的灵敏度为正，这表明降低这些参数可以减小 LLE。系统参数 β 对 LLE 的影响最大，而 ρ 对 LLE 没有显著影响。对 σ 灵敏度值最低，即 LLE 对 σ 不敏感。

表 12.4　洛伦兹振子在 $\rho=28$ 时的灵敏度梯度

$\phi(T)$	$\frac{\partial[\phi(T)]}{\partial\rho}$	$\frac{\partial[\phi(T)]}{\partial\beta}$	$\frac{\partial[\phi(T)]}{\partial\sigma}$
0.90458	0.023793	0.10072	0.010752

为分析本章方法计算 LLE 及其灵敏度的鲁棒性，采用随机初始条件数值求解微分方程，将本章方法重复 200 次以获得灵敏度的统计特征，图 12.25 给出了计算得到的 LLE 及灵敏度统计图，由图可知，200 个样本灵敏度统计偏差很小。

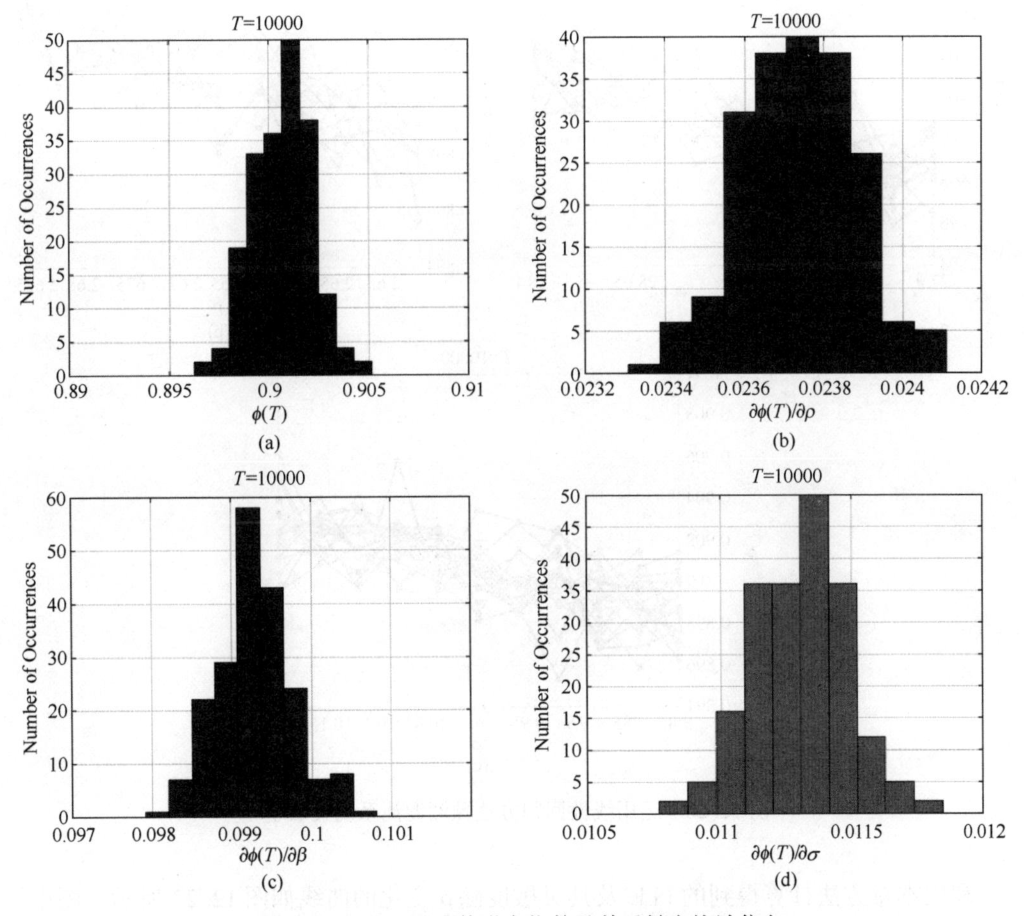

图 12.25　最大李雅普诺夫指数及其灵敏度统计信息

由于 LLE 具有随机波动特征，因此使用有限差分法无法预测混沌系统的灵敏度，但可以利用统计信息计算 LLE 的梯度。基于 LLE 统计数据，运用线性回归预测方法得到的斜率可视为最大李雅普诺夫指数。下面采用线性回归方法来验证表 12.2 和

图 12.25 中的灵敏度结果。

为进行线性回归预测，需要与三个参数相关的统计数据。首先在三个参数区间 $\rho \in [27.9,28.1]$，$\beta \in [8/3-0.02,8/3+0.02]$ 和 $\sigma \in [9.8,10.2]$ 上对每个参数均匀采样 11 个样本。然后，对每个样本数据重复 20 次时域数值积分求解以计算 LLE。图 12.26 给出了 $T=10000$ 时与三个参数相关的 $\phi(T)$ 统计结果。如图所示，统计量与相关的参数呈线性关系。对图 12.26 中的统计数据应用线性回归方法可得到 LLE 的斜率，图 12.26（a）的斜率为 0.0251，图 12.26（b）的斜率为 0.1103，图 12.26（c）的斜率为 0.0102，与表 12.2 和图 12.26 中的梯度比较，本章提出的方法与线性回归预测结果一致，从而验证了本章方法的正确性。

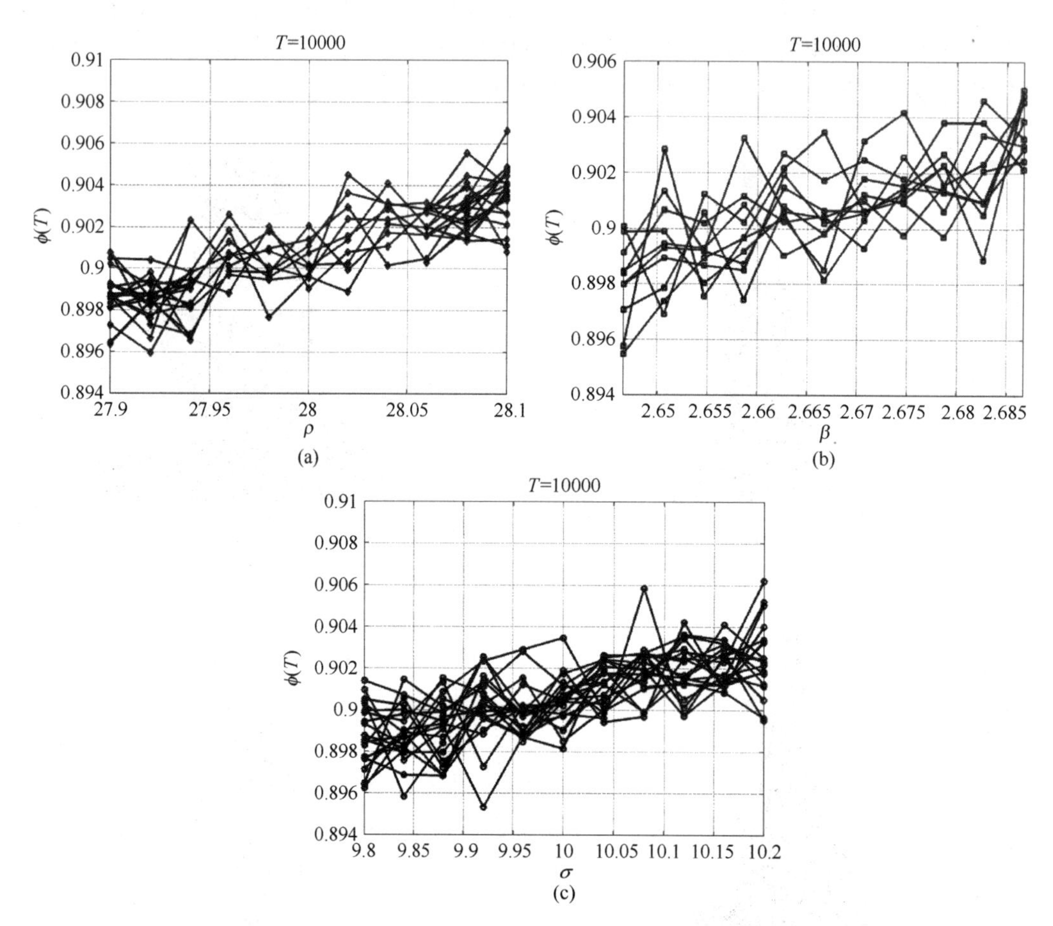

图 12.26　运用线性回归方法预测混沌系统灵敏度

利用本章方法计算得到的 LLE 及其灵敏度随 ρ 变化的曲线如图 12.27 所示，图中结果表明参数 ρ 对 LLE 的影响相对较大，LLE 及灵敏度 $\frac{\partial[\phi(T)]}{\partial\beta}$ 随 ρ 增大而单调增大，$\frac{\partial[\phi(T)]}{\partial\rho}$ 随 ρ 增大而下降，而 ρ 的变化对 $\frac{\partial[\phi(T)]}{\partial\sigma}$ 的影响很小。

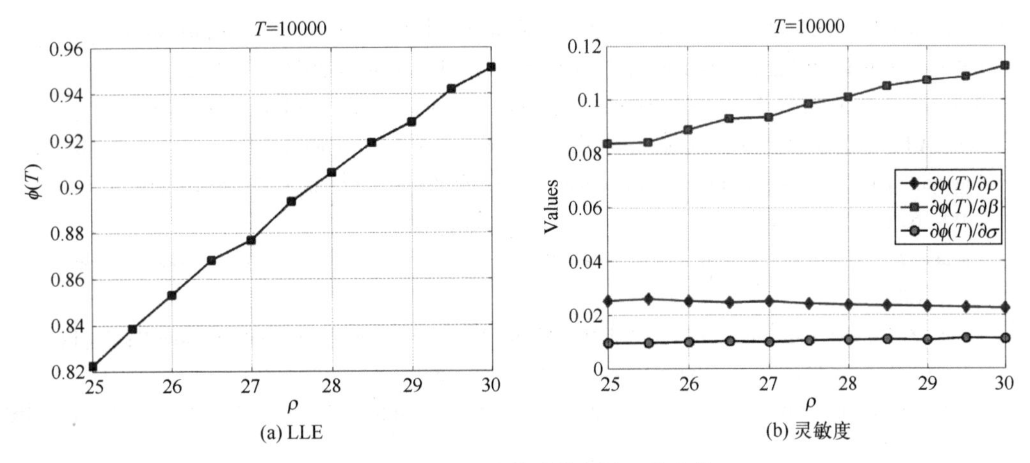

图 12.27　LLE 及其灵敏度随 ρ 的变化

12.4　本章小结

本章提出一种混沌系统灵敏度分析方法。通过构造时间平均积分项相对于时间变量的微分，将原始常微分方程转化为增广微分系统，基于有限差分方法，最终得到一组与最优性条件相关的线性方程组，推导了灵敏度分析公式，给出拉格朗日乘子最终状态值递推迭代公式。采用三个数值算例，并与直接微分灵敏度方法以及文献结果进行比较，验证了本章提出的灵敏度分析方法的有效性。由于灵敏度函数直接依赖拉格朗日乘子的最终状态值，因此本章提出灵敏度分析方法具有较低的计算成本和内存要求。

另外，提出了一种计算混沌系统 LLE 的方法，采用混沌系统灵敏度分析方法分析 LLE 灵敏度。基于与最大李雅普诺夫指数相关的微分方程，结合状态扰动向量连续性的约束条件，构造增广微分系统，预测最大李雅普诺夫指数及其灵敏度，最后通过数值算例验证了提出方法的有效性。

参考文献

[1] Zhang X, Pandey M D. An effective approximation for variance-based global sensitivity analysis [J]. Reliability Engineering & System Safety, 2014, 121: 164-174.

[2] Liao H. Uncertainty quantification and bifurcation analysis of an airfoil with multiple nonlinearities [J]. Mathematical Problems in Engineering, Article ID 570947, 2013.

[3] Dou S, Strachan B S, Shaw S W, et al. Structural optimization for nonlinear dynamic response [J]. Philosophical Transactions of the Royal Society A: Mathematical, Physical and Engineering Sciences, 2015, 373 (2051): 20140408.

[4] Luchini P, Bottaro A. Adjoint equations in stability analysis [J]. Annual Review of Fluid Mechanics, 2014, 46: 493-517.

[5] Lorenz E N. Deterministic nonperiodic flow [J]. Journal of Atmospheric Sciences, 1963, 20 (2): 130-141.

[6] Soldatenko S, Steinle P, Tingwell C, et al. Some aspects of sensitivity analysis in variational data assimilation for coupled dynamical systems [J]. Advances in Meteorology, 2015, 1: 1-22.

[7] Soldatenko S, Yusupov R. Sensitivity analysis in optimal control of the earth's climate system [C] //Recent Advances in Environmental and Earth Sciences and Economics//Proceedings of the 2015 International Conference on Energy, Environment, Development and Economics (EEDE 2015) . Greece. 2015: 6-12.

[8] Cacuci D G. Sensitivity and uncertainty analysis, volume I: Theory [M] . Boca Raton: CRC Press, 2003.

[9] Cacuci D G, Ionescu-Bujor M, Navon I M. Sensitivity and uncertainty analysis, volume II: Applications to large-scale systems [M]. Boca Raton: CRC Press, 2005.

[10] Rozenwasser E, Yusupov R. Sensitivity of automatic control systems [M] . Boca Raton: CRC Press, 2019.

[11] Liao H. Efficient sensitivity analysis method for chaotic dynamical systems [J] . Journal of Computational Physics, 2016, 313: 57-75.

[12] Wilkins A K, Tidor B, White J, et al. Sensitivity analysis for oscillating dynamical systems [J]. SIAM Journal on Scientific Computing, 2009, 31 (4): 2706-2732.

[13] Liao H, Sun W. A new method for predicting the maximum vibration amplitude of periodic solution of non-linear system [J]. Nonlinear Dynamics, 2013, 71: 569-582.

[14] Liao H. Optimization analysis of Duffing oscillator with fractional derivatives [J]. Nonlinear Dynamics, 2015, 79 (2): 1311-1328.

[15] Liao H. Nonlinear dynamics of duffing oscillator with time delayed term [J]. Computer Modeling in Engineering and Sciences, 2014, 103 (3): 155-187.

[16] Liao H. Stability analysis of duffing oscillator with time delayed and/or fractional derivatives [J]. Mechanics Based Design of Structures and Machines, 2016, 44 (4): 283-305.

[17] Liao H. Piecewise constrained optimization harmonic balance method for predicting the limit cycle oscillations of an airfoil with various nonlinear structures [J]. Journal of Fluids and Structures, 2015, 55: 324-346.

[18] Wang Q. Forward and adjoint sensitivity computation of chaotic dynamical systems [J]. Journal of Computational Physics, 2013, 235: 1-13.

[19] Wang Q, Hu R, Blonigan P. Least squares shadowing sensitivity analysis of chaotic limit cycle oscillations [J]. Journal of Computational Physics, 2014, 267: 210-224.

[20] Blonigan P, Wang Q. Multigrid-in-time for sensitivity analysis of chaotic dynamical systems [J]. Numerical Linear Algebra with Applications, 2017, 24 (3): e1946.

[21] Liao Haitao. Novel gradient calculation method for the largest Lyapunov exponent of chaotic systems [J]. Nonlinear Dynamics, 2016, 85 (3): 1377-1392.

[22] Caponetto R, Fazzino S. A semi-analytical method for the computation of the Lyapunov exponents of fractional-order systems [J]. Communications in Nonlinear Science and Numerical Simulation, 2013, 18 (1): 22-27.

[23] Sadri S, Wu C Q. Modified Lyapunov exponent, new measure of dynamics [J]. Nonlinear Dynamics, 2014, 78: 2731-2750.

[24] Kuznetsov N V, Mokaev T N, Vasilyev P A. Numerical justification of Leonov conjecture on Lyapunov dimension of Rossler attractor [J]. Communications in Nonlinear Science and Numerical Simulation, 2014, 19 (4): 1027-1034.

[25] Stefanski A, Kapitaniak T. Estimation of the dominant Lyapunov exponent of non-smooth systems on the basis of maps synchronization [J]. Chaos, Solitons & Fractals, 2003, 15 (2): 233-244.

[26] Stefanski A. Estimation of the largest Lyapunov exponent in systems with impacts [J]. Chaos, Solitons & Fractals, 2000, 11 (15): 2443-2451.

[27] Dai H, Yue X, Xie D, et al. Chaos and chaotic transients in an aeroelastic system [J]. Journal of Sound and Vibration, 2014, 333 (26): 7267-7285.

[28] Dabrowski A. Estimation of the largest Lyapunov exponent-like (LLEL) stability measure parameter from the perturbation vector and its derivative dot product (part 2) experiment simulation [J]. Nonlinear Dynamics, 2014, 78: 1601-1608.

[29] Dabrowski A. The largest transversal Lyapunov exponent and master stability function from the perturbation vector and its derivative dot product (TLEVDP) [J]. Nonlinear Dynamics, 2012, 69: 1225-1235.

[30] Dabrowski A. Estimation of the largest Lyapunov exponent from the perturbation vector and its derivative dot product [J]. Nonlinear Dynamics, 2012, 67: 283-291.

[31] De la Fraga L G, Tlelo-Cuautle E. Optimizing the maximum Lyapunov exponent and phase space portraits in multi-scroll chaotic oscillators [J]. Nonlinear Dynamics, 2014, 76: 1503-1515.

附　　录

与本书相关的已发表文章列表如下：

[1] Liao H T, Yuan X J, Gao R X. An exact penalty function optimization method and its application in stress constrained topology optimization and scenario based reliability design problems [J]. Applied Mathematical Modelling, 2024, 125: 260-292.

[2] Liao H T. A single variable-based method for concurrent multiscale topology optimization with multiple materials [J]. Computer Methods in Applied Mechanics and Engineering, 2021, 378: 113727.

[3] Liao H T. An incremental form interpolation model together with the Smolyak method for multi-material topology optimization [J]. Applied Mathematical Modelling, 2021, 90: 955-976.

[4] Liao H T, Zhao Q Y, FangD N. The continuation and stability analysis methods for quasi-periodic solutions of nonlinear systems [J]. Nonlinear Dynamics, 2020, 100 (3): 1469-1496.

[5] Liao H T, Wu W W, Fang D N. The reduced space sequential quadratic programming (SQP) method for calculating the worst resonance response of nonlinear systems [J]. Journal of Sound and Vibration, 2018, 425: 301-323.

[6] Liao H T. Optimization analysis of Duffing oscillator with fractional derivatives [J]. Nonlinear Dynamics, 2015, 79 (2): 1311-1328.

[7] Liao H T. Novel gradient calculation method for the largest Lyapunov exponent of chaotic systems [J]. Nonlinear Dynamics, 2016, 85 (3): 1377-1392.

[8] Liao H T, Sun W. A new method for predicting the maximum vibration amplitude of periodic solution of non-linear system [J]. Nonlinear Dynamics, 2013, 71 (3): 569-582.

[9] Liao H T. Global resonance optimization analysis of nonlinear mechanical systems: Application to the uncertainty quantification problems in rotor dynamics [J]. Communications in Nonlinear Science and Numerical Simulation, 2014, 19 (9): 3323-3345.

[10] Liao H T. Efficient sensitivity analysis method for chaotic dynamical systems [J]. Journal of Computational Physics, 2016, 313: 57-75.

[11] Liao H T. Piecewise constrained optimization harmonic balance method for predicting the limit cycle oscillations of an airfoil with various nonlinear structures [J]. Journal of Fluids and Structures, 2015, 55: 324-346.

[12] Liao H T, Li M Y, Gao R X. A nonlinear optimization shooting method for bifurcation tracking of nonlinear systems [J]. Journal of Vibration and Control, 2021, 27 (19-

20)：2219-2230.

[13] Liao H T. An approach to construct the relationship between the nonlinear normal mode and forced response of nonlinear systems [J]. Journal of Vibration and Control, 2016, 22 (14)：3169-3181.

[14] Liao H T. A nonlinear optimization bifurcation tracking method for periodic solution of nonlinear systems [J]. Mechanics Based Design of Structures and Machines, 2020, 51 (3)：1201-1225.

[15] Liao H T, Wu W W. The reduced space shooting method for calculating the peak periodic solutions of nonlinear systems [J]. Journal of Computational and Nonlinear Dynamics, 2018, 13 (6)：061001.

[16] Liao H T, Wu W W. A frequency domain method for calculating the failure probability of nonlinear systems with random uncertainty [J]. Journal of Vibration and Acoustics, 2018, 140 (4)：041019.

[17] Liao H T. The reduced space method for calculating the periodic solution of nonlinear systems [J]. Computer Modeling in Engineering & Sciences, 2018, 115 (2)：233-262.

[18] Liao H T, Wang J J. Maximization of the vibration amplitude and bifurcation analysis of nonlinear systems using the constrained optimization shooting method [J]. Journal of Sound and Vibration, 2013, 332 (16)：3781-3793.

[19] Liao H T. The application of reduced space harmonic balance method for the nonlinear vibration problem in rotor dynamics [J]. Mechanics Based Design of Structures and Machines, 2019, 47 (2)：154-174.

[20] Liao H T, Wang J J, Yao J Y, et al. Mistuning forced response characteristics analysis of mistuned bladed disks [J]. Journal of Engineering for Gas Turbines and Power, 2010, 132 (12)：122501.

[21] Liao H T. Uncertainty quantification and bifurcation analysis of an airfoil with multiple nonlinearities [J]. Mathematical Problems in Engineering, 2013, 1 (13)：570947. 1-570947. 12.

[22] Liao H T. Nonlinear dynamics of duffing oscillator with time delayed term [J]. Computer Modeling in Engineering & Sciences, 2014, 103 (3)：155-187.

[23] Liao H T, Gao G. A new method for blade forced response analysis with dry friction dampers [J]. Journal of Mechanical Science and Technology, 2014, 28 (4)：1171-1174.

[24] Liao H T. Stability analysis of duffing oscillator with time delayed and/or fractional derivatives [J]. Mechanics Based Design of Structures and Machines, 2016, 44 (4)：283-305.

[25] 廖海涛，王建军，李其汉．随机失谐叶盘结构失谐特性分析 [J]. 航空动力学报，2010 (1)：160-168.

[26] 廖海涛，王建军，王帅，等．失谐叶盘结构振动模态局部化实验 [J]. 航空动力学

报，2011，26（8）：1847-1854.

[27] 廖海涛，王帅，王建军，等．失谐叶盘结构振动响应局部化实验研究［J］. 振动与冲击，2012，31（1）：29-34.

[28] 廖海涛，王建军，李其汉．多级叶盘结构随机失谐响应特性分析［J］. 振动与冲击，2011，30（3）：22-29.

[29] 廖海涛，高歌．求解非线性系统共振峰值的限制优化打靶法［J］. 振动工程学报，2014，27（02）：166-171.

[30] 廖海涛，李梦宇，赵全月，等．叶盘结构非线性振动频域分析方法研究综述［J］. 航空科学技术，2018，29（09）：1-10.

[31] Liao H T , Ding W J, Ai S G, et al. A single variable stress-based multi-material topology optimization method with three-dimensional unstructured meshes [J]. Computer Methods in Applied Mechanics and Engineering, 2024, 421: 116774.

[32] Liao H T, Yuan W H, Gao R X, et al. An efficient penalty function method for scenario-based uncertainty quantification problems [J]. Journal of Vibration and Control, 2024. DOI: 10.1177/10775463241228102.